2021中国消防协会科学技术年会论文集

中国消防协会　编

应急管理出版社

·北　京·

图书在版编目（CIP）数据

2021中国消防协会科学技术年会论文集/中国消防协会编．－－北京：应急管理出版社，2021

ISBN 978－7－5020－9171－2

Ⅰ.① 2… Ⅱ.①中… Ⅲ.①消防—中国—学术会议—文集 Ⅳ.①TU998.1－53

中国版本图书馆 CIP 数据核字（2021）第236299号

2021中国消防协会科学技术年会论文集

编　者	中国消防协会
责任编辑	曲光宇　刘永兴
责任校对	李新荣　孔青青
封面设计	罗针盘

出版发行　应急管理出版社（北京市朝阳区芍药居 35 号　100029）

电　话　010－84657898（总编室）　010－84657880（读者服务部）

网　址　www.cciph.com.cn

印　刷　三河市中晟雅豪印务有限公司

经　销　全国新华书店

开　本　889mm×1194mm$^{1}/_{16}$　印张　42$^{1}/_{2}$　字数　1262 千字

版　次　2021 年 12 月第 1 版　2021 年 12 月第 1 次印刷

社内编号　20211428　定价　150.00 元

前　　言

　　2021 中国消防协会科学技术年会共征集论文 289 篇。经过本届年会论文评审委员会评审，共有 142 篇论文获 2021 中国消防协会科学技术年会优秀论文奖，其中一等奖 20 篇，二等奖 49 篇，三等奖 73 篇。现将获奖论文编入《2021 中国消防协会科学技术年会论文集》，供全国消防科技工作者学习、借鉴。

　　在本届年会上，广大消防科技工作者围绕社会安全管理创新、消防标准化工作、建筑消防设施和建筑防火技术、火灾事故调查与认定、消防新产品与新技术等方面进行研究和探讨，提出了许多消防工作新观念、新措施。希望年会这个平台，对全国消防科技工作者在消防科技创新领域取得更大的成绩起到积极的促进作用。

　　我们坚信中国消防协会科学技术年会这一全国性消防科技工作者的盛会，必将成为推动火灾科学与消防工程学科不断前进的动力，为我国消防救援工作、消防科技事业和社会消防安全治理做出新的贡献。

中国消防协会会长　　陈伟明

2021 年 12 月

目　录

一　等　奖

二　等　奖

一　等　奖

转隶后特勤消防员应对全灾种
心理健康现状探析

何 锋

乌鲁木齐市消防救援支队　乌鲁木齐　830000

摘　要： 2018 年改革转隶以来，我国特勤消防员职能任务拓宽，要时刻应对全灾种的事故，其心理健康应引起高度重视。为了解特勤消防员心理健康状况，以新疆维吾尔自治区某特勤消防救援大队为主体，通过问卷星 SCL-90 常模自评量表的形式，包括工作时间、年龄、学历 3 个问题和 SCL-90 常模共有 90 个选题 10 类因子，对采样数据进行统计，经分析得出 28.26% 的特勤消防员存在轻度心理健康问题，其工作年限为"3~5 年"、年龄为"18~20 岁"、学历层次为"本科"，更容易出现不良心理健康状况。

关键词： 消防　全灾种　心理健康　SCL-90 问卷

2018 年 11 月 9 日，习近平总书记向新组建的国家综合性消防救援队伍授旗并致训词，要求保持枕戈待旦、快速反应的备战状态，练就科学高效、专业精准的过硬本领。转制后消防队伍职能任务拓宽，要时刻应对全灾种的事故。2018 年以来，全国有 39 起消防员因公牺牲事件，见表 1。日常高强度的执勤训练、灭火救援任务，以及通过网络等了解到同行消防员伤亡案例，都会对消防员自身的心理健康状况造成不良影响。如 2019 年 3 月 30 日四川木里某原始森林发生火灾，林火爆燃造成 27 名消防员牺牲；事件发生后，当地有 6 名消防队员出现不良应激心理反应[1-3]。

表 1　2018—2020 年消防员因公牺牲典型案例

时间	地点	牺牲消防员人数/人	事 故 概 况
2018-01-20	四川威远	1	一处民房火灾，搜救被困群众，被房屋土砖混合墙埋压
2018-02-13	福建尤溪	2	灭火救援途中，消防车侧翻坠崖
2018-03-13	浙江绍兴	1	一处厂房仓库火灾，突发猛烈火势浓烟，撤退失联
2018-03-29	广州市白云区	1	参加比武集训，3000 米测试身体不适
2018-04-21	北京通州	1	一处蘑菇厂房火灾，灭火过程中牺牲
2018-05-12	江苏淮安	1	高层小区火灾，救援被困群众，火场坠落
2018-08-02	辽宁北票	1	游客落水营救，体力不支
2018-09-19	新疆五家渠	1	保鲜库火灾，扑救过程牺牲
2018-12-06	河南郸城	1	污水管道救援，保护战友牺牲
2018-12-07	辽宁鞍山	1	公园小湖群众落入冰窟，救援过程不慎落水
2019-01-18	安徽东县	1	谷物烘干机火灾，不慎滑落烘干机内

基金项目： 新疆维吾尔自治区区域协同创新专项（科技援疆计划项目）—2020E02117、廊坊市科学技术研究与发展计划自筹经费项目（2021029038）。

作者简介： 何锋，男，硕士研究生，中级专业技术职务，工作于乌鲁木齐消防救援支队，主要研究方向为灭火与应急救援、消防员心理健康等方面，E-mail：709628613@qq.com。

表1 (续)

时间	地点	牺牲消防员人数/人	事故概况
2019-02-05	四川壤塘	1	长下坡路段，路面湿滑结冰，车辆侧翻
2019-03-04	陕西杨凌	1	高速公路车辆火灾，保护战友牺牲
2019-03-14	山西沁源	6	某村森林火灾，风向突变
2019-03-19	江苏吴江	1	某桥梁女子跳河自杀，下河营救被水流卷走
2019-03-30	四川木里	27	某原始森林火灾，林火爆燃
2019-06-28	安徽淮上	1	某化工厂在建储罐救援，途中爆燃
2019-07-03	浙江鹿城	1	某镇山洪救援，途中洪水卷走失联
2019-08-12	浙江丽水	1	马蜂窝摘除社会救助行动，高温中暑
2019-08-14	浙江安吉	1	水域救援行动中营救群众，被水流卷走
2019-08-20	四川汶川	1	山洪救援行动，被水流卷走
2019-08-27	海南定安	1	组织实战操法训练，头昏倒地
2019-09-03	浙江瑞安	1	水域救援实战训练，救助落水同志牺牲
2019-11-25	福建仓山	1	某村民房火灾，救援过程建筑物坍塌
2019-12-03	广东汕尾	1	长时间值班工作，劳累过度
2020-02-04	青海化隆	1	扑救山火，保护战友
2020-04-12	广西南丹	1	某市场火灾，坍塌埋压
2020-05-13	福建厦门	1	超负荷工作病倒在现场，确诊肝癌晚期
2020-06-12	北京大兴	2	某商务高层火灾，执行灭火救援行动中殉职
2020-07-07	江西湾里	2	洪水救援中，被洪水卷走
2020-07-08	四川广汉	1	某花炮厂爆炸，被抛射物击中
2020-07-22	安徽庐江	1	洪水决口，被激流卷入
2020-08-13	甘肃文县	1	救助落水孕妇，水流湍急被卷入
2020-08-18	河南宜阳	1	营救被困群众，冲锋舟侧翻落水
2020-08-23	河北魏县	2	营救跌落污水泵井工人时牺牲
2020-08-30	浙江临安	1	某村居民火灾，民房倒塌被水泥块砸中
2020-09-02	河北安次	1	工作劳累，突发心源性猝死
2020-09-18	安徽马鞍山	1	坍塌事故救援，突发二次塌方被埋压
2020-10-31	内蒙古呼伦贝尔	1	积劳成疾，突发心脏疾病

作为"国家队、主力军"的特勤消防员，面对速反应、强危害、长时间的"全灾种"与"大应急"使命，一定要有与灾情相适应的心理调节能力。在事故现场形势紧迫，又处在灭火救援前线的危险境地时，尤其是在处置形势恶劣情况下，特勤消防员要能够承受住各方面压力和应对各种突发状况[4]。本文通过对特勤消防员进行电子问卷调查，并对调查结果进行数据统计分析，了解其转隶后承担全灾种任务后心理健康现状，发现存在的心理不良状况及原因，并给出相应建议。

1 研究对象与方法

为了解特勤消防员改革转隶后，应对全灾种容易产生心理问题的主要特点及影响因子，笔者以新疆维吾尔自治区某特勤消防救援大队为主体，研究对象共计92人，都是男性，均是自愿参与调查。在本次填报电子问卷过程中，共收到

92 份问卷表。

调查问卷由长沙冉星信息科技公司的问卷星编制提供，问卷内容包括消防救援队伍人员基本情况和SCL-90常模自评量表[5-8]。基本情况包括工作时间、年龄、学历3个问题；SCL-90常模共有90个选题，分为10类因子，每个项目采用5级评分制，总均分 $E(n)$ 和因子均分 $e(n)$ 越高，该症状越严重，见表2、表3。问卷调查采用手机微信在线调查的方式进行，所有数据由问卷星调查平台后台导出，见表2、表3。

所有问卷在答题前均附有统一的"问卷填写说明"。本调查采用国际通用做法[9-10]，手机微信调查，设置限制程序，满足完成90题，每部手机 IP 只能答一次，设定答题时间至少 600 秒才计为答题有效，才能提交问卷，否则需继续答题直至满足要求才能提交。

表2 SCL-90总均分标准

健康等级	判定数值
基本健康	$1 \leqslant E(n) < 1.8$
轻度心理问题	$1.8 \leqslant E(n) < 3$
中度心理问题	$3 \leqslant E(n) < 4$
严重心理问题	$4 \leqslant E(n) < 5$
总均分阳性指数	$E(n) \geqslant 1.8$

表3 SCL-90因子均分标准

健康等级	判定数值
基本健康	$1 \leqslant e(n) < 2$
轻度心理问题	$2 \leqslant e(n) < 3$
中度心理问题	$3 \leqslant e(n) < 4$
严重心理问题	$4 \leqslant e(n) < 5$
因子均分阳性指数	$e(n) \geqslant 2$

2 调查数据分析

2.1 对象基本情况

本调查共有92名特勤消防队员自愿参加，其中92人满足答题有效标准要求，答题有效率为100%。92名特勤消防队员参与灭火救援工作的时间主要集中在 6~10 年和 1~2 年，分别占34.78%、27.17%；92名特勤消防队员年龄集中在 21~30 岁和 31~40 岁，分别占 73.91%、

21.74%；学历以中专/高中与大专学历为主，分别占48.91%、38.04%，见表4。

表4 特勤消防队员基本情况统计表

分类	组别	人数	百分率/%
工作时间	1~2 年	25	27.17
	3~5 年	18	19.57
	6~10 年	32	34.78
	11 年及以上	17	18.48
年龄	18~20 岁	3	3.26
	21~30 岁	68	73.91
	31~40 岁	20	21.74
	41 岁及以上	1	1.09
学历	中专/高中	35	38.04
	大专	45	48.91
	本科	9	9.78
	硕士研究生	3	3.26
合计		92	100.00

2.2 消防员 SCL-90 总均分与因子均分情况统计

通过统计分析，特勤消防队员中 SCL-90 总均分阴性人数为 66 人，阴性率占 71.74%（66/92），阳性人数为 26 人，阳性率占 28.26%（26/92），见表5。其中标记黄色区域，属轻度心理问题，占 28.26%（26/92），标记橙色区域的中度心理问题与标记红色区域的严重心理问题人数均为 0，总均分情况见表5。反映出特勤消防队员应对全灾种任务情况下，大部分人心理状况处于基本健康等级，也有近三成的心理状况有轻度症状，应引起管理者关注。

因子均分阳性情况中，严重程度排在前 3 位的归类因子项分别是"强迫症状""躯体化""其他"。其中，排第 1 位的归类因子阳性人数为 6 人，阳性率占 6.52%（6/92），排第 2 位的归类因子阳性人数为 5 人，阳性率占 5.43%（5/92）。排在第 10 位的归类因子"精神病性"，为阴性人数。各因子均分情况见表6。反映出特勤消防队员转隶后处于"两严两准"的队伍纪律约束下，有一定程度的强迫症状趋势[11]，特警消防队员由于高强度训练身体存在疾病不适，夜间出警睡眠不佳，引起心理的不良状况。

表5 特勤消防队员SCL-90总均分统计情况表（人数）

健康等级	人数	百分率/%
基本健康（绿色）	66	71.74
轻度心理问题（黄色）	26	28.26
中度心理问题（橙色）	0	0.00
严重心理问题（红色）	0	0.00
总均分阳性指数	26	28.26

表6 特勤消防队员SCL-90因子均分统计情况表（人数）

健康等级	躯体化	强迫症状	人际关系敏感	忧郁	焦虑	敌对	恐怖	偏执	精神病性	其他
基本健康（绿色）	87	86	90	90	89	90	91	90	92	87
轻度心理问题（黄色）	5	6	2	2	3	0	1	2	0	5
中度心理问题（橙色）	0	0	0	0	0	2	0	0	0	0
严重心理问题（红色）	0	0	0	0	0	0	0	0	0	0
因子均分阳性指数/%	5.43	6.52	2.17	2.17	3.26	2.17	1.09	2.17	0.00	5.43
严重程度排序	2	1	5	5	4	5	9	5	10	2

2.3 不同工作年限SCL-90总均分与因子均分情况统计

通过不同工作年限特勤消防队员SCL-90总均分统计情况表（表7），可以看出消防队员的阳性指数呈现升降起伏势态。当工作年限为"1~2年"时，阳性指数比为28.00%（7/25）；工作年限为"3~5年"时，阳性指数比为38.89%（7/18），心理健康程度开始上升；工作年限为"6~10年"时，阳性指数比为18.75%（6/32），心理健康程度又开始稳定下降；工作年限为"11年及以上"时，阳性指数比为35.29%（6/17），心理健康程度又急剧上升。反映出特勤消防队员容易出现心理健康疾病的工作年限为入职的3~5年和11年及以上，管理者应重点关注对应工作年限的消防队员心理状况。

通过不同工作年限特勤消防队员SCL-90因子均分统计情况表（表8），可以看出消防队员的阳性指数主要集中在"3~5年"和"11年及以上"工作年限。其中，"躯体化""忧郁""恐怖""人际关系敏感"因子项主要集中在"3~5年"工作年限；"强迫症状""焦虑""敌对""偏执""精神病性""其他"因子项主要集中在"11年及以上"工作年限。反映出特勤消防队员在入职3~5年身体容易出现不适，如头痛、腰酸、背疼、关节炎等慢性疾病[12]，并且对工作与生活出现困惑，当前职业热情减退、生活朝气活力减弱；入职11年及以上，易出现一定强迫症状，容易脾气暴躁，对周边人和事物信任感下降，性格偏向倔强固执，夜间睡眠质量较差。

表7 不同工作年限特勤消防队员SCL-90总均分统计情况表（人数）

工作年限	统计人数	健康（绿色）	轻度（黄色）	中度（橙色）	严重（红色）	总均分阳性指数/%
1~2年	25	18	7	0	0	28.00
3~5年	18	11	7	0	0	38.89
6~10年	32	26	6	0	0	18.75
11年及以上	17	11	6	0	0	35.29
合计	92	66	26	0	0	28.26

表8 不同工作年限特勤消防队员SCL-690因子均分统计情况表（因子均值）

工作年限	躯体化	强迫症状	人际关系敏感	忧郁	焦虑	敌对	恐怖	偏执	精神病性	其他
1~2年	1.19	1.36	1.12	1.15	1.06	1.08	1.04	1.02	1.10	1.17
3~5年	1.34	1.28	1.21	1.25	1.14	1.22	1.10	1.09	1.11	1.24
6~10年	1.23	1.23	1.09	1.06	1.05	1.06	1.04	1.05	1.03	1.12
11年及以上	1.26	1.38	1.18	1.20	1.27	1.26	1.08	1.18	1.15	1.36
平均值	1.25	1.31	1.15	1.17	1.13	1.16	1.07	1.09	1.10	1.22

2.4 不同年龄段SCL-90总均分与因子均分情况统计

通过不同年龄段特勤消防队员SCL-90总均分统计情况表（表9），可以看出消防队员的阳性指数呈现相对稳定的状态。当年龄段在"18~20岁"时，阳性指数比为33.33%（1/3）；年龄段在"21~30岁"时，阳性指数比为27.94%（19/68），不良心理状况比例开始下降；到年龄段"31~40岁"时，阳性指数比30.00%（6/20），不良心理状况比例开始稍微增加；因年龄段在"41岁及以上"只有1人，其差异无统计学意义，不予对比分析。反映出特勤消防队员在"18~20岁""21~30岁""31~40岁"三个年龄段均容易出现心理健康疾病，这与消防队员经常性面对急难险重的灾害任务相关。

通过不同年龄段特勤消防队员SCL-90因子均分统计情况表（表10），可以看出消防队员的阳性指数主要集中在"18~20岁"和"31~40岁"年龄段。其中，"强迫症状""人际关系敏感""忧郁""恐怖"因子项主要集中在"18~20岁"工作年限；"焦虑""敌对""偏执""精神病性"因子项主要集中在"31~40岁"年龄段。反映出特勤消防队员在18~20岁，面对急难险重的灾害任务时，未能正确分析处置行动态势及研判任务可能的复杂性，也未能较好发挥个人自主能力和根据任务变化实施准确的行动，导致心理不良状况；在"31~40岁"时，特勤消防队员在处置全灾种过程中，容易出现不良心理状况，通常表现为暴躁、愤怒、激动，难以克服，这种不良的心理情绪极易造成较差的结果[13]，尤其是在处置当前全灾种事故时影响很大，应引起管理者关注。

表9 不同年龄段特勤消防队员SCL-90总均分统计情况表（人数）

不同年龄段	统计人数	健康（绿色）	轻度（黄色）	中度（橙色）	严重（红色）	总均分阳性指数/%
18~20岁	3	2	1	0	0	33.33
21~30岁	68	49	19	0	0	27.94
31~40岁	20	14	6	0	0	30.00
41岁及以上	1	1	0	0	0	0.00
合计	92	66	26	0	0	28.26

表10 不同年龄段特勤消防队员SCL-90因子均分统计情况表（因子均值）

不同年龄段	躯体化	强迫症状	人际关系敏感	忧郁	焦虑	敌对	恐怖	偏执	精神病性	其他
18~20岁	1.31	1.57	1.17	1.18	1.07	1.06	1.10	1.00	1.03	1.05
21~30岁	1.24	1.29	1.14	1.14	1.08	1.12	1.05	1.06	1.08	1.17
31~40岁	1.22	1.32	1.16	1.17	1.23	1.23	1.07	1.15	1.13	1.27
41岁及以上	1.50	1.20	1.00	1.00	1.00	1.00	1.00	1.00	1.10	1.86
平均值	1.32	1.34	1.11	1.12	1.09	1.10	1.06	1.05	1.08	1.34

2.5 不同学历层次SCL-90总均分与因子均分情况统计

通过不同学历层次特勤消防队员SCL-90总均分统计情况表（表11），可以看出消防队员的阳性指数在不同学历中均有一定比例。当学历层次为"中专/高中"时，阳性指数比为34.29%（12/35）；学历层次为"大专"时，阳性指数比为22.22%（10/45），不良心理状况比例下降；学历层次为"本科"时，阳性指数比为44.44%（4/9），不良心理状况比例上升；因学历层次在"硕士研究生及以上"只有3人，其差异无统计学意义，不予对比分析。反映出特勤消防队员在"中专/高中""大专""本科"三个学历层次均容

易出现心理健康疾病。

通过不同学历层次特勤消防队员SCL-90因子均分统计情况表（表12），可以看出消防队员的阳性指数主要集中在"本科"和"中专/高中"学历层次。其中，"人际关系敏感""忧郁""焦虑""敌对""偏执""精神病性""其他"因子项主要集中在"本科"学历层次；"躯体化""恐怖"因子项主要集中在"中专/高中"学历层次。反映出特勤消防队员在本科学历层次，应对全灾种事故情况下，更有某种保护身体机能意识，对灾害事故现场发生的各类突发状况或行动出现的意外问题，更容易出现不良心理情绪，应引起管理者关注。

表11 不同学历层次特勤消防队员SCL-90总均分统计情况表（人数）

不同学历层次	统计人数	健康（绿色）	轻度（黄色）	中度（橙色）	严重（红色）	总均分阳性指数/%
中专/高中	35	23	12	0	0	34.29
大专	45	35	10	0	0	22.22
本科	9	5	4	0	0	44.44
硕士研究生及以上	3	3	0	0	0	0.00
合计	92	66	26	0	0	28.26

表12 不同学历层次特勤消防队员SCL-90因子均分统计情况表（因子均值）

不同学历层次	躯体化	强迫症状	人际关系敏感	忧郁	焦虑	敌对	恐怖	偏执	精神病性	其他
中专/高中	1.27	1.31	1.15	1.17	1.11	1.15	1.07	1.04	1.10	1.20
大专	1.26	1.32	1.14	1.13	1.09	1.13	1.06	1.08	1.07	1.20
本科	1.15	1.23	1.17	1.19	1.26	1.17	1.06	1.17	1.16	1.25
硕士研究生及以上	1.00	1.07	1.00	1.03	1.07	1.06	1.00	1.06	1.00	1.00
平均值	1.17	1.23	1.11	1.13	1.13	1.12	1.05	1.09	1.08	1.16

3 建议对策

3.1 团队拓展训练

团队拓展训练是特勤消防队伍结合营区特点或人为布置模拟多变的场景，核心点是突破心理障碍。可利用团队基础拓展心理训练设施，调节特勤消防队员自身的心理障碍，调控不良的心理情绪。针对特勤队伍处置全灾种心理的主要特征及影响因素，笔者建议以挑战黑暗训练、对抗意志训练等2个科目为指导。一是挑战黑暗训练。

即在黑暗环境中进行心理调控训练，有助于提高特勤消防队员克服惊慌的态度和能力，感受自身两种力量对抗的心理健康训练模式。此训练可使特勤消防队员在害怕、陌生的环境中依然保持敏捷行动和良好预判技能，提升特勤消防队员细致侦察，敢于突破、克服惊慌的能力素质。二是对抗意志训练。此项目是考验特勤消防队员在十分疲惫状态下，针对心理机能"瘫痪"情况的作业训练。此锻炼有益于激发特勤消防队员心理上超常应变能力，超越人体意志极限状态。

3.2　个人调节训练

个人调节训练是指特勤消防队员结合灾害事故现场环境与个人心理应激波动的情况，积极主动地调控自我身体机能和心理情绪来维持好良好的心理状态。在各类灾害事故现场，突遇意外神经刺激，超过人的心理承受能力时，实施个人调节训练有益于其绷紧的神经系统放松下来，体内的超高压力释放，起伏的情绪平静下来。笔者建议以暗示催眠训练、表情控制训练等2训练科目为指导。一是暗示催眠训练，即通过自身言语等方面间接的刺激，对自我的心理情绪和言行举止催眠改善的方法。暗示催眠训练法在实际操作过程中，可进行消极性与积极性暗示催眠训练正反两类方式训练。二是表情控制训练，即通过调节自身的神经末梢和身体肌肉紧张程度来保证人员的心理积极向上、救援行动准确迅速。这种训练方式，能够提升消防队员自我情绪管理，避免产生害怕、惊慌、忧郁等不良状况，特别是能让消防队员产生抵御突发意外的信心。

4　结论

笔者以新疆维吾尔自治区某特勤消防救援大队为研究主体，通过问卷星SCL-90常模自评量表，以微信调查统计的形式，对采样数据进行分析，了解转隶后特勤消防员处置全灾种时的心理健康状况，分析发现特勤消防员存在不同程度的不良心理健康状况，并提出相应的建议对策。主要体现在：一是特勤消防队员应对全灾种任务时，大部分人的心理状况处于基本健康等级，也有28.26%的人心理状况有轻度症状；二是特勤消防队员容易出现心理健康疾病的工作年限为入职的"3～5年"和"11年及以上"；三是特勤消防队员在"18～20岁""21～30岁""31～40岁"三个年龄段均容易出现心理健康疾病；四是特勤消防队员在"本科"学历层次，更容易出现不良心理健康状况；五是结合所在地区特勤消防员心理的主要特点及其影响因子，提出团队拓展和个人调节两大类心理训练建议，以期能为同行消防员心理训练提供借鉴。

参考文献

［1］康可霖．消防员心理健康状况调查分析及对策研究［J］．武警学院学报，2019，35(6)：46-51.

［2］付丽秋．消防员心理健康影响因素探析［J］．消防科学与技术，2017，36(9)：1306-1309.

［3］卢立红，付丽秋，吴豪华，等．消防员心理健康评估及影响因素［J］．消防科学与技术，2017，36(12)：1758-1761.

［4］谢春龙，吴疆，柳素燕．国外消防员职业安全与健康研究现状综述［C］//中国消防协会．2012中国消防协会科学技术年会论文集（上）．北京：科学技术出版社，2012：258-263.

［5］张睿，叶存春．消防员情绪管理能力量表的实测与应用分析［J］．中国应急救援，2016(6)：47-50.

［6］王兴贵．消防员在灭火救援中的心理障碍及预防对策［J］．水上消防，2017(4)：15-17.

［7］何锋，朱迎．一线消防员心理素质结构分析［J］．消防技术与产品信息，2018，31(4)：37-38，77.

［8］刘爱敏，李娜．理工科大学新生SCL-90测查分析［J］．湖南科技学院学报，2010，31(4)：141-144.

［9］Zoran Šimić. The impact of social networks on the psychology of behavior firefighters［J］. Vatrogastvo i upravljanje požarima, 2016.

［10］Miguel Bernabé, José Manuel Botia. Resilience as a mediator in emotional social support's relationship with occupational psychology health in firefighters［J］. Journal of Health Psychology, 2016, 21(8).

［11］代俊，袁晓艳．心理普查筛出心理危机信息的价值［J］．攀枝花学院学报，2008(5)：115-117.

［12］卢立红，付丽秋，吴豪华，等．特殊作业环境对消防员心理健康的影响研究［J］．武警学院学报，2021，37(2)：10-15.

［13］王超宇．浅析消防改革对消防员心理健康的影响及检测方法研究［C］//中国消防协会．2018中国消防协会科学技术年会论文集．北京：知识出版社，2018.

浅析新时期电气火灾综合治理的对策措施

吴志强[1]　伍林[2]　赵天[3]

1. 应急管理部灭火救援专家组　北京　100013
2. 公安部原消防局　北京　100055
3. 北京航天常兴科技发展股份有限公司　北京　102600

摘　要：本文简要分析了新时期电气火灾的基本特点以及在火灾防控过程中存在的问题，就推广使用先进可靠的智慧用电安全预警系统进行了探讨，提出了电气火灾综合治理的对策措施。

关键词：消防　电气火灾　综合治理　阻性漏电检测

1 引言

新时期最显著的特点就是快速发展。据《2020—2021年度全国电力供需形势分析预测报告》（以下简称《报告》），预计2021年全社会用电量增长6%~7%。《报告》显示，2020年全社会用电量同比增长3.1%，"十三五"时期全社会用电量年均增长5.7%。随着工厂企业生活生产用电量的成倍增加，用电安全突显。据国家统计局数据，每年全国触电死亡约8000人。2020年底应急管理部消防救援局曾派出消防安全检查组分赴10省区进行火灾隐患排查，发现违规用电隐患问题突出，电气火灾已成为消防安全的"头号杀手"，历年均占起火原因首位。"十四五"规划提出统筹发展和安全，建设更高水平的平安中国，把保护人民生命安全摆在首位，全面提高公共安全保障能力。电气安全也成为公共安全和平安中国建设的重要组成部分，仅靠单一的行政或技术措施难以遏制电气火灾，必须进行综合治理。

2 新时期电气火灾的基本特点

2.1 电气火灾多发、高发，严重威胁人民生命财产安全

据有关部门统计，1980年我国电气火灾仅占火灾总数的8.0%，但2020年这一比例攀升到32.1%（图1），其中55.4%的较大火灾是电气引起的。

相关数据显示，2011年至2016年，我国发生电气火灾共52.4万起，造成3261人死亡、2063人受伤，直接经济损失多达92亿余元，均占全国火灾总量及伤亡损失的30%以上。这5年中，全国共发生重特大火灾24起，其中17起为电气火灾，占到总数的70%。电气火灾比例居高不下，且一直呈上升趋势。2017年电气火灾总占比为35.7%；2018年电气火灾起数占全年火灾起数的34.6%；2019年全国住宅火灾中，已查明原因的火灾有52%是电气原因引起。

2.2 电气火灾看不见、摸不着，预警监测难度大

电气线路安装一般有明装和暗装两种方式，均须穿管保护或线槽安装（图2），但大多看不见摸不着，所以很难发现故障源头。电气火灾直接原因主要包括电气设备故障、电气线路故障、电气设备使用不当等，而且重特大火灾事故多因短路引起。根据短路接触点性质的不同，短路起火可分为接地故障短路起火和金属性短路起火，目前对建筑物配电系统进行的预警监测，主要以检测剩余电流为判断依据，研发的技术产品主要包括感温检测、故障电弧检测、剩余电流检测、感烟浓度检测、阻性漏电检测等。多数研发企业以剩余电流检测为用电安全的判断依据，但在实际应用中，这种检测方法不能真实地反映配电系统的绝缘状态，容易产生"非正常报警"（误报警），特别是随着各种电子设备种类和数目的增加，线路谐波干扰增多，应用剩余电流检测方法采集到的"漏电电流"误差随之增大，线路中容性电流 I_{oc} 越大，检测的误差也就越大。非专业排查人员仅靠感观往往难以发现电气故障（图3），即使报警后也不易找到故障原因，目前市场上常用的预警监测设备精准度较差，非正常报警情况频发。

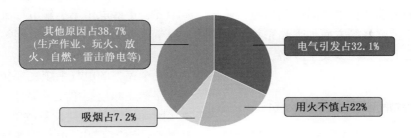

图 1　2020 年全国起火原因

图 2　西安韩城某博物馆安装照片

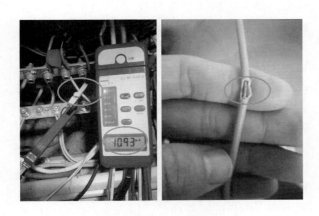

图 3　北京某办公楼现场排查照片

2.3　电气火灾综合治理已上升为国家安全战略、平安中国建设

电气火灾频发，造成巨大的经济损失和人员伤亡，各级领导和人民群众十分关注。2017 年 4 月，国务院安全生产委员会首次印发《关于开展电气火灾综合治理工作的通知》（安委〔2017〕4 号），决定在全国范围内组织开展为期三年的电气火灾综合治理工作，全面展开电器产品生产质量的综合治理，建设使用管理领域、工程领域电气综合治理，力争实现建设工程电气设计、施工质量显著提升，电器产品质量显著提升，社会单位电气使用维护安全水平显著提升，全国电气

火灾事故显著减少。但在调研中发现，虽经治理，全国火灾发生总数略有下降，但电气火灾的占比却不降反升，形势仍然严峻。从分析排查的情况来看，市场上普遍应用的技术和设备满足不了现实的需求。虽然早在 2005 年国家标准《建筑防火规范》（GB 50116—2005）就提倡建筑物宜安装"电气火灾监控设备"，国内相关技术和产品也不断推陈出新，但有的产品误警率太高；对于使用者来说，非但未能获取准确的预警信号，反而导致处置失误，延误灭火时机。新型城市指挥中心的建设快速发展，也让社会对物联网数据来源的精准程度要求急速提高。若数据不准确，整个系统无法运行甚至瘫痪。"电气火灾监控技术"作为智慧消防最重要的子系统技术，是预防电气火灾最重要措施。2020 年 4 月 1 日，国务院安全生产委员会又发布《全国安全生产专项整治三年行动计划》（安委〔2020〕3 号），要求积极推广应用消防安全物联网监测、消防大数据分析研判等信息技术，推动建设基层消防网格信息化管理平台，2021 年底前地级以上城市建成消防物联网监控系统，2022 年底前分级建成城市消防大数据库，建成火灾监测预警预报平台，以实现对火灾高风险场所、高风险区域的动态监测、风险评估、智能分析和精准治理，完善和落实重在"从根本上消除事故隐患"的责任链条、制度成果、管理办法、重点工程和工作机制，扎实推进安全生产治理体系和治理能力现代化，专项整治取得积极成效，事故总量和较大事故数量持续下降，重特大事故有效遏制，全国安全生产整体水平明显提高，为全面维护好人民群众生命财产安全和经济高质量发展、社会和谐稳定提供有力的安全生产保障。这就要求，电气火灾治理不仅需要加强电器产品生产质量综合治理，建设工程领域、使用管理领域电气治理，也

需要推广使用先进精准的技术产品监测预警，还需要从法制、行政、监督等方面加强和完善，电气火灾综合治理已上升为国家安全战略、平安中国建设。

3 电气火灾综合治理难点痛点分析

3.1 电气防火相关法规与电气安全的管理体制不够健全

消防法制建设是控制火灾发生的前提，是国家消防工作的建设基础[1]。2018年国家颁布了《用电安全导则》，规定了电气设备在设计、制造、安装、使用、维修等阶段的用电安全基本原则和要求，但对于用电产品的具体安装、使用标准并没有列出明确标准[1]。我国没有关于用电安全方面的行政法规，很多条文规定都是夹杂在其他的法律规范中，其系统性和完整性不足以全面地对单位或者个人在电气设备制造、安装、使用等方面的行为进行严格约束。如下发的《关于对〈智慧城市　建筑及居住区第一部分：智慧社区建设规范〉》，其对"电气火灾探测监控系统及智能充电站系统等"的设置也不够完善，建议增加电气火灾监控探测报警器；充电柜应具备远程物联网监控功能，能实时监控充电柜的电压和电流等。

电气安全相关的管理体制还存在些许漏洞，体制漏洞的管理完善是解决安全问题的重要手段，但是国内对于电气安全的管理，不仅缺少具体的实践经验，并且相关的政策法规制定部门不统一，导致缺乏社会影响力与约束力。监管方面的措施也比较欠缺，在电气产品的使用和维护过程中，相关的操作人员没有严格的考核评价体系，对电气安全问题的监管落实不到位。

3.2 电气防火施工不规范

电气安全监管机制尚不完善的情况下，缺乏强有力的标准对一些施工单位、从业人员进行电气设计施工的规范化，导致电气设备和线路选型及敷设不合理、没有防火封堵和保护措施、设备散热隔热措施不当、使用不合格电气设备、施工工艺不符合要求等问题，造成先天性火灾隐患。施工人员没有严格按照设计图纸进行施工，为降低成本，擅自更改设计方案或降低施工技术标准。另外，电工从业人员门槛不高，综合素质参

差不齐，一些电工不了解电气火灾隐患，不能准确分析电气火灾先期故障原因等[2]。

3.3 电气系统自身故障

一个完整的电气系统主要包括设备单元、电气线路单元和控制单元等部分。电气火灾发生的直接因素通常是电气设备故障、电气线路故障、电气设备使用不当。电气设备故障主要包括设备漏电、保护装置失效或拒动、设备接地故障、保护外壳或绝缘层损坏等几种情况；电气线路故障主要包括过热、过载、短路、线路漏电、接触不良、绝缘层老化破损等几种情况，其中短路引起的电气火灾最多；电气设备使用不当包括设备人员未按规程使用电气设备、不具备安全用电知识、错误操作和忘记切断电热设备电源等几种情况。

3.4 电气产品的质量参差不齐

近年来，各类电气产品发展迅速，不断推陈出新，产品质量稳步提升，迅速成为推动中国企业发展的关键因素。在接受《中国企业报》采访时，多位国内业内人士坦言，以往依靠成本价格双低，对产品质量体系过于忽略的扩张模式，已经无法推动中国电器产品进行全球化的发展。近年来，通过加大技术创新、产品升级换代、完善质控体系、提升附加值等精细类扩张模式，中国电气产品的全球化布局正在稳步推进[3]。

然而，电气产品仍呈现出大型产业格局整合接近饱和，而小型产业仍处于起步的形势。随着市场的发展壮大，进入行业的企业与人员质量良莠不齐，不良商家存在经营以次充好、劣质拼装的现象。优质的电气产品不是简单的零部件拼凑，而是从选材、生产、检测、运输、设计安装到调试运行、售后维护都非常严谨的一套生产和服务体系，从生产到使用，任何一个细节都要严格地遵守相关的法规和标准。

3.5 电气火灾防控技术产品漏报、误报情况严重

在使用电气火灾防控设备的众多项目中，剩余电流检测是接地故障短路故障检测的主要方法。在配电系统环境中，检测到的剩余电流往往受到谐波的干扰，直接的测量值不能作为故障和报警信息的真实依据。因此急需排除干扰，分析出剩余电流中导致隐患的决定分量。除设备技术问题外，一些地区的设备设定值过高，忽视了真

正的安全隐患，加剧了漏报现象的发生。针对不同场所，需要适当选择不同类型的设备，如对用电安全环境要求极高的医院和高危场所，可选用高精密漏电检测设备作为主要设备，辅以热解粒子探测器、温度探测器等，共同维护用电安全。存在电气火灾安全监控设备安装覆盖面积过大，配电系统安装点位密集，不能科学、合理设定进行有效安装现象。例如有些甚至安装到末级回路，报警后本应该能够定位到具体回路中，但这种情况不仅浪费成本，而且起不到真正的用电防护效果。尤其在常见低压线路电气装置的设计安装和检验，该环节是用电安全的重要保障。电气火灾监控产品质量不过关，致使在应用后难以稳定运行，监测数据不准确，后期产品维护成本高。存在设备报警后不会查找问题现象。电气火灾隐患具有"隐蔽性"，非专业排查人员仅靠感观往往难以发现，具备科学、准确、可操作的安全检测方法、手段以及专业的隐患排查分析经验技术是电气安全防范工作的关键。配电线路维护过程中出现问题，电气火灾监控设备发出报警或故障信息，但因业主缺乏事故原因分析技能及经验，不能解决问题，以致配电系统"带病"运行。

在调研中发现电气火灾防控技术产品还存在以下问题：①智慧用电设备日常报警过于频繁，存在误报警现象，管理人员无法正常使用；相关管理人员对电气安全事故的处理能力不足，使得智慧用电监控设备的安装并未取得预期效果。②安装失误暗含危险。某居民村发生几起智慧用电设备电缆接口由于接触松动导致的过温报警、端子打火等事故，安全监控产品竟然存在火灾隐患，导致居民对智慧用电设备的安装产生了质疑。③电气火灾监控产品无认证、不合规。某医院安装的智慧用电监控设备既没有消防认证及型式检验报告，其产品上又没有按照国家产品相关要求进行铭牌标注，属于三无产品。

4 电气火灾综合治理的对策措施

4.1 研发与推广使用电气火灾防控新技术

为从源头上防范化解重大公共安全风险，坚决遏制长期以来电气火灾高发势头，业界学者拟在人大会议上提出"关于推广'在线测量绝缘式电气火灾监控探测'技术有效治理电气火灾的议案"。

在线测量绝缘式电气火灾监控探测技术以发现引发电气火灾隐患的阻性漏电为前提，创新性地提出了阻性分离算法。与传统漏电电流检测方法不同，阻性漏电检测方法通过检测剩余电流 I_o，通过阻性分离得到阻性电流 I_{or}、容性电流 I_{oc}，各数据量检测如图 4 所示。其中 I_o、I_{or}、I_{oc} 三者之间的矢量关系如图 5 所示。

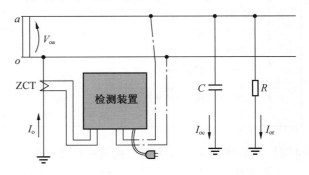

图 4 各数据量检测示意图

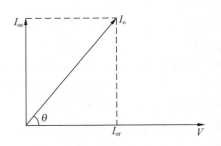

图 5 数据矢量关系图

在阻性分离过程中，去除干扰，提纯阻性漏电，确保计算出配电系统在线的绝缘电阻参数为真正的有害电流分量。该技术当前可实现对有害漏电成分 0.001 mA 的分辨率，有利于大幅度降低目前市场上通用的火灾报警装置的漏报率和误报率。值得注意的是，受当前各种电子设备使用的影响，线路谐波干扰增多，使应用传统方法检测到的"漏电电流"误差随之增大，线路中容性电流 I_{oc} 越大，检测误差也就越大。在线路绝缘性检测方面，阻性漏电技术具有绝对的优势，与绝缘摇表、剩余电流检测对照结果，见表 1。

以精准探测为前提的阻性漏电检测技术，也成为有效遏制电气火灾的关键核心技术，大量实例证明其能够有效监测、防控电气火灾。推广应用我国自主创新的"在线测量绝缘式电气火灾监控探测"技术，是遏制电气火灾的有力技术手段和有效措施。

表1　线路绝缘性检测方法对比

序号	绝缘摇表年检	利用剩余电流进行绝缘评价	通过检测阻性漏电进行换算得出绝缘值
1	需停电检查，检查费用高，造成一定经济损失	无须停电，在线检测	无须停电，在线检测
2	无法实现全天候实时监测，检测间歇期无法保证绝缘情况	全天候实时监测，无间歇期	全天候实时监测，无间歇期
3	检测时需切断负载设备，无法检测负载设备绝缘状态	在线检测，但谐波源类等部分负载设备对其检测结果有一定影响	在线检测，检测算法适用性强，可过滤谐波源类等部分负载设备对检测结果的影响
4	直接显示绝缘电阻值	误差太大无法计算绝缘电阻值，一般以剩余电流大小评价绝缘性能	可显示剩余电流、分离后的阻性漏电分量，亦可显示实时的在线绝缘电阻值
5	只能检测到配电系统当时的绝缘状态	由于误差较大，只能对配电系统绝缘性能进行大概评估	利用物联网技术，可以在云平台监控端观测到绝缘劣变的整个过程曲线

4.2　制定强制性电气火灾监控系统技术标准

要加快制定以阻性漏电检测技术为基础的电气火灾监控技术产品的安装使用标准，并予以强制性推广应用。笔者在调研中深切感到，基于当前电气火灾监控设备类型多样，而又没有相应的安装使用技术界定标准，电气火灾监控安装布局不合理，监测数据不准确，系统误报率高的问题十分突出。目前，应急管理部消防救援局已批准立项"利用阻性漏电检测技术保证电气火灾预警可靠性的研究与应用"，国家标准《电气火灾监控系统　第9部分：探测绝缘性能式电气火灾监控探测器》（GB 14287.9）已进入征求意见阶段。广泛应用先进的电气火灾预警监测技术产品，可以有效遏制电气火灾的发生。建议有关部门抓紧推进"项目"和"标准"工作的进度，组织科研机构和生产企业，结合我国电气线路及设备的应用现状，起草制定以阻性漏电检测技术为基础的电气火灾监控技术产品的安装使用标准，强制安装使用阻性漏电检测技术产品（图6），从而从根本上防大火、控小火，降低电气火灾发生的风险和频率，遏制重特大火灾事故的发生。

国务院安委会《消防安全专项整治三年行动实施方案》，明确要求"完善法规制度，注重运用法治思维和法治方式，推动解决安全生产重点难点问题，制修订一批安全生产强制性国家标准、行业标准"。建议以防范和遏制重特大电气火灾事故为导向，以电气火灾事故"超前预测、主动预警、综合防治"为重点，结合我国遏制电气火灾的形势需要和国内外电气火灾防控技术的最新发展进步，加快淘汰落后的消防技术装备，对已有的相关消防规范和技术标准进行修订，尽快出台强制性的电气火灾监控系统设置规范，制定以阻性漏电检测技术为基础的电气火灾监控技术产品的安装使用标准，解决好影响电气火灾防控的技术瓶颈和关键性技术难题，运用法治手段提升电气火灾预防和治理的能力和水平。

图6　相关企业标准示意图

4.3 加强相关行政部门的监管力度

2021年政府报告中提出，今年重点工作之一，是进一步转变政府职能，把有效监管作为简政放权的必要保障，大力推行"互联网+监管"，提升监管能力，加大失信惩处力度，以公正监管促进优胜劣汰。应急管理部消防救援局专门下发《关于改进消防监管强化火灾防范工作的意见》，强调"提高检查发现问题质效"，指出在消防检查中要突出火源电源、易燃可燃物、违章动火用电、彩钢板建筑、保温材料、电动车以及建筑消防设施、安全疏散、员工宿舍9个关键要素，精准检查、从严监管。

（1）集中整治消防行业安全问题。坚持问题导向、精准治理，全面打通消防生命通道，集中整治高层建筑、大型商业综合体、城市地下轨道交通、石油化工企业以及老旧场所、新材料新业态等场所领域的消防安全突出风险隐患。

（2）推行行业消防安全标准化管理。教育、民政、文化和旅游、卫生健康、宗教、文物等重点行业部门，建立完善行业系统消防安全管理规定，健全与消防救援机构分析评估、定期会商、联合执法等工作机制，推广"三自主两公开一承诺"做法，组织行业单位开展消防安全标准化管理。

（3）建立健全风险研判、精准治理、源头管控的火灾风险防范化解机制。全面应用大数据、物联网信息化技术，依托智慧城市建设，分级建成城市消防大数据库，建成火灾监测预警预报平台，实现对火灾高风险场所、高风险区域的动态监测、风险评估、智能分析和精准治理。

（4）建设消防物联网监控系统。各地区积极推广应用物联传感、温度传感、火灾烟雾监测、水压监测、电气火灾监控、视频监控等感知设备，加强消防安全智能化、信息化预警监测，实现消防数据物联感知、智能感知。

（5）加强基层消防管理信息化共建共治。基层综治、社区、网格等信息化管理平台嵌入消防安全管理模块，将消防工作有机融入基层综合治理体系，整合基层部门管理服务资源，综合运用社会治理"人、地、事、物"等关联数据信息，构建网络化、社会化、信息化的基层消防管理体系。

建议相关行政执法部门在检查中要加大对电气安全违法行为的执法力度，严格执法直至追究刑事责任。

4.4 完善电气防火相关法律法规

加强消防法规标准宣传，督促企业单位严格执行电气安全相关技术标准，全面推进电气安全制度化、标准化。完善用电安全日常管理制度，提高建筑电气系统防火性能、做好电气系统维护及定时进行电气检测。要以强化责任制为牵引，以岗位职责为抓手，严格按规办事，将违法违规生产销售电气产品、进行电气设计施工和检修维护的企业单位列入相应领域的黑名单，加大执法力度。

（1）切实加大消防规范标准的宣传力度。2019年11月，由住房与城乡建设部和国家市场监督管理总局联合对《建筑设计防火规范》（GB 50016—2014）进行了修订，其中对电气火灾监控系统的部署由原来的"宜"部署变为"应"部署；《民用建筑电气设计标准》（GB 51348—2019）于2020年8月1日起正式开始实施，标准将原来的电气火灾"宜部署"改成"应部署"。应加大宣传力度，严格按标准要求设计，确保安全。

（2）亟须对刑法修正案做出司法解释。建议有关部门提请全国人大对刑法修正案中"强令他人违章冒险作业，或者明知存在重大事故隐患而不排除，仍冒险组织作业，因而发生重大伤亡事故或者造成其他严重后果的，处五年以下有期徒刑或者拘役；情节特别恶劣的，处五年以上有期徒刑"，以及"具有发生重大伤亡事故或者其他严重后果的现实危险的"，及时做出司法解释，以利加大刑法惩处力度，遏制违法行为和重特大火灾的发生。

（3）制定强制性消防法规标准。目前对违反用电安全的行为只在《消防法》及公安部、住建部的相关规章中有原则性的规定，需要制定电气方面的专门法规标准，从源头上预防电气火灾的发生。一是制定电气线路防火设计规范、电气设备防火设计规范等，作为审核、验收企业及用电安全准则；二是制定行政执法与刑事司法衔接工作规定的法规或规章，特别是对"关闭、破坏直接关系生产安全的监控、报警、防护、救生设备、设施，或者篡改、隐瞒、销毁其相关数据、信息的；因存在重大事故隐患被依法责令停产停业，停止施工，停止使用有关设备、设施、场所或者立即采取排除危险的整改措施，而拒不执行的"行为，要做好行政执法与刑事司法的衔接工作，及时移交查办，严厉打击用电安全违法行为。

4.5 成立安全用电专业委员会

为了更好地规范、引导市场健康发展，促进电气火灾监控产品技术创新和质量提升，建议中国应急管理学会消防工作委员会成立"安全用电专业委员会"，集防触电、防电气火灾于一体，切实降低电气安全事故发生的概率。建议主要职责一是贯彻落实政府有关政策、法规，向政府管理部门提出咨询意见和建议；二是开展市场监测工作，及时向成员单位和政府管理部门提供行业情况调查；三是促进完善标准体系、质量管理体系建设，开展专业技术交流及培训活动；四

是加强防火材料标准执行的督查力度；五是建立健全的火灾事故成因发布机制及制度规定，强化安全警示作用，使公众能够吸取教训；六是建立安全用电文献的共享机制，做好用电安全常识日常宣传工作，向群众普及用电安全专业知识，提高整体环境的用电安全水平；七是建设行业诚信自律体系，定期调查并通报出售伪劣产品、提供虚假服务等失信行为，营造公平的市场竞争环境。

参考文献

[1] 王旭辉. 我国电气火灾的现状、问题和防控对策[J]. 中国新技术新产品，2014，(7)：180.

[2] 曾金龙. 新形势下电气火灾现状及防治对策[J]. 消防技术与产品信息，2018，31(5)：65-67.

[3] 靳欣和. 从设计角度浅议如何提高电气产品的可靠性[C]//中国质量协会. 质量——持续发展的源动力：中国质量学术与创新论坛论文集. 北京：2010.

基于不同燃烧特性的 XPS 对外墙外保温系统防火安全性研究

赵 婧 庄 爽 杨 亮

应急管理部天津消防研究所 天津 300380

摘 要：本文选用三种不同燃烧特性的 XPS 保温板材，以薄抹灰外墙外保温系统为例，研究保温材料对外墙外保温系统防火安全性能的影响。采用氧指数、单体燃烧测试、可燃性测试对三种 XPS 进行燃烧性能分级，采用外墙外保温系统防火性能试验对以上三种 XPS 外墙保温系统的防火安全性进行评价。研究结果表明，保温材料的燃烧性能直接影响外墙保温系统的防火安全性，B_1（难燃）XPS 保温板制备的外保温系统在防火性能试验中保温层的温升较低，系统具有较高的防火安全性；B_2 级（可燃）XPS 保温板制备的外保温系统未能通过防火性能试验，火灾风险性高。

关键词：消防 XPS 保温板 外墙外保温系统 防火安全性

1 引言

在当今飞速发展的社会中，居住建筑和公共建筑耗能巨大，建筑节能是我国节能减排工作的重要内容，关系到我国实现碳达峰、碳中和的目标。对建筑外部围护结构采取保温隔热是实现建筑节能的主要措施。薄抹灰外墙外保温系统是目前我国房地产开发商、保温节能建筑设计和建筑施工单位主要的建筑外墙保温隔热体系[1-2]，系统构造主要包括黏结层、保温层、抹面层、饰面层及配件，保温材料是其核心功能材料，是影响系统防火性能的重要因素。

挤塑聚苯乙烯保温板（XPS）因具有良好的保温性能、极低的吸水率、较低的导热系数和低造价等优点，被广泛应用于外墙外保温系统。与此同时，XPS 保温板属于典型的有机材料，具有可燃、防火性差等缺点，由建筑外墙保温材料引发的建筑火灾时有发生，如 2021 年 3 月 9 日因外墙保温材料起火引发的石家庄众鑫大厦火灾。这类火灾事故造成了生命财产方面的重大损失，对该类保温系统的应用造成了不利影响。因此有必要研究保温材料的燃烧特性对外墙外保温系统防火安全性能的影响。

本文选取了市场上常用的三种 XPS 保温板材，首先对保温板材进行了氧指数、单体燃烧测试、可燃性测试，研究三种 XPS 的燃烧行为，并按照《建筑材料及制品燃烧性能分级》（GB 8624—2012）的规定，对三种 XPS 的燃烧性能等级进行判定；其次，利用 XPS 制备薄抹灰外墙外保温系统，对其进行防火安全性能测试，试验模拟房间完全发展起来的火灾通过破碎的窗口沿着建筑外墙表面向上蔓延的情景，主要评价建筑外墙覆盖系统的损毁范围，特别是外墙覆盖系统阻止火焰向上蔓延的能力，并通过温度测试等指标判定。探究 XPS 的燃烧性能对外墙外保温系统防火安全性能的影响规律。通过对不同燃烧等级的保温材料的综合评价，为今后进一步提高外墙保温系统防火安全性提供技术储备。

2 实验部分

2.1 试样制备

本文选用三种市场常用的挤塑聚苯保温板作为研究样品，板材尺寸均为 1200 mm×600 mm×50 mm，密度为 32~35 kg/m³，样品编号分别记为 XPS1、XPS2 和 XPS3。

外保温系统防火性能试验样品构造如图 1 所

作者简介：赵婧，女，硕士，助理研究员，工作于应急管理部天津消防研究所，主要从事建筑材料燃烧性能检测、电线电缆燃烧性能等方面的研究工作，E-mail：zhaojing@tfri.com.cn。

图1 XPS外保温系统防火性能试验样品构造图

示，在基层墙体表面均匀涂抹水泥砂浆找平，为了防止外墙保温系统脱落，施加保温层时，采用黏结砂浆满贴的粘贴方式外加锚栓固定的方式将其与基层墙体固定，保温层外侧铺设玻纤网格布，然后施工抹面胶浆防护层，完成系统施工后，养护28天方可进行防火性能试验。外保温系统编号与保温板编号对应，分别记为Ⅰ XPS1外保温系统、Ⅱ XPS2外保温系统和Ⅲ XPS3外保温系统。

2.2 实验设备及实验方法

对三种XPS保温板材进行以下实验：

氧指数测试：利用氧指数测定仪（型号：FTT0077，Fire Testing Technology Ltd）参考《塑料 用氧指数法测定燃烧行为 第2部分：室温试验》（GB/T 2406.2—2009）对样品进行氧指数测试，试样尺寸为150 mm×10 mm×10 mm。

单体燃烧测试：利用单体燃烧测试仪（型号：SBI，Fire Testing Technology Ltd）参考《建筑材料或制品的单体燃烧试验》（GB/T 20284—2006）对样品进行单体燃烧测试，火源功率为（30.7±2.0）kW，试样尺寸长翼为1500 mm×

500 mm，短翼为1000 mm×500 mm，试验数据由单体燃烧测试仪专用软件进行分析和处理。

可燃性测试：利用可燃性测试仪（型号：JCK-2，南京江宁分析仪器有限公司）参考《建筑材料可燃性试验方法》（GB/T 8626—2007）对样品进行可燃性测试，试样尺寸为250 mm×180 mm。

对三种外保温系统进行防火性能测试实验：

利用外墙外保温防火性能测试仪，参考《建筑外墙外保温系统的防火性能试验方法》（GB/T 29416—2012）对外保温系统进行防火性能测试，外保温系统结构与标准规定的试样完全一致，由墙体、燃烧室、热源、垮塌区域、测量系统等部分组成，试验温度通过测量系统NI PXIe-1078采集卡进行采集。

3 结果与讨论

3.1 XPS保温板燃烧性能测定及燃烧等级判定

对所选的三种XPS保温板材进行单体燃烧测试、氧指数测试和可燃性测试，试验结果见表1。

表 1　XPS 保温板材燃烧测试性能相关参数

	样品编号	XPS1	XPS2	XPS3
单体燃烧	pHRR/kW	0.13	27.17	573.9
	THR/MJ	0.2	9.78	93.06
	FIGRA$_{0.2MJ}$/(W·s^{-1})	0	90.2	1662.0
	FIGRA$_{0.4MJ}$/(W·s^{-1})	0	90.2	1662.0
	THR$_{600s}$/MJ*	0.2	7.8	93.06
可燃性	焰尖高度/mm	70	72	97
	燃烧滴落物	未引燃滤纸	未引燃滤纸	未引燃滤纸
	氧指数/%	30.8	30.4	26.2
	燃烧等级	B$_1$(B)	B$_1$(C)	B$_2$(E)

注：＊试验开始前 300 s 为基线和辅燃烧器火焰标定时间，因此表中 XPS 保温板燃烧 600 s 时总放热量 THR$_{600s}$ 对应的数据为图 2b 中 t＝900 s 时的总热释放量。

图 2 为三种 XPS 保温板单体燃烧测试所得相关曲线，包括热释放速率曲线 HRR(A)、热释放总量曲线 THR(B)。根据标准试验程序规定，试验开始前 300 s 为基线和辅燃烧器火焰标定时间，因此图 2 中 XPS 保温板在 t＝300 s 时被主燃烧器引燃。从图 2a HRR 曲线可以得出，试样被引燃后，三种 XPS 的 HRR 曲线明显不同，XPS3 被引燃后，HRR 迅速增大，在较短时间达到热释放速率峰值；从表 1 数据可得，XPS3 的热释放速率峰值为 573.9 kW，而 XPS1 和 XPS2 的 HRR 曲线则上升较为平缓，从表 1 数据可得，XPS1 和 XPS2 的热释放速率峰值分别为 0.13 kW、27.17 kW，明显低于 XPS3 的热释放速率峰值。从图 2b 热释放总量曲线可得，XPS1、XPS2 和 XPS3 的热释放总量分别为 0.2 MJ、9.78 MJ 和 93.06 MJ。燃烧速率增长指数（FIGRA）指试样热释放速率与受火时间的比值，表征火灾增长的速率，FIGRA 指数越大表明燃烧增长得越快，火灾危险性就越高。表 1 列出的三种 XPS 的 FIGRA 值可直观说明，相比 XPS1 和 XPS2，XPS3 被引燃后燃烧增长速率最快，火灾危险性最高。

三种 XPS 保温板材的氧指数测试结果、可燃性测试结果见表 2。从表 2 中数据结果可得，XPS3 在较低的氧浓度下就可以燃烧，氧指数仅为 26.2%，能达到墙面保温泡沫塑料 B$_2$ 级氧指数 OI≥26% 的技术要求，可燃性测试焰尖高度

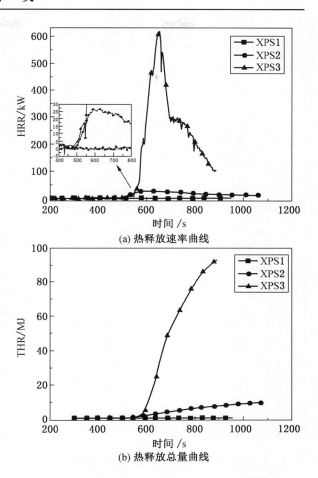

(a) 热释放速率曲线

(b) 热释放总量曲线

图 2　XPS 保温板材单体燃烧测试相关曲线

达到 97 mm，燃烧过程伴有较明显的熔融滴落现象，但未引燃滤纸；XPS1 和 XPS2 的氧指数分别为 30.8% 和 30.4%，达到了 B$_1$ 级氧指数值 OI≥30% 的技术要求，可燃性测试中，焰尖高度也显著低于 XPS3 对应的焰尖高度。氧指数和可燃性测试综合可得，XPS3 极易燃烧，阻燃性能差，有较大的火灾危险性，XPS1 和 XPS2 的燃烧性能相差不大，XPS1 优于 XPS2。

结合以上测试结果，根据《建筑材料及制品燃烧性能分级》（GB 8624—2012）[3] 中平板状建筑材料燃烧性能的等级划分的技术要求，XPS1 为 B$_1$(B) 级，属于难燃材料；XPS2 为 B$_1$(C) 级，属于难燃材料；XPS3 为 B$_2$(E) 级，属于可燃材料，具有较高的火灾风险。按照《建筑设计防火规范》（GB 50016—2014）[4] 的规定，XPS1 和 XPS2 可以用于高度大于 24 m 小于 50 m 的住宅建筑外保温系统，而 XPS3 燃烧性能未能达到 B$_1$ 级，不满足使用要求。

表2　三种外保温系统防火性能测试中保温层外部及内部最高温度　　　　　　℃

	Ⅰ XPS1 外保温系统		Ⅱ XPS2 外保温系统		Ⅲ XPS3 外保温系统	
保温层 外部最高温度	1W	297.8	1W	267.7	1W	456.5
	2W	495.7	2W	464.4	2W	566.6
	3W	537.5	3W	583.9	3W	578.3
	4W	438.4	4W	473.7	4W	693.1
	5W	290.3	5W	330.0	5W	447.7
	6W	299.1	6W	341.3	6W	404.2
	7W	241.3	7W	263.1	7W	490.4
	8W	159.7	8W	175.9	8W	404.6
平均值	345.0		362.5		505.2	
保温层 内部最高温度	1N	38.4	1N	74.7	1N	433.5
	2N	80.1	2N	242.8	2N	463.0
	3N	92.9	3N	261.8	3N	536.6
	4N	99.3	4N	227.9	4N	655.2
	5N	45.7	5N	134.9	5N	669.1
	6N	96.7	6N	213.4	6N	605.4
	7N	102.7	7N	227.2	7N	479.5
	8N	86.8	8N	147.0	8N	407.3
平均值	80.3		191.2		531.2	

3.2　XPS 外墙外保温系统防火性能测试

　　《建筑外墙外保温系统的防火性能试验方法》(GB/T 29416—2012)[5] 是以英国 BS 8414-1:2002《窗口火试验方法》为基础编制的外墙外保温系统的大比例防火试验方法。为了研究不同燃烧特性的 XPS 对外墙外保温系统防火安全性影响规律，本文将选取的 XPS1、XPS2、XPS3 三种保温板制备外保温系统，进行防火性测试。图3为外保温系统防火性能测试热电偶布置位置及编号示意图。图4为三种外保温系统防火性能测试中水平准位线2处保温层外部及内部温升曲线。

　　从图4a、图4b 可得，Ⅰ XPS1 外保温系统在实验开始 400 s 后，水平准位线2外部温度和内部温度极速升高，系统的内部保温材料即已经开始受热分解、燃烧，主墙温度测温点的温度普遍高于副墙测温点的温度，主墙中心线处对应的3号测温点一直是温度较高的区域。各测温点的最高温度列于表2中，从表2中数据可得，Ⅰ XPS1 外保温系统水平准位线2保温层外部最高温度为 537.5 ℃，外部温度平均值为 345.0 ℃，

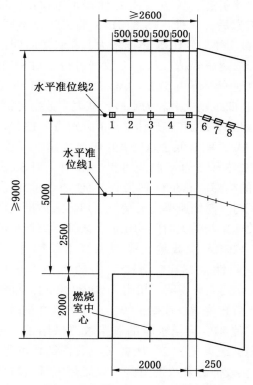

图3　外保温系统防火性能测试热电偶
布置位置及编号示意图（单位：mm）

内部最高温度为 102.7 ℃，内部温度平均值仅为 80.3 ℃。这说明由于保温层内 XPS1 具有较好的阻燃性能，系统在防火性能测试中，保温材料燃烧蔓延速度较慢，没有出现轰燃爆燃现象，因此保温层外部、内部温度可以保持较低的温升水平。

从图 4c、图 4d 可得，Ⅱ XPS2 外保温系统水平准位线 2 外部及内部温升曲线与 Ⅰ XPS1 外

保温系统相似，Ⅱ XPS2 外保温系统水平准位线 2 保温层外部最高温度为 583.9 ℃，外部温度平均值为 362.5 ℃，内部最高温度为 261.8 ℃，内部温度平均值为 191.2 ℃。由以上数据可得，Ⅱ XPS2 外保温系统水平准位线 2 各测温点的最高温度均高于 Ⅰ XPS1 外保温系统，外部温度平均值为 Ⅰ XPS1 外保温系统外部温度平均值的 1.05 倍，但是内部温度却达到 Ⅰ XPS1 外保温系统内

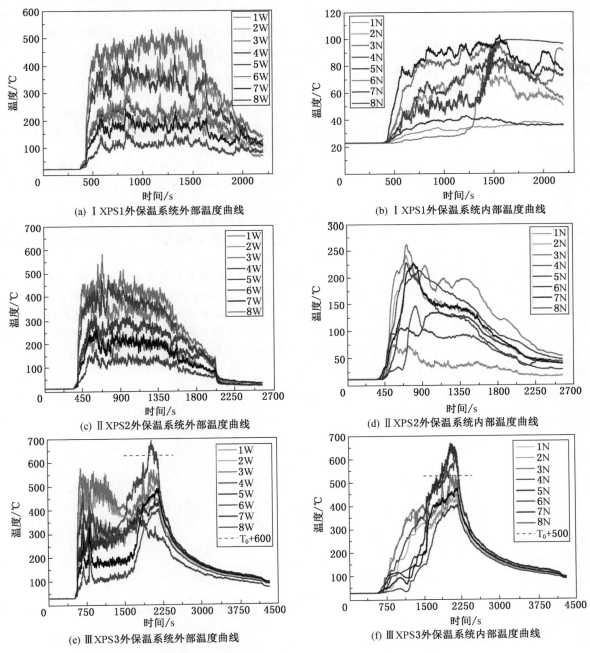

(a) Ⅰ XPS1外保温系统外部温度曲线

(b) Ⅰ XPS1外保温系统内部温度曲线

(c) Ⅱ XPS2外保温系统外部温度曲线

(d) Ⅱ XPS2外保温系统内部温度曲线

(e) Ⅲ XPS3外保温系统外部温度曲线

(f) Ⅲ XPS3外保温系统内部温度曲线

图 4　三种外保温系统防火性能测试中水平准位线 2 处
保温层外部及内部温升曲线

部温度的 2.38 倍，这说明该系统的保温层 XPS2 发生了更为剧烈的燃烧，保温层内部火焰蔓延速率增加，加剧了保温层熔融滴落现象，从而导致保温层内部温度显著升高。

从图 4e、图 4f 可得，在Ⅲ XPS3 外保温系统的外部温度曲线中出现了两组温度峰值。第一组温度峰值出现于试验开始 750 s，这因为系统的内部保温材料开始受热分解、燃烧引起温度升高，此时，各测温点温度均未超过 600 ℃。随着燃烧反应的加剧，保温材料开始大面积燃烧，保温层融化，与外部的保护层形成空腔结构，使得火焰通过内部空腔向墙体上部极速扩散，温度持续升高，使外保温系统的火势充分发展，发生轰燃，当试验至 2200 s，出现第二组温度峰值。Ⅲ XPS3 外保温系统水平准位线 2 保温层外部最高温度为 693.1 ℃，外部温度平均值为 505.2 ℃，内部最高温度为 669.1 ℃，内部温度平均值为 531.2 ℃。

根据以上测试结果，结合《建筑外墙外保温系统的防火性能试验方法》(GB/T 29416—2012) 的判定要求，Ⅰ XPS1 外保温系统和Ⅱ XPS2 外保温系统在防火性能测试中，水平准位线 2 处外部和内部的温升曲线均处于较低温度区间，XPS1 和 XPS2 制备的外保温系统具有较好的防火安全性能，因为Ⅰ XPS1 外保温系统温升较低，具有更高的防火安全性能。由于Ⅲ XPS3 外保温系统外部温升超过了 600 ℃，内部温升超过了 500 ℃，未能达到判定要求，因此该系统的防火性能较差。

4 结论

从以上实验结果分析可得，使用相同的施工工艺，采用燃烧等级为 B_1 级的挤塑板制备的外保温系统在防火性能测试时，保温板外部和内部的温度较低，具有一定的防火安全性；采用燃烧等级为 $B_2(E)$ 级的挤塑板制备的外保温系统具有较大的火灾风险，未能通过防火性能测试。XPS 保温板材的燃烧性能是影响外墙保温系统防火安全性的重要因素。

参考文献

[1] 郑红梅，谢大勇，李建波．薄抹灰外墙外保温系统防火安全性 [J]．消防科学与技术，2014，33（9）：1028-1030．

[2] 刘永健，安艳华，吉军，等．XPS 板外墙外保温系统适宜性防火构造探讨 [J]．建筑节能，2015，43（6）：71-74．

[3] 国家标准化管理委员会．GB 8624—2012 建筑材料及制品燃烧性能分级 [S]．北京：中国标准出版社，2013．

[4] 住房和城乡建设部．GB 50016—2014 建筑设计防火规范 [S]．北京：中国计划出版社，2018．

[5] 国家标准化管理委员会．GB/T 29416—2012 建筑外墙外保温系统的防火性能试验方法 [S]．北京：中国标准出版社，2013．

液化天然气槽罐车泄漏特征与
处置训练装置研究

陈晔　李毅　许晓元

应急管理部天津消防研究所　天津　300381

摘　要：随着液化天然气（LNG）公路运量的不断增大，相应的安全问题亦日趋严峻。对消防救援队伍开展 LNG 槽车泄漏事故实战化训练是提高其事故处置能力与水平的有效方法。本文对目前槽罐车事故模拟训练设施的现状进行了梳理分析，并针对存在的不足，在系统分析 LNG 槽车泄漏事故特征的基础上，提出了一种小型化的液化天然气槽罐车泄漏处置模拟训练装置的设计方法，主要包括 9 种泄漏场景的确定及装置各部分的技术设计。该装置具有泄漏现场模拟还原度高、泄漏场景可选择度高等特点，可用于基层消防救援队伍开展 LNG 槽车泄漏处置技术的训练与考评。

关键词：消防　液化天然气　泄漏　实训装置

1　引言

在传统能源日益枯竭并带来严重环境污染问题的背景下，天然气作为一种清洁高效、低碳环保的新能源日益受到世界各国的重视，发展天然气能源已经成为世界各国改善环境、促进能源结构调整及经济可持续发展的最佳选择[1-2]。液化天然气（LNG）是天然气的液态形式，在储存运输方面具有独特的优越性。采用槽罐车运输是 LNG 陆运的主要形式，但随着 LNG 槽车公路运量的不断增大，相应的安全风险亦日趋升高。车载 LNG 一旦泄漏，极易气化扩散并在局部区域形成可燃气云，如果处置不当则易引发火灾甚至爆炸事故，如 2020 年 1 月秘鲁利马市一辆 LNG 运输车发生泄漏爆炸事故，造成 8 人死亡、40 多人受伤。LNG 槽车本身结构功能复杂且事故场景、泄漏模式多样，使得该类事故的危险性高、处置难度大。然而，绝大部分消防救援人员缺乏专业知识和专业处置技能，若在真实事故处置时稍有不当，会造成更严重的灾害后果。因此，有必要通过模拟训练设施对消防救援人员开展实战化训练，以不断积累指挥和作战经验。

2　槽罐车模拟训练设施现状

国外和国内部分消防救援队伍主要采用真实的 LNG 槽罐车开展模拟训练，以使消防人员了解槽车的基本结构、功能和可能出现的泄漏场景，但由于真实槽车无法模拟泄漏，对事故的还原度不高，训练效果受限。在模拟训练设施方面，目前部分消防救援队伍采用微缩化工装置来开展堵漏训练[3]，但该装置与 LNG 槽罐车相比，尺寸相差较大、堵漏对象单一、缺乏系统性，且使用的堵漏方法与 LNG 泄漏采用的堵漏方法有所出入。应急管理部上海消防研究所研发了 1：1 实体比例的危化品槽罐车带压应急堵漏模拟训练装置[4]，其集成常压液体槽罐车、带压液化气体槽罐车、带压低温液化气体槽罐车的特点，并在罐体、安全阀、管路、法兰等位置配置了标准化和模块化的 22 个泄漏口，以水为泄漏介质开展泄漏处置训练。然而，上述装置不仅占地面积较大，且均不是低温液化气体专用的训练设施。为了填补我国低温液化气体槽罐车泄漏事故模拟训练技术与装置的空白，上海消防研究所进一步研发了低温带压槽罐车泄漏事故处置模拟训

基金项目：应急管理部天津消防研究所基本科研费业务项目（2020SJ10）

作者简介：陈晔，男，博士，助理研究员，工作于应急管理部天津消防研究所，主要研究方向为石油化工、新能源火灾爆炸机理及事故防治技术，E-mail：chenye@ tfri. com. cn。

练装置，通过设置2个典型泄漏口来进行事故实战化训练。然而，该装置存在以下不足：①泄漏口是人为设置，与真实事故场景下的泄漏口位置和泄漏口形式有所出入；②泄漏口数量相对较少，无法有效模拟LNG槽车的多种泄漏场景。基于此，亟须研发一种具有泄漏现场模拟还原度高、泄漏场景可选择度高等特点，并兼具价格低、占地少、操作简单等特征的LNG槽罐车泄漏处置模拟训练装置，以满足基层消防救援队伍常态化训练需求。

3 LNG槽车泄漏特征与训练装置泄漏场景确定

根据对有关LNG槽罐车泄漏案例的统计可知，造成泄漏的主要原因是交通事故[5]。对于造成罐体真空夹层破坏的事故，有可能引发物理、化学爆炸，此时多采用放空、倒罐等技术手段，采用应急堵漏措施的意义已然不大，因此本训练设施不考虑该类场景。对于真空夹层未破坏情况，车载LNG泄漏的主要原因是交通事故导致的操作箱内管道、阀门的开裂、破损或是自身阀组、管线、仪表等的故障。泄漏状态可能是气相泄漏或液相泄漏：若事故后罐体仍处于直立状态，则气相泄漏多发生在气相管路阀门，液相泄漏多发生在液相管路阀门，而罐体发生180°倒翻时则正好相反；当罐体发生90°侧翻时，泄漏状态与罐内LNG的装载量相关，当装载量较大时，无论气相、液相管道阀门均发生液相泄漏。气相泄漏发生后，低温气体与环境间进行热交

换，温度升高、密度降低，易在空气中消散，但由于泄漏气体具有一定的初始速度，使得遇点火源会引发喷射火灾事故；液相泄漏发生后，液化天然气通过与环境间的热交换而迅速气化，在泄漏位置附近形成低温区，若环境提供的热量不足时则会形成低温液池，遇点火源可能发生池火或化学爆炸事故。

根据LNG槽车泄漏特征，考虑到模拟训练装置的可操作性，仅设置罐体正常直立状态下的9种泄漏场景，主要是交通事故造成不同位置处管道、阀门开裂而导致的泄漏，具体的场景设计方案见表1。针对不同的泄漏场景，可采用软体物质缠绕加滴水冰封的堵漏方法（场景1~6）、木楔塞堵的堵漏方法（场景7），以及直接手动关闭紧急切断阀来切断泄漏的方法（场景8~9）来处置车载LNG泄漏事故。

4 LNG槽车模拟训练装置技术设计

由于该LNG槽罐车泄漏处置模拟训练装置主要模拟操作箱内的LNG泄漏事故，因此槽罐车的车头、罐体等部分对该装置的意义不大。为了满足装置小型化特点，并结合装置的功能需求，将该装置设计为操作箱主体系统、行走系统和泄漏模拟系统三部分。

4.1 操作箱主体系统

该主体系统真实还原LNG槽罐车的操作箱。根据操作箱的实际尺寸进行设计，箱体内的各类阀门、法兰、管道（安全阀、压力表、液位计、增压器等）的数量、分布、材质等均与真实槽

表1 LNG槽车训练装置泄漏场景设计方案

序号	模拟场景	泄漏状态	备 注
1	上部进液管道与罐体根部连接前弯头处泄漏	气相泄漏	模拟管道弯头裂缝
2	下部进液管道与罐体根部接口处管道泄漏	液相泄漏	模拟管道与罐体根部连接处撕裂
3	下部进液管道的竖管泄漏	液相泄漏	采用弯折管道模拟弯头严重撕裂
4	下部卸车管道的竖管泄漏	液相泄漏	采用弯折管道模拟
5	卸车管道与切断阀连接处泄漏	液相泄漏	模拟连接处的小口撕裂
6	气相管道竖管根部泄漏	气相泄漏	采用弯折管道模拟
7	液位计与罐体连接管路泄漏	液相泄漏	模拟全截面断裂
8	液相切断阀后端与进液阀间的管道泄漏	液相泄漏	模拟可采用切断阀切断的泄漏
9	气相切断阀后端与气相阀间的管道泄漏	气相泄漏	模拟可采用切断阀切断的泄漏

车操作箱完全一致，并在管道、阀门等上设置铭牌，标注各组件名称、简单功能和作用介绍。操作箱后端设置封闭柜体以放置泄漏模拟系统涉及的管线、电磁阀、罐体等部件，柜体的长度和高度基本与操作箱主体结构保持一致。操作箱主体系统的结构如图1所示。

4.2 行走系统

行走系统包含大梁、轮胎总成、车轴、钢板弹簧、悬架等，其主要功能是为 LNG 泄漏模拟训练装置提供行走功能。为了满足实训装置体积小、占地少的特点，行走系统的车轮行驶方向与操作箱主体长度方向保持一致，如图1所示。

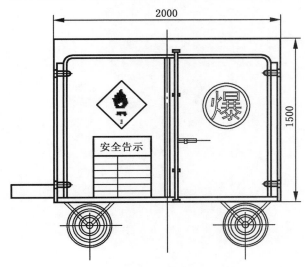

(a) 正视图

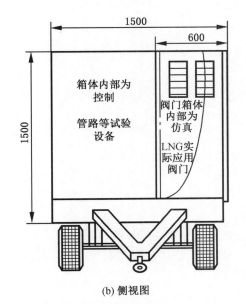

(b) 侧视图

图 1 操作箱主体系统的结构示意图

4.3 泄漏模拟系统

泄漏模拟系统主要包括泄漏介质储罐、管线、电磁阀、选择阀、预置泄漏口等组件。该系统对每一个泄漏场景均配备一条独立管线，并在管线上设置独立的手动总阀和遥控自动常闭电磁阀来控制泄漏口的开闭，泄漏口预先内嵌在各泄漏场景对应的操作箱管道内，以更真实地还原泄漏事故。气相泄漏场景对应的各独立管线汇总后与气相母管线联通，该供气母线进气处设置手动总阀，并与上游设置的高压空气储罐相连，通过空气介质来实现对气相泄漏状态的模拟。同理，液相泄漏场景对应的各独立管线（耐低温材质）经母管汇总后与上游的液氮储罐相连，通过液氮介质来较为真实地还原低温 LNG 的泄漏状态。此外，储罐出口端通过压力调节器与母管相连，来控制不同的泄漏压力。

整个泄漏模拟系统采用工控机-PLC 二级控制方式进行控制。训练员通过与工控机的交互来实现泄漏场景的选择、泄漏压力的调节以及泄漏口的启闭等功能。

4.4 装置主要特点

（1）装置主体操作箱内各类法兰、阀门等均可操作，且均设有功能介绍铭牌，可使消防救援人员更加直观地开展理论知识与处置技能学习。

（2）该装置涵盖了常见的及处置相对困难的 9 种 LNG 泄漏场景，且泄漏压力可调节，通过以液氮或空气为训练泄漏介质，可真实还原事故现场的 LNG 泄漏状态。

（3）该装置在满足实战化训练功能的前提下，更加小型化，对训练场地要求较小，可放置于消防救援大队甚至中队内，满足常态化的训练需求。

5 结语

针对消防救援队伍现有低温带压槽罐车泄漏处置模拟训练装置的不足，设计了可高度还原 9 种典型泄漏场景的 LNG 槽罐车泄漏处置模拟训练装置。该装置在满足实战化训练功能的前提下，更加小型化，可满足基层消防队伍常态化的训练需求。利用该装置可对消防救援人员开展 LNG 槽罐车基本结构功能的学习及泄漏处置技能的训练和考评，切实提高消防救援队伍处置该类事故的能力和水平。

参考文献

[1] 李艳菲.LNG 槽车公路运输危险性及泄漏事故后果分析 [D].沈阳：东北大学，2015.

[2] 林虎.LNG 槽车公路运输风险控制研究 [D].大连：大连海事大学，2015.

[3] 盛超，汪永禄.一种危险化学品槽罐车模拟训练设施的设计与研究 [J].中国应急救援，2019，6：44-48.

[4] 阮桢，王俊军，赵轶惠，等.危化品槽罐车带压应急堵漏模拟训练装置的研制 [C]//2016 中国消防协会科学技术年会论文集.北京：中国消防协会，2016：136-140.

[5] 张庆利.液化天然气（LNG）汽车罐车泄漏事故处置对策 [J].消防科学与技术，2016，35（2）：276-279.

基于灰色关联分析的城乡火灾风险与气象指标关联研究

张琰[1] 黄怡[2] 李晋[1]

1. 应急管理部天津消防研究所 天津 300381
2. 湖南省消防救援总队 长沙 410011

摘 要：为探究气象因素对城乡火灾风险的影响权重，选取南北方代表性城市 A 市、B 市和 C 市为研究对象，基于某年火灾历史数据采用灰色关联分析方法计算降雨量、温度、湿度和风力等气象指标与城乡火灾风险的关联性。经计算分析发现，北方城市 A 和 B 火灾数量与温度、湿度在一定范围内呈现中等相关关系，发生降雨时北方城市火灾数量与降雨量呈弱相关；南方城市 C 火灾数量与降雨量、湿度和温度的关联性呈弱相关或基本无相关性。此外，各个城市的火灾数量与风力大小的关联性呈现各自不同的特点。

关键词：火灾风险 气象指标 预测预警 灰色关联分析

1 引言

随着消防机构改革的不断深入和消防救援职能的不断拓展，消防救援工作的统计与分析亟待与时俱进，其中 2020 年消防救援工作要点中指出，要依托信息化系统，建立火灾监测预警预报平台，定期分析研判评估消防安全形势，及时部署季节性、常态化火灾防控工作。

国内外将大数据挖掘和人工智能等新兴技术与消防安全风险评估相结合，均取得一定成效并开展相关应用。美国消防管理局基于风险的机器学习算法模型，利用历史火灾数据及消防监督数据、城市规划数据等其他数据资源，开发了基于风险的检查系统（FireCast），从全市的数据库中挖掘信息，确定检查建筑的优先顺序和频次[1]。此外，美国对火灾信息数据共享至其他部门开展数据利用，其中联邦政府依据相关数据制定重大的消防决策，州立法机关用来验证消防预算的合理性及相关法案通过等[2]。此外，加拿大、英国等国家采集全国火灾信息，结合其他社会领域数据的采集和融合，开展消防和公共安全等相关

工作。我国在消防大数据应用方面也开展了前沿性研究，通过整理分析海量火灾事故、消防监督执法、火灾隐患举报等历史数据，开发监测预警分析算法和配套模型，在消防隐患分析、风险预警、部署预判、干预指导等方面开展应用。

目前多数研究侧重于火灾历史数据统计和分析方面，并采用多种数据挖掘方法挖掘历史数据相关数据[3-5]，但在对客观指标进行深度挖掘、火灾风险影响因素方面研究稍显不足[6-7]，对气象、经济等因素对火灾风险的实际影响规律缺乏关联性分析。基于上述问题，本文以湿度、温度、降雨量、风力等气象指标作为研究对象，运用灰色系统理论分析各类气象指标与全国火灾发生形势的内在关联，探索性地提出相应的全国总体火灾防控对策与思路。

2 气象指标自相关性分析

一般来说，城乡火灾风险多与人为因素有直接关系，与气象因素没有直接关系，但气象因素会对起火物和人的行为造成影响，如高温干燥条件下起火物干燥容易起火，湿度大的天气起火物

基金项目：应急管理部消防救援局重点攻关项目"基于多源异构数据分析的火灾统计及预警研判技术研究"（2020XFZD01）、应急管理部天津消防研究所基础科研业务费项目"火灾与警情研判指标体系和预测预警模型构建及应用"（2020SJ03）

作者简介：张琰，男，硕士，助理研究员，工作于应急管理部天津消防研究所，从事消防安全和粉尘爆炸等相关研究，E-mail：zhangyan@tfri.com.cn。

较难被引燃；冬季低温会促使人为用火用电取暖，夏季高温条件下用电量也显著上升，以上因素会对城乡火灾风险造成不同程度的影响。开展火灾风险与气象指标关联性分析之前需要对气象因素进行自相关分析，以确保预测模型输入参数估计量的有效性，防止因模型出现自相关而导致预测功能失效。自相关是观测值之间的相似度，它是观测值之间时间滞后的函数，如式（1）所示，其表达了同一过程不同时刻的相互依赖关系，当函数中有周期性分量的时候，自相关函数的极大值能够很好地体现这种周期性。

$$R_k = \frac{\sum_{i=1}^{n-k}(X_i - \bar{X})(X_{i+k} - \bar{X})}{\sum_{i=1}^{n}(X_i - \bar{X})^2} \quad (1)$$

选取可能与火灾风险有关的气象指标，计算

各个指标之间的自相关性，选取的气象指标（表1）共8个因素，分别是最高气温、最低气温、湿度、风级、降水量、节气、天气A和天气B。其中天气A表示阴、晴、多云、雨、雪等单一天气，天气B表示转换性天气，如阴转晴、晴转多云、中到大雨等。基于某年火灾历史数据，利用MATLAB计算得到8个气象指标之间的自相关，并得到气象指标的相关性矩阵，如图1所示。从相关性矩阵可以看出，输入数据不同维度之间存在一定的相关性，如湿度和风级之间存在约0.46的负相关性。为此，在后期构建研判预测模型时要避免将所有气象因素作为输入参数进行预测计算，应当针对具体场景和当地气候特点选择恰当的输入参数，以保证输入参数和研判模型预测结果的有效性。

表1 气象指标选择类型

序号	天气因素类型	数据类型	处理方式
0	最高气温	浮点型	直接使用
1	最低气温	浮点型	直接使用
2	湿度	整型	直接使用
3	风级	整型	直接使用
4	降水量	整型	直接使用
5	节气	整型（索引）	将两个节气之间的时间段通过一个整型索引使用
6	天气A	整型（索引）	将天气A转B，通过两个整型索引使用
7	天气B	—	—

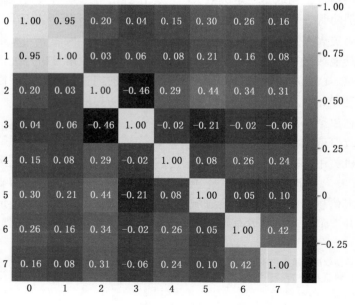

图1 天气因素的相关性矩阵

3 火灾风险与气象指标关联性分析

不同气象指标对火灾风险的影响权重存在差异，本文选取降雨量、温度（最低温度和最高温度）、湿度和风力等气象指标，采用灰色关联分析方法计算各类气象指标与火灾风险的关联性。灰色关联分析是灰色理论中衡量关联程度的一种方法，可将影响因素之间不明确的关系进行白化，由于各类气象因素与城乡火灾风险的内在联系难以准确量化，可运用灰色关联分析对影响城乡火灾风险的各个气象指标进行计算，获取气象指标对火灾风险的影响权重。本文选取某年全国火灾发生数据，以火灾发生数量作为主要参照数据，对降雨量、温度等展开关联研究。此外，不同地区经济发展水平、气候差异、人口密度及生活方式的差异也导致气象因素的影响权重存在地区性差异，故选取了北方城市 A、B 和南方城市 C 三个城市进行计算分析。

3.1 降雨量指标关联性分析

基于某年火灾数据和降雨量数据开展关联性分析计算，得到 A、B、C 三个城市降雨量与火灾数量的散点分布图，如图 2 所示。A 市当年普遍降雨量偏低，全年有 279 天降雨量为 0，超过半数降雨日当天降雨量小于 30 mm，B 市与 A 市类似，全年 281 天降雨量为 0，降雨量普遍分布 0~15 mm 的区间内；南方城市 C 市全年雨日为 158 天，且日降雨量明显高于 A 市和 B 市。由图 2 可见，A、B、C 三个城市的散点图中降雨量为 0 的区域均聚集了大量火灾数据，一旦发生降雨各地区火灾数量明显下降，可见是否降雨对火灾发生概率有显著影响。另外可以发现，对于北方城市 A 市和 B 市而言，若当天发生降雨，随着降雨量的增加，火灾数量有降低的趋势，降雨量与火灾次数呈弱相关，经计算 A 市和 B 市降雨量与火灾数量的相关系数分别为 -0.15 和 -0.12；C 市随着降雨量的增加，火灾数量变化并不明显，相关性系数为 -0.01，其关联性比 A 市和 B 市弱。

3.2 温度指标关联性分析

温度与可燃物干燥程度和人类行为有一定程度的关联。高温可促使可燃物湿度降低，更容易被引燃，同时也会使空调等制冷设备投入使用，

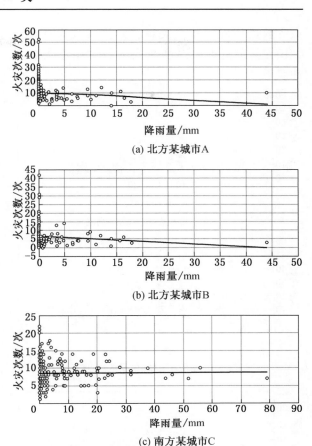

(a) 北方某城市 A

(b) 北方某城市 B

(c) 南方某城市 C

图 2 各城市降雨量与火灾数量关联图

增大电气火灾发生的风险；低温条件下也会增大明火取暖和电取暖设备的使用，火灾致灾因素增加。为分析天气最高温度和最低温度对城乡火灾风险的影响，本节对 A 市和 C 市全年火灾数据和温度数据开展关联性分析计算，得到南北方两个城市最高温度和最低温度与火灾数量的散点分布图，如图 3 所示。

由图 3 可知，两个不同地区城市的火灾数量与温度的关联性存在差异，北方城市 A 火灾数量相对集中于散点图的两端，即火灾数量在高温时节和低温时节有一定程度的升高；南方城市 C 火灾数量相对较分散，温度对火灾数量的影响相对弱得多；另外，城市 C 的高温区域与低温区域相比，火灾数量呈现相对集中，但聚集程度有限。经过关联性计算可以得出，北方城市 A 在高温区域和低温区域范围内，温度与火灾数量呈现中等相关关系，相关系数为 0.31~0.41；在中间温度区域范围内，温度与火灾数量呈现弱相关关系。南方城市 C 在高温区域范围内，温度与

火灾数量呈现弱相关关系，相关系数为 0.07～0.10，其余范围内温度与火灾数量基本无相关性。

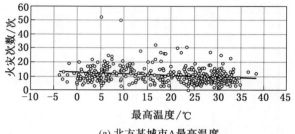

(a) 北方某城市A最高温度

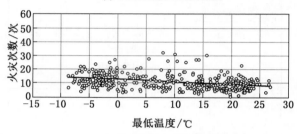

(b) 北方某城市A最低温度

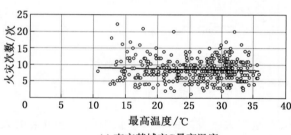

(c) 南方某城市C最高温度

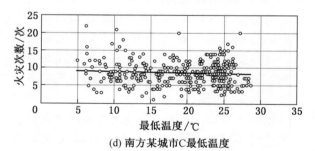

(d) 南方某城市C最低温度

图 3 各城市温度与火灾数量的散点分布图

3.3 湿度指标关联性分析

为分析湿度指标对城乡火灾风险的影响，本节对 A 市、B 市和 C 市全年火灾数据和湿度数据开展关联性分析计算，得到三个城市湿度指标与火灾数量的散点分布图，如图 4 所示。经分析计算，北方地区干燥，湿度与火灾次数有明显负相关，相关系数为 −0.47，属于中等强度相关，即随着空气湿度的逐渐增加，火灾次数有下降的

趋势。南方城市 C 全年湿度较大，随着空气湿度的逐渐增加，火灾次数有轻微下降的趋势，相关系数为 −0.06，相关程度远低于北方地区。

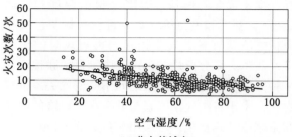

(a) 北方某城市A

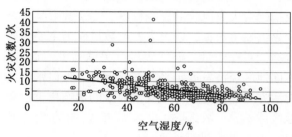

(b) 北方某城市B

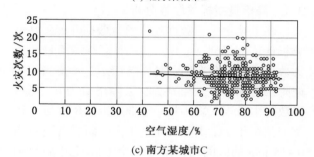

(c) 南方某城市C

图 4 各城市湿度与火灾数量的散点分布图

3.4 风力指标关联性分析

基于 A 市、B 市和 C 市全年火灾数据和风力数据分析风力指标对城乡火灾风险的影响，得到三个城市风级和各月平均每天火灾次数的关系图，如图 5 所示。A 市四月出现了四级大风（缺乏局部的阵风数据），风级和平均火灾次数的关系不明显，但可以看出，冬季—春季交替阶段平均火灾次数较多；B 市火灾数量与风力大小的关系较为明显，超过半数的月份存在随着风级增加火灾次数增加的趋势；C 市全年不同月份的平均火灾次数比较稳定，其中三月、八月和九月的平均每天火灾次数有明显的随着风级增加的趋势。由此可见，各个城市的火灾数量与风力大小呈现各自不同的特点。

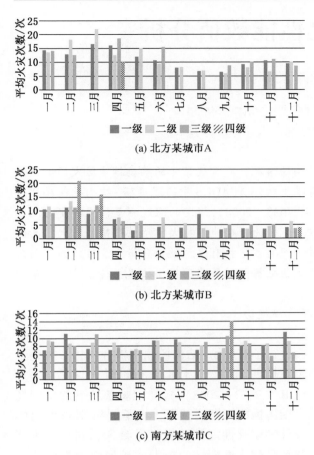

(a) 北方某城市A

(b) 北方某城市B

(c) 南方某城市C

图5 各城市风力与火灾数量的关系图

4 结论与建议

选取南北方代表性城市 A 市、B 市和 C 市，基于某年火灾历史数据采用灰色关联分析方法计算降雨量、温度、湿度和风力等气象指标与火灾风险的关联性，得到如下结论：

（1）各个地区是否发生降雨对火灾发生概率有显著作用。一旦发生降雨各地区火灾数量明显下降；若发生了降雨，北方城市发生火灾数量与降雨量呈弱相关，而南方城市 C 随着降雨量的增加，火灾数量变化并不明显，关联性比 A 市和 B 市弱。

（2）不同地区城市的火灾数量与温度的关联性存在差异，北方城市 A 在高温区域和低温区域范围内，温度与火灾数量呈现中等相关关系，相关系数为 0.31~0.41；在中间温度区域范围内，温度与火灾数量呈现弱相关关系。南方城市 C 在高温区域范围内，温度与火灾数量呈现弱相关关系，相关系数为 0.07~0.10，其余范围内温度与火灾数量基本无相关性。

（3）北方干燥地区，湿度与火灾次数有明显负相关，相关系数为-0.47，属于中等强度相关；湿度较大的区域内湿度与火灾发生数量的相关性远低于北方地区。另外，各个城市的火灾数量与风力大小的关联性呈现各自不同的特点。

可见同一指标对不同地域火灾风险的影响存在差异，因此在构建火灾研判模型时，应充分考虑地域差异和气候差异，因地制宜地构建预警研判模型，才能确保研判结果的适用性和准确性。此外，本文仅对单一气象指标进行关联研究，下一步将开展多个指标对火灾风险耦合作用的研究，并对各指标在特定时间阶段的影响权重进行重点研究。

参考文献

［1］Ai Sekizawa. Necessity of Fire Statistics and Analysis Using Fire Incident Database – Japanese Case ［J］. Fire Science and Technology：Vol. 31 No. 3（Special Issue），2012，67-75.

［2］Fire in the United States（2006—2015）19th Edition.

［3］Zijiang Yang, Youwu Liu. Using Statistical and Machine Learning Approaches to Investigate the Factors Affecting Fire Incidents.

［4］陈振南，吴立志，王其磊. 基于聚类和相关性的30起典型石油化工火灾事故特征分析 ［J］. 火灾科学，2019，57（4）：68-72.

［5］张恒，刘鑫晔，董川成，等. 基于指数平滑法的我国春节期间火灾特征研究 ［J］. 武警学院学报，2018，34（8）：17-21.

［6］朱亚明. 基于大数据的建筑火灾风险预测 ［J］. 消防科学与技术，2017，36（7）：829-836.

［7］张玉涛，马婷，林姣，等. 2007—2016 年全国重特大火灾事故分析及时空分布规律 ［J］. 西安科技大学学报，2017，37（6）：829-836.

钢质防火门耐火性能数值分析

王　岚[1]　吴江宁[2]　薛　岗[1]

1. 应急管理部天津消防研究所　天津　300381
2. 天津大学国际工程师学院　天津　300072

摘　要： 为研究钢质防火门火灾下的温度场和结构场情况，对常规尺寸的单扇钢质防火门耐火性能进行了有限元数值分析。在分析过程中，采用了有限元软件 ABAQUS 中的温度场-结构场顺序耦合分析方法，并依据《门和卷帘的耐火试验方法》（GB/T 7633—2008）规定的温度测量位置和变形测量位置进行了结果分析。结果表明，采用有限元分析方法能较为准确地模拟火灾条件下钢质防火门的温度和结构响应，可为钢质防火门的耐火设计提供参考。同时，这种有限元数值分析方法可以为不同尺寸的钢质防火门耐火性能试验提供参考，为耐火性能试验数据的扩展应用提供技术支持，节约试验的时间和经济成本。

关键词： 耐火性能　钢质防火门　热-力耦合分析　温度场

1　引言

防火门是指在一定时间内能满足耐火稳定性、完整性和隔热性要求的门。它是设在防火分区间、疏散楼梯间、垂直竖井等具有一定耐火性的防火分隔物。防火门能为人们逃生提供有利条件，能使火灾事故导致的损失降低。

近年来，国内外的很多学者都采用了 ABAQUS 有限元软件进行耐火性能的数值模拟分析，得到结构或者构件在火灾中的力学性能。张悦洋[1]等采用温度场-结构场顺序耦合分析方法和子程序定义木材本构关系，能较为准确地模拟火灾条件下胶合木框架的温度场分布和破坏模式。王景玄[2]等基于 ABAQUS 软件用多尺度建模方法对 4 种典型火灾工况下结构整体变形、内力分布、破坏机制等进行了分析研究。樊华[3]等用 FDS 提取了室内相对真实的升温曲线，并通过热-力耦合的分析方法对考虑真实火灾效应时的钢管混凝土偏压构件的耐火性能进行了分析研究。王岚[4-6]等对经防火保护建筑隔震橡胶支座进行了有限元热分析，并通过数值分析和耐火试验结果的对比，表明数值模拟热分析能够很好地计算隔震橡胶支座的热物理场。

本文采用有限元数值分析的方法对钢制防火门进行了温度场-结构场顺序耦合分析，得到了钢质防火门在《门和卷帘的耐火试验方法》（GB/T 7633—2008）标准试验条件下的温度场和结构场数值模拟结果，为不同钢制防火门的设计和耐火性能试验提供了参考，同时也为消防产品耐火性能试验数据的扩展应用提供技术支持。

2　有限元模型

2.1　钢质防火门模型

本次有限元数值模拟分析的模型为常规尺寸钢质防火门，其型号规格为 GFM-1023-dk5A1.50（甲级），防火门的高度为 2280 mm，宽度为 980 mm。防火门的主要构件包括门框、门扇、合页、闭门器和锁，具体构造如图 1 所示。

2.2　几何模型

在建立有限元模型时，钢质防火门主要简化为门扇和对门扇进行约束的构件。其中门扇主要简化为三部分，外部门扇面板为钢板，门扇面板内部沿面板一周布有钢骨架，中部门芯板为珍珠岩防火板。其中，门扇面板厚度为 0.8 mm；钢骨架是横截面为 U 形截面的钢板，钢板厚度为 1.2 mm。

对门扇进行约束的构件有合页、闭门器和

作者简介：王岚，女，博士，助理研究员，主要从事建筑防火和结构抗火研究，Email：wanglan@ tfri. com. cn。

锁。合页在门扇一侧，上部有两个，下部有一个，共三个。闭门器在门扇上部靠近合页一侧，锁在合页所在边的另外一边。建立的几何模型如图2所示。

2.3 材料属性

2.3.1 钢材

高温条件下钢材的热工性能（热传导率、比热、密度）以及力学性能按照欧洲规范EUROCODE2和EUROCODE3取值。

2.3.2 门芯材料

本防火门的门芯板采用的是珍珠岩防火板。其中，珍珠岩的热工性能根据厂家数据取导热系数为0.076 W/(m·K)，比热容为1550 J/(kg·K)，密度为350 kg/m³。珍珠岩的力学性能近似按照欧洲规范 EUROCODE2 和 EUROCODE3 中混凝土的力学性能取值。

2.4 边界条件

2.4.1 温度场分析

温度场分析时，环境初始温度均设为15 ℃，向火面升温条件为ISO834曲线。门扇各部分的

接触面设置"面与面接触属性"，通过设置接触热阻实现热量的传递。向火面的对流换热系数取25 W/(m²·℃)，背火面的对流换热系数取15 W/(m²·℃)。考虑防火门两侧墙体的吸热作用，防火门门扇两侧也设置了对流换热条件。钢材表面的热辐射系数取为0.7，Boltzmann 常数取为5.67×10⁸ W/m²。

2.4.2 结构场分析

结构场分析时，合页约束三个方向的位移和两个方向的转动，仅允许沿竖直方向的转动。闭门器和锁则约束所有的平动和转动。将温度场分析结果作为预定义场施加，将各接触面均改为Tie 约束。

2.5 单元选择

门面板和钢骨架采用壳单元，门芯板采用实体单元，合页、闭门器和锁采用壳单元。温度场分析采用热传递计算网格，实体单元类型为DC3D8，壳单元类型为DS4。结构场分析实体单元类型为C3D8R，壳单元类型为S4R。所建立的有限元模型如图3所示。

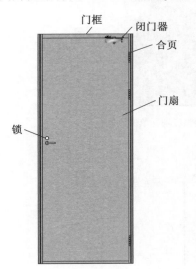

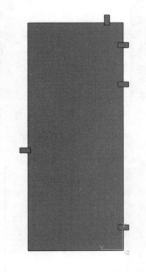
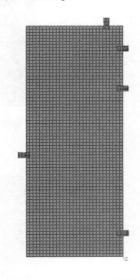

图1 防火门构造示意图　　图2 防火门几何模型　　图3 防火门有限元模型

3 结果分析

3.1 分析步骤

本防火门的耐火数值模拟采用 ABAQUS 的温度场-结构场顺序耦合方法。首先，进行温度场分析，设置"热传递"分析步，在 1.5 h 的 ISO834 标准升温曲线下升温。然后，将得到的 odb 文件

作为一种预定义温度场施加到模型上，设置"静力，通用"分析步，进行结构场分析。

3.2 钢质防火门的有限元分析结果

3.2.1 温度场分析结果

在 ISO834 曲线下升温 1.5 h 后，向火面和背火面温度场如图4所示。由图4可以得到，向火面在 ISO834 曲线下升温 1.5 h 后，温度接近

1000 ℃，符合 ISO834 曲线在 1.5 h 的温度，考虑到周围墙体的作用，向火面四周的温度较低。背火面在 ISO834 曲线下升温 1.5 h 后，温度基本都在 150 ℃以下，中部都在 100 ℃以下，这说明钢质防火门中部门芯的珍珠岩防火板确实起到了很好的隔热作用。

根据《门和卷帘的耐火试验方法》(GB/T 7633—2008) 中第 9 节测量仪表使用中 9.1 节给出的背火面热电偶测量位置的规定，图 5 是选取测点的位置图，其中测点 1~4 距防火门两边的距离都是 100 mm，测点 5~9 位于门扇的中心和 1/4 门扇的中心；图 6 为数值分析用门扇剖面温度分析点；图 7~图 9 是测点 1~9 的温度随升温时间的变化图。

为了研究沿防火门门扇厚度方向的温度变化情况，又由于测点 1 和 2 位置对称，测点 3 和 4 位置对称，温度数据几乎接近，故选取了测点 1、3、5 位置处厚度方向上向火面、门扇中心和背火面的点。如图 6 所示，图中平面是防火门过测点 1 和测点 3 的一个剖面，给出了其中 1a、1b、1c 和 3a、3b、3c 的位置示意。测点 5 位置处同理，即 1a、3a、5a 在向火面上，1b、3b、5b 在门扇中心上，1c、3c、5c 在背火面上，这些点的温度随时间变化如图 10~12 所示。1.5 h 后，在测点 1 位置处，向火面的温度为 994.38 ℃；在门扇剖面中心处降到了 463.00 ℃，相比于向火面降低了 53.4%；在背火面降到了 129.54 ℃，相比于向火面降低了 87.0%。在测点 3 位置处，

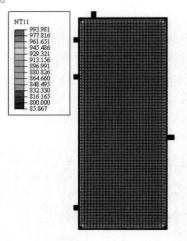

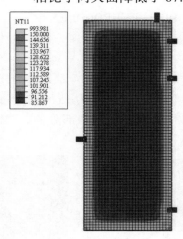

(a)向火面温度场（单位：℃）　　　(b)背火面温度场（单位：℃）

图 4　温度场分析结果

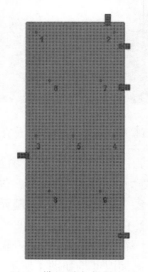

图 5　模拟测点位置 1~9

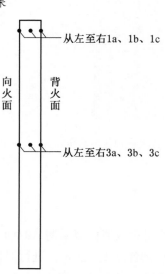

图 6　厚度方向测点位置图

向火面的温度为 994.85℃；在门扇中心处降到了 457.30 ℃，相比于向火面降低了 54.0%；在背火面降到了 130.83 ℃，相比于向火面降低了 86.8%。在测点 5 位置处，向火面的温度为 995.23℃；在门扇中心处降到了 448.90℃，相比于向火面降低了 54.9%；在背火面降到了 85.87℃，相比于向火面降低了 91.4%。该防火门从向火面到背火面的温度逐渐降低，在中部比四周降低得更快，说明其门扇内部的珍珠岩防火板起到了明显的作用。

3.2.2　结构场分析结果

在标准（GB/T 7633—2008）试验条件下 1.5 h，结构的应力和位移结果如图 13 所示。由图 13 可以得到，钢质防火门门扇从背火面向向火面凸起，门扇四周的应力比中心的应力略大。

防火门四周的约束构件对防火门的变形起到了一定的约束作用，上下合页和门锁附近的位移变小。根据标准（GB/T 7633—2008）中 9.4 节以及附图 28，给出测量变形的建议位置是背火面自由竖边的两个角。此外，增加了门扇中心测点 12 以及合页所在竖边中点测点 13 作为对比，测点 10~13 的位置如图 14 所示，测点 10、11 的位移–时间图如图 15 所示，测点 12、13 的位移–时间图如图 16 所示。

从图 15、图 16 可以看出，测点 11 位置处位移比其他测点位置处位移结果都要大，分析原因为测点 11 位置处，受到的闭门器和合页的约束都较少，对变形的约束作用小。分析门扇变形较大的原因为此次数值分析未建立门框进行约束，导致测点综合位移较大。

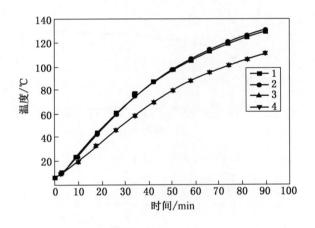

图 7　测点 1~4 温度

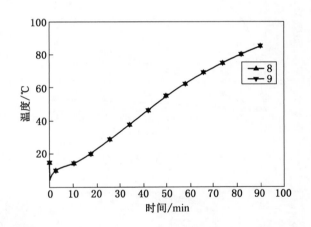

图 9　测点 8、9 温度

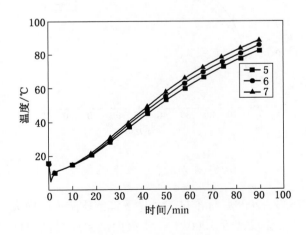

图 8　测点 5~7 温度

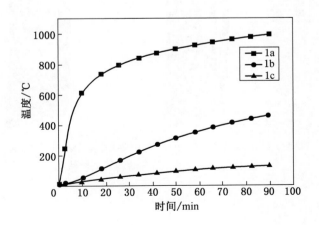

图 10　测点 1a~1c 温度

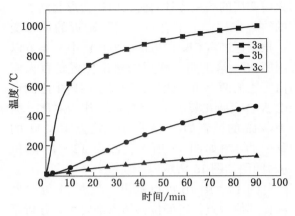

图 11　测点 3a~3c 温度

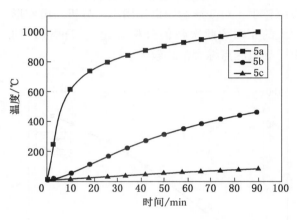

图 12　测点 5a~5c 温度

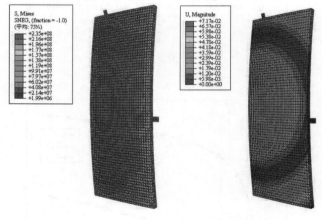

（a）防火门应变结果（单位：Pa）　（b）防火门位移结果（单位：m）

图 13　耐火时间 1.5 h 结构场分析结果

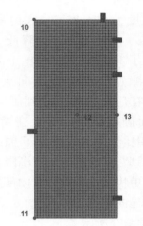

图 14　测点位置 10~13

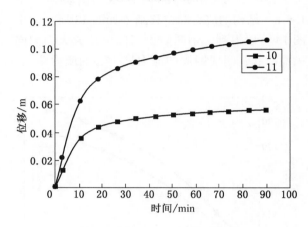

图 15　测点 10、11 位移-时间图

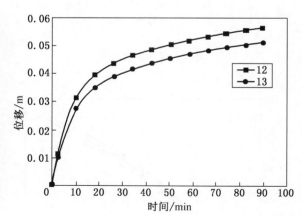

图 16　测点 12、13 位移-时间图

4　结论

基于本文的研究，可以得到以下结论：

（1）在《门和卷帘的耐火试验方法》（GB/T

7633—2008）标准试验条件下，钢质防火门向火面的温度接近 1000 ℃，背火面的温度最高温度为 120 ℃，平均温度在 100 ℃左右，此种构造的防火门耐火隔热性满足标准（GB/T 7633—

2008）的规定。

（2）从向火面到背火面，温度逐渐降低，防火门中部温度降低得更快，背火面中部的温度比四周的温度低，证明珍珠岩防火板作为门芯板，可以起到很好的隔热作用。

（3）在标准（GB/T 7633—2008）试验条件下，钢质防火门由背火面向向火面凸起，中部的变形最大。

（4）钢质防火门四周的约束构件对防火门的变形起到了一定的约束作用，影响了防火门的位移变化，在模拟时需要考虑门扇四周框架约束作用。

（5）采用有限元温度场-结构场顺序耦合分析方法能较为准确地模拟火灾条件下钢质防火门的温度和结构响应，可为钢质防火门的耐火设计提供参考。同时，这种有限元分析模型为不同尺度的钢质防火门耐火性能试验提供参考，为防火门耐火性能试验数据的扩展应用提供技术支持，节约试验的时间和经济成本。

参考文献

[1] 张悦洋，张晋，李维滨，等. 钢填板-螺栓连接胶合木框架结构耐火试验与有限元分析 [J]. 建筑结构学报，2018，39(9)：53-65.

[2] 王景玄，王文达，周小燕. 基于多尺度建模的钢管混凝土组合框架耐火性能数值模拟 [J]. 工程力学，2012，29(S2)：170-175.

[3] 樊华，王文达，王景玄. 考虑真实火灾效应的钢管混凝土偏压构件耐火性能数值模拟 [J]. 自然灾害学报，2016，25(4)：101-108.

[4] 王岚，王立雄，詹旺宇，等. 火灾下隔震橡胶支座防火保护热传导研究 [J]. 土木与环境工程学报（中英文），2019，41(3)：96-103.

[5] 王岚，管庆松，王国辉，等. 北京新机场大尺寸隔震橡胶支座防火保护试验及数值分析 [J]. 天津大学学报（自然科学与工程技术版），2018，51(S1)：119-126.

[6] 王岚，管庆松，王俊胜，等. 建筑隔震橡胶支座耐火性能和防火保护研究 [J]. 天津大学学报（自然科学与工程技术版），2020，53(11)：1146-1155.

智慧消防运用下的数据共享探讨

张 志 武

上海市静安区消防救援支队　上海　200040

摘　要： 随着消防安全问题突显，在防、灭火工作中运用智慧消防理念和技术有助于全面提高消防工作科技化、信息化、智能化水平。但在智慧消防的运用工作中，还存在数据接口不统一的问题。本文分析了现阶段数据共享的难题，提出通过完善数据共享标准提升平台兼容、采用现代通信技术确保传输稳定、设计区块链技术方案解决录入读取疑问，构建分布式系统基础架构强化平台可拓展性等方法解决数据共享的难题。并提出在防灭火工作中，采用基于"物联网"平台的数据共享应用的具体应用环节，为促进智慧消防的发展提供参考。

关键词： 智慧消防　数据通信　数据接口　数据共享　物联网

1 引言

为进一步创新消防安全管理、建立完善的消防安全管理机制，不断提升消防工作的科技化、信息化、智能化水平，通过物联网将公共建筑等设置消防物联网系统，所有设置火灾自动报警系统的单位均纳入监管平台，逐步推行消防物联网技术应用，建成一个数据共享的"智慧消防"，是顺应时代发展和社会需求的前进方向。追本溯源，"智慧城市"这一概念是基于2008年11月美国IBM公司提出的"智慧地球"理念生根发芽、落地中国的举措。作为城市平稳运行、人民安居乐业的安全基石，"智慧公安"和"智慧消防"应运而生，并呈现出蓬勃的发展势头。因此，对"物联网"视野下社会安全管理提出了新的研究课题和发展方向，而"物联网"则是"智慧消防"的一个数据共享的平台。笔者结合自身岗位和工作体会，就数据共享与大家进行交流。

物联网是指通过射频识别、感应器、全球定位系统等协议把物品与物联网相连接并进行信息交换和通信，以实现对物品的智能化识别、定位、跟踪、监控和管理的一种网络。它是在"互联网"的基础上，将其用户端从人延伸和扩展到物品之间，通俗理解就是实现物与物之间的智能化连接。消防物联网主要是借助特定的信息交换和通信平台，将消防设施、设备的电子信号和身份识别等信息的采集、远程传输、集中监测、远程控制与物联网技术的感知层、网络通信层、数据及服务支撑层相对应，并切合消防监管实时性、准确性要求的"大数据"云平台和智能化服务。

2 现阶段数据共享存在的难题

2017年12月8日，中共中央政治局就实施国家大数据战略进行了第二次集体学习，中共中央总书记习近平主持学习时强调，大数据发展日新月异，我们应该审时度势、精心谋划、超前布局、力争主动。2017年12月7日，时任公安部消防局副局长、总工程师杜兰萍在"智慧消防"建设暨火灾高危单位防控工作推进会上也指出，建设"智慧消防"的目的，是要提升社会防控火灾的水平，提升灭火救援的指挥科学化水平，是实现传统消防向现代消防转变的过程。[1]"智慧消防"建设作为国家创新社会消防治理的方法，具有划时代意义。纵观全国各地"智慧消防"建设推进情况，贵州"智慧消防"管理平台、湖北城市消防远程监控系统、江苏化工单位事故风险预测模型、山东大数据作战记录分析系统、北京移动作战指挥系统[1]等创新实践，为"智慧消防"建设提供了范例。但也应当看到"智慧消防"建设在数据共享、数据分析、数据挖掘、数据安全、数据接口等方面还存在"短板"。

2.1 数据共享存在壁垒

一是数据涉密。从内部性质看，现阶段仍相当部队性质，数据类型按照保密等级分为绝密、机密、秘密和非保密。因此，对于前三类密级数据不能流入互联网络，只能采取物理性隔离，单独使用专用读取机器和涉密移动存储介质；对于普通数据，又分为内部使用数据和内外部交换数据，仅有内外部交换数据可通过互联网进行数据共享，数据共享广度和深度仅停留在表层。二是各自为战。从发展角度看，按照国家队和主力军的标准，部队转隶后，应当考虑到所承担的任务和人民期盼已经发生根本性转变，"智慧消防"所需要接入的数据种类和数据算法模型将日益丰富，各类数据出现交汇，势必会出现数据冗余和重复建设的问题。究其原因，始作俑者为各模块之间建立的数据共享壁垒。尚未健全的信息化管理运营体制和机制等客观因素，造成各部门各自为战、信息互不共享等现象较为普遍。[2] 三是寡头服务。从服务购买者角度看，作为政府职能部门，相关基础数据需要依靠服务提供商提供。举个简单例子，车辆加油数据等特殊数据，本可建立固定数据模型，由计算机自动完成数据汇总，自动定期发布的简单应用。因涉及相关服务采购方式较为单一，形成涉及寡头核心机密，无法进行数据共享，导致基层在加油环节进行手工录入数据，后期定期人工运算汇总相关数据，易发生录入数据错漏。

2.2 数据接口不统一

一是数据存储格式不一。当前信息时代，面对各类信息系统与信息平台层出不穷的实际情况，"智慧消防"建设如何对接各类基础数据、数据模型及数据库，如何平稳对接、高效并行便成为亟待解决的现实难题；基于物联网、云计算、数据挖掘等技术支撑[3]的"智慧消防"还将迎来数据呈现几何倍数级增长的长期难题，如何存储才能使数据文件尽可能减轻"体积"，依托政府建设"智慧城市"数据中心和备份中心，也日益成为工作中的现实需求。二是程序接口不一。简而言之，程序接口就是用户可以使用一组方法向应用层发送业务请求、信息和数据，网络中的各层则依次响应，最终完成网络数据传输。可以看成是一种功能集合，也可以说是定义、协议的集合。目前的程序数据接口各不相同，甚至物理接口也千差万别；此外，"智慧消防"平台数据共享既包括应急管理单位内部数据共享，又

涵盖与政府职能部门、社会企事业单位和民间应急救援组织的数据传输交流，打通数据共享窗口的任务十分艰巨。三是数据标准及可拓展需求。海量数据存储及传输势必推动着科学技术不断进步、呈螺旋式上升趋势。因此，"智慧消防"建设也会遵循此种发展方式，对于建立数据存储和传输标准，并使其能够拓展应用便显得尤为重要。

2.3 数据通信技术存在信息不畅

一是通信模式发生飞跃。从最基本的口头信息以声波形式传递，到后来以文字形式传递信息，再发展到依靠无线电波、电、激光等介质进行传递信息。更有消息指出，中国量子通信技术日趋成熟，因其抗干扰、不泄密、长距离传输等诸多特性，已有广泛使用的发展态势。安徽宿州依托华为云计算基地及量子节点城市的地理优势，宿州消防建成首个消防云计算中心、消防保密数据量子云存储中心，率先运用量子通信技术。二是火灾现场信号制约。对于一个居民火灾而言，基层中队标配 3~4 辆车，共计 30~40 名消防官兵到达火灾现场，内攻搜救、堵截火势蔓延、疏散人员以及转移危险物品，无一不与及时有效的信息息息相关，参与组网通信人员就已经不少于 6~7 个小组；对于一个大型火灾现场或者应急救援现场，更少不了及时有效地接收信息，辅助决策系统才能为现场指挥人员提供高效决策支持；与此同时，治安、交警、医疗、卫生、石化、化工、船舶等行业和领域现场负责人才能及时按照正确的应对方案开展救援工作。但往往会出现因地形地势制约、信号塔建设困难、区域信号相互干扰、车辆难以进入等现实原因，造成现场通信存在不流畅、关键信息遗漏等情况。

2.4 数据录入存在怪圈

一是录入数据存疑。不论是灭火救援还是执法监督岗位，对各类数据的需求日益激增、表格格式迥异、时间限制等现实困境，日益影响基层官兵正常工作的开展；作为基层官兵，上级各部门所急需数据大致可分为两类：基础数据和实时数据。基础数据相对而言一定时期内不会产生较大变动，易整理易统计；实时数据有三大特点——时间紧、分布广、要求准，对于此类数据，数据录入往往就显露疲态，报送数据往往形成"固定套路""定势思维"。二是录入系统使用

烦琐。系统设置录入项齐全完备，考虑周到，但到实际应用时，全部数据录入既费时又费神，此项工作便显得很鸡肋。依托于服务器建立的消防移动执法终端，在实际应用过程中，既便于高效开展消防监督执法，又能够及时反馈执法情况。但也会存在因执法环境限制、手机信号消失等种种情况造成客户端数据无法及时上传至服务器端。三是票据电子化与法不符。2015 年 12 月 14 日，《会计档案管理办法》经财政部部务会议、国家档案局局务会议修订通过，修订后的新《办法》自 2016 年 1 月 1 日起施行。新《办法》明确了电子档案的法律效力，将电子档案纳入会计档案范围，未来电子会计凭证的获取、报销、入账、归档等均可实现电子化管理。而如何合理合法合规运用电子化管理成为会计人员面前的现实考题。

2.5 数据利用率低

尽管数据分析已经在火灾事故调查及火灾统计中发挥了一定的作用，但随着消防系统建设中数据资源的不断增长，如何更好地采用数据挖掘、数据建模、数据预测等方法和手段分析数据获取对消防系统后续工作以及社会公众有益的参考信息，在此方面还有待提升，以方便从各个独立的信息系统或者应用系统中，提取、整合有价值的数据，从而实现从数据到信息、从信息到知识、从知识到判断为消防监督执法工作提供智慧化决策。消防监督的对象极为广泛，现役的消防部门同职业的公安派出机构的沟通、情报、信息的共享，在短时间内无法达到过去消防机构单独运行时的水平。在实践中基层派出所的消防监督工作情况上报对象是上级公安机关而不是消防机构，造成分山头、各管各的局面。当然这不是由于部门划分造成的，而是机制运行产生的。同级应急管理部下属的消防机构对公安机关的派出机构没有管理权，没有考核权，甚至缺少业务指导的权力，必然造成消防机构无法在第一时间掌握派出所掌握的消防监督信息。同样，派出所也无法在第一时间获得相关的消防监督信息。

3 数据共享解决方案

3.1 完善数据共享标准提升平台兼容

首先，力争取得地方政府政策支持，发布数据共享技术地方标准，从政策上为数据共享扫清规则障碍，确保平台接口通用性和兼容性；其次，借势"智慧消防"建设，推进政府相关职能部门数据共享端口接入"智慧消防"平台，及时分享判定区域火灾隐患风险评估情况，提供辅助决策技术支持；最后，利用一个区域内各类消防设施设备动作感应信号反馈，提供综合数据共享端口接入平台，通过一系列算法得出相应结论，采取相应措施，从而达到"智慧消防"智能感知区域火灾隐患风险，综合判定区域火灾隐患等级，及时向高风险等级点发出安全提示，相关"网格化"点位归属地消防安全管理职能部门联网审核判定风险消除措施，协助"网格化"点位消防安全负责人研究风险点消防管理解决方案，降低致灾风险，为"智慧消防"智能隐患防范排查整改模块提供综合数据支持；也可为区域火灾扑救现场各类信息汇总及共享提供数据端口支持，综合判定致灾原因、受灾人员及受灾单位财物情况、扑救侧重区域与防范重点、优化消防人员火场分布、高效传输现场态势、改进现场力量部署和后续应援力量安排、消防水源和灭火药剂消耗等实时数据，为"智慧消防"智能辅助指挥模块化提供可靠数据支撑。

3.2 采用现代通信技术确保传输稳定

在"智慧消防"的平台下，稳定存在两种交互模式：人机交互和人人通信。因此，无论哪种交互模式，都无法回避信息通信稳定性和高效性的问题。现代通信技术依靠无线传输和有线传输方式，衍生出多种通信技术。从 2008 年汶川地震灾后信息传输的方式来看，传统的海事卫星电话通信成为第一手信息的发送技术，但其维护成本和使用成本均较为高昂、传输的数据量有技术局限性、数据传输过程并不稳定，而自然灾害救援现场和日常"网格化"消防安全管理所使用的多种技防手段基本要求便是全天候全区域全时段防控。因此，对于日常"网格化"消防安全管理宜以无线传输和有线传输相结合方式，且应当与消防电源类似，采取单独持续供电的方式，确保数据共享交互的稳定性和连续性；对于自然灾害救援现场数据共享，宜在救援前期以无线传输为主，且应随队配备发电设备和电力存储设备，救援后期以当地电力恢复情况而定。

3.3　设计区块链技术方案解决录入读取疑问

区块链（Blockchain）是分布式数据存储、点对点传输、共识机制、加密算法等计算机技术在互联网时代的创新应用模式。其技术原理在于区块链是一种按照时间顺序将数据区块以顺序相连的方式组合成的一种链式数据结构，并以密码学方式保证的不可篡改和不可伪造的分布式账本；每个区块作为交易的历史记录，都包含该块数据的标题、对前一个区块的引用，以及散列等等。积极利用区块链技术，充分发挥其特性，能够让数据共享的整个过程被公开透明且不可被篡改地记录下来，所有参加者均可回溯其数据共享的所有历史记录，打破数据共享不信任壁垒，从而保证数据共享的稳定性和安全性；同时，利用区块链技术存储各类共享数据，能够防止原始数据被人为篡改，通过构建区块链同意确保各数据共享方原始数据被安全使用，以期获得更加准确智能预测。

3.4　构建分布式系统基础架构强化平台可拓展性

Hadoop 是一个由 Apache 基金会所开发出来的分布式系统基础架构。用户可以在不了解分布式底层细节的情况下，开发分布式程序。充分利用集群的威力进行高速运算和存储。Hadoop 实现了一个分布式文件系统，简称 HDFS。通过把大数据变成小模块然后分配给其他机器进行分析，实现了对超大量数据的处理，且预设硬件可能会瘫痪，所以在内部建立了数据的副本。HDFS 有高容错性的特点，并且涉及用来部署在低廉的硬件上；而且它提供高吞吐量来访问应用程序的数据，适合那些有着超大数据集的应用程序。

4　基于"物联网"平台的数据共享应用

"物联网"平台技术已不再是过去意义上的封闭式单功能的火灾报警系统和单纯的自动消防系统，而是一个开放式的跨区域计算机综合自动化控制管理系统，为人们的生命财产安全真正起到保驾护航的作用。系统采用物联网技术、报警联网控制技术、远程视频监控技术以及网络通信技术均为目前正在蓬勃发展的技术，并具有成熟的应用经验，这些技术的采用能够保证火灾的早期预报、快速响应和有效控制。物联网系统平台技术，从一开始就是针对在网络环境下使用而设计，克服老式 DVR/NVR 无法通过网络获取视频信息的缺点，用户可在远程的监控中心观看、录制和管理实时的视频信息。"物联网"平台是一个系统框架、一批关键技术、一个标准系统；实现数据化管理的新消防体系。依托一个大数据平台，实现消防体系全流程管理，覆盖三大责任主体（建筑管理单位、维保单位、生产经营单位），自建筑管理单位履责，维保单位维修、维保、年检记录查询，到消防物联网服务商物联网解决方案中的物联设备状态、实时监测数据汇聚到数据分析，利用物联网技术、大数据分析技术、打破信息孤岛现状，实现数据为消防安全所用，实现能用、实用，通过一个标准系统，真正实现数据化管理的新消防体系。

4.1　采集各建筑单位消防网格数据

建筑单位的数据采集方式主要是通过自动喷水灭火系统、机械防排烟系统、火灾自动报警系统、自动跟踪定位射流系统、水喷雾灭火系统、细水雾系统、泡沫灭火系统、固定消防炮灭火系统、气体灭火系统、应急照明和疏散指示、应急广播系统、消防分隔设施、消防电梯、电动机械排烟窗、电动挡烟垂壁、电气火灾监控系统、消防视频监控系统、值班及微型消防站人员管理系统的数据进行统计，最后得到包括地理信息数据、网格员信息、人口和建筑信息、消防设施数据、网格日常检查数据等；自动采集接入平台的智能管网监测数据、消防设备运行数据、火灾应急数据等。物联网中用于信息传递的主要有 RFID 和 WSNs 两种方式。其中 WSNs 技术能组建一个局域网，方便操作人员对多个对象进行信息传递[4]。建设基于云存储技术的管理模式，为相关的智能决策分析、云计算提供数据信息支持进行储存和传输数据。

4.2　消防隐患排查

消防单位在日常消防巡查可随时利用手机方便快捷地进行信息录入、拍摄现场图片以及语音备注，实时发送至管理系统，自动保存和实时上传检查日志。同时可以以重要建筑单位的微型消防站和流动消防检查站为联系点，将消防基础工作融入社会治安综合治理工作内容，在现有消防安全网格化管理模块的基础上，与消防监督管理平台对接，信息共享，利用微信平台、火灾隐患排查 App 软件，及时汇集火灾隐患信息，通过大数据分析安排警力进行执法监督，科学化、智能化、规范化地推进基层网格化消防工作，进一步强化和落实火灾隐患排查的全覆盖、无死角的长效机制，有力促进消防安全管理工作提升新台阶。对发现的消防安全隐患进行智能化分类处理，及时反馈处理的信息。

4.3 消防应急管理

针对突发灾情，各重点建筑单位利用系统平台能够做好快速、必要的应急处理，生成应急管理预案。实现人工报警和智能探测系统报警相结合的方式进行火灾报警。当系统接到报警，利用相关的定位技术能够迅速获得火情位置，并基于信息智能技术在中心服务平台和手机平台端进行地理位置标注。同时根据火情大小以及着火点位置，利用突发事件应急指挥和决策系统生成应急联动预案。

4.4 消防设施管理

系统通过管理系统的智能感知技术，如全景视频监控系统、基于视频的火灾烟雾探测系统、无线火灾传感器节点、消防管网水压传感器节点、电气火灾监控传感器等探测设备，实现消防设备状态的智能监测，可查看设备运行情况及老化趋势检测各级配电箱电路剩余电流、温度和故障电弧，可显示当前检测数据、平均数据在一天、一个月、一季度、一年内的变化曲线，可在设备即将出现故障时提醒相关部门进行维修处理，并进行反馈，从而保证系统长期稳定运行。

4.5 移动终端 App 传输数据

移动终端 App 应用在现场数据登记和记录方面将给现场数据记录带来帮助。目前移动终端 App 的应用技术已经遍及人们的日常生活[5]。采用移动终端 App 弥补了日常数据记录中 PC 端数据更新不及时的漏洞，不仅能紧跟信息化发展的潮流，而且具有比传统纸质化记录更精确更便捷的优点。无纸化记录数据是移动终端 App 的特点之一，同时通过将数据信息化处理，更加便捷、高效、保密地记录建筑消防设施设备的实时数据，同时将相关数据上传至物联网平台，可供消防部门随时随地通过移动终端 App 查阅相关数据，提高消防安全检查工作效率。

4.6 消防 GIS 地图服务

针对应急管理的 GIS 地理信息系统，可以将城市建筑的具体地点的基础设施、街道信息、路口等地理信息录入电子信息系统，利用其具有查找信息、分析数据信息、规划具体路线等优点，实现报警点的位置可实时上传并在电子地图上定位显示。同时针对重点防火管理，能准确显示报警部件的安装楼层平面图和建筑立面图和重点部位；针对消防设施管理，显示消火栓、水源等消防设施分布情况及对其他消防相关信息进行数据采集和传输到物联平台。

4.7 消防宣传培训

利用物联网平台可以进行消防宣传和培训，主要包括生成宣传培训任务，规划消防宣传预案；配合大、小网格单位完成疏散培训，上传保存培训记录；进行虚拟灭火培训，如上线灭火训练小游戏；面向系统用户，发布政策文件、消防基础知识、消防小常识。

4.8 消防信息查询和发布

系统提供联网用户基本信息、网格基本信息、消防设备与运行状况信息、消防安全管理（队伍建设、制度建设、日常维修保养）信息、火灾应急疏散预案和灭火预案、火警信息和故障信息、联网监控终端设备管理信息等信息查询功能。主要用于消防管理部门向下属大、中、小网格发布消防通知、新闻通告、消防事件，进行分栏显示，当针对某地区有重要通知发布时，在地图上进行亮点标注显示。

5 结语

伴随着现代化城市建设的快速发展，大量建筑设施的消防安全风险不断上升，城市高层、超高层建筑和地下空间日益增多，建筑的消防安全问题也突显出来。如何预防火灾事故的发生，是当今城市建设发展的重点问题。借助"智慧消防"这一信息化、新技术、新手段对传统消防模式的进化和改造，即运用数据共享、物联网等技术构建"智慧消防"系统，有效整合建筑内各项设施设备的数据，有效整合各方力量，摸清火患底数，加快构建城市建筑的公共安全、火灾防控体系，促进消防工作稳步向前迈进。把智慧消防理念和技术合理运用在灭火救援应急处置中，全面提高消防工作科技化、信息化、智能化水平，实现信息化条件下火灾防控和灭火应急救援工作转型升级。但是，随着物联网时代的来临，数据共享的问题越来越突出，时代发展对物联网建设提出越来越高的要求，通过传感技术、通信技术更新，数据共享的难题将逐步得到解决。

参考文献

［1］搜狐新闻：公安部消防局原副局长、总工程师杜兰萍谈智慧消防—消防展［EB/OL］.（2018 – 02 – 10）http：//m. sohu. com/a/226703769_100138759.

［2］骆玖. 关于"智慧消防"建设在灭火救援领域应用的几点思考［EB/OL］. http：//www. xf. sh/docsqlwc/detail. asp?backtype＝Close Yes&docid＝735754.

［3］印建皖. 大数据时代实施智慧消防的思路探讨［EB/OL］. http：//www. xf. sh/docsqlwc/detail. asp？backtype＝CloseYes&docid＝561765.

［4］沈雪微. 以 WiFi 和 ZigBee 联合定位的消防灭火救援系统［J］. 物联网技术，2015，（1）：32-35.

［5］姜学赟，马清波，杜阳. 消防移动执法终端系统应用开发［J］. 消防科学与技术，2012，31(12)：1316-1319.

从"四维"角度构建新消防的新秩序

王菁川

上海意静信息科技有限公司　上海　200120

摘　要：简要介绍传统消防及其在消防机制体制、标准体系和供需矛盾方面存在的挑战，从新形势下消防面临的主要任务为出发点介绍新消防，并从概念、标准、信用、风险评估与保险机制等方面剖析新消防，提出从哲学、技术、经济、管理的宏观"四维"体系认识智慧消防的方法，并进一步从架构技术、硬件技术、软件技术和管理技术的微观"四维"角度分析构建新消防的技术实现方法，探索出建立智慧消防新秩序的发展路径。

关键词：传统消防　新消防　智慧消防　分级预警　人联网

1　引言

世界上没有绝对的新与旧，新消防是相对传统消防而言。传统消防是指由火灾自动报警、自动灭火系统、消防给水及消火栓、防排烟系统、气体灭火等衍生出的消防技术、消防工程、消防维保、消防检测、消防评估、消防培训等。近年来，随着物联网、大数据和人工智能等技术的发展，传统消防不断面临各种挑战。一是消防改革带来的机制体制的挑战。改革之前消防机构监管得多，单位全面负责得少，政策驱动、行政驱动和主观驱动多。2018年消防队伍改制后，传统消防行业要全面落实深化消防执法改革的意见，消防工作机制体制、工作模式以及管理方式都面临变革。二是标准体系方面的挑战。在新的监管模式下，为了规范市场，必定要推出一系列的国家标准和行业标准。目前的标准大多为"处方式"和"保姆式"的思路，市场驱动力不强，与标准应为市场服务形成了矛盾。消防产品合规即合格的现象，扼杀了消防技术的创新力，影响了行业的科技进步和产业发展。三是供需矛盾方面的挑战。随着存量市场的持续放大，新建项目越来越少。根据经济学供需关系分析，在供给不断增加、需求不断减少的条件下，势必会导致传统消防的价格持续走低，甚至已经开始挑战成本

区。结合我国人力成本的快速上升，传统消防企业的生存面临严峻的挑战。以往经常提的行业自律非常重要，但用限定价格的方式就是违背经济学规律。2020年11月，市场监管部门对海南省消防协会维保检测分会的行业自律价格限定行为，行政处罚40万元[1]的案例表明，传统消防是距离市场经济比较远的一个行业，容易停留在计划经济的舒适区。因此，如何在新形势下构建新消防的新秩序是个值得研究的问题。

2　新形势下的新消防面临的主要任务

2.1　需要明确新消防的定义

从消防信息化到消防物联网到数字消防再到智慧消防，这些融合新的理念、新的技术、新的模式的业态，都可称之为新消防。新消防出现的起点可以参照消防体制改革大幕的开启，即2018年4月16日应急管理部挂牌为一个大致的边界。

由于政府和市场缺乏对城市远程监控系统、消防物联网和智慧消防、智慧救援明确的定义和区别。导致市场误判，认为行业进入门槛低，最终的结果是劣质产品充斥着市场，社会单位投资浪费，严重影响了新消防的口碑。因此，迫切需要对新消防的相关定义进行明确，并提出相关的技术要求。按照目前的技术发展水平，综合专家

作者简介：王菁川，男，中欧国际工商学院EMBA，上海意静信息科技有限公司创始人、总裁，上海市消防协会信息化分会副会长，中国工程建设标准化协会建筑防火专业委员会常务委员，主要从事消防信息化研究与企业管理工作，E-mail：jerry.wang@firedata.cn。

学者的相关观点，笔者认为消防物联网是指通过各种信息传感设备，将消防产品（装备）信息、消防设施信息、消防水源道路信息、消防重点部位信息、消防从业人员的行为状态以及其他与消防安全相关的信息等进行采集，并按照一定的协议，接入消防大数据应用平台，进行信息交换和通信，实现消防信息动态管理、火灾风险评估与预警、火灾隐患识别与诊治、事故应急辅助决策等功能，为火灾预防与控制以及事故应急救援提供技术支持，为社会单位、维保单位、消防救援机构、政府管理部门、设备制造商、保险机构、社会公众等提供数据服务和应用的信息系统。而"智慧消防"是指依托物联网，结合大数据、云计算、人工智能等技术，实现运维仪表盘、智能报表、火警智能研判、救援辅助等专业应用的解决方案，并实现城市消防体系的智能化，保障社会单位消防设施的完好率、提升消防执法效率、增强应急救援能力、减少火灾发生。

但是，对于"消防物联网"和"智慧消防"的内涵、外延及技术门槛等仍然需要权威部门认定并做出相关解释。

2.2　需要因地制宜构建完善的标准体系

虽然我国现存与消防有关的标准多达848部（其中国家标准446部，行业标准402部），但涉及新消防的标准体系尚未建立。以消防物联网和智慧消防为概念的新消防出现后，各地以及各部门为推动技术进步，制定了相关标准。如2018年5月上海市住房和城乡建设管理委员会颁布我国第一部消防物联网地标《消防设施物联网系统技术标准》；2020年12月上海市消防协会发布我国第一部消防物联网施工及维护领域的团标《消防设施物联网施工和维护规程》；2021年3月中国工程建设标准化协会（CECS）完成我国第一部消防物联网的设计团标《建设工程消防物联网通用技术规程》的编写。但从全国来看，这些技术标准仍有不足，需要从三个层面构建标准体系，来规范智慧消防秩序。

一是国家层面以智慧消防的顶层设计为出发点制定国家标准、行业标准，规范智慧消防整体建设框架，定义智慧消防基础协议，指引智慧消防的方向和目标。二是地方层面因地制宜建立符合本地经济社会发展的地方标准，使智慧消防标准与地方目标相统一，有利于智慧消防的健康发展。三是发挥团体组织优势，完善智慧消防团体标准体系建设。团体组织具有的灵活性和行业自律性，可为促进、完善智慧消防标准体系建设发挥积极作用。团体标准的推行可由内向外推动智慧消防标准体系发展。

2.3　搭建消防领域信用评价体系，引导行业健康良性发展

信用是市场经济的基石，构建社会信用体系，已成为全社会的共同呼声，作为安全领域的重要信用元素，消防领域信用的杠杆作用如何发挥，将影响到社会的消防安全水平。在现有法规和政策文件框架下，立足消防安全工作的实际情况和客观需求，设计消防安全领域信用管理工作体系构架，研究消防信用信息归集的内容、范围和途径，以及信用信息的公示和应用方法，构建消防安全领域信用评价体系，依托基于信用体系的新消防管理平台，对维护消防产品市场秩序、优化资源配置、推动行政监管部门职能转变、提高消防监管水平和社会单位消防安全水平等具有重要的现实意义。

2.4　加强风险评估与保险机制的结合，创新消防管理新模式

众所周知，消防保险是消防行业市场化的最优路径。在我国，由于机制的原因和历史的原因，消防与保险的结合条件尚不充分。但是，随着新消防的出现，数据的采集变得更加容易，经过清洗和积累的数据也开始显现出其蕴含的巨大价值，这使得火灾风险评估从定性到定量的转变变得更加容易，评估成本也随着新消防的逐步完善变得越来越低廉。火灾风险评估结果最受欢迎的不是消防救援机构，而是保险公司。保险公司可依此确定投保标的火灾危险性，厘定科学的保险费率。

因此，依托火灾风险评估结果来厘定科学的保险费率，市场化行为实现社会消防监管的新模式转变，健全和推动我国消防与火灾保险互动机制的发展，从而达到"以保促防"，降低火灾风险，减少火灾损失，提高我国社会消防安全的目的，这起到了促进和加快我国消防体制改革，改善和推动火灾保险行业良性发展的效果[2]。

3 从宏观"四维"体系构建新消防体系的方法

新消防有别于传统消防。新消防强调创新驱动、技术驱动和市场驱动，从这个角度上看，新消防就是智慧消防。智慧消防无论从行业认知还是市场表现，都已成为一个热门，试图从单一视角理解智慧消防比较困难，而且有局限性。因此可从宏观"四维"角度认识智慧消防，了解构建新消防的体系方法。宏观的"四维"是指哲学的维度、技术的维度、经济的维度和管理的维度。

3.1 从哲学的维度接受新消防的新理念

什么是智慧消防，智慧消防的价值是什么？这是智慧消防的两个哲学问题。自 2017 年"双十"文件[3]以来，对于智慧消防的批评不绝于耳。批评者认为，智慧消防是监管方和平台商为了自身的利益强加给社会单位的负担，毫无价值。监管方为了减少批评的焦点，转向要求政府买单。此举也没有减少批判的声音，认为是浪费纳税人的钱。如何应对这些批评，智慧消防从业者应该认真思考智慧消防的哲学问题。

首先，要用哲学思想中绝对和相对的辩证关系来看待现在的智慧消防。应理解"智慧"永远是相对的，永远不存在绝对的智慧。只要通过智慧消防的建设看到原本看不到的价值，就是智慧消防。不能用非黑即白的定性思维来理解智慧消防。智慧消防不仅是一个定量的词汇，它更多的是带来一种定量的思考，用定量思维重新审视原来的消防标准体系。

其次，要用哲学中矛盾之间的相互关系看待智慧消防和城市远程监控系统。明确智慧消防和城市远程监控系统的区别。后者出现在市场上近 20 年的、供消防部队监管社会单位报警信息的系统，而前者更多地通过各个系统的物联采集为社会单位提升"四个能力"的建设而部署的系统。二者的服务对象有明显不同，但在一定条件下相互依存互为补充，双方共处于一个统一体中，均为提升社会消防安全水平而存在。但从长远看，智慧消防的价值不在于一个具体的功能，而在于消防新秩序的建立，因此更加具有生命力。

最后，要用唯物辩证法的发展观来看待智慧消防的现状。智慧消防作为新消防的代名词，其发展总要经历一个由小到大、由不完善到比较完善的过程，要允许智慧消防在发展过程中存在问题，允许其螺旋上升，也要深理解今天的新消防明天就可能是传统消防。但随着技术的发展，智慧消防必然是未来的趋势。

3.2 从技术的维度创新消防的新发展

智慧消防的活跃依赖于技术进步。随着移动互联网和物联网的发展，很多曾经的复杂应用都开始变得容易和廉价。智慧消防与智慧救援在实践中产生大量的数据和应用场景，物联网技术结合视频、BIM、人工智能、中台、区块链等新技术（图1），实现创造性的构想。在"消"与"防"的相互支撑与发展中，各种技术和各种的尝试，甚至与国家大安全体系的融合，新技术、新算法的发明创造将会是技术上的重大突破。可以说，工程实践为智慧消防提供了用武之地，实

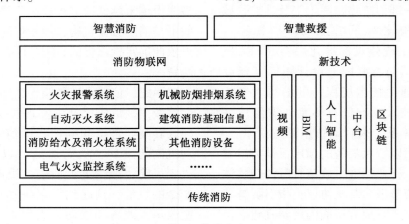

图 1　技术框架

践本身也是孕育智慧消防新技术的温床。比如白玉兰广场、上海儿童医院、贵阳花果园社区，都是智慧消防实践创新的典范。

3.3 从经济的维度理解新消防的新价值

由于火灾是低频偶发事件，传统消防建设投入的经济性很难作为重要指标。但是在新消防的视角下，经济性可以作为推进新生事物发展的考量指标。一是在法律法规和自身安全的要求下，社会单位建设初期的消防投入往往在数百万元到数千万元不等。经过市场经济的干预，投入与产出大体达到了平衡，这里的产出就是社会单位的本质安全。传统消防历经几十年的发展，市场供给与需求量基本会达到平衡，如图2所示。

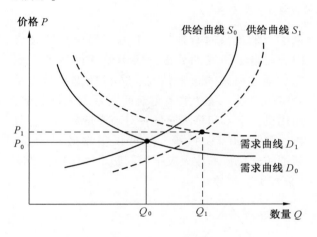

图2 供需曲线图

然而，传统消防受标准规范、传统模式、市场相对稳定等影响，消防产品的技术更新到达了一个瓶颈期，消防设施可靠度的提升存在动力不足。同时，由于产品、施工、维护、使用环境不良等因素的影响，目前市场上消防设施的完好率不足10%。而智慧消防的经济性主要就是帮助社会单位把消防设施的完好性从10%向100%量性提升，增加社会单位消防设施的投入产出比。另外，随着我国经济的高速持续发展，人工成本与日俱增，智慧消防在节约人力成本方面也会发挥显著的作用，从而对智慧消防的需求量将会大幅增加，这在一定程度上，将会大大催生新消防快速发展，促进新技术的应用，消防市场供需曲线将出现同时向右平移的现象，整个市场会出现量价齐升的动态新平衡。在动态调整阶段，代表

先进技术或先进生产力的智慧消防产品将会赢得市场。

3.4 从管理的维度促进新消防的新驱动

随着消防队伍的整体转制和深化消防执法改革意见的落实，消防法律法规正在重构，消防组织管理体系逐步完善，消防管理运行模式正在调整，新消防新秩序的保障运行模式正在建立。从消防管理运行模式来看，随着智慧消防建设的普及，火灾风险评估、消防信用体系建设、"双随机一公开"以及保险公司的进入，以往靠人力监管的管理模式向基于信用管理的模式加速迭代。消防管理模式将从单维的监管模式转型为"服务模式+社会化自管模式+第三方托管模式+保险模式"的多维模式。多维模式使得传统消防的行政驱动平移至服务驱动与技术驱动。如基于信用管理的模式便是利用新消防中的新技术驱动，实现的服务驱动管理模式，将会极大促进新消防管理模式创新（图3）。

4 从微观"四维"角度构建新消防的技术实现

微观"四维"是指从架构技术、硬件技术、软件技术和管理技术四个维度解决新消防存在的问题。目前大多数新消防的物联网平台仅仅是物联显示，并未对物联的对象进行分析并解决问题。以意静云整合型平台的技术实践为例，通过创新运用基于"四维"角度的微观技术体系，对提升物联网高质量数据的互通互证、消防设施的可靠度、消防管理的效率和有效性，降低火灾风险，具有很强的现实意义。

4.1 从架构的维度

传统消防控制室图形显示装置集中了9类消防系统及设备的状态信息[4]，各系统相互独立，而物联网平台采集的消防系统及设备数据缺乏互通。智慧消防整合型平台的技术架构，基于监管关系、服务关系、单位关系和点位关系的多层级多类型关系链（点位关系如图4所示），整合各消防系统及设备信息，打通跨单位、跨层级的信息壁垒，将孤立的各消防系统信息通过关系链融合，构建信息互联共享的数据处理机制，实现从平台架构层消除信息孤岛，使各个系统的数据可互通互用，相互印证。

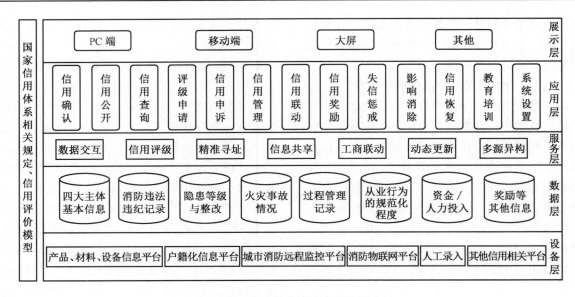

图 3   基于信用体系的新消防管理平台

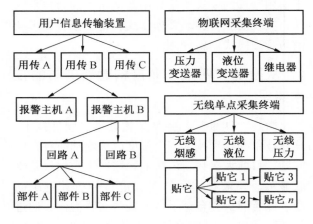

图 4   点位关系示意图

4.2　从硬件的维度

消防物联网的点位信息缺失、人工录入错漏、数据时钟偏差、数据采集重复等数据质量问题一直困扰着大多数新消防的物联网平台。新消防硬件基于"边缘计算"技术，独立研发用户信息传输装置和信息采集装置 ROM 内核，引入智能硬件可标识、可鉴别、可枚举、可加密、可配置、可升级的标准化要求，并与平台紧密配合，实现采集数据的完整性、有效性、准确性。

4.3　从软件的维度

火灾报警系统的误报警问题一直存在于传统消防、城市远程监控系统、消防物联网，大量误报警信息的确认对社会资源是一种极大浪费，而长期的误报警对社会单位会形成麻痹思想，"狼

来了"的现象时有发生。上海意静信息科技有限公司自主研发的分级预警引擎软件技术（图 5），通过积累的报警信息，进行数据清洗，结合空间关系、联动关系与时间关系的发展趋势，运用机器学习和算法模型，对高质量数据进行分析，筛除 90% 误报警，降低误报率效果明显。新消防软件技术让火灾报警回归本质作用，消除"狼来了"现象。

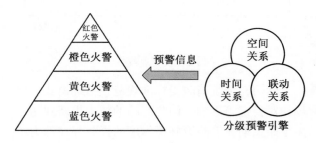

图 5   分级预警引擎示意图

4.4　从管理的维度

借助于人工智能在消防领域的应用，新消防以人的行为信息化技术（即"人联网"）为消防安全管理带来本质变化。"人联网"技术基于国家授权发明专利[5]，采用 NFC 电子标签，从点位、方法、标准、周期、人员、坐标、终端等七个方面，实现对消防维保、消防巡检和安防巡更等工作的超细"颗粒度"信息化管理，运用人工智能深度学习算法，结合数据分析结果，自动剖析消防管理状况，做到每个流程关键节点的责

任追溯、大大降低管理风险。

5 结语

传统消防伴随改革开放走过了 40 年，大量标准和企业支撑了全部消防行业，形成了稳定的秩序。新消防的出现，是经济快速发展的必然产物，更是不可逆的历史潮流。面对新消防目前存在的问题，勇立潮头的"政产学研用"都应积极推进新秩序的建立。在建立新秩序的过程中，用吐故纳新的态度积极拥抱新消防，传统秩序的阻碍不应动摇建设新秩序的决心。建立新的消防秩序，势必会支撑智慧消防长远的良性发展。

参考文献

［1］国家市场监督管理总局反垄断局．市场监管总局发布海南省消防协会及 21 家会员单位达成并实施垄断协议案行政处罚决定书［EB/OL］．http://www. samr. gov. cn/fldj/tzgg/xzcf/202101/t20210129_325654. html，2021-01-29.

［2］曾浪，张鹏，金静，等．消防与火灾保险互动机制研究［J］．武警学院学报，2017，33(4)：68-72.

［3］佚名．关于全面推进"智慧消防"建设的指导意见［J］．中国消防，2017，21：61-64.

［4］国家标准化管理委员会．GB 25506—2010 消防控制室通用技术要求［S］．北京：中国标准出版社，2011.

［5］王菁川，吴建彬．一种消防设备巡检系统及方法［P］．中国：ZL201510564170.7，2018-04-10.

聚碳酸酯顶棚实体火灾试验研究

李利君　颜明强　张泽江　李乐

应急管理部四川消防研究所　成都　610036

摘　要： 本文结合实际工程案例，搭建实体火灾试验模型，验证聚碳酸酯顶棚材料的火安全性。试验中，火源与聚碳酸酯顶棚的最近距离为3 m，火源功率为4 MW。8块聚碳酸酯板中仅有1块板的温度超过600 ℃，发生烧穿，其余7块板的温度低于500 ℃，保持了完整性。顶棚火源正上方位置发生了软化及局部烧穿，其他位置保持了完整性，未发生火蔓延。

关键词： 聚碳酸酯　顶棚　实体火灾试验

聚碳酸酯板的主要成分为聚碳酸酯（PC），PC具有较强的耐酸碱性，较好的透光性能与力学性能。因此，PC板被广泛应用在医疗器械、电子电器、光学透镜、建筑、运输、通信、医疗等各个领域。与玻璃顶棚相比，采用聚碳酸酯板材可减少40%～45%的成本，且聚碳酸酯板材重量更轻，便于运输和加工。另外，使用聚碳酸酯板材也可以使支承结构的设计更具自由度。聚碳酸酯板材已在运动场馆及其他大型项目的建设中证明了其价值。在德国，聚碳酸酯板材应用于众多新建或翻新的体育场馆设施，用途广泛。在其他国家，如中国、波兰、巴西、罗马尼亚和奥地利，该材料也广泛应用于各个领域。

PC材料本身具有一定的阻燃性，但并不能满足各种工程应用的防火性能要求[1]。目前关于PC材料火安全性的研究集中在材料本身的燃烧性能及热稳定性[1-6]，对于其应用于顶棚材料时的火安全性研究未见报道。

本文结合实际工程案例，根据设计图纸及建筑使用功能，首先找到PC顶棚材料在火灾中的最不利点，也就是距离顶棚下建筑最近的点，通过模拟计算得到该点的火源功率，搭建实体火灾试验模型，验证PC顶棚材料在该火源功率下的火安全性。

1　原材料

试验中所用的PC板材厚度为10 mm，燃烧性能达到《建筑材料及制品燃烧性能分级》（GB 8624—2012）中的B₁（B）级要求。

性能达到《建筑材料及制品燃烧性能分级》（GB 8624—2012）中的 B_1（B）级要求。

2　火灾试验模拟场景

位置：室外平台。

顶棚下建筑使用功能：咖啡休息厅室外平台（人员活动区）。

火灾模拟场景：咖啡休息厅室外平台发生火灾或者咖啡厅发生火灾，火焰通过咖啡厅的门或者窗蔓延至室外，最终可能引燃顶棚材料。根据模拟计算结果，该场景的火源功率为4 MW。实际场景效果图、平面图分别如图1和图2所示。火灾最不利点如图1白圈位置所示。该点距离顶棚垂直距离为3 m，顶棚与水平面的夹角为35°。

图1　实际场景效果图

作者简介：李利君，女，博士，副研究员，就职于应急管理部四川消防研究所，主要研究方向为阻燃及防火材料，E-mail：454712538@qq.com。

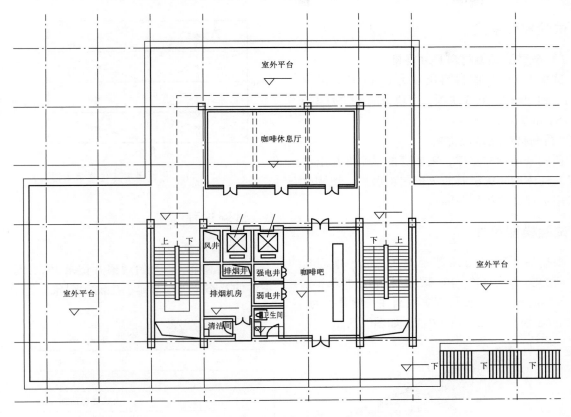

图 2 实际场景平面图

3 实体火灾试验模型

根据实际场景效果图和平面图,火灾最不利点距离顶棚垂直距离为 3 m,顶棚与水平面的夹角为 35°。设计试验模型如图 3 所示。

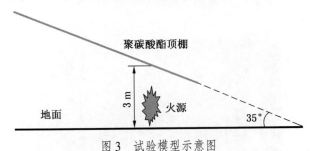

图 3 试验模型示意图

4 火源

根据模拟计算结果,最不利点的火源功率为 4 MW。考虑到最不利点的使用功能为咖啡厅及室外露台,可燃物主要为家具及室内装修材料,因此试验拟采用木垛作为火源。根据木材的热释放功率,计算得到火源功率 4 MW 时的木材用量。所用木条的木材种类为杉木,木材密度约为

450~500 kg/m³,含水率经测定约为 15%。木垛的点火方式采用将试验前浸润过柴油的引火木条从木垛下部间隙均匀插入以引燃木垛。木垛外形尺寸 = 1500 mm(长)×1000 mm(宽)×1500 mm(高)。木材截面尺寸 = 50 mm(长)×50 mm(宽),两根木材间的间距为 50 mm。

试验中,木垛中心点位于顶棚中心点的正下方,如图 4 所示。

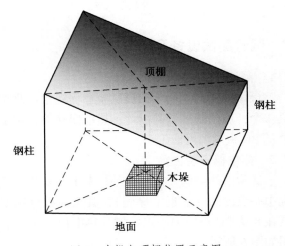

图 4 木垛与顶棚位置示意图

5 试验模型搭建

5.1 聚碳酸酯顶棚材料尺寸规格

试验中 PC 顶棚材料尺寸为 6 m（长）×4 m（宽）。PC 顶棚一共 8 块板，每块板的尺寸为 3 m（长）×1 m（宽）。

5.2 顶棚材料支撑及拼接

顶棚采用钢柱支撑，钢柱底部采用混凝土块固定，柱体用防火板及防火棉包覆保护。顶棚材料采用常规方式拼接及固定。

6 试验模型尺寸

根据最不利点与顶棚距离为 3 m，顶棚与水平面的夹角为 35°，PC 顶棚材料尺寸为 6 m（长）×4 m（宽）。计算得到 4 根钢柱长度分别为：4.72 m（2 根）、1.28 m（2 根），如图 5 所示。

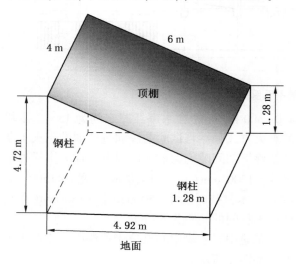

图 5 试验模型尺寸

7 试验测试设备及热电偶布置

7.1 测试设备

摄像机 4 台，用于拍摄试验过程视频；照相机 4 个，用于拍摄试验图片；热电偶 9 根，用于测试 PC 板的温度。

7.2 热电偶安装位置

试验中热电偶一共 9 根，其中 1 根安装在顶棚中心点内侧（靠近木垛侧），其余 8 根分别安装在 8 块 PC 板的中心点内侧。热电偶安装示意图如图 6 所示。

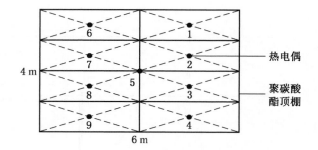

图 6 热电偶安装位置示意图

8 试验过程

8.1 试验现象

点燃木垛后，开始观察并记录 PC 顶棚在火灾中的状态及火焰蔓延、融滴等现象，记录见表 1。

表 1 试验现象记录

时间/min	试 验 现 象
0	点火
1	火焰烧至顶棚
6	7 号板材稍微变形，但保持了完整性
25	木垛垮塌，顶棚保持完整性
35	顶棚局部发生熔融
39	顶棚局部烧穿、熔融及滴落
57	灭火

试验图片如图 7 所示。

（a）点火前 PC 顶棚正面

（b）点火前 PC 顶棚侧面

（e）点火 6 min，顶棚稍有变形

（c）点火

（f）点火 39 min，顶棚局部烧穿、熔融及滴落

（d）点火 1 min，火焰烧至顶棚

（g）点火 57 min，灭火

（h）灭火后地面白色滴落物

图7　试验图片

从表1和图7可以看出，实体火灾试验中PC顶棚材料受热后先变形，随着时间推移，顶棚逐渐发生熔融、烧穿及滴落，最终在顶棚烧穿位置正下方的地面出现顶棚滴落物。说明PC顶棚在火灾中，会发生烧穿、熔融及滴落。试验过程中，PC顶棚材料先发生变形，然后位于火源正上方的部位发生了熔融和滴落，最终导致这一部位出现面积约0.4 m²的洞。其余部位仅发生了变形，未发生熔融和滴落，也未出现破损，保持了完整性。

8.2　聚碳酸酯顶棚受火面温度

试验中1~9号热电偶温度随时间变化图如图8所示。

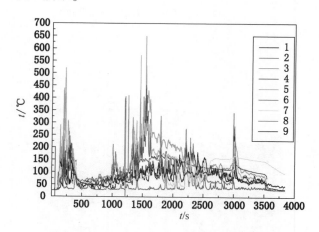

图8　试验中1~9号热电偶温度随时间变化图

从图8可以看出，试验中1号热电偶在点火后50 min达到最高温度，最高温度为308 ℃；2号热电偶在点火后20 min达到最高温度，最高温度为406 ℃；3号热电偶在点火后26 min达到最高温度，最高温度为649 ℃；4号热电偶在点火后26 min达到最高温度，最高温度为452 ℃；5号热电偶在点火后3 min达到最高温度，最高温度为370 ℃；6号热电偶在点火后31 min达到最高温度，最高温度为148 ℃；7号热电偶在点火后31 min达到最高温度，最高温度为173 ℃；8号热电偶在点火后3 min达到最高温度，最高温度为226 ℃；9号热电偶在点火后5 min达到最高温度，最高温度为197 ℃。

试验中共有8块PC板，仅有1块板的温度超过了600 ℃，这块板最高温度为649 ℃；有2块板的最高温度为400~500 ℃，分别为406 ℃和452 ℃；有1块板的最高温度在300 ℃和400 ℃之间，为308 ℃；有1块板的最高温度在200 ℃和300 ℃之间，为226 ℃；其余3块板的最高温度低于200 ℃，分别为148 ℃、173 ℃和197 ℃。

9　结论

根据设计图纸及建筑使用功能，针对聚碳酸酯顶棚材料在火灾中最不利点，搭建实体火灾试验模型，验证了聚碳酸酯顶棚材料的火安全性。试验中，火源与棚架距离最近为3 m，火源功率4 MW，试验中共有8块聚碳酸酯板，仅有1块板的温度超过了600 ℃（发生烧穿），其余7块板的温度低于500 ℃（保持完整性）。顶棚火源正上方位置发生了软化及局部烧穿，其他位置保持了完整性，未发生火蔓延。

参考文献

［1］王东辉，刘全义，李泽锟，等. 不同热辐射强度下聚碳酸酯的燃烧性能研究［J］. 塑料科技，2020，13-16.

［2］张沛，党乐，王学辉，等. 飞机典型聚碳酸酯板材燃烧特性研究［J］. 消防科学与技术，2019，38（3）：335-338.

［3］杜振霞，饶国瑛，南爱玲，等. 聚碳酸酯的热行为［J］. 高分子材料科学与工程，2003，19（3）：164-167.

［4］周文君，杨辉，方晨鹏. 聚碳酸酯的热降解［J］. 化工进展，2007，26（1）：23-28.

［5］谢飞，苏正良，文彦飞．聚碳酸酯热分解特性及其与热释放的关系［J］．塑料工业，2014，42（1）：55-58.

［6］赛霆，冉诗雅，郭正虹．一种镧基金属有机框架的制备及其对聚碳酸酯火安全性和热稳定性的影响［J］．高分子学报，2019，50（12）：1338-1347.

硝基片热分解动力学及其鉴定技术研究

张 怡[1,2] 赵长征[1,2] 阳世群[1,2] 彭 波[1,2] 袁 博[1,2] 祝兴华[1,2]

1. 应急管理部四川消防研究所 成都 610036
2. 应急管理部四川消防研究所司法鉴定中心 成都 610036

摘 要：采用差示扫描量热法（DSC）研究了硝基片的热分解动力学，分别利用 Kissinger 法和 Ozawa 法获得了硝基片的热分解表观动力学参数，并基于动力学参数通过 Zhang-Hu-Xie-Li 法进一步分析了硝基片的临界爆炸温度和自加速分解温度。采用红外光谱分析和拉曼光谱分析，研究了硝基片及其燃烧残留物的光谱特征和检验鉴定技术。

关键词：消防 硝基片 热分解动力学 鉴定技术

1 前言

硝化纤维学名纤维素硝酸酯，又依含氮量的不同称为胶棉或火棉，被广泛应用于推进剂、发射药、炸药和黏结剂等领域[1-2]。硝化纤维及制品有着较大的着火爆炸的危险性，一旦受热或接触火源，极易发生燃烧或爆炸，造成严重的事故灾害。天津港"8·12"瑞海公司特别重大火灾爆炸事故即由硝化棉的自燃引发[3]。

研究表明，造成化学品燃烧爆炸的原因复杂多样，但都主要与其热效应有关，采用热分析技术研究化学品的热分解动力学是评价预测化学品自燃危险性的有力手段[4-6]。Pourmortazavi 等人测定了不同硝化棉样品的热稳定性，热重分析结果显示硝化棉的主要热降解反应发生在 192～209 ℃ 范围内，DSC 的结果表明化合物的分解温度会随着加热速率的升高而升高[7]。郭耸采用 C80 微量量热仪研究了含硝化棉的混合硝酸酯发射药的动力学参数[8]。

硝基片作为硝化纤维重要的制品之一[9]，属于热塑性塑料，其燃烧速度快、释放能量大，具有较高的火灾危险性。开展硝基片的热分解动力学研究，分析其光谱特征对这类制品在使用、运输、存贮等过程的危险性评估、火灾爆炸事故预防及燃烧残留物检验鉴定具有重要意义[10-11]。

基于以上情况，笔者采用 DSC 对硝基片的热释放行为和热分解动力学进行了研究，计算了硝基片的临界爆炸温度和自加速分解温度，并研究比较了红外光谱分析和拉曼光谱分析对硝基片及其燃烧残留物的检验鉴定效果。

2 实验

2.1 试剂与仪器

试剂：硝基片，四川北方硝化棉公司；溴化钾，光谱纯，英国 BDH 公司。

仪器：Q2000 型差式扫描量热分析，美国 TA 公司；Nicolet FTIR 6700 型红外光谱分析仪，美国赛默飞世尔公司；Renishaw inVia 型显微拉曼光谱仪，英国雷尼绍公司。

2.2 燃烧残留物制备

称取适量硝基片于不锈钢盘中，使用电炉对硝基片进行加热，直至硝基片发生燃烧，停止加热。待硝基片燃烧自熄后，收集获得硝基片燃烧残留物。

2.3 测试

DSC 测试：测试样品质量(2±1)mg，采用不锈钢耐压坩埚测试，氮气流速为 50 mL·min⁻¹，温度范围为 40～300 ℃，升温速率为 2.5 ℃·min⁻¹、5 ℃·min⁻¹、10 ℃·min⁻¹、15 ℃·min⁻¹。

红外光谱测试：KBr 压片制样进行测试，测

基金项目：应急管理部四川消防研究所基本科研业务费专项项目（T2018880103）

作者简介：张怡，男，博士研究生，助理研究员，就职于应急管理部四川消防研究所，主要从事火灾调查和火灾物证鉴定研究，E-mail：chemzhang0601@126.com。

试波数范围为 4000~500 cm^{-1}。

显微拉曼光谱测试：测试波数范围为 3200~100 cm^{-1}，激发波长为 532 nm 和 785 nm。

3 结果与讨论

3.1 DSC 分析

图 1 为硝基片以不同升温速率（β）加热分解得到的 DSC 曲线，相应的分解热释放峰的峰值温度（T_p）列于表 1 中。

从图 1 和表 1 可以看出，硝基片在加热分解过程中只呈现出一个放热峰，且随着加热速率的增加，硝基片的热释放峰均向高温方向移动，峰值温度从升温速率 2.5 ℃·min^{-1} 时的 193 ℃ 升高到 15 ℃·min^{-1} 时的 215 ℃。

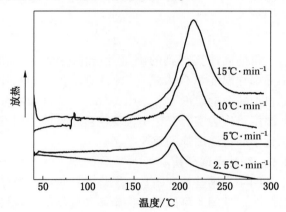

图 1 不同升温速率下硝基片分解的 DSC 曲线

表 1 不同升温速率下的硝基片分解热释放峰值温度

样品	升温速率 β/ （℃·min^{-1}）	分解热释放峰值 温度 T_p/℃
	2.5	193
硝基片	5	203
	10	210
	15	215

3.2 硝基片的热分解动力学

采用 Kissinger 和 Ozawa 法[12]来获得硝基片的主要热分解动力学参数表观活化能 E。

Kissinger 法求热分解的表观活化能 E 时，使用式（1）。

$$\ln\left(\frac{\beta}{T_p^{~2}}\right) = \ln\left(\frac{RA}{E}\right) - \frac{E}{RT_p} \qquad (1)$$

式中　β——升温速率，℃·min^{-1}；

$\quad T_p$——分解热释放峰的峰值温度，K；

$\quad R$——理想气体常数，J·mol^{-1}·K^{-1}；

$\quad A$——指前因子，s^{-1}；

$\quad E$——通过峰温计算的热分解表观活化能，kJ·mol^{-1}。

采用 $\ln(\beta/T_p^{~2})$ 对 $1000/T_p$ 作图，线性拟合后的直线斜率可求得表观活化能 E。

Ozawa 法求热分解的表观活化能 E 时，使用公式（2）。

$$\lg F(\alpha) = \lg\frac{AE}{R} - \lg\beta - 2.315 - 0.4567\frac{E}{RT} \qquad (2)$$

式中，$F(\alpha)$ 为反应转化率的积分函数；T 为绝对温度，如取 $T = T_p$，则采用 $\lg\beta$ 对 $1000/T_p$ 作图，线性拟合后的直线斜率可求得表观活化能 E。

根据硝基片以 2.5 ℃·min^{-1}、5 ℃·min^{-1}、10 ℃·min^{-1}、15 ℃·min^{-1} 的升温速率测试的分解热释放峰值温度 T_p，分别经式（1）和式（2）线性拟合获得的 Kissinger 曲线和 Ozawa 曲线如图 2 和图 3 所示，线性相关系数（r）和相应的表观活化能（E）列于表 2。

从表 2 中数据可知，Kissinger 法和 Ozawa 法线性拟合的线性相关系数 r 值均在 0.99 以上，线性相关性较佳，说明 Kissinger 法和 Ozawa 法对硝基片热分解动力学的研究具有很好的适用性。两种方法计算得到的硝基片表观活化能一致，均为 148 kJ·mol^{-1}。

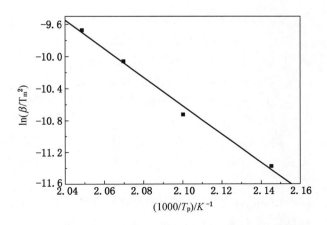

图 2 硝基片的 $\ln(\beta/T_p^{~2})$~$1000/T_p$ 关系图

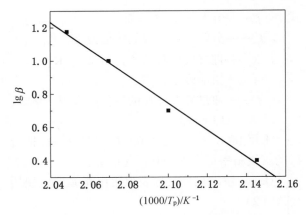

图3 硝基片的 $\lg\beta \sim 1000/T_p$ 关系图

表2 基于 Kissinger 法和 Ozawa 法的表观活化能

样品	Kissinger 法		Ozawa 法	
	活化能 E/ (kJ·mol⁻¹)	线性相关系数 r	活化能 E/ (kJ·mol⁻¹)	线性相关系数 r
硝基片	148	0.9917	148	0.9924

3.3 临界爆炸温度

临界爆炸温度 T_b 是评判高能材料危险性的一个重要参数。在临界爆炸温度，物质的热分解放热效应产生的热量大于向周围散热损失的热量，物质内部开始聚集热量而使自身升温，使反应加速进行。该温度也是高能材料安全储存、加工使用所需的重要参数。T_b 可以根据燃烧理论和合适的热动力学参数计算得到。

临界爆炸温度 T_b 与活化能 E 之间存在如下关系[12]：

$$T_b = \frac{E - \sqrt{E^2 - 4ERT_0}}{2R} \qquad (3)$$

T_0 可通过如下公式求得

$$T_i = T_0 + b\beta_i + c\beta_i^2 + d\beta_i^3 \qquad (4)$$

式中 β_i——样品的升温速率，℃/min；

T_i——加热速率 β_i 时的峰温，K；

T_0——加热速率趋于零时 DSC 曲线上的外推峰温，K。

将加热速率和对应的分解热释放峰值温度代入式（4），则求得 T_0。再根据式（3）计算得到 T_b。

Kissinger 法和 Ozawa 法计算得到的硝基片分解活化能 E 为 148 kJ/mol。由式（3）和式（4）计算得硝基片的临界爆炸温度 T_b 为 187.52 ℃。

临界爆炸温度可作为实际案例中热效应产生的温升能否引发该化学品燃烧爆炸的重要参考。

3.4 自加速分解温度

自加速分解温度（self-accelerating decomposition temperature，SADT），即以容器中的物质在运输中可能发生自行加速分解反应的最低环境温度，是衡量危险化学品在标准包装材料和固定尺寸的状态下，在其生产、使用、运输、储存等环节和过程中的热危险性的重要参数。

利用热分析仪器进行小药量试验，根据测得的热分析曲线来理论推算 SADT 的小药量推算法是获得 SADT 数据的有效方法。

根据 Zhang-Hu-Xie-Li 法[13]得到的临界爆炸温度 T_b 与自加速分解温度存在如下关系：

$$T_{SADT} = T_b - \frac{RT_b^2}{E} \qquad (5)$$

将前面计算得到的硝基片分解活化能 E 和临界爆炸温度 T_b 代入式（5）计算求得，硝基片的自加速分解温度 T_{SADT} 为 175.60 ℃。自加速分解温度可作为实际案例中环境温度条件能否引发该化学品燃烧爆炸的重要参考。

3.5 红外光谱分析

图4为硝基片和硝基片燃烧残留物的红外光谱曲线。从图4可以看出，硝基片的特征吸收峰在 3440 cm⁻¹、2930 cm⁻¹、1640 cm⁻¹、1290 cm⁻¹、1070 cm⁻¹、845 cm⁻¹、565 cm⁻¹；当硝基片受高温作用发生燃烧后，相比于硝基片的特征峰，其燃烧残留物在 1290 cm⁻¹ 和 845 cm⁻¹ 的特征峰消失，在 2360 cm⁻¹ 和 1540 cm⁻¹ 出现了新的特征峰。

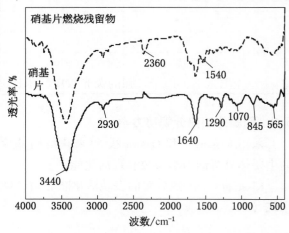

图4 硝基片和硝基片燃烧残留物的 FTIR 曲线

通过红外光谱的分析表明，红外光谱分析法对硝基片有较好的定性分析效果，且对模拟火灾中可能遭受的高温热辐射引燃后的硝基片燃烧残留物，红外光谱分析法也能较好地对提取到的残留物进行定性分析。

3.6 拉曼光谱分析

图5为不同激发光下硝基片的拉曼光谱曲线。从图5可以看出，硝基片的特征峰主要在 2972 cm^{-1}、2929 cm^{-1}、1661 cm^{-1}、1593 cm^{-1}、1417 cm^{-1}、1369 cm^{-1}、1285 cm^{-1}、1120 cm^{-1}、1005 cm^{-1}、857 cm^{-1}、714 cm^{-1}、651 cm^{-1}、558 cm^{-1}、202 cm^{-1}。785 nm 和 532 nm 的激发光能使硝基片产生较显著的拉曼散射，且 785 nm 的激发光引发的拉曼散射的峰强度明显强于 532 nm，因此，785 nm 的激发光更适合用于硝基片的定性分析。

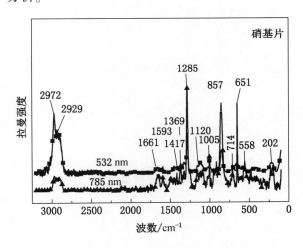

图5 不同激发光下硝基片的 Raman 曲线

图6为不同激发光下硝基片燃烧残留物的拉曼光谱曲线。从图6可以看出，硝基片燃烧炭化明显，其燃烧后残留物中炭化物含量显著，785 nm 的激发光测试下，由于较强的荧光效应，未检测到拉曼散射峰，532 nm 的激发光测试下只检出石墨结构碳层的散射峰。

通过拉曼测试分析表明，拉曼光谱对硝基片能进行较好的定性分析，其拉曼散射特征峰明显；但拉曼测试结果受样品的荧光效应和拉曼测试光斑大小的影响显著，硝基片燃烧残留物中燃烧产物较强的荧光效应和点扫描较小的激发光光斑不利于目标样品的定性分析。

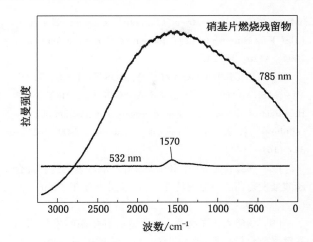

图6 不同激发光下硝基片燃烧残留物的 Raman 曲线

4 结论

（1）基于差式扫描量热分析测试，从热释放角度，计算得到硝基片的 Kissinger 法活化能和 Ozawa 法活化能均为 148 kJ/mol。

（2）硝基片的临界爆炸温度 T_b 为 187.52 ℃，硝基片的自加速分解温度 T_{SADT} 为 175.60 ℃。

（3）红外光谱能够较好地对硝基片及其燃烧残留物进行定性分析；拉曼光谱可以较好地对硝基片进行定性分析，且 785 nm 的激发光检测效果优于 532 nm，但是拉曼光谱未检测出硝基片燃烧残留物的拉曼散射特征峰。

参考文献

[1] 彭亚晶，王勇，刘玉强，等. 硝化纤维含能材料热物性参数的测量与分析 [J]. 含能材料，2013，21（6）：760-764.

[2] 夏敏，罗运军，华毅龙. 纳米硝化纤维素的制备及性能表征 [J]. 含能材料，2012，20（2）：167-171.

[3] 天津港"8·12"瑞海公司危险品仓库特别重大火灾爆炸事故原因调查及防范措施 [J]. 中国应急管理，2016，（2）：44-57.

[4] 臧娜. 过氧化环己酮储存过程中的热失控危险性研究 [J]. 武警学院学报，2016，32（4）：18-22.

[5] SUN J H, LI Y F, HASEGAWA K. Thermal hazard evaluation of complex reactive substance using calorimeters and dewar vessel [J]. Journal of Thermal Analysis and Calorimetry，2004，76（3）：883-893.

[6] MALOW M, WEHRSTEDT K D. Prediction of the self-accelerating decomposition temperature (SADT) for liq-

uid organic peroxides from differential scanning calorimetry (DSC) measurements [J]. Journal of Hazardous Materials, 2005, A120: 21-24.

[7] POURMORTAZAVI S M, HOSSEINI S G, RAHIMI-NASRABADI M, HAJIMIRSADEGHI S S, MOMENIAN H. Effect of nitrate content on thermal decomposition of nitrocellulose [J]. Journal of Hazardous Materials, 2009, 162(2-3): 1141-1144.

[8] 郭耸, 王青松, 孙金华, 等. 双基发射药和混合硝酸酯发射药的热分解特性 [J]. 火炸药学报, 2009, 32(2): 75-79.

[9] 杨建兴, 许灿啟, 杨伟涛. 叠氮硝胺发射药与赛璐珞药盒长储稳定性研究 [J]. 爆破器材, 2019, 48(2): 32-36.

[10] GAO X, JIANG L, XU Q. Experimental and theoretical study on thermal kinetics and reactive mechanism of nitrocellulose pyrolysis by traditional multi kinetics and modeling reconstruction [J]. Journal of Hazardous Materials, 2020, 386: 121645.

[11] 王燕军, 王娜. 拉曼光谱技术检验硝铵炸药 [J]. 中国公共安全（学术版）, 2014, (1): 93-98.

[12] 王志, 闫宇民, 王建龙, 等. 硝酰胺热分解反应动力学研究 [J]. 精细化工中间体, 2019, 49(1): 53-55.

[13] ZHANG T L, HU R Z, XIE Y, LI F P. The estimation of critical temperatures of thermal explosion for energetic materials using non-isothermal DSC [J]. Thermochimica Acta, 1994, 244: 171-176.

国内外消防员灭火防护靴标准关键技术指标比对探析

聂军[1]　周凯[2]

1. 上海市消防救援总队特种灾害救援处　上海　200051
2. 应急管理部上海消防研究所　上海　200438

摘　要： 消防员灭火防护靴是消防员进入普通建筑物火灾现场进行灭火救灾作业时，用来保护足部和小腿免受水浸、外力损伤和热辐射等因素伤害的重要防护装备。本文通过对比分析中国《消防员灭火防护靴》（XF 6—2004）、美国《建筑物灭火及近火防护装备》（NFPA 1971—2018）、欧盟《消防员防护靴》（EN 15090—2012）等国内外主要消防员灭火防护靴相关标准的关键指标与试验方法，对我国消防员灭火防护靴标准的制修订研究提出建议，可为提高我国消防员灭火防护靴相关标准的国际化水平以及产品的安全防护性能做出贡献。

关键词： 消防　国内外　灭火防护靴　标准　技术指标　比对

1　前言

为了保护自身的人身安全，消防救援人员在进行作业时必须穿着相应防护装备以对全身各个部位进行有效防护。其中消防员灭火防护靴是有效保护消防员的足部和小腿部免受火场各种热力因素、机械因素和部分酸碱化学品伤害的重要防护装备。目前国内外有关消防员灭火防护靴的标准主要有中国《消防员灭火防护靴》（XF 6—2004）、美国《建筑物火灾及近火扑救消防员防护装备》（NFPA 1971—2018）以及欧盟《消防员防护靴》（EN 15090—2012）。其中 NFPA 1971—2018 规定了全套建筑物火灾及近火扑救用消防员个人防护装备，包括消防员灭火防护头盔、消防员灭火防护手套、消防员灭火防护服、消防员灭火防护靴以及消防员灭火防护头套等产品。

《消防员灭火防护靴》（XF 6—2004）自2004年颁布实施以来，对于提高我国消防员灭火防护靴产品质量、生产加工能力、检验技术水平起到重大作用。但是该标准已多年未经修订，其中有关阻燃、电绝缘、防滑、防水等重要防护性能的指标要求及试验方法明显落后于国外同类标准，甚至有部分性能指标与测试方法已不适用于当前消防员灭火防护靴产品。因此为进一步提升我国消防员灭火防护靴标准的国际化水平，提高消防员灭火防护靴的安全防护功能，增强相关生产企业的国际竞争力，亟须对国际有关先进标准进行学习借鉴。

2　国内外消防员灭火防护靴标准关键指标比对

目前消防员灭火防护靴按照靴帮所使用材质的不同，主要可分为胶靴和皮靴两种，具有阻燃、抗辐射热渗透、隔热、电绝缘、防滑、防砸、防割、防刺穿等重要防护功能。现将《消防员灭火防护靴》（XF 6—2004）、《建筑物火灾及近火扑救防护装备》（NFPA 1971—2018）以及欧盟《消防员防护靴》（EN 15090—2012）的关键技术指标进行比对，并汇总如下。

1）阻燃性能

消防员灭火防护靴的实际使用环境往往存在火焰，可能给消防员的脚和小腿造成严重烧伤，因此消防员灭火防护靴应具有较高的阻燃性能，

作者简介： 聂军，男，助理工程师，就职于上海市消防救援总队特种灾害救援处，主要从事应急救援工作，E-mail：874861346@qq.com。

为消防员提供紧急、必要的防护。我国 XF 6—2004 采用的试验方法是专门适用于橡胶材料，并不适用于皮革等其他材料，存在着较大的局限性；NFPA 1971—2018 以及 EN 15090—2012 标准在具体性能指标和测试细节上存在不同，但均采用对试样各部位表面进行从外往里的燃烧测试其阻燃性能，对于试样的材料种类并无限制（表1）。

在实际穿着情况中，消防员灭火防护靴可能与火焰发生直接接触的位置是其各部位的外表面，因此采用表面燃烧法所获取的试验结论将能真实体现出防护靴在日常灭火救援过程中的阻燃性能，比采用极限氧指数方法更加客观真实。

2）抗辐射热渗透性能

在多数灭火救灾作业过程中，消防员并不直接接触火焰，但火场的火源以及高温烟气、物体所产生的高辐射热极易会造成消防员体表烧伤，因此消防员所穿着的灭火防护服、防护手套、防护头套和防护靴均应具有一定的抗辐射热渗透性能。影响防护装备抗辐射热性能的主要因素在于其内部结构，越为致密的结构将具有越高的抗辐射热渗透性能。

据研究表明，70 ℃热源持续接触皮肤 1 min 后可致表皮全层损害，44 ℃热源持续接触 6 h，可引起皮肤基底细胞不可逆损伤。造成体表低温烫伤的温度一般在 44~5 ℃。XF 6—2004 与 NFPA 1971—2018、EN 15090—2012 标准均将靴帮试样内表面温度不超过 44 ℃作为消防员灭火防护靴的抗辐射热渗透防护性能指标。但是 EN 15090—2012 采用的辐射热通量值要求为 20 kW/m²，并要求试样经过试验后不应出现明显的损坏；XF 6—2004 采用的辐射热持续照射时间超过 EN 15090—2012、NFPA 1971—2018。EN 15090—2012 对于消防员灭火防护靴的抗辐射热渗透性能要求要高于 XF 6—2004 与 NFPA 1971—2018。见表2。

表1 阻燃性能指标及试验方法比对表

标准	技术指标	测试方法
XF 6—2004	消防员灭火防护胶靴的帮面、围条及靴底、消防员灭火防护皮靴的靴底应达到 FV-1 级阻燃性能，即要求单个试样续燃时间不应超过 30 s，每组五个试样的施加 10 次火焰后总有焰燃烧时间不应超过 250 s；单个试样第二次燃烧后有焰燃烧与无焰燃烧时间总和不应超过 60 s，不能有燃烧物掉下	按照《橡胶燃烧性能的测定》（GB/T 10707—2008）标准，采用极限氧指数法对试样进行两次 10 s 的垂直燃烧测试
NFPA 1971—2018	防护靴各部位续燃时间不得超过 5.0 s，不应出现熔融、滴落现象，不应被烧穿	采用正庚烷燃料，用本生灯对灭火防护靴各部位的外表面进行燃烧（12±0.2）s
EN 15090—2012	防护靴各部位的续燃和阴燃时间均不应超过 2 s，靴帮上损毁处的厚度不应超过材料厚度的一半，不应出现明显剥落，靴底不应出现大于 10 mm×3 mm（长度×深度）的裂缝；靴帮/靴底间不应出现超过 15 mm×5 mm（长度×深度）的裂缝	采用丙烷燃料，用本生灯对灭火防护靴各部位的外表面进行燃烧（10±1）s

表2 抗辐射热性能指标及试验方法比对表

标准	技术指标	测试方法
XF 6—2004	试样内表面温升不应大于 22 ℃	环境温度（23±2）℃条件下，对靴面施加辐射热通量为 10 kW/m² 的辐射热照射 1 min
NFPA 1971—2018	试样内表面温度不应大于 44 ℃	对靴面施加辐射热通量为 1.0 W/cm² 的辐射热照射 30 s
EN 15090—2012	试样内表面温升不应大于 22 ℃，靴帮上损毁处的厚度不应超过材料厚度的一半，不应出现明显剥落和裂缝	对靴面施加辐射热通量为 20 kW/m² 的辐射热照射 40 s

3）隔热性能

消防员灭火防护靴的靴底是整靴中直接与外界进行接触的主要部位，外界热量能直接由其传递到足部造成烧伤。因此 XF 6—2004 与 NFPA 1971—2018、EN 15090—2012 标准均对靴底的隔热性能提出要求，并均基于防止足部皮肤产生低温烫伤考虑，将靴底内表面温度不超过 44 ℃作为消防员灭火防护靴的靴底隔热性能指标。

XF 6—2004 的标准仅对防护靴在室温环境下的隔热性能提出要求，而 NFPA 1971—2018、EN 15090—2012 标准均针对防护靴在高温环境下的靴底隔热性能提出要求，因此实际上对其材料自身耐高温性能也提出了较高的要求，具有更高的综合安全性。见表 3。

在消防员灭火防护靴的实际穿着过程中，紧贴足部皮肤的靴帮材料将会含有大量由汗液蒸发形成的水蒸气。在消防员离开火场高温热源后，这些水蒸气将会重新形成液态水滴并释放出热量，可能将导致消防员足部烧伤。因此 NFPA 1971—2018 借鉴了 ASTM F 1060《传导与压缩热阻性能评价测试方法》，通过将靴帮材料试样置于温度为 280 ℃的测试平台上，由贴合在试样背面的传感器实时记录温度并采用 Stoll 曲线来预测足部皮肤达到二度烧伤的时间以及疼痛产生时间。NFPA 1971—2018 这种综合考虑靴帮和靴底隔热性能的方式，将能实现消防员灭火防护靴对于外界接触热源的整体热防护。

4）电绝缘性能

火灾和事故现场经常有坍塌事故的发生，在电源由于意外未切断的情况下，消防员可能接触到带电物体而受到伤害。尽管有明确规定在带电场所工作时消防员须穿着绝缘靴，但消防事故现场复杂且不可预期，因此消防员灭火防护靴应具有电绝缘功能，在出现上述意外情况时为消防员提供有效的防护。目前消防员灭火防护胶靴主要采用硫化一体成型工艺进行加工，整体结构致密，所使用的橡胶材料为电绝缘材料，因此能在潮湿甚至浸水环境下仍具有电绝缘性能。而消防员灭火防护皮靴大多采用缝合工艺，各接缝部位存在针眼，同时由于皮革材料为导电材料，必须通过特殊的加工工艺和材料才可具备在潮湿以及浸水环境下的电绝缘性能。

XF 6—2004 与 NFPA 1971—2018 标准均采取了"干式"电绝缘性能试验方法，要求在测试过程保持试样干燥，与消防员灭火防护靴的实际潮湿使用环境存在较大差异。采用该方法，无法真实测试并判断消防员灭火防护皮靴在潮湿环境是否具有电绝缘性能。见表 4。

EN 15090—2012 采用了《低压电绝缘鞋》（EN 50321—1999）的"湿式"电绝缘性能试验方法，符合消防灭火救援作业的实际作业环境特点。但该标准仅对胶靴提出了电绝缘性能要求，未对皮靴的电绝缘性能提出要求。结合当前我国消防灭火救援作业实际，"湿式"电绝缘性能试

表3　隔热性能指标及试验方法比对表

标准	技 术 指 标		测 试 方 法
XF 6—2004	靴底内表面温升不应大于 22 ℃		室温环境下，将试样埋入砂子中，以(3.0±0.1)℃/min 的均匀速度加热砂浴，记录靴内底在 40 min 时的温升曲线，求出灭火防护靴内底热 30 min 时的温度
NFPA 1971—2018	靴底隔热性能	靴底内表面温度不应大于 44 ℃	将试样置于 260 ℃的加热板上持续 20 min 后测试靴内底温度
	靴帮隔热性能	靴帮材料二度烧伤时间应不少于 10 s，且疼痛产生时间应不少于 6 s	按《传导与压缩热阻性能评价测试方法》（ASTM F 1060—2018），将试样置于在温度为 280 ℃测试平台上，用传感器记录从测试开始至产生痛感的时间和产生二度烧伤（水泡）的时间
EN 15090—2012	靴底上表面的温度升高不应超过 22 ℃，同时靴底不应出现变形或脆化，使之功能降低		按照防护靴的种类，将防护靴置于 150 ℃或者 250 ℃的沙浴中 30 min 后读取鞋底内表面温度

验方法更适合用于测试消防员灭火防护靴的电绝缘性能。

5）防滑性能

灭火现场存在大量的水和泡沫灭火剂，极容易造成地面湿滑，特别是北方地区冬季严寒，地面积水极易结冰，因此消防员灭火防护靴的靴底应具有良好的防滑性能以防止消防员在现场滑倒。

XF 6—2004 采用始滑角测试法测试靴底与玻璃台面平板间的静摩擦系数，但是该试验方法未定玻璃表面的光滑程度，缺乏有效的校准方法以确保试验条件的一致性，并且该试验结论所反映的主要是与玻璃台面接触的前掌部位的防滑性能，而不能反映整个靴底的防滑性能。

根据现有大量相关研究表明后跟滑动是最常见与最危险的摩擦方式。《足部防护 鞋防滑性

测试方法》（ISO 13287—2012）通过计算被施加一定法向力的试样在测试平台上分别做后掌向前滑动与水平向前滑动时的滑动摩擦系数来测试鞋底防滑性能。该试验方法参数的设定较始滑角测试法更加科学，可最大程度模拟人在行走过程中真实的滑倒过程，并且测试平台接触表面的校准方法和程序也更精准，可更为准确地反映灭火防护靴的靴底防滑性能。NFPA 1971—2018、EN 15090—2012 均采用了该标准测试消防员灭火防护靴的靴底防滑性能，但使用了不同的润滑介质。见表5。

6）穿着舒适性能

消防员灭火防护靴的穿着舒适性能主要包括了整靴重量、热湿舒适性能、人体工效学性能。消防员穿着防护靴作业时，全装备负重可达 30 kg。根据按照美国职业安全健康学会的研究，消防员

表4　电绝缘性能指标及试验方法比对表

标准	技 术 指 标	测 试 方 法
XF 6—2004	击穿电压不应小于 5 kV，且泄漏电流应小于 3 mA	按照《电绝缘鞋通用技术方法》（GB/T 12011—2000）附录 B，将试样置于海绵上，测试其泄漏电流与击穿电压在干燥环境下对试样的破坏
NFPA 1971—2018	泄漏电流≤3.0 mA	按照《足部防护装置的试验方法》（ASTM F 2412—2011）第 9 章，将整靴置于金属网上，在干燥环境下对试样施加 18 kV 击穿电压
EN 15090—2012	00 级消防员灭火防护胶靴的击穿电压不应小于 5 kV，泄漏电流不应大于 3 mA	按照 EN 50321—1999 整靴浸入水中，保持水面距离靴筒口一定距离进行测试整靴的击穿电压与泄漏电流

表5　防滑性能指标及试验方法比对表

标准	技 术 指 标	测 试 方 法
XF 6—2004	始滑角不得小于 15°	将装有钢珠的灭火防护靴放在平台上，使平台的一端缓慢抬起至灭火防护靴开始滑动，测试此时平台与水平面所成的夹角即为始滑角
NFPA 1971—2018	摩擦系数不应低于 0.4	按照 ISO 13287 标准，在测试平台上喷洒蒸馏水或者去离子水，将试样牢固地装在假脚上，并对其施加一定的法向力，用测量装置记录摩擦力，并计算摩擦系数
EN 15090—2012	防护靴在涂抹十二烷基硫酸钠水溶液的陶瓷地板砖上做后跟向前滑动时，摩擦系数不应小于 0.28，水平向前滑动时不应小于 0.32；在涂抹甘油的不锈钢上上做后跟向前滑动时，摩擦系数不应小于 0.13，水平向前滑动时不应小于 0.18	按照 ISO 13287 标准，在测试平台上涂抹十二烷基硫酸钠或者甘油，将试样牢固地装在假脚上，并对其施加一定的法向力，用测量装置记录摩擦力，并计算摩擦系数

灭火防护靴重量每增加 100 g，每分钟的呼气量将上升 9%，耗氧量增加 5%~6%，二氧化碳排出量上升 8%，心跳次数提高 8%。此外消防员穿着防护靴作业时，环境温度较高且运动量大，致使发汗量过大，加之防护靴本身的防护性要求，致使防护靴的透气性普遍较差，消防员长时间作业时足部产生的汗液将大量积聚在靴内，影响行走。因此其有较高穿着舒适性能的消防员灭火防护靴对于减轻消防员体能消耗，保障消防作业效率将具有重要意义。XF 6—2004 要求整靴重量不超过 3 kg，EN 15090—2012 要求防护靴应便于试验人员进行行走、攀登、下蹲等动作，并且靴帮、衬里材料的水蒸气渗透率不应小于 0.8 mg/（cm² · h），水蒸气系数不应小于 15 mg/cm²。见表 6。

7）其他

为保障消防员的职业健康，EN 15090—2012 要求消防员灭火防护皮靴不应检出六价铬成分。NFPA 1971—2018 要求消防员灭火防护靴具备抗病毒渗透功能，按照血源性病原体或液体渗透性试验测试 1 h 不应出现 Phi-X-174 噬菌体渗透现象。

表6 穿着舒适性能指标及试验方法比对表

标准	技术指标		测试方法
XF 6—2004	整靴重量不应大于 3 kg		用称量范围为 0~10000 g，精度不低于 3 级的重量衡器测定
EN 15090—2012	人体工效学性能	防护靴应便于穿着者进行行走、攀登、下蹲等动作	按照《防护靴测试方法》（EN ISO 20344）第 5.1 条，试验人员穿着样靴进行行走、攀登、下蹲等一系列动作后进行评价
	热湿舒适性能	靴帮材料的水蒸气渗透率不应小于 0.8 mg/（cm² · h），水蒸气系数不应小于 15 mg/cm²	按照《防护靴测试方法》（EN ISO 20344）第 6.6、6.8 条进行水蒸气渗透性和系数试验

3 结论

综上分析，EN 15090—2012、NFPA 1971—2018 中有关消防员灭火防护靴抗辐射热渗透性能、隔热性能以及防滑性能等多项关键技术指标的设置及试验方法要领先于我国 XF 6—2004，体现了较高的技术先进性和系统完整性。

结合当前我国消防灭火防护靴在实际使用出现的问题，我国灭火防护靴标准应从以下方面进行修订。

1）提高标准测试方法先进性

引入国外先进的测试技术和试验方法，如防护靴外底滑动摩擦系数测试方法、热防护面料的传导与压缩热阻测试方法、防护装备阻燃性能表面燃烧测试方法等，实现与国外先进标准接轨。

（1）阻燃性能测试上借鉴 NFPA 1971—2018、EN 15090—2012 标准，研究对试样各部位表面进行从外往里的燃烧测试方法进行其阻燃性能测试的方式方法，同时解除对于试样的材料种类限制。

（2）抗辐射热渗透性能测试方面在保持原有标准的基础上借鉴 EN 15090—2012 测试标准中靴帮损毁、剥落和裂缝条款，进行相关优化。

（3）靴底隔热性能测试上增加采用合理的方式方法用传感器记录从测试开始至产生痛感的时间和产生二度烧伤（水泡）的时间一项。

（4）考虑防护靴灭火救援的实际作业环境特点，研究"干式""湿式"相结合的电绝缘性能试验方法，更符合目前实际。

（5）防滑性能测试应利用一定介质及手段模拟人在行走过程中真实的滑倒过程，测试平台接触表面的校准方法和程序也更精准，即所谓的动摩擦力测试。

2）增加穿着舒适性指标

结合产品使用特点从用料选材轻量、防护要求达标、穿着质感舒适等方面着手，增加对于防护靴的人体工效学、热湿舒适性等舒适性指标要求，以直接增加穿着舒适感、减轻作业负担、消防员的体能消耗，保障作业效率。同时应严格控制材料自身释放有毒渗透性物质标准；增加防护靴与防护服等其他防护装备间的穿着兼容性指标及试验方法。目前已有研究提出要将整套消防员个人防护装备作为一个系统，系统内各相关装备之间具有兼容性，避免由于互相干涉影响穿着并出现防护"短板"。

参考文献

［1］公安部. GA 6—2004　消防员灭火防护靴［S］. 北京：中国标准出版社，2004.

［2］NFPA 1971-2018 Standard on protective ensembles for structural fire fighting and proximity fire fighting［S］.

［3］EN 15090-2012 Footwear for firefighters［S］.

［4］ASTM F1060-2018 Standard Test Method for Evaluation of Conductive and Compressive Heat Resistance［S］.

［5］ASTM F2412-2011 Standard Test Methods for Foot Protection［S］.

［6］EN 50321-1999 Footwear for electrical protection-Insulating footwear and overboots［S］.

［7］ISO 13287-2019 Personal protective equipment — footwear — test method for slip resistance［S］.

［8］Nina L. Turner, Sharon Chiou, Joyce Zwiener, Darlene Weaver, James Spahr. Physiological Effects of Boot Weight and Design on Men and Women Firefighters［J］, Occupational and Environmental Hygiene. 2010,8,477-482.

［9］EN ISO 20344-2011 Personal protective equipment-Test methods for footwear［S］.

新型消防员灭火防护手套的研制

林永佳　周 凯

应急管理部上海消防研究所　上海　200032

摘　要：本文简要介绍了消防员灭火防护手套的现状，并基于现有消防员灭火防护手套亟须改进之处，研制的防护性能优良、穿戴舒适的新型消防员灭火防护手套。研制的新型消防员灭火防护手套具有较好的热防护性能、耐机械穿刺性能、耐磨性能以及抗冲击性能等。经过工艺改进使手套在穿脱时不会发生内胆与本体分离的现象，基于人体工效学的设计使手套具备较好的穿戴性能。经消防员试穿反馈，研制的新型消防员灭火防护手套防护性能好，穿戴性能佳。

关键词：消防　防护　灭火　手套

1　引言

消防员的灭火防护手套是消防员在灭火救援过程中使用的用于保护手部和腕部免受热力、物理、环境等伤害的一种防护手套。在国外，消防手套标准主要有欧洲的 EN659《消防手套》（*EN659：Protective gloves for firefighters*）和美国国家消防协会（NFPA）的 NFPA 1971《建筑物灭火和近距离灭火防护装备标准》（*NFPA 1971：Standard on Protective for Structural fire Fighting and Proximity fire Fighting*）。国内执行的标准为《消防手套》（XF 7—2004），该标准中规定了具有不同防护级别的三类手套，其中，二类手套在消防队伍中配备较多。

尽管相比过去，消防员灭火防护手套已有了较大的性能提升，但消防员的手依然会在火场作业时受伤。2020 年 4 月 15 日，上海嘉定城南消防救援站胡某徒手抢出厨房内正在燃烧的液化气钢瓶，因钢瓶温度过高，其手套被烧焦，发生严重烫伤[1]；2019 年 6 月 29 日，辽宁大连消防员王某破拆救人时，手压碎玻璃上，导致右手背被割开一个约 4 cm 的口子，第二、三、四、五伸肌腱断裂[2]。根据 NFPA2020 年发布的一份2014 年至 2018 年 5 年间美国消防员在火灾现场所受的伤害的统计报告，上肢是身体最易受伤的部位，占 21%，其中手和手指是最主要受伤部位[3]。保护消防员的手免受火场各种危险实际上是一个相对困难的挑战，手套需要提供应对多种危险的保护，同时还要保证消防员的手足够灵活以操作复杂的设备。

消防员灭火防护手套按照本体材料的不同，主要分为皮质消防员灭火防护手套和芳纶布消防员灭火防护手套。其中，皮质消防员灭火防护手套由于耐磨、防穿刺、抗切割等机械防护性能较好，受到广大消防员的欢迎。但经过项目组前期深入的调研发现，国产的皮质消防员灭火防护手套普遍存在以下缺点：遇水后外层皮质变硬、遇热后手套材料明显收缩、将手套的内外层通过简单的工艺缝合导致穿脱时内胆与外层分离、整体款式结构笨重不便于消防员操作设备等。而在国外，通过对材料及加工工艺的改进，改善了遇水皮质变硬、遇热收缩等，在结构款型设计上结合人体工效学，使手套更具灵活性。因此，国内亟须开展兼具防护性能优良、穿戴舒适的消防员灭火防护手套研制。

2　新型消防员灭火防护手套研制

2.1　新型消防员灭火防护手套的总体设计方案

为了防止消防员的手在紧急情况可能暴露于各种潜在的危险中，消防员的灭火防护手套一般

基金项目：应急管理部上海消防研究所科研计划项目（20SX05）

作者简介：林永佳，女，硕士，研究实习员，就职于应急管理部上海消防研究所，主要研究消防员的个人防护装备，E-mail：maimai191@163.com。

为多层材料制成。而在这种情况下，通过多层材料组合来获得必要的保护同时，消防员手部的灵活性往往会被降低。但是，一旦手套的穿戴性能严重影响消防员开展正常灭火救援作业，往往会导致消防员使用较为轻薄但防护性较差的手套，甚至直接摘下手套来执行任务。因此新型消防员灭火防护手套的研制应保证防护性能优良的同时提高手套的穿戴性能。针对材料、结构、款式等方面进行新型消防员灭火防护手套的研制，以提高手套的热防护性能、机械防护功能、防水透气性能等；针对目前消防员所使用的灭火防护手套普遍都存在着穿脱时内胆与外层分离的问题，进行工艺的改进研究，以改善在穿脱时发生内胆与外层分离的情况。并且在结构和款式设计中，合理有效地利用人体工效学设计，有助于确保消防员灭火防护手套既舒适合体又不影响手部活动。

2.2 新型消防员灭火防护手套的设计研制

2.2.1 技术指标

依据我国目前执行的消防员灭火防护手套标准《消防手套》（XF 7—2004），消防员灭火防护手套应具有：阻燃性能、整体热防护性能、耐热性能、耐磨性能、耐切割性能、耐撕破性能、耐机械穿刺性能、防水性能、防化性能、整体防水性能以及人体工效性能的要求[4]。

基于项目组的前期调研，结合国内外相关标准，针对关于目前消防员灭火防护手套亟须改进的地方，提出以下技术指标：①抗刺穿性能。灭火防护手套本体掌心面和背面外层材料的最大刺穿力不小于 125 N。②整体热防护性能。热防护能力（TPP 值）不小于 35。③指关节冲击保护性能。经 5 J 能量冲击后，手套传递到手模的单次最高冲击力不大于 5 kN，手套不应破损并出现锋利边缘。④穿戴性能。灭火防护手套的穿戴时间不超过 3 s。⑤其余指标符合《消防手套》（XF 7—2004）的要求。

2.2.2 主要材料的选择

1）外层面料

消防员在扑灭建筑火灾时需要对手的保护，但也需要能够执行需要灵巧性、触感和抓地力的手工任务。此次项目组选择皮质作为手套的外层主体材料。目前，消防员灭火防护手套外层皮质材料用到较多的有牛皮、羊皮、猪皮、麋鹿皮、

袋鼠皮等。其中，牛皮作为消防灭火防护手套常见的原材料之一，兼具强韧结实和柔软，并且易于保养[5]。在综合考虑下，最终选择牛皮作为灭火防护手套的外层主体材料。

2）防水层

在服装上实现防水性能，最初是通过涂覆防水胶以达到简单的防水效果，但透气性很差。后来逐渐出现了 PU（聚氨酯）膜、TPU（热塑性聚氨酯）膜、PTFE（聚四氟乙烯）防水透气膜等，极大地改善防水服装中的透气性。手套中防水透气膜的使用，能够保持消防员长时间佩戴手部的干燥的同时，实现对外部有害液体的阻隔效果。PTFE 防水透气膜具备抗酸碱及各种有机溶剂，耐热及耐寒性等优良特性[6]，是目前作为提高手套的防水透气性能，实现更好的热湿舒适性最理想的防水层材料。本项目所研制的新型消防员灭火防护手套就是将 PTFE 防水透气膜作为防水层。

3）内衬

作为与消防员手部直接接触的手套最内层，应具有最基本阻燃性能的同时具有较好的舒适性，本项目通过前期对一系列材料的测试对比，最终选择对位芳纶针织布作为手套的最内层材料。对位芳纶纤维的主要吸引力在于其极高的拉伸强度、抗撕裂性、阻燃性以及对化学药品的高度稳定性。此外它还具有自熄性，并且导电率低[7]。利用针织技术织成的对位芳纶针织布，可以实现良好防护同时，便于手部弯曲。

4）碳纤维保护壳

手背掌指关节部位采用阻燃抗冲击防撞的碳纤维保护壳，可以有效防止消防员手背、掌、指关节在复杂火场环境下被玻璃碎片、掉落物等冲击而导致肌腱断裂等情况的发生。

2.2.3 结构及款式的设计

1）结构的设计

为了使手套更好地适应消防员实际灭火作业时的实际情况，通过调研，并经讨论，确定了手套、手心、手背不同的分层结构设计。图1为手背部位所使用的面料的示意图，图2为手心部位所使用面料的示意图。

在手背部位，针对掌指关节在火场作业时容易受伤，在掌指关节处设有阻燃碳纤维保护壳。

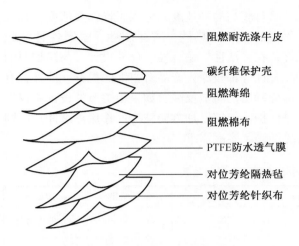

图1 手背部位所使用面料示意图

图中标注从上到下：阻燃耐洗涤牛皮、碳纤维保护壳、阻燃海绵、阻燃棉布、PTFE防水透气膜、对位芳纶隔热毡、对位芳纶针织布

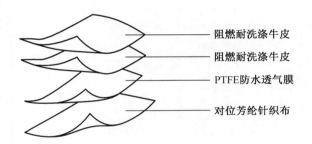

图2 手心部位所使用面料示意图

图中标注从上到下：阻燃耐洗涤牛皮、阻燃耐洗涤牛皮、PTFE防水透气膜、对位芳纶针织布

碳纤维防撞保护壳与掌指关节形状相匹配的立体形状在实现冲击防护的同时，所形成的空腔增加了手套内部静止空气的容量。即使在手握紧的情况下，内部依然有静止空气存在，而静止空气的存在可以降低热传递效果，从而进一步提高手套的隔热效果。在手背部位所使用的面料从外到里依次为：阻燃耐洗涤牛皮、碳纤维保护壳、阻燃海绵、阻燃棉布、PTFE防水透气膜、对位芳纶隔热毡、对位芳纶针织布。其中，碳纤维保护壳、阻燃海绵、阻燃棉布仅在掌指关节保护设计处涉及。阻燃海绵与阻燃棉布为固定碳纤维保护壳并提高穿戴舒适性而设置。将防撞保护壳设于阻燃层内侧，以实现对防撞保护壳的保护，避免外部高温破坏防撞保护壳。

在手心部位，所使用的面料从外到里依次为：阻燃耐洗涤牛皮、PTFE防水透气膜、对位芳纶针织布。此外，在手心部位，设有加固阻燃耐洗涤牛皮，以提高手心部位的防穿刺性、耐磨性等，防止消防员在火场作业时手心被尖锐物品刺穿从而造成手部受伤。根据项目组在前期预测

试的结果，在保证防护性能的前提下，在手心部位总体设计为三层结构。与手背所用材料相比，减少了对位芳纶隔热毡的使用，一方面是增加了手指向手心弯曲的可操作性，另一方面则是提高了手心部位的热湿舒适性。

此外，在前文中提到的令消防员十分困扰的内胆在穿脱时与外层分离的问题上，本项目组在深入的探讨并测试后，通过将防水层与外层之间设计新型的固定方式，在实现充分固定内层与外层，不易脱落，适用性好的同时不限制消防员作业时手部的活动空间。

2）款型的设计

手套的主体颜色为黑色，在指关节处环绕亮黄色和灰色的阻燃反光条，醒目且更具设计感。项目组在前期调研时，不少消防员反映在使用灭火防护手套抓握的时候，手背紧绷，手指指尖有较多富余的空间，降低了手的灵活性和触感。针对这一现状，此次研制的新型消防员灭火防火手套的手指设计了预设弧度，使四指向掌心弯曲，与人体自然弯曲的手形规律更加贴近，便于消防员火场作业时手指的活动。在手部较易受伤的大拇指虎口偏外侧设有阻燃耐洗涤牛皮加固，以实现该处额外的隔热效果。袖口为对位芳纶针织罗口，可使手套方便穿脱的同时阻止异物从手套端口进入。并在罗口靠近手腕处设有阻燃耐洗涤牛皮，便于消防员的穿戴时将手套拉至合适的位置，可有效减缓直接提拉罗口面料引起面料的变形。

3 新型消防员灭火防护手套的测试结果

3.1 基本性能测试结果

表1所示为新型消防员灭火防护手套的部分重要材料性能的测试结果。从表1可以看出，对于消防员灭火防护手套而言的几个需重点关注的指标，包括整体热防护性能、耐热性能、耐磨性能、耐撕破性能、耐机械穿刺性能都远超 XF—2004 中三类手套标准的要求。此外，由于国内的 XF 7—2004 中没有涉及的指关节防撞测试，故指关节防撞设计的测试方法参考的是欧洲的 BS EN 388：2016+A1：2018《防机械风险防护手套》（Protective gloves against mechanical risks）中的第6.6节 Impact Test[8]，结果也达到并超过

了项目组预期设置的考核指标。具体测试数据见表1。

3.2 样品试用结果

经过消防员对样品的试用，普遍认为此次项目组研制的新型消防员灭火防护手套较原有产品有了较大的改进。经多次穿着洗涤和试用后，手套各项性能无明显改变；手背掌指关节保护的设

计具有较高的舒适度，增强了操作灵活性；且该手套的阻燃隔热性、防穿刺性、耐磨性性能较好；在灵活性、贴合性、尺寸设计、与防护服的配合性等都较原先产品有很大的提升。此外，有部分基层消防员反映，如果指关节的设计不仅仅是保护，能够增加方便破拆的作用点缓冲功能则更能满足实战需求。

表1 新型消防员灭火防护手套面料部分测试结果

测试项目	测试对象	测试标准	指标	测试结果	指标满足情况
整体热防护性能 TPP 值/ (cal·cm^{-2})	手心组合样	XF 7—2004	1 类：≥20 2 类：≥28 3 类：≥35	>60	3 类合格
	手背组合样			>60	3 类合格
耐热性能	对位芳纶针织布		1 类 2 类：180 ℃，热缩≤5% 3 类：260 ℃，热缩≤8%	260 ℃ 无明显变化	3 类合格
	整个手套			260 ℃ 热缩 1.45%	3 类合格
耐磨性能/r	阻燃耐洗涤牛皮		1 类 2 类：≥2000 3 类：≥8000	>8000	3 类合格
耐撕破性能/N	阻燃耐洗涤牛皮		1 类 2 类：≥50 3 类：≥100	一向：319.5 另一向：298.8	3 类合格
耐机械刺穿性能/N	手心外层材料：阻燃耐洗涤牛皮（含加固层）		1 类 2 类：≥60 3 类：≥120	干态：181 湿态：178	3 类合格
穿戴性能/s	整个手套		穿戴时间不超过 25 s	2.3	合格
指关节冲击保护性能/kN	手套掌指关节	BS EN 388：2016+A1：2018，6.6 & BS EN 13594：2015，6.9	1 级：单次≤9 平均值≤7 2 级：单次≤5 平均值≤4 此外，手套的任何部分都没有开裂或破碎，形成锋利的边缘，试件和砧座之间的皮革没有撕裂或穿孔	单次最高值：1.8 平均值：1.7 手套的任何部分都没有开裂或破碎，形成锋利的边缘，试件和砧座之间的皮革没有撕裂或穿孔	2 级通过

4 结论

研制的新型消防员灭火防护手套关键指标的测试结果较原先设置的考核指标有了较大的提升。试用过程中，消防员们对此次项目组研制的新型消防员灭火防护手套普遍表示，外观设计简洁大方，防护性能优良，提高了消防员灭火作业过程中的手部安全的保障。后期项目组将继续在

更大范围的消防队伍中进行手套的试用，以收集反馈意见，对手套进行进一步的改进。

参考文献

[1] 新民晚报. 住户外出忘关火致民屋起火 消防员徒手抢出燃烧的钢瓶 [EB/OL]. http://sh. sina. cn/news/s/2020 - 04 - 17/detail - iirczymi6868604. shtml, 2020.

［2］看看新闻网．消防员四根手指肌腱断裂仍忍痛救出被困老人［EB/OL］．http://m. gmw. cn/2019－07/02/content_1300483519. htm, 2019.

［3］Richard Campbell and Joseph L. Molis. Firefighter Injuries on the Fireground［R］. America：National Fire Protection Association（NFPA），2020.

［4］全国消防标准化委员会第五技术委员会．XF 7—2004．消防手套［S］．北京：中国标准出版社，2004.

［5］唐梦南，张媛．现代消防手套［J］．消防技术与产品信息，2008，（3）：68-70.

［6］蔡海峰．制备聚四氟乙烯微孔膜的关键技术研究［D］．杭州：浙江大学，2018.

［7］Guowen Song, Faming Wang. Firefighters' Clothing and Equipment Performance, Protection, and Comfort［M］. America：CRC Press，2019：3-6.

［8］BS EN 388：2016＋A1：2018, Protective gloves against mechanical risks［S］.

当前电气及电池火灾的主动灭火方式探讨

李仕龙　　林鹏新

广州市消防救援支队天河区大队　　广州　　510000

摘　要：据应急管理部消防救援局数据，从起火原因看，我国火灾近三分之一系用电引起，较大火灾近乎一般是由电气线路故障而引起。随着近年来电动自行车和电动汽车的迅猛发展和普及，更加剧了此类火灾的发生频次。本文通过研究当前常见电气故障和电池火灾的特点、现有技术措施的特点和弊端，提出相关产品设想及举措。

关键词：消防　新技术新产品　物联网

1　引言

随着经济社会发展，电气故障引发的火灾呈现不断上升趋势。其中，近几年电动汽车及电动自行车更是日渐推广。因此，如何防范电气火灾和电池火灾已成为社会关注的话题。为避免电气火灾和电池火灾事故的发生，就必须要分析该类火灾事故特点，明确成因规律，提出举措设想，这样才能更好地防范该类火灾发生。

2　当前常见电气故障及电池火灾特点

2.1　电气故障引发火灾的分类特点

当前电气火灾定性归类为电气线路故障、电气设备故障、电加热器具故障与其他起火原因。该分类符合我国低压电器系统电气火灾频发的国情，有助于对电气火灾进行进一步统计，为日益严峻的防火工作提供一定参考。从电气故障上分类，电气故障又可分为短路、过负荷、接触不良、漏电、静电等。其中，电气线路短路故障引发火灾占据较大比例。

2.2　电池火灾分类特点

目前电动自行车、电动汽车主要利用锂电池作为电动车的能量载体。锂电池具有燃烧速度快、燃烧温度高、不同类型电池燃烧差异大、产生大量有毒有害烟气等特点。由于批量锂电池容易发生爆炸和超压，因此锂电池火灾的本质是内部活性反应物质的热失控，其灭火剂必须具备足够的冷却降温能力才能抑制锂电池火灾蔓延，防止二次失控并造成更多生命财产损失。

3　现有消防产品针对电气和电池火灾的技术措施和存在的弊端

目前针对电箱的火灾发生，主要采用的方式是电气火灾报警系统，该系统作为火灾自动报警系统的子系统，自成系统的同时将报警信号传输给火灾自动报警系统，值班人员可以及时发现电箱内的过载过流和高温等火灾隐患。随着物联网技术的成熟和推广，值班人员和防火责任人等有关人员的手机上，也可以同时接收到报警信息，大大提高了报警的及时确认率。但这些措施只是起到了预警作用。很多城中村、九小场所和工矿企业，本身的电线老化和不规范用电造成的报警信息，会使一些单位或个人麻痹大意，超负荷运行造成的多次报警提示，导致一些系统被关闭，形同虚设。而真正发生火灾时，缺乏有效地灭火措施，造成的后果很严重。

根据现有消防救援部门及相关行业部门要求，为进一步加强电动自行车消防安全管理工作，应鼓励集中加快建设电动自行车集中停放场所和充电设施，鼓励新建住宅小区同步设置具备定式充电、自动断电、故障报警等功能的职能安全充电设施，鼓励业主大会和物业服务企业按照《电动车停放充电场所建设要求》改造电动车停放充电场所。但根据目前现有集中充电场所设施情况而言，一是充电桩自身不具备自动消防设施；二是充电方式大多采用提供插座方式，充电器和充电线都需要车主自备。这样不但不方便，而且增加了使用非标充电器的安全隐患。如此仅能确保电动自行车不在楼道或家中充电，但无法从根本上解决隐患问题。

电动汽车要从自身电池和充电装置的消防安全防护两方面考虑。对于现有电池存在的安全隐患问题，应从增加自动消防灭火措施方面入手，等到电池自身的技术真正实现安全无隐患的时候，我们才可以高枕无忧。这个问题需要政府和企业一同投入时间和经费，才能形成一套有效的技术解决方案，笔者在这里提出自己的思路和方向，希望进一步探讨和完善。

4 国家现有规范的制订周期与鼓励新技术新产品应用的紧迫性

2019 年 5 月 30 日中央办公厅《关于深化消防执法改革的意见》（厅字〔2019〕34 号）鼓励消防领域企业创新发展，放宽消防产品市场准入限制，对企业研发新技术新产品指明了方向。

在此之前，我国的消防新技术和新产品要在实际使用中得到认可和普及，必须具备两个条件。其一，产品必须获得国家指定的四所消防研究所的检测部门，根据国家或行业标准检测并取得型式检验报告或 CCCf 强制认证证书，方可在市场上销售，否则是违反《消防法》有关规定的。其二，产品取得报告或证书，能够在工程领域应用，必须有相应的设计施工和验收规范或技术规程。这两个必要条件使得消防产品的生产企业，一味地降低生产成本，在市场营销上拼命下功夫，发挥各自市场资源优势。这样的最终结果，导致产品缺乏创新，功能千篇一律。比如火灾自动报警系统，几乎二十多年没有技术革新，只是在系统规模和框架结构上不断扩充。而最根本的传感器核心技术，很少有厂家愿意花费大量时间和财力去研发。再比如，智能疏散系统，最早是 2006 年前后开始在市场上出现，国内厂家寥寥无几，直到 2010 年前后，国内市场的厂家也不超过五家。这种创新的思路和产品，在市场上应用的项目有限，原因是没有强制要求，常规的灯具有弊端，但是规范就是这样要求的，为了节省投资，建设单位很少愿意采用这种先进理念的产品，原因是价格太高，几乎比常规灯具高出近十倍以上。最终随着市场的不断认可，国家相关规范做了完善和修订。自 2018 年 3 月份，对该系统从系统的设计到施工和验收有了规范的明

文规定。而此期间，从产品的出现到国家规范的出台，前后的周期大约十年。抛开企业各自人财力和经营能力，市场的份额很大因素其实还是在于行政管理体制和法律规范的影响。企业的自主研发和经营受限，"前人栽树，后人乘凉"一直是创新企业的顾虑。这对于企业经营非常不利，最终导致创新只是空谈。

《关于深化消防执法改革的意见》的颁布执行，代表了中央对消防产品科技创新的力度和决心，从根本上为消防领域的企事业单位走研发创新的道路解决了后顾之忧。

5 产品装置设想

若设置探测报警和联动灭火并构成自动灭火系统，则会增加报警和灭火之间需要联动的时间而耽误扑灭初起火灾。因此，应设想一个不用电、免维护、安装使用简便，本身便具备探测和灭火功能的装置。

下面列举两种产品的理念和功能阐述以上观点。

第一种为灭火管自动灭火装置。该装置采用特制材料制成软管，在软管两端用配套件密封，管内充装灭火剂，可承受一定的压力。当火灾发生时，由于温度升高，管内压力增大，在灭火剂饱和蒸汽压的共同作用下，管壁破裂一个释放口，管内灭火药剂喷放，实施灭火。适用于密闭和半密闭小空间的火灾自动灭火。管内充装的灭火剂是七氟丙烷或全氟己酮，液态储存，气体喷放。这两种灭火剂对 A/B/C/E 类火灾具有很好的灭火效果。而且对需保护的配电箱或通信机柜，贴身保护，箱体内部的初期火灾，灭火管可以起到温度探测和自启动灭火的作用。这种探测灭火的理念已经接近主动灭火的思路。这种产品对电箱和电池初期火灾均能起到很好的作用。

表 1、图 1 是不同灭火剂，对电池火灾的灭火效果试验数据。从图 1、表 1 中可以看到，上述五种灭火剂中水的降温效果最为突出，远不同于其他四种灭火剂。灭火剂作用不仅要快速扑灭火焰，还要能迅速降低电池表面温度防止复燃现象的发生。从降低电池表面温度效果来看，优劣依次为水>全氟己酮>HFC>ABC 干粉>CO_2。水有着较高的比热容，气化过程能吸收大量的热

量，因此灭火效果较好。

表1 不同灭火剂对电池火灾灭火效果的实验数据

灭火剂	HFC	CO_2	ABC干粉	水	全氟己酮
明火消失时间/s	<2	<2	<2	<2	<2
灭火剂响应时间/s	1	1	3	2	2
灭火剂释放时间/s	13	13	9	13	10
是否复燃	无	复燃	无	无	无
复燃时间	—	灭火剂停止释放后1 s内	—	—	—
复燃后燃烧时间/s	—	58	—	—	—

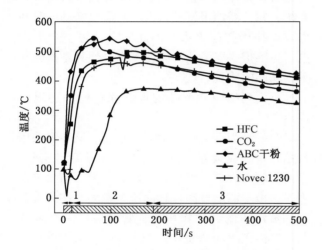

图1 不同灭火剂对电池火灾灭火效果的实验数据图

水灭火的方式需要大量不间断的水源提供，是目前消防救援队伍采用的最有效手段。而初期火灾的自我保护措施，灭火管采用全氟己酮或HFC（七氟丙烷）气体灭火药剂，是一种理想的选择。

另外，灭火管还可分为独立式、联网型和组合式。根据不同应用场景，采用不同方式，满足客户的不同需求。联网型是指在灭火管的一端安装有压力开关和无线传输模块（或监视模块），灭火管一旦动作，管内压力由1变为0，无线传输模块通过各种无线传输方式，将动作型号传输到PC端或手机App，特别适合无人值守的重要场所（图2）。物联网时代，智慧消防所链接的各类传感器，不单单只是烟感和管网水压系统，气体灭火和众多消防新产品都可以共享一个智慧城市平台。

第二种为带主动灭火功能的灭火涂料。该灭火涂料采用高分子聚合材料，不同于以往的防火涂料之处在于，防火涂料只能起到阻燃或难燃的效果，本身不具备自动灭火功能，该灭火涂料为水基型，可以喷涂在被保护对象的表面，例如电缆桥架、防排烟管道、电缆外表面、玻璃、木材、钢结构等，无色透明或按需调配各种颜色。在重点保护的区域场所表面，采用该灭火涂料，防火的同时主动灭火，一举两得。这种产品的研发和推广使用，正是消防监督管理部门和消防从业人员需要的。

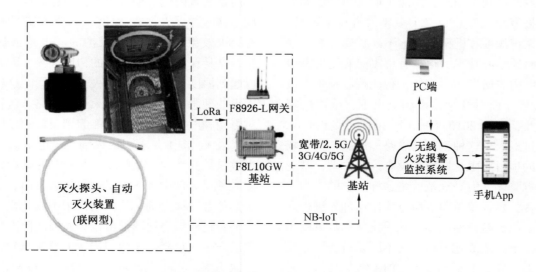

图2 智慧消防和物联网系统联动示意图

5 未来和方向

时代在进步，科技在发展，消防领域大有可为。作为消防业内人士更应不忘初心，牢记使命，以务实的思路和广阔的思维，结合日常实际工作，推进消防新产品、新技术的开发研制。

参考文献

［1］多种灭火剂扑救大容量锂离子电池火灾的实验研究［J］. 储能科学与技术，2018，7(6)：1105-1112.

消防技术服务机构发展浅析

张　伟

西安鑫安消防技术咨询有限公司　西安　710065

摘　要： 消防技术服务机构对社会消防安全工作的落实起着很重要的作用，社会单位和个人对提供消防技术服务在法律、政策、安全、经济、技术等方面都有很多的需求；但目前，消防技术服务在政策标准、安全理念、市场、监管、人员素质、法律责任等方面还存在不少的问题；这些社会需求保证了消防技术服务行业今后一定能够得到发展，而针对这些存在的问题，也应当有足够的解决方案加以解决，只有这样，才能够保证这一行业健康稳定持续发展。

关键词： 消防　技术服务　社会需求　问题及对策

1　引言

按照公安部第 129 号令《社会消防技术服务管理规定》（2014 年 5 月 1 日起施行），消防技术服务机构是指从事消防设施维护保养检测、消防安全评估等消防技术服务活动的社会组织，可以从事建筑消防设施检测、维修、保养活动；可以从事区域消防安全评估、社会单位消防安全评估、大型活动消防安全评估、特殊消防设计方案安全评估等活动，以及消防法律法规、消防技术标准、火灾隐患整改等方面的咨询活动。再加上可从事智慧消防以及电气防火检测等，基本上在人们生活、生产活动中除了消防工程设计、施工，消防产品之外与消防安全有关的消防技术活动基本上都在从业范围之内了。在《社会消防技术服务管理规定》实施之前，为了适应社会需求已经有相当数量的公司从事建筑消防设施检测、维修、保养以及特殊消防设计方案安全评估等活动了；《社会消防技术服务管理规定》实施后，各省消防总队对相关企业进行了资质评审，在这个过程中淘汰了一些实力较弱的企业。2019年 9 月，公安消防部门按照中央《关于深化消防执法改革的意见》取消了资质管理，颁布了《消防技术服务机构从业条件》（应急〔2019〕88号），社会组织符合条件办理营业执照后即可从业。

消防技术服务机构取消资质管理以后，新增大量消防技术服务机构，这主要源于几方面原因。一是从业条件比以前放宽许多，减少了准入成本；二是法律及政府部门对消防设施检测以及安全评估等规定了一些硬性要求，消防技术服务有了一定市场。另外，消防技术服务逐渐被人们认识和接受，也是消防技术服务机构发展的一个因素。

但是，这两年消防技术服务机构发展鱼龙混杂，对其监管没有跟上，方方面面的问题，影响到消防技术服务机构的健康发展，影响到消防技术服务机构更好地服务于全社会的消防工作。因此，如何针对存在的问题以及社会需求，管理并引导消防技术服务机构建设和执业，是一项急迫和重要的工作。

2　社会对消防技术服务的需求

2.1　法律需求

法律需求，实际上是义务和责任两个方面。

法律要求的义务。例如，《中华人民共和国消防法》第十六条规定，机关、团体、企业、事业等单位应当履行的消防安全职责包括"对建筑消防设施定期组织检验、维修""每年至少进行一次全面检测"。一些单位自身不具备这样的人员和能力，只能寻求消防技术服务机构的帮助。

作者简介：张伟，男，工学学士，高级工程师，原工作于西安市公安消防支队，主要从事建筑消防设计审核、消防监督、火灾调查工作，现从事消防技术咨询工作，E-mail：zhw6606@sohu.com。

法律规定的刑事、行政责任。特别是《中华人民共和国刑法修正案（十一）》（2021 年 3 月 1 日起施行）新增的"危险作业罪"，将安全生产领域重大责任事故犯罪从"事后"追责转变为"事前事中事后"全链条追责，如果具有发生重大伤亡事故或者其他严重后果的现实危险的，就可以结合具体情节给予刑事处罚，这对单位负责人形成了很大的压力。

今后随着社会发展，对消防安全会更加重视，从法律的角度会要求自然人和法人更多的消防安全义务，同时会明确和细化法律责任，特别是法人（单位）的主体责任。

2.2 政策需求

国家部门和地方政府会规定或认可消防技术服务机构的一些执业行为，作为行政管理工作中当技术要求较高时的一项辅助行为，这些技术工作可交由社会第三方提供服务。目前，部委规章文件和各省地方性法规制定中，多有涉及对消防检测、消防安全评估等的具体规定，要求定期检测、评估或者对特定事项应完成相应的消防检测安全评估等。

今后，消防监督模式改变后，社会单位没有政府服务作依靠、依赖，更多的需求应该会转向消防技术服务机构。例如，当消防监督实行"双随机一公开"制度，甚至取消"公众聚集场所开业前检查"后，这些单位就会寻求消防技术服务机构的提前介入服务，避免可能的违法违规后果。还有，在消防验收改革后，各地住建部门也有相应的政策，要求消防技术服务机构提供消防设施检测及建筑消防安全评估意见。

2.3 安全需求

随着社会经济发展，无论是民用建筑还是工业建筑（设施）都大大超越了以往的标准规模，超高层建筑、商业综合体、大型石化企业得到了迅猛发展，无论是前期设计论证，还是后期安全运行，要保障消防安全，都对管理团队和人员的技术能力提出了更高的要求，这就需要专业的技术性强的并掌握先进科技及理念的专门团队来协助完成任务。

这些年一些重大火灾案例也警醒着人们对消防安全的重视。例如，2010 年"11·15"上海静安区高层住宅火灾，2017 年英国"6·14"伦敦公寓楼火灾事故，这类火灾的发生不仅让专门的安全管理、建筑设计人员等重视消防安全问题，也使得一般民众提高了对自身防火安全方面的需求。

2.4 经济需求

现代社会在社会运行中由于分工协作而使得成本降低、效率提升。社会各单位将很多服务外包给各类第三方服务公司，同样，将消防工作委托给消防技术服务机构，这样不仅提升落实日常消防安全管理的水平，而且可以降低企业的成本。

相反，有些企业，由于不熟悉消防政策及技术，也会付出高昂的经济成本。例如，西安某旅游地产项目，将住宅楼改造为宾馆，在办理消防及住建部门相关手续时，才发现涉及很多政策性及技术性问题，但已经投入了上千万元资金。

2.5 技术需求

当今社会，科技进步日新月异，消防安全又是一门综合性很强、涉及学科很广的一门技术领域，社会单位和个人都会与消防相关联，在遇到问题时最好的途径就是求助于专业团队完成专业的工作。例如，目前针对施工图审核改革，有取消将其设定为政府审批前置的趋势，将来有可能市场化，由于其具有较强的技术含量，可由各类建设单位、设计单位、施工单位向实力强的消防技术服务机构购买涉及消防规范、设计、设备、施工等的咨询服务意见。

2.6 发展需求

随着经济社会发展到一定阶段，人们理念也在变化，在生产生活中逐渐认识到消防技术服务的价值所在，会将自己不擅长的消防技术工作交由消防技术服务机构去帮助解决相关问题，从消防技术服务机构得到咨询意见和其他服务成为单位和公民在遇到消防相关问题时的重要选项之一。

3 目前消防技术服务领域存在的问题及对策

3.1 政策标准的问题

虽然消防技术服务机构开展活动已经很多年了，但是消防技术服务在法律政策上还没有很好的定位，消防技术服务机构出具的报告具备什么样的法律地位,或者说能够起到什么样的作用,应当有法律、规章等明确的支撑,要落实明确第三方消防服务机构的执业范围,以及对第三方行为的认可。目前,可以通过相关行业在行业内提出明确的指导意见。

在消防技术服务机构执业时,应当制定统一的技术服务标准。目前,相关的全国统一国家、行业标准还是较少,多由各省市制定地方标准,在执行时不一致,会有一些混乱;且目前标准多集中于检测维保评估,范围不够广。例如在给石油系统做检测评估时,经常会跨省作业,会出现一个项目一个合同,同样的事情内容,报告的标准格式会有一定的差异。由于没有统一的标准格式,也给社会单位造成一些困惑,不知道出具的报告应该是什么样的,怎样才能体现报告水平的高低,也不知道不同的事项应该按什么程序出具什么样的报告。

近期出台的国家消防救援行业标准《单位消防安全评估》(2021年5月1日实施)应该是一个很好的开端,今后应当逐步在技术标准等方面予以完善。

3.2 安全理念的问题

经过近几年消防安全宣传,特别是对重大火灾事故的调查追责,单位负责人及相关人员对消防安全意识特别是自己应当在其中所负的责任都有清晰的认识,消防安全理念也大大地提高,但是,在实际执行过程中,在资金投入、人员落实、工作落实上往往会大打折扣。

目前,单位委托消防技术服务机构实施消防检测、消防安全评估等活动,很多是政策或上级要求的一项工作,在实践中,很多人仅仅是要求形式上的而不是内容上的符合要求,有些当事人只是认为有了报告可以脱去一些责任,而不是去真正解决问题。在实践中,因为各种因素,往往会要求在报告中不要反映或者回避一些问题,避重就轻,甚至有少数为了通过某项审批会弄虚作假。也有一些单位会认真听取意见、坚决解决问题,但由于各种考量也不希望报告中出现的问题过多。

安全理念的提高和工作的落实,一方面是加大宣传力度;另一方面就是落实追责和处罚力度,特别是单位主体责任以及消防安全责任人、管理人的责任。

3.3 市场的问题

消防技术服务已经开展很多年了,但是市场还是没有充分发展起来。原因一是社会单位大多是被动要求消防技术服务,主动需求较少;二是服务价格较为混乱,没有形成合理的定价标准、定价机制,低价竞标的情况也比较多;三是没有对消防中介服务机构服务能力和水平的评定标准依据。

这个问题原则上市场的问题交由市场自身解决,但事关社会安全领域,管理部门应当积极引导、宣传、监管,制定政策进行扶持,管理部门应当积极服务并监管。

3.4 监管的问题

取消消防技术服务机构资质后,虽然有准入条件,但相对于资质管理,现实情况是对这些消防技术服务机构的监管还是比以往松,消防技术服务机构从业时有漏洞可钻,有些机构甚至唯钱办事。

美国、日本、香港等世界发达国家和地区对消防技术服务机构以及从业人员都有严格和详细的监管要求[1]。政府部门对消防技术服务机构,按照执法改革要求取消了资质,不应视为降低监管要求;放宽准入条件,不应视为降低从业能力标准。

结合行业监督管理的要求和服务机构能力提升的需求,可以开展对消防技术服务机构的自愿性等级认证,由政府机构或者行业协会引导和提供支持。这样既可以促进机构高质量发展,提高行业竞争力,也有利于社会单位采购消防技术服务时有所依据。可考虑从以下三个方面循序渐进的推进。

(1)制定行业统一的消防技术服务机构标准(可作为等级认证标准要求)。在等级认证标准要求上,应注重企业注册资金、人员构成、设施设备、服务业绩、诚信经营等,重点聚焦在服务机构能够提供专业化、规范化的技术服务上;要注重技术服务的实际需要,不要加大服务机构不必要的负担。

(2)建立机构服务标准化体系。依据开展技术服务的相关标准,消防技术服务机构应建立或完善内部的服务标准化体系。例如,在对内部技术人员的配备管理上，不应只看从业的"资格证书"，还要看所学专业、工作履历职称等，更要加强动态管理，在实际工作中考察能力。

（3）为社会单位采购服务提供采信。消防技术服务机构通过自愿性等级认证后，可作为采购服务的依据。在政策化管理向市场化供给转变伊始，消费者对消防技术服务机构提供服务的能力了解不够，不能辨识服务价值，通过第三方等级认证，为采购单位实际操作提供采信。

3.5 人员素质的问题

当前，消防技术服务机构技术人员构成，一些是由原来在消防工程施工单位的人员转行过来的，这些人有一定的实践经验基础；还有近些年考取注册消防工程师及消防操作员证的人员，这类人员成分比较复杂，大多实践工作能力较差，还有待提高；另外就是相关消防专业院校毕业生或老师，这些人具备某一领域较高理论水平；最近几年，还有从原消防部门退下来的监督专业人员，这部分人综合实力较强，一些人还是消防领域的专家。

但目前的迫切问题是，国内院校相关消防专业的设置还比较少，课程设置上也很难和实际需求结合起来，学习期间及毕业后也缺少实战锻炼的平台，不利于消防专业人才特别是综合性人才的成长。仅仅靠目前的短期培训、应试培训是满足不了社会消防需求的，未来甚至可能还存在人员断层的问题。近段时间，很多大专院校增设消防专业是一个积极现象，这些院校应当加强横向的交流联系。

3.6 法律责任的问题

这里主要是指加强消防服务机构法律责任，去劣存优，促进消防技术服务这一行业的健康快速发展。

我国法律、规章等在这方面也多有规定。近期，《中华人民共和国刑法修正案（十一）》将第二百二十九条"提供虚假证明文件罪"增加了"安全评价"等内容，规定"在涉及公共安全的重大工程、项目中提供虚假的安全评价、环境影响评价等证明文件，致使公共财产、国家和人民利益遭受特别重大损失的"，可受到刑事处理。此前，在消防执法领域，对于消防技术服务机构提供虚假安全评价文件的查处，主要采取行政处罚手段。

4 结语

随着社会发展，社会财富相比以往更为迅猛地增长，人们在享受高度发达物质精神财富的同时，对自身安全的重视及安全意识也在同步提高，这为消防技术服务机构的发展提供了富饶的土壤，消防技术服务大有可为。

未来，人工智能、5G、物联网、大数据等将会广泛地运用到消防技术服务之中，加上在政策上的突破，会带来很多预想不到的消防新事物，火灾监控、扑救、调查方面等可能会有革命性的变化，消防技术服务机构高水平发展，也会反过来促进这一变革。

为了实现消防技术服务发展，我们应当通过不懈的努力，在法律、政策、宣传等引导下，加强服务机构自身标准、体系、人员、科技等各方面建设，解决目前存在的问题，促进法律政策标准的健全、消防安全意识的提高、人才的培养以及市场的培育等，为消防技术服务机构发展打好基础。

参考文献

[1] 李彦军，王宝伟，吴华，等.对日本消防工作考察的启示 [J]. 消防科学与技术，2012，31(5)：523-526.

从一起导热油泄漏爆炸事故，谈谈如何有效加强火灾防控工作

黄 志 强

福州市消防救援支队　福州　350001

摘　要：本文通过对一起纺织染整企业员工违规作业，引发导热油泄漏爆炸着火的较大亡人生产安全事故的调查，全面分析认定事故直接原因和灾害成因；并对如何吸取训教、举一反三，加强区域性隐患排查整治，加强科学研判分析，加强轻微事故精细调查等方面，提出意见和建议。

关键词：泄漏爆炸　事故调查　火灾防控　特种设备

1　事故基本情况

2021 年 2 月 25 日，福州市长乐区某染整有限公司厂房发生爆炸着火事故，事故造成 6 人死亡、7 人受伤。

该公司系以高档织物面料的织染及后整理加工为主。公司现有 3 栋厂房，分别为东侧四层锅炉房、中间三层旧厂房车间、西侧六层新厂房。事发时，该厂房内有作业人员约 80 多名。厂房总占地面积约 5994 m²，总建筑面积约 3 万 m²。该企业生产工艺流程为：①购进布料→化验室打样确认颜色→染色（用行车吊钢桶到压布机→压布机将布压进钢桶→将空钢桶和布放进染锅染色)→理布→定型打卷。②锅炉将导热油（经检测合格）加热至 270 ℃，通过管道进入染色车间对染锅加热和定型车间进行布匹定型。

2　事故原因调查

事故发生后，当地政府立即组成事故调查组。调查组第一时间从厂房内部抢救出监控主机，组织对视频进行分析，并结合现场勘验、调查询问、现场指认、检验鉴定等，综合认定事故直接原因系厂房压包机操作工人在使用行车吊升钢桶过程中（图1），违章操作导致钢桶碰撞设置在导热油管道上的阀门并将其拉断（图2、图3)，致使高温导热油喷射泄漏形成雾状油气混合物（图4），遇火花引起爆炸燃烧。根据事故致因理论，任何事故的发生均存在物的不安全状态和人的不安全行为。

图 1　事发前各设备状态

图 2　事故复原现场情景

作者简介：黄志强，男，福建泉州人，工程师，福建省福州市消防救援支队副支队长，主要从事消防监督管理、火灾事故调查工作，E-mail：634758593@qq.com。

图 3　导热油管破口及钩断的阀门

图 4　导热油喷出瞬间雾化场景

2.1　物的不安全状态

（1）行车安装时的小车限位设置明显不当。从现场勘查可知，事故中被钩断的预设导热油闸阀外端距离墙面为 0.85 m，吊物圆形钢桶的直径为 1.42 m，起吊点吊钩位于钢桶的圆心位置；经计算，当垂直起吊钢桶不至碰触导热油闸阀外端的极限吊钩位置，距离墙面应达到：0.85＋1.42/2＝1.56 m。但查阅"起重机产品质量证明书"可知，事故点电动葫芦起重机的"主钩左右极限位置"为 1200/1200 mm，加上轨道中心线到柱面的 150 mm 距离也仅为 1.35 m，显然小于 1.56 m（图5）；且导热油管道阀门位于行车下方，两者距离的矛盾使在该预留的导热油闸阀点正下方起吊钢桶的作业处于严重的不安全状态。

（2）安装的压包机平台高度设计不合理。被拉断的导热油支管（预留连接染色机的支管阀门）离地高度 3.89 m。吊运的钢筒高度 1.62 m，在导热油管和行车之后安装的压包机平台其高度

竟达 2.34 m，如果钢筒要吊上压包机平台时，钢筒上端高度将达到 3.96 m（即 1.62 m+2.34 m），因此，钢筒上端高度超过导热油支管离地高度（图6）。一旦小车未在指定位置起吊且钢筒起吊至顶部时，会出现碰撞风险。

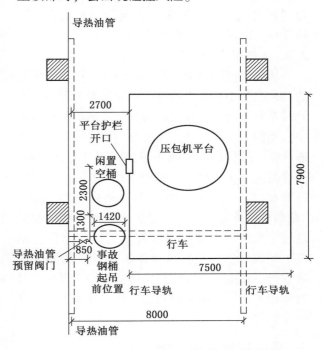

图 5　现场行车位置示意图

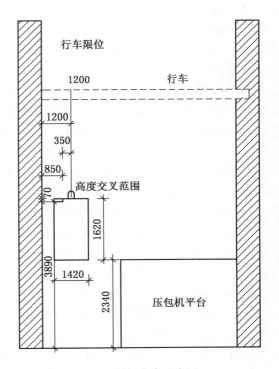

图 6　现场高度示意图

（3）经调查，事故点为薄纱染色工段，其压包、染色工艺流程布置为企业自主设计，存在行车小车限位设置明显不当、压包机平台和行车工艺整体布局不合理等问题；而且在此情况下，导热油阀门处没有设置醒目的防碰触标识，不符合《起重机械安全规程》规定的"起重机运行路线应远离障碍物"的要求。

2.2 人的不安全行为

从监控视频可知，起吊钢桶时，操作工所处的挂钩点与小车并不垂直，致使吊筒离开地面上升时左右晃动幅度较大；而且，在吊物上升过程中，操作工立即走开，并没有观察吊桶的运行轨迹状态，致使吊筒碰触导热油闸阀并将其拉断，不符合《起重机械安全规程 第一部分 总则》（GB 6067.1—2010）中"不许斜向拖拉物品""载荷被调离地面时……要保持平衡"和"起吊过程中要注意荷载和钢丝绳不与任何障碍物刮碰"的规定。而当行车操作工发现碰断导热油管后仍在观望，且持续操作吊桶下降，没有及时通知相关人员采取应急处置措施，导致了事态进一步扩大。

3 事故灾害成因分析

3.1 导热油具有极大安全危险性

该厂使用的导热油其《有机热载体产品型式试验报告》载明：导热油最高使用温度为300 ℃，自燃点为330 ℃，闪点（闭口）为210 ℃，闪点（开口）为224 ℃。在常温下，其存储和运输均为非限制货物，非属于化学爆炸品，但其高温高压下泄漏燃爆等危害容易被忽视。事故中管道内导热油经提取，送应急管理部消防救援局天津火灾物证鉴定中心鉴定，送检的导热油检材主要成分为：C6~C18 脂肪烃、重质矿物油、十六碳酸甲酯和邻苯二甲二丁酯等成分；闪点（闭口）为46 ℃、燃点为218 ℃；热释放速率结果：点燃时间（TTI）为22 s，热释放速率峰值（PKHRR）为2215.9 kW/m^2，总生烟量（TSP）为203.9 m^2，质量损失率（Mass loss）为98.1%；毒性气体结果：CO_2 浓度为6.15%，CO 浓度为2729.5 μL/L，SO_2 浓度为102.7 μL/L，HCN 浓度为74.1 μL/L，NO_x 浓度为113.3 μL/L。这表明，导热油在长期高温加热状态下，容易发生裂

解，形成轻组分可燃液体，闪点和燃点均大幅下降，燃烧和爆炸危险性急剧增大。高温导热油喷射呈雾状喷出，导致其与空气氧化接触面迅速增大，形成爆炸性油气混合物。该起事故经测算，导热油总泄漏量在10 t左右，导热油猛烈爆炸燃烧后，迅速且持续产生大量高温、有毒浓烟，迅速扩散至整幢厂房空间，导致人员逃生极其困难。

3.2 安全设计存在严重缺陷

一是厂房违法建设问题突出，建设前未经正规设计、施工，在源头上存在重大安全隐患。二是事故现场设备安装顺序为导热油管最先安装，隔若干月后安装行车，其后一年再安装压包机平台，均由企业分别对外承包，分期建设，并安装在基本同一空间位置；在操作过程中稍有不慎，就容易导致起重吊钢桶与导热油管道相互碰撞。且未采取吊装平衡安全阈值截停、预碰撞停车等设置，防止发生碰撞。这些生产工艺、生产流程中的本质安全企业在建设、生产阶段均未考虑，完全忽视，造成事故荷载集聚，必然引发事故。

3.3 企业人员安全意识淡薄

一是当日事故发生时，企业生产现场未安排安全管理人员，行车操作人员未经基本培训违章操作，未在指定位置起吊，且起吊时未跟进观察钢桶上升情况，导致吊运的钢桶上升至顶部拉断导热油管道；导热油泄漏后，操作人员未及时报告并撤离现场，被导热油泄漏爆炸的冲击波撞击死亡。二是三楼局部监控显示，事故发生后新车间三楼窗户火光明显，两名员工乘坐电梯下楼，一名男员工仍在操作工位上观望；五楼局部监控显示，事故发生后五楼窗户可见明显浓烟，一名男员工仍在操作；厂房电梯未安装"停电自救平层"功能，爆炸引发厂房整体瞬间停电，电梯中人员被困在楼层中间处，导致施救极其困难，险象环生，有4名死亡人员在电梯中被发现。

4 教训与反思

该起事故主要由特种设备安全问题引发。作为消防救援部门，如何更好地坚持"人民至上、生命至上"理念，更好地统筹安全与发展，更好地发挥职能作用，应提出切实可行的意见和

建议。

4.1 切实推动特种设备安全隐患排查整治

针对导热油广泛地应用于石油化工、造纸纺织、制鞋等领域，在这些领域内特种设备多，工艺复杂，安全隐患突出。同时，特种设备安全监督管理在工贸行业存在较严重脱节的问题。一是要提请政府组织主管部门对涉及使用导热油企业进行深入调研摸排；对类似使用导热油加温工艺的，组织行业专家逐家现场核查；针对检查情况，研究进行升级改造，提升生产工艺本质安全，切实关停一批、整改一批、提升一批，从根本上降低行业安全风险。二是要加强安全教育、培训，使企业主、员工充分认识导热油在使用环节以及相关特种设备存在的重大安全风险，制定、演练导热油泄漏应急处置预案；三是对导热油这类有机热载体定期检验，并建议缩短间隔时间，并加大随机抽检的频次；同时，对导热油使用场所的安全、消防技术标准要进一步提高设防等级。

4.2 要科学分析、研判出警、火灾数据

在该起事故之前，事发当地和全国各地均有较多类似导热油泄漏爆炸着火事故发生。就长乐本地来说，2017 年以来，长乐发生多起染整厂导热油泄漏着火事故，2019 年 12 月，长乐区山力化纤有限公司厂房也发生导热油泄漏爆炸着火事故，造成较大社会影响。省内外也均发生过多起。海恩法则告诉我们：每一起严重事故的背后，必然有 29 次轻微事故和 300 起未遂先兆以及 1000 起事故隐患。各地安全状况，行业发展状况不一，但都有行业特殊的安全问题。消防救援部门是社会救援主力军，也掌握着各类轻微事故重要的事故数据（如掌握部分 29 起轻微事故的数据）。为此，要根据多年来的出警、火灾数据，运用信息化、大数据等手段，分析规律特点，强化问题导向，精准发力，对区域性、行业性的问题提出切实可行的意见和建议，从根本上消除事故隐患，从根本上解决问题。

4.3 要对行业多发事故实施精细调查

加强区域性行业风险的研判，依赖于对多发事故领域进行深入细致调查。对于出现的轻微事故，要引起重视，组织好调查工作。调查这类厂房事故，均会涉及生产工艺流程、各类特种设备。在调查时应及时邀请相关行业主管部门和行业专家参与调查，提供专业知识和意见。调查中如发现最后以火灾形式表现的，但属于爆炸类生产安全事故，应及时做好调查权的移交。对于调查发现工艺流程问题、特种设备问题等应当及时抄送相关行业主管部门，提醒、督促采取措施，切实消除事故隐患，真正落实"两个至上"理念。

4.4 要加强学习，提高风险研判能力

事实上，全国类似火灾反复发生，工作总是低层次徘徊。在工作上，要求消防监督员一方面要加强学习，善于从全国发生的重大事故案例中，掌握事故灾害成因；另一方面，在检查单位、行业前，要提前做好基本功课，要梳理全国该企业类型重大事故案例，深刻剖析到底有哪些教训，有针对性进行检查，知道查什么，重点查什么，提高检查质量，提出具体可行的策略。另外，可根据实际需要邀请相关行业或专家参与指导检查。特殊重点行业检查，可参照当前城市综合体检查模式，建立相应的行业专家库，同时，加强行业部门的双随机检查的联动，提高检查整体效果。

参考文献

[1] 刘铁民. 脆弱性——突发事件形成与发展的本质原因 [J]. 中国应急管理，2010(10).

[2] 刘铁民. 事故灾难成因再认识——脆弱性研究 [J]. 中国安全生产科学技术，2010(5).

地铁车辆基地上盖开发分隔楼板
耐火性能试验研究

冯凯[1] 杨舜[1] 张新[2]

1. 佛山市消防救援支队 佛山 528000
2. 中联科锐消防科技有限公司 长沙 410007

摘 要： 针对地铁车辆基地上盖开发分隔楼板的耐火特性，主要考虑了楼板不同的类型、保护层厚度、荷载影响因素，采用试验研究方法对火灾高温下楼板的温度和挠度进行了分析研究。结果表明：所有楼板试件在受火过程中有水分溢出，试验完成后所有楼板的完整性均能保持完好，混凝土未出现酥松脱落现象；试件背火面最高温度未超过 120 ℃，能够保持良好的隔热性；受火冷却后双向板试件的变形恢复比较明显，且试件上裂缝很少，而单向板试件的残余变形相对较大，试件迎火面有较多细微裂缝。本研究结果可为带上盖开发的轨道交通车辆基地分隔楼板防火设计提供参考。

关键词： 消防 地铁车辆基地 上盖开发 耐火极限 温度 挠度

1 引言

为了充分利用城市的土地资源，对地铁车辆基地进行上盖物业开发成为一种趋势。上盖楼板作为地铁车辆基地与上盖开发建筑的分隔楼板，除需要满足一定的结构强度与刚度外，其耐火性能也需要满足一定的要求，以确保建筑的安全。虽然国内外学者对钢筋混凝土楼板开展了较多的研究[1-4]，但是这些研究绝大部分都是针对常规民用建筑的楼板，楼板相对较薄（<150 mm），并且这些楼板的荷载设计值与地铁车辆基地的上盖楼板相差较大[5]。

目前对于地铁车辆基地与上盖开发建筑之间的分隔楼板的耐火性能研究以数值模拟为主。张新等[6]基于有限元模拟分析，提出受火 3 h 时背火面温升与沿温度梯度方向厚度的关系曲线，明确盖板结构厚度最小取值，为此类结构的防火设计提供参考。庄文峰等[7]以某项目车辆地板的耐火要求为例，对城市轨道车辆地板耐火存在的问题进行分析和讨论，提出在车辆地板底架面喷涂防火涂料或铺设熔点更高的不锈钢板两种耐火

试验方案，试验表明两种方案均可保持车辆底架的完整性和隔热性，满足项目车辆的技术要求。刘桂江等[8]提出可通过在梁板外侧涂刷或喷涂防火涂料的方式使其耐火极限达到 3 h。

《地铁设计防火标准》[9]第 4.1.7 条规定车辆基地与其他功能场所之间应采用耐火极限不低于 3.00 h 的楼板分隔；《建筑设计防火规范》[10]明确楼板的耐火极限主要受截面尺寸、保护层厚度影响，但规范附录给出的不同参数条件下的楼板耐火极限示例中最大为 2.65 h，小于 3.00 h；俞加康[11]提出楼板是否能达到的耐火极限 3.00 h 要求，应在工程实施中经试验实测确定。

为明确某地铁车辆段与上盖分隔楼板的耐火极限能否达到 3 h 的要求，本文以恒载升温的方式，通过设置 3 块双向板以及 2 块单向板，探究不同地铁车辆段上盖物业楼板试件的耐火性能。

2 试验方案

2.1 试件设计与制作

共设计制作了 5 块钢筋混凝土板，其中 3 块双向板，2 块单向板，试件的主要设计参数及试

基金项目： 佛山市科技计划项目（2016AB000121）、湖南省自然科学基金项目（2020JJ7037）、长沙市雨花区科技计划项目（YHKJ-2020-CZ-17）

作者简介： 冯凯，男，博士，高级工程师，佛山市消防救援支队一级指挥长，主要研究方向为建筑防火与消防监督管理，E-mail：fsxf119_fk@126.com。

验边界条件具体见表1。由于试验采用简支方式，因此对试件的加载值进行了等效换算。

钢筋采用直径为 12 mm 的 Ⅲ 级螺纹钢；混凝土采用现浇商品混凝土，其中 TP-1 试件的混凝土标号为 C25，其余试件的混凝土标号为 C30。钢筋的材性试验按照《金属材料拉伸试验》[12]的规定进行，屈服强度为 460 MPa，极限强度为 610 MPa；混凝土的立方体抗压强度按照《普通混凝土力学性能试验方法标准》[13]的规定进行，C25 与 C30 标号 28 天立方体抗压强度分别为 22.4 MPa 和 34.4 MPa。

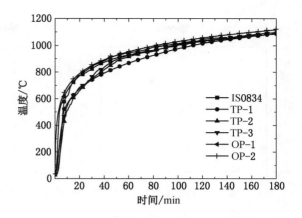

图 1　炉内升温曲线与 ISO834 标准升温曲线对比

表 1　试件工况表

试件编号	试件尺寸/m	保护层厚度/mm	实际加载值/kN	板面等效荷载/(kN·m⁻²)	边界条件
TP-1	4.5×3.5×0.15	40	147	10.65	简支
TP-2	4.5×3.5×0.15	25	147	10.65	简支
TP-3	4.5×3.5×0.15	40	147	10.65	简支
OP-1	3.5×1.2×0.15	25	30	10.65	简支
OP-2	3.5×1.2×0.15	40	10	3.55	简支

2.2　试验装置及加载方式

本试验楼板试件均在水平耐火试验炉中进行，试验炉净长 4 m，净宽 3 m，净高 2 m，炉内设有可实时测量炉内温度的热电偶。试验温度与位移数据通过仪器设备与计算机连接采集得到。

试验采用恒载升温的方式，在正式试验开始前，施加预定荷载的 40% 以压实缝隙，并检查各测量系统工作是否正常，随后完全卸载。正式试验分 4 级逐级加载至预定荷载（每级 0.25 倍预定荷载）并持荷 10 min，待荷载和位移数据稳定后按 ISO834 标准升温曲线对试件进行升温，并在升温过程中通过调整千斤顶油压值使得板上荷载保持恒定[14]。图 1 所示为各试件炉温—时间曲线与 ISO834 标准升温曲线对比。

从图 1 可以看出两者吻合良好。当试验过程中出现以下任意一种情况，试验终止：①达到 3 小时耐火极限；②达到规范规定的耐火极限判定标准；③威胁试验人员人身安全。根据《建筑构件耐火试验方法　第 5 部分：承重水平分隔构件的特殊要求》[15]，耐火极限判定标准为：试件丧失承载能力、完整性与隔热性三项中任意一项。

试件内部和试件表面温度测量采用 K 型热电偶进行测量。如图 2 所示，双向板试件上 A、B、C、D 四个点均设置了 4 个温度测点，E 点设置了 5 个温度测点；单向板试件上 A、C 两个点均设置了 4 个温度测点，B 点设置了 5 个温度测点；此外，在试验炉内设置了 5 个热电偶用以测量炉内温升。

除温度外，还对试件的竖向变形进行监控。在双向板和单向板试件上分别设置了 1 个竖向位移测点，如图 2 所示。竖向位移采用线性差动位移传感器（LVDT）进行测量，位移数据由另一套系统进行数据采集，并通过绝对时间与温度数据进行一一对应。

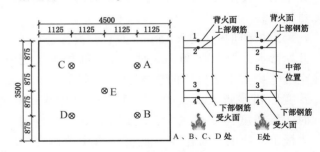

(a) 双向板温度测点

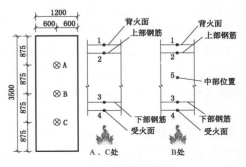

(b) 单向板温度测点

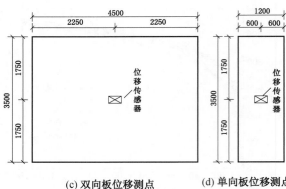

（c）双向板位移测点　　（d）单向板位移测点

图2　测点布置

3　试验结果分析

3.1　耐火完整性分析

图3、图4分别为试验冷却后试件形态以及板底裂缝情况。3块双向板的试验现象大体一致：受火初期，楼板的变形都不明显；30 min左右，试件背火面开始有水渗出，并在此后的受火过程中始终有水蒸气从板中溢出。60 min左右，试件长边侧面中部出现细微裂缝；约120 min，试件裂缝基本出齐；在随后的受火过程中，试件持续变形，但再无其他明显现象。3块双向板均未达到耐火极限。停火冷却后，3块双向板的变形均有较明显恢复，除TP-1很难发现裂缝外，其余两块板在板侧面长边方向和底面可观察到少量细微裂。

2块单向板在受火15 min左右，板背火面即开始渗水；受火至70 min时，板上部积水被完全蒸干；由于2块单向板施加的荷载不同，导致变形相差较大，其中OP-1在受火160 min时，板挠度已变得很大，超过28 cm，接近耐火极限对应的位移限值，此时板跨中两侧与炉盖之间用来填充缝隙的耐火棉部分坠落，导致火焰从裂开的缝隙中喷出，为安全起见遂停止试验。而对于OP-2在受火180 min时，板跨中挠度仅有14.3 cm，试件远未达到破坏标准。停火冷却后，2块单向板的变形不能恢复，试件底面能观察到较多的沿板宽度方向的细微裂缝。

3.2　耐火隔热性分析

本试验通过设置在试件内部和试件背火面的热电偶温度数据来研究火灾高温下各楼板试件截

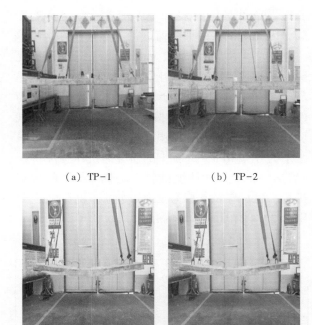

（a）TP-1　　　　　　（b）TP-2

（c）OP-1　　　　　　（d）OP-2

图3　冷却后的试件形态

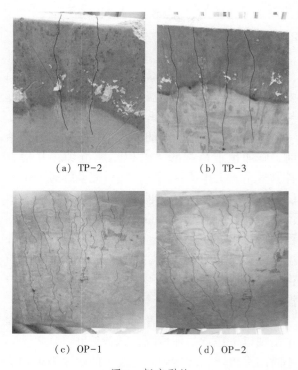

（a）TP-2　　　　　　（b）TP-3

（c）OP-1　　　　　　（d）OP-2

图4　板底裂缝

面温度变化情况，各个热电偶的温度测点数据如图5~图9所示，其中有的试件个别温度测点有损坏。

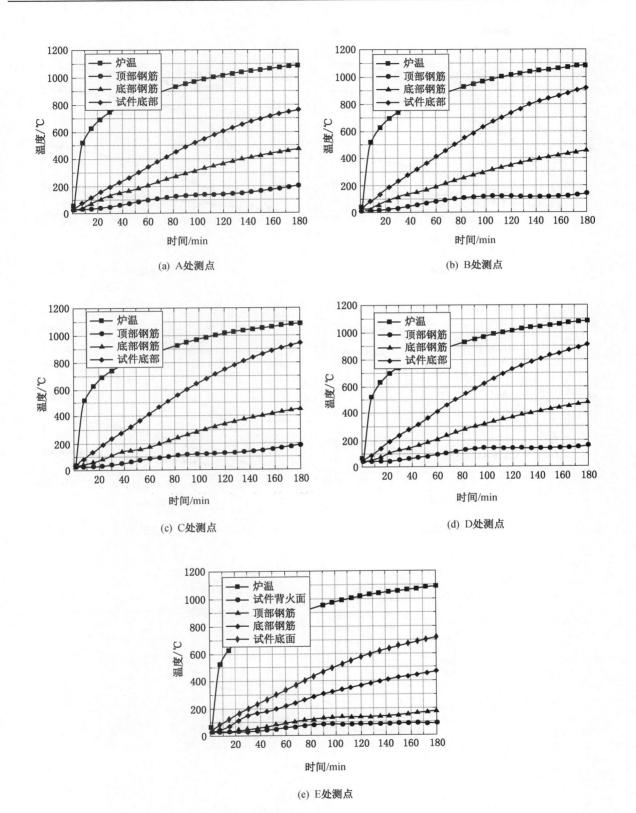

图5　TP-1温度测点曲线

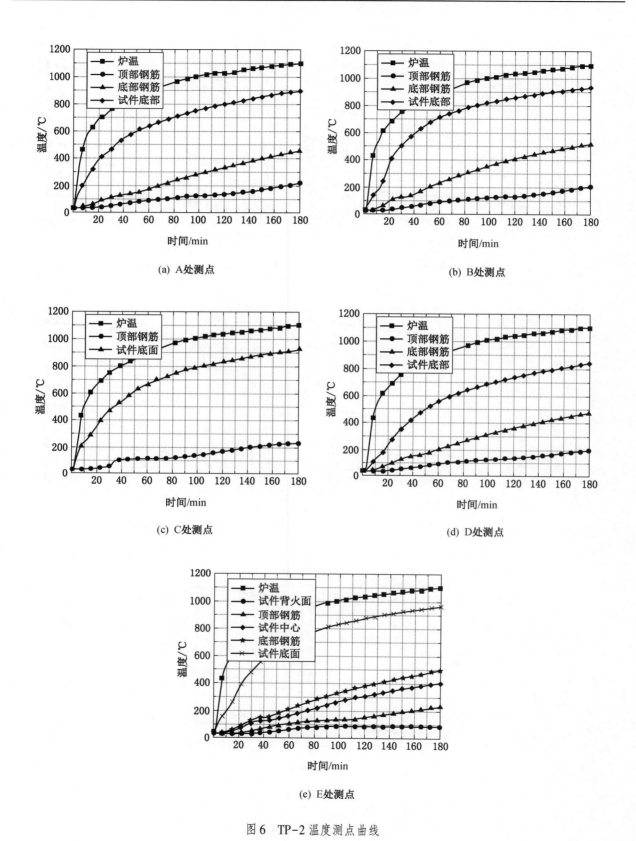

(a) A处测点

(b) B处测点

(c) C处测点

(d) D处测点

(e) E处测点

图6　TP-2温度测点曲线

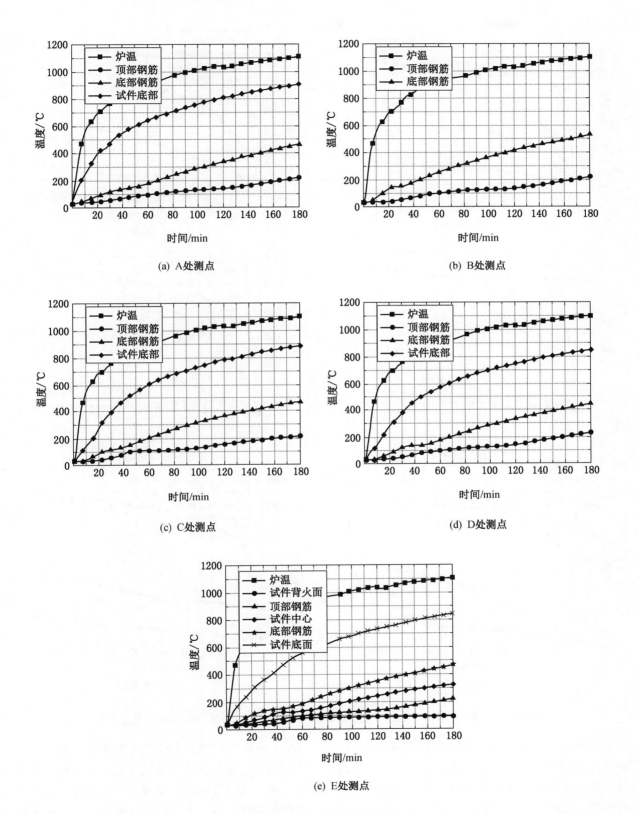

(a) A处测点

(b) B处测点

(c) C处测点

(d) D处测点

(e) E处测点

图7 TP-3温度测点曲线

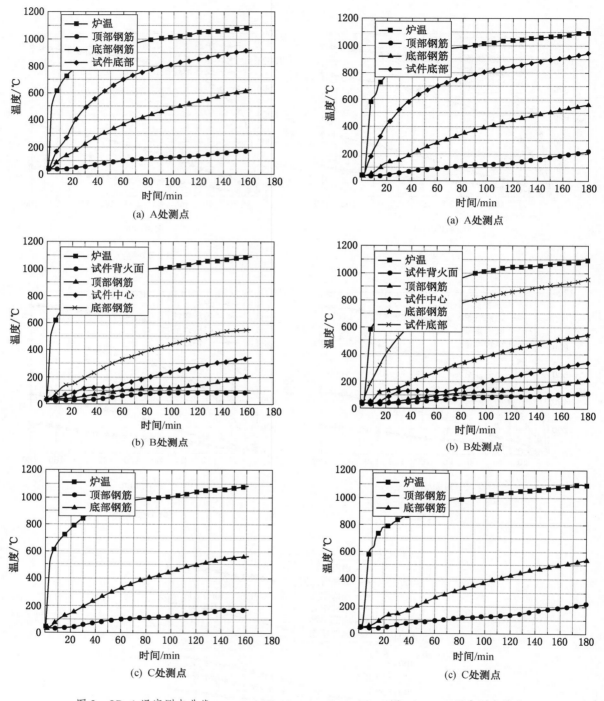

图 8　OP-1 温度测点曲线　　　　图 9　OP-2 温度测点曲线

从图中可以看出：①各试件温度测点的升温规律基本相似。测点距离受火面越远，其温度越低。迎火面的升温速度与 ISO 标准升温曲线的变化相似，呈现先快后慢的趋势外，其余测点的温度在整个受火过程中提升较为稳定；②OP-1 与 OP-2 试件的截面中心混凝土温度曲线在升温至

100 ℃ 左右时出现平台段。其主要原因是混凝土内部的自由水分在此时开始蒸发，并消耗大量热量，从而使得升温速度变缓。此后该位置处的温度曲线继续上升，上升时刻与试件背火面积水被完全蒸干的时刻（约 70 min 时）基本吻合；③随着混凝土保护层厚度的增加，板底部钢筋的

温度有一定下降；④所有试件的板底筋温度均未超过 600 ℃，这表明试件在试验结束时仍能保持较高的承载能力；⑤所有板的背火面温度均未超过 120 ℃，这说明至试验结束时所有试件均具有较好的隔热性能。⑥所有试件背火面温度始终未超过 120 ℃，满足楼板的隔热性要求。

3.3 跨中挠度分析

图 10 为各试验楼板跨中挠度曲线图。由于计入了升温前加载后的板挠度，因此各曲线在时刻为零时均有竖向变形。从图 10 可以看出双向板和单向板的跨中挠度呈现出两种不同的增长趋势：双向板试件在升温初期跨中挠度增长较快，从 60 min 开始挠度增长速度趋缓；单向板试件在升温初期挠度增长较快，随后挠度增长速度出现先减缓后加快的趋势。从图 10 还可以发现，保护层厚度对试件变形特征响影响不显著，但板面荷载大小对试件变形有明显影响。

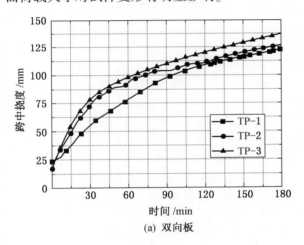

(a) 双向板

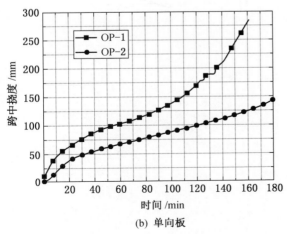

(b) 单向板

图 10　试件跨中挠度-时间曲线

4　小结

本试验主要研究了混凝土保护层厚度对钢筋混凝土双向板和单向板耐火性能的影响，根据试验结果可得出以下主要结论：

（1）各楼板试件在标准试验炉内顶面加载底面受火 3 h，受火冷却后双向板试件的变形有较明显恢复，且试件上裂缝很少；单向板试件的残余变形相对较大，试件迎火面有较多细微裂缝。但各试件均未出现爆裂，且各试件未出现混凝土脱落现象，说明各楼板试件能够保持较好的耐火完整性。

（2）所有试件的板底筋温度均未超过 600 ℃，说明试件在试验结束时仍能保持较高的承载能力；所有板的背火面温度均未超过 120 ℃，说明至试验结束时所有试件均具有较好的隔热性能，满足楼板的隔热性要求。

（3）各楼板试件在试验中的温度和挠度均未达到耐火极限状态。其中保护层厚度为 25 mm 的单向板在受火 160 min 时由于安全起见停止了试验，但该板总体变形仍未达到耐火极限限值。

（4）钢筋混凝土楼板的耐火极限主要受板厚、保护层厚度、承载情况等因素影响，现行国家标准给出的技术参数已不足以指导工程设计，需进一步开展系列研究，为耐火极限要求较高的楼板防火设计提供指导。

参考文献

［1］ Williams B, Bisby L, Kodur V, et al. Fire insulation schemes for FRP-strengthened concrete slabs［J］. Composites Part A：Applied Science and Manufacturing, 2006, 37(8)：1151-1160.

［2］ 吴波，王军丽. 碳纤维布加固钢筋混凝土板的耐火性能试验研究［J］. 土木工程学报，2007，40(6)：26-31.

［3］ Huang Z, Burgess I W, Plank R J. Modeling membrane action of concrete slabs in composite buildings in fire. I：Theoretical development［J］. Journal of Structural Engineering, 2003, 129(8)：1093-1102.

［4］ 皇甫超华. 具有端部约束的混凝土楼板耐火性能试验研究 ［D］. 南京：东南大学，2014.

［5］ 负毓. 地铁车辆基地建筑耐火极限问题分析［J］. 中外建筑，2016(4)：135-137.

［6］张新，罗俊礼，徐志胜，等．带上盖物业地铁车辆段盖板结构耐火性能研究［J］．铁道科学与工程学报，2018，15（4）：172-180.

［7］庄文锋，华玲，刘厚林，等．城市轨道车辆地板结构耐火设计［J］．技术与市场，2017，（5）：40-43.

［8］刘桂江，王栋．苏州太平车辆段上盖开发消防设计［J］．铁道工程学报．2012，29（11）：67-72.

［9］住房和城乡建设部．GB 51298—2018　地铁设计防火标准［S］．北京：中国计划出版社，2018.

［10］住房和城乡建设部．GB 50016—2014（2018年版）建筑设计防火规范［S］．北京：中国计划出版社，2018.

［11］俞加康．《地铁设计防火标准》（GB 51298—2018）释疑（一）［J］．隧道与轨道交通，2019，（2）：10-11.

［12］国家标准化委员会．GB/T 228.1—2010　金属材料拉伸试验［S］．北京：中国标准出版社，2010.

［13］国家标准化委员会．GB/T 50081—2002　普通混凝土力学性能试验方法标准［S］．北京：中国标准出版社，2002.

［14］李庆．城市地下空间功能竖向叠合的消防分隔安全要素研究［J］．建筑技术开发，2020，47（12）：85-86.

［15］国家标准化委员会．GB/T 9978.5—2008　建筑构件耐火试验方法　第5部分：承重水平分隔构件的特殊要求［S］．北京：中国质检出版社，2008.

对新形势下基层火灾隐患整治机构
运作机制的思考

——以东莞市火灾隐患整治办为例

陈 全

广东省东莞市消防救援支队 东莞 523000

摘 要：本文以东莞市火灾隐患整治办为例，针对机构的人员、管理等运作机制，探讨了顶层设计、工作量比、职业规划、后勤保障以及执法配套等方面存在的问题和瓶颈，深入分析了基层火灾隐患整治机构的运作情况，并针对存在的问题提出了相应的解决思路。

关键词：火灾隐患整治 基层机构 运作机制

2018年10月9日公安消防部队改制转隶，成立了国家综合性消防救援队伍。机构改革赋予了消防部门的职能成倍拓展，特别是党的十九届五中全会[1]提出了："统筹安全与发展、加强防灾备灾体系和能力建设、建设更高水平的平安中国和让老百姓安全感更有保障"等一系列战略性、方向性、前瞻性的理念思路。消防安全防控工作是推进国家治理体系和治理能力现代化的重要组成部分，基于当前普遍存在的"人少事多"的困境，理顺基层火灾隐患整治机构的运作机制，充实基层整治力量，具有重要的现实意义[1]。

2010年7月7日，东莞市政府印发了《关于明确我市镇街消防机构及消防队伍设置的通知》(东府办函〔2010〕281号)，规范设置了各镇（街）消防安全委员会办公室、火灾隐患整治办公室、村（社区）消防巡查服务队和兼职消防队建设管理工作（简称"两办两队"），优化了消防监管力量顶层设计的需要，"两办两队"参与开展了各类消防隐患治理、消防宣传和基层灭火救援行动，有效提高了对辖区社会单位或场所的火灾防控能力，基本形成了消防安全防控队伍建设格局。本文以东莞市33个镇街火灾隐患整治办运作现状为例，对基层火灾隐患整治机构存在的问题及改进思路进行了讨论。

1 火灾隐患整治办基本情况分析

1.1 人员身份类别情况

据统计，全市共有整治办人员612人（实际在岗563人），其中合同制消防文员及聘员共361人，占58.99%；劳务派遣共189人，占30.88%；事业编制内共32人，占5.23%；专职消防队员共9人，占1.47%；其他共21人，占3.43%。

1.2 归口管理单位情况

由镇消防部门管理的镇街有20个，占62.5%；由镇应急分局管理的镇街有3个，占9.38%；由镇政府直接管理的镇街有6个，占18.75%；由镇消安委会管理的镇街有2个，占6.25%；由镇网格管理中心管理的镇街分别有1个，占3.13%。

1.3 人员数量情况

（1）100人以上的镇街有1个，占3.13%。

（2）15人以上至30人（含）的镇街有9个，占28.13%。

（3）15人以下的镇街有22个，占68.75%。

1.4 薪酬待遇情况

（1）平均工资在12万以上的镇街有4个，占12.5%。

（2）10以上至12万（含）的镇街有6个，

作者简介：陈全，男，硕士研究生，广东省东莞市消防救援支队支队长，研究方向为消防监督及灭火救援。

占 18.75%。

（3）7 万以上至 10 万（含）的镇街有 13 个，占 40.62%。

（4）7 万（含）以下的镇街有 9 个，占 28.13%。

1.5 日常工作效能情况

2010 年 7 月，东莞市政府办公室下发《关于明确我市镇街消防机构及消防队伍设置的通知》(东府办函〔2010〕281 号)明确了各镇街设立火灾隐患整治办公室，是消安委会下属的火灾隐患整治专门机构。当前，火灾隐患整治办的主要职责是：制定辖区"三小"场所、出租屋消防安全隐患整治工作计划，并开展隐患排查和整治工作；发挥统筹协调作用，联合相关部门及时处置各村（社区）、网格中心、应急管理部门无法处置或移交的火灾隐患；督促、指导各村（社区）开展"三小"场所、出租屋消防安全隐患整治；建立日常监督管理制度、工作台账、单位档案；协助消防部门开展各种消防安全专项整治、督促火灾隐患整改；开展各种形式的消防宣传教育以及火灾隐患重点整治地区等具体工作[2]。设立以来，火灾隐患整治办在隐患排查、督促整改、消防宣传培训等方面发挥积极作用，打通了基层消防监管"最后一公里"，为辖区消防安全做出了重要贡献。

2 火灾隐患整治办发展存在的主要瓶颈

2.1 机构设置不规范

由于火灾隐患整治办属于临时机构，还没有得到组织人事部门认可，导致整治办在争取人员编制、工资待遇，办公经费时得不到相关的文件政策支持。在政府机构改革工作中已有塘厦、虎门、寮步、大岭山等镇街火灾隐患整治办被整合撤并，人事管理权限归口到镇（街）政府或者应急管理部门进行管理，业务管理权限由消防部门负责指导，导致整治办人员配置与承担的工作任务不相匹配，权利与责任不相对等的现象。

2.2 工作量比不科学

根据《东莞市镇（街）火灾隐患整治办公室工作规定》："工作人员数量由镇（街）消防安全委员会按照辖区内场所总数的 0.05% ~ 0.1% 确定"，全市共有市场主体 131 万家，应当配备 1310 人，但从统计来看，除大朗镇人数超过 100 人外，其他镇（街）整治办人数均未达到比例要求，个别镇街甚至不到 5 人，镇街配备差异较大，人员缺口情况突出。特别是消防工作纳入社会管理"智网工程"服务平台以来，任务繁重，每天需要核实、处理大量反馈工单信息，整治办人员疲于应付，常处于"小马拉大车"的困境。

2.3 管理机制不完善

2.3.1 社会认同度不高

火灾隐患整治办工作人员定位模糊，履职范围不明，执法权限具有法律边缘性，在社会上得不到应有的尊重。相对于消防干部来说，整治办人员更接近"配角"，普遍把自己当成"临时工"，缺乏职业归属感、荣誉感和自豪感。

2.3.2 待遇相对偏低

目前东莞市整治办人员工资经费一般以包干拨付为主，除大岭山、横沥、东城、松山湖等 4 镇（街）超 12 万外，其余各镇街在扣除各类社会保险，大部分实发月工资 3000 ~ 4000 元/人，而且大部分整治办人员未落实加班补偿制度。

2.3.3 身心压力较大

虽然整治办人员的福利待遇与其他行政机关部门辅助人员的薪酬水平基本持平，但相对来说整治办人员的身心压力更大，职业风险更高。例如，日常开展火灾隐患巡查时，群众不理解，谩骂甚至抗法；重要时间节点加班夜查，无法照顾家人等。

2.3.4 晋升通道闭塞

东莞市整治办人员的层级晋升、转岗退休等机制尚未建立，部分火灾隐患整治办人员没有职业前景，没有奋斗目标。特别是一些年纪较轻、素质较高的整治办人员，受发展空间的限制，仅把整治办作为一种过渡性工作，一旦积累了工作经验，找到更有前途的工作，便辞职跳槽，另谋高就。

2.4 工作保障不到位

火灾隐患整治办因组织架构不明确，无法独立拨付专项日常办公经费，日常办公开支和宣传经费大部分从镇专职消防队公用经费中调配，而从目前财务管理规定来看，存在开支与项目不一致，超范围开支等情况。同时东莞市火灾隐患整治办大部分未设置独立行政公务车辆，也无经费参照其他行政执法部门租赁车辆开展执法工作，只能搭乘村社区办公用车、借用大队行政车辆或私车公用，将整治办人员私家车作为巡查车辆开展工作，增加整治办人员的工作负担。

2.5 职责定位不明确

火灾隐患整治办的性质定位是"协助"消防部门开展执法工作，在目前，未有法律依据支撑整治办执法工作，其不具有行政执法权，并非执法主体。换句话说，整治办人员须在消防执法干部的带领下才能开展执法工作，造成执法无依据，隐患整治反复的困境。例如，整治办开展日常巡查时，一般对发现存在问题的"三小"场所、出租屋采取柔性劝导方式督促场所负责人整改隐患，如相关场所负责人拒不改正违法行为，由于整治办人员没有行政执法权，同时也缺少门针对"三小"场所、出租屋的独立法律法规，这导致整治效果不明显、隐患无法彻底整治。

3 火灾隐患整治办建设的工作建议

3.1 明确火灾隐患整治办机构设置

坚持"整治办只能加强，不能削弱"的指导思想[3]，争取市委市政府支持，紧密融入镇街行政体制改革，建议将"火灾隐患整治办"统一设置在各镇街（园区）政府专职消防队内，作为政府专职消防队的内设工作部门，日常工作接受消防救援部门的统一管理和组织指导，经费统一纳入政府专职队财政账户，财务管理审批由各镇街（园区）消防救援部门严格按照财经法规管理。结合《广东省消防救援总队关于改进消防监管强化火灾防范工作的实施意见（试行）》，探索每个镇街（园区）火灾隐患整治办根据经济基础和发展规模配备 2 名以上事业编制人员作为主要负责人，以政府雇员、劳务派遣等方式设置人员等级，增加火灾隐患整治办人员。

3.2 优化人员管理机制

一是探索建立晋升工资档次制度。应参照政府雇员的体系，尝试设立职级层级，严格按工作年限、工作绩效等方面进行考评和晋升，并挂钩工资待遇。通过适当的竞争机制，激发整治办工作人员的工作热情和活力。二是尝试争取考录转正渠道。争取市委市政府支持，会同人社、组织、编办等单位在事业编制人员招录时，设立相关岗位（整治办主任或副主任岗位），让整治办人员看得到进入体制内的希望，特别是为政治素质好、工作能力强、作风过硬、年富力强、表现突出的整治办人员开辟转入正式编制的通道。

3.3 合理调整待遇结构

目前东莞市整治办人员待遇低，收入少，难以吸引到较高素质的人才，也是队伍不稳定的重要因素。加大力度争取市财政、人社等部门的支持与关心，参照政府事业编的福利待遇，在适当提高的基础上，制定合理调整方案，更加突出工作年限、岗位职级、考核实绩的待遇激励机制，真正为能干事、安心干事，干出成绩的整治办人员增加经济收入，提供经济保障。

3.4 有序推动地方立法

为贯彻落实中共中央办公厅、国务院办公厅《关于深化消防执法改革的意见》，规范消防文员协助开展消防监督管理工作，消防救援局制定了《消防文员协助开展消防监督管理工作规定》，对消防文员执法工作提出了明确意见和标准，为地市级火灾隐患整治办参与消防监督执法工作提供了制度支撑。一些地区，包括如新疆克拉玛依、福建龙岩等地方通过授权执法等方式出台了相应的法律法规和管理办法。为此，地市级应结合《关于深化消防执法改革的意见》和"十四五"立法规划，提出加快制定火灾隐患整治办文员参加消防执法的建议，力争以法律法规的形式保障执法工作。

4 小结

基层火灾隐患整治工作是一项基础性、系统性工作，直接关系基层消防安全治理的效能，是实现城乡消防安全治理体系现代化的关键环节[4]。本文以东莞为例，针对当前普遍存在的机构设置缺乏政策支撑、职责定位不明确、日常运行不顺畅、人员待遇低且流动性大等问题，从地级市的角度提出了政策、制度设计上的建议，旨在推动基层火灾隐患整治工作的有效开展，为基层治理提供更多支撑。

参考文献

［1］詹成付．贯彻落实党的十九届五中全会部署 提

高基层治理水平［J］. 中国民政，2020(22).

　　［2］汪世荣. 提升基层社会治理能力的"枫桥经验"实证研究［J］. 法律适用，2018(17).

　　［3］范和生，郭阳. 标准化治理：后疫情时代基层社会治理的实践转向［J］. 学术界，2020(11).

　　［4］张盛华. 加强城市基层治理的路径探索［J］. 三晋基层治理，2020(1).

论培养消防职业化道路的优秀专业人才

林　森

北京众合平安消防职业技能培训学校　北京　100176

摘　要：本文从我国消防教育的现状入手，阐述了当前社会对消防专业人才的需求情况及所存在的问题，以及如何加强消防优秀专业人才培养的措施等。目前正在进行的消防体制改革，是党中央根据我国现阶段经济社会发展情况，适应国家治理体系和治理能力现代化做出的重大战略决策。随着改革的深入，消防专业技术人才的社会需求量必将极速增长。伴随消防从业人才数量的增长，同时也显现出现今消防从业人员存在的一些问题，培养技能型专业人才，满足消防专业人才的社会需求，已成为迫在眉睫的任务。

关键词：消防　社会需求　人才培养　措施

1　当前我国消防教育现状

我国消防教育诞生于 20 世纪 50 年代，当时主要形式是以短期培训为主，正规的消防高等学历教育始于 20 世纪 80 年代初。经过多年的建设，我国的消防教育取得了快速的发展和巨大的变化。目前，我国的消防教育由普通高等教育和职业教育两方面组成，基本情况如下。

1.1　普通高等教育

在教育部普通高等学校专业目录中，"消防工程"属于工学类，本科专业代码是 083102K，门类属于公安技术类；专科专业代码是 540406，门类属于建筑设备类。此外，专业名称上也略有区别，本科是消防工程，专科是消防工程技术。业务培养目标为专业培养具备消防工程技术和灭火救援等方面的知识和能力，能在消防救援队伍和企事业单位从事消防工程技术与管理和灭火救援指挥方面工作的工科学科高级专门人才。

据不完全统计，全国设有消防专业的高等院校约有 20 家，见表 1（排名不分先后）。

表 1　全国设有消防专业的高等院校

学校名称	专业名称	学历层次	所在城市	备注
中国人民警察大学	消防工程	本科	河北省廊坊市	
中国消防救援学院	消防工程	本科	北京市昌平区	
内蒙古农业大学	消防工程	本科	内蒙古呼和浩特市	
沈阳航空航天大学	消防工程	本科	辽宁省沈阳市	
中国矿业大学	消防工程	本科	江苏省徐州市	"211" 院校
河南理工大学	消防工程	本科	河南省焦作市	
中南大学	消防工程	本科	湖南省长沙市	"985/211" 院校
西南交通大学	消防工程	本科	四川省成都市	"211" 院校
西南林业大学	消防工程	本科	云南省昆明市	
西安科技大学	消防工程	本科	陕西省西安市	
华北水利水电大学	消防工程	本科	河南省郑州市	

作者简介：林森，男，高级工程师，北京市众合平安消防职业技能培训学校校长，从事消防职业教育工作，E-mail：linsen7104@ sina. com。

表1（续）

学校名称	专业名称	学历层次	所在城市	备注
重庆科技学院	消防工程	本科	重庆市	
南京森林警察学院	消防工程	本科	江苏省南京市	
武汉职业技术学院	消防工程技术（安装工程管理方向）	专科	湖北省武汉市	
北京政法职业学院	消防工程技术（注册消防工程师）	专科	北京市	
三亚城市职业学院	消防工程技术	专科	海南省三亚市	
海南政法职业学院	消防工程技术	专科	海南省海口市	
河南建筑职业技术学院	消防工程技术	专科	河南省郑州市	
厦门安防科技职业学院	消防工程技术	专科	福建省厦门市	
重庆安全技术职业学院	消防工程技术	专科	重庆市	

由于以前我国消防体制属于武警部队，所以消防本科及以上教育一直由武警院校设置，其中主要集中在中国人民警察部队武警学院和其他两所武警学校。即公安消防部队昆明指挥学校和南京消防士官学校中培养大、中专学历学员，且只对武警消防部队内部招生，不对社会招生。消防体制改革后，武警消防部队整体划转为应急管理部消防救援队伍，但中国人民武装警察学院并未随转应急管理部，而是留在了公安部，更名为中国警察大学。同时，应急管理部另行筹建的中国消防救援学院，已在北京昌平成立。由于原武警学院消防系并未划转中国消防救援学院，留在了更名后的中国警察大学，而新筹建的中国消防救援学院无论设施还是师资只能从零做起，势必影响筹建速度。虽然近几年一些地方院校也开设有消防工程或者安全工程专业，也只是刚刚起步，有的学校只招研究生和博士生。即使招本科生，招生规模也只是1~2个班。此外，社会统招消防中等教育市场基本上属于空白。

近几年来，随着国家经济的高速发展，武警院校的招生规模和内部人才分配方式已经远远满足不了社会各行业对消防专业人才的迫切需求，中国科学技术大学等一些地方院校也陆续开设消防工程或安全工程等专业，填补了我国消防高等教育的空白。

1.2 职业教育

2019年1月，国务院印发《国家职业教育改革实施方案》，开宗明义指出："职业教育与普通教育是两种不同教育类型，具有同等重要地位"，正式确定职业教育在我国教育体系中是一

个单独种类的教育。随着我国进入新的发展阶段，产业升级和经济结构调整不断加快，各行各业对消防技术技能人才的需求越来越紧迫，消防职业教育重要地位和作用越来越凸显。但是，与发达国家相比，我国消防职业教育还存在着体系建设不够完善、职业技能实训基地建设有待加强、制度标准不够健全、企业参与办学的动力不足、有利于技术技能人才成长的配套政策尚待完善、办学和人才培养质量水平参差不齐等问题，到了必须下大力气抓好的时候。以消防职业化为核心的消防体制改革，使我国消防职业教育跨上一个新的台阶，大大缩短我国消防管理水平与国际发达国家的差距，促进我国消防职业的进一步发展。随着人力资源及社会保障部对我国职业资格认定的改革，取消了大部分的职业资格，仅保留五项，其中包含了消防设施操作员［原建（构）筑物消防员］职业资格，2021年底消防员（原消防救援员）也将纳入国家准入类职业资格。随着国家消防行业主管部门对职业资格证书鉴定工作严格把关以及对用人单位的严格检查，参加消防职业资格证书鉴定的人数逐年增加，也为消防职业教育提供了充足的土壤。2008年起至今我国已先后设立了200多家消防职业技能培训学校。为各类社会企事业单位培训了大量的初、中、高级消防设施操作员。这些人员基本来自各企事业单位保卫部门的安保人员。

我国自2015年开始注册消防工程师考试。由于注册工程师含金量较高，加之社会上一些机构的过度宣传，吸引了社会上大批人员的加入，甚至一些非消防本行业从业人员也参与进来。其

中，仅 2017 年全国就将近 50 万人参加了注册消防工程师考试。因此也给全国一些消防职业学校提供了新市场，加之注册消防工程师考试为纯理论形式，对场地及培训设施要求不高，从而使一些社会培训机构也进入这一领域并迅速成为主力军。

2　消防人才需求情况及存在的问题

2018 年 11 月 9 日，国家综合性消防救援队伍授旗仪式在人民大会堂举行。中共中央总书记、国家主席、中央军委主席习近平同志向国家综合性消防救援队伍授旗并致训词，充分体现出国家领导人对消防救援工作的重视程度。做好这项工作的关键在人，因此，随着消防应急救援职业化改革的进程逐渐深化，满足消防专业人才的社会需求已成为迫在眉睫的任务。与消防事业发展相匹配的是消防专业人才的配套。可以从消防职业划分的几个方向进行人才需求分析。

2.1　社会单位消防安全管理人员、消防安全值班人员

这部分人员处于社会单位基层消防安全工作一线，岗位基数大，人员需求量众多。每个社会单位需设置或指定人员负责消防安全管理工作；就值机人员来说按相关标准规定，每个社会单位消防控制室必须满足 2 人 24 小时值班，按每天 8 小时工作，4 班 3 运转倒班制，消防值班人员每班组不应小于 8 人。以此估算，现有社会单位消防安全管理、消防值班从业人员数量难以满足市场需求，缺口极大。

2.2　消防技术人员

消防工程、消防设施维护、消防检测等消防技术服务机构所需的现场技术人员、工程设计人员等存有较大缺口。目前各省市审批的消防技术服务机构逐年增加，光北京市就有 300 多家消防技术服务机构。随着消防体制改革的进行，为适应行业发展，国家提倡"放管服"，进入消防技术服务行业的单位数量将会快速增加，对专业技术人才需求也会水涨船高。

2.3　智慧消防从业人员

以新技术应用为特点的智慧消防行业方兴未艾，智慧消防相关软系统的调试、传感器硬件技术安装人员、消防数据分析人员等新兴消防技术人员（不含智慧消防芯片及数据库级研发技术人员）需求成为又一增长点。2019 年 4 月，人社部公布了包括人工智能工程技术人员、物联网工程技术人员、物联网安装调试员在内的 13 个新职业，这些新职业与智慧消防社会化息息相关。

2.4　消防救援人员

随着我国城市与乡镇经济的快速发展，以消防事故救援为主的人员，包括企事业单位的专职消防队员、国家综合性消防救援队伍消防员等，需求量巨大。原有消防武警部队兵役制给消防救援人员数量提供的有力保障，随着消防体制改革后将不复存在，各省市消防救援队伍现有人员短缺，后备人员补充不足现象严重。参照美国每千人中一个职业消防员和香港按总人口 1.5‰ 的消防员计，实行消防职业化后北京消防员的需求总数预计将达到 2 万人以上，目前北京约 7 千人，缺口极大。这还不包括国家还将在北京组建一个直属应急管理部用于全球支援和国内重大灾害的特种消防救援队，以及像首都机场、大兴机场、燕山石化等企业专职消防人员。另一方面，由于职业消防员和警察一样，属于政府编制系列，实行 8 小时工作，人员数量将成倍增加，从而使本来就十分紧缺的消防救援队伍人员更加紧张。

目前正在进行的消防体制改革，是党中央根据我国现阶段经济社会发展情况，适应国家治理体系和治理能力现代化做出的重大战略决策。随着改革的深入，消防专业技术人才的社会需求量必将极速增长。伴随消防从业人才数量的增长，同时也显现出现今消防从业人员中所存在的一些问题，就以上消防职业划分的几个方向进行分析如下。

自 2008 年起，人力资源和社会保障部将建（构）筑物消防员列入国家职业标准准入制以来，吸引了社会上大量人员参加鉴定取证，并从事这一行业。当时为解决从业人员人数上的巨大缺口，相关部门将标准中基本文化程度定为初中且在工作要求中对初、中级技能要求也相对简单。可以说先解决数量再提升质量的初衷已基本达到，但同时也暴露出这一行业从业人员的基本

文化程度偏低，实际技能水平不高这一现实情况。加之多数企事业单位本身对消防管理重视不够，只是为了满足消防检查，被动地安排相关人员参加培训考证，培训机构及培训质量也参差不齐，造成执证上岗人员实际技能水平与要求不符，给社会及企事业单位带来巨大隐患。

消防技术是一个综合科学，而且也是一个应用性很强的专业，要求此类从业人员既要有较高的消防理论知识，又要有较为丰富的现场实际工作经验和较强的发现及解决问题的能力。随着消防工程、消防设施维护保养、消防检测等消防技术服务机构的增多，所需的现场技术人员、工程设计人员等存有较大缺口。现有的消防工程技术人员整体学历偏低，发现和解决问题的能力不足，技术不过硬。新入职的从业者短时间内也很难上任，高层次工程技术人员极端缺乏。据不完全统计，北京市消防企业从业人员具有初中及以下文化程度的占全员的40%，具有高中或中专文化程度者占55%，具有大专及以上文化程度的仅占5%。发达国家90%为大专以上文化程度，甚至一些企业消防经理达到博士、硕士学位，与之相比，和北京的国际大都市地位和高速发展的经济社会需求极不相称。

以新技术应用为特点的智慧消防领域，从业人员多为相关行业转型而来，没有完善的培训体制和评价标准。随着这一领域的深入发展，现有的技术人才无法满足市场需求，给智慧消防社会化进程带来巨大的障碍。

我国消防体制改革后，消防应急救援一线从业人员基本为原消防部队官兵，大多为高中毕业后服兵役，文化水平及职业技能相对薄弱。目前我国一些大中城市及经济发达地区的消防应急救援人员部分采用了第三方劳务派遣方式，来弥补人员不足的现象。这些从业人员的职业能力如何保障，也将成为一个新的课题。伴随职业化道路的进程及社会发展，必将对职业消防员的技能提出较高的要求。除了责任心和勇敢外，消防员还必须能够处理火灾、水灾、地表、台风、核泄漏、化学、生化、道路交通、城市救援、院前救护等各种技能。欧洲发达国家一名成熟的职业消防员培训支出近百万欧元，这也从侧面反映出我们与发达国家存在的巨大差距。

3 加强消防专业人才培养的措施

3.1 消防专业层次设置要搭配合理

我国高校现已形成的专科、本科、硕士、博士4个层次的教育体系，在消防方向上深度和广度都略显单薄。在中专层次人才培养方面，消防专业起步较晚，招生数量也有限。中央广播电视中等专业学校2020年底开设了消防工程技术专业，很大程度上弥补了社会从业人员基本学历提升的需求。在专科层次人才培养方面，普通高等职业专科学校为社会定向培养了大批消防专业人才，如北京政法职业学院等。这些高校毕业生大多在企事业单位从事消防技术、消防安全管理等相关工作，成为消防人才主力军。在本科人才培养方面，原武警学院、中国矿业大学等18所高校先后设置了"消防工程"专业。毕业生大多进入消防救援队伍、消防技术服务企业、消防安全重点单位等相关机构工作，但在数量上难以满足社会需求。在研究生人才培养方面，中国科学技术大学、中南大学、中国矿业大学等高校依托安全科学与工程、土木工程等学科培养火灾科学、消防工程硕博士层次人才。东北林业大学、西南林业大学自主设置了森林防火学科，培养硕士、博士层次人才。总体上看，消防类硕博士研究生供不应求，仍有很大的扩招空间。

以上20所消防专业院校，每年大约培养消防专业人才800～1000人，远远不能满足专业队伍和社会对消防专业人才的需求。如何完善消防职业教育体系成为当前急需解决的课题。

3.1.1 健全消防职业教育制度框架

按照"管好两端、规范中间、书证融通、办学多元"的原则，严把教学和毕业质量两个关口，完善评价机制，规范人才培养全过程。深化产教融合、校企合作，育训结合，推动企业深度参与协同育人，扶持鼓励企业和社会力量参与举办消防职业教育。推进资历框架建设，探索实现学历证书和职业技能等级证书互通衔接。

3.1.2 提高消防专业中等职业教育发展水平

优化教育结构，发展消防专业中等职业教育，建设符合当地经济社会发展和技术技能人才培养需要的中等职业学校。积极招收初高中毕业未升学学生、退役军人、下岗职工、返乡农民工等接受消防专业中等职业教育。发挥中等职业学校作用，并接受部分职业技能学习。

3.1.3　推进消防专业高等职业教育高质量发展

把发展高等职业教育作为优化高等教育结构的重要方式。完善"文化素质+职业技能"的考试招生办法，提高生源质量，为学生接受消防专业高等职业教育提供多种入学方式和学习方式。根据高等学校设置制度规定，将符合条件的技师学院纳入高等学校序列。

3.1.4　完善高层次应用型消防人才培养体系

完善学历教育与培训并重的现代消防职业教育体系，畅通技术技能人才成长渠道。发展以职业需求为导向、以实践能力培养为重点、以产学研用结合为途径的消防专业培养模式，加强消防专业学位硕士研究生培养，开展本科层次消防职业教育试点。建立中国消防技能大赛、全国职业院校消防技能大赛获奖选手等免试入学政策。服务军民融合发展，共同做好面向现役军人的教育培训，吸引其在服役期间取得消防类职业技能等级证书，提升消防技术技能水平。制订具体政策办法，支持适合的退役军人进入职业院校和普通本科高校接受消防教育和培训，推动退役、培训、就业有机衔接，为促进退役军人就业作出贡献。

3.2　消防专业建设要齐全、教育形式多样化

目前我国消防教育在专业建设上已开设有消防工程专业、消防管理专业、消防指挥、建筑防火专业、消防信息化（智慧消防方向）、火灾调查等专业。消防工程专业具有跨学科、跨行业的特点，所涉及学科领域多达10个以上。随着社会的发展，消防教育需衍生出更多的专业，营造出更多的消防专业技术人才。除普通高等教育外，还应有成人教育（业余、函授）、自考以及远程教育等等。近期教育部叫停了一些重点大学开设的函授以及远程教育模式，以远程教育为主的国家开放大学又无消防专业。增加这些教育形式将会有效弥补消防专业教育的单一性，从而使消防教育形式多样化得到很大程度的提高。

3.3　加强消防职业技能培训

职业培训（又称职业技能培训和职业技术培训），是指根据社会职业的需求和劳动者从业的意愿及条件，对劳动者按照一定标准进行的旨在培养和提高其职业技能的教育训练活动。发达国家对职业教育的重视程度远超我国，体系也较为完善。职业培训是对部分学历教育只偏重理论而实际工作能力不足的有力支撑。每年职业学院培养的消防专科毕业生供不应求，但实习工作二三年后，近半数人才流失，转行。这一现象直接反映出只掌握理论知识，缺失职业技能培训环节，在实际工作中难以维系。这也是对教育资源的极大消耗，也给企事业单位造成损失。目前我国的职业培训仅以就业为目的，各类培训机构参差不齐，培训方式、内容、标准不同步，实际技能的培养与提升远远未达到预期。加强消防职业技能培训刻不容缓，提升消防职业技能培训质量将是下一步工作重点。

3.3.1　落实"1+X"证书制度

"1+X"证书制度要进一步发挥好"X"作用，夯实学生可持续发展基础，鼓励消防专业及相关专业职业院校学生在获得学历证书的同时，积极取得多类消防职业技能等级证书，拓展就业创业本领，缓解结构性就业矛盾。院校内培训可面向社会人群，院校外培训也可面向在校学生。各类职业技能等级证书具有同等效力，持有证书人员享受同等待遇。院校内实施的职业技能等级证书分为初级、中级、高级，是职业技能水平的凭证，反映职业活动和个人职业生涯发展所需要的综合能力。

3.3.2　开展高质量职业培训

落实职业院校实施学历教育与培训并举的法定职责，按照育训结合、长短结合、内外结合的要求，面向在校学生和全体社会成员开展消防职业培训。引导消防行业企业深度参与技术技能人才培养培训，促进职业院校加强消防专业建设、深化课程改革、增强实训内容、提高师资水平，全面提升消防职业教育教学质量。各级政府要积极支持消防职业培训，畅通消防技术技能人才职业发展通道，引导和支持企业等用人单位落实相关待遇。对取得消防职业技能等级证书的离校未就业高校毕业生，按规定落实职业培训补贴政策。

3.3.3　实现学习成果的认定、积累和转换

落实消防职业技能等级证书在国家教育"学分银行"建立职业教育个人学习账号，实现

学习成果可追溯、可查询、可转换。职业院校对取得消防职业技能等级证书的社会成员，支持其根据证书等级和类别免修部分课程，在完成规定内容学习后依法依规取得学历证书。对接受职业院校学历教育并取得毕业证书的学生，在参加相应的职业技能等级证书考试时，可免试部分内容。

3.3.4 打造一批高水平消防实训基地

鼓励职业院校建设或校企共建一批校内、校外高水平、实用型消防实训基地，对社会大众开放，积极吸引企业和社会力量参与，指导各地各校借鉴国际发达国家经验，探索创新实训基地运营模式。提高实训基地规划、管理水平，为社会公众、职业院校在校生取得消防职业技能等级证书和消防相关企业提升人力资源水平及社会大众消防知识普及等提供有力支撑。

3.3.5 加强消防职业教育培训机构的评价管理

消防职业教育包括职业学校教育和消防职业培训机构，按照国家职业教学标准和规定职责完成教学任务和职业技能人才培养。政府严格末端监督执法，严格控制数量，优先从制订过国家职业标准并完成标准教材编写，具有专家、师资团队、资金实力和优秀培训业绩的机构中遴选一批，扶优、扶大、扶强，保证培训质量和学生能力水平。政府部门要加强监管，防止出现乱培训、乱收费、滥发证现象。

4 结论

综上所述，培养消防职业化道路的优秀专业人才任重而道远，必须脚踏实地建立完善的消防人才培养体系，制定严格有效的职业评价标准，加快推进消防职业化教育进程，开展专业齐全、形式多样化、高质量的消防职业教育，建设成为消防职业教育强国。消防职业教育正处于由政府主导向社会多元化办学模式转变的转折期，此时发展消防职业教育，即顺应国家职业教育改革趋势，又符合市场发展方向，是落实国家推动校企全面加强深度合作的重要措施。这不应是做不做的问题，而是如何做好、做大、做强的问题。国家的发展、进步离不开高素质的从业者，离不开适应社会需求的高素质专业人才，而保持和提高从业者的整体素质，教育是根本，其中职业教育为大多数群体提供了接受教育保障乃至就业保障做出了应有的贡献。基于这样的重要性，全社会都应给予消防职业教育以足够的重视。

参考文献

［1］国务院．国家职业教育改革实施方案．2019.

［2］新华社．中国教育现代化2035.2019.

［3］人力资源和社会保障部．GZB4-07-05-04 消防设施操作员［S］．北京：中国劳动社会保障出版社，2019.

新时代我国消防行业协会发展的思考

葛 明 礼

《中国消防》杂志社 北京 100021

摘 要： 消防行业协会是我国消防事业发展的重要力量，加强其建设与发展意义重大。本文在回顾现状、分析形势的基础上，结合时代要求和现实需要，从制度规范化、运作民间化、导向市场化、服务专业化、队伍职业化的角度，提出了新时代消防行业协会发展的思路和对策。

关键词： 消防 行业协会 现状回顾 形势分析 对策建议

消防行业协会是指介于政府与企业之间，商品生产者与经营者之间，并为其提供消防服务的社团组织。改革开放以来，在党中央、国务院的坚强领导和有关部门的高度重视下，我国消防行业协会不断发展壮大，已成为政府与企业联系的重要桥梁和纽带，为促进我国消防事业发展发挥了不可替代的作用。在新形势下，消防行业协会必须坚持以习近平新时代中国特色社会主义思想为指导，认真贯彻党的十九大精神，全面落实党和国家的决策部署，认清新使命，把握新机遇，积极探索与时代要求相适应的新思路、新对策。

1 历程与作用：消防行业协会发展现状回顾

随着改革开放的不断深入，我国消防行业协会和其他行业协会一样，从无到有，从小到大，保持着快速发展势头，较好地发挥了职能作用。据民政部统计，截至 2019 年底，全国共有消防行业协会 200 多家。

1.1 发展历程

从发展进程看，我国消防行业协会发展大体经历了初起、规范、改革三个阶段。

一是初起阶段（1984 年至 1997 年）。党的十一届三中全会后，国务院提出了"按行业组织、按行业管理、按行业规划"的发展思路，行业协会的发展列入政府议事日程。1984 年，国家提出政府机构实行"三个转变"，即由部门管理转变为行业管理，由直接管理转变为间接管理，由微观管理转变为宏观管理，并进行管理改革试点；此后，一些省市行政性公司和国家机关部委、专业司局撤并，相应成立了地区性、全国

性行业协会。根据国家政策和消防安全管理需求，1984 年 9 月，中国消防协会成立，这是我国第一个全国性消防行业协会。1989 年 8 月，全国商业消防协会成立。1991 年 7 月，中国水上消防协会成立。在此阶段，消防行业协会基本上是自上而下，由政府部门推动产生的。至 1997 年底，全国还成立了地方消防协会 32 家，其中省级消防协会 22 家，市（州）级消防协会 10 家。

二是规范阶段（1998 年至 2015 年）。1998 年，国务院发布《社会团体登记管理条例》，以此为标志，我国社团登记管理进入法制化轨道。此后，国家出台了一系列关于加快行业协会和社会组织发展的政策。在中央和地方各级政府的重视下，各类行业协会包括消防行业协会进入了规范、快速发展阶段。此阶段，消防行业协会除了政府相关部门推动成立这一途径外，一些消防企业、消防志愿者等体制外组织和个人，也基于共同的利益成立了一些行业协会。2015 年底，全国消防行业协会共有 256 家，其中全国性消防协会 3 家，省级消防协会 31 家，地（市）级消防协会 222 家。

三是改革阶段（2016 年至今）。2015 年 6 月和 2016 年 8 月，中办、国办印发《行业协会商会与行政机关脱钩总体方案》和《关于改革社会组织管理制度促进社会组织健康有序发展的意见》，明确了脱钩改革的基本原则、主要任务、相关政策和方法步骤，要求其机构、职能、财务、人员、外事和党建等方面与行政机关分离，标志着我国行业协会发展进入了改革阶段。截至 2020 年底，我国的 3 个国家级消防协会，

中国消防协会、全国商业消防与安全协会、中国水上消防协会和22个省级消防协会均已完成脱钩工作。

1.2 职能作用

消防行业协会具有非行政性、自治性、中介性的普遍特征，主要承担着消防学术技术交流、消防科普宣传教育、消防行业自律管理、国际消防交流与合作、消防信用和资质管理等方面的职能，在消防安全领域发挥了独特而重要的作用。

一是沟通协调作用。作为政府和企业之间的桥梁和纽带，一方面维护会员利益，向政府部门反映消防行业的共同需求和建议；另一方面，向消防企业和会员传达政府的政策要求，协助政府制定和实施消防行业发展规划、产业政策、相关法规和各类标准，协调消防企业之间的经营行为。

二是研究交流作用。组织消防专业课题研究和专项调查，开展消防科技项目评审；组织消防学术技术交流，开展国际消防交流与合作；对消防行业基本情况进行统计分析，并及时发布相关情况和基本数据。

三是行业监督作用。对消防企业等会员单位的消防产品、服务质量、竞争手段、经营作风等进行监督，开展行业内的信用等级评价，进行消防行业自律管理，维护消防行业信誉，鼓励公平竞争，打击违法、违规行为。

四是服务咨询作用。举办消防展览，召开消防科技会议，开展消防科普宣传教育，提供信息服务、教育与培训服务、技术咨询服务，出版消防图书期刊。

五是资格管理作用。受政府委托，承担消防设施操作人员、注册消防工程师等职业资格的考试、鉴定、发证等工作。

2 机遇与挑战：消防行业协会发展形势分析

当前，我国正处在全面建成小康社会决胜阶段、中国特色社会主义进入新时代的关键时期，在统筹推进"五位一体"总体布局、协调推进"四位一体"战略布局的新形势下，我国社会组织建设必将得到更快发展。消防行业协会发展既面临难得的机遇，也面临严峻的挑战。

2.1 机遇前所未有

党和国家的高度重视，有关部门的大力支持，行业协会的发展实践，为行业协会的创新发展创造了有利条件，也为消防行业协会提供了发展机遇。

一是发展方向更明。随着经济的快速发展，社会组织已成为我国社会主义现代化建设的重要力量，国家越来越重视包括行业协会在内的社会组织发展。党的十八大提出要"加快形成政社分开、权责明确、依法自治的现代社会组织体制"；中办、国办《关于改革社会组织管理制度促进社会组织健康有序发展的意见》明确了社会组织发展的指导思想、基本原则、总体目标和工作要求；党的十九大报告也多次强调了社会组织的作用。党中央的高度重视和一系列决策部署，为我国社会组织发展指明了前进方向，也为消防行业协会发展提供了行动指南和重要遵循。特别是中央提出"努力走出一条具有中国特色的社会组织发展之路"的目标要求，使我国社会组织发展方向更加明确、目标更加明晰、路径更加明了。

二是发展基础更实。通过近40年的探索和实践，我国社会组织发展具备了良好的基础。首先，通过对国内外行业协会发展的比较研究，我国在行业协会的发展战略、发展模式、性质特点、职能作用、监督管理等方面形成了一大批理论成果，使全社会加深了对行业协会发展重要性、必要性的认识，为行业协会发展奠定了坚实的理论基础。其次，国家在引导和规范行业协会发展方面出台了一系列法规政策，仅2016年以来，就下发配套文件20余件，对行业协会职能定位、体制机制改革、自身建设、规范管理等方面提出了明确要求，为行业协会发展提供了重要的政策保障。第三，我国各行业、各地区的生动实践，探索出了一套适应时代发展要求、符合我国国情的成功做法，特别是2014年和2015年全国部署开展行业协会"一业多会"和脱钩改革试点后，在发展模式上探索出的广东"一元模式"、温州"新二元模式"和上海"三元模式"，以及388家全国性行业协会的脱钩工作，为行业协会发展积累了有益的实践经验。

三是发展前景更广。从政府职能转移角度

看，我国政府正从"全能型"向"服务型"转变，政府购买服务力度不断加大，社会组织作为政府职能转换和公共服务的替代性提供者，将扮演更加重要的角色。在消防安全领域，消防安全培训、宣传、咨询和信用等级评定、职业资格鉴定等非政府必须职能已授权消防行业协会承接；消防法规标准制定工作，也可借鉴美国等西方国家做法，交由消防行业协会来承担。从行业需求角度看，在健全的市场体系及市场运行机制下，离不开行业协会在政府、企业、市场之间发挥联系纽带和桥梁作用；消防行业内还有不少领域需要消防行业协会进入，如目前我国消防行业仅生产企业就有5700多家，从事生产、销售、维保、检测、咨询的消防企业急需行业协会提供市场规模、用户需求、发展前景、国内外发展情况分析等数据信息，急需在遇到难题时由行业协会帮助协调、为它们维权发声，急需行业协会组织建立行业自律机制，规范市场行为，确保消防产业健康、有序发展。因此，在新时代新阶段，我国消防行业协会发展任重道远，前景十分广阔。

2.2　挑战前所未有

从工作实践看，目前行业协会发展还存在一些与形势任务要求不相适应的问题。

一是法律法规不完善。目前，我国尚未出台关于行业协会的专门法律，对行业协会的管理主要依据《社会团体登记管理条例》和一些规范性文件，立法层次低，且法规政策不统一，致使在行业协会的审批条件、职能定位和政府授权范围等方面还缺乏法律依据或有关规定相互矛盾。如《社会团体登记管理条例》要求成立行业协会必须经业务主管单位批准，而国家社团改革的政策文件要求行业协会与业务主管单位脱离主管、主办关系；又如，《社会团体登记管理条例》规定在同一行政区域内已有业务范围相同或者相似的社会团体的，登记管理机关不予批准筹办，此规定与许多地区"一业多会"的政策规定相冲突。法律法规不完善，已成为影响和制约行业协会发展的"瓶颈性"问题。

二是保障机制不健全。虽然国家对行业协会脱钩改革出台了一系列政策，但对脱钩后行业协会的资金、人员保障等方面缺乏明确规定。目前，许多行业协会改革后由于资金缺乏，致使人

员流失、活动停滞，正常运转难以维持，有的甚至已名存实亡。据了解，国家推进行业协会改革工作以来，全国消防行业协会大体上三分之一已处于停止活动状态；三分之一活动断断续续，勉强维持；另有三分之一还在等待观望。为了生存，有的协会甚至违背非营利原则，通过开展一些评选活动违规收费；还有一些市场自发成立的消防行业协会，利用"消防协会"这块牌子开拓市场，偏离了协会发展的正确方向。保障机制不健全，已成为影响和制约行业协会发展的"政策性"问题。

三是内生动力不强劲。我国各级消防行业协会大多脱胎于政府相关部门，行政化、机关化色彩浓，对政府的依赖性强，习惯了与政府部门的附庸和利益关系，缺乏改革创新的意识和动力。一些协会的会员大会、理事会等内部规章制度和组织机构不健全，没有建立起适应现代社会组织要求的产权清晰、权责明确、运转协调、制衡有效的法人治理结构和运行机制，基础工作十分薄弱。一些协会工作人员多为退休、兼职或借调人员，高端管理及专业技术人才匮乏，不适应消防科技、现代管理和人才竞争日益发展的需要。内生动力不强劲，已成为影响和制约行业协会发展的"普遍性"问题。

3　思路与举措：消防行业协会发展对策建议

消防行业协会是我国消防事业发展的重要力量，加强建设与发展意义重大。面对新时代新要求，消防行业协会要实现新发展，就必须贯彻落实党和国家的部署要求，坚持抓重点、强弱项、补短板，切实找准着力点和切入点，努力走出一条具有中国特色的社会组织发展之路。

3.1　聚焦制度规范化

建立规范化制度，是实现行业协会依法自治、依章运行、自负其责、自我管理的前提和保证。一要完善法律法规。根据形势任务需求，借鉴国外有益做法，提请国家有关部门尽快制定出台《社会组织法》《行业协会商会法》等关于行业协会的单项法律，修订《社会团体登记管理条例》，通过法律法规明确行业协会的性质、地位、职能、作用以及成立条件、申办标准、审批

程序等，理顺行业协会与政府之间的法律关系，将行业协会改革与发展纳入法治化轨道，确保行业协会整个生命周期有法可依、有规可循。二要完善政策规定。国家有关部门应在现有政策规定的基础上，进一步厘清政府与消防行业协会之间的职能边界，完善政府向行业协会购买服务的政策措施，在社会消防培训、消防宣传、技术咨询、标准制订等方面加大向符合要求的消防行业协会购买服务力度，确保承接主体收支平衡且有适当盈余。进一步完善税收政策，简化行业协会免税资格认定程序，落实国家对行业协会各项税收优惠政策。进一步加大培育扶持力度，建立支持消防行业协会发展的专项基金等长期、有效经费保障机制。三要完善规章制度。消防行业协会应及时调整完善协会章程，提高章程的权威性和执行力，奠定行业协会法人治理的制度基础。建立健全党建工作制度，发挥党组织的核心领导作用，确保行业协会健康发展。健全以会员大会、理事会、监事会制度为核心的现代社会组织法人治理结构，完善会员大会的决策权，规范理事会的执行权，赋予监事会广泛的监控和纠举权，规范权力责任体系。完善从业人员录用培训、薪酬待遇、财务管理、分支机构管理、廉洁自律等规章制度，探索建立信息披露、服务承诺、重大事项报告等制度，提升行业协会规范化管理水平。

3.2　聚焦运作民间化

消防行业协会与其他行业协会一样，应实行民间化运作，在市场经济舞台上扮演好社会角色，充分发挥职能作用。一要转变观念。适应改革要求，增强自主办会意识，坚持非行政性、去机关化，从思想根源上摆脱"官办"定式思维和"官本位"意识，按照《行业协会商会与行政机关脱钩总体方案》的要求，实现机构、职能、资产财务、人员、党建和外事管理与行政机关分离，依法实行独立民间化运作。同时，按照行业协会改革"脱钩不脱管"原则，摆正与行政机关关系，主动接受消防部门的业务监管，接受审计、财政部门的财务资产监管，接受税务、价格等部门的税收及收费监管，接受上级党组织的党风廉政工作监管。二要转变方式。淡化消防行业协会行政色彩，改变过去习惯的行政式管理模式和工作方式，按照市场经济规则和国际惯

例，借鉴现代企业管理模式，创新工作方式方法。充分发挥消防行业协会在政府、企业和市场之间的桥梁纽带作用，积极服务会员，提升服务质量和工作效能，使广大会员明白协会不仅是政府的"传声筒"，更是企业利益的代言人，增强行业协会的凝聚力和吸引力，建立广泛的民间认同，使消防行业协会回归民间化角色定位。三要转变手段。用好信息化手段，发挥"智慧消防"建设优势，运用互联网、云计算、大数据和人工智能等技术手段，全方位、全天候、零距离为全社会提供便捷的消防服务。用好社会化手段，发挥消防行业协会的平台优势，在资本、项目、技术、人才等方面充分整合政府部门、消防企业等各类社会资源，走社会化发展道路。用好专业化手段，发挥消防行业协会的人才和专业优势，积极组织开展学术交流、技术培训和业务咨询等活动。

3.3　聚焦导向市场化

市场化是对行业协会创新发展的内在要求。消防行业协会改革发展要紧盯消防市场前景，分析消防市场需求，规范消防市场秩序。一要以市场前景为导向。消防产业的发展，与市场前景密不可分。消防行业协会要发挥自身独特优势，调整工作重心，组织开展消防市场前瞻性、规律性问题研究，掌握国内外消防新技术、新产品动态，分析市场前景，把准市场脉搏，引导消防行业科学规划发展战略，合理设计产业布局，增强行业发展的科学性，预见性。二要以市场需求为导向。我国新发展理念的确立和发展模式、产业政策的调整，对消防产业发展提出了新的要求。消防行业协会要致力于加强宏观政策研究，组织开展市场调研，掌握消防行业发展现状和基本数据，分析发展趋势和供需矛盾，引导消防产业落实国家政策，优化产品结构，适应市场需求。三要以市场秩序为导向。现代社会中，行业协会对产业、经济和市场秩序有着重要的影响力。目前，我国在消防产品生产、消防施工安装、消防设施检测、消防业务培训、消防安全评估等方面还存在一些不规范的问题。消防行业协会要按照中央全面深化改革的要求，致力于制定行业标准和管理准则，完善行业信用评价体系，引导行业自律，规范行业市场秩序，防止行业垄断经营，

推动公平竞争，发挥"规范市场行为"的作用。

3.4　聚焦服务专业化

发挥专业化服务功能是行业协会内在属性的外在体现。一要服务国家。消防行业协会要充分发挥桥梁和纽带作用，及时向会员传达国家方针政策和部署要求，引领会员为促进国家消防事业发展贡献才智和力量。要积极主动向政府部门汇报行业发展状况，协助政府部门制定消防行业发展规划和消防产业政策。二要服务社会。通过开通网站、微博、微信公众号和服务热线等形式，为社会单位提供消防法规政策、技术标准和行业数据等信息咨询服务，以填补政府难以顾及、企业无力提供的服务"空白"。三要服务群众。及时收集、反映有关消防安全方面的意见、建议和诉求，向广大群众提供消防专业技术咨询服务；开展消防安全科普宣传教育和职业技能培训，提高全民消防安全素质。四要服务行业。发挥会员之家功能，立足服务消防行业和广大会员，组织消防技术产品交流与合作，加强行业调查统计分析，为企业生产、销售、检测提供信息服务。及时反映会员要求，协调会员关系，维护会员合法权益，指导和帮助各类消防企业改善经营管理，推广运用科研成果，使广大会员从中受益。

3.5　聚焦队伍职业化

新形势下，行业协会在社会管理中的地位作用越来越突出，迫切需要以职业化建设为切入点，全面加强队伍建设，为协会持续健康发展提供坚强的人才保证和智力支持。一要打造担当团队。职业化队伍的内涵中，最重要的是工作人员的职业道德和职业精神。坚持"德才兼备、以德为先"选人用人标准，选贤任能，把优秀消防专业人才和管理人才集聚到行业协会中来。弘扬社会主义核心价值观，强化理论武装和职业教育，规范职业行为，引导工作人员志存高远、强化担当、严守法纪，以强烈的事业和责任感履职尽责、建功立业。二要打造专业团队。结合消防行业协会特点和岗位要求，建立完善人才培养机制，加强消防专业知识和管理知识培训，建立既懂消防业务、又懂经营管理的工作团队。广纳人才，建立"智囊团""专家库"，完善晋升、轮岗、退休机制，为保留人才和工作人员成长创造良好空间。强化实践历练，对年轻同志和业务骨干交任务、压担子、教方法、挖潜能，建设高素质的干事创业队伍。三要打造有为团队。完善竞争机制，实行优胜劣汰，保持工作人员合理流动，真正做到能者上、平者让、庸者下。完善保障机制，建立与职业化队伍相适应的薪酬制度，落实"五险一金"社保待遇，创造拴心留人环境。完善激励机制，严格纪律、严明奖惩，奖勤罚懒、奖优罚劣，让想干事、能干事、干成事的有地位，让不干事、干不成事的没市场，激发团队职业荣誉感和归属感。

参考文献

［1］孙春苗. 中国行业协会的改革发展与未来趋势［J］. 中国社会组织，2008（10）：29-33.

［2］易继明. 论行业协会市场化改革［J］. 法学家，2014（4）：33-48.

［3］钱春风，於超，赵京广. 试论行业协会与政府关系模式的选择［J］. 经济与管理，2012（9）：62-66.

对《建筑防烟排烟系统技术标准》部分条文的理解与探讨

王 欣

中国消防协会 北京 100021

摘 要：《建筑防烟排烟系统技术标准》（GB 51251—2017）实施后，一些设计单位和审图机构对标准中一些条文的理解存在争议和疑问。笔者对其中的"三合一"前室防烟系统设置、防排烟系统控制、楼梯间自然通风、前室机械加压送风时加压送风口的位置、防排烟风管是否均应做防火包覆及上悬窗能否作为自然排烟窗等5个问题，结合学习体会，提出了自己的理解。

关键词：消防 防烟排烟系统 标准 理解与探讨

2017年11月20日，住建部批准发布《建筑防烟排烟系统技术标准》（GB 51251—2017）为国家标准，自2018年8月1日实施。这是我国第一部关于建筑防烟排烟系统的专项技术规范。在此之前，建筑防烟排烟系统的相关设计，一直按照原《高层民用建筑设计防火规范》（GB 50045—95）和《建筑设计防火规范》（GB 50016—2006）的相关要求执行。在新标准的宣贯和执行过程中，许多单位特别是一些设计院和施工图审查机构，对其中的一些条文提出了疑问。笔者通过对该标准的学习，结合自身工作经历和工程实践经验，就相关问题提出了自己的理解，供交流探讨。

1 "三合一"前室防烟系统的设置

根据标准术语的定义，合用前室为防烟楼梯间前室与消防电梯前室合用时的前室。从该定义可以看出，合用前室包括防烟楼梯间独立前室与消防电梯前室合用，及住宅建筑共用前室与消防电梯前室合用两种情况。第二种情况，就是平时俗称的"三合一"前室。对于"三合一"前室防烟系统的设置，标准第3.1.3条规定："建筑高度小于或等于50 m的公共建筑、工业建筑和建筑高度小于或等于100 m的住宅建筑，其防烟楼梯间、独立前室、共用前室、合用前室（除共用前室与消防电梯前室合用外）及消防电梯前室应采用自然通风系统；当不能设置自然通风系统时，应采用机械加压送风系统"。

1.1 "三合一"前室是否允许采用自然通风防烟方式

由标准第3.1.3条规定可以看出，建筑高度小于或等于100 m的住宅建筑，其"三合一"前室是不适用采用自然通风防烟系统的，反之应理解为"三合一"前室应采用机械加压送风系统。但标准的条文说明中解释："考虑到安全性，共用前室与消防电梯前室合用时宜采用机械加压送风方式的防烟系统"。一个"宜"字，引起了相关单位的疑问和争论。一些单位认为，在我国的工程实践中，自然通风的可靠性往往比机械加压送风系统高，因此当确有困难，且楼梯间满足自然通风条件时，"三合一"前室也可以采用自然通风防烟方式；另外一些单位则认为，在正常情况下，自然通风的可靠性不如机械加压送风系统，且"三合一"前室两个入口的距离较近，又共用一个前室，危险性较大，《建筑设计防火规范》（GB 50016—2014）从建筑防火角度已经做了放松，因此在防烟系统上应从严控制，"三合一"前室一律应采用机械加压送风防烟方式。笔者认为，"三合一"前室主要应用于塔式住宅建筑中的安全疏散，前室一般布置在建筑中部的核心筒中，绝大部分情况下是无法满足自然通风条件要求的。退一步讲，即使前室满足自然通风要求，在两个楼梯间采用机械加压送风的情况下，前室有两个入口，不满足规范第3.1.5条关于可仅在楼梯间机械加压送风的条件要求（即要求是独立前室且仅有一道门与走道或前室相通）。因此，遇到"三合一"前室情况，建议应采用机械加压送风防烟方式。但应加强楼梯间常闭防火门的管理，确保前室的常闭防火门保持正常关闭状态。

1.2 "三合一"前室是否适用楼梯间可不设防烟系统的条件

标准第3.1.3条第1款规定："当独立前室或合用前室满足下列条件之一时，楼梯间可不设置防烟系统：①采用全敞开的阳台或凹廊；②设有两个及以上不同朝向的可开启外窗，且独立前室两个外窗面积分别不小于2.0 m²，合用前室两个外窗面积分别不小于3.0 m²"。图1是标准图集《建筑防烟排烟系统技术标准》（15K606）图示第18页的图例。

从图1可以看出，当"三合一"前室有两个不同方向的可开启外窗且有效面积满足要求时，是适用楼梯间可不设防烟系统条件的。但笔者认为这种方案不妥，理由有两点。

第一，理由同本文1.1条所述，"三合一"

前室不建议采用自然通风防烟方式。如果增加一个不同朝向的可开启外窗，可以考虑前室允许采用自然通风防烟方式。但对楼梯间的防烟方式不做要求有所不妥。主要是因为在实际工作中，住宅建筑合用前室的常闭防火门经常处于常开状态，许多楼梯间常闭防火门往往也处于开启状态。一旦发生火灾，烟气极易从起火部位进入前室或楼梯间，由"烟囱效应"沿楼梯间快速扩散，对人员疏散造成重大影响。近年来多起住宅建筑造成人员伤亡的火灾案例中，很多人都是因通过疏散楼梯逃生时吸入有毒烟气导致死亡。

第二，从标准第3.1.3条第1款条文可以看出，该条文仅适用独立前室或合用前室，不适用共用前室。"三合一"前室的危险性比共用前室大，如果适用"三合一"前室，那么必定也应适用共用前室的情况。但如果适用共用前室，那共用前室两个可开启外窗的面积应该取多少呢？规范并未做出规定，相关规定见表1。

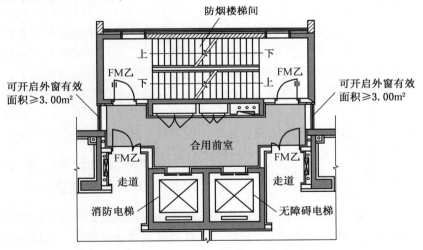

图1 设有不同朝向可开启外窗的合用前室

表1 楼梯间可不设置防烟系统时规范对前室面积等要求

前室类型	建筑类型		前室最小面积/m²	前室短边最小长度/m	不同朝向可开启外窗最小面积/m²
独立前室	住宅		4.5	—	2
	公共建筑、工业建筑		6	—	
合用前室	住宅	非三合一前室	6	—	3
		三合一前室	12	2.4	
	公共建筑、工业建筑		10	—	
共用前室	住宅		6	—	?

2 防烟排烟系统的联动和连锁控制

关于防烟排烟系统的控制部分，疑问和争议较多的有以下两点。

2.1 排烟防火阀连锁关闭排烟风机和补风机

标准第 5.2.2 条第 5 款规定："排烟防火阀在 280 ℃时应自行关闭，并应连锁关闭排烟风机和补风机"。有些单位对此条理解为，机械排烟系统中任一排烟防火阀动作时，均应连锁关闭排烟风机和补风机，笔者认为这种观点是不正确的。原因一，标准第 4.4.6 条规定："排烟风机应满足 280 ℃时连续工作 30 min 的要求，排烟风机应与风机入口处的排烟防火阀连锁，当该阀关闭时，排烟风机应能停止运转"。由此可以看出，只有排烟风机入口处的排烟防火阀关闭时，才会连锁关闭排烟机和补风机。注意，该排烟防火阀应采用专线（硬拉线）连接方式，直接与风机配电控制柜连接控制风机停止，而不是通过消防联动控制器通过总线方式控制停止风机。原因二，从机械排烟系统的工作原理分析，一套机械排烟系统往往会担负多个防烟分区的排烟任务，极少会出现仅担负一个防烟分区排烟的情况。如果任一排烟防火阀关闭都能连锁关闭排烟风机，会造成相邻未达到危险状态的排烟分区的排烟失效。

2.2 常闭加压送风口（或排烟口、排烟阀）开启后启动送风机（排烟风机、补风机）

标准第 5.1.2 条规定："系统中任一常闭加压送风口开启时，加压风机应能自动启动"；第 5.2.2 条规定："系统中任一排烟阀或排烟口开启时，排烟风机、补风机应能自动启动"。对此条的理解，一些设计单位和审图机构的分歧较大。总体看，审图机构的理解倾向于从严掌握，认为每个常闭加压送风口（或排烟口、排烟阀）均应与风机控制柜设立专线连接，直接控制，属于连锁控制方式，不通过火灾自动报警系统，不受火灾自动报警系统是否故障的影响。而设计单位的理解倾向于便于施工和减少布线量，认为应按照《火灾自动报警系统设计规范》（GB 50116—2013）关于防烟排烟系统联动控制设计的要求，由消防联动控制器控制风机，属于联动控制方式。对此，中国航空规划设计研究总院曾向规范组（应急管理部四川消防研究所）咨询，规范组于 2018 年 11 月的答复意见为："根据《建筑防烟排烟系统技术标准》（GB 51251—2017）第 5.1.1 条的精神，应以《火灾自动报警系统设计规范》（GB 50116—2013）的相关规定为准执行"。该回复非常原则，一些疑问仍未解释清楚。即，如果常闭加压送风口（或排烟口、排烟阀）手动开启时，风机启动属于联动还是连锁控制？如果是联动控制，那另一个与之形成"与"逻辑关系组合的联动信号是什么？如果是属于连锁启动，那么必定要求采用专线硬拉线的连接方式，不通过火灾自动报警系统。笔者对此条的理解是：如果通过火灾自动报警系统联动自动启动风机，联动控制应执行《火灾自动报警系统设计规范》的规定要求；如果是手动开启常闭加压送风口（或排烟口、排烟阀）后，采用专线连接风机配电控制柜的连锁控制方式自动启动风机，可靠性高，无疑是可以的，但造价和施工难度会加大；如果采用手动开启常闭加压送风口（或排烟口、排烟阀）后，由其反馈信号通过消防联动控制器总线控制的方式自动启动风机，虽然可靠性略有降低，但也能满足现行标准的要求。但这种情况下，应在控制逻辑关系上明确为单信号启动，即这种启动方式虽然通过消防联动控制器控制，但既不属于连锁控制，也不属于联动控制。

3 楼梯间自然通风，前室机械加压送风时加压送风口的位置

标准第 3.1.3 条第 2 款规定："当独立前室、共用前室及合用前室的机械加压送风口设置在前室的顶部或正对前室入口的墙面时，楼梯间可采用自然通风系统；当机械加压送风口未设置在前室的顶部或正对前室入口的墙面时，楼梯间应采用机械加压送风系统"。关于此条要求，一些单位对机械加压送风口的位置，特别是对应设置在前室顶部这一要求不理解。笔者的理解如下：对于楼梯间自然通风，前室机械加压送风的这种防烟方式，在实际工作中不建议采用。因为这种防烟方式，与防烟系统设计时楼梯间压力应大于前室压力、前室压力应大于走道压力的原则不符。易造成人员疏散时，从前室门进入前室的烟气被

压入楼梯间，造成整个疏散路径的失效。为此，防排烟标准对此种情况做了严格限定，基本思路是要确保防止烟气进入前室。要求机械加压送风口设在顶部，不是指设在顶部的侧墙等何意部位均可，要点是应在前室入口的位置形成风幕，防止烟气进入。因此，一般要将送风口设在前室入口的上方（吊顶内等位置），采用送风口向下送风的形式才能满足标准要求。

4 防烟排烟风管是否一定应做防火包覆

标准第3.3.8条规定了送风管道的耐火极限要求，第4.4.8条规定了排烟管道的耐火极限要求。第3.3.8条的条文说明解释为，"对于管道耐火极限的判定应按照现行国家标准《通风管道耐火试验方法》GB/T 17428 的测试方法，当耐火完整性和隔热性同时达到时，方能视作符合要求"。按此规定，当采用钢板风管时，必须采取外包防火板包覆等形式进行保护，才能达到耐火隔热性的要求。目前绝大部分地区也是按此要求执行的。但是，送风管道中的气流并非高温烟气，且送风口开口部位位于楼梯间或前室，串入烟气的概率很低，危险性不高，因此不区分情形，均要求对风管进行防火保护的要求实际上不够经济合理，会增加施工难度和工程造价。笔者认为，应区分不同情况：独立管井内设置的送风管道可直接采用钢板风管，无须做防火保护，保证其耐火完整性即保证其强度即可；其余部位（共用管井或水平方向管道）的送风管道采用钢板风管时，应采用外包防火板等形式进行保护，达到耐火隔热性的要求。排烟管道如采用钢板风管，均应采用外包防火板等形式进行保护。此外，吊顶内如有可燃物，吊顶内的排烟风管还应根据标准第4.4.9和第6.3.1条第三款的要求，额外增加40 mm 厚的保温玻璃棉进行隔热保护。

5 上悬窗能否作为自然排烟窗

新的防排烟标准未出台之前，上悬窗一直不允许作为自然排烟窗使用。新标准出台后，条文中未对此做明确规定。但是，标准图集《建筑防烟排烟系统技术标准》(15K606) 图示第89页给出了上悬窗作为自然排烟窗使用时有效面积计算的图例，参见图2。有此单位以此认为上悬窗

可以作为自然排烟窗使用了。笔者认为，因为很多建筑的结构形式决定了难以选用平开窗、推拉窗等作为外窗，下悬窗更是很少在外窗使用，因此新的标准对此做了一定条件的放松可以理解。但不能认为上悬窗可适用所有场所作为自然排烟窗使用。应注意，根据标准第4.3.3条第2款和第3款的规定："自然排烟窗（口）的开启形式应有利于火灾烟气的排出；当房间面积不大于200 m² 时，自然排烟窗（口）的开启方向可不限"。综合理解标准的规定，上悬窗非常不利于排烟，因此正常情况下不应采用，只有当房间面积不大于200 m² 时，才可使用上悬窗作为自然排烟窗。

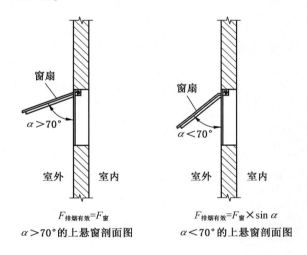

$F_{排烟有效}=F_{窗}$

$\alpha>70°$的上悬窗剖面图

$F_{排烟有效}=F_{窗}\times\sin\alpha$

$\alpha<70°$的上悬窗剖面图

图 2 上悬窗有效面积计算示意图

除以上的内容外，《建筑防烟排烟系统技术标准》(GB 51251—2017) 在执行过程中，还有许多问题引起了各单位的热烈讨论。如地下楼梯间能否采取自然排烟方式，采用通风井是否可视为自然排烟？机械加压送风系统管道上是否应设防火阀？排烟防火阀均应常开还是可以有部分常闭？如何理解地下、半地下建筑（室）的封闭楼梯间不与地上楼梯间共用？楼梯间顶部固定窗设置位置及不通顶楼梯间如何处理？有些高层病房楼的病房楼层和洁净手术部的避难间较小，无两个朝向的外窗如何处理等等。由于篇幅限制，本文仅选取了有限的几个问题阐述了个人观点。一些观点和理解未必正确，仅供大家讨论和参考。相信随着防排烟标准的深入贯彻实施及工程实践的进一步检验，大家会对这些疑难逐步达成

共识。

参考文献

［1］住房和城乡建设部．GB 51251—2017　建筑防烟排烟系统技术标准［S］．北京：中国计划出版社，2017．

［2］中国建筑标准设计研究院．15K606，国家建筑标准设计图集《建筑防烟排烟系统技术标准》图示［S］．北京：中国计划出版社，2017．

［3］住房和城乡建设部．GB 50116—2013　火灾自动报警系统设计规范［S］．北京：中国计划出版社，2013．

二　等　奖

关于改进消防监督管理工作的探讨

陈 双 喜

吉林省延边州消防救援支队 延边 133001

摘 要：本文从消防监督管理体制、火灾防控工作机制、推动隐患排查整改、法律法规和技术标准等几个方面入手，分析了当前消防监督和火灾防控工作所面临的实际问题，对改革消防监督管理体制、创新火灾防控工作机制、改进监督执法程序、提升火灾防范水平进行了探讨。

关键词：消防 监督管理 改革 创新

1 引言

长期以来，消防监督管理工作是排查消除火灾隐患、打击消防违法行为、维护消防安全稳定而采取的一项监管措施。2019年中办国办下发的《关于深化消防执法改革的意见》针对消防执法改革，提出了12项具体任务，实行"双随机、一公开"监管模式，深化"放管服"改革决策部署，是消防法制建设的一大进步。但是目前我国的消防监督管理工作基本还是沿用以前的体制和机制，虽然在火灾防控工作中发挥了重要作用，但也面临很多的制约和局限，需要在管理体制和工作机制上进行改革创新。

2 当前消防监督管理工作体制和机制面临的实际问题

2.1 "保姆式"管理仍是目前主要的管理模式，消防机构包揽消防工作的局面仍未改变

国务院于2017年制定下发了《消防安全责任制实施办法》，明确了各行业部门的消防安全责任，但是在实际工作中，行业消防安全责任制的落实仍停留于表面，行业管理标准化推动无力，没有形成有效的工作机制，发现和消除不了安全隐患，制约和惩处不了违规行为，这些都是制约行业安全管理工作的客观因素。

由于消防监督执法队伍目前仍采取的是垂直管理模式，不隶属于当地政府，这种部门推动政府的模式使消防工作一直处于被动局面。特别是防火监督工作上下一盘棋，没有充分发挥当地党委政府的主观能动性，因地制宜、因时施策的统领有关部门主动开展消防工作，与地方政府对森林草原防火工作重视程度相比，差距明显。消防机构单打独斗、孤军奋战的局面仍是制约消防工作发展的重要原因。

2.2 火灾隐患推动整改工作模式单一，缺乏高效易行的推动措施

随着社会进步，社会单位和公众对消防安全的重视程度有所提高，但大多都属于选择性重视，一旦与经济效益相比，在消防安全上的投入能省就省，对可能发生的火灾风险也心存侥幸。另一方面，消防执法部门的执法形式还比较单一，看似法律规定的执法手段种类很全、力度很大，实际上对违法行为查处的成本高、效率低、效果差，特别是对这种没有直接造成危害后果的行政处罚，不被重视和不愿接受，只想疏通关系和逃避处罚，执法随意性大，是消防执法负面舆论评价形成的一个重要原因。

按照现行的消防法律法规和正在应用的消防监督管理系统，发现火灾隐患和违法行为，大多数将直接生成立案程序，进行处罚，这在一定程度上造成了执法人员不敢真实录入火灾隐患。这种情况应一分为二来看，不排除有执法人员徇私舞弊，回避隐患，但同时也存在执法难、整改难的现实顾虑，最终导致隐患数据不真实，法律文书造假等问题的出现。

2.3 群众反映强烈的消防审批难问题，不会因为简单的工作职能平移而改变

对于《意见》中提到的审批难的问题，简

作者简介：陈双喜，男，硕士，主要从事基层消防救援队伍消防监督和火灾调查工作。

单地将建设工程审查验收工作职能从消防部门平移到住建部门，这种审批职能的平移，没有真正解决消防审批难、过关难的问题。消防审批难，其实质不仅仅是消防部门审批难，更多的是按照现行消防技术标准的严格执行难和规范统一难，最简单的例子如建筑外墙保温 A 级防火材料一项，在现实中因标准过严过高而存在很难执行和规避执行的现象。将工作权限从消防部门转移到住建部门，审批所依据的法律法规、技术标准不变，除非住建部门放宽审查要求，降低标准，否则审批难的现状不会改变，一样会在其他部门存在。住建部门的建筑消防安全源头监管和消防部门的事中事后监管之间，如何形成有效合力，还需要出台更切实可行的办法，避免出现谁都管，谁又都不管的现象。

2.4 消防安全评价指标不健全，检查标准不规范，是导致消防执法随意性较大的重要原因

执法随意性大，不仅体现在处罚上，在监督检查中也很突出。对于一个单位消防安全的总体评价，缺乏一个明确和简便易行的火灾隐患评价标准和执法检查标准。同一个场所，检查人员不同，看问题的角度不同，对法规标准掌握程度不同，提出的隐患也不尽相同。这种由于人的因素影响检查结果的情况确实存在，用外界对消防的评价就是"没有消防完全合格的单位"，这充分说明目前对于各类场所消防安全状况的评价，没有一个统一规范的标准，让执法者和执法对象都无所适从。

我国的消防设计标准的严格和精细程度绝对是不容置疑的，工程设计的时候可以查规范搞设计，但是应用到现实动态的消防监督中，执行难、运用难等现实问题真实存在，要求执法人员准确牢记这些数据标准，难度极大。例如常见的疏散安全距离的界定，受场所类型、疏散部位、耐火等级、门的位置、楼梯形式、安装设施等多种条件共同影响，这种体现在规范数据上的微小差别，看似很严谨，但这种差异对于保证消防安全所能起到的实际作用，其实很难界定。再比如灭火器配置数量问题，需要经过一系列烦琐计算，最终才能得出配备结论，目前大多数消防专业人员都无法做到准确掌握，更谈不上现场灵活运用。现实情况就是有人咨询灭火器配备数量这

种简单问题时，只能是大概差不多。这种看似严谨的计算方法实则冗余烦琐，完全忽视了实用性，适用于理论研究，但距离服务实际应用这一基本诉求，意义不大。消防技术标准的现实应用性不高，普及难度更大，成为困扰监督执法和单位自身消防管理的双重难点。

2.5 消防技术服务机构的建设和发展水平还不能满足实际需要

我国目前的消防技术服务市场还不成熟，服务能力水平低，服务内容和标准极不规范，不能满足实际需要。消防技术服务机构应该是专业能力最强、人员素质最高、装备建设最为先进的技术服务组织，但现实情况是这些机构的服务能力距离服务需求还有很大差距。同时按照"放管服"要求，放开市场准入，仅靠消防部门这几个人的事中事后监管，约束力明显不够。没有科学规范的标准体系和强有力的监督机制，这种不规范、低水平的技术服务反倒成了增加社会单位负担、滋生权力寻租土壤、出现消防技术服务组织行业垄断的重要原因。

3 深化改革消防监督管理体制和火灾防控机制的建议

3.1 建立由地方政府主导的火灾防控工作体系

消防救援队伍作为应急救援的主力军和国家队，可以实行垂直指挥领导体系，但防火工作是一项涉及地方政府各层级的系统工程，不应该采取"全国一盘棋"的垂直管理模式，需要地方政府主动担当作为，当成自己的事主动去抓，也需要根据地区实际，有重点地去抓。消防救援机构的定位应该是指导服务部门，将消防监督工作职能落实到地方政府，由地方政府根据本地的实际情况和安全形势，从工作部署、人员配备、财力投入、部门协作等诸多方面，因地制宜，因时施策，整合执法资源，形成工作合力，真正实现由党委政府来统领全局，落实消防工作责任，主动作为开展工作。

3.2 建立明确的消防安全状况评判标准和监督检查标准，创新消防监督管理工作机制

要通过建立科学实用的检查清单和隐患界定标准，制定社会单位消防安全评价标准和检查标准。建设工程消防审批职能划归住建部门以后，

消防监督检查所依据的规定应与建筑工程设计审查验收标准有所区别，需要制定新的检查内容、检查标准，简化检查程序和执法流程，要从简政放权的基础上强化监管，把监管理念从"大包大揽、事无巨细"，向"管人管责任"转变[1]，注重突出单位的消防安全管理，实现由"查静态隐患、查设施设备"向"查安全管理、查责任落实"的监督模式的转变，达到最佳平衡。

建立科学明晰的单位消防安全检查标准，明确单位消防安全状况检查评价等级，明确火灾隐患单位界定标准，可以探索设立合格、基本合格、不合格、严重不合格等具体评价指标，评价指标和检查标准既要参照各类设计规范，也要有所侧重，切合实际，要结合社会发展和国情实际，既不能过苛过严，事无巨细，背离"放管服"工作初衷，也不能过松过宽，约束无力，致使一些容易产生危害后果的火灾风险不能及时消除。既便于行业部门和各级组织日常监督和指导，也有利于单位自身明确工作职责，抓好消防安全管理，避免眉毛胡子一把抓，到处是问题，遍地是隐患。

3.3 研究建立推动火灾隐患排查整改工作新机制，改变"大棒式"隐患督改模式

进一步修订法规标准，合理划分火灾隐患和违法行为，从法律层面优化执法程序，改变发现隐患即处罚的简单执法方式。对于一些非人为主观的消防隐患和违法行为，改变过去罚、封、停等单一执法模式，建议采取限期改正，不同时并处罚款的执法程序，处理好"放管服"的关系并取得最佳效果，避免引发执法主体和执法对象之间矛盾对立。同时，也使基层执法检查人员敢于查清和真实记录问题，将问题摆到桌面上来，降低执法成本，提升执法效能，将更多的时间和精力投入到隐患排查、服务指导、宣传培训等工作中去。

另一方面，简化执法程序并不等于放松隐患整改，一定要区别对待，对于存在一般隐患并且积极改正的，可以减轻或者不予处罚，但对隐患严重且拒不整改的，应加大处罚力度，提高违法成本，同时与单位和个人的信用评价体系挂钩，通过社会舆论、信用评价、行政处罚、联合惩戒等多种方式，提升执法效能，逐步形成由被动整改到主动整改的良好转变，使社会单位主动邀请专业人员服务指导、主动开展自检自查等工作形式成为常态。

3.4 强化火灾源头防范措施，发挥专业部门的专业能力，交还责任于地方政府和专业部门

预防火灾，重点是起火源和起火物两个环节的管控，其中严控严查起火源是关键环节。电气类火灾是造成火灾事故的最主要原因，电气工程隐蔽，致灾因素复杂，基层人员很难做到及时发现和消除隐患。历史上发生的重特大火灾事故，多数都是由于电气类原因致灾。对此类事故，最主要的还是要做好源头管控和日常检查维护，目前电业部门只负责入户前电气安全，入户后成为监管盲区，电气安装和产品质量是否符合安全标准，特别是隐蔽工程，是否会存在致灾因素都是未知。电气学科是专业性极强的一类专业，消防检查人员作为非专业人员，能力是十分有限的，很难准确地发现电气安全隐患，靠这种非专业的人员去检查和管理专业的领域，必然会遗漏很多的安全隐患。多年来因电气故障引发的较大火灾事故，追究监管人员责任的情况屡见不鲜，这种有限的能力和无限的责任之间的矛盾，深深地困扰着基层消防工作者。建议将各类建筑的电气防火安全作为建筑安全的首要内容，落实设计、施工、安装、使用等每个环节的责任和监管，严格落实终身负责制，从严管控，精准管控。同时应该交还责任于地方各级政府和专业部门，加强专业监管机制建设，将电气火灾防范和日常监管明确职责部门，加强事前事中监管，对因电气类原因引发的火灾事故，延伸调查，严肃问责。

3.5 高标准发展消防技术服务，科学合理设定服务事项，规范引导消防技术服务组织向服务型转变

消防技术服务组织的定位应该是消防安全隐患排查的主力军和专业队，而不应成为通过获得行政许可的通行证，或者规避部门管理责任的挡箭牌。应明确消防技术服务组织的职责定位，服务内容应包含火灾风险评价、消防安全管理状态评价、消防硬件设施安全状况评价等专业化评价，不能仅停留在测试一下消防设施的基本功能，或者通过填写检查表来进行安全评估这种低水平服务方式。一是要完善法律法规，修订技术

标准，明确消防技术服务组织的法定职责和工作标准，使消防技术服务组织在法律的框架内提供服务，有严格的技术标准进行制约，有严厉的惩处措施进行约束。二是要充分发挥市场调节功能，充分向社会公开消防技术服务各项政策规定，公示各类技术服务机构，鼓励市场竞争机制，建立信用评价体系，使被服务对象全面了解和自主选择服务机构成为普遍模式。三是要科学设定消防技术服务的门类项目，不能搞"一刀切"，在当前消防技术服务组织规模较小、水平不高的情况下，更要避免不加区别强制要求，树立"非必须不强制，非必要不开展"的理念，防止增加单位负担、服务质量低下、没有实际效果，背离了服务人民、服务社会的根本宗旨，引发新的矛盾。

4 结语

消防监督管理工作或火灾防控工作都应该与时俱进，开拓创新。消防执法改革已经先行一步，笔者认为改革还应该进一步深化，执法改革只是其中一项内容，更应该从改革消防监督管理体制、创新火灾防控工作机制上进行大刀阔斧的深化改革，扭转火灾防控工作的被动局面，提升防范化解重大火灾风险的能力水平，真正形成"政府统一领导、部门依法监管、单位全面负责、公民积极参与"的火灾防控体系。

参考文献

[1] 姜颖，程可寒. 以法理学视角浅析消防执法改革的现实意义 [J]. 武警学院学报，2019(12)：33-36.

消防全媒体中心建设运行机制研究

任 彦 博

山东省枣庄市消防救援支队 枣庄 277000

摘 要： 本文分析了全媒体时代媒体转型升级的趋势和消防宣传转型的必要性，提出了消防全媒体中心建设应实现的目标，论述了消防全媒体中心技术支撑、运行平台建设、构建全媒体传播体系的功能实现，介绍了消防全媒体中心日常运行机制，对推动消防全媒体中心建设运行有着重要的现实指导意义。

关键词： 全媒体 消防 建设运行

1 深刻理解全媒体时代消防宣传转型的必要性

2019 年 1 月 25 日，习近平总书记组织中央政治局全体同志到人民日报新媒体大厦就全媒体时代和媒体融合发展举行集体学习。习近平总书记明确指出，全媒体不断发展，出现了全程媒体、全息媒体、全员媒体、全效媒体，信息无处不在、无所不及、无人不用。高度概括了全媒体时代信息传播的方式和特点，对全媒体进行了精准画像，极大拓展和深化了人们对于全媒体的认识。

1.1 新媒体的快速发展

截至 2019 年 12 月，中国手机用户 16 亿，移动网民 11.32 亿，大多数网民从手机端获取信息。两微一端、一条一抖影响力不断增强。2019 年 8 月，微信用户数 11.5 亿，微博用户数 4.97 亿，今日头条 5.5 亿，抖音突破 4 亿，学习强国也已突破 1 亿用户。网民的阅读习惯也发生了变化，手机碎片化阅读成为主流，据统计，用户日均使用时长超过 76 分钟。

1.2 传统媒体的转型升级

按照中宣部的部署，各县区级电视台、广播电台、报社和新媒体积极整合融合，组建县区级融媒体中心。人民日报是党媒转型的典范，成立新媒体中心，推出人民日报客户端、人民网和人民日报微博、微信、人民视频等一系列新媒体，极大地增强了新时代的传播力。

1.3 消防宣传的转型

在移动互联网和全媒体时代，消防宣传工作必须调整思路，及时转型。消防宣传工作要依托全媒体中心建设和优化重构消防宣传策划、采访、编辑、审稿、发布等业务流程，利用新媒体和新技术，创新宣传形式和内容，精准把握受众群体需求，把握移动互联网时代新闻传播规律，丰富宣传载体和手段，通过传统媒体和新媒体矩阵开展消防工作宣传，开展线上线下活动，传播和宣传消防知识，树立和展现消防救援队伍的良好形象。

2 消防全媒体中心应实现的目标

2.1 有效社会治理是总体目标

通过创新内容产品，依托新技术构建现代化的传播体系，实现全媒体方式的优质内容传播，传播手段更加丰富，宣传对象更加精准，实现消防救援部门与广大群众之间的有效互动，弘扬消防救援队伍的事迹，传播宣传消防知识，从而实现有效社会治理的目标。

2.2 经营好全媒体矩阵是现实目标

消防宣传需要通过各种媒体和媒介来实现。消防全媒体中心在利用好中央电视台、应急管理报等传统主流媒体的同时，还要积极入驻并经营好各类新媒体平台，根据平台特点推出不同的宣传产品，在提高消防宣传产品产量的同时，不断增加宣传产品的阅读数、点赞量、评论数和转发量，提高宣传产品的质量和流量，扩大消防宣传

作者简介：任彦博，男，山东省枣庄市消防支队副支队长，主要从事消防监督管理和消防宣传工作，E-mail：jhyanbo@163.com。

工作影响力。

2.3 应急宣传报道和舆情引导是战时目标

要制定应急宣传响应制度，根据灾害事故级别制定并启动应急宣传预案，在发生有影响的灾害事故时，宣传人员要随警出动，加强现场新闻素材采集，收集记录救援过程，通过主流媒体和官方媒体主动发声，必要时组织召开现场新闻发布会，向媒体介绍消防救援的科学处置过程和现场救援相关人物故事，引导广大媒体对救援过程进行客观报道，及时回应社会关切，有效化解负面舆情。

2.4 提高全民消防安全意识是重要目标

通过设计制作消防宣传海报、社会化消防宣传提示、警示标识，制作消防公益宣传片、消防管理示范片、开发消防科普作品、消防文创产品、消防教学培训教具，培养消防志愿者或宣讲团到社区开展消防宣传培训，让群众更轻松地接受消防教育，提高全社会的消防安全意识，减少各类灾害事故发生，应该是消防全媒体宣传的重要目标。

3 消防全媒体中心系统架构

消防支队级全媒体中心的技术架构由采集和加工、内容生产、综合服务、策划指挥、内容审核、融合发布、统计分析、运行维护等部分组成，如图1所示。

4 消防全媒体中心各项功能实现

4.1 技术支撑是基础

技术是第一生产力，应充分依托云计算、物联网、大数据、机器人编辑、IPV6等技术，适应移动互联网、5G通信技术发展的新形势，具体功能要求如下。

4.1.1 资源共享功能

具有统一的消防宣传资源信息聚合功能，能够兼容多种音频、视频、图片等多种媒体格式，具备面向多渠道、多路径、多平台的发布能力，充分利用省消防救援总队消防全媒体中心和市（县、区）消防救援大队、消防救援站提供的各种资源和信息。

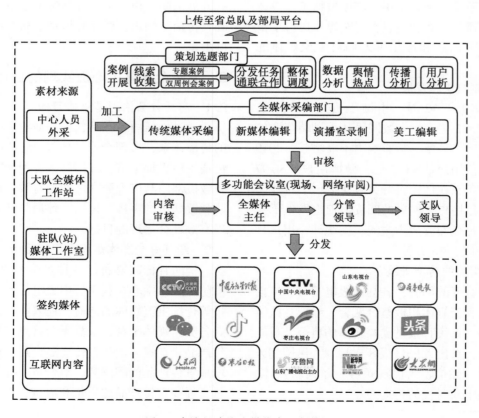

图1 支队级消防全媒体中心架构图

4.1.2 网络连接

应支持 IPv6，具备快速稳定安全的网络连接，与部局、总队平台的连接宜选用专用网络通信链路。

4.1.3 接口预留

预留与消防接处警系统的接口，实时了解各类灾害事故接警调度及救援的相关信息；预留与舆情管控平台的接口，实时了解热点消防舆情；预留与政府宣传部门的接口，支持与政府融媒体中心、宣传管理、网信部门的对接，接受相关指令和信息。

4.2 平台建设是全媒体中心运行的重要载体

应统一消防全媒体中心平台系统的技术标准，便于全国消防救援队伍实现宣传行动统一调度，宣传资源共建共享和宣传资源互联互通。

4.2.1 一体化运行平台

应依托现有消防媒资系统建设一体化运行平台，利用大数据技术，对海量宣传信息进行储存、分类和集成，做好底层平台支撑。一体化运行平台要整合传统媒体资源和生成的新媒体内容，并将上述两种内容置于同一媒体资源池中，各类信息可以后续流转到指定区域内的所有媒体中，利用该平台可区分不同权限层级对消防媒资库中的资源进行统一管理。

4.2.2 一体化策划指挥调度平台

一体化策划指挥调度平台目的在于打造总体统筹、事前策划、线索追踪、值班调度等机制，满足融媒体对新闻生产业务流程的需要，从线索汇聚、选题策划、通联协作、调度指挥等角度实现全程互联网化、流程化，从移动办公的角度全面覆盖各种策划和生产加工形式，建立包含整个流程的可视化一体化策划指挥调度平台。

4.2.3 融媒体生产发布平台

消防全媒体中心建设的技术核心是建立统一集中的生产发布平台，分为融媒体生产平台和发布平台。融媒体生产平台整合了各种媒体编辑工具，对各类消防宣传素材进行加工生产。融媒体发布平台实际上就是一个整合的多渠道推送平台，主要在于多渠道发布网络的建立。具体来说，通过融媒体生产平台制作的各种成品消防救援、消防常识类稿件、音视频类作品经过编辑加工后再通过融媒体发布平台对外推送。

4.3 依托先进技术，创新内容生产

现代新闻传播规律也要求我们，要以内容建设为根本，在宣传生产中必须高度重视技术的引领和驱动作用，走出一条内容和技术双轮驱动的融合发展之路。

4.3.1 创作思路要新

把握重要的时间节点，以用户需求为导向，重视产品创作策划，写好一个文案，讲好一个故事。要加大融媒体产品创意开发，努力改变政务宣传严肃、刻板的形象，多利用短视频、Vlog、直播、长图、横版、海报、AR、H5、无人机航拍等技术，创作用户喜闻乐见的产品，为受众带来现代感、科技感、高级感，更形象地展现作品内容，传递正能量。

4.3.2 生产方式要新

一款好产品，需要融合文图、音视频采编辑制作以及设计、技术、渠道运维等多种人才。融合的不仅是内部资源，还需要融合外部资源，要融合专业团队比如互联网视频平台、传媒公司、艺术设计公司协同作战，在产品策划、技术支持、包装升级、经营推广等方面加强合作。例如，人民日报客户端推出的融媒体 H5 产品《我的军装照》，其实背后就有四支技术团队参与作品的设计开发。

4.3.3 内容要入"心"

要挖掘用户阅读需求，研究受众心理，把握好情感情绪的运用，围绕热点、痛点、笑点、兴趣点、价值点甚至堵点、槽点精心策划，抓住用户的心，契合用户的情绪，努力影响受众、打动人心，实现和用户心理上的契合，精神上的共鸣，生产出适应时代和受众需求的内容。

4.4 构建新时代全媒体传播体系

随着融媒体技术的快速发展，单一价值、单一模式、单向传播已经落伍，精准传播是全媒体时代最有效的传播方式。要把握好传播领域移动化、社交化、碎片化的趋势，积极构建全媒体传播体系，要精准分析受众的年龄、职业、爱好、兴趣点等属性，为受众"精准画像"，从而制定针对性的传播策略，做到精准发布、精准宣传，提升宣传效果。

4.4.1 用户意识

必须强化用户意识，把大力发展和吸引凝聚

用户作为重要目标，作为提升传播效果的基础。总书记也讲过"区分对象、精准施策"，要精准分析不同媒体的受众特点，根据职业、年龄、兴趣特点等有针对性发布宣传内容。要吸引住用户除了需要优质的宣传产品，还要与用户增加互动性，建立感情上的沟通，在留言回复、文创产品、粉丝线下活动等方面下功夫。除此之外，还要拓展宣传服务功能，优化政务服务，在消防政务、消防执法、便民服务、消防站预约参观上找流量、求突破。

4.4.2 移动优先

随着移动互联网的日益发展，手机网民占比达98.6%，新闻客户端和各种网络新媒体成为很多干部群众特别是年轻群体获取信息的主要来源，移动互联网已成为信息传播的主渠道。因此我们在宣传产品的对外发布当中，必须树立移动优先的意识，坚守宣传的主阵地，明确宣传渠道的重点，与时俱进，努力经营移动新媒体，做新做大做强新媒体。

4.4.3 差异化运营

新媒体矩阵中每个平台的目标人群定位不同、受众需求认识不同、个性化程度不同，应对每个平台展现的内容都应有一个清晰的定位，从各自不同视角报道，吸储不同渠道粉丝。同时，要实行差异化运营，建立合理有序的新媒体矩阵。如微信侧重人际传播，内容贴近群众生活、贴近本地文化、包装形式贴近普通人阅读习惯；微博注重时效性、服务性、开放性；抖音的特点是碎片化，要求在最短的时间内呈现最精彩画面，唤起用户情结，引发共鸣；头条号内容要有故事性、话题性等。

4.4.4 建立传播效果评价分析机制

宣传产品发布后，受众对宣传产品的认可程度，可以通过阅读量、转发量、点赞量、收藏量、评论量等指标体现出来，应建立科学的传播效果的评价分析机制，评估受众对宣传作品的认可程度，不断改进和加强宣传工作。可利用专业的第三方数据监测平台提供科学的统计分析。权威的数据监测平台有短视频CTR传播力指数、清博微信WCI传播指数、赛立信融媒体云传播效果数据、新榜指数等，这些平台针对不同新媒体从数据本身和受众互动情况，对相应的数值进行分析，计算出具有针对性的传播评估指数，能够实现对宣传作品传播力科学的分析。通过建立传播效果评价分析机制，以效果为导向，分析受众的阅读习惯和产品的受欢迎程度，为进一步加强和改进相关策划和宣传工作提供依据。

5 消防全媒体中心运行机制

根据媒体融合发展的需要，消防全媒体中心需改革采编流程，重塑策划、采集、编辑、审核、发布、评价的业务流程设计，建立健全一系列适应全媒体时代宣传产品生产的工作制度。

5.1 宣传选题策划例会制度

定期召集各支队（科室）、大队宣传员，针对当前形势任务、重点工作、舆情热点开展策划选题，征集宣传线索，实现统一协调、科学高效、信息互通、资源共享的工作机制。可根据实际情况建立宣传工作月（双周）策划选题制度，确定一个时期宣传计划和重点题目。选题策划例会可灵活形式，利用各类视频会议工具召开。

5.2 宣传信息审核发布制度

应分级分类明确对各类宣传信息稿件、新媒体作品审核权限，在相关负责人审核后，由全媒体中心制作并对外发布，确保政治性、主题主旨、宣传内容等符合政治、保密等各项要求。

5.3 新闻媒体联络沟通制度

加强与媒体的沟通协作，建立事前、事中、事后有效沟通机制。定期与新闻媒体召开座谈会，介绍消防工作及队伍建设开展情况，加深沟通和理解。遇到有影响的灾害事故救援，与新闻媒体快速建立供稿渠道，实现扁平化、矩阵式的采编沟通机制，适时召开新闻发布会，确保宣传口径的统一。事后，联络新闻媒体开展深入报道，挖掘消防救援队伍的感人事迹，同时通过灾害事故作为切入点，宣传防灾减灾知识。

5.4 宣传员轮训培训制度

通过"请进来、走出去"等多种方式，每年邀请新闻、公文、影视专业人员到总队、支队举办宣传培训班，定期组织消防宣传人员到地方全媒体中心、影视制作公司等专业机构学习，提升宣传人员业务理论水平，全面提高新闻媒体素质。每年分批组织大、中队宣传人员到消防全媒体中心跟班轮训，通过传、帮、带，不断提高基层消防队站宣传人员的业务能力。

5.5 应急宣传响应制度

根据灾害事故分级，建立三级应急宣传响应机制，配备应急宣传车辆和应急宣传装备，配备新闻采编、信息处理、数据传输等应急宣传器材。响应机制启动后，成立前后方宣传工作组。前方宣传组负责人由应急宣传分队带队干部或支队灾害事故处置总指挥指定担任；后方宣传组负责人由分管支队全媒体中心的支队副职领导或支队后方指挥指定负责人。根据需要，建立新闻发言人制度，由前后方总指挥指定人员担任。

参考文献

[1] 王楠. 融媒时代下新闻生产特点研究 [J]. 今传媒，2018(11).

[2] 徐迪，张平. 县级融媒体中心建设的技术突围路径 [J]. 中国出版，2019(5).

功能型消防员灭火防护服研究进展

曹慧　姚磊　罗立京

天津市消防救援总队　天津　100054

摘　要： 为了更好地保障消防员的作战效率，本文系统汇总了多种功能型消防员灭火防护服。首先，本文介绍了消防员灭火防护服的标准要求、安全舒适等功能需求。然后，本文通过分析的方法分别介绍了原有功能更优的轻质型和高热防护型消防员灭火防护服、新增功能的保暖型和抗湿型消防员灭火防护服，以及接近式和双层消防员灭火防护服，并指出了相关功能的提升参数及部分装备的不足之处。最后，本文总结了功能型消防员灭火防护服研发在研究目标、研究方法和研究思路方面的系列经验，提出了今后个人防护装备的研究应该注重聚酰亚胺等材料的引入和凹凸结构的优化设计。

关键词： 消防员　灭火防护服　功能型　聚酰亚胺　凹凸结构

1　引言

消防员灭火防护服是消防员进行灭火救援时穿着的用来对躯干、头颈、手臂和腿部进行防护的专用服装，一般由外层、防水透气层、隔热层和舒适层组成。目前的执行标准为《消防员灭火防护服》(XF 10—2014)，相关要求包括温度性能要求（阻燃性能、热稳定性、隔热防护性能）、阻隔性能要求（表面抗湿性、耐静水压性能、透湿率性能）、力学性能要求（断裂强力、撕破强力）以及耐洗涤性能等。上述要求决定了用于防护服织物的主材料为芳纶、聚酰亚胺、聚苯并咪唑等耐高温纤维，同时在织物形式上外层和舒适层为梭织布、防水透气层基材和隔热层为水刺毡无纺布。

近年来，随着全灾种大应急的需求，消防员对于装备的安全性和舒适性要求更高，智能织物的引入、多重功能的叠加、轻质型结构的优化促进了功能型装备的快速发展。这里的功能既涉及原有功能如重量相关性能、热防护性能，也涉及新的功能如保暖性能、抗湿性能，以及接近式消防员灭火防护服、双层消防员灭火防护服等相关衍生装备，进而极大丰富了装备的种类，保障了消防员的作战效率。

2　原有功能更优的消防员灭火防护服

2.1　轻质型消防员灭火防护服

在重量要求方面，标准要求消防员灭火防护服的重量最多不能超过 3500 g，目前普通的四层消防员灭火防护服重量可以做到 2800 g。隔热防护性能影响着消防员灭火防护服的重量，标准要求 TPP（Thermal protective performance）不能低于 28 cal/cm^2，因此很多企业或研究人员在保证隔热防护性能的前提下开展了降低装备重量的不同研究。见表1。

表1　轻质型消防员灭火防护服

项目	2.1.1 提升外层省去隔热层	2.1.2 提升防水透气层省去隔热层	2.1.3 提升舒适层省去隔热层
外层	280 g/m^2	240 g/m^2	240 g/m^2
防水透气层	108 g/m^2	160 g/m^2	108 g/m^2
隔热层	0	0	0
舒适层	120 g/m^2	120 g/m^2	135 g/m^2
总重量	2637 g	2616 g	2460 g

其中方法(2.1.1)针对外层可以将单层180~220 g/m^{2}提升至双层加强织物，这种280 g/m^{2}的

基金项目： 2020年消防救援局应用创新计划项目"灭火防护装备洗消技术研究"（2020XFCX24）、2020年消防协会团体标准《消防员防护辅助装备保暖绒衣》

作者简介： 曹慧，男，天津市消防救援总队后勤装备处，主要从事装备管理和建设工作，E-mail：caohui1199@163.com。

外层在第一层往往采用六边苯环形结构设计，在第二层则采用对位芳纶底纱，从而显著提升了装备的热防护性能，省去了隔热层而降低装备重量，该方式的不足之处在于装备整体重量降低得不明显。其中方法（2.1.2）在外层为普通双层隔热层的基础上，在防水透气层上面增加点胶滴塑设计或者纱线黏结设计，进而提升了装备的隔热防护性能而省去了隔热层，该方式的不足之处在于负重的点胶部位穿着的舒适性较差，同时在洗涤时可能影响防水透气层的防水透湿膜完整性。其中方法（2.1.3）在外层为普通双隔热层的基础上，将舒适的梭织布改成隆起波浪结构后，提升了装备的热防护性能而省去了隔热层，这种方式的不足之处在于波浪结构的双层织物其保型性不如传统的梭织布，特别是挤压状态下的波浪结构可能在高温时难以发挥其隔热防护性能。所以，目前主要通过结构优化的形式降低了防护服的重量，后期还应关注聚酰亚胺等新型耐高温材料的引入。

2.2 高热防护型消防员灭火防护服

热防护性能是消防员灭火防护服重要的功能之一，该性能主要表征服装抵御火场高温和火焰侵害的能力。主要通过对织物表面导致人体二度烧伤或灼伤所需的热能来测定，进而评价服装热防护的相对能力，目前标准要求 TPP 的性能要超过 28 cal/cm²，通常装备的 TPP 超到 30 cal/cm²。由于空气的热防护性能很好，很多企业和研发人员针对空气层进行优化设计，将装备的 TPP 进一步提升到 35 cal/cm² 甚至 40 cal/cm²。见表2。

其中方法（2.2.1）在双层外层的基础上，针对防水透气层的芳纶无纺布进行加厚设计，同时优化隔热层，进而得到了 TPP 可达 40 cal/cm² 的高热防护型消防员灭火防护服，这种方式简单但是提升效率较低，成衣服装重量约 2784 g。其中方法（2.2.2）则主要通过纤维的引入实现了隔热防护性能的提升，和只能在 260 ℃ 短期使用的芳纶相比，聚酰亚胺可以长期在 260 ℃ 下使用，使用双隔热层的设计后相应的装备 TPP 可达 35 cal/cm²，同时整体服装的重量大概在 2745 g。其中方法（2.2.3）主要在防水透气层的水平芳纶无纺布基础上，变成三维芳纶凹凸结构的无纺布，进而将装备的 TPP 显著提升至 44 cal/cm²，同时整体服装的重量大概为 2871 g，这种方式的 TPP 提升最为明显。所以，目前主要通过材料的优化和结构设计高热防护型消防员灭火防护服，后期使用聚酰亚胺制备凹凸隔热层是一个重要的发展方向。

3 新功能强化的消防员灭火防护服

3.1 保暖型消防员灭火防护服

在北方低温环境下，现有的消防员个人防护装备难以满足其保暖性能的需求。目前的标准并未要求消防员灭火防护服的热阻克罗值，同时也没有针对消防员的保暖性进行南北地区的差异区分，针对织物保暖性能的测试方法可以参考《纺织品 生理舒适性 稳态条件下热阻和湿阻的测定（蒸发热板法）》（GB/T 11048—2018），相关表征参数为"热阻的克罗值"，该数值越大则保暖性能越高。近年来，很多厂家和研究人员针对 0.5~0.7 clo 的普通服装开展了进一步的研究，同时配置了 2.6 clo 的絮片内胆。见表3。

表2 高热防护型消防员灭火防护服

项目	2.2.1 双层外层	2.2.2 聚酰亚胺无纺布	2.2.3 凹凸无纺布
外层	芳纶双层外层 240 g/m²	单层聚酰亚胺外层 200 g/m²	单层涂层外层 220 g/m²
防水透气层	加厚防水透气层 180 g/m²	聚酰亚胺防水透气层 108 g/m²	凹凸防水透气层 118 g/m²
隔热层	无	聚酰亚胺双隔热层 70+70 g/m²	双凹凸隔热层 80+80 g/m²
舒适层	双丝锦 140 g/m²	聚酰亚胺舒适层 120 g/m²	舒适层 120 g/m²
TPP	40 cal/cm²	35 cal/cm²	44 cal/cm²

表3　保暖型消防员灭火防护服

项目	3.1.1　加厚芳纶水刺毡	3.1.2　聚酰亚胺水刺毡	3.1.3　聚酰亚胺絮片	3.1.4　聚酰亚胺絮片
保暖设计	加厚 140 g/m² 芳纶水刺毡隔热层	加厚 140 g/m² 聚酰亚胺水刺隔热层	耐洗涤型聚酰亚胺絮片替代现有的水刺毡	高保暖效率型聚酰亚胺絮片
是否耐洗涤	是	是	是	否
热阻的克罗值	单独服装 0.80 clo	单独服装 1.3 clo	单独絮片 2.6 clo	单独絮片 4.7 clo

其中，方法（3.1.1）针对芳纶水刺毡隔热层进行加厚，在传统普通 70 g/m² 水刺毡的基础上提升到 120 g/m² 甚至 140 g/m²，相应的消防员灭火防护服其单独服装的热阻克罗值提升到了 0.8 clo，成品服装重量约 2829 g。其中，方法（3.1.2）则引入了导热系数更低的聚酰亚胺纤维，和芳纶的导热系数 0.045 W/(m·K) 相比，聚酰亚胺的导热系数只有 0.035 W/(m·K)，相应的消防员灭火防护服单独服装其热阻克罗值提升到了 1.3 clo，服装重量大概在 2850 g。其中，方法（3.1.3）采用的耐洗涤型聚酰亚胺絮片，其整体装备的热阻克罗值可达 2.6 clo、保暖效率可达 87.48%；方法（3.1.4）采用的新型聚酰亚胺絮片虽然不耐洗涤，但是热阻克罗值可达 4.7 clo、保暖效率可提升至 92.39%。所以，目前主要通过纤维引入的形式提升了防护服的保暖性能，同时研究发现涂层或者膜的阻隔设计也有助于提升装备的保暖性。

3.2　抗湿型消防员灭火防护服

在南方湿热环境下，消防员运动过程中常常遇到服装各层吸汗以及吸收外部水雾的问题，对此有企业开展了抗湿型消防员灭火防护服的研究，以减少消防员灭火防护服各层、特别是无纺布结构的防水透气层和隔热层的吸湿吸汗。针对防护服织物的吸湿性能评价，可以参考《纺织品　吸湿速干性的评定　第 1 部分　单项组合试验法》（GB/T 21655.1—2008）进行试验，相关参数为"吸水率"，即试样在水中完全浸润后取出至无滴水时，试样所吸取的水分对试样原始质量的百分率，吸水率越低则相应的抗湿性能越好。如图 1 所示。

方法（3.2.1）针对芳纶水刺毡防水透气层进行调整，引入新型材料后形成了聚酰亚胺防水透气层。和普通芳纶防水透气层的 316% 吸湿率相比，聚酰亚胺防水透气层的吸湿率为 278% 而

略有效果，因此这种方法的抗湿效果有限，但是基本上保持了原有的织物结构。方法（3.2.2）则针对织物结构进行了调整，双面膜复合的防水透气层其吸湿率只有 30%，显著改善了抗吸湿性能，但这种方法的不足之处在于其整体透湿率只能满足标准的 5000 g/m²·24 h 基本要求，而难以达到 8000 g/m²·24 h 等更高的舒适要求。

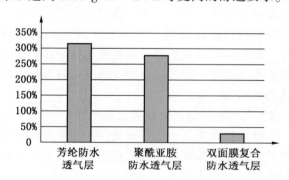

图 1　抗湿型消防员灭火防护服的吸湿率

4　其他衍生的消防员灭火防护服

4.1　接近式消防员灭火防护服

消防员灭火防护服主要用于火场环境，而当火焰辐射热较高时则主要用消防员隔热服。消防员隔热服是消防员在进行灭火救援靠近火焰区受到强辐射热侵害时，穿着的专用防护服，用来对其上下躯干、头部、手部和脚部进行隔热防护服，包括隔热上衣、隔热裤、隔热头套、隔热手套以及隔热脚套。对于舰艇、隧道、机车舱库等受限空间内，当该区域有汽油、柴油等可燃物时不仅需要抵御火场的高温和火焰，而且还需要抵御更强的辐射热，此时则需要接近式消防员灭火防护服。

近年来，有企业或研究人员结合消防员隔热服的外层和灭火防护服的内层，完成了接近式消防员灭火防护服的加工。最终形成的接近式消防员灭火防护服其 TTP 值可达 35 cal/cm²，且无熔

融、脆裂和收缩现象；同时具有抗辐射热渗透性能，救援服的外层面料在 83 kW/m² 辐射热源下达到 24 ℃ 的温升时间不小于 20 s（图 2）。

图 2 接近式消防员灭火防护服

4.2 双层消防员灭火防护服

此外，针对目前的三层或者四层消防员灭火防护服，还有企业或者研究人员基于相变纤维材料研发了双层消防员灭火防护服，在保证隔热防护性能的前提下，降低了防护服的层数和重量。相变材料 PCM（Phase change material）是指温度不变的情况下而改变物质状态并能提供能量的物质，这种纤维材料相较于普通耐高温纤维相比，能够在物理相变的过程施放大量的能量而具有更高的热防护性能等。无论是接近式消防员灭火防护服还是双层消防员灭火防护服，虽然可能不能完全符合《消防员灭火防护服》（XF 10—2014）的各项标准，但是这些新功能型装备基本上满足了相关标准的重要要求，提供了更为丰富的装备选择。

5 总结展望

本文汇总了近年来功能型消防员灭火防护服的研究进展，包括原有功能提升的轻质型消防员灭火防护服、高热防护型消防员灭火防护服，也包括新增功能的保暖型消防员灭火防护服、抗湿型消防员灭火防护服，还包括接近式消防员灭火防护服和双层消防员灭火防护服等衍生装备得出以下结论。

（1）在功能型消防员灭火防护服的研发过程中，在研究目标上应该注重不同功能的相互关联。比如聚酰亚胺纤维织物的引入既可以提升装

备的保暖性，也有助于提升装备的热防护性能；比如阻隔结构的设计既有助于提升装备的保暖性能，也有助于提升装备的抗湿性能。

（2）在功能型消防员灭火防护服的研发过程中，在研究方法上应该注重新材料的引入和新结构的设计。比如隔热防护性能既可以通过引入相变纤维材料来提升，也可以设计加厚结构来提升；比如保暖性能既可以通过引入聚酰亚胺纤维材料来提升，也可以设计凹凸结构来协同提升。

（3）在功能型消防员灭火防护服的研发过程中，在研究思路上应该注重新功能与原有功能的平衡。比如保暖性能的提升往往会提高重量，抗湿性能的提升可能会降低透湿率性能等。

总之，消防员个人防护装备的发展方向是智能化、轻质化、集成化，上述消防员灭火防护服的功能化研究也有助于其他个人防护装备的研发，进而更好地保障消防员的应急救援作战效率和舒适安全。

参考文献

[1] 曹永强，柳素燕，杜希. 低热通量条件下消防员防护服装热防护性能的测试 [J]. 中国个体防护装备，2012(6)：34-36.

[2] 肖勇. 新型轻质消防员灭火防护服 [J]. 消防技术与产品信息，2017，11(323)：43-43.

[3] 林建波，殷海波，曹永强. 消防员隔热防护服的抗辐射热渗透性能 [J]. 消防科学与技术，2015，(2)：241-243.

[4] 赵雷，林娜，李丽，等. 消防员灭火防护服的研发现状及发展趋势 [J]. 棉纺织技术，2020，v.48；No.582(4)：11-14.

[5] YAN Mengjia，TANG Jiefang，DING Xiaojun，等. Effect of Fabric Structure Parameters on Flame Retardancy of Aramid Fabric% 织物结构参数对芳纶织物阻燃性能的影响 [J]. 现代纺织技术，2019，27(1)：27-31.

[6] 严成，潘虹，王欢，等. 甲纶复合面料的开发及热防护性能 [J]. 消防科学与技术，2018，37(5)：661-663.

[7] 夏建军，张宪忠，王健强. 灭火防护服热防护性能的研究 [C]//中国消防协会. 2017 中国消防协会科学技术年会. 2017.

公路隧道新能源机动车火灾特性及灭火配置分析

徐 志 胜

中南大学土木工程学院　长沙　410075

摘　要：随着国家新能源战略的实施和新能源汽车的发展，汽车交通工具的动力构成将会发生较大变化。新能源机动车在火灾机理、火灾荷载、烟气特性等方面与传统燃油汽车显著不同，这将对隧道的灭火救援等相关设计产生重大的影响。目前对于新能源汽车火灾特性及灭火技术的研究还很少，新能源汽车在国内还处于发展阶段，目前还没有关于通行新能源汽车的隧道消防系统设置的相关规范。本文通过资料调研结合理论分析等研究手段，对新能源汽车火灾原因、火灾特点及现有隧道常用消防灭火系统展开调研分析，确定不同类型新能源汽车灭火系统配置。

关键词：消防　新能源机动车火灾　火灾特性　公路隧道　灭火系统

1　引言

工信部《新能源汽车产业发展规划（2021—2035年)》中提出，到 2025 年，新能源汽车市场竞争力明显提高，销量占当年汽车总销量的 25%，乘用车新车平均油耗降至 4.0 L/100 km，新能源乘用车新车平均电耗降至 11.0 kWh/100 km。到 2030 年，新能源汽车形成市场竞争优势，销量占当年汽车总销量的 40%。2020 年中国新能源汽车销量达到 136.7 万辆，同比增长 13.3%，全国新能源汽车保有量超过 400 万辆。（图1）

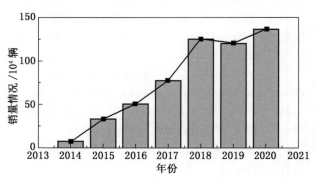

图1　我国新能源汽车销量情况
（截止到 2020 年底）

根据国家工业和信息化部 2009 年 6 月 17 日

发布的《新能源汽车生产企业及产品准入管理规则》[1]，新能源汽车是指采用非常规的车用燃料作为动力来源（或使用常规的车用燃料、采用新型车载动力装置），综合车辆的动力控制和驱动方面的先进技术，形成的技术原理先进、具有新技术、新结构的汽车。新能源汽车包括纯电动汽车（BEV）、混合动力汽车（HEV）、燃料电池电动汽车（FCEV）、氢发动机汽车（HICEV）、其他新能源（如高效储能器、二甲醚）汽车等各类别产品。

2014 年，张得胜等[2]以电动汽车为例，对电动汽车的火灾机理、火焰传播机制以及电动汽车的危险性等方面展开分析，探讨了电动汽车火灾与燃油汽车火灾之间的异同点，并提出了适用于电动汽车火灾的调查方法。2014 年，吴忠华等[3]通过调研电动汽车火灾案例，分析电动汽车构造以及工作原理，确定了电动汽车的火灾危险性，分析了电动汽车电池组燃烧爆炸的诱因及爆炸机理，研究确定电池组的热失控是导致电动汽车起火的主要原因。2016 年，代旭日等[4]分析了内外部环境对锂电池爆炸的影响，研究了生产、储存等环节中的火灾危险性，提出了实战救援角度的锂电池火灾扑救策略。2017 年，柯锦

作者简介：徐志胜，男，博士，教授，就职于中南大学消防工程系，主要研究方向为火灾科学、建筑火灾结构损伤鉴定及修复、城市公共安全及综合防灾、土木工程防灾减灾，E-mail：2318735651@qq.com。

城等[5]结合电动汽车的结构特征，考虑电动汽车火灾危险性，分析了锂电池电动汽车的火灾特点，从识别、警戒、防护、断电、灭火及火灾后清理等方面研究了锂电池汽车灭火救援措施。2019年，吴志强等[6]通过调研电动汽车安全事故，研究电动汽车安全失控原理，考虑影响新能源电动汽车消防救援的关键因素，制定了电动汽车消防安全一体化解决方案。

随着国家新能源战略的实施和新能源汽车的发展，可以预见未见10年至20年内，汽车交通工具的动力构成将会发生较大变化，新能源汽车在交通工具中的占比将逐渐增大，对隧道的灭火救援体系产生深远影响，新能源汽车在火灾原因、火灾特点、灭火特性等方面与传统燃油车有明显差异，亟须研究新能源汽车火灾对现有隧道灭火救援体系的影响。本文拟通过资料调研结合理论分析等研究手段，对新能源汽车火灾原因、火灾特点及现有隧道常用消防灭火系统展开调研分析，确定不同类型新能源汽车灭火系统配置。

2 新能源机动车火灾特点及火灾危险性

随着新能源机动车的迅速发展，数十年后，新能源机动车将在整体保有量中占有相当大的比重。但是与持续使用和发展了100多年的内燃机机动车相比，新能源机动车还远远不成熟，尤其是火灾安全方面。新能源机动车在火灾机理、火灾荷载、烟气特性等方面与传统燃油汽车显著不同，这将对隧道的灭火救援等相关设计产生重大的影响。

2.1 新能源机动车火灾原因

1）极端环境下自燃

高温、潮湿、浸水等环境容易引新能源汽车电池组出现故障，发生短路或热失控等灾害，导致电池组起火，新能源汽车发生自燃。

2）充电故障

若新能源汽车充电设备存在质量低下或管理不当，在充电过程中容易引起充电设备出现故障并起火，火势容易扩大并蔓延到汽车的其余部分，包括电池组。一旦电池组被点燃，易产生喷出火花和喷射火焰从而导致整辆汽车的燃烧。

3）动力系统损坏

当新能源汽车遇到外部撞击等导致电池受到损坏、穿刺或挤压，或氢能汽车氢储罐泄漏等，极易发生电池组起火和氢气储罐发生爆炸，进而导致整车发生燃烧。

2.2 新能源机动车火灾特点

1）触电危险高，处置难度大

新能源汽车中纯电动汽车发生火灾时，容易发生热失控，导致电池组故障，热失控发生在电池内部，难以发现，难以处置，处置不当会有触电风险。

2）结构复杂，灭火时间长

新能源汽车中纯电动汽车电池组是封闭的，可能位于引擎盖或电动车内，且电池组外部结构复杂。因此，火势处于早期发展阶段时可能不会被注意到，普通灭火剂难以直接覆盖到着火处，难以实现快速灭火，导致灭火时间长。

3）燃烧速度快，有害气体多

新能源汽车中纯电动汽车电池一旦发生热失控，电池或其安全阀将破裂并释放有毒物质。随着热失控的发展，更多的电池单元将发送热失控，导致热失控发送连锁反应，产生更多的烟雾和有毒气体。这些有毒气体有氟化氢（HF）、氰化氢（HCN）和一氧化碳（CO）等。吸入这些气体可能导致头晕、头痛、昏迷、意识丧失甚至死亡。锂电池内部的氟含量也可能形成氟氧化磷（POF_3），这种物质比HF毒性更大。电动汽车火灾中释放的氢氟酸（HF）约为传统燃油汽车的两倍。在隧道密闭空间中，有毒气体会与烟气一起在隧道内聚集，可能会出现较大问题。

4）潜在危险多，极易发生复燃

与普通可燃物不同，锂电池火灾中，火源来自其内部发生化学反应，其在氧含量较低甚至无氧的环境中仍能够发生火灾，因此电动汽车的火灾事故中应特别注意火灾复燃的风险。普通灭火措施只能扑灭明火，难以阻断其内部化学反应，明火被扑灭后，有相当大的概率会引起火灾复燃。例如，在美国佛罗里达州一辆特斯拉Model S因以时速140公里撞击墙壁而坠毁，导致车辆起火（图2）。灭火后车辆从现场移开，之后车辆发生复燃。火灾再次被扑灭后，损坏的车辆到达拖车场时，然后再次复燃。

图 2　特斯拉 Model S 高速碰撞后的起火

3　公路隧道新能源机动车灭火分析

3.1　现有隧道常用消防灭火系统分析

当今公路隧道中主要配备了水喷淋灭火系统、水喷雾灭火系统、泡沫灭火系统、泡沫喷淋灭火系统与泡沫–水喷淋联用系统、消火栓系统以及灭火器等灭火设施。

1）水喷淋灭火系统

水喷淋灭火系统的优势为隧道发生火灾后，水喷淋灭火系统可以通过喷射水流，抑制火势，控制起火范围，阻止火灾蔓延，并且对隧道结构起到降温作用，降低隧道结构在火灾中造成的损伤。同时，水喷淋灭火系统也存在以下缺点，当火灾位于汽车内部时，由于车体的阻隔，导致水喷淋灭火系统的灭火效果并不明显；若着火物质为一些能够与水发生反应的物质，施加水喷淋灭火系统容易造成二次事故；若着火物质为油类物品时，开启水喷淋灭火系统容易造成着火区域扩散；水喷淋灭火系统会对隧道顶板下方烟气层的稳定性造成影响，扰乱烟气分层，对人员疏散造成威胁。

2）水喷雾灭火系统

水喷雾灭火系统可分为局部应用系统、面积应用系统和双应用系统。主要作用机理为通过高压水雾喷头将水流分离成细小雾滴，喷向着火区域，从而达到冷却或灭火等目的。对于扑救油类火灾、电气火灾等火灾场景有着良好的应用效果。并且，在水系灭火系统中，水喷雾灭火系统是唯一一种具有灭火和冷却两种功能的灭火系统。但是水喷雾灭火系统不适用于扑救遇水后能发生化学反应造成燃烧、爆炸的物质（如金属钾、钠、磷石灰和生石灰等），若水雾对保护物

品有损伤也不适用。

3）泡沫灭火系统

泡沫灭火系统的作用机理是将水、空气和泡沫灭火剂充分混合，通过泡沫的阻隔、窒息、冷却等作用进行灭火。根据所产生的泡沫倍数，泡沫灭火系统可分为低倍数泡沫灭火系统、中倍数泡沫灭火系统和高倍数泡沫灭火系统。属于水系灭火系统，适用于隧道中发生甲、乙、丙类液体火灾。

4）泡沫–水喷淋联用系统

泡沫–水喷淋联用系统是将传统泡沫喷淋灭火系统与自动喷水灭火系统相结合，利用泡沫灭火系统喷洒泡沫进行灭火，利用水喷淋喷洒水进行冷却，防止火灾复燃。

5）消火栓系统

消火栓是隧道内最基本、最直接的灭火设施，一般以城市自来水或消防水池作为水源，能够及时有效地扑灭火灾。消火栓系统与一般消防人员灭火设施设置在一起，广泛用于各类消防火火场所。目前消火栓已成为隧道必备的固定式灭火系统，国外长大隧道均要求必须设置消火栓系统。

6）灭火器

由于灭火器具有轻便灵活、操作简单、价格低廉等优点，因此其应用广泛，主要适用于初期火灾和小型火灾的扑救。灭火器的种类很多，根据移动方式可以分为手提式灭火器和推车式灭火器；根据存储灭火剂可分为泡沫灭火器、干粉灭火器、卤代烷灭火器、二氧化碳灭火器等。

3.2　电动汽车火灾灭火分析

电动汽车火灾与电池热失控相关，电动汽车一旦发生火灾难以扑灭，需要大量的冷却水以消

除电池的连锁热失控效应,关于抑制电动汽车电池火灾和灭火技术的研究较少,尚未发现可高效抑制锂电池火灾的灭火剂。电动汽车火灾还可能随机发生复燃,确保不会发生复燃的一种方法是让车辆或电池组完全烧毁。当电池组中的所有活性物质耗尽时,复燃的风险将大大降低。

电动汽车中的可燃物主要有电动汽车中的固体易燃材料,例如座椅泡沫和塑料室内装饰,热失控后从电池中喷出的可燃气体、冷却液、制动液、混合动力电动汽车中存储的清洗液、变速箱液和液体燃料,电气设备和电池管理系统(BMS),从已充电的锂离子电池释放的少量金属颗粒。

目前,对电动汽车火灾的电池组熄灭机理研究很少,用于电动汽车灭火的灭火剂和现有灭火策略的可靠性经常受到质疑。如二氧化碳或干粉化学物质可扑灭燃烧中的电池组的火焰,火灾可以受到控制,但是无法冷却电池组并防止复燃。电动汽车灭火应考虑降温、灭火,避免产生易燃气体、复燃、爆炸。电池组的冷却是必须的,水是一种非常常见的灭火剂,具有出色的冷却能力,尽管可能存在触发更多的电气故障的潜在的负面影响,但仍是现在控制电动汽车火灾的主流方案。抑制电动汽车着火的主要方式是降低已处于热失控状态电池的温度,困难在于大部分电动汽车电为防止电池组被水和灰尘渗透,通常对电池组进行密封处理,确保其免受外部环境影响。因此,水的外部施加只会影响可见的火焰、电池组的外表面及其周围的所有材料。

电动汽车火灾类型可按 C 类气体火灾处理,同时用大量的水充分冷却高压供电电源组外部。优先选择水及水系灭火剂,也可选用具有良好降温效果的气体灭火剂(六氟丙烷和全氟己酮等)。但是,干粉灭火剂仅可扑灭电池组外部火灾,无法有效提供降温效果,控制火灾蔓延,在紧急情况下也可采用。因此电动车在隧道中发生火灾时,隧道内应配备水系灭火系统,比如水喷淋灭火系统、消火栓系统等。

3.3 燃料电池汽车与氢发动机汽车灭火分析

燃料电池汽车常用的燃料是氢气或甲烷,氢发动机汽车燃料为氢气。甲烷是一种有机化合物,燃点为 650 ℃,爆炸上限为 13%~17%,下限为 3.6%~6.5%。氢气是无色并且密度比空气

小的气体,常温常压下,氢气是一种极易燃烧,按理论计算,氢气爆炸极限的范围极广,为 4.0%~75.6%。隧道为狭长封闭空间,一旦燃料电池或氢发动机汽车发生火灾,极易造成可燃气体积聚,引发爆炸事故,应立即组织人员疏散,由专业人员进行处置。

现阶段,燃料电池汽车与氢发动机汽车灭火可参照《新能源汽车灭火救援规程和锂电池生产仓储使用场所火灾扑救安全要点》(公消 2016〔413〕号)[7]执行。燃料电池汽车与氢发动机汽车着火后可按 C 类气体火灾处理,同时驱散、稀释可燃蒸汽云团。发生氢气或甲烷泄露时,低温液体会迅速挥发。如采用水或水系灭火剂灭火,会增大液体吸热面积,液体急速挥发,形成可燃蒸气云。因此若隧道中发生燃料电池汽车与氢发动机汽车火灾,应禁止使用水及水系灭火剂,可选用干粉灭火剂,或者气体灭火剂。

4 公路隧道新能源机动车应急联动控制系统配置需求

目前国内外对于新能源机动车火灾特性、原因等研究表明,新能源机动车火灾与传统燃油机动车火灾有着明显差别。随着新能源机动车数量的快速增长,隧道内通行的新能源机动车比例扩大,若继续使用传统的应急联动控制系统,则不能较好地控制火灾、减少损失,因此需要对通行新能源机动车隧道应急联动控制系统配置展开研究,提出设置需求,为实际工程提供科学的参考。

4.1 配置新能源汽车火灾早期探测系统

根据资料显示,大多数纯电动汽车火灾事故是由内部电池故障引起的。纯电动车的电池一般位于车体内部,电池因发生故障而导致功能异常并进一步发生火灾时,车体外部是并无异常反应的,当电池火灾发展到一定程度的时候,车体才会受到影响,火势会向整个车身蔓延。因此早期电池火灾发生在车体内部,普通火灾探测器只能探测到有明显烟气或者温度特征的火灾,而无法探测到车体内部的电池火灾,当普通火灾探测器能够探测到纯电动车的火灾时,火灾很有可能已发展到较为猛烈的阶段。

对于纯电动车的火灾,需要使用能够探测到

车体内部温度变化的特殊探测器，这样才能够在电池火灾初期就及时发现，将火灾在初期时就将其抑制，留给司乘人员及隧道内人员足够的时间逃生，把损失降到最低。

4.2 配置气体浓度探测传感器

新能源机动车使用电池作为动力源，根据国内外目前的研究，当电池发生热失控后，电池内的安全阀和电池壳的裂缝中会释放出烟雾，这种烟雾是有毒气体和易燃气体的混合物。这些气体可能被附近的火源点燃或是发生自燃而进一步扩大火势，这些气体若是聚集在一个封闭的区域并与周围的氧气混合，一旦出现引燃源，可能会发生气体爆炸。

为了能够探测到早期火灾并减少火灾带来的二次伤害，需要在隧道中增设气体浓度探测器，有助于及时发现火灾并能尽早控制火灾。

4.3 探讨采用通风排烟系统用于有害气体稀释

新能源机动车火灾可能会释放出有毒气体或易燃易爆气体，在火灾发生时开启通风排烟系统可以使得汽车产生的有毒气体以及易燃易爆气体得到稀释，减少有毒气体带来的危害以及易燃易爆气体带来的隐患。但是当通风排烟的关键参数设置不当时，可能会加速火灾的蔓延，使得火势不能较好地得到控制，造成较大的损失。

为了能够使得火灾发生时释放的有毒气体和易燃易爆气体得到一定程度的稀释，以及将火势较好地控制，需要对隧道内通风排烟关键参数展开研究，确定关键参数，以更好地抑制火灾的蔓延和有毒气体的蓄积。

4.4 灭火系统配置

新能源机动车灭火应考虑降温、灭火、避免产生易燃气体蓄积，进而引发爆炸。

对于纯电动车火灾而言，锂电池的冷却是必须的。水是一种非常常见的灭火剂，具有出色的冷却能力，尽管可能存在触发更多的电气故障的潜在的负面影响，但仍是现在控制电动汽车火灾的主流方案。干粉灭火剂仅可扑灭对锂电池外部火灾，无法有效提供降温效果，控制火灾蔓延，在紧急情况下也可采用。

对于燃料电池汽车而言，发生氢气或甲烷泄漏时，低温液体会迅速挥发。如采用水或水系灭火剂灭火，会增大液体吸热面积，液体急速挥发，形成可燃蒸气云。因此禁止使用水及水系灭火剂，可选用干粉灭火剂，或者气体灭火剂。

对于传统燃油汽车，隧道中的消防系统应按以下配置：

① 消火栓系统；

② 固定式水成膜泡沫灭火系统；

③ 灭火器选择干粉灭火器；

④ 泡沫-水喷淋联用系统。

该配置方案可满足传统燃油汽车及油类火灾的灭火需求。

对于新能源汽车，隧道中的消防系统可按以下配置：

① 消火栓系统：满足纯电动汽车灭火过程大量冷却水的需求；

② 干粉灭火器：适用于新能源汽车 C 类火灾；

③ 需进一步探讨适用于新能源的自动灭火系统设计方案及方法。

5 结论

相比于新能源汽车火灾，传统内燃机汽车火灾处理已形成完整的体系，并且在相关规范中也有明确的灭火系统配置的规定。新能源汽车在国内还处于发展阶段，目前还没有关于通行新能源汽车的隧道灭火系统设置的相关规范。本文通过资料调研结合理论分析等研究手段，对新能源汽车火灾原因、火灾特点及现有隧道常用消防灭火系统展开调研分析，确定不同类型新能源汽车灭火系统配置。主要得出以下结论。

（1）新能源汽车在隧道中发生火灾后，火灾类型可按 C 类气体火灾处理。

（2）目前缺少高效率抑制电动汽车电池组火灾的灭火剂，电动汽车发生火灾后，优先选择水及水系灭火剂，也可选用具有良好降温效果的气体灭火剂。

（3）干粉灭火剂仅可扑灭电池组外部火灾，无法有效提供降温效果，控制火灾蔓延，在紧急情况下也可采用。

（4）燃料电池汽车与氢发动机汽车发生火灾后，如果采用水或水系灭火剂灭火，会增大液体吸热面积，液体急速挥发，形成可燃蒸气云。因此禁止使用水及水系灭火剂，可选用干粉灭火剂，或者气体灭火剂。

参考文献

[1] 吴憩棠．分级管理和准入条件：解读"新能源汽车生产企业及产品准入管理规则"[J]．汽车与配件，2009(29)：16-19．

[2] 张得胜，张良，陈克，等．电动汽车火灾原因调查研究[J]．消防科学与技术，2014，33(9)：1091-1093．

[3] 吴忠华，李海宁．电动汽车的火灾危险性探讨[J]．消防科学与技术，2014，33(11)：1340-1343．

[4] 代旭日，何宁．锂电池火灾特点及处置对策[J]．消防科学与技术，2016，35(11)：1616-1619．

[5] 柯锦城，杨旻，谢宁波，等．锂电池电动汽车灭火救援技术探讨[J]．消防科学与技术，2017，36(12)：1725-1727．

[6] 吴志强，廖承林，李勇．新能源电动汽车消防安全现状与思考[J]．消防科学与技术，2019，38(1)：148-151．

[7] 新能源公交车消防安全有规可依：公安部印发新能源汽车/锂电池仓储灭火救援规程[J]．人民公交，2017(1)：14．

我国消防救援战略科技力量
发展现状及强化策略研究

肖 磊

应急管理部天津消防研究所 天津 300381

摘 要：本文立足国家综合性消防救援队伍防范化解重大安全风险、应对处置各类灾害事故的职责使命，以"两个至上"为根本遵循，从战略高度、科技角度、创新维度，以建设世界消防救援科技强国为奋斗目标，对新时期我国消防救援战略科技力量的发展现状进行了充分调研分析和强化策略研究。

关键词：消防救援 消防救援战略科技 建设策略

1 引言

一直以来，党中央和习近平总书记高度重视国家战略科技力量建设。《中共中央关于制定国民经济和社会发展第十四个五年规划和二〇三五年远景目标的建议》中明确提出，要强化国家战略科技力量。2020年12月召开的中央经济工作会议上，"强化国家战略科技力量"被列为2021年度八项重点任务的首项工作，2021年全国两会政府工作报告中更进一步指出要强化国家战略科技力量。

消防救援是一门综合性、交叉性学科，涉及安全科学与技术、数学、物理学、化学、机械、电子、建筑、信息、心理、生理、医学，以及灾害学、管理学、经济学、哲学、教育学等众多学科，尤其需要进一步从战略高度，统筹消防科技发展路线和资源配置。在党中央、应急管理部党委和消防救援局党委的坚强领导下，如何有效整合消防救援领域优势高校、科研院所、龙头企业等创新资源，进一步强化国家消防救援战略科技力量建设，已成为新时代消防救援科技事业高质量发展的时代之问。

2 消防救援形势特点与科技需求

习近平总书记在中共中央政治局第十九次集体学习中强调，要优化整合各类科技资源，推进应急管理科技自主创新，依靠科技提高应急管理的科学化、专业化、智能化、精细化水平。要加大先进适用装备关键技术研发，提高突发事件响应和处置能力。要提高监测预警能力、监管执法能力、辅助指挥决策能力、救援实战能力和社会动员能力，为国家消防救援战略科技力量的建设方向指明了方向。

2.1 消防救援队伍职责定位的新变化

消防救援队伍作为我国应急救援的主力军和国家队，承担着防范化解重大安全风险、应对处置各类灾害事故的重要职责。在承担原有的防火监督、灭火救援和以抢救人员生命安全为主的应急救援任务基础上，增加了水灾、地质灾害、台风、洪涝、石油化工、山岳等灾害事故救援任务，职责使命空前拓展，出警任务量大幅提高，更提高了救援的工作强度和高风险性。

本着国家消防救援战略科技工作"围绕实战、贴近实际、服务实战"的理念，目前消防救援队伍主要存在科技支撑与现实需求不匹配问题。尤其在社会单位消防监督检查智能化、火灾扑救技战术、应急救援和应急处置科学专业化、日常备勤作战安全等方面普遍存在周边环境难以预测、消防通信能力不足、火灾扑救困难、特种灾害现场处置需求多样、事故作战持续时间长、

作者简介：肖磊，男，应急管理部天津消防研究所党委副书记、应急管理部消防救援局特约研究员，主要研究方向为消防战略研究，E-mail：xiaolei@tfri.com.cn。

训练演练贴近实战、消防员个人防护与职业安全健康等方面诸多问题，对专业化、智能化、信息化的新一代消防救援技术装备需求极其迫切。

2.2 新时代对消防救援提出了新要求

随着新时代我国社会主要矛盾的转化，消防救援工作必须牢固树立"以人民为中心"的发展理念，统筹发展与安全，建立高效科学的国家消防治理体系和治理能力，提升全社会防范和抵御重大事故风险的能力，满足人民群众对美好生活向往。2018 年党和国家机构改革，以习近平同志为核心的党中央着眼中国灾害种类多、分布地域广、发生频率高、造成损失重的基本国情，组建国家综合性消防救援队伍，建设新时代国家应急救援体系，全面提高国家防灾减灾救灾能力、维护社会公共安全、保护人民生命财产安全。

2.3 新时代消防救援科技体系

面向"全灾种、大应急"的新时代消防救援科技体系主要聚焦应急救援和火灾防控两个领域。其中，应急救援主要包括：消防通信指挥技术装备、火灾扑救技术装备、特种灾害救援处置、消防救援现场处置技术装备、消防车辆技术装备、消防员防护技术装备、消防无人装备和消防实战化训练与消防员职业健康等。火灾防控科技体系主要包括：消防安全风险评价、火灾监测预警与探测报警、防火阻燃、结构耐火、人员安全疏散技术、工业火灾爆炸防控、事故原因调查、消防监督管理等。

2.4 消防救援任务的复杂性与多样化

随着我国经济社会进入新发展阶段，生产安全各类风险隐患交织叠加，事故多发、频发、突发特征明显，生产安全事故防治仍处于脆弱期、爬坡期、过坎期。我国超高层建筑、超大型城市综合体数量激增，石油化工行业、新能源产业、轨道交通和现代化仓储物流领域等迅猛发展，各类消防安全隐患存量难消、增量难控、总量难降，复杂性日益加剧，火灾总体仍呈高发态势。"十三五"以来，我国年火灾发生起数均在 23 万起以上，消防安全工作面临巨大挑战，急需科技进步引领战略支撑现代化消防治理体系的构建。

2.5 重特大火灾扑救与灾害事故处置救援科技支撑水平仍需提升

重特大火灾扑救与灾害事故救援中的力量部署、作战模式、内攻与撤离时机等指挥决策主要依赖经验，缺乏全灾种、全要素、全过程、全链条的系统综合，既有防治理论、技术、仪器装备与能力体系与实战需求都存在明显差距和亟须补齐的短板，防治核心技术与仪器设备依然依赖欧美发达国家，困扰我国重大灾害与事故防治的关键共性科技难题仍有许多瓶颈亟待攻克。

3 我国消防救援科技发展现状

3.1 我国消防科技创新主体概况

自 20 世纪 60 年代，我国着手组建消防专业研究机构，学科体系不断完善，逐步建立了独立自主的消防科技体系与科研力量。历时 50 余年建设发展，我国已形成了以应急管理部直属的天津、上海、沈阳和四川消防研究所，中国科学技术大学火灾科学国家重点实验室，中国人民警察大学消防工程系，中国建筑科学研究院建筑防火研究所，中国消防救援学院，以及相关科研院所和高等院校为主体的消防救援科技创新体系。

1) 专业消防研究机构

应急管理部直属的天津、上海、沈阳和四川4 个消防研究所于 1963 年至 1965 年陆续成立，主要从事消防科学技术研究、消防产品质量检验、火灾物证鉴定、消防标准化、消防产品研发及工程应用、消防技术服务等工作。4 个消防研究所作为国家综合性消防救援队伍的战略科技支撑力量，扎实践行习近平总书记重要授旗训词要求，致力于为防范化解重大安全风险、应对处置各类灾害事故提供可靠、智能、高效的消防创新科技成果，培养消防科技领军人才，发挥消防科技智库作用，保障消防产品质量安全，引领消防科技进步和产业升级。

消防与应急救援国家工程实验室于 2016 年11 月由国家发改委批准建设，旨在通过先进技术的攻关突破和产学研用的工程试验平台建设，提升我国消防与应急救援领域自主创新能力，促进相关标准、规范的制定，进一步实现技术产业化和大面积推广应用，加强基础研究和产业研发之间的有机衔接，促进消防与应急救援产业深度发展。

2) 中国科学技术大学火灾科学国家重点实验室

火灾科学国家重点实验室总体定位是开展火灾安全基础研究，主导我国火灾科学基础研究，引领国际火灾科学若干研究方向，成为国家火灾安全科技战略智库，建成具有特色鲜明、国际一流的火灾研究平台基地。其研究方向主要包括火灾动力学演化、火灾防治关键技术、火灾安全工程理论及方法学和公共安全应急理论及方法。

3）消防工程高等院校

目前，开设消防工程专业本科层次学历教育的高等院校主要包括中国消防救援学院、中国人民警察大学、中南大学、西南交通大学、中国矿业大学、安徽理工大学、常州大学、南京工业大学、沈阳航空航天大学、西南林业大学、西安科技大学、河南理工大学、内蒙古农业大学、河北建筑工程学院等数十所。这些高等院校为我国培养了大量高素质的消防科技和消防管理人才，为促进国家消防行业全面发展提供了丰富的智力支持和人才保障。

此外，由于消防科技的学科交叉特点，越来越多的科研院所跨界开展消防无人机、消防机器人、消防技战术、消防员个体防护等科学研究。总体而言，目前我国消防科技研究体系已成规模，但由于地理位置分布、单位开放程度、特色专长领域、人才资源配置等原因，导致消防科技创新资源存在碎片化问题，尚难以形成科技创新的战略合力。

3.2 我国消防产业发展概况

当前，我国消防产业主要分为消防产品、消防工程和技术服务三个子产业，其中消防工程企业超8000家，消防产品企业超5000家，消防技术服务企业超5000家，拥有一级注册消防工程师16000余人，消防产业链条完备、规模大、从业人数多。已在江西、浙江、安徽、广东等多地初步形成消防产业聚集区，形成了江山经济开发区、长沙高新区等多个以消防产业为主的国家应急产业示范基地。同时也要看到，我国消防产业企业产品与国外同类企业相比，存在普遍低端化、产品多样化不够、低价竞争等恶性竞争严重、自主知识产权不足、智能化自动化集成化等科技水平较低、领军企业匮乏等问题。亟须通过产学研和科技成果转化加速我国消防产业升级转型，突破高水平关键装备研发"卡脖子"问题。

3.3 我国消防救援战略科技力量概况

我国消防救援战略科技力量目前主要有以下5种形式：①应急管理部天津消防研究所，是国家消防救援科技工作的战略研究所。同时包括应急管理部直属的上海、四川和沈阳消防研究所，以及消防产品合格评定中心。②政府有关部门成立的专家组/库。例如，应急管理部成立了应急管理部灭火救援专家组、火灾调查专家组，消防救援局建立了消防救援队伍政治工作智库特邀专家、特约研究员及特约研究员年会制度，成立了全国火灾事故调查学术委员会，启动了消防救援局人才库建设等。③国家消防救援相关规划临时编制工作组。如国家"十四五"消防工作规划编制组等。④应急管理部、科技部、消防救援局消防领域重点研发课题承担单位及负责人等。⑤负责全国消防专业领域标准化工作的全国消防标准化技术委员会及各分技术委员会。其秘书处均设在应急管理部消防救援局。总体而言，面对国家治理体系和治理能力现代化需求，我国的战略科技力量体系建设仍有很大提升空间，特别是战略决策、资源配置、产业部局等顶层设计还需加强，在面向基础研究、技术前沿、产业发展等维度支撑能力不足，容易出现战略决策"上热、下冷、中梗阻"现象。

应急管理部天津消防研究所针对此问题，下大力气作出尝试与探索。所党委把握新发展阶段，贯彻新发展理念，构建新发展格局，立足研究所"十四五"规划，以满足"全灾种、大应急"需求为导向，以"开放办所"为抓手，全面提升科技创新、科技服务的质量和水平，不断推进新时代消防科技战略合作迈上更高水平。目前，已与华为、海康威视、三一重工等龙头企业及北京、上海、天津、湖南等消防救援总队签署战略合作协议，与天津训练总队签署"所队"深度融合战略合作协议，"产学研"合作平台已具规模。同时天津消防研究所通过健全战略合作保障，完善开放合作机制，加强战略合作平台管理，加强人才合作实践探索，关注原始创新突破，保护产权资金技术，充分激发了所内外科技创新活力。

4 强化新时代消防救援战略科技力量建设策略

当前，我国消防救援科技发展存在的瓶颈难题：一是重大火灾及灾害事故致灾机理与风险管理基础理论有待进一步加强；二是典型灾害与特种灾害监测预警、风险动态识别评估、灾害防控、高效应急救援处置等关键技术有待突破；三是"事中""事前"科技支撑欠缺，"事后"调查深度不足；四是实战化指挥决策、力量调度等关键策略有待攻克；五是消防救援事业战略发展与国际化软科学研究有待进一步加强；六是消防救援科技基础投入尚不能满足我国科技事业快速发展的需求；七是消防救援科技创新领域人才梯队建设不足，科研自主创新能力不够强；八是政产学研用协同创新平台建设力度不够，科技成果转化体制机制有待打通等。消防救援战略科技力量应立足长远，着眼国家"十四五"时期加快科技创新的迫切要求，坚持面向世界科技前沿、面向经济主战场、面向国家重大需求、面向人民生命健康，不断向科学技术广度和深度进军，着力破解消防救援科技战略发展技术瓶颈。

4.1 强化顶层设计，发挥举国体制优势

确立"十四五"期间消防救援科技创新战略方针、战略目标、战略重点和战略举措，制定关键消防产业和新兴产业消防救援技术发展路线图。加强科技资源统筹协调，正确处理政府与产业，主管部门与地方，高校、科研院所与企业等创新主体之间的关系。由顶层统筹制定消防救援科技资源整合实施方案，发挥"集中力量办大事"的举国体制优势，集中解决消防救援科技基础性、战略性、关键性、颠覆性和开创性的重大战略科技问题。要进一步充实完善面向消防治理体系和治理能力现代化建设目标的创新体系布局，推进消防战略科技力量同一线实战和产业主体的协同创新，打造新型创新链、产业链，推动科技成果向战斗力和生产力的转移转化，推动消防救援工作的整体创新效能。

4.2 加快实施消防救援科技领域重点研发任务

组织实施体现国家战略意图的消防救援科技重点研发任务，加大基础研究投入力度，集中消防救援科技优势力量，努力实现高效环保灭火剂、消防侦检传感器、大流量大跨度消防车等关键核心技术自主可控。加强云计算、大数据、物联网、人工智能、区块链、语音识别、星座卫星通信、5G通信、新材料等新兴技术同消防技术融合，实施一批具有前瞻性、战略性的消防救援科技重大工程。加大水域、地质、化工、山岳实训演练平台和消防员个体防护装备的研发投入，提升消防救援人员作战技战术能力，保障消防员职业健康安全。要鼓励青年科研人员挑担子，谁能干就让谁干，引导年轻科研干部树立创新自信，勇敢挑战前沿科技难题，有勇气、有能力、有办法解决"卡脖子"问题、拿出"撒手锏"成果。要进一步统筹推进消防战略性攻关项目和重点工程，推动科研机构、高等院校、消防企业加强战略合作和资源优化配置，推动形成系统性优势，进一步提升消防事业的国际竞争力、影响力和号召力。

4.3 高水平建设国家级消防救援创新主体

国家级创新主体是开展战略研究、实施科技强消的重要载体，应当进一步加强对国家消防工程技术中心、消防与应急救援国家工程实验室和火灾科学国家重点实验室高水平建设的支持力度。要整合国内消防救援科技创新资源，大力推进国家技术创新中心建设，打通整体的火灾防治和消防救援领域创新链条，实现承上启下、统筹联动的功能作用，有效激发"产学研用一体化"创新主体创新热情和活力。进一步贯彻落实和扩大应急管理部直属的"四所一中心"科研自主权，引导建立以"四所一中心"属地为中心的，服务京津冀一体化、粤港澳大湾区、长江三角洲经济带、川渝经济区和东北老工业基地振兴等国家战略的区域消防产业科技创新中心和产业集聚区，为国家经济社会高质量发展和人民群众生命财产安全发挥消防战略科技力量。

4.4 坚持"四个面向"，为实现消防战略科技力量转型升级砸实根基

实现消防救援战略科技力量转型升级和高质量发展，关键是要坚持以习近平新时代中国特色社会主义思想为指导，贯彻"创新、协调、绿色、开放、共享"新发展理念，始终坚持"四个面向"，建立健全有利于消防中心工作发展的基础性科技创新制度体系和高水平创新平台。要

充分依托现有创新主体条件，加强质量基础设施建设，全面深化消防标准化改革，完善标准体系，以提升标准的有效性、先进性、适用性为依托大力推动消防产业整体升级。要不断开发先进可靠的检验检测技术，创新检验方法，优化检验装备，提升检验认证能力，为保障和提升消防产品质量夯基筑底。要贯彻落实国家知识产权战略，依靠知识产权制度保护消防行业创新创造活力，避免低端竞争、恶意竞争，在关键技术领域加速形成独立自主的高价值专利和专有技术，筑牢国家消防战略科技力量的核心竞争力。要充分发挥战略科技力量的示范带动作用，打造高端学术交流平台与协同创新平台，充分利用物联网、大数据、云计算和人工智能等新技术，实现基础科学和应用研究信息数据的充分共享和广泛利用，为科研活动提供强大服务保障，让"消防安全永远第一"理念更加深入人心。

5 结论

立足国家社会经济新发展阶段，强化国家消防救援战略科技力量建设，是践行总体国家安全观，加快消防科技自主研发、自立自强，建设世界消防救援科技强国的重要保障。针对当前我国消防救援战略科技力量仍很薄弱、部分关键共性核心技术尚未突破、消防产业发展仍需高质量转型升级，无法有效支撑消防实战的现状，本文进行了深入的强化建设策略研究。一是强化顶层设计，发挥举国体制优势；二是加快实施消防救援科技领域重点研发任务；三是高水平建设国家级消防救援创新主体；四是坚持"四个面向"，为实现消防战略科技力量转型升级砸实根基。

参考文献

[1] 习近平总书记向国家综合性消防救援队伍致训词 [J]. 消防科学与技术，2019，38（1）：1.

[2] 肖磊. 扛起科技支撑消防救援工作的时代使命 [J]. 中国消防，2019（11）：56-58.

[3] 肖磊. 打造新时代消防救援科技的战略中坚力量 [C] // 中国消防协会. 2020中国消防协会科学技术年会论文集. 北京：新华出版社，2020.

[4] "中国工程科技2035发展战略研究"项目组. 中国工程科技2035发展战略·公共安全领域报告 [M]. 北京：科学出版社，2020.

[5] 孙旋. 我国消防科技发展现状及展望 [J]. 安全，2020，41（2）：1-6，105.

消防员灭火防护服标准中若干问题的探讨

夏建军　刘向军　王　颖

应急管理部天津消防研究所　天津　300381

摘　要：为了更好地保障消防员灭火防护服的功能，本文基于标准开展了若干问题的系统分析。首先，本文介绍了消防员灭火防护服的标准要求和统型文件。然后，分析了防护服自身的若干参数性能，包括防水透气层阻燃性能、防水透气层和隔热层的克重波动、织物热防护性能的收缩率等。接着，分析了防护服测试方法的问题，包括针对拉链基布和纱线改进垂直燃烧法的试样夹、针对色差引入了ColorData等。最后指出，标准的制修订应该注重其实用性和便捷性，以期更好地实现消防员的安全和舒适。

关键词：灭火防护服　标准　阻燃性能　热防护性能　ColorData

1　引言

消防员灭火防护服指的是消防员进行灭火救援时穿着的用来对躯干、头颈、手臂和腿部进行防护的专用服装，主要包括外层、防水透气层、隔热层和舒适层。虽然近年来，该标准目前的归口单位已经从公安转到了应急管理部，目前其认证性质从强制性认证变成了自愿性认证，不过由于该装备是消防员最常用的火场装备，所以其安全性能一直备受关注。标准的目的是规范相关产品的性能，《消防员灭火防护服》（XF 10—2014）自2014年推行后，极大地推动了消防员灭火防护服的规范化和标准化，同时配合统型文件促进了装备的统一规范。同时，消防救援局在前期统型的基础上还刊发了《20式消防员灭火防护服款式标识统型要求》文件。在标准的具体实施过程中也发现了一些需要改善的问题，本文从实际实践的角度针对标准提出了如下若干问题。

2　消防员灭火防护服参数性能的若干建议

2.1　防水透气层的阻燃性能

《消防员灭火防护服》（XF 10—2014）在"6.2阻燃要求"条款中规定了防护服的外层、隔热层、舒适层材料洗涤后的阻燃性能，但是并未规定防水透气层的阻燃性能，所以建议补充该条款。

在现实功能中这种阻燃性能的要求是必要的，消防员灭火防护服最外面是外层梭织布，然后是紧贴着外层的防水透气层，以及隔热层和舒适层。火焰或辐射应首先接触外层，然后作用于防水透气层。考虑到消防员灭火防护服除了具备阻燃性能、热稳定性之外，还要求其具有一定的热防护性能 TPP（Thermal protective performance），即是透过织物引起人体二度烧伤的热能值 TPP 不能低于28。所以，为此有必要通过规定防水透气层阻燃性能的形式、间接提升或者保障消防员灭火防护服的热防护性能。

在实际应用中这种阻燃性能的要求是可行的，防水透气层主要是聚四氟乙烯膜复合到芳纶、芳砜纶、聚酰亚胺等耐高温无纺布制备而成的，因此其阻燃性能一般会符合相应的要求。不过，一些其他材料也将应用于无纺布之中，比如价格相对较低的蜜胺类产品，为了进一步保证准备的安全性，有必要在标准中明确防水透气层阻燃要求（表1）。

基金项目：2020年消防救援局应用创新计划项目"灭火防护装备洗消技术研究"（2020XFCX24），2020年消防协会团体标准《消防员防护辅助装备保暖绒衣》

作者简介：夏建军，男，工作单位为应急管理部天津消防研究所灭火剂研究室，主要从事消防员个人防护装备的研究工作，E-mail：xiajianjun@tfri.com.cn。

表 1　防水透气层的阻燃性能要求

参数名称	洗涤次数	续燃时间	损毁长度	现象
预期要求数据	25 次	≤2 s	≤100 mm	无熔融滴落
实际测试数据	25 次	经向 0 s，纬向 0 s	经向 26 mm，纬向 29 mm	无融滴

2.2　防水透气层和隔热层的单位面积质量

标准《消防员灭火防护服》(XF 10—2014) 在"6.8 单位面积质量"条款中要求"每层材料的单位面积质量应符合面料供应方提供的额定量的 (100±5)% 范围内"。这个质量波动对于消防员灭火防护服的外层和舒适层没问题，但是对于防水透气层或者隔热层则存在一定的难度，所以建议放宽该质量波动。

在现实功能中更宽的质量波动是必要的。对于消防员灭火防护服的外层梭织布和舒适层梭织布（图1），由于经向纬向的纱线较为均一，其纱线密度离散系数大都在2%以内，所以这种"5%"的质量波动难度较小。防水透气层或隔热层主要以无纺布水刺毡作为基材。无纺布水刺毡的加工原理是纤维铺网后，采用高压产生的多股微细水射流喷射纤网，在这个过程中水射流穿过纤网后会受到托持网帘的反弹而再次穿插纤网，纤网中纤维在不同方向高速水射流穿插的水力作用下产生位移、穿插、缠结和抱合，从而使纤网得到加固。由于常用的耐高温纤维其刚性极大，所以可能存在无纺布不均匀的情况。同时试验表明，10%波动范围内的织物其热防护性能仍然有所保障，特别是美国和欧洲的无纺布质量标准要求也是在10%以内，所以有必要通过放宽防水透气层和隔热层面积质量的形式，间接促进国产无纺布的更高通过率。

图 1　梭织布与无纺布

在实际应用中，国外进口10%的无纺布目前基本上能够满足"5%质量波动"的要求，但是其标注仍然为"10%质量波动"，而国内的芳纶无纺布一般质量波动会控制在"8%"以内，特别是聚酰亚胺无纺布盐质量波动会在"10%"以内。所以建议放宽无纺布的重量波动范围，从5%放宽到8%、甚至10%，同时这一条款是可行的。

2.3　多层服装热防护性能的收缩率

标准《消防员灭火防护服》(XF 10—2014) 规定了服装的整体热防护性能，在"6.1 整体热防护性能"条款中要求"防护服整体热防护能力的 TPP 值不应小于28.0，且无熔融、脆裂和收缩现象"。但是，服装在受热环境下可能会受到高温而收缩，这种收缩几乎是难以避免的，所以有必要约束该"收缩"现象。

在现实功能中约束该"收缩"是必要的，《消防员灭火防护服》(XF 10—2014) 的"6.3 热稳定性能"还规定了"6.3.1 防护服的外层、防水透气层、隔热层材料，膝盖、肘部、肩部等外层加强材料，经 (260±5)℃ 热稳定性能试验后，沿经、纬向尺寸变化率不应大于10%，试样表面应无明显变化"。因此服装在受热环境下收缩是正常的，而 TPP 性能测试的时候，其火焰温度高达 1000 ℃，而且以 TPP 数值为 28 为例，多层织物的炙烤时间至少是 14 s，所以针对这种标准内部的矛盾、有必要进一步明确该"收缩"的现象。

在实际应用中约束该"收缩"是可以量化的，试验中芳纶材料外层的收缩最为明显、PBI 聚苯并咪唑材料的织物最不明显，同时还发现收缩明显的芳纶织物其 TPP 比 PBI 织物更高，因此适当的收缩是有助于提升 TPP 的。如图2所示，热防护性能试验后的四层织物中的外层芳纶织物其经向收缩可达 8.8%，纬向收缩可达 21.6%，而如果全部放在热防护性能试验中预计在15%以下，所以明确"收缩"的参数可行性很大，即将该条款修订为"防护服整体热防护能力的 TPP 值不应小于28.0，且无熔融、脆裂和明显的收缩现象，收缩率不超过15%"。

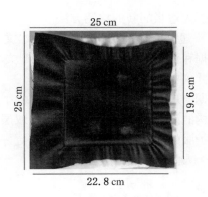

图 2　热防护性能检测试验样品

3　消防员灭火防护服检测方法的若干建议

3.1　防护服外侧附件材料的阻燃性能检测方法

《消防员灭火防护服》（XF 10—2014）"6.2 阻燃要求"规定"6.2.2 固定在防护服外面的防护护腕、布标签、徽章、挂衣环、黏合物、拉链基布、缝纫线、口袋材料，经过 25 次洗涤后，续燃时间不应大于 2 s，且不应有熔融，滴落现象"。这一条款的阻燃参数性能约束是有必要的，但是"7 实验方法"中条款"7.3 阻燃性能试验"规定"阻燃试验方法按 GB/T 5455—1997 进行，判断试验结果是否符合 6.2 的规定"。这里面存着这些附属样品过小而难以进行垂直燃烧法试验的操作问题，因此应该改进附件材料的阻燃性能检测方法。

目前，垂直燃烧法所用的试样夹规格为 51 mm×356 mm，所以理论上周宽度在 51 mm 以上的才好夹在夹具上、进行相关性能的检测。在附件材料中，防护护腕、补标签、徽章、较大黏合物可能还好能够在宽度上勉强加进试样夹并进行检测，但是拉链基布、缝纫线等因为太窄则难以进行相关的检测（表 2）。

表 2　外层附件的尺寸规格

项目	长度/mm	宽度/mm	备注
布标签范例	150	100	方形
徽章范例	90	110	盾形
黏合物范例	90	57	方形
拉链基布范例	—	30	
缝纫线	—	—	线

对此，需要调整原有标准或者采用新的更适

合的标准。比如针对现有的垂直燃烧法夹具（图 3），进行辅助夹具的改进，最终得到了改进型夹具既可以测试更窄的样品，比如拉链基布，也能够通过水平金属固定纱线。比如引入《塑料　燃烧性能的测定　水平法和垂直法》（GB/T 2408—2008）标准后，测试拉链基布或者纱线的水平燃烧性能；再比如引入《纺织品　燃烧性能试验　氧指数法》（GB/T 5454—1997）测试极限氧指数 LOI（limiting oxygen index），进而更为精准地测试纱线样品。

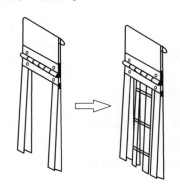

图 3　试样夹的改进

3.2　外层色差的检测方法

《消防员灭火防护服》（XF 10—2014）"6.14 色差"规定"防护服的领与前身、袖与前身、袋与前身、左右前身及其他表面部位的色差不应小于 4 级"。同时"7 实验方法"规定了"7.15 色差检验：测定色差级别时，被测部位应纱线编织方向一致，用 600 lx 及以上的等效光源。入射光与被测物约成 45°角，观察方向与被测物大致垂直，距离 60 cm 目测；与 GB/T 250 样卡对比，判断检验结果是否符合 6.14 的规定。"由于目测比色卡的方法有一定的误差，特别是《20 式消防员灭火防护服款式标识统型要求》中明确规定了"外层的藏蓝色其潘通色号为 PANTONE 19—4013 TCX Dark Navy"。

目前，芳纶纤维和 PBI 纤维的藏蓝色可以通过实现原液染色，但是随着一些新型功能纤维的引入，这种"藏蓝色"在用肉眼评价的时候可能面临着更大的误差。比如耐热性能更好的聚酰亚胺纤维难以进行原液染色，所以一般会使用黑色的聚酰亚胺纤维与藏蓝色的芳纶纤维进行混纺，以期实现装备整体的藏蓝色。但是，严格意义这种颜色不宜用误差较大的肉眼来评价，而是应该考虑采用 DataColor 仪器来实现。以表 3 为例，则确实存在肉眼法与 DataColor 方法测试结果不一致的情况，此时应以后者的数值为主，因此推荐采用 DataColor 的测试方法评价色差。

表3 色差评价对比

样品	肉眼法	DataColor 法	结果
样品 1	3-4	3.78	二者一致即 3-4 级
样品 2	4	3.95	二者一致即 3-4 级
样品 3	4-5	4.29	二者不一致，应该将 4-5 级修改成 4 级
样品 4	4-5	4.52	二者一致即 4-5 级

4 总结展望

本文从参数数值和测试方法两个角度，汇总了《消防员灭火防护服》(XF 10—2014) 标准的不足，标准在制定或者修订过程中应该从全局的角度进一步关注条款的实用性和便捷性，进而实现标准的标杆功能和性能稳定，相关结论如下。

（1）现有的标准在阻燃性能、质量波动、热防护性能的织物收缩中仍然存在着不尽合理的地方，这既与某些材料的具体生产工艺有关，也和标准框架的整体一致性有关，建议修改相关的评价参数。

（2）一些样品的性能检测方法不尽合理，这既与检测方法设计的"一刀切"有关，同时也与统型文件的日趋严格有关，建议改进相关的方法或引入适当的新的检测方法。

（3）建议后期的标准修订考虑本文提及的参数数据和测试方法，同时将"统型文件"的内容合并到标准本身之中。

后期，还应继续关注于新型材料的引入以及新型结构的设计，并探讨新装备比如双层消防员灭火防护服的标准检验新变化，进而更好地实现消防员个人防护装备的安全舒适。

参考文献

［1］沈坚敏. 关于消防员灭火防护服统型内容的探讨 [J]. 消防界（电子版），2018，33（5）：124－126，128.

［2］夏建军，张宪忠，王健强. 灭火防护服热防护性能的研究 [C]//2017 中国消防协会科学技术年会. 2017.

［3］倪冰选，焦晓宁. 非织造布阻燃整理及发展趋势 [J]. 产业用纺织品，2009，27（11）：37-40.

［4］赵雷，林娜，李丽，等. 消防员灭火防护服的研发现状及发展趋势 [J]. 棉纺织技术，2020，582（4）：11-14.

［5］严瑛. 颜色数据化管理及 Datacolor 的测色原理简介 [J]. 染整技术，2012，34（5）：47-49.

［6］韩海云. 中欧消防员灭火防护服标准比较 [J]. 消防科学与技术，2010，29（8）：718-722.

［7］李向红，马军. 消防员灭火防护服舒适层织物设计与性能测试 [J]. 上海纺织科技，2015，389（11）：19-21，50.

［8］朱毅峰. 对消防员灭火防护服复合面料的再研究 [C]//长三角科技论坛：纺织分论坛. 2013.

铝合金结构屋顶防火设计研究

叶 超[1,2] 黄益良[1,2] 路世昌[1,2]

1. 应急管理部天津消防研究所 天津 300381
2. 天津盛达安全科技有限责任公司 天津 300381

摘 要: 铝合金材料具有自重轻、耐腐蚀、加工性能好等优点,越来越多地应用于建筑中,但其熔点低、热传导快的特性,以及铝合金结构防火保护技术的欠缺,限制了推广应用。本文以某铝合金结构屋顶体育馆为例,通过火灾危险性分析和场景设计,数值模拟体育馆不同场所发生火灾后的烟气温度分布,利用经验公式计算不同高度烟气温度变化,通过对模拟结果和经验公式计算结果分析,确定铝合金结构屋顶的保护范围,对类似建筑的消防设计提供参考依据。

关键词: 消防 铝合金结构 数值模拟 经验公式

1 概述

铝合金材料在建筑结构中的应用始于20世纪40年代,铝合金结构主要用于民用公共建筑,如体育场馆、会展中心和剧场等。铝合金材料较钢材有诸多优点,如自重轻、耐腐蚀、加工性能好等,但耐火性能短板始终是限制其推广的关键因素。本文以某铝合金结构屋顶体育馆项目为例,为体现铝合金结构本身的外观特性,综合考虑建筑的空间特性,内部火灾荷载数量、类型及其分布情况,铝合金材料及其结构的耐高温特性等因素,经分析后确定铝合金结构屋顶保护范围,使其既满足建筑的防火要求,又满足设计的美学要求。

本项目屋顶采用铝合金单层网壳结构体系,投影尺寸长轴近130 m、短轴近100 m的椭圆,如图1所示。项目设有比赛大厅、入口大厅、不同功能训练馆等,屋顶最高标高为26 m,位于网壳结构下的同一功能区空间净高存在高差,不同功能区空间净高及布置如图2所示。铝合金结构采用板式节点体系,中心处交汇若干工字型截面杆件,于上下翼缘处各设一块铝合金盖板,每根杆件通过上下翼缘的紧固螺栓与铝合金盖板相连接,如图3所示。

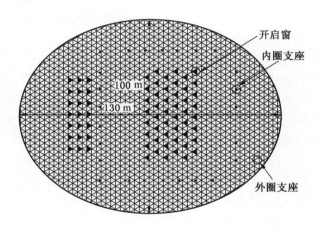

图1 建筑屋顶示意图

2 铝合金结构耐火极限状态及分析方法

火灾条件下,随着铝合金结构内部温度的升高,铝合金结构的承载能力将下降,当结构的承载能力下降到与外荷载(包括温度作用)产生的组合效应相等时,结构达到其受火承载力极限状态。一般,当铝合金结构构件满足以下条件之一时,可认为其达到耐火承载力极限状态:

(1)轴心受力构件的截面屈服。

(2)受弯构件产生足够的塑性铰而成为可变机构。

(3)构件丧失整体稳定。

从火灾发生到结构或构件达到其耐火承载力

基金项目: 国家重点研发计划资助(2018YFC0807600)、天津市科技计划项目(17ZXCXSF00020)

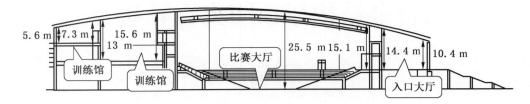

图2　建筑剖面图

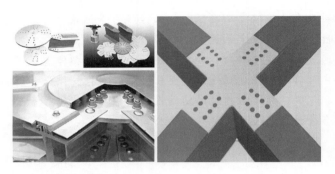

图3　铝合金节点示意图

极限状态的时间，可作为该结构或构件的耐火极限。对于铝合金结构，无论是构件层次还是整体结构层次的耐火设计，满足下列判定标准之一，即可视为满足相应的防火要求：

（1）在规定的结构耐火极限时间内，结构的承载力 R_d 不应小于各种作用所产生的组合效应 S_m，即 $R_d \geqslant S_m$。

（2）在各种荷载效应组合下，结构的耐火时间 t_d 不应小于规定的结构耐火极限 t_m，即 $t_d \geqslant t_m$。

（3）火灾条件下，当结构内部温度均匀时，若取结构达到承载力极限状态时的内部温度为临界温度 T_d，该温度不应小于其在耐火极限时间内的最高温度 T_m，即 $T_d \geqslant T_m$。

本文采用上述第3个判定标准对本建筑屋顶铝合金结构的耐火进行分析。具体方法是经分析本建筑的可能火灾危险性，确定相应的设定火灾场景，根据国家标准《消防安全工程第5部分：火羽流的计算要求》（GB/T 31593.5）[1]和 FDS 模拟两种方法计算铝合金结构在火灾下可能达到的最高温度。再根据所计算的铝合金结构可能达到的最高温度与其临界温度进行比较来确定其防火保护及其相关要求。

国家标准《铝合金结构设计规范》（GB 50429）指出，铝合金的耐高温性能差，149 ℃

以上时迅速丧失强度，并给出了 6061-T6 合金在不同高温下的典型抗拉性能，见表1。当铝合金温度超过149 ℃时，铝合金的名义屈服强度和抗拉强度开始显著下降。因此，为保障铝合金结构的安全，基于保守的考虑，选取149 ℃作为铝合金结构的临界温度。

表1　6061-T6合金在不同温度下的典型抗拉性能

温度/℃	抗拉强度 f_0/MPa	名义屈服强度 $f_{0.2}$/MPa	伸长率 δ/%
24	310	276	17
100	290	262	18
149	234	214	20
204	131	103	28
260	51	34	60
316	32	19	85
371	24	12	95

3　铝合金结构的防火保护范围分析

3.1　火灾场景设定

国家标准《消防安全工程第4部分：设定火灾场景和设定火灾的选择》（GB/T 31593.4）根据火灾增长系数的值定义了慢速火、中速火、快速火和超快速火4种标准 t^2 火灾，见表2。

表2　6061-T6合金在不同温度下的典型抗拉性能

火灾类别	典型的可燃材料	火灾增长系数/（kW·s⁻²）
慢速火	未定义	0.00293
中速火	棉质、聚酯垫子	0.01172
快速火	装满的邮件袋、木制货架托盘、泡沫塑料	0.04689
超快速火	池火、快速燃烧的装饰家具、轻质窗帘	0.1875

比赛大厅观众席的主要可燃物为观众座椅。座椅一般采用金属腿或金属框架并在结构上附有塑料板或泡沫垫等少量可燃材料，这些座椅堆叠起来可能会造成较大的危险。美国消防工程师学会（SFPE）《消防工程手册》（第五版）第二十六章[2]给出了可堆叠的椅子燃烧的热释放速率，相关实验曲线如图4所示。座椅火灾的增长系数大部分介于中速火（0.01172 kW/s²）和快速火（0.04689 kW/s²）之间。将两者试验数据叠加拟合，确定座椅火灾初期增长速率为 $\alpha = 0.0244$ kW/s²的 t^2 火。

美国标准技术研究院（NIST）曾进行办公家具组合单元的火灾试验作为火灾增长速率分析的依据，原公安部天津消防研究所曾进行双人和多人沙发的火灾试验作为火灾增长速率分析的依据，试验中发生火灾后的初期火灾发展规律与火灾增长系数 $\alpha = 0.04689$ kW/s²的 t^2 快速火较相近。本文选取办公家具组合单元试验数据作为依据来确定入口大厅的火灾增长系数，选取双人和多人沙发火灾试验数据作为依据来确定训练馆的火灾增长系数，选取轻质窗帘试验数据作为依据来确定比赛大厅中心舞台的火灾增长系数。根据《建筑防烟排烟系统技术标准》（GB 51251—2017）第4.6.7条规定的火灾达到稳态时的热释放速率，比赛大厅中心舞台的火灾规模为 8 MW。前述 SFPE、NIST 和原公安部天津消防研究所试验中，观众席（观众座椅）的火灾规模为 2.2 MW，入口大厅（办公家具组合单元）的火灾规模为 3.6 MW，训练馆（多人沙发）的火灾规模为 3.5 MW。见表3。

在综合考虑计算精度与时间成本的前提下，根据火灾规模得到对应火源特征直径，确定网格

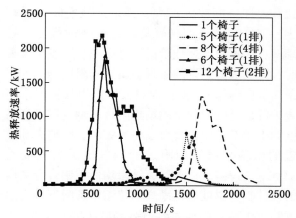

(a) 钢质框架的聚丙烯座椅(无坐垫)

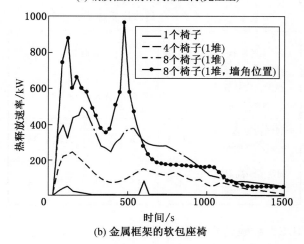

(b) 金属框架的软包座椅

图4　座椅燃烧热释放速率曲线

尺寸为 0.2 m×0.2 m×0.2 m。为保障铝合金结构安全，考虑最不利因素将测得的屋顶铝合金结构处烟气层温度作为临界温度。沿屋顶铝合金结构长轴内表面每隔 5 m 均匀布置温度探测器，沿短轴内表面在火源处、屋顶最低处和最高处等重点部位增设温度探测器。

表3　火灾场景汇总表

设定火灾场景	火灾增长系数/（kW·s⁻²）	最大火灾热释放速率/MW
比赛大厅观众席	0.0244	2.2
入口大厅	0.04689	3.6
训练馆（不同净高）		3.5
		3.5
比赛大厅中心舞台	0.1875	8.0

3.2　数值模拟分析

根据各设定火灾场景进行数值模拟计算，除

比赛大厅空间较为高大，其余区域空间相对较小，容易导致热烟气聚集。将数据进行拟合处理，在火灾稳定燃烧阶段，可得观众席发生火灾时，距离火源最近的屋顶金属结构附近的烟气层最高温度约为 68 ℃；入口大厅发生火灾时，距离火源最近的屋顶金属结构附近的烟气层最高温度约 133 ℃；中心舞台发生火灾时，距离火源最近的屋顶金属结构附近的烟气层最高温度约 83 ℃。见表4。以上计算结果均低于铝合金结构的设计临界温度。低净高训练馆屋顶附近最高温度约 260 ℃，高于设定的铝合金结构的临界温度。

表4 火灾场景数值模拟计算结果汇总表

火源位置	观众席	入口大厅	训练馆		中心舞台
最大火灾热释放速率/MW	2.2	3.6	3.5	3.5	8.0
金属结构距离火源的最小高度/m	15.1	10.4	13	5.6	25.5
烟气层最高温度/℃	68	133	108	260	83

3.3 经验公式计算

根据国家标准《消防安全工程 第5部分：火羽流的计算要求》（GB/T 31593.5—2015），火灾的平均火焰高度可按式（1）计算：

$$L = 0.235Q^{\frac{2}{5}} - 1.02D \qquad (1)$$

式中 L——平均火焰高度，m；

D——火源等效直径，m；

Q——火源热释放速率，kW。

对于具有一定面积的火源，可采用虚拟点火源位置的方法计算火羽流的温度。虚拟点火源可能位于火源上方，也可能位于火源下方，如图5所示。虚拟点火源的位置可用式（2）计算：

$$z_{\mathrm{v}} = L - 0.175Q_{\mathrm{c}}^{\frac{2}{5}} \qquad (2)$$

式中 z_{v}——虚拟点源的位置，m；

L——平均火焰高度，m；

Q_{c}——对流热释放速率，$Q_{\mathrm{c}} = \alpha Q$，kW，通常 α 取 0.6~0.7。

火羽流中心线的平均温升可用式（3）计算：

$$\Delta T_0 = 25.0Q_{\mathrm{c}}^{\frac{2}{3}}(z - z_{\mathrm{v}})^{-\frac{5}{3}} \qquad (3)$$

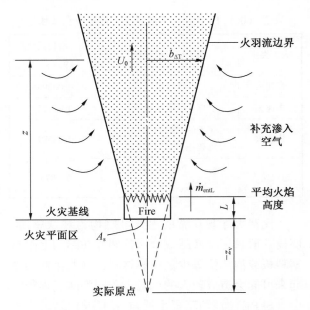

图5 火源、虚拟点火源及火羽流示意图

根据上述公式可计算出本建筑内不同区域距离楼地面不同高度处的温度变化情况，见表5和图6。

表5 火源上方烟气温度随空间高度的变化情况

℃

烟气与楼地面的高度/m	2.2 MW	3.6 MW	3.5 MW	8.0 MW
3	590.9	774.8	763.3	1145.8
5	261.0	343.7	338.4	526.3
7	158.4	206.6	203.4	317.1
9	112.3	144.3	142.2	219.3
10	98.1	125.1	123.3	188.7
12	78.8	98.8	97.5	146.5
14	66.5	82.1	81.0	119.4
16	58.2	70.7	69.8	100.8
18	52.2	62.5	61.8	87.5

根据经验公式，当火灾的热释放速率为 2.2 MW 时，火源上方距离地面约 7.3 m 处的温度可接近 149 ℃；当火灾的热释放速率为 3.6 MW 或 3.5 MW 时，火源上方距离楼地面约 9 m 处的温度可接近 149 ℃；当火灾的热释放速率为 8.0 MW 时，火源上方距离地面约 12 m 处的温度可接近 149 ℃。

对于设定的火源位置，观众席发生火灾时，距离火源最近的屋顶金属结构附近的烟气层最高

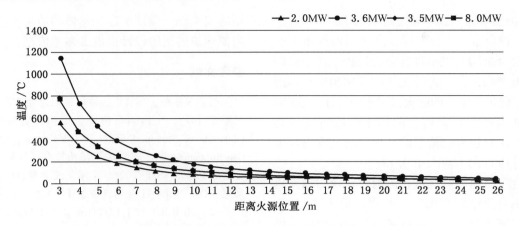

图 6 距楼地面不同高度处的烟气温度变化情况

温度约为 62 ℃；入口大厅发生火灾时，距离火源最近的屋顶金属结构附近的烟气层最高温度约 125 ℃；中心舞台发生火灾时，距离火源最近的屋顶金属结构附近的烟气层最高温度约 62 ℃；训练馆发生火灾时，距离火源最近的屋顶金属结构附近的烟气层最高温度分别为 89 ℃ 和 302 ℃。除低净高训练馆发生火灾外，其余区域火灾根据经验公式计算距离火源最近的屋顶金属结构附近烟气层最高温均小于 130 ℃，此温度对屋顶结构承载力的影响较小。

3.4 结果分析

综上，分别考虑铝结构屋顶直接覆盖的观众席、入口大厅、训练馆及中心舞台发生火灾时，火灾模拟分析和经验公式计算对比结果见表 6。

表 6 距离火源最近金属结构处烟气层最高温度

火源位置	观众席	入口大厅	训练馆		场馆中心舞台
最大火灾热释放速率/MW	2.0	3.6	3.5	3.5	8.0
金属结构距离火源最近距离/m	15.1	10.4	13	5.6	25.5
FDS 模拟分析烟气层最高温度/℃	68	133	108	260	83
经验公式计算烟气层最高温度/℃	59	125	89	302	62

（1）火羽流形式受多种环境因素的显著影响，需要考虑作为火源（无论是有火焰燃烧还是阴燃）的燃烧物性质及其分布、受限边界类型、空气量的限制或影响程度、风的情况或防火分区内空气运动情况等。根据国家标准《消防安全工程 第 5 部分：火羽流的计算要求》（GB/T 31593.5）给出的数学公式计算建筑内不同区域距离楼地面不同高度处的温度变化时，未计算上述环境因素的影响，同时对火羽流的问题进行了简化，导致经验公式计算结果低于模拟结果。FDS 模拟分析中，受网格尺寸、通风条件、火源位置、着火空间尺寸等影响，对烟气层温度有一定影响，低净高训练馆燃烧不充分，氧气供给受到一定限制，结果低于经验公式计算结果。

（2）消防安全工程界常用的火灾动力学模拟软件 FDS，通过分析预测烟气的流场并获得有关火灾的热动力学参数，对边界条件及环境因素均有考虑，普遍运用于国内外建筑火灾模拟分析研究，其计算结果具有较高的可信度。

（3）无论经验公式还是 FDS 模拟分析计算结果均表明，在仅考虑体育馆内火灾不受自动喷水灭火系统控制及排烟系统未正常启动的不利条件下，除低净高训练馆发生火灾外，其余区域火灾根据经验公式计算距离火源最近的屋顶金属结构附近烟气层最高温均小于 149 ℃，此温度对屋顶结构承载力的影响较小。

4 结论

本项目屋顶采用铝合金单层网壳结构体系，内部不同用途场所的空间高度和火灾荷载有一定差别，根据上述分析，确定屋顶铝合金结构防火保护范围及防火设计建议。

竖向撑杆及其下部支座应采用防火涂料进行

防火保护且保护后的构件耐火极限不应低于1.50 h；观众席、入口大厅、高净高训练馆上的屋顶铝合金结构可以不进行防火保护；低净高训练馆、低净高设备平台等区域应采用耐火吊顶的方式进行保护，吊顶的耐火极限不应低于1.50 h；由于149 ℃时铝合金构件的屈服强度折减约为0.75，建议屋顶直接覆盖的室内空间上方铝合金结构设计应力比不应大于0.75。

铝合金材料因其优点在国内建筑应用越来越广泛，铝合金结构在国内具有很大的发展空间，本文针对案例项目的不同区域进行论证分析，提出了相应的防火保护方案，确保了铝合金结构屋顶的安全性，保证了建筑整体的消防安全性，为类似建筑的消防设计提供了参考依据。

参考文献

[1] 吴丽丽，郑贺崇，姚超. 铝合金结构的研究进展综述 [G]. 中国钢结构协会结构稳定与疲劳分会（Institute of Structural Stability and Fatigue, China Steel Construction Society）. 中国钢结构协会结构稳定与疲劳分会第17届（ISSF-2021）学术交流会暨教学研讨会论文集 [C]. 北京：工业建筑杂志社，2021, 5.

[2] HURLEY M J, GOTTUK D T, HALL J R, et al. SFPE Handbook of Fire Protection Engineering, Fifth Edition [M]. Berlin：Springer, 2016.

传统街区改造过程中的火灾风险评估研究

郝爱玲　彭磊　郭伟

应急管理部天津消防研究所　天津　300381

摘　要： 本文以某旧城改造区内传统街区项目为例，在划分防火控制单元的基础上，构建各控制单元的火灾风险评估指标体系，计算得到各控制单元的相对火灾风险等级，进而明确了整个街区的火灾风险分布情况和主要隐患因素，提出了相应对策建议，以提升街区整体消防安全水平。研究成果可以为类似街区改造项目的火灾风险评估工作提供参考。

关键词： 传统街区　升级改造　建筑防火　防火控制单元　火灾风险评估

1　引言

随着城市快速发展，为更好地保护和传承历史文化，发挥历史文化街区价值，以主动保护为原则，在保留原有场地肌理文脉的前提下，通过修缮、改造、新建等方式，为街区注入新的商业功能和新的活力，已成为现阶段历史文化街区升级改造的一种重要方式。传统街区由于其建筑年代久远，加之自身街巷格局和肌理要求等，普遍具有建筑耐火等级低、防火间距不足、消防通道不畅、消防水源不足、电气火灾隐患严重等消防安全问题。通过对传统街区进行区域火灾风险评估，得到街区的火灾风险分布情况，明确街区内高风险区域的具体范围，有利于对街区整体的火灾风险水平进行把握，明确其中的风险薄弱环节。从而在街区改造过程中提出针对性的加强和改进措施，以提高街区整体的消防安全水平。

本文以某传统街区改造项目为例，对其改造过程中的区域火灾风险评估的具体实施进行了研究探讨，并提出了相关建议。

2　防火控制单元的划分

2.1　项目概况

本文所研究传统街区位于所在城镇中心地带的旧城改造区内，项目规划区占地面积 83800 m²，占旧城改造区总面积的 7%，其中建筑面积 52060 m²。规划街区内保留了大量精美的明清及民国时期的传统民居，以及石鼓庙、宗祠、家庙等丰富的非物质文化遗产，其中位于本项目街区规划范围内共有 9 处文物、44 处历史建筑，传统风貌建筑占到 60%。街巷格局保存较为完整，大部分仍保留着原有街巷走向。街巷两侧为传统风貌的界面长度约为 1.76 km，占主要街巷总长度的 50%。新建街巷基本参考原有街巷走向，严格保护地段的街巷格局和机理，保护和恢复传统街巷氛围。

2.2　防火控制单元的划分

针对该传统街区项目区域内街道狭窄、建筑密集、耐火等级较低的特点，把该区域划分为 26 个防火控制单元（图1），每个防火控制单元由若干栋建筑组成，控制单元的总建筑面积按照 2500 m² 确定。在防火控制单元之间和防火控制单元内部采用不同的防火分隔措施。把防火控制单元内部的建筑视为一个防火控制分区，对分区内部建筑之间的防火间距不做特殊要求。

3　防火控制单元的火灾风险评估

3.1　评估方法和指标体系

综合专家赋分、层次分析和模糊综合评估等方法进行火灾风险评估，主要包括火灾风险评估指标体系的构建和评估值的计算等步骤。针对项目街区的自身特点，采取定性和定量相结合的方

基金项目： 江苏省文物科研课题（2014SK-02）

作者简介： 郝爱玲，女，博士，副研究员，工作于应急管理部天津消防研究所，主要研究方向为消防标准化，E-mail: haoailing
@tfri.com.cn。

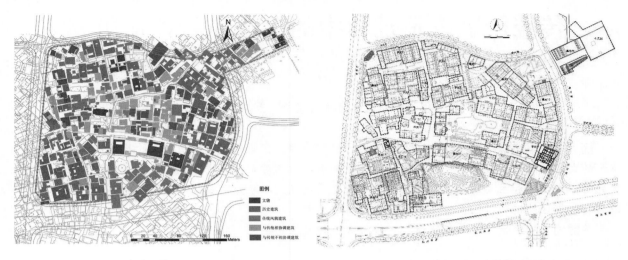

（a）街区改造图例   （b）街区防火控制单元划分

图1 传统街区防火控制单元划分示意图

法进行火灾风险评估，以尽量降低该各控制单元内火灾发生的可能性，尽量保证发生火灾时灭火的成功性，并以实现人员的安全疏散为原则，从建筑防火性能、灭火救援能力和安全疏散能力三大方面构建各控制单元的火灾风险评估指标体系，见表1。

表1 各防火控制单元火灾风险评估指标体系

分类指标	具体指标
建筑防火性能	耐火等级
	防火间距
	建筑火灾危险性（重点防火区域或部位）
安全疏散能力	疏散人数
	安全疏散场地
灭火救援能力	消火栓设置数量
	消防车可达性

3.2 评估指标权重值

其中采用专家打分法来确定各参评指标的权重，评分结果见表2。

表2 各控制单元火灾风险评价指标权重

控制单元代号	耐火等级	防火间距	建筑火灾危险性	疏散人数	安全疏散场地	消火栓设置数量	消防车道可达性
1~26	0.12	0.16	0.12	0.15	0.15	0.15	0.15

3.3 评估指标评分原则

1）耐火等级

该街区内现有及规划修建建筑的耐火等级主要有：二级混凝土或钢结构、三级砖混、四级木结构3种。根据各控制单元内建筑的耐火等级统计情况，耐火等级越高，得分越低；反之耐火等级越低，得分越高。规定评分原则：控制单元内建筑的耐火等级均为二级时，评1分；耐火等级为二级的建筑所占面积比超过总面积比的60%时，评2分；耐火等级为二级的建筑所占面积比为40%～60%的，评3分；耐火等级为二级的建筑所占面积比为40%以下的，评4分；控制单元内建筑的耐火等级均为三级或四级的，评5分。

2）防火间距

对街区内各控制单元距其四周建筑物的防火间距进行统计，以《建规》规定的防火间距要求为判定依据。满足防火间距要求的，得分较低；反之得分较高。具体评分原则：控制单元距四周防火间距均满足《建规》要求的，评1分；均不满足的，评5分；有一侧的防火间距不满足要求，评2分；两侧不满足要求，评3分；三侧不满足要求，评4分。在此原则基础上，根据具体控制单元情况，如防火间距满足规范要求的程度、满足要求的建筑物短边或长边长度的不同等条件，对具体评分还会进行适度调整。例如，控制单元1内部建筑间存在较明显的防火间距不满足情况，增加其评分。

3）建筑火灾危险性。

控制单元内重点防火区域或部位越多，建筑的火灾危险性越高。统计各控制单元内现有建筑内重点防火区域或部位设置情况并规定评分原则：控制单元内重点防火区域或部位所在建筑的面积总和占控制单元总面积的比例超过80%，评5分；面积比例为60%~80%，评4分；面积比例为40%~60%，评3分；面积比例为20%~40%，评2分；面积比例低于20%，评1分。

4）疏散人数

项目街区内现有及规划建筑的使用类型主要包括：咖啡店、甜品店、一般餐饮、青年客栈、特色文化中心、零售（特产）店、剧场、宗祠、艺术馆、收藏馆、规划馆、影院、小吃坊（沿街商铺）、酒店等。参考《建筑设计防火规范》对于商业建筑、《饮食建筑设计规范》（JGJ 64—1989）对于餐饮建筑、《办公建筑设计规范》（JGJ 67—2006）对于办公建筑和其他相关标准的规定，结合建筑面积和使用性质，确定建筑内的疏散人员数量。结果表明，目前各控制单元内的疏散人数范围为100~1500人。基于此统计核算结果，对于控制单元内疏散人数在300人以下的，评1分；300~600人的，评2分；600~900人的，评3分；900~1200人的，评4分；大于1200人的，评5分。

5）安全疏散场地

对于各防火控制单元周围可达的安全疏散场地进行了统计。统计过程中，以消防通道、面积大于12 m×12 m的场地（可作为消防回车场）以及周围市政道路为可达的安全疏散场地。结果表明，目前街区内各防火控制单元周围可供直接

安全疏散的场地个数为1~4个。对于周围有4个疏散场地的情况，评1分；有3个、2个和1个疏散场地的，分别评2分、3分和4分。

6）消火栓设置数量

对街区内各控制单元周围的室外消火栓设置情况进行统计，发现各控制单元四周设置的消火栓数量范围为1~4个。依据控制单元四周消火栓设置数量的不同，进行评分。当控制单元四周消火栓数量分别为1、2、3、4个时，评分依次为4、3、2、1分。在此原则基础上，根据具体控制单元情况，如消火栓相对控制单元分布均匀度、覆盖控制单元能力等，对各控制单元消火栓项的具体评分还进行适度微调。例如，控制单元6所辖区域本身较小，考虑消火栓覆盖能力，适当降低其评分。

7）消防车可达性

对街区内各控制单元的消防通道及消防车作业场地情况进行统计。对于控制单元四周均有消防车道的情况，评1分；四周均没有可达的消防车道，评5分；控制单元四周有一侧与消防车道相邻，评4分；有两侧相邻，评3分；有三侧相邻，评4分。在此原则基础上，根据具体控制单元情况，如与消防车道相邻侧为建筑物长边侧或短边侧、与相邻消防车道的具体贴邻程度等，对各控制单元消防车道项的具体评分还会进行适度微调。例如，控制单元4周边虽然3面均临近消防车道，但考虑到该控制单元形状狭长，且是长边侧不满足消防车通行要求，故适当提高其评分值。

基于上述分析和评分原则，得到各控制单元火灾风险评价指标得分，见表3。

表3 各控制单元火灾风险评价指标得分

控制单元代号	耐火等级	防火间距	重点防火区域或部位数量	疏散人数	安全疏散场地	消火栓设置数量	消防车道可达性
1	2	4	2	4	2	3	2
2	4	1	5	3	1	1	1
3	3	4	5	4	3	3	3
4	5	4	1	1	2	2	3
5	4	3	3	5	3	2	3
6	3	3	1	1	1	3	3

表3（续）

控制单元代号	耐火等级	防火间距	重点防火区域或部位数量	疏散人数	安全疏散场地	消火栓设置数量	消防车道可达性
7	4	4	2	2	1	3	4
8	2	3	3	4	1	3	3
9	4	3	1	4	2	2	3
10	4	4	1	4	2	2	4
11	5	2	1	2	2	4	3
12	5	4	1	4	3	3	3
13	1	3	4	3	2	3	3
14	1	2	5	4	1	2	4
15	2	3	2	3	2	2	3
16	4	4	4	4	2	3	2
17	4	4	2	2	4	3	3
18	4	4	2	2	3	3	4
19	3	3	2	3	3	3	3
20	4	4	1	2	3	3	4
21	3	3	1	3	3	3	4
22	5	2	5	3	4	2	4
23	5	2	2	3	2	3	3
24	1	2	5	2	2	3	3
25	1	3	1	1	3	3	3
26	5	2	5	1	4	3	4

3.4 各控制单元火灾风险评估值的计算

采用式（1）进行街区各控制单元火灾风险评估值的计算

$$W = R \cdot A^T = \sum_{i=1}^{n} R_i \cdot A_i \qquad (1)$$

式中　W——火灾风险评估结果；

　　　R_i——底层指标评价得分；

　　　A_i——底层指标评价权重。

最终得出各控制单元的火灾风险评估结果，见表4。最终评估结果得分均值为 2.84 分，以得分在 2.3 以下为相对低风险区域；得分 3.3 以上为相对高风险区域；其余为中等风险区域。

表4　各控制单元火灾风险评估结果

控制单元	评估值	风险等级
1	2.77	中
2	2.14	低
3	3.55	高

表4（续）

控制单元	评估值	风险等级
4	2.56	中
5	2.97	中
6	1.60	低
7	2.86	中
8	2.73	中
9	2.73	中
10	3.04	中
11	2.69	中
12	3.31	高
13	2.73	中
14	2.69	中
15	2.46	中
16	3.25	中
17	3.16	中
18	3.16	中

表4（续）

控制单元	评估值	风险等级
19	2.88	中
20	3.04	中
21	2.91	中
22	3.47	高
23	2.81	中
24	2.54	中
25	2.22	低
26	3.47	高

4　街区火灾风险评估结果分析及建议

从上述针对控制单元的火灾风险评估结果可见，现有街区内相对高火灾风险的防火控制单元共4个，按风险高低由高到低依次为控制单元3、控制单元22、控制单元26、控制单元12，街区火灾风险分布情况如图2所示。

针对上述评估结果，根据各评估指标的具体得分情况，可以发现导致防火控制单元火灾风险评估值较高的主要风险因素依次为：疏散人数、防火间距、耐火等级、消防车道可达性、重点防火区域或部位数量等。

在项目街区消防安全规划方案的基础上，对火灾风险较高的防火控制单元提出进一步的风险控制措施及建议。

以控制单元22为例，该控制单元内的建筑主要以文保建筑、露天戏台和商业建筑为主，其火灾危险性主要体现为区域内重点防火区域或部位数量多、建筑耐火等级低、安全疏散场地不足和消防车可达性差。对于该控制单元内的建筑，建议设置室内消火栓系统进行保护。

对于宗祠，建议在主要房间设置火灾探测报警装置；游客较多的节假日，安排工作人员加强对现场烧香、祭祀等活动过程中的火源进行现场检查、管理。大型活动期间，应明确车辆的存放地点，禁止占用或妨碍消防车道或疏散通道的畅通。同时，严禁将安全出口上锁、遮挡或者将消防安全疏散指示标志遮挡、覆盖等影响安全疏散的行为。

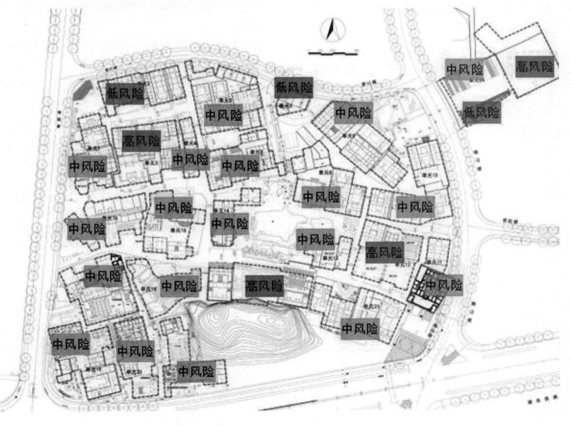

图2　传统街区火灾风险分布示意图

对于露天戏台，建议幕布等采用难燃性材料，戏台布置应尽量减少使用易燃物品，如禁止擅自张贴海报、标语、广告等宣传品。座位席严禁增加临时座位，以利疏散。禁止乱拉乱扯电线和擅自增加照明设备，确因演出需要增加临时照明设备的，不准超负荷，用完应立即拆除。演出中禁止擅自使用烟火等效果。戏台管理方应安排专人在演出期间进行巡查，劝阻观众不要将易燃、易爆物品、化学危险品等带进场地，同时注意对观众吸烟的管理，避免吸烟引发火灾。演出后派专人认真检查，及时清除垃圾、废纸并切断电源。

对于戏台商铺，建议在商铺内存在大量纸张、书画、表演服饰、艺术服装等可燃物品的区域设置自动火灾报警系统。

对于消防车可达性差的问题，建议在与相邻控制单元18和22之间的道路上，分别设置1~2处灭火自救点，并设置机动消防泵、水带、喷枪等消防器材，以及一定数量的灭火器、消防水桶、消防火钩、消防斧、消防头盔、消防战斗服、消防扳手等灭火救援装备。

5 结论

习总书记曾指出，城市规划和建设要高度重视历史文化保护，不急功近利，不大拆大建。在历史文化街区升级改造过程中，对历史街区进行区域火灾风险评估，是明确街区内火灾风险的空间分布、了解街区内部消防安全状况、查找当前消防工作薄弱环节的有效手段，也是在实现街区人居环境改善的同时，保障文明传承、文化延续的重要手段。

本文以某传统历史街区为例，在划分防火控制单元的基础上，从建筑防火性能、灭火救援能力和安全疏散能力三大方面构建各控制单元的火灾风险评估指标体系，通过具体评估值的计算和分档，最终得到各控制单元的相对火灾风险等级，从而明确了街区内高风险区域的具体范围和其中的风险薄弱环节。在此基础上可以进一步优化消防设施的设置，使街区的整体火灾风险水平与火灾应急救援力量的部署达到更好的平衡。从而为街区的消防规划、综合消防安全管理等提供科学化的决策依据。

本文所用评估方法具有可操作性，对于实际街区改造项目的火灾风险评估工作具有一定借鉴意义。

参考文献

[1] 国家文物局. 文物建筑防火设计导则（试行），2015.

[2] 马桐臣，杜霞. 城市消防规划技术指南 [M]. 天津：天津科学技术出版社，2004.

[3] 范维澄，孙金华，陆守香，等. 火灾风险评估方法学 [M]. 北京：科学出版社，2004.

基于模块化的系列应急消防宣教演练装置研究

陶鹏宇　宋文琦　牛　坤

应急管理部天津消防研究所　天津　300381

摘　要： 每年发生的火灾事故中有相当一部分是因用火不当或对火灾隐患没有清晰的认识造成的，同时，由于人们未掌握正确的初期火灾扑救、疏散与逃生方法，当遇到突发火灾状况时，往往不能做出正确的应对，这是导致火灾事故中人员伤亡的一个重要原因。本文设计并研制了四种应急消防宣教演练装备箱，箱体结构采用模块化、层级式设计，针对不同的科普教育培训体验内容，融合了多种模块化功能体验装置，满足企事业单位、社区家庭、学校等应急消防培训演练需求，具有便携性、科学性、功能多样性等特点，对于加深公众对应急消防安全知识的理解，提高公众火灾应急处置能力具有重要意义。

关键词： 消防　模块化　培训演练　体验装置

1　引言

随着经济社会的快速发展，新型工业化、城镇化的深入推进，火灾致灾因素大量增加，严重威胁着人们生命财产安全。据统计，每年发生的火灾事故中有相当一部分是因用火不当或对火灾隐患没有清晰地认识造成的，同时，由于人们未掌握正确的初期火灾扑救、疏散与逃生的方法，当遇到突发火灾状况时，往往不能做出正确的应对，这是导致火灾事故中人员伤亡的一个重要原因。消防科普教育培训对于提高人们消防安全意识、掌握火灾应急处置知识及逃生技巧具有重要的现实意义。传统的消防安全教育方式以课堂、讲座、视频、图书、海报为主[1]，存在诸多局限。一方面，其对消防安全知识的呈现方式过于单调，无法引起消防科普受众的兴趣。火灾发生时，公众依然无法冷静应对，也不懂得如何运用消防安全知识自救、求生及应急处置[2]。另一方面，此种教育形式缺少与受众的交互，缺乏规范性的教具装备，无法通过实践的方式让体验者产生深刻的印象[3]。针对上述问题，本文设计并研制了四种应急消防宣教演练装备箱，箱体结构采用模块化、层级式设计，具有便携性、科学性、功能多样性等特点，针对不同的互动培训体验内容，融合了多种功能体验模块，满足企事业单位、社区家庭、学校等团体的应急消防培训演练需求。开展科普教育培训活动时只需将装备箱带到活动现场进行简单拼接即可快速开展相关活动，解决了传统消防安全教育方式枯燥、乏味、知识点难以理解的痛点问题，对于提升我国社会化的火灾防控能力具有重要意义。

2　系列应急消防宣教演练装置总体设计内容

研究系列应急消防宣教演练装备箱的目的是解决应急消防科普培训行业在开展应急消防宣教演练过程中培训演练方式及培训道具专业性参差不齐、演练效果不佳、知识点覆盖不全面等问题。本文将应急消防演练全流程按功能划分为四种模块装置，分别为以课堂演示教学为主的"应急课堂宣教教具装备箱"、以环境营造实操实训应急灭火及疏散逃生为主的"应急演练教

基金项目： 天津市科技计划项目（19KPHDRC00040、20KPXMRC00020）、应急管理部天津消防研究所基科费项目（2020SJ12）

作者简介： 陶鹏宇，男，硕士，助理研究员，工作于应急管理部天津消防研究所，主要从事消防实战化训练技术与装备、应急救援技术及装备和应急消防安全教育研究，E-mail：taopengyu@tfri.com.cn。

具装备箱"、以专项体验烟热通道式演练为主的"应急烟热求生帐篷装备箱"、以应急救护实操为主的"应急救护技能教具装备箱"。四种模块装置的研发全面覆盖了企事业单位、消防重点防火单位、社区家庭、学校的常见应急消防演练知识点，配套了相应实训教具器材，满足了应急消防培训的需求。通过四个模块装置的功能设置，可实现大团体一次性全模块流水线式演练培训，也可实现小团体的专项分批次培训需求。

2.1 应急课堂宣教教具装备箱

应急课堂宣教教具装备箱箱体结构采用模块化、层级化设计，内部功能分区规划合理，装置取放便捷，研发并集成了以课堂教具演示教学为主的培训演练装置。内含系列消防实物器材，包括消防联动教学演示系统，社区家庭常见油锅起火的应急处置演示装置，室内电动车充电引发爆燃危害演示装置，企事业单位、社区、家庭等常见隐患排查图卡等。将课堂知识点通过 PPT 课件串讲演示教学的形式，配合多种应急消防课堂宣讲功能的互动体验模块向受众进行讲解展示，完美解决课堂讲解枯燥、乏味、知识点难以理解的痛点，提高了培训效果。应急课堂宣教教具装备箱各功能组件照片如图 1 所示。

图 1 应急课堂宣教教具装备箱各功能组件照片

1）消防联动教学演练系统

如今一些大型公用建筑屡屡发生重大火灾，在火灾预防和对初期火灾处置过程中，火灾自动报警联动控制系统起到了非常重要的作用。消防联动教学演示系统作为应急课堂宣教教具装备箱的一个功能子模块，采用缩尺式、总线式结构设计，将消防联动系统各功能模块集成在一个尺寸为 600 mm×337 mm×100 mm 的演示平台上。器材包括手动报警按钮、感温探测器、感烟探测器、疏散指示灯、声光报警器、消防应急广播、

应急照明灯等。同时，该系统采用 LED 总线显示、按钮实物操控与语音提示相结合，向公众演示消防联动系统工作原理及中控主机操作全流程。消防联动教学演示系统如图 2 所示。

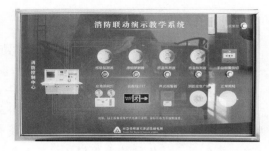

图 2 消防联动教学演示系统

2）厨房油锅起火演示系统

厨房油锅起火演示系统开发设计由 1 台模拟燃气灶和 1 个模拟油锅组成。模拟燃气灶上及油锅底部设置有模拟火源，锅盖内部上方设置有联动触发模块，锅盖和模拟火源通过触发模拟进行实时响应动作。厨房油锅起火演示系统是模拟真实厨房油锅起火场景，按照系统语音提示操作，让体验者更加直观、深刻地掌握油锅起火的正确处置方法。厨房油锅起火演示系统如图 3 所示。

图 3 厨房油锅起火演示系统

3）电动车电瓶室内充电爆燃演示系统

电动车电瓶室内充电爆燃演示系统研发设计由 1 台模拟电动车电瓶和 1 套充电器组成，电动车电瓶内设置有爆燃起火控制电路，动作响应后会联动触发烟气发生装置。电动车电瓶室内充电爆燃演示系统是模拟电动车电池充电过程中爆燃起火情景，通过启动电池开关，进入语音提示，喷射烟雾并发出爆炸声响，让体验者更直观地去了解电池在室内充电的危害，并在系统中告知体验者电动车充电的安全注意事项。电动车电瓶室

内充电爆燃演示系统如图4所示。

图4 电动车电瓶室内充电爆燃演示系统

4）隐患排查要点图卡

隐患排查要点图卡采用磁力图板结合隐患磁力贴设计方式，隐患磁力贴可根据受众判断自主放置于图板上对应隐患位置，隐患排查要点图卡主题元素融合了"逆行侠"IP形象设计，内容涵盖企事业单位、学校、社会家庭等场景常见的火灾隐患知识点。通过在不同图卡场景上排查各种火灾隐患，让体验者找寻火灾隐患点，从而减少现实中火灾事故的发生。隐患排查要点图卡实物如图5所示。

图5 隐患排查要点图卡实物图

2.2 应急烟热求生帐篷装备箱

应急烟热求生帐篷装备箱中研发设计了一种用于烟热模拟环境下体验烟热通道疏散演练的实训装置，该装置内含烟热逃生帐篷、疏散标识、风机、发烟装置、模拟火源装置。烟热逃生帐篷展开后，其内部形成一个面积约24 m^2的狭长、阴暗、曲折的通道，通过烟热发生器模拟火源及热烟气，从而营造一个贴近真实火场的体验环境。演练过程中，体验人员可根据应急疏散标识指引，按照相关注意事项的要求，以正确的逃生姿势，进行快速、有序的疏散演练。通过应急烟

热求生帐篷的演练体验，真实还原最贴近火场疏散逃生的环境，能够让体验者身临其境地掌握正确的火场疏散逃生基本技能并提高火场疏散自救能力。应急烟热求生帐篷装备箱及组件照片分别如图6、图7所示。

图6 应急烟热求生帐篷装备箱照片

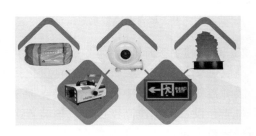

图7 应急烟热求生帐篷装备箱组件照片

2.3 应急演练教具装备箱

应急演练教具装备箱中研发设计了一套用于培训初期火灾处置及紧急疏散逃生演练的实操实训装置，该装置内含应急消防疏散演练烟雾营造烟饼、应急广播、真火灭火装置、应急火灾高空缓降逃生演练装置等。通过发烟道具营造贴近真实火场的体验环境，体验者通过亲身体验应急疏散流程，高空逃生缓降、扑救初期火灾等实操演练，能够科学有效地掌握正确的火场疏散逃生自救方法以及初期火灾处置技能，全面提升体验者的火场疏散自救能力。应急演练教具装备箱各功能组件照片如图8所示。

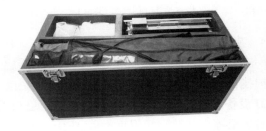

图8 应急演练教具装备箱各功能组件照片

1）真火灭火系统

真火灭火系统主要用于配合灭火器进行初期火灾扑灭的实操演练。火源模型中的燃料采用石油液化气/丙烷，代替常规灭火器使用训练中的油槽和木材。该系统拆装便捷，引燃迅速，高效环保，火焰大小可调节，便于移动。真火灭火系统照片如图9所示。

图9　真火灭火系统照片

2）高层逃生缓降体验装置

高层逃生缓降体验装置主要由轻量化拼装支架、缓降器等组成，其中轻量化拼接支架采用铝合金材质，设置多档位高度调节。该装置主要用于高层建筑火场逃生过程中缓降器的使用训练。通过这种互动体验的方式，向体验者展示如何正确使用缓降器进行应急疏散和逃生。体验人员在体验过程中要提前戴好头盔手套等护具，在专业人员的协助下进行体验。轻量化拼接支架及缓降器照片分别如图10、图11所示。

图10　轻量化拼接支架照片　　图11　缓降器照片

2.4　应急救护技能教具装备箱

应急救护技能教具装备箱内含一套用于应急救护技能培训演练的实训装置，该装置包含AED设备、CPR设备、应急医疗包、应急担架、简易担架等，其教学知识点覆盖AED、CPR、应急救生担架的使用以及外伤应急处理等。CPR

设备内嵌传感系统组件及中控集成电路主板，具备实时采集并显示按压深度、按压次数等数据功能，可规范培训人员操练动作并提示技能训练流程，培训公众掌握基本应急救护技能，满足应急救护培训教学需求，提高自救互救能力。其中应急救护技能包括：①创伤包扎。学习掌握创伤包扎止血方法，有效保护伤口，避免失血过多带来危害，提高自救互救能力。②心肺复苏。提高发生心脏骤停后"黄金4分钟"内除颤仪使用及心肺复苏技能有效施救能力。③伤员转运。使伤员尽快转移到安全区域，解决伤员受伤现场医疗条件相对不足的问题，确保伤员能够得到及时、有效、正确的治疗。应急救护技能教育装备箱及组件照片分别如图12、图13所示。

图12　应急救护技能教育装备箱照片

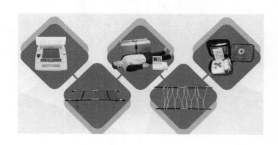

图13　应急救护技能教育装备箱组件照片

3　推广应用情况

2020年11月9日，在天津市上海道小学开展了"119"科普宣传教育活动，本次活动共计有五个班级的师生参与。向师生们展示了本文所述的四种应急消防宣教演练装备箱，整个活动过程采取与同学们互动交流、培训体验的方式。消防科普团队成员基于四种应急消防宣教演练装备箱中的多种功能体验模块，向广大师生讲解了火灾危险性、排查火灾隐患和疏散逃生基本要求等，进行灭火器使用演示、火灾隐患图片查找互动、电动自行车模拟演示、油锅火模拟演示、消防联动系统运行介绍等实体演示内容。通过模拟火灾场景开展消防应急疏散演练，进一步提升小学生在突发事件时自我保护意识和自救能力。同时，学生在消防设施互动展示区体验烟热逃生帐篷、逃生缓降器使用训练、心肺复苏等环节，整个活动过程同学们积极参与各项体验装备，寓教于乐的同时，提高同学们的消防安全素养和应对火灾的处理能力。"119"科普宣传教育活动现场照片如图 14 所示。

（a）多媒体教室宣讲教学展示照片

（b）消防设施互动展示区照片

图 14 "119" 科普宣传教育活动现场照片

4 结语

本文设计并研制的四种应急消防宣教演练装备箱，可满足不同受众的应急消防培训演练需求，具有模块化、便携性、科学性、功能多样性等优势。四种应急消防宣教演练装备箱在天津市上海道小学"119"科普宣传教育活动中进行了互动体验展示，寓教于乐的同时，提高了同学们的消防安全素养和应对火灾的处理能力，后续可在企事业单位、社区等场所进行推广应用，具有广阔的推广应用前景和显著的社会效益。

参考文献

[1] 崔颖.消防安全教育培训工作存在问题及对策 [J].消防技术与产品信息，2018，31（11）：25-27.

[2] 邱伟，张二兵，渠伟，等.消防模拟灭火装置的研究设计与应用探索 [J].现代工业经济和信息化，2017（4）：86-87.

[3] 孟双.浅析如何加强社会化消防宣传教育 [C]//中国消防协会.2019 中国消防协会科学技术年会论文集.北京：中国科学技术出版社，2019.

基于多源数据的全国火灾与警情数据
管理平台的研究

黄艳清　李继宝　万子敬

应急管理部天津消防研究所　　天津　300381

摘　要：针对目前全国火灾与警情数据量大、关系复杂且利用率低的现状，提出了一种基于 Hadoop 的全国火灾与警情数据管理平台，整合消防内部的火灾警情数据和消防外部的气象数据、人口数据、交通数据等，建立起用于火灾与警情预测预警的大数据支撑平台。对高通量数据管理技术、多源数据融合技术、并行化数据处理技术及数据可视化技术进行研究，并结合实际需求对数据管理平台的原型进行设计和开发。系统测试表明，该平台可实现对现行体制下的火灾与警情数据的高效操作，为火灾与警情数据在消防救援宏观和微观研判、城市消防规划和资源配置方面奠定了基础，对推动消防事业的发展具有重大的现实意义。

关键词：消防　分布式存储　高通量数据管理技　多源数据融合技术　并行化数据处理　Hadoop

1　引言

消防救援队伍改革转制后，作为应急救援的主力军和国家队，承担的职能由防火灭火、抢救人员生命为主的应急救援向"全灾种、大应急"转变，任务范围大大拓展[1]。为适应这一变化，做好火灾与警情数据统计管理工作，不仅可以客观真实、准确全面地反映整个队伍担负的灭火救援任务量，也有利于充分利用大数据进行火灾监测预警预测、精准监管和辅助决策。

随着互联网的飞速发展，大数据已成为当今时代的特征。伴随着消防机构改革的不断深入，消防救援职能也在不断拓展，各地消防救援队伍接警数量持续增多[2]，传统的火灾与警情统计模式越来越难以适应新的形势和任务需求，应用大数据治理等现代化技术，实现消防火灾预测与警情分析精确化、科学化已是必然趋势。

消防救援局自 2020 年 1 月起上线新版全国火灾和警情统计管理系统，正在开展与旧版全国火灾和警情统计管理系统数据的融合治理工作。另一方面，该系统尚未完全接入消防监管数据，以及安监、经信、住建、民政、交通、卫计、气象等政府其他部门业务系统数据，还有征信、保险、金融等商业系统数据。因以上数据交换、数据管控等机制尚未建立，因此还未有成熟的面向全国的火灾与警情大数据治理及分析平台。综上，由于数据来源、统计体系更新、分析研判方法等因素，火灾与警情数据在消防救援宏观和微观研判、城市消防规划和资源配置方面的作用等级还比较低，影响着全国消防业务的优化升级。

从消防业务领域数据资源服务的重大业务需求出发，结合数据资源化、知识化、普适化的趋势，设计全国火灾与警情数据管理平台，是消防救援队伍信息化升级的重要举措，对其他信息化建设项目兼具示范意义和资源复用价值。同时，落实平战结合的"大数据"决策模式，能够有效促进消防执法工作能力和科学管理水平。

2　平台的总体设计

目前，针对处理海量数据技术架构主要分为三类。一类是传统的处理架构，采用传统的小型机实现数据的处理，但是在数据不断增加的情况下，该方案的动态扩展能力、开放性较差[3]。第二类是采用 Hadoop 和 MPP 的混搭架构，但这

作者简介：黄艳清，女，硕士，应急管理部天津消防研究所研究实习员，主要研究方向为智慧消防等，E-mail：huangyanqing@tfri.com.cn。

类方法需要掌握和维护两套架构，增加了开发和运维成本。第三类是采用 Hadoop 为核心处理架构的解决方案，通过在 Yarn 上实现对单个计算框架的扩展和应用，包括 MPP（Impala）、流处理技术（Storm）、内存计算框架（Spark）等[4]，通过一套技术框架减少了后期的维护成本和新计算框架的引入成本，符合未来大数据管理技术的发展特性。

结合全国火灾与警情大数据复杂、异构等特性以及基层消防队伍的实际需求，为建设支持多种数据类型、提供低成本高性能服务，以及其他符合未来大数据管理技术的发展特性的平台，本文涉及系统采用 Hadoop 技术体系作为基础能力、增加相关能力平台管理、数据接口处理技术来实现大数据汇聚平台的建设。该全国火灾与警情数据管理平台总体架构按功能可分为 5 大部分，分别为数据接入层、数据存储层、数据处理层、数据共享层，统一管控平台，平台总体架构如图 1 所示。

接入层设置了文件数据通道和消息数据通道。文件通道采用 FTP 集群为技术基础，针对大批量准实时文件的传输做了架构层面的优化，具有高并发、小文件合并存储、文件直达 HDFS 存储等功能，优化后其吞吐量可达 6000 MB/s，其中小文件合并存储功能可有效减小集群压力，提高性能；消息通道以 Kafka 和 RocketMQ 为基础，采用负载均衡技术以支持高并发和可靠性，Kafka 对消息的离线和在线处理模式配合 flume

的灵活路径通道，可以为消息数据提供非常灵活的处理方案。

存储层以分布式文件系统（HDFS）为基础，充分利用其高扩展性、高容错性、稳定可靠等优点，为上层数据处理提供良好保障。HBase 为大规模、多字段、查询时效性要求高的数据提供了非常可靠的存储方案。NoSQL 数据库存储大规模非结构化数据并提供高并发低延时查询。此外，还可以采用多种其他数据类型的存储方案，保证数据类型的多样性存储，最大限度地提高数据访问的体验。

处理层针对不同业务场景采用不同技术方案。大批量高延时业务采用 Hive 和 Map Reduce 相结合的处理方式；高密度计算、迭代计算业务采用 Spark 组件；实时流数据采用 Strom 处理；Spark SQL 支撑交互式探索查询。

数据共享层支持文件共享、消息共享、数据查询等多种形式。文件共享通道采用优化后的 FTP 与 SFTP 服务器，可以为数据汇聚平台提供高速、稳定的诱人特点。实时消息共享以高可用性负载均衡器为技术核心，提供高并发请求、低延时响应的数据访问服务，10 万次并发环境下延时在 3 ms 以内。交互式探索查询依托 Spark 套件，可以提供迭代计算、数据挖掘等能力。

统一管控平台的核心功能有：元数据管理、ETL 调度管理、资源管理、安全管理、日志管理、接入管理、多租户管理、工作流管理、标签管理。统一管控平台为每种功能提供了界面化管

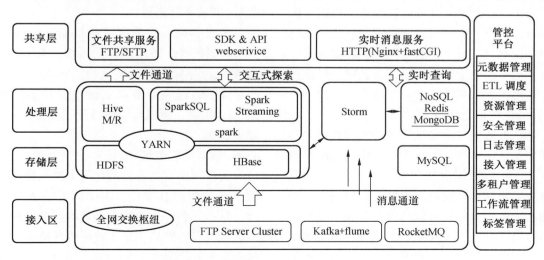

图 1 平台总体架构

理功能，极大地提高了平台的可维护性。

3 大数据管理平台关键技术

为实现消防内部的火灾警情数据和消防外部的气象、人口、交通等数据的有效接入与融合，建立基于多源数据的全国火灾与警情数据管理平台，为火灾与警情预测预警提供大数据支撑，本平台主要有高通量数据管理技术、多源数据融合技术、并行化数据处理技术及数据可视化技术四项关键技术。

3.1 高通量数据管理技术

针对全国火灾与警情数据量大且关系复杂的特点，本平台提供基于 Hadoop 的分布式文件系统以及基于霍夫曼（Huffman）算法和 LZW（Lenpel-Ziv & Welch）等的高效数据编码压缩方法对海量的结构化和非结构化数据进行写入[5]。同时，为了实现火灾与警情大数据的高效共享和利用，本平台引入了 Apache Ranger 为大量的 Hadoop 组件服务和非 Hadoop 服务提供授权和访问审计服务，例如 HDFS、Hive、HBase、YARN、Kafka 等。同时，Apache Ranger 可为服务组件提供可伸缩的密钥管理服务，以及支持 Hive 数据仓库的数据脱敏和行过滤策略。

3.2 多源数据融合技术

为保证全国火灾与警情数据管理平台为后续火灾与警情的精准研判提供数据支撑，该平台提供多源数据融合技术，以便后续接入人口数据、气象数据、交通数据等。针对消防内部数据，由于新旧版火灾与警情统计系统存在业务数据、模型等差异，通过数据清洗、数据关联、统一编码等实现数据融合。对于消防外部数据，如天气数据、人口数据、交通数据，通过对关键字段进行分析，运用主表关联法达到数据融合的目的。

3.3 并行化数据处理技术

针对新旧版火灾与警情统计系统的数据差异大、规则不统一等特点，本平台利用典型的机器学习算法，建立数据清洗和数据预警分析模型。为了解决城市区域火灾风险预警，通过历史的接警出动、火灾报告，从区域的灾情分布、发展趋势，消防资源配备，火灾伤亡、抢救、疏散等救援能力，接警出动响应、救援时长、实际路程等灾情抵抗能力，以及火灾起火源的相关属性等方面进行特征衍生，通过 Apiriori 关联分析算法找出频繁项集和关联规则，分析城市区域火灾致灾因子，并与时间因子、气象环境因子叠加分析，做为最终的模型输入，基于 LightGBM 算法构建城市区域火灾风险预测模型，实现对全国、省、市、区县的火灾风险预测。为提高数据清洗的效率，将数据清洗模型与 MapReduce 技术相结合，建立了双 Map Reduce 的设备运行状态大数据清洗模型。

3.4 数据可视化技术

本平台主要根据基层消防队伍对火灾与警情数据的浏览需求，将火灾风险总量、高风险区域、高风险因素、历史起火原因分析、历史场所分布等关键数据进行多层次、多角度地展示，使数据更加具备客观性和说服力，辅助基层消防队员进行精准防控。本平台提供的数据可视化技术包括：WEB 前端技术、ECharts 可视化技术工具、Ajax 技术及多维数据可视化技术[6]。通过 echarts. init 方法初始化 echarts 实例，调用 ECharts 样本库文件，通过 setOption 方法进行图例设计，并利用 Ajax 技术异步发送 JSON 的格式数据请求，实现火灾与警情数据状态的动态加载。

4 系统测试与分析

为验证本文设计的全国火灾与警情数据管理平台的数据存储性能、数据处理性能，搭建 Hadoop 集群进行性能测试，进行读取/写入数据时的测试实验。

4.1 测试平台搭建

本文中 Hadoop 集群是在 Lenovo Think System SR650 服务器上搭建而成，系统装有 64G 内存、5T 的磁盘存储阵列，实现海量数据的高效处理与存储。通过在服务器上创建五台虚拟机组成 Hadoop 集群，测试环境硬件配置见表1，软件配置见表2。

4.2 读写数据测试

为了评估本文设计的全国火灾与警情数据管理平台功能的有效性，本文部署了 3 个计算节点，其中一台作为计算中心节点，两台作为计算的边缘节点。然后，基于此硬件环境对系统的数据存储与查询效率进行测试。在本文中，读取、写入的效率分别用写入速率和扫描速率作为评判

表 1 Hadoop 平台集群硬件配置

名称	节点 1	节点 2	节点 3	节点 4	节点 5
操作系统	CentOS Linux release 7.8.2003（Core）	CentOS Linux release 7.8.2003（Core）	CentOS Linux release 7.8.2003（Core）	CentOS Linux release 7.8.2003（Core）	CentOS Linux release 7.8.2003（Core）
CPU	32 Core Intel(R) Xeon(R) Silver 4216 CPU @ 2.10GHz	32 Core Intel(R) Xeon(R) Silver 4216 CPU @ 2.10GHz	32 Core Intel(R) Xeon(R) Silver 4216 CPU @ 2.10GHz	32 Core Intel(R) Xeon(R) Silver 4216 CPU @ 2.10GHz	32 Core Intel(R) Xeon(R) Silver 4216 CPU @ 2.10GHz
内存	64G	64G	64G	64G	64G
数据存储容量	500G	500G	5T	5T	5T

表 2 软 件 配 置

名称	Name Node	Data Node	Resource Manager	Node Manager	Hive Server	Meta Store	zookeeper	Journal Node	History Server
节点 1	Y		Y				Y	Y	
节点 2	Y		Y		Y	Y	Y	Y	Y
节点 3		Y		Y			Y	Y	
节点 4		Y		Y					
节点 5		Y		Y					

的指标。当写入数据在 100G 量级时，系统的写入速率为 119 MB/s，已达到带宽最大速率；当系统的读取数据为 100G 量级时，系统的读取速率为 796 MB/s，读取速率已大大超过写入速率。

5 结论

本文简述了全国火灾与警情数据管理平台的现状，指出了全国火灾与警情在数据存储、处理方面所面临的难题，提出基于 Hadoop 的全国火灾与警情数据管理平台。该平台集数据采集、多源数据融合、分布式存储、大数据挖掘分析等为一体，通过高通量数据管理技术和多源数据融合技术对数据进行融合转换，通过大数据挖掘分析算法对数据进行建模分析，进一步提升了数据管理能力，为后续的火灾及警情的研判奠定基础，也为日常火灾防控、重要领域及重要节点的消防工作部署提供决策支持，助力我国消防救援治理体系和能力现代化。

参考文献

［1］庞舒月，张晓蒙．救民于水火，助民于危难，给人民以力量：写在国家综合性消防救援队伍组建一周年之际［N］．中国应急管理报，2019．

［2］曹海峰．新时期加快推进我国消防救援队伍体系建设的思考［J］．行政管理改革，2019（8）．

［3］凌杰．基于 Docker 的 Hadoop 中小集群性能的研究［D］．南京：南京邮电大学，2018．

［4］詹文涛，艾中良，刘忠麟，等．一种基于 YARN 的高优先级作业调度实现方案［J］．软件，2016，37（3）：84-88．

［5］曹现刚，张鑫媛，吴少杰．煤矿机电设备运行状态大数据管理平台设计［J］．煤炭工程，2020，52（2）：22-26．

［6］沈汉威，张小龙，陈为，等．可视化及可视分析专题前言［J］．软件学报，2016，（5）．

关于氮气消防车扑救飞机机身内
火灾的理论探讨

王坤亮[1]　张婷婷[2]　邓运力[3]

1. 中国救援山东搜救犬机动专业支队　济南　250300
2. 山东省泰安市泰山风景名胜区消防救援大队　泰安　271000
3. 山东省济宁市任城区消防救援大队　济宁　272005

摘　要：除轮胎外，飞机外部并无其他可燃物，燃油等可燃物质都在飞机内部。当机场飞机发生火灾时，大火首先从机内燃起，快速扑灭机内火灾十分关键。但是，机场消防车喷射的泡沫灭火剂无法射入飞机的机身内部，价值昂贵的飞机很快烧毁，同类事故不断重复发生。气体灭火剂是快速扑灭机内火灾的最佳选择。但由于技术原因，国内外机场气体消防车至今仍是空白。本文就此提出研发装载液氮灭火剂的机场消防车的建议。

关键词：飞机火灾扑救　气体灭火剂　机场消防车　液氮消防车

1　引言

战斗机和民航飞机，除轮胎外，机体外部并无其他可燃物，燃油、编织物、其他可燃物质都在飞机内部。当机场飞机发生火灾时，大火首先从机内燃起，后向外扩展。因此，快速扑灭机内火灾是机场快速反应消防车面临的关键任务。但是，机场消防车喷射的泡沫灭火剂无法射入飞机的机身内部，价值昂贵的飞机很快烧毁，同类事故不断重复发生，造成重大损失。气体灭火剂是快速充满机内舱体空间，以"全淹没"方式扑灭机内火灾的最佳选择，但国内外机场气体消防车至今仍是空白。

2　飞机机身内火灾理论

一般来讲，飞机结构分为机身、机翼、尾翼、发动机和起落架，所用的材料主要是合金。对于飞机不同情况不同部位的火灾，要使用正确的灭火剂对火灾加以扑救。民用运输机内装载有大量燃油和其他可燃物质。军用战斗机内除大量燃油外，还有众多的诸如火箭弹射座椅、干扰焰弹等火工品和武器弹药，尤其是新式战斗机的空射导弹也挂载于机腹舱内，舱门关闭，飞机内部

的这些高燃值物质一旦发生火灾，极难扑救，飞机将在很短时间内烧毁。由于气体灭火剂还未普及使用，泡沫灭火剂因具有相对性能稳定、灭火效率高等诸多特点，在目前机场中，泡沫灭火剂是飞机火灾扑救的主要灭火剂。

飞机火灾具有三种特点。一是火情发展迅速。正常航行的飞机必然带有大量的航空汽油、航空煤油以及润滑油等可燃液体。飞机火灾一般在起火后的 1~2 min 就会形成熊熊大火，将飞机烧毁，造成人员伤亡。二是烟雾危害大。飞机机舱是个密闭空间，舱内一旦起火，便会迅速发展，消耗舱内空气，燃烧物因氧气不足会产生的大量一氧化碳和烟尘，对人体造成严重危害。机舱内部的塑料、皮革制品燃烧时会生成氯化氢、氰化氢和二氧化碳等气体，造成机舱里的人员窒息甚至中毒死亡。三是火灾扑救困难。飞机在飞行中起火，随时发生坠机，由于坠机地点难以确定，救援力量无法第一时间达到现场处置，加之机舱空间有限，救援十分困难。

飞机的发动机舱、电子设备舱、货舱是一个密闭或接近密闭的复杂结构的空间，初起火灾通常首先发生在这些舱内，为快速处置飞机火灾，按照国际民航组织的要求，各国民航按机场等级

作者简介：王坤亮，男，高级工程师，研究生在读，中国救援山东搜救犬机动专业支队政治委员，E-mail：taxfslb@163.com。

不同配置不同数量的各型机场消防车，其中大型机场需配置包括主力泡沫消防车、重型泡沫消防车、快速调动消防车等各型消防车 12 辆[1]。但是，这些消防车上装载的主要是水成膜泡沫灭火剂，然而泡沫灭火剂缺乏弥散性，无法射入这类空间中，因此处置飞机火灾可采取以下三种措施：一是飞机安装烟感自动报警和气体自动灭火装置、配备灭火器材。根据飞机火灾特点，安装感烟和红外自动报警装置，有利于机舱内人员及时采取灭火措施；在机舱配备轻便灭火器材；安装自动灭火系统，可以有效控制初期火灾，对飞机火灾扑救具有重要意义。二是加强第一出动，从实际出发，灵活运用灭火战术，把营救旅客和机组人员作为第一任务，力争将人员伤亡减少到最低限度。三是速战速决，实施近战，因舱内有限空间，空气有限，辐射热扩散迅速，需第一时间控制住百分之九十以上的燃烧，避免造成严重后果。

在进行飞机火灾扑救过程中，应充分做好防护工作。消防人员进入机舱灭火、救人时，要做好个人防护，每个消防人员必须佩戴空（氧）气呼吸器，穿着防火隔热服。在打开机舱门时，应考虑爆燃风险，使用喷雾水枪在机舱门后，先打开一点机舱门，将喷雾水枪伸进机舱内射水，然后再打开机舱门，进行机舱内灭火救援。在向火源喷射时，水枪应从上风方向，沿着机身从一端向另一端喷射，以防火势向机舱或油箱处蔓延，造成不必要的伤亡。在火灾战斗中，皮肤上沾有航空燃油和液压剂时，要尽快用水和肥皂冲干净，防止造成身体损伤。

2.1 机场飞机内部火灾扑救案例

2019 年 8 月 27 日 17 时，首都机场国航一架 A-300-300 型客机旅客正在登机时，发现飞机前货舱有烟雾冒出，机场方面出动 17 辆各型消防车，社会支援力量到达 25 辆消防车，到达现场的消防人员共计 161 人[2]。但喷射的泡沫灭火剂无法穿过舱内堆放的货物直击火焰。经过 51 分钟扑救，飞机前货、客舱过火，前机身顶部隔框被火焰烧穿，该机失去修复价值（图 1）。

2020 年 7 月 22 日，一架埃塞俄比亚的波音 777-200 型货机降落在上海浦东机场。在装卸机上货物时，15 点 56 分货舱内有烟冒出。有 18 辆机场消防车快速驶近参加机舱内的火灾扑救，但喷射的泡沫灭火剂无法穿过舱内货物直击火焰。65 分钟后火焰被扑灭，机身顶部已被大面积烧穿（图 2）。

图 1 A-300 客机在北京首都机场停机位烧毁

图 2 B-777 货机在上海浦东机场停机位烧毁

2013 年 7 月 8 日，一架 B-777 型航班飞机在美国旧金山机场降落。着陆中飞机尾部撞上跑道端头的土埂受损脱离，飞机冲出跑道。机上 318 名乘客和机组人员从客舱内紧急撤离（其中 2 人死亡），飞机起火。有 10 多辆机场消防车快速到达现场参与火灾扑救，但泡沫灭火剂无法扑灭机舱内的火焰，该机在消防车扑救中烧毁（图 3）。

图 3 B-777 客机在美国旧金山机场烧毁

战斗机的发动机与燃油箱均安装在机身内部。机上加装有包括弹射座椅、干扰焰弹等多种火工品和武器弹药，发生火灾后，泡沫消防车无法扑灭机身内部火焰，火势快速扩展，战斗机通常在几分钟内烧毁（图4）。尤其是新式战斗机的高爆威力空射导弹一般挂载于机身舱内，舱门关闭，飞机发生火灾时导弹无法快速卸除，其火箭发动机及战斗部会在火灾高温下点燃爆炸，威胁消防人员和周围飞机安全，将造成更大损失。

图4　某型战斗机在多辆消防车扑救中烧毁

日本1架F-2战斗机冲出跑道，机内起火，2名飞行员逃生。多辆机场主力泡沫消防车快速驶往扑救，喷射出的大量泡沫灭火剂覆盖在飞机及周围地面上，但泡沫灭火剂无法扑灭机内火焰，飞机在消防车扑救中烧毁（图5）。

图5　美国旧金山国际机场客机与
防波堤相撞发生大火

2013年7月6日，美国太平洋时间上午约11：28，美国一波音777-200ER型客机在加利福尼亚州旧金山国际机场28L跑道进近时与防波堤相撞进而引发大火。造成3名乘客身亡；40名乘客和8位乘务员以及1名飞行员受重伤。多辆机场泡沫消防车第一时间到场处置，但依然无

法第一时间控制火势。

现世界各国军、民航机场重点配置的主力消防车和快速调动消防车均为泡沫消防车。机场内缺少喷射气体灭火剂的消防车，是机场飞机火灾扑救中存在的突出短板。

2.2　机场为什么没有气体消防车

气体消防车是指主要装备气体灭火剂瓶，充装氮气、二氧化碳等气体灭火剂的消防车。氮气、二氧化碳灭火剂是以稀释飞机舱内的氧含量来熄灭火焰的。当舱内的氧气含量降至12%以下时，燃烧反应中止，火焰熄灭。

一些可燃物燃烧时需要的最低氧含量见表1。

表1　一些可燃物燃烧时需要的最低氧含量

可燃物名称	最低氧含量/%	可燃物名称	最低氧含量/%
煤油	15.0	汽油	14.4
乙醇	15.0	橡胶屑	12.0
多量棉花	8.0	蜡烛	16.0

各型飞机的舱内容积不等，在扑灭飞机舱内火灾时，必须持续喷射灭火剂保持舱内气体灭火剂的灭火浓度，阻止舱内火焰复燃。为此，机场气体消防车须装载大容量的气体灭火剂。考虑到机场快速调动消防车承载能力有限，只有装载液化的气体灭火剂才能满足这一需求。

机场消防车装载液化的气体灭火剂，必须考虑该种气体灭火剂的"临界温度"值。各种气体都有一个"临界温度"。气体在"临界温度"以上时无论怎样增大压强也不能使之液化。以二氧化碳为例，其"临界温度"为31.2 ℃。在此温度下加压至7.38 MPa时，气态的二氧化碳转变为液态（在"临界温度"时使气体液化所需的压力称为"临界压力"）。当温度高于"临界温度"31.2 ℃时，无论增加到多大压力，气态二氧化碳都不会被液化。但是，夏天机场内太阳直射下的压力容器温度会高于31 ℃，容器内的液态二氧化碳气化，瓶中压力急剧升高，气瓶存在爆破的危险。为消除这一危险，在公称工作压力为15 MPa的二氧化碳气瓶内，必须按0.6 kg/L的标准充装入液态二氧化碳，当瓶内温度低于54 ℃时，瓶内压力增高不致超过15 MPa。也就是说，向灭火器瓶内充装二氧化碳，必须以称重

的方法，按 0.6 kg/L 的标准充装入液态二氧化碳。

机场至今没有配置二氧化碳消防车，分析其原因，认为是出于以下实际情况。一是液态二氧化碳的密度为 1.101 g/cm（-37 ℃时），当快速调动消防车上载有 40 个 40 L 的钢瓶时，钢瓶内的总容积为 1600 L。按 0.6 kg/L 的标准允许充装入不高于 960 kg 的液态二氧化碳，其全部气化时可生成约 480 m³ 的二氧化碳气体（0 ℃时，二氧化碳气体的密度为 1.977 g/cm³）。扑灭机内火灾时，不仅要使舱内的氧气含量降至 12% 以下，而且要持续喷射，等待舱内温度降低至燃点以下，阻止复燃发生。480 m³ 的二氧化碳气体可能难以满足复杂情况下的灭火需求。二是实施飞机火灾扑救时要快速打开 40 个二氧化碳钢瓶的阀门，这个操作会延迟反应时间。三是灭火后需拆卸下钢瓶逐一以称重法补充灌充二氧化碳，之后再将钢瓶原位安装，维护保障工作量很大。

机场至今也没有配置氮气消防车，是因为氮气的"临界温度"为-147 ℃，临界压力为 3.4 MPa。在-147 ℃下加压至 3.4 MPa 时，氮气转变为液氮。但机场的大气温度远高于-147 ℃，将液氮充装入贮罐内很快吸热气化压力增大，从安全阀中泄漏掉了。因此，目前在机场消防车上无法装载液氮灭火剂。

综上所述，气体灭火剂的突出优点是可快速扩散至机舱内各个角落，迅速熄灭舱内火焰，并且灭火后不留痕迹，对机载设备没有损坏，是快速扑灭机内初起火灾的最佳灭火手段。但由于上述原因，至今世界范围内机场气体消防车仍属空白。

3 机场液氮消防车的研发方案

解决车载氮气灭火剂贮量不足的核心问题，是攻克液氮在消防车上的长久存贮技术，研发出装载大容量液氮的机场消防车。

大气中氮气占有 78% 的体积比，氧气约占 21%。工业制氧是将空气液化，对首先蒸发出的深冷氮气（液氮沸点为-196 ℃）进行收集和再液化存贮，留下纯净的液氧（液氧沸点为-183 ℃）。因此，液氮是工业制氧后的剩余物质，市场上液氮价格便宜（每吨不到千元），供应量充足。如能解决液氮在消防车上的长久存贮问题，车载 4~5 t 液氮就可满足飞机机内火灾扑救需要。

液氮用于飞机舱内火灾扑救的好处是，液氮从喷枪中射出后立刻吸热气化生成纯净的氮气，1 kg 液氮常温下气化时生成 800 L 氮气，吸收 0.77 kJ 的热量。氮气射入飞机舱内时稀释其中的氧气含量，当舱内的氧含量降至 12% 以下时，燃烧反应中止，迫使火焰熄灭。

液氮在消防车上的长久存贮涉及两种关键技术。一是液氮储罐的绝热技术研究，使外界的热能通过传导和辐射进入液氮贮罐内的热量达到最低值。二是选用小型化超低温制冷机，使液氮表面蒸发的超冷氮气，被冷凝器再次冷却为液氮，重新滴落入液面中，从而保持车载数吨液氮的年损耗率不高于 5%。这两项技术经过预研现已取得显著进展。

在消防车载的 6 m³ 容积的液氮罐内，充入 4 t 液氮（液氮的密度为 0.8 t/m³），这些液氮相变时生成 3200 m³ 的氮气，用于快速扑灭飞机舱内火灾。液氮消防车上设置两支连接有 30 m 长的软管的喷射枪，单支消防枪可将 8 kg/s（6.4 m³/s）流量的纯净氮气射入飞机舱内，氮气充满舱内各个角落，以"全淹没"方式快速扑灭机内火灾，此后以持续或脉冲喷射的方式阻止火焰复燃。4 t 液氮可供 1 支消防枪以 6.4 m³/s 的氮气流量连续喷射 8 min。增大或减少车载的液氮贮量，可满足对不同型号飞机的灭火需求。

参考文献

[1] 中国民用航空总局. MH/T 7002—2006 民用航空运输机场消防站消防装备配备 [S]. 2006.

[2] 民航华北地区管理局. 国航 A330 客机在首都机场地面货舱起火事件的初步调查报告, 2019-08-28.

从一起火灾调查复核过程分析调查失误行为

羊 加 山

江苏盐城市消防救援支队　盐城　224000

摘　要：从一起火灾调查复核过程出发，复盘首次火灾调查质量，分析讨论当前基层火灾调查过程中存在的失误行为，并提出了措施与建议，以期提高首次火灾调查质量，更好地履行法律规定职责，提高火灾事故调查水平，正确、及时、客观做出火灾事故认定，减少因失误行为产生的不良影响。

关键词：消防　火灾调查　复核　失误行为

1　引言

火灾调查中的失误，实质是主客观在某些方面的认识不一致，是火灾调查主体在调查意识和调查行为方面与调查对象实际情况的一种误差，是火灾事故调查原因认定困难、原因认定不准确，造成大量上访、缠访的重要原因。对于已经发生过的失误，付出了高昂的代价，应该从理论上进行总结。本文笔者以复核承办人的视角通过对一起火灾复核分析了首次调查员的失误行为，提出了预防和减少的措施与建议，旨在引起各级领导对火灾调查工作的重视，促进火灾调查员积极履行法定职责，加强业务学习，依法开展火灾调查工作，提高火灾事故调查水平，正确、及时、客观做出火灾事故认定，减少因失误行为产生的不良影响。

2　火灾基本情况

2019年11月27日20时11分许，某市如意花园小区东侧泡沫夹芯板搭建的车库内电瓶车起火，过火面积约70 m²，主要烧毁4间泡沫夹芯板仓库和内部物品，未造成人员伤亡。事故发生后，辖区消防救援大队当日值班员张某立即赶赴现场组织开展火灾调查，并于12月25日对该起火灾的起火原因作出认定：起火部位位于陈某家夹芯板仓库西侧房间，起火原因为排除雷击、外来火种、遗留火种等，不排除电气线路故障引发火灾。

2020年1月4日，当事人陈某对此次火灾事故认定情况提出复核申请，主要围绕以下几个方面：一是现场南侧外墙有一处监控录像，在认定时火灾调查员未能提供并据此说明火灾原因认定的证据；二是电瓶车起火无事实根据，该电瓶车不可能起火的；三是不能排除人为将烟头甩进公巷内引发火灾。归结为一点：主要诉求就是起火部位认定不应在陈某家夹芯板仓库西侧房间，也就不愿意承担相应的赔偿责任。

3　复核分析过程

市消防救援支队按照规范要求对申请材料进行了复核审查，认为符合受理条件，予以受理。在调阅卷宗、走访调查时发现存在以下几个问题。一是未提取南侧外墙监控录像。原因是火灾调查员张某与当地派出所民警现场已经查看了监控录像，认为监控录像内的信息不能有效证明起火部位，遂未提取、未刻录、未存档。二是询问笔录内容过于简单、粗陋。在询问证人成某讲述发现火灾经过时，过于简单，未能详细细化火灾相关信息，对于发现火灾前半小时内的信息未询问、未记录。三是关键证人未做询问笔录。陈某媳妇宋某作为第一个发现现场异常情况的证人，也是第一个告诉陈某有异常情况的证人，火灾调查员张某未能对其及时开展询问调查。通过梳理复核人陈某的请求发现，只要解决以上三个问题中的任何一项，均能准确认定起火部位，也就能解决当事人的疑虑，避免复核。

作者简介：羊加山，男，在职研究生，中级专业技术职务，从事火灾调查工作，E-mail：783044650@qq.com。

4 失误行为分析过程

复核过程中,对火灾调查员张某主责承办制作的火灾事故调查卷宗进行审查发现张某能够在第一时间内赶赴现场组织开展火灾调查工作,能够按照《火灾事故调查规定》的一般程序开展调查询问、现场勘验、检验鉴定等规定的基础工作。那么是否存在法律规定应当履行的职责而未履行呢?复核人员分析了其调查行为和调查过程。

4.1 在调查询问方面

火灾调查员张某没有主观行为上的不认真负责,没有错误地运用权力和履行义务,也曾积极努力寻找宋某配合调查,由于第一发现证人宋某以外出探亲、上班为由躲避且不配合调查询问工作;根据证人询问相关规定,不能采取强制措施,只能通过沟通做工作使其配合,但是始终未果;虽然宋某和火灾事故调查认定责任方有亲属关系,但是不妨碍其作为当事人提供证人证言,而是由于张某自身阅历、调查经验及方式方法等方面的不足,询问未果,未取得预期的效果,以致于在整个火灾调查过程中都无法取得其证言。

4.2 在证据证明力方面

新形势下火灾调查人员要具备良好的职业道德修养,要有丰富的相关知识,要精通专业知识和与业务有关的法律知识[1]。张某作为一个非法律专业毕业调查者,对证据的属性并不清楚,对证据的证明力理解没有深刻领悟,其认为成某的询问已经能够将事实说清楚,不存在询问未到位的情况,自己认为能够满足火灾事故认定的需要;且在最终事故认定时没有采取直接认定法,而是采用了排除法,结合前期调查走访陈某家在发生火灾前曾在该房间换过灯泡、停电等异常情况,其认定结论采用排除法是可以印证火灾发生前的情形,符合《火灾原因认定规则》。

4.3 提取监控录像方面

张某能够现场查看其内容,根据自身认知能力,现场判定其不具备证明力,遂未提取未存档,只是当事人陈某认为具备证明力,能够反映现场火灾发生时的情况,二者都是从自己的角度去分析判断监控录像是否具备证明力。从一个角度来分析,陈某在前期没有提及查看监控视频资料,到后期认定说明时提出,应该是考虑到监控录像已经被覆盖、丢失,在内心对火灾原因没有异议,但是想到要承担火灾带来的损失,其内心是抗拒的,更是不愿意的,所以其要想法设法找出问题,试图推卸责任。

5 分析失误行为的具体表现

通过对案例进行分析,可以发现火灾调查员张某存在的失误行为主要有以下三个方面。

一是未能树立强烈的证据意识。此次火灾虽然未造成人员伤亡,但是受灾户却有4户,起火部位的认定直接关系到责任承担者,应当能够预见且应预见。笔者以为,即使南墙视频监控确实不能证明火灾发生时的具体情况,因为是晚上且摄像头没有夜视功能,可能不具备有效证明能力,但是也应当对其进行现场提取、保存;在对火灾事故认定说明时向当事人做好解释工作,消除疑虑。复核时,该视频已经过期,无法查看,也无法判断其证明能力。如果其能够证明火灾发生时的情况,但是却没有依法提取,那么该火灾调查员应属于失职行为,因其让证据流失、消失,对后续事故处理影响极大,也对当事人的权益造成了一定的损害;如果其不能证明火灾发生时的情况,也应向当事人说明理由,至少应该确认,可以不予提取,并记录在案。现在却未提取,该火灾调查员属于过于自信的过失。延伸来讲,此起火灾如果无法协调解决,上诉到法院提请民事诉讼,该证据的证明能力应当提交法院,辅助解决矛盾和审判。

二是未能掌握询问及时性原则。由于宋某作为陈某的儿媳,在外回家途中路过事发现场,并发现了异常情况,其将情况告知陈某,陈某到现场查看具体情况。在此过程中,宋某、陈某均碍于是自家最先起火(最终结论也证实了这一点),但在一定程度上均不愿意主动承认自己家最先起火,承认即意味着承担损失、承担赔偿责任。张某在调查过程中却因宋某不配合调查询问而放弃,虽然多次跟进试图询问当时具体情况,但是自始至终未能将宋某说服。从卷宗调查情况看,最早询问人员情况来分析,火灾调查员张某未能在火灾发生后的第一时间内对相关证人和当事人开展询问工作,错过了询问的最佳时机,导致宋某与陈某在火灾发生后，对调查工作实施软抵抗。

三是未能掌握询问的技巧与重点。从火灾调查员张某对证人成某的调查询问笔录来分析，火灾调查员张某未根据不同询问对象制定不同的询问对策与方法，未能掌握对成某的询问重点和询问内容，仅仅对成某发生火灾时看到的情况进行了简单描述与记录，未对其发现火灾前的一段时间内的活动轨迹，特别是成某与陈某碰面前的活动轨迹没有详细询问，因对火灾事故发生经过进行还原时发现，成某比陈某更早一步到达能够发现火灾的部位，而此部位上方就是南墙安装监控设备的位置，火灾调查员张某错过了对案件分析的最佳机遇。

6 分析失误行为的影响因素

笔者以为，以上三个方面的调查失误，只要避免其中任何一个方面，就可以将起火部位确定无疑，且消除当事人陈某的疑虑，避免出现文中的复核请求。下面从三个方面对此起火灾调查过程中出现的失误行为展开分析与讨论。

一是张某的学习经历与工作经验。张某，出生于1990年，本科学历，主修思想政治教育专业，2014年7月从事消防监督工作，从2017年12月开始兼职开展火灾调查工作，至其调查此案例时，从事火灾调查工作时间不足两年，共主责承办火灾调查17起。目前，以笔者所在地级市来看，基层消防救援大队类似于张某的学习经历与工作经验却一直在从事火灾调查工作的人员不在少数，仅能"照葫芦画瓢式"开展火灾调查工作，基本能够将关键步骤按照程序开展调查工作，但是能够更深层次、更进一步将每一步程序按照《火灾原因调查指南》要求完成的寥寥无几，特别是在涉及火灾调查专业知识方面。

二是张某对证据证明力的认知偏差。侦查主体存在的认知偏见是造成侦查失误的一个重要因素，具体表现为因规则、启发式导致的认知偏见、因果偏见、证据评价上的偏见[2]。火灾事故复核时，笔者了解到张某对火灾事故调查的经过，就调查经过而言，基本能够按照程序开展火灾调查，但是对于证据的证明力的认识还存在一定程度的不足和偏差。这说明火灾调查员对火灾

事故认定结束后引发的一系列效应的预判断不足所决定的，一名调查员提前预判矛盾发生的前瞻性，也是受调查经历、工作经验及社会阅历影响和限制的。在监控录像提取方面，张某认为该视频没有提取的价值；而陈某认为该监控视频记载了当时火灾发生的过程，能够认定火灾事故的起火部位，但是却由于张某自己的一己之见未及时提取，也未及时向陈某展示该监控视频记载的信息，导致陈某认为张某认定不公，偏袒其他当事人，直至复核时也一直强调张某未向其说明监控视频记载的信息。

三是个人业务综合能力有待提高。火灾调查工作是一项综合性分析判断认定工作，具有较强的技术性。而调查询问工作应当是火灾调查员具备的基础本领。从此次火灾事故询问工作来看，张某既未能及时针对不同的询问对象制定不同的询问提纲与询问策略，也未能针对同一询问对象将事故发生前后人员活动情况记录清楚，更是未能对关键证人实施策略攻破，导致首次调查询问质量不高，询问笔录证明能力不足，不足以解决当事人的疑虑，不足以证明事故发生的过程，不足以证明当事人陈某、证人成某火灾事故发生前后一段时间内的活动轨迹，通过对首次调查材料分析，可以得出这样的结论：张某对于此火灾事故相关的当事人及证人在火灾事故发生前后的活动位置、人物关系及发现火灾先后顺序等基本内容认识不深、不透。

7 措施与建议

火灾事故调查的特殊性决定了该行为难以避免失误，只有预防和减少这些失误，才能更好地维护公平、正义。通过查阅相关文献资料，参考国内外火灾调查研究相关制度，结合基层工作实践经验，就如何减少火灾调查失误行为，提出几点措施与建议。

7.1 规范火灾调查员的来源

一是严格火灾调查员的岗位调整和任务分工。在调整岗位和任务分工时，改变随机性、随意性调整任命，要对拟任人员的基本情况、所学专业、个人特长等予以了解，如一些音乐专业、体育院校毕业的人员要严格控制从事火灾调查工作，如一些侦查类专业、法律类专业的可以鼓励

从事等。二是设置从事火灾调查工作的前置条件。如火灾调查专业应往届毕业生，进修过相关课程，经过一段时间的学习和培训，并经考核合格，能够单独开展火灾调查工作的人员。三是定期开展业务培训和考核。由此可见，火灾调查员的来源对于避免火灾调查失误行为十分关键。

7.2 规范火灾调查员的资质

笔者认为，作为代表国家机关开展火灾调查工作的火灾调查员应当具备调查资质，必须经过相关学习、培训、考核及实践后才可从事火灾调查工作。目前，美国通过国家认证委员会 NAFI（国家火灾调查员协会）提供三种认证方案：火灾调查员基本认证——火灾爆炸认证调查员（CFEI）及高级认证、火灾调查认证讲师（CFII）和汽车火灾认证调查员（CVFI）[3]。在我国，如建筑、法律、会计等众多行业领域内都实行了资格认证制度。笔者认为，从专业化道路来分析，实行火灾调查资格认证制度是一种必然。2015年，国家对从事消防行业的单位和个人实行了注册消防工程师制，其中有火灾事故技术分析内容。从专业化发展角度来看，火灾事故调查应当有单独的资格认证制度，应当予以独立。实行火灾调查资格认证一方面可以拓展火灾事故调查主体范围，另一方面可以大大减少因为火灾事故调查失误引发的上访、缠访及诉讼等行为。

7.3 规范火灾调查员的行为

一是程序式规范。在法律法规程序规定的框架之下，根据火灾事故调查需要，特别是一些典型火灾事故，进行总结归纳提炼，形成一套行之有效、不可或缺的调查程序规则。二是实体性规范。目前，对于一些在实践中经常碰到的典型火灾事故，还没有对一些调查实体性行为进行规范，有也只是按照调查卷宗的基本要求完善证据，现行《火灾现场照相规则》（GA/T 1249—2015）、《火灾现场勘验规则》（GA 839—2009）及《火灾原因调查指南》（GA/T 812—2008）等一系列与火灾调查行为相关的规则均对事故调查中的具体行为做出了较为细致的要求和规范，但是笔者认为在基层实践中还是未能规范到位、要求到位、执行到位；还未达到"证据确实充分"的要求，有必要对一些实体性调查行为进行规范。

7.4 规范审查认定审批环节

一是火灾事故认定说明前。根据《火灾事故调查规定》中在作出具体火灾事故认定前"应当召集当事人到场，说明拟认定的起火原因，听取当事人意见；当事人不到场的，应当记录在案。"设定这一环节的初衷就是为了更多的掌握火灾事故发生时的状况，了解当事人对火灾事故认定的看法，及时补充完善证据，防止遗漏某重点环节，造成认定失误，甚至错误。此时火灾调查员若能够审查已经收集的证据是否确实充分，是否能够证明火灾发生的全过程与基本事实，以及是否能够得到当事人的认可与理解；同时对于一些当事人异议较大、对拟作出的认定不认可，也可以作为审查证据证明标准的一个方向，能够查漏补缺，如果收集的证据能够证明火灾发生的基本事实，那么就可以尽快作出认定；如果收集的证据还不充分，还存在疑点，还存在矛盾之处，那么就要尽最大可能及时收集整理，将矛盾消灭在此环节。二是集体议案时。设定集体议案的初衷是能够从多个执法人员或者专业的角度视野，对一些拟定的要求结论性的问题进行探讨，并提出个人意见，进而集体研究会商，便于集体确定一些结论性的意见，最终形成记录。集体议案能够在一定范围内解决法律法规无法解决，却能够根据现实情况解决实际问题的一种手段。此时可以吸取多人的意见来对拟定的火灾原因进行分析，确保作出的结论经得起推敲和检验。三是签发火灾事故认定书时。审批《火灾事故认定书》下发前，要经过协办人、法制审核员、单位负责人流转审批。因此，即使该火灾事故没有经过集体议案，那么也应当是经过单位内部执法人员对火灾事故基本事实、证据材料等层层把关审批。这是下发法律文书的最后一道防线，对于能够及时发现并补正的失误、错误、甚至失职行为都可以在此之前予以完善，并加以整改。

7.5 规范火灾调查系统培训

一是定期组织业务学习。以总队或者支队为单位，整理总结火灾调查涉及的基础理论、勘验规则及认定规则等资料，科学安排学习内容，制定每周学习计划，每月复习考核内容，同时为人员创造良好的学习条件。通过研究学习，可以尽快理解调查要素，掌握调查技巧，形成科学的理论体系，从而达到提升火灾调查人员能力素质的目的。二是组织开始实地案例交流。以火灾案例为基础，开展现场教学、交流，灵活运用火灾基础理论解释各种现象，拓宽火灾事故调查人员的视野与知识面，增强火灾事故调查人员的业务素质与火灾事故原因分析的能力，进一步缩短成长路径，使火灾事故调查人员能够从理论走向实践。三是建立"传、帮、带"长久机制。火灾事故调查能力的提高并非一朝一夕之事，需要建立长久的培养机制。部局开展的"师傅带徒弟"活动，其目的是将当前火灾事故调查力量进一步优化培养，是建立和完善火灾事故调查培养机制新举措，进一步提升了全国各地火灾调查整体水平，值得大家借鉴学习。

7.6 锤炼良好职业道德修养

火灾调查员要从源头上进行培养教育，树立强大的职业认同感，需要从内外两个方面来加强，即他律和自律。他律为外部因素，自律为内在因素，唯有两者结合才能将提高自身道德素养由被动的执行者变成主动的行动者、实践者，并最终将他律内化于心，外化于行，树立行业典范。

8 结束语

火灾调查是一项专业性、技术性、政策性很强的基础性工作，涉及政治、经济、法律、社会科学等领域，集知识、经验、技能于一体，是消防工作的一个重要岗位，也是政府面向社会工作的一个窗口。作为一项基础性消防工作，火灾调查在社会面火灾防控、维护稳定等方面发挥了积极的基础性作用。笔者期望能够通过总结调查经验，采取一定的预防措施，减少或者避免火灾调查中的失误行为，减少基层消防机构在复核、信访和诉讼方面花费的时间和精力，树立消防救援部门良好形象，更好的从事防、灭火工作。

参考文献

[1] 尹明刚．新形势下火灾调查人员的素质要求[J]．武警学院学报，2000(6)：71-72.

[2] 艾明．我国系列杀人案件侦查中的失误及破案因子分析[J]．江西公安专科学校学报，2009(1)：47-51.

[3] 蒋玲．开展国外火灾调查体系和机制研究的探讨[J]．消防技术与产品信息，2011(5)：19-21.

上盖车辆基地防排烟设计探讨

项 郁 南

苏州市消防救援支队轨道交通消防大队　江苏苏州　215021

摘　要： 城市轨道交通车辆基地占地面积大，为节约土地资源，全国各地车辆基地建设尝试与商业开发相结合，利用上盖平台建设住宅、办公楼等。国内规范对工业与民用建筑合建的规定较少，车辆基地盖下单体的防烟排设计方案在行业内争议较多，北京、上海等地方出台了相关政策文件与地方规范，指导盖下建筑的相关设计，本文就上盖车辆基地防排烟设计存在的争议问题进行对比分析，提出合理的解决方案。

关键词： 消防　上盖车辆基地　防排烟设施　防烟分区

0　前言

随着我国经济不断发展，城市规模不断扩大，土地集约化问题越来越受到重视。地铁车辆基地有综合楼、运转楼、后勤楼、培训中心、乘务司机公寓等民用建筑，也有运用库、联合车库、物资库、工程车库、污水处理站、洗车库、变电所等工业建筑，其占地面积大，一般停车场达 10~20 hm²，车辆基地达 20~40 hm²，如何将车辆基地土地再利用是各城市地铁建设考虑的重要问题。目前在广州、深圳、成都、武汉、苏州、无锡等地的已投入运营的地铁车辆基地中，部分进行了商业开发，将车辆基地上盖，盖上根据规划要求设置住宅、办公楼等，节省了大量土地。但随着车辆基地上盖开发综合体的推广，建筑功能越来越多样化，法律法规、设计标准对工业与民用建筑合建的规定却是甚少，各地建设标准不同，消防设计存在较多的疑虑与争论，相关人员在设计、审查过程中存在困惑。因此，需要尽快解决上盖车辆基地设计标准依据问题，让设计、审查人员在满足规范依据的前提下，将车辆基地综合开发做得更为完善，提升城市建设水平。[1]

1　国内关于上盖车辆基地的法律法规文件及防排烟实施方案

2018 年 3 月 30 日，上海市住房和城乡建设管理委员会发布了《城市轨道交通上盖建筑设计标准》（DG/TJ 08—2263—2018 J 14205—2018），该标准于 2018 年 9 月 1 日实施。2020 年 9 月 29 日，北京市规划和自然资源委员会、北京市市场监督管理局联合发布了《城市轨道交通车辆基地上盖综合利用工程设计防火标准》（DB 11/1762—2020），该标准于 2021 年 4 月 1 日实施。

其他正在编制的法律法规有《城市轨道交通上盖物业开发规划建设导则》《城市轨道交通场站上盖建筑消防设计标准》等。

虽然有些城市有地方规范作为指导，但各地标准要求不统一，行业内对相关规范做法存在争议，前期已建成通过的车辆基地有广州 6 号线萝岗车辆基地、重庆 6 号线大竹林车辆基地、深圳 11 号线松岗车辆基地、武汉 2 号线常青车辆基地、苏州 2 号线太平车辆基地、无锡雪浪停车场、宁波 4 号线东钱湖车辆段、徐州 2 号线杏山子车辆段等十多个，其盖下单体、咽喉区的防排烟做法不尽相同，经统计见表 1。

从表 1 可以看出，前期无《建筑防烟排烟系统技术标准》时，各车辆基地盖下库内排烟量设计标准均参考《建筑设计防火规范》《地铁设计规范》中要求，采用规范中规定的面积指标方法，未按列车火灾规模进行计算排烟量。盖外咽喉区防排烟设计标准不统一，根据当地审查要求执行。

作者简介：项郁南，男，江苏无锡人，学士，工程师，苏州市消防救援支队轨道交通大队大队长，主要从事消防监督管理方面工作，E-mail：270764401@qq.com。

表1 各地城市轨道交通上盖盖下单位、咽喉区的防排烟做法

序号	线别	上盖车辆段名称	阶段	盖下单体内	盖下单体外咽喉区	盖下库内排烟量计算标准/(m³·h⁻¹·m⁻²)
1	苏州2号线	太平车辆段	试运营	机械排烟	机械排烟	60
2	无锡1号线	雪浪停车场	试运营	机械排烟	射流风机纵向排烟+轴流风机横向排烟的联合方式	60
3	武汉2号线	常青车辆段	试运营	机械排烟	自然排烟	60
4	宁波4号线	东钱湖车辆段	试运营	运用库、联合车库、物资总库机械排烟,工程车库自然排烟	自然排烟	60
5	徐州1号线	杏山子车辆段	试运营	机械排烟	机械排烟	60
6	深圳11号线	松岗车辆段	试运营	—	采用射流风机机械排烟	—
7	重庆6号线	大竹林车辆段	试运营	—	未设排烟措施	—
8	广州6号线	萝岗车辆段	试运营	—	咽喉区采用射流风机机械排烟	—

2 上盖车辆基地防排烟设计存在的问题

上盖车辆段盖下主要单体为运用库、联合车库、检修库、工程车库、变电所、污水处理站、洗车库。防排烟设计过程中存在的主要问题如下:

(1)盖下丁、戊类厂房是否需要设置防排烟设施。

(2)盖下咽喉区是否考虑防排烟设施,若考虑,应如何设置。

(3)盖下大库内防烟分区划分问题。

(4)盖下大库内防排烟控制模式问题。

上述问题是设计过程中存在较多争议的问题,各城市根据地方标准、习惯做法及与消防部门沟通情况进行设计,一般来讲均按较为严格的方案进行设计,这样既造成了资源浪费,又增加了系统的复杂性,且不方便后期运营维护。

3 规范中对上盖车辆基地相关要求及分析

3.1 《地铁设计防火标准》(GB 51298—2018)相关规定

《地铁设计防火标准》(GB 51298—2018)第8.2.7条规定:车辆基地的地下停车库、列检库、停车列检库、运用库、联合检修库、镟轮

库、工程车库等场所应设置排烟系统。

《地铁设计防火标准》的条文解释中说明库外以轨行区为主的交通区域基本无可燃物,亦非人员长期居留场所,且空间高大,因此未要求设置排烟设施。

3.2 《城市轨道交通车辆基地上盖综合利用工程设计防火标准》(DB 11/1762—2020)相关规定

北京市地方标准《城市轨道交通车辆基地上盖综合利用工程设计防火标准》(DB 11/1762—2020)第8.3.1条规定:当一个排烟系统负担多个防烟分区排烟时,其系统排烟量应按最大的一个防烟分区的排烟量计算,且一个排烟系统担负的防烟分区不应大于3个。第8.3.3条规定:咽喉区宜设置排烟设施;当咽喉区两侧开敞且横向宽度不大于300 m时,可不设置排烟系统;当横向宽度大于等于300 m时,应设置排烟系统。

3.3 《城市轨道交通上盖建筑设计标准》(DG/TJ 08—2263—2018 J 14205—2018)相关规定

上海市地方标准《城市轨道交通上盖建筑设计标准》(DG/TJ 08—2263—2018 J 14205—2018)第8.5.4条规定:板地下方净高大于9 m的空间可不划分防烟分区,但应划分排烟分区,且满足以下要求:

（1）单个排烟分区的面积不应大于 5000 m²。

（2）排烟量按各排烟分区不小于 4 次/h 换气量计算，存放列车的空间还应按列车火灾规模校核，排烟量应取用较大值。

（3）当该空间划分为多个排烟分区时，排烟系统应满足两个或两个以上相邻排烟分区同时排烟的能力。

3.4 相关规范条文分析

从《地铁设计防火标准》规范条文及条文解释中可以看出，其主要思想是考虑到地下停车库等单体面积较大，不具备自然通风条件，长期有检修及列车停放，有一定的火灾隐患，故考虑设置排烟设施。但盖下车辆基地层高较高，两侧开敞时有一定的自然通风条件，是否需要设置排烟设施规范中未进一步明确。

从《城市轨道交通车辆基地上盖综合利用工程设计防火标准》可以看出，排烟系统设置的思想为一个系统最大仅需要排除一个最大防烟分区的烟量即可，这与《建筑防烟排烟系统技术标准》中的要求一致，不考虑相邻防烟分区串烟的情况。但其对一个排烟系统担负防烟分区的数量进行了限制，而《建筑防烟排烟系统技术标准》中对防烟分区的面积也进行了限制，若需要同时满足两本规范，将使得盖下运用库、联合车库这类建筑面积超 10000 m² 的建筑单体排烟系统划分过多，增加了造价与系统的复杂性。

北京市地方标准还对盖下咽喉区提出了更高要求。其他规范指出咽喉区空间较高、无可燃物且无长期逗留人员，不需要设置排烟设施，简化了系统，减少了工程投资。[1]但北京市地方标准要求咽喉区大于等于 300 m 时需要设置排烟系统，存在如下问题：

排烟系统是采用横向排烟还是纵向排烟？

建筑物一般均采用横向排烟，应划分防烟分区，且根据火灾发热量规模计算排烟量时，其挡烟垂壁应满足计算烟层厚度要求，因此，盖下梁高一定不满足挡烟垂壁高度要求，需要增设单独的分隔作为挡烟垂壁，这样增加了轨行区的悬挂物，给后期运营维护带来安全风险。

若参考地铁区间隧道采用纵向排烟，则应满足断面风速不小于临界风速要求，可在咽喉区顶板上方设置射流风机，这样也增加了轨行区悬挂物，且此区域断面较大，需要配置大量的射流风机才能满足断面风速要求，大大增加了工程造价。

无论是设置横向排烟管道还是纵向射流风机，顶板下设备、管线的设置均与接触网设置有交叉，需要在前期土建设计时考虑层高、设备及管线安装空间等问题，增加了工程建设的复杂性。

从《城市轨道交通上盖建筑设计标准》可以看出，上海市地方标准对于大于 9 m 的空间较《建筑防烟排烟系统技术标准》中的规定有所降低，可不划分防烟分区，不需要满足防烟分区长边长度要求，排烟系统设置可简化。

上海市地方标准还提出了排烟分区的概念，排烟分区即在净高大于 9 m 且不划分防烟分区的空间内单个排烟系统所承担的区域。从规范中规定的排烟分区概念及规范第 8.5.4 条中规定可以做如下分析：

（1）划分排烟分区的目的，一是为了缩小排烟减少启用的排烟设备，分区域排烟，从而缩小排烟范围。二是排烟分区不需要设置挡烟垂壁，因此在车辆基地大库范围内有接触网的区域可采用划分排烟分区方案。

（2）对于一个存在多个排烟分区时，上海市地方标准对排烟系统的设置要求与北京市地方标准及《建筑防烟排烟系统技术标准》中思想不同，上海市地方标准考虑串烟的可能性，系统应能排除多个排烟分区烟气总量，提高了排烟风机风量的设置要求。

经查阅资料，《公路隧道通风设计细则》（JTG/T D70/2—02—2014）中也提出了排烟分区的概念，并对排烟分区的长度进行了限制，其他现行规范中极少提出排烟分区相关内容。笔者认为，排烟分区的面积要求、长度限制及排烟系统控制要求应进一步研究与试验，从控烟的角度提出合理的参数指标。

4 分析探讨

参考相关国家及地方标准及部分城市已通车上盖车辆基地做法，针对本文第 2 部分提出的 4 个上盖车辆基地设计中存在的疑虑，可以进行如下分析。

4.1 盖下丁、戊类厂房是否需要设置防排烟设施

从现有规范可以看出，并不是盖下所有丁、戊类厂房均需要设置防排烟设施。现行规范认为盖下有检修、停车等功能的大库才需要设置防排烟设施。主要原因是考虑检修人员常驻，列车在停放及检修时有部分火灾风险，其他丁、戊类厂房如变电所、污水处理站、杂品库、动调试验间、门卫等小型单体不需要设置排烟设施，其中盖下变电所一般设置有自动灭火系统，不需要设置排烟系统，仅满足灾后排气功能即可。

4.2 盖下咽喉区是否考虑防排烟设施，若考虑，应如何设置

北京市地方规范要求盖下咽喉区宽度大于等于 300 m 宽时需要设置排烟设施，《地铁设计防火标准》条文解释中明确规定盖下咽喉区不需要设置排烟设施。因此在设计时，当有地方标准要求盖下咽喉区需要设置排烟设施时，应按地方标准要求设置，无地方标准要求时，则应按《地铁设计防火标准》要求不设置排烟设施，以简化系统。具体设置要求可采用横向排烟或纵向排烟方式，以简便、简化、轨行区悬挂物安全为原则进行设计。

4.3 盖下大库内防烟分区划分问题

盖下大库内按《建筑防烟排烟系统技术标准》应划分防烟分区，防烟分区的划分应以简化系统为原则，防烟分区的面积、长边长度应满足规范要求。当地方有标准不需要划分防烟分区时或防烟分区划分有其他限制要求时，应按地方标准进行设计，其设备选型、排烟模式也应按地方标准要求设置。

4.4 盖下大库内防排烟控制模式问题

排烟控制模式应按《建筑防烟排烟系统技术标准》要求设置，当一个排烟系统担负多个防烟分区时，着火时应仅开启着火防烟分区的排烟口、排烟阀，其他防烟分区的排烟口、排烟阀应关闭。当加强设计时，即排烟设备的风量选型满足能同时排除多个防烟分区时，可考虑烟气蔓延至相邻防烟分区后，开启对应防烟分区的排烟口、排烟阀。当执行上海市地方标准时，应按规范要求考虑火灾蔓延至相邻防烟分区后，打开对应排烟口、排烟阀。当考虑蔓延火灾情况时，为使得控制模式简单，排烟系统建议设置为专用排烟系统，即排烟风机+排烟防火阀+排烟阀+常开排烟口的系统方案，由于大库内排烟口设置较多，不宜考虑采用常闭式排烟口方案，以简化系统与控制模式。

5 总结及建议

上盖车辆基地功能复杂，其消防设计问题在行业内未研究透彻，各地标准要求不一，许多防排烟设计标准、方案等问题还需要通过实践经验总结，值得庆幸的是，轨道交通与民用建筑行业内、各地政府已越来越重视上盖车辆基地综合开发利用问题，各行政审批部门也越来越开明地对待上盖车辆基地综合开发的消防设计问题，通过考察学习其他城市成熟做法、开专家论会等方式提升、解决实施过程中出现的问题。作为建设方及设计单位是研究上盖车辆基地综合开发消防设计问题的主导力量，消防救援机构在依据现有规范体系下，指导做好相关工作，并应不断总结经验，对存在的问题进行深入分析，提出可行的解决方案。在保证消防安全的前提下，力求降低投资、简化系统、方便运营维护，逐渐摸索出一套完整的上盖车辆基地综合开发消防解决方案，展现我国工程建设水平。

参考文献

[1] 住房和城乡建设部.CJJ/T 306—2020 城市轨道交通车辆基地工程技术标准 [S].北京：中国建筑工业出版社，2020.

重大火灾隐患督改程序问题研究

王 广 宇

江苏省南通市消防救援支队　南通　226000

摘　要：重大火灾隐患可能造成重大、特别重大火灾事故或严重社会影响，督改重大火灾隐患是消防行政管理的重要内容。15 年来，一直按照 2006 年公安部消防局下发的《重大火灾隐患判定、督办及立销案办法（试行）》（公消〔2006〕194 号）相关要求贯彻执行，已经难以满足当前消防工作需要。实际工作中隐患内容是否同时受案查处、隐患判定是否可以行政救济、隐患单位拒不整改如何处理以及部分整改能否销案等问题大多不规范、不明确。应当从顶层立法先导、规范化文件衔接、厘清职责权限以及论证平衡法益四个方面入手，完善重大火灾隐患督改程序。

关键词：消防　重大火灾隐患　督改程序　完善路径

重大火灾隐患是指违反消防法律法规，不符合消防技术标准，可能导致火灾发生或者火灾危害增大，由此可能造成重大、特别重大火灾事故或严重社会影响的各类潜在不安全因素。及时发现和消除重大火灾隐患，对于预防和减少火灾发生、保障社会经济发展和人民群众生命财产安全、维护社会稳定具有重要意义。2006 年公安部消防局下发了《重大火灾隐患判定、督办及立销案办法（试行）》（公消〔2006〕194 号）（下文简称《办法》）文件，对重大火灾隐患的判定标准以及监督整改方式以及执法程序作出规定。《重大火灾隐患判定方法》（GB 35181—2017）对重大火灾隐患的术语和定义、判定原则和程序、判定方法等作出详细的规定，但该标准并未提及重大火灾隐患督促整改过程中执法程序。15 年来陆续出台、修订的法律法规对其督改程序鲜有涉及，《办法》相关内容存在一定的滞后性，已经难以满足当前消防工作需要，存在执法程序不规范的现象。

1　重大火灾隐患督改程序

依据《消防法》《监督检查规定》《办法》等法律规范及相关文件，对重大火灾隐患督改程序做简要梳理，以便下文分析。

1.1　判定和立案

1.1.1　火灾隐患的发现

消防监督员在工作中发现单位存在可能构成重大火灾隐患的情形，应当在《消防监督检查记录》中详细记明，并收集资料，并在 2 日内书面报告有关负责人。

1.1.2　判定

消防机构负责人接到报告后应当组织有关人员按照《重大火灾隐患判定方法》进行集体议案，涉及复杂疑难的技术问题应当组织专家论证。

1.1.3　立案

经集体议案或专家论证，对不构成重大火灾隐患的，按照一般性火灾隐患处理或消防安全违法行为的处理程序依法处理。对构成重大火灾隐患的，根据《办法》第七、第八条的规定，经批准后，及时立案并制作《重大火灾隐患限期整改通知书》，自检查之日起 4 个工作日内送达。相关情况抄送当地检察院、法院、纪委监委及有关行业主管部门和上一级消防机构。

1.2　挂牌督改

1.2.1　提请政府挂牌督办

根据《办法》规定，当隐患单位符合一定条件，且存在重大火灾隐患自身确无能力解决，严重影响公共安全的，消防部门应当及时提请当地人民政府列入督办事项或予以挂牌督办，协调解决。比较来说，2006 年《福建省重大火灾隐患挂牌督办制度（试行）》（下文简称"福建督办制度"）的界定标准便更为具体（表 1）。

作者简介：王广宇，女，硕士，主要研究方向为消防行政执法、消防法学，E-mail：303179176@qq.com。

表1 《办法》与"福建督办制度"比较

《办法》	"福建督办制度"
医院、养老院、学校、托儿所、幼儿园、车站、码头、地铁站等人员密集场所	旅馆、商场、市场、医院、养老院、福利院、学校、幼儿园、托儿所、图书馆、博物馆、展览馆、体育馆、影剧院、车站、码头、客运站、候机楼等人员密集场所
生产、储存和装卸易燃易爆化学物品的工厂、仓库和专用车站、码头、储罐区、堆场、易燃易爆气体和液体的充装站、供应站、调压站等易燃易爆化学物品的单位或者场所	生产、储存和装卸易燃易爆化学物品的工厂、仓库和专用车站、码头、储罐区、堆场、易燃易爆气体和液体的充装站、供应站、调压站等易燃易爆化学物品的单位或者场所
不符合消防安全布局要求，必须拆迁的单位或者场所	"三合一"建筑或者多产权办公楼（写字楼）、综合楼、商住楼等公共建筑物
（四）其他影响公共安全的单位和场所	并且上述第一、二项应当属于福建省消防安全重点单位界定标准确定的标准以上规模的场所

1.2.2 采取综合手段督改

实际工作中，重大火灾隐患的整改常常是复杂、综合的工作，特别是整改难度较大或者单位自身确无能力整改的隐患，《办法》对如何推进整改工作并没做出明确规定，仅第七条第二项要求向相关部门抄送。

1.3 延期

对确有正当理由不能在限期内整改完毕，单位在整改期限届满前提出书面延期申请的，消防部门应当对申请进行审查并作出是否同意延期的决定，自受理申请之日起3个工作日内制作、送达《同意/不同意延期整改通知书》。

1.4 销案

在重大火灾隐患单位整改期限届满或者收到当事人的复查申请之日起3个工作日内进行复查，逐条核对整改情况，对复查不合格的应予以处罚；复查合格或者经专家论证重大火灾隐患已经消除的，报批后予以销案。销案情况报当地人民政府，挂牌督办的重大火灾隐患及时报告销案。

2 在实践中存在的问题

2.1 对符合重大火灾隐患判定标准，又属于受案查处的消防安全违法行为

当重大火灾隐患同属于应当受案查处的消防安全违法行为时，如何处理要分情况来看。一是直接判定的重大火灾隐患，且属于法律规范规定的应当受案的情形，应该直接受案。二是综合判定的重大火灾隐患问题，如果各条判定要素属于应当受案处罚的不同情形，应当按照各自案由进行受案，但处罚款的行政处罚时，处罚金额应当综合考虑，例如江苏省某重大火灾单位消防控制室人员未持证上岗、室内消火栓系统设置不符合规范要求，应当分别按照《江苏省消防条例》和《消防法》对上述两个问题分别受案处罚，处罚金额可以综合考虑。三是综合判定的重大火灾隐患问题，如果某一隐患问题，多条法律规范对其作出规定，应当首先适用消防法律规范的规定，其次在以处罚规定最为严格的法律规范作为依据进行受案查处。

2.2 重大火灾隐患单位对隐患内容不服或存在异议

重大火灾隐患单位对隐患内容不服或存在异议是否可以提起行政复议或者诉讼，首先要明确制发《重大火灾隐患改正通知书》这一行为的法律性质。从判定过程来看，消防机构对隐患单位进行检查，根据《重大火灾隐患判定规则》判定是否符合重大火灾隐患，作出行政决定，制发相应法律文书，设定行政相对人的相关权利义务，这一过程符合具体行政行为的构成要素；从法律文书来看，重大火灾隐患属于火灾隐患的一种特殊情况，对重大火灾隐患单位下发的《重大火灾隐患整改通知书》是责令改正通知书的形式之一；从不利后果来看，如果隐患单位没有在规定期限内改正隐患内容，行政机关将采取处罚或者其他强制手段督促其履行义务。为此，在消防监督管理的范畴下，制发《重大火灾隐患改正通知书》与行政命令的内涵基本契合，隐患单位若违反这种行政命令会导致其他后续的义务或责任。但纵观整个重大火灾隐患督改过程来说，下发《重大火灾隐患通知书》不是最终的行政决定，更为确切地说，这是一个"尚未成

就"的具体行政行为，为此，其不具有可诉性，不能引发行政复议或行政诉讼。

但是需要明确的是，如果重大火灾隐患内容包含需要受案查处或者需要采取临时查封强制措施的违法行为，对处罚决定和强制措施不服，可以提出行政复议或者行政诉讼。复议机关或者诉讼机关可以将判定重大火灾隐患作为行政行为的一个环节进行审查。

2.3 重大火灾隐患单位拒不整改的执法程序

2.3.1 不及时消除火灾隐患另案处罚

重大火灾隐患整改期限届满，当确有正当理由不能在限期内整改完毕，可以在整改期限届满前提出书面延期申请，消防部门进行审查后作出是否同意延期的决定。

如果消防部门不同意隐患单位延期整改的申请或者隐患单位未申请延期且到期未整改，依据《消防法》第六十条第一款第七项的规定，收到《重大火灾隐患改正通知书》后，隐患单位在规定期限内没有及时改正隐患内容的，消防救援机构应当按照不及时消除火灾隐患另案处罚。

2.3.2 拒不整改重大火灾隐患的执法程序

社会单位判定为重大火灾隐患但不符合《消防监督检查规定》的查封的实施条件，但拒不整改，如何执法，实践中消防部门处理？这一问题一直困扰基层消防执法人员，特别是一开始没有采取查封措施，监管部门在后续督改过程中可能处于被动地位，例如，苏州工业园区大队在对苏州世博金属制品有限公司重大火灾隐患督改执法过程中，由于一开始没有实施查封程序，而是在第一次监督检查后时隔40天对该单位采取临时查封强制措施，在复议过程中该查封行为即被确认违法。对于拒不整改重大火灾隐患的生产经营单位，依据《安全生产法》相关规定可以责令其暂时停产停业或者停止使用相关设施、设备。此外，《中华人民共和国刑法修正案（十一）》（以下简称《刑法修正案（十一）》）危险作业罪对第一次对未发生重大伤亡事故或未造成其他严重后果但有现实危险的违法行为追究刑事责任，有力地加强了对重大火灾隐患整改的监督手段。

2.4 综合判定为重大火灾隐患单位部分整改是否可以销案

综合判定为重大火灾隐患单位部分整改了隐患，复查时部分隐患没有整改到位，但不再符合重大火灾隐患的判定要素，应当如何处理，是否可以因为不再符合重大火灾隐患综合判定要素而销案？这个问题的关键在于单从一次检查情况来看，该单位不再符合重大火灾隐患的综合判定要素了。但是重大火灾隐患的整改本身就是一个系统、动态的过程，综合判定要素是从总平面布置、安全疏散及灭火救援条件、消防设施、消防管理等多维度对单位火灾隐患进行综合考量，如果单位只整改一个隐患就因此销案，不符合综合判定方法的立法本意，也有违消防安全管理的初衷。

因此，到期未整改完毕的重大火灾隐患单位，首先不可以销案，应当继续按照重大火灾隐患督改程序督促整改隐患；其次，复查时未整改完毕的部分隐患应当按照《消防法》第六十条第一款第七项的规定，不及时消除火灾隐患进行受案处罚。值得注意的是，在受案处罚自由裁量时，不再应当按照构成重大火灾隐患的情节进行裁量，体现出行政处罚的裁量阶次，是遵循处罚幅度与违法情节相当原则的体现。

3 重大火灾隐患督改程序完善路径

3.1 顶层立法先导，不断完善重大火灾隐患治理法律依据

任何行政行为应当以法律规范作为最基本的依据，督改重大火灾隐患也不例外。《安全生产法》及2021年3月1日施行的《中华人民共和国刑法修正案（十一）》对重大事故隐患的督改方法以及拒不改正应当承担的不利后果进行了规定，而《消防法》作为火灾隐患治理的直接法律依据，对此相关规定过于概括，与之配套的部门规章《消防监督检查规定》中也未区别一般火灾隐患，进行细化说明。这一立法现状必然导致各地在实际工作中"束手无策"抑或是"自说自话"。本质上来说，行政机关任何执法行为都是"执行法律"的过程，重大火灾隐患督改也不例外。以立法为先导，在《消防法》《消防监督检查规定》等法律法规中，区别于一般火灾隐患，增加对重大火灾隐患督改的相关内容，不断完善重大火灾隐患执法的法律依据。

3.2 规范性文件紧密衔接，逐步优化重大火灾隐患督改制度

法律规范具有一定的概括性和抽象性，在法律规范的宏观规制下，相关规范性文件应当对具体的步骤、程序和方法进行明确。2006年以来，社会进步发展、消防职能系列改革、法律规范陆续修订，《办法》显然已经不能满足当今重大火灾隐患执法办案的现实需要。2017年修订出台的《重大火灾隐患判定方法》，也已经从技术层面将重大火灾隐患的判定要素进行重新定义，将《办法》中关于隐患条件进行重新梳理为直接判定和综合判定，并根据消防安全技术的发展做出了更新修改。就全国范围来看，重大火灾隐患在立案程序、挂牌条件、销案程序等方面各地区做法存在差异。特别是《刑法修正案（十一）》施行以来，违法行为入刑标准以及相关行政执法与刑事执法衔接程序有待进一步明确。为此，应当尽快制定出台《重大火灾隐患督办及立销案办法》，纵向上与法律规范紧密衔接，横向上与《重大火灾隐患判定方法》互为呼应配合，形成统一、明确、规范的重大火灾隐患督改制度，以适应当前工作任务要求。

3.3 厘清主体职责，科学构建部门联合督办机制

区别于一般火灾隐患，重大火灾隐患的督改往往需要纵向和横向多部门和单位、组织的密切配合、共同协作。就当前相关规范性文件规定来看，重大火灾隐患的督改主体比较复杂，涉及消防部门、本级人民政府、有关部门和相关单位，但就督改主体的职责权限规定的还不够全面和明确。消防部门发现和报告重大火灾隐患之后，消防部门以及消防部门所在地的本级人民政府是否都有职责督促单位，如何落实督促整改的职责，以及其他部门及相关单位的职责又如何来界定？这些问题在实际工作中都显得尤为棘手，亟待明确。为此，厘清各督改主体之间的职责权限，各司其职共同做好重大火灾隐患的督改工作，要科学构建部门联合督办机制。消防部门作为督改隐患的牵头部门，向上报告本级人民政府督改情况，涉及的其他部门单位也应当切实履行职责。笔者以为，消防部门制发《重大火灾隐患整改通知书》的同时，各地消防安全委员会应当将督改重大火灾隐患作为工作职责、区别于一般火灾隐患明确落实，以消委会为平台，开展联合检查、执法活动，构建部门联合督办机制。

3.4 论证平衡法益，消防安全与经济发展齐头并进

所谓法益，指的是法律所保护的利益，其平衡即指法律制度上对利益的合理分配，以最大限度确保社会公正。个别社会单位仅注重短期的经济效益，忽视长远的安全效益，为此，可以出台一系列政策办法，将企业的经济效益与安全效益紧密连接起来，例如，重大火灾隐患单位整改合格销案后，其整改支出可以按比例抵扣年度税费或者获得一定的贷款利率优惠等激励政策，抑或是整改不到位的隐患单位纳入失信名单，限制企业参与招投标活动，或者采用贷款利率上浮等"惩罚性"措施，督促企业改正隐患问题。重大火灾隐患督改在本质上，是消除火灾隐患，服务地方经济发展，其安全效益与经济效益本来就密不可分，达到法律效果和社会效果的统一与双赢是消防监督管理的最终目标。

4 结束语

随着法治理念和法律制度的进步与发展，明确、规范重大火灾隐患督改程序是规范消防行政执法的题中之意。采取完善法律依据、优化配套制度、构建联合机制以及加强政策引导等系列措施，能够使其隐患督改、执法行为进一步规范、程序更加流程，但构建完整、系统的重大火灾隐患督改制度仍需要相关部门的共同努力。

参考文献

[1] 国家质量监督检验检疫总局. GB 35181—2017 重大火灾隐患判定方法 [S]. 北京：中国质检出版社，2017.

[2] 公安部消防局. 公消〔2006〕194号 重大火灾隐患判定、督办及立销案办法（试行），2006.

[3] 金鑫. 关于重大火灾隐患执法程序在实践中的探讨 [J]. 江西建材，2016(20)：262.

[4] 李萍. 浅析违章建筑治理中的"责令改正"行为 [D]. 南宁：广西大学，2016.

[5] 李金禄. 浅析重大火灾隐患的确定和整改 [J]. 中国科技财富，2009(16).

40 MW 大尺度量热系统的研制及应用研究

杨晓菡 谢元一 冯小军 邓 玲 何学超

应急管理部四川消防研究所 成都 610036

摘 要：为了验证 40 MW 大尺度量热系统的稳定性和量热能力，本文分步骤对 40 MW 大尺度量热系统分别进行了冷热流场标定工作。在冷流场标定工作中，确定了排烟管道内气体流量的稳定性及均匀性，并量化了排烟管道内体积流量，在热流场标定工作中，基于正庚烷油池火对量热系统的量热能力进行了验证工作，将试验测得的总热释放量与一定质量的正庚烷完全燃烧计算得到的理论热释放量进行了对比研究，最终确定 40 MW 大尺度量热系统的量热能力。最后，本文针对 40 MW 大尺度量热计的应用研究进行了汇总，并对 40 MW 大尺度量热系统的在火灾科学领域的应用进行了展望。

关键词：40 MW 大尺度量热系统 标定 应用

1 引言

随着我国石油化工行业、仓储行业的发展和公路隧道的持续建设，建筑空间复杂性的不断增加，火灾荷载和热释放速率也随之增大，这些场所的火灾危险性也随之加大。由于石油化工火灾、仓储火灾、隧道火灾和复杂建筑火灾的热释放速率可达 20 MW 以上，远远超过一般建筑火灾的热释放速率，因此基于石油化工场所、仓储场所、公路隧道以及复杂建筑的新型防护系统设计及基础数据验证的需求，需要建立 40 MW 大尺度量热系统。

基于耗氧原理建立的各种不同尺寸的量热计系统已成为不同燃烧物燃烧特性的主要测量装置，从锥形量热仪、SBI 单体燃烧试验装置、ISO 9705 墙角火试验装置到 10 MW 大型量热计系统，分别是从小尺度到中大尺度的量热装置。针对燃烧产生产物及各种大型火灾模型燃烧特性研究，世界各大消防研究机构均建立了不同规模的中大型量热装置。

现今国际上已经建立了多套量热尺度可达10 MW 的大尺度热释放速率测试装置，如英国BRE 的 FRS 部门，美国的 UL 公司和美国的 FM公司等等。美国国家标准与技术研究院（NIST）为了满足研究者的需求，NIST 致力于提高大尺度量热计的量热能力。因此，NIST 建立了大尺度火灾量热仪，其量热能力达 20 MW。利用该设备可进行 CFD 计算机软件的试验验证等大量研究工作。英国的 BRE GLOBAL 公司建立了欧洲最大的火灾实验室之一，BRE 的试验设施包括目前最先进的燃烧厅，量热能力达 10 MW（集烟罩尺寸是 9 m×9 m）。英国 FTT（Fire Testing Technology）开发并研制了 10 MW 量热设备，该设备采用耗氧原理，可测试最大热热释放速率达10 MW，用于对实际尺度火灾的发生、蔓延等情况进行研究。FM 全球公司拥有大型火灾实验室，该实验室的尺度允许研究者可以模拟大型仓库火灾，其量热能力可达 20 MW。

而在我国，应急管理部四川消防研究所根据按照国际标准 ISO 24473：2008 转化而来的推荐性国家标准《火灾试验—开放式量热计法—40 MW 以下火灾热释放速率及燃烧产物的测定》（报批稿），并依托地铁及隧道大型量热计的建设的修购专项，研建了 40 MW 大尺度量热系统，该系统基于耗氧原理，利用进行了防火保护的隧道空间作为燃烧空间，对集烟罩及排烟管道进行分析设计，并对燃烧空间内的气流进行组织，确保燃烧过程中燃烧烟气被完全收集，热释放速率测试准确。

作者简介：杨晓菡，女，甘肃天水人，副研究员，硕士，工作于应急管理部四川消防研究所，主要从事建筑消防热释放速率的测试研究等相关工作，E-mail：lamb404@126.com。

2 冷流场标定

2.1 概述

40 MW 大尺度量热系统建成后，为了确保整套系统能够正常运行以及测试的准确性，必须按照一定的程序针对量热系统的各项仪器进行标定。

在排烟管道的测量段中，安装有取样管、烟密度计、热电偶、皮投管及差压变送器，分别对排烟管道内的气体成分、光通量、气体温度以及排烟管道内流速转化成排烟管道压差进行在线监测。气体分析仪、烟密度计的信号准确，利用标准气体测试气体分析仪的零点及量程均能满足要求；在开关烟密度计光源的情形下，输出的光通量信号准确；排烟管道中测量段的安装位置要求气体均匀流动，并且排烟管道末端变频风机提供

的排烟量也满足试验需求。在试验中，风机变频的频率连续可调。

2.2 排烟管道流速分布的标定

进行冷流场标定，以便了解排烟管道中流场的分布情形，并决定可代表该截面的测量位置，冷流场标定工作可以初步获得整个系统的稳定性，判定测试信号是否正常。

在冷流场标定中，对实验条件的风速进行调节校正。根据冷流场实验了解流场的均匀性。利用皮投管以及风速计结合来测量管道截面的中心位置处的流速（表1、图1）。

3 热流场标定

在热流场标定试验分析中，分别利用不同尺寸的正庚烷油池火试验来了解 40 MW 大尺度量热系统的重要参数，验证 40 MW 大尺度量热系

表1 不同风机频率下的差压及体积流量平均值

风机频率/Hz	差压平均值/Pa	体积流量平均值/(m³·s⁻¹)
5	10.33	15.53
10	39.0	29.16
15	91.31	27.72
20	166.82	43.61
30	369.15	46.24
39	603.1	57.74

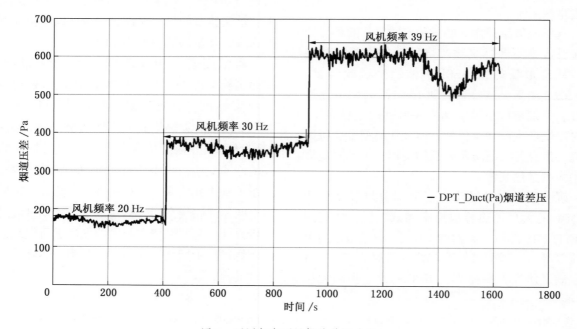

图1 不同频率下风机的差压曲线

统的量热能力，分析量热误差。

3.1 标定程序

1）初始条件

用于标定的油盘应位于集烟罩正下方，在试验之前，准确测量待燃烧正庚烷的质量。如果可以，可使用称重平台记录整个燃烧过程中的正庚烷的质量损失。庚烷的初始温度宜维持在 20 ℃±5 ℃，在试验的过程中，允许燃料油盘进行冷却。正庚烷的化学纯度应不低于 97%。

2）基线记录

应至少在引燃庚烷燃料之前 2 min 开启数据采集系统，进行基线记录。

3）引燃次序

油盘中燃料的引燃不应影响称重平台对庚烷质量的记录。

4）结束标定程序

在燃料燃尽之后，测试系统应至少持续记录 2 min。

5）正庚烷油池火标定要求

在利用正庚烷油池火进行标定之后，通过总的热释放量与总质量损失的比值 THR/m 计算得到的正庚烷有效燃烧热，不应偏离正庚烷理论燃烧热值 44.56 kJ/g 的±10%。

3.2 标定工况的确定

在标定工况的设计中，分别选取不同的正庚烷质量与不同的油池面积进行系统标定，将测试系统测试得到的测试燃烧热与通过理论计算得到的理论燃烧热进行对比。在标定的过程中，改变风机的频率、补风风速等因素，分析各种不同因素对正庚烷热释放速率的影响。标定工况见表2。

3.3 标定曲线

图2给出了利用正庚烷油池火进行热流场标定的标定曲线。

3.4 标定数据汇总

表3给出了利用正庚烷油池火进行热流场标定的标定数据。

表2 不同火源功率下 40 MW 火灾测控系统平台的系统标定

编号	庚烷质量/kg	油盘面积/m²	风机频率/Hz	体积流量/(m³·s⁻¹)	理论热释放量/MJ
1 号	9.66	1	30	42	430.84
2 号	7.78	1	20	29	346.99
3 号	17.5	2	20	41.4	780.5
4 号	17.14	2	39	58	764.44
5 号	33.3	2×2.25	39—47	58	1485.18
6 号	50.88	3×2.25	39—47	58	2269.25
7 号	125.1	4×2.25	39—50	58	5579.63
8 号	202.5	6×2.25	39—50	58	9031.5
9 号	204.9	6×2.25	39—50	58	9140.32

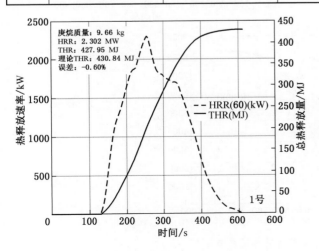

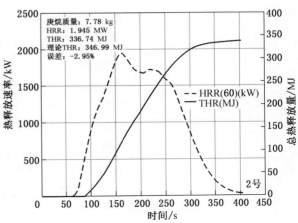

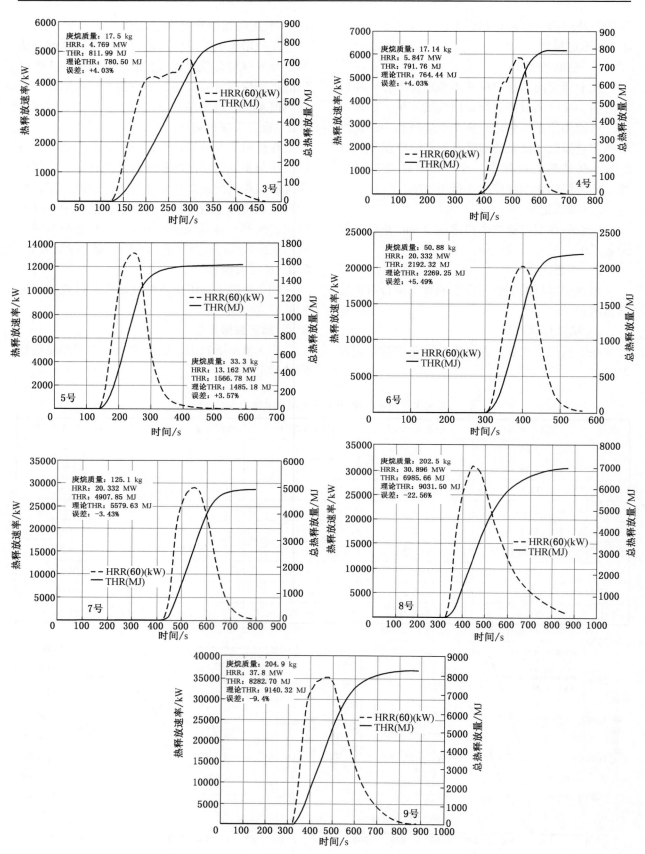

图2　不同火源功率下热流场标定曲线

表3　正庚烷油盘标定实验数据

实验编号	油盘面积/m²	庚烷质量/kg	理论热释放量/MJ	实测热释放量/MJ	实测热释放速率/MW	热释放量误差/%
1号	1	9.66	430.84	427.95	2.302	−0.60
2号	1	7.78	346.99	336.74	1.945	−2.95
3号	2	17.5	780.50	811.99	4.769	+4.03
4号	2	17.14	764.44	791.76	5.847	+3.57
5号	2×2.25	33.3	1485.18	1566.78	13.162	+5.49
6号	3×2.25	50.88	2269.25	2191.32	20.332	−3.43
7号	4×2.25	125.1	5579.63	4907.85	29.003	−12.00
8号	6×2.25	202.5	9031.50	6985.66	30.896	−22.56
9号	6×2.25	204.9	9140.32	8282.70	37.800	−9.40

4　分析与讨论

除8号外，其余实验均为燃料控制型燃烧，热释放量测试结果理论热释放量与实测热释放量的误差在±10%以内，实验设备处于良好的运行状态，热释放速率测试准确。8号误差较大的原因为由于集烟罩内供氧不足，燃烧状态由燃料控制型转变为通风控制型。9号试验中，在8号试验的基础上增加了机械补风，得到的标定结果误差为−9.40%，控制在±10%以内，满足标定要求。因此在实际实验中需要使用机械补风以保证燃烧充分。该量热系统能够对40 MW以内的燃烧试验进行准确量热。

5　40 MW大尺度量热系统的应用研究前景

40 MW大尺度量热系统具有广阔的应用前景，在火灾科学领域为火灾试验中热释放速率及燃烧产物的测定提供了试验平台。热释放速率能够表征火灾的剧烈程度，提供火势发展的速度，是火灾研究基础数据，所以得到各种可燃物的热释放速率是划分材料耐火等级的重要依据，是消防设计和火灾风险评估的重要前提，实验研究是确定热释放速率的基本方法，而大尺度实验测量是获取火场热释放速率的有效手段。本节列出了40 MW大尺度量热系统的应用前景。

5.1　已进行机动车及客车等实体燃烧性能测试

利用40 MW大尺度量热系统，进行机动车

及客车燃烧性能试验（图3、图4），对其燃烧特性和消防安全性进行研究。可以针对机动车、客车以及轨道客车车厢实体火灾的相关研究，针对一定的火灾荷载，研究交通工具车厢在不同的引燃方式下的热释放速率、热释放总量、产烟速率、产烟总量等燃烧特性参数；研究动车实体火灾的火蔓延特性，进行交通工具内防火全设计技术的研究以及动车内人员疏散等方面的研究，利于轨道客车火灾事故发生时确保人员的生命安全和财产安全，同时为今后仿真模拟真实的火灾场景，做好交通工具火灾防治工作具有重大的现实意义。

5.2　已进行大型交通建筑商业店铺实体火灾试验

利用40 MW大尺度量热系统，进行了大型交通建筑商业店铺实体火灾试验（图5），获取商业店铺内火场关键性能指标，探究火灾燃烧蔓延规律。在试验过程中，采用量热系统，配合视频采集系统、多点温度和热辐射检测系统，再现了交通大空间商业防火舱火灾场景，获取了火场热释放速率曲线（图6）、烟气组分、温度场和热辐射通量等关键性能参数。

5.3　可进行新能源汽车燃烧性能测试

利用40 MW大尺度量热系统，可以进行电动汽车以及新能源机动车燃烧性能（图7）及消防安全水平的研究，并进而形成电动汽车以及新能源机动车燃烧试验规范。通过实体火灾实验验证，在一定的火灾荷载下，确定汽车及机车的引

燃方式、燃烧持续时间、评价指标，并且在试验过程中实时监控烟气温度、烟气浓度以及火场能见度，总结燃烧过程中的危险因素、燃烧蔓延痕迹特点，为消防救援部门火灾扑救和事故原因调查提供技术支持。

5.4　可进行储能系统全尺寸实体火灾试验

利用 40 MW 大尺度量热系统，可以进行锂离子电池储能系统消防安全性能相关研究，包括全尺寸储能系统火灾危险性研究（图 8）。

5.5　可进行高架仓库实体燃烧试验研究

利用 40 MW 大尺度量热系统，可以进行高架仓库火灾危险性研究（图 9），对高架仓库内货物的种类、货物的摆放形式以及水喷淋系统对高架仓库火灾的抑制等多方面进行研究。

5.6　可进行隧道实体火灾以及自动喷水灭火效能研究

利用 40 MW 大尺度量热系统，可进行隧道内实体火灾试验。进行隧道火灾动力学模型研究，结合 FDS 软件分析具有代表性的隧道火灾场景的影响：烟雾运动、火灾大小、火灾位置、人员疏散所需时间等系列研究，同时进行隧道内自动灭火效能的研究。如图 10 所示。

5.7　可为消防队员灭火救援提供实战培训平台

利用 40 MW 大尺度量热系统，结合其他配套设施，可为消防对于灭火救援提供实战培训平台，为消防队员面临真实的火场情况做好准备。在 40 MW 大尺度量热系统中，可以产生真火真烟环境，更接近真实的火灾场景。在真实的火灾场景中，可为消防队员灭火救援培训提供全面的培训，更有利于今后在真实火场中灭火救援工作的顺利开展，保证消防队员的生命安全。

图 3　机动车燃烧性能测试

图 4　客车燃烧性能测试

图 5 大型交通建筑商业店铺实体火灾试验

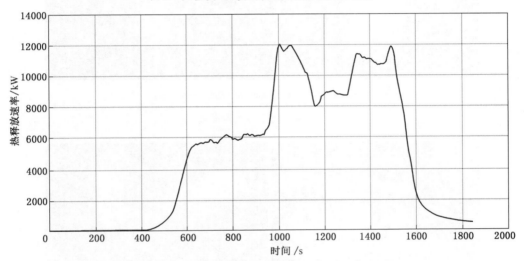

图 6 大型交通建筑商业店铺实体火试验热释放速率曲线

来源：Peiyi Sun and Xinyan Huang A Review of Battery Fires in Electric Vehicles

图 7 新能源汽车燃烧性能测试

来源：Benjamin Ditch&Jaap de Vries，Flammability Characterization of Li-ion Batteries in Bulk Storage

图 8 储能系统燃烧性能测试

来源：Haukur Ingason，an experimental study of Storage rack storage fires

图9　高架仓库实体燃烧试验

来源：https：//www.firesafetysearch.com/latest-research-fighting-tunnel-fires/

图10　隧道实体火灾试验及自动喷水灭火试验

6　结论

（1）本文通过9组不同尺度的正庚烷油池火对40 MW大尺度量热系统的量热能力及量热误差进行了详细的试验标定。标定结果表明：40 MW大尺度量热系统的最大标定功率达37.8 MW，测试误差为−9.40%，满足标准规定的误差控制在±10%的误差范围的规定，系列标定结果标定该40 MW大尺度量热系统满足40 MW大功率热释放速率测试的需求。

（2）利用40 MW大尺度量热系统，已成功进行了机动车、客车车厢、大型交通建筑商业店铺实体火灾试验，获得了热释放速率、热释放总量、温度分布及其他燃烧性能参数。

（3）对40 MW大尺度量热系统的应用前景进行综合而细致的展望，提出40 MW大尺度量热系统可应用于新能源汽车燃烧性能测试、高架仓库实体燃烧试验研究、隧道实体火灾以及自动喷水灭火效能研究等方面的研究中，同时可为消防队员灭火救援提供实战培训平台。

参考文献

[1] ISO 24473：2008 Fire tests - Open calorimetry - Measurement of the rate of production of heat and combustion products for fires of up to 40 MW［S］.

[2] 刘欣，杨震铭，李毅，等. 大型量热器系统的研制与应用［J］. 消防科学与技术，2014（2）.

[3] 钟委，王涛，梁天水. 隧道火灾中正庚烷池火燃烧特性的实验研究［J］. 工程力学.2017，34（8）：241-248.

[4] 葛明慧，刘万福. 正庚烷油盘火热释放速率研究［C］//中国工程热物理学会. 中国工程热物理学会2008年燃烧学术会议. 武汉，2006.

［5］ Jiushen Yin, Wei Yao etc. Experimental study of n-Heptane pool fire behavior in an altitude chamber［J］. International Journal of Heat and Mass Transfer. Volume 62, July 2013, P543-552.

［6］ Ingason, H. and Lönnermark, A., Large Scale Fire Tests in the Runehamar tunnel-Heat Release Rate［C］, Proceedings of the International Seminar on Catastrophic TunnelFires, Borås, Sweden, 20-21 November 2003.

［7］ Peiyi Sun, Xinyan Huang etc. A Review of Battery Fires in Electric Vehicles［J］. Fire Technology. Volume 56, P1361-1410, 2020.

［8］ Haukur Ingason, an experimental study of Storage rack storage fires［R］. SP Report 2001:19.

［9］ Benjamin Ditch &Jaap de Vries, Flammability Characterization of Li-ion Batteries in Bulk Storage［R］. FM Global.

石英管电取暖器模拟火灾试验研究

彭 波　罗琼瑶　赵长征　张 怡　阳世群

应急管理部四川消防研究所　成都　610036

摘　要：针对在偏远山区的冬季疑似由取暖器引发火灾频频发生，本文以石英管加热型取暖器为例，研究了该类型取暖器正常使用和被织物全覆盖时，取暖器石英管、反射罩和外部网罩等部位的温度场状况，并通过模拟石英管取暖器火灾试验研究了判定该类型取暖器在火灾发生前是否处于通电状态的方法。试验表明，火灾后石英管表面清洁的取暖器在火灾前应处于通电状态，这为火灾调查人员处理此类火灾原因提供了技术依据。

关键词：消防　火灾调查　石英管取暖器　通电状态

1　前言

电取暖器[1]是以电为能源进行加热供暖的取暖设备，也可叫作电采暖器。作为一种取暖设备在冬季广受大众青睐，特别是阴冷潮湿的南方山区，电取暖器十分盛行。根据供热形式不同，电取暖器分为储热式和非储热式[2-3]，市面上出售的多为非储热式的电取暖器，从发热原理来看目前采用的发热体主要有以下几种[4-6]，分别为电热丝发热体、石英管发热体、卤素管发热体、金属管发热体、碳素纤维发热体、陶瓷发热体、导热油发热体。其中的石英管发热体电取暖器亦称红外线取暖器[7]，是一种非常常见的产品，它采用电热丝加热，经石英管激发远红外线发热。款式有长管、短管、立式、卧式等。优点是式样轻巧，升温较快，散热均匀，且防水防爆，维修方便；缺点是因辐射取暖，传热距离较近，电热丝较易变形，石英管如不慎，易被打破。

虽然电取暖器有很多优点，但是由于电取暖器使用不慎导致的火灾事故时有发生。如在取暖器上放置可燃物、超温保护器不适应[8-9]等情况下极易导致火灾发生。据报道[10-12]，2000年3月29日，河南焦作天堂音像俱乐部凌晨3点30分发生大火，造成74人死亡2人受伤的惨剧。由公安部火灾调查专家经过充分的论证后，查明火灾原因为15号包厢内的石英管加热器烤燃周围可燃物所致。此外，2001年，安徽省某居民春节期间在客厅利用电取暖器烤火，由于离沙发距离过近，人离开后忘记关取暖器，导致沙发被烤燃引发火灾。2004年12月31日10时26分，岳西县湖滨路大龙潭电站职工宿舍2栋402室，因户主外出前忘记关闭电取暖器的电源，导致长时间烘烤产生的高温引燃被烘烤的衣物，导致火灾发生。另外还有几起因使用电取暖器不慎导致的火灾。可见，电取暖器使用不慎时极易导致火灾发生。笔者长期从事火灾物证鉴定工作，每年冬季均会接收到疑是电取暖器使用不当导致火灾的物证，接收到的电取暖器基本均为石英管发热体型的，那么此类电取暖器的温度场分布情况如何，发生火灾后缺少直接物证情况下，如何认定石英管发热体电取暖器在火灾前处于工作状态，应急管理部消防救援局四川火灾物证鉴定中心通过试验进行了相关的研究。

2　试验部分

2.1　试验一　正常使用时温度测试

2.1.1　试验材料

小太阳石英管发热体电取暖器1台，热电偶若干，温度测试记录设备。

2.1.2　试验方案

如图1所示，在取暖器上布置4根热电偶来测试取暖器各部位温度，其中热电偶k1布置于

作者简介：彭波，男，湖北京山人，硕士研究生，助理研究员，工作于应急管理部四川消防研究所，主要从事火灾调查和火灾物证鉴定研究，E-mail：184966457@qq.com。

取暖器前部网罩上，热电偶 k2 布置于取暖器热反射罩表面，热电偶 k3 布置于取暖器加热石英管表面，热电偶 k4 布置于取暖器内部中心圆盘表面。开启取暖器，试验时间约 1 h，通过温度测试记录设备实时记录取暖器各部位温度状况。

图 1　取暖器各部位温度测试试验

2.2　试验二　覆盖衣物时温度测试

2.2.1　试验材料

小太阳石英管发热体电取暖器 1 台，热电偶若干，温度测试记录设备，羽绒服 1 件。

2.2.2　试验方案

如图 2 所示，在取暖器上布置 4 根热电偶来测试取暖器各部位温度，热电偶 k1 布置于取暖器前部网罩上，热电偶 k2 布置于取暖器热反射罩表面，热电偶 k3 布置于取暖器加热石英管表面，热电偶 k4 布置于取暖器内部中心圆盘表面。将羽绒服外表面全覆盖在取暖器前网罩上，并在羽绒服上（羽绒服背面）布置热电偶 k5。开启取暖器至最大功率档，进行实验，实验时间为 1 h，通过温度测试记录设备实时记录取暖器各部位温度状况。

图 2　覆盖衣物时取暖器各部位温度测试试验

2.3　试验三　模拟火灾试验

2.3.1　试验材料

四面加热型石英管取暖器 4 个，衣物约 10 kg。

2.3.2　试验方案

将 4 个取暖器均通电，但均选择部分石英加热管开启，部分石英加热管关闭，将其中 2 个取暖器用衣物覆盖，1 个取暖器倾倒在衣物中，将其余衣物和椅子放置于 4 个取暖器周围，点燃衣物，待其熄灭后观察石英加热管表面状况，如图 3 所示。

图 3　试验场景

3　结果分析

3.1　试验一结果

石英管发热体电取暖器在使用过程中的火灾危险性主要来自石英管发热体的温度，那么常见的石英管发热体的各部位温度就十分值得研究，通过各部位温度测试可以判断取暖器是否能烤燃附近可燃物从而导致火灾发生。图 4 可看出正常使用时 k1 至 k4 的温度状况。开启取暖器后，各部位温度快速上升，而后趋于稳定，取暖器加热石英管外表面温度最高为 720 ℃，其余部位温度

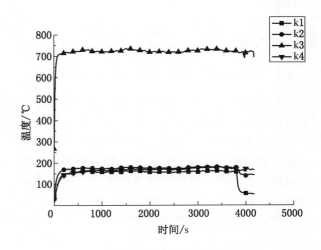

图 4　石英管发热体取暖器各部位温度

均未超过200℃。可见，在正常情况下使用，取暖器保护罩附近温度较低，不易点燃可燃物，但如果有可燃物从保护罩间隙进入取暖器内，接触到石英管外表面时，可燃物极易被引燃从而可能导致火灾事故发生。

3.2 试验二结果

石英管发热体取暖器在使用时，很多人会在上面覆盖衣物进行烘烤，在这种非正常使用情况下，石英管发热体取暖器各部位的温度情况如何，覆盖的衣物是否能被烤燃，笔者通过试验进行了研究。由图5可以看出，覆盖羽绒服后，开启取暖器，各部位温度快速上升，随后趋于稳定，其中取暖器石英管外表面温度最高约为760℃，其次为取暖器内部中心圆盘表面温度约为330℃，再次为取暖器前网罩温度约为287℃，最后为取暖器反射罩表面约为275℃。羽绒服背面温度约为195℃，羽绒服未被引燃，羽绒服与取暖器前网罩接触部位受热粘连在取暖器前网罩上，取下羽绒服检查发现与取暖器前网罩接触部位外表面及羽绒均炭化烧失。

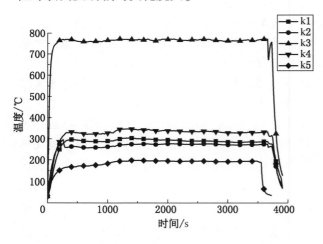

图5 覆盖羽绒服石英管发热体取暖器各部位温度

由试验结果可见，石英管加热型取暖器在外部有遮盖时，火灾危险性大增。由资料可知，大部分织物的燃点为270～330℃，因此如果有燃点温度较低织物覆盖在取暖器保护罩外表面，极易被取暖器烤燃，从而引发火灾事故。本试验中羽绒服面料为聚酯纤维，其燃点一般在550℃以上，因而未被取暖器烤燃。

3.3 试验三结果

取暖器烤燃可燃物酿成的火灾事故在后期调查时往往存在一些困难，因为易燃物被烧蚀以后，关键性的物证灭失，有些情况下取暖器保护罩上可能有极少部分织物炭化残留物，作为火灾原因认定依据不足，火灾原因认定十分困难。试验三结束后，观察石英加热管外观，可发现在火灾发生前，处于开启状态的石英加热管外表面十分洁净，而火灾发生前，处于关闭状态的石英加热管外表面完全被黑色烟尘覆盖，如图6和图7所示。

图6 火灾发生前处于开启状态的石英加热管

图7 火灾发生前处于关闭状态的石英加热管

这是因为在火灾发生前，处于开启状态的石英加热管外表面温度为700℃以上，火灾发生后，可燃物燃烧分解产生的烟尘颗粒附着于开启状态的石英加热管时会被表面高温烧蚀，后期受火场温度辐射等作用，即使因火灾原因导致取暖器断电后，火灾前处于通电状态的石英管外表面温度也比较高，烟尘颗粒也无法在石英管表面附着，因此石英管表面比较洁净；而火灾发生前处于关闭状态的石英加热管外表面温度为室温，火灾发生后可燃物燃烧分解产生的烟尘颗粒很容易附着在低温下的石英加热管外表面，从而导致石英加热管外表面呈现暗黑色状态。由此，在疑似由石英管加热的取暖器引燃可燃物的火灾调查中，可以通过观察石英加热管外表面的清洁程度来判定该取暖器在火灾发生前是否处于通电状态，从而可结合其他证据认定火灾原因是否为石英管型取暖器烤燃可燃物所致。

4　结论

（1）石英加热管型取暖器正常使用时，保护罩等处温度较低，不易导致火灾事故发生。

（2）石英加热管型取暖器在保护罩覆盖易燃织物时，保护罩等处温度远远高于正常使用时，极易引燃织物导致火灾事故发生。

（3）可以通过观察石英加热管型取暖器外表面洁净程度来判定火灾发生前，该取暖器是否处于开启状态。表面清洁时，可认为火灾前处于通电状态；表面发黑且附着烟尘颗粒时，可认为火灾前未通电。从而可结合其他证据认定火灾原因是否为石英管型取暖器烤燃可燃物所致。

参考文献

［1］了解电取暖器［J］.电器评介，2003(12)：46-51.

［2］宋作荣.常见电取暖器利弊大解析（上）［J］.家庭电气化，2017(1)：40.

［3］宋作荣.常见电取暖器利弊大解析（下）［J］.家庭电气化，2017(2)：45.

［4］严然.冬季"好伙伴"——电取暖器［J］.家庭电子，1995(1)：9.

［5］阿诺.电取暖器小常识［J］.电器评介，2004(2)：52-55.

［6］江龙.电取暖器简介［J］.农家科技，1998(11)：36.

［7］电取暖器［EB/OL］.https://baike.baidu.com/item/电取暖器/1414792? fr=aladdin.

［8］马庆学.怎样使用电取暖器［J］.山东农机化，2001(1)：24.

［9］刘建秋.电取暖器超温保护器故障及改进建议［J］.铁道车辆，2013，51(11)：27-28.

［10］电热器引发火灾74人命丧录像厅［J］.河南消防，2000(4)：5.

［11］田斌峰，黄静.家庭火灾连连防范务必小心［J］.安徽消防，2001(8)：32.

［12］朱松林，严华.我市频发电取暖器火灾［N］.安庆日报，2005-01-17(3).

西南民族村寨火灾报警及预警系统设计

李明轩　　梅秀娟

应急管理部四川消防研究所　成都　610036

摘　要：针对近年民族村寨火灾频发现状，通过对西南民族村寨进行实地调研，明确了西南民族村寨防火现状，重点考察了村寨布局与实际生活及生产习惯对火灾报警预警的要求，并针对目前的现状，提出了具有针对性的火灾报警和预警系统设计，可尽早探测早期火灾并进行快速的预警，提高民族村寨火灾探测预警水平。

关键词：西南　民族村寨　火灾报警　预警系统　设计

1　引言

因西南民族村寨大多具有极强的文物价值和商业旅游价值，具有不可再生的特点，所以各地方政府和消防救援部门高度重视其防火安全，同时因为其建筑形式多为木结构，且房屋之间间距小，众多房屋连接成片，一旦发生火灾，极易造成火烧连营的情况，其防火现状为消防救援部门提出了很大的挑战。因此，针对此种类型的民用建筑应突出"防"，通过人防、技防等措施，实现打早打小，在火灾早期尽快地探测和预警可以把火灾消灭在萌芽状态，极大地减少财产和人员损失。为此专门进行了西南民族村寨实地走访调研，准确把握民族村寨防火现状，重点考察了村寨布局与实际生活、生产习惯对火灾报警预警的要求，提出具有针对性的火灾报警预警系统设计，实现尽早探测早期火灾并快速预警，提高民族村寨火灾防控水平。

2　民族村寨防火现状

2.1　建筑耐火等级低

受自然条件的影响和限制，处于少数民族地区的村寨原来大都比较贫困，且木材具有易加工、便宜、容易获得等特点，建筑用材料多就地取材，所以民族村寨建筑中的梁、柱、墙体等大都采用了木头作为主要建筑材料（图1），因此建筑耐火等级低，抵御火灾风险能力差。

图1　贵州侗寨

2.2　火灾荷载大

民族村寨基本都处于偏远的农村地区，其建筑要满足日常生活和生产需要，既具有居住、休闲等生活方面的功能，又具有存放农具、粮食、饲养家畜等功能（图2），其可燃物多、火灾荷载较大。

图2　生产、生活工具

基金项目：国家重点研发计划项目（2020YFD1100702-2）"火灾快速识别与瞬时响应装备及预警平台开发与示范"

作者简介：李明轩，男，硕士，副研究员，工作于应急管理部四川消防研究所，主要研究方向为建筑防火和灭火救援等方面，E-mail：41408990@qq.com。

2.3 房屋间距小、密度大

在历史上，为了凝聚力量、防御敌人，民族村寨居民大都群居，大量的房屋之间间距很窄（图3），有的不同住户之间可能根本没有间隔，直接将建筑修建在一起，从而形成了连成片的集中居住区，如贵州从江的"千户苗寨"，人口相对集中，若发生火灾，会形成火烧连营的情况。

图3 房屋间距

2.4 坡地建筑

因为西南地区的地形地貌原因，特别是少数民族居住地区大部分都处于山区，其村寨是典型的坡地建筑（图4），建筑与建筑之间高低错落，在发生火灾时，易形成立体的火灾，蔓延速度也比平面布置的建筑要更快。

图4 坡地建筑

2.5 用火用电不规范

受经济条件限制和自然环境影响，民族村寨住户大多有生柴火做饭的生活习惯，易用火不慎造成失火。同时存在电气线路私拉乱接、自然老化现象严重，是造成电气火灾的因素。据统计，贵州民族村寨由电气故障引起的火灾达到了56%以上（图5）。

图5 日常做饭与电线私拉乱接

综上所述，民族村寨存在耐火等级低，火灾荷载大，房屋间距小、密度大、大多建在山区的坡地，用火用电不规范等问题，而且这些村寨大都地处偏远山区，发生火灾后消防救援力量到场时间较长，火势不容易控制，需要在火灾发展到不可控前进行快速处理，即需要立足于居民自救和迅速报警预警，做到快速响应并及时处置。

3　火灾报警、预警系统设计

3.1　报警探测器的选择

火灾探测报警器是火灾探测报警与预警系统的关键核心部件，其选择是否合理直接关系到是否能快速、准确探测火灾并进行报警，要充分考虑到探测对象场景的现实情况，有针对性地选择。因为民族村寨居民需要在建筑内生火做饭，所以通常在厨房内有一定的烟气存在，因此在厨房内不适合采用感烟火灾探测器，否则极易造成误报。需要采用感温火灾探测器，而且感温火灾探测器的安装位置不能在灶台正上方，因为生火做饭时灶台正上方温度很高，容易触发感温报警器；在调研过程中发现，很多火灾探测器安装在靠近灶台很近的位置，频繁误报后，住户就拆除了报警器，完全失去了火灾探测报警功能。除厨房外，其他房间可以采用感烟火灾探测器。目前有关单位研发了一种火焰及感温火灾探测器，既可以感应到火焰产生的远红外波段后报警，又能够通过感温进行报警，主要是通过在探测器透明塑料外壳上涂上的一层光敏涂料。这种光敏材料在较高温度下会改变透光率，探测器内部有光学接收模块，感应光学变化，可以把温度信号迅速转化成光学信息，而且较小温度变化也可以引起其光学信号响应，其报警响应时间比一般的报警时间更短，可以作为民族村寨的厨房火灾报警探测器。同时考虑到电线私拉乱接和老化情况比较严重，应在一定范围内安装灭弧装置，防止电气火灾的发生。考虑到经济发展水平，目前在法律法规层面上还没有强制性要求民族村寨安装火灾探测报警器，同时因为居民没有火灾报警相关的知识，如果采用有线的火灾探测报警器，居民会有抵触。在调研过程中发现目前大多采用独立式的火灾报警器，但是没有联网功能，报警的范围仅限于单户居民，不能对其他居民住户进行预警，存在使用局限性。因此需要将火灾探测器联网，在发生火灾后，火灾探测器通过联网将报警信号发送到消防救援部门和附件居民住户，可尽早进行疏散逃生。

3.2　报警预警系统联网

因为一般的独立式的火灾报警器没有联网，探测到火灾后，通过声光报警器在一个房间或者一户房屋内报警，其他建筑内人员不能接收到报警信号，不能满足快速预警的功能，因此需要将报警器联网。目前火灾探测器有两种联网方式。一种是 NB-IOT 方式通过移动通信网络进行联网，但是在偏远地区，存在信号不好的情况，同时，这种方式需要定期付费，因此居民不喜欢这种方式。在调研过程中发现，现有安装火灾探测器的这种 NB 联网方式，在过了前面一两年缴费期后，后期无人缴费维护，探测器也形同虚设，不能发挥探测报警作用，事实证明这种方式在这些地方是不可行的。另外一种是通过 LoRa 自组网和 4G/5G 移动通信网络结合方式进行联网，这种方式的优点是前端设备不需要缴纳通信费用，一旦安装便可以长期使用，火灾探测器等消防设备通过无线信号与无线智能网关进行连接，无线智能网关再通过 4G/5G 无线移动通信方式连接互联网，与云平台连接，再与控制端链接起来，当控制端接收到火灾报警信号，经过确认后再向居民或消防救援部门通过短信、App、微信、电话等方式进行预警，还可以依次通过云平台和无线网关向联动设备发出控制信号，如图 6 所示。这种 LoRa 无线传输的传输距离一般不大于 2 km，需要利用无线智能网关将火灾探测器连接起来，同时要考虑到安全冗余问题，火灾探测器应能和多个无线智能网关连接，解决如果其中一个无线智能网关出现问题，火灾探测器可以和其他附近的无线网关链接，解决探测器不能联网的问题，提高系统可靠性。

3.3　报警预警系统功能

火灾探测报警预警系统既要快速准确地探测到火灾，又要将火灾报警信息及时传达到居民住户和消防救援部门，可以通过短信、电话、App、微信等形式（图 6），以便让居民、住户快速疏散逃生，同时还要将报警信息发送到消防救援部门。消防救援部门收到报警信号后可以通过远程视频或者人工确认是否是误报，如确定发生火灾后便可以迅速出警，避免火势进一步蔓延扩大，同时可以通过管理端对相应消防设备设施进行控制，比如启动声光报警器和其他消防设备等。

4　小结

通过对西南民族村寨进行现场的调研走访，

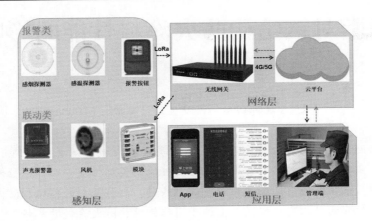

图 6 火灾探测系统图层

明确了西南民族村寨存在的火灾耐火等级低、火灾荷载大、建筑间距小、用火用电不规范、坡地建筑等特点，结合当地居民生活、生产习惯，提出了火灾探测器选型要求和火灾报警预警系统联网设计需要注意事项，对民族村寨火灾探测报警预警系统的设计具有借鉴意义，可实现快速火灾报警与预警，减少人员生命及财产损失。

参考文献

［1］田聪，张伟华，王文青.连片木结构村寨火灾分析与防控措施探讨［J］.消防科学与技术，2016（4）：576-578.

［2］田聪，张伟华，王文青.连片木结构村寨火灾早期报警及防控体系研究［J］.科技通报，2016，32（6）：209-212.

［3］徐梦一，赵佳怡.少数民族吊脚楼的火灾防范对策［J］.新材料新装饰，2019，1（2）：125-126.

［4］曹双友.黔西南构筑春季防火屏障［J］.中国消防，2014（6）：9-11.

［5］袁沙沙，韩腾奔，晏风，等.西南民族村寨火灾荷载调查研究［J］.工程质量，39（7）：6.

［6］熊峰，吴潇，柳金峰，等.西南民族村寨防灾综合技术研究构想与成果展望［J］.工程科学与技术.2021，53（4）：13-22.

树脂对钢结构防火涂料性能的影响

黄 浩 李平立 张天昊

应急管理部四川消防研究所 成都 610036

摘 要：分别以丙烯酸类树脂乳液和醋酸乙烯酯类树脂乳液为基料，配制了水性钢结构防火涂料，通过对比试验，研究了乳液种类对防火涂料防火性能、黏结强度、耐冲击性和抗弯曲性等性能的影响。试验结果表明，采用醋酸乙烯酯类树脂乳液为基料，制备得到的钢结构防火涂料防火性能、黏结强度、耐冲击性和抗弯曲性均有所提高，更适于用作钢结构防火涂料的基料。

关键词：消防 钢结构防火涂料 防火性能 黏结强度

1 引言

由于具有强度高、自重轻、基础造价低、抗震性能佳、对环境污染少、易于安装等优点，钢结构体系在一些超高层或大跨度建筑如商业大楼、火车站、机场、运动场馆等建筑中得到了广泛应用，发展非常迅猛[1]。钢结构体系是国际高层建筑、超高层建筑的主要结构体系之一，从国家战略来看，发展工业化钢结构建筑尤其符合我国化解钢材产能过剩、发展绿色建筑的战略要求。我国建筑钢结构市场巨大，发展前景宽广。然而，同于其他建筑，钢结构建筑也存在着火灾安全风险，虽然钢材不燃，但其易导热，具有耐热不耐高温的特点，随着温度的升高，钢材的力学强度会逐渐降低，当温度达到临界温度（540 ℃）时[2]，便失去承载能力，引发建筑物倒塌等事故，造成人员和财产损失。因此，对钢结构进行防火保护是一项十分必要且重要的工作，以便于人员疏散及消防灭火，降低火灾危害。

在钢结构建筑的防火保护方法中，涂刷防火涂料是目前国内外使用最多的保护措施，这种方法是具有施工简单、自重轻、防火效果佳等特点的实用可靠的防火保护方法[3]。在水性钢结构防火涂料的组成中，树脂乳液不但对涂料的理化性能起到了关键作用，也会影响其防火性能[4]。

因此，本文研究了树脂乳液对水性钢结构防火涂料性能的影响。

2 试验部分

2.1 原料

（1）丙烯酸类树脂乳液和醋酸乙烯酯类树脂乳液，其基本性质分别见表1和表2。

表1 丙烯酸类树脂乳液的性质

编号	类别	固含量/%	黏度/（mPa·s）	最低成膜温度/℃
B1	纯丙	49.5	199	16
B2	纯丙	44.6	61.7	7
B3	自交联丙烯酸	45.8	313.5	7
B4	苯丙	46.7	178.5	29
B5	苯丙	39.3	50.9	19
B6	苯丙	46.2	69.7	—
B7	乙烯基丙烯酸共聚	53.4	19	12

表2 醋酸乙烯酯类树脂乳液的性质

编号	类别	固含量/%	黏度/（mPa·s）	最低成膜温度/℃
C1	醋酸乙烯酯类	52.9	5170	1
C2	醋酸乙烯酯类	54.9	767	2
C3	共聚改性醋酸乙烯酯	48.6	1760	13

基金项目：国家重点研发计划（2018YFC0807602）、消防救援局科研计划重点攻关项目（No. 2019XFGG24）
作者简介：黄浩，男，硕士，助理工程师，工作于应急管理部四川消防研究所，主要研究方向为防火阻燃材料，E-mail：315114328@qq.com。

（2）三聚氰胺：工业纯度，四川金象化工有限公司。

（3）聚磷酸铵：牌号 AP422，科莱恩。

（4）季戊四醇：牌号 PM40，柏斯托。

（5）钛白粉：金红石型，牌号 R902P，科慕。

（6）助剂：市售。

2.2　试样制备

按照表 3 配方，先将水和各种助剂加入塑料烧杯中，搅拌均匀后，再依次加入钛白粉（TiO_2）、聚磷酸铵（App）、三聚氰胺（ME）和季戊四醇（PER）等，进行高速研磨分散，加入乳液后，在 800 r/min 的条件下分散 30 min，得到防火涂料。将水性防火涂料均匀地涂刷在尺寸为 240 mm×240 mm×3 mm 和 70 mm×70 mm×3 mm 的钢板上，每隔 8 h 涂刷一次，直到涂层厚度为 1.5 mm。

表 3　防火涂料配方

物质	水	助剂	TiO_2	膨胀阻燃体系	乳液
质量比	15%~25%	2%~5%	8%~12%	45%~55%	20%~25%

2.3　测试与表征

热重分析（TG）：采用美国 TA 公司的 Q5000 热重分析仪测试样品在程序升温下的热失重行为，测试的温度范围为 40~800 ℃，升温速率为 10 ℃/min，氮气气体流速为 50 mL/min，样品质量为 7~9 mg。测试得到的 TG 曲线由 TA Universal Analysis 软件进行处理。

红外光谱（FT-IR）分析：将待测的样品采用 KBr 压片法，并通过使用 Nicolet 6700 型 FT-IR 仪器采集谱图。其中，扫描范围为 400~4000 cm^{-1}，分辨率为 4 cm^{-1}，扫描次数为 32 次。

防火性能测试：使用自制的小型耐火试验炉，按照标准升温曲线 $[T = 345\lg(8t+1)+20]$ 进行升温，采用 K 型热电偶记录钢板背火面温度，当平均背火面温度达到 538 ℃时，将该试验时间记录为涂料样品的耐火极限。

3　结果与讨论

3.1　成膜物质的热重（TG）分析

为了考察成膜物质的热稳定性，我们对各种乳液干燥得到的乳胶膜进行 TG 测试，得到的 TG 曲线如图 1 和图 2 所示。从图 1 可以看到，除了 B4 胶膜，其余 6 种丙烯酸类树脂乳液胶膜的 TG 曲线相似，其热分解的过程大致只有一个阶段，主要发生的是聚合物分子主链的断裂，包括解聚和无规断链，这两种反应降解生成单体或是低分子量聚合物，不利于成炭反应的发生，因此，高温下的残余物质量很少。而醋酸乙烯酯类树脂乳液胶膜的热分解行为明显不同，可分为两个阶段，首先是侧基的消除，生成 CH_3COOH 小分子及不饱和链，当小分子消除到一定程度后，主链的薄弱点逐渐增多，发生主链断裂[5]。

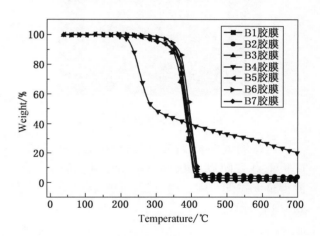

图 1　丙烯酸类树脂乳液胶膜的热重曲线

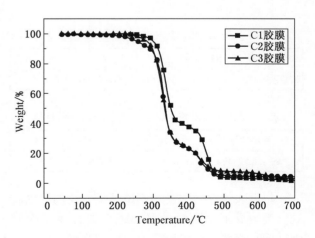

图 2　醋酸乙烯酯类树脂乳液胶膜的热重曲线

3.2　成膜物质对钢结构防火涂料与钢材之间黏结性能的影响

在 70 mm×70 mm×3 mm 的钢板试件涂层中央的 40 mm×40 mm 的区域内，均匀地涂刷有高黏结力的双组分环氧黏结剂，之后将钢制联结件黏结在钢板试件上，并压上1 kg重的砝码，并小心刮去钢制联结件周围溢出的环氧黏结剂，在室温下放置3天后取下砝码，沿钢制联结件的四周用钢锯切割涂层到钢板底面，即得到黏结性能测试的试件，如图3所示。

图3 黏结强度测试样品

将待测试件安装在拉力试验机上，在沿试件底板垂直方向以1500 N/min的速度施加拉力，测得最大拉伸荷载，每一试件的黏结强度f根据式（1）计算。

$$f = F/A \quad (1)$$

其中 F——最大拉伸荷载，N；

A——黏结面积，mm^2。

表4 丙烯酸类树脂乳液对钢材的黏结性能

涂料编号	B1	B2	B3	B4	B5	B6	B7
黏结强度/MPa	0.881	0.833	0.416	0.941	0.744	0.743	0.733

表5 醋酸乙烯酯类树脂乳液对钢材的黏结性能

涂料编号	C1	C2	C3
黏结强度/MPa	0.951	0.756	1.412

根据表4黏结强度的测试结果，我们可以看到，纯丙乳液对钢材的黏结强度要优于苯丙乳液，而自交联型丙烯酸乳液的黏结强度最差，仅为0.416 MPa；而在醋酸乙烯酯类树脂乳液中，经过共聚改性后，乳液的黏结强度提高；结合表4和表5的测试结果，我们可以看到醋酸乙烯酯类树脂乳液对钢材的黏结性能基本都优于丙烯酸类树脂乳液（除了C2），其中，C3乳液对钢材

的黏结强度最高，为1.412 MPa，由图4可以看到，B3破坏位置是在基板与涂料的接触面，属于附着破坏，因此，黏结力低；C3破坏位置位于涂料的内部，属于内聚破坏，说明涂料的黏结力高，大于涂料所承受的力[6]。

（a）

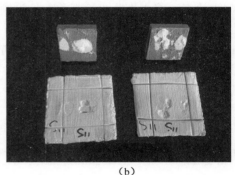

（b）

图4 C3（a）和B3（b）涂料样品
黏结强度测试后图片

3.3 成膜物质对钢结构防火涂料防火性能的影响

采用自制的小型耐火试验炉按照标准升温曲线升温，测试了以不同丙烯酸类树脂乳液和醋酸乙烯酯类树脂乳液为成膜物质的钢结构防火涂料的耐火时间，当钢板的背面温度达到538 ℃时，停止试验。图5和图6给出了防火性能测试过程中，钢板的背面温度曲线。未经保护的钢板在几分钟内背面温度就能达到538 ℃，而涂刷防火涂料后，钢板背面温度到达538 ℃所需时间延长，这说明防火涂料的使用能阻隔热量的传递，发挥防火保护的作用。从图5可以看到，不同丙烯酸类树脂乳液制备得到的防火涂料的防火性能存在明显的差别，B1-B7涂料钢板的背面温度上升速率也各不相同，涂刷B5涂料的钢板背面升温速率最大，钢板背面温度到达538 ℃的时间仅需23 min，涂刷B2涂料的钢板背面升温最慢，钢板背面温度到达538 ℃需要46 min，从图7可以

看到，B5涂料体系，在受热过程中几乎全部脱落，钢板上少量残留的炭，几乎未发泡形成膨胀炭层，因此，无法起到保护钢材的作用；从图8可以看到，B2涂料体系，在受热过程中形成了膨胀的炭层，因此，发挥了一定的保护作用。值得注意的是，涂刷B1和B3涂料的钢板背面温度曲线出现拐点，原本缓慢的升温速率陡增，这是因为受热形成的炭层在试验过程中几乎整体脱落。

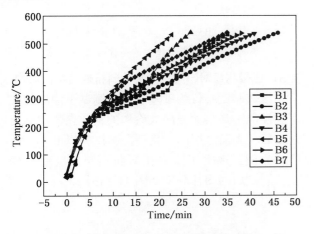

图5　丙烯酸类树脂乳液对钢板背面温度的影响

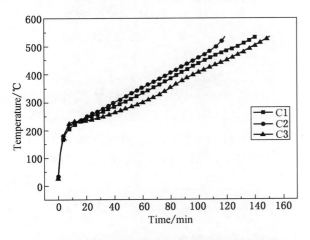

图6　醋酸乙烯酯类树脂乳液对钢板背面温度的影响

反观醋酸乙烯酯类树脂乳液，以其制备得到的防火涂料的防火性能显著提高，三条曲线的形状类似。在试验初期阶段，膨胀炭层尚未完全形成，此时，钢板的背面温度上升较快，大约当试验时间为10 min时，钢板的背面温升速率放缓，当试验时间到达30 min时，C1、C2和C3样品的基板背面温度分别为261 ℃、271 ℃和246.2 ℃；

当试验时间到达60 min时，C1、C2和C3样品的基板背面温度分别为332.9 ℃和353.9 ℃以及298.5 ℃，并且钢板背面温度到达538 ℃的时间分别为141 min、119 mim和151 min。经共聚改性的醋酸乙烯酯类树脂乳液（C3）制备得到的钢结构防火涂料的耐火时间提高，表明醋酸乙烯酯的共聚改性对提高其耐火性能是有积极作用。从其背温测试后的图片（图9）可以观察到，测试后形成了明显的膨胀炭层，白色的炭层部分较为蓬松，强度不高，有部分脱落，但仍然能维持保护钢材的作用，而图8中，B2涂料背温测试后的炭层的颜色为黑色，这是因为测试的时间为46 min，此时，测试炉加热的理论温度为910 ℃，TiO_2和App的分解产物尚未完全反应生成焦磷酸钛，形成白色的炭层部分。

结合图5和图6，可以知道，就耐火性能而言，醋酸乙烯酯类树脂乳液的性能要优于丙烯酸类树脂乳液，同时，经共聚改性的醋酸乙烯酯类树脂乳液性能更佳。

（a）

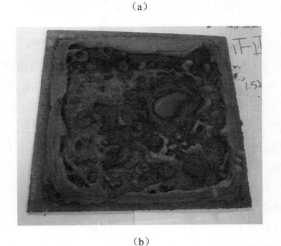

（b）

图7　B5涂料样品背温测试后图片

（a）

（b）

图 8　B2 涂料样品背温测试后图片

图 9　C3 涂料样品背温测试后照片

3.4　成膜物质对钢结构防火涂料耐冲击性的影响

以落锤仪为试验工具，测试了涂层的耐冲击性能。将 1 kg 重的落锤固定在导管的相同高度后，让其垂直下落在涂覆防火涂料的钢片上，观察涂层的变化情况。试验以 B3 和 C3 涂料为例，测试后的钢片照片如图 10 所示。

可以看到，相较于 B3 涂料，C3 涂料在受到冲击后，涂层被破坏的面积更小，更便于后续的填补工作，而根据两者对钢材黏结强度的比较，可以得到初步的结论：涂料的黏结强度高，其耐冲击性能更好。

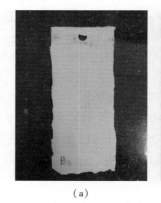　

（a）　　　　　　（b）

图 10　B3 涂料（a）和 C3 涂料（b）
冲击试验后的照片

3.5　成膜物质对钢结构防火涂料抗弯曲性的影响

以弯曲试验仪为试验工具，测试了涂层的抗弯曲性能。观察涂覆防火涂料的钢片在弯曲一定角度后，表面涂层的变化情况，试验以 B3 和 C3 涂料为例，观察了涂层在弯曲不同角度后的变化，测试后的图片分别如图 11 和图 12 所示。

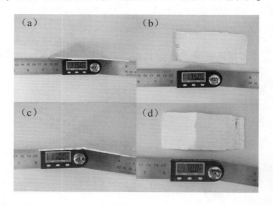

图 11　B3 涂料在弯曲 5°（a、b）和
10°（c、d）试验后的照片

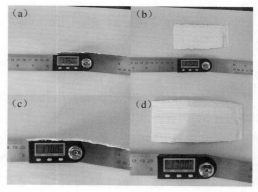

图 12　C3 涂料在弯曲 5°（a、b）和
10°（c、d）试验后的照片

当涂覆防火涂料的钢片弯曲 5° 时，B3 涂料的表面出现了一条明显的裂纹，而 C3 涂料的表面几乎没有变化；当涂覆防火涂料的钢片弯曲 10° 时，B3 涂料表面的裂纹更加明显，并有从钢片剥离的趋势，而 C3 涂料的表面仅出现些许的裂纹。这表明，涂料的黏度强度高，其抗弯曲性能也更好。

4 小结

在水性钢结构防火涂料的组成中，成膜物质尤为重要，它具有黏附于物质表面形成膜的能力，是涂料的基础，在水性膨胀型钢结构防火涂料的体系中，高分子树脂是常用的成膜物质。以丙烯酸类树脂乳液和醋酸乙烯酯类树脂乳液作为钢结构防火涂料的基料，研究其对钢结构防火涂料性能的影响时，实验结果表明：以醋酸乙烯酯类树脂乳液为基料时涂料黏结强度最高可达 1.412 MPa，大约是以丙烯酸类树脂乳液为基料时涂料黏结强度的 1.5 倍；耐火极限可达 151 min，而以丙烯酸类树脂乳液为基料的涂料的耐火极限最高为 46 min；同时，以醋酸乙烯酯类树脂乳液为基料时涂料的耐冲击性和抗弯曲性均有所改善。这些表明，醋酸乙烯酯类树脂乳液更适合用于制备钢结构防火涂料。

参考文献

[1] Wang J，Song W H，Zhang M，et al. Experimental Study of the Acid Corrosion Effects on an Intumescent Coating for Steel Elements [J]. Industrial & Engineering Chemistry Research，2014，53(28)：11249-11258.

[2] 覃文清，李风. 材料表面涂层防火阻燃技术 [M]. 北京：化学工业出版社，2004.

[3] Puri R G，Khanna A S. Effect of cenospheres on the char formation and fire protective performance of water-based intumescent coatings on structural steel [J]. Progress in Organic Coatings，2016，92:8-15.

[4] 刘斌，张德震，常宝. 树脂基料对超薄钢结构防火涂料性能的影响 [J]. 电镀与涂饰，2011，30(3)：57-61.

[5] 范方强，夏正斌，李清英，等. 成膜物质对水性防火涂料膨胀阻燃性能的影响 [J]. 华南理工大学学报（自然科学版），2012，40(9)：26-31，37.

[6] 宋炜. 不同因素对防火涂料黏结与耐火性能影响 [J]. 消防科学与技术，2019，38(6)：850-853.

膨胀型钢结构防火涂料紫外老化行为研究

张天昊　葛欣国　黄浩

应急管理部四川消防研究所　成都　610036

摘　要：本文针对钢膨胀型钢结构防火涂料使用中的老化问题，通过紫外/水喷淋实验室人工加速老化的方式对室外自然条件进行模拟，对水性涂料 A-NSP 与溶剂型涂料 A-WRP 开展了老化行为研究。结果表明，在施加面漆的情况下，水性涂料性在紫外/水喷淋老化80个循环周期（20天）时开始发生明显性能衰减，其耐火极限由 111 min 下降至 58 min，112 个循环周期（28天）后彻底丧失膨胀能力，耐火极限衰减至 22 min。对于溶剂型涂料，其性能表现出较好的耐久性，在紫外/水喷淋老化 112 个循环周期（28天）后其耐火极限由 73 min 下降至 64 min，仅衰减了 11%。

关键词：消防　钢结构防火涂料　紫外老化　耐火性能

1　引言

钢结构因其强度高、自重轻、刚度大、材料匀质性和各向同性好，属理想弹性体，最符合一般工程力学的基本假定，其材料塑性、韧性好，可有较大变形，能很好地承受动力荷载；其建筑工期短，工业化程度高，可机械化程度高等，被广泛应用于现代建筑工业中，特别是高层与超高层建筑中[1]。然而，钢结构在 450~650 ℃ 时强度就会急剧下降，失去承载能力。火灾中如无防护或防护不到位，钢结构建筑可能在 20 min 之内倒塌，因此需要对钢结构进行科学可靠的防火保护。在现有钢结构防火保护技术及产品中，目前国内外该类建筑大多采用钢结构防火涂料作为主要的防火保护措施[2]。然而，涂料在冷热、光照、雨露、风霜及其他环境条件下会发生失光、变色、粉化、龟裂、脱落等变化，从而大大影响其理化性能及耐火性能，其防火性能的有效年限问题长期困扰着消防监督管理部门。近年来，随着防火涂料技术的不断进步，人们不断将目光更多关注到防火涂料耐久耐候性，特别是防火涂料老化后其防火阻燃性能的变化[3-4]。防火涂料老化试验方法主要包括自然气候曝露试验及人工加速老化试验方法两大类。

1.1　自然气候曝露老化

自然气候曝露老化是指在室内、室外及其他自然环境下，利用冷热、湿度、光照、雨雪、风霜等自然气候的综合影响，研究防火涂料的各项性能随试验时间的演变。自然气候曝露老化试验方法存在很多不可避免的弊端，如试验周期长、试验场地受限、样品尺寸不统一、各地区环境差异较大及自然环境选择缺乏相关标准等问题。其中试验周期长是自然气候曝露老化最为严峻的问题，长达十年甚至数十年的实验周期使其结果很难应用于指导消防监督检查。目前，国内外对于自然气候曝露老化主要参照标准为《涂层自然气候曝露试验方法》（GB/T 9276—1996）与《色漆和清漆－涂料自然气候曝露和评估》（EN ISO 2810—2004）。

1.2　人工加速老化试验

由于自然气候曝露老化试验方法存在周期长、费用高、难度大等问题，目前对于防火涂料老化研究主要应用的是实验室人工加速老化试验方法。人工加速老化主要包括实验室光源老化、湿热老化、盐雾老化、工业环境（CO_2/SO_2 环境）老化、海水浸泡老化等试验方法。其中，实验室光源老化主要评价防火涂料在光照/温度/湿度/雨水等综合条件下的老化行为，一般用作

基金项目：消防救援局科研计划重点攻关项目（No. 2019XFGG24）

作者简介：张天昊，男，博士，助理研究员，工作于应急管理部四川消防研究所，主要研究方向为防火阻燃材料的耐久耐候性，E-mail：693101569@qq.com。

室外环境条件下的加速模拟手段；湿热老化主要通过热氧老化结合水、水蒸气等条件，通过升高环境温度对自然环境下的热氧/湿热老化进行加速模拟，一般用作室内环境条件下的加速模拟手段；盐雾老化、海水浸泡老化、工业环境（CO_2/SO_2 环境）老化等其他老化手段一般考量防火涂料在盐雾、海水、工业气氛等特殊条件与自然环境共同作用下的老化行为，一般用作特定使用环境条件下的模拟手段。

目前，国内外学者针对防火涂料自然气候曝露老化与人工加速老化开展了一系列相关的研究。Wang 等人研究了膨胀型防火涂料在钢结构上的防护效果和老化过程[5]。结果表明，面漆的使用虽然在某种程度上会降低防火涂料的耐火性能，但却大大提高了其在盐酸溶液、紫外加速及自然风化三种条件下的耐久性。Mohd Puad 等人研究了防火涂料在紫外线/雨水作用下的表现[6]。结果表明，膨胀型防火涂料在曝露于紫外线和雨水条件下会降低其膨胀能力并发生降解，其主要作用机制是有效防护组分的浸出行为。虽然国内外学者关于防火涂料的耐久性开展了大量的研究，但很少有研究关注防火涂料老化过程中耐火性能及理化性能的演化规律，特别是对于室外环境的人工加速老化模拟，国内外较少报道。

本文中，通过紫外/水喷淋加速老化方式对某商用国产水性及溶剂型膨胀钢结构防火涂料的老化行为开展了对比研究。通过耐火极限试验及附着力试验对涂层老化前后防火及理化性能进行了系统的评价，并给出了两种涂料在老化过程中的性能演变规律。

2 实验部分

2.1 原料

GZH208 环氧富锌底漆，购于成都天合宏业科技发展有限公司，执行标准：《富锌底漆》（HG/T 3668—2009）。

GZH206 环氧云铁中间漆，购于成都天合宏业科技发展有限公司，执行标准：《环氧云铁中间漆》（HG/T 4340—2012）。

膨胀型钢结构防火涂料：自购，商用产品，国产品牌，代号为 A-NSP（水性）/A-WRP（溶剂型）。

面漆：阿克苏-诺贝尔 Interthane 870 丙烯酸聚氨酯面漆。

2.2 试样制备

基材为 Q215 钢板，尺寸为 200 mm×300 mm×5 mm 与 70 mm×70 mm×5 mm ［耐火样板参照《色漆和清漆 金属基质防火用反应型涂层：定义、要求、特征和标记》（EN 16623—2015）］，喷砂处理，清洁等级为 Sa 2.5，粗糙度为 80 Ra，基材钢板符合《建筑钢结构防腐蚀技术规程》（JGJ/T 251—2011）要求；防腐系统采用商用环氧富锌底漆+环氧云铁中间漆组合。底漆与中间漆使用喷涂施工，底漆施工 2 遍，平均干膜厚度约 80 μm；中间漆施工 1 遍，平均干膜厚度约 40 μm，如图 1 所示。防火涂料与面漆使用刷涂方式施工，防火涂料平均干膜厚度约 1.4 ~ 1.5 mm；面漆平均干膜厚度约 80 ~ 100 μm。施工后，防火体系在（23±2）℃恒温环境中养护至少 48 h。防火体系符合《钢结构防护涂装通用技术条件》（GB/T 28699—2012）附录表 A.8 钢

图 1 从左至右依次为喷砂钢板、施加底漆的喷砂钢板与施加底漆、中间漆的喷砂钢板

结构防火涂层配套体系要求。为防止侧面侵入等因素对老化行为的影响，使用石蜡：松香＝1：1，对试验样板进行 5 mm 左右深度的封边处理。处理后的试样如图 2、图 3 所示。

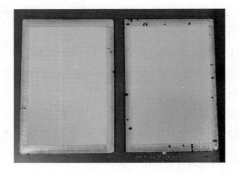

图 2　A-NSP 无面漆/有面漆样板

图 3　A-WRP 无面漆/有面漆样板

2.3　试验方法

2.3.1　紫外/水喷淋老化

采用紫外/水喷淋老化对室外环境条件进行模拟。老化试验通过 UVTest Ⅱ（Atlas Material Testing Technology LLC）配套 UVTest DI Water Recirculation System（DIWRS）水喷淋系统开展，如图 4 所示。试验参照标准《色漆和清漆　暴露在实验室光源条件下的方法—第 3 部分：荧光紫外灯》（EN ISO 16474-3-2014）：cycle 2 试验循环进行试验，具体试验参数列于表 1。试验总循环数参照《防火产品-反应型钢结构防火涂料》（ETAG 018-2）设定为 112 次（总计 28 天）不间断进行，A-NSP 与 A-WRP 各准备耐火样板 16 张（200 mm×300 mm×5 mm）与理化样板 32 张（70 mm×70 mm×5 mm），每 8 个循环（2 天）取样记录。取样后，样品在（23±2）℃恒温烘箱中保持至少 72 h 至状态稳定后进行下一步试验。

图 4　UVTestⅡ紫外/水喷淋老化试验箱

表 1　紫外/水喷淋老化试验参数

曝露时间 Exposure period	光源类型 Lamp type	辐照度 Irradiance	黑板温度 Black-panel temperature	相对湿度 Relative humidity
5 h dry	UVA-340	0.83 W/m²/nm（@ 340 nm）	（50±3）℃	not controlled
1 h water spray	—	—	（25±3）℃	not controlled

2.3.2　耐火试验

耐火试验参照《测定结构构件耐火作用的试验方法—第 8 部分：钢构件应用的保护方法》（EN 13381—8—2013）9.2.4.1 条要求进行控制，使用自制小型耐火试验炉，如图 5 所示。升温曲线参照 ISO 834［$T=345\lg(8t+1)+20$］，如图 6 所示。采用 2 个 K 型热电偶监控钢板背火面温度，当平均背温达到 538 ℃时判定失效，将试验时间记录为样板的耐火极限。

2.3.3　理化性能测试

附着力测试采用 PosiTest AT-A Pull-off Adhesion Testers（美国 DeFelsko 公司），参考标准《色漆和清漆　附着力拉脱试验》（ISO 4624—2016），锭子尺寸为 20 mm，采用双组分环氧慢干型黏接剂，拉伸速率为 0.2~1 MPa/s。

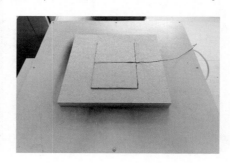

图 5　自制小型耐火试验炉

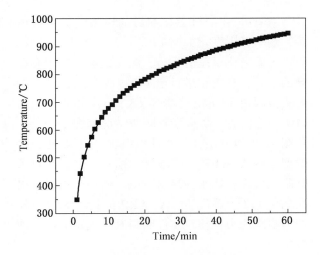

图 6　耐火试验升温曲线示意图

3　结果与讨论

3.1　水性膨胀钢结构防火涂料 A-NSP

对某品牌水性膨胀钢结构防火涂料 A-NSP 进行紫外/水喷淋人工加速老化，老化 0~112 个循环后试验样板情况如图 7 所示。从图 7 可以看出，随着老化的进行，涂料表面逐渐出现起皱、起泡、开裂、析出等一系列缺陷，老化进行 40 个循环后涂料表面出现轻微起皱现象；老化 72 个循环后涂料表面起皱现象较为严重，老化 80 个循环后涂料表面出现开裂及析出现象，老化进行至 112 个循环后涂料表面出现严重的开裂及析出。

对紫外/水喷淋老化前后的样板进行耐火试验，耐火极限变化如图 8 所示。从图 8 可以看出，在老化开始初期（0~72 个循环）涂层耐火

图 7　A-NSP 防火体系紫外/水喷淋老化过程图

极限并无明显变化，在合理范围内波动，表明当前条件下涂层耐火性能并无明显衰减。当老化进行到 80 个循环时，涂层的耐火极限迅速下降至 58 min，衰减量达到 48%，已基本丧失防火性能。老化 112 个循环后，涂层的耐火极限下降至 22 min，衰减量达到 80%。老化前后防火涂料膨胀情况如图 9 所示。从图 9 可以看出，老化 80 个循环后防火涂料膨胀炭层出现明显缺陷，缺陷位置表现在表面明显起皱及析出位置，导致其防火保护作用严重下降；老化 112 个循环后防火涂料已完全丧失膨胀能力，防火能力完全丧失。

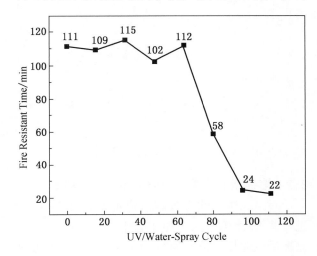

图 8　A-NSP 老化前后防火涂料耐火极限变化

图 9　A-NSP 老化前后防火涂料膨胀炭层情况图

A-NSP 涂料老化前后防火涂料附着力变化如图 10 所示。从图 10 我们可以看出在老化开始初期（0~48 个循环）涂层附着力并无明显变化，在合理范围内波动。在老化 56~64 个循环后附着力有小幅度下降，由 1.21 MPa 降低至

0.85 MPa；而在老化 72 个循环后涂层附着力急剧下降至 0.37 MPa，几乎完全失去附着力，在老化 112 个循环后涂层附着力仅剩 0.26 MPa，这也与涂层在老化后表现出的表观明显缺陷以及耐火性能衰减情况基本保持一致。

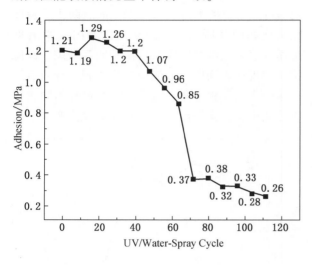

图 10　A-NSP 老化前后防火涂料附着力变化

3.2　溶剂型膨胀钢结构防火涂料 A-WRP

对某品牌水性膨胀钢结构防火涂料 A-WRP 进行紫外/水喷淋人工加速老化，老化 0~112 个循环后试验样板情况如图 11 所示。从图 11 可以看出，随着老化的进行，涂料表面逐渐出现轻微的开孔及起皱缺陷，老化进行 48 个循环后涂料表面出现轻微开孔现象；老化 96 个循环后涂料表面出现轻微起皱，老化进行至 112 个循环后涂料表面较明显的开孔现象。

图 11　A-WRP 防火体系紫外/水喷淋老化过程图

对紫外/水喷淋老化前后的样板进行耐火试验，耐火极限变化如图 12 所示。从图 12 可以看出，随着老化试验的进行，涂层的耐火极限有轻微的下降，在老化进行至 112 个循环后，涂层的耐火极限由 73 min 下降至 65 min，衰减量约为 11%。老化前后防火涂料膨胀情况如图 13 所示。从图 13 可以看出，与水性涂料 A-NSP 相比，溶剂型涂料 A-WRP 的膨胀能力稍差，这也导致了其耐火极限相比水性涂料较低。然而，可以看出在老化 112 个循环后，A-WRP 涂料还保持了较好的膨胀能力，相较水性涂料其防火耐久性表现较优异。

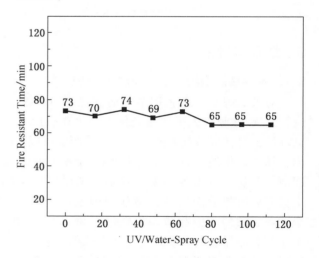

图 12　A-WRP 老化前后防火涂料耐火极限变化

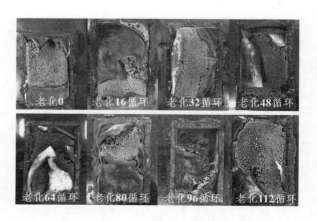

图 13　A-WRP 老化前后防火涂料膨胀炭层情况图

A-WRP 涂料老化前后防火涂料附着力变化如图 14 所示。从图 14 可以看出在老化开始初期（0~40 个循环）涂层附着力并无明显变化。在老化 48 个循环后涂层附着力开始明显下降；在老化 112 个循环后其附着力由 3.11 MPa 下降至 1.1 MPa。与水性涂料不同的是，溶剂型涂料 A-WRP 耐火极限并未表现出与附着力相同的下降趋势，这可能是由于溶剂型涂料本身理化性能较好，在老化后虽然附着力明显下降，但与水性涂料 A-NSP 相比仍然可以保持较优秀的水平。

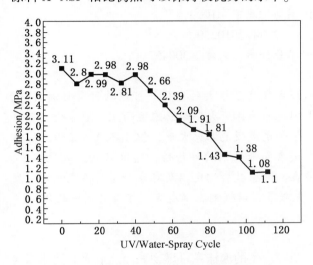

图 14　A-WRP 老化前后防火涂料附着力变化

4　小结

本文针对钢膨胀型钢结构防火涂料使用中的老化问题，通过紫外/水喷淋实验室人工加速老化的方式对室外自然条件进行模拟，对水性涂料 A-NSP 与溶剂型涂料 A-WRP 开展了老化行为研究。通过耐火试验及附着力试验对两种涂料老化前后的性能演变规律进行了系统的表征。结果表明，在施加相同的底漆、中间漆与面漆配套体系情况下，溶剂型防火涂料 A-WRP 表现出较优异的耐久性能，其耐火极限在紫外/水喷淋人工加速老化 112 个循环后仍保持了较优秀的水平。对于水性防火涂料 A-NSP，当老化进行到 80 个循环时，涂层的耐火极限迅速下降至 58 min，衰减量达到 48%，已基本丧失防火性能；老化 112 个循环后，涂层的耐火极限下降至 22 min，衰减量达到 80%，且耐火试验后炭层完全丧失膨胀能力。理化性能方面，两种涂料随着老化试验的进行均有一定程度的下降，水性涂料在老化 112 个循环后基本失去粘接性能，而溶剂型涂料由于初始附着力较优异，在老化 112 个循环后仍然保持一定的粘接性，其附着力为 1.1 MPa。

参考文献

[1] Wang J, Song W H, Zhang M, et al. Experimental Study of the Acid Corrosion Effects on an Intumescent Coating for Steel Elements [J]. Industrial & Engineering Chemistry Research, 2014, 53(28):11249-11258.

[2] Jimenez M, Duquesne S, Bourbigot S. Intumescent fire protective coating: Toward a better understanding of their mechanism of action [J]. Thermochimica Acta, 2006, 449(1-2):16-26.

[3] Anees S M, Dasari A. A review on the environmental durability of intumescent coatings for steels [J]. Journal of Materials Science, 2018, 53(1):124-145.

[4] 程海丽. 钢结构防火涂料的耐久性问题 [J]. 新型建筑材料, 2003(9): 1-2.

[5] Wang, Ji. The protective effects and aging process of the topcoat of intumescent fire-retardant coatings applied to steel structures [J]. Journal of Coatings Technology & Research, 2016.

[6] Mohd Puad, Mohd Munir Effendy. Effects of Ultraviolet and Rain on the performance of Fire Retardant Coating [J]. Universiti Teknologi Petronas, 2013.

新型表面活性剂用于水成膜泡沫
灭火剂的效果研究

王宝宁[1,2]　冯　瑶[3]

1. 国家应急管理部救援协调局　北京　100054
2. 广州市消防救援支队　广州　510230
3. 中国船级社质量认证公司天津分公司　天津　300457

摘　要：随着现代社会经济的快速发展，火灾的形式发生了很大的变化，可燃物种类日新月异，尤其是可燃性或易燃性液体火灾给消防安全带来很大困扰，泡沫灭火剂因此应运而生，泡沫灭火剂种类繁多，但是目前应用最广的是成膜型泡沫灭火剂，例如水成膜泡沫灭火剂，但其环境污染性大。本文研究新型表面活性剂及其复配体系替代 PFOS 类氟碳表面活性剂的可行性，通过对灭火效果测定、泡沫性能测定、表面张力及界面张力测定、泡沫溶液在油面上铺展测定以及对油面密封性能测定，发现 Capstone1157 表面活性剂可以部分地替代 PFOS 类氟碳表面活性剂在水成膜泡沫灭火剂中的作用。

关键词：消防　灭火剂　Capstone1157　灭火试验

1　引言

随着现代社会经济的快速发展，火灾的形式发生了很大的变化，火灾事故损失有明显增加，其中可燃性或易燃性液体火灾事故具有易流淌、扩大影响范围的特点，事故后果相对较严重，是消防救援的一个难点。泡沫灭火剂在扑救液体火灾中起到了很大作用，成膜型泡沫灭火剂应用范围广，例如水成膜泡沫灭火剂以其灭火效率高、耐抗烧而闻名于消防领域。具有高表面活性剂的 PFOS 类氟碳表面活性剂是水成膜泡沫灭火剂的必不可少的组成部分，但对环境可能造成的污染逐渐引起了人们的重视，为此研究水成膜泡沫灭火剂中 PFOS 类氟碳表面活性剂替代品或替代技术十分必要。

2　泡沫灭火剂概述

2.1　灭火机理

泡沫灭火剂可以通过化学反应或机械方法产生泡沫的水溶液，其主要组分见表1。泡沫灭火剂灭火机理主要包括以下四点：①通过泡沫发生装置产生的泡沫在可燃物表面上形成的泡沫覆盖层，达到窒息目的；②当泡沫施加到可燃物表面上的同时析出部分具有一定冷却作用的液体，通常是水；③高温使施加于其上的泡沫受热产生具有稀释燃烧区氧浓度作用的水蒸气；④泡沫具有一定的黏性，可黏附在表面。

表1　泡沫灭火剂主要组分及作用

灭火剂组分	组分相关说明
发泡剂	多为表面活性物质，使泡沫灭火剂的水溶液易发泡
耐液添加剂	为某些抗醇性高分子化合物与既不亲水又不亲油的表面活性物质，使泡沫有优良的抗烧性
稳泡剂	多为一些持水性强的大分子或高分子物质，能提高泡沫析液时间，提高泡沫稳定性
抗冻剂与助溶剂	通常为一些醇（醚）类物质，使泡沫均匀，提高泡沫灭火剂体系的抗冻性和稳定性
其他	包括防腐蚀（败）剂、泡沫改进剂等

作者简介：王宝宁，男，学士，助理工程师，国家应急管理部救援协调局干部，主要从事火灾理论和灭火救援研究，E-mail：2642732273@qq.com。

2.2 泡沫灭火剂分类

泡沫灭火剂根据基料的不同分为化学泡沫灭火剂、蛋白型泡沫灭火剂、合成泡沫灭火剂（表2）。

表2 泡沫灭火剂的分类

名称	说　　明
化学泡沫灭火剂	由酸性盐、碱性盐与少量的发泡剂、少量的稳定剂等混合后，生成的泡沫
蛋白型泡沫灭火剂	将包括防腐（冻）剂、稳定剂等在内的适量添加剂添加到动（植）物性蛋白的水解产物中便可制成，其中分为含氟蛋白型泡沫、普通蛋白型泡沫等
合成泡沫灭火剂	以表面活性剂和适当的稳定剂为基料制成的泡沫灭火剂，包括水成膜泡沫灭火剂、高倍数泡沫灭火剂等

2.3 水成膜泡沫灭火剂概述

水成膜泡沫灭火剂在水溶液中能起泡，其水溶液比水轻，所以它能浮在燃液表面，因此被称作"轻水泡沫灭火剂"。它对石油类和 B 类火灾的灭火作用优于蛋白泡沫和氟蛋白泡沫，灭火时间和灭火效率都远优于其他灭火剂，这是因为其形成的水膜和泡沫在灭火过程中共同发挥作用，这与其他泡沫灭火剂不同，因为其他泡沫灭火剂基本上都是单纯地依靠泡沫。

水成膜泡沫灭火剂的关键成分氟碳表面活性剂（表3）的主要种类是主链上被氟化的 C 原子数≥8 个的全氟辛基磺酸盐（PFOS，$C_8F_{17}SO_3^-$）和全氟辛酸及其盐（PFOA）。但是 PFOS/PFOA 又是目前世界上发现的最难降解的有机污染物之一，PFOS/PFOA 被纳入欧盟（EU）持久性有机污染物（POPs）法规。

表3 氟碳、碳硅与碳氢表面活性剂的性能对比

性能	碳氢表面活性剂	碳硅表面活性剂	氟碳表面活性剂
表面张力（dyn/cm）	>25	25~35	16~20
实用质量百分比/%	0.5~5	0.3~0.5	0.01~0.05
强酸、强碱介质	不好	较好	极好
氧化物介质	不好	不好	极好
热稳定性	一般	较好	极好
在有机介质中活性	几乎没有	较好	极好
相对价格指数	1	约100	约100

3 灭火实验

基于成膜泡沫灭火剂对环境和生物造成的危害，有必要加紧新型环保高效的成膜泡沫灭火剂的研究，本文实验具体实施步骤如图1所示，实验内容包含油盘灭火实验、泡沫性能实验、对油面的密封性能实验、泡沫溶液的铺展性实验（详见表4）。

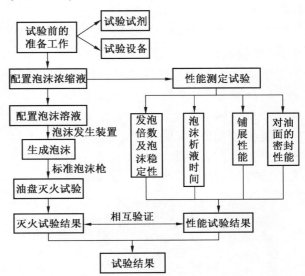

图1 实验方案框图

表4 实验内容

实验	实验内容
油盘灭火实验	测定90%控火时间、灭火时间、100%抗烧时间
泡沫性能实验	发泡倍数、泡沫稳定性、25%析液时间
对油面的密封性能实验	测定对油面的密封时间
泡沫溶液的铺展性实验	测定铺展时间及铺展量

3.1 实验方案

本文将采用表5所示表面活性剂配制成膜泡沫灭火剂，是用 Capstone1157 完全或部分替代 AF4018 配置成 2 种泡沫浓缩液，进行相关实验灭火，其中序号3是实验的基准参数，为某灭火器原始配比。

实验中需要测量的参数包括：90%控火时间 $t_{90\%}$、灭火时间 t_1、100%抗烧时间 t_2、环境温度 T_e 及泡沫温度 T、外界风向及风速。

表5　用于灭火实验的泡沫浓缩液

序号	配　　　方
1	1% Capstone1157+0.7% AF4018+去离子水+BS-12+QF+二丁醚+PEG400+甲醛+三氮唑
2	3% Capstone1157+去离子水+BS-12+QF+二丁醚+PEG400+甲醛+三氮唑
3	0.7% AF4018+去离子水+BS-12+QF+二丁醚+PEG400+甲醛+三氮唑

3.2　实验准备

实验过程主要包括三部分：制备泡沫浓缩液、油盘灭火效果实验、性能测定实验。

1. 制备泡沫浓缩液

制备泡沫浓缩液采用的设备包括3000 mL烧杯1个、电子搅拌器（图2）1个、电子天平1台；1000 mL量筒3个、100 mL移液管2个。

图2　电子搅拌器示意图

2. 油盘灭火效果实验

油盘灭火效果实验参考《泡沫灭火剂》（GB 15308—2006）附录A："用于泡沫性能和灭火性能质量控制的小型实验"部分内容，实验设备包括：

（1）钢质燃烧盘：内径为565 mm±5 mm，深度为150 mm±5 mm，壁厚为2.5 mm。

（2）钢质挡板：长为1000 mm±50 mm，高为1000 mm±50 mm，适用于缓施加实验。

（3）钢质抗烧罐：内径为120 mm±2 mm，深度为80 mm±2 mm，整体高度为96 mm±2 mm，

壁厚为2.5 mm。

（4）电子秤；精密度为0.1的秒表。

（5）温度计。

（6）标准泡沫枪。

（7）泡沫发生装置以及相关灭火装置。

3. 性能测定实验

（1）泡沫性能的测定：

在测定发泡倍数、25%析液时间以及泡沫稳定性时，需要用到的实验设备包括100 mL量筒2个、250 mL具塞量筒1个、100 mL移液管1个、精密度为0.1的秒表1个、量程为1000 μL的微量注射器1个、直尺1个、温度计1个等。

（2）表面张力及界面张力的测定：

在测定表面张力及界面张力时，需要用到K-12型表面张力仪（表6）。

表6　K-12型表面张力仪的主要性能参数

技术参数	1. 表面张力测定范围：0～500 mN/m
	2. 表面张力测定灵敏度：±0.01 mN/m
	3. 表面张力测定准确度：±0.01 mN/m
	4. 表面张力测定分辨率：0.1 mN/m
	5. 表面张力测定重复性：0.3%
	6. 适用温度：10～40 ℃
技术特点	1. 可测定时间及浓度变化时相应的表面及界面张力
	2. 测试数据精确、重复性好
	3. 液晶汉字显示，无标识按键，提示操作，简捷易懂
	4. 具有温度补偿功能，使用范围更广
	5. 具有时钟功能，掉电存储功能
	6. 冗余设计，通过RS232接口与笔记本电脑、微机通信连接，实现网络化管理

（3）泡沫溶液在油面上的铺展性能的测定：

在测定泡沫溶液在油面上的铺展性能时，需要用到的实验设备包括5～50 μL的微量注射器1个、精密度为0.1的秒表1个、直径4 cm的烧杯2个、直径为13 cm的表面皿1个以及温度计1个。

（4）对油面的密封性能的测定：

在测定对油面的密封性能时，需要用到的实验设备包括量程为5～50 μL的微量注射器1个、精密度为0.1的秒表1个、100 mL的量筒2个、直径4 cm的烧杯1个、温度计1个以及打火机

1个。

3.3　实验操作

参照国家标准《泡沫灭火剂》(GB 15308—2006)，泡沫灭火剂油盘灭火实验共分为两类，一类是小尺寸油盘灭火实验，另一类是大尺寸油盘灭火实验。由于条件有限，本文采用前一种实验方式，即小油盘灭火实验。该实验符合国标《泡沫灭火剂》(GB 15308—2006)中附录A"用于泡沫性能和灭火性能质量控制的小型试验"部分内容，分别为强施加和缓施加两种。

实验步骤：首先用表4中所示的泡沫浓缩液分别配置6%型的泡沫溶液，测定实验环境温度T_e和泡沫温度T，将配好的泡沫溶液加入耐压储罐中，打开空气压缩机，使进气管处的压力达到0.75 MP后，关闭空气压缩机，打开控制泡沫液输送管的阀门，泡沫液输送管处的压力显示为0.7 MP，并标定泡沫枪的泡沫流量。将在合适的位置摆放油盘，使泡沫枪打出的泡沫液正好落在油盘的中间位置，枪保持水平并高出盘上沿150 mm，随后在油盘中加入9 L溶剂油，用引燃棍将其点燃，预燃2 min，开始供泡，并开始计时，记录90%控火时间$t_{90\%}$、灭火时间t_1。在进行抗烧实验时，强施加供泡3 min(缓施加供泡5 min)，将装有1 L溶剂油的抗烧罐放入油盘中间并点燃，记录100%抗烧时间t_2。

3.4　实验结果

用表4中所示泡沫浓缩液进行实验，实验结果见表7。并按照国家标准《泡沫灭火剂》(GB 15308—2006)中泡沫灭火剂的灭火性能要求进行分析，灭火实验结果见表8。

表7　灭火效果实验结果总结

配方	实验方式	90%控火时间 $t_{90\%}$/s	灭火时间 t_1/s	100%控火时间 t_2/s
1	强施加	40	103	364
	缓施加	30	72	384
2	强施加	32	53	400
	缓施加	30	36	424
3	强施加	37	80	606
	缓施加	—	—	—

其中：环境温度T_e=20 ℃±2 ℃，泡沫温度T=20 ℃±2 ℃，实验过程中外界风可忽略。

表8　泡沫灭火剂的灭火实验结果

表面活性剂类型	取代程度	泡沫液类型	灭火性能级别	抗烧水平	成膜性
Capstone1157+AF4018	部分取代	AFFF/非 AR	I	D	成膜型
Capstone1157	完全取代	AFFF/非 AR	I	D	成膜型
AF4018	—	AFFF/AR	I	A	成膜型

90%控火时间$t_{90\%}$、灭火时间t_1这两个参数一定程度上体现了泡沫溶液的灭火效果的好坏，所以就灭火效果而言，配方2优于配方1和原配方，但是就经济效益来看，原配方成本较低。

配方2的结果显示Capstone1157(C6类氟碳表面活性剂)用于AFFF中用量很大，在3%时，成本很高，灭火时间很短，泡沫溶液的铺展性能很好，100%抗烧时间6 min，抗烧水平也只达到D，抗复燃性能较差，原因可能是泡沫的析液时间较短，泡沫稳定性较差。

根据水成膜泡沫灭火剂的灭火原理，AFFF是基于泡沫和水膜的共同作用从而参与灭火过程的。泡沫是AFFF泡沫溶液成泡后形成的，影响泡沫形成的因素包括泡沫溶液的发泡倍数、25%析液时间和泡沫稳定性在内的泡沫性能参数；水膜是AFFF泡沫溶液在油面上迅速铺展所形成的一层薄膜，影响水膜形成的因素包括泡沫溶液的铺展系数、铺展速度和铺展量等铺展性能参数；另外抗烧水平主要取决于水膜和泡沫对油面的密封性能、泡沫的稳定性以及铺展量。进一步实验，得到实验结果见表9。

表9　泡沫灭火剂的泡沫实验结果

表面活性剂类型	配方1	配方2	配方3
发泡倍数 α	6.75	6.80	7.00
25%析液时间 $t_{25\%}$/s	186	204	325
泡沫稳定性/%	11.8	14.8	21.4
泡沫溶液表面张力/(mN·m^{-1})	22.340	17.620	21.100
油-泡沫溶液界面张力/(mN·m^{-1})	3.025	4.300	3.450
油的表面张力 γ_o/(mN·m^{-1})	25.600	25.600	25.600

表9（续）

表面活性剂类型	配方1	配方2	配方3
铺展系数	0.235	3.622	1.050
能否迅速铺展	能	能	能
铺展时间/s	0.5	0.3	0.4
铺展量/μL	9.0	15.0	12.0
水膜对油面的密封时间/s	112	128	132
泡沫对油面的密封时间/s	146	170	192

注：测定时环境温度控制在 20 ℃±2 ℃。

通过分析表9的实验结果得到：

（1）上述几种配方发泡倍数均大于等于5，属于低倍数泡沫液，配方1和配方2所配置的泡沫溶液的 25% 析液时间均大于等于 2.5 min（150 s）而且发泡倍数均大于等于5，属于水成膜泡沫液。

（2）就表面活性剂水溶液的表面张力而言，Capstone1157 水溶液表面张力最小，泡沫溶液灭火效率的高低与溶液中表面活性剂的表面张力的大小密切相关，表面张力越小，灭火效率越高。

（3）三种配方均能迅速铺展，满足水成膜泡沫液的灭火性能的要求。

（4）表面活性剂水溶液在油面铺展形成的水膜，对油面表现出不同的密封性能，密封效果配方3＞配方2＞配方1。这也能反映出含AF4018氟碳表面活性剂的泡沫灭火剂的抗烧水平最高；含C6类氟碳表面活性剂的泡沫灭火剂的抗烧水平次于含PFOS类氟碳表面活性剂的泡沫灭火剂。

（5）不同的泡沫配方表现出不同的抗烧水平，配方3＞配方2＞配方1。

（6）目前国外广泛使用的C6类氟碳表面活性剂可以在一定程度上替代PFOS类氟碳表面活性剂，但是就经济效益来看，使用C6类氟碳表面活性剂配置AFFF，使得成本升高。

4 结论

通过用 Capstone1157 完全或部分替代 AF4018 开展3组灭火实验，经对比不同配比的灭火剂的90%控火时间、灭火时间、100%抗烧时间、泡沫溶液的发泡倍数、25%析液时间、泡沫稳定性、泡沫溶液的铺展系数、铺展速度、铺展量、油面的密封性能、泡沫的稳定性等参数，得到了C6类氟碳表面活性剂可以在一定程度上替代PFOS类氟碳表面活性剂的结论，但如何进一步降低成本费用，还需进一步研究讨论。

参考文献

［1］刘玉恒，金洪斌，等.我国灭火剂的发展历史与现状［J］.消防技术与产品信息，2005(1)：82-87.

［2］张宇.新型水成膜泡沫灭火介质的制备及其性能表征［D］.合肥：中国科学技术大学，2008.

［3］朱顺根.含氟表面活性剂［J］.化工生产与技术，1997(3)：1-9.

［4］吴克安，张恒.C8类全氟碳化合物何去何从［J］.有机氟工业，2008(3)：21-26.

［5］肖进新，高展，王明皓，等.水成膜泡沫灭火剂性能的实验室测定方法［J］.化学研究与应用，2008，20(5)：569-572.

气体泄漏源定位侦检系统设计与实现

梁　明　明

上海市静安区消防救援支队　上海　200000

摘　要：随着经济发展和社会进步，气态危化品的使用需求越来越大，随之而来的泄漏事故不断增多，给人民群众的生命财产带来了重大威胁。在此类事故的救援处置中，及时准确的泄漏源定位是顺利实施救援行动的前提条件。本文设计了一种基于多点组网技术的泄漏源定位系统。硬件方面，对侦检节点的硬件系统进行了选材和总体设计；在软件方面，结合消防实战，使用 visual studio 对软件做了基本设计，在泄漏源定位功能的基础上添加了实战功能，例如危化品事故辅助决策信息查询、扩散态势模拟、侦检路线规划等。

关键词：消防　多点组网　泄漏源定位　辅助决策

1　引言

气态危化品由于易燃易爆、有毒腐蚀等特性造成的危害极大，在处置此类事故中，泄漏源的准确定位是保证灭火救援行动顺利实施的前提条件。2003 年 12 月 23 日，位于重庆开县的中国石油天然气股份有限公司西南油气田分公司川东北气矿罗家 16H 井发生井喷事故，涉及作战面积达到 80 km²，作战半径达到 5 km。消防中队大多只配备一至两台气体侦检仪器，很难完成泄漏源定位以及其他侦检工作，因此现场需要调集大量器材和侦检人员进入现场[1]。调集力量过少，会影响救援任务；调集力量过多，间接造成现场混乱[2]。根据调研情况，消防部队现有的数据收集方式是通过记录本、笔或者电台进行侦检数据收集和传输，利用收集到的数据进行泄漏源定位、危险区划分则需要更多、更复杂的计算工作。因此本文设计了基于无线组网技术的泄漏源定位系统，希望能为消防部队处置此类事故提供一定的帮助。

2　侦检节点硬件设计方案

基于多点组网技术的泄漏源定位硬件系统主要由传感器信息单元、GPS 模块单元、GSM 收发设备和相关电路组成[3]，实现的主要功能是

将监测点的环境信息、泄漏浓度、绝对位置信息（GPS 坐标）等数据传输至终端，在计算机终端调用反算算法，结合获得的数据进行反算定位（图 1）。系统以 MSP430F149 单片机为控制核心，MSP430F149 是一款 16 位单片机，特点是易用性和多功能性，是第三代单片机的代表。

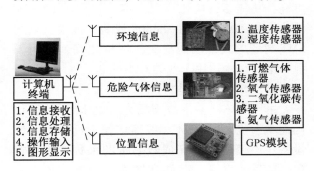

图 1　系统结构图

2.1　系统组成

侦检节点主要由传感器信息单元、GPS 定位模块和 GSM 收发装备三部分组成。

1）传感器信息单元

传感器信息单元主要实现现场信息的采集与传输功能，负责将各个检测传感器采集的信息打包传输。现场信息检测源具体可分为环境、危险气体等，见表 1。环境类信息包含温度、湿度，采用相应传感器进行周边环境探测；危险气体信

作者简介：梁明明，男，硕士，上海市静安区消防救援支队二级指挥员，主要研究方向为灭火救援技战术，E-mail：ming32892@163.com。

息单元包括可燃气体、氧气、二氧化碳、氨气浓度信息。本系统危险品气体传感器主要采用三种技术：电化学技术、催化燃烧技术、红外技术[4]。

表1　传感器信息单元参数表

检测源	传感器类型	用途
环境信息	温度	探测环境温度信息
	湿度	探测环境湿度信息
危险气体信息	可燃气体	获取现场可燃气体浓度信息
	氧气	获取现场氧气浓度信息
	二氧化碳	获取现场二氧化碳浓度信息
	氨气	获取现场氨气浓度信息

2）GPS 模块单元

GPS 是随着现代科技的快速发展建立起来的精密卫星导航和定位系统，该系统技术成熟，具有全球、全时段进行三维测速、定位、导航的能力[5]，还拥有优秀的抗干扰特性和保密特性。其作业特点具体体现在全球全天候工作，定位精度高，功能多，应用广[6]。本文选用的 GPS 模块为 SIMCOM 公司的 SIM808 模块，该模块采用 SMT 封装形式，性能稳定，性价比高，采用工业标准接口，适用于各类 GPS 定位。

3）GSM 收发模块

由于气体泄漏事故现场大多处于露天场所，因而本系统采用 GSM 无线通信作为远距离通信设备，该模块主要完成数字量的采集，数据打包，信息的发送、存储和转发等功能[7]。为了实现上述的功能，系统通过专用控制信道传送短消息来实现短消息数据传输功能，无线 GSM 模块的接收和发送短消息的功能可以使用 AT 指令集实现，这种传输方式发送短消息时不用进行拨号连接，只需要通过控制信道把要发出的短消息加上目的地址发送到短消息服务中心，然后由短消息服务中心再把消息发送到最终的信宿，短消息服务中心可保存要发送的信息。

4）声光报警模块

该系统具有 STEL、IDHL 报警功能，STEL 即 15 min 时间统计加权平均值的短期暴露水平，是短期工作所允许的浓度[8]。IDHL 即立即致死量，是引起短时间死亡的有毒气体浓度。可燃气体报警量程在 0~100% LEL，按照国家规定低报一般设置在 15% LEL 和 25% LEL 之间报警，常设置在 25%。报警模块采用简单的声光报警电路，先设定泄漏物浓度的报警阈值，当传感器监测到的泄漏物浓度达到或者超过报警阈值，则声光报警器响应。硬件使用 75 dB 声报警和广角明亮的光报警[9]。

2.2　硬件设计

传感器信息单元、GPS 模块单元、GSM 收发设备和声光报警模块可由一块电路板设计，主控单片机采用 MSP430F149，它有 6 组 I/O 口，自带 12 位模数转换模块，可以作为数据地址总线。这里 P1 口扩展为与短信收发模块相连的数据和控制总线；P3 口连接 FLASH 存储器 AT45DB021，所有的编程操作都是针对页的，擦除操作可以作用于芯片、扇区、块或页，该存储空间用于系统存储数据使用；P4.0 口连接可燃气体探测器、氧气、二氧化碳和氨气传感器[10]；P5 口扩展为与 GPS 模块相连的数据和控制总线；P6 口扩展为与温湿度传感器相连的数据总线；并且扩展了与各传感器相连的总线信号和一些模块的使能信号。以上传感器均自带 AD 转换电路，只需外围电路改造即可直接读数使用。电路测量层核心电路系统框图如图 2 所示。

从系统的组成框图中可以看到，系统由主控板、短信发送单元、气体检测单元、GPS 模块和传感器单元等组成。数据通信采用总线结构，短信收发器通过标准的 RS-232 九针接口与计算机终端相连[7]。

主控板主要实现如下功能：

（1）具有 GPS 信息、传感器信息的分析和处理功能。

（2）管理短消息的发生。通过 TC35i 模块规定的通信协议，控制 TC35i 模块进行短消息数据的发送[11]。

3　终端软件设计方案

3.1　需求分析

该泄漏源定位侦检软件系统以消防部队实战需求为落脚点，在设计过程中以泄漏源定位功能为核心，其他功能为辅，本软件设计了以下更利于实战的软件平台。

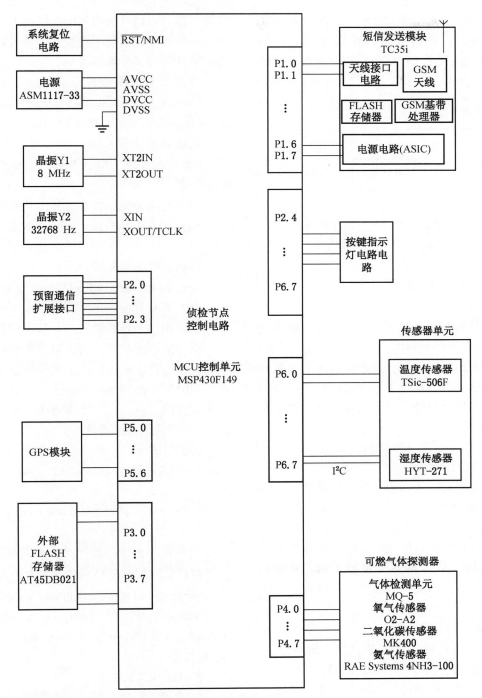

图 2 系统硬件总体框架图

（1）友好的操作界面，便捷的软件操作[12]。一是参数输入尽量少而集中，对于环境信息的数据输入尽量能够实现软件自动获取；二是操作尽量简便，按钮设置不宜过多。

（2）提供泄漏源定位功能。

（3）提供气体扩散态势模拟功能。

（4）提供节点标注、侦检路线规划功能。

（5）提供危化品信息查询功能。如理化性质、个人防护措施、处置对策、注意事项等信息。

（6）可视化运行结果。在电子地图上直观显示泄漏源位置和泄漏扩散区域，帮助消防人员直观、准确及时地发现泄漏源，并根据扩散模拟结果设置警戒区域，对于侦检节点的布置和侦检路线的设计都能够在地图上进行标绘。

系统采用 visual studio2015 为开发平台，使用 C#语言编程，并利用 Access 软件设计数据库[13]，结合百度地图 API 技术进行开发。软件结构图如图 3 所示。

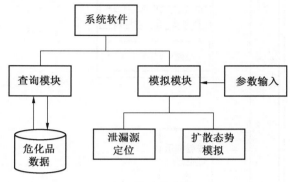

图 3　软件结构图

3.2　功能设计

消防人员处在混乱紧张的事故现场，简单便利的设计有利于稳定消防员心理，还能够避免因操作错误带来的危险后果，因此该系统软件界面设计要求简洁直观，设置了三个菜单栏——查询模块、模拟模块、帮助，分别实现查询功能、模拟功能（泄漏源定位、扩散模拟、节点标注、路线规划）、帮助信息和版权信息提示。

3.2.1　定位模块设计

定位模拟模块主要实现反算定位功能。该功能的实现需要输入环境信息、接收侦检节点数据、输出结果等。为了更加直观地显示定位反算结果，在设计时调用百度地图 API，在地图上进行泄漏源标记。结合消防实战需求，软件还增加了一些实用工具，例如扩散模拟、节点标记、路线测距等。

1）定位功能实现

（1）环境信息输入：包括风速、地面粗糙度等信息的输入，由于气体扩散的影响因素太多，而且很多参数的获得需要专业仪器，获取十分困难，但是对结果影响却不大，系统精简了需要输入的选项，使软件的使用更加便利。

（2）节点信息：实时接收侦检节点反馈的位置信息和检测到的泄漏物信息，包括经纬度位置、气体浓度。

（3）百度地图 API 调用：调用百度地图 API，完成街道图、卫星图显示功能，卫星图能够清晰显示建筑物和道路情况，符合消防人员对地理的认知习惯。借用百度卫星图，消防人员不仅可以准确方便地进行消防车辆停靠，还可以便捷地实施交通管制和事故现场警戒。

调用百度地图 API：

< script　type ＝ " text/javascript"　src ＝ " http：//api. map. baidu. com/api?　v＝1. 2"></script>

创建 map 实例：

var map＝new BMap. Map("allmap");　// 创建 Map 实例

添加地图类型控件 (地图、卫星图)：

map. addControl (new　BMap. MapTypeControl ());

开启鼠标滚轮缩放：

map. enableScrollWheelZoom (true)；

（4）反算算法调用：在"模拟"按钮的 click 事件中调用粒子群算法，结合节点信息、环境信息，获得泄漏源位置，由于粒子群算法使用的是空间坐标，百度地图使用的是经纬度坐标，因而在调用时需要进行坐标转换，设 (le, lw) 为坐标原点坐标，(x, y) 为空间坐标，(le', lw') 为 (x, y) 对应的经纬度坐标。

转换公式为：

$$le' = le + (360 * y) / [2 * pi * R * \cos (le/180)]$$
$$(1)$$

$$lw' = lw + (360 * x) / [2 * pi * R * \cos (lw/180)]$$
$$(2)$$

式中 R 为地球半径，pi 为圆周率。

将反算结果（图4）传递到百度地图 javascrip：

string pp = Path. GetFullPath("transfer. html");

webBrowser1. Navigate(pp+"? jingdu ＝ "+this. txtjingdu. Text ＋ "&weidu ＝ " + txtweidu. Text + "");
//参数传递

在地图中进行标识：

图 4　反算结果图

2）其他功能实现：

利用百度 API 技术，通过划线、测距、标记工具实现侦检节点布局、侦检路线规划功能。

（1）测距功能。危化品泄漏事故现场影响范围很大，消防员佩戴空气呼吸器进入事故现场，有两个制约因素影响消防员行进距离：一是空气呼吸器使用量；二是消防员体能。相对于体能而言，空气呼吸器的限制作用更大，利用广泛配备使用的 6.8 L 依格自给正压式空气呼吸器，对消防员做一个简单的慢走、慢跑的测试，气温为 13 ℃，正常体型的消防员着全棉内衣、重性防化服、空气呼吸器、携带气体侦检仪器[14]。对于慢走而言使用时间为 27 min23 s 至 31 min 14 s，行进距离为 2520 m 到 2820 m；对于慢跑而言使用时间在 12 min31 s 至 15 min04 s，行进距离为 2500 m 到 3200 m。在实际救援中，考虑撤离因素，数据还要低很多，因此测距功能对于侦检路线规划很有必要。实现方法如下：

var myDis = new BMapLib. DistanceTool(map);
map. addEventListener("load", function () {
myDis. open();   //开启鼠标测距
});

（2）添加新图层（扩散模拟层）。扩散模拟对于危险区划分具有重要的指导意义，在处置危化品泄漏事故中，危险区的划分是保证救援人员安全的重要手段，解决思路为将泄漏范围内的每一点浓度与该气体的危险浓度进行比较，用红色进行标识：

map. addOverlay(oval);
oval. enableEditing();

（3）添加标注功能。在危化品泄漏事故处置过程中，泄漏源位置的标识、消防车辆停靠的位置、侦检路线的规划等一般是靠消防员之间通过电台沟通进行。这种方式存在以下几个方面的问题：一是容易出错。一旦沟通过程中，消防员理解出现偏差，造成如停车位置不准确的情况，极易造成危险后果。二是沟通需要反复进行，因而耗费时间，并且占用电台通道。因此添加标注功能，可以在地图上直接标记停车位置、侦检路线等信息。标注功能实现：

var marker = new BMap. Marker(new_point);
// 创建标注
map. addOverlay(marker);

根据以上过程设计的定位模拟模块界面图如图 5 所示。

3.2.2 查询模块设计

根据调研结果，对于气态危化品泄漏事故处置而言，消防部队需要了解的泄漏物质信息包括气体种类、理化性质、健康危害、灭火措施等，对于化工单位发生的事故，能够尽快收集单位信息、联系消防责任人、获取制定的预案最为关键，利用 Access 收集这些信息建立危化品数据库。功能模块图如图 6 所示。

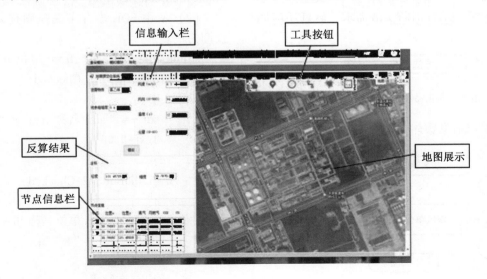

图 5　定位模拟模块界面图

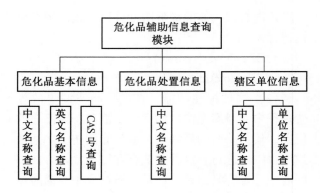

图 6 查询功能模块图

1）概念结构设计

各个信息实体具体描述采用 E-R 图表示。危化品基本信息实体 E-R 图如图 7 所示。

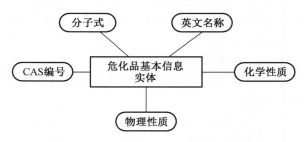

图 7 危化品基本信息 E-R 图

危化品处置信息实体（图 8）：

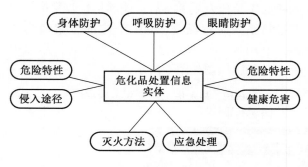

图 8 危化品处置信息 E-R 图

辖区单位信息实体（图 9）：

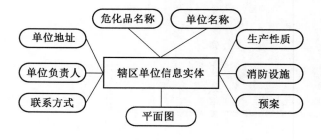

图 9 辖区单位信息 E-R 图

2）实现数据库

利用 Access 建立空的数据库：危化品 .accdb，使用程序设计器建立三个表：单位表、名称表、目录表，如图 10 所示。

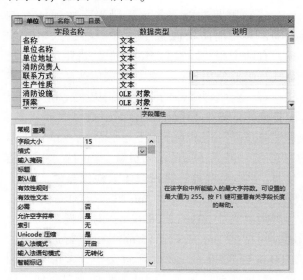

图 10 表设计图

（1）用 OLEDB 连接数据库：

string connstr = @"Provider＝Microsoft. ACE. OLEDB. 12. 0；Data Source ＝ C：\ Users \ ludwig \ Documents\Visual Studio 2015\Projects\泄漏污染源- 代码\数据库\weihua. accdb；Persist Security Info＝False；";

OleDbConnection tempconn ＝ new OleDb-Connection(connstr)；

（2）使用 SQL 语言实现模糊查询，以单位查询为例。

string sql ＝ "select * from 单位 where 1＝1"；

　　if(radioButton1. Checked)

　　　　{

　　sql ＋= " and 名称 like '%"+textBox1. Text+"%'"；

　　　　}

　　if（radioButton2. Checked）

　　　　{

　　sql ＋= " and 单位名称 like '%" + textBox1. Text + "%'"；

　　　　}

（3）输出查询结果：

dataGridView1. AutoGenerateColumns ＝ false；

```
dataGridView1. AllowUserToAddRows = false;
DataSet ds = Program. getList(sql);
dataGridView1. DataSource = ds. Tables [0].
DefaultView;
```

根据以上过程设计的查询模块界面图如图11所示：

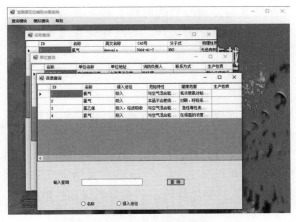

图11 查询模块界面图

4 结论

本文主要研究了基于多点组网技术的泄漏源定位系统的软硬件设计。硬件方面完成了基本设计；软件方面完成了应用系统部分工作，具备泄露源定位功能、化学事故处置辅助决策信息查询、侦检路线规划、扩散模拟等功能。该系统对泄漏源定位模型的依赖性较大，在仿真模拟中，使用的高斯模型在非重气扩散上误差不大，但是在重气扩散上存在较大误差，反算算法的误差有些在10 m以上，如果再考虑传感器的测量误差、环境的影响可能还会增大。因此还有进一步改进的空间。

参考文献

[1] 张广华，等. 危险化学品重特大事故案例精选 [M]. 北京：中国劳动社会保障出版社，2007.

[2] 李佳琴. 浅析企业人力资本投资及风险控制 [J]，北京：城市建设理论研究（电子版），2011，22：1-4.

[3] 李娜. 基于ZigBee的无线传感器网络在工业监测中的应用 [D]. 西安：长安大学，2009.

[4] 陈青松. Co纳米薄膜的制备、结构表征及其特殊红外性能研究 [D]. 厦门：厦门大学，2006.

[5] 赵少松. 卫星定位导航的算法研究 [D]. 西安：西北工业大学，2007.

[6] 朱伟民. 浅议GPS技术在现代交通运输中的应用 [R]. 上海：第五届长三角科技论坛（测绘分论坛），2008.

[7] 张东英. 基于GSM短消息的无线数据采集系统的设计 [D]. 鞍山：辽宁科技大学，2005.

[8] 张莉英，彭力，吕长军，等. 石化企业职业危害因素的动态监测 [J]. 石油化工安全环保技术，2007（3）：55-60，70.

[9] 刘建忠，顾灿虹. 紧急通用报警系统的优化设计 [J]. 江苏船舶，2004(5)：35-37.

[10] 李瑞. 可燃气体探测器检验装置的设计 [D]. 沈阳：东北大学，2008.

[11] 程全，李向东. 基于GSM模块与AT89C51的接口设计及应用 [J]. 微计算机信息，2006(26)：293-295.

[12] 计丕良. 管理信息系统人性化操作模型的研究 [D]. 成都：西南交通大学，2013.

[13] 杨珺. 胡永华. 基于Web数据库的信息管理系统 [J]. 江西农业大学学报，2001(5)：62-65.

[14] 李国辉. 自给正压式空气呼吸器应用研究 [J]. 消防技术与产品信息，2011(6)：18-20.

高层建筑消防给水检查要点分析

闫　莉

山东省东营市消防救援支队　东营　257091

摘　要：高层建筑由于特殊性，对消防供水能力要求非常高，相应的消防给水检查要求也越来越严格。基于此，本文结合实际案例，分析高层建筑消防供水不足的危害，计算高层建筑在通常情况下的供水高度，并提出高层建筑消防给水检查要点。

关键词：消防　高层建筑　消防供水　检查要点

高层建筑消防给水的稳定与否，对于保障社会生活、生产具有重要意义。由于消防救援队伍供水设备在供水高度上具有一定的局限性，一旦出现高层建筑火灾等安全性事故，尤其是位于50 m以上的高层建筑，救援比较困难。这就要求日常检查时，一定要对高层建筑供水系统进行重点检查，保证正常使用。

1　高层建筑消防供水不足的危害性

随着城市土地资源的紧张，城市建筑越来越呈现高层发展趋势，高层建筑已成为城市化进程的标志。由于高层建筑垂直高度较大，一旦发生火灾，现场供水能力成为高层建筑火灾扑救的核心要素，供水困难导致灭火救援效率较低，容易造成重大经济损失（表1）。仅以2019年我国高层建筑火灾为例，2019年全国共发生火灾5046起，直接财产损失超8000万元。高层建筑由于人员高度密集，疏散距离长，加上火势发展快，烟雾扩散迅速，人员疏散非常困难，容易造成群死群伤。

同时，高层建筑装饰豪华，内部装有大量可燃材料，如家具、窗帘、地毯、挂件等，一旦发生火灾剧烈燃烧。此外，高层建筑中有许多垂直轴，如电梯井、楼梯井、通风井、管道井、电缆井、垃圾车道、排气管等，垂直区域（楼梯间、电梯井等）中，因热空气向上对流，冷空气在下方补入造成烟气在垂直空间比水平空间快速流动，形成"烟囱效应"；再加上轴的风泵作用，火势迅速蔓延，地板越高，风越强，火势越强烈。确定不同高度的风速值见表2。烟气水平扩散速度约为0.33 m/s；在火势猛烈燃烧阶段，

水平扩散速度为0.5~0.8 m/s，垂直扩散速度高达3~4 m/s。例如，美国希尔顿酒店8楼起火，火势蔓延至30楼的顶层。当火势蔓延时，受热分解的可燃气体达到一定浓度，可引发充分燃烧和爆炸。从初期燃烧阶段到充分燃烧和扩散阶段。

表1　近年来高层建筑火灾伤亡案例

时间	地点	造成伤亡的原因
2010年11月	上海市静安区余姚路胶州路一高达28层的教师公寓	起火点位于建筑22层，由于消防装备供水高度不足，无法进行灭火战斗，只能依靠消防栓系统，共造成58人死亡
2011年2月	辽宁省沈阳市沈阳皇朝万鑫酒店	消防供水高度足够，但供水压力以及供水量无法满足现场需求，造成直接经济损失9384万元
2015年7月	湖北省武汉市紫荆佳园住宅楼	起火点位于建筑18层，由于消防供水高度受限，扑救效率低，造成7人死亡、12人受伤

表2　高层建筑不同高度风速

高度/m	风速/（m·s⁻¹）
10	5
30	8.7
60	12.3
92	15

从消防救援队伍的角度来看，对于高层建筑火灾而言，如何保证高层建筑消防给水系统正常使用，提升火场供水保障能力，是当前消防队伍必须面临的问题。

2 高层建筑的供水高度

在灭火救援行动中，内攻灭火采取沿楼梯蜿蜒铺设和沿楼梯缝隙垂直铺设水带两种方式最为快速、高效，但是在高压水带的末端连接普通水带，容易导致供水压力不足。

供水高度成为需要解决的难题之一，如利用中低压消防水罐车的中压工况对高层建筑进行供水，中低压消防水罐车型号为 CB10/60，其扬程使用系数为 0.75，通过铺设 D65 的胶里水带进行高层建筑供水，地面水平出 3 条水带、垂直高度出 2 条水带，其使用常规 19 mm 水枪。可通过利用式（1）：

$$Sy1 = \beta L \left[\frac{\gamma P_N - P_q - n_x P_{dx}}{\beta L + P_{dx}} \right] \quad (1)$$

式中 $Sy1$——样本的最大供水高度，m；

βL——每条水带长度，m；

P_N——消防车水泵扬程，m；

γ——扬程使用系数；

P_q——水枪喷嘴处压力，kPa；

n_x——登高干线水带铺设的铺设系数；

P_{dx}——干线中每条水带的压力损失，kPa。

通过代入公式，可得出单只水枪最大的供水高度：

$$Sy1 = \beta L \left[\frac{\gamma P_N - P_q - n_x P_{dx}}{\beta L + P_{dy}} \right]$$

$$= 0.8 X 20 \left[\frac{0.75 X 100 - 13.5 - 5 X 0.035 X 4.6^2}{0.8 X 20 + 0.035 X 4.6^2} \right]$$

$$= 48 \text{ m}$$

由此可见，当以利用中低压消防水罐车中压工况为前提时，其最大供水高度仅为 48 m，而低压工况下其供水高度在相同条件下仅为 30 m，高层建筑供水的难度显而易见。

3 高层建筑消防给水检查要点分析

3.1 高层建筑水泵接合器设置与性能分析

水泵接合器是常用的高层建筑供水接口。高层建筑供水中的"固移结合"战术原则，就是通过利用水带连接消防车与水泵接合器，进行持续加压供水。因高层建筑在布局、层数等存在一定差异，因此对水泵接合器的设置方式以及相关技术参数有不同的要求，水泵接合器的具体设置条件见表3、表4，常用的水泵接合器性能参数见表5。

表3 各类建筑水泵接合器设置

建筑类别	用途	条件
底层建筑	厂房	大于四层
	库房	大于四层
	住宅	设置消防管网
	公共建筑	大于五层
工业高层建筑		均设
民用高层建筑		均设

表4 水泵接合器的具体设置要求

具体设置项目	具体设置要求
设置的位置	当水泵接合器设置在高层建筑室外时，需要便于消防车快速结合，并且不妨碍人行以及车辆正常行驶，与高层建筑保持一定距离，同时距离高层建筑室外水源距离适当，通常保持 15~40 m
设置的间隔	当高层建筑水泵接合器的设置需要并联时，水泵接合器之间需要保持一定距离，通常情况下应当超过 10 m 以上
外形	水泵接合器的接口形式应当使用双接口，接口直径为 65 mm，确保室内水泵接合器与室外消防栓口径的差异，区分水泵接合器接口与室外消防栓
设置的数量	水泵接合器设置数量应根据公式 $n = Q/q$ 进行计算。式中，n 为水泵接合器设置数量，Q 为高层建筑室内消防栓用水量，单位为 L/s；q 为水泵接合器流量，单位为 L/s
设置流量	水泵接合器流量的设置保证出水量为 10~15 L/s
压力	压力满足室内消防栓系统的给水压力
其他设置	为区别不同水泵接合器，明确水泵接合器的具体使用参数，应设置相应的标志进行区分，并且当与高层建筑的室内管网进行供水时，供水网管的直径应大于 100 mm

表5 不同类型水泵接合器的性能参数

类型	具体型号	压力/MPa	直径/mm	出水口尺寸/（mm×mm）
地面式	SQ100	1.6	100	65×65
	SQ150		150	80×80

表5（续）

类型	具体型号	压力/MPa	直径/mm	出水口尺寸/（mm×mm）
90×90	SQX100	1.6	100	65×65
	SQC150		150	80×80
墙壁式	SQB100	1.6	100	65×65
	SQB150		150	80×80

3.2 水泵接合器供水性能

高层建筑灭火用水量无法有效满足时，需要利用消防车与水泵接合器进行连接，通过供水加压的方式，确保供水不间断。在供水过程中，需要注意几个方面问题：

一是了解高层建筑内消防栓的供水管网。通常结合高层建筑层数的差异进行消防供水管网的压力设计，主要分为三大类，即高压消防给水管网、临时高压消防给水管网以及低压消防给水管网。由于高层建筑布局的需求，设置消防给水管网的压力为低压给水管网。

二是明确高层建筑消防栓的给水方式。目前主要分为分区给水、不分区给水两种方式。处于最底层的消防栓系统在压力低于1.2 MPa时，采用不分区供水，设置相对较为简单，设置管道以及装备少，但在增压条件下对灭火设备的抗压能力提出一定要求。分区给水方式是根据消防分区将竖向给水进行分区设置，这种方式供水能力强，但由于分区后水压存在一定差距，需要在利用水泵接合器进行供水过程中区分水压。

三是注重消防车同水泵接合器之间性能的匹配。二者性能不匹配，联合供水将会损失效率。在连接供水时，水泵接合器设置的数量应当不高于3个，数量过多将会对消防车停放产生一定影响。按照水泵接合器流量为10～15 L/s，消防车水泵的流量为60 L/s，单独消防车可满足高层建筑火灾现场供水需求。

3.3 压力需求下水泵接合器的供水检查

当利用消防车与水泵接合器对高层建筑进行消防栓管网供水时，水枪数量、流量以及压力需要结合消防栓管网压力进行设置。通常情况下，可根据高层建筑与地面的垂直高度进行计算，计算式（2）为

$$H = H_b - H_g - H_s - H_c \qquad (2)$$

式中 H——供水高度，m；

H_b——供水消防车泵压，MPa；

H_g——管网的压力损失，Pa，通常当供水高度小于50 m时，其损失值为 8×10^4 Pa，当供水高度超过50 m时，其压力损失计算为 $8 + 8(H-50)/50 \times 10^4$ Pa；

H_s——高层建筑内最不利消防栓的压力，通常取值为 23.5×10^4 Pa；

H_c——联合供水过程中水带压力损失，一般条件下计算取值 4×10^4 Pa。

将数据代入公式，可得到

$$H_b = H + H_g + H_s + H_c = H + H_g + 27.5 \times 10^4 \text{ Pa} \qquad (3)$$

利用公式（3）便可求出消防车与水泵接合器联合供水下消防车泵的压力及供水高度，计算结果具体见表6。

表6 计算结果统计

高度/m	压力/MPa
50	0.86
60	0.91
70	1.09
80	1.20
90	1.32
100	1.44
138.7	1.60
245.8	2.50

由表6可知，当供水高度在70 m以下，从目消防车配备来看，消防队伍的中低压消防车其车用泵的工作压力可达到1.0 MPa以上。当供水高度达到70 m以上时，则可选择中低压消防车的中压模式与水泵接合器进行供水。因此，对于水泵连接器进行防火检查具有重要意义。

3.4 流量需求下消防管道类型与压力检查

当高层建筑供水高度确定，且可计算消防车的最小供给压力时，决定高层火灾扑救的因素则转变成为消防用水的流量。消防用水流量的需求，主要基于高层建筑火灾扑救水量的需求。

例如，假设某高层建筑 22 层起火，距离地面垂直高度为 69 m，过火面积达到 500 m²，按照建筑火灾扑救供水强度为 0.18 L/(s·m²)，火灾需要供水流量则为 90 L/s。此时高层建筑内消防栓系统不能满足火灾扑救用水量需求，需要利用消防车进行并联持续供水，注重压力控制，避免压力过大导致消防管道破裂。目前高层建筑使用消防管道额定工作压力见表 7。

表 7　高层建筑常见消防管道类型与压力

管道类型	额定压力/MPa
球墨铁管与塑料管道复合	<1.2
加厚管道	介于 1.2 和 1.6
无缝钢管	>1.6

由表 7 可知，在消防监督检查时，应针对消防管道的类型与压力进行集中检查与测试。

4　总结

消防给水系统在高层建筑中占有重要地位，关乎能否灭火、控火。日常消防监督检查时，应当重点检查水泵接合器、消防管道等是否符合规范要求、正常运行，发生火灾时是否能够真正发挥作用，为人民生命财产安全保驾护航。

参考文献

［1］孙焰. 消防给水系统检查和检测时应重视的问题［J］. 武警学院学报，2008，24(8)：42-43.

［2］陈玥伊，解英杰. 探讨消防给水系统消防监督审核验收检查中的几个问题［J］. 科学中国人，2016(21)：11-12.

［3］陈元祥，于振军. 建筑消防给水设计中几个问题探讨［J］. 消防科学与技术，2000(4)：29.

［4］叶永峰. 建筑消防给排水施工中常见问题及防治对策［J］. 信息周刊，2018(29)：8.

［5］梁金富. 民用建筑给排水工程要点分析［J］. 科技风，2013，16(17)：163-164.

［6］张红玲. 小高层住宅群生活给水与消防给水的优化研究［D］. 重庆：重庆大学，2010.

［7］Xiao-Xia G E, Wei D, Wang J Y. Study on application of fixed fire protection installations［J］. Fire Science & Technology, 2010, 286(16)：13879-13890.

［8］Holborn P G, Nolan P F, Golt J. An analysis of fire sizes, fire growth rates and times between events using data from fire investigations［J］. Fire Safety Journal, 2004, 39(6)：481-524.

［9］Yang Q. A Study on the Reliability of Fire Water Supply System in High-rise Buildings［J］. Fire Technology, 2012, 38(1)：71-79.

一起爆燃火灾事故的调查与认定

李方元

烟台市消防救援支队 烟台 264006

摘 要：本文从现场勘验和调查询问获取的证据入手，逐步确定了起火点、爆炸中心（或部位）和爆燃时间、爆燃物质，并通过排除起火点处其他火源引起火灾的可能而确定符合静电点火源的特征条件，综合分析认定了一起静电火花引起的爆燃火灾事故。调查中还对事故发生的直接原因和事故的教训进行了分析，对今后预防类似事故的发生提供科学方法；同时还提出在静电燃爆事故认定时还应注意，接地良好不一定能完全避免静电事故。

关键词：消防 静电 爆燃 事故调查

2016年12月13日19时48分，烟台某电子有限公司3号车间发生爆燃引发火灾，事故造成5人死亡、4人受伤。事故发生后，山东省、市政府领导高度重视，市政府主要领导第一时间赶赴现场，要求做好事故善后工作，尽快查清事故原因，分清责任，吸取教训，防范事故再次发生。烟台市政府成立由市安监局牵头，监察、公安局、总工会、商务局等相关部门侦查、技术人员组成的事故调查组，对事故迅速展开调查。

1 事故经过

烟台某电子有限公司成立于2004年，为韩国独资企业，公司位于烟台某工业园区内，占地面积35756 m²，建筑面积19578 m²，主要包括1号、2号、3号、4号车间（含办公区）、职工宿舍（含餐厅）、管理人员宿舍和化学品仓库。主要从事手机配件及相关电子产品和电子产品配件的生产加工。

2016年12月13日15时，该电子公司3号车间负责生产计划和生产线任务安排的班长孙某，安排当日白班的组长邢某、辛某临时组织本组员工晚上加班清洗MS210手机壳。19时许，邢某临时指定李某召集本组5名员工、辛某召集本组5名员工，两组共10人进入3号车间北区干燥炉设备区内西侧"U"形流水线中间的通道，在临时搭建好的靠近入口位置两个工作台上开始加班。事发时，位于北侧工作台南边的魏某听见"嘭"的一声，看见她身边西北侧尉某面前的清洗盆内突然起火，并引燃了尉某身上的衣服。工作台东边葛某面前的清洗盆也迅速被引燃，葛某大喊"起火了"，随后与工作台东北边的黄某一起向干燥炉设备区外奔跑呼救。位于北侧工作台的徐某听见"嘭"的一声后，转身发现两组工作台上的清洗盆都着火了。他迅速跑到干燥炉设备区门口拿灭火器，返回时发现火势太大，便同魏某跑出了干燥炉设备区。3号车间工作的其他员工得知干燥炉设备区起火后遂利用灭火器实施救火，但因火势无法控制而撤离到车间外安全区域。当地公安消防队接到报警后，于19时52分许到达事故现场实施扑救。

2 事故发生的直接原因

烟台某电子有限公司在进行MS210手机壳清洗作业过程中，在不具备通风、防爆、防静电等安全要求的3号车间北区的干燥炉设备区内西侧"U"形流水线中间的通道上，违规设置工作场地，临时安排10名员工加班，使用主要成分为C6烷烃和C7烷烃的甲类易燃液体清洗剂，在敞口金属盆中进行MS210手机壳清洗作业。清洗过程中，人体、手机壳和清洗剂液体产生的静电无法导除，清洗剂挥发出的可燃气体蒸气与空气形成的爆炸性混合物，遇清洗作业过程中产生的静电火花引起爆燃。

作者简介：李方元，男，山东荣成人，工程师，学士，烟台经济技术开发区消防救援大队大队长，主要从事消防监督管理工作。

3 事故的调查与认定

3.1 爆燃部位认定

通过现场勘验、视频解译、调查询问、查验人员受伤情况,综合分析认定:爆燃部位位于该公司3号车间北区干燥炉设备区内西侧"U"形流水线中间的通道上北侧临时工作台处。

主要依据如下:

(1)3号车间北区生产线全部过火,南区生产线只有小部分过火、其他部位烟痕较重,北区生产线的干燥炉设备区烧损最重,过火面积约1557 m²。

(2)干燥炉设备区通道清洗工作台西侧的两根钢立柱的烧损,都呈现出朝向工作台一侧的变色重于另外一侧。

(3)北侧工作台对应的西侧干燥流水线变色变形严重,下方铁皮的焊缝多处开裂,向南逐渐减轻;固定在东侧干燥流水线上的金属梯北侧梯脚变色重于南侧。

(4)北侧工作台下方的8个金属桶,仅西南角处的金属桶开裂严重(仍盖有桶盖),重于其他铁桶。

(5)经调查,事发时员工黄某第一个从干燥炉设备区跑出,此时干燥炉设备区门外的生产室内一切正常。

(6)19时49分27秒(北京时间:19时47分17秒),监控视频显示,干燥炉设备区西侧生产室内由北向南数第三根钢立柱下方的排气口冒出火来。

(7)员工魏某、葛某等证实,事发时听到了"轰"的声音,看到尉某使用的清洗盆发生爆燃;葛某仅双耳及耳廓周围表皮烧伤,双耳上方头发边缘烧焦,也符合可燃蒸气爆燃致伤的特征。

3.2 爆燃时间认定

通过视频解译、调查询问、接警记录等情况,综合分析认定:爆燃时间为2016年12月13日19时46分许。

主要依据如下:

(1)3号车间北区干燥炉设备区外的北监控视频画面显示,2月13日19时48分13秒(北京时间19时46分03秒),员工黄某从干燥炉设备区跑出,进入监控画面。

(2)3号车间北区通道北侧监控视频画面显示,2016年12月13日19时48分28秒(北京时间19时46分18秒),员工开始取灭火器准备灭火。

(3)当地公安消防大队于2016年12月13日19时48分21秒(北京时间19时48分31秒)接到该电子公司员工于某的报警。

3.3 爆燃物质认定

经调查询问、现场勘验、技术鉴定,综合分析认定:爆燃物质为清洗剂(甲类易燃液体)挥发出的可燃蒸气与空气混合形成的爆炸性混合物。

(1)经调查,事发时干燥炉设备区内工作温度为28~30℃,作业人员在清洗作业过程中使用敞口容器盛装清洗剂,且清洗作业时反复搅动,加快了清洗剂的挥发速度。

(2)经现场勘验,干燥炉设备区内东侧外墙上部虽设置外窗,但事发时窗户处于关闭状态,且未设置其他通风设施,空间相对密闭,致使危险化学品清洗剂挥发出的可燃蒸气在临时作业区域周边空间内积聚不散,与空气混合形成爆炸性混合气体。

3.4 点火源认定

经调查询问、现场勘验、测试分析及人体带电量和放电量计算,综合分析认定:点火源为静电放电火花。

1)排除雷击引发事故的可能

根据事故发生地气象局提供的气象资料证明:2016年12月13日19时至23时,事故企业所在区域气象条件为多云,风力北风2.9~14.3 m/s,无雷暴天气。因此,排除雷电引发事故的可能。

2)排除放火、擅自动用明火、吸烟引发事故的可能

(1)经查看全天的视频监控,未发现可疑人员进入事发现场;现场勘验也未发现放火用的可疑工具、物品等。因此,排除放火嫌疑。

(2)事故企业规定上班期间不准在车间吸烟。经询问,在清洗工作过程中,无人员动用明火或者吸烟,现场勘验也未发现烟头、打火机等物品。因此,排除吸烟、动用明火引发事故的可能。

3）排除照明灯具、电气设备和线路故障引发事故的可能

据现场逃生人员反映，事发时现场仅有"嘭"的爆燃声，无其他的异响。经调查，爆燃发生时，干燥炉设备区及生产室内的照明灯具仍处于正常照明状态，未发生故障；干燥炉设备区吊顶上方的电气线路未发现有短路等电气故障痕迹。因此，排除照明灯具、电气设备和线路故障引起事故的可能。

4）排除干燥流水线引发事故的可能

干燥流水线箱体处于相对封闭状态，箱体上的检查孔盖也处于关闭状态，清洗剂挥发形成的可燃蒸气不易进入干燥流水线箱体内。如果可燃蒸气进入到干燥流水线箱体内发生爆燃，会造成干燥流水线箱体发生膨胀、变形。经现场勘验，未发现干燥流水线箱体有膨胀、变形的痕迹。因此，排除干燥流水线引发事故的可能。

5）存在静电火花引起爆燃的可能

（1）干燥炉设备区内工作温度为 28~30 ℃，湿度为 10%。当空气湿度低于 30% 时，人体极易产生静电。

（2）干燥炉设备区为水泥地面，表面涂刷厚度约 0.5 mm 的涂层。经对地面涂层材料和操作台上金属盆与金属桶之间的垫板导电性能测试，地面涂层材料和操作台垫板的电阻值均大于 20 GΩ；经对地面涂层对地电阻测试，车间地面涂层对地电阻为（300~1000）MΩ，因此，地面涂层材料和操作台垫板不具备导电性能，无法有效导除静电。

（3）经技术鉴定，清洗剂主要成分为 C6 烷烃和 C7 烷烃；经询问该公司使用的清洗剂生产厂家证实采用正己烷进行分装。经查阅《化学品安全说明书（MSDS）》，正己烷的最小点火能量为 0.24 mJ。

（4）提取该公司正常使用的防静电服、手机外壳、清洗剂和清洗盆等样品，送中国人民武装警察部队学院消防工程系电气防火实验室进行模拟实验，模拟事故企业员工清洗过程，测得操作人员所戴橡胶手套表面的静电电位为 8070~18060 V，经中国科技大学火灾科学国家重点实验室计算，可产生能量为 3.09~64.91 mJ 的静电放电火花，远大于正己烷的最小点火能量，足

以引燃清洗剂挥发形成的可燃蒸气。

3.5 导致人员伤亡的直接原因

（1）干燥炉设备区不具备通风、防爆、防静电等安全要求，空间狭小，只有一个出入口，不能作为临时清洗作业的场地。

（2）发生爆燃的北侧临时工作台靠近出入口，阻挡了南侧临时工作台作业人员的逃生路线，导致南侧临时工作台的 4 人死亡、1 人重伤，北侧临时工作台 1 人死亡、3 人轻伤。

（3）干燥炉设备区内有 4 个金属盆、1 个金属桶盛装易燃清洗剂，并有 MS210 手机壳、塑料托盘、塑料筐等可燃物质。爆燃发生后，火势蔓延迅速，释放出大量有毒烟气，导致人员死亡。

4 事故经验教训

此次爆燃火灾事故造成重大人员伤亡和经济损失，教训令人深思。笔者在事故调查过程中发现，事故企业在日常生产经营和管理中存在以下违反安全生产法规和制度的问题，最终酿成了事故的发生。

（1）违反国家安全生产法律法规，擅自在不符合安全要求的场地设置甲类易燃液体作业场地，从事危险作业。经现场勘验，用作临时作业场地的干燥炉设备区面积约 434 m²，正常作业时无人出入，仅设计一个用于巡检设备的出入口，宽度为 0.95 m；干燥炉设备区"U"形流水线的通道面积为 37.8 m²（长 21 m、宽 1.8 m），不具备通风、防爆、防静电的安全要求。

（2）事故企业未制定临时清洗作业的安全生产制度。事故企业盲目组织生产，缺乏预防措施；企业生产负责人孙某等人自行制定线下清洗操作流程，随意选定清洗地点，随机安排员工进行作业，未对临时安排清洗作业的员工进行专门的安全教育培训。

（3）安全防护措施不落实。经询问了解和查看监控视频，事故企业员工防静电服穿着不规范，长袖和短袖防静电服混穿；穿着防静电服时，部分员工内部衣物外漏，身上佩戴金属饰物，随意携带手机进入作业区域。事故企业对作业人员遵守制度情况的检查不到位，安全监管流于形式。

（4）事故现场可燃物多、火灾荷载大，加

剧了灾害后果。在正常生产过程中，3号车间存有大量待加工的半成品（各种型号的手机壳）、塑料托盘、塑料筐等塑料制品，火灾荷载大。干燥炉设备区爆燃起火后，烧穿聚苯乙烯夹芯板隔断后引燃半成品等可燃物质，造成火势迅速蔓延扩大，加剧了灾害后果。

5 调查静电爆燃事故的注意事项

（1）静电燃爆事故的调查认定，首先要通过调查确定起火点、爆炸中心（或部位），并排除起火点处其他火源引起火灾的可能，然后通过现场勘验和调查询问获取的证据满足以下条件时，方可综合分析认定：

①有产生静电的条件。

②静电的积累足以产生放电的电量，并具有带电体放电的条件。

③静电放电能量大于被引燃物最小点火能量。

④放电点周围存在爆炸性混合气体或其他可燃物。

（2）静电燃爆事故认定时还应注意，接地良好不一定能完全避免静电事故。这是因为装置设备中，可能存在绝缘介质或绝缘体，还可能存在与装置绝缘孤立导体，如油罐中的油面、反应釜人孔上的密封件、悬浮在油面上的浮子等。这些物体上的静电，不会因装置接地而被导走。

参考文献

［1］公安部消防局. 中国消防手册 第八卷 ［M］. 上海：上海科学技术出版社，2006.

［2］公安部消防局. 火灾事故调查 ［M］. 北京：国家行政学院出版社，2014.

基于离子色谱法的无机炸药
微量物证检测技术研究

包任烈　张永丰

应急管理部上海消防研究所、应急管理部消防救援局上海火灾物证鉴定中心　上海　200438

摘　要：本文采用离子色谱技术建立火灾爆炸事故现场残留物中微量无机炸药成分的鉴定方法。针对 $S_2O_3^{2-}$、Cl^-、SO_4^{2-}、ClO_4^-、ClO_3^-、NO_3^-、NO_2^-、K^+、Na^+ 和 NH_4^+ 等 10 种无机爆炸物特征离子，优化了色谱检测条件，获得了良好的分离效果，检测限低于 0.01 mg/L，在 0~2 mg/L 浓度范围内具有良好的线性关系，在浮土、棉布和玻璃三种基质中的加标回收率均大于 85%，相对标准偏差不大于 6.2%。本方法具有检测限低、精密度高、定量线性关系好的优点，适用于爆炸残留物分析，能够为相关案件调查提供技术支持。

关键词：消防　微量物证　无机炸药　离子色谱

1　引言

近年来，民用爆炸品涉爆案事件呈高发态势，严重影响社会治安与公共安全，并引起了国家的高度重视。对事故现场的爆炸品微量物证进行检测分析，是公安、消防部门开展事故调查的必要手段。硝铵炸药、黑火药、氯酸盐炸药等无机炸药是民用爆炸品中常见的几类炸药。

目前国内外对于无机物爆炸品微量物证主要采用离子选择电极法、离子色谱法（IC）、毛细管电泳法[1-2]等检测方法样品中的特征离子。裴茂清[3]等采用离子色谱仪对无机炸药中常见的阴离子 Cl^-、NO_3^-、ClO_3^-、ClO_4^-、SO_4^{2-}、$S_2O_3^{2-}$ 和阳离子 K^+、Na^+、NH_4^+ 的标准溶液进行分析，阴离子混合物在 30 min 内全部出峰，而阳离子分析时间为 10 min。焦霞[4]等采用碳酸钠和乙腈混合容易作为淋洗液，分离了 Cl^-、ClO_3^-、NO_3^-、NO_2^-、SO_4^{2-}、$S_2O_3^{2-}$ 六种阴离子，缩短了 $S_2O_3^{2-}$ 的出峰时间。陈承现[5]等以 KOH 为流动相，采用梯度洗脱增加 NO_3^- 和 ClO_3^- 的分离度，使 ClO_3^- 先于 NO_3^- 出峰，避免了自制硝铵炸药中高浓度 NO_3^- 对 ClO_3^- 的影响。吕小宝[6]等探讨了高浓度 NO_3^- 和低浓度 ClO_3^- 的离子色谱检测

方法，在所采用的色谱条件下，NO_3^- 和 ClO_3^- 具有良好的线性和重现性。

已报道的研究多采用标准溶液分析，或仅针对爆炸品原体检测；而实际现场中爆炸残留物具有杂质多、基质种类多样、空白样本干扰、低含量成分易缺失等特点，对特征离子的检出率造成不利影响。本文针对上述不足之处，采用高容量离子柱定性、定量分析 $S_2O_3^{2-}$、Cl^-、SO_4^{2-}、ClO_4^-、ClO_3^-、NO_3^-、NO_2^-、K^+、Na^+ 和 NH_4^+ 等 10 种无机炸药爆炸残留物特征离子，以建立可靠的、适用于爆炸现场残留物的微量物证鉴定方法，为案件调查提供技术支持。

2　实验部分

2.1　仪器与试剂

采用美国 Thermo 公司 ICS-5000A Plus 离子色谱仪进行色谱分析；采用美国 Thermo Fisher 公司 SL 16 高速离心机和德国 IKA 公司 VORTEX GENIUS 3 电动振荡器进行样品预处理。主要试剂包括：$S_2O_3^{2-}$、Cl^-、SO_4^{2-}、ClO_4^-、ClO_3^-、NO_3^-、NO_2^-、K^+、Na^+、NH_4^+ 等 10 种离子标准溶液（1.0 mg/mL，美国 O2si 公司），爆炸残留物样品（上海市公安局提供），超纯水（Milli-Q

基金项目：上海市科学技术委员会研发平台专项项目（19DZ2290600）

作者简介：包任烈，男，硕士，特聘副研究员，主要研究方向为火灾调查、物证与痕迹鉴定技术，E-mail：snowworm@126.com。

Reference 系统制取），浮土（40 目，地表土过筛）。

2.2 标准溶液的配制

以 1.0 mg/mL 的离子标准溶液作为标准储备液，用去离子水稀释标准储备液并定容至 50 mL，作为标准中间液，置于 4 ℃ 冰箱中保存。实验过程中根据需要，用去离子水稀释标准中间液至所需浓度，即为标准工作液。

2.3 回收率实验检材处理

以 10 mg/L 标准溶液为标准母液，将标准母液添加于不同基质成为检材。取检材 1.0 g 于 15 mL 离心管，加入 1.0 mL 去离子水，充分震荡 5 min，以 10000 r/min 离心 3 min，将上清液吸至另一离心管中，再重复萃取 2 次，合并水相。取 200 μl 上述溶液，用去离子水定容至 1.0 mL 后，用 0.22 μm 水性微孔滤膜过滤后待测。另取等量空白对照样品参照检材处理方式平行操作。

2.4 爆炸残留物检材处理

取适量检材于 100 mL 烧杯中，加入 20 mL 亚沸水，超声震荡，促进水溶性成分的溶解。将溶液转移到容量瓶定容至 100 mL，用 C18 固相萃取柱进行萃取处理，再经 0.22 μm 水性微孔滤膜过滤后待测。

2.5 色谱条件

阴离子检测采用 AS19 色谱柱（4 μm）、AG19 保护柱（4×50 mm）和 ADRS（4 mm）阴离子抑制器进行分离，以 KOH 为淋洗液。阳离子检测采用 CS12A 阳离子色谱柱（4 μm）、CG12A 保护柱（4×50 mm）和 CDRS（4 mm）阳离子抑制器进行分离，以甲基磺酸（CH_3SO_3H）淋洗液。阴、阳离子分别检测，检测器均为电导检测器，抑制器电流根据淋洗液浓度变化调整，柱温为 30 ℃，抑制器温度为 30 ℃，流动相为去离子水，流速为 1.0 mL/min，进样量 25 μL。

3 结果与讨论

3.1 阴离子检测色谱条件优化

淋洗条件是影响离子色谱分离效果的主要因素，淋洗液浓度变化时，淋洗液的离子交换能力也随之变化，同时各种目标离子的保留时间、峰形和分离度也会有所变化[7]。当淋洗液浓度较

低时，淋洗液中可交换离子的数目比较少时，目标离子的保留时间会变长；而当淋洗液浓度过高时，淋洗液中可交换离子的数目很多，可能造成峰的重叠。本文在等度淋洗条件下考察淋洗液浓度对 Cl^-、NO_2^-、ClO_3^-、NO_3^-、SO_4^{2-} 五种目标阴离子分离效果的影响。

如图 1 所示，当淋洗液浓度为 15.0 mM 时，成分未能得到有效分离；浓度为 17.5 mM 时，所有目标离子都可以洗脱；浓度为 20.0 ~ 22.5 mM 时，色谱峰分离度良好、峰形尖锐；浓度继续增大到 25.0 mM 时，由于洗脱速度过快，NO_3^- 和 SO_4^{2-} 形成重叠。此外，淋洗液的背景电导也随着 KOH 浓度的增加而变大。在淋洗液浓度从 15 mM 增加到 25 mM 的过程中，背景电导也从 1.3 μS 增加到 2.0 μS，意味着检测灵敏度逐渐下降。综合考虑 KOH 浓度的增加对分离度、保留时间以及离子强度的影响，选择 20.0 mM 为阴离子检测最佳淋洗液浓度。

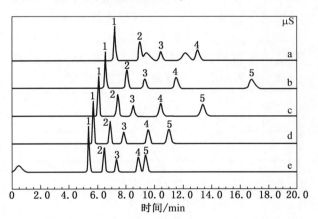

（a）15.0 mM；（b）17.5 mM；（c）20.0 mM；
（d）22.5 mM；（e）25.0 mM
（1）Cl^-；（2）NO_2^-；（3）ClO_3^-；
（4）NO_3^-；（5）SO_4^{2-}

图 1 不同浓度 KOH 淋洗液的阴离子混合溶液色谱图

以 20.0 mM KOH 进行梯度洗脱，梯度条件为：0~15 min，20 mM KOH；18~23 min，20→25 mM KOH；23 ~ 40 min，25 mM KOH。在此条件下，所有目标阴离子均有良好的检出效果，灵敏度高、峰形尖锐，如图 2 所示。Cl^-、NO_2^-、ClO_3^-、NO_3^-、SO_4^{2-}、$S_2O_3^{2-}$ 和 ClO_4^- 的保留时间分别为 6.08 min、7.42 min、8.51 min、10.43 min、13.39 min、25.66 min 和 37.81 min，整个过程

在 40 min 内完成。

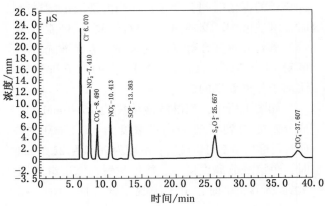

图 2　七种阴离子混合溶液的离子色谱图

3.2　阳离子检测色谱条件优化

如图 3 所示，当淋洗液浓度为 15.0 mM 和 17.5 mM 时，色谱分离度较好；而当淋洗液浓度达到 20 mM 时，由于洗脱速度过快，Na^+ 和 NH_4^+ 形成重叠。同时，在淋洗液浓度从 15 mM 增加到 25 mM 的过程中，背景电导从 0.7 μS 增加到 1.2 μS。综合考虑淋洗液浓度的增加对分离度、保留时间以及离子强度的影响，选择 17.5 mM 为阳离子检测最佳淋洗液浓度。

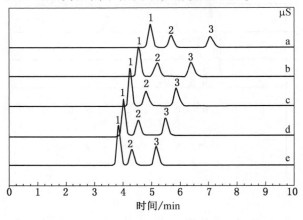

（a）15.0 mM；（b）17.5 mM；（c）20.0 mM；
（d）22.5 mM；（e）25.0 mM
（1）Na^+；（2）NH_4^+；（3）K^+

图 3　不同浓度 CH_3SO_3H 淋洗液的
阳离子混合溶液色谱图

以 17.5 mM 甲基磺酸进行等度洗脱，三种目标阳离子均有良好的检出效果，灵敏度高、峰形尖锐，如图 4 所示。Na^+、NH_4^+、K^+ 的保留时间分别为 4.55 min、5.19 min、6.39 min，整个

过程仅用时 7 min。

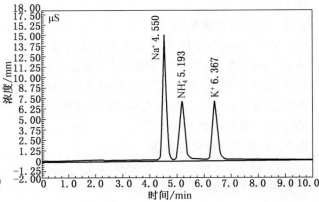

图 4　三种阳离子混合溶液的离子色谱图

3.3　线性范围和检测限

将阴、阳离子标准中间液配制 0.01 mg/L、0.04 mg/L、0.2 mg/L、1.0 mg/L、2.0 mg/L 浓度标准工作液各 1 mL，采用优化的色谱条件进行测定。每个浓度平行测定 3 次，单次进样量为 25 μL。检测结果以目标物的平均值为纵坐标、标准溶液质量浓度为横坐标绘制标准工作曲线。以样品浓度和色谱峰面积作线性回归，计算得线性方程和相关系数见表 1。

将最低点 0.01 mg/L 平行 3 次，以大于 3 倍信噪比对应的浓度确定方法检测限：所有目标离子的检测限均远低于 0.01 mg/L。

表 1　阴、阳离子检测的线性方程和相关系数

离子	线性方程	R^2
Cl^-	$Y = 0.0125 + 0.7248X$	0.9978
NO_2^-	$Y = 0.0204 + 0.3424X$	0.9995
NO_3^-	$Y = 0.0023 + 0.2638X$	0.9992
ClO_3^-	$Y = 0.0038 + 0.1769X$	0.9983
ClO_4^-	$Y = 0.0087 + 0.1448X$	0.9984
SO_4^{2-}	$Y = 0.0046 + 0.5443X$	0.9975
$S_2O_3^{2-}$	$Y = 0.0232 + 0.1872X$	0.9989
K^+	$Y = 0.0037 + 0.1851X$	0.9983
Na^+	$Y = 0.0028 + 0.1074X$	0.9996
NH_4^+	$Y = 0.0032 + 0.2670X$	0.9990

3.4　回收率和精密度

为考察方法的准确度和精密度，本文选用浮土、棉布和玻璃三种材料为基质，进行添加回收

实验。三种基质中标准母液添加量为 1 mL 和 2 mL，每种基质的每个添加水平做 3 次平行测定，回收率取平均值，计算相对标准偏差（RSD）。回收率和精密度测定结果见表 2。结果显示，2 mL 添加量的回收率大于 1 mL，同一添加水平上的不同基质中回收率水平相近。所有目标离子的平均加标回收率均大于 85%，最高可达 106%，表明采用本方法能够对目标离子进行有效提取。相对标准偏差不大于 6.2%，表明采用本方法具有较高的精密度，检测结果可重复。

3.5 炸药残留物检测

为考察方法的实用性，本文对公安部门提供的爆炸残留物样品进行了处理和检测。残留物为爆炸物残体碎片和现场收集的浮土，爆炸品原体种类未知。

图 5 为爆炸残留物样品的离子色谱图，检出 NO_3^-、NH_4^+ 和 NO_2^-，说明该样品为硝铵炸药残留物。样品中还检测出了 SO_4^{2-}、K^+、Na^+ 以及少量的 ClO_4^-，说明该在炸药在制造中掺杂了较多的硫和氯酸盐。在硝铵炸药中加入氯酸盐是不法分子为了提高炸药的爆轰感度的常用手段，同时检测出硝酸盐和氯酸盐成分对炸药定性和案件侦查方向具有关键作用。

4 结论

本文采用离子色谱检测 $S_2O_3^{2-}$、Cl^-、SO_4^{2-}、ClO_4^-、ClO_3^-、NO_3^-、NO_2^-、K^+、Na^+ 和 NH_4^+ 等无机爆炸物特征离子，建立了爆炸现场残留物中的无机炸药微量物证鉴定方法。在优化的色谱条件下，10 种目标离子均有良好的检出效果，混合离子能够得到有效分离。该方法具有检测限低、精密度高、定量线性关系好的优点，检测限低于 0.01 mg/L，在 0~2 mg/L 浓度范围内具有良好的线性关系，在浮土、棉布和玻璃三种基质中的加标回收率均大于 85%，相对标准偏差不大于 6.2%。本文建立的方法适用于爆炸现场残留物中微量爆炸品成分的鉴定，能够为案件调查提供技术支持。

表 2 不同基质中目标离子的加标回收率和精密度

离子	添加量/mL	浮土		棉布		玻璃	
		回收率/%	RSD/%	回收率/%	RSD/%	回收率/%	RSD/%
Cl^-	1	87.1	2.21	86.3	2.98	89.9	1.53
	2	92.5	2.70	91.1	3.09	100.9	4.65
NO_2^-	1	98.9	3.73	96.6	3.52	98.3	1.97
	2	102.7	2.72	103.3	1.67	99.7	4.52
NO_3^-	1	87.1	5.84	89.9	2.50	89.2	3.59
	2	103.8	6.12	105.2	3.97	101.4	5.49
ClO_3^-	1	89.7	4.22	95.2	3.39	100.9	3.33
	2	98.2	5.81	102.0	2.36	105.3	6.09
ClO_4^-	1	86.6	3.61	85.7	1.55	85.1	2.95
	2	88.5	2.44	87.4	3.71	86.5	0.57
SO_4^{2-}	1	97.5	6.04	86.5	4.26	87.4	3.12
	2	89.7	4.09	90.8	2.87	90.3	0.94
$S_2O_3^{2-}$	1	86.2	2.22	86.7	4.25	87.4	5.83
	2	91.4	5.95	89.9	2.47	89.6	3.15
K^+	1	97.7	2.44	95.1	5.83	100.9	3.39
	2	102.2	5.04	99.0	3.15	103.9	2.36
Na^+	1	86.6	3.61	86.5	4.26	85.7	4.25
	2	88.5	2.44	90.8	2.87	89.9	2.47
NH_4^+	1	89.4	3.55	87.2	3.12	87.9	3.59
	2	93.8	5.71	96.2	3.57	90.3	5.49

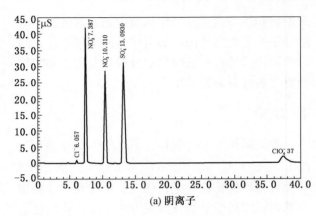

(a) 阴离子

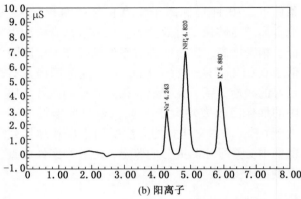

(b) 阳离子

图 5　爆炸残留物样品 1 的离子色谱图

参考文献

[1] Janet M. Doyle, Bruce R. McCord. Novel electrolyte for the analysis of cations in 1ow explosive residue by capillary electrophoresis [J]. Journal of Chromatography B: Biomedical Sciences and Applications, 1998, 714 (1): 105-111.

[2] 周红, 孙玉友, 徐建中. 毛细管电泳技术分析炸药残留物中无机离子 [J]. 刑事技术, 2004, (3): 12-13.

[3] 裴茂清, 郭海荣. 离子色谱在无机炸药分析中的应用 [J]. 刑事技术, 2005, (6): 13-14.

[4] 焦霞, 盖学武. 离子色谱法测定炸药中的阴离子 [C]//第十二届全国离子色谱学术报告会论文集, 2008: 491-492.

[5] 陈承现, 李仁勇, 周革荣, 等. 离子色谱法检测土制硝铵氯化炸药爆炸残留物中的氯酸根 [J]. 刑事技术, 2008, (3): 3-6.

[6] 吕小宝, 丁敏菊, 娄建武, 等. 离子色谱-抑制电导法测定爆炸残留中的硝酸根及氯酸盐 [C]//第十二届全国离子色谱学术报告会论文集, 2008: 257-260.

[7] 牟时芬, 刘克纳. 离子色谱方法及应用 [M]. 北京: 化学工业出版社, 2000, 12-47.

消防员冬季灭火防护靴的研制及性能评价

周 凯

应急管理部上海消防研究所 上海 200438

摘 要：我国北方地区冬季严寒，消防员普遍反映当前配备的灭火防护胶靴在冬季灭火过程中存在保暖、防滑性能较低的功能性缺陷，严重影响消防员灭火救援作业效能正常发挥。本文基于上述背景，分析影响消防员灭火防护靴保暖性能和防滑性能的主要因素，突破传统灭火防护靴设计理念，采用多层面料复合与防滑靴底设计等改进措施，实现了一种消防员冬季灭火防护靴的研制。产品经过基本性能测试和部队试用，其功能及各项性能可满足严寒地区消防灭火救灾实战的需要。

关键词：消防 冬季 灭火 防护靴

1 引言

目前我国各地消防队伍普遍配备使用符合《消防员灭火防护靴》（XF 6—2004）[1]标准的消防员灭火防护胶靴。该防护靴采用阻燃橡胶作为主体材料，具有防砸、防割、防刺穿、阻燃、隔热、耐电压、耐油、防滑、耐酸碱等性能，有效地减少了消防员在灭火救援作业中腿脚部伤害事故发生。

但是通过对我国黑龙江、吉林、内蒙古等冬季严寒地区消防队伍开展的调研发现，该地区冬季平均最低气温为-20 ℃，遇到极端气候甚至可达到-58 ℃。火灾扑救过程中使用的水、泡沫液等液态灭火剂遇外界低温将迅速凝结成冰，在地面形成光滑冰层，导致开展长时间灭火作业的消防员不仅容易出现足部冻伤，并且极易滑倒甚至摔伤。此外，北方农村地区的砖瓦建筑物房顶普遍为光滑的石棉瓦或彩钢瓦材料，冬季容易存有大量积雪。此类建筑物火灾扑救过程中，站在房顶从事排烟、破拆等作业的消防员往往会由于灭火防护胶靴靴底材料在低温和冰雪的耦合作用造成的防滑性能严重下降而滑倒。

因此，在保证消防员灭火防护靴防护性能的基础上，研制出具有较好保暖与防滑功能的消防员冬季灭火防护靴，对于保障在严寒环境下火灾扑救作业消防员人身安全和作业能力具有重要意义。

2 消防员冬季灭火防护靴的研制

2.1 消防员冬季灭火防护靴研制方案

在消防员穿着整套个体防护装备进行火灾扑救的过程中，消防员灭火防护靴主要起到降低火灾现场热量转移速度，使高热缓慢而少量地转移至腿脚部的作用，但与此同时也会将腿脚部皮肤表面的热量传递到低温地面，因此消防员们普遍反映冬季灭火作业时首先感到寒冷的部位是在腿脚部。

本项目的主要目标是在保证消防员灭火防护靴防护功能的基础上，基于"消防员腿脚部—灭火防护靴—外界环境"系统内各因素间的相互作用，通过对现有消防员防护靴的款式、结构和材料的改进，研制出具有较好保暖和防滑功能的消防员冬季灭火防护靴，提高冬季我国严寒地区消防员的灭火救援能力。

2.2 消防员冬季灭火防护靴研制关键技术

如何在保证消防员防护靴的各项防护功能与性能，并且不增加消防员负重的基础上，有效提高消防员灭火防护靴保暖与防滑功能，是研制消防员冬季灭火防护靴的主要关键技术。

2.2.1 消防员冬季灭火防护靴保暖技术

基金项目：消防救援局重点攻关科研计划项目"消防员冬季灭火防护靴的研制"（2018XFGG07）

作者简介：周凯，男，硕士，副研究员，工作于应急管理部上海消防研究所，主要研究方向为消防员个体防护装备及技术以及相关技术标准制定，E-mail：zhoukai@shfri.cn。

在消防员穿着灭火防护靴进行火灾扑救的过程中，消防员灭火防护靴发挥着调节腿脚部皮肤表面与外界环境之间热量与水分平衡的作用。据研究表明，足部温度在33℃左右时舒适度最高，如果脚趾温度低于25℃就会产生寒冷感觉，在20~21℃时将会产生明显不适感[2]。在实际穿着过程中，防护靴会以热传导、热辐射和热对流这三种方式[3]进行热量传递。

1）热传导

消防员灭火防护靴与外界低温环境间的热传导是腿脚部热量流失的主要方式，并且主要是通过靴底进行。因此，灭火防护靴鞋的保暖性能与其靴底材料的导热性能有着直接的联系。材料导热性能越差，整靴的保暖性能越好。

2）热对流

消防员灭火防护靴通过热对流方式向外界环境发生的热量流失，主要是由于消防员行走过程中腿脚部在靴腔内的活动对空气进行反复抽拉，造成热量通过靴筒口排出。

3）热辐射

腿脚部的热量还将通过热辐射形式向外界环境进行传递。通过这种形式所传递的热量主要取决于足部表面积、防护靴外表面温度、环境温度以及防护靴自身的辐射率。

除了上述三种造成消防员灭火防护靴靴腔内热量散失的热传递方式之外，消防员灭火防护靴靴腔内的湿度是造成消防员腿脚部体感寒冷另一重要因素：腿脚部皮肤分泌汗液在皮肤表面蒸发的过程中会吸收热量而使得皮肤温度降低；在寒冷环境下，水汽冷凝使防护靴腔内的湿度增大，热量损失加快，也增加了冻伤的风险。

2.2.2 消防员冬季灭火防护靴防滑技术

火灾扑救过程中使用的水、泡沫液等其他液体灭火剂会造成现场地面湿滑，在冬季严寒气候条件下更甚。消防员灭火防护靴应具有较好的防滑功能才能保证消防员安全行走。衡量消防员灭火防护靴防滑性能的主要指标是摩擦系数，摩擦系数越大，靴底的防滑性能越好。影响防滑性能的主要因素是靴底材料和花纹设计。

1）靴底材料

靴底材料对防滑性能的影响主要是靴底的材质和硬度两个方面。目前对靴底材料的防滑性能研究结果显示，橡胶材料靴底的防滑性能最好。同种材质的靴底，硬度较大的防滑性能较差，硬度胶小的有助于防滑性能的提高。

2）花纹设计

靴底花纹作为靴底的一个重要组成部分，是影响靴底防滑性能的重要因素。据研究表面，靴底花纹高度越大，滑动摩擦力越大；靴底花纹宽度的增加也将引起靴底滑动摩擦系数的不完全成等比例上升。[4]

2.3 消防员冬季灭火防护靴款式设计

鞋类的款式与人体运动有直接的关系，其款式若适合人体运动学的特点，就能避免运动对运动人员的伤害，能增加穿着者的舒适感，还能增强其运动机能。消防员冬季灭火防护靴的款式设计主要是基于人体工效学结构，由鞋筒、靴面、靴头、后跟以及靴底构成。其中，鞋筒、靴面、靴头各部位通过阻燃线缝接之后，采用对粘防水条部位进行热压工艺处理形成整体，再通过高温融化后的胶膜与靴底实现有效粘合，形成整靴。具体如图1所示。

靴帮

踝骨保护层

靴底

反光条

外包头

脱靴条

图1　消防员冬季灭火防护靴

（1）消防员冬季灭火防护靴的靴筒口设计成与水平面成10°的倾斜角，以适应小腿与垂直面的夹角。同时为提高穿着舒适性，防止小腿被靴筒口擦伤，在筒口采用质地柔软的羊皮包圈。

（2）采用一种多层复合结构的减震保暖鞋垫，多层结构从上至下依次是舒适层、保暖层和支撑架。舒适层采用涤纶长丝织成的干爽网面织成的蜂巢形式花纹，以增加舒适层的透气性；保暖层为混纺毛毡，用以增加鞋垫的保暖性。

（3）根据人体脚型规律设计消防员冬季灭火防护靴的鞋楦，保证靴腔内有一定的活动空间，控制脚体运动翻转，防止穿着后出现顶脚或者磨脚等现象，并减少由于防护靴由于腿脚部在靴腔内的抽拉运动造成热量散失。

（4）消防员冬季灭火防护靴采用了可拆卸式耐高温阻燃防滑"冰爪"与防滑纹路大底相组合的解决方案。"冰爪"的脚掌、后跟等各主要受力点安装防滑鞋钉，增加消防员在冰雪表面的足底接触压力，提高防滑系数。靴底纹路采用啮合止滑花纹设计可减少消防员冬季灭火防护靴在光滑表面发生侧移实现有效防滑。

2.4　消防员冬季灭火防护靴结构设计

按照消防员的日常穿着习惯和安全原因，消防员灭火防护靴的靴筒需套在灭火防护服的裤腿内，不与外界寒冷空气直接接触。结合高芳纶等高性能材料的特性，突破传统消防员灭火防护靴的胶片硫化成型工艺，采用了橡胶套楦一体成型工艺，并基于靴帮与靴底的不同散热方式不同，对靴底、靴头和靴筒部位采取了不同的复合结构。

（1）靴底部位由外到内材料依次为橡胶层、聚酯纤维防穿刺层、热反射层。通过靴底内的热反射层反射靴腔内足部辐射的热量，以及通过聚酯纤维防穿刺层的低导热系数实现减少靴底部位向外界环境进行热传导。

（2）靴头以及后跟部位由外到内材料依次为橡胶层、高分子超细纤维保暖层、电绝缘隔热层以及衬里层。

（3）靴筒部位由外到内材料依次为芳纶梭织布（背面涂覆防水透气膜）、电绝缘隔热透气层以及衬里。

2.5　消防员冬季灭火防护靴材料设计

消防员灭火防护靴的使用场合复杂，存在多种危险因素。为尽可能降低现场不可控危险因素对于消防员的伤害，提高消防员在事故现场作业的安全系数，消防员灭火防护靴的材料自身的物理性能极为重要。根据消防员冬季灭火防护靴的实际使用环境，以及相关标准的要求，本项目通过突破传统消防员灭火防护靴所使用的材料，提高防护靴的穿着适体性能和保暖性能。

1）阻燃耐高温芳纶梭织布

传统消防员灭火防护靴的靴帮材料为阻燃橡胶，抗切割、防穿刺等机械防护性能较好，但材料弹性弯折性能较低，会阻碍运动过程中小腿运

动幅度。因此为提高消防员冬季灭护靴的穿着舒适性，采用芳纶面料作为靴帮部位最外层材料，不仅实现了阻燃、耐高温的热防护功能和防穿刺、抗切割等机械防护性能，并提高了靴帮部位的弹性弯折性能，便于运动。

2）高分子超细纤维保暖层

国内外大多数厂家普遍通过在消防员灭火防护靴内衬里表面贴合蓬松的抓绒布，由抓绒布纤维间的空气层实现保暖性能。但是经过一段时间的穿着使用后，抓绒布料纤维将会受足部的挤压和摩擦作用，缠绕堆积一起或者与基布脱离剥落，从而失去保暖性能。针对这一现状，本项目采用了一种由聚烯烃和聚酯超细纤维制成的阻燃保暖材料，具有在中等压力下抗压缩的保暖性，可以留存更多的空气，增强了反射辐射热能力，从而提高了保暖性。

3）电绝缘防水透气复合层

为保证整靴安全防护性能及穿着舒适性，采用热压复合技术将聚氨酯防水透气膜与聚酰胺电绝缘毡材料进行多层复合，形成电绝缘防水透气复合层，起到防止液体渗透、浸水电绝缘以及排出靴腔内部分湿气的功能。

通过以上的面料复合，实现整靴的阻燃、隔热、浸水电绝缘、抗切割等防护性能，明显减轻了整靴重量，并具有较好的保暖和防滑性能。

3　消防员冬季灭火防护胶靴的基本性能参数

按照《消防员灭火防护靴》（XF 6—2004）以及《个体防护装备鞋的测试方法》（GB/T 20991—2007）[5]标准，对消防员冬季灭火防护靴的主要性能指标进行了测试，具体见表1。

由表1可看到，消防员冬季灭火防护靴的各项性能指标均达到或超过了相关标准要求，不仅具备了较好的保暖功能和防滑性能，整靴的质量较标准要求减轻了 900 g。根据按照美国职业安全健康学会的研究，消防员灭火防护靴重量每增加 100 g，消防员的每分钟的呼气量将上升 9%，耗氧量增加 5% ~ 6%，二氧化碳排出量上升 8%，心跳次数提高 8%[6]。因此，可认为该消防员冬季灭火防护靴的配备使用将有效降低消防员体能消耗，保障消防员的作业效率。

表1　消防员冬季灭火防护靴主要性能

项　目	性　能　要　求	试验数据
重量	≤3 kg	2.1 kg
阻燃性能	FV-1级	FV-1级
防寒性能	靴内底温度降低不超过10 ℃	4 ℃
防滑性能	在涂抹十二烷基硫酸钠水溶液的陶瓷地板砖上做后跟向前滑动时，摩擦系数不应小于0.28，水平向前滑动时不应小于0.32	后跟向前滑动时为0.47，水平向前滑动时为0.49
防砸性能	靴头试样分别经10.78 kN静压力试验和冲击锤质量为23 kg、落下高度为30 mm的冲击试验后，其间隙高度均不应小于15 mm	22 mm
抗刺穿性能	≥1100 N	1524 N
电绝缘性能	整只灭火防护靴试样浸入水浴内，击穿电压不应小于5000 V，且泄漏电流应小于3 mA	5000 V未被击穿泄漏电流0.09 mA
隔热性能	灭火防护靴试样在沙浴中被加热30 min后，靴底内表面的温升应不大于22 ℃	13.0 ℃
抗辐射热渗透性能	灭火防护靴面试样经辐射热通量为（10±1）kW/m²的热量辐照1 min后，其内表面温升应不大于22 ℃	4.7 ℃

此外，选取北京市延庆消防中队、河北省张家口消防中队多名消防员按照《个体防护装备鞋的测试方法》（GB/T 20991—2007）在设定环境下进行了消防员冬季灭火防护靴穿着工效学主观感受测试及评价。试验对象反映该防护靴要比普通消防员灭火防护胶靴穿着轻便舒适，保暖性能和防滑性能有明显提升，未出现不跟脚及磨勒小腿部的不适感，便于他们进行跑步、登楼及行走。

4　结论

消防员冬季灭火防护靴是根据当前我国"全灾种，大应急"消防应急救援作业的实际情况以及消防员整体防护要求所研制的一种新型防护装备。通过充分考虑到寒冷环境气候特点，结合人体运动学和工效学设计原理，采用新型材料及复合结构，大幅减轻整靴质量，并提高保暖性能和防滑性能。产品自身的安全防护性能及穿着舒适性能可满足消防灭火救灾的实战需求。

参考文献

［1］公安部．XF 6—2004．消防员灭火防护靴［S］．北京：中国标准出版社，2004．

［2］Kuklane，Kallev．Protection of feet in cold exposure［J］．Industrial Health，2009，47(3)：242-253．

［3］弓太生．防寒鞋靴保暖性能的相关研究进展［J］．中国皮革，2020，49(6)：3-7．

［4］孙辰逸．鞋底防滑性能影响因素研究［D］．杭州：浙江理工大学，2020．

［5］国家标准化管理委员会．GB/T 20991—2007．个体防护装备鞋的测试方法［S］．北京：中国标准出版社，2007．

［6］Nina L. Turner，Sharon Chiou，Joyce Zwiener，Darlene Weaver，James Spahr．Physiological Effects of Boot Weight and Design on Men and Women Firefighters［J］．Occupational and Environmental Hygiene，2010，8：477-482．

复杂灾害条件下生命搜救装备标准体系研究

吴赟[1] 杜晓霞[2] 葛亮[3]

1. 应急管理部上海消防研究所 上海 200236
2. 中国地震应急搜救中心 北京 100000
3. 应急管理部上海消防研究所 上海 200236

摘 要： 本文针对复杂灾害现场废墟环境下的应急救援工作，从消防应急救援标准体系建设的新视角研究我国生命搜救装备标准体系，分析了生命搜救装备标准体系和消防应急救援标准体系的发展现状及重要组成，充分研究了复杂灾害现场废墟应急救援环境中所使用的生命搜救装备标准，并进行了梳理、分类，根据研究结果对我国复杂灾害现场废墟环境下生命搜救装备标准体系的建设提出指导建议。

关键词： 消防 应急救援 生命搜救装备 标准体系

1 引言

应急救援是应对突发事件、保障人民群众生命财产安全的最后一道防线，在面对地震巨灾、爆炸埋压现场废墟环境下的救援，优良的应急救援装备、规范有效的应急救援方法、训练有素的消防应急救援队伍缺一不可。在特大地震灾害中，让三者完美结合，安全精准、最大限度地发挥作战效能，全局性的统筹救援离不开应急救援标准化体系支撑。

我国在 20 世纪 90 年代初已建立消防标准体系，由全国消防标准化技术委员会和 15 个分技术委员会共同完成，分为"社会公共消防""建设工程防火""消防安全管理""灭火救援"和"建筑消防产品"等 5 个门类。在 2008 年汶川发生特大地震后，消防救援队伍除了火灾扑救，其应急救援工作才为公众所熟知。在地震、水域、矿山、森林、爆炸等灾难领域，消防救援队伍火灾扑救以外的其他灾害事故的应急救援工作任务已超过了火灾扑救的任务量。所以，在原有的消防标准体系中，"应急救援"成为"灭火救援"中的重要研究对象，消防应急救援标准体系建设可以支撑消防救援队伍的实战救援能力。

国内外通常按照准备、监测、响应、恢复四个环节叙述复杂灾害应急救援管理各个阶段的任务、活动、资格、资源及信息。生命搜救是应急救援中一个重要内容，与生命个体营救直接密切有关，其中所用的生命搜救装备关系到救援工作的质量。所谓巧妇难为无米之炊，为了最大限度地提升人员搜寻和营救能力，有必要将生命搜救装备单独作为标准体系加以研究，成为消防应急救援标准体系中的子体系。

本文探讨复杂灾害现场废墟环境下的消防应急救援工作中生命搜救装备应用情况，根据装备功能对现有的产品进行分类，总结研究成果，对明确我国生命搜救装备标准体系建设的方向和重点有指导意义。

2 国外应急救援装备标准体系概况

应急救援标准是应急救援工作开展和应急救援技术进步的重要基础，应急救援的技术进步转化为应急救援现实能力，需要以技术标准作为载体。欧美等发达国家及地区高度重视应急救援的标准化建设，其中也包含生命搜救装备标准化建设。通过对国外典型区域及国家应急救援装备及标准体系的综合分析，可以看出发达国家均具有完善的应急救援体系和成熟的应急救援体制、机制，应急救援的法律体系完善，他们更加注重应急救援装备的技术研究和更新。

2.1 国际标准化组织

国际标准化组织 ISO（International Organization for Standardization）是公共安全应急国家标准化的主要制定者和推动者。近年来，国际标准组织积极推进公共安全应急标准的建设，系统化地推出系列应急标准。在国际上，以 ISO、IEC、ITU 组成的国际标准化组织，均按领域制定国际标准，各组织均有相应的标准体系，其中与应急救援装备相关的委员会有 TC 21 消防设备、TC 92 消防安全、TC 94 个体安全—个体防护设备。

2.2 美国

美国是世界上突发事件应急救援管理体系发展完备，应急技术、设备较为先进，应急救援标准建设较为完善的国家。美国有众多的科研机构、标准协会及委员会制定自己管辖范围内的相关应急救援装备标准，标准的专业性及针对性都很强。美国现有标准协会 50 多个其中与应急救援装备有关的标准协会有 ANSL 美国国家标准协会、ASME 美国机械工程师协会、NFPA 美国消防协会、ASEM 美国材料与试验学会、ANSI/ANS 核安全工程协会。

美国对于应急救援装备的管理采用装备目录体系来管理。设有跨机构委员会 IAB（Inter Agency Board），是应急准备和应急响应从业者自愿协助组织，他们为应急装备的性能指标、标准、测试标准以及技术研发、操作要求、培训要求等的发展和实施提供一个讨论交流的平台。

IAB 发布应急救援标准化装备目录 SEL（Standardized Equipment List），与美国联邦应急救援管理署发布的授权应急救援装备目录 AEL（Authorized Equipment List）基本一致。

最新标准化装备目录 AEL/SEL 分为 21 大类、709 小类，提供了 6663 种示例产品，其中救援与搜救装备（1821 种）、探测设备（887 种）、个人防护设备（1602 种）、信息技术设备（612 种）、通信设备（627 种）、洗消设备（317 种）、医疗设备（591 种）、其他设备（206 种）。

2.3 英国

英国标准化协会（BSI）2008 年发布的标准《灾害与应急管理系统》对应急管理体系框架、政府在应急管理中的作用、应急设施、军队、风险评估、灾害及其管理的相关政策、灾害与应急计划、通信与信息、公共情绪与媒体、灾害应急处置与灾害应急恢复等方面进行了详细地描述和规范。BSI 制定了较多应急救援装备和防护方面的标准，包括应急照明、应急通信频率、放射性应急测量仪器和应急逃生自动测试系统。CEN

应急救援标准中与应急救援装备相关的委员会有 CEN/TC 340 抗震设备、CEN/TC 114 通用安全要求、CEN/TC 196 地下矿井机械安全。

3 我国消防应急救援装备标准体系现状

我国消防行业早在 20 世纪 90 年代已建立了消防标准体系表，由全国消防标准化技术委员会和 15 个分技术委员会共同完成，其中应急救援装备标准的管理属于 TG113/SG5 全国消防标准化技术委员会消防器具与配件分技术委员会。

消防标准体系由三层组成。第一层为消防基础标准，包括"术语标准""图形符号标准""型号代号与分类标准"和"基础方法标准"等。第二层为消防通用标准，分为"社会公共消防""建设工程防火""消防安全管理""灭火救援"和"建筑消防产品"等 5 个门类，每一门类又分成不同的细化专业，共 20 个细化专业。第三层为消防专用标准，将对应于第二层的 20 个细化专业的标准，按照产品、方法、过程、服务的排序方式排列，并留出了可拓展的标准空间。

2019 年最新颁布的《消防法》第一条立法总则中新增"加强应急救援工作"内容，首次将应急救援写入法律，立法规定"应急救援"成为消防救援队伍的重要工作内容。

通过调研发现，目前我国针对消防应急救援装备标准体系还不完善，消防应急救援装备产品种类较多，但是相匹配的标准数量极少。消防应急救援装备现有国家标准 18 项、行业标准 12 项，总体上缺乏率较高，达到 77%，尤其是生命搜救类装备方面的标准几乎空白。

消防应急救援标准数量与消防应急救援工作的发展速度严重不匹配，导致灾害事故应急准备不足、应急响应不及时、应急行动不科学。需要加强基础标准、产品标准及关键试验方法标准、操作要求、培训要求领域的研究，亟须消防应急救援标准来规范和指导应急救援工作。

4 复杂灾害现场废墟环境下生命搜救装备的分类研究

针对国内外 7.0 级及以上的大震巨灾及建筑物坍塌应急救援技术需求，对生命搜救装备标准体系的建立开展研究。我国的应急救援标准中有近50%是应急准备类标准，而应急响应类标准严重缺乏，仅仅占比2.18%，生命搜救装备属于此类应急响应类标准。

生命搜救装备包含智能化搜索装备、机械化营救装备。

智能化搜索装备是指以计算机网络技术为支撑，以各种数字化仪器设施为平台的用于探索生命存在的各种装备。一种主要负责对灾害（灾难）事故现场的受灾群体或遇难者存在的生命信息源实施探索与搜寻，包括声波探测仪、光学声波探测仪、红外线探测仪、蛇眼或者履带搜寻机器人、无线射频装置、手机定位接受装置等。另一种主要负责对救援现场信息采集，通过信息实时传输，系统化指挥调度救援工作，包括一体化指挥调度平台、手提式现场指挥中心。

机械化营救装备能减轻体力劳动强度，提高营救工作效能。救援中常使用的大型救援机械属具，如剪切破碎扩张救援属具、抓取牵引起吊救援属具等装备。救援队配备使用的起重机、电焊割机、掘进机等中型的机械装备和器材。救援人员随身携带，伺机开展营救行动的锹、锤、锯、气袋、液压钳、救援支架、救援顶杆、救生绳等小型的工具装备和器材。

我国应急救援装备产品属于全国消防标准化技术委员会消防器具与配件分技术委员会TG113/SG5管辖，TG113/SG5按其归口的业务领域细分为灭火器、消防水带、消防供水器具、应急救援装备和逃生避难器材等5个四级类目，结构方框图如图1所示。复杂灾害现场废墟应急救援环境中生命搜救装备属于应急救援装备中一部分，因与生命个体营救直接密切有关，为了最大限度地提升人员搜寻和营救能力，有必要将其单独成为一个标准体系加以细化，构建在消防应

图1　消防器具与配件标准体系结构图

急救援装备（分类号为2020504）之下。

复杂灾害现场废墟应急救援环境中，生命搜救装备的分类主要依据来源于《消防应急救援装备配备指南》（GB/T 29178—2012）内的八大类别中与生命搜索、营救有关的装备进行划分，在实地调研的基础上适当增加产品细类。

生命搜救装备产品按功能细分为搜寻类、破拆类、撑顶类、救生类、绳索类装备5个类目，结构方框图如图2所示。

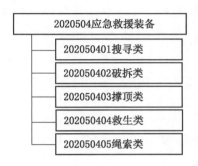

图2　生命搜救装备产品标准分类结构图

4.1　搜寻类

利用生命搜寻类装备，救援人员可以透过混凝土、砖瓦、雪、冰和泥浆，探测人力无法到达的区域是否还有生命迹象，结合其他辅助设备从而实施救援。

4.2　破拆类

利用破拆类装备，救援人员可清除障碍物，如建（构）筑物的门、窗、护栏、墙体、钢筋、电缆、玻璃、框架结构等，从而营救出被困人员。此类装备分手动式、电动式、液压式三种动力，包含剪、扩、冲、切功能。

4.3　撑顶类

撑顶类装备包含支撑、固定功能，常用于建筑物倒塌，尤其在灾害发生初期能发挥重要作用。通常，在进入危险建筑物实施救援前需要用支撑物固定危险物，以保护救援者和被救者，打开一条抢险救援通道，营救出被困于受限环境中的受害人。

4.4　救生类

针对现场被困人员，利用救生类装备，解救和现场紧急救治遇险人员。包含照明、输送食物、输送水、输送空气、伤情查看、心肺复苏、骨折固定、伤员搬运等功能。

4.5 绳索类

地震救援中，绳索类装备扮演着重要角色。因地震造成中高层建筑楼梯垮塌，救援人员通过绳索搭建"一点吊"或者"斜向"系统，可快速安全救出被困者。被埋压在废墟中的幸存者，救援人员打开通道后，利用绳索倍力系统将其垂直救出。在地震形成的孤单、坠崖、索道、山地被困等场景，利用绳索的"T型""V型"等方式开展救助。绳索因伸缩率低、抗拉性好、容易获取、操作便捷等特点，在地震救援现场应用广泛。

5 生命搜救装备产品标准体系建设

生命搜救装备产品标准体系的建立是针对国内外7.0级及以上大震巨灾及建筑物坍塌应急救援下进行的研究，重在消防应急救援装备中的生命搜寻、营救所涉及的救援装备。基于建立并已实行多年的消防标准体系框架，生命搜救装备产品标准体系作为消防标准体系细化的子体系及子子体系，力求实用性、整体性。截至2021年3月，TG113/SG5发布与生命搜救装备相关的标准有10项，在编制标准8项，见表1。

表1　生命搜救装备产品标准总计

序号	主要装备	标　准　名　称	标准号
搜寻类			
1	雷达生命探测仪	消防用雷达生命探测仪 雷达生命探测仪测试用假人系统	XF 3010—2020 协会标准在编
2	微振动生命探测仪		
3	音频生命探测仪		
4	视频生命探测仪		
5	红外线热成像仪	消防用红外热像仪	XF/T 635 修订
6	移动式生物快速侦检仪		
7	单兵图像传输设备		
8	消防员单兵图侦系统		
9	搜寻机器人	地面废墟搜救机器人通用技术条件	GB/T 37703—2019
10	无线射频装置		
11	手机定位接受装置		
12	消防无人机	消防救援用无人机通用技术条件	XF 在编
13	手提式现场指挥中心		
14	生命搜救指挥调度平台		
15	侦检装备	消防应急救援装备 侦检器材通用技术条件	GB 在编
破拆类			
16	电动剪扩钳	电动破拆工具通用技术条件	GB/T 在编
17	液压万向剪切钳		
18	手动破拆工具组	消防应急救援装备 手动破拆工具通用技术条件	GB 32459—2015
19	液压破拆工具组	液压破拆工具通用技术条件	GB/T 17906 修订
20	双轮异向切割锯		
21	机动链锯	消防应急救援装备 液压破拆工具通用技术条件	GB 32460—2015
22	无齿锯		
23	气动切割刀		
24	冲击钻		

表1（续）

序号	主要装备	标 准 名 称	标准号
25	凿岩机		
26	玻璃破碎器		
27	手持式钢筋速断器		
28	多功能刀具		
29	便携式汽油金属切割器		
30	消防用开门器	消防用开门器	GB 28735—2012
31	便携式防盗门破拆工具组		
32	多功能挠钩		
33	绝缘剪断钳		
34	应急救援金刚石串珠绳锯		
35	金属弧水陆切割器		
36	消防斧	消防斧	XF 138—2010
37	铲车		
38	挖掘机器人		
39	挖掘机		
40	剪切破碎扩张救援属具		
41	剪切抓取救援属具		
42	抓取牵引起吊救援属具		
43	切割分离救援属具		
44	破拆开孔救援属具		
撑顶类			
45	气动起重气垫	消防应急救援装备 救援起重气垫	GB 在编
46	救援支架	救援三脚架	XF 3009—2020
47	支撑保护套具		
48	稳固保护附件		
49	千斤顶		
50	救援顶杆	消防应急救援 撑顶器材通用技术条件	GB 在编
救生类			
51	救生照明线	消防救生照明线 消防应急救援 照明器材通用技术条件	GB 26783—2011 GB 在编
52	移动式照明装置	消防移动式照明装置	GB 26783—2011
53	空气充填泵		
54	坑道小型空气输送机		
55	便携式升降机		
56	救生软梯		
57	折叠式救援梯		
58	躯体固定气囊	消防应急救援 救生器材通用技术条件	GB 在编
59	肢体固定气囊		
60	伤员固定抬板		

表1（续）

序号	主要装备	标 准 名 称	标准号
61	折叠式担架		
62	多功能担架		
63	婴儿呼吸袋		
64	医药急救箱		
65	医用简易呼吸器		
66	敛尸袋		
绳索类			
67	救生绳		
68	轻型安全绳	消防安全绳	XF 494—2004
69	手动牵引器		
70	绞盘		

6 结语

复杂灾害现场废墟环境下的应急救援所使用的生命搜救装备种类繁多，但相当多的产品标准尚属空白，生命搜救装备的使用管理还无法可依，亟需解决。

（1）守望生命，精准救援，最大限度地提高被困人员的生存率，有必要建立专门的"生命搜救装备标准体系"。需要针对复杂灾害下生命搜救需求，围绕救援标准的系统性、广泛性和规范性，展开对"生命搜寻和营救"应急救援标准的研究，建立并不断完善应急救援标准体系。

（2）可以参考发达国家制定标准的经验，注重标准的细分，有必要针对同种装备标准拆分成多个标准，这样标准越多，要求越高，反过来就能促进、提高生命搜救等急救援装备的技术含量与质量。在建立应急装备标准体系时，要充分考虑标准细分状况下的框架体系的兼容性和充分性。制定标准应注重标准的实用性和可操作性。

参考文献

［1］薛艳杰，李勇，等．国内外应急救援装备标准体系现状及发展建议研究［J］．中国标准化，2018(7)：82-88.

［2］陈虹．突发事件应急救援标准的现状和发展［J］．中华灾害救援医学，2014，2(3)．

［3］吴佩英．国内外消防应急救援装备标准体系现状及发展建议研究［C］//中国消防协会．中国消防协会科学技术年会论文集，2014.

［4］吴佩英，朱江．中美消防应急救援标准体系研究［C］//中国消防协会．中国消防协会科学技术年会论文集，2015.

［5］郭其云，杨军，郭威．国际应急救援管理的分析探讨［J］．消防科学与技术，2015，34(5)：629-632.

［6］陈虹，宋富喜，闻明，等．地震应急救援标准体系及其关键标准研究［J］．中国安全科学学报，2012，22(7)：164-170.

［7］蒋明，张世富，张冬梅，等．美国应急装备体系分析［J］．中国应急救援，2014(5)：39-43.

［8］公安部．XF 622—2013 消防特勤队（站）装备配备标准［S］．北京：中国标准出版社，2013.

［9］住房和城乡建设部．建标152—2017 城市消防站建设标准［S］．北京：中国计划出版社，2017.

［10］中国标准化管理委员会．GB/T 29178—2012 消防应急救援装备配备指南［S］．北京：中国标准出版社，2012.

［11］公安部．XF/T 974.74—2015 消防信息代码 第74部分：消防装备器材分类与代码［S］．北京：中国标准质检出版社，2012.

［12］中国标准化管理委员会．GB/T 13016—2018 标准体系构建原则和要求［S］．北京：中国标准出版社，2018.

［13］中国标准化管理委员会．GB/T 20176—2012 消防应急救援 通则［S］．北京：中国标准出版社，2012.

［14］中国标准化管理委员会．GB/T 20178—2012 消防应急救援 装备配备指南［S］．北京：中国标准出版社，2012.

基于淹没式的电动汽车灭火技战术研究

王洛展[1]　李伟江[1]　曹丽英[2]　张 磊[2]

1. 上海市嘉定区消防救援支队　上海　200000
2. 应急管理部上海消防研究所　上海　200438

摘　要：本文针对锂电池火灾的特点，开展基于淹没式的电动汽车灭火技战术研究，进行了全尺寸电动汽车火灾实体实验验证。首先用灭火毯覆盖着火的电动汽车，抑制明火；同时避免火灾蔓延，然后采用泡沫灭火剂扑灭明火；最后用挡水围板使电动汽车的本质危险源动力电池系统全淹没在泡沫灭火剂中，从而避免复燃。研究结果显示，灭火毯可将着火电动汽车车身、底盘及车辆内部的温度均快速下降至 200 ℃以下，有效抑制了明火，且避免了车辆间的火灾蔓延；采用泡沫灭火剂可在 2 min 内扑灭电动汽车明火，灭火效能高；消防员可在 1.5 min 内铺设好围板，同时全浸没动力电池系统，有效解决了电动汽车易复燃的难题。基于淹没式的电动汽车灭火技战术效能优越，且易于操作，可有效避免火灾蔓延，缩短灭火时间，节约消防用水。

关键词：电动汽车　灭火　技战术

1 引言

伴随《节能与新能源汽车产业发展规划（2013—2020）》的颁布，以及国家、地方政策大力支持，我国电动汽车等新能源汽车的拥有量正在呈递增式发展，生产量和保有量持续增长，中国已经成为电动汽车销量最高的国家。尽管电动汽车产业化进程在不断加快，但广大民众却对电动车存在顾虑，屡屡发生的消防安全事故也为电动汽车产业的发展带来了一定的阻力。据统计，2020 年全年被媒体报道的电动汽车火灾事故共 124 起，相比于 2016 年电动汽车起火事故 35 起，火灾呈倍数增长，行业安全问题十分突出，随着电动汽车生产量和拥有量猛增，消防员面临的电动汽车灾害事故将会不断增加。

电动汽车发生碰撞、涉水或火灾等灾害事故时，电动汽车装载的动力电池、高压系统等易受外界环境激励而引发热失控，造成爆炸或火灾等灾害性事故。目前电动汽车中常用的三元电池和磷酸铁锂电池，其燃烧特点燃烧迅速、持续时间长、易复燃，燃烧温度高，燃烧猛烈，甚至爆炸，释放大量有毒有害、易燃气体，不同种类锂电池火灾行为差异较大等。这些都给消防人员的灭火和救援工作带来了新的挑战[1]。根据以往电动汽车火灾扑救经验，电动汽车火灾相比于传统汽车火灾，需要大量的消防水，灭火时间达 2 h 以上。

美国消防研究基金[2]采用钢板搭建汽车主要框架，采用天然气引燃锂电池，模拟电动汽车火灾进行试验，提出用大量持续的水来灭火，对消防员个人不存在触电危险。如果电池着火，扑灭电动汽车火灾比传统火灾需要更多的水，一辆乘用车大约需要 2600 USgal（1 USgal = 3.78541 dm³）（10 t）的水。国家标准《电动汽车灾害事故应急救援指南》（GB/T 38283）[3]规定，当高压电池着火时，大量消防水的使用可降低电池及其内部的温度，可有效阻止燃烧和防止复燃，因此需要使用大量的、持续的消防水，如扑灭电池着火的乘用车时应确保 10 t 以上的消防水。

本文通过电动汽车实体火灾实验，采用覆盖灭火毯和搭建挡水围栏，用泡沫灭火剂将电动汽车底盘电池淹没的方式，开展淹没式的电动汽车灭火技战术研究。

作者简介：王洛展，男，工作于上海市嘉定区消防救援支队，主要从事灭火救援理论等方面的研究工作，E-mail：3159034493@qq.com。

2 实验方案

为了研究电动汽车车载锂电池热失控引发火灾的真实情况，验证电动汽车火灾扑救技战术方法有效性，本文对汽车底盘进行了改造，使电加热器与电池包直接接触，通过热辐射的方式使电池发生热失控，模拟电池故障发生火灾引燃电动汽车的事故场景。

2.1 实验车辆与布置

实验车辆为插电式纯电动小轿车，搭载电池组总容量为 37.2 kW·h 的三元锂电池，按照"土"字形布置于车底部。实验前将车辆底盘进行了切割，使得电加热器与电池包直接接触。

2.2 消防装备

（1）电动汽车火灾扑救专用围板。

（2）灭火毯，耐温 1000 ℃。

（3）泡沫消防车。

（4）消防员个人防护装备：灭火防护服、防护靴、绝缘手套、空气呼吸器。

2.3 测试设备

（1）温度采集系统，用于监测电动汽车乘员舱和车身的温度变化。

（2）视频监控系统，用于记录电动汽车燃烧与扑救的实验过程。

（3）红外热成像仪，用于测试电动汽车燃烧过程中的温度场变化。

3 电动汽车火灾扑救实验结果

3.1 引燃方式

将电动汽车底盘挖空后，在下方安放电炉，待动力电池系统发生热失控（冒出白烟）后，停止加热。

3.2 火灾处置过程

3.2.1 使用灭火毯

测试电动汽车于 14：15：44 冒出白烟，表明此时动力电池系统已发生热失控。14：17：12 开始冒出大量黑烟，此时关闭加热器，10 s 后，电动汽车即出现明火。待电动汽车自由燃烧约 4 min 后，为模拟消防救援力量不能第一时间到达现场的电动汽车火灾事故场景，于 14：21：30 覆盖灭火毯，抑制明火，防止车辆间的火灾蔓延，为消防救援赢得时间。灭火毯覆盖后，电动汽车的整车温度明显下降，灭火毯外部无明火，达到了抑制明火、防止蔓延的目的。如图 1 所示。

灭火毯覆盖 20 min 后，移除灭火毯，灭火毯完好，未发生烧损情况。

3.2.2 使用灭火剂和挡水围栏

灭火毯移除时电动汽车尾部仍有明火，随后火势逐渐变大，待电动汽车整车再燃烧近 20 min 后，确保电动汽车达到全燃状态，从电动汽车前后 45°各出一只水枪，开始喷射泡沫灭火剂，以研究本文设定的灭火技战术在最恶劣条件下的效能。

电动汽车明火于 14：57：27 扑灭，灭火时间不到 2 min。明火扑灭后，继续出两支水枪进行降温，防止发生复燃，同时架设专用围板，围板铺设时间为 50 s，然后向围板内部喷射泡沫灭火剂，以达到将电动汽车动力电池系统全淹没的目的，从根本上确保电动汽车火灾不发生复燃，同时降低灭火剂用量，提高灭火效能，实验典型过程如图 1 所示。

3.3 实验温度变化

电动汽车整车燃烧试验点火后，车辆内部被加热后初期温度呈指数上升，温度的发展过程与火灾蔓延过程基本一致，未燃烧区域的温度较低，图 2 表明在全燃状态时燃烧区域车身的最高温度达到 600 ~ 800 ℃，车身温度的分布并不均匀，与火灾的蔓延直接相关，同时，电动汽车被灭火毯覆盖后，车辆内部温度快速下降至 200 ℃以下，表明了灭火毯良好的抑制明火效果。

由于锂电池热失控和热扩散主要发生在电池包内部，为监测电池包发生热失控初始阶段的温度变化，本实验在动力电池包底部布置了多个热电偶，图 3 显示电池包表面的温度在热失控发生后迅速上升，最高温度可达 800 ℃以上。

车身侧面的温度也随着火灾的向外蔓延逐渐变大，图 4 显示在火灾发展的初期，车身侧面的温度较低，前部侧面温度基本保持在环境温度，随着火灾的蔓延，车身侧面的最高温度达 900 ℃左右，这主要是因为动力电池系统的喷射火直接卷吸到了车身侧面，导致侧面的温度急剧升高。

3.4 灭火效能评价

（1）灭火毯抑制明火、防止车辆间蔓延的

作用明显。电动汽车被灭火毯覆盖后，车身、底盘及车辆内部的温度均快速下降至 200 ℃ 以下。

（2）灭火时间短。本实验于 14：55：45 开始喷射泡沫灭火剂，电动汽车明火于 14：57：27 扑灭，灭火时间不到 2 min。

（3）电动汽车全淹没式的防复燃战术效能优越，且易于操作。待电动汽车明火扑灭后，消防员在 1 min 内即可架设好围板，30 s 内即可将电动汽车的本质危险源动力电池系统全浸没，有效解决了电动汽车易复燃的难题。

（4）火灾扑灭过程中共使用 5 t 的消防水和泡沫灭火剂，相比于相关研究和标准中 10 t 水，节约了约 50% 用水量。

图 1　实验典型过程照片

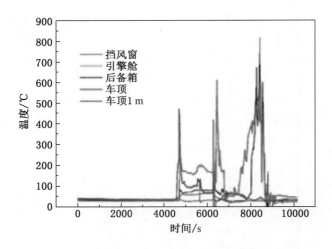

图2　电动汽车车身温度曲线

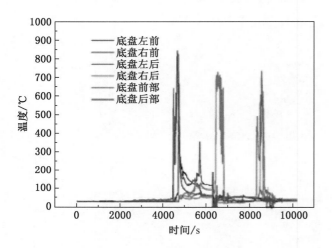

图3　电动汽车底盘温度曲线

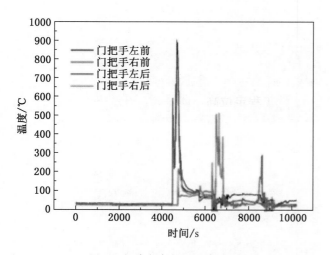

图4　电动汽车侧面温度曲线

4　结论

电动汽车动力电池系统电压等级高，可达400~800 V，火灾呈多次喷射火形式，水平喷射距离一般可达2~3 m，还会产生大量有毒有害可燃烟气，火焰温度高达900 ℃以上；动力电池系统内部电池装载量大，电动汽车火灾持续时间一般可达2~3 h，消防持水冷却难以从根本上消除电池内部的放热反应，因此还存在较大的复燃风险。消防救援部门在处置电动汽车火灾时，应穿戴好消防防护服、防护靴、绝缘手套、空气呼吸器，以确保科学高效处置时消防人员的个人安全。

在电动汽车车辆停放较密集，且消防救援力量不能第一时间到达现场就会造成较大损失的情况下，该灭火技战术将发挥较大作用，例如在汽车工厂的加工车间或停车场等。首先，灭火毯的使用避免了火灾蔓延至其他车辆；其次挡水板的使用可以使位于汽车底盘的电池全淹没在泡沫灭火剂中，着火电池将快速降温，热失控终止，从而减少其他锂电池连锁热失控的发生，既能缩短灭火时间，又能节约大量消防水。

参考文献

［1］曹丽英，等．电动汽车灭火和应急救援技术研究［C］//中国消防协会．2015中国消防协会科学技术年会论文集．北京：中国科学技术出版社，2015.

［2］R. Thomas Long Jr et. Best Practices for Emergency Response to Incidents Involving Electric Vehicles Battery Hazards：A Report on Full-Scale Testing Results：The Fire Protection Research Foundation，2013.

［3］国家标准化管理委员会．GB/T 38283—2020 电动汽车灾害事故应急救援指南［S］.北京：中国质检出版社，2020.

某会议中心消防设计探讨

魏文君　赵　伟

西安市消防救援支队　西安　710065

摘　要：以某会议中心建筑消防设计为例，从提高项目灭火救援能力、有效控制灾害蔓延、提高消防设施配置、严格防火空间分隔设计、完善安全疏散的解决方案等方面梳理了建筑的消防设计要点，结合相关消防设计规范要求，对该项目灭火救援、防火分隔、安全疏散等设计难点进行可行性分析。

关键词：会议中心建筑　防火设计　灭火救援　安全疏散

近年来，我国大型会议中心建筑不断涌现，各地政府部门为提高城市竞争力，都大力推进会议建筑的建设，大型会议建筑逐渐成为国内大中型城市的标配。为了满足功能需要，国内会议建筑越来越大型化、高端化。同时，随着人们的生活水平提高，对审美体验和享受的需求也日渐提升，近年来新建会议建筑的建筑造型、空间感受普遍较好，在建筑规模、建筑外形、使用功能要求等方面越来越新颖。但是由于该类建筑普遍存在大体量、人员密集等特点，设计时往往在灭火救援、安全疏散等方面存在难点，给消防设计带来新的课题。笔者从某会议中心建筑消防设计实例入手，对该类建筑消防问题进行分析。

1　工程概况

某会议中心总建筑面积 20.7 万 m^2，其中地上部分总建筑面积 12.8 万 m^2，地上分别设置面积 4300 m^2 的会议厅、宴会厅、多功能厅三个主要功能大尺度空间，及其余不同大小会议室若干。地下 2 层，建筑面积 7.8 万 m^2，主要功能为停车库、设备用房、厨房。建筑平面轴线尺寸 207 m×207 m，建筑高度 51.05 m，项目整体消防定性为一类高层公共建筑，耐火等级为一级。

2　防火设计难点

本工程由于体量规模较大、外形独特、功能复杂，在防火设计中存在以下难点。

2.1　灭火救援

该工程会议中心二层环绕一周设有月牙造型，其挑檐深度最大处为 18 m，最近处为 5 m，无法满足消防扑救面内裙房进深不应大于 4 m 的要求，如何保障建筑的灭火救援需求，需要进行分析并提出必要的技术措施。

2.2　防火分隔

该工程设有入口大厅，一层至三层设有大型宴会厅及多功能厅，其防火分区建筑面积较大，采用何种合理的防火分隔方式保障消防安全，需要进一步分析。

2.3　安全疏散

疏散楼梯应在首层直通室外，或在首层采用扩大的封闭楼梯间或防烟楼梯间前室，由于本项目进深较大，部分疏散楼梯距离室外较远，如均采用扩大的封闭楼梯间或防烟楼梯间前室，将造成前室面积过大，且与周围存在较大较多的连通口，难以保障前室的安全性，其具体疏散方式和疏散设施的技术要求需要进行分析确定以保证人员的疏散安全。

3　消防难点解决措施

3.1　提高灭火救援能力

该工程定位高、体量大，开展灭火救援时人员密度峰值也高，故对消防安全的等级要求也同步提高。我国目前消防部队配备的高层建筑消防救援车辆主要是直臂云梯消防车和曲臂登高消防车。本项目月牙造型的挑檐宽度超过 4 m，影响举高消防车作业，尤其是直臂云梯消防车；相对而言，曲臂登高消防车的伸缩臂活动更为灵活，且可以折叠，因此可以停靠在建筑附近并避开挑

作者简介：魏文君，女，工程师，就职于陕西省西安市消防救援支队，主要从事消防监督管理工作，E-mail：121084906@qq.com。

檐对二层及以上的楼层进行消防救援，对消防车登高操作场地的宽度要求更小，也更容易避开建筑外部的装饰柱。如图1、图2所示。

为保证危急救援的可靠性，考虑到建筑中部区域难以通过外墙施救的情况，除进入建筑的内攻灭火之外，救援人员可从屋顶进入建筑内部区域。因此，除沿建筑设置环形消防车道外，该工程采取下列相关措施为救援人员提供便利：在会议中心的3个边设置消防车登高操作场地，对应位置设置消防救援窗。在不同方向设置2部通向屋面的消防电梯，疏散楼梯尽量通至屋面；屋面上在靠近疏散楼梯间及消防电梯附近设置室内消火栓，并和设置在建筑周边的水泵接合器直接相连，保障供水；在每个消防车登高操作场地对应部位的屋面设置不少于2处可供人员通行的区域，能保障救援人员顺利登上屋面上人区域，每处的宽度不小于20 m，并能承受救援人员背负装备及消防水带使用时的重量，该路径区域有明显地区别于其他区域的标示或分隔，并在该路径对应的首层室外地面设置明显标志。如图3、图4所示。

3.2 有效控制灾害蔓延

在降低火灾风险、控制灾害蔓延方面，该工程采取了多项加强措施。例如，建筑内库房（仅存放丙二类、丁类、戊类物品）、厨房、扩大前室与建筑内其他部位连通的门采用甲级防火门；设备房、办公用房等辅助性功能房间及会议厅用耐火极限不低于3.00 h的墙体、甲级防火门与其他部位进行防火分隔；高度大于12 m的空间设置两种及以上火灾参数的火灾探测器，采用线型光束感烟火灾探测器、管路吸气式感烟火灾探测器或图像型感烟火灾探测器；消防用电的干线采用不燃性矿物绝缘类电缆，支线及配线采用低烟无卤耐火电缆；其他照明线路采用低烟无卤阻燃电缆；高位消防水箱的容积提高至不小于50 m³。

3.3 提高消防设施配置

在消防设施配置上，该工程也提高了要求。例如，入口大厅等高度大于18 m的空间设置大空间智能型主动喷水灭火系统，系统参数满足《大空间智能型主动喷水灭火系统技术规程》（CECS 263：2009）的相关规定，并确保任意一

（a）直臂云梯消防车

（b）曲臂登高消防车

图1 直臂消防车和曲臂消防车

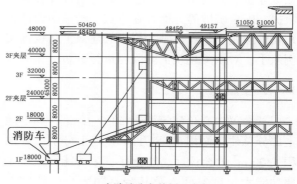

(a)直臂消防车救援示意图

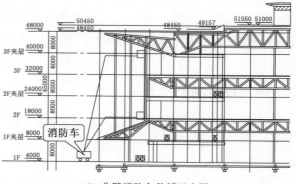

(b)曲臂消防车救援示意图

图2 直臂和曲臂消防车救援示意图

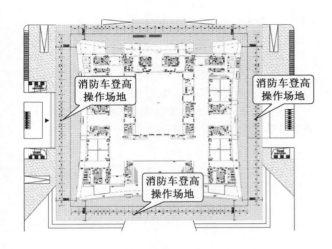

图 3　消防车登高操作场地设置示意图

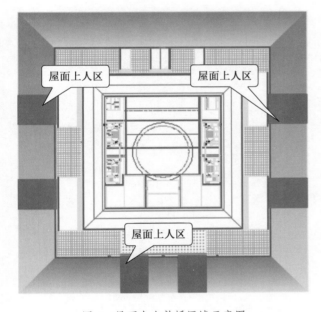

图 4　屋面上人救援区域示意图

点两股水柱同时达到；高度小于 18 m 的空间设置自动喷水灭火系统，相关设计参数按《自动喷水灭火系统设计规范》（GB 50084—2017）执行，对于一层至三层设置的大型宴会厅及多功能厅其内部设置自动灭火系统喷水强度按照 15 L/（min·m²）、作用面积按 260 m² 设置；建筑内设置的自动喷水灭火系统洒水喷头采用快速响应喷头，不采用隐蔽式喷头；建筑内非消防用电负荷设置剩余电流式电气火灾监控系统。

3.4　严格的防火空间分隔设计

　　为确保展厅空间的相对消防独立，与入口大厅、各宴会厅和多功能厅相邻的附属用房均采用

耐火极限不低于 3.00 h 的防火隔墙和甲级防火门进行防火分隔，一层至三层的各宴会厅及多功能厅考虑采用活动分隔措施将各厅分隔为两部分，活动隔断分隔后的两部分的疏散各自满足要求，各宴会厅及多功能厅外相邻的 U 型休息廊仅作为交通空间使用，不具有其他使用功能。

3.5　防火分隔、安全疏散的解决方案

　　在结合上述消防加强措施的基础上，通过合理的防火分隔，解决了安全疏散难题。由于首层中部存在 4 部不能直通室外的疏散楼梯，本工程采取加强防火分隔措施以达到等效保障人员疏散安全的目的：将疏散楼梯通向室外的区域作为疏散序厅，采用耐火极限不低于 2.00 h 的防火隔墙和甲级防火门、特级防火卷帘与其他区域进行防火分隔；序厅内的电梯口设置防火卷帘等防火分隔设施进行分隔，疏散序厅内的装修采用不燃材料；对应的 4 部疏散楼梯通往屋面。如图 5 所示。

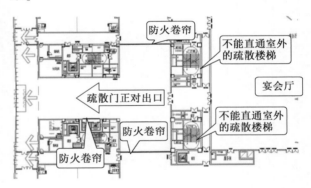

图 5　疏散序厅防火分隔示意图

4　结语

　　建筑的消防安全虽然是相对的，但也是一个完整系统的总体性能体现。本文通过对某会议中心建筑中存在的难点问题进行研究，分析探讨了该类建筑中存在的防火设计难题。该会议中心的消防设计是结合《建规》等规定和消防测试论证结果做出的合理尝试。但人的行为是多样的，而火灾无情。因此，设计上应保证各防火分区合理可靠，同时在后期的使用管理中，保证疏散通道的通畅性和消防设施的可靠性，消除火灾隐患，保证会议中心的消防安全。

　　当前，此类建筑的创新日新月异，给建筑设

计提出了更高的要求。在建筑设计理念高速发展的今天，我国的消防安全管理、灭火救援同时也要求不断进步，才能适应当今社会的发展。

参考文献

[1] 李立志，王宁，李乐. 贵阳国际会议会议中心安全疏散性能化设计 [J]. 消防科学与技术，2009，28(11)：809-812.

[2] 苏烨. 超大型会议中心建筑群防火设计分析 [J]. 消防科学与技术，2019(11).

[3] 赵丹. 城市商业综合体人员安全疏散研究 [D]. 西安：西安建筑科技大学，2016.

[4] 王海爽. 某会议建筑排烟系统设计分析 [J]. 消防科学与技术，2018，37(6)：761-763.

石油化工装置火灾爆炸救援风险分析

杨跃奎　陈嘉伟

珠海市消防救援支队　珠海　519000

摘　要：本文介绍了石油化工装置的风险点，并以某化工企业为例，就石油化工装置火灾爆炸事故救援进行了风险分析，得出了发生喷射火灾和蒸气云爆炸时热辐射对化工装置及救援人员的危害程度，分析了蒸气云爆炸产生的冲击波对化工装置及救援人员的冲击和破坏作用，指出了处置化工装置火灾爆炸事故应及时加强冷却降温，尽量使用无人灭火设备，做好个人防护等措施，并提出了加强对化工装置的安全评估、熟悉演练，加大无人机、移动水炮、举高喷射消防车等设备的配置等建议。

关键词：消防　化工装置　爆炸　热辐射　灭火救援

1　引言

近年来，我国石油化工生产企业发展迅速，规模也越来越大，由于石化企业产品高危险、易燃、易爆等特点，由此引起的火灾爆炸事故频繁发生。2011 年 1 月 19 日，中石油抚顺石化分公司石油二厂重油催化装置稳定单元发生闪爆事故，造成 3 人死亡、4 人轻伤。2011 年 11 月 6 日，吉林省松原石油化工股份有限公司气体分馏装置脱乙烷塔顶回流罐泄漏发生爆炸火灾事故，造成 4 人死亡、7 人受伤。2015 年 7 月 26 日，中石油庆阳石化公司常压装置渣油/原油换热器发生泄漏着火，造成 3 人死亡、4 人受伤。2017 年 8 月 10 日，河北沧州中捷石化有限公司催化裂化装置气压机出口冷却器内漏发生火灾事故，造成 2 人死亡、12 人受伤。因此，进行化工装置火灾爆炸风险分析，科学配置灭火救援力量，对减少人员伤亡和降低经济损失具有重大意义。

2　石油化工装置主要风险点

2.1　流体输送设备

流体输送设备主要用于输送各种液体（如原油、石脑油、汽油、柴油等）和气体（油气、空气、蒸气），使这些物料从一个设备到另一个设备，或者使其压力升高或降低，以满足工艺要求。流体输送设备主要包括泵（离心泵、往复泵等）、压缩机、各类管线、阀门等。通常一个炼油装置所需阀门数以千计、管线总长可达万米以上。流体输送设备的常见危险是，运送的油品一般易燃易爆，一旦发生泄漏极易发生火灾；流体温度超过管道的下临界温度（允许表面热强度）时，极易发生爆管现象；另外，氢气以及介质中的脱氯剂中含有的氯，石脑油中的硫、氮，不饱和烃与氢反应生成的 H_2S，催化剂再生部分的碱液、氯化物等，都对设备及管线有腐蚀作用，会使设备产生氢脆或裂纹。

2.2　加热设备

加热设备主要将油品加热到一定温度进行反应，为反应产物蒸馏分离提供足够的热量和反应空间。加热设备常见的为管式加热炉，其常见危险是，被加热物质在管内流动，通常都是易燃易爆烃类物质，压力高、危险性大，操作条件较为苛刻。以圆通炉为例，常压炉辐射炉管的允许平均表面热强度为 $25.24 \sim 0.38$ kW/m^2，减压炉为 $25.24 \sim 31.52$ kW/m^2，超过允许表面热强度时，易造成管壁温度升高，炉内原料结焦，引起炉管烧穿。一般采用明火加热，直接受火式，一旦介质泄漏将引起严重事故。比如，介质含有 H_2S、HCl、NH_3 等杂质，长时间容易腐蚀管壁导致出现孔洞而引发火灾。

2.3　换热设备

换热设备主要作用是加热原料、冷凝、冷区油品，常用的有换热器、冷凝器、冷却器、重沸器等。换热设备的常见危险是，除了管内流体含

作者简介：杨跃奎，男，硕士，珠海市消防救援支队中级技术职务，主要研究方向为灭火救援，E-mail：411583242@qq.com。

有 H_2S、HCl、NH_3 的等腐蚀杂质外，持续的高温、持续使用含氯离子等杂质的冷却水，将加剧管道腐蚀，减少了换热设备的寿命，造成泄漏从而引发火灾。据统计，因换热器引发的事故在所有化工设备事故中占的比例最大，达 27%，远高于输送设备、加热设备、反应设备引发的事故。

2.4 传质设备

传质设备是提供气–液或液–液进行质量或者热量交换的场所，常见的传质设备有精馏塔、吸收塔、油提塔和解吸塔等。传质设备的常见危险是，该设备与其他设备类似，单元内介质均为甲、乙易燃易爆物质，具有火灾爆炸危险的共性，一旦发生泄漏，可能导致火灾和爆炸事故；毒性危害在本单元的危险有害因素中较突出，如抽提用溶剂对人体皮肤及黏膜有一定的腐蚀作用；苯、甲苯、芳烃等物质具有一定毒性，主要危害是使中枢神经系统机能紊乱，低浓度引起条件反射的改变，高浓度引起呼吸中枢麻痹。

2.5 反应设备

反应设备主要作用是为炼油工艺进行的各类化学反应提供场所。反应设备的常见危险是，反应器主导化学反应为放热反应，一旦控制不好，容易发生反应器内温度急剧升高、压力升高，超温、超压引发事故；反应器中操作介质为油气和氢气的混合物，反应器设计温度超过操作介质自燃点，一旦该反应器泄漏，并达到介质爆炸极限，不需要外界点火源即可引发火灾爆炸事故。

2.6 容器

炼油装置的容器（罐）主要是用于气体和液体、油和水的分离及作为某些物料的缓冲罐。容器的主要危险是，发生爆炸时，爆炸抛出的易爆物，有可能点燃附近存储的燃料或其他可燃物，造成大面积火灾，同时，爆炸产生的冲击波，可以对周围环境中的机械设备和建筑物产生破坏作用和造成人员伤亡。

3 灾情设定

某化工企业，在生产过程中重整装置换热器之间的压力管道破裂，有高压雾状气体喷射出（图1）。泄漏点的压力 2.0 MPa、温度 180 ℃，

泄漏的主要介质为管道内的石脑油及少量的氢气等高压气体，泄漏点管道内径为 900 mm。导致泄漏事故的主要原因是长期处于酸性环境及超设计温度使用导致事故管道，使其因超常规腐蚀变薄。

图1 换热器间压力管道泄漏示意图

4 火灾风险性分析

4.1 石脑油高压气体泄漏量的计算

高压气体从裂口泄漏的速度与其流动状态有关。因此，计算泄漏量时首先要判断泄漏时气体的流动属于声速还是亚声速，前者称为临界流，后者称为亚临界流。

当 $\dfrac{p_0}{p} \leqslant \left(\dfrac{2}{k+1}\right)^{\frac{k}{k-1}}$ 时，属于声速流动；

当 $\dfrac{p_0}{p} \geqslant \left(\dfrac{2}{k+1}\right)^{\frac{k}{k-1}}$ 时，属于亚声速流动；

$\dfrac{p_0}{p} = \dfrac{0.1 \times 10^6}{2.0 \times 10^6} = 0.05 < \left(\dfrac{2}{k+1}\right)^{\frac{k}{k-1}} = \left(\dfrac{2}{1.15+1}\right)^{\frac{1.15}{1.15-1}} = 0.57$，判断属于声速流动。

根据气体泄漏经验公式（1）计算气体的泄漏量。

$$m_{\mathrm{f}} = C_{\mathrm{d}} A p \sqrt{\dfrac{Mk}{RT}\left(\dfrac{2}{k+1}\right)^{\frac{k+1}{k-1}}} \qquad (1)$$

式中 p_0——环境压力，取 0.1×10^6 Pa；

p——管道内介质压力，取 2.0×10^6 Pa；

k——气体的绝热指数，即定压比热容 c_{p} 与定容比热容 c_{v} 之比，取 1.15；

m_{f}——气体泄漏的质量流量，kg/s；

C_{d}——气体泄漏系数，取 0.9；

A——泄漏口面积，取管道内径的 20%；

M——气体的分子量，取 0.07 kg/mol；

R——摩尔气体常数，8.314 J/(mol·K)；

T——管道内介质温度，取 453 K。

计算公式（1）得 $m_f = 356.9$ kg/s。

4.2 石脑油高压气体燃烧热辐射强度计算

高压气体从裂口高速喷出后，如果被点燃，可形成喷射火。喷射火每秒辐射的热量：

$$Q = \eta m_f H_c \tag{2}$$

距离点热源 x 处接受的热通量：

$$q = \frac{Q\xi}{4\pi x^2} \tag{3}$$

式中　Q——点热源每秒辐射热通量，W；

η——效率因子，可取 0.35；

m_f——介质泄漏的质量流量，kg/s；

H_c——燃烧热，取 41868000 J/kg[3]；

q——距离点热源 x 处接受的热通量，取 W/m²；

x——点热源到目标的距离，m；

ξ——辐射率，取 0.2。

计算公式（3）得

$$x = \sqrt{\frac{Q\xi}{4\pi q}} \tag{4}$$

4.3 石脑油火灾热辐射伤害程度计算

当产生的热辐射足够强大时，可能导致周围的化工装置燃烧或者损坏，烧伤、烧死人员，造成重大损失。伤害破坏程度主要取决于目标处接受热辐射的多少。根据热辐射破坏准则以及公式（4），计算出石脑油泄漏火灾对化工装置的损坏和对人员的伤害程度如表1、图2所示。

表1　石脑油火灾对邻近设施及人破坏程度

热辐射/(kW·m⁻²)	37.5	25.0	12.5	4.0
距离/m	47.1	57.7	81.6	144.3
人员伤害程度	死亡	重伤	轻伤区	
设备破坏程度	操作设备全部损坏	在无火焰、长时间，木材燃烧的最小能量	有火焰时，木材燃烧塑料熔化的最低能量	

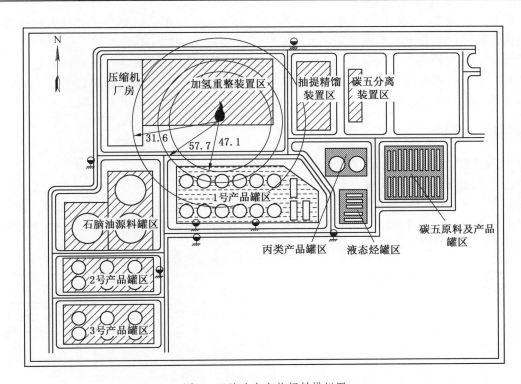

图2　石脑油火灾热辐射模拟图

如图1和表1所示，重整装置换热器之间的压力管道破裂，发生火灾，其热辐射影响分析如下。

（1）石脑油原料罐区，共3个罐，介质为石脑油，容积为5000 m³，内径为21 m，类别为浮顶罐，材质为Q235-B。石脑油原料罐区距离着火点76.3 m，石脑油火灾在此处产生的热辐射小于25 kW/m²，对石脑油原料罐区暂时不会造成严重影响。

（2）1号产品罐区，共有6个1000 m³立式罐、2个200 m³卧罐、165 m³卧罐，介质为甲B类物质。1号产品罐区南侧罐体距离着火点48 m，石脑油火灾在此处产生的热辐射接近37.5 kW/m²，对1号产品罐区构成严重威胁。

（3）加氢重整装置区，布满了各类流体输送设备、加热设备、换热设备、传质设备和反应设备，大部分设备暴露在着火点25 kW/m²热辐射和37.5 kW/m²热辐射范围内，特别是辐射区域内的圆通炉、缓冲罐超过了允许平均表面热强度，易引起炉管烧穿和容器爆炸，对加氢重整装置构成严重威胁。

因此，当石油化工装置形成喷射火事故时，为防止事故扩大，应及时启动内部固定消防设施或派出消防车辆对周边几十米范围内的化工装置和物料管线进行冷却降温，同时进行关阀断料，减少可燃物，且靠近现场的救援力量应着隔热防护服，防止热辐射对救援人员的伤害。

5 爆炸风险性分析

当处于热辐射强度大于25 kW/m²或者受到爆炸波冲击等状态时，化工装置中存有可燃液体的容器壁强度下降并突然破裂，失去压力平衡，过热可燃液体突出释放，并急剧气化，并随即被附近的火焰点燃，就会出现蒸气云爆炸，产生极大的火球。以管道泄漏点上部的V-232卧罐为例，内存有3900 kg的戊烷油，进行爆炸风险性分析。

5.1 火球热辐射危害

根据Roberts模型，发生火球和爆燃燃烧时，火球的直径为

$$D = 5.8 W^{1/3} \tag{5}$$

式中　D——火球直径，m；

　　　W——火球中消耗的石脑油质量，取罐容量的50%，即1950 kg；

计算公式（5）得

$$D = 72.5 \text{ m}$$

根据Roberts模型，火球延续时间为

$$t = 0.45 W^{1/3} \tag{6}$$

式中　t——火球延续时间，t。

计算公式（6）得

$$t = 5.6 \text{ s}$$

忽略火球高度时，计算距火球 x 的热辐射通量为

$$q = \frac{fWH_c\tau}{4\pi t x^2} \tag{7}$$

式中　q——距离点热源 x 处接受的热通量，取 W/m²；

　　　f——燃烧辐射分数，取0.3；

　　　H_c——燃烧热，取45126922 J/kg；

　　　τ——大气透射率，取1；

　　　x——距离，m。

计算公式（7）得

$$x = \sqrt{\frac{fWH_c\tau}{4\pi t q}} \tag{8}$$

据热辐射破坏准则[4]以及公式（8），计算出火球对化工装置的损坏和人员的伤害程度见表2。

表2　火球对邻近设施及人破坏程度

热辐射/(kW·m⁻²)	37.5	25.0	12.5	4.0
距离/m	100.0	122.5	173.2	306.2
人员伤害程度	死亡	重伤	轻伤区	
设备破坏程度	操作设备全部损坏	在无火焰、长时间，木材燃烧的最小能量	有火焰时，木材燃烧塑料熔化的最低能量	

可见，在 5.6 s 时间内，火焰的高度将达到 72.5 m，且 72.5 m 范围内的化工设备将受到火球的高温燃烧作用。如表 2 所示，100 m 范围内的化工装置将受到大于 37.5 kW/m² 的热辐射强度，爆燃点外 50 m 处的 28 个卧式罐、29 个立式罐约 2.2 万 t 石脑油、混合芳烃等化工原料，以及紧紧相连的年生产 120 万 t 的重整加氢装置，将受到严重威胁，会出现多处着火点，一旦冷却处置不当，将发生连锁爆炸，整个石化区将夷为平地，当地人民群众生命财产安全将面临严重威胁。

5.2 蒸气云爆炸危害

容器爆炸时，爆炸产生的能量以冲击波、碎片、设备变形等形式出现，一般来说，以第一种方式的能量破坏作用最大。

将参与爆炸的戊烷油气体释放的能量折合为相同能量的 TNT 炸药量：

$$W_{TNT} = \frac{\alpha\beta W H_c}{Q_{TNT}} \qquad (9)$$

式中　W_{TNT}——蒸气云的 TNT 当量，kg；
　　　α——效率因子，可取 4%；
　　　β——常数，地面爆炸时取 1.8；
　　　Q_{TNT}——TNT 的爆热，取 4520000 J/kg。

计算公式（9）得

$$W_{TNT} = 1401.7 \text{ kg}$$

爆炸中心与给定超压间的距离 x：

$$x = 0.3967 W_{TNT}^{1/3} \exp[3.5031 - 0.7241\ln\Delta p + 0.0398(\ln\Delta p)^2] \qquad (10)$$

式中　Δp——超压，psi，1 psi = 6.9 kPa。

据超压破坏准则以及公式（10），计算出不同超压对化工装置的损坏和人员的伤害程度见表 3。

表 3　冲击波超压对邻近设施及人破坏程度

项目	人员伤害程度			设备破坏程度	
	死亡	重伤	轻伤	钢筋混凝土破坏	大型钢结构破坏
距离/m	28.3	41.1	71.4	20.2	16.9
Δp/MPa	>0.1	0.05~0.1	0.02~0.05	0.1~0.2	0.2~0.3

可见，受蒸气云的冲击波作用，20 m 范围的化工装置钢筋混凝土结构、甚至钢结构将受到

严重破坏；40 m 范围内的人员将有重伤或死亡的危险。因此，在处置化工装置火灾时，尽量使用灭火机器人、移动水炮、举高喷射消防车等无人近距离操作的装备部署着火点区域附近，降低因冷却不全导致部分设备爆炸造成人员伤亡的风险。

6 灭火药剂风险性分析

石油化工装置工艺复杂、火灾蔓延速度快、涉及面广、燃烧时间长，且存在爆炸的危险性、气体的毒害性、物料的腐蚀性，对火灾扑救中灭火剂的选择要求高、针对性强，给扑救工作带来很多困难。

6.1 水灭火剂的使用范围

在石油化工火灾扑救中，水是最常见的灭火剂，在冷却抑爆方面起着关键作用。但在使用中，应注意一些物质、一些情况，不能直接用水进行扑灭。对活性物质危险源（三乙基铝、倍半烷基铝等催化剂）、遇水燃烧或活泼金属火灾，严禁射水扑救；对低温常压、高温高压、临氢反应器（釜）等设备在进行冷却稀释抑爆时，应利用喷雾水枪、水幕水枪或移动摇摆炮进行不间断稀释，不得喷射直流水或向超压罐体安全阀射水，不得向低温常压罐车结霜面射水，防止造成罐体超压破裂或爆炸伤人；有毒气体火灾应用雾状或开花水流稀释。

6.2 泡沫灭火剂的使用范围

石油化工火灾一般为 B 类火灾，B 类火灾主要有两种，一种是较为常见的非极性液体火灾，如油类物质火灾；另一种是水溶性较大的液体火灾，也称为极性液体火灾，如酒精、丙酮等的火灾。这两种火灾的特性相差较大，使用 B 类泡沫灭火剂也不同。B 类泡沫主要分为两种，其中一种只能灭非极性液体火，一种既能灭非极性液体火，也能灭极性液体火。如果将两种不同特性的泡沫混为一谈使用，就有可能在石化化工火灾扑救中将只能灭非极性液体火的泡沫灭火剂用于灭极性液体火，给灭火作战带来严重后果。

7 事故案例

7.1 事故概况

实际事故案例也充分证明了热辐射和冲击波

的影响。2020 年某企业预加氢反应进料/产物换热器 E202A-F 与预加氢产物/脱水塔进料换热器 E204AB 间的压力管道 90°弯头破裂，向外喷射高压石脑油气体，与管道摩擦产生静电火花引发爆燃，造成管线多处破损，物料泄漏着火。在热辐射作用下，13 时 49 分相邻的 V-203、V204 罐体发生爆燃，罐体和管线内存量 22 t 的油品向外喷溅猛烈燃烧，大量的装置构建、管道残片散落在地，保温棉漫天飞舞，产生更大的热辐射，对紧靠的 V-206 卧罐和北面 50 m 外 12 个 1000 m³ 成品罐以及西北面的 3 个 5000 m³ 的石脑油原料罐造成严重威胁。14 时 21 分，相邻的 V-232 卧罐因受热其他过高发生物理爆炸瞬间引起爆燃，爆炸引起高达 70 m 的火焰笼罩整个重整装置区（图 3），方圆百米的树木、草地全部被点燃或烤焦，爆炸响声方圆 5 公里清晰可听，北侧重整装置结构性倒塌（图 4），3 名指战员被爆炸冲击波击倒在地，企业内的 28.25 t 芳烃、烷烃、液化石油气和预加氢原料面临再次被引爆的威胁。

图 3　V-232 卧罐发生爆燃图

图 4　装置区部分设备设施坍塌

7.2　救援经过

13 时 43 分，支队作战指挥中心接到报警，13 时 49 分，辖区大队到达现场。随后本市及周边地市增援力量 121 辆消防车、628 名消防员陆续到达现场开展救援工作。救援指挥部设立现场救援组、人员疏散组、生态环境处置组、外围布防组和宣传舆情组 5 个工作小组。按照"先控制、后消灭，加强冷却保护，防止蔓延扩大"的原则，采用灭火机器人、移动消防水炮、举高喷射消防车等消防装备逐层部署在爆炸点四周，形成立体冷却，最大限度地保护邻近罐体安全。市应急管理局、区政府调集相关专家制定现场救援处置方案，第一时间组织疏散厂区周边人员。公安部门出动 745 名警力实行交通管制，维护现场秩序。生态环境部门启动环境应急监测，立即对事故现场及周边的大气、水质布点监测，密切关注环境变化。卫健部门出动 5 辆救护车现场待命。

14 时 45 分，支队全勤指挥部到达现场后，实行"冷却抑爆，重点保护，防止蔓延"的作战思路和逐层设防的力量部署，利用消防机器人、红外线热成像探测无人机以及泄漏气体侦检仪器等专业设备对现场展开全面实地勘查，组织精干力量深入火场内部全力扑救火灾（图 5）。15 时 40 分，火情基本等到控制，形成稳定燃烧，参战力量不间断对着火装置和邻近罐体进行冷却。

16 时 25 分，总队全勤指挥部到达现场，成立火场总指挥部。18 时 56 分，现场装置温度得到有效控制，经现场指挥部专家研究评估后，决定组成攻坚组，内攻关闭阀门。19 时 15 分许，明火完全扑灭。

7.3　主要经验

（1）第一次爆燃发生后，及时启动内部固定消防设施实施冷却降温，关闭反应装置上下游阀门实施断源，极大降低了临近存储约 20 t 石脑油的 V-202 号罐和 E-204 换热器被第二次爆燃波及引爆的风险。

（2）第二次爆燃发生后，果断采取"先控制、后消灭，加强冷却保护，防止蔓延扩大"战术，将灭火机器人、移动水炮、举高喷射消防车等优势装备器材部署在受火势威胁的 1 号成品

图 5　火灾救援现场图

罐区、石脑油原料储罐以及相邻装置，有效防止连锁爆炸等极端情况的发生。

（3）第三次爆燃发生后，及时确定"冷却抑爆，重点保护，防止蔓延"的作战思路和逐层设防的力量部署，持续控火冷却，使着火区域稳定燃烧，大量消耗残余燃料，防止了装置再次爆炸；针对现场装置温度得到有效控制，明火迟迟无法扑灭情形，果断组织突击队深入核心区域关阀断源，彻底消灭了明火，并随后确定"坚守阵地、循环用水、降温抑爆、实时监测"的作战原则，定时检测罐体温度，持续保持冷却强度，防止了复燃，最终成功扑灭火灾。

8　结论

（1）化工装置管道发生喷射火灾时，将会对周围区域的化工设备造成强烈的热辐射，无冷却保护下，将会扩大灾害事故。因此，应及时启动内部固定消防设施或派出消防车辆对周边几十米范围内的化工装置和物料管线进行冷却降温，并进行关阀断料，同时要做好个人防护。

（2）当喷射火灾热辐射区域冷却不到位，或者有保护不到位的设备时，在长时间热辐射作用下，将会引发附近化工容器物理爆炸，从而引发蒸气云爆炸，进而发生连锁爆炸事故。因此，救援人员平时要熟悉辖区化工企业的状况，救援时也要有企业专业人员现场进行指导，同时无人机设备的运用将更能了解全局情况，大大有助于灭火救援的力量科学部署。

（3）从蒸气云爆炸造成的热辐射和冲击波破坏结果看，在近距离灭火救援操作时，应尽量使用不需要人员近距离操作的设备，如移动水炮、灭火机器人、举高喷射消防车等。

（4）化工装置一旦发生火灾，发生连环爆炸的可能性较大，造成的后果影响较大。因此，应加强对化工装置的安全评估、熟悉演练，加大移动水炮、举高喷射消防车、灭火机器人等无人近距离操作设备的配置，确保一旦发生事故能科学安全处置。

参考文献

［1］张建芳，山红红，涂永善，等．炼油工艺基础知识［M］．北京：中国石化出版社，2011.

［2］邬长城，薛伟，贾爱忠，等．燃烧爆炸理论基础与应用［M］．北京：化学工业出版社，2016.

［3］张国晖 . 20000 m³ 石脑油罐区危险性分析与评价［J］．石油化工安全环保技术，2011，27（5）：20-23.

［4］开方明，马下康，尹谢平，等．油罐区泄漏及火灾危险危害评价［J］．安全与环境学报，2008，8（4）：110-114.

［5］赵雪娥，孟亦飞，刘秀玉．燃烧与爆炸理论［M］．北京：化学工业出版社，2010.

［6］蔡凤英，谈宗山，孟赫，等．化工安全工程［M］．北京：科学出版社，2009.

探究社区的消防安全管理创新

王 礼 鹏

深圳市万御安防服务科技有限公司　深圳　518000

摘　要：构建社区消防安全管理体系，做好社区消防安全管理工作，不仅直接关系到社区居民生活的安全性和满意度，也关系着城市社会管理创新的不断推进与深入。目前，我国社区的消防安全管理工作还处在初级阶段，普遍存在资源分配不均、管理制度不健全、管理队伍不专业、基础设施配套跟不上、监管无力等问题。为此，本文从社区进行消防管理工作的重要性、社区消防管理工作中存在的问题及提出对策等几个方面，来探究如何推进社区消防安全管理工作的落实与创新，真正保障人民群众的生活质量。

关键词：消防　社区　消防管理　智能化

火灾给人类带来的伤害和损失是毋庸置疑的，而社区是一个国家最基层的管理单位，社区的和谐与稳定是衡量社区好坏的重要因素。近几十年来，随着农村人口大量涌入城市及城市间的人口流动，社区人口的众多和不稳定给社区的安全管理带来了不小的挑战。尤其是随着家用电器的不断增加，由于电器使用不当和电瓶车充电等因素造成的火灾常见于新闻报道中，这也使得社区的消防安全管理工作的弊端暴露在大家的面前。因此，加强社区的消防安全管理，对于提升整个城市的现代化进程有着重大的意义，社区乃至整个城市的消防管理体系面临着新一轮的改革与发展。

1　基本概念

1.1　社区的概念

社区是一个传统的社会学概念，不同的社会学家对其定义有着不同的理解，本文认为"社区是人们为了生存和发展而结合起来的、与地域具有密切关联的人类生活共同体。"[1]在我国，社区是城市或农村中一个特定的区域，其地理边界一般与当地的行政管辖区域划分有关，社区的管理与街道、居民委员会或村民委员会的管理密切结合。

1.2　消防安全管理的概念

消防安全管理是指依照法律、法规及规章制度，为保证消防安全而采用各种社会资源实现消防管理活动的总称。消防安全管理应是政府进行社会管理的重要内容，是社会稳定、人民生活幸福的重要保证。社会各个单位都应当重视消防安全管理工作，提高大家的消防安全意识，配置完好有效的消防设施，消除一切消防安全隐患。

1.3　社区消防安全管理的概念

社区消防安全管理属于社会消防安全管理的一部分，也是社会安全管理的重要组成内容。它指的是在社区的地域范围内进行的消防安全管理活动。社区消防安全管理是处理社区建设中所有有关消防问题的一种行为，它对保护社区群众的生命及财产安全，促进社区百姓的和谐生活有着重要的作用。它从法律、政策、财力、人力、技术等多方面来指导社区管理者如何面对突如其来的灾害，并将灾害带来的伤害控制在最小的范围内。

2　国内外的实践经验

在美国，消防力量包括职业消防队、志愿消防队和义务消防队3种。大小城镇均设置消防机构，负责城镇内各社区消防工作，社区配有义务

作者简介：王礼鹏，男，学士，深圳市万御安防服务科技有限公司消防专家，国家一级注册消防工程师、注册城乡规划工程师，主要从事消防设施检测、维保、评估以及设计等方面的工作，E-mail：253428860@qq.com。

消防员，且 50% 的美国公民都是消防志愿者。[2]

在英国伦敦，当地消防部门的职员经常深入社区开展教育并征求居民意见，力争对不同种类的人员开展不同形式的消防教育。[3]

在德国，不管是私人住宅还是商业办公用地，其建筑装修设计必须要经过消防和建筑部门的共同验收才能投入使用。德国设立的消防局和各地区的消防站还要对各类公用建筑进行检测和维修。[4]

日本研发了消防机器人并大量用于火灾救援现场，一方面减少了消防职业人员的损伤，另一方面也提高了应对火灾的救援水平。

北京东城区最早实行消防安全网格化管理体系，街道与各部门、各居委签订消防责任书，实施一级对一级负责，层层抓落实。在上海，"智慧消防"建设运用十分广泛，在居民小区、高层建筑布设智能消防感知系统，及时发现火灾警情，依托微信群就近推送、及时处置。[5] 在香港，急救基础知识与家庭急救常识则已进入中小学课程设置。[6]

3 消防安全对社区建设的影响分析

3.1 有利于提高社区居民的幸福感

新时期的社区建设，以为居民提供全方位的服务为己任，旨在提高群众的生活满意度。因此，建设一个安全、可靠的社区环境是首要条件。在社区建设中充分考虑消防因素，将其融入社区工作的方方面面，通过社区的设施建设、环境搭建、服务配套、宣传教育等，加强社区的火灾应对能力，提高社区居民的消防安全意识和自救能力，才能为社区居民打造一个安全、舒适的生活环境。

3.2 有利于促进城市消防体系的完整

在传统观念中，消防工作只是属于消防部门的任务，在过去很长一段时间内城市的消防安全管理体系都只是一个口号。而通过社区消防管理工作的辐射，则将消防管理纳入了社会的最基层单位，真正建立起从上到下的消防管理体系，有利于将消防工作融入群众的日常生活，提升全民的消防意识，构建安全和谐社会。

3.3 有利于提升城市社会管理水平

随着城镇化的日益发展，城市的社会管理内

容越来越多元化。尤其是随着大型居民小区的出现，很多小区的人口范围和数量极其庞大，如何通过社区的管理来促进社会的稳定，培养城市居民的安全感和归属感，是当下城市社会管理需要解决的难题。通过加强消防安全管理，来提升公共安全，保障人民的生活质量，促进城市的可持续发展，是进一步增强城市管理水平的基础保证。

4 社区消防管理体系存在的问题

4.1 社区组织缺乏消防安全意识

随着城市规模的扩大，城市的基础设施也在不断地完善中，但由于长久以来的观念局限，在大部分的社区组织中，相关人员对于消防的重视度仍显不足，无论是在社区的消防设施的建设和维护上，还是在针对社区居民的消防安全宣传上，工作明显流于形式或缺失。经常出现社区内的消防通道被占用，消防设施被损毁，甚至一些违建挡住了消防设施等现象。一旦发生火灾，很可能在很短时间内快速蔓延，给扑救工作带来很大困难，造成不可挽回的损失。

4.2 社区缺乏消防管理工作的专业人员

社区是社会管理的基层单位，面对着众多的居民，社区的服务工作冗繁而琐碎，社区服务人员常常陷于一些生活琐事的处理，面对消防管理工作则是消极应付。加上社区中负责消防管理工作的人员并没有经过相对专业的培训学习，无法科学严谨地开展消防管理工作，同时也缺乏明确的责任到人制度，导致消防管理工作很难落到实处。

4.3 社区消防服务设施不到位

由于意识的缺乏，社区中很多的消防基础设施非常不完善，尤其是在一些老旧小区，在早期的建设时期就没有消防安全布局的规划，导致现在整改困难，造成了很大的安全隐患。现在社会随着对消防的日益重视，越来越多的政府部门加大了对消防基础设施的投入，但仍然存在不均衡的现象。如针对老旧小区的不合理规划，如要增设消防设施可能需要大规模的整改，需要大量的资金投入，而社区又缺少资金，因此社区会放置不管。

4.4 对社区消防管理工作的监管不足

对于社区消防管理工作的监管是相关政府部

门的职责，由于近年来消防管理工作的大幅度增加，而政府部门由于缺乏完整的监管制度，人员配备没有跟上，导致针对社区的消防管理监管工作既疏又漏。而社会的舆论监督更多时候会忽视消防的日常监管，更多关注一些突发性事件。一起突然引发的大火更有可能会吸引大家的关注，在网上监督相关部门制度的调整，但在事件热度过后，监管又成了虚影。

4.5 缺乏社区消防管理工作的宣传

在城市的社区中，鲜见消防工作的宣传，更多只是应对上级部门的检查，或是结合全国消防日等主题日而开展的活动，宣传的方式、渠道也都不到位，往往都是拉横幅或是在社区公告栏中设宣传海报，宣传渗透性差。而社区居民虽然渴望生活环境安全、舒适，却也没有足够的消防安全意识，没有主动参与社区消防安全管理事务的认识，也缺乏火灾应对常识。针对火灾等灾害，往往抱有侥幸心理，或者只关心表面现象，而没有深层次考虑背后的原因。

5 社区消防管理创新策略

5.1 创新消防安全理论，促进社区消防系统的全面升级

社区消防工作现已逐渐成为各级政府的重点工作，各地都在推进老旧住宅楼的消防整治工作，社区消防管理工作已进入了一个全新的发展阶段。但消防是一项持久的、专业化的工作，需要相关的工作人员不断创新思维，不断地研究国内外的消防管理新做法和经验，转变观念，探索符合本地实际的、切实有效的消防安全管理制度。要促进社区消防管理主体的单一模式向多元化转变，将消防管理工作纳入社区的日常工作中，并对其进行考核。鼓励多部门加入社区消防工作的管理体系，引导社区群众、志愿者加入消防管理及监督工作。要促进消防管理从人力型向智能型转变，借助科技手段，创立社区消防的智能化平台，安装社区住宅楼的智能消防系统，提升住宅的防火等级。要促进社区火灾救援能力的升级，从指挥系统、救援系统等各方面进行系统升级，为社区居民的安全构建起牢固的防火网。

5.2 创新消防管理模式，建立健全社区消防安全"微"服务

大部分社区负责消防管理的人员不足，不熟悉消防知识，不能很好地开展社区的消防管理工作。可通过建立社区消防管理的"微"服务，以点带面，逐步推进社区的消防管理的深化落实。

5.2.1 建立社区微型消防站

依托消防安全网格化体系，发动社区的治安联防、保安巡防等群防群治队伍作用，建立社区的微型消防站，确保能在社区发生火灾等事件后3 min 就达到现场开展救援工作。微型消防站在人员配备上至少需要5名经过灭火技能培训的保安、治安联防队员、社区工作人员、社区志愿人员。[7]同时要制定日常管理制度，定期开展业务训练和演练，制定应急预案，时刻做好救援准备。

5.2.2 建立社区消防管理"微"服务平台

建立由辖区派出所、消防大队、社区微消防站、物业等人员组成的工作信息沟通平台。派出所、消防大队可在平台发布辖区内的火警情况、安全隐患、安全知识等实用信息，为社区微消防站的工作提供信息共享和服务指导。社区微消防站、物业等人员则通过信息平台上报社区的消防管理工作的开展情况，供派出所、消防大队进行及时的监督与检查。这样点对点的信息沟通，能有效地增强社区的消防管理队伍建设及消防管理工作的常态化。

5.3 创新消防管理系统，加快建设智慧消防系统

当前，智慧城市建设正在全国范围内慢慢兴起，智慧城市很好地利用了互联网技术和人工智能技术，有序推进城市的各项建设与管理工作。智慧消防系统作为智慧城市的一个环节，也已经在部分城市开始实施。智慧消防的概念，即运用互联网、大数据等技术，对消防管理工作进行数字化、智能化的跟踪和管理，融合全消防应用场景，为社区的消防管理工作提供技术支持。它的特点是自动化、精准化、迅速化、全面化，能够全面提高社区的消防管理水平，增强火灾的预警能力和救援能力。在智慧消防场景下，可实现AI可视化的安全监管、数字化的烟感探测、完整的预警信息送达，将报警信息及时送达物业、街道、消防站、消防支队及城市公共系统，各部

门能根据反馈的信息迅速做出救援安排，降低人民群众的损失。

5.4 创新多元化宣传渠道，增强民众的消防安全意识

随着现代科学技术的不断发展，媒介的种类和功能日新月异，不断有新的信息传播媒体的更新换代。如前两年的微信、微博，这两年的抖音、快手平台等。因此，消防管理的宣传模式也要与时俱进地升级，通过多元化的媒体渠道，让消防知识在更多的媒体呈现形式多样的曝光，让更多的年轻人关注消防管理的话题。目前，大部分民众对于消防员的救援工作缺乏基本的认知，消防观念仍停滞在传统陈旧的状态。因此，借助媒体传播科学的消防安全知识，增强民众参与社区消防管理工作的积极性，对于增强全民的消防安全意识，提升社会整体的消防管理水平，建设稳定和谐的社会是十分有必要的。例如借助短视频平台，在线直播讲解日常的消防知识以及火灾自救方法，普及社区消防管理的重要性和管理工作重点，在线解答大家的疑惑；借助新媒体平台，让大家一起来监督社区的消防管理工作，为自己社区的消防工作来挑错。通过丰富多彩的宣传活动，加强社区群众的消防管理意识，呼吁普通群众加入社区消防的建设和监督工作中，携手增强社区的消防管理水平。

参考文献

［1］周晨虹．社区管理学［M］．武汉：华中科技大学出版社．2018.

［2］易灿南，施式亮，胡鸿，等．中美社区消防安全比较研究［J］．中国安全科学学报，2017，27（04）：66-71.

［3］揭友坚．英国社区的消防教育［J］．中国消防，2005（24）：51.

［4］胡冰涛．国外消防管理经验与借鉴［J］．安全与健康，2019（12）：42-43，46.

［5］汪亚骁．上海城市社区消防安全管理优化研究［D］．上海：上海师范大学，2020.

［6］周培桂．审视与探赜：香港消防紧急救护体系的运行及启示［C］//中国消防协会．2019 中国消防协会科学技术年会论文集．2019.

［7］清大东方教育科技集团有限公司．社会消防安全教育培训系列丛书 微型消防站培训教程［M］．北京：中国人民公安大学出版社，2018.

消防安全信用建设探讨

蔡 高 峰

广东省汕头市消防救援支队　汕头　515001

摘　要：随着消防救援机构改革转隶、职能划转和《中华人民共和国消防法》修正等一系列改革措施的深入推进，消防监督管理工作面临着新形势和新挑战。为切实强化事中、事后消防监管，中央《深化消防执法改革意见》中提出了"五位一体"消防监督管理体系建设模式。笔者结合基层消防监督管理工作实际，分析当前消防监管管理工作存在的问题和困难，探讨消防安全信用建设的必要性，从消防安全信用建设的目的、信用信息组成、信用信息采集、信用等级评定、信用结果应用等方面阐述消防安全信用体系建设要点。

关键词：消防　消防安全　信用监管　信用建设

1　消防安全信用建设的必要性

1.1　是贯彻落实中央《深化消防执法改革意见》要求的需要

根据中共中央办公厅、国务院办公厅印发的《关于深化消防执法改革的意见》要求，各地要坚持放管并重、宽进严管，强化事中事后监管，建立了以"双随机、一公开"监管为基本手段，重点监管为补充，信用监管为基础，"互联网+监管"为支撑，火灾事故责任调查处理为保障的"五位一体"的消防监督管理体系。消防安全信用监管作为新型消防监督管理体系的重要组成部分，是深化消防执法改革和强化事中事后监管的重要举措。

1.2　是消防监督执法现实工作的需要

随着消防救援队伍改革转隶、《关于深化消防执法改革的意见》和《中华人民共和国消防法》修正案的实施等消防救援队伍改革工作的深入推进，各地消防救援机构在日常监督执法过程中面临了新的问题和新的挑战。

1.2.1　监管覆盖面和频次的问题

根据《关于深化消防执法改革的意见》要求，当前消防救援机构日常监管主要采取"双随机、一公开"消防监督抽查模式。通过近两年的实际操作，发现"双随机、一公开"消防监督抽查有两个方面的问题亟待解决。一个是监管覆盖面的问题。消防监管对象涵盖了机关、团体、企业事业单位、小场所、物业服务企业等等类型，监管对象数量庞大，各地难以将所有监管对象全部录入"双随机"系统单位库，难免会造成监管盲区的存在。另一个是监管频次的问题。根据目前"双随机"系统的参数设置，一个单位再被抽中后，6个月内不会被重复抽中，这会使得部分抽查对象抱有侥幸心理，认为被抽中1次后会有近半年的空档期，可能会导致消防安全管理的放松。此外"双随机"系统对抽查对象的风险等级评定、差异化抽查等功能还未完善，所谓的"随机"还存在着一定的随意性。

1.2.2　监管震慑力的问题

《中华人民共和国消防法》修订后，建设工程消防设计审查、验收和备案抽查职能移交住建部门，消防救援机构保留公众聚集场所投入使用、营业前消防安全检查职能。职权的划转，给消防救援机构的日常监管一定程度上带来了削弱，尤其是对工厂企业，部分企业会认为其新建、改建、扩建工程不需要到消防部门办理手续，消防救援机构对其只有监督检查权，平时消防工作做得不好，被检查发现了再说，主动进行消防整改所投入的资金可能远远高于接受处罚的数额，他们宁愿接受处罚而不主动整改火灾隐患。

作者简介：蔡高峰，男，工学学士，毕业于中国矿业大学（北京）计算机科学与技术专业，现任汕头市消防救援支队防火监督科工程师，主要从事消防监督管理和智慧消防建设工作。

2 消防安全信用建设的目的

2.1 强化联合惩戒

以科学合理的消防安全信用等级评价机制为基础，通过与各政府部门、行业协会和中介机构之间信用信息互通互认，将消防安全违法行为由消防救援机构的单方面惩戒，转换为多维度的联合惩戒，使得能够发挥消防监管作用的不仅是消防一家单位，通过消防信用"杠杆"强化消防监督管理。

2.2 培树主体意识

通过消防安全信用体系的建设，将消防安全监管从"随机"抽查变为全天候监督，督促单位落实消防安全主体责任，积极开展消防安全管理，主动整改火灾隐患，主动接受处理和履行义务。

2.3 形成社会共识

强化消防安全信用结果应用，对守信单位通报表扬，给予政策优惠；对失信单位予以公示曝光，落实惩戒，推动形成"守信一路绿灯，失信处处受限"的社会共识，推动社会面形成自觉遵守消防安全法律法规的良好格局。

3 消防安全信用信息的基本组成

3.1 基本信息

社会单位基本信息包括单位名称、地址、生产经营范围、资质资格、统一社会信用代码和消防安全责任人、消防安全管理人等人员基本信息；个人基本信息包括姓名、住址、联系电话、身份证件号码等。

3.2 消防行政执法信息

包括消防行政许可、监督检查、行政处罚和行政强制措施等结果信息、消防技术服务机构及相关从业人员违规执业情况信息、消防产品生产销售企业违法违规行为信息、消防产品认证检验机构违法违规行为信息等。

3.3 火灾事故信息

包括火灾事故基本情况、火灾事故原因调查情况、火灾事故责任认定情况及责任追究情况等有关信息。

3.4 消防安全管理信息

包括消防安全责任人履职情况、消防安全管理人履职情况、防火巡查（检查）制度落实情况、消防设施维护保养检测制度落实情况、消防控制室值班制度落实情况、安全疏散设施管理制度落实情况、消防安全重点部位管理制度落实情况、消防组织建设运行情况、消防宣传培训制度落实情况、应急疏散演练制度落实情况等有关信息。

4 消防安全信用信息的来源

4.1 部门间信息交互

消防安全信息不仅来自消防救援机构一个部门，还有部分信息来源于其他行业部门。如《中华人民共和国消防法》修正案中明确由住房和城乡建设部门履行建设工程消防设计审查、验收和备案抽查以及对相应违法行为的处罚职能，市场监管部门履行消防产品生产、销售领域以及消防产品认证、鉴定、检验机构的监督管理职能等。对于此类由其他行业部门产生的消防安全信息，消防救援机构应通过部门信息交互实现信息的采集。

4.2 工作中信息收集

消防救援机构应进一步优化完善消防监督业务管理系统，对内部各执法单位产生的消防监督检查、行政许可、行政处罚、行政强制、火灾事故调查处理等信息进行归集整理。同时，充分发挥消防安全委员会议事协调机构职能，对属地消防监管、行业消防监管产生的消防安全信息进行归集整理。

4.3 智能化信息采集

消防救援机构应推广应用社会消防管理平台，推动消防安全重点单位、一般单位接入平台，提升消防安全信息来源的广度和深度。利用平台采集社会单位消防安全管理信息、消防设施运行状况等，让数据多跑路，让人少跑路，实现智能化、动态化、实时化消防安全信息采集。

5 消防安全信用等级的评定

消防救援机构应基于归集的消防安全信息建立健全消防安全信用等级评定制度，实现对社会单位和个人的消防安全信用"画像"。消防安全信用等级评定制度应包括严重失信行为、一般失信行为和消防安全信用修复行为等内容。

5.1 消防安全严重失信行为应至少包括

建设工程未经消防设计审查或审查不合格擅自施工且拒不停止施工的；建设工程未经消防验

收或验收不合格擅自投入使用且拒不停止使用的；公众聚集场所未经消防安全检查或检查不合格擅自营业且拒不停止经营的；存在重大消防安全隐患，经消防救援机构通知采取改正措施拒不执行的；拒不履缴纳行政处罚罚款，拒不执行停产停业、停止使用决定的；擅自拆封或者使用被消防救援机构临时查封场所、部位的；消防技术服务机构及其工作人员出具虚假技术服务文件的；注册消防工程师虚假执业的；违法违规生产、销售不合格或者国家明令淘汰消防产品的；不落实消防安全主体责任，导致发生较大以上火灾事故的；扰乱火灾现场秩序，或者拒不执行火灾现场指挥员指挥，影响灭火救援，经告知后拒不整改的；故意破坏或者伪造火灾现场的等。

5.2 消防安全一般失信行为应至少包括

建设工程竣工验收消防备案抽查不合格不停止使用的；存在一般性火灾隐患或消防安全违法行为，经消防救援机构通知采取改正措施，逾期未整改的；不履行消防安全管理职责，未建立消防安全管理制度、未落实防火巡查检查、未开展消防安全演练培训等，经消防救援机构责令改正后仍拒不整改的；未及时落实消防设施维修保养的；使用不合格消防产品或国家明令淘汰的消防产品的。

5.3 消防安全信用修复行为可以包括

在规定期限内完成火灾隐患或消防违法行为整改，经消防救援机构现场核实，确实消除违法行为和火灾隐患的；履行行政处罚、行政强制措施要求，落实消防安全管理主体责任的；通过集中免费教学或消防救援机构门户网站接受消防安全专题教育培训，达到规定学时要求，经考核取得合格成绩的；承担社区消防义务，发放宣传单，普及消防安全常识，并达到规定数量要求的。

未存在消防安全失信行为的单位，评定为消防安全信用良好单位，连续 3 年消防安全信用良好的单位，列入消防安全信用红名单；存在消防安全一般失信行为的单位，评定为消防安全信用一般单位，连续 3 年消防安全信用一般的单位，评定为消防安全严重失信单位；存在消防安全严重失信行为的单位，评定为消防安全失信单位，连续 3 年消防安全信用失信的单位，列入消防安全信用黑名单。

6 消防安全信用结果的应用

6.1 实施差异监管

消防救援机构应在完善"双随机、一公开"消防监督抽查系统、社会消防管理平台等功能模块的基础上，实现各系统之间数据互联互通，根据消防安全信用等级高低，运用大数据主动发现和识别违法违规线索，科学分析研判，建立以消防安全信用为基础的差异化监管模式。

6.2 推动联合监管

消防救援机构应依托政府大数据平台，建立消防安全信用综合监管平台，与政府部门、行业协会和中介机构间实现社会单位和个人消防安全信用等级评定信息交互，强化消防安全信用信息的互信互认，推动负有监管职责的行业管理部门和行业组织，对消防安全信用失信的社会单位和个人，依法依规分类实施政策性、市场性和行业性惩戒措施。

6.3 倒逼责任落实

消防救援机构应将社会单位和个人的消防安全信用情况通过"信用中国"网站、当地政府门户网站和消防安全信用综合监管平台等途径向社会公开公示，扩大消防安全信用的正向引导力，通过群众监督和舆论影响，倒逼社会单位落实消防安全主体责任。

7 结束语

消防安全信用建设当前正处于摸索和起步阶段，相关制度机制还有待在工作实践中进一步检验，消防救援机构应在信用评价机制、信用平台建设、信用结果应用等方面，深度融入地方数字政府、智慧城市和社会信用体系建设工作，逐步建立完善消防安全信用体系，提高消防安全信用在社会面的认知度，营造自觉遵守消防法律法规的良好氛围。

参考文献

[1] 司戈.开展消防安全信用监管推动消防监督执法机制改革创新 [J].消防科学与技术，2008，27(8)：161-162.

[2] 赵富森.我国消防企业信用等级评价情况分析 [J].消防科学与技术，2014，33(9)：1085-1088.

浅谈大型商业综合体消防安全专业管理团队建设

陈 斌

广东省消防救援总队 广州 510600

摘 要：大型商业综合体地处繁华商圈或为城市地标针，将购物、娱乐、餐饮、办公、住宿等功能集于一身，是现代人休闲、消费的首先之地。它体量庞大、物品众多，且人流密集，是城市火灾防控的"重中之重"。本文对大型商业综合体消防安全专业管理团队建设现状和问题进行分析，结合相关火灾案例以及日常检查情况，提出针对建立和完善大型商业综合体消防安全专业管理团队建设的对策，以期为提升大型商业综合体消防安全管理水平和能力问题的解决提供理论参考。

关键词：消防安全 大型商业综合体 专业管理团队 建设

大型商业综合体内部复杂、人员密集，一旦发生火灾极易造成群死群伤。综合分析其火灾原因，核心关键是"人"的因素。2013 年 10 月 11 日，北京喜隆多商场火灾，由于场所消防安全管理团队的不专业，消防控制室人员不懂操作系统，导致小火成大灾，造成 2 名消防官兵牺牲。消防安全专业管理团队作为大型商业综合体日常管理的"大脑"，其受制于场所基础设施配置、文化、组织结构以及相关制度建设的影响，在实际运作中难免会存在各种各样的问题。同样，随着近年来大型商业综合体管理的实践需要，该类场所也更加注重消防安全管理专业团队机制的完善及其作用的发挥，以此促进管理水平的进一步提高。所以，近年来消防监督管理的思维也发生本质性的变化，提出了从"管事"到"管人"的理念，推进消防安全专业管理团队的自我管理。

1 消防安全专业管理团队概述

消防安全专业管理团队，作为大型商业综合体的决策管理机构，是场所消防安全管理的核心要素，其对于完善场所消防安全管理建设、消防安全管理制度、消防安全风险防控有着重要的发展意义。其重要性主要体现在三个方面：

1.1 实现"专业的人做专业的事"

消防安全专业管理团队有利于大型商业综合体整体火灾防范水平的提高。作为城市重要建筑或地标性建筑，"安全与发展"就是大型商业综合体最重要的两件事，而安全特别是消防安全是场所发展的基石，全面提升消防安全管理团队的专业性，是全面提升大型商业综合体消防安全水平的重要手段。

1.2 实现消防管理的"同心合力"

消防安全管理专业团队，通过合理细分团队功能，明确岗位职责，通过将拥有不同技能人员集合在一起，使得其能够更好地将人员的潜力发挥挖掘出来，更好地服务于消防安全工作。通过有效地激发团队人员的工作积极性，打造出行之有效的工作制度，营造出良好的工作氛围，及时发现和消除火灾隐患，推动大型商业综合体更快、更稳地运行。

1.3 实现消防管理的"优势互补"

消防安全管理专业团队通过对人员才能的发挥，可以实现人员技能的互补，从而提升人力资源的利用效率，以此降低大型商业综合体的管理成本。

作者简介：陈斌，男，福建诏安人，硕士研究生，现任广东省消防救援总队防火监督处专业技术二级指挥长，工程师（高工资格），E-mail：191616425@qq.com。

2 当前消防安全管理专业团队建设现状及不足

通过对广东全省 919 家 10000 m² 以上的大型商业综合体开展消防安全评估，发现各类消防安全隐患 21567 处，其中消防安全管理方面问题有 8503 处，占比 39.42%；消防设施未保持完好有效等间接由消防安全管理引发的问题 3578 处，占比 16.59%。可见消防安全管理问题，是大型商业综合体消防安全问题的"核心问题"。具体体现在以下三个方面。

2.1 "兼职为主，专人不专"

目前大型商业综合体管理团队的人员配备上大部分以保安为主，主要负责消防工作外，还需承担日常的治安、巡逻、门岗等任务。保安人员年纪偏大，工资偏低也是较为普遍。团队内部定义的消防安全管理人，目的是为专门负责消防安全管理的，但消防安全管理人本身以保安经理居多，未经过专业的消防安全培训取得相关证书，"想管不会管，能管管不好"的现象较多存在。

2.2 "结构简单，层级较低"

在消防管理团队人员配备结构上，大多分为决策层、执行层，缺少了必要的监督层，且在执行层的划分较为单一，未将相关水、电、商户等团队纳入。大部分团队人员的专业性与消防工作业务符合度不高，很多人员所掌握的知识无法满足日常消防安全管理的技术要求。消防部门明确了消防安全责任人的相关职责，但在日常的情况下，大多数仅由保安经理担任，总体职位较低，在管理体系内没有较大话语权。

2.3 "标准不一，考核混乱"

虽然各个大型商业综合体都建立了相应的管理团队，但是团队内部如何管理，没有统一明确的指引，导致团队在日常消防管理中较为混乱。整体管理团队运行过程中的考核较为单一，甚至只是上下班的一个考勤，对团队日常工作的情况，如是否落实巡查、是否发现并跟进整改隐患、是否按时消防培训等情况，并未要求。

3 打造消防安全管理专业团队的构想

3.1 明确重点，在"专"字上下功夫

大型商业综合体建筑产权单位或者委托管理单位的法定代表人、主要负责人或者实际控制人是消防安全责任人，消防安全责任人应确定本单位的消防安全管理人，消防安全管理人应当依法持证上岗。大型商业综合体应建立由消防安全责任人、消防安全管理人、总经办负责人、招商营运部门经理、人力资源部门经理、物业部门经理、安保部门经理、工程管理部门经理、安全品质部门经理、消防队（站）负责人等不少于 10 人的"关键岗位"负责人组成的消防安全专业管理团队，可根据实际需要聘请注册消防工程师参与消防安全管理工作。

3.2 科学分类，在"细"字上下功夫

消防安全专业管理团队下设综合协调、商户管理、人资管理、巡查检查、设施维保、工程技术、科技保障、应急处置、宣传培训 9 个职能机构，各职能机构负责消防安全专业管理工作的具体实施。

1）综合协调机构

由场所负责人及部门内熟悉消防安全工作组织流程的工作人员组成，人数不少于 4 人，且应取得具备消防安全培训资质的消防教育培训机构核发消防安全培训合格证。主要职责是协助消防安全管理人拟订年度消防工作计划、消防工作的资金预算和组织保障方案，按照国家规定参加火灾公众责任保险；督促相关部门制定消防安全管理制度，建立消防安全操作规程，制定灭火应急疏散预案，组织实施日常消防安全管理工作；每月至少组织召开一次消防工作例会，研究处理消防安全重大问题，部署消防安全工作，形成会议纪要；向辖区消防救援机构报告备案消防安全责任人和管理人变更、消防安全评估、消防设施维护保养等情况。

2）商户管理机构

招商营运部门牵头，由营运部门负责人及熟悉消防安全基本技术标准要求的工作人员组成，具体负责在商户进场时签订消防安全责任书，明确大型商业综合体和商户双方的消防安全责任，消防安全责任书存档备查；商户业态变更、装修改造计划等信息应及时告知物业管理、安保、工程管理、人力资源等相关部门；对消防安全布局、安全疏散条件等有特殊防火要求的儿童活动场所、公共娱乐场所的选址和消防安全条件进行

核准；在特卖、推广、展览等活动举办前，会同物业管理、安保、工程管理等部门对活动场地选址和消防安全条件进行核准。

3）人资管理机构

由人力资源部门负责人及熟悉消防安全关键岗位资质和人员培训要求的工作人员组成，具体明确优先聘用注册消防工程师担任消防安全管理人，使用单位或建筑面积大于 500000 m^2 的大型商业综合体消防安全管理人必须由注册消防工程师担任；应对聘用的特殊工种人员国家相关职业资格进行审查；掌握员工入职、转岗以及商户员工变更信息并建立报备制度，向物业管理和安保部门推送报备信息，由物业管理和安保部门落实消防安全教育培训工作。

4）巡查检查机构

由安保部门负责人及掌握防火巡查检查相关消防安全知识、技能的人员组成，具体负责熟悉大型商业综合体环境和布局，消防设施、器材的分布位置，以及各种消防通道的位置；掌握综合体内各种消防设施、器材的配置要求、产品性能、检查方法等内容，并熟练使用、操作；按照本单位制定的防火巡查、检查制度，对各楼层、各部位进行巡查、检查，并做好相关巡查、检查记录，巡（检）查人员及其主管人员应在巡查记录上签名并保存；在巡查、检查过程中，对违反消防安全规定的行为，应责成当场改正并督促落实，及时处置火灾隐患；无法当场处置的，应由主管部门向消防安全管理人书面报告，并由消防安全管理人确定整改的措施和期限。

5）设施维保机构

由工程部门负责人及取得相应消防职业资格证书的消防设施操作员与消防设施维修员组成，具体负责第三方消防设施维护保养单位的评选、评估工作；负责消防设施设备维修保养计划的制定及执行，及时排除故障，确保完好有效；熟悉和掌握消防设施的功能和操作规程，定期对消防设施进行巡检，保证消防设施和消防电源处在正常工作状态，确保有关阀门处在正确位置；值班、巡查、检测、灭火演练中发现建筑消防设施存在问题和故障的，应立即向消防安全管理人报告；发现故障应及时采取措施或通知第三方技术服务机构到场排除，维修时应采取确保消防安全

的有效措施，故障排除后，应进行相应功能试验并经单位消防安全管理人检查确认；做好相关运行记录及维修记录。

6）工程技术机构

由工程物业部门负责人及供电、燃气、给排水、通信、电梯、供热制冷、空调通风、工程维修等技术人员组成，具体负责定期开展重要设施设备、电气设备、装修改造、广告设置等方面的防火巡查、检查，及时消除火灾隐患，做好记录；制定并负责实施配电室、发电机房、锅炉房等重要部位的安全操作规程和火灾应急处置程序；定期开展消防控制室、消防水泵房、报警阀室、防排烟机房、配电室、发电机房等特种岗位人员实际操作技能培训、考核和继续教育，提高火灾应急处置能力；备案核查商户装修改造期间的租户证照、装修单位资质、装修施工、竣工验收等资料，做好施工现场水、电、气安全管理；火灾发生后，根据灭火应急预案及时切断燃气、非消防电源，清理消防通道、消防车登高操作场地、室外消火栓、水泵接合器等区域的障碍物，协助消防救援机构做好人员警戒，车辆引导等应急处置工作。

7）科技保障机构

由工程物业部门负责人及消防设施操作、消防设施维保、强（弱）电、通信网络等技术人员组成，具体负责根据单位防火分区划分、用火用电用气、消防设施配备等情况，制定消防物联网设施、设备建设方案，报消防安全责任人、管理人审定后组织实施；确保单位物联网监测信息、消防安全管理信息全面准确地接入管理系统；对单位消防物联网监测信息科学分析研判，根据研判结果，改进完善消防设施维护保养计划；做好消防物联网设施、设备日常巡查和维护保养工作，确保完好有效。

8）应急处置机构

由安保部门负责人、消防队（站）负责人及消防控制室值班员、通信联络员、火灾扑救员、疏散引导员、防护救护员、警戒保障员组成，人数不少于 12 人，消防控制室值班人员需取得国家消防设施操作员证，其他人员应取得具备消防安全培训资质的消防教育培训机构核发的消防安全培训合格证。

9）宣传培训机构

由物业部门负责人、安保部门负责人及具备专业消防安全知识及消防安全宣传教育能力的人员担任，可聘请第三方培训机构，具体负责落实单位消防安全培训制度，制订单位消防安全培训计划，明确单位接受培训人员、培训内容、培训方式及培训时间，抓好开展落实；在国家法定节假日、店庆、消防宣传月等重要节点，组织开展消防安全知识宣传活动，通过多种形式向公众宣传防火、灭火、疏散逃生等常识，提高公众消防安全意识；定期检查各部门消防安全宣传教育培训工作落实情况，并向单位消防安全责任人、管理人报告检查情况。

3.3 高效运转，在"考"字上下功夫

建立单位消防安全管理团队考核评价机制，由负责安全品质监管和绩效考核的人员组成，根据消防法律法规，结合单位消防工作实际，建立健全消防安全工作考评表，为消防安全工作提供考评标准，确保各项消防安全管理制度的有效落实和高效运行；每季度至少组织一次对本单位整体消防安全工作落实情况、消防设施、设备运行情况的自我评估；每年应委托具有资质的消防技术服务机构对本单位消防安全情况至少进行一次全面评估；根据评估结果，提出降低或控制火灾风险的安全对策与防治措施，落实隐患整改消项

制度，及时整改火灾隐患，并将评估结果报送当地消防主管部门备案、审查；每月对各部门、各人员的消防安全工作情况进行考评，将考核结果详细记录进消防安全工作考评表中，上报至消防安全责任人、管理人并存档留查，作为年终绩效考核依据；考评结果经消防安责任人、管理人审定后，在单位内进行通报，并以此对相关人员采取奖惩措施，落实考评与奖惩制度。

4 结语

总而言之，大型商业综合体是消防监督工作的重中之重，要打造消防安全专业管理团队，培树单位自身的"消防安全明白人"，实现团队高效、科技、精准运行，全面提升单位"责任自知、风险自查、隐患自改"的水平，有效实现从"管事"到"管人"的转变。

参考文献

［1］广东省消防救援总队，大型商业综合体评估报告［R］. 2020-03-06.

［2］高小清，李常洪. 浅谈我国企业团队建设［J］. 科技与管理，2010(03)：120-122.

［3］应急管理部消防救援局. 大型商业综合体消防安全管理规则（试行）［Z］. 2019-11-02.

［4］应急管理部消防救援局. 大型商业综合体消防安全管理试点示范创建要点（试行）［Z］. 2021-03-11.

对一起珍珠棉仓库爆燃事故的调查与思考

廖 俊 辉

广东省惠州市消防救援支队　惠州　516001

摘　要：在对一起珍珠棉仓库爆燃事故的调查中，鉴于珍珠棉的理化特性和存储特点，导致在事故调查之初就主要往静电和机械摩擦的方向去调查，一定程度上误导了调查人员。随着调查的深入，在确定引火源之后，面对多方的质疑，调查人员通过缜密的调查，采取复原现场和模拟实验等方式，最终准确认定了这起事故的原因，为妥善处理这起事故和定性提供了依据。

关键词：珍珠棉　爆燃　事故调查

1　火灾基本情况

2020 年 5 月 24 日 14 时 42 分许，惠州市惠明包装科技有限公司仓库发生爆燃事故。接报后，惠州市消防指挥中心迅速调派辖区及周边区域的消防救援力量赶赴现场扑救，过火面积约 3268 m²，事故造成 1 人死亡。

2　火灾调查经过

事故发生后，消防救援机构火灾调查人员迅速赶赴现场，对现场进行封闭，并会同当地公安、属地政府等部门对建筑的基本情况、从业人员的操作情况及珍珠棉的生产工艺流程进行调查，对可能存在的引火源进行排查，通过复原现场、模拟实验等方式最终确定了引火源，进而准确认定起火原因。

2.1　现场勘验

2.1.1　环境勘验（图 1）

起火建筑惠州市惠明包装科技有限公司仓库位于博罗县石湾镇科技园区，建筑北侧为厂区内 12 m 道路，南侧为厂区 6 m 道路，东侧为鹏得金属有限公司的铁质货架，西侧为惠明包装科技有限公司生产车间。着火仓库为钢架铁皮结构，单层，建筑面积约 3268 m²，屋面为斜屋面（中间高，两边低），建筑高度约为 11.5 m，东西宽约 45 m，南北长约 72.64 m。仓库全部过火，钢架屋顶全部塌落，仓库西侧有一大门和车间的东大门相对应，两个大门之间的通道顶部有一挡雨

图 1　"5·24"火灾现场方位图

作者简介：廖俊辉，男，安全工程硕士，惠州市消防救援支队中级专业技术职务，主要从事火灾事故调查工作，E-mail: 150573993@qq.com。

棚，连接车间和仓库，车间内没有过火。东北侧围墙东边为鹏得金属有限公司的铁质货架，顶部有搭建的铁质顶棚架子，其中北侧部分已经焊接好，南侧靠近仓库的部分还没有焊接，架子底部还残留有用过的焊条和未使用的焊条。

根据以上痕迹综合判断整个仓库的燃烧是比较均匀的，但是仓库的东北侧存在墙体倒塌痕迹，自东向西、自北向南呈现一个斜面，需要引起我们的关注。

2.1.2 初步勘验

仓库东、南、西、北四面墙体底座均为实体墙，高约1.1 m，底座上部的墙体为钢架铁皮结构，整体呈现北重南轻、东重西轻的燃烧痕迹，仓库顶棚和墙体均匀倒塌铺设在地面上，其中西北角、东南角顶棚变色痕迹较轻，铁皮之间的缝隙比较细小，东北角处的铁皮顶棚变色痕迹严重，铁皮之间的缝隙较大。距东北角小卷帘门北侧约2 m处有一变配电箱，箱体完好，南侧的窗框在高温辐射下有熔融痕迹；仓库东北角小卷帘门外有一洼地，洼地西侧有一护坡，护坡长约2.52 m，其中护坡南侧距东墙约1.22 m，北侧距东墙约1.78 m；北侧墙体呈现东重西轻的燃烧痕迹，南侧墙体高约11 m，顶部有一排排气窗（宽度约1.1 m，长约26.3 m），呈现东重西轻的燃烧痕迹；东墙高约8.5 m，距地面约6.3 m高处有一排排气窗，燃烧变色痕迹自北向南逐渐减轻；西墙高约8.5 m，与车间东侧大门对应的位置有一大门，墙体燃烧痕迹自南向北逐渐减轻。

2.1.3 细项勘验

仓库东北角小卷帘门内有一片木质底座残留物（到东墙约3.2 m宽，南北长约8.6 m，分成6段，每段宽约0.4 m），呈现自东向西、自北向南逐渐减轻的炭化痕迹。距仓库北墙东面大铁门约9.5 m处有一手推车，手推车（长约3.98 m，宽约1 m）呈东西向放置，轮子全部烧缺失，两边扶手向外弯曲；顶棚南北向支架呈现北重南轻、东重西轻的变色弯曲痕迹；仓库东北侧围墙高约2.5 m，围墙东侧的鹏得金属有限公司的铁质货架有6层，货架西侧近围墙处有一蓝色挡板，蓝色挡板顶部到地面的距离约为4 m，蓝色挡板距西侧围墙约0.8 m，顶棚架子距地面约5 m，架子顶部西侧（外侧靠仓库处）自北向南数第三条的横梁上有一焊点，焊点距仓库北侧墙体约0.8 m，距地面约5 m，距围墙顶部约2.5 m。

2.1.4 专项勘验

仓库东侧墙面上距北墙约4 m处有一配电箱，残留有一个空气开关，开关上部有三根铜片，中间的铜片有熔痕，配电箱外壳表面对应的部位有电弧击穿痕迹，配电箱内未发现电气线路，配电箱外侧呈现底部重上部轻的燃烧变色痕迹（图2）；车间东侧大门的南侧有一配电箱，配电箱处于断开状态，未过火；东北侧卷帘门前有残留的焊渣，围墙东侧的货架底部有残留的焊渣；对车间内5月22日、23日、24日生产的成品用静电仪进行检测，显示超过红色预警。

图2 配电箱外观及内部概貌

2.2 仓库的基本情况

起火所在建筑的用途为临时存放半成品的珍珠棉，半成品采用卷轴式存放，建筑为单层钢架结构，南侧墙体底部装有 8 个排风机，其余墙体均未安装排风措施，也没有任何的除静电措施，在北侧墙体中开设有两个小卷帘门、两个大铁门、四扇玻璃窗，在东北侧的小卷帘门部位设置有木质基座，门外有洼地。

3 事故原因的思考分析及认定

珍珠棉半成品仓库，仓库内堆积了 10 余万卷珍珠棉，处于满荷载状态，且存放时间均不超过一周，气体抽排条件有限，无消除静电措施。事故发生突然，据现场目击证人及视频监控还原可知，事故发生时，火光从仓库内闪现后，伴随着"嘭"的一声，迅速席卷整个仓库，并以冲击波的形式出现，而且有人员在仓库内工作，这一切情况都在证明一个事实，那就是这是一起气体挥发蓄积遇火源导致的爆燃事故[1]，事故事实清楚了，具体的引火源是什么？当时的环境下有三种极其复杂的因素在里面，办案程序、取证、认定稍有不慎就会让当事人产生怀疑乃至引起复核和诉讼。一是静电的可能性？目前所接触到的珍珠棉仓库爆燃事故基本上都是静电引起，也是在初始调查阶段大家倾向性比较高的一种原因，现场的条件也比较符合静电的特征。二是电气故障产生火花引爆？在最先出现火光的位置有一个配电箱，配电箱内的闸刀开关有电熔痕，配电箱的面板还有电弧击穿的痕迹，也符合电气线路故障的特征。三是外围火源导致？事发时一墙之隔的东面围墙顶部刚好有人在电焊作业，从早上开始，到事发时一直在作业，所处的电焊位置和视频监控出现的火光位置相吻合，电焊作业的事实是存在的，那么焊渣是火源吗？这个原因的成立条件显然要比前两个更加苛刻一点，更需要大量的事实证据来证明这个可能性和必然性。

3.1 分析一：静电的认定与排除

所谓静电，即处在静止状态的电荷。因为没有形成闭合的回路，也就没有电流生成。如果要认定静电起火原因，必须满足 5 个方面的因素。一是具有产生和储存静电的条件。对车间中刚生产出来的半成品珍珠棉卷轴进行静电测试，发现

静电值超过红色预警，如此大量的半成品堆积在仓库中给静电的产生和积聚提供了条件。二是具有足够的静电能量和放电条件。该仓库在日常存放中，除了员工进出外没有其他人员行为，放电条件可能是人的行为中摩擦产生，也可能是小推车的轮子与地面的摩擦中产生，且该员工着装和小推车的轮子均不能防止静电的产生，另外该员工随身还带了一部手机，手机也存在电磁感应放电的可能性。三是放电周围存在爆炸性混合物。仓库内存在大量的丁烷和空气的混合气体。四是放电能量足以引燃爆炸性混合物。静电的能量有 0.5~0.8 mJ，珍珠棉的生产工艺主要是丁烷气体注入塑胶粒中膨胀而成，制成半成品后仍会逸出丁烷气体。五是放电点周围存在处于爆炸极限范围内的混合性气体。如此看来，似乎静电这个引火源可以确定了，调查人员根据现场调查的情况，对现场的条件再次进行了梳理，发现静电放电的条件并不具备。

首先，从最先出现火光的位置来判断（图 3）。起火部位和起火点均位于仓库东北角位置，据仓管员贺某反映，该位置堆满了 24 日当天的黑色珍珠棉，通过该公司 12 通道的视频监控核查该位置确实堆满了珍珠棉，人员活动情况无法到达该处，从尸体和手推车的位置来看，距离起火部位有一定的距离。静电的产生主要是人员活动情况和天气环境因素导致，但通过尸体和小推车（死者在手推车旁进行作业）的位置对比视频监控的最先起火部位（图 4）发现，如果是死者产生的静电导致的火灾，那么最先起火点应该是在死者附近，但通过比对园区的 1 号、6 号视频监控和惠明包装科技有限公司的 6 号、12 号视频监控，在最先产生火花的瞬间，尸体部位并没有出现任何异常。其次，从死者随身携带的手机来判断。死者身上有一部手机，经过公安部门调取通话记录，在火灾发生前最后一次通话记录为 5 月 23 日 21 时 25 分许，在火灾当天并没有任何通话记录，没有电话往来。最后，从静电积聚的条件来判断。根据气象部门提供的当天 13 时至 15 时的气象情况显示，平均温度为 30 ℃，平均相对湿度为 67%，风向为南，而在温度超过 30 ℃、相对湿度 30 以上的环境下是不利于静电产生的，故这种天气环境并不利于静电积聚，

图3 最初出现火光部位和火势蔓延的方向

因此无法满足丁烷气体点火所需的能量[2]。

综上所述，可以排除静电引火源。

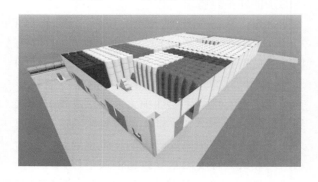

图4 死者生前位置定位图

3.2 分析二：电气故障的认定与排除

最早出现火光的部位有一个配电箱，配电箱内的闸刀开关铜片上有电熔痕，且配电箱的罩壳上对应的部位有电弧击穿点，经提取送检为一次短路熔痕。如此看来，是电气故障导致的爆燃？经过对该配电箱的仔细勘验，发现该配电箱周围并没有任何线路经过，既无输出线路也无接入线路，仅仅是一个配电箱而已，经询问企业负责人和房东，均表示在租用该仓库以后没有在仓库内设置任何线路，也不清楚那个部位存在一个配电箱以及用途；在事故发生前也未出现任何电气线路方面的异常，整个厂区的电源总开关是在事故发生以后关闸的，且分开关未出现任何异常，因此该配电箱的故障应该是租用珍珠棉仓库之前发

生的，并且在发生故障以后就废弃了，并非在这次火灾中造成。

综上所述，可以排除电气故障引火源。

3.3 分析三：外部火源的认定与排除

事发前，在该仓库的东边围墙上旁边企业的两个员工在进行电焊作业，经询问，他们根据厂里的要求在围墙上边焊一个铁架，从当天早上开始作业，作业前并不知道旁边的是珍珠棉仓库，在电焊作业时，有焊渣掉落围墙顶部然后再散射到两侧的仓库地面，其中，散落到惠明包装的位置为仓库东北侧的小卷帘门前。调查人员测算了一下，电焊的电弧温度在 6000～8000 ℃ 左右，熔滴平均温度达到 2000 ℃，离开焊接点 10～20 s 之内仍保持 800 ℃ 左右，在 8 m 的高度，火花的飞溅距离为 7～9 m[3]，而货架的高度到地面的高度在 5 m 左右。因此，电焊渣掉落到地面的残余温度足够引燃丁烷气体（正丁烷引燃温度为 287 ℃，异丁烷引燃温度为 460 ℃），而且在东北侧的小卷帘门部位设置有木质基座，门外有洼地，在客观上为气体的聚集提供了充分的条件（图5）。而且从火势的蔓延趋向看，是从仓库的东北侧小卷帘门先冒火，然后向西、向南迅速蔓延。为进一步核定外部火源引爆仓库内部溢出气体的可能性和蔓延方向，在博罗县消防救援大队操场内进行"外部火源引爆室内溢出的可燃气体实验"，确定外部火源能否引爆室内溢出

的可燃气体及判断蔓延方向对照火灾模拟实验。经过试验，当液化石油气体（主要是丙烷、丁烷成分）从纸箱底部的溢出口溢出遇到火源，会在溢出口部位产生火光，并形成一股冲击波，通过纸箱的开口部位向外喷射，随后蔓延至整个

纸箱，燃烧痕迹和爆燃过程基本上和惠明包装科技有限公司仓库的爆燃过程相一致（图6、图7）。

综上所述，该起爆燃事故的原因为电焊的焊渣掉落引爆存放珍珠棉的仓库东北侧小卷帘门底部溢出的气体，随后蔓延成灾。

图5 电焊引燃溢出气体的视频分析

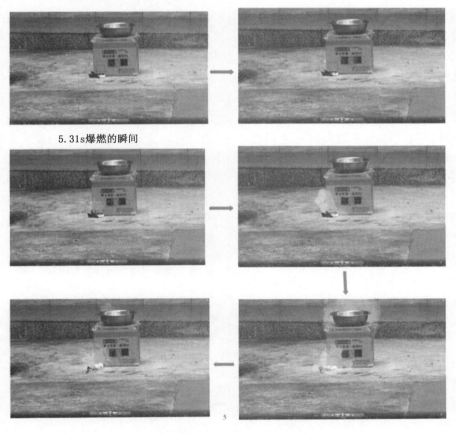

图6 气体爆燃瞬间的蔓延路径

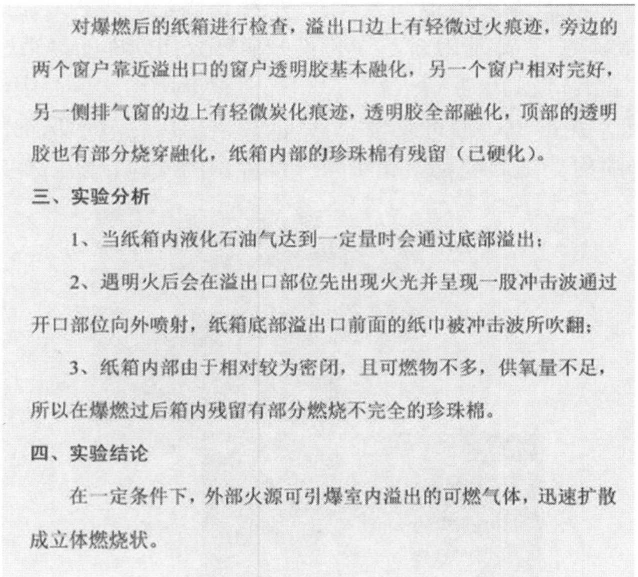

对爆燃后的纸箱进行检查，溢出口边上有轻微过火痕迹，旁边的两个窗户靠近溢出口的窗户透明胶基本融化，另一个窗户相对完好，另一侧排气窗的边上有轻微炭化痕迹，透明胶全部融化，顶部的透明胶也有部分烧穿融化，纸箱内部的珍珠棉有残留（已硬化）。

三、实验分析

1、当纸箱内液化石油气达到一定量时会通过底部溢出；

2、遇明火后会在溢出口部位先出现火光并呈现一股冲击波通过开口部位向外喷射，纸箱底部溢出口前面的纸巾被冲击波所吹翻；

3、纸箱内部由于相对较为密闭，且可燃物不多，供氧量不足，所以在爆燃过后箱内残留有部分燃烧不完全的珍珠棉。

四、实验结论

在一定条件下，外部火源可引爆室内溢出的可燃气体，迅速扩散成立体燃烧状。

图 7 实验结论分析照片

4 这起火灾给我们的启示

（1）火灾现场的共同性和具体现场的复杂性。这起爆燃事故的调查过程再次给火灾调查人员敲响了警钟，同类型的火灾也许有相同之处，可以借用相关的调查手段和方法，但不能先入为主，想当然地就往心中设定的原因去查找有利证据。一定要具体现场具体分析，切不可以用常规的思维和思路来看待每一个类似的现场。具体到这个事故，珍珠棉的气体积聚遇火源发生爆燃，和以往的珍珠棉爆燃事故是一致的，但是火源却未必是常见的引火源类型，必须多分析多勘查多求证。

（2）要客观地看待第三方鉴定结论。在这起事故中，最早出现火光的部位有一个配电箱，配电箱内的闸刀开关铜片上有电熔痕，且配电箱的罩壳上对应的部位有电弧击穿点，经提取送检为一次短路熔痕。这种结论不仅容易误导调查人员还容易给火灾当事人（特别是涉及纠纷的另一方）抓住一个理由来辩解火灾的原因。这时候调查人员一定要充分分析现场条件和周边环境，并将所收集到的证据和依据和当事人讲清楚，切不可藏着掖着，既不放过一切可疑的地方，但也不片面地依据一个鉴定结论就妄下原因

认定，既要有证据的支撑也要有现场条件的佐证。

（3）模拟实验的重要性。不是每起火灾都要做模拟实验，但是在有条件的情况下特别是涉及纠纷的情况下，模拟实验的结论将比任何的证据更有说服力。在这次事故中，虽然监控视频可以看到有人在电焊，也有火光从仓库里冒出，但是每个人的心里都想着如何避免责任，会提出很多不同角度的问题来否定这个结论。通过模拟实验，可以直观地还原爆燃的发生发展过程，以及外来火源引燃内部泄出气体的可能性，同时也充分说明了调查人员负责任的态度和求真务实的理念，使当事人从内心接受了这个事实和认可了这个原因，也为事故的下一步处理提供了很好的依据。

参考文献

[1] 约翰 D. 德汉．柯克火灾调查 [M]．陈爱平．徐晓楠，等译．北京：化学工业出版，2006.

[2] 国际消防管理委员会，国际放火火灾调查委员会，美国消防协会．火灾调查员 [M]．张金专，李阳，等译．北京：中国人事出版社，2020.

[3] 张金专．专项火灾调查 [M]．北京：中国人民公安大学出版社，2019.

电动汽车火灾扑救难点及对策研究

胡 志 鹏

江西省上饶市余干县消防救援大队　上饶　335100

摘　要： 当今电动汽车的数量日益增多，其火灾发生的原因日趋复杂，火灾发生频次也逐年增加。相比传统汽车，电动汽车因构造和动力来源的不同导致其火灾扑救难度更大和更具危险性。本文以电动汽车火灾扑救行动为研究对象，通过剖析典型案例和查阅资料得出了电动汽车火灾的特点和处置难点。针对电动汽车火灾扑救时的危险性，本文确定了行动安全在消防救援人员扑救此类火灾中的重要意义；针对电动汽车火灾具有扑救时间长等问题，本文确定了扑救电动汽车火灾的重点区域是动力电池部分，从研究水枪射流、灭火剂的选择和使用等方面论述如何提高消防救援人员扑救电动汽车火灾的灭火效率。本文的理论成果可为消防队伍处置此类火灾提供参考依据，具备一定的实践意义。

关键词： 消防　电动汽车火灾　动力电池　灭火对策

1 引言

随着社会的进步发展，汽车逐渐成了人们生活中不可或缺的部分。然而，由于对汽车的需求不断增加，所带来的问题也越来越多。譬如环境污染问题和能源短缺问题，这是现阶段社会发展所付出的代价。为了减少汽车所带来的环境和能源影响，近年来，电动汽车成了汽车行业的热门话题。为了发展低碳型经济和节约能源，各国相继制定了购买电动汽车的优惠政策，这进一步加大了电动汽车在市场上所占的份额。但是，目前大部分电动汽车生产商的技术还不够成熟，这导致电动汽车火灾频发，损失严重。根据有关部门的数据统计，从2012年到2020年电动汽车的火灾数量呈明显上升趋势。如图1所示。

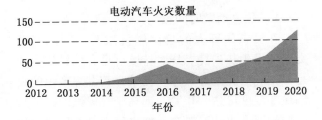

电动汽车火灾数量

图1　2012—2020年电动汽车火灾数量统计

特别是在2020年，2020年1—12月全年被媒体报道的烧车事故（自燃+冒烟）就有124起[1]，呈倍数增长的趋势。然而电动汽车在驱动系统和结构上跟传统汽车有较大的差异，这导致了在发生火灾时，电动汽车会更加危险。除了常见的汽车火灾危险性外，还有触电、中毒等危害。本文将通过案例分析和查阅资料等方式来研究和分析电动汽车的火灾扑救难点，并提出具有针对性的对策。

2 电动汽车概述及火灾成因

针对电动汽车的火灾扑救，消防救援人员应该既要清楚电动汽车的分类和主要构造，也应熟知电动汽车火灾原因，这样才能更好地得出针对性措施。

2.1 电动汽车概述

电动汽车是以动力电池的电能为动力来源，并以电机驱动，满足道路交通和安全规范要求的车辆。其组成包括控制系统和电力驱动等机械系统，以及完成车辆行驶任务的工作装置等。

电动汽车的种类不同，车辆的结构和主要的驱动系统都会有所差异。BEV主要由电力驱动控制系统、驱动电机、动力电池和各种辅助装置等部分组成。HEV有两个及以上的驱动方式，既有电动机又有发电机和内燃机。两者都含有逆

作者简介： 胡志鹏，男，学士，江西省消防救援总队上饶支队四级指挥员，主要从事消防灭火救援工作，E-mail：384886330@qq.com。

变器，其作用是回收多余的能量返还给动力电池。图 2、图 3 是 BEV 和 HEV 的主要构件图。

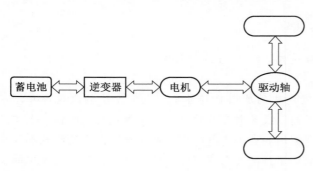

图 2　BEV 的主要构件图

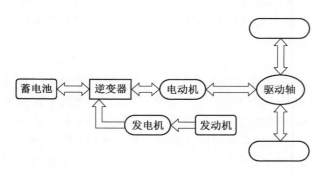

图 3　HEV 的主要构件图

2.2　火灾成因

电动汽车火灾的产生原因有很多，但是以电气火灾为主。因为电动汽车是以电能为动力并集成了较多电子元件和线路，故而很容易由于自身原因和外界撞击等客观原因发生电气火灾。电气火灾通常由线路短路故障、过载故障、绝缘故障等原因引起。这些故障产生的结果是高温、电弧、烟雾、漏电流等[2]。

3　电动汽车火灾扑救难点

3.1　扑救危险多

3.1.1　救援人员易触电

在火灾现场由于灭火剂大多导电，加之电动汽车发生火灾后漏电情况难以控制和遏止，救援人员容易触电。然而，电动汽车生产商为了减小电动机等设备的尺寸，特别是降低逆变器的成本，在允许的范围内，他们会尽量采用高电压的动力电池，其动力电池电压都高于人体可承受的安全电压值 36 V，处置不当很容易造成救援人员触电伤亡。

3.1.2　动力电池爆炸易造成救援人员伤亡

自 2000 年到 2016 年 2 月，全国共发生 9 起共计 116 名消防救援人员殉职的爆炸事故，火灾爆炸是造成消防救援人员群死群伤的重大危险源[3]。然而进入到热失控状态的动力电池具有一定的爆炸概率，因此我们必须杜绝爆炸事故的发生。动力电池系统所采用的电芯能量密度非常高，以磷酸铁锂电芯为例，能量密度可达 120 Wh/kg，若换算成焦耳，则 1 kg 的磷酸铁锂电芯蕴含的能量相当于 103 g 的 TNT 炸药[4]。一辆纯电动汽车，其使用的电芯通常重达几百公斤，以 100 kg 电芯计算，那么总能量就相当于 10 kg 左右的 TNT 炸药。可想而知，当电动汽车一旦发生不可控制的爆炸时，事故车附近人员将会有很大的生命威胁。

3.1.3　动力电池燃烧后的烟气易造成救援人员中毒

动力电池燃烧会产生 SO_3 和 CO_2，其中 SO_3 与水最终变成硫酸，造成酸雨危害救援人员。并且动力电池燃烧后的烟气还会携带锰、汞等重金属，而重金属能使蛋白质的结构发生不可逆的改变，还会影响组织细胞功能，进而影响人体健康。加之重金属中毒多为接触性中毒，而重金属很容易随着烟气与人员身体接触，致使人员发生重金属中毒。例如，2018 年 1 月 30 日四川省自贡市一电动汽车店火灾造成 4 名群众死亡，救援人员也有轻微中毒的身体状况。

3.2　火灾扑救时间长

电动汽车的动力电池的燃烧特性特殊，从而导致电动汽车火灾扑救时间长，主要有以下原因。

1）热量消散时间长

在吴忠华等人的自由燃烧试验中[5]，当动力电池发生热失控燃烧时持续可见有焰燃烧大约是 90 min。经红外热像仪测试，其燃烧产生的火焰最高温度可达 880 ℃，远高于常规汽油燃烧时火焰的温度 400 ℃ 左右；加之动力电池位置跟传统汽车油箱的位置不同，动力电池大多位于车辆底部位置。一旦动力电池发生燃烧，致使热量集聚不易消散，继而延长了灭火时间。因此电动汽车跟传统汽车在发生火灾时相比较，电动汽车火灾需要更长的时间消散热量。

2）动力电池易复燃

美国研究基金会曾开展过关于电动汽车动力电池燃烧的实验：动力电池灭火 22 h 后发生了第一次复燃，进而得出了消防救援人员应该做好 1 h 甚至更长时间的灭火准备[6]。例如，2017 年 1 月 15 日，天津快速路津昆桥电动轿车起火，火灾调查人员在消防救援人员灭火后勘察现场时，车辆却再次发生复燃。动力电池因为其火灾后结构的破坏，内部电解质、电解质液及电极之间大多处于不稳定不平衡的状态，化学反应和电流放热效应依然存在。故而无明火并不能意味着火灾的隐患就彻底清除，需要在场处置力量进行后期处理，从而延长了灭火时间。

3.3 动力电池灭火难

动力电池的火灾扑救是扑灭整个电动汽车火灾的关键，但对于它的火灾扑救却存在难以扑救的问题。

如图 4 所示是电动汽车动力电池位置，动力电池一般位于车辆前座或后座下方与车架之间的部位，加上车内装饰物遮挡，因此动力电池的位置极为隐蔽。然而关于水的灭火效率，姬永兴提出了观点：用于灭火的 90% 以上的直流水在灭火时流失了，对灭火真正有效的仅占其中的很小一部分[7]；加之动力电池位置的隐蔽性更加降低了灭火剂的使用效率。消防救援人员很难对动力电池进行有效的喷射，因此对于电动汽车动力电池部分的火灾扑救灭火效率是极低的。

图 4　电动汽车的动力电池位置示意图

4　电动汽车火灾扑救对策

4.1　加强救援人员安全保障

电动汽车火灾存在诸多不安全因素，因此指战员应科学处置，主要有以下几点措施。

1）预先侦察，并加强个人防护、组织断电
到场后消防指战员应该先进行的火情侦察主要包括：查明起火电动汽车类型、型号、容量、车辆最高电压、高压线路走向，必要时联系生产者或当地经销商以获得详细车辆信息；查明车辆主开关的位置及状态；判断事故车辆动力电池状态（可通过仪表盘进行信息获取）。抵近操作的救援人员应加强个人防护，穿着符合特种防护标准的电绝缘服三件套（图 5），并根据现场情况采用以下操作。①关闭车辆启动开关，将具有自动启动功能的车辆钥匙置于距离事故车辆 10 m 之外或装入具有信号屏蔽功能的袋中。②在确保自动断电之后，仍应对其进行手动断电，确保电源线路处于断电状态。找到切断低压电源（12 V）的位置，切断低压线路，并按照厂家提供的应急救援说明书，切断动力线路。③拔出高压线缆（橙红色），并对高压线段做防漏电措施[8]（可以参照应急管理部消防局编写的《车辆事故救援技术应知应会手册》附录 6 新能源汽车处置对策一览表）。

图 5　电绝缘服三件套

2）规避爆炸伤害

考虑到动力电池存在爆炸的危险，故而消防救援人员应该根据现场情况，寻找有利于规避爆炸危险的位置布置水枪阵地，并确保消防救援人员穿戴好全套消防灭火服等个人防护装备。动力电池的爆炸是由于其热失控引起的，但是在爆炸前会有温度迅速升高的现象[9]，我们可以在火灾现场挑选委任一名安全员手持热像仪观察红外热像图颜色变化来得知是否有温度迅速的变化。图 6 是动力电池爆炸前的燃烧时温度红外照片。

图 6　动力电池燃烧时红外照片

3）降低中毒可能

考虑到电动汽车燃烧后会产生对人体有中毒危险和高温的产物，而且其产物主要通过呼吸道进入人体，因此消防救援人员应该使用自给式呼吸器等完备的个人防护装备，抵近操作的消防救援人员因穿着绝缘服三件套而不适合使用自给式呼吸器的可以使用 FMJ08 配 3 号防毒罐（能抵御大量的有毒气体，如图 7 所示），来避免吸入动力电池及其他车辆部件燃烧产生的有毒物质和受到热伤害。并以着火电动汽车为中心，在其四周设置水幕、喷雾水枪，利用其喷射的雾状水，对燃烧时产生的气体进行稀释、驱散及降温；并结合气象条件及技战术选择合适的停车位置。

图 7　FMJ08 配 3 号防毒罐

4.2　提高灭火效能

电动汽车发生火灾时的地点一般在车库或者在道路上，两个位置都需要消防救援人员快速处理火灾，否则将造成更大的财产损失和不良的社会影响；相比较传统汽车，电动汽车的动力电池极易复燃，从而加大了扑灭火灾的难度，消防救援人员必须提高灭火效能从而缩短灭火时间。可以通过以下几点来提高灭火效能。

4.2.1　加快车辆散热

因为车辆的空间封闭性较强，所以当动力电池发生连锁的化学反应时会持续放热，热量易集聚，不易消散。消防救援人员可以通过打开车门、后备厢及前保险盖等方式破坏车辆封闭状态，提高车辆内部与外界的接触面积和增加空气对流，从而加快车辆的散热，提高灭火效率。

4.2.2　重点处理动力电池

与传统汽车相比较，电动汽车因为有动力电池而更加危险，成功扑救电动汽车火灾的关键应该着重处理电动汽车动力电池的防控和灭火工作。消防救援人员可以通过以下几种方式来处理。

1）加大扑救动力电池部位火灾的水供给强度

特斯拉的紧急指导手册中强调扑救动力电池火灾水是很重要的，手册指出冷却燃烧的电动汽车可能需要 3000 USgal（约 10×10^3 L）的水。通常扑救一辆汽车的火灾需要 15～20 min，可以由流量公式得出供水强度，流量公式如下：

$$Q = V/t \tag{1}$$

式中　Q——扑救一辆电动汽车所需的供水强度，L/s；

　　　V——扑救一辆电动汽车所需要的供水量，L；

　　　t——灭火时间，s。

根据公式（1），可得 Q 的取值大概为 8.3～11.1 L/s，见表 1。

表 1　一辆电动汽车火灾所需的供水强度取值表

V/L	t/s	$Q/(L \cdot s^{-1})$
10^4	900	11.1
10^4	1200	8.3

因此扑救电动汽车火灾对水的需求量是很大的，必须在车辆调度上充分评估水罐车的数量是否足够。

2）及时利用车上已有动力电池防控装置

大部分电动汽车厂商考虑到车辆动力电池安全，在车辆设计中都会在电池箱加上火灾防控装置。如果在火灾中防控装置没有正常地联动启动，消防救援人员可以使用手动方式启动。以德立科研发出厂的电动汽车火灾自动报警系统及消防联动系统举例，车辆电池箱火灾防控装置在没有正常启动时消防救援人员可以及时通过图 8 所示的装置（大多在驾驶室位置）手动启动及时启动防控装置，此时 FFX-DLi/HLK 车用的干粉灭火装置将会自动启动并释放干粉灭火剂，灭火剂释放形成的粉雾中的粒子与火焰发生化学反应，从而迅速扑灭燃烧火焰。消防救援人员充分利用车辆自身的火灾防控装置对成功高效扑救电动汽车火灾能起到关键性作用。

图8　动力电池手动启动防控装置

4.3　提高动力电池灭火效率

吴忠华等人曾发表过关于提高动力电池灭火效率在扑救电动汽车火灾的重要性[10]。动力电池是电动汽车电气系统中最核心的部分；电动汽车发生火灾时，动力电池的安全性在一定程度上决定了电动汽车的整体安全性。因此提高扑救电动汽车动力电池部分火灾的灭火效率，是高效处置电动汽车火灾的关键。消防救援人员可以从灭火剂着手解决。

4.3.1　科学使用灭火剂

美国联邦航空管理局（以下简称FAA）是最早进行电动汽车动力电池火灾扑救的灭火剂技术研究机构之一。2009年，经过多年研究，FAA提出了电动汽车动力电池火灾扑救的安全警示，主要包括两个原则：一是使用哈龙或水基型灭火器来阻止动力电池火灾蔓延；二是灭火结束后，将动力电池浸没到水或其他溶剂中，可以防止发生二次失控[11]。FAA也同时指出，考虑到锂电池火灾的本质是内部活性反应物质的热失控，因此灭火剂必须具有足够的冷却降温能力，才能有效阻止锂电池成组的火灾复燃，防止二次失控。基于美国联邦航空管理局的研究可以得出关于电动汽车火灾扑救的灭火剂选用原则，再结合现如今消防队伍装备的配备情况，科学使用灭火剂可分为控、灭、防三个阶段。

1）控

前期选用干粉、二氧化碳或泡沫灭火剂，可快速控制火势蔓延，进而为接下来的灭火工作减少危险和降低群众的财产损失。

2）灭

当火势得到控制后，应该将水作为灭火剂并使用较大的射水强度扑灭明火，因为水的比热容较高，可以携带走电动汽车内的大量热量，继而为下一阶段的"防"做好准备。

3）防

在明火被扑灭后应该用红外测温仪对车内温度进行探测和实时记录，如果温度继续升高，水枪应该持续进行射水冷却，防止动力电池因为热失控又再一次复燃。

4.3.2　提高灭火剂使用效率

成功高效处置电动汽车火灾的重点是控制动力电池火灾，然而动力电池存在位置隐蔽的情况，导致灭火剂的利用率很低，因此可以通过移除遮挡物和改变喷射器具喷射角度等方式来提高灭火剂使用效率。

1）移除遮挡

根据电动汽车的构造特点，消防救援人员可以通过打开车门、移除座位、从车窗用火钩勾出车内动力电池附近的装饰物等方式来为灭火剂的喷射提供高效率喷射途径。

2）采用姜氏射流

根据姜氏第三定律[12]：传统射流一般用仰角，灭火水流一般呈自由落体状态；姜氏射流主张打正压角，优化水流冲击力，可以提高灭火效率。考虑到电动汽车火灾现场一般满足着火区域离地面不高的特点，可以较容易地实现姜氏射流。因此为了提高扑救电动汽车火灾效率可以使喷射器具采用较大的正压（俯射）角度来喷射灭火剂，并着重喷射车辆动力电池位置（图4），这样可以大大提高灭火剂使用效率。

5　结论

本文旨在研究电动汽车火灾扑救难点及对策，通过分析电动汽车火灾发生的原因和特点，从而得出电动汽车火灾的扑救难点，并对消防救援人员扑救此类火灾提出了具有针对性的意见。

（1）查阅相关资料得出了电动汽车与传统汽车的主要区别在于动力来源和驱动系统的不同；并以电动汽车案例统计为基础得出火灾发生原因，其原因可分为电动汽车自身原因及环境诱因。

（2）本文结合案例和相关资料总结得出了消防救援人员扑救电动汽车火灾存在危险性大、扑救时间长、扑救动力电池火灾难、电解质液处理难等扑救难点。

（3）从行动安全方面指出了消防救援人员

在此类火灾扑救中应该预先侦察并断电；确定了从创造高效的灭火通道和重点扑救动力电池火灾来提高灭火效率；并从灭火剂的选择和使用等方面论述如何解决动力电池灭火难的问题；并对火灾扑救后现场电解质液污染提供了用水冷却抑制电解质液泄露、物理及化学降毒的方法。

参考文献

［1］IEV. 2020 年电动汽车起火事故分析［EB/OL］. https://baijiahao. baidu. com/s？id＝1692024414378187708&wfr＝spider&for＝pc. 2021-02.

［2］晋会杰. 电气火灾信号检测方法及硬件电路设计［J］. 铜陵学院学报，2018，17(1)：115-117.

［3］康茹. 消防队员作业安全事故原因分析及对策研究［D］. 北京：中国矿业大学，2017.

［4］姜连瑞，李梦雨. 锂电池火灾扑救战术方法研究［J］. 消防技术与产品信息，2017(12)：33-36.

［5］吴忠华，李海宁. 电动汽车的火灾危险性探讨［J］. 消防科学与技术，2014(11)：1340-1342.

［6］Grant C. Fire Fighter Safety and Emergency Response for Electric Drive and Hybrid Electric Drive Vehicles［S］. Quincy Ma，2010.

［7］姬永兴. 火灾中射水灭火效率的科学探讨［J］. 科技导报，2000(12)：54-56.

［8］公安部，消防局. 新能汽车火灾扑救规程［EB/OL］. http://www. doc88. com/p-9015072106053. html.

［9］OFweek 锂电网. 2016 新能源汽车 35 起火事故汇总分析［EB/OL］. ［2017-0-03］. https://libattery. ofweek. com/2017-01/ART-36001-8500-30086754. html.

［10］吴忠华，李海宁. 电动汽车的火灾危险性探讨［J］. 消防科学与技术，2014(11)：1340-1343.

［11］Safety Faa Office of Security and Hazard Materials. 158 起电池和含电池设备设计的事故［R］. USA：FAA Office of Security and Hazard Materials Safety，2015.

［12］姜连瑞. 灭火关键技战术方法解析［R］. 廊坊：中国人民警察大学，2019.

关于四川省消防标准化工作的思考

刘 海 燕

四川省消防救援总队 成都 610036

摘 要：随着国家和四川省关于标准管理工作法规和政策变化，以及消防队伍改革转隶，消防地方标准化工作具有了更加深刻的工作内涵。本文结合四川省消防标准化工作的现状，分析了消防地方标准化工作面临的主要问题，对进一步加强四川省消防标准化工作出了工作建议。

关键词：消防 标准化 委员会 标准体系

1 四川省消防标准化工作的现状

四川省消防标准化技术委员会（以下简称"省消防标委会"）自 1994 年成立以来，主要负责四川省消防领域地方标准的制修订、宣贯、解释和监督，消防产品企业标准的组织评审以及组织行业交流等工作，在预防火灾和降低火灾风险方面提供了重要的技术支持，为保障和服务地方经济建设发挥了重要作用。

1）主要成果

四川省消防标委会累计组织制修订 2 项国家标准、2 项行业标准、22 项地方标准，组织评审了 74 个企业标准。尤其在第四届标委会工作期间，针对四川经济支柱产业、地域自然条件特征、典型火灾案例暴露出的消防安全问题，先后组织编制了《白酒厂设计防火规范》《灾区过渡安置点防火规范》《公共汽车客舱固定灭火系统》《学校消防安全管理规程》《企事业单位专职消防员常见器材技术训练标准》《四川省古城镇村落消防安全评估规范》等标准（表1），成果最多、级别最高，填补了多项消防技术领域空白，社会效益十分突出。先后获得中国标准创新贡献奖二等奖、三等奖各 1 项，以地方标准为基础或为主要研究内容的科研项目，获国家科学技术进步二等奖 1 项，四川省科技进步一等奖 2 项、二等奖 1 项。

2）四川省消防标委会主要功能

根据《章程》，四川省消防标委会主要负责四川省消防专业标准化及国际、国内相关标准化

表1 四川省第四届消防标委会组织编制标准情况

总数	国家标准	行业标准	地方标准		
			技术类	管理类	工作类
16	2	2	5	6	1

组织在四川省的技术归口工作，贯彻执行国家标准化工作的法律法规和方针政策，引导参与国内外标准化活动，负责研究和组织制定四川省消防地方标准体系，提出制定、修订计划和对国家、行业相关消防标准的建议，组织地方标准的制、修订工作，组织审查地方标准，监督、调查和分析地方标准的实施情况，向四川省有关部门提出消防专业标准化成果奖励项目建议，宣传、贯彻四川省消防地方标准，协助有关部门做好有关标准化技术培训、经验交流和学术活动等工作。

3）四川省消防标委会的运行

四川省消防标委会已经历四届改选，经全体委员审议通过并发布了《四川省消防标准专业技术委员会章程》和《秘书处工作细则》，对四川省消防标委会的工作任务、组织机构、工作程序、活动经费等均作出了明确的规定，为四川省消防标委会的规范、有效运行提供了坚实保障。近年来，着重加大标准制定保障力度，累计为标准化工作提供经费 140 余万元。强化人才引进，拓展吸收了大量在消防专业领域、标准化领域中具有较高理论水平和较丰富实践经验的专家作为委员。组织专题测试试验、数据模型搭建 60 余次，开展专题实地调研 20 余次、专家咨询服务 30 余次，对提升标准质量提供了重要保证。

作者简介：刘海燕，女，硕士，高级工程师，四川省消防救援总队法制与社会消防工作处处长，主要从事火灾防控工作。

2 消防地方标准的重要性

1）更好地服务地方经济建设保障消防安全

立项编制消防地方标准，可以结合地方经济建设的实际需要，针对火灾暴露出的特殊问题，制定符合地方自然条件、民族风俗习惯的特殊技术要求，并在一定领域内先行先试。如白酒产业一直是四川省的经济支柱产业，白酒生产企业的数量、产量和质量均居全国前列，但是，由于防火防爆技术措施不到位、管理不严或操作不当等原因，致使白酒厂火灾时有发生，且后果十分严重，成为影响该行业可持续发展的突出问题。地方标准《白酒厂设计防火规范》和区域性地方标准《白酒生产企业消防安全管理规范》的普遍应用，有效预防和控制了白酒厂的火灾危险，至今未发生较大以上火灾和爆炸事故。

2）及时填补消防安全领域的相关空白

国务院办公厅《消防安全责任制实施办法》明确提出定期分析评估工作要求，但由于没有国家标准和行业标准，在具体执行过程中，各地技术能力和水平参差不齐，且无成熟经验，在没有国家标准和行业标准可借鉴的情况下，及时组织力量编制出台地方标准《四川省古城镇村落消防安全评估规范》，提出了评估指标体系、单元对象抽取原则、指标特征值和权重计算方法，在权重误差值计算等方面给出操作规范，填补了区域性评估方法的技术空白，规范了区域消防安全评估工作。

3）有利于区域性消防安全治理能力的提升

科学制定消防地方标准有利于规范消防安全治理行为，保证一定区域内消防安全治理内容的高度统一，保持了治理方法和工作标准的一致性，特别是高于国家和行业标准的地方标准，对于保证区域内的消防安全具有重要意义。如针对学校、宾馆、饭店、商店等场所消防安全管理规程，出台的地方标准紧密结合各类场所的不同管理特点，着重对重点部位规范化管理。《企事业单位专职消防员常见器材技术训练标准》为规范企事业单位专职消防员器材使用训练技术，推动实现专职消防队伍科学化、实战化、标准化建设，提供了示范参照。

4）为国家标准和行业标准的编制作实践基础

在编制国家和行业标准前，通过地方标准的适用可以总结大量的实践经验，提供更加科学合理的技术措施。如"5·12"汶川地震后，编制的地方标准《灾区过渡安置点防火规范》具有突出的创新性、针对性、实用性和可操作性，为各级人民政府和相关职能部门提供了灾区过渡安置点消防安全指南，并在青海玉树"4·14"地震和雅安芦山"4·20"地震灾后重建过程中发挥了重要作用。地方标准的应用为后来升格编制国家标准提供了鲜活案例，总结了大量的技术成果，保证了国家标准的科学性。

3 四川省消防标准化工作面临的挑战和存在的主要问题

1）亟待适应新规定

新修订的《中华人民共和国标准化法》，将地方标准制定权扩大到了设区的市，要求培育发展团体标准，明确了企业标准的自愿性。2020年3月1日实施的《地方标准管理办法》（国家市场监督管理总局令第26号），明确规定了地方标准的属性、制定原则、立项评估、审核备案、报批执行等内容。2019年12月四川省出台了《四川省专业标准化技术委员会管理办法》，细化了委员会的工作职能、组织机构、组建、换届、调整和技术审查等标准化工作规定。这些新规定直接关系四川省消防标委会的运行、标准管理工作范围、标准指定方向等诸多方面，现行的《四川省消防标准专业技术委员会章程》和《秘书处工作细则》必须顺应新规定进行全面修订，以符合法律法规和政策规定。

2）进一步理顺标准管理新机制

随着消防队伍改革转隶，国家综合性消防救援队伍实行统一领导、分级指挥，队伍内部垂直管理。原由公安部归口管理的消防救援领域国家标准、行业标准已调整由应急管理部归口管理，消防救援领域165项现行行业标准类别由公共安全行业标准调整为消防救援行业标准，代号由"GA"调整为"XF"，消防救援行业标准（XF）的组织制修订职责，由应急管理部消防救援局及全国消防标准化技术委员会承担。但省以下消防救援机构与同级应急管理部门不是隶属关系，原归口在公安厅的消防地方标准转由省消防标委会或省消防救援总队承担，地方标准的申报、管理、归口、解释等工作机制相应发生变化。

3）地方标准编制方向应有所拓展

随着国家关于建设工程消防审验职能改革以及消防产品监管工作机制的转变，加之团体、企业标准的法律定位和管理权限确立，省消防标委会在工程领域、产品领域的地方标准内容设定职能相对弱化。但是，消防队伍的职能已拓展，地方标准体系框架需要重新作出调整，消防救援领域的标准需重点研究制定，消防救援力量的建设、调度、指挥、训练、管理以及不同灾害类别救援技术的推广应用将会成为今后一段时期内地方标准化工作的重点。

4 工作建议

1）全面实施和推进四川省消防标准化战略

将消防地方标准化工作纳入"十四五"消防事业发展规划中，整体研究分析和规划搭建地方标准体系框架，推进标准编制体系精准多元，规范化运行和管理省消防标委会，研究制定标准化人员培训计划，按照改革创新、协同推进、科学管理、服务发展的基本要求，进一步强化标准实施和监督，创新消防标准管理，夯实消防标准化工作基础，更好地发挥服务和保障地方经济社会持续健康发展的应有作用。

2）加强四川省消防标委会自身建设

与其他地方专业标准化技术委员会秘书处设立在科研机构、高校、社会团体等不同，由于没有下属事业编制单位，四川省消防标委会秘书处只能设立在省消防救援总队，尽管有大量的技术人员作学术支撑，然而作为行政部门还需要承担大量的行政管理工作，因人员编制限制，秘书处的具体工作任务往往压在极少数人身上，在一定程度上制约了标委会作用的有效发挥。因此，要进一步完善《章程》和《秘书处工作细则》，在人员配置、经费保障、奖励激励、制度设计等方面加强标委会的自身建设。

3）深度完善地方标准体系框架

消防标准体系框架可以直接反应消防工作对标准的总体需求和具体需求，能为消防标准化建设提供科学的指导，明确消防标准化工作的重点和方向，为标准的定制、修订提供依据，避免盲目性，同时科学合理的消防标准体系框架也为消防标准的现状和发展趋势提供可靠的信息和指南，从而促进提高消防标准化工作的科学化、专业化、信息化、规范化水平。四川省消防标准体系可由灭火救援、应急救援、工程建设、消防管理、技术服务、消防装备、信息科技七大类标准构成（表2）。

4）切实加强地方标准的规范化管理

一方面要不断完善地方标准制修订程序，及时立项编制实践火灾防灭急需的地方标准，引导社会各界参与标准制修订工作，加强标准成果转化应用；另一方面要强化地方标准动态管理，依法做好地方标准复审工作，严格按照地方标准备案要求，及时备案地方标准。此外，还要建立健全标准档案管理制度，规范标准档案管理。加强与四川省内外其他标准化委员会的互动交流，组织开展标准化学术交流和标准业务培训，提升四

表2 省级消防标准体系框架建议

类别	灭火救援类	应急救援系类	工程建设类	消防管理类	技术服务类	消防装备类	信息科技类
细项	预案编制 作业规程 现场指挥 执勤训练 队伍管理 战勤保障 …	地震救援 水域救援 化工救援 山岳救援 核生化救援 队伍建设 指挥调度 战术运用 …	消防规划 消防队站 消防供水 消防通信 消防车通道 公共消防设施 防火材料 建筑构件 消防设施系统 …	监督管理 火灾防控 火灾调查 电气防火 消防宣传教育 …	技术服务活动 质量管理体系 消防设施维护 消防设施检测 消防安全评估 …	消防器具配件 消防员个人防护装备 消防产品 消防车泵 消防船艇 消防航空 …	信息化建设 平台系统建设 物联网 消防数据库 智慧消防 …

川省消防标准化工作地位。

5）深化消防地方标准宣传和贯彻执行

标准的生命力在于执行。要围绕重要标准、重要专项、重要节点和重大事件，加大地方标准的宣传培训力度，充分利用各种媒体，切实做好消防标准化知识宣传和普及工作，提高消防地方标准的认知度和普及率。增强社会各界的消防标准化意识，营造全社会了解消防标准化知识、参与消防标准化活动、享用消防标准化成果、提升消防标准自觉执行的良好社会氛围。同时，积极为国家标准、行业标准提供技术支持和实践经验。

消防员参与监督执法工作的实践探索及启示

——以四川省试点工作为例

王 坚[1] 王黎明[2]

1. 四川省消防救援总队 成都 610000
2. 遂宁市消防救援支队 遂宁 629000

摘 要：根据四川省开展消防员参与监督执法试点工作的探索实践，本文对试点工作情况进行了全面梳理，从试点的背景依据、发生逻辑、创新思路举措和遇到的困难问题几个方面进行了详细阐述，并提出了一些见解和思考，以期为该工作的全面推进提供经验借鉴，为理解消防执法改革提供鲜活样本。

关键词：消防执法改革 消防员监督执法 试点启示

1 引言

四川省作为全国首批消防员参与监督执法工作试点之一，立足四川消防实际，按照"以探索突破难题，以试点带动全盘"的思路，在充分调研、深入研究、探索实践的基础上开展了一系列创新且卓有成效的工作，探索出了一条较为成熟、富有本地特色的消防员参与监督执法工作的模式路径。

2 试点工作背景

2.1 政策依据

行政执法的前提是主体合法、人员合法，消防员参与监督执法工作具有充分的法律政策依据。首先，消防救援机构具有行政执法主体资格，根据《中华人民共和国消防法》《消防监督检查规定》等法律法规和规章授权，消防救援部门具有执法权，按照四川省行政权力清单公布的内容，消防救援机构有 104 项行政权力事项，故在法律上具备行政执法主体资格。其次，消防员编制身份合法，按照《组建国家综合性消防救援队伍框架方案》和中编办精神，消防员的身份从战士转变为国家行政编制、具备了执法主体身份。且中办、国办印发《关于深化消防执

法改革的意见》中明确规定"消防干部、消防员必须经执法资格考试合格，方可从事执法活动"，将消防员参与执法作为当前消防执法改革的重要内容，从顶层设计层面为消防员参与监督执法工作提供了政策支撑。因此，消防员在取得执法资格后，参与监督执法工作具有合法性和可行性。

2.2 试点动因

消防员参与监督执法工作既能有效解决四川实际问题，又能推动消防执法改革的进程。从队伍现状分析，四川省目前参与执法工作的人员占全省人口总数的 0.82‰，远低于全国 1.2‰的平均水平，甚至有一半的县市区监督执法干部不足 5 人，执法人员数量与所承担执法工作任务严重不相适应。从消防安全形势分析，四川省火灾防控压力异常突出，火灾总量、亡人数量在全国排位靠前，每年以约占全国 4%的消防力量承担约占全国 12%的防灭火及抢险救援任务，是全国消防救援队伍缺编最严重、任务最繁重的省份之一，让消防员参与监督执法是缓解现阶段执法人员少、执法任务重最直接、最有效的途径。

2.3 试点目标

消防员参与监督执法工作，不仅是适应当前消防执法改革形势的现实需要，更是深入推进消

作者简介：王坚，女，硕士，工程师，从事消防监督、消防法制等领域工作，E-mail：35385135@qq.com。

防职业化建设的重要举措，对于切实提升应急救援实战能力和火灾防控水平具有重要现实意义。在保证正常灭火救援、执勤备战和日常训练的同时为消防员参与监督执法找到适当的切入点，迈出"防消联勤"工作实质性的一步，建立一套具有本地特色的模式范本是试点工作的基本思路和主要目标。

3 试点概况

3.1 基本情况

本次试点工作推进主要分为四个阶段。一阶段：充分调研论证。自 2020 年初起，总队成立专班先后深入全省 6 个市州 15 个消防救援站与 318 名消防员走访座谈，收集意见建议 178 条，全面摸底掌握基层监督执法现状和消防员队伍情况。二阶段：确定思路基调。按照"大胆创新与积极稳妥相结合"的原则初步设计了四套试点模式，最终选择了一套较为贴合实际的试点方案下发执行，从原则、模式、内容、步骤和保障五个方面明确工作要求，限定消防员参与监督执法的范围，不得参与实施公众聚集场所投入使用、营业前消防安全检查，以及行政处罚、临时查封和其他行政强制措施。三阶段：分批启动试点。4 月初率先在成都、泸州、德阳、眉山和凉山 5 个执法基础较好、有代表性的支队启动第一批试点，应急管理部消防救援局将四川省确定为全国首批试点总队后，于 7 月中旬在全省 21 个支队全面铺开第二批试点，并对试点支队分别确定了重点任务和攻关课题。四阶段：全面优化推进。在对为期一年试点工作提炼总结基础上，总队于 2021 年 3 月底正式印发防消联勤工作实施细则，定职责、定流程、定标准、定奖惩，形成了一套较为科学完善的制度机制，并配套上线运行"双随机、一公开"消防救援站防消联勤平台，在全省铺开防消联勤工作。

3.2 主要经验做法

3.2.1 破解资格难题

为有效破解消防员尚无人取得执法资格这个首要瓶颈问题，首先对四川省 3000 余名具有行政编制的消防员情况进行调查，63% 的消防员主观上愿意从事执法工作，51% 消防员具备大专及以上学历，在能力素质上已基本能够胜任执法工作，并邀请四川省法律顾问团成员，四川省高院、四川大学法学院相关专家对消防员取得行政执法资格、参与监督执法工作的合法性、必要性进行专题研讨论证，通过与司法部门积极会商、研究工作举措，出台了全国首个关于解决消防员执法资格问题的规范性文件，为工作推进提供了政策支撑。

3.2.2 提升工作质效

试点工作是不断探索实践、追求实效的过程，工作名称和主要内容也经历了初期"消防员参与监督执法"调整为"消防救援站开展防火工作"，再到"消防救援站开展防消联勤工作"的演变，其内涵不断深化、外延不断拓展。最终确定的消防救援站开展防消联勤工作，将消防员参与监督执法深度整合到防消联勤工作中，消防员在日常灭火救援、执勤战备同时开展执法工作，增强了熟悉演练务实度、有效度[1]，同时提升了火灾隐患的发现率、整改率；实战中，可以通过及时查阅执法过程中掌握的单位基本情况、图纸等资料，以及运用信息化手段系统整合单位平面图和重点部位情况，标明建筑内部固定消防设施，更加快速、合理地规划不同着火区域进攻路线，进一步提升灭火救援效率和整体战斗力。

3.2.3 创新模式路径

通过整合灭火与防火力量，在坚持不影响灭火救援和执勤备战工作的前提下，构建了以熟悉演练为载体的防消联勤新模式，采取大队监督执法干部与消防救援站熟悉演练班组"1+1"联合工作的模式（1 名大队监督执法干部作为主办、1 名消防救援站具有执法资格的人员作为协办）（图1），改变了长期以来分别由大队开展监督执法、消防救援站开展熟悉演练的模式，消防救援机构对外以一个行政主体的身份开展工作[2]，在时间和行动上协同，在人员和内容上联动，在方式和方法上联勤，同步做好监督执法、熟悉演练、宣传教育等工作。目前已有 76 个消防救援站、400 余名消防员采用此种模式开展试点工作，联勤 3000 余家次，整改火灾隐患 3800 余处，工作效果较好。

3.2.4 搭建系统平台

四川省基于"双随机、一公开"消防监管

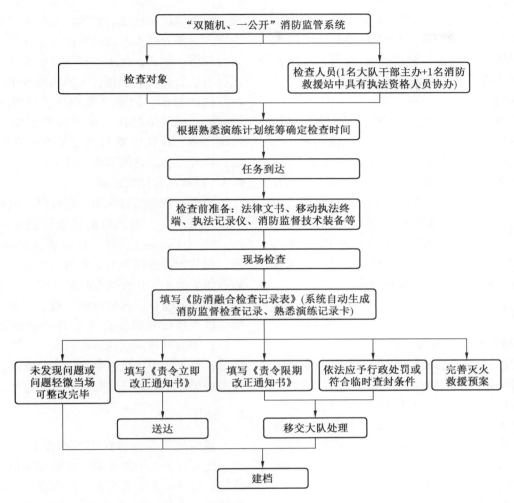

图 1　"1+1" 联合工作模式开展监督检查流程图

系统组织研发消防救援站开展防火工作子模块，打造试点工作平台，实现了大队与消防救援站互通互融，该平台具备消防救援站每月任务需求上报、执法任务抽取下发、队站任务无缝移交、执法全过程指引等功能；在统筹整合熟悉演练与监督检查的各种表格表单基础上，创新编制防消融合检查记录表并嵌入移动执法系统，使用移动执法终端同步采集上传执法数据、现场制发法律文书、启用电子签章，解决了工作"多头"、表格重复填写、文书二次录入问题，进一步优化了执法方式、提升了监管效能。

3.3　工作中遇到的困难问题

3.3.1　观念未完全转变

在多次基层调研座谈中了解到，仍有部分指战员没有顺应消防执法改革的新形势和新要求，没有及时调整思路、切实转变观念，对消防员参与监督执法工作存在误解，将工作方式简单粗暴地理解为直接抽调消防员参与大队执法工作，认为将造成防、灭火工作冲突，对工作方向、目标任务理解把握不够准确和深入，对工作重视程度、支持力度不够，直接影响到工作顺利有效开展。

3.3.2　顶层设计不够完善

消防员岗位设置上，因暂无防火专业岗位编制，对其个人职业发展方向的规划较为欠缺，对自身成长激励优势尚不明显，总队层面虽然建立了激励保障机制措施，但顶层设计上未出台配套制度办法，一定程度上影响了消防员参与监督执法工作的工作热情和岗位认同感。

3.3.3　学习培训有待加强

培训内容课程设置不够合理，前期侧重于进行消防设施操作的学习，培训重点内容把握不够科学和全面，对防火基础知识和执法基本程序规定的系统培训有待加强；培训方式上还不够丰富，仍以传统的授课、讲座形式为主，实际操作、案例分析不够，培训效果有待进一步提升。

3.3.4 融合路径不够通畅

消防员参与监督执法工作中发现火灾隐患和违法行为的后续处理，需加强与大队的沟通，大队在执法中对灭火救援实战需求关注度也不高。防火、灭火部门在职能定位、人员配备、工作方式上都有着较大区别，部门壁垒未完全打破，消防员参与监督执法的模式和路径有待进一步优化和畅通。同时，对于大队与消防救援站存在"一带多""多带一"交叉管理模式的情况，如何实现融合还有待进一步探索和细化。

4 思考和启示

4.1 理顺工作体制机制

消防体制改革对内设机构的调整已经取消了原司令部和防火部的建制，打破了部门之间的界限，队伍内部各业务处室之间也应实现进一步的融合。在大队和消防救援站层面，可彻底打破身份边界和现有分工分家的模式[3]，将大队与消防救援站人员统一配置，共同开展执勤备战、灭火救援和防火监督工作。

4.2 长效激励规范管理

按照专业化、精细化、高效化要求持续提升消防员能力素质，健全"选育用管"工作链条，打造一支既懂行政执法又擅长灭火救援的复合型队伍。突出激励与约束并重，探索研究一套具体化、可操作的有效机制，既合理规划消防员职业前景，将消防员执法、持证情况纳入考评、安置等范畴，充分激发开展执法工作的主动性和责任心，又针对性地建立廉政防范机制措施，将开展执法工作的消防员纳入廉政监督和管理，确保权力规范化运行。

4.3 增强服务社会能力

及时回应群众期待、要求，推进包容审慎执法、柔性执法制度化，鼓励消防员开展消防安全巡查，对部分巡查发现的消防安全违法行为，先进行劝阻、制止，提示、指导单位和个人纠正违法行为、整改火灾隐患，不能当场改正的才进入行政执法程序，构建"先劝导、后执法"的执法方式，同时争取在创建"首违不罚"清单上实现突破，让执法既有力度又有管理服务的温度，提升社会满意度和群众认可率。

4.4 持续深化探索创新

消防员参与监督执法一定程度上缓解了基层执法力量不足，但消防救援机构主要集中在城区，乡镇（街道）、村、社区尚无消防执法力量，而从统计数据来看，农村火灾起数和伤亡人数常年居高不下，探索授权基层执法是延伸执法触角的有效途径。按照依法下放、宜放则放的原则，试点授权乡镇（街道）开展消防监督执法工作，明确赋权基层执法的方式、原则、事项和要求，可进一步优化整合执法力量资源，使执法覆盖面更广、方式更优化。

5 结语

消防员参与监督执法工作作为一个全新领域，还有许多课题需要进一步研究探讨，有许多内容有待进一步补充完善，有许多问题需要深层次的挖掘，只有不断实践、总结规律、提取经验，才能有力推动消防执法改革进程和消防救援事业又好又快发展，为社会提供更加高质量、高标准、高效率的消防服务。

参考文献

[1] 中国消防协会.2012 中国消防协会科学技术年会论文集（全 2 册）[M].北京：中国科学技术出版社，2012.

[2] 中国消防协会.2020 中国消防协会科学技术年会论文集 [M].北京：新华出版社，2020.

[3] 吴洪.浅议防消联勤在实际消防工作中的推广运用 [J].东方企业文化，2011(14)：286.

浅析消防技术服务机构出具虚假文件和出具失实文件的界定标准

张 军

四川省眉山市消防救援支队 眉山 620000

摘 要：《消防法》第六十九条规定了对消防技术服务机构出具虚假文件、失实文件的惩处措施。实务中，消防监督员往往难以准确判断一份文件究竟"虚假"还是"失实"，导致适用法律时出现困难。本文拟结合工作实际，采取比较研究、构成要件分析等方法，力求给出一个较为明确、实用的界定标准。

关键词：消防技术服务机构 消防监督执法 虚假、失实文件

1 相关法律关于"虚假"和"失实"的规定

1.1 同时规定"虚假"和"失实"

（1）《消防法》第六十九条：消防产品质量认证、消防设施检测等消防技术服务机构出具虚假文件的……前款规定的机构出具失实文件……

（2）《产品质量法》第五十七条：产品质量检验机构、认证机构伪造检验结果或者出具虚假证明的……产品质量检验机构、认证机构出具的检验结果或者证明不实……

（3）《特种设备安全法》第九十三条：违反本法规定，特种设备检验、检测机构及其检验、检测人员有下列行为之一的，责令改正，对机构处五万元以上二十万元以下罚款，对直接负责的主管人员和其他直接责任人员处五千元以上五万元以下罚款；情节严重的，吊销机构资质和有关人员的资格；……（三）出具虚假的检验、检测结果和鉴定结论或者检验、检测结果和鉴定结论严重失实的……

1.2 仅规定"虚假"，未规定"失实"

（1）《安全生产法》第八十九条：承担安全评价、认证、检测、检验工作的机构，出具虚假证明的……

（2）《食品安全法》第一百三十七条：违反本法规定，承担食品安全风险监测、风险评估工作的技术机构、技术人员提供虚假监测、评估信息的……

第一百三十八条：违反本法规定，食品检验机构、食品检验人员出具虚假检验报告的……

第一百三十九条：违反本法规定，认证机构出具虚假认证结论……

（3）《道路交通安全法》第九十四条第二款：机动车安全技术检验机构不按照机动车国家安全技术标准进行检验，出具虚假检验结果的……

1.3 比较分析

《安全生产法》《食品安全法》《道路交通安全法》等安全类法律仅规定对相关机构出具虚假证明、检验结果、认证结论或者提供虚假信息的违法行为给予行政处罚。《特种设备安全法》将"严重失实"的危害程度与"虚假"的危害程度等同，制定了同样的罚则。《消防法》《产品质量法》同时对出具虚假文件和出具失实文件做了相关规定。与《特种设备安全法》不同的是，这两部法律对出具失实文件的追究不是以失实程度为标准，即不考虑是不是严重失实；而是以出具失实文件造成的后果为标准，造成严重损失的，才进行处罚，且罚则与出具虚假文件，情节严重的情形一致。

这里可能存在两种解释：第一种认为《安全生产法》《食品安全法》《道路交通安全法》较《特种设备安全法》《消防法》《产品质量法》对技术服务机构的注意义务要求更低，只查处故意出具虚假文件的违法行为，对过失出具失实文件的行为则予以容忍。第二种认为《安全生产法》

《食品安全法》《道路交通安全法》相较而言对技术服务机构的注意义务要求更加严苛，技术服务机构只要未按相关法规标准开展技术服务活动，并出具与实际情况不符的文件，直接认定其存在主观故意，所以没有失实一说。

笔者认为第二种观点更为妥当。从心态来讲，技术服务机构及其从业人员都具备相应的专业资质，都应当按照相关标准制度开展工作，如果存在未按相关法规标准开展技术服务活动，则应当认定为故意。因为对技术服务机构的高度专业性要求保证其必然知道并熟练掌握相关规定。从语义上将，《道路交通安全法》第九十四条第二款规定：机动车安全技术检验机构不按照机动车国家安全技术标准进行检验，出具虚假检验结果的，由公安机关交通管理部门处所收检验费用 5 倍以上 10 倍以下罚款，并依法撤销其检验资格；构成犯罪的，依法追究刑事责任。说明只要机动车安全技术检验机构不按照机动车国家安全技术标准进行检验，就认定其存在主观故意，其行为就构成出具虚假检验结果。

2 "虚假"和"失实"的异同

2.1 两者的共同之处

（1）消防技术服务机构出具的文件，无论是"虚假"还是"失实"，都说明文件内容与实际情况存在不符之处。

（2）消防技术服务机构出具虚假或者失实文件，都必定违反了相关规章制度。如果严格遵守了相关规章制度出具的文件仍与实际情况不相符合，则不具有法律意义上的可罚性。

（3）消防技术服务机构出具的文件，无论是"虚假"还是"失实"，都可能造成不同程度的危害后果。就出具虚假文件而言，其中虚假内容的占比不同、重要程度不同，其所导致的危害程度也不相同。同样，对于出具失实文件而言也是如此。

2.2 两者的区别所在

《最高人民检察院、公安部关于公安机关管辖的刑事案件立案追诉标准的规定（二）》第八十一条规定：承担资产评估、验资、验证、会计、审计、法律服务等职责的中介组织的人员故意提供虚假证明文件，涉嫌下列情形之一的，应

予立案追诉：……第八十二条规定：承担资产评估、验资、验证、会计、审计、法律服务等职责的中介组织的人员严重不负责任，出具的证明文件有重大失实，涉嫌下列情形之一的，应予立案追诉：……

可以看到"提供虚假证明文件"的表述前加有"故意"，"出具的证明文件有重大失实"前加有"严重不负责任"。由此可见出具虚假文件和出具失实文件的主要区别在于违法行为人的主观过错程度。消防技术服务机构出具虚假文件案，违法行为人主观上表现为故意，过错程度更重；消防技术服务机构出具失实文件案，违法行为人主观上表现为过失，过错程度较轻。所以，如何判断消防技术服务机构出具与事实不符的证明文件是基于"故意"还是"过失"，是准确界定消防技术服务机构出具虚假文件案和出具失实文件案的关键。

3 虚假、失实文件的范围

也就是消防技术服务机构出具的哪些文件存在虚假或者失实时，需要消防救援机构予以查处。根据《消防法》第六十九条和《社会消防技术服务管理规定》第二条、第四十九条规定，从事消防产品质量认证、消防设施检测、消防设施维护保养、消防安全评估等消防技术服务活动的社会组织属于消防技术服务机构，一旦发现其出具的相关书面结论文件虚假或者失实时，都应当依法查处。这里的书面结论文件包括：消防产品相关认证证书（强制性产品认证证书、检验报告、消防产品技术鉴定证书）、消防设施维护保养记录、消防设施检测记录、消防安全评估报告。

4 对出具虚假文件的界定

《刑法》第十四条对故意犯罪做了如下表述：明知自己的行为会发生危害社会的结果，并且希望或者放任这种结果发生，因而构成犯罪的，是故意犯罪。包括两方面主观状态，一是"明知"自身行为危害性；二是对危害结果采取"希望或者放任"的态度。持希望态度的是直接故意，持放任态度的是间接故意。

这一规定同样适用于消防技术服务机构。只

要消防技术服务机构明知自己出具的文件是虚假的（出具的文件虚假就必定具有危害性），并且对可能造成的危害结果持"希望或者放任"态度，就可以认定其构成消防技术服务机构出具虚假文件的违法行为。

4.1　如何认定"明知"

即如何认定消防技术服务机构明知自己出具的是虚假报告。从语义上讲，明知是一种心理状态，难以揣摩衡量。而且消防技术服务机构作为单位法人，更无内心可以窥探。

对于主观故意的判断，刑法上一般采用合理的主观说，认为事实性认识的判断以行为人自身的认识为基础，同时参考一般人的认识。即不依据行为人本人陈述自己是否明知，而是看一名与行为人条件相似的人是否对此是明知的。在消防技术服务机构出具虚假、失实文件这一问题上，也可以参考应用。比如消防技术服务机构按照规定程序签字盖章出具了虚假证明文件，就可以推定其"明知"。因为一般情况下，消防技术服务机构都会对文件真实性、准确性进行审核后再出具。如果消防技术服务机构认为自己不是"明知"，而是受到蒙骗或者其他缘由所致，则需提供证据加以证明。

4.2　如何认定"希望或者放任"

在消防技术服务活动中，作为技术服务的提供方，消防技术服务机构一般而言显然不会希望服务对象的消防安全条件受到影响。更多的是存在放任的心态，例如消防技术服务机构为了压缩经营成本，违反规定减少开展消防设施检测的技术人员、简化检测流程，对由此可能导致的检测不到位、不准确的问题听之任之。因此，在认定上，只要消防技术服务机构存在违反相关规定开展消防设施检测业务的行为，并且没有及时予以纠正，都可以认定其具有放任心态。

4.3　哪些情形可以认定为出具虚假证明文件

在实践中，消防技术服务机构出具虚假证明文件主要分为以下几种情况。

（1）没有开展相关技术服务活动，直接出具证明文件。比如没有按规定开展消防设施维护保养，却出具了维保记录。

（2）明知认证、检测结果为不合格，却出具结论为合格的认证、检测报告，既包括整体不

合格，也包括部分子项不合格的情况。或者明知消防安全评估存在不符合实际的情况，仍出具评估报告。

（3）明知采取的行动可能影响认证、检测、维保、评估结论的正确性，造成出具的文件与实际情况不符。比如消防技术服务机构违反规定减少开展消防技术服务的专业人员，删减、更改规定流程，使用未按规定校对的测量工具等等。这些行为的共同特征是违反了相关法律、行政法规、国家标准、行业标准和执业准则中明确规定的硬性标准，类似于《建设消防工程设计规范》中的强制性条款。任何消防技术服务机构都不能以任何理由不予遵守，不能借口疏忽大意或过于自信而加以推脱。

5　对出具失实文件的界定

《刑法》第十五条对过失犯罪做了如下定义：应当预见自己的行为可能发生危害社会的结果，因为疏忽大意而没有预见，或者已经预见而轻信能够避免，以致发生这种结果的，是过失犯罪。由此可见，过失分为疏忽大意的过失和过于自信的过失。

不管是疏忽大意，还是过于自信，客观上都体现为工作上的失误。例如，开展评估工作时，轻信甲方提供的资料，没有实地调研核实，致使评估结论严重失实；开展消防设施检测时，使用的测量工具误差较大，致使测量结果偏离事实；在记录测试结果时笔误写错等。这些都可能构成消防技术服务机构出具失实文件。在界定过失时，容易与出具虚假证明文件的第3种情形混淆。笔者认为其中一种有效的判断方法就是看该行为所违反的规定是重要条款，还是一般条款；另外还可参考比例原则，参考行政处罚裁量基准，明确执法中可以容忍消防技术服务机构犯错的程度。

另外笔者认为《产品质量法》规定出具失实文件必须造成重大损失，即必须有现实的危害后果才处罚的做法，不适应于当前的安全管理理念。消防法在考量出具虚假、失实文件这一问题时，应更多参考《特种设备安全法》的规定，其既更符合新修订的《行政处罚法》关于违法行为人主观过错考量的立法精神，对出具严重失

实文件的处罚，不以重大损失为构成要求也更具科学性。

6　相关问题探讨

6.1　证明文件不完整能否认定虚假或者不实

例如消防技术服务机构出具的检测报告缺项，对某些方面没有给出结论。笔者认为如果已给出的部分没有与事实不符之处，则不能认定为虚假或者不实。

6.2　消防技术服务机构个别工作人员弄虚作假，能否认定该机构弄虚作假

例如在消防维护保养过程中，现场实施维护保养的技术人员弄虚作假。技术负责人、项目负责人未参与，并在被欺骗的状态按程序签字并呈报盖章，出具内容虚假的文件。笔者认为应认定消防技术服务机构弄虚作假。因为工作人员是以消防技术服务机构的名义从事消防技术服务活动，此时个人的行为后果都应当由机构承担。如果因为工作人员弄虚作假，不管是普通职工还是管理层，都可以认定该机构弄虚作假，而不必像单位犯罪那样必须考察集体意志。因此，上述例子可以认定消防技术服务机构出具虚假文件。

关于四川省乡镇级消防救援站
装备配备标准的研究

魏 新 波

四川省遂宁市消防救援支队 遂宁 629000

摘 要：随着四川省"两项改革"的逐步推进，乡镇消防救援站作为乡镇应急力量建设的重要组成部分，其建设要求和职能任务呈现出全新特点。现有的装备配备标准已无法满足现实需求，亟须制定符合四川省情的乡镇消防救援站装备配备标准，用以指导四川乡镇消防救援站的建设发展。

关键词：配备标准 乡镇消防救援站 救援装备

1 "两项改革"带给乡镇消防救援的机遇与挑战

当前四川省正在推进乡镇行政区划调整和村级建制调整改革（简称两项改革），在此次乡镇行政区划调整改革中，全省共减少乡镇（街道）1509 个，减幅达 32.73%[1]。旨在通过整合资源、优化布局，加大中心镇村教育、医疗、应急力量等公共设施建设投入，从而增强公共服务能力。

为顺应"两项改革"需要，全面提升乡镇综合救援能力，充分发挥乡镇消防救援站在各类灾害事故处置初期的作用。四川省委省政府提出将依托乡镇消防救援站加强基层应急力量建设，全省（除甘孜州、阿坝州、凉山州外）以中心乡镇半小时内消防车能到的其他乡镇为覆盖范围，争取做到全覆盖。一方面是根据乡镇区划调整，对已有乡镇消防救援站布局不合理的，重新调整到中心乡镇；另一方面对其他没有消防力量辐射的乡镇，要选择能覆盖周边乡镇的中心乡镇进行规划建设乡镇消防救援站，并作为国家队综合性消防救援力量的重要补充，纳入辖区下消防大队管理，统一调度，这是四川消防救援队伍基层力量建设千载难逢的机遇。由此，乡镇消防救援站的职能任务得到进一步拓展，不仅要承担常规的灭火抢险救援任务，同时要按照"防救结合"的原则，承担起防火宣传、安全巡查以及森林火灾、洪涝灾害、地质灾害等其他事故救援的处置。

2 现有装备配备标准的局限性

当前，四川省经济发展不均衡，地域经济差异较大，农村消防基础建设远远落后于新农村发展速度，农村的消防救援力量依旧十分薄弱。目前，对于经济发达、城镇化水平较高地区的乡镇消防救援站，参照《城市消防站建设标准》（建标 152—2017）配备装备；其他地域的按照《乡镇消防队》（GB/T 35547）进行建设。现有的装备建设标准已无法适应"两项改革"后乡镇消防救援站的职能任务需求。因此有必要结合四川省的实际情况，对现行的乡镇消防救援站装备配备的标准进行优化调整。

3 优化装备配备标准需要考虑的三个方面

3.1 指导思想与原则

"跟着灾情走，跟着灾种走"是装备配备的总体指导思想，四川省是自然灾害最为严重的省份之一，灾害种类多，分布地域广，发生频次高，造成损失重。全省共 7 条较大地震断裂带、3 个重点地震带，10 年来先后发生 3 次 7 级以上地震，近年来小震不断。全省 80% 以上的中小河流年年洪灾，35 个和 81 个县市区分别被国家

作者简介：魏新波，男，四川省遂宁市消防救援支队一级指挥员，工程师，主要从事消防装备研究与应用管理工作，E-mail：343188775@qq.com。

列为森林火灾高危区和高风险区。因此，乡镇消防站在装备配备时不能搞"一刀切"，要因地制宜，按照"1+N"的模式，"1"为基本达标配备，"N"为根据辖区不同灾害类型进行选配。例如，处于地震断裂带地区的乡镇消防救援站要加强地震救援装备的配备，洪涝灾害地区要加强抗洪抢险装备的配备，森林火灾高发地区要加强森林火灾装备的配备等。结合四川省大多数的区县（乡镇）的财政负担能力有限，在制定装备配备标准时，需按照"紧贴实战、符合实际、保证时效"的原则，将财政资金效益最大化。

3.2 消防车辆的选配

建议乡镇消防救援站的常用消防车辆品种宜符合表1的规定。

表1 常用消防车辆品种配备标准（辆）

消防站类别		一级	二级	三级
灭火消防车	水罐消防车	1	1	1
	泡沫消防车	△	△	
	泵浦消防车	△	△	△
	压缩空气泡沫消防车	△	—	—
	干粉消防车或泡沫干粉联用消防车	△	—	—
专勤消防车	抢险救援消防车	1	1	—
	照明消防车	△		
	通信指挥消防车	△		
举高消防车	登高平台消防车或举高喷射消防车	△	—	—
其他	综合保障车	△	△	△
	全地形摩托车	2	1	1

注：表中带"△"车种由各地区根据实际需要选配。

乡镇消防救援站最常见的救援类型为建筑火灾扑救和交通事故救援，因此在消防车辆选配中，按照水罐消防车、全地形摩托车、抢险救援消防车的优先顺序配备为宜，其他车辆可根据本地需求与财政负担能力自行选配。

对于国家综合性消防救援队中常见的泡沫消防车，基于以下四点，将其列入选配范围。一是对于农村常见的 A 类火灾，泡沫消防车与水罐消防车相比作用相近，泡沫消防车灭火成本较高；二是泡沫灭火剂需按照不低于投入执勤配备量1∶1的比例储备库存量[2]，且使用频率不高，经济效益差；三是泡沫消防车的结构比水罐消防车复杂，保养成本高；四是农村道路狭窄，通行条件较差，相同载水量的情况下，泡沫消防车的尺寸比水罐消防车大，通过性较低。

乡镇消防综合救援站主要消防车辆的技术标准性能建议应符合表2的规定。

表2 主要消防车的技术性能

车辆名称	主要性能参数
灭火消防车	1. 比功率（kW/t）应符合现行国家标准《消防车 第1部分：通用技术条件》（GB 7956.1）的规定。 2. 水罐消防车的载水量不低于 3.0 t，消防泵流量不低于 30 L/s
专勤消防车	1. 比功率（kW/t）应符合现行国家标准《消防车 第1部分：通用技术条件》（GB 7956.1）的规定。 2. 抢险救援消防车应具备牵引和起重功能
举高消防车	1. 比功率（kW/t）应符合现行国家标准《消防车 第1部分：通用技术条件》（GB 7956.1）的规定。 2. 额定工作高度≥16 m
综合保障车	1. 客货两用，客货不能混载。 2. 具备一定越野性能

（1）重要参数的确定。比功率是指消防车底盘发动机的最大净功率（单位 kW）与消防车满载总质量（单位 t）之比，是消防车动力性能的重要指标。为保障在灭火救援战斗中各类车辆作用的发挥，杜绝将性能落后的消防车辆流入消防队伍，必须参照国家标准《消防车 第1部分：通用技术条件》（GB 7956.1）的规定将比功率的最低限进行明确[3]。

目前，市场上常见的轻型水罐消防车的载液量在 1.5 t、2 t、2.5 t、2.8 t、3.0 t、3.5 t 以上不等，车载消防泵的型号常见为 20 泵、30 泵、40 泵及以上不等，统筹考虑其车辆尺寸、农村取水条件，以及灭火强度需求等因素，将水罐消防车的最低载水量和消防泵流量予以明确。

（2）综合保障车的配备。该类车主要参考了森林专业扑火队相关建设标准[4]，融合消防工作的实际需求，主要用于通行条件情况较差的情况下，运输人员及装备物资等。如在扑救森林与草原火灾时，遇到消防车难以通行的道路，可改用该车将救援力量继续输送至前线。同时，也可作为消防宣传、抗洪抢险、转移人员物资等功能使用。

3.3 器材装备的选配

1）参考标准

乡镇消防救援站的器材装备配备建议以《城市消防站建设标准》小型普通消防站的配备标准为基础，参照《乡镇消防队》（GB/T 35547）、《森林火灾专业扑救队伍建设标准》（DB51T 2260—2016）、《森林消防专业队伍建设和管理规范》（LYT 2246—2014），地震救援、建筑火灾、化工救援等专业队建队标准，以及其他省份的乡镇队建设标准等标准规范，在此基础上进行优化调整。

2）统筹装备功能，减少重复投入

四川省多数乡镇消防救援站的辖区肩负森林火灾的扑救任务，因此增加了如森林防火服、森林消防头盔、便携式水泵、风力（水）灭火机、二号工具、割灌机等森林火灾扑救的相关装备[5]。但是并未完全按照森林扑火队的装备进行配备，应综合考虑森林扑火队与消防队装备的通用性和可替代性，降低资金成本投入。

在灭火工具方面，以消防机动泵为例，××森林消防大队所用的 BR600 便携式水泵重量一般不超过 15 kg，再配以水带，一般 1 人背负水泵，2～3 人背负水带，即可实现一定距离的快速人工供水，也可将其用于农村火灾的扑救，可通过增加便携水泵的配备，适当降低其他类型消防机动泵的配备数量。

在防护服方面，以消防员灭火防护服、抢险救援服、森林防火服为例，三者既有共性又有区别。共性在于三者均是为消防员的身体躯干提供防护，区别在于防护侧重点不同。笔者参照《消防员灭火防护服》（GA 10）、《消防员抢险救援防护服装》（GA 633）、《防护服装 森林防火服》（GB/T 33536）的标准进行比对，整体热防护性能依次为消防员灭火防护服＞森林防火服＞抢险救援服；断裂强力（较高的面料断裂强力有利于扑火作业时服装不会轻易被撕裂和刮破）最低参数指标依次为森林防火服[6]（1000 N）＞

消防员灭火防护服[7]（640 N）＞抢险救援服[8]（350 N）；颜色方面，森林防火服的面料颜色为橘红色，抢险救援服的面料颜色为橘红色。由于三个标准的内容和测试方法上存在较大差异，森林防火服和消防员防护服的热稳定性是在 260±5 ℃条件下实验测定现，抢险救援服是在 180±5 ℃条件下实验测定，且现行的《消防员抢险救援防护服装》（GA 633）为 2006 年版，距今已有 15 年，多数技术指标已不适应时代发展的需求。

在实际森林火灾的扑救中，建议优先选用抢险救援服或森林防火服，二者较消防员灭火防护服更加轻便灵活。笔者选取 Y 公司生产的 YTL-RJF-F7M 型抢险救援服与 YTL-RMS-F1A 型森林防火服对部分参数进行对比，两者在性能指标方面相差不明显（详见表 3），因此在经济能力有限的情况下，统筹考虑在日常综合救援使用需求以及和国家综合性消防救援队伍的标识标志相衔接，建议可用抢险救援服来替代森林防火服。

表 3 YTL-RJF-F7M 型抢险救援服与
YTL-RMS-F1A 型森林防火服部分指标对比

	项目	森林防火服产品性能指标	抢险救援服产品性能指标
阻燃性能	续燃时间/s	0.1	0
	阴燃时间/s	0.1	—
	熔融、滴落	无	无
断裂强力	经向/N	1400	1370
	纬向/N	1100	1110
撕破强力	经向/N	150	220
	纬向/N	240	146
色牢度	耐光色牢度/级	5	4
	耐湿摩擦色牢度/级	4	4～5

3）以使用效能为依据，优化装备配备结构

笔者对部分装备器材、车辆的使用效能进行问卷调查，累计获取有效问卷 1977 份，受调查人员中基层一线人员（消防站指挥员、战斗员、消防车驾驶员）占到 94.4%，参加消防救援工作 5 年以上的占 55.2%；两者为此次优化装备配备种类、数量提供大量有效数据。对小型普通消防站要求配备的防静电内衣、防化服、堵漏工具、侦检器材等部分装备，通过对调查数据的统计分析，对使用频次低、使用复杂等装备进行了删减或调整为选配项（图1），而对于四川地区

马蜂窝、野蜂窝数量多的实际情况，建议提高防蜂服配备数量（图2）。综合上述因素，提出了四川省乡镇消防站装备配备标准的建议。

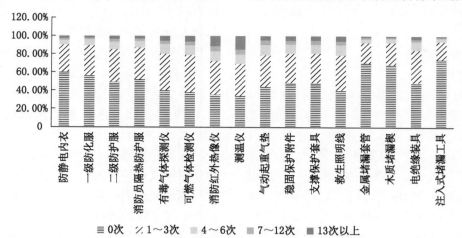

图1　2020年度部分装备使用频率分析图

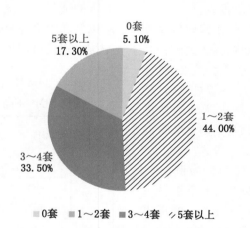

图2　2020年度防蜂服消耗情况分析图

4　几点建议

4.1　提高对乡镇救援装备的科研创新

乡镇救援对装备需求有其独特的一面，首先是"性价比"高，乡镇消防救援站装备保障主要依靠当地政府财政投入，多数经济欠发达地区的区县级财政都较为紧张，能投入到乡镇救援装备的资金量有限，要求提高资金使用效益；其次是装备要结构简单，乡镇消防站救援人员受限于编制及工资待遇，人员流动性较大，救援装备要便于快速学会操作和维护保养；再次是轻便易携带，农村交通、水源等条件较差，要求装备体积小，便于人工转运和使用。目前，无论是企业还

是科研机构都缺乏对此类装备的投入和研究，更看重经济效益或者"高大上"的科研项目，对附加价值低的产品和技术领域不愿涉足和投入。如微型消防车的参考文献很少，但是市场上在售的微型消防车却不少，多数厂家仅是在小型四轮车和三轮车上改装，存在设计不合理、先天隐患多等情况[9]。市场需求促进产品开发与生产，消防技术装备发展依赖于科学技术的创新与进步[10]，因此，企业和科研机构要站在国家利益的高度，树立技术创新的主体意识，与市场需求方形成持久、良好的科研互助关系，整合社会科技资源，推进装备革新成果的转化和推广。

4.2 加快配备标准的制定和完善

机构改革后，消防队伍作为综合性常备应急骨干力量，定位为应急救援主力军和国家队，职能任务都进行了拓展，现有的标准已无法满足实际需求，尤其是站在政府层面考虑，要优化资源配置，提高行政效能，政府会将消防队伍作为重要应急救援的主力军来使用，赋予更多的救灾职责，如大到森林火灾、地震、空难、矿难事故救援，小到山火的扑救和安全巡查，都会逐渐由消防队伍来承担。但是长期以来缺少对森林消防、矿井救援等不同灾害类型救援装备的研究，导致消防队伍在装备配备标准的制定方面已处于滞后状态，在一定程度上阻碍了队伍的发展和救援能力的提升。因此建议加快对《城市消防站建设标准》《乡镇消防救援站》等国家标准的修订完善，同时可着手制定地震救援、特种灾害救援、建筑火灾、化工救援、航空救援等专业救援队建设标准。

4.3 加快装备技术标准体系的完善

近年来，市场上研发了许多新的救援装备，但是针对这些新型装备的技术标准未能及时制定，存在部分最新科技成果无法及时纳入相关标准、规范，严重制约成果转化应用；现行的标准技术内容要求过低，缺少前瞻性，未能根据产品的发展及时进行修订也使生产企业失去了改进和研发的动力。因此，我们加大对技术标准的修订力度，实施中长期科技发展战略和标准化规划，着重填补消防产品类标准体系的结构性空白[11]，进一步完善消防产品的标准体系和标准结构。同时，以鼓励先进、淘汰落后为出发点，以提高救援能力为落脚点，适当提高装备产品标准的"技术门槛"，促进装备行业的良性发展。

参考文献

[1] 四川省民政厅. 2021年全省民政工作会议在成都召开 [EB/OL]. (2021 - 01 - 20) http://mzt. sc. gov. cn/scmzt/mzyw/2021/1/20/fec96e0d33a04b58a9513c6a972f209f. shtml.

[2] 国家标准化管理委员会. GB/T 35547—2017 乡镇消防队 [S]. 北京：中国标准出版社，2015.

[3] 住房和城乡建设部. 建标152—2017 城市消防站建设标准 [S]. 北京：中国计划出版社，2017.

[4] 山东省森林草原防灭火指挥部. 关于印发《全省森林消防专业队伍建设实施方案》的通知 [EB/OL]. (2020 - 02 - 25) http://yjt. shandong. gov. cn/zfgw/202002/t20200225_2584038. html.

[5] 国家林业局. LY/T 2246—2014 森林消防专业队伍建设和管理规范 [S]. 北京：中国质检出版社，2015.

[6] 国家标准化管理委员会. GB/T 33536—2017 防护服装 森林防火服 [S]. 北京：中国质检出版社，2017.

[7] 公安部. GA 10—2014 消防员灭火防护服 [S]. 北京：中国质检出版社，2014.

[8] 公安部. GA 633—2006 消防员抢险救援防护服装 [S]. 北京：中国标准出版社，2007.

[9] 郑伟. 基于QFD的乡村电动消防车消防模块优化研究 [D]. 中国矿业大学，2020.

[10] 孙文海，李斌兵. 消防技术装备的发展与展望 [J]. 武警学院学报，2013，29(12)：21-23.

[11] 屈励，韩伟平. 消防标准体系结构分析及优化对策 [J]. 消防科学与技术，2013，32(10)：1160-1163.

储能电站消防安全现状及火灾防控对策探析

王 忠[1] 李国华[1] 刘 苑[2]

1. 中国消防协会 北京 100019
2. 山东天康达安防科技有限公司 济南 250098

摘 要： 近几年储能市场逐渐升温，光伏储能电站、电化学储能电站包括动力电池梯次利用储能电站等发展迅速。但由于行业事故频发，伤亡损失惨重，安全问题已成为储能产业面临的瓶颈。本文分析了储能电站事故原因及危害，结合国内外研究成果及管理现状，提出了储能电站的火灾防控对策及实际应用方案。

关键词： 消防 储能电站 火灾 防控

1 储能电站事故现状

由于储能行业处于大规模应用的初期，安全消防缺乏技术支撑。储能电池性能指标模糊，规划设计简单，技术及管理不够成熟。业主、投资商更加注重经济效益，风险控制和安全意识不强，加之缺乏有效的行业监管，造成事故频发，伤亡损失惨重。据统计数据，过去一年中，全世界储能电站发生火灾事故超过了 30 起。仅 2017 年 8 月至 2019 年 10 月期间，韩国就发生了 27 起锂电池储能项目火灾事故。2021 年 4 月 6 日，韩国一光伏电站的储能系统又发生火灾，造成约 4.4 亿韩元损失。我国的江苏、北京等多地都发生过类似的储能电站火灾。

2021 年 4 月 16 日下午，北京市丰台区北京国轩福威斯光储充技术有限公司储能电站发生火灾，在对电站南区进行处置过程中，电站北区毫无征兆地突发爆炸，导致 2 名消防员牺牲、1 名员工失联，另有 1 名消防员受伤。47 辆消防车 235 名指战员耗费 12 个小时才扑灭明火。

2 储能电站火灾危险性

电化学储能电站是利用可充放电的电池来储存电能。随着近年来电池技术的不断进步及其成本的降低，以锂离子电池为主的电化学储能系统，得到了迅速发展及工程广泛应用。相比铅酸、钠硫等电池储能系统而言，锂离子电池储能系统具有能量密度高、转换效率高、自放电率低、使用寿命长等众多优势。但是锂离子电池多采用沸点低、易燃的有机电解液，且材料体系热值高，当电池本体或电气设备等发生故障时，易触发电池材料的放热副反应，导致电池热失控，进而演化成储能系统燃烧爆炸等重大安全事故。

中国科学技术大学火灾科学国家重点实验室副教授段强领介绍，锂电池在使用过程中，通过锂离子嵌入和拖出释放能量。如果使用不当，在过充、高温、碰撞等条件下可能会诱发电池内部的热化学反应，导致热失控发生。如果热失控在电池模组内发生传播，就会导致储能系统的火灾爆炸事故发生。锂离子电池的热失控机理包括三个阶段：第一阶段，锂电池热失控初期阶段。由于内外因素引起电池内部温度升高至 90~100 ℃，负极表面的 SEI 钝化层分解热量引起电池内部温度快速升高；当温度达到 135 ℃ 时，隔膜开始融化收缩，正极与负极之间相互接触造成短路，从而引发电池的持续放热。第二阶段，电池鼓包阶段。在温度约为 250~350 ℃ 时负极 C6Li 或析出的锂与电解液中的有机溶剂发生反应，挥发出可燃的碳氢化合物气体（甲烷、乙烷），伴随大量产热。第三阶段，电池热失控，爆炸失效阶段。在这个阶段中，充电状态下的正极材料与电解液继续发生剧烈的氧化分解反应，产生高温和大量有毒气体，导致电池剧烈燃烧甚至爆炸。

锂电池充放电主要是靠化学反应来完成的，在充放电过程中不可避免地会产生热能，如果电池自身产生的热能超过了电池热量的耗散能力，锂电池无法得到及时散热，热量就会积累导致电池过热，电池内部材料之间发生了化学反应，象

SEI 膜分解、电解液分解、正负极分解等，分解过程中将产生大量的热量和气体使电池出现发热、鼓包现象，热量将会引起电池失控，电池温度迅速上升，导致电池材料内部燃烧，且电池液的分解就会产生可燃性气体，当可燃气体浓度达到一定程度之后，遇到明火将发生爆炸。

目前储能电站主要是采用三元锂电池和磷酸铁锂电池两种形式。锂电池储能系统的电池模组是将多个电池组串联一起的设计，这无疑也增大了锂电池的安全隐患，而且一旦某个电池性能不稳定发生火灾，势必会影响周边锂电池的安全，进一步扩大灾害范围。北京储能电站使用的是相对安全的磷酸铁锂电池，当磷酸铁锂电池发生热失控时，电解液中会析出多种易燃易爆的气体，如一氧化碳、氢气、乙烯、甲烷、乙烷、碳酸甲乙酯、碳酸乙烯酯、碳酸二甲酯等，这些气体与空气混合形成爆炸性混合物，遇火源即会发生剧烈爆炸。

2021 年 4 月 6 日韩国光伏电站储能系统（ESS）火灾，事后经相关部门调查后得出，起火点发生在储能单元内部；2017 年 8 月至 2019 年 10 月，韩国发生的 27 起 ESS 火灾事故中，有 17 起事故装置采用的是 LG 化学生产的锂电池。2020 年 12 月，LG 化学宣布在美国召回其部分 Resu10H 家用型储能系统产品（ESS），主要原因是内部搭载的电芯存在发热起火风险。

必须注意的是，锂离子电池储能系统火灾具有与众不同的特点：①燃烧激烈，热蔓延迅速；②毒性强，烟尘大，危险性大；③易复燃，扑救难度大。锂电池热失控会产生有毒和可燃气体，在火灾扑救过程中还会发生爆炸事故，处置不当也会造成更大伤亡和损失，给消防带来了严峻挑战。

3　储能电站安全管理现状

目前储能电站安全问题主要是电化学储能。据《2020 储能产业应用研究报告》数据，2019 年中国储能项目新增装机共计 1228.4 MW，其中电化学储能为 678.4 MW，高达 54.5%。截至 2019 年底，锂离子电池装机占到了电化学储能装机规模的 82.4%，电池组（堆）成了最大的安全隐患。

我国《电化学储能电站设计规范》（GB 51048—2014）实施较早，内容只考虑了站内建（构）筑物的火灾防范，未要求锂电池等储能单元设置自动消防设施进行保护。与电动汽车行业 100 多项国家标准相比，储能行业的国家标准还不到 20 项，消防安全方面国标至今是空白。国内自 2014 年开始发展新能源汽车，由于安全事故不断增多，陆续出台了多项标准，对新能源电动汽车消防安全提出了明确要求，逐步形成了国家标准、行业标准和产品标准系列。在 2017 年出台的强制性国标 GB 7258 中，提出了报警后 5 min 之内不应起火爆炸的要求；2019 年交通部标准 1240 中，对电池箱设置灭火装置和电池舱灭火装置都做了详细的功能要求。《电动汽车用动力蓄电池安全要求》（GB 38031—2020），一是明确了 5 min 预警问题，二是要求将热事故报警信号提供给驾乘人员。目前涉及锂电池火灾防控的标准，只有应急管理部消防产品合格评定中心发布的产品标准《电动客车锂离子动力电池箱火灾防控装置通用技术要求》（CCCF/XF JJ-01），虽有部分产品取得技术鉴定证书（非三元体系锂电池），但只能应用于体量较小的车用锂电池箱，无法适用大容量的电化学储能装置的火灾防控要求。

2019 年 8 月，《动力电池梯次利用储能电站火灾风险评估指南》《动力电池梯次利用储能电站火灾应急预案编制指南》《动力电池梯次利用储能系统消防安全技术条件》和《动力电池梯次利用储能电站火灾防控装置性能要求与试验方法》4 项储能相关团体标准通过立项评审，列入中国汽车工程学会和中国消防协会 2019 年团体标准研制计划。标准首次明确提出，要求储能系统内应设置火灾探测器，并与储能系统断电装置联动，在锂离子电池发生热失控时，储能系统可自动断电，并发出报警信号。储能系统内应设置火灾防控装置，火灾防控装置的性能应符合 T/CSAE 的规定，装置启动应符合"先断电、后灭火"的要求。

电池本体因素是安全的核心，储能安全事故成因可分为电池本体、外部激源、运行环境及管理系统四类。而电池本体诱发安全事故的因素包括，电池制造过程的瑕疵及电池老化带来的储能系统安全性退化。电池在非常规的运行环境及管理因素影响下，内部老化过程复杂多变，逐渐演变成安全问题。目前行业处于规模应用初期，电池性能指标模糊、规划设计相对简单、缺乏消防技术支撑，电化学储能电站的性能及安全等诸多关键问题亟待解决，建立健全储能技术标准和检测认证体系已迫在眉睫。

业内相关专家曾表示，"受现阶段管理系统的监测管控可靠性限制，对电池本体充放电的电池荷电状态（SOC）区间有必要适当收紧。一般而言，锂电池在20%~80%的SOC区间工作时充放电内阻较小，发热量也相应较小，并且该区间工作不容易造成电池的过充过放问题，有利于规避因此产生的风险"。

4 储能电站事故防控对策探讨

随着储能电站火灾爆炸事故频发，国内外逐步意识到储能电站消防安全的重要性，部分电站开始增设储能装置自动消防设施。如美国亚利桑那州电池储能项目设置了 Novec1230（全氟己酮）灭火系统；江苏昆山储能电站在锂电池预制舱应用了七氟丙烷气体灭火和高压细水雾相结合的灭火系统。

储能站安全问题不仅限于锂电池，系统的任一环节出现问题，均有可能导致系统安全事故。问题核心分为安全风险和安全处置，前者包括储能系统及部件的电气安全风险、机械安全风险、化学安全风险、火灾爆炸安全风险等；而安全处置，则包括了参数量化准入、产品标准设计、消防安全设计、感知预警及控制、应急处置、运行维护等多项内容。限于篇幅，这里重点讨论锂电储能单元安全防控措施。

（1）首先是火灾预警控制系统。锂电池火灾起始及蔓延，是由于首节电池单体热失控，通过热传导、热辐射引发相邻电池单体相继发生热失控，最终导致整个储能系统事故。电池发生安全事故有三个关键过程：泄漏、起火和爆炸。触发热事件的参数有：电压下降或者产生气压内阻等。电池本体因素具有长周期演化特征，研究如何通过电池内部老化机理、电池间不一致性演化及对应的外部参数变化，实现对储能系统安全性演化趋势的预测和早期预警，是当前锂电池储能安全管理的重点。通过相应的参数测量（如电、气类参数）等，进行早期的泄漏检测，在热失控起火之前发出预警，并采取相应控制措施，为外部救援提供足够的时间。锂离子电池模块及电池管理系统应具备过温保护功能。

储能电站火灾自动报警系统可按照单个集装箱设置独立的报警区域，采用锂电池火灾专用探测报警器（目前国内已有定型产品），火灾报警及联动控制信号应实时接入与储能电站有直接电气连接的消防控制室。

（2）其次是自动灭火系统设置。除了按照《电化学储能电站设计规范》（GB 51048—2014）考虑站内建（构）筑物的火灾防控外，储能站电池集装箱内也应设置自动灭火系统，并应根据储能站锂电池火灾特性，优化火灾报警和灭火逻辑，根据探测器探测参数建立预警机制。一级报警动作信号应触发电池集装箱停机，断开电池侧与外部电气连接，并启动声光报警；二级火灾探测器或感温探测器动作应触发自动灭火系统动作。储能电站的消防控制室应能启动灭火系统。

储能站锂电池自动灭火系统灭火剂的选用是个关键问题。常见的干粉、气体等灭火剂对锂电池火灾效果不明显，无法从根本上抑制火灾发生，往往会出现复燃；水喷淋系统技术比较成熟，降温灭火效果明显，但灭火后会导致储能电站内的电池短路损坏而无法正常使用。储能系统一旦发生火灾，如不能及时灭火损失会迅速扩大，因此灭火装置必须具备快速灭火和降温双重功能，才能适应。

中国科学技术大学一直在进行储能电站锂电池火灾防控的研究，并运用不同灭火剂进行了火灾防控试验对比。通过各类灭火剂对锂离子电池火灾抑制效果的比较，以期筛选出较优灭火剂；并通过合理的工况设计使各类灭火系统在锂电池火灾中发挥更好的灭火效果。以下是不同灭火剂的试验效果。

干粉灭火试验，针对单个电池，没有包裹物和覆盖物，灭火剂能够完全作用在电池上；在合适的条件下，干粉可以扑灭电池的火焰，并且有降温的作用，但是不能直接阻断热失控过程中电池内部的化学反应。

水雾灭火试验：在锂离子电池完全自由燃烧

的情况下进行灭火，火焰很快被抑制，但是温度有升高趋势，施加水雾可以有效延长热失控蔓延时间，降低热失控的剧烈程度。但停止喷射之后，产生火花，导致复燃。后期电池再次发生热失控，要想达到比较好的效果，水雾喷射时间必须要足够长。使用水雾灭火后二氧化碳含量降低，一氧化碳大量增加，还有氢气的含量、氟化氢的含量增大，对消防救援来说，增加了危险性，所以锂电池火灾一定要及时扑灭。

七氟丙烷灭火试验：释放时压力比较大，对火焰有一个冲击的作用，能够有效灭火。物理降温的同时起到化学抑制的作用，一定程度上也起到隔离氧气的作用，但是之后也发生了少量的燃烧。

全氟己酮灭火试验：未使用全氟己酮时，出现明显射流火过程；全氟己酮施加后，电池未出现明火，但释放出大量烟气，电池未发生复燃。单一的全氟己酮在降温上不太理想（灭火剂用量较少），所以和细水雾结合进行了试验，发现全氟己酮和细水雾联合作用时，电池的峰值温度更低，且降温速度更快。

国内外的研究表明，目前各类灭火剂中针对储能电站火灾防控全氟己酮是最有效的，既能够

快速扑灭明火，又有较好地吸热降温作用。全氟己酮在常温下是液态，接触高温电池后，通过相变带走大量热量；还可以切断火焰燃烧的自由基，起到化学抑制作用。如果利用全氟己酮和细水雾灭火系统协同处置储能电站火灾，可以达到既能快速灭火，又能降温抑制的效果。

5　工程应用设计方案

近年来，山东天康达公司作为国内首家全氟己酮应用标准制定、产品研发单位，已经成功研制出十几个系列的行业应用产品。并为国内多家储能电站编制了全氟己酮火灾防控设计方案。应用设计案例如图1所示。

方案中储能电池集装箱结构：先将4块锂电池安装在一个专用电池箱内，再把4个电池箱集中安装在一个集装箱内。针对该储能电站的结构及布局，按照常规设计采用了组合分配式灭火系统，用一套灭火剂系统分别保护4块电池。由于本换能站集装箱为敞开式，单个电池箱独立安装且体积较小，所以每个集装箱独立设计一套灭火系统，便于安装、使用及维护，提高了系统的运行可靠性。储能电站电池集装箱尺寸：6000 mm×2300 mm×2300 mm，每个集装箱内安装4个电池

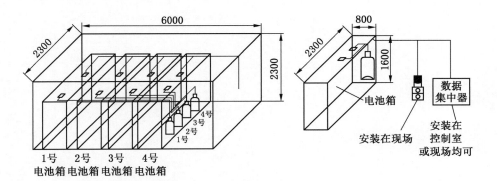

电池集装箱灭火系统安装示意图（单位：mm　比例尺：1∶1）

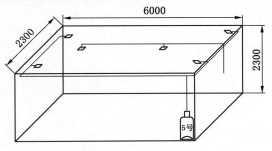

图1　应用设计方案

箱。电池箱尺寸：2300 mm×1600 mm×800 mm；单个电池箱体积 $V=2.3$ m×1.6 m×0.8 m＝2.944 m³。1 号~4 号为电池箱用全氟己酮灭火系统，包含 4 个 3 L 灭火剂储存瓶（瓶体尺寸：外径 12 cm，高度 30 cm），灭火剂输送管道若干米和 4 个喷头；5 号为充电站专用全氟己酮灭火系统，包含 1 个 40 L 的灭火剂储存瓶，管道若干米，喷头 4 只。探测报警系统包含探测器 6 只、控制器 1 台、系统运行指示灯 2 台、声光报警器 5 只和机械启停按钮 5 只。

该灭火方案优先基于单块锂电池的火灾防控，在每一个电池箱内均安装锂电池火灾专用探测报警系统和全氟己酮灭火系统，在每个电池箱内敷设全氟己酮灭火剂输送管道并安装专用喷头。再由每个电池箱引出预留管，在电池箱箱壁上安装快速连接口，快速连接口具有单向输送、密封及快速拆卸特性。

该系统设计为两级响应、分别动作，以达到早期监测、及时报警、迅速灭火、整体降温、长效抑制的效果。在电池预制舱内设置全氟己酮灭火系统喷头，以全淹没灭火方式布置设计，喷头通过固定管网连接至气体灭火装置。能够有效扑灭锂电池储能电站电池预制舱火灾，且对预制舱内未起火的电池模组没有任何影响，自然通风处理后即可继续使用，解决了目前锂电池应用领域的消防安全难题。

根据相关实验结论，灭火方案还可考虑全氟己酮协同细水雾灭火方案，在电池箱外安装细水雾灭火系统及专用火灾探测报警系统，起到有效灭火降温作用。锂电储能站消防系统不是独立的单元，应是高度集成的整体，随着物联网、5G 技术的推广，新型储能模式与火灾防控方案会越来越多，消防系统也将逐渐趋向高度集成化、智能化，有力提升储能电站的消防安全水平。

参考文献

［1］山东省市场监督管理局．DB 37/T 3642—2019 全氟己酮灭火系统设计、施工及验收规范，2019.

［2］山东天康达安防科技有限公司．Q/SDTKD007—2018 全氟己酮固定式灭火系统，2018.

［3］李首顶，李艳，田杰，等．锂离子电池电力储能系统消防安全现状分析［J］．储能科学与技术，2020，9(5)：1505-1516.

［4］李春阳，李立强，罗易，等．锂电池储能系统消防设计［J］．中国新技术新产品，2019(11).

［5］王忠．新能源汽车消防安全研究［C］//第三届亚澳火安全材料科学与工程研讨会．上海：2019.

变压力条件下飞机货舱火灾特征研究

夏凯华[1]　王子昌[1]　王洁[2]

1. 中国地质大学（武汉）　武汉　430074
2. 武汉科技大学　武汉　430081

摘　要： 本文以飞机起飞阶段为背景，研究飞机货舱在压力持续变化条件下的火灾温度和烟气特征，基于 PyroSim、FDS 等软件建立相关变压力飞机货舱火灾模型，研究正常压力条件下的飞机货舱火灾特征和压力变化条件下飞机货舱火灾特征变化。结果显示，飞机货舱火灾属于封闭舱室火灾，货舱温度经过快速上升后进入稳定阶段。在水平方向上，货舱温度随着距离火源中心距离的增大而衰减。竖直方向上，货舱温度和烟气分布都存在分层现象，在一定程度上货舱温度分布反映了烟气分布的特征。同时发现，对于压力不断变化的飞机货舱火灾，货舱内压力下降越快，货舱顶棚最高升温越高，顶棚温度衰减速率越快。

关键词： 消防　货舱火灾　货舱压力　压力变化　火灾特征　温度　烟气

1　引言

飞机自 20 世纪发明以来，已经成为极为重要的交通工具。据统计，全球民用飞机已经达到上万架次，一年客运量已经超过 30 亿人次，运输货物上千万吨。通过上述数据，我们可以看到，航空业通过快速的发展，已经对我们的世界产生了深远的影响。岳兴楠、于晓芳[1-2]等人的研究表明飞机火灾对飞机安全飞行的影响，一方面会摧毁飞机的运行系统，另一方面会引起人们的恐慌致使飞机重心变化而失控，而留给机组人员和乘客的处置时间是很短暂的，最多也只有 30 min，所以对飞机货舱的火灾的预防控制是很有必要的。李枣[3]等人对飞机火灾事故进行了分类。针对飞机舱室内压力变化引起的火灾，胡军锋[4-5]等人就飞机舱室在定压力的条件下已有了一定的研究。而变压力的条件下根据肖隽然[6]等人的研究表明飞机的飞行过程包括起飞、巡航、降落三个阶段，起飞和降落过程均为变压力条件，而这种变压力情况下飞机火灾危险性的研究较为匮乏。然这种变压力条件是每架飞机飞行过程中得必经过程，所以本文就这种飞机舱室变压力的条件下的温度和烟气用 PyroSim、FDS 等软件进行模拟，为飞机舱室火灾的预防提供一定的参考建议。

2　模型建立

本文以一个实际的 1∶1 波音 737-700 前货舱作为模型开展研究。根据波音 737-700 的实际尺寸，模型为上宽下窄弧形壁面扁平柱体。其长 467 cm，高 112 cm，底面宽 122 cm，顶面宽 300 cm，壁面厚 8 mm。其货舱所处的环境为静风，室温为 25 ℃，货舱外部为常压 101 kPa。

本文的模型建立基于火灾模拟软件 PyroSim，因 PyroSim 软件只能应用长方体表达模拟模型，所以此次建模时只能采用多个长方体组合表达的方法代替需要建立的模型。从 Pyrosim 内置坐标轴原点出发，沿 X、Y、Z 轴方向建立长 500.0 cm、宽 320.0 cm、高 150.0 cm 的网格。并且对于无量纲火源，网格密度需尽量满足以下条件：

$$D^* = \left(\frac{Q}{\rho_\infty c_P T_\infty \sqrt{g}} \right)^{\frac{2}{5}} \qquad (1)$$

基金项目： 国家自然科学基金 52076199、51806156、51706212

作者简介： 夏凯华，男，中国地质大学（武汉）安全工程专业硕士研究生，E-mail：lukh@cug.edu.cn。

其中，Q 表示火灾热释放率；D^* 表示火灾特征直径；T_∞ 表示环境温度（本模拟中即为 25 ℃）；c_P 为定压比热；g 表示重力加速度；ρ_∞ 表示环境密度（本模拟中即为空气密度，为 1.29 kg/m³）。

$$\frac{D^*}{\delta^*} \approx 4\sim16 \qquad (2)$$

同时考虑到网格密度对于计算机计算量的影响，最终选定网格尺寸为 0.05 m × 0.05 m × 0.05 m，网格数量为 192000 个，既满足了计算精度，又保证计算机的运算效率。网格划分分布如图 1 所示。

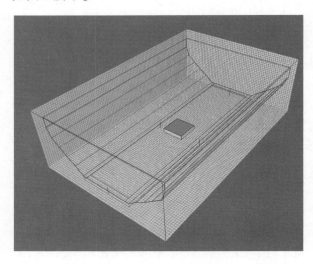

图 1　网格划分分布图

具体模型建立包括以下 5 个方面。

1）排风

我们希望通过排风口的抽气效果来实现货舱的压力变化。为了尽可能地减少排风口对于火源的影响，建模时将排风口安排在货舱底面的四周，排风口宽度均为 0.1 m，长度有 4.67 m 和 1.02 m 两组，分别安排在底面的长边和短边。排风口设置如图 2 所示。

2）火源

本次模拟实验中的火源可燃物定义为聚氨酯，火源功率有 60 kW/m² 和 35 kW/m² 两种，分别模拟代表两种不同受控条件下的飞机货舱火灾。60 kW/m² 的火源功率模拟代表火灾发生时，飞机货舱内的灭火装置未能有效得对火灾进行控制，火灾火源功率相对较大。35 kW/m² 的火源功率模拟代表火灾发生时，飞机货舱内的灭火装

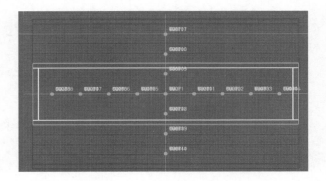

图 2　排风口设置示意

置对火灾进行了有效的控制，火灾火源功率相对较小。此次实验中火源只设置在飞机货舱的中央，离地高度 0.1 m，火源面积为 0.5 m × 0.5 m = 0.25 m²，以尽量接近飞机货舱行李火灾的实际情况。

3）模拟环境设置

模拟时间设为 600 s 和 1200 s 两种，飞机货舱内压力设为三组分别为 100～60 kPa、100～70 kPa、100～80 kPa 三种。

以模拟时间为 600 s，货舱内压强从 100 kPa 变化至 60 kPa 的这组算例为例简单介绍具体计算过程。通过对模型进行计算可得，货舱体积为 13.29 m³，排风口面积为 1.138 m²，对于起始状态有方程：

$$100V = n_1RT \qquad (3)$$

对于模拟终止状态有方程：

$$60V = n_2RT \qquad (4)$$

方程（3）与方程（4）相比得 $n_2 = 3/5 n_1$，由此可以计算出 $n_2 = 325.47$ mol，故抽出的气体的物质的量为 130.24 mol。由气体摩尔体积可以求得抽出气体体积为 5.316 m³，所以排气口的排气速率可以求得为 0.00779 m/s。最后在 PyroSim 软件中进行相关设置，设置完成后，模型中的排风口会以固定速率在模拟时间内持续向货舱外排气，以实现飞机货舱压力的连续变化。

4）测点布置

本文共选择了温度、烟气两种测点。

所有测点水平高度都设置在飞机货舱顶部距离货舱上壁面 0.05 m 处，都以货舱俯视图中点（2.5 m. 1.6 m）为中心，沿 X 轴正反两个方向每隔 0.5 m 设置一个测点，沿 Y 轴正反两个方向每隔 0.4 m 设置一个测点。不同功能的测点相互

重合（不同探测器不会产生影响）。

现通过表1来表示温度测点在货舱模型中的位置（烟气测点位置与温度测点相同）。

表1 测点的位置   m

	X	Y	Z	距离火源中心水平距离
THCP1	2.5	1.6	1.25	0
THCP2	2.0	1.6	1.25	0.5
THCP3	1.5	1.6	1.25	1.0
THCP4	1.0	1.6	1.25	1.5
THCP5	0.5	1.6	1.25	2.0
THCP01	3.0	1.6	1.25	0.5
THCP02	3.5	1.6	1.25	1.0
THCP03	4.0	1.6	1.25	1.5
THCP04	4.5	1.6	1.25	2.0
THCP05	2.5	2.5	1.25	0.4
THCP06	2.5	2.4	1.25	0.8
THCP07	2.5	2.8	1.25	1.2
THCP08	2.5	1.2	1.25	0.4
THCP09	2.5	0.8	1.25	0.8
THCP10	2.5	0.4	1.25	1.2

5）切片选择和布置

本文共设置了5个切片。在这里，对这个模型是选择 $X=2.5$ m、$Y=1.6$、$Z=0.63$ m、$Z=0.97$ m、$Z=1.3$ m 五个平面设置切面，如图3所示。

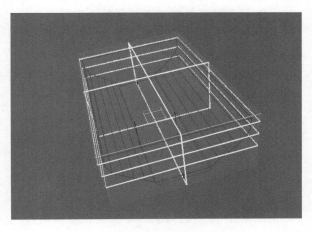

图3 切片在模型中的位置

总模拟工况见表2。

表2 总模拟工况表

	实验组代称	火源位置	火源功率/(kW·m⁻²)	最终变化气压/kPa	模拟时间/s	切片测点布置
1	60-10-60		60	60	600	
2	60-10-35		35	60	600	
3	60-20-60		60	60	1200	
4	60-20-35	火源中心与货舱模型中心相互重合，火源大小为05 m×0.5 m，火源高0.1 m，以接近飞机货舱行李火灾真实情况	35	60	1200	
5	70-10-60		60	70	600	
6	70-10-35		35	70	600	
7	70-20-60		60	70	1200	
8	70-20-35		35	70	1200	
9	80-10-60		60	80	600	
10	80-10-35		35	80	600	
11	80-20-60		60	80	1200	
12	80-20-35		35	80	1200	
13	100-20-60		60	100	1200	
14	100-20-35		35	100	1200	

3 模拟结果分析与讨论

3.1 正常大气压条件下飞机货舱活在温度特征

图4给出了正常大气压力条件下火源功率为 60 kW/m² 和 35 kW/m² 情况下飞机货舱温度变化曲线。通过两组变化曲线可以看出，正常压力条件下，火灾发生时，热源开始放热，除THCP1号传感器处的温度存在一定程度的波动外，其余传感器在0~300 s的时间内监测温度从环境初始温度25 ℃开始持续上升，并都在实验开始以后的300 s左右的时间趋于稳定。火源功率较高的实验组所达到稳定时的稳定温度也相应较高，分析THCP1号传感器的温度波动情况可能是因为直接受到了火源本身的影响。而且从图4还可以看出，在水平方向上，同一水平面，距离火源越远，货舱内设置的传感器探测到的温度越低，即距离火源距离不同，货舱内温度存在衰减效应。可以看出，在货舱内的同一水平面上，货舱温度与距离火源的距离成反比，距离火源越远，货舱温度越低。

在竖直方向，货舱内的温度存在很明显的分

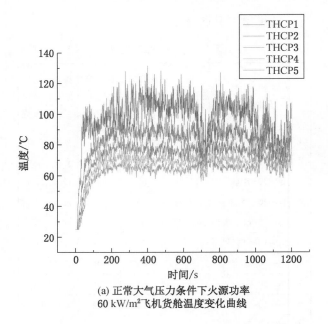

(a) 正常大气压力条件下火源功率
60 kW/m²飞机货舱温度变化曲线

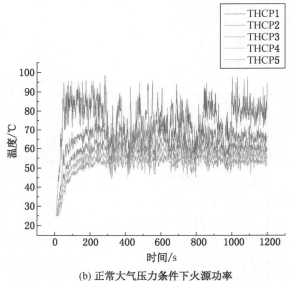

(b) 正常大气压力条件下火源功率
35 kW/m²飞机货舱温度变化曲线

图4 正常大气压力条件下不同功率
飞机货舱温度变化曲线

层现象。从图5可以看出，火灾发生300 s之后，货舱内温度趋于稳定。对于温度趋于稳定的阶段，取任意时间点，通过对 $X = 2.5$ m切片平面进行分析，发现在货舱温度稳定阶段，货舱内上部温度最高，从上到下温度呈下降趋势，温度相同的区域具有一定的厚度，且具有一定的均匀性。在货舱顶部区域内，温度层温度可以达到 $70 \sim 80$ ℃，在货舱中部，温度层温度为 $50 \sim 60$ ℃，对比于货舱上部温度，下降了20 ℃左

右。至于货舱下部，温度降低到了 40 ℃左右，但是对比于环境初始温度（25 ℃）还是有了很大的温度提升。

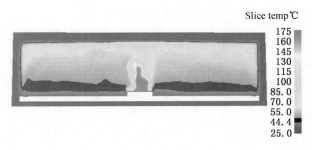

图5 温度分层情况

综上可以发现，当飞机货舱在正常大气压且压力不发生变化的条件下发生火灾时，火源热释放速率不发生变化，货舱内温度会经过一个快速上升阶段，然后趋于稳定，且在温度稳定阶段，货舱内温度在水平方向和竖直方向存在很明显的分布特征。在水平方向上，货舱内温度存在一定的衰减情况，货舱温度与距离火源中心距离成反比，即距离火源越远，货舱温度越低。在竖直方向上，货舱温度存在很明显的温度分层区域，当货舱内的温度进入稳定阶段后，货舱内同一高度层，温度相同或极为相近，随着高度降低，不同高度层的温度会出现明显的降低，温度与高度近似成一次线性关系，但即使在货舱底部，温度对比于初始环境温度也会有明显的上升。飞机货舱温度从初始环境温度经过一定时间的上升之后，会进入稳定阶段，虽然火源燃烧在持续进行，但只要火源功率不发生变化，货舱内的温度基本都会保持稳定。

3.2 正常大气压条件下飞机货舱火灾烟气特征

从 Smokeview 可视化模拟结果中截取上述 5张具有代表性的图片（图6），黑色越深代表此处烟气含量越高，从5张图片中，可以看出飞机货舱火灾模型烟气流动的全过程。如图6a 所示，火灾模拟进行到30 s时，火灾火源产生的烟气在热浮力作用下运动到了飞机货舱顶棚，形成顶棚射流。火灾烟气不断由火源产生，在模拟进行到60 s时，烟气充满飞机货舱顶层，此时飞机货舱内烟气的分层现象出现。从图6b 中可以看到，由于反浮力射流运动和烟气在积累和重力沉降作用下，烟气开始从顶层向下部没有烟气的冷

空气层运动,从图中可以看出,在烟气向下层弥漫过程中,壁面附近的烟气总是比货舱中心部分的烟气含量更高(壁面附近颜色更深),说明了在没有外力影响的条件下,封闭舱室烟气在向下层运动过程中,反浮力射流运动对于烟气的影响比烟气的积累和重力作用更加明显。当模拟进行到 100 s 时,烟气已经完全充满了整个舱室,随着接下来火灾的继续发展,烟气继续产生和积累,货舱中烟气含量持续升高,货舱内的能见度也不断下降,达到图 6e 模拟进行到 700 s 时所示的情况。

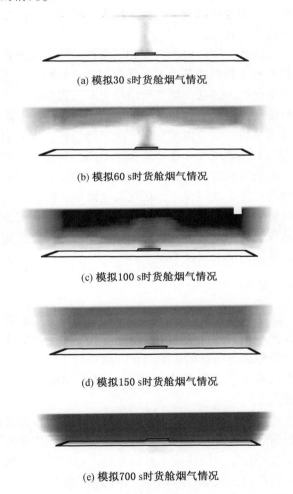

(a) 模拟30 s时货舱烟气情况

(b) 模拟60 s时货舱烟气情况

(c) 模拟100 s时货舱烟气情况

(d) 模拟150 s时货舱烟气情况

(e) 模拟700 s时货舱烟气情况

图 6　正常大气压力条件下不同模拟时间烟气运动规律与分布情况

结合前人的研究并结合上述温度切片图片和 SmokeView 模拟结果可以发现,在远离火焰区域的位置,烟气对货舱温度的影响是十分明显的,烟气的分层现象和货舱内温度竖直方向的分布规律具有一定的一致性,在一定程度上温度分布规律反映了烟气分布的特征。

3.3　变压力条件下飞机货舱火灾顶棚最高升温规律

本文对于顶棚最高升温规律的研究是取温度稳定阶段温度曲线相对平稳的 60 s 内实验测得数据的平均值,以减少偶然因素和误差对于实验准确性的影响。

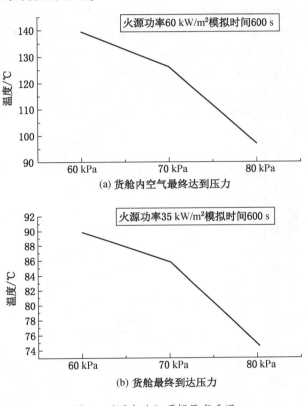

(a) 货舱内空气最终达到压力

(b) 货舱最终到达压力

图 7　不同实验组顶棚最高升温

从图 7 中可以看出对于不同热释放速率的火源,火源热释放速率越高,顶棚最高升温所对应的温度也就越高。但不管火源热释放速率大小,当火源热释放速率相同时,在变压力条件下,最终达到的货舱压力越低,所对应的实验组的货舱顶棚最高升温就越高。当在相同时间内货舱最终达到的压力越低时,对应货舱内压力降低也就越快,因为货舱内空气密度也会随着货舱内压力的降低而下降,所以对应实验组的货舱内空气密度下降越快。对于相同的燃料,当空气密度下降,燃烧就需要更长的卷吸范围来获取更多的新鲜空气,以支撑燃料的正常燃烧,在此条件下,火焰燃烧的高度就会增加,火焰外焰距离货舱顶棚更加接近，从而使顶棚的最高升温相应提高。

3.4 变压力条件下飞机货舱火灾温度衰减规律

在前文中，对于正常大气压力下飞机货舱火灾，已经发现，顶棚温度在水平方向上，随着距离火源中心距离的增大，顶棚温度会逐渐降低，这也就是封闭舱室顶棚温度衰减现象。在变压力条件下，随着货舱内压力的不断变化，对于货舱火灾顶棚温度衰减速率也会产生不同的影响。在模型的建立过程中，已经在飞机货舱顶棚每隔 0.5 m 设立了一个温度传感器，以接收火灾模拟过程之中获得的温度参数。本文对于顶棚温度衰减速率的研究依旧是取顶棚温度稳定阶段，温度曲线相对平稳的 60 s 数据的平均值，并对数据进行处理建立相关折线图，如图 8 所示。

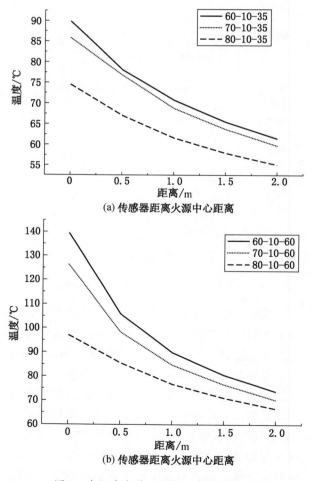

图 8　变压力条件下顶棚温度衰减规律

从图 8 可以看出，在火源中心点上方顶棚（距离火源半径 $r=0$ m）处，货舱内压力下降越快（模拟最终到达的货舱压力越低）的实验组

顶棚最高升温越高，而在顶棚距离火源半径 $r=2.0$ m 处，顶棚升温在不同条件下，差别不显著。因此，对于不同的实验组来说，顶棚温度衰减速率不同，即压力变化条件越大的实验组，顶棚温度衰减速率越高，温度衰减越快。通过软件对上述两个对照组中的曲线进行拟合，拟合结果见表 3。

从拟合结果中可以看出，拟合出的曲线公式中有 a、b 两个系数，结合温度曲线可以发现，系数 a 表征最高升温，压力变化越大，系数 a 即最高升温越高；系数 b 表征水平方向温度衰减速率，压力变化越大，系数 b 越大，所表征的温度衰减速率越快。

因此，可以得出：在相同实验时间，火源热释放速率相同的条件下，货舱模型最终变化到达的货舱压力越低，即货舱内压力降低得越快，货舱温度衰减越快。在不同的对照组中，压力下降速率越快，货舱内的空气密度下降越快，火源质量损失速率减少，热释放速率下降，从火源中产生的烟气温度就会下降，烟气在各种外界因素影响的弥漫运动过程中，烟气温度降低，但是烟气与货舱壁面和冷空气之间的热损失不变，从而导致在变压力条件下，压力变化速率越大，飞机货舱顶棚温度衰减速率越大。

4 结论

本文主要针对正常压力条件下飞机货舱火灾特征和压力连续变化条件下，不同压力变化对飞机货舱火灾特征的影响两个方面进行了研究。主要选取了飞机货舱火灾模型的温度和烟气两个参数。

对正常大气压力条件下飞机货舱火灾模型进行研究，发现在飞机货舱等封闭舱室中，货舱内温度经过短时间快速上升后会进入稳定阶段。稳定阶段内，火源持续燃烧，但传感器所接收到的温度维持在相对稳定状态。同时在水平方向上距离火源中心越近，货舱温度越高，货舱温度与距离火源中心距离成反比，货舱温度存在衰减效应。竖直方向上，货舱内温度存在明显分层现象，同一高度层的货舱温度大致相当，随着高度层的下降，飞机货舱内温度也持续降低。对于货舱内烟气分布规律，发现烟气产生初期，货舱内

表3 不同对照组温度衰减拟合曲线

工况	半径0.0 m	半径0.5 m	半径1.0 m	半径1.5 m	半径2.0 m	拟合结果 $y=a*e^{(-bx)}$
60-10-60	139.4564	105.8964	89.88705	80.51261	73.68519	$y=151.77e^{-0.155x}$
70-10-60	126.2805	98.35003	84.75204	76.58057	70.22514	$y=136.8e^{-0.142x}$
80-10-60	97.04139	85.64283	76.74848	71.07265	71.07265	$y=104.3e^{-0.094x}$
60-10-35	89.87160	78.13408	70.76412	65.53282	61.47681	$y=95.973e^{-0.094x}$
70-10-35	85.79696	76.82497	68.79095	63.76734	59.74506	$y=92.481e^{-0.091x}$
80-10-35	74.52740	67.06166	61.63203	58.00158	55.11644	$y=78.74e^{-0.075x}$

烟气分层明显，随着烟气不断产生，由于反射流作用和重力沉降作用烟气很快充满飞机货舱。

当飞机货舱火灾处于持续的压力变化条件下时，发现压力下降越快，对应货舱顶棚最高升温越高、顶棚温度衰减速率越快。

参考文献

[1] 岳兴楠. 飞机火灾特点和相应的预防措施 [J]. 中国消防，2009(2)：50.

[2] 于晓芳. 民用飞机火灾预防与救援对策研究 [J]. 消防界（电子版），2017(7)：88.

[3] 李枣. 飞机火灾事故分类模型的构建及应用 [D]. 广汉：中国民用航空飞行学院，2017.

[4] 胡军锋. 泄漏量对座舱压力控制系统影响的研究 [D]. 南京：南京航空航天大学，2007.

[5] 魏晓永. 飞机座舱压力调节系统仿真研究 [D]. 南京：南京航空航天大学，2012.

[6] 肖隽然. 飞机在高空飞行中的压力、压强研究 [J]. 低碳世界，2017(35)：329-330.

基于消防物联网技术的社会化
消防安全管理系统设计研究

蒋京君　范彦

湖北省武汉市消防救援支队　武汉　430000

摘　要： 通过分析当前社会火灾防控工作存在的痛点问题，提出了基于物联网技术的社会化消防管理体系及系统设计概念。该系统通过汇集各类物联感知数据，按照一定规则分析、运用、推送这些数据，达到对联网社会单位进行远程消防安全管理、对小场所火灾情况进行远程实时监测的目的。通过建设基于消防物联网技术的社会化消防安全管理系统，大大提升了社会单位消防安全自主管理水平和消防部门的监管、救灾水平。

关键词： 消防　智慧消防　公共安全　物联网　远程监控

1　前言

近年来，随着社会经济的持续快速发展，城市规模不断扩大，高层、地下、商业综合体、地铁、隧道等建筑发展迅猛，一个新的一线以上的城市每天有数以万计的工地同时施工，建筑结构、功能日趋复杂，同时大部分城市还存在连片的老旧居民区、大型仓储物流及工业园区、"多合一"密集区等火灾高发区域，隐患日益增多，各类灾害事故呈现出风险高、危害大的特点，社会公共安全需求日益倍增。加之，随着消防改制转隶和新的监督管理体系的逐步形成，消防安全监督管理、专项整治以及各种事务性消防工作量大类杂与现有监督管理人员数量不足的矛盾日益凸显，维护城市消防安全形势稳定任务十分繁重[1-2]。还有，城市总体规划和公共消防安全基础建设、建筑固有消防安全属性和单位消防管理的能力水平、人民群众的消防安全意识和素质等，都对城市的总体消防安全指数产生重大影响，这些都迫切需要更新理念、创新管理，加快推进技术革新，通过信息化手段提升社会消防安全管理水平[3]。

针对上述情况，本文以是否设置建筑固定消防设施为切入点，引入物联网、移动互联网、图像识别等技术，设计了一种能够为社会单位、家庭场所、维保公司、监控中心、消防部门5个主要用户对象提供消防安全预警、管理、分析、决策的智能化消防管理平台，并提出了该系统的整体架构设计方案。

2　系统平台架构

系统应能通过前端物联感知设备实现异构设备与协议的接入、解析、编码与传输，譬如社会单位的火灾报警信号、消防水系统状态（室内消火栓系统、喷淋系统、消防水箱、消防水池、室内外消火栓）、消防控制柜状态（喷淋泵、消火栓泵、稳压泵、传输泵、泡沫泵、风机等）、视频监控数据（消防控制室监控、泵房监控、单位内部视频监控系统），以及建筑高度不大于 100 m 的住宅建筑居住部位和未设置建筑固定消防设施保护的小型经营性场所的火灾报警数据等，第一时间辨别社会单位和家庭场所的火灾情况，全面、实时地监测消防设施设备实时状态和消防安全自主管理情况，为火灾防控工作提供及时、准确的数据支撑，并通过建立火灾识别、隐患辨识、安全监控等模型，运用云计算、大数据分析等技术，采取 B/S+App 模式，实现对数据的动态追踪、转换挖掘、分析处理和点对点推送，为火灾早发现早处置、隐患早巡查早消除，提供科学、有效的决策数据[4-5]。系统总体架构图如图 1 所示。

（1）**物联设备层：** 通过加装的物联感知设备获取联网单位和家庭场所用户的消防设备设施状态监测数据。

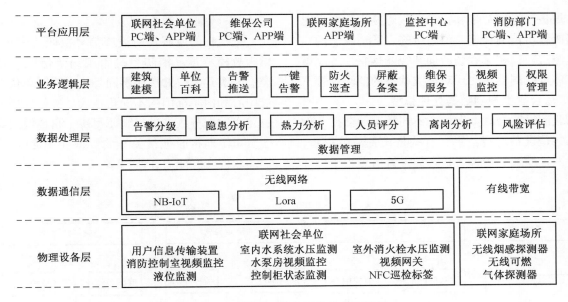

平台应用层	联网社会单位 PC端、APP端	维保公司 PC端、APP端	联网家庭场所 APP端	监控中心 PC端	消防部门 PC端、APP端

业务逻辑层	建筑 建模	单位 百科	告警 推送	一键 告警	防火 巡查	屏蔽 备案	维保 服务	视频 监控	权限 管理

数据处理层	告警分级	隐患分析	热力分析	人员评分	离岗分析	风险评估
	数据管理					

数据通信层	无线网络			有线带宽
	NB-IoT	Lora	5G	

物理设备层	用户信息传输装置 消防控制室视频监控 液位监控	联网社会单位 室内水系统水压监测 水泵房视频监控 控制柜状态监测	室外消火栓水压监测 视频网关 NFC巡检标签	联网家庭场所 无线烟感探测器 无线可燃 气体探测器

图1　消防物联网感知系统总体架构图

（2）网络通信通信层（云平台）：根据设备特性与安装条件，采用无线网络（如 NB-IoT、LoRa、5G）与有线宽带网络结合的方式将前端感知信息上传至数据处理层。

（3）数据处理层：集中处理分析前端感知的各类消防数据，对监测信号进行分级分类存储上报。

（4）业务逻辑层：基于数据分析支撑，实现设备管理、统计报表、监管信息、预警监控、火警监控、风险评估等消防业务功能。

（5）平台应用层：采用 PC 电脑端、App 移动端相结合的方式，全面呈现和处理监测信息，并实现相关应用。

3　关键技术介绍

3.1　数据模型设计

针对社会单位，要充分考虑 1 个单位对应 1 个建筑、1 个单位对应多个建筑以及 1 个建筑包含多个单位的多对多关系，综合考量单位的基础信息、消防信息、人员信息、档案信息这 4 类静态数据，以及设施设备状态、防火巡查管理、设施维保管理这 3 类动态数据，还需要采集建筑平面布置图、火灾自动报警编码电子图、视频监控点位平面图以及消防报警主机点位编码表、视频监控信息表数据，从而实现点对点的精准报警。

针对家庭场所，除了建立每个家庭场所点的

基础数据外，还需要建立户主（业主）、物业、社区的三级关系网，以便发挥当事人、保安、网格员、志愿消防队员等一线力量作用，实现就近处置、打早打小。

3.2　信号接入汇集

物联信号通过火灾报警控制器、单位内部已建的视频系统、多种类型的物联感知设备三种方式接入，将物联信息推送至物联信息分析处理模块，进行接入信号数据的挖掘分析，三种物联信号接入方式实现如下。

1）火灾报警控制器（消防报警主机）信号

通过用户信息传输装置将火灾报警控制器信号接入系统，采集火灾报警控制器的火灾探测报警系统、自动喷水灭火系统、室内消火栓系统、防排烟系统等消防系统中各项设备信息和工作状态。

2）视频信号

接入的视频信号包括社会单位内部已建视频资源和单位消防控制室、水泵房的新建视频资源。其中，消防控制室新建视频资源需要包含语音通话功能和人员在岗监测自动识别功能，在视频整合的基础上，实现视频灵活调阅、紧急视频存储等基础应用。

3）加装的物联感知设备信号

通过在社会单位加装液位传感器、压力传感器、控制柜状态模块、视频监控设备等前端物联感知设备，运用窄带和宽带互联网技术，实现对数据的解析传输和相应消防设施、环境状态的实时监测。通过在家庭场所加装智能烟感、智能可燃气体等探测器，实现对火灾状态的监测预警。

3.3 后台支撑规则数据处理模型

联网设备会产生大量的不同类型的数据，例如有些是设备运行信息，有些是设备故障提示，有些则是反映现场火灾状态的报警信息。

1）数据分级推送规则

把汇集的所有消防设施信号按照火灾报警、设施故障程度、消防控制室脱岗等情况进行分类、分级建模，并按照不同等级向联网单位、监控中心和消防部门的不同角色人员进行推送，通过建立数据分级推送规则使得每个角色根据岗位职责可定向接收他最关心的数据（图2），从而提高软件交互能力和使用率。

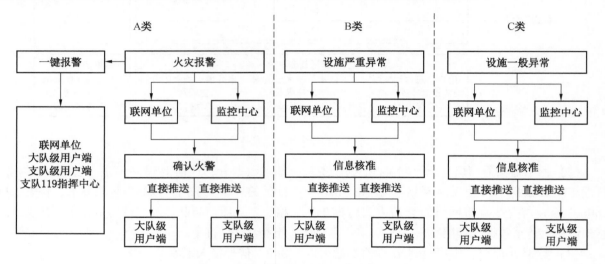

图2 物联网分级预警图

2）告警信号甄别规则

法律赋予社会单位应该履行的消防安全职责使得消防控制室值班人员和社会单位消防管理人员成为该系统所有告警信号的第一接受方和处理方，同时需要设置告警信号甄别规则让监控中心成为督促单位及时核实信号真伪以及本级核实信号真伪的第二道防线，确保消防部门和联网单位接收到的重要告警信号是准确、真实的。

3）火灾风险评估模型

要在传统的、线下的火灾风险评估模型的基础上，将单位的静态基础数据、静态消防数据与动态的消防设施数据、消防管理数据等结合起来，建立单位、建筑火灾风险评估模型；同时综合考虑消防设施维保及家庭场所火灾发生历史等情况，将其作为评估因子纳入为区域性、城市级的火灾风险评估模型之中。

3.4 特色功能应用

本文对数据传输、汇集等基本系统功能不再进行阐述，重点提出安消联动、屏蔽备案、一键报警三个特色应用。应用系统分布见表1。

表1 城市物联网远程监控系统应用系统分布表

用户	用户端	应 用 功 能			
社会单位	PC&App	基础信息库建立	火灾报警信号感知	设施异常信号预警	一键报警
		消防巡检	特殊作业监测屏蔽	维保申请	加装设备维修申请
维保公司	PC&App	维保订单接收与派单	维保订单存单	维保结果反馈	维保人员信息库建立
家庭场所	App	家庭、场所、物业、社区等人员数据库建立	火灾报警信号感知	加装设备维修申请	

表1（续）

用户	用户端	应 用 功 能			
监控中心	PC	报警、预警信息感知 联网单位管理	报警、预警信号 过滤及推送 加装设备维修响应	联网信号归档整理	物联网信息接入与 综合展示
消防部门	PC&App	大数据在线监测 远程监控数据统计分析	火灾报警信号感知 异常数据分析监督	设施异常信号预警 城市火灾风险评估	联网单位一张图 单位火灾风险评估

1）安消联动

将每一个监控探头与火灾报警点位相绑定（系统根据消防竣工图建立精确的点位空间模型），一旦产生火灾报警信号，系统智能联动报警点位周边的视频摄像头，单位人员和消防部门不用到达火灾现场，就能多视角知晓现场情况，判断是否误报，并且可以通过辨别燃烧物质和烟气颜色，从而有针对性地采取火灾扑救措施。

2）屏蔽备案

除发生火灾导致的消防报警主机动作外，还可能因建筑装修施工、系统维保检测、消防检查演练、设施设备误报等各种原因导致系统产生告警信号，这些原因将给系统运行带来较大负担。需要结合建筑平面图、报警设施点位图等数据，给社会单位提供消防报警主机点位屏蔽功能，切实降低不必要的系统误报。

3）一键报警

针对没有设置火灾报警探测器的区域发生火灾的情况，提供联网单位进行火警直报的功能。该报警无须经过监控中心核实，直接由联网单位发起，系统同步将该单位的基本情况、人员情况、设施情况、平面情况、灭火预案、火灾现场情况等上报给消防部门和单位其他角色人员，以便减少电话报警时间和准确制定救灾策略。

4 实际应用

武汉市于2020年建成了城市级的消防物联网远程监控系统，该系统实现了对全市290家大型消防安全重点单位的联网监测管理，实现了对750个小型餐饮场所的燃气泄漏情况监测和对1474户老弱病残家庭的火灾监测，并将这些联网单位对应的211个消防维保公司纳入联网范围，市消防救援支队和19个区消防救援大队参与了联网管理。该系统针对社会单位、维保公司、家庭场所、监控中心、消防部门5类用户对象共开发了4个PC端和4个App端，涉及41个一级功能页面、142个二级功能页面和230个三级功能页面，构建了社会单位自主管理、家庭场所及时预警、监控中心协同监督、监管部门精准防控的武汉市火灾防控四级网络，如图3所示。

（1）有效助力社会单位提升消防安全自主

图3 武汉市城市物联网远程监控系统

管理水平。系统设置了"单位百科""防火巡查""远程监测"等多个实用性强的功能模块，单位管理层可以远程查看本单位的基本情况、建筑情况、设施运行情况、消防控制室值班情况、防火巡查情况、隐患整改情况等，便于管理层实时掌握员工的履职情况，从而加大安全管理力度。

（2）探索约束消防设施维保行为。系统为联网单位和维保公司搭建了互通渠道，联网单位可向维保公司进行设备维修线上申请，维保公司对维修单的接收及内部派单情况、维保人员的到场情况、维保结果的线上反情况等，都是消防部门的抽查内容，促使维保单位及时恢复设施状态。

（3）闭环记录火灾发生、发展、消灭全过程。武汉市消防物联网远程监控系统与市消防救援支队 119 指挥调度系统实现了联动，从火灾报警探测器探测到火灾开始，闭环记录了单位核实告警信号、监控中心甄别告警信号、消防部门出动灭火的全过程，同时系统还向联网单位提供火灾现场的图像、影音记录功能，并自动存储消防报警主机的动作信号。

（4）多维度分析建筑、城市消防安全现状。系统可在单位类别、所在区域、设备类型、告警类型、告警时间等多个条件中进行设置，对单位基础信息、单位消防信息、机构及人员、联网设施、防火巡查、维保检测、档案信息等多个项目进行综合评分，得分低于 60 分的，系统将向消防部门端进行预警推送。系统以行政区划为对象，综合评估联网单位和家庭场所的消防安全状况，并形成火灾风险评估报告。

5 结论及展望

为有效提升社会面火灾防控能力，优先将重要级别高、防范能力弱的单位、场所纳入联网监测范围，并根据城市经济能力逐步扩充物联种类、完善软件功能、扩大联网体量，这十分必要。随着信息技术的不断发展，物联感知设备将覆盖更多领域，感知到的数据将拥有更多传输方式，软件的应用功能将更加强大。但就当前实践情况而言，仍有一些方面值得探索，一些问题亟须解决。譬如 NB 信号覆盖能力和传输能力受基站分布和物联感知设备安装位置的影响具有不确定性，监测数据可能无法有效传输，同时设备频繁发送信号也将缩短硬件寿命；譬如本文未提及智慧用电技术的应用，笔者认为目前市场上智慧用电产品种类繁多、功能不尽相同、价格相差甚远，如何在经济投入和经济效益之间达到平衡，从技术实现和成本控制上仍需探索；譬如消防中介市场的行业管理还不够规范，虽然现在已经取消设置门槛，但如何使用信息化手段规范维保行为、保障联网单位消防设施完整好用，还需要大胆尝试；譬如消防物联网系统的建设及运维模式还需进一步完善顶层设计，硬件购置、软件功能、项目维护、监控中心运营等方面都需要投入大量资金，如何有效减少当地政府经费投入同时让这种监管方式具有生命力，有效提高社会单位参与度并实现每年逐步扩容联网，需要从建设模式、资金渠道、当地政策等方面认真研究、探索。

当前，国家标准《城市消防远程监控系统技术规范》已经再次进行修订并即将出台，其中的新思路、新技术将进一步打开我们的视野；少数省、市已经出台地方性标准，将实行联网管理与消防控制室一人值班政策相挂钩，以推动加速物联网系统扩容进程。无论是消防监管部门还是联网社会单位，无论是软件研发公司还是硬件研制企业，都有很大的空间去推动物联网系统建设及运维模式不断健全、技术产品不断革新、软件功能不断完善，形成当地政府、消防部门、社会单位、技术公司四者共赢的格局。

参考文献

［1］路亚彬，朱蕾，查俊. 基于"互联网+安全保险服务"的消防社会化服务模式探讨和研究［J］. 消防论坛，2020，6：26-30.

［2］吴延昌. 基于物联网的社区智慧消防管理系统设计［J］. 物联网技术，2018，10：54-56.

［3］王培平，陈朝阳，管佳林，等. 基于物联网技术的消防安全管理创新实践［J］. 工业安全与环保，2020，46（11）：74-77.

［4］车辉，邢慧芬，樊玉琦，等. 基于大数据的火灾智能预警系统［J］. 计算机系统应用，2020，29（10）：126-126.

［5］程超，黄晓家，谢水波，等. 智慧城市与智慧消防的发展与未来［J］. 消防科学与技术，2018，37（6）：841-844.

完善地方法制建设，推进基层消防执法改革

叶松竹梅

湖北省武汉市消防救援支队　武汉　433000

摘　要： 消防体制改革后全国消防执法模式发生极大变化，行政处罚、强制只能由消防救援机构行使，派出所、街道的消防监管能力有所弱化。根据中办、国办印发《关于推进基层整合审批服务执法力量的实施意见》，2021 年各省市正陆续将部分行政检查、行政处罚的职权赋予街道行使。本文从梳理我国消防行政处罚权的法律变迁入手，列举当前基层消防行政执法中面临的难题，并以武汉市为例探索在国家法律法规修订前，基层一线应当如何向市委市政府汇报，与公、检、法、司等部门协调，不断完善地方法制建设进而赋予派出所和街道行政处罚、监督检查等职权的具体举措。

关键词： 警消联动　派出所　街道　行政处罚　委托

1　引言

2019 年 4 月 23 日第十三届全国人大常委会第十次会议修改了《消防法》等八部法律，受立法规定限制，修改内容只涉及审核验收职能调整和机构名称变更，属于改革过渡期的临时法律。但因其在法律层面明确了消防与公安的独立地位，此后派出所只检查宣传不处罚，消防监管能力减弱，部分消防监督逐渐流于形式，依法可行使行政处罚权的执法人员剧减导致消防违法行为的违法成本降低，相当一部分隐患无法及时督促整改到位。2019 年下半年全国消防执法量剧减，居民小区、小场所火灾呈上升趋势。与此同时，各省市正陆续发文赋予街道部分检查、处罚权，如何将基层的消防执法改革融入国家基层执法力量整合值得思考。

2　消防行政执法权行使主体的历史变迁

鉴于行政检查较为简单，且强制执行依法不能由地方性法规设立，规章和规范性文件都不能设立临时查封，行政强制依法不能委托，因此本文的地方立法以行政处罚权的设立与行使为研究重点，略涉及检查与行政强制。

2.1　消防行政处罚权的法律脉络

1984 年的《消防条例》规定："对有关责任人员由公安机关依照治安管理处罚条例给予处罚"，1987 年的《消防条例实施细则》只增加了具体违法行为，此时执法主体为公安机关。1998 年《消防监督检查规定》（公安部第 36 号令）规定"派出所依照本规定发出的各类消防监督检查法律文书和公安行政处罚决定书，应当以主管公安机关消防机构的名义作出"，明确了消防部门和派出所办理行政处罚的主体资格。2004 年该规章修订时，修改为"派出所实施消防监督检查的范围、程序、行政处罚的权限以及法律文书等，由省、自治区、直辖市公安机关参照本规定作出规定"。

2008 年 4 月，全国人大常委会向社会公布了《消防法（草案）》，第 61 条规定："警告、500 元以下罚款可以由派出所决定"。但因"有些常委提出……对派出所检查认为属于违反消防安全的行为，还是以报公安消防机构依照本法规定作出认定和处罚决定为妥。"不仅 2009 年消防法中没有此项内容，2009 年《消防监督检查规定》（公安部令第 107 号）也删除了 1998 年、2004 年规章中关于派出所办理消防行政处罚的相关内容。从此公安、街道开展执法的规定只散见于地方性法规和公安机关的内部文件，成了地方消防法制建设的重要组成部分。

作者简介：叶松竹梅，女，硕士，武汉市消防救援支队法制与社会消防工作处副处长，主要从事消防地方立法、执法行为法制审核，执法考评及业务培训，涉消诉讼和复议案件办理等工作，E-mail：66268417@qq.com。

2.2 消防行政处罚的权力来源

消防行政处罚权力来源可分为四类。一是来源于国家法律法规，如消防部门和 2008 年以前的派出所；二是基于地方性法规赋权，如《江西省消防条例》《云南省消防条例》等地方性法规授权派出所以自己的名义实施警告和 500 元以下罚款；三是基于公安机关的内部授权，派出所不仅有法律授予的治安处罚权，也被上级公安机关赋予了交通管理、消防管理等方面的处罚权，如《湖北省派出所消防监督检查规定》规定派出所可对单位处五千元以下罚款；四是同一行政机关下设的两个部门间行政处罚权的委托，因原消防大队、派出所都隶属于公安机关。

2019 年前各地派出所在办理消防行政处罚上略有不同，如有的派出所以自己的名义做出处罚决定，有的以消防部门的名义做出，甚至有的以公安分局的名义做出，这正是各地经济社会发展不同而呈现出的地方立法特色。

2.3 执法主体是否适格之争

2019 年前各地派出所和部分因地方性法规授权的街道都在办理消防行政处罚案件，大部分法院和复议机关对其主体资格持认可态度。经查，自 2011 年至 2019 年裁判文书网上 50 余起判例都确认了消防执法的合法性。但也有部分地区认为，仅仅只有公安厅文件不足以作为派出所实施行政处罚的依据，属于在未取得法定授权的情况下作出与上位法相抵触的规定，违反职权法定原则。2016 年辽宁某法院甚至裁定撤销了派出所做出的行政处罚，要求将案件移送消防机构查处。

3 消防行政执法面临的困境

2019 年《消防法》实施后，派出所对直接办理消防处罚、协助办理临时查封的合法合规性开始提出质疑，"不敢做""不能做"的呼声此起彼伏，如何从法律层面明确派出所、街道的消防行政执法主体资格值得进一步深思。

3.1 消防行政执法权赋予途径有限

如能在《消防法》修订时直接赋予街道或其他部门以处罚和强制权当然是最佳方案，但国家层面法律的修订、出台需要经历漫长的过程。依照规定，行政强制权只能由国家法律和地方性法规赋予，无法委托；行政处罚可在国家法律、部门规章、地方性法规和政府规章中设立，甚至还能以委托的形式明确赋予其他组织行政处罚权。从效率上来讲，行政委托＞政府规章＞地方性法规＝部门规章＞国家法律。

3.2 行政处罚权委托争议颇多

即便有了赋权的途径，但实际工作中依然难点重重。以武汉市为例，消防在于公安沟通过程中，公安法制部门主要提出了两点疑问。

第一，缺少上位法作为委托的法律依据。《行政处罚法》规定："行政机关依照法律、法规或者规章的规定，可在其法定权限内委托符合本法第十九条规定条件的组织实施行政处罚"。目前缺少法律、法规或者规章的规定，类似原公安部 73 号令中"公安派出所实施消防行政处罚的权限以及法律文书等，由省、自治区、直辖市公安机关参照本规定作出规定"。

第二，派出所是否具备被委托主体资格。《行政处罚法》明确"受委托组织必须符合以下条件：（一）依法成立的管理公共事务的事业组织"，不同于《行政许可法》中"可以委托其他行政机关实施行政许可"的规定。为什么立法中只规定行政处罚委托的对象为事业组织，作为行政机关的派出所能否成为被委托主体？

3.3 办理消防行政处罚适用何种程序

2018 年 12 月修改的《公安机关办理行政案件程序规定》（公安部令第 149 号）删除了与消防相关的内容，2019 年以来消防部门办理行政处罚该适用于何种程序规定本身存在空白，如受案时限是否还局限于 24 小时内？还需使用权利义务告知书与否？派出所作为本身就具有独立执法资格的主体，在办理消防行政处罚时能否适用《公安机关办理行政案件程序规定》还有待商榷，特别是办理行政拘留时还能否使用强制传唤等措施更是值得探讨。

3.4 办理消防行政拘留存在法律冲突

应急管理部下发《关于贯彻实施新修改的〈中华人民共和国消防法〉有关事项的通知》（应急〔2019〕58 号）要求应当予以行政拘留处罚的案件移交给公安机关，但在实践过程中公安机关对该类案件的执法主体提出疑义。公安认为其依据《消防法》第 63、64、68 条的规定作出行政拘留决定违反了《消防法》第 70 条的规定，应当由消防部门依据《消防法》决定。但消防认为自身作出行政拘留决定违反了《行政处罚法》第十六条的规定。

因此，有观点认为无论是公安还是消防依据《消防法》做出行政拘留决定均违反了相关法律法规的规定，属于法律之间对同一事项的规定不一致，无论公安或消防作出决定都不符合法律规定，应当根据《立法法》报请全国人民代表大会常务委员会裁决。

2021 年 7 月 15 日即将生效的《行政处罚法》规定"限制人身自由的行政处罚权只能由公安机关和法律规定的其他机关行使"，可否视为将来消防部门可依《消防法》做出拘留决定？但缺少强制传唤等强制权的消防部门如何行使该权力让一线执法者颇为茫然。

4 关于消防行政执法的地方立法建议

广义的地方立法不仅包括《条例》等地方性法规，也涵盖政府规章、政府规范性文件以及部门联合发布的规范性文件等，从工作效率和效果来考虑，按《立法法》的赋权下限将部分工作举措法制化是颇具性价比的。

4.1 行政处罚可通过规范性文件实施委托

国务院下发的《关于国务院机构改革涉及行政法规规定的行政机关职责调整问题的决定》规定"原承担该职责和工作的行政机关制定的部门规章和规范性文件中涉及职责和工作调整的有关规定尚未修改或者废止之前，由承接该职责和工作的行政机关执行"，可见公安机关原下发的公安部令、内部文件中明确的内部授权或委托依然有效，消防机构和公安机关可基于此提请市委市政府协调，并非重新制定而是进一步完善行政处罚的委托手续。

4.1.1 寻求法、检、司部门的法律支持

为避免在诉讼、复议中派出所办理消防处罚被认定为违法，基层法院、检察院和司法局的态度至关重要，这些部门常年处理案件，对于法律实际运用有着独到的见解。如武汉市法院行政庭和司法局行政复议处就指出，司法实践中大量存在行政机关作为被委托的执法主体的情况，根据"举轻以明重"的原则，派出所相较其他社会组织更加具备被委托的主体资格。

4.1.2 提请政法委组织"大三长"协调会作为依据

为消除被委托部门认为受委托执法缺少上位法依据的顾虑，可提请政法委或政府组织召开联席会议讨论研究。因 2018 年原政府法制办已划转到司法部门，而司法部门作为复议机关又需要对此事提出明确法律意见，更适合作为会议的参与者。政法委作为上级政法部门，本身就有着指导、协调政法各部门工作，组织研究和讨论有争议的重大、疑难案件的职责。因此，消防、公安共同提请政法委或政府组织公、检、法、司召开协调会，在会上对处罚委托的合法性、可行性进行研究，其形成的会议纪要或决议就可作为办理委托手续的依据。

4.1.3 明确行政处罚委托的形式、范围和审批权限

常见的委托需要双方签订委托合同、报司法局备案、向社会公示等，由于各区大队与派出所、街道分别签订委托书，可能会导致各地区工作进度不一致，且基层单位新增、调整时也会导致原委托失效需要重新签订。在征求司法部门同意的基础上可变换委托的形式，如联合起草《消防行政处罚委托实施细则》，经司法局进行规范性文件备案，向社会公布后就具备相应的法律效力。《实施细则》可从委托范围、审批权限、应诉复议等方面进行细致的规定。如办理消防产品类、消防技术服务机构的行政处罚，对消防专业性要求较高，就不将其纳入委托范围，考虑到"三停"、大额罚款类的处罚应慎重，可规定此类案件必须报大队法制审核后方可做出，警告、小额罚款由派出所直接办理，报消防大队备案用印即可。

4.1.4 借助基层执法力量整合契机委托街道或其他职能部门

国办文中明确："组建统一的综合行政执法机构，以乡镇和街道名义开展执法工作，并接受有关县级主管部门的业务指导和监督"，应及时与本级司法部门沟通，在省、市政府下发赋权清单时，将消防检查、处罚等权限一并赋予乡镇、街道，并发文明确单位管辖权限划分。

4.2 制定行政处罚的办案程序及文书模板

消防和被委托组织作为两个独立的执法主体，各地在制定《消防行政案件办理程序规定》时候增加"受委托组织在办理行政处罚案件时应当参照执行"的条款。因被委托组织日常可能还需要办理治安、城管、刑事等各类案件，这就决定了其法制部门在进行审核考评时可能不会将消防作为重点考评对象，应当结合被委托组织的日常工作制定常见案由的处罚模板，减少不同案件中的文书适用差异，增强案件办理的准确性。

4.3 联合公安部门出台办理消防行政拘留的实施细则

适用新《消防法》时应当从理解立法本意的角度出发，而不应片面地关注法律条文的字句。公安和消防部门可结合属地执法实际情况，在征求当地法、检、司的意见后联合下发《消防部门移送适用行政拘留消防违法案件规定》，规定移交的时限、移交时附送的材料等，最好制定移交文书模板。如在受委托行使消防行政处罚权的情况下，派出所发现有依据《消防法》第63条、第64条处罚的违法行为，属于派出所受委托权限范围内的可直接受案办理；属于消防机构权限范围内的先受案调查，调查完结后于7个工作日之内移送公安机关办理，提供现场照片等证据材料和《移送案件通知书》，公安机关应当于3个工作日内决定是否受案，形成完整的执法闭环，尤其是明确移送时限和决定的时限，做到权责明晰。

4.4 适时从规范性文件上升到地方性法规

地方性法规或规章毕竟有立法权限，如地方性法规可设查封、扣押，规章可设处罚，但是应坚持宜简不宜繁的原则，如规定："消防救援机构可以委托街道或其他行政机关对有关违反消防管理的行为依法实施行政处罚；街道对存在重大火灾隐患的场所，可以采取临时查封措施。具体实施细则由消防部门制定并向社会公布。"

建筑物重大火灾隐患判定存在的问题和应对措施

柳 泉

湖北省武汉市东湖新技术开发区消防救援大队 武汉 430023

摘 要：城市高层商用和居民建筑物重大火灾隐患的科学判断是消防部门面临的重要挑战和难题，虽然我国颁布实施了新的《重大火灾隐患判定方法》，但是基层消防部门在执行过程中仍然存在各种不确定的问题，这也直接对广大人民群众的生命财产安全造成威胁。针对这个问题，本文对我国建筑物重大火灾隐患典型案例和消防工作实际情况进行了调查研究，分析了建筑物重大火灾隐患的形成原因，阐述了建筑物重大火灾隐患的危害。结合工作实际调查了《重大火灾隐患判定方法》在消防部门的使用情况，分析了重大火灾隐患判定方法中存在的问题，并提出了针对性的应对措施，对今后建筑火灾防控工作具有一定的参考和借鉴作用。

关键词：消防安全 重大火灾隐患 存在的问题 应对措施

1 引言

1.1 背景

建筑物的结构复杂、形式各异、电气设备众多，往往隐藏着很多的火灾隐患，出现重特大火灾的概率很大。通过查询我国火灾统计资料，表明大部分重特大火灾的发生都是由于各种火灾隐患的存在和未被及时发现、消除而导致的，造成了重大的人员伤亡和严重的经济损失。如2013年北京朝阳区小武基村市场的火灾就因单位总平面布置不合理、应急疏散指示标志设置不符合要求、内部装修使用大量可燃材料等方面存在重大火灾隐患，未能及时整改所致。

虽然我们国家近年来建筑物重大火灾隐患的判定及火灾隐患的整改工作有了很大的进步，但在基层消防部门的监督执法中，由于涉及消防部门人员业务能力的局限性和多方面的经济利益等问题，造成了建筑物重大火灾隐患的判定是一个很难解决的问题。

因此，当前消防工作中的重点是科学合理地判定建筑物重大火灾隐患，加强和提高我国消防监督人员的整体业务水平，为我国经济建设的又好又快发展，创造良好的消防安全环境具有十分重要的意义。

1.2 国内现状

目前，我国政府和消防管理部门对建筑重大火灾隐患研究非常重视，在重大火灾隐患判定的研究方面也出台了多项行业标准和方法。2006年10月25日，公安部消防局发布了《重大火灾隐患判定方法》（GA 653—2006）行业标准。2017年12月29日，中华人民共和国国家质量监督检验检疫总局和中国国家标准化管理委员会发布了《重大火灾隐患判定方法》（GB 35181—2017）行业标准。这些标准充分考虑了不同类型建筑、场所重大火灾隐患形成的要素和影响因素，提出了直接判定和综合判定的方法，填补了国内标准空白，该标准的颁布实施，为消防监督执法中识别、判定建筑重大火灾隐患提供方法和依据。但是基层消防部门在执行过程中，由于实际情况复杂，在火灾隐患判定上仍然存在各种不确定的因素，本文将从实际工作经验出发，重点分析建筑物重大火灾隐患判定存在的问题，并提出应对措施。

作者简介：柳泉，男，本科学历，工作于武汉东湖新技术开发区消防救援大队，助理工程师，专业为防火管理，E-mail：48040379@qq.com。

1.3 本文的主要研究内容

在文献调研的基础上，结合工作实际分析了建筑物火灾隐患形成的多方原因，针对当前消防部门在建筑物重大火灾隐患判定方面存在的重难点问题，分析了现行建筑物重大火灾隐患判定标准存在的不足和在重大火灾隐患整改过程中的难点，并提出自己的观点和看法。

2 建筑物重大火灾隐患的成因

建筑物重大火灾隐患形成原因涉及多方面的因素，包含法律法规、经济社会发展、消防安全意识等诸多方面。[1]

2.1 法律法规因素

我国的消防法律法规从1959年公安部颁布的《建筑设计防火基本措施》到2018年10月住房和城乡建设部对《建筑设计防火规范》的修订，消防技术规范和技术标准多次修改，对建筑物重大火灾隐患的判定有很大的影响。这些法律法规和规范标准的颁布实施后，推动了我国消防事业的发展，消除了一大批建筑物火灾隐患。但是现有的消防技术规范还具有一定的局限性，从使用的情况来看，这些规范、法规或多或少存在着"一刀切"的问题，部分条款较为死板不能变通，可操作性不强。随着国家标准技术规范的修订和新规范的颁布，但由于新旧规范的使用问题，使原本符合消防技术标准的老建筑物成为新的火灾隐患单位，从而产生了一批难整改的历史遗留火灾隐患，对消防监督人员的业务水平也有了更高的要求，新旧规范都要懂。

2.2 经济社会发展因素

建筑物重大火灾隐患的形成与我国当前的经济快速发展现状有着密切的关系。随着经济结构的调整，多产权、多经营、多使用性质单位、场所逐渐增多，建筑物的体量和规模日益庞大。这些单位消防安全主体责任不明确，内部消防安全管理混乱，容易形成重大火灾隐患。随着产权的分割，每个单位只考虑自身的需求和利益，将一些公共疏散通道占用、封堵、锁闭。有的不进行消防设施设备的维护保养，导致消防控制系统全部或局部瘫痪，形成了新的重大火灾隐患。

我国大部分企业都是以节约成本为指导思想，存在侥幸心理，找各种方法和关系逃避消防监督执法及火灾隐患的整改。很多企业和单位擅自改变建筑物的使用性质，违章搭建一些简易建筑物。随着经济的发展，"三合一"场所大量增加，这类场所大多缺乏建筑物消防设施，管理混乱，火灾危险性大，管理方式落后，违章操作现象普遍，外来务工人员缺乏自防自救能力，致灾因素和火灾危险源剧增。

2.3 消防安全意识

我国公民普遍消防安全意识不强，特别是法纪意识、责任意识淡薄，已成为影响消防安全的重要因素之一。有一些单位的法人、消防安全责任人、消防安全管理人法纪意识淡薄，很多特殊岗位的职工没有持证上岗，往往很多在建工地发生的火灾都是由于操作人员未取得相应资质操作引发的火灾。很多政府领导及职能部门领导的思想观念中，认为消防安全工作是消防部门的事情，没有消防安全责任意识。地方政府领导往往只注重经济建设，忽视了公共消防安全，火灾隐患整改投入经费不足，政府和相关行业主管部门的消防安全职责不明确，导致建筑物重大火灾隐患整改推进缓慢，对社会的安全稳定造成了很大的影响。

3 建筑物重大火灾隐患判定存在的问题研究

3.1 《重大火灾隐患判定方法》的应用中存在的问题

《重大火灾隐患判定方法》（以下简称《方法》）为消防部门在建筑物重大火灾隐患判定中提供了依据和方法，但是在实际运用中仍然存在一些问题，主要有以下两点。

3.1.1 在基层消防单位的应用不广泛

目前我国消防部门人员、装备配备相对来说还比较缺乏，大队里专职防火监督干部较少，还有一些防火干部对防火业务不熟，而《方法》里所包括的检查内容要具有很强的消防专业知识和经验来判定，从而影响消防基层单位应用广泛性。

3.1.2 标准的适用性不强

《方法》中的两种判定方法，直接判定法较容易应用，而综合判定法判定步骤比较烦琐，执法人员在实践中可操作性并不强，采用"处方式"量化的方法并不科学,判定结果比较依赖经验,主观性因素较大,在一定程度上制约了重大火灾隐患判定的廉洁、公平和高效。同时,由于建筑物重大火灾隐患的动态性、不确定性、复杂性和危害性等特点,所以《方法》适用的场所不是很全面,尤其是面对部分历史遗留的"老、大、难"建筑物和一些特殊的、超规模、功能复杂的建筑物时,该标准的适用性很差。

3.2 当前建筑物重大火灾隐患判定中存在的问题

3.2.1 建筑物重大火灾隐患判定难

建筑物重大火灾隐患整改经常遇到整改难的情况,一个重大火灾隐患单位经常需要几年才能整改销案,有的根本就改不了,只能拆了重建。这种情况不是消防部门不作为,而是消防部门已经在整改工作中想尽了一切办法,但由于企业自身存在的经济原因、认识误区、技术缺陷等多种原因导致整改工作进展缓慢甚至停滞。而上级消防部门对建筑物重大火灾隐患的整改只看结果不看过程,整改工作要求高、时限要求紧,还跟年底的目标责任挂钩。这种政策和组织工作上的问题就直接导致基层消防部门不愿意将整改难度大的单位判定为重大火灾隐患单位,取而代之的是将一些容易在短期内整改出成效的单位作为重大火灾隐患单位上报,抓轻放重。然而真正存在重大火灾隐患应该进行上报整改的单位却没有得到上级主管部门的重视,基层消防部门虽然心知肚明,但是鉴于当下政策大多选择视而不见,这种情况普遍存在。因此,这样整改难、不判定的恶性循环是当前重大火灾隐患判定中最复杂也是最难解决的问题之一。

3.2.2 地方政府保护主义

国内地方政府重经济发展、轻消防安全已是普遍现象。消防部门查处重大火灾隐患单位若是地方纳税大户,地方领导极可能出面协调,请求消防部门予以特事特办。更有甚者,部分地方领导充当重大火灾隐患单位的保护伞,以对当地经济发展不利和保持社会稳定为由,导致消防部门查处建筑物重大火灾隐患的执法程序受到干扰,甚至中断;[2]有些建筑物重大火灾隐患整改需要多部门配合开展,但因种种原因,一拖再拖得不到解决。地方政府领导重经济发展、轻消防安全

的思想,也是当前消防部门对建筑物重大火灾隐患判定存在的主要问题之一。

3.2.3 面对新型复杂建筑物时判定方法不成熟

对于超规模建筑物,《方法》规定的直接判定法和综合判定法已不再适用。只有《方法》第4.2条略有涉及"对于涉及复杂疑难的技术问题,按照本标准判定重大火灾隐患有困难的,应组织专家成立专家组进行技术论证,形成结论性判定意见。结论性判定意见应有三分之二以上的专家同意。"[3]对基层消防部门来说,组织一个专家组很难,而且专家组成员的资质也很难得到保证,判定方法中也没有对专家技术论证的具体事宜进行详细讲解和说明。当消防技术论证面对各方面的压力时,难免会产生不公平、公正的现象,甚至出现腐败的问题。随着经济的发展,越来越多的超大规模建筑物建成,如果没有成熟的判定方法,产生的后果将会越来越严重。

3.3 对存在问题应采取的应对措施

要解决现阶段建筑物重大火灾隐患判定中存在的问题,既要从现行判定方法制度存在的缺陷入手调整,又要从解决消防法律法规不健全的盲点方面入手,发挥政府主导作用,完善各部门的团结协作,促进建筑物重大火灾隐患判定逐步规范化、科学化。

3.3.1 完善制度建设,强化政府作用

建筑物重大火灾隐患的整改涉及很多方面的因素,单靠消防部门单打独斗是很难完成的。这需要国家层面出台多方合力的制度政策,突出地方政府在建筑物重大火灾隐患整改中的主导作用,政府牵头各个部门形成合力,这样才能便于推进建筑物重大火灾隐患的整改。[2]此外消防部门要确实为政府、企业着想,要利用专业的知识,为企业提供最优的整改方案,加强指导帮扶。只有确实为地方政府、企业做实事、解难题,它们才会更加理解和支持消防工作,消防部门在判定建筑物重大火灾隐患时遇到的阻力才会越来越小。

3.3.2 要加强消防监督执法人员消防业务培训

消防部门要定期开展消防法律、法规的学习研讨、消防设施设备实操培训,特别是要加强对刚调整到防火岗位工作的干部培训学习工作。消

防执法人员必须严格履行自身的监督职责，提高自身的法律意识，进一步学习业务技能，工作过程中细致用心，坚决防止执法不严和执法不公，杜绝和消除腐败，提高廉政意识，增强对重大火灾隐患的监督纠正力度。

3.3.3 引入性能化判定手段，严格规范判定过程

建筑物重大火灾隐患具有普遍性、复杂性、动态性、不确定性和危害性等特点。消防部门应该对具体建筑物情况进行具体分析，根据各建筑物不同的平面布局、建筑物功能等特点来进行评估。近年来，有些地方采用了性能化评估手段对建筑物火灾隐患进行了评估，但是总体效果不好。主要是在进行性能化评估时没有一个明确的标准对评估方法、评估过程来进行规范，加上评估的对象往往涉及很多方面的利益，所以在评估的时候，容易产生不公正、不公平的现象，很多都是"一评估就通过"，使性能化评估的优点没有得到体现。[4]所以建议相关部门加快完善性能化评估方面的各项制度及具体实施方法，使性能化评估真正能发挥作用，为我国的经济建设保驾护航。

4 结论

本文以建筑物重大火灾隐患为研究对象，对重大火灾隐患进行了科学的定义，从宏观层面对重大火灾隐患进行分类及其形成原因进行了深入分析。根据现阶段消防工作实际情况，分析了《重大火灾隐患判定方法》在基层消防部门的应用情况，找出了建筑物重大火灾隐患判定中存在的主要问题，提出了应对措施。

参考文献

［1］沈友弟．火灾隐患成因分析及其整改应对措施的思考［J］．消防科学与技术，2005，24（11）：758.

［2］于国华，巩建华．关于建筑物历史遗留重大火灾隐患问题的研究与探讨［J］．中国消防，2000（9）：30-31.

［3］中华人民共和国住房和城乡建设部、中华人民共和国国家质量监督检验检疫总局．重大火灾隐患判定方法［S］．北京：中国质检出版社，2017.

［4］丁晓春，曾杰．火灾隐患评定方法的探讨．消防科学与技术［J］．2005（1）：105-106.

浅谈船舶行业消防安全管理现状及对策

陈 伟 军

浙江省舟山市普陀区消防救援大队 舟山 316100

摘 要： 近年来，舟山群岛新区积极融入国家"一带一路"倡议，深入建设"江海联运"中心，宁波-舟山港已成为世界第一大港，舟山渔场传统作业繁忙，海上交通发达，船舶修造企业众多。与此同时，船舶行业消防现状不容乐观，火灾高发频发态势亟须遏制，笔者通过对舟山市普陀区船舶行业消防安全进行分析调研，剖析存在的突出问题，并提出对策建议，供行业参考。

关键词： 消防 船舶 火灾 管理

1 引言

舟山沈家门渔港作为世界三大渔港之一，是全国最大的渔货集散地，普陀区设有船舶修造企业 36 家，为此，舟山市普陀区也是名副其实"渔都"，伏休期间，有 2033 艘渔船回港，加之周边地区的渔船，该区海岸线上靠泊的渔船数有5000 余艘。然而近年来船舶火灾多发，特别是伏休期间尤为频发，船舶行业消防安全形势不容乐观已是不争的事实，如何加强船舶消防安全管理业已成为消防工作研究的一项课题。

2 常见船舶火灾分析

2.1 近期发生的船舶火灾案例

2017 年 1 月 1 日至 2020 年 12 月 1 日，全区共发生船舶火警 49 起，其中 20 起发生在伏休期间（东海伏休期为 4 月 30 日至 9 月 16 日），34起发生在码头、岸线和锚地，15 起发生在船厂。特别是 2017 年 10 月 27 日发生沈家门马峙锚地"携船轮"大型货轮火灾（起火船只为 7500 t 携拖轮，2 号货仓起火，货仓内存放纸浆），消防支队共调集 13 车 52 人、28 t 清水泡沫，海事调派 3 艘消拖轮，鏖战 18 个小时才将火灾扑灭；2018 年 5 月 12 日，沈家门滨港路靠近夜排挡海域上一艘渔船突然起火，火灾蔓延到临近船只，差点酿成"火烧连营"惨剧。

2.2 常见起火部位

2.2.1 机舱

机舱间内有储油箱，当机舱内温度较高时，油蒸气就会挥发出来，充满机舱间，如果不采取空气或者氮气吹扫等安全措施就动火，极易引起燃烧和爆炸。同时，机舱间有较多油污油渣，在日常维修或动火作业时，一旦温度达到燃点，很可能引发火灾。

2.2.2 生活舱

舱内大多有液化石油气瓶，敷设有电气线路，内部还有不少日常生活物资，生活中用火用电不慎，容易造成火灾。

2.2.3 可燃装修材料

船舶内部各种房间和驾驶室、冷藏舱等场所的吊顶、隔墙、隔断、保温材料等，大量采用胶合板、木工板、聚氨酯泡沫板、PVC 板等易燃可燃材料，舱室内的家具、帘布、地毯等也多为可燃材料制成。在修理期间动火作业或者日常用火用电不慎都容易起火。

2.3 起火成因

2.3.1 电焊、气割操作不慎

高温烘烤可燃物或高温焊渣滴落引燃可燃物引起火灾，这个原因引起火灾爆炸事故居船舶修造行业首位，大多因操作人员未经动火审批，或者操作人员无证上岗，或者动火过程现场监护不到位等冒险作业或违章作业引起。

作者简介：陈伟军，男，浙江绍兴人，舟山市消防支队普陀区大队大队长，长期从事防火监督工作。

2.3.2 测爆措施不到位

对于装运化学危险物品的船只在未经严格的可燃气体浓度检测或者在没有明确确定油箱位置的基础上施工引起火灾爆炸。船舶结构复杂，管线纵横，而且投入使用后的船舶，可燃物大量增加，其中不少是易燃易爆物质，特别是油船以及装运过其他易燃物品的船舶，还残剩有这些物品，而在修理时必然要使用明火，极易造成爆炸。

2.3.3 吸烟及生活用火不慎引起火灾

施工人员边干活边抽烟，从而让烟蒂接触到可燃物引起火灾；靠泊船舶值班人员或者临时施工人员在修船期间住宿在船上，用火用电过程中不慎引起火灾。

3 船舶行业消防管理存在的主要问题

3.1 行政部门职责不够明确

船舶消防安全管理主要分陆域和水域两个层面，船厂、船台、船坞内的船只一般按照陆域进行管辖，港口、岸线、锚地的船舶按照水域进行管辖，涉及的管理责任部门主要有经信、应急管理、公安、港航、海事、渔政、海警等部门，管理职能存在多头管理、职能交叉，特别是陆域和水域船舶因一水之隔，管理机制完全不同。事故调查职责分散在应急管理、消防、港航、渔政等部门，不利于责任倒查。举个例子，一艘渔船在船厂维修期间发生爆炸起火，依据现行机制由地方应急管理部门按照安全生产事故调查，但先起火后爆炸又由消防机构按照火灾调查，但是这艘渔船在船厂外的海域岸线靠泊起火则由渔政部门调查。

3.2 船舶消防安全管理混乱

禁渔期靠泊在渔港、码头、锚地的渔船留守人员少、消防管理制度不健全、责任人员不落实，极易因用火用电不慎发生火灾；船舶修理期间特别是渔船等小型船舶修理期间各方主体责任不明确，船东、船厂、外包工等分工不明确，造成船主雇的厂方管不着，厂方雇的船主管不着，外包工又只听从包工头管理的局面，相互之间信息不畅通，动火审批、现场监护、可燃气体检测等制度落实不严格，造成管理混乱。

3.3 船厂和码头消防设施配备不到位

舟山普陀区目前有36家船舶修造企业，除中远、鑫亚、东海岸等几个规模以上企业外，大多都是小船厂、老企业，建造时消防标准体系和审批制度不健全，企业内部消防设施设备配备全靠自觉和想当然，消防水池小、消防管径小、压力不足，消火栓配置不足。除滨港路外，集中靠泊渔船的渔港消防车通达率不高，渔港周边大多没有市政消火栓。

3.4 从业人员消防安全素质不高

从事船舶作业的人员流动性大，特别是渔船作业人员大多是外来务工人员，船舶消防安全知识匮乏，安全意识淡薄。船厂工作具有季节性、阶段性，而且船厂普遍存在电焊作业和油污轻仓等工种转包现象，临时电焊作业人员因种种原因得不到有效的培训就上岗，缺乏必要的专业和消防安全知识，违章操作酿成多起事故。

4 加强船舶消防管理的几点建议

4.1 进一步理顺行政管理体制

按照党和国家机构改革"推动实现一类事项原则上由一个部门统筹、一件事情原则上由一个部门负责"的指导思想，打破部门界限，由政府制定部门实施安全和消防管理，定岗定责定人，实现专业的人做专业的事。笔者从自身从业经历出发，建议船舶修造企业以及修造船企业周边岸线的船舶统一由应急管理部门实施专业监管或者由经信部门实施行业监管；在水域的船舶，按照国家关于海洋执法力量整合的统一部署，明确一个部门实施管理。要加强火灾事故责任追究，对违规作业起火、指使他人冒险作业起火等行为，实施行政拘留等处罚，倒逼各类主体规范消防管理。要组织开展船舶火灾事故综合演练，提升海上应急救援水平。

4.2 严格船舶消防安全责任制

建议行业主管部门不断深化船舶企业安全和消防工作标准化建设，建立和健全各项消防安全制度，明确消防责任人、管理人，严格遵守各项安全操作规程，全面落实防火责任制，切实做到"谁主管，谁负责；谁在岗，谁负责"，保证消防安全法律、法规和规章的贯彻执行，督促企业切实履行消防安全主体责任。渔政以及镇街等基层组织要对督促进港的船舶落实靠泊期间安全责任人，规范用火用电，加强现场值班看护；船舶修造企业要在修造作业中明确船东、船厂、外包工之间的职责分工，共同制定维修期间防火方案，严格动火作业、现场看护、清仓测爆、油漆作业等高危作业。

4.3 改善船厂和港区消防安全条件

按照海洋经济建设新思想，大力推进海洋装备制造业产业结构转型，持续开展打非治违行动，逐步淘汰消防安全基础设施差、影响海洋环境的小船厂，提升船舶工业基地消防安全条件。在主要港区，结合"城中村"改造畅通消防车道、设置必要的消防设施设备，建立渔港志愿消防队，提升抗御火灾能力。港航、海事、渔政、海警等涉海相关管理部门执法管理公务用船增配消防水炮等消防设施设备，加强海上消防应急力量建设，定期开展海上和港区消防安全演练。

4.4 不断提升从业人员消防意识

一方面，建议由船舶、港口主管部门牵头，基层政府配合，将船舶消防宣传教育培训纳入平安综治"四个平台"建设内容，组织"船老大"参加消防安全集中培训，培养一批消防安全"明白人"，实施分层次消防宣传教育培训，提升渔船从业人员消防安全整体素质。另一方面，要切实加强船舶修造企业员工以及外包工消防安全培训，使其掌握与其工作岗位相应的防火、灭火和消防管理专业知识，实行持证上岗制度，特别是对特殊岗位即电焊人员要经常性开展培训教育，自觉养成动火前审批、动火时现场监护、班前班后防火检查等安全作业习惯。

参考文献

［1］万明．船舶火灾的特点与预防［J］．劳动保护，2008，1：107-108．

［2］邵建章．船舶火灾的扑救及救援［J］．消防技术与产品信息，2002，8：44-48．

［3］陈晓林．船舶火灾的预防与自救［J］．劳动保护，2011，8：102-103．

［4］赵立波．统筹型大部制改革：党政协同与优化高效［J］．行政论坛，2018，3：24-30．

浅析超高层建筑中存在的消防安全问题

李婷

江苏省苏州市消防救援支队 苏州 215012

摘 要：近年来，我国城市建设突飞猛进，超高层建筑的数量和高度持续被刷新，与此同时，超高层建筑的消防安全问题也日趋凸显。超高层建筑的消防安全是一个重要的问题，传统的消防设计已无法满足超高建筑在消防安全方面的要求。针对该问题本文围绕超高层建筑的火灾危险性、火灾特点、消防问题进行了分析研究，并在此基础上提出了高层建筑的消防安全措施，为加强超高层建筑消防安全管理提供借鉴。

关键词：超高层建筑 消防安全 应对措施

1 超高层建筑存在的危险性

1）易燃物多

目前超高层建筑以融合了办公、酒店、公寓等的商业综合体为主，因其类别的特点和多样化，在装饰设计过程中，大多都会选用木材、胶合板等可燃易燃材料，外墙包裹着保温层、防护网等在追求其外观、品质的同时，给超高层建筑带来了很多的消防隐患。发生火灾时，这些可燃易燃材料剧烈燃烧，内部存储的化学能很快被释放出来，产出的有害气体不仅对人们的生命安全造成重大损害，而且其火势蔓延速度快，发展迅猛，也使火灾的扑救工作难以开展。

2）超负荷用电

由于本身的体积大，楼层具备的功能复杂，超高层建筑在用电上会产生十分庞大的电负荷。商业综合体中的各类用电设备和装置都是在其功率、性能等诸多方面不一致或者是无法与之相容，所使用的供电线路也是不相同的，这就导致了供电线路数量大、结构烦琐等弊端。通常，高层建筑物配备有大量的电气设备，但是在此过程中会出现电源用于各种应用的现象，这会导致过多的能量输出。功率如果大大超过了所有电气配电装置的最高工作负荷，就很有可能会给楼内埋下一定的用电安全隐患，容易引发重大电气用电安全事故甚至可能造成重大电气设备火灾。

2 超高层建筑中火灾特点

超高层建筑的消防安全问题是摆在相关部门面前一道亟待解决的难题。消防目前配备的高喷消防车，其水炮打水高度约 60 m。如果通过云梯消防车将水带送至云梯上进行扑火，目前能够扑救的高度约在 100 m。这意味着，超高层建筑一旦发生火灾，从外部扑救十分困难，最主要有效的办法就是依靠建筑内的消防设施进行灭火。

1）功能多样，火灾隐患大

除居民住宅以外，超高层建筑大多建成综合性商业体。以苏州的标志性建筑东方之门为例，由两栋分别为 66 层和 60 层的超高层建筑及裙楼组成，包括商业中心、星级酒店、高端住宅、商务金融、餐饮娱乐等多元业态。用途广、功能一应俱全的同时，内部使用单位消防责任不明、缺乏明确的管理制度、忽视消防设施的维护更新等问题频出，在日常使用中带来很大的安全隐患。

2）楼层多、人员密集，疏散难度大

超高层建筑一般在 40 层以上，层数多，垂直距离长，再加上高楼结构复杂，一旦发生火灾，火势难以控制。如果不尽快疏散建筑内人员，扑救大火，后果不堪设想。由于发生火灾时，电梯系统会自动断电而停止，消防云梯车辆的高度也会达到极限，所以楼梯是超高层建筑内人员从室外疏散或者逃离至室外安全区域的唯一通道。综合性商业体以及住宅区内人员密集，在发生火灾的紧急情况下，人员惊慌、混乱，容易发生拥挤踩踏，甚至出现人员跳楼事故，要使楼内所有人员安全、迅速疏散到地面，难度非常大。

3）竖向管井多，易形成烟囱效应

所谓"烟囱效应"就是利用建筑内部空气的热压差来实现建筑的自然通风。户内空气沿着有垂直坡度的空间向上升或下降，造成空气加强对流的现象。由于我国超高层建筑内部经常存在着大量管道、竖井、楼梯间、排气道等各类管井横竖交错，从底部延伸至建筑顶部的现象。一旦无法很好地控制火灾形势，让烟气顺着管井进入到垂直空间内，很容易就会产生一种竖向的"烟囱效应"，使火势进一步蔓延。对于超高层建筑内部的人员而言，疏散逃离的速度远不及烟气、火势蔓延的速度快，安全逃生的难度很大。

3 超高层建筑存在消防问题

3.1 消防安全意识不强

当前，我国大多数公众消防安全意识淡薄、消防知识匮乏，抱有一种侥幸心理，认为火灾不会发生在自己身上。对于日常工作、学习或者是居住的建筑物主体结构及逃生途径并不清楚，鲜见有人能够掌握灭火器材的基本使用技术和方法。即便逃生过程中发现周围有一些消防器材，也不能够懂得如何使用，进行灭火自救。而且火灾发生时，人们往往会陷入恐慌中，不按照消防指示，盲目地逃生，会让现场救援处境变得更加困难。

3.2 消防设施配置不合理

1）消防器材部分缺失

超高层建筑需要配备的消防设施很多，例如消防栓、灭火器、烟雾报警器、自动喷水灭火系统等。在一些层数比较高的情况下，还需要设立专门的消防电梯，以及火灾的报警装置、防烟排烟系统、应急照明和疏散的指示标志。目前在部分超高层建筑中，消防器材装置配备不齐全的情况很是常见，有的大楼内即便已经安装了灭火器箱，里面的消防灭火器也早就已经不见踪影；一些火灾自动报警系统的探测器失效已久，却无人发现；很多消防设施长期处于故障状态。超高层建筑中的消防设施一定要按照规定，配备充足，并且日常不断地进行检验，查看其是否能够正常的使用。对于缺失或损坏的设施，一定要及时补齐和维修，否则到着火的时候，即使拥有消防设施，也不能发挥其作用。

2）防火门未保持常闭

防火门能够提高超高层建筑的防火能力，是避免火灾事故扩大的重要屏障。一旦发生大型火灾事故时，防火门能够将火势控制在某一个独立区域之内，及时有效地防止其发生火势的继续蔓延，还能够为消防营救队伍人员争取时间，得到更好的灭火营救安置空间。然而目前大多数超高层建筑由于楼层电梯等候的时间过长，一些人员会将安全防火门打开，方便上下楼层。若高层发生了重大火灾，因"烟囱效应"，烟雾和大量的可燃气体就可能会快速地直接穿过敞开的高层防火门，窜入封闭的楼梯间，达不到防火隔烟的效果。

3.3 消防技术不够先进导致救援困难

超高层建筑发生火灾后，由于火灾高度可以超上百米，消防车在高处登高提升供水能力远远达不到，较高建筑楼层的供水就会因此变得非常困难。仅仅依靠建筑内部的消防系统，不能够充分地发挥其消防作用。在火灾发生的紧急情况下，如果不能在第一时间利用消防设备把火势控制住，将建筑内的人员尽快疏散到安全场所，就会对人们的生命财产安全造成严重威胁。

4 超高层消防安全应对措施

4.1 完善制度，明确主体消防安全责任

按照消防法的相关规定，对于超高层建筑应当认真履行"党政同责、行业监管、单位主责、齐抓共管"的消防安全责任制。要充分明确消防和监督管理的责任，各司其职，协同配合，依法、依规地共同做好对高层建筑物的消防和监督管理。要落实高层超高层建筑消防安全主体责任，督促和引导管理单位依法建立完善的消防安全责任网络，明确各单位、各业户、各岗位的消防安全责任。

4.2 加大宣传，提高公众消防安全意识

开辟消防教育的宣传阵地，利用广播、电梯内的显示屏等多种媒体，有针对性地刊播火灾事故发生时的各种消防应急预案和其他消防知识，增强建筑内部工作人员的消防安全意识。同时，消防部门应定期组织开展宣传教育活动，系统性地组织消防逃生演练等，提升公众的火灾现场逃生知识与技能，对消防队伍整体素养和业务能力进行把关。确保经常出入建筑的内部人员，能够

清楚了解大楼内逃生通道的位置，发生火情时，沉着冷静应对，尽快前往安全区域。掌握基本的火灾应急自救的方法，例如用湿润的毛巾遮住口鼻、弯腰前行，用湿布堵住门窗缝隙，学会使用消防灭火的器材等，在面对巨大火势时能够实施自救，最大程度上减少伤害。

4.3　加强监管，定期维护保养消防设备

超高层建筑内部的消防设施需要专人定期进行维护和保养。很多高层建筑内部的管理者由于日常中忽视了对消防设备的维护，对于过期的设施没有及时更换，使得楼道内的灭火器成为摆设。因为缺少专业的消防安全知识，在发生重大火灾或者紧急情况时，没有能够第一时间使用有效的消防设备灭火而酿成大祸。因此，超高层建筑的负责人应当更加重视对于消防设备的有效管理，安排专业人员定期对所有的消防设备、装置进行检查，一旦发现问题必须及时向部门上报，并定期展开对于所有设备的日常维护、更新，确保在重大火灾事故中所用的设备都能够正常地使用。

4.4　重视科技，创新火灾防控体系

城市日新月异，消防设施在新科技的发展下不断更新，火灾预防管理的体系及其模式也要做到与时俱进。如何充分引用更加先进的技术，参与超高层建筑火灾预防，也是近年来我国消防改革的一个重要议题。

作为拥有较多超高层建筑的大城市，苏州致力于创新"火眼"火灾防控体系，通过物管中心、消防中队联动，通过微信平台定制"微消防"消防设备自检系统，划分"动态覆盖网络"，打造"快速响应机制"，激活住区消防领域末端神经元，从而形成信息快速响应、人员快速出动、火势快速控制的高效管理体系。将现代消防物联网信息技术与消防科技业务管理工作需求特点进行有机紧密结合，可以对火灾预防、消防设施监管、消防装备管理、危险源监管、防火监督、灭火救援实战等各个方面都能发挥重要的指导作用。依靠先进的消防科技管理手段就可以有效实现对于重大火灾的早防控、早预警、早处置，加强对于消防人员的安全管理，有力地提升了对重大火灾的及时防控、扑救及对其他火灾事故的及时应急预防抢险以及救援的管理能力。

1）安装消防电梯，提高疏散效率

由于着火时电梯会自动断电停止使用，楼内人员只能通过楼梯进行逃生。然而超高层建筑楼层多、人员密集，无法满足短时间内人员疏散的需求。因此，在超高层建筑设计时，应让设计人员利用计算机技术模拟火灾场景，计算并设计出疏散位置，安装消防电梯。专门用于疏散的电梯需要为其配置独立电路、电源线路等，做好防火隔热处理，保障火灾发生时也能正常运行，加快楼内人员的疏散过程，为人民群众提供安全保障。

2）建造防火避难层，为逃生提供充足空间

《建筑设计防火规范》中规定，如果超高层建筑的高度超过100 m，需要设计一个避难层。避难层主要有敞开式避难层、半敞开式避难层以及封闭式避难层这几种类型。避难层的通风系统都是独立的，地板、天花板、楼梯等都是特殊处理过的，具有很强的抗火耐火性能，避免"烟囱效应"下产生的剧烈浓烟进入到避难层，对逃生人员造成伤害。避难层对于受困者而言是一个可以暂时躲避火灾和烟气安全避难场所。15层以上的人员，无法迅速撤离大楼，则可以先前往避难层，等待消防人员的进一步施救。在进行消防救援工作时，消防人员可以充分地利用消防避难层来开展救援作业，通过云梯车将被困人员疏散至地面。

3）引进"大数据"信息数据分析，智能化的消防设备，用科技有效防范火灾隐患

目前苏州市公安消防支队的火眼系统每月定期自动生成火灾高风险的预警信息，支队防火处根据预警信息调整辖区参谋的检查名录，使得警力投放更加有针对性。尤其是针对高层和超高层建筑，通过火眼与微消防社会单位消防服务系统的结合，预警指令可以同步推送给相关单位和主管部门，督促其增加自我巡查与检查频次，并将检查结果在线上传，从而降低超高层建筑的火灾隐患。

此外，在灭火救援的硬件条件中，消防灭火机器人可以替代消防人员进行灭火救援，特别是在一些危险环境的作业，可以有效避免搜救人员伤亡等现象发生，还能有效提升灭火救援效果。如苏州消防救援支队配备的 RXR－M40L 型消防

灭火机器人，电机驱动，装有全地形履带，机动灵活，可原地转向、爬坡、爬楼梯、越沟，可适合复杂地形情况下的快速作战需求；配备进口消防炮，射程远，可有效应用于超高层灭火需求。

除了应用对大型建筑物消防起火时广泛使用的消防起火灭火装置，借助光电式烟感、温感、可燃气体泄露探测器，消防起火控制数据中心实时自动监测整个建筑物内的消防起火情况。一旦发现火情，将触发自动报警系统、排烟送风系统、喷淋及气体灭火系统，在消防车来到之前就基本可以有效抑制楼内的巨大火势，疏散楼内人员。进行自动灭火系统研制，通过完成洒水喷头等零部件和管网合理配置，可以促使系统按照消防灭火喷水的强度要求，自动从大型建筑物内部开始进行现场火灾扑救。

5 结语

通过研究可以发现，超高层建筑存在的消防安全隐患远超于普通建筑。例如易燃物多，用电负荷；楼层多，人员密集，疏散难度大；竖向管井多、可燃物集中，容易形成烟囱效应等。超高层建筑因其特殊性，一旦发生消防安全事故，将严重威胁人们的生命安全，造成无法挽回的损失。同时，在我国超高层建筑消防管理中也普遍存在着各式各样的问题，如消防安全意识不强，消防设施配置不合理，消防技术不够先进导致救援困难等。一定要严格遵循"预防为主，消防相结合"的方针，积极预防火灾的发生，不断提高民众消防安全意识，增强消防的综合技术水平，做到定期检查和规范化操作，才能防患于未然。总而言之，对于超高层建筑的独特性，应该在消防安全问题上给予高度重视，从各个方面制定采取有效的政策措施和管理办法，进一步提升消防管理工作，有力保障超高层建筑的安全。

参考文献

[1] 阎建光. 高层建筑如何应对"烟囱效应"[J]. 中国物业管理，2021(1)：76-77.

[2] 孙厚杰. 超高层建筑的防火疏散设计对策[J]. 今日消防，2020，5(8)：37-38.

[3] 王伟. 高层超高层建筑消防安全管理探讨[J]. 消防科学与技术，2015，34(8)：1103-1106.

[4] 张金辉. 超高层建筑消防安全中存在的问题与应对措施 [J]. 工程技术研究，2020，5(23)：144-145.

[5] 住房和城乡建设部. GB 50016—2014（2018年版）建筑设计防火规范 [S]. 北京：中国计划出版社，2018.

[6] 李蕾，陈璐. 超高层建筑避难层设计 [J]. 城市住宅，2019，26(4)：64-66.

[7] 廖彬彬. 超高层建筑消防安全特点分析及对应措施 [J]. 价值工程，2019，38(28)：35-36.

物联网在消防中的应用

——论智慧消防云平台的建设

尹 继 升

南京市消防支队栖霞区大队　南京　210049

摘　要：针对传统消防存在的安装部署成本高，信息闭塞、台账工作量大，监测覆盖率低、缺乏及时性等问题，提出了物联网智慧消防云平台的建设方案。物联网智慧消防是传统消防的信息化升级和补充，智慧消防云平台大幅度提升消防监测的覆盖率和准确度，实现设备、建筑物、人员的信息统一和融合。通过建设智慧消防云平台，综合利用GIS（地理信息系统）、互联网技术、物联网、人工智能、云平台和大数据分析等现代高新技术，对消防相关的人员、设施及隐患、消防相关的信息进行实时化、可视化、精细化和智能化管理，实现同一个平台、集中式管理以及数据化共享的建设目标，达到消防体系的"纵向贯通、横向交换、条块融合"，实现消防安全隐患事前预警、事中监管、事后问责，遏制重特大火灾事故发生。

关键词：物联网　智慧消防　云平台

随着社会的不断进步，城市规模的扩大，人口密度的增加，消防安全变得越来越重要。而且近年来我国的消防安全形势异常严峻，虽有消防部门和社会各方面持续不断地进行排查整治，但消防安全监督管理部门人员有限，消防安全监管缺乏有效的技术手段支持和社会化手段配合，无法及时发现、消除、整改重大火险隐患，火灾风险和发生概率仍然居高不下。

针对目前我国对于消防安全的预防仍然采用传统方法，主要靠人力巡检确保消防设施完好，周期长，成本高，效率低，监测死角多，不能从根本上对火灾进行预防和控制的现状。2017年1月，郭声琨同志在全国消防工作会议上强调，要深入推进消防信息化建设，积极建设"智慧消防"；在2017年10月10日，公安部消防局发布了《关于全面推进"智慧消防"建设的指导意见》（公消〔2017〕29号），要求综合运用物联网、云计算、大数据、移动互联网等新兴信息技术，加快推进"智慧消防"建设，全面促进信息化与消防业务工作的深度融合，全面提升社会火灾防控能力、火灾灭火应急救援能力和队伍管理水平，实现由"传统消防"模式向"现代消防"模式的转变。

在国务院、公安部及省市各级领导的高度重视下，近年来国内部分城市智慧消防信息化建设取得了健康、快速的发展，智慧消防云平台建设的起步，有效弥补了传统消防监管中的部分不足。随着社会经济的快速发展和经济结构的转型升级，消防工作面临挑战和压力与日俱增。为充分运用大数据、云计算等现代信息技术手段，为制定消防管理政策、决策提供有效的依据，真正实现消防安全工作社会化，本文将基于物联网技术的快速发展，分析物联网技术在消防中的应用，并探讨智慧消防云平台的建设框架、系统架构、建设内容、实际应用和经济与社会效益。

1　国内外智慧消防建设现状

1.1　国外发展情况

国外有关智慧消防的研究以美国最具代表性，2012年，美国标准技术研究院（NIST）提出将CPS（信息物理系统）应用在消防装置和灭火器材领域，由此开始了对智慧消防的研究，

作者简介：尹继升，男，本科，工程师，主要从事消防监督管理工作，E-mail：993861847@qq.com。

该研究的目的是使建筑、设备、个人保护装备及机器人中的信息物理系统得以融合，达到提升态势感知、操作效能及消防员个人安全。

2013 年美国消防研究基金会研制了智慧消防的发展规划图，同时明确了智慧消防建设将要面对的研究难点和技术问题，并将智慧消防列为未来的重点项目进行研究。

美国 Math Works 公司在 2013 年创建开发了智能应急响应系统 Smart Emergency Response System（SERS），旨在发生灾难时为幸存者和救援人员提供周边地理环境等信息，以实现快速定位和救助；美国谷歌公司研发的谷歌眼镜，可以内置加载建筑物地图，帮助消防员快速穿过浓烟火场；瑞典皇家理工学院研制了数字定位消防鞋，其设计系统安装了先进传感器、无线模块和处理器，数据能反映消防员和被困人员的准确信息，对消防员进行远程操控。2019 年，Roberto Garcia-Martin 等人介绍了一种智慧消防的软件代理监控系统，用来监控灭火器的状态，收集灭火器的状态和环境因素的历史。

综合上述理论与技术，在国外文献中关于智慧消防的发展和规划尚未形成完整体系。同时，国外的消防工作体制机制和工作方式与国内消防队伍建设实情有较大区别，难以进行直接借鉴，需通过持续和深入研究，来为我国智慧消防建设发展提供一定的理论指导。

1.2 国内发展情况

国内智慧消防相关研究相对于国外起步较晚，近年来，中国借助物联网、人工智能等条件加快了智慧消防建设的力度。丁晓春（2013）为上海市提出了智慧消防云计算的思路，并通过设计的 GIS 系统实现了平台虚拟化和并行计算环境，使得智慧消防从设想变成现实，为智慧消防平台建设奠定了基础。李冬梅（2017）等则认为城市智慧消防是利用物联网、人工智能、虚拟现实等最新技术，配合大数据云平台等专业应用，实现消防的智能化，同时，他还分析了当前智慧消防建设中在信息共享等方面存在的问题，推进了智慧消防的建设。唐俊然（2018）从实际出发，结合我国具体国情，依托"智慧消防"的技术先进性，深入分析其在防火监督业务工作上的关联性与重要性，并对"智慧消防"在新

型智能传感器、消防监督检查模式的革新等技术热点问题及发展方向提出了宝贵的意见。为全面推进智慧消防建设，提升社会消防安全管理能力，岳清春（2019）深入分析了我国智慧消防建设现状及存在的问题，归纳出智慧消防的内在结构和运行机制，并从体制层面、客体层面、机制层面以及信息层面提出相关的政策建议。徐海宁（2019）等在以 IoT、云计算大数据、AI 为代表的新一代信息技术的快速发展和普及下，提出将 GPS、GIS、无线通信技术和计算机网路技术等园区技术集于一体的智慧消防系统方案。

虽然国内的智慧消防相关研究早已起步，但当前大多数的智慧消防建设仍以基础的消防物联网建设为主，普遍停留在数据的实时采集、监控阶段，涉及实战指挥、应急疏散、一张图等全方面系统建设内容较少，距离成熟的智慧消防体系建设还有较长距离。

2 物联网与智慧消防

物联网（Internet of Things），是互联网的延伸，是采用信息传感设备，如传感器、电子标签等通过约定的协议，将人与物体之间、物体与物体之间相互连接起来，进行信息收集、传输、通信和处理，实现智能化管理的一种网络。万物互联，最终是实现对物体的智能控制，基于此项技术衍生了多种行业应用。而智慧消防的概念是伴随着物联网、云计算等高新技术的发展而出现的，是物联网、云计算等技术在消防行业领域应用的一种产业形态。

智慧消防利用物联网技术、通信技术、云计算、GIS 等，将消防设施、设备进行整合，通过无线智能采集终端、传感探测设备和软件管理平台，将消防信息要素链接起来，构建高感度的消防基础环境，实现消防信息实时动态采集、传递、融合和处理，实现消防信息化管理。它与传统消防的区别如图 1 所示。

智慧消防云平台是采用"物联网+消防"的新理念，将物联网技术、通信技术、云计算、GIS 技术、大数据等集成应用到消防系统的各个节点，与无线智能采集终端和传感探测设备相结合，对消防设施设备的状态进行远程实时监控；建立不同的消防大数据分析模型，对采集的数据

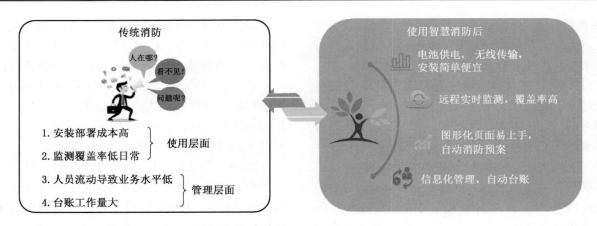

图1 传统消防与智慧消防的区别

信息进行处理和分析，为应急救援疏散管理和决策提供强有力的信息支撑，实现从"补救式"向"预警式"智慧消防管理模式升级。

3 智慧消防云平台

通过长时间动态大数据的积累、汇聚来构建智慧消防云平台，通过利用物联网、移动互联网+、大数据、人工智能、有线网络、虚拟现实等新技术，配合云计算平台和火警智能研判等专业应用，运用物联网、云计算、大数据等技术全面构建"智慧消防"体系，有效地整合来自各方的支援力量，全面摸清隐患底数，提早发现安全隐患、提前整改，构建火灾防控体系，建设城市公共安全。

智慧消防云平台的主要内容见表1，它不仅

表1 智慧消防云平台主要实现的内容

序号	智慧消防云平台要实现的内容
1	建设消防综合管理系统，实现消防信息全天候监测
2	建设消防应急管理平台，实现领导应急指挥、可视化救援应急指挥
3	建设视频监控系统，实现实时视频联动
4	建设消防维保系统、巡检系统，实现维保、巡检无纸化和智能化
5	建设建筑物评分系统，构建建筑物风险评估模型
6	建设消防设施设备联网管理平台，实现消防资源管理
7	建设动态大数据分析、研判、预警系统，海量大数据分析实现研判预警
8	建设运维管理系统，实现设备、建筑物、权限、运维等后台管理
9	建设智慧消防App

包括消防监督部门提供隐患的研判和预警，还包括隐患排查、防火监督、灭火救援、后勤管理、大数据创新应用等。若与现有的消防信息系统进行无缝对接，还可实现各项消防业务的协同运作，进行工作流程化管理，落实消防安全责任制到位，提高各消防责任方的消防科技水平，促进消防工作社会化的贯彻与实施，全面提升消防安全水平。

3.1 体系架构

智慧消防云平台的建设符合消防建设整体构架，采用"五横三纵"的体系架构：基于物联网技术应用，以感知层、承载层、平台层、应用层和门户层为主体，构建物防、技防、人防的三级技术管理体系，以及标准规范、信息安全、运维管理的三个纵向支撑体系。

"五横"体系包括以下5个方面。

（1）感知层：包括多形态、智能化、低功耗的感知设备及软件，消防监控系统、消防水网系统、防排烟系统、电气火灾系统、消防巡检系统、防火门监测系统、烟感监测系统、可燃气体监测系统、电瓶车充电监测系统、通道占用监测系统、智能浸水监测系统、AI火焰视频识别系统、智能派单系统、智能巡检系统等，对涉及消防的数据进行规范化采集，并可以根据需要不断扩展。

（2）承载层：充分利用物联网、互联网、骨干传输网络等建设智慧消防系统的基础传输网络系统。

（3）平台层：包含云计算和云存储技术，实现对消防有关的各种信息资源的综合利用；利用云平台和协同同步处理技术，提高数据处理速度，能够有效提升平台系统的性能和效率。主要包括数据处理、共享和用户交互。在大数据流下，云平台不断对进入的数据进行增量计算，计算结果立即为用户可见。存储系统支持数据实时更新，为用户提供稳定、快速的访问平台。

（4）应用层：功能实现层，集中于一个统一的消防应用软件框架之上，实现消控联网可视化管理功能。系统采用 B/S 体系结构，该体系架构能够使得业务用户操作端无须安装任何客户端软件。

（5）门户层：通过 GIS、大屏显示、终端等各类方式，实现各单位业务上的协同工作，信息共享和高效应用，推进消防管理工作和服务的信息化、规范化、智能化。

"三纵"体系包含了三个方面。①标准规范：遵循可操作、可预见和可扩充原则，涵盖基础设施、数据管理、服务平台、业务应用、信息安全、运维管理、验收标准。②信息安全：遵循《计算机信息系统安全保护等级划分标准》等相关国家标准，构建全域覆盖的安全管理机制和全网防控的安全保障技术体系。③运维管理：运用先进的智能运维管理技术，构建服务于消防系统的运维管理体系。

3.2 核心功能模块

智慧消防云平台系统架构如图 2 所示，主要包含四大核心功能模块：智能消防感知模块、信息传输模块、基于云平台的系统管理模块和数据信息共享模块。

智能消防感知模块：用于采集信息。通过部署在消防设施设备的各种智能传感器，采集并获取消防设施设备的基础类信息，如启停等相关运行状态信息，并显示获取消防设施设备的定位、数量、状态等信息。

信息传输模块：采集获取的数据通过物联网、互联网、企业内部网、小型局域网和有线网

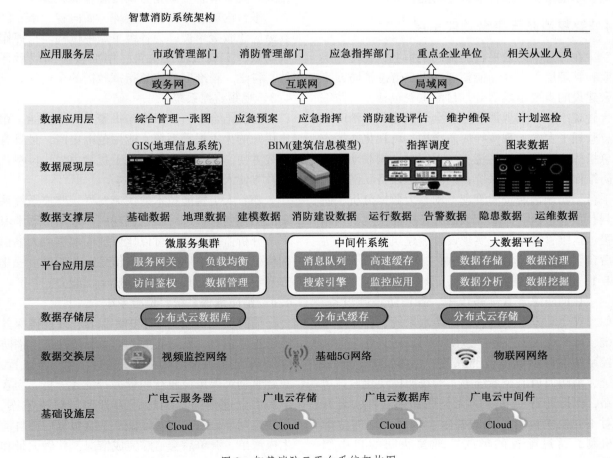

图 2　智慧消防云平台系统架构图

络等网络传递到云平台。基于有线、智能通信模式实现设备与云平台的数据传输，并通过宽带网络或者互联网等方式实现用户与云平台之间的信息交互。

基于云平台的系统管理模块：利用云平台部署"智慧消防云平台"，并利用云平台软硬件资源实现数据分析、存储、管理、共享等功能。通过对汇集的各类消防数据信息进行存储、整合、分析和管理，动态大数据汇集分析处理后的结果为消防单位提供隐患的研判和预警。对重点单位、重点部位、重点区域的信息化、智能化、动态化监控，开展大数据分析应用。

数据共享模块：打通消防数据和其他平台的信息共享、数据互通，给大数据资源分析提供数据支撑，以此加强与国家、区域以及省内相关职能部门之间的互联互通、协同作战和高效管理。针对政府职能部门提供实时监控、监控分析、远程监控报警等功能，针对物业人员提供手机巡检、本地报警、远程报警等功能。

4 智慧消防云平台功能拓展

在智慧消防云平台的基础架构上，在使用层面和管理层面实现功能拓展，也是智慧消防云平台建设的重要组成部分。目前主要包括：消防综合管理系统，实现消防信息全天候监测；消防应急管理平台，实现领导应急指挥、可视化救援应急指挥；视频监控系统，实现实时视频联动；消防维保系统、巡检系统；消防设施设备联网管理平台，实现消防资源管理；动态大数据分析、研判、预警系统，海量大数据分析从而实现研判预警；运维管理系统，实现设备、建筑物、权限等后台管理；智慧消防手机 App。

4.1 消防综合管理系统

在消防综合管理系统中，各消防设施设备，如火灾自动报警系统、消防给水系统、防排烟系统、电气火灾监控系统、防火门及防火卷帘门监控系统、可燃气体监测系统、烟雾感知监测系统、消防通道监控系统等，均按照模块化设计思路，保持着各自功能的完整性和独立性；再针对不同模块自由集成的要求，采用不同的适配机制，通过配置的形式实现模块间的自由组合。

消防综合管理系统可实现消防信息全天候监测，采用分组织、分机构、分区域、分角色的权限管理模式，实现对消防相关信息的网络化集中管理，数据实时采集与分析，发生异常自动报警并按报警级别分级通知，做到及时排查和发现消防隐患，实现消防安全隐患事前预警、事中报警、事后管理，做好日常的消防管理工作的同时，为战时的决策分析打下良好的基础。

4.2 消防应急管理平台

消防应急管理平台，应用可视化、精准定位及物联网技术，"一张图"将调度指挥所需要的救援物资如人员、车辆、水源、预案、重点单位、实时路况、人口信息、消防设施、视频监控、三维地图等，全过程实时显示在地图上，快速实现火情定位的前提下，与现场进行实时视频联动。相关资源的动态展示便于指挥人员可以直观掌握火场动态，动态标注作战意图、战斗任务、力量部署等作战指挥要素，实施立体化指挥作战，实现应急资源充分调度和精准救援。

平台内应急指挥预案演练，面向省、市、区县级应急救援单位，为各级重点单位构建指挥作战场景，实现从辅助决策、精准救援到战后评估，科学、精准完成应急指挥救援的全过程。

4.3 视频监控系统

系统结合了监控摄像与报警系统的功能，相比传统的火灾报警系统，应用范围更广，且具有安装方便、探测速度快、抗干扰能力强、可视化以及方便人眼识别等特点。

随着人工智能技术的快速发展，监控系统采集的图像信息被进一步挖掘利用。采用机器学习算法分析监控视频，可以比传统的烟雾或火焰识别传感器等更早地捕获火灾信息，并通过可视化方式予以呈现，具有很强的抗干扰能力。

4.4 消防维保系统、巡检系统

消防设施必须定期维护和保养，才能确保其能够正常运行，发挥有效期应急保障功能。消防维保系统以"预防为主，防消结合"为宗旨，对建筑物维保单位履行职责进行统计分析，为客户提供全过程的"巡检行为管理"解决方案，引导定期巡检重要消防设施，系统报警后会自动生成派单，派单后会追踪完成情况，并做记录和考核，形成巡检管理闭环。

4.5　消防设施设备联网管理平台

实现消防物资的精细化管理，战时可精准高效调度救援物资、保障人员安全作业、精准对车辆状态进行检测；日常管理中，消防设施设备联网管理平台对所有消防装备进行全生命周期监测。

4.6　大数据分析、研判、预警系统

通过接入重点单位和其他支援力量的数据库，包括政府源数据、GIS 源数据、企事业单位数据、建筑物数据、公安视频资源数据、交通数据、市政消火栓数据、作战力量与装备数据、气象数据、消防指挥调度数据、消防户籍化数据、消防网格化数据、消防物联网数据、设备采集数据等，获得海量数据。通过数据分析实现对各级消防部门综合警情的全面掌控，并从灾情分布、区域分析、单位排名等多个维度，对历史数据及相关因素进行分析，挖掘规律、预测趋势，寻找消防盲点区域，优化资源布局。

5　应用实例

智能科技的高度发展让"智慧消防"的创新实践成为现实，智慧消防云平台自推出以来，已率先在我国部分省市的重要场所进行部署和落地实施。

无锡市为提升景区和人员密集场所的消防预警和对火灾的管控能力，在政策、技术等支持下，创新实施了以大数据和物联网为核心的"智慧消防"技术。通过安装物联网传感器和人工智能视频监控等设施，消防员足不出户就可以对古镇进行全面监控，完全改变了传统的"人防"模式，既节省了消防员的时间，又让救援效率得到了极大提升，为无锡的消防平安提供了重要的保障。

在大数据应用的时代，杭州消防也已实现"传统消防"向"智慧消防"的跨越。杭州支队通过构建智慧消防 App 解决了一系列的难题。这款 App 是一个大数据应用平台和灭火救援辅助管理系统，能轻松显示消防水源、社会单位、消防车辆装备等信息。2018 年，杭州市消防支队共接处警 16154 起，其中处理火警 7975 起、抢险救援 6828 起、社会救助 1351 起，物联网智慧消防云平台在杭州市应急救援事业中起到了巨大的作用。

南京市政府安居保障房的物联网智慧消防建成使用，覆盖全市 400 多栋保障房住宅楼，为超过 140 万人口提供智慧消防预警管理服务；栖霞区医院建设智慧消防，为物业排查消防隐患，有效进行盲点监控；江苏大剧院 2019 江苏省全球苏商大会智慧消防及应急管理，确保大会的顺利安全召开；南京政务中心为实现政府官员集中办公与开放式市民办证，各类民生服务中心人员密集，智慧消防对机房和数据中心等重要场所进行高级别预警监控。值得注意的是，2018 年开始，栖霞区政府就投入资金在马群街道试点建设了"智慧消防管理平台"，利用物联网技术、远程监控消防设施、云服务、火眼系统等，实时采集消防设施状态，将人防、物防、技防有机结合，达到对消防设施的自动化智能管理。迄今已成功部署了近 500 个监测点，涵盖了学校、医院、园区、住宅等不同应用场景。监测范围覆盖消防水系统管网监测、电气火灾系统监测、消防通道监测、独立式感烟监测、火灾自动报警系统监测等主要领域。使用期间，已成功预警 8236 次，其中防火设施设备运行隐患报警 6040 次，均能实时通知相关单位及时整改，及时消除一大批潜在的消防隐患。

根据上海市消防工作意见，当地的智慧消防工作持续深化，上海某品牌乐园通过对原有消防设施进行信息化改造，实现全天候监管和预警，提早排查消防隐患并制定应急预案；上海市委大楼、上海市档案馆的智慧消防建设，实现所有盲点监控，降低日常巡护成本和时间；上海洲际酒店、上海养云安缦酒店的智慧消防建设在不破坏酒店原有结构、不影响酒店正常营业和酒店内部设计基础上进行信息化改造，消防设施异常状态及时报警，协助排查消防隐患；其他重要场所如上海航汇大厦、上海烟草、上海徐汇西岸人工智能大会场馆、上海国际航空服务中心、上海万科城、上海金门大酒店等，智慧消防建设也都取得了初步成效。

6　结论

智慧消防利用物联网技术、通信技术、云计算、GIS 等将消防设施设备进行整合，通过无线智能采集终端、传感探测设备和软件管理平台，

将消防信息要素链接起来，构建高感度的消防基础环境，实现消防信息实时动态采集、传递、融合和处理，实现消防信息化管理。

通过建设智慧消防云平台，打造政府职能部门、用户之间集前端信息采集、决策监管、应用服务为一体的智慧消防体系。过去传统、落后和被动的报警方式、通知方式和处理方式，可通过智慧消防云平台实现自动化、智能化和预案化，同时实施管理网络化、服务专业化、科技现代化，有利于减少中间环节，提升报警通知效率，提高出警处理速度。以便捷、安全、可靠为指导方向，结合现代化技术手段的智慧消防云平台将成为了我国消防工作未来转型的新方向。

参考文献

［1］昌开馨.智慧消防编织城市火灾防控网［J］.今日消防，2018（10）：26-28.

［2］刘筱璐，王文青.美国智慧消防发展现状概述［J］.科技通报，2017，33（5）：232-235.

［3］杜玉龙，邓慨廉，毛星，等.构建高可靠性的组织消防体系策略研究［J］.消防科学与技术，2018，37（9）：1271-1275.

［4］尤琦，沈阳.城市消防设施联网监测系统的建设与应用［J］.消防技术与产品信息，2017（4）：58-61.

［5］李栋，张云明.智慧消防的发展与研究现状［J］.软件工程与应用，2019，8（2）：52-57.

［6］Garcia - Martin, R., González - Briones, A., Corchado, J. M. SmartFire: Intelligent Platform for Monitoring Fire Extinguishers and Their Building Environment. Sensors 2019, 19, 2390.

［7］丁晓春.云计算与上海市智慧消防［J］.现代测绘，2013，36（4）：15-17.

［8］李冬梅.智慧消防建设与发展探讨［J］.建筑建材装饰，2017，15：113-149.

［9］唐俊然."智慧消防"在防火监督业务中的应用现状与前景分析［J］.武警学院学报，2018，34（6）：95-98.

［10］岳清春."智慧消防"视域下的社会消防安全管理研究［J］.消防科学与技术，2020（1）：126-129.

［11］徐海宁.智慧消防系统方案设计［J］.中国新通信，2019，21（22）：40.

［12］徐方文.基于物联网的消防监测系统及其语义决策模型的研究［D］.上海：华东理工大学，2018.

［13］国家标准化管理委员会.GB/17859—1999计算机信息系统安全保护等级划分准则［S］.北京：中国标准出版社，2001.

由"田忌赛马"引发的对健全队伍管理的思考

曾国美　徐斌

广东省惠州市龙门县消防救援大队　惠州　516800

摘　要：消防救援队伍进入改制转隶新时期，随着内外环境的变化，以往陈旧的管理理念与方法，将难以适应改制后的队伍管理。受到新冠肺炎疫情、改革转隶、队伍成分结构变化等影响，队伍担负的责任和灭火救援任务更加繁重。队伍管理压力大、执勤训练任务重、人员流失快、地方经济保障差异性大等因素导致队伍内部管理成效参差不齐，队伍内部管理呈现出弱化的态势。笔者结合多年队伍管理实践，对基层单位队伍管理中存在的"田忌赛马"现象进行简要分析，并就如何抓好队伍管理谈几点认识。

关键词：改制转隶　田忌赛马　队伍管理

1　基层队伍管理现状

随着内外环境的变化，消防救援队伍转隶改制已进入新时期，以往陈旧的管理观念与方法，越来越不适应改制后的队伍管理。受到新冠肺炎疫情、改革转隶、队伍成分结构变化等影响，队伍担负的责任和灭火救援任务更加繁重。队伍管理压力大、执勤训练任务重、人员流失严重、地方经济保障差异性大等因素，导致队伍内部管理成效参差不齐，队伍内部管理呈现出弱化的态势。一是存在主官与干部之间缺少默契，出现"光杆司令"现象。部分基层干部管理方式单一，管理经验欠缺，不能及时了解指战员所思、所想和所求；在管理队伍时，碍于情面，管理随意，不能从严治队，导致队伍纪律散漫。二是部分队伍制度管理抓得不严。干部对现行队伍管理规章制度不熟悉，仍利用旧的制度进行管理，不分轻重，眉毛胡子一把抓，平常对队伍安全形势的分析流于形式。三是受到新冠肺炎疫情大环境影响，出现部分地方经济保障水平较低，人员外出管理风险大等问题，使队伍管理难度不断加大。

笔者从基层大队管理者的角度出发，分析当前基层干部结构、职责情况。

1）大队主官

作为基层大队领头人，必须不折不扣贯彻上级党委的决策和部署，同时要对大队全体指战员负责，并且要兼顾辖区的防火、灭火任务，协调政府关系和事务，管理和教育队伍，手中有一定的权力，需要起到较强的模范带头作用。

2）大队副职

大队主官的副手，应当属于多面手。一方面直接受命于主官，根据工作安排联系并跟踪下属的参谋工作的落实情况；另一方面作为班子成员，也有一定的权力和威信，但一般不承担较重的责任。

3）大队一般干部

一般按业务科室分工来落实工作，是大队里面的"万金油"，既要能防火，也要懂灭火，还要能管理队务、战训等工作，但是相对责任较小，而且一般能管好自己就行。除了值班外，空闲时间较为充足。

4）队站主官

"上头千根线，下面一根针"，上级各部门部署的工作，基本都要消防站落实贯彻。站主官既要管好自己，做好表率，同时还要为站内几十号人衣食住行着想，休息时间也较为不稳定，基本要以站为家，容易引发家庭矛盾。特别是站指导员，虽然身份是大队党委委员，参照地方党委政府应当有副职领导的地位，但实际上无论政治待遇还是经济待遇都和其他队站干部没什么区别。站主官身为大队党委班子成员，责任重大，

作者简介：曾国美，男，学士，广东省惠州市龙门县消防救援大队政治教导员，主要从事消防监督检查和单位队伍管理工作。

并不舒适自在。

5）队站副职

站主官的副手，能力强的可以挑起重担，协助站主官管理好队伍；能力弱的听从主官安排即可，按部就班，一般不用负较大的责任，所以相对轻松。

可以看出基层大队工作落实的方式是从主官、大队副职、一般干部、站主官、站副职依次传递，最后落实到指战员与政府专职消防员，每个岗位都有自己的职责使命，但如果当中某个环节不积极不作为，就会导致工作无法有效贯彻，最后导致队伍管理失控漏管。

2 "田忌赛马"式队伍管理启示分析

"田忌赛马"的故事出自《史记》卷六十五之《孙子吴起列传第五》，揭示了如何以己之长攻彼之短。齐国人喜欢赛马，把马匹按速度分成上、中、下三个等级，采用三场二胜的赛制来决定输赢。就马匹而论，田忌的马略逊于齐威王的马，每次比赛，要求上等马、中等马、下等马必须分别与对应级别的马比赛，田忌总是输给齐威王。现实基层队伍管理中，绝大多数大队、站队伍管理者都是按岗定编、按岗定人，每个人负责自己的职责工作，各人自扫门前雪，莫管他人瓦上霜。这种传统的一成不变的管理、教育、培训方式灌输到管理者的头脑当中，很少有人会尝试改变。而事实上，在我们的日常队伍管理中，作为队伍管理的责任人，理应根据上级的要求和规范，依照现实情况进行全盘考量，制定好队伍管理的规章和制度，让被管理者根据标准履行好职责，让能干且遵规守纪的人获得成绩，让喜欢钻空子的人没有市场，这样才能发挥队伍管理机制的更大作用。

消防队伍自改制转隶以来，从以前的现役制变成了行政编制。以往因年龄增大而未晋升到相应衔级的干部都会退出现役，整个队伍的更新换代可以说是相当快速的；而现在的干部在消防队伍可以说能待到退休。随着消防工作时间变长，队伍的管理也必将面临不少新的问题和困难。

回到"田忌赛马"的故事，赛马如果能按照上、中、下的次序参赛，绝对可以把真正优质的赛马甄选出来，使好的驯马师受到优厚的待遇，更加专心地去训练更好的赛马；可后来在孙膑的帮助下，田忌调整了赛马的顺序，用下等马对齐威王的上等马，用中等马对（齐威王的）下等马，用上等马对（齐威王的）中等马，结果以二胜一负的总成绩赢得最后胜利。从结果上看，孙膑用计谋帮助田忌战胜了齐威王，故事的结局自然是田忌赢得齐威王的千两黄金，孙膑也证明了自己的谋略，田忌的驯马师等人也是论功行赏，一片欢乐祥和的气氛。而齐威王那边，输得气急败坏，驯马师和赛马自然是被处罚甚至被杀。但是，明明是齐威王的驯马师能力更加出众，所驯赛马也比田忌的赛马强，但是为什么造成了优秀者被罚、平庸者被赏这样的劣币驱逐良币的局面？

很明显，是制度机制的欠妥和制度执行的不完善导致了齐威王的败局。在马匹实力占优的情况下，假如严格按照赛制上对上、中对中、下对下，齐威王是百分之一百地取胜；如果出赛的顺序随机，则齐威王也有六分之五的概率赢。然而，在孙膑的帮助下，田忌就是凭借剩余六分之一的概率取胜了。田忌、孙膑可以说是把握住了机会，运用智慧巧妙地把比赛赢了下来。但是就整个齐国的层面来看，田忌真的赢了吗？像齐威王那样好的驯马师和好的马匹都因为竞赛规则有漏洞而得不到胜利，那么齐国还能把好的驯马师和好的马匹留住吗？田忌所拥有的资质平庸、只能靠制度漏洞取胜的战马，在战场是否也能依靠那六分之一的概率去取胜？竞赛规则分成上、中、下三个等级，本意是为了把最优秀的马匹选出来，而结果恰恰南辕北辙。所以从国家层面上讲，让"孙膑"们依靠钻营漏洞和破坏规矩来赢得比赛，容易形成整体不良风气，不利于整个国家人才队伍的建设。

而齐威王作为整个国家的管理者，他把马匹训练得最好，也制定了按上、中、下等级比赛这样的规矩，但是却没有及时弥补其中的漏洞或者不平之处，这就是他的失策。目前，基层大队、站队伍管理机制不够强力，尤其是大队党委和队站党支部对干部或者消防员的处理能力还是比较弱。例如，干部或消防员出工不出力，或者对待工作拈轻怕重，推诿扯皮，直接给处分好像又过于严厉；一些资历较老、无欲无求或者随遇而安的干部或者消防员，他们对待工作是"不求有功，但求无过"，甘心当"下等马"，随波逐流，基层单位既无将其调离的手段，又无有效的方式激励他们。久而久之，就会导致努力的人越来越忙，不上进的人越来越闲，在待遇一样的情况下，大家自然都愿意去当"下等马"了，于是就形成劣币驱逐良币的恶性循环。

3 加强基层队伍管理对策

今年是建党100周年，从中国共产党光荣的历程可以看出，党组织建设是严密有效的，把中国从贫穷落后的半封建半殖民地建设成强大的国家，那么依靠我们的党组织建设也一定能把我们的大队、站队伍带领好、管理好。

3.1 紧盯内部，找差距促规范

理顺领导机制，落实全面从严治队责任，按照"谁主管谁负责"的原则，坚持以宣贯队伍纲要、条令为切入点，从严从实政治建队、按纲建队，制定出台落实指战员职业具体保障和管理措施；打铁还须自身硬，还要不断强化党组织建设，必须保证基层党委（党支部）的公平、公正和权威，充分发挥各位委员的责任和担当，发挥好"头雁"效应。大队党委（队站党支部）对所管理的干部或消防员的晋升、奖励、优待等事项应当有"一票否决权"，在党组织不推荐的情况下，干部或消防员无法获得相应的荣誉和待遇。以此提高党组织的权威，而不是开开会、念念稿子、走走过场，切实把条令纲要的要求渗透到队伍各项工作和日常生活管理之中，提高队伍正规化建设水平。

3.2 触角外延，堵塞安全漏洞

坚持"两严两准"的建队标准，坚持"全方位、全员额、全时制"动态管理队伍，在明确责任、落实制度上下功夫，严格落实管教措施，突出抓好人、车、酒、黄、赌、毒、网、电、密管理，特别是抓好公勤零散人员和八小时外、节假日等重点时段、部位、人员的管控，严格落实一日生活、点名、请销假、查铺查哨、出入营门登记、车辆管理等制度，严防失控漏管。疫情期间，严格落实疫情各项防控措施，落实好岗哨出入营门登记制度，对出入人员严格进行体温、酒精测试登记；严格按比例请销假，坚决杜绝不请假外出，无特殊情况不得前往疫情高风险地区，利用手机通信行程卡定期查看指战员的去向，切实防止人员失控漏管；定期开展营区消杀工作，消除营区隐患，有效预防病毒的传播；严格落实车辆装备每日安全检查，发现问题及时排除；加强队伍安全管理工作，严格落实作战训练安全管控专项活动的要求，预防各类安全事故发生。

3.3 聚焦主业，锻造尖刀队伍

消防队伍是一支"赴汤蹈火"的队伍，灭火救援和火灾防控就是主责主业。针对当前队伍中人员少、任务重的状况，可考虑适当将一些"非主责"工作（如环境卫生、营门岗哨、伙食烹饪等）外包给相关的第三方服务机构，让指战员全身心地投入业务训练和技能培训，切实提高基层单位的整体实力，确保在"全灾种""大应急"环境下，队伍随时"拉得出，打得赢！"

3.4 相互信任，构建和谐关系

一杯水满的时候，再继续倒水，肯定会溢出来，如果我们在执行规章制度时，总是用"再怎么严格都不为过"的理由给下属层层加码，那下属还怎么会信任上级和制度？制度就是标准，标准执行过度了，那就不是正确的制度。有人说，当领导有一个理由不信任下属时，下属就有一万个理由怀疑领导的工作。如果上下级之间相互猜疑，那就算有再好的制度，也无法有效沟通和落实，最终只能变成一纸空文。正所谓"疑人不用，用人不疑！"上下级之间应当充分信任，在制度的框架下齐心协力，步调一致，才能从容地面对各项困难和挑战。

3.5 创新监督，优化年终考核

严格落实好队务"四级"督察制度，坚持对基层站的督察指导，对督察发现存在问题要认真查找、分析问题原因，切实采取措施予以整改。支队党委可根据各大队一年来的工作情况进行评定，被评优评先的大队内干部和消防员的绩效奖励比例可适当提高（类似"上等马"，应当享受好的待遇），整体成绩一般的单位中的干部和消防员应有一定比例少拿甚至拿不到绩效奖励（类似"下等马"，待遇降低，直至淘汰）。让强者竞争，让弱者苦练，形成良性竞争机制，真真正正地把所有的"上等马"挑选出来，把所有的"下等马"淘汰出去。

4 小结

田忌赛马获得胜利功不在马，而在人的谋划组织。同样，消防队伍管理整体绩效成绩并非个人之功，而取决于团队管理者的排兵布阵。只有结合队伍实际情况，因势而变，不断探索、创新、调整，才能实现队伍长效管理机制，更好地为辖区人民生命财产安全保驾护航。

细水雾灭火系统在地铁车辆上的应用研究

郑　伟　许　磊

应急管理部沈阳消防研究所　沈阳　110034

摘　要： 本文以地铁车辆车载细水雾灭火系统为研究对象，在介绍细水雾灭火系统工作原理的基础上，结合地铁车辆实际应用场景特点，对瓶组式和泵组式细水雾灭火系统在地铁车辆上的应用进行了适用性分析，提出了瓶组式细水雾灭火系统方案及设计参数，并采用模拟仿真和实验测试对其进行了系统验证。最后列举了瓶组式细水雾灭火系统在沈阳地铁相关线路的工程应用实例，应用结果表明，细水雾灭火系统可有效抑制或扑灭地铁车辆常见火灾，保障地铁车辆人员生命安全。

关键词： 细水雾　灭火系统　地铁车辆　瓶组式　泵组式

1　引言

随着经济和城市化进程的快速发展，地面交通路网趋于饱和，交通难题日益突出，发展地铁交通已经成为各大城市解决民众出行难题的重要手段[1]。截至 2020 年底，全国共有 44 个城市开通运营地铁线路 233 条，运营里程 7545.5 km，完成客运量 175.9 亿人次。然而作为地铁交通的运载工具地铁车辆由于日常载客量大，人员携带物品繁杂，用电设备众多，电气线路复杂，火灾致灾因素较多，而且地铁车辆运营在地下封闭环境，一旦发生火灾，人员疏散和灭火救援的难度非常大，极易带来严重的人员伤亡和财产损失[2]。因此，地铁车辆加装自动灭火系统是保障人员生命安全的有效措施。考虑到地铁车辆运营环境特点，采用加装细水雾灭火系统可以作为一种高效适用的灭火方式，其已经在部分欧洲国家多条地铁线路车辆上有过成熟的工程应用实践，并取得了良好的应用效果[3]。

2　系统灭火原理

细水雾灭火系统是由水源、供水装置、系统管网、控制阀组、细水雾喷头以及火灾自动报警及联动控制系统组成，能通过自动、手动或紧急启动方式启动并喷放细水雾进行灭火或控火的固定灭火系统。其灭火机理主要是表面冷却、窒息、辐射热阻隔和浸湿作用[4]。

细水雾灭火系统以水为介质，通过专用喷头将高压水变成雾滴直径较小的水雾，借助于水的巨大的汽化能力，以获得较大的热交换效率，同时在着火点周围形成足够的水蒸气，降低燃烧物及其周围环境的温度，降低着火点处的含氧量，抑制辐射热引燃周围其他物品，浸湿燃烧物及周边物品表面，从而用少量的水在较短时间内将火灾有效控制、抑制或扑灭，并可有效防止火灾复燃[5]。

细水雾灭火系统可用于扑救 A 类可燃固体火灾、B 类可燃液体火灾，同时因其具有导电率比较低的特性，还可以用于扑救 E 类电气火灾[6]。此外，由于细水雾灭火系统的灭火介质为水，具有安全、环保、经济、高效等应用特点[7]，因此细水雾灭火系统非常适用于扑救地铁车辆火灾[8]。

3　系统适用性分析

细水雾灭火系统根据动力源的不同分为瓶组式系统和泵组式系统。瓶组式系统是以高压氮气瓶作为动力源为细水雾灭火系统提供动力，泵组式系统是采用泵组进行加压和稳压的方式为细水雾灭火系统提供动力。下面以高压泵组式和低压

基金项目： 辽宁省重点研发计划项目（2019JH2/10300055）

作者简介： 郑伟，男，硕士，工作于应急管理部沈阳消防研究所，副研究员，主要研究方向为轨道交通车辆探测报警及灭火技术，E-mail：zhengwei@syfri.cn。

瓶组式细水雾灭火系统在地铁车辆应用方面进行　　对比分析，见表1。

表1　泵组式和瓶组式细水雾灭火系统对比分析

类别	高压泵组式系统	低压瓶组式系统
动力源	带电机的泵组	高压氮气瓶
电能消耗	电机需要耗电，耗电功率大	仅电动阀、电磁阀需要电能，耗电功率较小
成雾特性	通过泵组进行加压和稳压供水形成高压雾滴，雾滴雾化效果好	通过气水混合阀将水和氮气混合在一起形成雾滴，雾滴雾化效果随气压变化而不稳定
灭控火效果	高压水雾滴对抑制扑灭火灾、降烟除尘效果明显，灭控火效果好	除了水雾滴外，释放的氮气还可以起到窒息火源的作用。但对扑灭易燃液体火灾较困难
响应时间	由电机直接启动泵组加压喷水，响应时间相对较短	由电磁阀驱动启动装置，启动装置为气动设备，响应时间较短
安全性	除电气设备需考虑电气防护外，无特殊要求，安全性较好	使用碳纤维缠绕复合气瓶，并通过高压、火烧、枪击、振动等试验，因撞击发生爆炸的可能性较小。气水混合阀上安装有爆破片，可及时释放压力防止超压。气瓶发生破损时为塑性变形，无碎片产生，不会发生爆炸
系统可靠性	电气系统部件较多，控制方式较复杂，影响系统可靠性	系统设备部件较少，控制方式较简单，系统可靠性相对较高
供电需求	供电方式为两种：一种是自备蓄电池组供电，一种是使用车载蓄电池组供电。 水泵电机功率较大，若使用自备蓄电池组，蓄电池组较大，重量较重，受限于车厢空间安装尺寸及车载重量，基本无法实现。 若使用车载蓄电池组，泵组启动后将增大车载蓄电池组负载，容易对车辆紧急运行系统供电安全产生影响。 系统工作时需持续供电，一旦断电，系统将无法工作	系统启动由电动阀控制，所需24 V直流电控制，可由瓶组式系统控制器自带的24 V蓄电池供电。还可以通过机械应急操作模式启动系统工作
后期维护	需定期对装置进行检查，半年或一年需对系统进行模拟动作测试	需定期对装置进行检查，半年或一年需对系统进行模拟动作测试。高压气瓶需定期进行检测
产品价格	系统电气部件和控制方式（双电源切换、主备泵切换）较复杂，价格较高	系统电气部件较少，控制方式较简单，价格相对较低
应用情况	目前，国内常州地铁（一条线路）地铁车辆使用高压泵组式系统	目前，意大利、德国、西班牙等欧洲国家地铁车辆均采用瓶组式系统。国内沈阳（四条线路）、大连地铁（一条线路）车辆也使用低压瓶组式系统

通过上述对比分析可知，高压泵组式系统灭控火效果好，但需要保证系统组件及供电的可靠性；低压瓶组式系统结构简单、控制可靠、灭控火效果较好，但对扑灭易燃液体火灾较困难。因此，对于系统适用性而言，当地铁车辆可以保证可靠供电时，泵组式系统适用于对新造地铁车辆的设置安装；当对系统可靠性要求较高或无法保证泵组式系统供电要求时，瓶组式系统适用于对既有地铁车辆改造加装或新造地铁车辆设置安装。

4　系统方案及设计参数

4.1　系统类型

本文以低压瓶组式系统为例，对细水雾灭火系统进行系统设计。综合考虑地铁车辆火灾危险性及火灾特性、防护目的及环境条件等因素，系统选取局部应用方式的开式系统[9]。

4.2 设置方式

以目前国内运营较多的 6 节编组 B 型地铁车辆为原型进行方案设计,按同一时间有一处着火点考虑[10],每 3 节地铁车厢设置一套瓶组式系统,采用车下安装方式,各车厢之间通过高压软管连接。每节地铁车厢按车厢前后划分为两个灭火防护区域,每个灭火防护区域设有 4 个细水雾喷头,喷头间距约为 2.5 m,沿车厢顶棚中轴线均匀分布。系统动作时每个灭火防护区域 4 个喷头同时动作。系统工作原理和系统设置图如图 1 和图 2 所示。

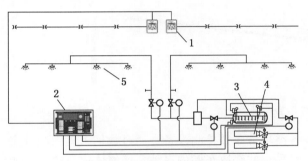

1—火灾探测器;2—火灾报警控制器;
3—细水雾灭火系统水瓶;4—细水雾灭火系统气瓶;
5—细水雾灭火系统喷头

图 1 瓶组式系统工作原理图

图 2 瓶组式系统设置示意图

4.3 设计参数

考虑到地铁车站间运行时间一般不超过 3 min,预留一定余量选取系统持续喷雾作用时间 5 min,可以满足地铁车辆的消防需求。

每个喷头的流量按下式计算:

$$q = K(10P)^{1/2}$$

式中 q——喷头流量,L/min;

K——流量系数,无量纲,选取 $K=1$;

P——喷头工作压力,MPa,选取 $P=1.0$ MPa,为低压细水雾系统。

则每个喷头的流量 $q \approx 3.2$ L/min。

由于每个灭火防护区域 4 个喷头同时动作,持续喷雾作用时间 3 min,则系统用水量为 64 L(3.2 L/min×4×5 min),为了保证供水量考虑 1.5 倍余量系数得出系统用水量约为 100 L。

4.4 系统控制

系统设置有自动控制、手动控制和机械应急操作三种控制方式。

(1)自动控制。车厢内火灾自动报警系统接收到两路独立的火灾报警信号后,启动声光报警器,联动视频监控系统弹出报警区域视频图像通知驾驶员,通过继电器启动气瓶上的电磁启动阀,同时打开着火区域的区域控制阀,高压气体驱动气水混合物通过喷头喷出细水雾实施灭火。

(2)手动控制。车厢内火灾自动报警系统接收到火灾报警信号后,通过设置在驾驶员室的联动控制器联动视频监控系统,弹出报警区域视频图像通知驾驶员,驾驶员确认火情后手动触发细水雾启动按钮,释放细水雾实施灭火。

(3)机械应急操作。当系统自动控制、手动启动按钮控制失灵时,可以进行机械应急操作,可人工打开区域控制阀,应急启动气瓶上电磁启动阀,启动细水雾灭火系统。

5 模拟仿真

本文采用火灾动力学模拟软件 FDS 对地铁车辆火灾进行模拟仿真,以 3 节地铁车厢为研究对象建立全尺寸仿真模型。考虑地铁活塞风对车厢烟气蔓延的影响,造成火灾烟气无法按顶棚射流方式蔓延,而是沿车厢向车辆前进背风面车厢扩散,因此设置车辆背风面车厢端部为敞开状态,以真实再现实际火灾情景[11]。模型网格尺寸划分为 0.1 m×0.1 m×0.1 m,模拟时间设定为 600 s,环境温度为 25 ℃,环境气压 101 kPa,仿真模型如图 3 所示。假定火灾发生在车厢 2 中部,设定为汽油火,油盘尺寸为 0.3 m×0.3 m,车厢内按上文所述设计参数设置有烟雾浓度探测点及细水雾喷头,当烟雾浓度达到设定值后 20 s 联动启动细水雾喷头。

模拟仿真结果显示(图 4),在 18.2 s 时烟雾浓度达到设定值,联动启动细水雾喷头,在 38.6 s 时细水雾喷头开始动作,在 42.4 s 时喷头

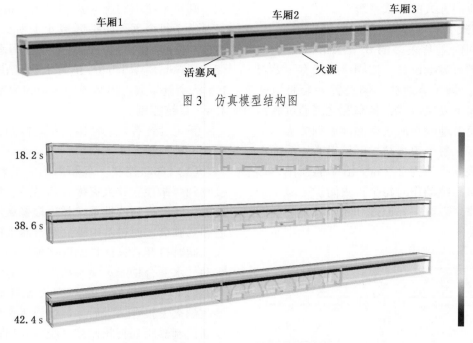

图3　仿真模型结构图

图4　细水雾动作结果图

完全动作开始形成有效喷雾。

　　分析火灾及烟气蔓延情况（图5），火灾发生后由于地铁活塞风影响，车厢内烟气开始向地铁行进相反方向蔓延，在38 s左右细水雾灭火系统喷头开始动作时，烟气已在着火车厢及背风车厢内弥漫，当喷头动作30 s后，汽油明火明显减弱，而且细水雾灭火系统有降烟除尘的效果，烟气浓度被有效控制。

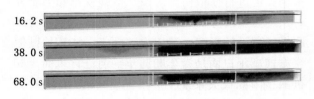

图5　烟气蔓延情况图

6　实验测试

　　为了测试并验证细水雾灭火系统设计方案及设计参数的合理性和有效性，在笔者单位地铁车辆火灾实验平台上开展了相关测试实验工作。该地铁车辆火灾实验平台是以真实B型地铁车厢为主体，可再现全尺寸空间结构、空调送风、地铁活塞风等真实场景（图6）。平台设置有光学密度计、能见度仪、气体分析仪和温度传感器等各类环境参数检测设备，通过数据采集系统可实时采集并获取车厢内多种环境气体成分浓度、能见度、温度和烟气密度等火灾特征参数，可以完整记录火灾发生蔓延全过程。

图6　地铁车辆火灾实验平台

在实验平台上按照上文设计方案及设计参数安装瓶组式低压细水雾灭火系统，并选取汽油实验火进行细水雾灭火系统性能测试（图7）。实验中油盘设置在前侧灭火防护区域中间，油盘大小为 0.1 m²，加油量为 3 L，保证实验期间燃料充足，引燃后开始实验测试。通过多次实验测试反复验证表明，细水雾灭火系统启动后 30 s 内可以有效控制并明显减弱汽油明火，但很难将其完全扑灭。

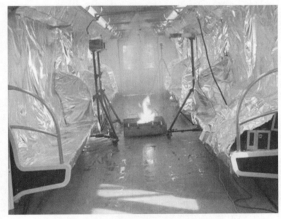

图 7 瓶组式细水雾灭火系统实验测试

7 应用实例

地铁车辆瓶组式细水雾灭火系统已经在国内率先实现了实际运营线路上的规模化应用，并取得了良好的应用效果，填补了国内在地铁车辆消防安全技术研究及产品实际应用的空白。目前该系统已经在沈阳地铁多条线路车辆（图8）、沈抚新区有轨电车、沈阳近 3000 台公交车辆上安装应用[12]。多年的实际运行表明，系统稳定可靠，尚未发生误喷事故，有效地保证了地铁车辆的安全运营和乘客的生命安全。

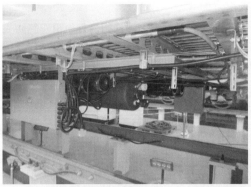

图 8 细水雾灭火系统在沈阳地铁实际应用情况

8 结语

随着城市轨道交通的快速发展，为了提高地铁车辆运营安全性，对地铁车辆配备一种可靠高效、安全环保、经济适用的灭火系统尤为重要。由于瓶组式细水雾灭火系统的灭火机理及性能优势，使其在地铁车辆上应用具有很高的适用性和可行性。虽然瓶组式细水雾灭火系统在国内实际运营线路上已有应用，但作为一种全新应用于地铁车辆上的灭火系统，该系统投入运营时间还较短，系统可靠性和实际应用效果还需进一步验证，系统优化设置还需开展更加深入的研究。本文对细水雾灭火系统在地铁车辆上的应用进行了探索性研究，希望能对地铁车辆火灾防控技术研究提供借鉴。

参考文献

［1］包叙定. 我国城轨交通发展的现状、问题与瞻望［J］. 城市轨道交通，2018（10）：16-21.

［2］冷映丽，薛淑胜. 地铁车辆防火安全设计现状及发展建议［J］. 城市轨道交通研究，2012，15（12）：

28-31.

[3] 张术，许文野. 浅谈国内外轨道车辆防火标准 [C]//中国铁道学会车辆委员会. 轨道客车安全防火及阻燃技术学术研讨会论文集，2014.

[4] 李泽宇，邢海英. 轨道车辆自动灭火技术应用探讨 [J]. 铁道车辆，2020，58(7)：25-27.

[5] 苏海林，蔡小舒，许德毓，等. 细水雾灭火机理探讨 [J]. 消防科学与技术，2000(4)：13-16.

[6] 杨震铭，李毅，张强. 水雾雾滴粒径的分析与研究 [J]. 消防科学与技术，2007(4)：409-411.

[7] 周俊. 高压细水雾系统在地铁项目中的应用 [J]. 都市快轨交通，2011，24(5)：66-68.

[8] 丁波，王靖波. 地铁列车车厢防火对策 [J]. 消防技术与产品信息，2013(3)：3-5.

[9] 徐国，金怡. 高压细水雾灭火系统在地铁车辆中的应用 [J]. 武警学院学报，2010，26(6)：18-20.

[10] 张培红，占欢. 高压细水雾灭火系统抑制地铁列车车厢火灾的有效性 [J]. 沈阳建筑大学学报，2009，25(5)：978-981.

[11] 朱伟，陈吕义. 通风条件下细水雾灭火的临界水流率 [J]. 燃烧科学与技术，2008(5)：412-416.

[12] 王冬雷，王鑫. 沈阳地铁车辆高压细水雾灭火系统应用分析 [J]. 铁道机车车辆，2016，36(6)：96-98.

新常态下社会消防管理创新发展的思考

张 倩

辽宁省沈阳市消防救援支队 沈阳 110000

摘 要：我国经济发展进入"新常态"，这是与前十几年发展情况截然不同的，社会消防管理工作也面临着新的挑战，工作中出现了一些新的问题。如何使社会消防管理工作更好地为社会安全工作和经济发展做贡献，更好地服务于我国社会主义建设，本文从社会消防管理工作的现状和新常态下如何创新反思消防管理工作出发，分析"新常态"下社会消防管理工作存在的主要问题，探讨"新常态"下社会消防管理工作的措施。

关键词：消防 新常态 社会消防管理工作 社会消防管理工作措施

1 引言

随着社会的不断发展，消防管理工作不断得到创新和发展。消防管理作为社会安全管理工作之一，对社会安全和经济发展具有重大的意义。社会消防管理是特殊时代下的产物，如今社会面临一些重大的突发火灾，目前的消防管理体制已经不能对之有效预防。新常态下社会消防工作即面临着挑战也面临着前所未有的机遇。因此，社会消防工作必须在"新常态"下去反思社会消防管理工作中的不足，创新社会消防管理工作，使其与当下社会经济发展相适应。社会的各方面都是与"新常态"相适应，社会消防管理工作也应该在"新常态"下来反思和创新。

2 新常态下社会消防管理相关概述

消防管理工作作为社会安全管理工作之一，对社会安全具有重大的意义。多年来，我国在消防管理工作方面取得了显著的成效，提出了与社会发展相适应的相关理论，坚持专业消防管理和群众消防管理相结合，执行群防群治，从纵向和横向共同管理，将火灾责任落实到个人，将监管责任落实到个人，最大限度地减小火灾发生的概率和发生后的危害。

新常态下，我国政府强调简政放权和优化组织结构。以此情况，社会消防管理还是实现第三方组织加入和公众群体共同参与的多方面、多层次的消防管理体系。同时，新常态下政府进一步强化服务意识和简政放权激发市场活力，利用市场经济进行社会消防工作管理，加强对消防组织的监管，实现社会消防工作协同管理。

新常态下，原来的高耗能、低增长资源型的产业正在寻求新的发展途径，这为政府引领社会资本投入到消防工作管理中，提供了机遇。此外，经济快速发展情况下，社会消防工作面临着巨大的需求，因此应该顺应人民群众日益增长的消防需求使资本能够顺应经济新常态的发展要求，加大社会对消防工作领域的投资，使消防工作摆脱困境转型升级。在新常态下，社会消防工作从要素驱动、投资驱动转向了创新驱动，社会消防工作更要加强创新，以激发社会各方面参与消防管理的积极性，要加强协调联动，用社会治理的新思想、新方法来解决消防工作中的困难，发挥消防组织的作用。对于社会消防管理来说，如何吸引社会资本参与消防工作、如何加强社会消防工作的创新是值得去探索和研究的。

3 社会消防管理现状

目前阶段，我国在社会消防管理工作方面给予了政策与资金的支持，出台了相应的法律法规和技术规范，消防设备和产品不断地生产并使用，消防技术的实用性正在不断地提高，预防火灾的技术也得到了很大的提升。近年来，各地火灾还是频频发生、屡禁不止，这直接从整体上反映出我国社会消防安全工作管理还是存在一定的问题。比如，管理主体单一、安全责任落实不到位、相关部门工作人员的消防意识不强、相关的建筑消防设施配备不足、管理不足、消防部门的精力不足等等，这些问题都制约着我国社会消防安全工作管理水平的提高，存在问题主要体现在以下两个方面。

3.1 管理主体单一

社会环境日益更新，这要求社会消防管理工作也要不断地创新，跟随时代的发展。然而，我国政府仍然将社会消防管理工作的责任交给消防部门，让消防部门对社会消防工作全面包揽，这样就导致了我国社会消防工作管理主体单一，使社会对消防部门产生严重的依赖性，降低了消防管理的效率和水平。社会消防管理工作是一项公共服务，如果单靠消防部门来承担，社会消防工作会使消防部门"管不过来"。

3.2 相关部门监管不到位

虽然我国不断强调社会消防工作管理的重要性，不断提升社会消防工作管理的效率，但仍有一些地方政府和部门不能依法履职、消防意识不强，使消防安全管理工作难以达到预期的成效，使消防工作管理的责任也得不到落实。甚至有的基层政府依据各种有关规定对问题不大的场所进行的查封、停业停产等处置，以维护社会稳定等名义干扰社会消防工作的开展。除此之外，不少行业部门认为消防管理工作就是消防部门的事情，没有认识到消防安全管理工作是社会共同应该承担起的责任。因此他们没有将消防管理工作纳入行业日常的管理工作之中，相关的法律文件和治理措施等都只停留在形式上，这样就使消防管理工作的力量分散流于形式，将消防管理工作的责任全部交给消防部门，致使社会消防管理工作效率低下[3]。

4 新常态下落实创新社会消防管理的措施

新常态为社会消防管理工作创新提供了机遇，有利于社会消防工作去解决管理中的问题。在新常态下，社会消防管理应该坚持优化治理结构，引入多方资本、激活动力等新发展思路，使消防管理工作适应新常态，全面转型升级。

4.1 完善新常态下的社会消防管理工作的制度

新常态下应该赋予更多地方权，增加消防管理工作的针对性、积极性，充分发挥基层工作的作用。新常态下，要创新社会消防管理工作，就必须及时地去跟进相关的法律法规，为消防工作管理提供有效的法律保障。

首先，应该完善法律法规，制定严格的工作内容、工作标准和工作要求，建立奖惩制度，使社会消防管理结构更加科学有效。此外，政府以及相关社区之间应该相互配合，保持一致性。

其次，要对新常态下出现的消极思想，积极应对，采取有针对性的法律措施，使其能够积极地承担消防治理的责任。

最后，社会消防工作要对违法的消防行为和懒散的消防管理严惩严治，依据消防管理工作中的行为制定严格合理的惩罚标准。此外，新常态下创新消防管理模式，也应建立完善的与之相应的考评制度，建立群防专治的考评模式，引导社区居民和相关组织以及第三方参与到考评中去，提高消防工作考评的客观性。此外，除了定性考勤之外，还要注重定量考评，以保证考评后的整改工作的可操作性。

4.2 创新社会消防管理工作模式

当今社会，公民对消防服务的需求不断增加，其呈现出多元化和广泛性的特征。因此，消防部门应该以维护社会公平为出发点，解决公民多元化的服务需求，通过借助市场机制或者其他手段，引导消防部门和社会居民等多方位进行合作。这样多重主体参与到社会消防管理工作中，增加了管理的灵活性和针对性，不仅可以达到与社区居民互动的目的，而且又能赢得居民和单位对消防工作的支持和理解。多元化的治理主体能够化解多方面的矛盾，使各方面保持统一管理目标，使之协调、有序、有效。

新常态下，社会消防工作从要素驱动、投资驱动转向了创新驱动，对于社会消防管理来说，社会消防工作更要加强创新，以激发社会各方面参与消防管理的积极性，加强协调联动，用社会治理的新思想、新方法来解决消防工作中的困难，发挥消防组织的作用。

4.3 消防管理与公共治理相结合

政府以及社会各个方面都应该担任起社会消防管理的责任，在消防部门管不过来的情况下，政府应该及时更改这种传统的消防管理模式，借助市场管理等多种手段，充分发挥社会群众的力量，形成政府消防部门、社会群众等多层次的消防管理体制，使政府、消防部门和社会群众之间能有一个良好的沟通，能够及时对隐藏的消防隐患进行管制，全方位齐抓齐管，提高社会消防管理工作的有效性。

消防安全管理作为公共安全的重要组成部分，也应该是社会治理的重要内容，因此应该使社会消防管理适应新常态，将消防管理与社会公共治理相结合首先做到使消防管理的主体与公共治理的主体融为一体，不能够将所有的消防工作都交给消防部门，做到全方面参与消防工作管理，对隐藏的火灾风险及时处理防治。使各方面在消防管理工作中处于主体地位，加强政府的主导作用。在新常态下开展全新的管理，将统一领导和各方面管理落到实处，应对日益变化的环境，顺应当前消防管理和城市管理的大趋势。新常态下，社会消防工作管理应该对各级网格结构赋予明确的消防责任和义务，使消防工作执行力能够畅通无阻，及时掌握网格中所有的消防动态，排查消防隐患和苗头，最大限度降低火灾危害，第一时间掌握火灾情报，避免传统消防模式中存在的消防死角。

新常态下消防管理工作应该顺应人民群众日益增长的消防需求，使资本能够顺应经济新常态的发展要求，加大社会对消防工作领域的投资，使消防工作摆脱困境转型升级。在新常态下，如何吸引社会资本参与消防工作、将消防工作与公共治理相结合是值得去探索和研究的，可以建立一些激励体制吸引资本投入，来弥补消防工作的资金不足、设备不足，以提高社会消防工作管理的效率。

5 小结

我国当前的社会消防安全工作管理中仍然存在着问题，但是在新常态下也面临着许多机遇，因此，社会消防管理工作应该抓住机遇、顺应形势、创新自我。消防部门应该对新形势下的消防管理工作及时反思，以提出新颖的顺应形势的更好的社会消防管理工作模式。除消防部门以外，政府、社区及居民也应该担负起社会消防管理的责任，积极地支持有关部门的消防管理工作，达到群防群治、各方面协调统一的治理方式，调动社会资本，激发社会治理动力，使新常态下的社会消防安全管理工作充满生机，为我国社会安全和经济发展做出贡献。

参考文献

[1] 李振华，李继繁. 新常态下社会消防管理创新发展的思考 [J]. 消防科学与技术，2016，35(11)：4.

[2] 徐少建. 新常态下的消防管理创新研究 [J]. 工程技术（引文版），2016(12)：320-320.

[3] 李明. 新常态下的消防管理创新 [J]. 管理观察，2015(30)：3.

[4] 钱海君，谢文. 新常态下的消防管理创新 [C]//中国消防协会. 2016 中国消防协会科学技术年会论文集，2016.

三　等　奖

火灾事故认定书的证据属性与证明效力分析

张 淼

南阳市消防救援支队 南阳 473000

摘 要：火灾事故认定书是消防救援机构依法依职权做出的用于证明火灾案件事实的法律文书，是处理火灾侵权类诉讼案件中的关键证据，是解决民事赔偿，打击涉火犯罪、消防违法行政处罚以及党政纪问责处分等工作的基本依据，有着十分关键的证明价值。但实际工作中仍然存在着各种影响其证明力的因素。本文旨在通过对火灾事故认定书的证据属性及证明力进行分析，探究影响其证明力大小的因素，并提出改进措施。

关键词：消防 火灾事故认定书 证据 证明效力

1 引言

2017年浙江省绍兴市某法院在审理一起汽车火灾事故赔偿案件中认为"消防机构出具的火灾事故简易调查认定书适用程序不当，不能作为定案依据"，随后依法委托另一具备相应资质的司法鉴定机构开展调查，最终采纳了该鉴定公司出具的鉴定报告作为定案依据，推翻了消防救援机构的火灾原因认定结论。火灾事故认定书作为处理火灾事故的法定证据，为何在司法审判中会被推翻而不予采纳，值得广大火灾事故调查工作者深思。尤其是随着人们法律意识、维权意识的不断增强，势必会有更多的火灾侵权赔偿诉求通过诉讼程序解决，而火灾事故认定书作为处理火灾侵权类诉讼案件中的核心证据能否发挥其实际价值，直接关系着人民群众的合法权益和司法的公平公正。本文从火灾事故认定书证据属性界定出发，分析影响火灾事故认定书证明力大小的因素，并在此基础上提出改进措施，以增强火灾事故认定书证据效力，推动火灾事故处理工作。

2 火灾事故认定书的证据特征

火灾事故认定书是消防救援机构依照消防法规对火灾事故发生的前因后果进行分析认定所形成的法律文书。消防救援机构是政府职能部门，其在法定权限内制作的文书，具备了公文书证的基本形式，但其是否具备证据的法律效力应从其证据三性、证据能力、证明力等方面进行综合审查。

2.1 火灾事故认定书的证据三性

（1）合法性。《中华人民共和国消防法》第五十一条规定"消防救援机构有权根据需要封闭火灾现场，负责调查火灾原因，统计火灾损失……消防救援机构根据火灾现场勘验、调查情况和有关的检验、鉴定意见，及时制作火灾事故认定书，作为处理火灾事故的证据。"明确了火灾事故认定书的来源是依据火灾事故现场，认定主体是消防救援机构；《火灾事故调查规定》《火灾事故认定规则》《火灾现场勘验规则》等部门规章对其获取程序和方法以及法律形式进行了详细的规定，体现出该火灾事故认定书的来源、获取主体、收集程序等方面的合法性。

（2）客观性。火灾事故认定书是在已经发生的火灾事故客观事实基础上，根据现场勘验规则、证据收集分析和鉴定的结果对火灾事故发生的原因、经过和后果进行的客观描述和分析，体现的是事故现场的客观实际情况，因此具有当然的客观性。

（3）关联性。火灾事故认定书是火灾事故现场的客观体现，是消防救援机构针对火灾发生的原因，通过现场勘查、成因分析、技术鉴定、实验还原等手段，分析认定起火原因的法律文

作者简介：张淼，男，毕业于中国人民武装警察部队学院消防工程系，现任南阳市消防救援支队中级专业技术职务，主要从事消防监督和火灾事故调查工作，E-mail：475855283@qq.com。

书，火灾事故是客观事实，是前因，火灾事故认定书是对事实的客观描述，是后果，体现了文书与火灾事故的关联性。

2.2 火灾事故认定书的证据能力

证据能力，是指一定的事实材料作为诉讼证据的法律上的资格，或者说是指证据材料能够被法院采信，作为认定案件事实依据所应具备的法律上的资格，是法律赋予的属性。书证是法律规定的重要证据形式，又分为公文书证和私文书证。火灾事故认定书是消防救援机构依法依职权对已发生的火灾事故依照法定程序进行调查认定所出具的法律文书，符合《最高人民法院关于适用〈中华人民共和国民事诉讼法〉的解释》（法释〔2015〕5 号）第 93 条和第 114 条有关公文书证的规定，是具备法律效力的证据形式。

2.3 火灾事故认定书的证明力

证明力是证据的自然属性，是根据证据和待证事实之间的逻辑关系，用来判断对于案件事实是否具有证明作用以及证明力大小（强弱）的属性。火灾事故认定书作为公文书证，真实的公文书（区别于伪造文书）即推定具有形式证明力，再通过对做出火灾事故认定的基础证据材料的审查以掌握其实质证明力的大小和证明价值。

3 影响火灾事故认定书证明力的因素分析

虽然法律赋予了火灾事故认定书较高的证明力，也并非具有绝对证明力，如果存在其他证据足以推翻该认定书所载内容时，该认定书即失去其证明力。通过对其证据三性的分析可以发现，火灾事故认定书的合法性、客观性、关联性决定了其证明力的存在与否以及强弱，在实际工作过程中，仍有大量影响火灾事故认定书证明力的因素。

（1）法律程序适用不当，使其合法性缺失。依法行政是开展火灾事故调查工作必须遵循的基本原则，包括主体合法和程序的合法，是审查火灾事故认定书是否具有合法性的重要前提。在火灾事故调查过程中往往因法律程序适用错误、物证获取程序不规范、认定说明不规范等原因造成火灾事故认定程序不当，甚至有些调查人员刻意打"擦边球"，致使火灾事故认定失去了其应有的合法性。正如前文所述案例，该事故本应使用

一般程序进行调查认定，但错误地使用了简易调查程序，适用程序违法，自然得出的结论也不具备合法性，因此该认定书不具备证据能力进而不被采纳。

（2）业务素质和技能不足，使其客观性不足。火灾事故的发生往往是多因一果，其调查处理过程可能涉及电力、机械、化学、工程等各个学科领域，因而需要火灾调查人员具有丰富的专业知识和充足的现场经验，但大部分人员是达不到这个要求的，对事故现场证据材料收集、证据筛选、现场痕迹识别等方面不够准确，导致对现场痕迹物证的表述不够精准，从而影响对事故的分析判断。

（3）证据链不完善，使其关联性降低。火灾事故调查是依据事故现场留下的特征痕迹和多方面证据分析火灾发生、发展的反向推理过程，是通过多个证据之间的关联性和相互印证关系来实现火灾事故认定书的证明价值的，因此火灾事故认定书并不是一个孤立证据，而是建立在火灾现场获取的所有证据的关联性基础上的。但在实际工作中，很多火灾调查员对事故现场的全面性、时效性把握不够，没有及时保护好现场或者关键物证没有及时固定提取，致使证据链条缺少关键的支撑点，从而使证据链不完善，缺乏说服力。

（4）技术手段应用率低，使其可靠性不够。实际工作中往往比较重视证人证言，但证人证言的陈述容易夹杂其个人的分析判断成分，甚至有些证人的表述是道听途说或者受他人言论影响形成的，因此证人证言本身的不可靠性将直接导致火灾事故认定书的证明力减弱；同时在物证提取中，很多火灾调查人员不注重科学仪器的使用，比如记录木材炭化程度时未使用炭化深度测试仪，记录短路点特征时未使用剩磁仪测试数值，描述混凝土火烧程度时不注重使用强度回弹仪等科学仪器，仅靠调查员主观的分析和个人经验，缺乏一定的科学性、精准性、可靠性。

（5）刻意规避风险，使其可信度不高。由于火灾的毁灭性和扑救火灾的需要，绝大部分火灾现场遭到了较大程度的破坏，火调人员是在此基础上进行现场勘验，发现火灾痕迹，提取残留物以分析调查火灾事故原因，结果就会导致部分

火灾无法准确认定，只能通过列举有证据能够排除和无法排除的方式作出火灾原因认定，这时就会出现"火灾原因能够排除……不能够排除……"的认定方式，而此类认定的火灾事故认定书在进行民事诉讼或者刑事案件办理时往往不被采纳，究其原因就在于它对火灾原因认定的不确定性；还有部分火灾调查人员为了避免准确认定带来的上访、闹访等风险，会刻意选择使用排除法出具火灾原因认定书，直接造成该认定书可信度不高以致不被采纳。

4　提升火灾事故认定书证明力因素探析

（1）提高事故查清率。火灾事故认定书作为处理火灾案件的关键证据，程序合法是实体合法的前提和保障，所有调查工作必须按照法定程序开展，调查获取的支撑证据要全面、及时、客观，提升火灾事故查清率，做出准确的事故认定，对总结火灾教训、研究火灾事故发生规律、制定有效的安全防范措施有着重要的实际意义。

（2）完善证据链。火灾事故认定书所记载的内容是消防救援机构依据现场勘验、检查、调查情况和有关的检验、鉴定意见等基础证据，形成的对火灾事故客观事实的总结认定，其对案件的证明力价值实际上是通过证据链来证实反映案件事实的。对火灾事故认定书证明力的审查，实质上是对所有基础证据链的审查，审查各证据材料是否相互关联、相互印证、没有矛盾。因此，在开展事故调查时要高度重视证据收集的全面性，要耐心、细致地收集各种有价值的线索，将证据的方方面面联系串联起来，从而提升证据链条的完整性和证明力。

（3）推广证据量化分析。在火灾调查中，现场勘验的大量痕迹特征是通过对比法描述的，如同一现场中不同部位相同物品残留物的长、宽、高、颜色、强度等特征对比；同一物品火烧前和火烧后残留特征的对比等。这类"对比痕迹特征"是依靠调查人员个人的主观认识和判断记录下来的，极有可能因调查人员个人认识的偏差造成客观性不足，因此在案件调查必要时，应采用科技手段对物证特征进行量化分析，从而

能够更加客观的、直观的展现出证据的痕迹特征，进一步强化证据的科学性、说服力。如不同位置木材炭化深度大小可体现出火灾蔓延方向、线路故障点的剩磁值强弱可反映出该部位是否发生过短路等。

（4）补强证据证明力。一般来说，火灾事故认定书在处理火灾事故中其证明力要明显大于其他证据。当火灾事故认定书出现瑕疵或不足影响其证明力效果时，必须要对其进行证据补强。证据补强的方式有多种，如补充其他合法的证据以支撑认定结论；根据《最高人民法院关于适用〈中华人民共和国民事诉讼法〉的解释》第114条规定，也可以由火灾调查人员做出说明。同时，国内的一些专家学者也提出了"全面认定"的方式，更加全面、准确的火灾事故的原因和灾害成因认定，对维护当事人合法权益和促进司法实践有着更加深远的实际意义。

5　结语

对于火灾事故认定书在涉火案件中的应用，不少办案人员都存在模糊甚至错误的认识，有的认为划分火灾事故责任是法院审判的职责，火灾事故认定随便怎么出都行；但对于法院而言，火灾事故认定书是裁决涉火侵权案件中的责任分担的主要证据，其证据属性直接影响到火灾事故的处理。实际工作中，广大火灾调查工作者应着力提升火灾事故调查水平，按照依法依规、科学严谨、实事求是的原则，查明事故原因，做出科学、严谨、准确的事故认定，切实提高火灾事故认定书的证明力，从而更好地发挥其证明价值。

参考文献

［1］中华人民共和国消防法（中华人民共和国主席令第二十九号），2019.

［2］公安部．关于修改《火灾事故调查规定》的通知（公安部令第121号），2012.

［3］最高人民法院．关于适用《中华人民共和国民事诉讼法》的解释，2015.

［4］最高人民法院．关于修改《关于民事诉讼证据的若干规定》的决定，2019.

高层住宅剪刀楼梯间消防设计的探讨

钟园军[1]　祁晓霞[2]

1. 四川省消防救援总队乐山支队　乐山　614000
2. 原四川公安消防总队　成都　610000

摘　要：围绕高层住宅剪刀楼梯间的设计讨论很多，莫衷一是。在消防监管主体改变以后，依据建设工程消防技术标准进行设计、审查的需求更加明确，本文从设计依据角度，对住宅建筑剪刀楼梯间共用前室、合用前室或前室能否开设住宅户门进行讨论，提出结论建议。

关键词：高层住宅　剪刀楼梯间　消防设计　规范　应用

围绕住宅剪刀楼梯间的设计讨论很多，莫衷一是。先前设计一般倾向于取得消防管理部门的认可，只要取得合格的消防审核意见书即可。在消防监管主体改变以后，依据建设工程消防技术标准进行设计、审查的要求更加明确，消防安全与经济性历来是一对矛盾，追求经济性是必然的，但是住宅建筑的平面疏散设计不能靠五花八门的解释自行变通来解决问题，不能用千方百计钻空子来掩饰设计能力的不足，在设计依据上是存在技术风险的。国家建设工程消防技术标准是法定的设计依据，综合现行《建设设计防火规范》（GB 50016—2014）（以下简称《建规》）对于疏散楼梯的要求，本文对住宅剪刀楼梯间的设计进行讨论。

1　住宅建筑采用剪刀楼梯间时，住宅的户门能否直接开向前室、合用前室或共用前室

长期以来，围绕住宅剪刀楼梯间设计的争议集中在剪刀楼梯的前室能不能适用《建规》第5.5.27-3条。有观点认为户门可以直接开向剪刀楼梯间前室、合用前室或者共用前室，理由是《建规》5.5.27-3条，允许户门采用乙级防火门，每层开向同一防烟楼梯间前室的户门不大于3户。剪刀楼梯也是防烟楼梯，因此剪刀楼梯间前室、合用前室或者共用前室可以适用该条，如图1所示。

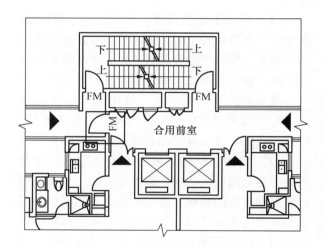

图1　剪刀楼梯间平面设计

从设计依据的角度，针对住宅建筑的疏散设计，《建规》里的关联条文包括：2.1.14、5.5.25-3（强条）、5.5.27-3、5.5.28、6.4.11-1（强条）、7.3.5-3（强条）。这些条文在住宅建筑设计时需要同时执行，而不是选择其中之一的条文，其他的就不管了。

因此笔者认为剪刀楼梯间不适用《建规》5.5.27-3条，理由有如下6点。

（1）需要设置剪刀楼梯的均为大于54 m的一类高层住宅，根据《建规》第5.5.25-3（强条）要求，"每个单元每层的安全出口不应少于两个"，这两个安全出口，对同层所有住户都可以同时使用。当住宅的户门直接开向剪刀楼梯间的前室或合用前室时，因为疏散方向存在交叉，

作者简介：钟园军，女，硕士，高级工程师，四川省消防救援总队乐山支队技术一级消防指挥长，主要从事消防监督，E-mail：24001145@qq.com。

有逆向疏散的情况，必然违反《建规》第6.4.11条"疏散门应向疏散方向开启"的强制性条文要求，图1框图中防火门的开启方向就违反了《建规》强条。

（2）根据国家建设标准设计图集《建筑设计防火规范》图示18J811-1（以下简称《建规图集》）P111 5.5.2图示3，住宅建筑楼层的安全出口是剪刀楼梯间"三合一"共用前室、合用前室、前室的入口，而不是剪刀楼梯间的门，如图2所示。

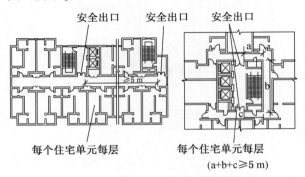

图2 住宅单元安全出口平面图

当户门直接开向剪刀楼梯间前室或合用前室时，楼层的安全出口变成了剪刀楼梯间的门，前室成了走道，不符合剪刀楼梯设置前室的初旨，且《建规》允许住宅户门采用防火门时不必自行关闭，前室防烟的效果大打折扣，进一步降低了剪刀楼梯的安全性。这时的剪刀楼梯间实际已经缺失了防烟楼梯间的特征，更接近于封闭楼梯间的特征，这对于需要设置2个防烟楼梯作为安全出口的一类高层住宅是不合适的。

另外，建规5.5.28条规定住宅单元必须满足"任一户至最近疏散楼梯间入口的距离不大于10 m"的条件时才可以采用剪刀楼梯，当户门直接开向剪刀楼梯间前室或合用前室时，疏散距离的起算位置亦发生变化，疏散距离可能超过10 m，这种情况下设置剪刀楼梯的依据都没有了，更不必讨论前室内要不要开户门了。

（3）对照《建规》7.3.5-3（强条）关于消防电梯前室的表述方式："除前室的出入口、前室内设置的正压送风口和本规范第5.5.27条规定的户门外，前室内不应开设其他门、窗、洞口"，《建规》允许哪种前室开户门时，都有明确的文字表述。

而《建规》5.5.28条是关于住宅建筑剪刀楼梯的设计要求，其中没有允许剪刀楼梯的前室、共用前室、"三合一"共用前室内直接开户门的内容。

《建规》5.5.27-3条中允许前室内开户门的情况，只能针对防烟楼梯间前室，不应该扩大范围应用于所有前室。

值得注意的是，消防电梯前室内开设住宅户门时，仍应同时满足前述《建规》关于住宅疏散其他所有关联条文的要求。

（4）剪刀楼梯的安全性低于普通防烟楼梯。建规5.5.28条对设置剪刀楼梯有严格的限制条件，允许住宅采用剪刀楼梯"三合一"共用前室已经是规范考虑了住宅特性后二次放宽的规定，不宜在放宽的情况下三次套用其他放宽的条款，因此剪刀楼梯"三合一"共用前室不适用《建规》第5.5.27-3条，不应直接开设住宅户门。

（5）《建规》第5.5.27-3条适用于仅需设置一座防烟楼梯间的住宅建筑，即满足《建规》5.5.25-2要求的二类高层住宅。《建规》第5.5.27-3条允许小于3户的户门直接开向防烟楼梯间前室，是对这种住宅建筑防烟楼梯设计要求的适当降低。综合考量可知，此类住宅建筑具有高度不大于54 m、单元层面积不大于650 m²、户门至安全出口距离不大于10 m的共性，已经限制了建筑规模、体量、住户总数、人员总数；每个单元只需要设置一个防烟楼梯间，允许防烟楼梯间前室内开设小于3户的户门后，相当于是允许这种住宅设置加强版的封闭楼梯间而已，不存在逆向疏散的问题，与上述有关住宅建筑疏散设计的《建规》关联条文均无冲突。可以这样看，如同剪刀楼梯间"三合一"共用前室是对一类高层住宅建筑的特别放宽规定，《建规》第5.5.27-3条是对特定二类高层住宅建筑的特别放宽规定，该条并不能泛用于所有住宅建筑。

（6）需要设置剪刀楼梯的均为大于54 m的一类高层住宅，高度上不封顶，相比54 m以下的二类住宅，居住人员更多，致灾因素更复杂，安全疏散难度大，扑救难度大，宜坚持对剪刀楼梯的安全设置要求。简言之，剪刀楼梯任何形式的前室内都不应开设住宅户门。

2 住宅建筑剪刀楼梯间采用"三合一"共用前室时应设计环形走道或 C 形走道进行连通

虽然《建规》条文里没有明确规定住宅剪刀楼梯间"三合一"共用前室应设计环形走道或 C 形走道进行连通，但通过前述可知"三合一"共用前室内不应开设住宅户门，所以需要设置走道。《建规》第 5.5.28 条文说明里指出，"当剪刀楼梯共用前室时，进入剪刀楼梯间前室的入口应该位于不同方位，不能通过同一个入口进入共用前室，入口之间的距离仍要不小于 5 m"。在国家建设标准设计图集《建筑设计防火规范》图示（18J811-1）（以下简称《建规图集》）里，对于住宅剪刀楼梯共用前室也明确需采用环形走道或 C 形走道进行连通，住宅的户门开设在连通走道上，如图 3、图 4 所示。这些内容在消防原理上是互洽的。

3 住宅建筑采用剪刀楼梯间时，共用前室和前室直接互通的设计方式不可取

当住宅建筑剪刀楼梯间采用合用前室和前室时，有观点认为两个前室互通可以视为满足两个

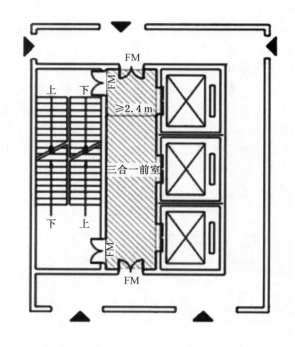

图 4 剪刀楼梯间 C 形走道平面图

安全出口，如图 5 所示。

但分析这种设计，违反了《建规》第 6.4.11 条"疏散门应向疏散方向开启"的强制性条文要求，框图中的门因为双向疏散需要双向开启，而防火门并不能实现双向开启，因此这样的设计在设计依据上存在瑕疵。

倘若在框图位置设置两樘开向不同方向的防

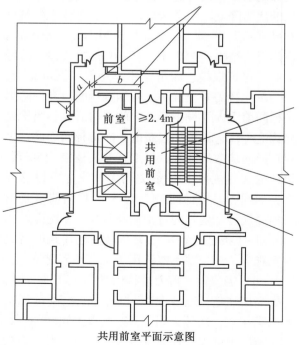

共用前室平面示意图

图 3 剪刀楼梯间环形走道平面图

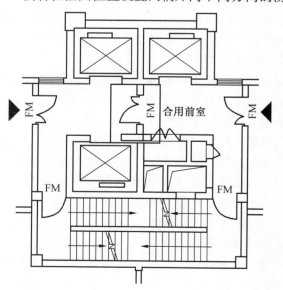

图 5 剪刀楼梯间平面设计 2

火门也不能彻底解决设计上的瑕疵：一是该设计在实质上与共用前室情况类似，住户只能从一个方向进入前室，对特定的住户，实际只有一个出口，与前述1.1的问题相同；二是增大了公区面积，经济性也差。

4　一类高层住宅，当一层小于等于3户时，是否允许户门直接开向剪刀楼梯"三合一"共用前室

一类高层住宅一层3户是一种比较特殊的情况，如图6、图7所示。

图6、图7的设计中，住宅户门直接开向"三合一"共用前室，同样存在前述1.1—1.4讨论的问题，楼层的两个安全出口起算位置是剪刀楼梯间入口处的门，前室成了走道，不符合剪刀楼梯设置前室的初旨，当任一户发生火灾时，两个剪刀楼梯都不安全了。

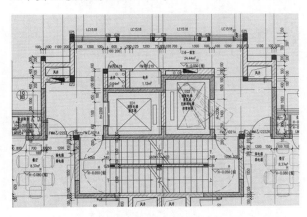

图6　剪刀楼梯间平面设计3

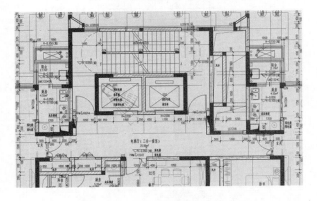

图7　剪刀楼梯间平面设计4

但针对图6、图7的设计，如果仍要求设置环通走道，必然造成公区浪费，经济性差。针对

这种特殊设计情况，笔者认为一类高层一层三户时，可以不要求剪刀楼梯"三合一"共用前室外的公共走道必须连通，不要求每户都必须通过公共走道从两个方向进入前室，但要求每户都必须通过一个小走道进入"三合一"共用前室，"三合一"共用前室入口处的乙级防火门需具备自行关闭功能。这样的设置，任一户只要进入了共用前室，它就有两个剪刀楼梯作为安全出口，而当任一户发生火灾时，由于短走道的设计，不影响同楼层其他两户的双向疏散条件。从规范依据来看，满足建规5.5.25-3（强条）要求，安全出口仍然位于"三合一"共用前室入口处。每户增设一个小走道，增加不了多少公摊，但加强防火分隔是有必要的。

或许有较真的人士会指出，只要走道不环通，这样的设计对每一户住宅，都只有唯一的通道进入剪刀楼梯"三合一"共用前室，还是不满足双向疏散的要求。对此，笔者认为，消防设计时不能用将火灾风险推向极致的设想来考虑问题，上述建议是基于一层三户的一类高层住宅，住户数相对少、致灾风险相对少的基础上提出的，如果某一住户户内发生火灾，大火封门，连自家门都出不去了，户门外有没有双向疏散条件是没有意义的；而任一住户如果发生火灾，控制烟气蔓延，不影响相邻住户的疏散更具有实际意义。

5　结论

（1）设计住宅剪刀楼梯间时，应同时执行《建规》2.1.14、5.5.25-3（强条）、5.5.27-3、5.5.28、6.4.11-1（强条）、7.3.5-3（强条）要求，设计依据充分。

（2）剪刀楼梯间任何形式的前室内都不应开设住宅户门。

（3）《建规》第5.5.27-3条仅适用于特定二类高层住宅建筑，不适用于一类高层住宅建筑。

6　结束语

近年来我国居民住宅火灾起数和伤亡人数都呈上升趋势，由此引起的追责压力也越来越重。全国有3亿多个家庭，据应急管理部消防救援局

发布的 2020 年全国火灾数据，全年接报火灾 25.2 万，死亡 1183 人，居民住宅是受火灾影响最大的场所。从火灾亡人的场所分布看，全年共发生居民住宅火灾 10.9 万起，占火灾总数的 43.4%，造成 917 人死亡、499 人受伤，分别占总数的 77.5% 和 64.4%，特别是发生较大火灾 38 起，占总数的 58.5%。从住宅的亡人情况看，917 名亡人中，18 岁以下的未成年人有 156 人，60 岁以上的老年人有 379 人，分别占总数的 17% 和 41.3%（图 8）。另外，占 40.9% 的亡人为残疾、瘫痪、精神病人等弱势群体。从住宅火灾的建筑分类看，发生在高层建筑的住宅火灾（占高层建筑火灾总数的 83.7%）共 6987 起，比上年大幅上升 13.6%（伤亡、损失数同比下降）。

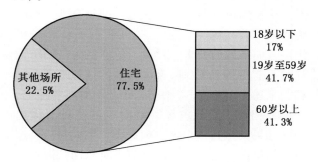

图 8　2020 年住宅火灾比例及死亡人员年龄分布

从前文的数据可知，居民住宅火灾防范将长期面临严峻挑战。高层住宅发生火灾的比例大幅上升，高层住宅较普通住宅火灾疏散、扑救难度更大，加之我国的老龄人口所占比例还在逐年升高，老年人的安全防范和逃生自救能力明显不足，做好住宅消防安全设计、从源头上控制火灾风险，应予以高度重视。尽管《建规》管理组对剪刀楼梯间前室设计的争议没有统一、明确的回复意见；《建规图集》的法律效力存在局限，且图集不能反映所有设计情况；建规主要编制人编写的《建筑设计防火规范实施指南》中对该问题的解释也是前后矛盾，既允许又不允许；设计、审查机构中持赞同和反对意见的人长期同时存在，但作为设计人员需要保持清醒的认识，理性判断设计依据是否恰当。

在现实设计中，虽然不允许剪刀楼梯间前室内开设住宅户门后，对住宅的公区平面设计有一

定影响，但是明确设计依据后，设计人员充分发挥其设计的弹性，一些公区面积没有明显增加、符合《建规》要求的设计也呈现出来，如图 9、图 10 所示。

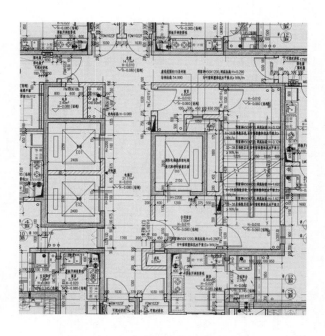

图 9　剪刀楼梯间平面设计 4

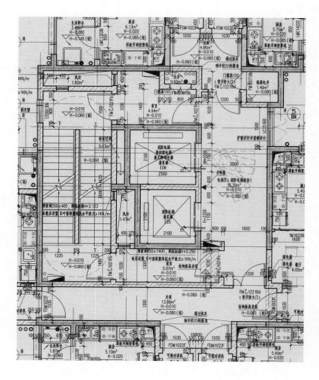

图 10　剪刀楼梯间平面设计 5

图 9 是采用走道连通剪刀楼梯间的前室和合用前室，图 10 是利用消防电梯前室兼做走道的思路，住户进入消防电梯前室后，再分别进入剪刀楼梯的两个前室，所有防火门向疏散方向开启，没有逆向疏散的问题，也满足同层 2 个独立安全出口。在设计依据上这两种设计都符合《建规》要求，疏散安全性较好，并为市场所接受。

参考文献

［1］住房和城乡建设部 . GB 50016—2014 建筑设计防火规范 ［S］. 北京：中国计划出版社，2018.

［2］中国建筑标准设计研究院 . 18J811 建筑设计防火规范图示（2018 年版）［S］. 北京：中国计划出版社，2018.

消防技术服务机构自律与诚信建设

蒋 洪 浩

山东省青岛市消防救援支队 青岛 266000

摘 要：消防技术服务机构在对社会单位进行维护保养检测和消防安全评估过程中，已经发挥了不可替代的作用，但是部分消防技术服务机构为了牟取利润，不惜一切手段，压低成本，压低价格，删减了大量的必要环节，致使消防维护保养检测和消防安全评估趋于形式，只走过场，出具的检测报告与现场实际情况不相符合，导致市场运行混乱，社会单位消防设施瘫痪。如不及时制止，将会造成大量的火灾隐患沉积在社会单位之中，加强消防技术服务机构的自律与诚信建设，迫在眉睫。

关键词：消防 消防技术服务机构 维护保养 消防安全评估 条件

1 引言

随着消防事业的蓬勃发展，逐渐孵化出了消防技术服务机构，该机构作为营利性单位，在消防安全评估、消防设施检测以及维护保养等方面对社会消防做出了一定的贡献，在一定程度上缓解了消防救援机构的监管压力。但也存在诸多问题，尤其是在自律与诚信方面，部分技术服务机构违背了职业道德准则，违规执业，牟取暴利，对社会带来了一定的负面影响，加强消防技术服务机构自律与诚信建设，有力助推消防监督执法，是摆在当前一个亟待解决的难题。

2 消防技术服务机构的现状

2.1 近几年消防技术服务机构的数量不断增加

随着经济社会的飞速发展，消防事业也在蒸蒸日上，为了对社会单位进行消防安全评估，对消防设施进行检测和维护保养，消防技术服务机构孕育而生。2019 年 8 月 29 日，应急管理部下发了关于《消防技术服务机构从业条件》的通知，要求消防技术服务机构应当将机构和从业人员的基本信息录入社会消防技术服务信息系统，为了更好地贯彻落实文件要求，部分省也相继出台了配套的文件规定。比如，山东省规定消防技术服务机构、注册消防工程师和建构筑物消防员必须在"信息系统"承诺满足从业条件要求、

进行登记后方可执业，此文件下发之后，各消防技术服务机构及其执业人员，相继在"信息系统"中进行承诺与登记，很多还未成立的服务机构，凭借此次机会，在"信息系统"中作出承诺，进行登记，成了新生的消防技术服务机构。于是，在不到一年的时间里，全国的服务机构不断增加，仅山东青岛一个地区就增加了十几家技术服务机构。

2.2 各消防技术服务机构能力水平参差不齐

2.2.1 从业条件达不到要求

一是部分消防技术服务机构从业人员数量不符合规定要求。从事消防设施维护保养检测服务的消防技术服务机构，注册消防工程师少于 2 人，企业技术负责人未由一级注册消防工程师担任。取得消防设施操作员国家职业资格证书的人员少于 6 人，其中中级技能等级以上的少于 2 人。同时从事消防设施维护保养检测和消防安全评估的消防技术服务机构，从业人员数量不达要求。二是社会保险未及时缴纳。部分单位没有为从业人员及时缴纳社会保险，个别单位没有为本单位从业人员投保，有的单位只为本单位部分人员缴纳保险，其他人员没有在本单位入社保。三是办公场地不符合标准要求。从事消防设施维护保养检测服务的消防技术服务机构，工作场所建筑面积少于 200 m^2，从事消防安全评估服务的消防技术服务机构，工作场所建筑面积少于

作者简介：蒋洪浩，男，工学学士，现任青岛市消防救援支队胜利路消防救援站站长，初级专业技术职务，主要研究方向为灭火救援和防火监督，E-mail：1042704247@qq.com。

100 m²。部分单位仅有一间办公室，缺少会议室、业务受理室、财务室、档案室、器材室。四是相关器材、设备配备不够齐全。按照《消防技术服务机构从业条件》的要求，部分单位只配备了计算机、打印机、照相机等基础设备和秒表、卷尺等维护保养检测设备，缺少传真机、个人防护和劳动保护装备等基础设备以及测力计、数字温度计、超声波流量计等维护保养检测设备。五是消防安全评估机构软件、硬件未按要求购置，软硬件基本功能掌握不熟练。部分单位未安装评估软件，已安装的软件中，仅限于人员疏散能力模拟分析软件、烟气流动模拟分析软件和结构安全计算分析软件。在对单位从业人员操作软件的考核中，发现部分单位的从业人员对软件的操作还不够熟练，基本功能未能掌握。六是消防技术服务机构在诚信方面还存在一些问题。在山东省开展的消防技术服务机构专家查隐患专项行动中，发现很多机构没有注册维保检测，但事实上已经开展了这项业务。有的服务机构已经开展项目了，为逃避检查，却说没有执业。还有的服务机构，没有将已经维保检测过的单位录入社会消防技术服务信息系统，导致系统数据与实际数据不一致。部分服务机构，为了逃避此次专项检查，拒绝接受电话通知。维保报告没有签字，或者找人代签的现象，时有发生。通过到消防控制室调取维保记录，很多单位都没有当日的维保记录。有的服务机构，隐瞒项目工程，只把好的项目现场提供给检查组成员，为了提供问题少的项目现场，不惜舍近求远，花费了大量时间，严重影响了检查进度。

2.2.2 消防技术服务机构执业水平质量普遍不高

一是消防设施检测趋于形式，检测报告与实际情况不相符。有的技术服务机构在对其负责的单位进行检测时，走马观花，敷衍了事。比如，现场没有消防电梯，但是检测报告显示消防电梯正常；现场没有防排烟系统，但是检测报告显示防排烟系统正常。个别消防技术服务机构为了包揽工程，压低价格，甚至没到现场检测，或者简单测量距离，直接出具虚假报告。二是消防设施维护保养质量不高。部分单位维保人员，不会操作设备。例如，维保人员到达消防控制室之后，不会测量接地电阻和主配电切换，有的单位维保

人员连工具设备都不带，致使无法操作；到达水泵房之后，不会切换主备泵，不会调节压力表和湿式报警阀组。个别消防技术服务机构长期不去现场维保，只出具维保报告，致使消防设备处于瘫痪状态。部分服务机构人员对维保的单位查找问题不全面，致使单位存在大量的火灾隐患，有的服务机构虽然向维保的单位提出安全隐患问题，但是单位大都不予采纳，缺乏执行力度。

2.2.3 其他方面存在的问题

消防技术服务机构在执业过程中，还暴露出一系列问题。例如，维保报告记录填写不规范，资质文件出现错别字，服务机构购买的设备和软件缺少发票和房屋合同；有的服务机构没有购买设备和必要的软件，为了应付消防救援机构的检查，从其他服务机构借设备，借软件，单位自身根本不会操作这些设备和软件，又不去在这些方面做投入，维保检测和安全评估能力不达标，却又承揽相应的工程，致使消防技术服务出现大量的盲区。在现场操作设备时，一级消防工程师未到场，消防设施操作员的实践能力明显高于一级消防工程师，消防工程师只掌握业务理论，对于设备操作一窍不通，根本无法提供技术支持。有的单位，维保合同超期，甲方没有签字，维护保养报告成了一纸空文。

3 消防技术服务机构现状的三点原因

3.1 人员通过考试，取得执业资质难度较大

消防是一门系统的学科，知识容量巨大，而且部分内容比较抽象，没有实践经历，很难理解掌握。目前，绝大多数通过一级注册消防工程师考试的人员，大多都是通过参加学习班培训，缺乏实践经验，去年加之疫情影响，消防设施操作员报名工作一直没有开展，从而导致各个消防技术服务机构取得资质人员紧缺，服务机构为了让从业人员数量达到要求，于是就出现了同一个取得资质的人员在两个以上服务机构挂靠，严重违反了《消防技术服务机构从业条件》，使得执业水平大打折扣。

3.2 消防技术服务机构压减成本，牟取暴利

社会保险缴纳不及时，办公场所不符合标准要求，相关器材、设备配备不够齐全，服务机构缺乏诚信等等，这一系列不良现象，归根结底就

是服务机构为了最大限度地争取利润而不择手段，从而导致了恶性竞争。自从消防技术服务机构及其从业人员在"社会消防技术服务信息系统"中承诺满足《从业条件》要求、进行登记后方可执业，各地消防技术服务机构数量迅速上升，出现了有数量没质量的现象。新成立的服务机构，通过各种渠道降低成本，压低市场价格，出具虚假报告，对从事多年、经验丰富的服务机构，带来了巨大的冲击，于是各服务机构为了包揽项目，不得不压低市场价格，直接导致维保检测和消防安全评估的质量明显下降。

3.3 一名执业人员要对多家维保检测单位负责，执业力度较弱，执业阻力较大

当本地的消防维保检测项目和消防安全评估项目趋于饱和时，技术服务机构不得不将市场扩展到外地，致使有的服务机构的消防设施操作员和一级注册消防工程师，基本都在外地对负责的项目进行维护保养检测和评估，这就导致了每名一级消防工程师或者消防设施操作员至少要对多家单位进行维保检测和评估，甚至违反规定，挂靠2个以上的服务机构执业，这就直接导致一个人要维保检测十几家甚至几十家单位。这种"一对多"的现象十分严重，这种"小马拉大车"的现象直接导致了一级消防工程师和消防设施操作员对维保检测的单位根本就不熟悉，甚至连自己的服务机构名称、办公地址都含糊不清。把单位交给这些人维保，后患无穷。而且，即便负责任的服务机构对单位提出了整改意见，有些单位为了节约成本，拒不执行，致使很多消防设施处于瘫痪状态，火灾隐患，层出不穷。更有甚者，因为服务机构不出具合格的检测报告，就通过打击报复或者解除合同等方式，强迫服务机构出具维保检测报告。

4 强化消防技术服务机构自律与诚信建设

4.1 严格按照法律法规，加强事中和事后监管，惩治一批不达标的服务机构

各地消防救援机构要加强对消防技术服务机构的监管，将消防技术服务机构专家查隐患专项行动成为常态化，不定时地对服务机构进行督促检查，确保服务机构时刻保持良好的执业能力水平，对于不达标的服务机构，坚决予以停止执业，决不能让单位处在维保检测和消防安全评估的盲区。消防救援机构在日常消防监督检查过程中，对发现的单位消防设施存在的安全隐患问题，要追查对该单位进行维护保养的消防技术服务机构的履职情况，对出具虚假文件的消防技术服务机构，要严格按照《消防法》第六十九条的规定，顶格罚款，情节严重的，依法责令停止执业或者吊销相应资质资格。

4.2 加大培训力度，拓宽考试渠道，注重实践培养，让更多的人取得资质证书

当前，消防专业领域的人才极度缺乏，"一人维保多家单位"的现象，十分普遍，目前，国内的就业形势十分紧张，每年都有大量的劳动力涌入市场，因此要抢抓机遇，引导广大社会青年，积极投身到消防事业中来，人人参与消防，人人都是专家，依托消防学校，大力开展消防工程师和消防设施操作员培训，让更多的人成为消防领域的专业人才，最终实现，一名执业人员对应几家维保单位，从而对单位了如指掌，确保消防设备时刻处于完整好用的状态。作为一名合格的一级注册消防工程师，不仅要有丰富的业务理论功底，更要有扎实的现场实践操作能力，对消防设备的操作和维护保养要做到熟练操控，轻车熟路，因此，在消防工程师培养的过程中，要注重实践操作的培养，不能只学理论，只背规范，而应该加强现场实操的训练，在每年举行的注册一级消防工程师资格考试中，也应该加上现场实操这一科目，淘汰不会操作设备的人员，从而筛选出理论功底扎实和操作能力高超的人员，担任一级消防工程师。

4.3 提升在职人员的执业能力水平

对已经取得一级消防工程师和消防设施操作员的人员，要进行"回炉"，进行培训，定期组织考核，考核不达标的，坚决予以淘汰。避免部分人，取得资质以后，放下专业，淡化专业，精力外移，降低执业能力的现象。

4.4 消防救援机构要与消防技术服务机构加强指导，密切配合

消防救援机构要定期对消防技术服务机构进行帮扶指导，督促其认真学习并严格履行消防技术服务机构的相关法律文件规定，对于新出台的文件规定以及软件平台，要提供给技术服务机

构，帮助其及时掌握并落实落地。消防救援机构要成为消防技术服务机构的坚强后盾，对消防技术服务机构在维保检测过程中发现被维保的单位不采取措施及时整改的现象问题，要提前介入，依法依规，坚决查处，形成良好的社会消防安全氛围，始终做到风清气正。

5 小结

随着经济社会的飞速发展，各类建筑层出不穷，社会单位数量居高不下，现有的消防执法力量十分有限，大力提升消防技术服务机构的维护保养检测和消防安全评估能力，充分发挥其对社会单位的日常履职能力，能够有效缓解消防执法压力，大大降低社会单位的安全隐患，为营造良好的社会消防安全氛围起到强大的助推作用。

谈县（区）级火灾风险防控中心的建设和管理

尹　维

隆安县消防救援大队　南宁　530000

摘　要：文章探讨了县（区）级火灾风险防控中心建设的主要思路，中心主要包括"一平台、一中心、八系统"，包含了火灾风险防控中心建设软件、硬件、管理体系等各方面的建设和管理思路。

关键词：消防　火灾风险　防控　管理

1　引言

县（区）级火灾风险防控中心，是为加强火灾风险防控，调度辖区防灭火工作力量，强化辖区火灾报警信息监测，指导单位消防工作开展，管理消防防火、灭火资源而建立的数字化信息中心。它与119火灾接处警中心和消防物联网监控中心相比，侧重于防火工作的开展，其内容更加丰富，工作指向性更强，对消防防火工作的改革提升具有较强的促进作用。

2　需求分析

2.1　业务目标需求分析结论

1）提升消防防火工作信息化程度

多年以来，消防119指挥中心一直以灭火救援指挥工作为建设核心，值班人员也基本以消防员为主，防火工作相关的工作平台还基本停留在台式机和手机端，各种防火工作信息缺乏有效汇总和展现平台。火灾风险防控中心建成后，能将各类防火工作相关数据进行完全实时展现汇总，各类火灾风险等级将实现智能评估，消防防火工作的信息化程度将得到大幅提高。

2）提升防火工作开展落实速度

火灾风险防控中心建成后，辖区的防火工作有专职防火人员24小时跟踪落实，相关工作任务下达及完成进度将实现全流程管控，发现的火灾隐患将得到快速处置，所有工作都将通过在线展现，地区火灾风险隐患存量一目了然，火灾防控工作时效性将有效增强。

3）提升基层社会消防防火工作开展的质量

火灾风险防控中心成立后，将为综治网格员、派出所民警、重点单位消防控制室等社会防控力量提供专业和实时的技术指导和适时的督促提醒，将有效提升社会检查人员防火检查工作水平和开展质量。

4）提升消防宣传工作水平

火灾风险防控中心专职负责消防宣传工作任务的布置和落实，可实现宣传资料的收集、整理、发送的资源整合，提升消防宣传工作的传播覆盖面、精准度，从侧面配合社会防火工作开展。

5）提高为民服务水平

火灾风险防控中心通过设置对外服务专职窗口和热线，可有效收集社会群众对消防工作的相关诉求，反馈相关工作信息，强化隐患举报处置程序，举一反三消除相关隐患，提升群众对消防工作的满意度。

6）提高辖区微型消防站管理水平

近年来设置的微型消防站，目前已初具规模，但目前微型消防站的日常运营水平参差不齐，其防火职能、灭火演练、执勤备战等工作开展不够到位。火灾风险防控中心成立后，将对微型消防站实行实时管理，既能实时调度管理微型消防站的人员在位执勤情况，又能适时组织、指导进行灭火演练和开展单位日常防火巡查，提升微型消防站的工作水平和工作质量。

7）提高火灾处置水平

通过对辖区防火灭火人员、物资装备、车辆

作者简介：尹维，男，硕士，高级工程师，隆安县消防救援大队大队长，主要研究方向为电气消防安全、火灾调查、建筑消防工程，E-mail：15007719099@139.com。

器材信息的采集和日常管理，可以最大限度地将辖区的防火灭火资源进行整合，并通过信息化手段，既缩短了火灾的报警时间，又可以第一时间调集辖区所有可用力量，合理调派微型消防站、志愿者、相关联动单位、辖区消防站等灭火力量参与战斗，有效提升辖区火灾处置能力，最大限度地控制火灾规模，减少火灾财产损失和人员伤亡。

2.2 数据需求分析

1）消防指挥员利用火灾风险数据进行综合分析和决策支持的需求

数据是决策的支撑，通过数据分析可以从时间演化趋势、资源空间布局、数据分类对比等信息确认开始。这些信息准确了，可有效提高消防指挥员对态势判断的准确性，这就需要火灾风险防控基础信息平台建设的时候，一方面需要记录历史数据，以便正确表达社会发展的趋势性特征；另一方面实现数据空间化，以便正确表达事物分布的区域性特征；另外，还需丰富数据属性，尤其在数据分类上需要清晰和准确，以便对不同类型的数据进行统计、分析和对比。

2）县级政府各部门用户对火灾风险数据的信息共享需求

火灾风险防控信息平台整体上为县级横向协同联动的平台，平台均需接入县级的应急、市政政府部门，并为之提供服务。各部门在其自身业务办理过程中需要了解与其自业务范围相关的火灾风险相关信息，各部门的业务应用也为基础平台提供数据更新，成为基础平台重要的数据来源。应加强数据之间的互联互通，依托县政务网、互联网，打破数据壁垒，完善县火灾风险资源全数据共享交换机制，使火灾风险防控数据在系统内部、与相关委办局部门之间充分共享、交换和对接。

3）公众和企业用户对火灾风险数据的共享查询需求

结合火灾风险防控基础信息平台建设的丰富的火灾风险数据资源体系，针对其中可公开数据内容进行信息处理后可通过公众服务系统对外发布，满足企业和公众用户查询需求。

3 建设目标

按照统一的数据管理体系开展核心数据管理

与建库，初步形成"一个数据中心"；建设县火灾风险基础信息平台，基本形成支撑全县火灾风险防控信息化的"一平台"；基于统一的技术框架，建设辖区单位火灾风险动态管理系统、消防物联网监控系统、消防宣传发布系统、基层消防网格化工作管理系统、灭火物资分布管理系统、防灭火力量联动管理系统、微型消防站管理系统、群众咨询和火灾隐患举报处理系统等"八系统"，支持优先紧急的业务协同开展和领导综合监管决策；扩充云计算资源池，升级网络安全建设，初步构建火灾风险防控"一张网"。通过项目建设，基本完成县火灾风险防控中心框架建设，为适应机构改革全面提升县火灾风险防控能力建设奠定扎实基础。

4 建设内容

4.1 火灾风险防控云基础设施建设

在现有基础上，扩充硬件基础设施、虚拟化管理平台和数据安全交换域等相关软硬件设备，完成安全交换域建设，打通内外网数据交互渠道，完善网络安全建设。

4.2 火灾风险防控数据中心建设

建设内容包括开展数据管理评估，建立一套数据管理规范体系、基于已有数据基础扩展建设一套火灾风险防控基础数据库，贯穿火灾风险防控数据的采集、治理、融合、管理、分析、共享全过程，基本建成火灾风险防控数据中心，向上依托市级消防综合基础信息平台为用户提供统一数据服务和统一应用服务。

4.3 火灾风险防控信息平台建设

构建由火灾风险防控数据服务、通用基础应用服务、专业应用服务、应用支撑服务等构成的服务资源池，提升平台作为全县火灾风险防控信息化基础支撑平台的能力。搭建由数据中心、应用中心、服务中心、资料中心、个人中心、运维中心等模块构成的平台门户，为不同用户提供在线服务、个性化定制服务、API服务、二次开发接口服务等多种服务形式。

4.4 火灾风险防控应用体系建设

在县信息化总体规划的基础上，结合火灾风险防控实际应用需求，建设辖区单位火灾风险动态管理系统、消防物联网监控系统、消防宣传发布系统、基层消防网格化工作管理系统、灭火物资分布管理系统、防灭火力量联动管理系统、微型消防站管理系统、群众咨询和火灾隐患举报处理系统等"八系统"。

4.5 火灾风险防控中心技术架构

1）基础设施层（IaaS）

立足于云基础设施，采用系统云原生部署模式，使用容器化部署。基于 Docker 创建 Kubernetes 构建一个容器的调度服务，便于云容器集群管理，依据运行所需资源动态扩展；操作系统同时兼容中标麒麟、银河麒麟、Ubuntu、CentOS 数据库，支持 GIS 平台、中间件、应用软件，具备容错机制、自主可控、高性能特征，服务于业务内网，业务外网与涉密网。

2）数据层（DaaS）

数据层包括平台使用的数据库存储技术，针对不同的业务数据采用不同的存储方式。包括关系型数据库：主要用于存储系统元数据信息、资源信息、用户等信息，现支持 mysql、Oracle、Sqlserver 等关系型数据库。

非关系型数据库：MongoDB 数据库主要用于存储系统日志信息、地图缓存瓦片信息、地名地址等信息；Redis 缓存数据库存储系统登录信息、用户权限信息、系统模块等信息；

分布式数据库：主要用于存储大数据文件，同时支持高效动态查询；Hadoop 存储文件资料信息；Hbase 存储大数据量矢量数据；ElasticSearch 存储地名地址信息、在线制图、实时数据等信息；空间数据库：基于 SuperMap SDX+空间数据引擎，提供给高效的 GIS 出图、空间查询数据支撑；

3）平台层（PaaS）

DevOps：采用新的开发运维技术体系，整合促进开发、技术运营和质量保障部门之间的沟通与协作，按时交付产品与服务。代码管理使用 GitLab 管理工具，便于代码版本分支合并与管理；使用 Maven+Sonatype 组件管理工具搭建私有组件库；使用 Harbor 构建镜像仓库，支持权限管理（RBAC）、LDAP、审计、安全漏洞扫描、镜像验真、管理界面、自我注册等功能；提供 Jenkins 持续集成和 Jira 缺陷管理，提供缺陷结局统一入口。

微服务治理：提供微服务治理基础设施，包括自动测试、自动化部署、配置中心、服务监控、服务容错、服务熔断、服务安全、服务发现、服务安全、配置中心等。

采用的技术路线：Eureka 注册中心、Spring Cloud Config 配置中心、远程调用 Fegin、负载聚恒 Ribbon、服务网关 Gateway、链路跟踪 Zipkin。

中间件：利用中间件快速构建平台应用，保障平台的高可用。Tomcat 应用服务中间件保证平台的正常运行；Nginx 负载均衡通过软件快速搭建集群。

平台服务：为保障平台的高可用、高扩展、高复用，整合 Spark、TensorFlow、LogStash、CASOauth、ActiveMQ、Kettle、Quartz、Spring Cloud 等技术，支撑平台的用户登录、数据上传、空间分布式分析、地理编码、日志体系、任务调度等模块合。

4）应用层（SaaS）

应用层主要为系统应用提供技术支撑，采用 Vue+Elemen-UI 客户端技术体系，使用 Echarts 支持图表可视化展示，支持 Leaflet+OpenLayer 空间数据渲染，Cesium 三维数据动态加载。

5 火灾风险防控中心的建设与运行管理

5.1 领导和管理机构

火灾风险防控基础信息平台，作为县（区）的整体性、基础性平台，需要多部门的协作配合。为了保障项目的顺利实施，建议在县消防大队层面成立领导组，组长由消防大队长担任。成员包括县各部门信息化的消防安全负责人和各业务科室负责人。

5.2 项目实施机构

为了更好地协调组织好本项目实施，在领导小组的指导下，设立项目实施机构，由业务组、数据组、开发组、测试组、管理组、监理组共同构成。每组成员由县消防救援大队、项目实施单位派出人员共同组成，并建立项目专家库，实时指导项目建设。

6 火灾风险防控中心的主要建设模式

火灾风险防控中心，主要由当地政府出资建设，由当地消防大队派员管理，也可依托当地综治中心平台建设，消防部门派员参与管理。建设项目主要需要建立 led 屏幕墙、远程会议系统、系统工作台和相关网络接入设备，硬件投资规模约 100 万元即可投入使用，其终端的相关附属设备如高空火灾监控、重点场所红外摄像头、远程监控系统等投资可逐年增加或接入。

7　火灾风险防控中心的工作模式

7.1　工作时间

由于消防工作的特殊性，火灾风险防控中心实行 24 小时工作制，不间断处置各类火灾隐患和火灾事故。

7.2　人员安排

火灾风险防控中心根据辖区大小，应安排不少于 3 人进行轮岗值班，相关人员应对当地辖区单位较为熟悉，掌握基本的消防法律法规和防火监督工作，能对重点单位消防控制室、微型消防站、街道社区工作人员进行基本的业务培训和指导。

7.3　工作内容

值班人员负责每日更新辖区各种联动力量信息，跟踪单位火灾风险等级变化，督促指导微型站、综治网格员和单位值班人员开展消防巡查，答复群众消防问题咨询，定期安排指导各行业开展消防宣传工作内容，组织辖区消防防火力量开展远程视频会议或培训，采集跟踪辖区消防物联网系统信息，实时监控辖区各单位监控系统提示的突发火警信息，指挥调度微型消防站力量组织火灾扑救。

8　结语

建设火灾风险防控中心，是加强社会消防安全管理，提升消防工作水平的一个有效途径。它的建设和运营将为今后消防工作的深入推进提供一个新的基础工作大平台，可最大限度地整合本地各类消防工作资源，并跟随社会消防工作的发展不断升级拓展新的内容，将防火工作与灭火工作提升到一个同等重要的程度上来，将第一时间发现火灾、扑灭火灾的工作思路提升为第一时间发现隐患、处置隐患上来，提升风险隐患的发现和处置速度，将防灾工作做在前端，尽可能地减少火灾的发生概率。它还能第一时间发现火灾警情信息，整合灭火力量，第一时间调集充足灭火力量和社会资源进行火灾处置，有效提升火灾处置能力，尽可能地将火灾灭早灭小，为当地的人民群众提供良好的消防安全环境。

参考文献

[1] 胡君城. 城市级环境应急指挥中心平台建设思路 [J]. 城市建设理论研究，2011（23）.

[2] 刘玉杰，周博，张玉星. 大型化工企业视频监控与火灾报警系统联动的应用研究 [J]. 科技信息，2013(19)：428-429.

[3] 卢潇. 探索城市火灾远程监控系统在火灾防控方面的应用 [J]. 城市建设理论研究，2014(9)：1-4.

[4] 郑成贺. 基于大数据技术的智慧城市指挥中心架构研究与设计 [J]. 科学与信息化，2018(26)：30.

浅谈阜阳市"智慧消防"建设

张 志 刚

阜阳市消防救援支队　阜阳　236000

摘　要：阜阳市位于安徽省西北部，属于农业大市。随着社会经济的快速发展和城市化的快速推进，高层、地下、易燃易爆等高危场所与日俱增，原有的消防安全监管模式已经远远不能够满足城市的消防安全管理需求，"单位全面负责"的要求存在一定的盲区。"智慧消防"的出现，对于消防安全重点单位管理服务水平的提高发挥了积极的作用，但也暴露出一定的不足。笔者通过对传统的消防联网监控系统在运营中出现的一些问题进行了分析，并结合当地实际，对阜阳市下一步的"智慧消防"建设提出自己的意见和看法。

关键词：消防　智慧　不足　看法

1　引言

近些年，随着各地"智慧消防"建设的不断发展，对于城市整体消防安全的防范能力水平的提高有了一定的促进作用。但随着时间的推移，出现了一定的"重建设，轻管理"现象，逐渐暴露出功能、技术水平更新慢，服务覆盖面不足，各方主体责任不明，长期运营资金困难等一系列问题。笔者通过部分城市"智慧消防"的运营现状调查，结合阜阳市部分消防安全重点单位和住宅小区的试点建设，认为"智慧消防"建设应立足各地实际，规范行业秩序，强调可持续发展，将管理服务贯穿到消防安全服务体系的"事前、事中、事后"，按照"责任和利益"相一致的原则，引入社会资本，创新服务模式，从而建立一种可管可控的全链条、一站闭环式的消防安全托管服务模式。

2　当前"智慧消防"建设的几点不足

2.1　技术落伍

"智慧消防"系统对社会单位消防数据的需求高，它将联网单位的固有消防设施设备结合火灾报警技术、信息通信及网络技术、计算机控制技术和多媒体显示技术，通过公用（单位）电话网络、局域/广域网络、无线 GPRS/CDMA 网络等多种传输方式，实时采集监控现场的各类报警信号、故障信号、图像信息，并及时可靠地将上述各类消防数据传送到数据中心。

由于部分联网单位消防安全主体责任落实不力，消防管理水平参差不齐，对消防设施设备的维护保养也存在一定的缺陷。这导致了部分单位长时间处于离线状态，采集至平台的消防数据存在关键信息丢失、准确性不高、警情误报较多等现象。另外，早期的部分产品设备未能充分考虑到技术和设备的扩展性和兼容性，使系统对数据的深层次挖掘及智能化再处理受到了极大限制与干扰。

2.2　人员不精

"智慧消防"建设既不单单是信息技术的智能化应用，也不仅仅等同于人工智能，人的因素同样十分重要。从调查来看，各地普遍存在重技术应用和网络建设，对人的参与及智慧消防效果的体现有所偏弱。从业人员门槛不高，"重应用，轻培训"现象较为普遍，整体水平较低，直接影响到前端数据采集及系统长期运行稳定。而且"智慧消防"系统是一套面向多厂商、多协议和各种应用的体系结构，需要解决各类设备、子系统间的接口、协议、系统平台、应用软件的集成综合应用平台，需要的是一支协作上高效、物理位置上分散、业务技术上专精的技术服

作者简介：张志刚，男，工作于安徽省阜阳市消防救援支队，高级工程师，主要从事火灾事故调查工作，E-mail：3328325530@qq.com。

务团队。目前来看，距离此目标仍具有相当大的差距。

2.3 覆盖有限

2020 年，全国连续发生村民自建房、沿街门店、"多合一"场所较大亡人火灾。2020 年 5 月 17 日 3 时 21 分，甘肃省临夏州临夏县一村民自建房发生火灾，过火面积约 23 m²，造成 4 人死亡。2020 年 3 月 8 日，贵州黔东南州天柱县竹林镇一沿街店铺亡 9 人火灾。特别是贵州省黔东南州从江县、黔南州三都县、遵义市习水县 2020 年已先后发生 4 起较大亡人火灾。同类场所火灾在贵州连续发生，同类问题反复出现，虽然与消防安全常识普及不够有关，如有的火灾报警时间甚至晚于起火时间半小时，但同时暴露出大量类似场所消防安全几乎处于不设防状态，基层消防安全管理弱化，整治后极易反弹的问题。结合实际推广独立报警、简易喷淋、物联网远程监控、电气火灾监控等技术，积极应用技防手段已成为提升全面火灾防控的重要一环。但目前传统消防物联网监测系统大部分仅针对消防安全重点单位进行了接入，大量的上述场所未纳入服务范围，无法实现对社会单位消防工作全面信息化管理。

2.4 主体不明

现有的"智慧消防"系统由消防部门申请当地政府出资建设，建设单位负责施工并提供维保和监测服务，业主单位配合建设工作并使用相关服务。运营涉及多个使用单元，全国各地做法不一。有的消防部门对业主单位的火警情况和消防设施运行情况进行监测，有的直接委托建设单位统一监测；建设单位仅对己方提供的服务条款负责，不能对业主单位可能面临的消防安全损失有效承担赔偿责任；业主单位由于自身消防安全管理或者自动消防设施运行能力差等原因发生火灾事故，作为受损方，无法要求任何一方承担赔偿责任，产生了"责任和利益不明确"的现象，不能形成一站闭环式的消防安全托管服务模式，一定程度上影响了该系统推广应用。另外，该系统大部分未涉及相关消防安全的行业主管部门，不能有效推动主管部门履行行业监管职责，无法全面压实"政府统一领导，部门依法监管，单位全面负责"的主体责任。

2.5 运营困难

各地"智慧消防"系统的运营经费大多以政府按周期以购买技术服务的形式进行资金保障，一个服务周期三年、五年等各地不一，资金保障相对固定。随着系统前端消防产品的不断升级、用户对系统功能的新要求增加以及相关法律法规的调整，要求系统功能、平台软件不断的升级、完善，仅靠政府相对固定的资金投入难以实现长效的数据运营机制。另外，随着接入消防安全重点单位数量的增多，尤其是村民自建房、沿街门店、"多合一"场所等大量民用建筑逐步接入后，建设、运营经费地方财政能够承担多少也是一个重要因素，那么相关服务企业如何实现"自主造血"就成为当下的一个重要内容。另外，虽然服务收费属于市场调节范畴，但该行业的服务标准、服务范围没有参考依据，各地收费也有一定的差距。上述因素已严重制约着"智慧消防"联网监控系统的发展。

3 阜阳市"智慧消防"建设

"智慧消防"建设是一项长期工作，在规划和实施过程中，必须立足于现状，结合当地财政实际，着眼于未来，全面实现信息互通互联、状态实施监控、智能安全管理。

3.1 建设原则

1) 可扩展性原则

在充分满足现有需求的基础上兼顾后期发展，在相对稳定的架构下，采用代表当前移动互联网与物联网技术发展趋势的先进技术和成熟产品，满足消防安全未来（5 年以上）业务需求及技术的发展变化。

2) 开放性原则

系统建设要能够与市级各类安全监控中心兼容互联，要兼顾开放性，充分考虑各类应用需求，包括大数据处理型业务应用、高密度计算型业务应用等，以利于统筹开发各类应用。

3) 标准与规范原则

从业务、技术、管理等方面完善规范标准体系，确保各类规范命名、业务规则定义、度量方式等的规范性和通用性，并使用统一的业务语言进行描述，易于业务人员和技术人员的理解和使用。

4）逐步推进原则

现阶段建设主要实现对消防安全重点单位和高层民用建筑的防控监测，试点推进城乡接合部沿街门店、"多合一"场所，根据财政负担能力以及资金来源实际，逐步向全市推广。

3.2 设计方案

建设基于物联网和大数据的智慧消防联网监控系统平台，该平台主要分为三个部分：消防安全云、火灾风险研判和消防业务协同。消防安全云将消防安全服务数据及其他已有数据汇聚至云平台，为火灾风险研判和消防业务协同提供数据支撑；火灾风险研判通过对单体建筑或区域进行评估，其评估结果可用于指导消防业务协同方式、优化消防安全数据的监控策略；消防业务协同为消防安全云和火灾风险研判提供一种切实可行的应用模式。各部分之间相互衔接，构建成层级防控体系（图1），使消防部门、行业主管部门、从业单位、社会单位、监测中心合理分工，各司其职，最终形成依托消防社会化服务的长效数据运营机制和风险管控手段。着力破解消防监督有限警力、无限责任，消防安全责任制不落实难题。全面压实单位消防安全主体责任和行业监管责任。

综合利用物联网、云计算、大数据等技术，依托有线、无线、移动互联网、NB-IoT等现代通信方式，将重点单位消防物联网监测系统、智能独立式感烟报警系统、智慧安全用电监控系统、智慧消火栓管理系统、城市高清视频监控系统、单位日常消防巡查管理系统、移动执法手机App系统集成一网运行，建立城市全方位、全覆盖的智慧消防监控系统，落实相关各方的消防安全责任制，实现在线监测、智能分析和分级预警功能，并与消防应急指挥系统互联互通。

3.3 建设方案

1）建设市级消防安全远程监控中心

建立市级消防安全远程监控中心，对联网单位消防安全状态进行24小时全天候在线监控，确保消防隐患早发现、早处置；通过报警复核、警情推送等手段，第一时间将真实警情推送至相关人员，提升灭火处置时效性；实现监控信息与消防救援支队控制中心的实时共享；对物联网监测数据进行汇聚分析，定期向消防部门推送统计分析报告，为消防部门的科学决策提供数据支撑。

2）推动原有物联网系统改造升级

对已设有自动消防设施的高层（地下）建筑、消防安全重点单位进行消防物联网技术改造，设置数据传输装置，增设水压、水位、防火门等开关状态的监测装置，利用视频监控系统监控安全出口和疏散通道、消防控制室值班情况；接入电气火灾监控系统有关漏电电流、线缆温度等数据；将消防设施和电气安全等监测信息全部

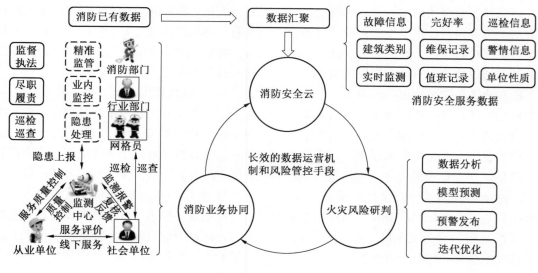

图 1 系统框图

接入城市消防远程监控系统，值班人员可利用手机 App，动态监控、立体呈现联网单位消防安全状态，提高消防设施的完好率。

3）推动社区搭建物业消防物联网远程监控系统子平台

推动物业服务企业建立社区消防物联网远程监控子平台，部分替代原有监控系统。将社区内的消防设施监控、独立烟感报警器、燃气报警器等报警信息纳入监测，实时上传系统，并与社区物业值班员、微型消防站队员实现手机 App 无线联动，强化消防网格化管理。推动社区养老场所、幼儿（托管）教育场所和重点服务人群活动场所安装 NB-IoT 智能独立烟感、智能独立可燃气体探测报警及智慧安全用电装置。

4）推动 NB-IoT 智能独立火灾（可燃气体）探测报警器在全市范围普及应用

根据资金保障能力，逐步推动在老旧高层建筑、集贸市场、群租房、棚户区、"三合一"场所和其他"九小"场所安装使用 NB-IoT 智能独立火灾（可燃气体）探测报警器。及时将报警信号上传系统，系统自动播报或通过手机 App 和短信、微信报警等方式向业主、物业、社区、微型消防站等发出警报，实现火警快速联动应急响应。

4　规范行业秩序，创新运营模式

运营商可借鉴"智慧城市"运营模式，通过系统合理广告收入，引入保险、公估、司法鉴定等第三方提供相关服务项目等方式"自主造血"，以物联网、互联网+、大数据等技术为支撑，将技防、人防、第三方社会服务等进行融合，以对被服务对象消防安全损失兜底为目标，创新运营机制、服务模式和产业业态，建立一种闭环、可管可控的全链条一站式消防安全托管服务模式。通过建立健全运维工作机制，制定和完善相关技术标准、工作制度、流程和规范，强化行业道德建设和职业操守，加强社会监督和目标考核，落实责任追究；通过自驱式消防运维管理和服务模式创新，利用市场杠杆平抑火灾风险，优化提高消防物联网监控产业水平和组织形态。

虽然"智慧消防"建设的理想预期在实践中还面临着一些亟待解决的问题，但对于提高城市消防安全管理方面还是有着明显优势，在人、物理空间、人工智能方面发挥着组合效应。下一步，通过"智慧消防"建设带动政府各部门、社会力量和群众力量共同参与，打造共建、共治、共享的消防安全管理格局，从而全面提升城市火灾防控水平。

参考文献

[1] 赵桂芳. 从实践角度论智慧法院建设过程中存在的问题及对策研究 [EB/OL]. (2017-11-23) http：// www. chinacourt. org/article/detail/2017/11/id/3085397. shtml.

基于 AI 算法的电气火灾监测预警技术研究

苏 琳[1]　李 达[2]

1. 天津市消防救援总队　天津　300090
2. 天津市鸿远电气股份有限公司　天津　300356

摘　要：本文结合当前严峻的电气火灾形势，客观分析了电气火灾成因和机理，对比了国内外现有电气火灾监测预警技术的现状和实际需求，探讨了依托物联网、大数据和人工智能等新技术，研究解决传统剩余电流类产品误报警率高和火灾环境检测产品不及时、不准确问题，提出了通过以 AI 算法为核心的电气火灾监测预警前沿技术，将物联感知、监控平台建设、基于大数据的电气隐患识别以及非介入式智能量测系统有机结合，形成对电气线路空间的立体监控，对存在于线路、用电端的各种复杂的电气隐患进行准确、高效的早期预警，进一步降低电气火灾事故的发生的概率。

关键词：AI 算法　电气火灾　监测预警技术

1　引言

近年来电气火灾频频发生，每年的电气火灾占全部火灾比例高达 30% 以上，其中，电气线路火灾又占电气火灾的 60% 以上。2020 年，从全国火灾的基本情况看，初步统计共接报火灾 25.2 万起，死亡 1183 人，受伤 775 人，直接财产损失 40.09 亿元。从电气火灾的占比看，全年因违反电气安装使用规定引发的火灾共 8.5 万起，占总数的 33.6%；其中，因电气引发的较大火灾 36 起，占总数的 55.4%。从电气火灾的分类看，因短路、过负荷、接触不良等线路问题引发的占总数的 68.9%，因故障、使用不当等设备问题引发的占总数的 26.2%，其他电气原因引发的占 4.9%。

2018 年震惊全国的哈尔滨 "8·25" 火灾事故造成多达 20 人死亡，事故原因就是风机盘管机组电气线路短路形成高温电弧，引燃周围塑料绿植装饰材料并蔓延成灾；2020 年 2 月 23 日凌晨，深圳市宝安区一酸奶店发生火灾，事故造成包括 1 名婴儿在内的 4 人死亡，起火原因是商铺二层阁楼东北角处电气线路短路，引燃周边纸制品、电器和床垫造成火灾。

针对我国电气火灾频发的现状，中国建筑电气行业泰斗王厚余曾一针见血地指出："多年来，我国对电气火灾的防范工作大多只限于一般性的防火检查，这与许多发达国家存在较明显的差异。他们更侧重依靠完善电气系统的设计、安装和管理来消除电气起火的隐患，从根本上杜绝电气起火事故的发生。正是由于侧重点的差异，造成可能导致今日我国电气火灾此起彼伏、防不胜防的严峻局面。"

基于上述研究背景，本文拟对电气火灾原因和国内外现状进行分析，采用 AI 算法将仿生技术与传感器采集、模式识别有效结合，形成电子鼻的分析技术，有针对性地洞察各用电点位的气体变化情况，实现电气火灾精准分析、有效监测预警。

2　电气火灾原因分析

是什么导致了电气火灾如此高发？一是经济高速发展，人均用电量急增。二是电气线路绝缘老化不可避免，一般家用电线电缆的正常更换年限为 15~20 年，我国大多数建筑内的绝缘线路到了使用年限后并没有进行更新，导致电气线路长期处在高危状态下工作。三是电器线路与电气设备质量问题，主要是导体部分导电能力降低、绝缘材料绝缘性能欠佳、绝缘材料防火性能不达标、电气连接件接触不良、保护装置动作参数不达标等方面。四是电气设备使用不当现象严重，

作者简介：苏琳，女，硕士，高级工程师，从事消防监督、消防产品科技、消防技术服务、智慧消防建设等领域的研究。

有 8.7% 的火灾是由于电加热器具火灾，其实质就是由于电加热器具与可燃物接触或距离太近引起的；近 3 年来，电动车的充电时引起的火灾越来越多，其中一部分火灾便是对电动车的不当充电导致。五是电气保护装置不能及时动作，以高发的短路火灾为例，一方面是因为短路保护装置未按规定设置或设置了但未及时动作，导致短路发生时间长引燃电气线路；另一方面是短路发热形成的短路溶珠滴落在可燃易燃材料上形成的。

3　电气火灾监测预警技术国内外现状分析

目前国内外行业中的电气火灾监控技术主要是监测电气线路中的剩余电流检测、温度等参数的变化。其目的是当线路中发生漏电、缺相等异常用电情况时，可迅速发出报警信号并定位故障点，通知电气专业人员及时排查电气火灾隐患，将电气火灾消灭在萌芽状态。但实际应用中却存在诸多不足。

（1）功能单一。偏重于状态监测及报警保护，缺乏故障诊断、故障分析、趋势预测等智能分析功能。

（2）监测面窄。偏重于配电线路剩余电流检测及温度的点式探测，缺乏电缆温度的分布式、线式探测；偏重于对低压设备的状态监测，缺乏对高压设备、用电线路的综合状态分析。

（3）数据分析不专业。剩余电流采集后所显示的数据并不真实，它含有"容性分量漏电"和"阻性分量漏电"；实际应用中，能够产生热量的阻性成分是引起火灾的主要元凶，容性分量不会产生热量，只是用电流互感器采集剩余电流是不准确、不可靠的，线路中的容性分量越大，误差就越大。

（4）算法太过简单。通过互感器将用电数据采集到云平台上存储、计算，只是进行简单的阈值判断，没有应用大数据的优势深入分析本质问题，无法分解出关键数据。需要通过复杂的运算，准确分离出线路里的阻性数值，识别异常发热源。

综上，现有电气火灾监控技术普遍存在实时性差、误报率极高等问题，难以满足当前社会对火灾隐患监测预警的急迫需求。而新型电气火灾监测预警技术的研究与应用，能够利用物联网、大数据、人工智能 AI 算法，对存在于线路、用电端的各种复杂的电气隐患，准确、高效地进行早期预警，从而降低火灾事故发生的概率。

4　基于 AI 算法的电气火灾监控预警技术

4.1　总体思路

研究目标是形成对电气线路空间的立体监控，通过立体式、多维度的数据监控，能够准确、及时地发现安全隐患，降低电气火灾事故的发生。

研究内容是针对用户需求，定制式部署成型 AI 算法，采用云端分布式部署平台资源，打破以产品为中心的固有模式，推出云端结合的新思维，解决实际应用中的"不定性"问题。

（1）物联感知采集。引入准确预防、精准定位，及时查找、快速处理的管控机制，不仅使硬件与网络间连接灵活多变，同时实现软件功能组件的分布配合智能、合理。采用无线通信的 NB-LOT 与 5G 技术，实现线路中的数据采集和空间中的气体探测；对于隐蔽的墙体内走线、地下敷设线路、顶部架空线路，以及封闭的配电箱、配电柜、竖井、高压柜等封闭箱体、柜体内电气火灾隐患点，实现全面数据采集。实现组成单元的智能化，实现功能的智能化，起到信息的远程发布和监测作用。

（2）功能一体化系统。加入了对阻性负载特性的识别、绝缘电阻的检测、电弧特性检测、剩余电流深度分析以及封闭空间内的易燃、有毒气体探测的立体结合分析，将仿生技术与传感器采集、模式识别有效结合，形成电子鼻的分析技术。

（3）安全可视化系统。在传统文字监测及声光报警手段的基础上，提供直观的图形监控及多媒体报警手段，实现电气火灾隐患一目了然。

（4）非介入式智能量测系统。在智能电网高级量测体系框架下，依托原非介入式电力负荷监测技术在用电数据采集与分析方面的优势，研究支持电能表远程诊断、非介入式量测高级分析、停复电上报"三重"功能的新一代电能表，并建立基于新型智能电能表的量测系统，对电路负荷进行辨识与监测，通过大数据分析，实现电气火灾隐患预警。

4.2 关键技术

4.2.1 识别危害气体的考核指标和评测方法

一般来说各种电气故障引发火灾都是通过高温效应引起的，主要包括软化绝缘。绝缘介质多为高分子材料，当温度升高到一定程度后，其物理性能便会发生变化，最明显的变化就是软化。一旦绝缘发生软化，各相导体间在机械力的作用下发生接触短路的可能性便增大。短路一方面可以使发热更为剧烈，温度急剧升高而烤燃绝缘介质，另一方面随着绝缘层软化裂解带来的碳沉积使得电弧之间产生导通通道分解物质产生易燃气体。很多绝缘介质如聚氯乙烯、聚乙烯、氯丁橡胶等都会因受热而分解出可燃气体。当温度高到一定值时，这些可燃气体便会与氧气产生氧化反应，放出大量热量，从而引起燃烧。高温不但充当了火源，还充当了可燃物制造者的角色。

电线电缆用软性 PVC 通常包含 52% ~ 63% 树脂、25% ~ 29% 增塑剂、约 16% 填充料、2% ~ 4% 稳定剂、0.2% ~ 0.3% 蜡、少量滑润剂和着色剂，还添加阻燃剂和微量抗氧化剂。典型的增塑剂有邻苯二甲酸酯类，如邻苯二甲酸二异癸酯 DIDP、邻苯二甲酸二（十三烷基）酯 DTDP；或偏苯三酸酯类，如偏苯三酸三辛酯。

由于上述物质在加热条件下可以释放气体，因此可以作为火灾预警的标志物，利用化学传感器进行检测。加热线缆在 60 ℃ 以上出现的析出和分解气体见表 1。如果能起到前期有效预防作用，要在线缆因异常高温出现挥发气体时就能准确检测到；电气隐患预警装置是根据线缆绝缘层在遇热后的挥发物进行分析，绝缘层的热分解不是稳定过程，在不同温度时分解产物组分有重复，也有不同。

表 1 加热线缆在 60 ℃ 以上析出和分解的气体性质表

名称	分子式	分子量	沸点/℃	含碳数	保留时间/min
乙醇	CH_3CH_2OH	46	78.4	2	1.969
三氯甲烷	$CHCL_3$	120	61.2	1	2.172
正丁醇	$CH_3(CH_2)_3OH$	74	117.7	4	2.287
苯	C_6H_6	78	80.1	6	2.302
正庚烷	C_7H_16	100	98.43	7	2.391
三氯乙烯	$CHCL=CCL_2$	131	96.7	2	2.415

表 1（续）

名称	分子式	分子量	沸点/℃	含碳数	保留时间/min
甲苯	C_7H_8	92	110.8	7	2.762
二甲苯	C_8H_{10}	106	139	8	3.602/3.698/4.045
2-乙基己醇	$C_8H_{18}O$	130	184	8	7.318
丙三醇	$CH_2OH—CHOH—CH_2OH$	92	290	3	—

4.2.2 线路剩余电流

利用电流互感器检测电流的原理来检测剩余电流的大小，以防止电气火灾的发生，组成构件有零序电流互感器 CT、漏电检测电路、脱扣器。被保护电路有漏电或人体触电时，只要漏电或触电电流达到漏电动作电流值，零序电流互感器的二次绕组就输出一个信号，经过集成电路放大器放大后送给 CPU，CPU 输出驱动信号向平台推送报警数据，并使漏电脱扣器动作驱动断路器脱扣，从而切断电源起到漏电和触电保护作用。

4.2.3 阻性容性分离

对电流电压信号交替采样，通过高速微处理器进行傅氏变换相位比较，分离阻性电流和容性电流。

4.2.4 电弧识别技术

通过采集每周期的电流数据来分析电流波形是否存在零休、正负半周不对称、周期性不明显，以及是否含有丰富的高频谐波这些特征，来判断是否发生了电弧故障。建立定向数学模型，精准分析预测。对电压、电流、功率、温度、漏电数据实施监测和识别，如图 1 所示。

4.2.5 非介入式智能量测技术

根据新一代非介入式量测电能表系统架构，利用智能量测模块误差在线监测和非介入式负荷监测相应的应用及展示界面与高级功能接口，通过用电信息采集系统层的接口服务器读取相应的结果，实时查询用电负荷隐患辨识和状态监测数据。

（1）实时监测：展示所有用电负荷实时数据情况。包含总口量测信息、总口当日累计电

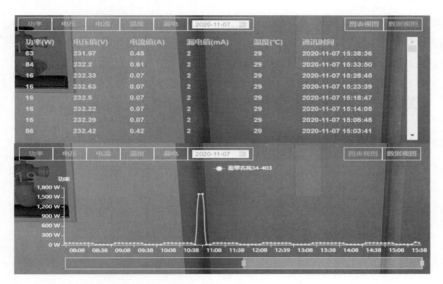

图 1 电气隐患实时综合监测数据

量、电器当日累计电量、总口运行轨迹。总口运行轨迹展示最近 10 min 的功率曲线，如图 2 所示。

（2）查询统计：具备可追溯性，对电气火灾事故后调查起火原因及用电负荷状态有重要价值。根据年/月/日不同时间维度，实现对总口累计电量、电器分项累计电量等用电历史数据进行统计，如图 3 所示；同时也可以进行事件查询，对在查询日期内的用电负荷运行轨迹以及启动状态信息进行查询，如图 4 所示。

图 2 用电负荷实时监测数据

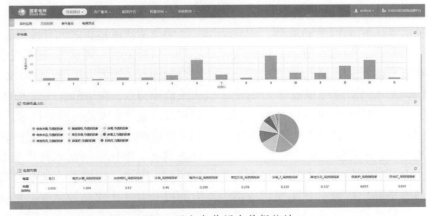

图 3 用电负荷历史数据统计

（3）隐患辨识：可自主设置一系列应用告警功能，对其应用情况进行检测和隐患识别。告警设置类型包括禁用负荷告警、过载告警、过压告警、低压告警、关注电器告警、离家告警。同时，在异常用电界面可对产生的所有告警信息进行跟踪查询，如图5所示。

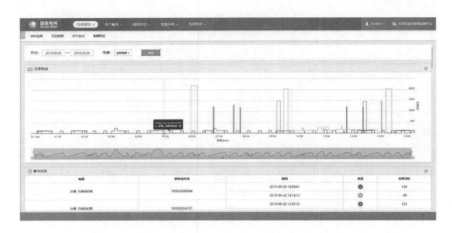

图4　用电负荷运行轨迹及启动状态信息查询

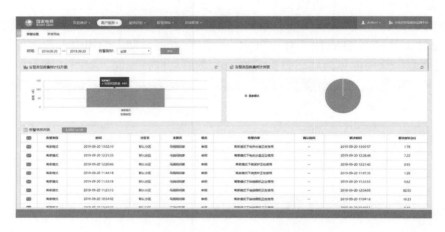

图5　告警信息查询与隐患辨识

4.3　人工智能 AI 算法的应用

人工智能（Artificial Intelligence，简写为 AI）的三大基石为算法、数据和计算能力。例如通过对楼宇中独居老人用电行为的监测，记录出老人日常用电行为规律，如图6所示。将电气隐患综合监测和智能量测数据，进行数据治理分析，同时基于 AI 算法分别构建可以自学习的定向数学模型 A-用电高峰期分析和用户分类、模型 B-日用电总量和夜用电总量监测、模型 C-生命安全告警、模型 D-设备状态告警（图7），实现精准分析预测，由计算结果来判断用电行为人的异常举动，及早地推断出报警，并通知相应消防安全管理人员，对异常情况进行确认，将异常火灾风险损失减到最低。

5　结语

电气火灾的危害之大有目共睹，但电气火灾绝不是不可避免的"顽疾"。随着全国电气火灾三年综合治理行动的大力推进，针对文章中提出的电气火灾监控特点，在防范电气火灾的未来之路上，要切实改进电气火灾监控预警技术，对电气火灾隐患起到准确探知的作用，同时进一步完善电气安全检查制度、强化政策法规标准支撑与智慧消防建设的深入融合，以科技之力，实现群防群治，全方面提升电气火灾防控水平，将火灾风险化于无形，使办公、生产更安全，居民生活更安心。

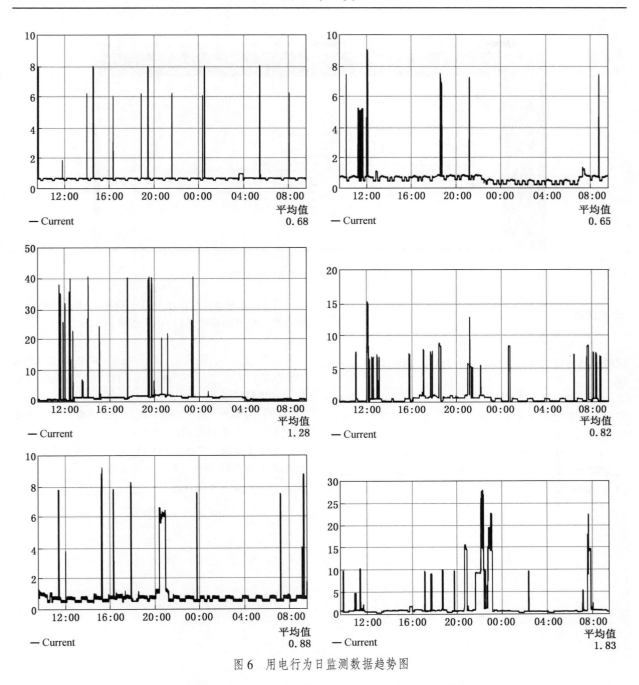

图6 用电行为日监测数据趋势图

图 7　基于人工智能 AI 算法的数据模型

参考文献

[1] 吴志强，王德坤，伍琳，等．关于电气火灾的成因及防范技术分析 [J]．中国消防，2020（7）：63-66.

[2] 吴志强，王德坤，赵海龙，等．遏制电气火灾多发的阻性漏电检测技术分析 [J]．消防科学与技术，2020，39（7）：103-105.

[3] 蒋慧灵，李杰，马艺嘉．2007—2016 年全国电气火灾现状及防治对策 [J]．武警学院学报，2017，33（12）：40-44.

[4] 郭秀丽，陶曾杰．基于物联网技术的电气火灾报警控制系统设计 [J]．电子世界，2020（21）：173-174.

[5] 赵月爱，秦佳宁．基于 TENSORFLOW 的 LSTM 神经网络智能电气火灾预测研究 [J]．太原师范学院学报（自然科学版），2019（2）：48-52.

[6] 余琼芳．基于小波分析及数据融合的电气火灾预报系统及应用研究 [D]．秦皇岛：燕山大学，2013.

[7] 李庆功，王悦，李继繁，等．基于大数据分析的火灾预警方法研究 [J]．南开大学学报（自然科学版），2020（4）：111-115.

国内外公路隧道火灾设计规模概述

于年灏[1,2]　路世昌[1,2]　黄益良[1,2]

1. 应急管理部天津消防研究所　天津　300381
2. 天津盛达安全科技有限责任公司　天津　300381

摘　要： 为了提供公路隧道火灾设计规模参考和依据，通过调研国内外相关国家和组织的技术标准和研究报告等文献资料，总结归纳各文献资料中不同国家关于公路隧道火灾规模的建议值及主要影响因素、实体火灾试验数据和工程应用取值。结果表明，允许通行车辆类型是影响隧道火灾规模的最主要因素。在隧道不通行危险品车辆时，国内隧道采用的设计火灾规模普遍为（20~50）MW，国外大部分国家在隧道不通行危险品车辆时火灾规模通常选取（30~50）MW。

关键词： 消防　火灾规模　公路隧道　车辆类型

隧道火灾设计规模是隧道设计的一项重要参数，其取值与隧道通风系统设计、结构设计和设备选型等密切相关，对公路隧道的土建、设备投资、运营费用都有很大的影响。国内外许多研究人员和机构对隧道火灾热释放速率及其影响因素做了大量的研究，相关研究成果和规定对公路隧道火灾规模设计提供了有益的参考和依据。

1　我国规范设计取值规定

现阶段我国公路隧道火灾规模设计可依据或参考的规范条文主要包括《公路隧道通风设计细则》（JTG/T D70/2-02-2014，行业推荐性标准）第10.2.1条、《公路隧道消防技术规范》DB43/729—2012（湖南省地方标准）第4.1.1条和《公路隧道消防技术规范》（报批稿）第5.1.7条。

国内公路隧道火灾规模设计取值主要考虑隧道类别、通行方式、隧道长度、公路等级和通行车辆类型等。综合上述因素，隧道火灾规模取值主要有20 MW、30 MW和50 MW三个级别。

2　国外部分机构和国家设计取值建议

国外开展公路隧道火灾设计规模研究较早，相关技术报告和标准规范会针对最新的研究成果

和公路隧道发展状况进行更新和修订。

1）PIARC

依据世界道路学会《公路隧道火灾和烟气控制》（PIARC1999）的建议，不同种类的汽车的火灾规模见表1。

表1　PIARC1999，不同车辆的火灾规模建议值

车辆类型	火灾规模/MW
小型轿车	2.5
大型轿车	5
二至三辆轿车	8
厢式货车	15
公交车	20
载重货车	20~30

PIARC根据近期隧道火灾事故和试验研究结果提出PIARC1999的建议值可能偏小，并在研究报告《公路隧道火灾特性设计》（2017R01EN）中给出了新的建议值，见表2。

表2　不同车辆的峰值热释放速率

车辆类型	峰值热释放速率/MW
小汽车	5~10
轻型货车	15
长途汽车/公共汽车	20

基金项目： 应急管理部天津消防研究所基础科研业务费项目（2019SJ17）

作者简介： 于年灏，男，辽宁营口人，工作于应急管理部天津消防研究所，助理研究员，主要从事建筑防火和消防工程技术咨询和研究。

表2（续）

车辆类型	峰值热释放速率/MW
货车，重型货车（载重25 t）	30~50
重型货车（载重25~50 t）	70~150
汽油槽车	200~300

2）美国

美国主要依据《公路隧道、桥梁及其他限行公路标准》（NFPA502）设计隧道火灾规模，火灾规模的选取主要考虑隧道内通行的车辆种类、火灾增长速率、发生火灾的车辆数量，以及火灾在车辆间传播的可能性，标准中关于典型车辆的热释放速率取值见表3。

表3 NFPA502，典型车辆的峰值热释放速率

车辆类型	峰值热释放速率/MW
小汽车	5~10
多辆汽车（2~4辆）	10~20
公共汽车	20~30
重型卡车	70~200
油罐车	200~300

3）英国

英国主要依据《公路隧道设计》（BD78/99）设计隧道火灾规模，设计火灾规模的选择取决于增加的防火保护投入与火灾发生后增加的修复成本之间的关系，标准中关于典型车辆的热释放速率取值见表4。

表4 英国公路隧道火灾设计规模

车辆类型	火灾规模/MW
小汽车	5
厢式货车	15
长途汽车/货车	20
重型货车（满载）	30~100

4）日本

日本在隧道火灾规模设计方面没有明确的方法和标准，一般以30 MW火灾规模为基础，开展了隧道烟气蔓延特性的数值模拟计算，来验证是否能够实现隧道的设计安全目标。

5）德国

德国根据隧道每日通行的重型货车数量和隧道长度综合确定隧道设计火灾规模，隧道火灾规模取值主要有30 MW、50 MW和100 MW三个级别，具体取值见表5。

表5 德国公路隧道火灾设计规模

重型货车每日通行数量×隧道长度/km	火灾规模/MW
<4000	30
4000~6000	50
>6000	100

6）挪威

挪威主要依据隧道交通量和长度综合确定隧道设计火灾规模，隧道火灾规模取值主要有20 MW、50 MW和100 MW三个级别，具体取值见表6。

表6 挪威公路隧道火灾设计规模

交通量/(辆·天$^{-1}$)	隧道长度/m	火灾规模/MW
0~4000	>1000	20
4000~8000	500~1000	20
4000~8000	>1000	50
8000~12000	<1000	50
8000~12000	>1000	100
12000~50000	<1000	20
12000~50000	>1000	50
>50000	<1000	20
>50000	1000~2000	50
>50000	>2000	100

7）欧盟其他国家

欧盟国家的公路隧道火灾规模设计通常引用《欧洲隧道指令》（2004/54/CE）或参考PIARC的取值建议，火灾规模设计取值以通行车辆类型为主要依据。法国按照30 MW火灾规模进行设计，在通行危险品运输车辆且采用纵向通风系统时，火灾规模选取200 MW；意大利公路隧道通行重型货车时火灾规模建议取值范围为（30~50）MW，通行油罐车时火灾规模建议取值范围为（100~200）MW；奥地利公路隧道仅通行轿车时火灾规模选取5 MW，同时通行轿车和重型货车时隧道火灾规模选取30 MW，最高风险等级隧道火灾规模考虑选取50 MW。

3 部分火灾实验测得的峰值热释放速率

应急管理部天津消防研究所在"十二五"国家科技支撑计划项目研究开展了 3 次普通轿车单车火灾热释放速率测量，测得的热释放速率峰值分别为 3.5 MW、4.4 MW 和 6.8 MW。2001年在荷兰 Benelux 公路隧道开展了 20 次实体火灾实验，实验模拟研究了不同车辆、载货量、通风状况和灭火系统开启状况等对火灾热释放速率的影响，实验测得未开启灭火系统各场景下峰值热释放速率在 7 MW 与 26 MW 之间。2003 年，Ingason H 和 Lonnermark 等人在挪威废弃的 Runehamar 隧道内进行了 4 次实体火灾实验，模拟研究载重货车在不同火灾荷载下的热释放速率，实验测得的热释放速率峰值分别为 67 MW、119 MW、157 MW 和 202 MW。由挪威、德国等国家发起的 EUREKA 499 计划在挪威废弃的 Repparfjord 隧道内开展了 20 次公路和铁路车辆实体火灾实验，实验测得公共汽车的峰值热释放速率为 26 MW，私家车的峰值热释放速率为 4 MW，载有木头、塑料和轮胎的货车的峰值热释放速率为 12 MW，重型货车的峰值热释放速率为 140 MW。

4 国内外部分隧道火灾设计规模

不同国家采用的隧道火灾设计规模差异较大，我国隧道采用的火灾设计规模普遍为（20~50）MW，国外隧道采用的火灾设计规模普遍为（20~100）MW。国内外部分隧道采用的火灾设计规模见表 7。

表 7 国内外部分隧道采用的火灾设计规模

隧道名称	火灾设计规模/MW
港珠澳大桥沉管隧道	50
南京长江隧道	50
上海翔殷路隧道	20
宁波长洪隧道	20
比利时 Cointe 隧道	150
埃及 El Azhar 公路隧道	100
新加坡 CTE 隧道	100
日本东京湾隧道	50
澳大利亚兰谷隧道	50
加拿大 L-H-La Fontaine 隧道	20
美国 Ted Williams 隧道	20

5 总结

允许通行车辆类型、预测交通量和车型占比、隧道截面尺寸等均会对隧道火灾发展产生影响，其中允许通行车辆类型是影响隧道火灾规模的最主要因素。在不通行危化品车辆的情况下，国内隧道采用的设计火灾规模普遍为（20~50）MW，国外大部分国家在隧道不通行危险品车辆时火灾规模通常选取（30~50）MW。但实验研究测得的数据结果表明隧道内发生 50MW 以上火灾的可能性是存在的。考虑隧道内交通事故导致多车起火，货物超载等不利因素可能进一步导致火灾事故规模扩大，隧道火灾规模设计值宜取保守值并留有一定的安全余量。

参考文献

［1］交通运输部 . JTG/T D70/2－02－2014 公路隧道通风设计细则［S］. 北京：人民交通出版社，2014.

［2］湖南省质量技术监督局 . DB43/729－2012 公路隧道消防技术规范［S］. 2012.

［3］宋波，赵力增，等 . 普通轿车燃烧特性的试验研究［J］. 中国安全科学学报 . 2013，23（7）：26-31.

［4］王志刚，倪照鹏，王宗存，等 . 设计火灾时火灾热释放速率曲线的确定［J］. 安全与环境学报，2004，4（增刊）：50-54.

［5］NFPA 502－2020，Standard For Road Tunnels，Bridges and Other Limited Access Highways［S］.

［6］PIARC. Fire and Smoke Control in Road Tunnels. PIARC－Technical Committee on Road Tunnel Operation（C5），1999.

［7］PIARC. Road Tunnel：Vehicle Emission and Air Demand for Ventilation. PIARC－Technical Committee on Road Tunnel Operation（C5），2004.

［8］PIARC. Design fire characteristics for road tunnels. PIARC－Technical Committee on Road Tunnel Operation（C5），2017.

［9］Haukur Ingason. Fire Development in Large Tunnel Fires［J］. Fire Technology. SP Swedish National Testing and Research Institute.

［10］EUREKA 499，Fires in Transport Tunnels：Report on Full－Scale Test. EUREKA－Project EU499：FIRETUN Studiensgesellschaft Stahlanwendung e. V. D － 40213 Dusseldorf 1995.

［11］Lönnermark A. and Ingason H. Gas Temperatures in Heavy Goods Vehicle Fires in Tunnels ［J］, Fire Safety Journal.

［12］Ingason H. and Lönnermark A. Heat Release Rates from Heavy Goods Vehicles Trailers in Tunnels ［J］. Fire Safety Journal.

［13］Vytenis Babrauskas, "Heat Release Rate", SF-PE Handbook of Fire Protection Engineering, 2nd Edition ［M］, Chapter 1, Section 3, Quincy：National Fire Protec-tion Association, 2002.

［14］Edward K. Budnick, Harold E. Nelson and David D. Evans, "Simplified Fire Growth Calculations", Fire Pro-tection Handbook ［M］, 18th Edition, Quincy：National Fire Protection Association, 1997.

［15］美国消防工程师协会（SFPE）. SFPE Hand-book of Fire Protection Engineering（第五版）.

城市地下车行环路特点及防火设计研究

黄益良[1,2]　路世昌[1,2]　叶超[1,2]

1. 应急管理部天津消防研究所　天津　300381
2. 天津盛达安全科技有限责任公司　天津　300381

摘　要：分析了城市地下车行环路发展概况及其在通行车辆类型、连通区域、出入口数量、道路线形、隧洞数量等方面的特点，针对城市地下车行环路的特点，提出与相邻车库采用防火墙及两道防火卷帘进行防火分隔，设置独立疏散楼梯或利用相邻车库进行疏散，根据道路线形合理选择防排烟方式、自动灭火系统等方面提出建议。

关键词：车行环路　防火设计　排烟　疏散　自动灭火系统

1 引言

随着我国城市化发展，机动车保有量增长迅速，城市内交通日益拥堵，为缓解地面交通压力，建设城市地下交通道路可有效解决城市交通拥堵问题。尤其是近年各大城市建设的中央商务区是城市的功能核心，是城市经济、科技、文化的密集区，一般位于城市的黄金地带，集中了大量的金融、商贸、文化、服务以及大量的商务办公和酒店、公寓等设施。为了解决地面交通拥堵问题和满足高密度人流的流动，一般地面实行交通管制、人车分流，将机动车道路设置在地下，并通过地下机动车道路将中央商务区内各建筑的地下车库连通，形成地下车行环路，与地面道路形成立体的交通网络，实现良好的可达性。

城市地下车行环路又称城市地下交通环路、城市环隧、城市地下交通联系隧道、地下车库联络道等，主要用于地下空间的交通联系，属于城市交通隧道范畴。近年来我国各地区已修建了多个该类交通隧道，如北京中关村科技园西区、奥林匹克公园（图1）、CBD核心区等地下环路，天津开发区现代服务产业区地下环路，苏州火车站地下空间环行车道，济南中央商务区地下环路（图2）等。

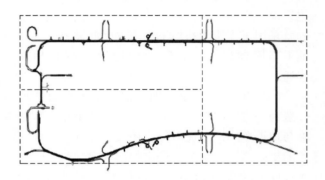

图1　北京奥林匹克公园地下环路示意图

图2　济南中央商务区地下环路示意图

基金项目：中央级公益性科研院所基本科研业务费专项项目（2019SJ17）、（2018SJ22）

作者简介：黄益良，男，助理研究员，工作于应急管理部天津消防研究所，主要从事建筑防火、地下空间及结构火灾安全等方面研究和工作，E-mail：huangyiliang@tfri.com.cn。

2　地下车行环路特点

城市地下车行环路虽然属于城市交通隧道，但与常规城市交通隧道存在较大差别，主要体现在以下几个方面。

（1）通行车辆类型不同。常规城市交通隧道主要用于通行城市内通行的各类车辆，包括大巴车、货车、公交车、小汽车等机动车辆，部分交通隧道甚至通行危化品车辆；城市地下车行环路主要用于联系相邻建筑地下车库，以通行小汽车为主。

（2）连通区域不同。常规城市交通隧道一般为穿越城市内河道等障碍物而修建，不与其他建筑地下空间连通；城市地下车行环路建造的目的就是用于连接相邻地下车库，因此需要与多个地下车库连通，形成区域性的地下空间相互连通。

（3）出入口数量不同。常规城市交通隧道一般为一进一出两个出入口；城市地下车行环路除与地下车库的连通口外，还设置多处与地面连通的出入口，形成多点进出的出入口。

（4）道路线形不同。常规城市交通隧道的道路线形一般比较单一，一般为单一的直线或曲线；城市地下车行环路一般为环形，或多个环形隧洞相互交叉形成更为复杂的道路线形。

（5）隧洞数量不同。常规城市交通隧道一般采用上下行双洞设置，并在双洞之间设置人行横通道用于紧急情况下人员疏散；城市地下车行环路一般仅设置一个隧洞，且车辆单向行驶，人员疏散需要另行设置疏散设施。

由于城市地下车行环路与常规城市交通隧道存在上述多方面的差异（表1），在防火设计方面也与常规城市交通隧道存在一定差别，如何保

表1　常规城市交通隧道与城市地下车行环路对比

对比内容	常规城市交通隧道	城市地下车行环路
通行车辆	各类车辆	小汽车为主
道路线形	直线或曲线	环形
出入口数量	一进一出	多点进出
连通区域	一般不连通	连接地下车库
隧洞数量	双洞	单洞

障城市地下车行环路的消防安全，有必要针对其特性开展防火设计研究。

3　防火分隔

城市地下车行环路周边一般均设置有相邻区域的地下车库等地下室，城市地下车行环路一般整体呈现环形布置、与多个出入口匝道连接形成多个交叉路口，且需要与相邻车库等部位连通，形成较大面积的连通空间，各区域之间如何进行防火分隔，在防止火灾蔓延的同时还需考虑车辆与行人的疏散安全。

城市地下车行环路与相邻建筑地下车库属于不同功能用途，且在日常管理上分属不同运营管理单位，因此建议划分为不同防火分区，即采用防火墙相互分隔。由于车辆进出地下车库的需要，在城市地下车行环路与地下车库的连通口处采用防火卷帘进行分隔，考虑到城市地下车行环路与地下车库管理单位不同，且为了提高防火分隔的可靠性，建议采用两道防火卷帘，分别由车库和环路分别控制。

城市地下车行环路内部除配套设备用房采取防火分隔措施外，行车通道一般整体作为一个防火分区，如涉及多个道路相互连通，为进一步控制火灾烟气蔓延的范围，可进一步采用防火卷帘等措施将城市地下车行环路划分为不同区域。

4　安全疏散

城市地下车行环路的疏散距离可参考常规城市交通隧道按 250～300 m 设置一处疏散出口，由于城市地下车行环路一般采用单洞单向隧道，无法设置通向相邻隧道的人行横通道，因此需要设置独立疏散楼梯或通往相邻建筑的地下车库进行疏散。城市地下车行环路与相邻地下车库连通口由于车辆通行需要设置有防火卷帘，当同时需要利用相邻车库疏散时，建议在车行通道口附近增加人员疏散出口。为保障消防安全，防止火灾在城市地下车行环路与地下车库之间相互蔓延，该疏散出口应采用防火隔间的形式（图3）。在利用通往相邻车库的防火隔间进行疏散时，应充分考虑相邻地下车库是否能同期投入使用、管理协调等问题。

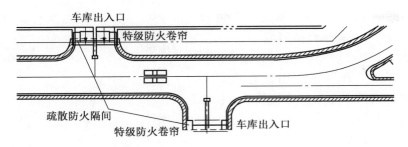

图3　城市地下车行环路设置防火隔间通往车库疏散示意图

5　排烟设施

5.1　排烟方式选择

鉴于城市地下车行环路出入口多、交叉口多等结构特点，隧道内的烟气蔓延路径复杂，控制难度大，容易造成火灾烟气的大规模蔓延，给防排烟系统设计带来困难，城市地下车行环路的排烟组织需要结合线路特点进行分析研究后确定。《建筑设计防火规范》（GB 50016—2014，2018年版）第12.3.2条对城市交通隧道的排烟系统设置提出了如下要求：

（1）长度大于3000 m的隧道，宜采用纵向分段排烟方式或重点排烟方式。

（2）长度不大于3000 m的单洞单向交通隧道，宜采用纵向排烟方式。

（3）单洞双向交通隧道，宜采用重点排烟方式。

城市地下车行环路一般为单洞单向隧道，当长度不大于3000 m时，如按《建筑设计防火规范》进行设置，可采用纵向排烟方式，但城市地下车行环路存在转弯半径较小、道路线型变化大等特点，对纵向排烟方式影响较大，当采用纵向排烟方式时需充分考虑线路转弯、出入口等因素的影响，合理划分通风排烟区段。

为保障城市地下车行环路的消防安全，建议城市地下车行环路采用重点排烟或半横向排烟方式，烟气控制区段可参照《公路隧道通风设计细则》（JTGT D70/2-02-2014）进行设计。如某城市地下车行环路根据道路长度等各类因素，主环路采用了半横向排烟方式，并将环路整体划分为4个排烟区域，如图4所示。

部分城市地下车行环路的出入口匝道由于受地面条件限制、空间净高等影响，难以在匝道上

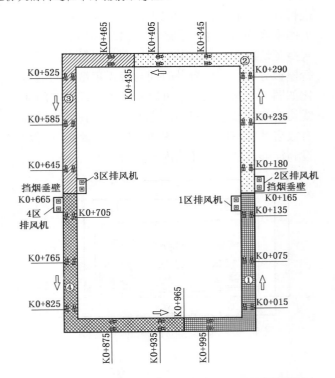

图4　某城市地下车行主环路半横向排烟区域设置图

方设置半横向通风排烟的管道，考虑到隧道采用纵向排烟时，通风排烟方向一般与车行方向一致，因此对于出口匝道，车辆驶离环路，在匝道上如采用纵向排烟，可快速将火灾烟气排出，有利于环路的消防安全。对于入口匝道，如采用与车行方向一致的纵向排烟方式，则不能将火灾烟气就近顺利排出，如采用与车行方向相反的纵向排烟方式，虽然能就近将火灾烟气排出，但可能会对人员疏散带来较大的不利影响。因此对于受条件限制的出口匝道可灵活运用纵向排烟方式与主环路的半横向排烟方式相结合，但对于入口匝道不建议采用纵向排烟方式。

5.2　排烟设施应用及有效性分析

某城市地下车行环路的主环路典型横断面如

图 5 所示，车行环路平面布置如图 6 所示，并按图 4 所示划分排烟区域，该环路横断面净高为 3.5 m，环路上设置 6 部疏散楼梯供人员疏散，环路以通行小汽车为主，用于连接相邻地下车库。根据 NFPA502、世界道路学会等相关研究，一辆小汽车的火灾最大热释放速率约为（3~5）MW，该项目设计时火灾功率保守按两辆小汽车同时发生火灾考虑，即最大热释放速率按10 MW进行计算。假定拥堵情况下发生火灾，所有车辆上的乘客均需下车进行疏散，对环路内的火灾烟气蔓延情况和可用疏散时间、必需疏散时间等进行模拟分析。可用疏散时间与必需疏散时间的对比如图 7 所示，从图 7 可以看出可用疏散时间曲线均在必需疏散时间曲线之上，说明在排烟系统有效启动的情况下，火灾初期地下环路内的排烟设施能够保证地下环路内人员疏散的安全。

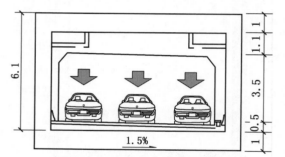

图 5 某城市地下车行主环路典型横断面

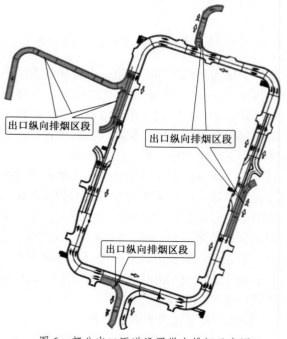

图 6 部分出口匝道设置纵向排烟示意图

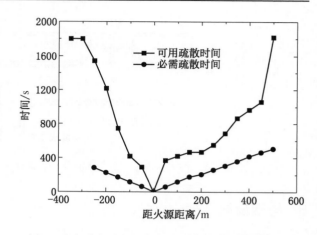

图 7 火灾时人员可用疏散时间与必需疏散时间对比

6 自动灭火设施

现行国家标准《建筑设计防火规范》（GB 50016—2014，2018 年版）对城市交通隧道内的消防给水设施设置进行了规定，但是未对隧道内设置自动灭火设施进行规定，对于隧道内是否设置自动灭火设施尚存在一定争议，城市地下车行环路内主要通行进出相邻地下车库的各类车辆，与多个地下车库进行互联互通，发生火灾时容易对较大范围的道路甚至周围建筑带来影响，尤其对于道路线形相对复杂的城市地下车行环路，建议设置火灾自动灭火系统。

可运用于城市地下车行环路火灾中的自动灭火系统，主要有自动喷水灭火系统、水喷雾灭火系统、泡沫灭火系统以及泡沫-水喷雾联用灭火系统等。泡沫-水喷雾联用自动灭火系统结合了水喷雾和泡沫灭火系统的优点，对城市地下车行环路可能同时发生的 A 类和 B 类火灾具有良好的灭火和控火效果。与水喷雾系统相比，泡沫-水喷雾对于车行环路内可能发生的可燃液体流淌火灾具有较高的灭火效率；同时可降低灭火系统的用水量，降低消防水池容量和隧道内的排水量。

7 结论及建议

城市地下车行环路作为新型城市交通隧道，在通行车辆类型、道路线形、出入口数量、连通区域、隧洞数量等方面，有着区别于常规城市交通隧道的特点，因此其防火分隔、安全疏散、排烟设施、自动灭火设施等方面不能完全按照常规城市交通隧道进行设计。通过分析城市地下车行环路特点，提出建议如下：

（1）城市地下车行环路需要充分考虑因功能需要与相邻地下车库等连通部位的防火分隔。

（2）城市地下车行环路一般采用单洞单向方式设计，因此需要设置独立疏散楼梯，当确需通往相邻车库进行疏散时，应采用防火隔间等措施，保障防火分隔的可靠性。

（3）城市地下车行环路通行车辆类型一般较为明确，因此在设计中应针对车辆类型及发生火灾时可能达到的火灾规模进行排烟和自动灭火设计。

（4）城市地下车行环路在道路线形和出入口数量上与常规交通隧道存在较大差异，防排烟设计应充分考虑道路线形和出入口对排烟系统的影响，选取合理的通风排烟方式。

参考文献

［1］张富荣，华高英，李乐，等.城市环隧横向排烟烟气控制试验研究［J］.消防科学与技术，2018，37（8）：1068-1069，1073.

［2］廖曙江，林昊宇，翁庙成，等.城市地下交通联系隧道烟气控制探讨［J］.安全与环境学报，2017，17（2）：546-552.

［3］杨永斌，许洁.纵向通风城市交通联系隧道限制风速研究［J］.消防科学与技术，2016，35（10）：1388-1391.

［4］李思成.城市地下交通联系隧道火灾烟气运动特性及优化控制研究［D］.北京工业大学，2016.

［5］霍昭磐，李思成，张熙.风机推力对地下交通隧道烟气控制的影响［J］.消防科学与技术，2016，35（4）：471-475.

［6］夏勇，王伟，华高英，等.城市地下交通联系隧道排烟方式探讨［J］.建筑科学，2016，32（2）：92-98.

［7］张满可，陈荣恒.多环道城市环隧纵向排烟模拟研究［J］.消防科学与技术，2015，34（9）：1162-1166.

［8］周茜.城市地下交通空间安全技术研究［D］.北京建筑大学，2015.

［9］张志刚.某城市地下交通联系隧道火灾烟气控制研究［D］.西南交通大学，2013.

自动喷水灭火系统故障隐患分析及定量化评价方法

李树超[1]　　王媛媛[2]　　尹文斌[1]

1. 应急管理部天津消防研究所　天津　300381
2. 天津盛达安全科技有限责任公司　天津　300381

摘　要： 为确保自动喷水灭火系统在火灾时准确可靠工作，本文以分布在不同地区的260家综合性酒店及工业建筑的自动喷水灭火系统为研究对象，在洒水喷头、报警阀组、末端试水装置及系统功能等方面开展了基础研究，汇总了常见问题及各类隐患问题的占比，分析了典型隐患问题产生的原因，提出了有针对性的解决对策和建议。同时为宏观评价自动喷水灭火系统检测结果，提出了层次分析法的应用，实现了检测结果由定性到定量的转变，为消防部门加强消防管理和控制提供科学依据。

关键词： 消防　自动喷水灭火系统　层次分析法　定量化评价

1　引言

自动喷水灭火系统作为常用的建筑消防设施具有灭火效率高、经济实用的特点，其在可靠运行状态下有效性能达到95%以上，但根据自动喷水灭火系统在国内的应用现状，其在发生火灾时成功处置火灾的能力不容乐观，有限数据表明自动喷水灭火系统灭火成功率只占应用案例的52.5%，提高其可靠性和有效性是保障火灾发生初期扑救火灾、防止重大火灾发生的重要手段。

为保证自动喷水灭火系统在火灾时能够可靠工作，本文选取我国北、中、南部地区共计260家综合性酒店及工业建筑为研究对象，对其自动喷水灭火系统进行了实地调研，对常见隐患问题进行了汇总统计，分析了问题产生的原因并提出了解决对策，为消防设施的维护保养及日常管理提供了技术支持；提出层次分析法作为定量化系统评价方法，为宏观评价自动喷水灭火性能提供了重要信息。

2　自动喷水灭火系统现状

自动喷水灭火系统是由洒水喷头、报警阀组、水流报警装置等组件，以及管道、供水设施等组成，并能在发生火灾时喷水的自动灭火系统[1]。对260家调研对象从洒水喷头、报警阀组、末端试水装置等设备的设置、安装、维护管理及系统功能测试等方面开展检查测试，发现部分或全部区域未按要求设置自动喷水灭火系统的比例高达43%，其他问题的发生较多的属于维护管理方面的问题，系统存在较大火灾风险[2]。

2.1　洒水喷头

洒水喷头是按设计的洒水形状和水量洒水的装置，是整个灭火系统的最终端，其性能将直接影响灭火效率和效果。通过现场调研汇总出260家调研对象洒水喷头发生概率较高的隐患问题见表1，部分隐患问题案例如图1~图4所示。

表1　洒水喷头隐患问题汇总

序号	隐患问题描述	比例/%
1	喷头被涂料涂覆、包裹、缺失、遮挡等失效	65.8
2	部分区域未设置或喷头数量不足	54.2
3	喷头安装位置或安装方式不正确	38.0
4	喷头选型错误	28.1

基金项目： 消防救援局重点攻关项目（2018FXGG01）

作者简介： 李树超，女，硕士，助理研究员，工作于应急管理部天津消防研究所，主要研究方向为建筑消防设施可靠性分析、火灾视频分析等，E-mail：lishuchao@tfri.com.cn。

图 1 厨房喷头选型错误

图 2 喷头被遮挡

图 3 喷头安装方式不正确

图 4 喷头被包裹

2.2 报警阀组

报警阀组是自动喷水灭火系统中接通或切断水源，并启动报警器的装置，是至关重要的组件。报警阀组分为湿式报警阀组、干式报警阀组、雨淋报警阀组和预作用报警装置，通过现场调研汇总出 260 家调研对象报警阀组发生概率较高的问题，见表 2，部分典型隐患问题案例如图 5~图 8 所示。

表 2 报警阀组隐患问题汇总

序号	隐患问题描述	比例/%
1	控制阀门无标识或标识错误	71.5
2	控制阀门工作状态不正确	48.1
3	水力警铃安装位置不正确	46.2
4	试水装置无排水设施、未安装排水管、采用集流式排水	18.1
5	阀门缺失或未安装	12.7
6	排水不顺畅、延迟器泄水口封闭、电磁阀出水口被堵、警铃测试出口被封堵等	10.8

图 5 报警阀组各控制阀门无标识

图 6 未安装排水管

图7　信号蝶阀未接线

图9　末端试水装置安装位置不正确
（报警阀附近）

图8　延迟期漏水

图10　末端试水喷头被丝堵封堵

2.3　末端试水装置及系统功能

末端试水装置是指安装在系统管网或分区管网的末端，检验系统启动、报警及联动等功能的装置。通过对260家调研对象进行末端试水或报警阀放水测试，统计汇总出发生概率较高的问题，见表3，部分隐患问题案例如图9、图10所示。

表3　末端试水装置及系统功能隐患问题汇总

序号	隐患问题描述	比例/%
1	测试时警铃未动作、故障、响度不够等	28.5
2	压力开关不报警或异常报警、不能连锁起泵	27.3
3	报警阀放水测试时，压力开关不动作	14.6
4	水流指示器不动作、未报警	14.6

2.4　其他部位

本节包括管道、阀室等部位的隐患问题，以及一些共性问题，问题统计见表4。

表4　其他隐患问题汇总

序号	隐患问题描述	比例/%
1	阀室、末端试水装置处无排水设施或未接至排水设施、排水不畅积水	18.6
2	系统压力低或为零（包括阀前、阀后）	5.9
3	系统管道超压	3.6
4	管径不符合要求（喷淋管、排水管等）	2.7
5	不同管径管道喷头数超标	2.7
6	管道安装错误（过滤方式安装问题、功能测试阀出口管道与水力警铃排水管相连等）	2.3

2.5　隐患问题分析及主要对策

通过对260家综合性酒店及工业建筑自动喷水灭火系统检查的隐患问题统计，归纳了以下几类重点隐患问题：

（1）洒水喷头破坏污损现象严重，比例高达 65.8%，主要为后期管理、维护保养不到位造成；喷头数量不足，一般为设计或施工不当造成；喷头不能正确安装，如无吊顶场所或通透性吊顶场所喷头采用下垂安装，喷头与顶板间距过大，这类问题会导致火灾时喷头响应时间延长，延误灭火时间，造成火灾蔓延，建议设计、施工及维保单位严格按照规范标准要求落实。

（2）报警阀组的控制阀门状态错误，报警阀动作时水力警铃及压力开关不能输出信号。建议加强维护管理，保证自动喷水系统处于正常工作状态，对报警阀组各控制阀门增加常开、常闭等标识，对操作人员进行日常操作及维护保养技术培训，保证报警阀组各控制阀处于正常状态。

3 定量评价故障模式指标体系的建立

自动喷水灭火系统检测是对其施工质量和运行状况的检测。为实现检测结果的定量评价，在统计汇总隐患问题的基础上制订了检测项目细则，利用层次分析法建立了检测结果定量化评价模型[3-4]。

3.1 层次分析法概述

层次分析法（Analytic hierarchy process，AHP）是系统工程中对非定量事件作定量分析的一种方法，也是人们主观判断作出客观描述的方法。AHP 模型使各决策层之间相互联系，并能推出跨层次之间的相互关系。模型的顶层为企业的总目标，然后逐层分解成各项具体的准则、子准则等，直到管理者能够量化各子准则的相对权重为止。

1）层次分析法具体步骤

（1）建立层次结构模型。在深入分析的基础上，将研究问题所包含的因素从上而下一次划分为三个层次：目标层（最高层）——决策所要达到的目标；准则层（中间层）——实现目标时采取的某种措施、政策和准则；方案层（底层）——参与决策的备选方案。上一层对相邻的狭义层次的全部或部分元素起着支配作用，形成自上而下的逐层支配关系，即递阶层次关系。

（2）构造比较判断矩阵。根据层次结构模型，通过对某层次中各元素的相对重要性作出比较判断，即对于上一层次某一推则而言，在其下

一层次中所有与之相关的元素中一次两两比较，从而得出逐层进行判断评分，进而构成两两判断矩阵。采用 9 级标度法，对得到各判断矩阵对应元素求几何平均值，从而构件新的综合判断矩阵 A。

（3）层次单排序。根据判断矩阵 A 用几何平均法分别计算某一准则针对下层各元素的相对权重向量 W_i 及 λ_{max}，λ_{max} 为判断矩阵的最大特征值。

（4）层次综合排序。计算方案层的各元素相对于总目标的综合权重，并进行综合判断一致性。

2）一致性计算步骤

计算一致性指标 CI：

$$CI = \frac{\lambda_{max} - n}{n - 1} \qquad (1)$$

判断矩阵一致性程度越高，CI 值越小。若 $CI = 0$，则表示该判断矩阵具有完全一致性，检验结束。若 $CI \neq 0$，则需进行下一步骤。

计算随机一致性比率 CR。在建立判断矩阵时，不难发现随着判断矩阵阶数的提高，所建立的判断矩阵越难趋于完全一致。为了度量不同阶数是否具有满意的一致性，还需引入判断矩阵平均随机一致性指标 RI 值。

$$CR = \frac{CI}{RI} \qquad (2)$$

式中　CR——随机一致性比率，当 $CR < 0.1$ 时，认为判断矩阵的一致性是可以接受的，当 $CR \geq 0.1$ 时，则认为判断矩阵 A 一致性不符合要求，需要对其做出适当修正或重新对判断矩阵进行两两比较。

　　　　CI——计算一致性指标；

　　　　RI——判断矩阵的平均随机一致性指标，对于 1~9 阶判断矩阵，RI 值查表 5。

表 5　RI 取值表

阶数	1	2	3	4	5	6	7	8	9	10	11	12
RI	0.00	0.00	0.58	0.90	1.12	1.24	1.32	1.41	1.45	1.49	1.51	1.54

3.2 建立层次结构模型

根据自动喷水灭火系统的检测项目，通过分

解、辨析，构建检测结果评价的层次结构模型，如表6示例。该模型分为五级指标体系，在自动喷水灭火系统检测结果评价这个一级指标下，设立了01~06共6个二级指标，并通过进一步分解、辨析，找出影响二级指标的三级、四级指标，从而建立完整的评价系统层次结构模型。

表6 湿式系统功能四级指标层次模型

二级指标	三级指标	四级指标
		060101 出水压力
……	……	060102 水力警铃鸣响
06 系统功能	0601 湿式系统	060103 消防泵启动时间
……	……	060104 消防泵启动方式
		060105 消防控制室显示反馈信号

3.3 构造判断矩阵、权重确定、一致性判断

1）末层指标相对权重的确定

没有下级指标的指标层被称为末层指标。消防专家根据该指标对其上级指标层的重要性进行 A、B、C 的等级判断，每个末级指标将被赋予 A 或 B 或 C 的等级，分别赋予分值为 9、5、1，并对末层指标进行权重计算与判断，部分示例见表7[5-6]。

表7 05 水流指示器

指标	0502 设置	0502 完整性及外观	0503 标识	0504 控制阀	0505 显示动作信号
等级判断	A	B	C	C	A
相对权重	0.3600	0.2000	0.040	0.040	0.3600

2）非末级指标相对权重的确定

非末级指标权重的确定通过外部专家调查，构造判断矩阵。同层级检测项目重要性两两比较构造判断矩阵，比较标度为标准，得到各非末级系统判断矩阵。根据末级指标相对权重及其上级指标相对权重，计算得到所有指标权重并进行一致性判断。

以二级指标为例，判定矩阵见表8，指标权重见表9。

经计算，二级指标（01-06）的权重合计为 1，CR 值为 0<0.1，该矩阵通过一致性检验，可以认为该矩阵具有满意的一致性。其他系统计算方法相同。组合权重值为本级指标相对权重与上

表8 01 自动喷水灭火系统下级指标判断矩阵

指标	01 设置	02 洒水喷头	03 报警阀组制器	04 末端试水	05 水流指示器	06 系统功能
01 设置	1	1	1	1	1	1/3
02 洒水喷头	1	1	1	1	1	1/3
03 报警阀组	1	1	1	3	3	1/3
04 末端试水装置	1	1	1	1	1	1/3
05 水流指示器	1	1	1	1	1	1/3
06 系统功能	3	3	3	3	3	1

表9 01 自动喷水灭火系统下级指标权重

指标	01 设置	02 洒水喷头	03 报警阀组	04 末端试水装置	05 水流指示器	06 系统功能	权重合计
相对权重	0.1250	0.1250	0.1250	0.1250	0.1250	0.3750	1
			$CR = 0.0000 < 0.1$（SD 软件计算）				

几级指标相对权重的乘积。

3.4 实例验证

为了对定量化分析方法进行验证，选用天津市某高层建筑作为典型建筑，对其自动喷水灭火系统检测测试。以上述层次分析法建立数学模型，对检测结果进行分析判断，最后生成报表，见表10。可以看出，该评价系统能够显示一个比较客观的分数供消防监督或检测部门参考，同时能直观地看到各二级子系统的分数，能够有针对性地整改。

表10 自动喷水灭火系统检测情况统计表

系统名称	等级	检测项数	不符合项数	检测点数	不符合点数
01 设置	A	1	0	5	1
	B	0	0	0	0
	C	0	0	0	0
02 报警阀组	A	7	1	15	2
	B	6	5	26	5
	C	3	1	18	2
03 喷头	A	5	3	126	11
	B	5	4	231	35
	C	0	0	0	0

表 10（续）

系统名称	等级	检测项数	不符合项数	检测点数	不符合点数
04 末端试水装置	A	3	1	7	1
	B	1	0	1	0
	C	1	1	5	0
05 水流指示器	A	3	1	11	1
	B	1	0	5	0
	C	2	1	6	1
06 系统功能	A	5	2	23	3
	B	0	0	0	0
	C	0	0	0	0

评价得分：

总分（百分制）：　　　　　89 分

各二级指标得分（百分制）：

01 设置　　　　　　　　　80 分

02 报警阀组　　　　　　　93 分

03 喷头　　　　　　　　　85 分

04 末端试水装置　　　　　95 分

05 水流指示器　　　　　　94 分

06 系统功能　　　　　　　88 分

4　小结

（1）以位于不同地区的 260 家综合性酒店及工业建筑为研究对象，概述了自动喷水灭火系统的常见问题，统计了不同问题所占比例，分析了典型问题产生的原因，提出了有针对性的解决对策和建议，为综合性酒店消防设施的维护保养及日常管理提供了技术支持。

（2）文中采用的层次分析法进行定量化评价，科学合理，把主观判断变成数学形式表达，为决策分析提供量化式标准，以定量化评分方式展现自动喷水灭火系统状况，为宏观评价消防系统提供了重要信息。

参考文献

[1] 陈长飞，白国强，等．贝叶斯网络在消防系统可靠性分析中的应用 [J]．中国安全科学学报，2012，28（6）：97-100.

[2] 住房和城乡建设部．GB 50084—2017　自动喷水灭火系统设计规范 [S]．北京：中国计划出版社，2017.

[3] 冉海潮，郭英军，孙丽华，等．大空间建筑消防系统故障风险定量分析的新方法 [J]．中国安全科学学报，2006，16（11）：18-22.

[4] 张永明，黄仕元，袁杏，等．自动喷水灭火系统可靠性模糊综合评估分析 [J]．山西建筑，2007，33（32）：185-186.

[5] 王宇．自动喷水灭火系统可靠性评价 [J]．安全科学技术，2010，（1）：7-10.

[6] 张勇明．自动喷水灭火系统可靠性应用研究 [D]．衡阳：南华大学，2008.

钢化玻璃快速破拆技术研究

王晋波　王婕　杜霞

应急管理部天津消防研究所　天津　300381

摘　要：钢化玻璃因具有较高表面压应力，已作为汽车玻璃、幕墙、门、窗等广泛使用。但当遇见火灾、水灾等事故时，往往又因破碎困难而阻塞疏散通道，延误时间，造成事故。为快速形成疏散通道，减少人员伤亡，业界试制出多种破拆机具，取得一定效果，但受玻璃钢化程度和使用环境等因素的影响，普遍存在破拆时间无规律，破拆效率不高等问题。本文通过分析钢化玻璃的应力特点，找到了表面张力和破拆强度的基本关系，并据此研发出实验破碎时间小于 5 s、破碎率为 100% 的高效应急救援破拆机具。

关键词：钢化玻璃　高效　应急破拆

1　引言

　　钢化玻璃因具有较高的机械强度和良好的弹性，抗寒暑、抗压、抗冲击、光学性能优异、热稳定性好，击碎时，碎片不会伤人，且具有一定的装饰功能，因兼具以上优点而广泛应用于汽车、幕墙、门窗、橱窗、家具等处所。

　　在交通工具中，汽车、火车（高铁）、地铁等均采用钢化玻璃与车辆壳体形成密闭空间，美观、结实、采光，但当发生火灾、水灾或其他交通事故，以及发生炎热天气儿童误锁车内等情况时，如不能及时开启，形成与外界联通的疏散通道，人员会因高温、缺氧、有毒热烟气熏蒸等而受到严重伤害。国内外已发生过很多起这类事故，且多数造成人员伤亡的恶果，如 2003 年 2 月 18 日发生的韩国大邱地铁火灾、2011 年 7 月 22 日在我国发生的京珠高速火灾、2009 年 6 月 5 日发生的成都公交火灾、2012 年 7 月 21 日发生的北京地下通道水灾、2016 年 7 月 1 日发生的津蓟高速大巴落水事件，以及每年都有发生的儿童误锁车内等事故，不胜枚举。

　　钢化玻璃在民用建筑、公共建筑都有大规模使用，有些防火分区的隔断墙，选用了钢化程度更高的防火玻璃。当建筑内部发生火灾时，由于人员竞相拥堵践踏，可能出现疏散通道堵塞，且不易开辟新的疏散通道等不利情况，导致人员伤

害事故；国家大剧院、外滩苹果大楼等建筑外墙整体采用了钢化玻璃装饰，这些建筑内部一旦发生火灾，救援人员因难于破拆玻璃外墙，既无法在楼外对楼内实施直接扑救，也无法进场实施救援。2012 年 6 月 30 日天津蓟县某商场发生的火灾中，因疏散通道迟迟无法完全打通，顾客和店员都集中到一楼玻璃幕墙前，内外人员用人体、肢体、用脚踹、用临时搜寻到的简陋工具、用非专业破拆工具等都未能将钢化玻璃墙体击碎，虽仅一"墙"之隔，却只能眼睁睁看着面前的 10 余条生命被大火吞噬。

　　为快速形成疏散通道，减少人员伤亡，业界已研制出多种钢化玻璃应急破拆工具，如破拆镐、锤、铳等，一般是机械式，虽然取得一定的实战效果，但因受玻璃的钢化程度和使用环境等因素的影响，普遍存在着破拆时间无规律，破拆效率不高等问题。另外，调查发现有关破拆工具的理论研究成果也比较罕见，这或许也是导致钢化玻璃应急破拆机具破拆效率难以取得令人满意效果的重要原因之一。

　　目前，国内外对玻璃破裂的基础研究工作主要集中在抗冲击性能上，通过使用高速摄像机观察小钢球冲击下的防暴盾牌、处理爆炸品的防护头盔、军用透明装甲系统、耐热玻璃和 Soda－lime 玻璃表面的破裂过程，研究冲击载荷下的穿透断裂特性，再把实验结果和浮法玻璃在静态载

作者简介：王晋波，男，工作于应急部天津消防研究所，主要从事消防应用技术等科技工作。

荷下的理论值和实验值对比，分析高速冲击下断裂的临界值。但对民用钢化玻璃的研究涉及甚少，通常用离散元（EDEM）模型和霍普金斯压杆法（SHPB）等实验来评估钢化玻璃的冲击破坏、裂纹形核速度和残余应力分布等。

通过分析利用改进后的霍普金斯压杆（SHPB）法得到的钢化玻璃的应力－应变曲线，间接找出了压－张应力的临界失衡点，估算出破拆力度并实验验证，初步找到了张力与破拆强度间的基本关系，研制了以热能和机械能等能量方式破坏应力平衡的，实验破拆率达 100%、时间小于 5 s 的高效应急破拆机具样机。

2　钢化玻璃的发展现状和生产方法

2.1　发展现状

钢化玻璃诞生于 17 世纪中期的莱茵国，法国人于 1874 年取得了世界上第一个玻璃钢化的专利。目前产量较大的国家有美国、日本、德国和中国。其中，美国起步较早，1972 年时产量已达 2950 万 m^2，1996 年产 7621 万 m^2，平均年增长率约 4%。日本从 20 世纪 40 年代开始小批量生产，1961 年年产达 1438 万 m^2，1991 年鼎盛时近 40000 万 m^2，平均年增长率约 7%；1992 年开始回落，每年基本保持在 310 万～340 万 m^2。我国规模使用钢化玻璃始于 1965 年，但随着我国经济的腾飞，近几年一直以年产 50000 万 m^2，连续雄踞全球首位。钢化玻璃初期主要用于汽车行业，近年来在建筑业的用量逐渐增加。1996 年美国建筑用钢化玻璃占总产量的 38.6%；2000 年日本建筑用钢化玻璃用量为 23.9 万 m^2，占当年钢化玻璃总产量的 7.2%。

2.2　生产方法

钢化玻璃的生产方法分物理钢化法和化学钢化法两种。所谓的物理钢化法就是将玻璃加热至接近玻璃的软化温度（650～700 ℃），然后对其两侧同时吹风淬冷，以增加其机械强度和热稳定性的生产方法。最初的生产工艺多采用垂直吊挂钢化炉，1975 年，芬兰出现了全球首台水平辊道式钢化炉。

化学钢化法是通过改变玻璃的表面组分，达到增加表面压应力，以增加玻璃机械强度和热稳定性的方法。由于它是通过离子交换达到增加强度，故又称离子交换增强法。根据交换离子的类型和离子交换的温度，又分为低温法和高温法。低温法指的是低于应变点温度的低温离子交换法，高温法则指高于应变点温度的离子交换法。

3　钢化玻璃的特性

3.1　成分与品种

钢化玻璃的主要成分有 SiO_2、B_2O_3、Al_2O_3、CaO、BaO、Na_2O、K_2O、MgO、MnO_2、Fe_2O_3 等金属、非金属氧化物，按特定的配比混合生成，理论上可视作一种混合物。如上所述，玻璃首先按生产方法可分为物理钢化玻璃和化学钢化玻璃。若按照玻璃的原片和附加材料，则可分为透明钢化玻璃、彩色钢化玻璃、镀膜钢化玻璃、釉面钢化玻璃及丝网印刷钢化玻璃等品种，按产品的几何形状又分为平钢化玻璃、弯钢化玻璃和曲面钢化玻璃。弯钢化玻璃还可细分为浅弯钢化玻璃、深弯钢化玻璃等。曲面钢化玻璃又细分为双曲面钢化玻璃和 S 形钢化玻璃等，而按照钢化程度又可分为普通、半钢化和超强钢化三类。

3.2　显微结构特征

钢化玻璃的显微结构主要有枝晶结构、超细颗粒、多孔膜、残余结构等。枝晶结构是由晶体在某一晶格方向上加速生长造成的。枝晶的总轮廓与通常晶体形貌相似，在枝晶结构中保留了很高比例的残余玻璃相。枝晶在三维方向上连续贯通，形成骨架。高度晶化微晶玻璃的晶粒尺寸可以控制在几十纳米以内，得到超细颗粒结构。在许多微晶玻璃中，残余的玻璃相可以形成多孔膜结构。而所谓残余结构式指微晶玻璃如实地保留了基础玻璃中原有的结构。

显微结构还可清晰观察到玻璃内部存在的气泡、条纹、节瘤和结石等，查找影响玻璃强度和热稳定性的硫化镍及异质相颗粒杂质等的微观结构。

3.3　力学特性

钢化玻璃其实是一种预应力安全玻璃，制作时，玻璃外层首先收缩硬化，由于玻璃的导热系数小，这时内部仍处于高温状态，待到内部开始硬化时，已固化的外层阻止内层收缩，从而使先固化的外层产生压应力，后固化的内层产生张应力。这种应力能显著改善玻璃的力学性能，且随着代表钢化玻璃的应力级数的钢化程度的提高，内应力不断增大。钢化程度越高，钢化强度越高，抗冲击能力越强，破碎后颗粒更小。普通钢化玻璃的抗拉度能达到普通玻璃的3倍以上，抗冲击力可达5倍以上。玻璃的钢化程度是衡量其力学性能的重要指标之一，并以内应力的分布特征来表达，它与钢化强度的关系为

$$\delta_{侧} = \delta_0 + X \cdot \Delta \cdot B^{-1} \qquad (1)$$

式中 $\delta_{侧}$——钢化玻璃强度，MPa；

　　　δ_0——钢化原料退火玻璃原始强度，MPa；

　　　Δ——钢化程度，$nm \cdot cm^{-1}$；

　　　B——应力光学常数，取 $2.5 \times 10^{-7} cm^{-2} kg^{-1}$；

　　　X——玻璃表面层应力与中间层应力比例系数。

从式（1）可以看到，钢化强度与钢化程度和压应力比例系数呈正比，而钢化程度又与钢化层厚度成正比，即钢化层越厚，则钢化程度越高，钢化强度越高。

4　钢化玻璃的破碎

4.1　主要影响因素

（1）杂质的影响。玻璃中含有硫化镍及异质相颗粒杂质可引起应力破坏。熔融状态的玻璃中硫化镍以液滴形式存在，797 ℃时，这些小液滴冷却固化后形成0.15 mm的小结石。这些小结石与周边材料产生膨胀相变应力和由于热膨胀系数不匹配产生残余应力，导致萌发裂纹并扩展引起自爆。这点在破裂源处玻璃碎片的横截面照片上得到验证：球形微小颗粒引起的首次开裂痕迹与二次碎裂的边界区重叠。

（2）热冲击的影响。由于钢化玻璃的压应力可抵销一部分因急冷急热产生的拉应力，钢化玻璃耐热冲击能力较强，最大安全工作温度达288 ℃，并可承受200 ℃左右的温差变化。玻璃温度的变化可引起较高热应力，当受热集中且超过380 ℃、温差超过200 ℃时，将可能导致玻璃破碎。

（3）钢化程度影响。如前所述，玻璃的钢化程度越高，内应力越大，抗冲击能力越强。但当外力超过玻璃的强度极限时，破碎概率会不断增加，如图1所示。

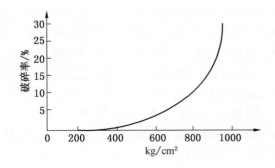

图1　破碎率与应力的关系

此外，还有机加工缺陷，钢化不均匀等因素，也会影响玻璃的破碎。

4.2　破碎力学分析

总结发现，玻璃内应力的大小及其分布形式是影响玻璃强度及破碎的主要原因，玻璃破碎的共性之一就是当外力超过抗张强度时，即应力失衡则可能会发生玻璃破碎。如对玻璃进行切割、钻孔等再加工时，实际就是由于应力平衡引起的破碎。

钢化玻璃的静态力学表现为，应力分布是两个表面为压应力，芯层为张应力；沿厚度方向，应力分布类似抛物线形，中央是抛物线的顶点，即张应力最大处，且张应力是压应力的一半，零应力面大约位于厚度的1/3处，如图2所示。钢化玻璃表面张力一般在100 MPa左右，钢化玻璃自身张应力约32~46 MPa，玻璃的抗张强度是59~62 MPa，静态扩张力超过30 MPa，就会发生破碎。

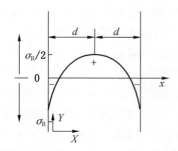

图2　钢化玻璃内残余应力分布

动态力学的钢化玻璃特性研究让我们进一步了解了它的破碎机理。

分离式霍普金斯压杆（SHPB）在高应变率工程材料的研究中，可获得材料的应力应变曲线，但主要研究对象是应变率为 $10^2 \sim 10^4 s^{-1}$ 金属

材料的动态塑性流动应力，对于玻璃等脆性材料，由于破坏应变只有千分之几，有效测量时间非常短，在应力未达匀化之前试件已破坏，且应力的不均匀化对材料的动态曲线影响较大，需加以调整，应变率延伸。根据均匀性假设，入射波信号为 ε_I，反射波为 ε_R，透射波为 ε_T，三组应变信号的关系为

$$\varepsilon_I + \varepsilon_R = \varepsilon_T \tag{2}$$

利用一维弹力波理论，可以得到以反射脉冲和透射脉冲表示的应力应变曲线，试件的应力 $\sigma(t)$、应变 $\varepsilon(t)$ 和应变率 $\dot{\varepsilon}(t)$ 用以下公式确定：

$$\sigma(t) = \frac{A}{A_0} E \varepsilon_T(t) \tag{3}$$

$$\varepsilon(t) = -\int_0^t \varepsilon_R(s)\,\mathrm{d}s \tag{4}$$

$$\dot{\varepsilon}(t) = -\frac{2C_0}{L} \varepsilon_R(t) \tag{5}$$

式中 $\sigma(t)$——试件的应力，MPa；

　　t——入射波、反射波和透射波在同一时域内时间值，s；

　　A_0——试样的初始横截面积，mm^2；

　　A——霍普金斯压杆的横截面积，mm^2；

　　E——压杆的霍普金斯杨氏模量，MPa；

　　C_0——钢化玻璃在压杆冲击后的一维应力波速度，s^{-1}；

　　L——入射杆、透射杆上应变片距试件端面距离，mm；

　　$\varepsilon(t)$——透射杆中的透射应变，10^{-2}；

　　$\dot{\varepsilon}(t)$——入射杆的反射应变，10^{-2}。

图 3 是试件 B、C、D 分别在 1850/s、1250/s、500/s 的 3 种不同应变率下的应力应变实验结果，应变信号测量采用应变片法。

如图 3 所示，钢化玻璃在霍普金斯压杆的冲击下，当其应变率从 500 s^{-1} 到 1250 s^{-1} 再到 1850 s^{-1} 时，杨氏模量 E 从 60.51 GPa 增长到 81.43 GPa 再增至 97.78 GPa，具有明显的应变率效应，且随着应变率的提高，伪塑性屈服应力和极限值均出现明显提高。而不同应变率下的钢化玻璃的应力应变方向基本一致，都经过了压实、线弹性、伪塑性屈服和极值破坏四个阶段。当玻璃受压时，内部应力均相应增大，产生平衡张应力，且由

压、张应力同时增大直至破碎。由于玻璃主要是共价键结构，具有很强的方向性，难以发生错位运动与增值，故当其表面或内部存在缺陷时，易在周围引起应力集中，同时内部存在的大量 penny 型缺陷和裂纹，在外部荷载的作用下，微裂纹成核并增长，力学性能弱化，强度下降，最终造成损伤直至开裂破坏。

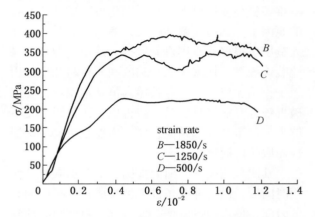

图 3　试件在不同应变率下的应力应变曲线

从中发现，钢化玻璃的动态力学属性具有下列基本特征：

（1）材料的动态应力应变呈非线性关系，其表现形式为"伪塑性屈服"。

（2）在较高的应变力范围内，材料的动态应力应变关系是应变率相关的。

（3）材料的初始弹性模量、破坏应力、破坏应变随应变率的增加而增大。

前述理论阐释出钢化玻璃破碎的基本力学原理，无论是静压破坏或者动压破坏，应力都要经历越过压实、线弹性、伪塑性屈服阶段，到达极值破坏阶段，且遵循同一力学原则，即外部施力与内部基本张力之和需大于玻璃的抗张强度，应力才可能发生失衡引起破碎。若再能利用产品的制造缺陷人为造成局部应力集中，可削弱其力学性能，更利于实现破碎目的。

5　钢化玻璃应急破拆机具研究

5.1　现有破拆工具

从上述力学分析就不难理解传统的钢化破拆机具的不足之处了。首先由于工具多为冲击式，实际使用时可视为是对玻璃表面施压过程，此时内部应力也相应增大，产生平衡的张应力，且由

于透射波波形存在一个较宽的平台，具有恒定的应变率，在达不到极值时，外力与内部应力始终处于平衡，达不到或超过破坏极值，玻璃仅仅会发生伪塑性屈服，不能破碎。对于刚化程度较高的玻璃，玻璃的抗张强度超过 90 MPa，至少需要 60 MPa 的外加压力，若想一举击破，即使是健壮的青壮年全力抡圆时也未必全能达到，这就不难解释很多情况下，破拆钢化玻璃成功率不高的原因了。如前述蓟县火灾，商场起火后，内外人员用了很多非专用机具敲打，甚至自行车、绿化装饰板等一切现场能看到的硬质材料几乎都用上了，仍无济于事，等救援人员到达现场，使用破拆锤等专业机具也没有破拆成功，只因力度不够大，且工具头部圆钝，应力未能超过发生伪塑性屈服阶段而至。

其次是应变率，前面提到，动态加载时，作用时间短，没有静态条件下裂纹成核和扩展的充分时间，杨氏模量激增，要达到材料破裂必须施加更多能量，创造更高的应力条件。如图 4 和图 5 所示，在同等荷载条件下，明显可以看到动态用力对裂纹深度较浅且未扩散。体现在现实破拆活动中，挥击速度快未必有好效果。

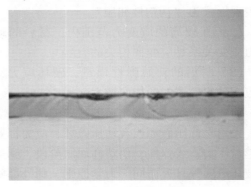

图 4　动态载荷裂隙

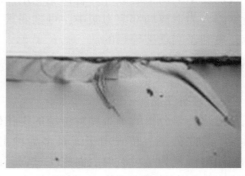

图 5　静态载荷裂隙

国标《消防应急救援装备手动破拆工具通用技术条件》（GB 32459—2015）中，对破拆机具的击打能力、速度、角度等无明确技术要求，其他相关文件也没有发现关于钢化玻璃破拆机具产品的质量条件，出现这种局面也实属无奈。

5.2　高效破拆机具设计

达到同等破拆效果时，动态工具往往更耗能，是传统破拆工具普遍存在的情况，改动态为静态是改进设计的大方向。前面提到，钢化玻璃的破碎内因与所含杂质、自身的钢化程度等因素相关，如何利用钢化玻璃的应力特性，降低压应变率，充分利用杂质的空穴效应，快速打破应力平衡，创造出放大原始裂纹造成的应力集中的力学环境成为解决问题的关键。

按照上述设计原则，通过筛选优化，设计出化学腐蚀、化学热、电热、机械能几类破拆机具。经过实验验证，化学热和机械能两类效果较好，后者经过几轮改进后，达到了 100% 的破拆效率。

（1）化学热机具：图 6 为化学热的原理模型图，分为电源、药剂、集热罩和外壳等几部分。

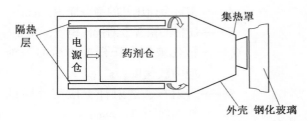

图 6　化学热破拆机具原理示意图

（2）机械能破拆机具：图 7 是机械能破拆机具示意图，切削轮寿命≥500 次。

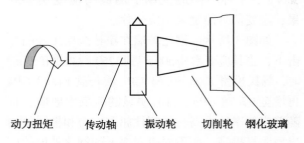

图 7　机械能破拆机具原理示意图

5.3　实验

原材料为平板钢化玻璃，厚度分别为 11 mm、

15 mm、19 mm，共 90 块。进行实验，结果见表 1。

表 1 实验结果

能量模式		化学热		电热		机械能	
厚度/mm	数量/块	平均破碎时间/s	破碎率/%	平均破碎时间/s	破碎率/%	平均破碎时间/s	破碎率/%
11	各30	42	100	95	10	4.5	100
15	各30	83	40	—	0	8	100
19	各30	—	0	—	0	11	100

从实验结果看，理论上化学热和电热都达到了破拆所需的能量，破拆率不达标可能有下面几个原因。

1）加热速度

化学热选用加热原料为热气溶胶，虽然可以逐步加热导致表面应力层改变，但由于在原料添加了缓释和冷却成分，燃烧速度相对缓慢，温度较低，造成高温烟气出现间歇性断流，气流温度时高时低，不能保证连续释放张应力，无法引起杂质周边的应力集中，虽可破拆 11 mm 板，但时间较长，15 mm 和 19 mm 板厚，热量不足以达到扩张裂隙的应力集中，达不到破拆的目的。

电加热机具由于选用的功率较小，升温速率较慢，同样也无法破坏应力平衡，未能破拆成功。

2）集热效果不理想

集热罩设计的密封效果不好，实验时天气又比较寒冷，冷风带走了大量热能，抵达玻璃表面的热值打了折扣，达不到设计要求。

此外还有玻璃初始温度较低等因素，都可能影响了破拆效果，需要在今后的设计工作中加以改进。

机械能破拆效果好，主要是因为以下两点。

（1）切削轮的设计切削强度适当，在最小功率前提下，实现了类似静力载荷的层层剥离，逐步消除的压应力层的目的，使得的内部应力快速减弱，平衡张力迅速减小，玻璃自身的张应力快速占据上风，应力快速失衡后即发生破碎。

（2）振动轮起到了很好地促进了微裂纹成核与增长，随着玻璃的力学性能弱化；振动轮的低频振动模仿了低应变率效应，同时扩大了应力集中的效果，复合作用下，破拆效果获得明显提升。

5.4 应用实验

如图 8、图 9 所示，经天津市交通集团下属某单位运营车辆预装对比实验，及某地铁修理车间所作预装对比各 5 块实验，相较于传统破拆器有较明显进步，对比实验结果见表 2。

图 8 运营车辆预装对比实验

图 9 地铁车厢对比试验

表 2 对比实验结果

序号	破拆器	运营车辆		地铁车厢	
		平均破碎时间(不含未成功次数)/s	破碎率/%	平均破碎时间不含未成功次数/s	破碎率/%
1	尖刺	38	50	—	0
2	弹簧储能	21	75	198	20
3	机械能	3	100	11	100

对于普通钢化玻璃，传统破拆工具时长和破拆率略显不足，而对于较厚的地铁玻璃，机械能破拆工具优势尽显，虽然由于玻璃厚重，破拆时间也有所延长，但仍在可接受范围。

5.5 结论

通过对钢化玻璃力学特性的深入分析，提出

了应急高效破拆钢化玻璃的理论和方法，设计了实验样机。通过实验研究，实现了设计的机械破拆能量类似静态载荷的、能够高效破拆多种钢化玻璃的目的，弥补了当前传统破拆工具的不足，为快速形成安全应急通道、提高救援逃生效率提供一种创新思路。

参考文献

［1］田纯祥．钢化玻璃的钢化程度［J］．玻璃，2009，36（8）：30-32.

［2］孙文迁，黄楠，齐雅欣．钢化应力对钢化玻璃自爆的影响［J］．中国建筑金属结构，2013（10）：88-89.

［3］李磊，安二峰，杨军．钢化玻璃的动态力学性能研究［J］．力学与工程，2010（13）：425-432.

［4］董克敬，陆大坪．钢化玻璃强度计算［J］．山东建材学院学报，1987，1：10-12

［5］陈巧香．玻璃钢化过程的炸裂原因及其预防措施［J］．山西建材，2000（C00）：21-23.

柴油机消防泵组原动机选型
对其性能影响的分析研究

伊程毅 赵永顺 罗宗军

应急管理部天津消防研究所 天津 300381

摘 要：柴油机消防泵组以其启动特性好、过载能力强、结构紧凑、运行可靠的技术优势广泛应用于建筑消防、石油化工消防等领域，同时由于消防泵宽运行功率区间以及高启动和过载性能要求的运行特点，对配套原动机的技术要求十分严格。在实际工程应用中，柴油机消防泵组配套原动机种类繁多，且无相关标准规范约束，本文通过对柴油机消防泵组配套不同类型原动机的运行工况进行对比，研究分析了不同类型原动机对泵组的性能影响情况，总结了消防泵专用柴油发动机的技术优势和重要性。

关键词：消防 消防泵 柴油机消防泵组 消防泵专用柴油发动机

1 前言

近年来，柴油机消防泵组凭借其启动特性好、过载能力强、结构紧凑、运行可靠的技术优势，广泛应用于建筑消防、石油化工消防等领域。由于消防泵具有宽运行功率区间、高启动和过载性能要求的运行特点，其配套柴油发动机的设计、选型和制造均有严格的技术要求，配套原动机的优劣直接影响柴油机消防泵组的性能参数。在实际工程应用中，柴油机消防泵组的成套工作一般由消防泵生产企业完成，由于柴油机发动机技术相对专业，而泵组相关设计和生产技术人员专业知识不足，导致许多技术人员在进行原动机选型时仅仅参考额定功率点作为选型依据，并未考虑消防泵的特殊技术要求，甚至直接选用其他行业的柴油机，如农用机械型柴油机、工程机械型柴油机、车辆型柴油机等。这给柴油机消防泵组的可靠运行造成极大了风险，同时我国相关标准和规范[1-2]对技术细节要求不详，也加剧了这一现象。

2 国内外标准技术现状

我国柴油机消防泵组相关设计标准主要有

《消防给水及消火栓系统技术规范》（GB 50974）、《石油化工企业设计防火规范》（GB 50160）和《飞机库设计防火规范》（GB 50284）等；相关产品标准主要有：《消防泵》（GB 6245）和《固定消防给水设备 第5部分：消防双动力给水设备》（GB 27898.5）等，深入研究可以发现，无论是产品标准还是设计规范[1-5]的技术要求均是将柴油机消防泵组作为一个整体进行评价，并未单独对其配套原动机进行技术约束，且技术细节要求不详；国内相关标准中仅《柴油机消防泵组技术规程》（T/CECS718）提出了消防泵专用柴油发动机[6]的概念，但并无更详细的技术要求。

对比国外标准，以美国规范类标准NFPA20为例，其系统性地规定了柴油机消防泵组的性能指标和安装要求，并对配套柴油机的基本性能、点火类型、控制方法、启动特性和安全防护等诸多方面进行了详细的规定[7]；同时国外的认证标准UL1247作为消防泵专用柴油发动机的安全标准，更是全面规定了柴油机消防泵组原动机的各项要求[8]，并将其作为独立的产品进行安全认证。

作者简介：伊程毅，男，河北衡水人，硕士，助理研究员，工作于应急管理部天津消防研究所，主要从事固定灭火系统技术研究及标准化工作。

3 配套不同类型原动机的对比分析

3.1 消防泵对原动机带载特性的要求

图1是某消防泵性能曲线，其性能参数额定流量为 80 L/s，额定转速为 1500 r/min，可以看出由于 0 至 1.5 倍额定流量均在消防泵的正常工作区间，需要配套原动机具备宽运行功率区间特

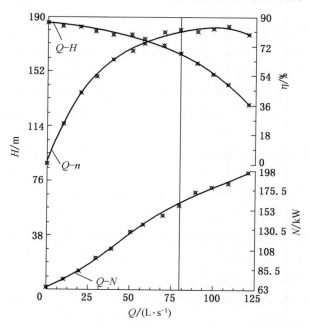

图1 消防泵性能曲线

性；根据相关标准要求[2]，消防泵工作区间内转速变化不能超过 20%，需要配套原动机采用全功率区间调速方式运行，需要具备较高的带载能力和抗负载波动能力；根据相关设计规范要求[1]，消防泵启动时，其后端阀门一般处于开启状态，且消防泵一般采用离心泵形式，因此当消防泵启动时需要较大的扭矩使其快速到达额定转速，需要配套原动机在全功率区间均具有较高的扭矩。

3.2 配套农用机械型原动机

分析农用机械型原动机的扭矩特性（图2），可以看出其在实际工作中，功率转速范围区域非常广泛，几乎涵盖整个发动机的全转速范围，其主要运行工况在高转速区，同时发动机的功率和扭矩使用范围宽泛。进一步分析发现，农用机械配套柴油发动机在加速过程中，会存在烟度限制，同时发动机运行过程并用不到发动机的外特性。

分析农用机械配套柴油发动机转速和扭矩（图3和图4），可以发现发动机运行转速基本在调速段，调整前大部分分布为 2400~2500 r/min，调整后集中在 2300 r/min 和 2400 r/min 之间。分析发动机的扭矩分布和油门分布，可以发现转速调整前后变化不明显，基本集中为 150~250 N·m。

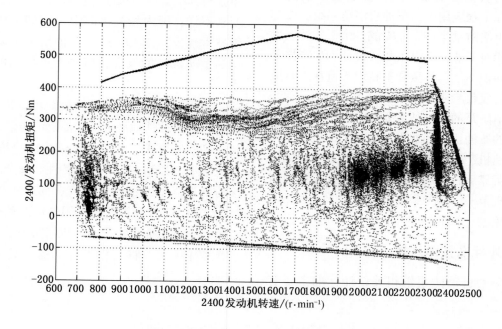

图2 农用机械型原动机扭矩特性

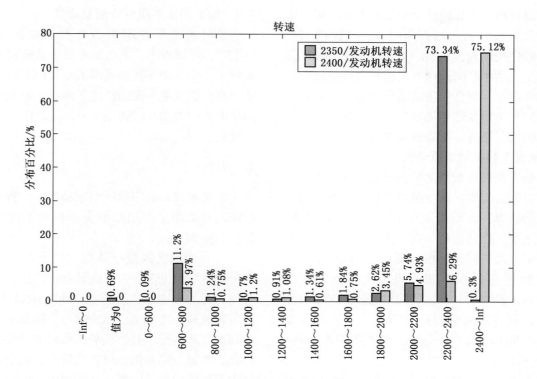

图 3　农用机械型原动机转速分布

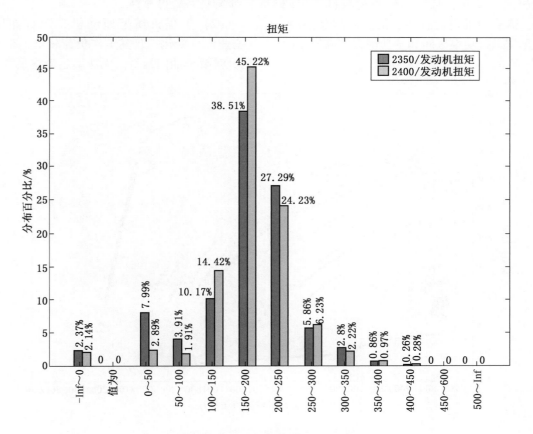

图 4　农用机械型原动机扭矩分布

可以得出，农用机械型原动机工作区域分布广泛，没有长时间运行的集中点，转速范围较大，负载性能随转速变化，若配套消防泵使用，无法满足全功率区间调速方式运行、高带载和抗负载波动要求。而且农用机械型原动机一般转速较高，配套消防泵使用需要增加变速装置，在增加成本的同时会进一步降低系统可靠性。

3.3 配套工程机械型原动机

分析工程机械型原动机的扭矩特性（图5），可以看出其运行明显存在挡位区别，根据不同运行档位的选择，发动机运行工况分界十分明显，发动机主要工作转速集中在怠速区域和额定点附近；分析发动机转速分布（图6）可以看出，发动机运行转速基本在调速段，大部分分布在2100 r/min和2200 r/min之间，怠速区间也有部分分布；分析发动机扭矩分布（图7）可以看出，发动机工作负载较稳定，基本集中为100～400 N·m。

可以得出，工程机械型原动机工况分布随档位（变速比）变化，且其工作负荷较低，带载能力弱，需要全油门运行。若配套消防泵使用，无法满足宽运行功率区间和全功率区间高扭矩的要求。

3.4 配套消防泵组专柴油发动机

分析消防泵专用柴油机发动机扭矩特性（图8），可以得出，消防泵专用柴油机发动机在实际工作中，功率转速范围区域比较集中，主要集中在配套机组匹配的转速区间内，而发动机扭矩主要集中为300～700 N·m，带载能力强，可靠性高。

4 小结

本文通过对农用机械型原动机、工程机械型原动机和消防泵专用柴油发动机的工况对比研究，总结如下。

（1）农用机械型原动机在整个工作转速范围内都有应用工况，工作区域分布广泛，没有长时间运行的集中点，运行负载也有明显的变化，额定转速高，功率小。无法满足消防泵全功率区间调速方式运行、高带载和抗负载波动要求。而且农用机械型原动机一般转速较高，配套消防泵使用需要增加变速装置，在增加成本的同时会进一步降低系统可靠性。

（2）工程机械型原动机工况分布随档位（变速比）变化，且其工作负荷较低，带载能力弱，需要全油门运行。无法满足消防泵宽运行功

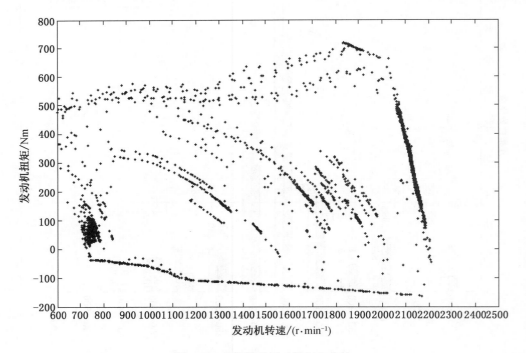

图5 工程机械型原动机扭矩特性

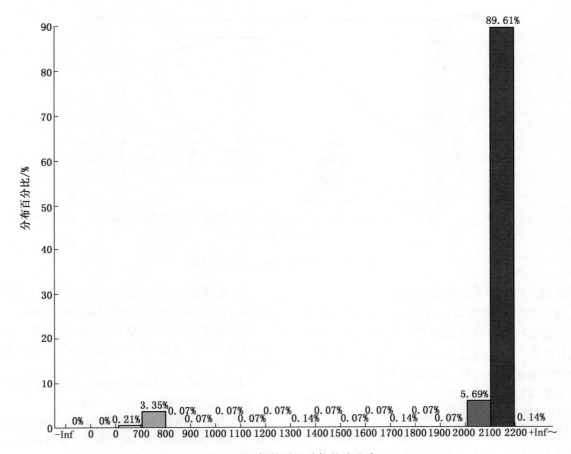

图 6　工程机械型原动机转速分布

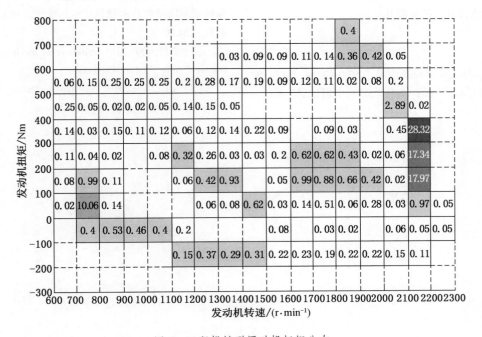

图 7　工程机械型原动机扭矩分布

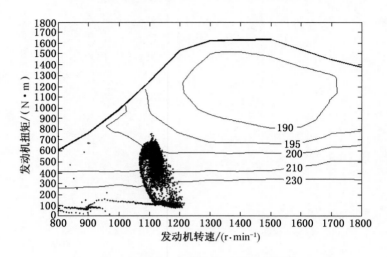

图8　消防泵专用柴油发动机扭矩特性

率区间和全功率区间高扭矩的要求。

（3）消防泵专用柴油发动机工况单一且集中，主要运行在设计转速附近，发动机的工作负荷高且存在一定的波动，可靠性要求高，发动机启动至额定转速时间短，加载速率高。

由此可以看出消防泵专用柴油发动机与上述两种发动机对转速、扭矩、功率等技术要求差异较大，且运行工况不同。因此消防泵需要配套专门按其工作特性设计并调校的柴油发动机，否则势必会大大降低柴油机消防泵组运行可靠性，从而造成巨大的消防安全隐患。

参考文献

［1］住房与城乡建设部. GB 50974—2014　消防给水及消防栓系统技术规范［S］. 北京：中国计划出版社，2014.

［2］国家质量监督检验检疫总局. GB 6245—2006　消防泵［S］. 北京：中国标准质检出版社，2006.

［3］住房与城乡建设部. GB 50160—2008　石油化工企业设计防火规范［S］. 北京：中国计划出版社，2008.

［4］建设部. GB 50284—2008　飞机库设计防火规范［S］. 北京：中国计划出版社，2008.

［5］国家质量监督检验检疫总局. GB 27898.5—2011　固定消防给水设备　第5部分：消防双动力给水设备［S］. 北京：中国标准出版社，2011.

［6］中国工程建设标准化协会. T/CECS 718—2020柴油机消防泵组技术规程［S］. 北京：中国建筑工业出版社，2020.

［7］NFPA20-2013. Standard for the Installation of Stationary Pumps for Fire Protection［S］.

［8］UL1247-2019. Standard for Safety for Diesel Engines for Stationary Fire Pumps［S］.

基于实尺度试验的森林树冠火行为影响因素分析

王鹏飞 李毅 李晋 李紫婷

应急管理部天津消防研究所 天津 300381

摘 要：树冠火是造成森林火灾大面积快速蔓延的主要原因，森林中一旦发生高强度的树冠火，会对救援人员生命造成极大的威胁。本文回顾了近年来树冠火行为的国内外研究现状，随后通过开展单树和双树实尺度树冠火试验研究了不同工况下树冠火燃烧过程，并基于实尺度试验结果，分析了影响树冠火行为的危险因素，发现含水率、风、冠层连续性等危险因子是制约树冠火行为的关键因素。对于连续高温、少雨和大风天气以及野外陡坡和阳坡等易失水区域需加强监管防止树冠火的发生，同时通过计划烧除以及可燃物管控来减少森林可燃物冠层的连续性是抑制树冠火的有力措施。

关键词：消防 树冠火 实尺度试验 影响因素

1 引言

按燃烧物和燃烧部位的不同，森林火灾通常分为地表火、树冠火和地下火三种。树冠火是指林冠层着火的森林火灾，通常发生在树脂成分较多的针叶林。树冠火经常与地表火同时存在，不但可以烧毁树木的枝叶和树干，还能烧毁地被物、幼树和下木。树冠火具有完全不同于地表火和地下火的燃烧特征，其燃烧温度高、火强度大、蔓延速度快，易引发特殊火行为。如树冠火能产生强大的对流柱，在大火中对流柱发展迅速，并且由于浮力的作用，常常携带大量正在燃烧着的可燃物，它们被带到火焰前方未燃的可燃物中，引起飞火，对森林的破坏性极大。树冠火使得火焰强度增大并产生剧烈的热辐射，一旦发生高强度的树冠火，会对扑救人员的生命安全造成极大的威胁，因此研究树冠火行为具有非常重要的理论和实践意义。

2 森林树冠火行为研究现状

森林火灾中只有小部分火灾会发展成为树冠火，但是树冠火却是造成森林火灾大面积快速蔓延的主要原因[1]。由于树冠火的破坏性，树冠火行为研究已成为森林火灾防治领域的热点问题。

近年来，国内外学者对树冠火行为开展了大量的研究。国外关于树冠火发生及蔓延方面的研究，多以模型模拟为主。Hoffman 等人[2]利用已有的树冠火蔓延速率数据评估了 FIRETEC 和 WFDS 模型的预测结果。为了更深入地了解树冠火动力学，Cruz 等人[3]利用半物理模型结合简单的蒙特卡洛模拟框架进行了火灾行为预测。翁涛等人[4]在单树树冠火辐射模型的基础上发展了多树树冠火辐射的简化模型，并进行了模拟实验研究，以此验证了圆柱辐射模型的合理性。赵凤君等人[5]从树冠火发生机制、蔓延模型、预防树冠火发生的措施等方面进行了分析，并指出，气象条件对于树冠火的发生与蔓延具有至关重要的影响。牛树奎等人[6-7]以针叶林为研究对象，通过分析林分树冠可燃物的负荷量、结构、理化性质和树冠火发生的关系，建立了树冠可燃物垂直连续性指数和水平连续性指数及其评估等级。陶长森等人[8]研究了妙峰山林场主要针叶林冠层特征的垂直分布规律，并研究了针叶林树

基金项目：国家重点研发计划项目（2018YFF0301001）

作者简介：王鹏飞，男，博士，助理研究员，工作于应急管理部天津消防研究所，主要研究方向为大尺度火行为燃烧特征及森林火灾防控技术等方面，E-mail：wangpengfei@tfri.com.cn。

冠火发生的概率、类型和潜在火行为，以此指出，树冠火发生概率与类型与林分冠层可燃物和冠层密度的垂直分布关系密切。上述已有树冠火行为研究集中在蔓延速率数值模拟、辐射引燃建模、树冠火影响因素理论分析等方面。本文拟通过开展单树和双树实尺度树冠火试验，研究不同工况下树冠火燃烧过程，并基于试验结果，分析影响树冠火行为的危险因素。

3 树冠火行为影响因素研究

3.1 实尺度树冠火试验

为了解树冠火的燃烧行为，笔者选取白皮松开展了单树树冠火及双树树冠火燃烧试验，如图1所示，其中双树树冠火试验中，两颗树木的水平中心距离为2 m。试验是在113 m（长）×35 m（宽）×28 m（高）的大空间燃烧馆开展的，所选取的白皮松树木高度均在2.8 m左右，试验中利用普通摄像机监测了树冠火燃烧过程。白皮松的自然整枝较好，具有一定的枝下高度和主干，试验中每颗树木主干根部以及树冠底部各放置一个边长为20 cm、深度为5 cm的方形引燃油盘（引燃燃料正庚烷），用以模拟地表火来引燃白皮松树冠形成树冠火。

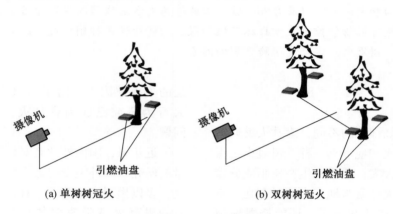

(a) 单树树冠火　　　　　　(b) 双树树冠火

图1　树冠火试验布置

3.2 树冠火试验结果分析

图2展示了单树树冠火的燃烧情况，图2a是试验燃烧过程图片，图2b是试验结束后树木燃烧痕迹。在试验过程中，冠层出现两次被引燃的情况：第一次是在引燃油盘被点燃炙烤树冠7 s后，树木冠层被引燃，燃烧持续30 s后熄灭；第二次是在引燃油盘炙烤树冠255 s后，树木冠层再次被引燃，持续燃烧8 s后熄灭；此后直至引燃油盘内的燃料燃尽，冠层再未被引燃。

单树树冠火燃烧过程中出现两次被引燃然后熄灭的情况，这是由于树木的含水率较高，不易被点燃造成的。从图2b树木燃烧痕迹也可以证明含水率对树木冠层燃烧起了关键的作用，图中引燃油盘正上方的冠层被不断炙烤，含水率降低，从而导致冠层基本都被燃烧了，引燃油盘旁边的冠层由于未接收到足够的热量导致含水率依然较高，从而未被引燃。上述现象也从侧面说明，若树木冠层的含水率较高，其被引燃后的火

(a) 试验图片　　　　　(b) 树木燃烧痕迹

图2　单树树冠火燃烧情况

灾为低强度树冠火。

图3展示的是双树树冠火燃烧过程。图3-1：引燃油盘被引燃，记为时间0点；图3-2：油盘被引燃9 s后，左侧白皮松部分冠层被引燃，燃烧持续16 s后熄灭，左侧冠层火焰未向

右侧树木蔓延；图 3-3：油盘被引燃 55 s 后，两颗树木部分冠层都被引燃，燃烧持续 5 s 后熄灭，未出现水平方向火蔓延；图 3-4：油盘被引燃 122 s 后，右侧白皮松部分冠层被引燃，燃烧持续 12 s 后熄灭，火焰未出现向左侧树木蔓延；图 3-5：143 s 后，右侧白皮松部分冠层再次被引燃，燃烧持续 6 s 后熄灭；图 3-6：油盘被引燃 147 s 后，左侧树木冠层被引燃，燃烧持续 16 s 后熄灭；图 3-7：油盘被引燃 307 s 后，左侧树木冠层再次被引燃，燃烧持续 6 s 后熄灭；图 3-8：油盘被引燃 565 s 后，右侧白皮松部分冠层被引燃，燃烧持续 6 s 后熄灭；此后直至引燃油盘内燃料耗尽，也未出现冠层燃烧现象。

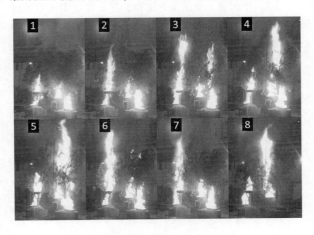

图 3　双树树冠火燃烧过程

在双树树冠火燃烧过程中，与单树树冠火试验现象类似，两颗树木冠层被多次引燃后熄灭，再次说明树木冠层含水率高使得其不易被引燃。同时，还可以发现，双树树冠火燃烧过程中，并未出现水平火蔓延的情况，一方面是由于含水率高产生的低强度树冠火不足够引燃周围的树木，另一方面重要的原因是，试验是在无风的大空间进行的，其产生的低强度树冠火火焰垂直向上，不易造成水平火蔓延。上述现象也表明风是影响树冠火蔓延的重要影响因素。

3.3　树冠火行为影响因素分析

（1）含水率：树木含水率是评价树冠火发生危险程度的最直接指标。从本文树冠火试验中可以发现，树木被引燃后不是一直处于燃烧的状态，而是间断地被引燃。出现上述现象的原因是开展试验所用的白皮松含水率较高，白皮松被下

方的引燃油盘烘烤，含水率不断减少，当达到一定程度时，树木冠层才被引燃。这表明树木的含水率越低，其越容易被引燃，含水率是影响树冠火行为的一个危险因素。而影响树木含水率的因子很多，包括气候、地形等多种因素。连续的高温、少雨天气会使树木的含水率降低；坡度越陡，水分越容易流失，而且阳坡处的树木比阴坡处的树木更易失水。因此当出现高温少雨天气时，相关部门要加强管控措施防止森林树冠火的发生，同时对于野外陡坡以及阳坡处的植被，也要加强监管力度。

（2）风：风是树冠火蔓延的催化剂。从本文双树树冠火试验中还可以发现，任何一棵树冠层被引燃后，并未出现火焰水平蔓延引燃旁边树冠的情况，而且模拟地表火的引燃油盘产生的火焰垂直向上，仅炙烤其上方的冠层，并未向外扩展引燃旁边的冠层，这是由于试验是在空气相对静止的无风环境下进行的。可见风力是制约树冠火蔓延的决定性因素。风力越大，树冠火燃烧蔓延速度越快，火势不易控制，给灭火带来困难。因此，大风天气也是影响树冠火行为的一个重要危险因素。

（3）冠层连续性：树木冠层连续性决定着树冠火行为的特征，树木冠层连接越紧密，其连续性越大，树冠火蔓延速度越快，火强度越强。可燃物垂直分布的连续性决定地表火是否转变为树冠火，本文进行的树冠火试验也说明了这一点，试验中，引燃油盘模拟的是地表火，若地表可燃物被清除，减少森林可燃物在垂直空间上的连续性，那么可抑制地表火向树冠火转化。若减少森林可燃物在水平空间上的连续性，可降低树木冠层间的火蔓延，从而减少大规模树冠火的发生。因此，计划烧除以及可燃物管控是抑制树冠火发生的有力措施。

4　小结

森林中的树冠火是野火快速蔓延的一种极端形式，其会对直接灭火行动造成极大的困难，而且也会给人们的生命和财产构成巨大的威胁，分析识别影响树冠火行为的危险因素对于火灾管理规划以及安全有效地灭火行动是必要的。

本文借助实尺度试验方法研究了树冠火燃烧

过程，分析了影响树冠火行为的关键危险因素。树木含水率是评价树冠火发生危险程度的最直接指标，树木含水率越高，其越难被引燃；风是制约树冠火蔓延的决定性因素，风力越大，树冠火燃烧蔓延速度越快；树木冠层连续性决定着树冠火行为的特征，冠层连续性越大，火强度越强。因此，对于连续的高温、少雨天气以及大风天气，相关部门要加强监管，警惕树冠火的发生；野外陡坡及阳坡等易失水的区域，是高风险区域；通过计划烧除以及可燃物管控来减少森林可燃物在垂直和水平空间上的连续性，是抑制树冠火的有力措施。

参考文献

［1］Fernandes PM, Barros AMG, Pinto A, et al. Characteristics and controls of extremely large wildfires in the western Mediterranean Basin ［J］. Journal of Geophysical Research, 2016, 121(8): 2141-2157.

［2］Hoffman CM, Canfield JM, Linn RR, et al. Evaluating crown fire rate of spread predictions from physics-based models ［J］. Fire Technology, 2016, 52(1): 221-237

［3］Cruz MG, Alexander ME. Modelling the rate of fire spread and uncertainty associated with the onset and propagation of crown fires in conifer forest stands ［J］. International Journal of Wildland Fire, 2017, 26(5): 413-426.

［4］翁韬, 魏涛, 蔡昕, 等. 城市森林交界域树冠火多树辐射理论与模拟实验研究 ［J］. 自然科学进展, 2007, (8): 1098-1104.

［5］赵凤君, 王明玉, 舒立福. 森林火灾中的树冠火研究 ［J］. 世界林业研究, 2010, 23(1): 39-43.

［6］牛树奎, 王叁, 贺庆棠, 等. 北京山区主要针叶林可燃物空间连续性研究——可燃物垂直连续性与树冠火发生 ［J］. 北京林业大学学报, 2012, 34(3): 1-7.

［7］牛树奎, 贺庆棠, 陈锋, 等. 北京山区主要针叶林可燃物空间连续性研究——可燃物水平连续性与树冠火蔓延 ［J］. 北京林业大学学报, 2012, 34(4): 1-9.

［8］陶长森, 牛树奎, 陈羚, 等. 妙峰山林场主要针叶林冠层特征及潜在火行为 ［J］. 北京林业大学学报, 2018, 40(5): 82-89.

火灾事故统计分析与数据驱动的风险预测探讨

张 欣 张 琰 李 晋

应急管理部天津消防研究所 天津 300381

摘 要： 本文对比了美国、英国、加拿大、日本和我国火灾事故统计系统的数据采集类型、特点，阐述了火灾统计指标体系构建及统计分析指标设置的意义，重点讨论了几类广泛应用的数据统计、分析与挖掘方法的特点及应用实践，分析了火灾风险研究主流方法，从火灾风险预测预警方法中预测指标与预警指标的确定等方面探讨了火灾风险预测关键技术，给出了火灾风险预测预警技术实施路线，针对历史统计数据质量及预测预警技术存在的问题提出了几点建议。

关键词： 消防 火灾事故统计 风险预测预警 预警指标

1 引言

近年来，各地加快推进互联网、大数据等现代信息技术在消防安全工作的应用，积极探索建立用数据研判评估、用数据预知预警、用数据辅助决策、用数据指导实战、用数据加强监督的新机制，力争全面提升工作效能和消防安全社会治理水平。

2 历史火灾事故统计与分析

2.1 火灾事故统计系统

日本、美国、英国、加拿大、澳大利亚、新西兰、芬兰等国较早发现了统计数据的重要价值，对采集的火灾事故数据进行统计分析，帮助消防部门制定各项防火政策措施，基于火灾风险等级优化配置消防救援力量。美国和英国火灾统计系统均始建于20世纪70年代，日本数据统计分析也已积累了40年的经验[1]。表1对比分析了目前各国在用火灾事故统计系统采集信息的类型及其系统特点。

美国的NFIRS以模块化方式采集事故相关信息。基本模块是适用于所有事件类型的通用模块；居民火灾伤亡模块、危险品模块等专用模块采集更详细信息，便于后期分析；补充模块采集

表1 各国火灾事故统计系统现状对比表[2-4]

国家	统计系统名称	采集类型	特 点
美国	国家火灾事件报告系统（NFIRS）NFIRS5.0	紧急医疗服务、危险物品或危险品处置、自然灾害等消防队处置事件。火灾事故涵盖建筑、机动车、户外及其他类型火灾	模块化系统（11个）：基本模块、火灾模块、建筑火灾模块、居民火灾伤亡模块、消防人员伤亡模块、危险品模块、纵火模块等
英国	事件记录系统（IRS）	火灾、救援、警报、爆炸、援助、危险物品等事件类型。火灾事故涵盖建筑、飞机、火车、船舶、车辆、仓库、储罐、地下等类型	只要求一级火灾录入详细信息，二级火灾仅用于收集当月火灾总起数。对不常见的灭火救援事件，设置"是/否"选项卡，只有选择"是"的情况才需进一步录入
加拿大	国家火灾信息数据库（NFID）	火灾事件和相关伤亡在内的历史数据；还收集了加拿大统计局提供的其他社会领域数据	所有火灾事件信息归入"事件文件"和"伤亡文件"

基金项目： 应急管理部消防救援局重点研发项目（2020XFZD01）、应急管理部天津消防研究所基础科研业务费项目（2020SJ03）

作者简介： 张欣，女，硕士，副研究员，工作于应急管理部天津消防研究所，主要从事危险品火灾特性及消防安全技术研究，E-mail：zhangxin@tfri.com.cn。

表1（续）

国家	统计系统名称	采集类型	特点
日本	消防听力数据库	火灾事故	问卷形式向社会征集火灾事故，经详细调查后共享
中国	全国火灾和警情统计管理系统	火灾扑救、应急救援、社会救助、执勤保卫、反恐排爆、虚假警及其他出动情况	简化轻微火灾统计内容；确定"全口径"统计范围；起火原因细化为69项，电气火灾、生产作业原因细化至三级

的信息，在增加系统填报灵活性的同时，也是专项研究工作的信息资源。英国只对建构筑物火灾、车辆火灾或有人员伤亡或出动5台消防车的一级火灾进行详细信息采集。加拿大的NFID除采集历史火灾微观信息，同时采集其他社会领域数据，供学术界开展消防、公共安全等创新研究。20世纪80年代以前，我国只统计火灾起数、损失、亡人数、伤人数这四项指标。随着消防法修订、消防救援工作的改革及职能任务变化，2020年初，消防救援警情与火灾统计内容已经拓展为火灾扑救、应急救援、社会救助、执勤保卫、反恐排爆、虚假警及其他出动情况。

2.2 火灾统计指标体系

统计指标类别、层级的合理设置，不仅有利于发现不同场所/行业类别火灾事故原因规律，还可为针对性地开展火灾隐患辨识和火灾防控提供支撑。因此应依据本国国情、火灾特点及特定研究目的建立统计指标体系，设置分析指标。例如研究火灾事故救援人员的安全问题，需设置救援人员的基本信息（年龄、从业年限等）、装备（穿着/佩戴的防护用品）、伤亡性质、可能原因、逃生失败原因等各级各类指标。再如，开展危险品火灾事故深度分析，研究管理和处置策略，可设置发生事故物质品名、泄漏容器的类型信息、泄漏量、泄漏位置、处置行动以及有效措施等统计指标。起火原因是火灾事故统计重要指标之一。美国、英国、日本和我国针对起火原因统计指标设计了不同的结构层级，见表2。

表2 起火原因统计指标结构层级对比表[2-5]

国家	层级数	层级	数量	具体火灾原因
美国	三	一般	7	暴露、纵火、原因调查中、电气、设备、自然因素、未知
		中级	16	纵火、玩火、吸烟、取暖、烹饪、电气故障、器具、明火、自然因素、暴露、误操作、调查中（纵火）、未知原因等
		优先	36	暴露、纵火、玩火、自然因素、烟花、吸烟、加热、烹饪、配电、电器、特殊设备、车辆、火柴（蜡烛）、设备故障、摩擦、未知等
英国	二	一级	5	故意（自有财产）、故意（他人财产）、故意（未知所有者）、意外、未知
		二级	62	三种故意：炸弹/燃烧设备、自杀/企图自杀、热源与可燃物故意放在一起等。意外23项：设备故障、烹饪（油锅）等、玩火/热源、车辆碰撞等23项。未知21项：设备/器具故障、烹饪（炸锅）、玩火、车辆碰撞、使用设备/器具疏忽等
日本	一	—	25	放火嫌疑、放火、香烟、炉子、电灯电话的布线、火柴打火机、玩火、浴室灶、电器、电气装置、排气管、焊接切割机、烟囱烟道、火花碰撞、炉灶、不明/调查中等
中国	三	一级	12	玩火、燃放烟花爆竹、自燃、雷击、静电、遗留火种、不排除原因、放火、电气火灾、生产作业、用火不慎、吸烟
		二级	36	燃放烟花爆竹、自燃、雷击、静电、遗留火种、不排除原因。玩火2项。放火4项。电气火灾：蓄电池故障、电气线路故障、电动机及其他工业设备、电器设备故障；生产作业：焊割、熬炼、化工生产、机械设备类故障、其他。用火不慎12项：余火复燃、烘烤不慎、油锅起火等。吸烟3项：违章吸烟、乱扔烟头火柴等
		三级	69	蓄电池故障4项，电气线路故障6项，电动机及其他工业设备6项，电器设备故障2项，焊割4项，熬炼5项，化工生产9项，机械设备类故障4项，其他2项

从表 2 可以看出：美国、英国和我国均采用了多级火灾原因架构；日本未分级，所有指标均为具体物品或行为。美国和我国均采用三级架构，下一级具体细化的火灾原因与上一级之间存在对应关系。一级原因（如美国的"一般"原因、英国和中国的"一级"原因）按大类划分，可用于火灾归类识别，更有利于总体理解火灾事故的发生规律，具体细化的火灾原因（如美国的"优先"原因、英国的"二级"原因、我国的"三级"原因）则更适合深入分析研究，对于制定防火策略更有指导意义。

3　火灾统计分析与挖掘

3.1　数据统计

基本图表分析是年度数据统计分析报告中最常用的方法，如日本的年度火灾报道、英国的"Fire & rescue incident statistics"和我国的"中国消防年鉴"等。日本每年由消防厅发布火灾报告[5]，统计分析全国上一年度火灾起数、人员伤亡及火灾损失，从建筑物用途、起火原因、伤者情况、亡人情况及纵火火灾情况进行起数、占比等统计汇总，与前一年进行比对（增减率）得出发展趋势，进而针对不同类别的火灾给出防火对策措施。美国每年发布"Topical Fire Report Series"，分析近 10 年间的国家火灾趋势及相关问题，针对住宅火灾、非住宅火灾、消防员伤亡及其他特定火灾或相关主题开展专题分析，如《2014—2016 年住宅建筑厨房火灾报告》[6]等。这种方法采用简单的表、图（如条形图、柱状图、饼图和点图等）对历史火灾发生的四项指标（火灾起数、火灾损失、亡人数、受伤）进行对比分析、差异分析、时间序列趋势分析、横向对比、同环比分析，直观展现结果。

3.2　数据分析与挖掘

不同的数据分析、挖掘技术，具有不同的特点，可以实现不同的功能。在大数据时代，多元统计分析方法与人工智能、数据库技术的结合，极大地提升了多源数据的处理效率。表 3 列出了四种主要数据分析、挖掘方法的特点及其在火灾事故研究的应用实例。

表 3　主要数据分析挖掘方法特点及功能应用

方法	描述	特点	研究实例
主成分分析 PCA	也称主分量分析，旨在利用降维的思想，把多指标转化为少数几个综合指标	通过"降维"的方式来简化分析过程，增加结果精度的方法	识别火灾事故中对消防员伤害有显著影响的主要影响变量[7]
聚类分析	依据相似度进行数据分类收集。K-均值算法是著名的聚类算法	综合性、形象性、客观性	30 起典型石油化工火灾事故分为 4 类[8]
指数平滑法	在移动平均法基础上发展起来的一种时间序列分析预测方法，是对事件进行预测的常见方法之一	对历史数据利用率高，且操作方法简单易行；精确性取决于平滑系数；适用于模拟非线性变化趋势	预测未来春节烟花爆竹火灾、死亡人数、火灾总起数等各项数据[9]
相关性分析	对两个或多个具备相关性的变量要素进行分析，衡量变量要素的相关密切程度	有多种方法，如图表方法（直观）、相关系数（可看到变量间两两相关性）、一元/多元回归（生成模型可用于预测）	利用回归分析对火灾发生率与经济因素的时空关系进行研究[10]

为了探索火灾事故发生，各国学者运用指数平滑法、相关性分析、主成分分析（PCA）、聚类分析、因子分析等方法开展了大量研究工作。2015 年美国的 Carlee Lehna 等人[11]利用地理信息系统建立了一个预测火灾可能性增加地区的地图风险模型，运用统计分析方法（相关性、方差分析、多元回归、空间自相关）研究了模型预测与实际火灾发生之间的关系。2015 年加纳的 Caleb Boadi 等人[12]利用随机动态统计分布方法拟合了 2007 年至 2011 年火灾计数数据，建立了火灾预测模型，采用火灾空间图模拟预测火灾发生情况，使社区、风险管理者及政府直观了解火灾隐患。2017 年 Zijiang Yang[7]等研究了影响加拿大安大略省火灾事故可能性和严重度的关键

因素，用于解决火灾事故处置消防员安全问题，运用主成分分析等方法确定了消防员伤害的八个主要影响因素［受伤时戴的头盔、受伤时使用的头盔线、受伤时穿着的外套（装备）、受伤时穿的靴子、消防经验年限、受害者年龄、消防员身高、消防员体重］。目前，我国在针对火灾事故开展数据分析及挖掘的研究工作尚处于初期探索阶段，需要深入学习各类数据挖掘技术，根据具体方法特点、适用范围，有针对性开展不同类型火灾事故分析研究，提高对火灾事故特点、规律的认知，开发特定功能的风险预测预警模型，为应急救援管理及处置决策提供依据。

4 风险预测及预警

4.1 研究对象及方法

城市区域火灾风险研究有两种主流方法：基于灾害历史数据的统计研究方法和基于指标体系的评估方法。前者利用历史火灾数据学习蕴含其中的特征规律，预测火灾发生的可能性，探究火灾变化规律，最终实现火灾隐患的预测。后者通过专家经验判断建立火灾风险评估指标体系，根据待评估区域的实际情况逐项打分确定该区域的火灾风险等级。近年来，国内学者从"城市区域特征、城市火灾危险性特征、火灾防范水平、公共消防基础设施和灭火救援能力""人口状况、能力指标和脆弱性指标"等几方面构建指标体系。指标构建过度依赖专业判断及经验，选取的指标难于量化，重叠指标较多等问题导致了评估结果精度不高。基于历史火灾数据，融合人口、社会、经济以及气象等数据的风险预测预警方法，采用相关性分析、主成分分析法等数据挖掘技术分析影响火灾发生的因素，挖掘最具代表性的影响因素，可以解决指标量化问题，也可使指标体系更趋于合理、科学。

数据驱动的风险预测方法多采用机器学习方法实现不同预测功能，这种方法的目的在于获得一个可反复预测的模型，实现最准确的动态预测。分类作为一种监督学习的方法，通过分析已知类别的训练集，建立分类函数，进而确定测试集中未知类别数据对象的归属。贝叶斯网络则适用于表达和分析不确定性和概率性的事件，应用于有条件地依赖多种控制因素的决策，可以从不

完全、不精确或不确定的知识或信息中做出推理。火灾风险预测工作尚处于探索阶段，风险预测方法的选择至关重要，需要借鉴前人研究成果，根据研究对象、预测指标特点科学确定。

4.2 预测指标与预警指标

火灾事故的发生是人为因素和非人为因素的耦合。火灾事故的发生概率受时间、空间两个维度复杂因素的影响。将时间作为主要参数，根据历史和当前数据对时间序列型数据的未来值进行预测是典型的预测性模式。火灾风险预测技术的实践应用是实现火灾风险预警，即当影响火灾风险的某一因素或其组合达到可能触发火灾发生的警限值时发出预警信息。通过历史火灾数据进行预警，需建立火灾事故预警指标体系，开展火灾事故分布规律、火灾事故动态发展规律以及火灾事故成因分析，借助数据挖掘技术手段得到火灾事故重要影响因素，建立强关联指标集合。确定预警输出指标及预警阈值是开展火灾风险监测预警的核心工作。火灾风险预测的输出指标一般分为火灾发生概率、发展趋势和火灾风险等级三类，预警阈值需要结合实际火灾防控工作和历史数据进行综合确定。借鉴国内外先进经验和做法，制定了火灾风险预测预警技术实施路线，如图1所示。

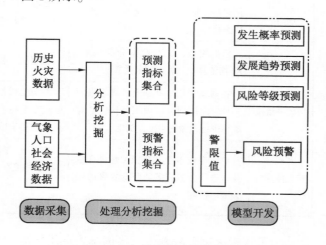

图1 火灾风险预测预警路线图

5 存在问题及建议

准确预测城市区域火灾事故发生风险、掌握致灾因素，能为政府制定有指向性的防火监督、宣传教育计划等提供技术支持。目前我国火灾风

险预测预警技术存在两方面主要问题。一方面，火灾风险预测指标体系相关研究不系统、不深入、不全面，尚未开展预警警限值的相关研究；另一方面，预测预警精确度和实用性有待提高。

建议从以下几方面开展工作：

（1）依据国情、火灾特点及特定研究目的合理优化火灾统计指标体系，融合经济、社会、人口、气象等消防外部数据，建立完备的多维度评估指标体系。外部数据的粒度应与预测指标粒度相匹配，便于实现机器学习方法更强大的分析能力，提高预测的科学性。

（2）基于历史火灾数据，结合社会特征，针对不同类型火灾确定合理的预警警限值；结合不同层级消防救援队伍实战需求确定预测指标及预警指标；预测预警模型构建应充分考虑地域差别、固有高风险因素类别等因素。

（3）全国范围内实现数据采集标准统一化，定期开展数据质量监控/评估，实施针对性措施，逐步消除指标关键错误、无效数据、异常值等统计数据质量缺陷。

（4）分场所类型或基于问题导向开展火灾风险专项研究，深入挖掘各类事故发生规律及重要影响因素，指导统计指标体系优化。建立模型适用反馈机制，及时反馈模型运行效果，促进模型改进。

参考文献

［1］Ai Sekizawa. Necessity of Fire Statistics and Analysis Using Fire Incident Database-Japanese Case ［J］. Fire Science and Technology Vol. 31 No. 3 （Special Issue） （2012）67-75.

［2］Fire in the United States （2006-2015）19th Edition.

［3］https：//www. gov. uk/government/statistical-data-sets/fire-statistics-guidance.

［4］National Fire Information Database （NFID）User Guide, July, 2017.

［5］2018 年（1~12 月）における火災の状況（確定値）.

［6］Cooking Fires in Residential Buildings （2014-2016）, Topical Fire Report Series, December 2018, Volume 19, Issue 9.

［7］Zijiang Yang, Youwu Liu. Using Statistical and Machine Learning Approaches to Investigate the Factors Affecting Fire Incidents ［R］.

［8］陈振南，吴立志，王其磊. 基于聚类和相关性的30起典型石油化工火灾事故特征分析 ［J］. 火灾科学，2019，57(4)：68-72.

［9］张恒，刘鑫晔，董川成，等. 基于指数平滑法的我国春节期间火灾特征研究 ［J］. 武警学院学报，2018，34(8)：17-21.

［10］李国辉，王颖，原志红，等. 火灾发生率与经济因素的时空相关性分析 ［J］. 灾害学，2016，31（2）：111-115.

［11］Carlee Lehna, et al. Development of a Fire Risk Model to Identify Areas of Increased Potential for Fire Occurrences ［J］. Journal of Burn Care & Research, 37(1)：12-19.

［12］Caleb Boadi, et al. Modelling of fire count data：fire disaster risk in Ghana ［J］. SpringerPlus, 2015（4）：794.

一种基于数字中台的智慧消防
一体化平台架构设计

何元生　李继宝　冯旭

应急管理部天津消防研究所　天津　300381

摘　要：本文提出了一种智慧消防一体化平台的数字中台架构，显著减轻了系统应用层数据承载压力，提高消防数据的共享水平，实现应用服务从前端后移以及服务的快捷接入。通过说明此智慧消防一体化平台软件设计思路以及实际项目的开发过程，展现了消防数字中台架构能够提供消防数据、业务服务及智能算法的可插拔式服务，使沉淀的消防数据得到利用，并获得了消防数据集成管理、业务复用能力以及AI分析复用能力。本文论述成果提升了消防数据共享交互水平，降低应用系统的试错成本，有效支撑和赋能智慧消防业务应用。

关键词：消防　数字中台　应用后移　业务复用

1　引言

根据《消防信息化"十三五"总体规划》要求以及2017年公安部第297号文件《关于全面推进"智慧消防"建设的指导意见》等要求，"智慧消防"建设已成为国内消防产业大力推进的热点项目，各地均在消防系统数据集成平台以及相关应用系统方面有所尝试。在建设过程中，如何构成一套可持续发展的智慧消防建设体系，并使各级消防救援队伍和相关方既能独立开展系统建设，又能共同构建智慧消防基础框架，成为当前智慧消防系统研究的关键问题。因此，研究智慧消防建设体系架构具有重要的实际意义。

早期智慧消防的基础框架研究提出了基于三层架构的管理服务平台：首先将底层采集节点数据通过无线通信网络传输至web应用，然后研究面向消防行业的管理应用系统。由于这些早期系统采用单一架构，其系统稳定性、灵活性、数据接入能力已落后于时代。针对传统架构存在的设备网络适应性问题等问题，研究学者提出了基于发布/订阅模式的异步通信协议手段以及基于分布式的微服务治理方案等措施来提升平台的整体性能。

在架构层次改进方面，目前较常用的架构层次主要有三层、四层等，其架构主要包含感知采集、网络传输、处理平台、应用服务等部分。

在框架层设计方面，处理层改造为以数据存储及简单的数据预处理为重点；应用层主要面向基于应用服务的数据分析运算过程，并要求具有较好的承载能力，已有或将要面对的海量数据压力将使应用层的架构研究变得更为迫切。

在平台建设方面，由于消防部门的信息化系统承袭以往基础，使得分系统通常处于自我建设及管理的过程，跨部门、跨领域的数据还没有真正意义上做到共享、交互。

另外，消防应用服务需求相较于其他行业的需求，其共性特征较为显著，但由于架构的设计，共性需求的分析处理方法及处理结果无法进行共享，造成了业务服务的建设工作重复投入以及研发分析人员的精力消耗。

为了减轻应用服务的数据压力并强化数据共享，通过研究数据及业务共性、构建数据中台、沉淀共享服务的技术方案已在多个行业开启了信息化系统架构改革，如电网行业数据监测、煤矿重大灾害预警、智慧城市建设等。因此，本文面向消防领域研究智慧消防数字中台架构，给出一种智慧消防一体化平台设计。该研究已实现数据运营、业务服务及智能算法的标准化、模块化处理，获得了消防数据集成管理、业务复用能力以及AI分析复用能力，为降低应用系统的试错成本，提供快速创新能力，提升智慧消防组织效能提供研究思路。

2 基于数字中台的智慧消防一体化平台架构

数字中台的设计理念即将应用与数据分离，通过中台将消防数据、业务服务及智能算法实现标准化、模块化，并通过中台提供统一的 API，包含的数据、工具、方法和运行机制把数据、业务服务及算法分析转变为应用能力，方便为应用服务系统所使用。本文提出的基于数字中台技术的一体化平台架构如图 1 所示。基于数据中台、业务中台以及 AI 中台的数字中台位于网络层及应用层之间，在中台之上再搭建各类所需的应用层服务。

相比早期智慧消防系统架构，图 1 构建的基于数字中台的架构便于实现数据汇聚，可显著提升数据、业务及分析的重用能力，打破集成及协作壁垒，并能够降低重复投入。

3 数字中台软件平台开发

基于图 1 的数字中台架构，本文基于物联网络及设计实现的各类 API 接口进行底层数据流的获取，形成多类型的消防数据服务集群，实现数据的集成与管理。同时，通过建立的多类型业务服务模型以及数据智能分析引擎实现消防集成数据、业务服务及智能算法的标准化模块化处理，实现业务能力的复用以及 AI 分析能力的复用，形成基于数据中台、业务中台以及 AI 中台的数字中台。通过消防数据研发运营、数据安全体系全生命周期保障数字中台长期健康、持续运转。

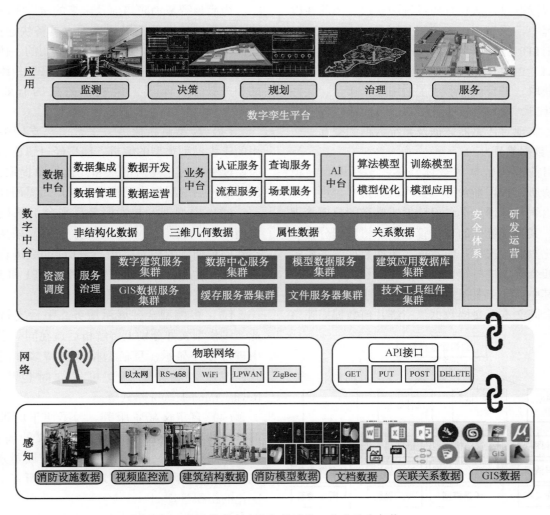

图 1 基于数字中台的智慧消防一体化平台架构

本文涉及数字中台的主要能力概括为：

（1）数据能力体现在对数据的融合能力、数据服务能力以及对消防应用创新与数字化运营的支撑能力。

（2）业务能力体现在对中台领域模型的构建能力及持续演进能力，对消防业务的复用、融合和产品化运营能力以及快速响应智慧消防应用创新的能力。

（3）分析能力体现在基于完整的智能模型全生命周期管理平台和服务配置体系，提供消防数据相关的与AI紧耦合的分析能力支持，为应用系统提供定制化的智能服务的迅速构建能力。

以下阐述平台研究过程中的部分关键技术。

3.1 数据获取

平台的数据获取方式主要包括从底层传感器中直接读取以及从现有的系统中获取。因此在设计过程中，采用RESTful服务架构的API接口，利用HTTP协议语义，以JSON做数据交换，通过GET、PUT、POST、DELETE等方法实现对资源的获取。平台设计形成了通用数据接口、文件存取接口、用户授权验证接口、日志接口等标准接口，实现对传感器数据及系统数据的交互。

3.2 数据管理

目前消防数据的载体众多，包括图纸、模型、清册、管理平台等等，均由数据中台进行统一的组织和管理。平台设计形成标准的数据管理方式，其基于统一的数据管理模型将数据分为非结构化数据、三维几何数据、属性数据、关系数据等四个维度进行管理，如图2所示。

其中，非结构化数据即设计图纸、材料清册、合同文本等文档数据；三维几何数据即建筑

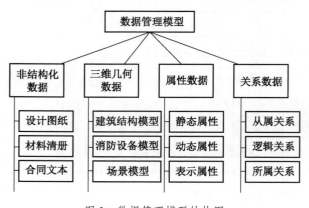

图2　数据管理模型结构图

设施的三维模型数据，包括项目管理过程产生的各类数据；关系数据即关联关系数据，展示与管理建筑所有数据之间的关联关系，如一个管道的上下游阀门，一个合同对应的设备与图纸等逻辑关系。

数据分类能够满足建筑与消防数据全生命周期数据管理的需要，实现数据的有效组织管理。同时，根据数字管理模型结构，依托于业务编码规则和逻辑关系，能够实现工程数据的快速梳理和组织，满足项目建设向运维移交的数字化交付要求，充分利用设计、施工阶段数据管理成果，解决成果的跨阶段复用难题，使数据能够有效完成积累，为实现精准决策和科学管控提供数据支撑。

3.3 三维模型技术服务

为满足智慧消防当前及未来的研究需求，构建面向不同地域及不同规模的、具备快速搭建、集成接入、业务编排及可插拔式应用的一体化交付能力的虚实交互平台。平台研究开发三维模型的相关技术，实现三维模型数据的有效应用（图3）。

（1）模型解析服务。平台引擎支持多种通用的三维模型类型的解析。模型经过解析后可将原始模型中的非几何信息和几何信息提取出来，便于用户后续根据自己的实际应用所需而使用。

（2）模型展示技术服务。平台引擎提供从模型解析、渲染的一站式服务支持，采用B/S模式的免插件架构支持PC端和移动端进行三维展示和互动操作，同时提供服务层API和JavaScript API支持二次开发。

（3）多模型合并展示服务。平台支持多专业、多模型文件分别上传解析后放在同一个场景中进行合并显示，且模型格式支持多种混合格式，即放入场景的模型可以同时包含IFC、Revit、iModel、obj格式等。

（4）自定义场景服务。为了便于场景元素的查找和显示，处理引擎支持自定义的场景树，即根据用户自定义的规则进行场景区域划分，依此创建和维护场景树，实现对场景中所有元素层次化的组织管理。

（5）大模型浏览支持。针对大数据量场景的展示需求，三维处理引擎应通过构件复用、高

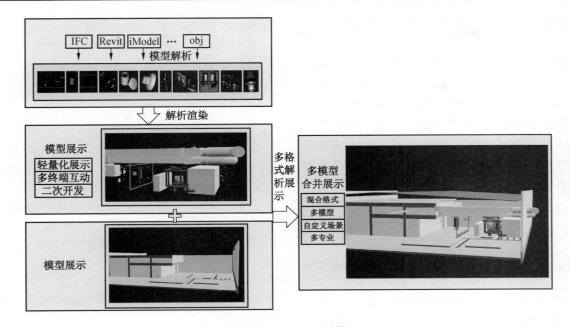

图 3　三维模型服务结构图

压缩处理、本地缓存等技术手段，实现三维模型的轻量化，从而支持大体量模型的流畅展示，支持平移、缩放和旋转操作下的流畅显示。

3.4　可配置数据交互

平台提供一个标准的数据管理方式，实现建筑与消防数据全生命周期管理。基于统一的数据管理模型的数据涵盖建筑几何模型数据、属性数据、关系数据等，支持用户按照自己的业务特点，利用平台存储数据及规范，通过图形化交互界面，设计形成自己的业务化数据模型。通过基于 RESTful 的数据接口服务，用户可实现接口访问数据驱动业务应用。

3.5　BIM+GIS 融合

BIM 与 GIS 融合主要包括 BIM 与 GIS 数据的集成、浏览、管理。平台实现 BIM 与 GIS 的多源数据集成，提供 GIS 中通用格式的矢量、影像、倾斜和三维场景数据的存储和管理，基于空间矢量信息将 BIM 微观建筑数据与 GIS 宏观场景数据进行融合（图 4）。同时，实现轻量三维 Web 浏览交互，基于 WebGL 实现了轻量化 BIM+GIS 三维浏览交互功能，以三维地球的形式提供丰富的数据浏览和交互操作功能，包括底图设置、测量、查询、漫游动画、模型编辑、挖洞分析、BIM 构件定位等。

3.6　数据分析服务

平台研发的智能模型全生命周期管理平台和

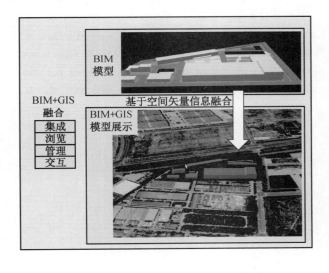

图 4　BIM 与 GIS 模型融合示意图

服务配置体系，能够提供算法设计训练、模型库、复用标注管理等一整套 AI 紧耦合的服务支撑。数据分析模型包含有视频图片、声音语言等特定领域数据的基础 AI 学习、预测、分析算法，并包含有消防应用业务需求强相关的分析支持算法。

4　总结

为减轻应用层数据承载压力、提升数据共享服务水平，本文通过实际项目的研发介绍了一种基于数字中台的智慧消防平台架构，并说明了依托该智慧消防一体化软件平台进行中台开发的过程。

建设开发成果表明，数字中台通过将应用与数据分离，能够把消防数据、业务服务及算法分析变为一种具有应用能力的标准模块，形成具有良好数据汇聚能力、业务复用能力以及分析复用能力的共享交互平台，降低应用系统的试错成本，提供快速创新能力，有效支撑和赋能智慧消防业务应用，提升智慧消防服务能力及消防治理水平，促进智慧消防产业发展。

参考文献

［1］罗云芳．基于物联网的城市消防安全管理服务平台［D］.电子科技大学，2014.

［2］杨成刚．基于物联网的消防管理系统的设计与实现［D］.吉林大学，2015.

［3］刘鑫．面向智慧消防的物联网云平台系统设计［D］.浙江大学，2020.

［4］Hunkeler U , Hong L T , Stanford - Clark A. MQTT-S — A publish/subscribe protocol for Wireless Sensor Networks ［C］// Communication Systems Software and Middleware and Workshops, 2008. COMSWARE 2008. 3rd International Conference on. IEEE, 2008.

［5］王方旭．基于 Spring Cloud 和 Docker 的微服务架构设计［J］.中国信息化，2018(3)：53-55.

［6］张吉跃，王鹏飞．基于物联网与云计算技术的综合智慧消防系统［J］.智能建筑，2018(5)：36-40.

［7］邓志明．基于物联网的智慧消防服务云平台［J］.江西化工，2017(3)：225-227.

［8］樊明华，徐培哲，邓永辉，等．打造基于 NB-IoT 网络的全域一体化"智慧消防"［J］.江西通信科技，2019(1)：27-31.

［9］冷帅．"智慧消防"系统架构研究与探索［J］.江西化工，2020(2)：239-241.

［10］郭永江．基于中台的新型智慧城市建设研究［J］.计算机与网络，2021，47(2)：32-34.

［11］李炳森，胡全贵，陈小峰，等．电网企业数据中台的研究与设计［J］.电力信息与通信技术，2019，17(7)：29-34.

［12］王洪权，赵青山，孙学峰．数据中台在煤矿重大灾害预警中的应用［J］.山东煤炭科技，2021，39(2)：179-181.

［13］许苗峰，薛慧．智慧城市数据中台设计与应用［J］.邮电设计技术，2020(2)：84-86.

一种全尺寸热烟测试技术在防排烟工程中的设计与试验

张 文 彬

应急管理部天津消防研究所　天津　300381

摘　要：本文介绍了一种新型全尺寸热烟测试技术的设计与功能，该系统可在采集温度和风速数据的基础上，实时显示测试状态、快速筛选关键位置数据测点，并能根据试验场地的不同导入现场图纸快速生成试验测点布置位置图，方便试验人员直观地读取数据，具有很好的实用性。并结合连通隧道试验，探讨该系统在高大空间场所、建筑地下空间、地铁隧道、站台、站厅等不同应用场景中的应用可能性，为全尺寸热烟测试系统应用到防排烟工程现场测试中提供理论依据和技术支持。

关键词：防排烟工程　全尺寸　热烟测试技术　连通隧道

1　引言

近年来，随着我国经济的快速发展，城市化建设兴起，城市人均建筑用地逐渐减少，城市建筑发展趋势逐渐从"低矮小"进入"高大深"阶段，一些城市新建或在建工程多为包含地下空间的高层建筑或大体量的综合体建筑[1-2]。同时我国各省也开始大力发展城市轨道工程，目前我国地铁的规模和客流量已跃居为全球第一[3]。我国城市建筑逐渐向高层化、纵深化、复杂化、综合化发展。目前传统测试防排烟系统有效性的手段，已不能完全满足这些复杂建筑空间的测试需求[4]。而全尺寸热烟测试能更科学地模拟真实火灾发生的情景，但国内现阶段开展的全尺寸热烟测试较少，主要是因为缺少布线方便、便携、运行稳定且适合不同工况的数据测量采集分析处理手段。本文介绍了一种新型全尺寸热烟测试技术，该技术可更好地应用到防排烟工程不同工况下的现场测试中。

2　全尺寸热烟测试系统的设计与功能

2.1　系统的设计

全尺寸热烟测试系统包括发烟示踪保护单元、数据测量采集单元和数据分析处理系统，其中发烟示踪保护单元参考安科院标准《城市轨道交通试运营前安全评价规范》（AQ 8007—2013）设计。

2.1.1　发烟示踪保护单元

发烟示踪保护单元包括油盘发烟装置、对喷烟饼示踪箱和保护装置（顶棚保护装置和轨道保护装置），如图1所示。

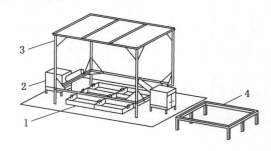

1—油盘发烟装置；2—对喷烟饼示踪箱；

3—顶棚保护装置；4—轨道保护装置

图1　发烟示踪保护单元示意图

2.1.2　数据测量采集单元

数据测量采集单元包括多点式流速传感器、四组温度传感器串组、四台数据采集仪、一台数据解析器、一台控制主机、一组移动电源和可伸

基金项目：应急管理部消防救援局重点攻关项目（2018XFGG01）、应急管理部天津消防研究所基科费项目（2018SJ10）

作者简介：张文彬，男，硕士，助理研究员，工作于应急管理部天津消防研究所，主要从事建筑防火、消防规范和建筑消防设施检测等方面研究，E-mail：zhangwenbin@tfri.com.cn。

缩标尺。多点式流速传感器采用并联方式连接在一条 RS-485 总线上，RS-485 总线通过以太转接器输出 RJ45 总线以网线方式连接到控制主机上。温度传感器采用 1-WIRE 总线数字型温度传感器，8 个温度传感器组成一条传感器串（Ⅰ类线），其首末端采用子母航空插头连接，以达到可扩展传感器串数量的目的。多条传感器串采用并联方式连接在一条总线（Ⅲ类线）上，当长度需要扩展时，可通过补偿导线（Ⅱ类线）连接总线。传感器供电采用并联方式供电以减少线束量，达到轻量化目的。四台数据采集仪采用专用串接导线（Ⅳ类线）串接，再与数据解析器采用专用串接导线（Ⅴ类线）串接，数据解析仪分别通过 TCP 通信线（Ⅶ类线）与控制主机相连接，通过电源线（Ⅵ类线）与移动电源完成连接，温度传感器线组布置如图 2 所示。

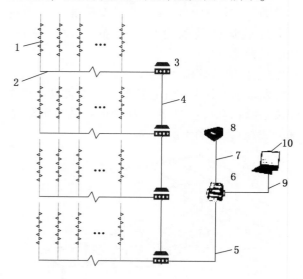

1—传感器串；2—总线；3—数据采集仪；
4—Ⅳ类串接导线；5—Ⅴ类串接导线；
6—数据解析器；7—电源线；8—移动电源；
9—TCP 通信线；10—控制主机

图 2　温度传感器线组布置图

2.1.3　数据分析处理系统

控制主机上安装有数据分析处理软件，该软件包括数据采集子模块、数据存储子模块和 UI 显示子模块。数据采集子模块可以实现对 1-WIRE 总线的传感器数据的总线轮询功能，以及对 RS-485 总线上数据的 MODBUS 协议解析功能，同时实现了 IEEE-754 浮点数解析功能，将传感器数据汇总采集至缓冲区中。数据存储子模块采用同步线程的方式，对缓冲区中数据精确定时，将传感器数据与时间戳存储至文件中进行实时更新。UI 显示子模块提供了传感器数据的实时数据显示，历史数据曲线滚动显示，传感器界面交互拖动更改等功能。三个子模块采用同步线程方式工作，互相之间采用信号量进行通信。

数据分析处理系统界面包括配置单元、测点自定义单元、1-4 号总线温度传感器拖拽框、数据快速筛选单元、温度-时间图显示单元、5 号总线流速传感器拖拽框，如图 3 所示。

2.2　系统的功能

1）采用清洁燃料模拟真实火源

通过不同数量的油盘组合，模拟不同火灾功率的火灾情景，同时使用甲醇作为燃料，辅以白色示踪烟气，最大限度地减少烟气对建筑物墙面造成的烟熏损害。

2）温度、风速等数据采集、显示和存储

系统界面的"1-4 号总线温度传感器拖拽框"的 32 组拖拽框可实时显示温度传感器串不同高度的温度数据。系统界面的"5 号总线流速传感器拖拽框"中的 32 组拖拽框可实时显示流速传感器的标号、流量、风速和温度数据。

3）自定义试验现场图纸

全尺寸热烟测试具有试验工况和场地多变的特点，本系统实现载入和导出现场图纸功能，以适应试验工况和场地的变化。

4）自定义布置和观测测点

系统线组采用可插拔连接方式，拆卸方便，可根据现场情况自由布置数据采集装置，同时系统界面的"1-4 号总线温度传感器拖拽框"和"5 号总线流速传感器拖拽框"中的任意拖拽框均可用鼠标拖拽到图纸的指定位置，实现系统数据观测界面的个性化定制，方便试验人员形象直观地观测试验进展，如图 3 所示。

5）实时数据快速筛选

系统界面的"数据快速筛选单元"可实现实时数据的全部选取、自主选取、按总线选取、按线组选取、按高度选取功能，为"温度-时间图显示单元"提供更有针对性的数据源。

6）实时数据的曲线绘制

系统界面的"温度-时间图显示单元"可将

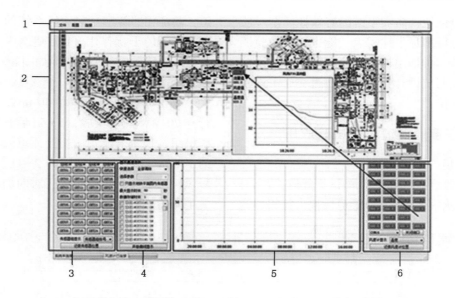

1—配置单元；2—测点自定义单元；3—1—4号总线温度传感器拖拽框；
4—数据快速筛选单元；5—温度-时间图显示单元；6—5号总线流速传感器拖拽框

图3　系统界面功能介绍

所选实时数据绘制成温度-时间图，使观察者得到更直观的实时数据趋势走向。

3　全尺寸热烟测试技术的应用前景

3.1　高大空间场所防排烟系统有效性测试

随着我国城市建设的快速发展，展览馆、报告厅、影剧院和中庭等高大空间场所经常出现在一些综合功能性建筑中[5]，仅利用传统的防排烟系统检测手段已不能完全满足这些高大空间场所的测试要求[6]，这也对这些建筑投入使用前防排烟系统有效性测试提出了更高的要求[7]。全尺寸热烟测试可以更真实地模拟出真实火灾的烟气扩散场景，现场测试出不同火灾功率热烟情境下防排烟系统投入使用是否及时、有效，高大空间内部温度场和防排烟风速是否达到设计要求。此外系统采用甲醇为燃料，可有效避免模拟火灾测试对建筑物墙面造成的烟熏损害，有效弥补了传统高大空间场所防排烟系统有效性测试的不足。

3.2　建筑地下空间防排烟系统有效性测试

近年来随着我国土地资源的逐年减少，地上停车位越来越紧缺，地下建筑在城市建筑中越来越普遍，我国地下建筑工程正朝着大型化、复杂化、多功能化的方向发展，建筑标准也越来越

高。地下建筑本身在经济生活和国防建设中扮演着越来越重要的角色，使得地下建筑的安全引起了相关领域专业人士的关注[8]。相对于地上建筑，地下建筑发生火灾时烟气的危害性更大、人员疏散所需时间更长、扑救火灾更加困难。全尺寸热烟测试可以提供更真实的火灾烟气扩散场景，还可以更科学地测试出防排烟系统投入使用是否及时、有效；人员疏散时间设计是否科学、合理；地下建筑内部温度场和防排烟风速是否达到设计要求。为地下建筑防排烟系统有效性测试提供了一种更科学的方法[9]。

3.3　地铁隧道、站台和站厅防灾系统有效性测试

地铁在英国、美国等国家已经有一百多年的历史，在我国的发展历程却只有半个世纪，但是过去五年乃至未来十年，我国地铁建设已处于空前的发展时期，我国地铁的建设规模和承载的客流量已成为世界之最。对于地铁来说，危害较大的是地铁站台和地铁隧道内热烟气的扩散造成的人员伤亡。地铁火灾与地面或其他地下建筑火灾相比有其特殊性：地铁系统与外界的联系主要为出入口，排出热量及烟气困难，与地面建筑火灾相比具有更大的危险性，一旦发生火灾，损失往往十分严重。因此在进行地铁隧道、站台和站厅防排烟系统有效性测试时应尽可能地模拟出真实

火灾场景以验证地铁防灾系统的有效性。全尺寸热烟测试系统可满足上述需求，能更科学地验证并优化地铁防烟排烟设计、紧急疏散设计以及探测报警等防灾系统设计，为城市轨道交通工程验收提供技术支持[10-11]。

4 新技术在连通隧道中的试验应用

4.1 试验环境

某隧道试验平台开展热烟测试，隧道长 75 m，1 号隧道模拟火灾隧道，2 号隧道模拟火灾相邻隧道，验证相邻隧道对向送风系统的防烟性能和对火灾隧道的干扰作用。1 号隧道内共布置 9 组温度数字传感器串，现场布局如图 4 所示。

4.2 试验过程

在 1 号隧道内距右端 40 m 处放置火源，进行 0.70 MW 热烟实验，1 min 后开启并调节 1 号风机组，使 1 号隧道内交互通道处平均排烟风速为 1.2 m/s，当烟气蔓延到 2 号隧道时，开启 3 号风机组和 4 号风机组进行对向加压送风，并采集 1 号隧道的 9 组温度。

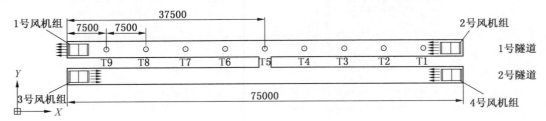

图 4　现场布局

4.3 试验结果

（1）如图 5、图 6 所示，1 号风机组排烟系统的开启会使火灾隧道的温升速率减缓，烟气明显分层，为人员疏散提供可能。

（2）当 1 号隧道内发生火灾时，随着时间的推移，烟气会通过连通洞口扩散到 2 号隧道。当 2 号隧道启动 3 号风机和 4 号风机模拟对向送风系统后，如图 7 所示，2 号隧道烟气的扩散被有效地抑制，烟气被阻挡在 1 号隧道内，且不会发生因对向气流对冲而产生破坏防烟性能的现象。

（3）如图 5 所示，700 s 时 1 号隧道测点温度出现回升，是因为 2 号隧道开启对向送风系统后，会在隧道的交互通道处形成扰流，影响 1 号隧道的排烟效率。

（4）在隧道的实际排烟设计中，对向送风

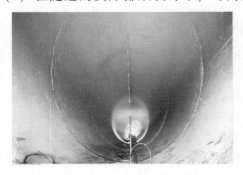

图 6　700 s 时 1 号隧道烟气分布

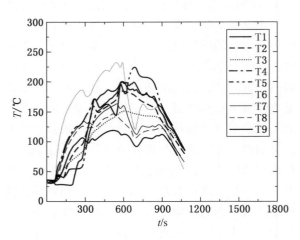

图 5　距顶棚 0.5 m 高度测点温度

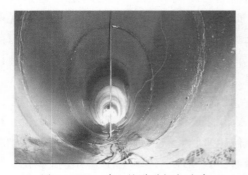

图 7　700 s 时 2 号隧道烟气分布

系统可作为火灾相邻隧道防烟系统的一种设计方案，但对向送风系统应设置延时开启功能，当烟气蔓延到相邻隧道时再开启对向送风系统，以免过早的开启影响火灾隧道风机的排烟效果。

5 结语

上述新型全尺寸热烟测试技术可在采集均匀分布于建筑内温度传感器和流速传感器的温度数据和风速数据的基础上，实现实时显示测试状态、实时导入现场试验场地平面图并在平面图上自定义"传感器串温度实时显示框"的位置，快速筛选关键位置数据测点并实时导出进行保存，能够根据试验场地的不同导入现场图纸快速生成试验测点布置位置图，方便试验人员形象直观地实时读取试验数据，具有很好的实用性，未来可在高大空间场所、建筑地下空间、地铁隧道、站台、站厅等不同应用场景中广泛推广。

参考文献

[1] ChungHwei Su, ChienChung Yao. Performance measurement of a smoke extraction system for buildings in full-scale hot smoke test [J]. Measurement, 2016, 93.

[2] 祝实，霍然，胡隆华，等.热烟测试方法的若干工程应用及讨论 [J].消防科学与技术，2008(8)：555-559.

[3] 王国栋，霍然，易亮，等.热烟测试用于评价建筑烟控系统的讨论 [J].消防科学与技术，2005(1)：25-27.

[4] 伍彬彬，钟茂华，史聪灵，等.火灾试验分布式数据采集系统的开发与应用 [J].中国安全生产科学技术，2012，8(3)：32-36.

[5] 马辛，王荣辉，李元洲，等.某机场航站楼自然排烟系统有效性的热烟实验研究 [C]//中国消防协会、山东省公安消防总队.2011中国消防协会科学技术年会论文集，2011.

[6] 薛林，王丽晶.地铁火灾现场移动式排烟装备应用技术 [C]//中国消防协会消防设备专业委员会年会暨学术交流会，2011.

[7] 杨淑江.大空间建筑防排烟系统性能化设计 [J].安全与环境工程，2010，17(5)：84-87.

[8] 贾天耀，王俊，孙春光，等.地下停车库实地全尺寸热烟测试试验研究 [J].科技创新与应用，2017(8)：53-54.

[9] Peter Sturm, Johannes Rodler, Thomas Thaller, et al. Hot smoke tests for smoke propagation investigations in long rail tunnels [J]. Fire Safety Journal, 2019, 105.

[10] 史聪灵，李建，甘立平.新一代地铁防灾系统全尺寸热烟测试技术及其应用 [J].劳动保护，2019(12)：12-14.

[11] 赵国凌.关于我国地下建筑防排烟问题的探讨 [J].暖通空调，1996(3)：54-57.

多相态危化品远程非接触侦检技术研究

李紫婷 李 毅 王鹏飞 戎凤仪

应急管理部天津消防研究所 天津 300381

摘 要： 简要回顾目前石化爆燃事故场景下的多相态危化品远程侦检技术现状，利用手持激光拉曼光谱仪 OEM 内芯，采集了我国 37 种重点监管液体危化品的拉曼谱图，分析其谱图特征，建立了包含我国重点监管液体危化品的拉曼光谱数据库，并在此之上自主研发了消防机器人机械臂前端搭载的固、液危化品侦检装置，实现了石化爆燃事故现场危化品全程非接触侦检识别，为保障救援人员安全提供了科技支持，装置在混合物分析识别、工装结构防爆及耐高温方面还需进一步完善和提升。

关键词： 消防 多相态危化品 侦检识别 非接触

1 引言

石油化工是我国的基础产业和支柱产业，在国民经济中占有重要的战略地位，每年总产值约占我国 GDP 的 20%。然而随着石化行业的快速发展，国内化工安全事故造成的危害性、破坏力和社会影响越来越大。应急管理部危化监管司发布的全国化工事故分析报告显示，2016 年至 2018 年，全国共发生 620 起化工安全事故，造成 728 人死亡，特别是天津滨海新区、河南三门峡义马、江苏响水等特大爆炸事故，造成不可挽回的损失，此类灾害具有突发性强、处置过程复杂、危害巨大、防治困难等特点，已成顽疾。

面向石化领域的安全事故管理包括巡检预警、应急救援和火灾调查三个主要环节。其中在事故发生后的应急处置中，面对高温、黑暗、有毒、易爆和浓烟等恶劣环境时，如果没有相应的方法、装备和设施，救援人员便难以获取现场有效信息，例如发生泄漏危化品种类、空气中弥漫的粉末可燃物以及有毒有害气体，若在无信息支撑的情况下贸然进入，往往容易造成更多的伤亡，付出惨痛的代价；另外在火灾调查过程中，由于大型石化爆燃事故往往形成大面积危化品液池，使火调人员在现场物证提取及勘察过程中面临很大的生命健康安全风险，特别是在天津滨海新区特大爆炸事故中曾出现工作人员误入危化品液池被腐蚀双腿的事故，令人痛心。

近年来，多种功能各异的消防机器人发展迅猛，消防机器人能够代替消防员进入高危环境完成侦查检验、排烟降温、搜索救人、灭火控制等任务，在保护消防员的同时提高了消防部队灭火救援能力。然而目前爆燃环境下的侦检机器人主要搭载以电化学传感为主要核心技术的多气体侦检模块，尚缺乏液体和固体的侦检模块。

2 多相态危化品远程非接触侦检技术

2.1 危险气体远程侦检

目前中信开诚、北京凌天等消防智能装备企业研发了气体侦检模块，已广泛应用于多种无人化装备中。例如集成搭载于防爆消防侦查机器人上，实现爆燃环境下有害气体浓度监测；同红外光谱相机一同挂载于无人机上，可实现全天候的气体可视化识别；同温度传感器一起内嵌于气体侦检球，通过定点弹射的方法，将侦检球投射到事故现场，完成现场多信息采集，为火灾爆炸事故现场处置决策提供数据支撑。

2.2 固、液危化品侦检

针对事故现场固体和液体化学物的侦检，目前已研发多功能化学侦检消防车，车载机器人机械手具有处置作业及取样功能，可以满足非爆炸

基金项目： 国家重点研发计划项目（2019YFB1312103）、应急管理部天津消防研究所基本科研业务费资助项目（2020SJ11）

作者简介： 李紫婷，女，博士，助理研究员，工作于应急管理部天津消防研究所，主要从事危化品侦检、超快激光与燃烧场相互作用等方面的研究工作，E-mail：liziting@tfri.com.cn。

环境下多种液体和固体物质定性与半定量检测功能，然而识别探测过程仍需车载识别装备进行，从而无法完全避免工作人员近距离接触危化品。在火灾调查中，固、液体的样本采集以及识别仍需火调人员深入现场近距离实现，全程无人化侦查装备在我国目前仍处于空白。随着消防机器人以及无人化载体的发展，为了保障新时代消防救援人员以及火灾调查人员的生命健康安全，可搭载全程非接触检测装备研发成为必然趋势。

固体和液体危化品识别方法，除了实验室鉴定之外，主要包括比色法、离子迁移谱法、X射线、激光诱导荧光（LIBS）、红外光谱法以及拉曼光谱法（表1）。其中，比色法操作简单、识别速度较快，但是在实战过程中识别种类有限，更换耗材频繁且成本较高；基于离子迁移谱法的侦检装备主要针对易制爆等品类进行初筛，无法具体识别物质名称；基于X射线的仪器多用于安检，可对金属等固体和液体有所区分，然而同样无法准确识别物质的具体种类；激光诱导荧光光谱装置近年来逐渐实现了便携化，由于高能量激光聚焦到待测物质表面使物质发生雪崩电离过程，产生离子碎片，因此，该方法更适用于特征元素的分析和判定，另外目前便携LIBS装备成本仍比较高，操作较为危险，不利于在实战中的应用推广；红外光谱可以提供被测物的结构官能团信息，具有灵敏度高、快速准确的优点，并广泛应用于化合物识别与检测领域，可用于固态、液态和气态待测物的检测，但在实际使用过程中，红外吸收光谱检测样本需要前处理，并且信号受水的影像较大，不利于含水液体的识别，因此在实战中使用较为受限。

表1　液体危化品识别方法对比

危化品检测技术	准确度	响应时间	识别种类	操作简易性	便携性	成本
实验室鉴定	定量	几分钟至几天	几乎所有类别	难	差	几十万至几百万元
比色法	定性	分钟	理论可以识别多种	较易	优	耗材成本高
离子迁移谱	定性	秒	无法识别具体物质	易	优	几万到几十万元

表1（续）

危化品检测技术	准确度	响应时间	识别种类	操作简易性	便携性	成本
X射线	定性	秒	无法识别具体物质	易	差	几十万元
LIBS	定量	分钟	特征元素识别	难	差	几十万到几百万元
红外光谱	半定量	秒	10万种	需样本前处理水干扰	优	几十万元
拉曼光谱	半定量	秒	3万多种	易	优	10万元左右

拉曼光谱检测装置能够对除金属单质外的绝大多数化学物进行快速准确的识别鉴定，谱线与化学物一一对应，能够很好地区分各种异构体。拉曼光谱技术是基于光照射到物质上发生弹性散射和非弹性散射的原理。当用波长比试样粒径小得多的单色光照射气体、液体或透明试样时，大部分的光会按原来的方向透射，而一小部分则按不同的角度散射开来，产生散射光。在垂直方向观察时，除了与原入射光有相同频率的瑞利散射外，还有一系列对称分布着若干条很弱的与入射光频率发生位移的拉曼谱线，这种现象称为拉曼效应。由于拉曼谱线的数目，位移的大小，谱线的长度直接与试样分子振动或转动能级有关，因此也可以得到有关分子振动或转动的信息。目前拉曼光谱分析技术已广泛应用于物质的鉴定以及分子结构的研究[1-4]。

拉曼光谱技术检测液体危化品的优点在于：无须将样品离子化，无须样品准备，样品消耗量小，可以做到无损检测；拉曼光谱谱峰清晰且尖锐，受水干扰小，可以在$1\sim10$ s内快速地对目标液体定性，快速、简单、可重复，降低了成本的同时极大提高了效率；拉曼光谱作为物质分子的"指纹"，具有很高的准确度，可以直接通过将样品的拉曼谱图数据库中的参考谱图进行相似度分析；在分子结构分析中，拉曼光谱与红外光谱具有互补作用，拉曼光谱适用于研究同原子极性键的振动，对含有这类化学键的易燃液体化合物有良好的检测效果。

为了适应消防实战中对于快捷、轻便、易操作、免维护的要求，采用了 785 nm 的近红外光作为激光光源，以 37 种我国重点监管液体危化品（表 2）作为研究对象，建立拉曼光谱数据库。考虑到当激光光源能量和样品分子的电子能级间隔相近时，会产生荧光效应，此外还有发射噪声、散粒噪声等其他干扰，对原始光谱进行去荧光效应和去噪声处理，保证了数据的客观有效。

表 2　我国重点监管液体危化品

序号	名称	序号	名称	序号	名称	序号	名称
1	苯	11	1，3-丁二烯	21	过氧乙酸	31	硝酸铵
2	甲醇	12	硫酸二甲酯	22	六氯环戊二烯	32	三氧化硫
3	丙烯腈	13	苯胺	23	环氧氯丙烷	33	三氯甲烷
4	环氧乙烷	14	丙烯醛、2-丙烯醛	24	丙酮氰醇	34	一甲胺
5	氟化氢、氢氟酸	15	氯苯	25	氯甲基甲醚	35	乙醛
6	甲苯	16	乙酸乙烯酯	26	烯丙胺	36	氯甲酸三氯甲酯
7	三氯化磷	17	二甲胺	27	异氰酸甲酯	37	甲基肼
8	硝基苯	18	苯酚	28	甲基叔丁基醚		
9	苯乙烯	19	四氯化钛	29	乙酸乙酯		
10	环氧丙烷	20	甲苯二异氰酸酯	30	丙烯酸		

首先采集上述化学品的拉曼光谱图。取适量样品至标准石英样品瓶中，设置激光功率为 0～500 mW、积分时间为 200～3000 ms，采集各条件下拉曼光谱并保存数据（图 1）。截取 200～3000 cm^{-1} 波数范围的光谱数据，并对光谱样本进行标准化处理。采用 HQI 相似度主成分分析方法对光谱数据进行分析，HQI 阈值设为 70%，选择前 3 个主成分作为数据集样本以覆盖原始数据 70% 以上信息。

2.3　机器人搭载固、液危化品侦检装备

为了攻克全程非接触固、液危化品侦检的难题，基于 2.2 中所述重点监管危化品光谱数据库，研发了搭载于消防机器人机械臂上的固、液危化品侦检装置（图 2），可以实现石化火灾事故中泄漏危化品采样、侦检及数据回传，避免救援人员在应急救援中接触危化品，从而保障了救援人员的人身安全。

装置采用高压收集方法，当机械臂前端触

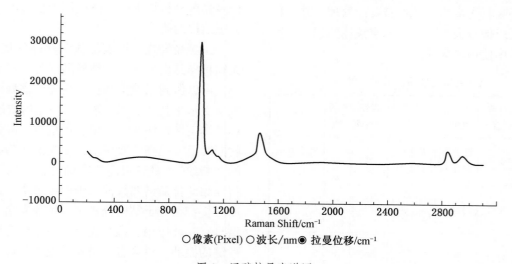

○像素(Pixel) ○波长/nm ◉拉曼位移/cm^{-1}

图 1　甲醇拉曼光谱图

地，在样品进口处形成持续真空负压，液体危化品从前端金属波纹管进入石英收集器。通过浮子液位开关和激光透过率测量装置判断样品收集量，一定延时之后触发拉曼激光输出，识别样品，测试结果及光谱信息通过机器人数据接口回传。

图 2　机器人搭载的固、液危化品侦检装备

3　小结

本文简要回顾目前石化爆燃场景下的多相态危化品技术现状，利用手持激光拉曼光谱仪 OEM 内芯，采集了我国 37 种重点监管液体危化品的拉曼谱图，分析其谱图特征，建立了包含我国重点监管液体危化品的拉曼光谱数据库，并在此之上自主研发了消防机器人机械臂前端搭载的固、液危化品侦检装置，实现了石化爆燃事故现场危化品全程非接触侦检，为保障救援人员安全提供了装备支持。

参考文献

[1] 南迪娜，刘卫卫，傅文翔，等．化学战剂类危险品的拉曼光谱识别方法研究 [J]．光谱学与光谱分析，2020，40(S1)：161-162．

[2] 董金颖，张阳，等．拉曼光谱技术在病原微生物快速检测中的应用与展望 [J]．中华检验医学杂志，2018，41(1)：5-8．

[3] 蒋鑫，商照聪，钱玉婷．拉曼光谱定性技术改进及其在机场查验中的应用研究 [J]．山东工业技术，2017(19)：220-222．

[4] 张涛，孙丹，闻健明，等．基于拉曼光谱的易制毒化学品轨迹综合查缉装备 [J]．警察技术，2016(4)：8-10．

石油化工智能消防监督检查辅助系统设计

李晶晶　朱红亚

应急管理部天津消防研究所　天津　300381

摘　要：石油化工企业具有工艺链流程长、工艺过程及装置复杂、设备布局密集、危险物料仓储流通量大等特点，火灾固有风险显著，消防监管难度大。在消防工作科技化、信息化、智能化的发展趋势下，石油化工企业消防监督检查需精准防控、高效监管。结合石油化工企业特点，通过分析传统消防监督检查工作模式，探究智能化消防监督检查辅助系统研发与设计，将消防信息动态采集、监管内容智能感知、规范智能关联分析、监管数据共建共享等功能融合于一体，弥补石化领域消防监管人员专业能力薄弱的弊端，提高消防监管工作效率。

关键词：消防　监督检查　石油化工　智能化

1　引言

消防监督检查是指消防机构依法对机关、团体、企业、事业单位遵守消防法律、法规情况进行的监督检查，对违反消防法律、法规的行为，责令改正并依法对其进行处罚的过程[1]。消防监督检查作为日常消防管理工作的重要组成部分，其与人民生命财产安全、社会稳定发展息息相关。

石油化工企业作为易燃易爆危险化学品的集中场所，是消防监督检查的重点单位。随着经济社会发展，石油化工企业也逐渐呈现大型化、园区化、一体化方向发展[2]，石化企业火灾防控形势日趋严峻。石化消防监督检查提出专业化、精细化防控需求。但由于石油化工工艺复杂性较强，相比较民用建筑，监督检查人员因工作经验不足、知识结构领域不同等原因，实际监督检查时难以准确把握监督检查的重点，及时、全面地发现消防监督隐患。在推进智慧消防的发展背景下，当前消防监督检查的智能化发展尚有较大空间[3]。因此本文从石化企业火灾风险和消防监督检查模式入手，构建一套智能化消防监督检查辅助系统，通过移动终端辅助开展日常消防监督检查，提高监督执法的智能化、专业化、信息化水平。

2　石化企业传统监督检查模式分析

消防监督检查的程序主要包括单位消防安全管理情况检查、实地检查、责令整改、重大火灾隐患监督整改、临时查封、消防行政处罚和强制执行等。监督检查前需要准备好相关法律文书、检查器材、执法终端、记录仪等工具，将现场检查情况填写《消防监督检查记录》。石油化工类场所消防监督检查一般重点关注[4-5]：①单位基本信息及消防安全重点部位，包括相关管理制度、操作规程、灭火应急预案、设施维护保养等；②区域规划、防火间距、消防车道等总平面布局和布置；③工艺装置区主要检查装置布置、防火分隔、结构耐火保护等；④储运设施主要检查罐区、防火堤、隔堤及装卸设施布置等；⑤消防电源、电气防爆、防雷防爆设施等电气系统；⑥四个能力建设情况、消防站建设及运行情况等。

随着智慧城市、智慧消防发展，消防监督模式与当下快速高效工作要求产生一定的不适应性[1]：①消防监督检查表作为记录消防管理工作的基础法律文书，目前采用统一制式格式，预设检查项目侧重于民用建筑，包含消防安全管理、建筑防火、安全疏散、消防控制室、消防设施器材等。对于工艺装置、储罐区等石化类设

作者简介：李晶晶，女，硕士，助理研究员，工作于应急管理部天津消防研究所，主要从事工业火灾风险分析与应急研究，E-mail：lijingjing@tfri.com.cn。

备，检查内容针对性较弱，难以全面覆盖火灾隐患[6]。②消防监督检查记录表等执法表格需要手动填写、手动进行证据采集、二次录入监督系统，工作效率不高。③消防监督检查人员流动性较大，而培养合格消防监督检查人员周期长。新入职的监督检查人员因工作经验不足、石化专业知识薄弱，不熟悉适用于石化企业的消防规范，难以准确把握监督检查的重点和难点、根据标准要求合理提出监督检查意见。④监督检查检查过程容易忽视因生产工艺而产生的点火源、高温物料、化学反应热等特殊状态[7]，而这些往往最容易引发火灾事故发生。石化生产过程多为放热反应，放出的热量需要及时释放和转移。且由于工艺特殊性，因物料投放和流转、机械设备转动等可能存在静电火花、高温表面等点火源。

3 石油化工智能化消防监督检查辅助系统

3.1 总体思路

立足于火灾风险的状态和法律法规标准规范要求，实现大数据分析、互联网与石化企业消防监督管理业务深度融合，构建基于风险的石化企业消防监督管理检查模式，开发相应的移动终端，对接消防监督检查业务的现场检查阶段。结合物联网感、传、知、用技术手段，综合利用云计算、大数据等技术，实现对消防设施、风险点、隐患等智能感知、识别、定位与跟踪，实时、动态、互动、融合的消防信息采集、传递和处理；实现石化企业消防资源信息、风险信息、消防监管信息的数据储存、分析、挖掘等。如图1所示。

3.2 系统智能功能模块设计

3.2.1 总体架构和定位

系统定位于解决因石油化工专业性较强，消防监督检查人员存在监管重点把握不清晰、消防规范不牢固等问题。结合智能化发展趋势，石油化工企业智能消防监督检查辅助系统主要包括信息数据管理、监督检查辅助支持、专业知识库等功能模块，如图2所示。

3.2.2 基础信息数据管理

基础信息数据管理模块主要实现石油化工企业消防监管信息的在线查询和信息化管理，如消防设施、隐患、物料、设备、管理制度等方面，包括设备设施状态、位置、数量等。

3.2.3 火灾危险性自动判别分析

通过共享企业火灾风险管理信息，借助图像识别、文字识别、语音交互等信息化手段，自动录入检查对象信息和相关物料，根据标准要求判别检查对象火灾危险性分级，查询物质理化特性及危险性，相关判别结果作为消防监督检查条文推送的基础。

3.2.4 法律法规规范智能关联分析

以监督检查对象类型作为关键字，将石化企业消防设计及日常管理需要遵循的《消防监督检查规定》《石油化工企业防火设计规范》《石油库设计规范》《石油储备库设计规范》《石油天然气工程设计防火规范》等具体条文通过关键字的方式进行具体标记。按照"检查对象—重点部位设施—检查内容"的递进式层次结构，

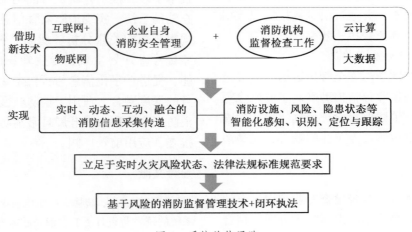

图1 系统总体思路

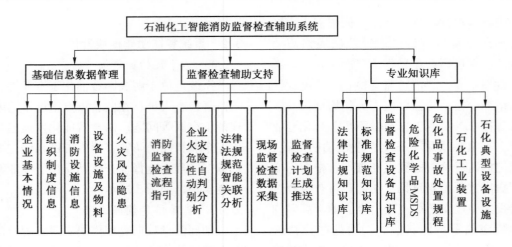

图2　系统功能模块

建立标准规范条文与检查对象的多级映射关联网络。

针对具体的监督检查对象，自动从数据库中调出该对象现行且实用的相关法律法规条款，自动规避和过滤掉不适用条文，实现法律法规的自动分析和智能推送。条文推送时按照条文所属逻辑关系层层递进，采用选项式推送下一层级的检查内容及参考的法律条文规范。可有效辅助消防监督检查人员现场快速辅助判定是否合理合规，提升其消防监督检查专业化和系统化能力水平。

3.2.5　现场监督检查数据采集

根据监督检查内容指引，辅以法规条文分析支持，监督检查人员可通过移动终端形成现场检查情况的文字记录，并采集照片、视频等现场证据，形成现场检查数据库，并根据检查项进行分类整理和保存。内嵌制式法律文书表格要求，通过提取数据库内容，自动生成监督执法表格和响应法律法规条款要求，并通过信息链接实现数据信息自动上传，提高监督执法效率。

3.2.6　监督检查计划生成推送

依据企业日常的消防安全管理数据、监督检查历史数据，内嵌风险评估模型确定企业风险等级。基于风险生成消防监督检查计划，包括检查次数、检查重点部位、重点关注问题等，提高消防监督检查针对性。

3.2.7　专业知识库

从法律法规规范、监督检查专业知识、石油化工工艺设备、危险化学品识等几个方面，结合日常防火监督检查和培训学习需要，设立消防法律法规知识库、标准规范知识数据库、消防监督检查设备数据库、危险化学品MSDS数据库、常见危化品事故处置规程数据库、石化工艺装置知识库、石化典型设备设施知识库。知识库构建可采用文字、图片、动画、视频等多种电子化方式，并进行一定的交互式操作等。如石化设备设施知识库中添加常见的内浮顶、外浮顶、固定顶储罐的外形结构示意图、内部剖视图、实际现场图片，并可重点标注关键设备设施，支持交互式拆解学习。消防监督检查常用仪器设备数据库包括常用仪器设备名称、功能用途、使用方法、图片、注意事项等。

4　结论

通过分析传统消防监督检查模式在石化行业应用的局限性，基于互联网+、大数据分析等新技术手段，提出并研发石油化工智能消防监督检查辅助系统，实现消防监督信息化管理、法律法规规范智能关联分析、现场监督检查数据采集、监督检查计划生成、专业知识库辅助支持等功能，促进数字化信息与石化企业消防监督管理业务的深度融合，适用于消防救援队伍和石化企业消防安全管理人员开展日常消防监督检查和隐患排查，应用前景广阔。

参考文献

［1］李杰辉，曹柳．智能化企业消防监督检查管理系统的研发与设计［J］．消防技术与产品信息，2016，11：91-94.

［2］陈淳．炼化一体化基地的差异化发展［J］．石油炼制与化工，2013，44(7)：64-68.

［3］李会．物联网技术在消防监督检查业务中的应用前景分析［J］．今日消防，2020，7：10-11.

［4］应急管理部消防救援局．消防监督检查手册（2019版）［M］．昆明：云南出版集团，2019.

［5］乔海波．石油化工企业消防监督检查的重点及建议［J］．化工管理，2020，576(33)：98-99.

［6］王廷．探讨如何科学编制石油化工企业的消防监督检查记录［J］．经营管理者，2016，（29）：474-475.

［7］张瀚予．对石油化工企业进行消防监督时的重点难点问题探讨［J］．化工管理，2015，（27）：48-49.

一种消防安全隐患智能视频分析系统

万子敬 李继宝 刘迎

应急管理部天津消防研究所 天津 300381

摘 要：本文给出一种消防安全隐患智能视频分析系统，对其中的重要设计元素展开说明。首先对安防监控视频的智能分析处理方法发展现状和发展趋势进行了简要分析，给出本文所描述的消防安全隐患智能视频分析系统架构说明及智能视频分析方法处理流程，并讨论了典型消防安全隐患检测的应用需求。其后，就消控室监测及消防设施监测方法进行独立说明，并通过检测效果图片说明本文系统的视频分析能力。该类系统能够提供准确的事故分析和快速的警报触发，节省视频监控系统的人力成本，提高其智能化水平，对保障人民生命财产安全有着重要的现实意义。

关键词：消防 视频分析 目标检测 消防设施监测

1 引言

视频监控网络在当今时代已成为廉价、高效、便捷的安全设备，其使用的广泛性几乎超越了所有其他类型的安全设备。基于图像信息在信息量方面的巨大优势，安防部门可通过获得大量监视视频信息来形成强大的安防体系。但视频监控系统也存在需要大量人工观看监控视频、网络部署工程复杂等问题。

目前我国对于视频数据的智能化处理的需求越发强烈[1]，如何自动分析监控视频，建立起能够解放人力的智能监控系统，成为监控技术发展的另一突破点。各类安防企业、相关研究所、高等院校近年来纷纷推出带有智能视频分析功能的技术方法、视频监控类产品或解决方案，但针对常见消防安全隐患的视频分析技术产品仍较为缺乏。本文即针对消防通道占用、消防设施监测、电动自行车管理等问题，提出一种消防安全隐患智能视频分析系统。

2 安防监控视频的智能分析处理方法发展现状

安防监控视频分析处理方法的主旨是提取监控视频中的异常事件。目前学界将异常事件检测任务视为一种分类而非传统的检测任务，即通过局部特征提取、模型构建，对事件的类别和位置做出预测[2]。将异常事件检测方法应用到安防监控视频的分析当中，既可以减少人工，也可以优化系统使用效率。从计算机视觉领域出发，最简单的场景为从稀疏场景中检测单个运动目标，几乎全部目标检测算法和一些目标跟踪算法[3]都可以有效提取稀疏场景中的运动目标甚至运动轨迹。

由于图像全特征处理十分困难（受计算资源、优化判据等因素影响），特征工程是重要的前置工作。人工筛选出的特征，如光流直方图（Histogram of optical flow，简称HOF）、梯度直方图（Histogram of oriented gradient，简称HOG）[4]、社会力（Social force，简称SF）[5]模型等，均较好地推进了此项技术的发展。

在检测方法方面，历年来基于这些特征发展出了各种模型来学习正常视频事件的模式，如主题模型（Topic model）[6]、稀疏重建（Sparse reconstruction）、混合概率主成分分析（Mixture of probability principle component analyzers，简称MPPCA）[7]、混合动态纹理（Mixture of dynamic textures，简称MDT）[8]等。深度学习技术的出现改变了模式识别与人工智能的研究，其强大的特征遴选和分类能力使得对异常事件的描述可以更加复杂、更加接近事物本质，因此迅速成为主流的研究路线，学者们给出了大量异常事件检测[9]和对象识别[10-11]技术。在行业应用方面，2018年全球人脸识别算法测试的准确率已经高达99.3%；在数据可得性方面，视频监控终端采集了大量数据，可以满足算法模型的训练要求；在容错率方面，安防行业存在大量的交叉数据，对误判有较高的容忍程度[12]。

3　智能视频分析系统设计

针对视频监控系统在重点场所和居民社区的消防安全隐患检测需求，利用视频监控系统对安全出口、消防通道、消控室、关键监控区域和人流量较大的室内外场景的实时监控研究，构建符合多种场景下安全隐患识别的图像识别模型，并设计用于监测常见安全隐患的智能视频分析系统。

3.1　系统架构设计

智能视频分析系统是承载智能目标检测方法的平台，承担着实现智能视频分析、提供数据服务和满足视频监控基本功能的重要任务，因此设计开发一套符合消防从业人员习惯和一般性思维的平台软件是该项目的一项主要工作内容。图1给出智能视频分析系统软件的架构设计，以实现多路视频监控信号的智能分析、摄像头配置与预览、实时报警、日志查询等功能。

图1中视频分析服务和系统功能是系统设计的主要内容。视频分析服务负责实现高鲁棒性的画面中人、事、物的自动检测与行为分析，系统应具有良好的目标识别能力和抗干扰能力，并提供常用的安全事件监控功能，包括火灾监测、警戒区侵入检测、特定物品或行为识别等。

系统功能主要包含：①Web前端多路视频实时预览功能（通常要求8路及以上）；②摄像机与算法模块的配置功能；③后台程序计算给出报警信号后，综合采用报警声音、弹窗、报警文字等方式提醒管理人员查看报警信息（具备报警信号输出接口，已在国标GB/T28181中定义的报警事件按照该标准定义）；④在服务器本地存储多路视频的录像或报警图片，具备Web终端查询报警日志功能；⑤登录控制功能，其中数据管理功能主要针对文件数据的增删查改、用户的账号管理及访问记录以及程序更新等；⑥终端控制功能，主要负责检查终端用户使用权的合法性、有效性。

系统采用B/S模式的多层体系结构。数据层面以数据仓库为基础，采用O/R Mapping框架实现了面向对象编程。客户层面全部由运行于PC端的浏览器提供功能，通过MVC模式完成控制；表示逻辑层接收传输用户的数据和创建WEB页面；业务逻辑层将用户的输入信息进行甄别处理、分别保存并建立属于本层的数据存储方式，并对应到本层的业务组件以共同完成一个独立的业务功能。此软件架构中，数据层主要负责数据的管理工作，主要部署在服务器端。PC终端访问数据权限控制结构简单，设计采用扁平的模式，主要通过用户名密码实现权限的控制。

3.2　基于YOLOv4的智能目标检测方法设计

智能目标检测方法的核心是一套基于YOLOv4目标检测模型的深度学习算法，系统的核心检测流程如图2所示。YOLO系列模型是最适合用于监控视频智能目标检测工程实践的算法之一，其原因主要有以下四方面。

（1）YOLO系列模型在相似性能的情况下网络结构较简单，因此对各类硬件平台的支持度更好。

（2）YOLO算法训练可以采用End-to-end模式，对训练硬件的要求较低，能够降低训练模型时的综合成本。

（3）YOLO系列模型在检测精度和泛化能力方面取得了平衡，从结果上看对视频监控场景中的各种未知情况都有检测能力。

（4）YOLO系列模型网络参数量较大，但容易处理算法使之得到实时性。

具体实施流程包括以下步骤。

（1）数据集的建立：采集烟雾、火焰、行人、车辆、电动自行车、灭火器、消火栓、防火门等目标的图像，收集人员行为（抽烟、打电话等）的相关实际监控视频截取出图片数据集，然后通过人工标注图像数据库中的每一张图片，生成本文所使用的数据集。

（2）数据集建立完毕后，利用聚类算法对步骤（1）所建立的数据集中的全部标注目标的图像尺寸进行聚类分析，选到9组能够覆盖大多数目标尺寸的图像长宽组合（这些图像尺寸将组合起来描述检测到的目标尺寸），用于（3）的训练。

（3）YOLO深度神经网络参数的训练：训练采用（1）建立的数据集，将数据集的70%用于网络的训练，30%用于模型的测试。

（4）StNet网络的训练：训练采用（1）建

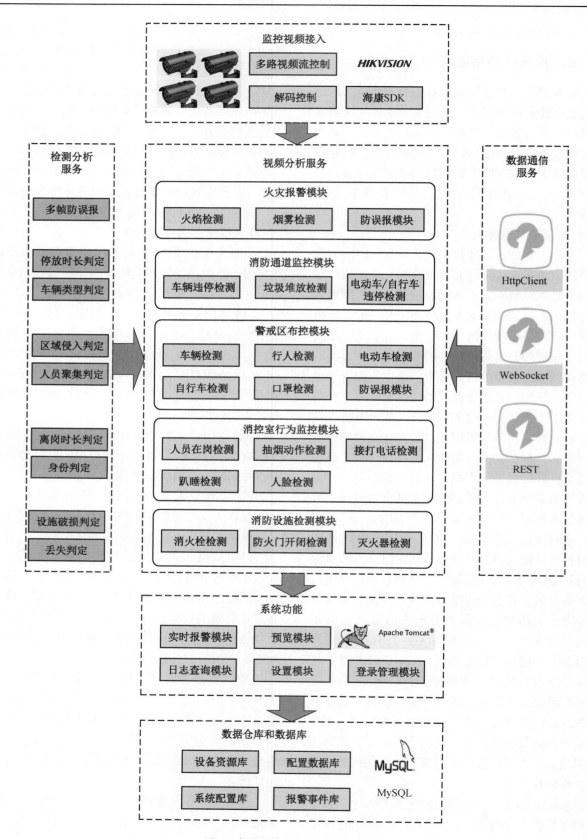

图 1   智能视频分析系统架构设计

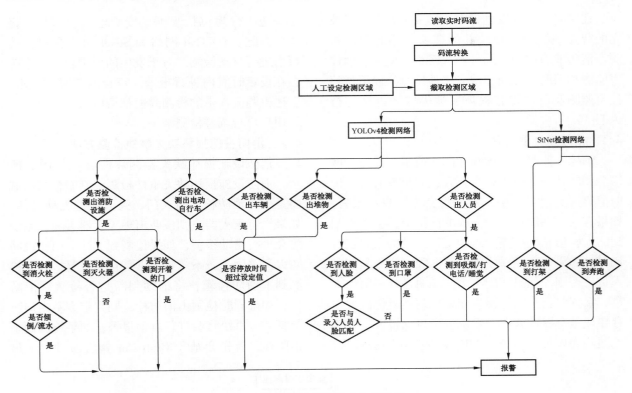

图 2 智能目标检测算法检测流程

立的数据集，将数据集的 70% 用于网络的训练，30% 用于模型的测试。

（5）在用户界面显示叠加了实时图像帧、检测区域用矩形框标记。

（6）循环读入摄像机的图像帧数据并加盖时间戳；帧数据整理成第（3）步和第（4）步所需的送检数据后，根据对应的时间戳送入训练完毕的预测网络进行检测，以输出预测图片。

（7）预测网络输出检测区域的特定目标类型、目标图像中心位置和矩形标记框，程序再

根据设定的报警规则按照优先级顺序做相应处理。

4 典型消防安全隐患识别方法设计

本文所述的智能视频分析方法要解决的消防安全隐患识别问题，主要包括：消防通道、疏散通道、安全出口占用、电动车违规停放、重点部位灭火器缺失、防火门违规开启、烟雾火焰实时监测、消控室违规值班和值班人员身份鉴定。系统平台工作流程如图 3 所示。

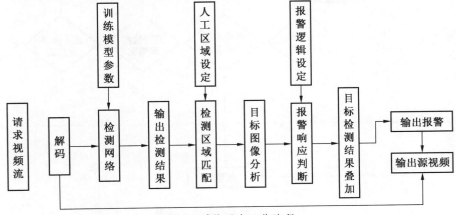

图 3 系统平台工作流程

在实际项目开发过程中，形成了 5 个相互独立的智能视频分析模块：烟雾及火焰的智能检测、消防通道占用监测、警戒区智能监测、消控室监测和消防设施损坏缺失事件检测。以下就消控室监测及消防设施损坏或缺失监测方法进行说明。

4.1 消控室监测方法

消控室监测算法流程如图 4 所示。首先，网络会判断检测区域内是否有人，如果没有人，说明值班人员擅自离岗，系统将会进行自动报警。如果有人，在能识别到人脸的前提下，会将检测到的人脸信息与事先录入的工作人员的人脸进行比对，如果与信息库中的人脸匹配，说明是值班人员；否则，如果匹配不上，说明是外来陌生人员，系统将会自动报警。如果检测到目标区域中存在佩戴口罩的人员，系统也会自动报警。对于检测到的人员，系统会判断是否存在违法行为，

这些违法行为包括吸烟、接听电话、睡觉、打架、奔跑。YOLOv4 网络和 StNet 网络会对上述行为进行自动检测。对于发生的异常行为，系统会在设定时间内进行报警，符合响应时间要求。上述检测流程中的检测阈值都可以人工调整，便于用户自行调整检测结果。

4.2 消防设施损坏缺失事件检测方法

消防设施损坏缺失检测算法流程如图 5 所示。消防设施损坏缺失事件检测会判断检测区域内是否有消防栓、防火门、灭火器这三种物体。如果没有灭火器，则说明出现灭火器丢失，系统将会进行自动报警；如果检测到了防火门，说明防火门关闭了，系统将会进行自动报警；如果检测到了消防栓箱，将继续判断是否检测到消防栓，如果同时检测出消防栓，则判定为室内消防栓打开，系统将会进行自动报警；如果检测到了消防栓，首先会基于 Grab Cut 算法通过求解最

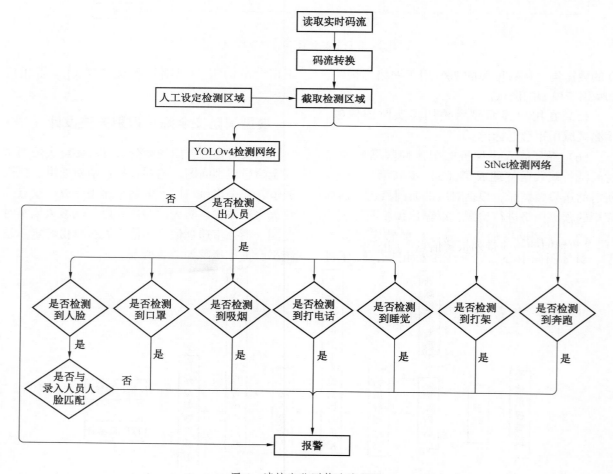

图 4　消控室监测算法流程图

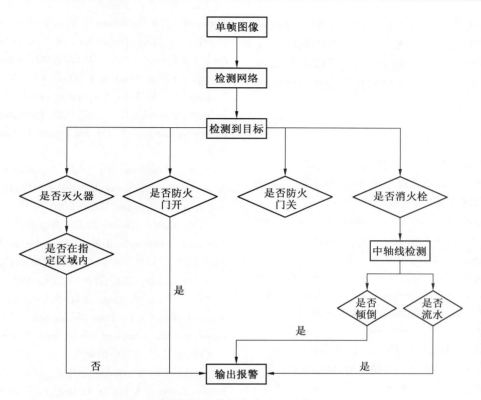

图 5　消防设施损坏缺失事件检测算法流程图

小切割对图像的前景和背景进行分割,然后判断前景的轴向方向,若超过了预设阈值,系统将会进行自动报警。同时将还进行流水检测,如果在消防栓附近区域检测到流水,系统将会进行自动报警。

4.3　系统自动报警效果

报警信号产生后,首先存入业务层的数据管理模块,并由该模块向客户层进行推送。客户层按照由新到旧的顺序排列报警信息,同时在用户页面上使用弹窗、声音、告警文字的联动告警方式提醒监控人员及时查看。而完成报警信号推送后,报警数据将传递到数据仓库中进行保存,报警图像也以文件形式保存到服务器端。图 6 为表现实际运行时部分报警的图片,以展示平台实时报警模块功能。

5　总结

本文主要描述了一种消防安全隐患智能视频分析系统,基于深度神经网络算法实现了针对火灾、消控室、消防通道、消防设施等多种消防安全隐患的视频检测方法。该智能系统可纳入已有

(a)仿真火盆在光亮地面
快速触发报警

(b)LED屏在光滑地面的反光
以及红色小旗摇曳不触发报警

(c)抗门框图像畸变的防火
门开启、关闭状态检测

(d)值班人员打电话动作检测

图 6　系统实现运行时部分报警图片

的监控视频网络,通过数字网络摄像机采集到的视频,灵活、高效地分析场景中的安全隐患。该系统目前已小范围地展开试用,通过有限范围测试表明本平台有良好的视频分析能力,功能可以覆盖绝大部分安全监控需求。

本文描述的异常事件监测方法证明了智能视频分析方法在未来包括消防在内的安防领域具有举足轻重的作用。智能视频分析技术研究目前仍处于高速发展期，应继续拓展其在消防领域的应用场景。

参考文献

［1］工业和信息化部．关于印发《促进新一代人工智能产业发展三年行动计划（2018—2020年）》的通知（工信部科〔2017〕315号），2017.

［2］Mahadevan V, Li W X, Bhalodia V, et al. Anomaly detection in crowded scenes［C］. ComputerVision & Pattern Recognition, IEEE, 2010.

［3］Fang J, Wang Q, Yuan Y. Part－Based Online Tracking With Geometry Constraint and Attention Selection［J］. IEEE Transactions on Circuits & Systems for Video Technology, 2014, 24(5)：854-864.

［4］Dalal N, Triggs B. Histograms of Oriented Gradients for Human Detection［C］. IEEE Computer Society Conference on Computer Vision & Pattern Recognition. IEEE, 2005.

［5］Mehran R, Oyama A, Shah M. Abnormal crowd behavior detection using social force model［C］. 2009 IEEE Conferenceon Computer Vision and Pattern Recognition, IEEE, 2009.

［6］Hospedales T M, Li J , Gong S , et al. Identifying Rare and Subtle Behaviors：A Weakly Supervised Joint Topic Model［J］. IEEE Transactions on Pattern Analysis & Machine Intelligence, 2011, 33(12)：2451-2464.

［7］Kim J, Grauman K. Observe locally, infer globally：A space－time MRF for detecting abnormal activities with incremental updates［C］. 2009 IEEE Computer Society Conference on Computer Vision and Pattern Recognition, IEEE, 2009.

［8］Mahadevan V, Li W X, Bhalodia V, et al. Anomaly detection in crowded scenes［C］. Computer Vision & Pattern Recognition, IEEE, 2010.

［9］Coar S, Donatiello G , Bogorny V, et al. Toward Abnormal Trajectory and Event Detection in Video Surveillance［J］. IEEE Transactions on Circuits & Systems for Video Technology, 2017, 27(3)：683-695.

［10］Liu, Weiyang, et al. SphereFace：Deep Hypersphere Embedding for Face Recognition［C］. 2017 IEEE Conference on Computer Vision and Pattern Recognition (CVPR), 2017：6738-6746.

［11］Wen Y, Zhang K, Li Z , et al. A Discriminative Feature Learning Approach for Deep Face Recognition［C］. European Conference on Computer Vision. Springer, Cham, 2016.

［12］魏广巨．视频监控行业迎来深度智能时代：暨2020年视频监控市场发展年终回顾及未来展望［J］.中国安防, 2020, 179(12)：64-67.

消防行业特有工种职业技能鉴定工作提质增效之探究

赵 锦 祯

上海市消防救援总队 上海 201417

摘 要：消防行业特有工种职业技能鉴定工作，伴随着社会经济的快速发展，越来越受到政府及社会各界的重视，特别是消防行业从业人员对消防行业特有工种职业资格证书的需求日趋增强。随着国家机构深化体制改革方案实施，消防行业特有工种职业技能鉴定工作的开展也受到一定的影响，通过对技能鉴定现状及面临困难的分析研究，结合2019年11月正式承接技能鉴定工作以来的实际工作总结，就进一步深化消防行业特有工种职业技能鉴定工作质量、提升鉴定服务水平做一些探讨。

关键词：消防行业 特有工种 职业技能鉴定 质量 服务

1 引言

随着我国社会经济建设的迅速发展，特别是城市化进程的不断加快，伴随的高风险区域和场所也变得点多面广，社会公共安全隐患也日益凸显。因此，消防工作的重要性越来越突出，消防工作的科技含量也越来越高，对消防指战员、消防设施操作人员、企事业单位消防管理人员、消防技术服务等消防行业从业人员的素质和技能要求也提出了更高的要求。全国对消防设施操作人员的需求量近100万人，目前仅17万人考取职业资格证书，加上已经经过培训尚未参加技能鉴定的约有10万人，缺口近73%。为深入贯彻落实《国务院关于加强和改进消防工作的意见》（国发〔2011〕46号），进一步加强社会消防安全和消防职业技能鉴定工作，提高社会消防管理水平和消防从业人员专业技能水平，原公安部消防局于2012年制定下发了《关于进一步加强社会消防安全培训和消防行业职业技能鉴定工作的通知》（公消〔2012〕126号）。为应对大量社会消防从业群体对消防行业特有工种的职业需求，在《中华人民共和国职业分类大典》（2015年版）中对于消防设施操作从业人员的职业定义也做出了全面调整，新制定的《消防设施操作员》国家职业标准（以下简称《标准》）已于2019年5月10日颁布施行，应急管理部消防救援局专门下发《关于贯彻实施国家职业技能标准〈消防设施操作员〉的通知》（应急消〔2019〕154号），就贯彻落实《标准》提出了相应要求。为做好《标准》贯彻执行准备工作，中国消防协会随后下发《关于印发〈消防设施操作员〉职业技能鉴定设施配备条件的通知》，进一步规范消防行业特有工种职业技能鉴定站（以下简称"鉴定站"）的建设。应急管理部在《关于印发〈消防技术服务机构从业条件〉的通知》（应急〔2019〕88号）中对消防技术服务机构从业条件也对职业资格证书持证人数作出了明确要求。而随着社会消防、应急救援力量和企业消防队、微型消防站的数量不断增加，《消防员》国家职业技能标准并未能完全向此类人员开放，这部分从业人员的技能水平评价标准往往只能依靠单个专业技能的行业标准执行。作为消防行业特有工种职业技能鉴定站，严抓鉴定质量，从源头把住消防行业从业人员准入的"门槛"，是严格实行消防行业职业资格证书制度，提高社会消防行业从业人员素质的根本，对加强社会面消防安全管理，提升社会面火灾防控能力，具有十分重要的意义。

作者简介：赵锦祯，男，工学学士，上海市消防救援总队训练与战勤保障支队职业教育科科长，主要从事消防内部指战员实战化训练与社会消防安全宣传教育工作，并任上海东方讲坛特聘讲师、上海高校消防安全宣传大使，E-mail：idolsweet@163.com。

2 提升消防行业特有工种职业技能鉴定工作质量的意义

随着科技时代的快速发展，各种信息化科技手段融入了各行各业，特别是在消防行业中得到了充分体现，智慧消防也已经从萌芽阶段迈向了快速发展阶段，社会上逐渐形成了一支专门从事消防行业的队伍和职业群体。这些人从事着直接关系公共安全和人民生命财产安全的工作，他们工作性质特殊、岗位责任重、技术含量高。新《消防法》的实施和《消防技术服务机构从业条件》的发布，更是对消防行业从业人员准入资格有了明确的要求。人力资源和社会保障部2017年公布的《关于公布国家职业资格目录的通知》（人社部发〔2017〕68号）将《消防设施操作员》《消防员》和《应急救援员》由"水平评价类"调整为"准入类"，更说明了消防行业特有工种职业资格对消防行业发展、行业规范以及社会安全发展有着至关重要的作用。从业人员可以根据自身需求，选择相应的职业发展方向并考取相应等级的职业资格证书，不仅对消防技能型人才提供了发展空间，也迫使其不断强化自身业务水平，有效提高从业人员队伍整体素质。鉴定站作为唯一承担消防行业特有工种职业资格证书考核的部门，鉴定工作的质量，决定着行业从业人员的质量，提升鉴定工作的质量，既是为消防行业输送人才做严格把关，也是对消防行业的健康发展和提升社会公共安全防控能力起到至关重要的作用。

3 消防行业特有工种职业技能鉴定工作的现状

3.1 消防行业特有工种职业技能鉴定标准需进一步统一

自2005年12月公安部消防局获劳动部批准依托中国消防协会成立消防行业职业技能鉴定指导中心，正式开展消防行业特有工种职业技能鉴定工作以来，全国31个省、市、自治区（除港澳台），陆续有27个省、市、自治区获批建立消防行业特有工种职业技能鉴定站，但仍有4个地区未能获批，依然为待批站。2019年6月27日，应急管理部消防救援局156号文指出，由省级消防协会承担的消防职业技能鉴定工作及其管理的鉴定站，全部移交同级消防部门。根据人社部《关于实行职业技能考核鉴定机构备案管理的通知》（人社部发〔2019〕30号）文件要求，消防行业特有工种职业技能鉴定指导中心作为主管部门，在移交过渡期间，对新《标准》的执行，特别是技能鉴定工作，指导中心目前未出台相应指导意见，导致各地鉴定站考核内容有出入，考核标准不统一。

3.2 鉴定工作信息化技术手段运用需进一步增强

就当前的消防行业特有工种职业技能鉴定工作而言，在程序上还不是非常的规范，鉴定过程管控机制不够严密，如鉴定过程中，理论考试采取纸质考卷，人工利用阅卷机阅卷，人为因素对鉴定结果的影响较大；而技能考核过程中，考评员的主观认识对评议结果影响较大，导致评分不公平、不公正的问题客观存在。相比其他行业，消防行业特有工种职业技能鉴定工作程序化、信息化、智能化管理模式相对滞后。

3.3 社会消防培训机构市场监管机制需进一步完善

上海市现有社会消防培训机构21家，从历年培训情况分析，各社会培训机构办学水平参差不齐，特别是在正规化办学上有着较大差异，虽不乏部分规模大、师资强、质量高的培训机构，但也存在部分机构只注重经济效益而淡化教学质量的现象。面对当前行业需求的庞大市场，如何强化机制、有效监管社会消防培训工作，确保消防行业从业人员的高质量输出，是当前的重点问题。

3.4 考评员队伍整体素质需进一步加强

考评员是职业技能鉴定工作的守门员，考评员的职业道德和执考能力直接关系着鉴定站的考评质量。当前，上海市现有持证消防行业特有工种《消防设施操作员》国家职业资格考评员65人，实际到岗执考仅15人，且均来自各社会培训机构，执考水平参差不齐，就当前本市大量滞留考生的实际情况，考评员自身素质不强就会导致证书的"含金量"下降；而鉴定站繁重的技能鉴定考评工作，就难免会造成考评员连续执考、疲劳执考的情况，导致出现错判、误判或敷衍了事等问题出现。

3.5　鉴定站布局及承考能力需进一步提升

原公安部消防局《关于加快推进消防行业职业技能鉴定工作的通知》（公消〔2011〕66号）中明确指出，严格落实建站标准，提高鉴定能力。现有鉴定能力不能满足实际需求的，可在不降低鉴定条件和标准的前提下采取"一站多点"的方式，在本省、区、市选择鉴定需求集中、交通方便的地点增设"分站点"。然而，纵观全国各省市鉴定工作开展情况，仅少数有条件的总队在个别中心城市设立了分站点。单从上海而言，当前仅在训练与战勤保障支队设立一个鉴定站，且地处偏远，交通不便，而当前通过理论考试，未参加技能考核的滞留待考生仍有3万余人，急需分站点的建成投用，方可切实解决滞留难题。

3.6　应急救援队伍从业人员技能评价体系不完善

就现有《消防员》《应急救援员》国家职业标准而言，主要注重于面向国家综合性消防救援队伍现役人员专业能力提升和晋升考核附加条件，并未切实考虑如何提升队伍专业化发展，更没有在社会上广泛应用。随着当前社会面公益性消防救援力量、应急救援力量、企业消防队、义务消防队和微型消防站等社会消防应急救援队伍的不断增加，对相关从业人员的从业标准也越来越高，应结合社会消防力量能力需求制定相应岗位标准。

4　消防行业特有工种职业技能鉴定工作提质增效的方法

4.1　健全鉴定制度建设，有效管理、提升服务

随着消防行业特有工种职业技能鉴定工作的移交，消防部门接管的鉴定站更应该贯彻习总书记重要训词精神，在坚持严格管理的前提下，不断提升服务意识。现有工作效能低、考生滞留多、发证周期长等问题，已经引起考生的一些不满。如何提高工作效率，保证消防行业特有工种职业资格证书的"含金量"，更好地服务考生，解决考生的实际需求，科学的机制、程序化的管理极为重要。因此，各地应全面加强鉴定站规范建设，针对新《标准》的实施，要有统一的技能考核指导意见，确保全国鉴定站的标准统一。各省、市、自治区鉴定站，应立足质量为上、服务为先的宗旨，建立健全组织架构和长效管理机制。例如，鉴定站可设立质量督导科、考务管理科、考评管理科，并制定相应规章制度，分条线细抓共管；可以依托互联网、微信公众号等方式，发布鉴定站报名、考试等各类公示公告，受理学员报名、咨询、投诉等需求，实现与上海市政府"一网通办"的功能对接；对于前期滞留考生数量较大的鉴定站，应加快"一站多点"建设，确保"存量"与"增量"考生同步消化。

4.2　优化理论统考模式，规避风险、提高效率

当前理论考试以每季度安排1次全国性统考的模式开展，即全年只有4次，而且使用试卷加答题卡的形式作答，对于考生量大的地区，每次统考过万人，对鉴定站考试安排及准考证发放等前期工作带来了很大的压力，尤其是场地和监考人员的协调工作，难度极大。建议参考地方通用工种统考模式，由消防行业特有工种职业技能鉴定指导中心或各地鉴定站根据职业方向和等级合理安排。初、中、高三个等级按月制定申报截止日和统考时间，并予以公示，全部采用计算机考试的方式进行理论统考；二级、一级技师两个等级，因报考人数少，考试内容可能出现需要论述或计算的内容，可以有指导中心统一按季度安排统考日期，采取笔试的方式，在有条件的鉴定站或租赁专业场地进行考试。如此一来，可最大限度减轻鉴定站工作压力，增加了考生到考率，降低人为因素影响带来的风险，既服务了考生，也提高了考核效率。

4.3　强化信息科技手段，改革创新、提质增效

鉴定站现有申报、考务管理软件信息化程度较低，数据不能互通，工作程序烦琐，导致技能考核日承担能力低，考核过程监管难度大，考分汇总程序复杂以及人工输入出错率高等问题。建议借助信息化手段，优化考务系统平台，就申报、考务管理软件而言，可以开发专门软件，逐级设置使用管理权限，后台共享，有效提升工作效率，减少重复劳动（图1）。而就技能考核工作而言，为更好地对技能鉴定过程的监管，则可以考虑利用平板电脑网上打分等形式（图2）。

4.4　完善监督管理机制，强化监管、健康发展

社会消防培训机构，除了开展消防行业特有工种职业资格培训之外，还承担着社会团体、企

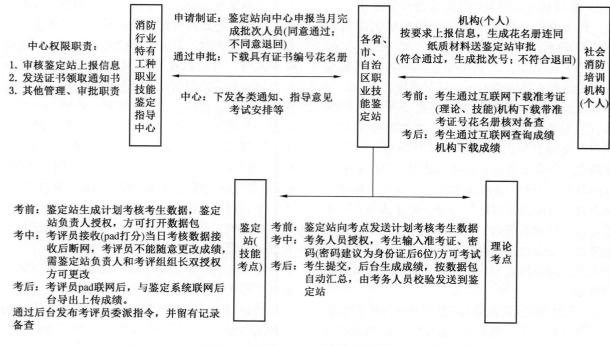

图1 申报、考务管理系统流程图

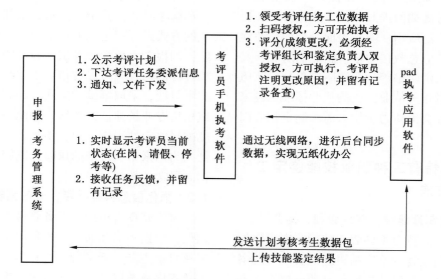

图2 技能鉴定考评执考软件流程图

事业单位等各类消防安全知识培训，是为社会培养消防管理人才、为消防行业输送专业技能人才的摇篮，而培训质量的好坏，直接决定了从业人员的素质水平，并直接影响社会消防公共安全的防控能力。虽然新《标准》指出，相关人员报考消防行业特有工种资格，可以不受场地、培训课时等要求限制，直接申报考试，但还是不乏很多想要从事消防行业的零基础学员。当前，上海乃至全国的社会消防培训市场，均未得到有效监管，部分地区甚至不清楚从事消防培训的机构是否具备资质。因此，利用各项举措加强对培训机构的监管指导，是保证培训市场良性循环，从源头提升从业人员素质的有效办法。建议可以由各消防救援总队出台相应管理规定及规章制度，组建督导工作专家库，根据国务院办公厅《关于推广随机抽查规范事中事后监管的通知》（国办发〔215〕58 号）精神，采取"双随机、一公开"的方式，随机选派督导员，随机抽取培训机构，分别就办学条件、收费标准、师资力量、正规化办学等各方面分条线进行督导，督导情况及结果向社会公开，并给出相应指导意见。

4.5　加速考评队伍建设，广招严选、规范执考

考评员作为鉴定工作的重要组成部分，素质水平直接影响鉴定质量，首先应确保足够的考评员数量，全面实现鉴定回避制度。同时，各地应建立完善考评员库，面向消防救援队伍内部或社会消防从业人员，选取具备考评员资格的优秀人才参加考评员资格培训，培训合格取证后入库，并由专门部门负责监督管理。要经常性召开考评工作会议、阶段性组织考评员复训、不定时督查考评过程、建立考生评议和信访制度，严格执行

考评员管理规定，才能更好地提高考评员专业能力、强化执考水平、规范执考纪律。同时，可以考虑参照上海市职业技能中心相关规定，研究制定技能鉴定劳务费支付标准，以鼓励广大考评员积极参加考评工作。

5　结束语

消防行业特有工种职业资格证书的社会需求正在逐渐增加，对证书的"含金量"提出更高的要求，这也是鉴定站提质增效的必然趋势。如何专业、高效运作，严格、规范执考，为消防行业技能人才输送守好门、把好关，将是一个需要不断优化的过程和课题。只有不断优化和完善这个过程和课题，才能有效确保消防行业特有工种职业资格证书制度正规健康发展。

几种灭火系统在养老院卧室火灾中的数值模拟研究

张　韡

上海市宝山区消防救援支队　上海　201901

摘　要： 采用 FDS 软件，建立养老院卧室室内火灾模型，通过数值模拟对比分析高压细水雾灭火系统、低压细水雾灭火系统与传统的水喷淋灭火系统的灭火性能。经过实验对比可知，低压细水雾灭火系统在养老院卧室火灾中，能在较短的时间内有效地控制火灾的蔓延，冷却作用强，灭火时间短，能有效抑制受限空间的轰然。而且考虑到各种灭火系统在老人住宅建筑火灾中的应用，火焰不仅要被有效地控制或扑灭，还要尽量减少水喷射冲击力对老年人身体的伤害，低压细水雾灭火系统是一种较好的选择。

关键词： 消防　低压细水雾灭火系统　养老院　模拟

1　引言

目前，我国的经济建设、社会保障等各方面发展迅速，但同时也面临着人口老龄化的问题，于是养老产业开始兴起和发展，国内各种托老所、养老院、老年公寓、老年日间照料中心等老年建筑纷纷建立。然而，在满足高速增长的社会养老需求的同时，安全问题也逐渐突显出来，尤其以火灾事故最为严重。在发生火灾的紧急情况下，老年人不能适应火场的复杂情况，自救能力极差，甚至完全丧失疏散逃生能力，极易造成重大伤亡事故，成为火灾的高危群体。笔者结合日常工作实际，对不同灭火系统在养老院卧室火灾中的数值模拟进行研究，通过对室内温度、室内氧气含量、灭火时间和用水量等因数分析，探讨低压细水雾灭火系统在养老院室内火灾的较好适用性。希望能为养老院提升消防安全防范水平作出贡献，为老年人的安全保驾护航。

2　开展模拟实验

2.1　建立模拟模型

以某养老院内一卧室为研究对象，建立火灾模型。选取水喷淋灭火系统、高压细水雾灭火系统和低压细水雾灭火系统这三种灭火系统具有代表性的三种喷头作为模拟对象，以下是这三种灭火系统喷头的参数（表1）。

表1　三种灭火系统喷头参数

项目	自动喷水灭火系统	高压细水雾灭火系统	低压细水雾灭火系统
喷头型号	ESFR	WSWT2.74/4	BM-1-28
流量系数 K	80	2.74	2.8
工作压力/MPa	0.4	4	1
个数	2	2	2

火源位于两床之间，细水雾喷头均匀布置于顶棚，喷头间隔 3 m。模型中共设置 2 个热电偶测点，分别设置在火源正上方距顶棚 0.5 m 处和火源表面，用以检测环境温度和火源表面温度。辐射热流计设置于门口 1.5 m 高处，用以检测火焰对卧室疏散出口的辐射热通量。氧气浓度检测仪设置在距火源水平距离 1 m 处，用以检测室内氧气浓度。卧室内环境温度为 20 ℃，环境压力为标准大气压。具体卧室火灾物理模型如图 1 所示。

模型中设定网格尺寸为 0.2 m×0.2 m×0.2 m，

作者简介：张韡，男，硕士，初级专业技术职务，工作于上海市宝山区消防救援支队法制与社会消防工作科，主要研究领域为防火监督，E-mail：open13o@163.com。

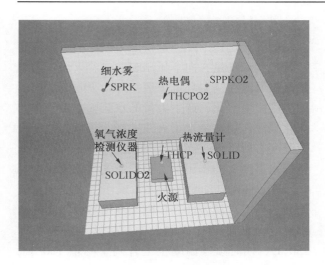

图 1　卧室火灾物理模型

火源附近网格加密，其尺寸为 0.05 m×0.05 m×0.05 m，共 104625 个网格，模拟时间设为 600 s，时间步长由软件自动控制。

2.2　模拟工况

本文采用 FDS 软件（Fire Dynamics Simulator，火灾动力学模拟工具）建立室内火灾模型，通过数值模拟对比分析高压细水雾灭火系统、低压细水雾灭火系统与传统的水喷淋灭火系统对卧室火灾灭火的效能。

2.3　模拟实验现象分析

从各种工况中，我们选取一种工况（低压细水雾作用），对实验整个过程的模拟现象进行观察、分析。

图 2 为低压细水雾作用前卧室火灾的发展情况。从图 2 可以看出，从 0 s 起火源开始燃烧，并产生大量烟气，受浮力高温烟雾开始向上蔓延，不断产生的烟雾碰到顶板后向顶板四周扩散，并顺着两侧的墙开始向下运动。在烟气与周围环境发生热交换的过程中，室内环境温度也在不断升高。当模型运行到的 47 s 时后，不断上升的烟雾在顶板累积了一定厚度，高温烟气层开始下降。这个时候，可以看到，受火源和烟雾的热辐射作用，室内的温度已经上升到 70 多摄氏度。从过火源截面的温度切片中可以看到，这个时候火源温度发展到最高，约为 500 ℃。

当物理模型运行 74 s 时细水雾开始作用，图 3 为低压细水雾作用后对卧室火灾的扑救的情况，截取时间为 104 s。从图 3 我们可以看出，大量的水雾微粒从喷嘴中喷出，向上发展的火羽流受水雾的压力作用向下出现扰动，这是因为喷出的水雾带有一定速度和动量，向下压制和冲击着火焰。当低压细水雾被暴露在高温环境中后，开始吸收火源周围的温度发生汽化，产生大量的水蒸气。一方面由于水的汽化吸热作用，带走了火源周围的热量，使得火源温度有所降低[1]；另一方面，汽化作用瞬间产生的大量的水蒸气使空气中氧气的浓度变低，燃烧所需的助燃剂浓度低于一定程度后，火源开始受到抑制。从低压细水雾开始作用到 150 s 的这段时间内，火焰受冲击压制开始逐渐变小直到熄灭。

2.4　模拟结果及分析

2.4.1　温度参数

对温度的控制是灭火系统重要的功能，是评判灭火系统适用性的一项重要指标。图 4 和图 5 分别为高压细水雾灭火系统、自动喷水灭火系统和低压细水雾灭火系统在扑灭卧室火灾的过程

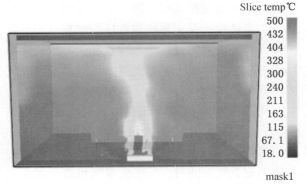

图 2　细水雾作用前卧室火灾发展情况

图 3　施加细水雾时对火焰的压制情况

中，设置在火源表面和顶棚的热电偶测得的温度变化曲线。

从图4、图5可以看出从0 s起火源开始燃烧，0 s到74 s时三种灭火系统的温度变化一致。这是因为，点火后产生大量烟气，受浮力高温烟雾开始向上蔓延，不断产生的烟雾碰到顶板后向顶板四周扩散，并顺着两侧的墙开始向下运动。在烟气与周围环境发生热交换的过程中，室内环境温度也在不断升高，因为三种工况的火源功率相同，作用74 s前温度变化一致，不断上升的烟雾在顶板累积了一定厚度，高温烟气层开始下降。当模型运行到的74 s时，喷头开始作用，之后的十几秒温度仍然有一定的上升，不过受喷头的抑制作用，温度上升速率逐渐变小。

在低压细水雾作用工况中火源表面温度在82 s首先达到最高值即450 ℃，同时顶棚温度也

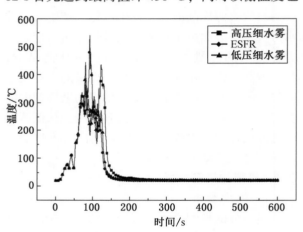

图4　火源表面热电偶所测温度曲线图

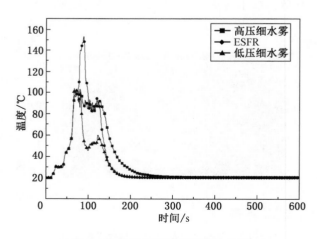

图5　顶棚热电偶所测温度曲线图

上升到了峰值100 ℃，之后火源表面和顶棚热电偶温度开始迅速下降，这是因为喷出的水雾带有一定速度和动量，向下压制和冲击着火焰。当细水雾被暴露在高温环境中后，开始吸收火源周围的温度发生汽化，产生大量的水蒸气。由于水的汽化吸热作用，带走了火源周围的热量，使得火源温度有所降低。当模拟时间为150 s时，在低压细水雾喷头的作用下，火焰最先被熄灭。

在ESFR自动喷水灭火系统作用工况中，喷头开启后，火源表面和顶棚温度仍然以很高的速率上升，直到80 s火源表面温度达到最高值即550 ℃，同时顶棚温度也上升到了峰值150 ℃，之后火源表面和顶棚热电偶温度开始迅速下降。当模拟时间为160 s时，在自动喷水灭火系统的作用下，两个位置的热电偶温度降到20 ℃，火焰才被熄灭。

在高压细水雾模拟工况中，喷头开启后，火源表面和顶棚温度上升速率变小，温度有了缓慢的降低，直到110 s时，温度确发生了急剧上升，125 s时火源表面温度达到最高值即420 ℃，同时顶棚温度也上升到了90 ℃，之后火源表面和顶棚热电偶温度开始迅速下降。当模拟时间为260 s时，在高压细水雾灭火系统的作用下，两个位置的热电偶温度降到20 ℃，火焰才被熄灭，高压细水雾是在三个灭火系统中灭火耗时最长的。

2.4.2　氧气体积分数

氧气是燃料燃烧的助燃剂，当氧气浓度降低到一定程度时，燃烧便不能持续[2]。所以灭火系统对氧气浓度的降低作用，也是评判灭火系统适用性的一项重要指标。图6是高压细水雾灭火系统、自动喷水灭火系统和低压细水雾灭火系统在扑灭卧室火灾的过程中，设置在火源距离火源1 m左右位置的氧气浓度检测仪测得的室内氧气浓度变化曲线。

从图中6中可以看出从0 s起火源开始燃烧，0 s到74 s时三种灭火系统的温度变化一致。这是因为，点火后产生大量烟气，隔绝了火源周围的氧气，同时空气中的氧气也由于燃烧的消耗变得越来越少。因为三种工况的火源种类相同、模拟燃烧材料相同，所以氧气消耗量相同，氧气浓度呈相同的趋势逐渐降低。作用74 s前

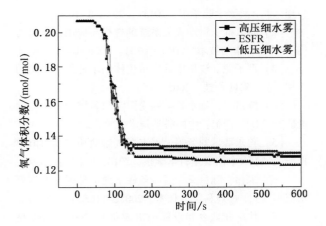

图6　氧气体积分数曲线图

氧气变化一致。当模型运行到的 74 s 时，喷头开始作用，此时室内氧气浓度迅速下降，三种灭火系统作用下氧气浓度下降速率大致相同。在 110 s 时，高压细水雾和 ESFR 自动喷水灭火系统的工况中，氧气浓度首先下降至 14% 左右，之后保持平缓，这是因为，喷头喷出的水滴遇到高温环境迅速汽化，汽化作用瞬间产生的大量的水蒸气使空气中氧气的浓度变低，燃烧所需的助燃剂浓度低于一定程度后，火源开始受到抑制[3]。

低压细水雾灭火时氧气浓度在 110 s 后持续降低，150 s 时降低到 13%。所以相较于 ESFR 自动喷水灭火系统和高压细水雾灭火系统，低压细水雾灭火系统有较好的窒息作用[4]。

2.4.3　喷头用水量参数

洒水喷头的流量特性系数 K 的计算公式：

$$Q = K\sqrt{10P}$$

式中　Q——流量，L/min；
　　　P——压力，MPa。

由上式可知模拟采用的自动喷水灭火系统喷头的参数 $K = 80$，每个喷头的工作压力为 0.4 MPa。代入公式计算可得，1 个 ESFR 喷头的总流量为 160 L/min。

高压细水雾喷头 $K = 2.74$，每个喷头的工作压力为 4 MPa，代入公式计算可知，每个高压细水雾喷头的总流量为 17.32 L/min。

低压细水雾喷头 $K = 2.8$，每个喷头的工作压力为 1 MPa，每个低压细水雾喷头的总流量为 8.85 L/min。

3　三种灭火系统在卧室火灾中灭火性能比较

3.1　冷却作用比较

对火源的冷却作用是灭火系统重要的功能，是评判灭火系统适用性的一项重要指标。通过分析三种灭火系统作用时顶棚和火源表面温度变化曲线可知，三种灭火系统均能在较短的时间内有效地控制卧室火，但相较于其他两种灭火系统，低压细水雾灭火系统作用时，温度下降速率最大，温度峰值最小，并且温度持续下降无明显波动和回升[5]。所以，相较于其他两种灭火系统，低压细水雾应用于养老院卧室火灾中时，有较好的冷却作用。

3.2　灭火时间比较

灭火时间的快慢是影响火灾发展蔓延的关键因素[6]。对卧室火灾模拟结果进行分析，通过对模拟现象和温度曲线进行对比，比较这三者的灭火所用时间：低压细水雾灭火系统灭火时间为 150 s，自动喷水灭火系统灭火时间为 160 s，高压细水雾灭火系统灭火时间为 260 s。前两者均能在较短的时间内扑灭火灾，而且灭火所用时间相差较小，高压细水雾灭火时间最长。

3.3　水量比较

对三种灭火系统的喷头参数进行对比计算，自动喷水灭火系统模拟中每个喷头的流量为 160 L/min，由于自动喷水灭火系统模拟中灭火所用时间为 160 s，所以自动喷水灭火系统实验中灭火系统用水量为 426.7 L[7]。

高压细水雾灭火系统模拟中每个喷头的流量为 17.32 L/min。由于高压细水雾灭火系统模拟中灭火所用时间为 260 s，所以自动喷水灭火系统实验中灭火系统用水量为 70.05 L。

低压细水雾灭火系统模拟中每个喷头的流量为 8.85 L/min。由于低压细水雾灭火系统模拟中灭火所用时间为 150 s，所以自动喷水灭火系统实验中灭火系统用水量为 22.12 L。低压细水雾灭火系统用水量最少。如果养老院地处偏僻，出现供水有限的情况时，低压细水雾系统耗水量小的优点使之很适合在这类建筑中使用。

4　结论

通过以上实验对比可知，低压细水雾灭火系

统在养老院卧室火灾中，能在较短的时间内有效地控制火灾的蔓延，冷却作用强，灭火时间短，能有效抑制受限空间的轰然。而且低压细水雾冲击力对老人伤害较小。考虑到各种灭火系统在老人住宅建筑火灾的应用中，火焰不仅要被有效地控制或扑灭，还要尽量减少水喷射冲击力对老年人身体伤害。当达到控制火焰效果的同时，低压细水雾对人体冲击破坏力度最小，影响老人疏散的过程也最小，房间的温度也迅速下降，不至于使卧室内家具受到烧损。所以低压细水雾在养老院卧室火灾中具有较好的适用性。

参考文献

［1］周白霞．试论养老院简易自动喷淋系统的推广应用［J］．武警学院学报，2013，（29）：8-10.

［2］李云浩．自动灭火系统的选择与应用技术探讨［J］．消防科学与技术，2011，（30）：1026-1029.

［3］邢子龙．浅析中低压单流体细水雾灭火系统的应用［J］．安防科技，2005，（5）：54-56.

［4］陈吕义．细水雾抑制受限空间轰燃的实验与理论研究［D］．合肥：中国科学技术大学，2009.

［5］蒋永清，刘芳等．火灾烟气运动和控制数值模拟研究［J］．中国安全科学学报，2010，20（2）：35-40.

［6］朱伟，陈吕义．通风条件下细水雾灭火的临界水流率［J］．燃烧科学与技术，2008，14（5）：412-416.

［7］住房和城乡建设部．GB 50084—2001 自动喷水灭火系统设计规范［S］．北京：中国计划出版社，2017.

消防装备干部在装备建设管理中的作用

祁　丽　萍

上海市徐汇消防救援支队　上海　200233

摘　要： 针对消防救援机构消防装备干部量少质弱现状，简要分析了原因，指出了消防装备干部应当站在全局审视问题，为领导献计献策，积极主动当好领导参谋和助手，提出了消防装备干部应该掌握消防装备最新动态，适时提出消防装备建设规划建议，指导消防装备正确使用，推行智能化消防装备管理，做好消防装备前期采购准备，力争优中选优，质量保证，价格公道等，得出了提高综合素质、坚持按章办事，发挥主观能动性和创造性是发挥消防装备干部作用的基本结论。

关键词： 消防装备　管理使用　规划建设　抢险救援

1　引言

消防装备干部担负着消防救援机构的灭火装备、抢险救灾装备、个人装备规划编制、采购配置、维护管理和检查指导等任务，为灭火救援做好后勤服务保障，其地位十分重要。一个优秀的消防装备干部要加强政治学习，努力提高政治觉悟和政治站位，严于律己，廉洁自律，在具体事务中坚持原则，真诚待人，善于沟通，钻研业务，掌握各种消防装备工作原理、使用方法、管理要求，以扎实的理论知识、过硬的业务本领，成为出类拔萃的行者能手，并善于为领导出谋划策，当好参谋和助手。然而，由于消防救援机构的专业消防装备干部流动性大，人员不稳定，业务不熟悉，装备人才短缺，尤其是基层一线消防站的装备技师缺乏，尚未全部引入智能化消防装备信息管理系统，管理粗放，致使消防装备使用管理和维护保养不当，有的在灭火救援中不能发挥正常作用，甚至造成浪费和损失。如何配齐配强消防装备管理人员，让其在消防装备建设管理中发挥应有作用，这是消防救援机构领导所面临思考的问题，也是每个消防装备干部需要作出的努力。

2　消防装备干部在装备建设管理中发挥作用的主要做法

消防装备干部在某种意义讲，统管着几千万甚至上亿价值的消防装备，建设好和管理好消防装备，积极为领导想办法、出点子，努力当好领导的参谋和助手，充分发挥专业干部的作用，消防装备干部责无旁贷。

2.1　掌握消防装备最新动态，发挥信息先导作用

近年来，国内外消防救援装备发展很快，新技术、新成果逐步推出，新产品不断涌现，消防应急救援任务拓展后，大量的应急救援装备层出不穷、广泛应用，推动了消防救援队伍装备建设。同时，国家层面对应急消防救援装备的配置标准也作了适时调整，发布了新规定，消防装备干部要适应新形势、新任务和新要求，掌握新动向，紧跟新潮流，努力学习国内、外消防装备新知识，积极参加新产品、新装备推荐会、发布会，消防装备展览会等活动，通过网络等多种渠道，了解最国内外前沿消防装备新动态和国家最新政策规定，体验新装备性能和使用功能，从理论上弄懂，从感性上认识，掌握第一手技术资料，有针对性地正确指导消防装备建设和管理工作。前几年消防厂商正在研发消防摩托车，车载预混合型压缩空气泡沫灭火装置，当交通拥堵、道路狭窄情况下，常规消防车不能到达现场时，消防摩托车机动灵活，可直达驶入。上海某消防支队获取这一信息后，认为这款装备非常适用重大保卫活，于是，积极向政府申报专项经费，购置了一批消防摩托车配给消防站和执勤点，有次活动场馆附近汽车自然，在拥挤的道路上，消防

作者简介：祁丽萍，女，学士，助理工程师，工作于上海市徐汇区消防救援支队消防装备科，E-mail：49016905@qq.com。

摩托车两分钟赶到，及时扑灭初期之火，未造成大的损失和影响。

2.2 提出消防装备规划建设建议，发挥参谋助手作用

消防装备配置应符合统一规划、结构合理、功能配套、实用有效的原则，保障消防站能够独立开展所承担的消防救援任务。目前，我国消防装备门类齐全，品种繁多，有常规的灭火消防车、举高消防车、专勤消防车、战勤保障消防车和救生装备、通信装备、破拆装备、个人防护装备，也有用于处置特殊火灾和特种灾害事故的车辆及各类侦检、警戒、救生、破拆、堵漏、输转、洗消、照明、排烟、通信等装备，还有用于森林、地震、矿山、水域防汛防洪、隧道、航空、油气田等救援装备。选用最合适和最必要的消防装备，这很考验消防装备干部的智慧和能力，装备管理干部首先要熟悉各种消防装备基本性能，掌握消防装备最新动态，结合本地区消防站所承担的消防救援任务和本区域的产业特色、建筑特点、道路水源、重大危险源分布等状况，以及需要对外增援等因素，综合考虑应急消防装备的规划配置。对需要补缺的消防装备要认真开展调查研究，城市自来水管网枝状且管网细、管网老化或供水能力不足的，天然水源少或消防车取水普遍困难的，火灾荷载大、灭火用水量多的地区，应配置远程供水装备和大功率水罐车，老式建筑多、街巷狭窄的地区应配置机动性强的小型消防车，大型化工储罐区应配备大流量泡沫车，高层、超高层建筑密集区应配备登高举高车，大型城市综合体应配备破拆设备等。在弄清基本情况的前提下，提出初步配置意见，并初步征得相关方同意后编制消防装备规划建设意见，供领导研究决策。

2.3 指导消防装备正确应用，发挥技术指导作用

近年来，每个消防站都配置了许多新装备，有的是价格昂贵的高科技进口装备，有的是使用频率较低的装备，而装备使用人员流动性快，工作年限短、成分新，他们对原有的消防装备使用不够熟练，对新配置的消防装备更是一筹莫展，操作经验缺乏，不能正确应用，基层单位更缺乏消防装备技师应用指导，有的消防装备不能发挥正常使用功能，影响了灭火救援工作。消防装备管理干部如何面对现状，找原因，想对策，采用多种方式，通过线上线下指导，推动灭火救援人员对消防装备使用与管理知识的熟悉掌握。

2.3.1 开展培训教育

结合本地现有消防装备状况，有计划、有针对性地讲解装备性能、使用要求、注意事项，特别是针对使用消防装备中经常出现的问题，以及一些重点、难点、关键点，通过网络教育、教师面授和视频播放以及实战场景演示，使大家掌握消防装备的工作原理和操作要领。上海某消防支队利用消防装备售后服务时机，与厂商签订协议，建立技术培训制度，定期为消防员传授装备使用和维护管理知识，帮助解决了疑难问题。

2.3.2 开展知识竞赛

结合岗位练兵活动，开展全员消防装备应知应会知识竞赛，经过口试、笔试，层层选拔，进入初赛和决赛，通过广泛发动、上下联动，使大家熟记消防装备使用方法和维护管理要求。

2.3.3 开展督查指导

结合日常工作，定期或不定期深入到消防站检查指导装备的使用情况，采用现场提问和实地检查相结合的方法，检查消防装备使用情况，发现问题立即纠正，对于使用管理良好的给予表扬，对有普遍性和严重性问题的给予通报批评。

2.3.4 开展战评总结

在灭火战斗和抢险救援现场，指定专职人员全程摄像，战斗结束后，结合战评总结，让每个参加人员分析消防装备的使用状况，找出使用消防装备中的存在问题。然后，集中讲评，就如何正确使用消防装备提问或点评，并提出改进意见和对策措施。

2.4 推行信息化消防装备管理，发挥智慧消防作用

为了保证消防执勤装备配备齐全、完好使用，必须要建立消防装备使用管理和出入库以及维护保养制度，制订操作规程，落实管理责任，使用人员应熟悉装备的用途、技术性能及注意事项，并接受相应培训。发现装备短缺、损坏或影响安全使用的，应及时配置、修理或更换，在依靠人员管理的基础上，要引入信息化技术，建立智能化消防装备信息管理平台，用常规消防装备管理与现代信息技术相结合的方式，全面提升消

防装备管理效率和质量。上海某消防支队应用消防装备信息化管理系统以来，全面改变了装备使用和维护保养粗放管理模式，基本实现了信息动态化，实时精准化，收到了很好效果。

2.4.1 消防装备信息自动记录

利用物联网技术，将人与装备、装备与装备联网，执勤人员佩带无源腕带，消防装备上粘贴RFID电子标签，在消防车器材箱或器材固定位置以及仓库货架上安装微型接触开关。消防车卫星导航通过这些信息采集方式和消防软件平台，全自动记录人员和装备的位置状态，人员和装备的变化移动，无线收发装置实时向平台推送信息，自动反映装备使用管理情况，并能自动形成统计资料，相关人员能远程实时掌握消防站消防装备状况，极大地方便了领导机关的管理与决策，能促进消防装备规范化管理，提高消防装备应用管理水平。

2.4.2 消防装备二维码识别检查

根据各种不同消防装备的性能、工作原理、使用方法、操作要求、注意事项，制作不同用途、技术要求、使用方法、检查标准、检查和维护日期的消防装备二维码，并粘贴在对应消防装备上，使消防装备信息共享永存，判别标准一致，使用手机等终端设备软件扫描，按格式要求查询或检查维护，信息数据自动记录和显示。

2.4.3 开辟消防装备远程诊断

针对消防装备在训练或救援现场遇到的难题，现场一时不能解决的情况下，可通过现代通信技术，视频连线消防总队或消防装备生产厂家，请工程技术人员立刻解答使用中出现的疑难问题，及时排除故障，赢得训练或救援宝贵时间。

2.5 做好消防装备前期采购准备，发挥基础工作作用

规划建设和编制拟定的消防装备，在采购前期应当做好大量的调查研究，对已经使用新装备的单位做好信息调查，全面了解装备性能和价格，对供应厂商做好技术咨询、观摩考察，分析比较，综合考虑价格、质量和售后服务，在掌握第一手资料的基础上，经过筛选，优胜劣汰，优中选优，选择实力雄厚、质量有保证、价格公道的企业的产品；然后，提出初步意见供单位领导审批，并向采购中心报送采购方案，按流程集中采购。

2.5.1 资金准备

采购装备首先是资金准备，在拟定配置消防装备时，需要估算配置装备总经费；然后，告知本级财务部门，并向领导汇报，以支队名义向财政部门申报消防专项经费预算，待经费落实后，按流程做好前期采购准备。

2.5.2 资料准备

在前期调查研究的基础上，对拟购置的消防装备、供应厂商和已经使用新装备的单位进行资料收集整理汇总，做好资料准备；然后，提交给领导和采购中心，配合草拟招标文件和采购合同，对拟定购置的消防装备规格要求、技术标准、售后服务等详细约定，严把装备入口关。

2.5.3 专家评审

做好推荐专家人选，协助政府采购中心完善专家数据库，选择行业内从事消防装备管理、精通消防装备技术、富有灭火救援经验的同志增添到消防装备采购专家库，为选购消防装备向领导提供决策依据。

3 结束语

消防救援机构的装备配置合理、使用正确、维护管理方法得当、在救援现场能正常发挥作用，这是每个使用者需要认真完成的任务，也是各级领导的期待，更是每个装备管理干部所追求的目标。一个优秀的消防装备干部，应该具有高尚的思想情操、开拓的进取精神、丰富的理论知识、过硬的业务本领、扎实的工作作风、善于沟通的交往能力、能为领导献计献策的参谋作用。

3.1 发挥主观能动性是做好消防装备建设管理的基础

消防装备干部立足本职工作，认真学习、丰富知识、积累经验，着眼全局，做好消防装备规划建设和管理维护的调查研究，掌握第一手资料，为领导提供决策依据，有预见性地开展工作。

3.2 提高干部综合素质是做好消防装备建设管理的根本

消防装备干部要紧紧依靠领导和同志们，严于律己，克己奉公，积极有为，努力提高自己的

综合素质，以扎实的知识、过硬的本领、良好的方法，统筹和检查指导消防装备的建设管理使用。

3.3 坚持按规程办事按流程审批是做好消防装备建设管理的保障

按照国家消防站消防装备标准配置标准和上级领导要求编制采购配置计划，草拟招标采购文件，按照规定章程与供应厂商咨询、洽谈，不违规超权，按照审批流程办理，实施政府集中采购。

3.4 精细化管理是做好事消防装备建设管理的关键

管好用好消防装备是消防救援机构各个部门的共同责任，提升消防装备的使用效率是当前迫切解决的问题，在教育培训的基础上，在依靠人员管理的同时，引入智能化消防装备信息系统，对消防装备实施动态化、精细化管理是关键所在。

参考文献

[1] 祁祖兴. 郁云兴. 浅谈扑救易燃易爆储罐重特大火灾之准备 [J]. 消防科学与技术，2004，2：199-200.

[2] 祁祖兴. 郁云兴. 谈如何有效组织火场供水 [J]. 消防科学与技术，2005，2：229-231.

[3] 胡君健. 大数据在消防设施管理中的应用研究 [J]. 消防科学与技术，2018，2：267-269.

[4] 祁祖兴. 信息化在消防执勤战斗中的应用探讨 [J]. 消防科学与技术，2019，9：1299-11301.

[5] 祁丽萍. 消防装备信息化应用探讨 [J]. 消防科学与技术，2020（增刊）.

一起建筑消防给水系统的安全检查思考

胡君健

上海市青浦区消防救援支队　上海　201700

摘　要： 结合对某企业消防检查，针对自动喷水灭火系统和室内外消火栓系统设计安装缺陷，指出了室内外消防给水系统管网连接不合理、消防设施安全运行不可靠等问题，提出了改进和完善消防给水管网的连接方式，并利用现代信息技术，实施消防设施远程监控，多方配合，齐抓共管等意见和建议，旨在为消防设施安全运行提供保障条件，得出了消防从业者应学无止境，只有具有扎实的专业知识、丰富的实践经验和良好的敬业精神，才能为社会提供优质消防技术服务的结论。

关键词： 消防　给水系统　建设工程　消防检查

1　序言

消防给水系统是消防设计的重要组成部分，是建筑消防安全的关键，其功能和作用十分重要。消防给水系统主要包括自动喷水灭火系统和室内外消火栓系统，以及其他自动灭火系统。一个安全可靠的消防给水系统，承载着建筑内人员和财产安全，遇有火情就能有效控制，及时扑灭，最大限度减少损失，保护人身和财产安全。因此，建筑消防给水系统设计必须要合理，安装必须要正确，管理必须要规范，运行必须要良好，只有这样，才能有效发挥作用。作为一个消防从业者，应该学无止境，掌握国家有关消防规定和更多的消防专业知识，尽力为单位提供优质服务，在规划设计、施工安装、竣工验收、消防检查环节中，善于发现不合理之处，正确判断其是否合法性、合理性和有效性，积极向建设单位和使用单位提出合理化建议，帮助、促进和完善自动喷水灭火系统和室内外消火栓系统，以防不测之时发挥正常的灭火功能。笔者结合消防检查，发现某单位的室内外消防给水系统一些缺陷，并提出改进意见，供商榷。

2　工程概况

某企业占地40多万平方米，建筑面积将近80多万平方米，根据消防设计文件，该企业同

一时间内火灾次数按两次设计。为此，该建设工程为分A区和B区两大区域，同一地点设有两个消防水池，总有效容积2000 m³，A区和B区合用同一消防泵房，设置两组喷淋水泵、室内消火栓水泵、室外消火栓水泵，每组消防水泵分别是一用一备。

室内消防给水系统方面，A区和B区主要有自动喷水灭火系统和消火栓系统，两大区域共用一个消防水泵房，共用一套容积72 m³屋顶消防高位水箱。

室外消火栓给水系统方面，由于该企业整个地块地势较高，又处于城市边缘，市政给水管网不能满足室外消火栓最低水压要求，该建设工程的室内外消防用水均储存在地下消防水池之中，由市政一根DN200给水管网作为消防水池补水，室外形成DN300环状管网。消防水泵房的室外消火栓泵加压后，直接供给两个不同区域的室外消火栓给水管网。

3　问题引出

室内消防给水问题，该建设工程有多幢单体建筑，并分别安装自动喷水灭火系统和室内消火栓系统，因为按两次火灾设计，并形成两个独立消防给水区域，共用一个屋顶消防高位水箱，其水箱的喷淋出水管和消火栓出水管仅连接A区域建筑内的喷淋管网和消火栓管网，未连接B

作者简介：胡君健，男，江苏苏州人，上海市消防总青浦区消防救援支队副支队长、高级消防工程师，主要从事消防监督和火灾调查，E-mail：szqzx@ 163.com。

区消防给水管网。这样，势必会导致 B 区的建筑内自动灭火喷水系统和消火栓系统没有消防高位水箱的利用保护，当 B 区建筑高位处管网内水压不满足要求，万一发生火情，喷淋和室内消火栓因水压不足，不能有效扑灭火灾。同时，初期火灾消防用水量得不到保证，B 区喷淋水泵和消火栓泵就不能自动起动，也不能发挥自动喷水灭火和冷却分隔作用。如图 1 所示。

室外消防给水问题，A 区和 B 区是相对独立的消防给水系统，虽然具备两组消火栓泵，分别供给 A 区和 B 区室外消火栓管网加压供水，并由消防水池供消防车的专用取水口，由于 A 区和 B 区地域较大，供消防车吸水的室外消防水池的取水口，向建筑物供应室外消防给水保护半径大于 150 m，不符合《消防给水及消火栓系统技术规范》6.1.5 规定，严格意义讲，也不符合两路消防供水要求。而且，A 区和 B 区的室外消火栓管网没有稳压系统，仅靠管网的压力起动装置起动消防泵，万一管道渗漏或压力起泵装置故障，就会致使消防泵频繁起动或消防给水管网会出现无水状态，安全可靠性差。

4　改进意见

消防设施关系到建筑安全、人身安全和财产安全的大事，在设计、安装时应坚持安全性、稳定性、可靠性的原则，综合考虑各种因素，合理连接室内外消防给水管网，正确安装消防设施设备，运用信息技术和现代管理手段，保障消防设施正常运行。

4.1　改进室内消防给水稳压系统

保证喷淋和室内外消火栓最不利处水压要求，以及初期火灾消防高位水箱用水量，是建筑消防设施安全运行和有效发挥作用的最基本条件。为此，A 区和 B 区应该分别设置消防高位水箱，或将原有消防高位水箱的喷淋和消火栓出水管，应该分别接通至 A 区和 B 区的自动喷水灭火系统和室内消火栓系统，使两个相对独立的建筑消防给水系统都能保持全覆盖稳压。特别是消防高位水箱的喷淋出水管必须要接在 A 区和 B 区湿式报警前的环状总管上，保持系统自然稳压，火灾时，保证促使压力开关直接起动喷淋水泵，使之符合消防出水管连接规定和消防给水系统稳压要求，满足自动喷水灭火和室内消火栓初期火灾扑救需要。

4.2　改变室外消防给水方式

消防水源充足可用，是扑救火灾的重要条件。为了增加消防给水系统安全可靠性，应将 A 区和 B 区的室外给水系统相互连通，一组室外

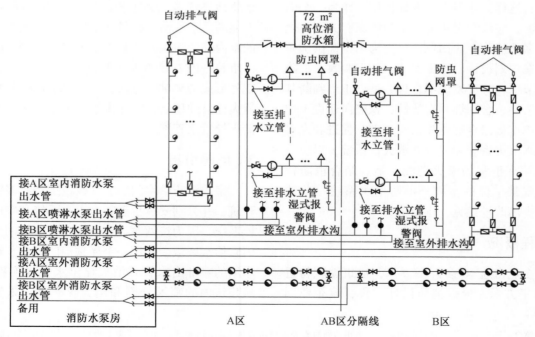

图 1　室内外消防给水管缺陷示意图

消火栓主备泵作为一路消防供水，另一组室外消火栓主备泵作为第二路消防供水，并在泵房间增设室外消火栓系统稳压设备，减少消防水泵频繁起动，或者在消防高位水箱上增加一根不小于 $DN100$ 出水管，给室外消火栓系统管网稳压，以保障室外消防给水管网始终有压力水。如图 2 所示。

同时，充分利用天然水源和景观水池，或将天然水源通过地下管道引入厂区，利用若干消防取水井（口）供消防车取水，以保证消防车供水距离和灭火最大用水量。

4.3　利用远程监控消防设施

该单位的两路消防供水，缺少市政自来水和 150 m 保护半径的消防水源，室外消防给水的安全可靠性欠佳，室内消防给水系统和相关控制设备完全依靠人为管控，可变因素多，随机性大，应当采取积极的防范措施，利用物联网技术，对消防设施设备进行远程监控，在相应的消防设施上加装相对应的传感器、继电器等感知设备，采集各类消防泵控制柜末端的两路电源和手动、自动、停止位置运行状态信息，消防给水系统的室内消火栓、室外消火栓、喷淋给水管网压力，以及消防水池、高位消防水箱的水位数据，使一个

个孤立的消防设备通过采集设备连接起来，并实时动态检测，形成一串串数字符号，通过网络汇总到消防安全监控管理平台。如图 3 所示。

当消防泵电气控制柜处于非两路电源或非自动状态，喷淋给水管网和室内外消火栓给水管网以及消防水池、高位消防水箱的水位低于设定值时，消防安全监控管理系统平台就会报警，并向消防管理人员、设备工程师以及消防技术服务人员推送警告信息，使问题能早发现、早解决，用智慧消防的管理方法，增强消防设施的安全可靠性，提高消防管理水平。

4.4　建立消防联动机制

消防设施维护管理仅靠单位消防管理人员是不够的，必须委托有资质的消防技术服务机构进行维护保养，必须依靠单位机电部门的水、电工程技术人员的相互协调、相互配合，齐抓共管，形成合力。消防技术服务人员要根据规定要求和合同约定，定期上门巡查，检查测试，发现问题及时整改；单位水电技术人员要对消防供水、消防供电等设备维护保养，保持设施设备完好无损；消防管理人员要经常深入现场，对消防技术服务人员和水电工程技术人员的履职尽责进行督查，及时发现问题，提出指导性意见和改进方

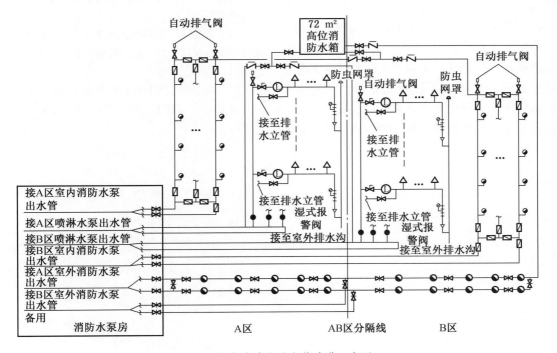

图 2　室内外消防给水管改进示意图

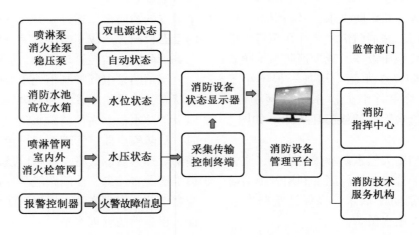

图 3   消防设施远程监控示意图

案，并跟踪督办。只有各方配合，各司其职抓好消防设施的管理，才能保证其安全运行。

5   结束语

消防专业检查是构建人身安全、财产安全的一道屏障，消防检查人员不但要善于发现隐患，更要善于提出整改问题的意见，充分利用自己掌握的消防专业知识，找出建筑设计、施工安装和竣工验收过程中未发现或深层次的缺陷，并向建设单位或使用单位提出合理化建议。这是每个消防从业者职责所在和应尽义务，也反映着消防检查人员的工作态度和业务能力，这对于提升自身价值，提高单位信誉，创造良好的营商投资环境有着十分重要的意义。

自动喷水灭火系统，室内外消火栓给水系统的设计安装合理正确，不仅是满足消防规范要求，更是建筑消防设施安全可靠性的关键。

纠正偏差，完善管理，利用物联网技术，消防远程监控，智慧消防管理，单位消防管理人员、水电技术人员和消防技术服务机构密切配合、齐抓共管，是建筑消防设施安全运行的根本保证。

参考文献

［1］祁祖兴．消防给水设施建设及理论探讨［J］．消防科学与技术，2009，28(5)：336-338.

［2］祁祖兴．消防验收中有关消防设施若干问题的探讨［J］．消防科学与技术，2010，29(5)：447-449.

［3］陆春蕾，祁祖兴．高层建筑群共用高位消防水箱问题探讨［J］．消防科学与技术，2014，33(12)：1405-1407.

［4］祁祖兴，陆春民，陈才炜．消防远程监控系统建设与应用探讨［J］．消防科学与技术，2015，34(8)：1115-1117.

［5］胡君健．大数据在消防设施管理中的应用研究［J］．消防科学与技术，2018(2)：267-269.

精细化工火灾防控及应急处置

余 程 平

重庆市大渡口区消防救援支队　重庆　400084

摘　要： 近年来，精细化工行业安全问题日益突出，灾害事故多发频发。由于精细化工是综合性较强的技术密集型工业，其物料危害性大、生产流程复杂，且涉及多种危险化工工艺，加之精细化工事故的突发性强、灾情复杂、救援艰难，极易造成重大人员伤亡和环境污染，社会影响巨大，给火灾防控和灭火救援工作带来全新的挑战。本文结合消防救援局首批战训干部跨省实战锻炼工作实际，从精细化工的行业概况、火灾防控以及应急处置等方面进行深入探讨。

关键词： 消防　精细化工　火灾防控　应急处置

1　精细化工行业概况

精细化工是当今化学工业中最具活力的新兴领域之一，也是新材料的重要组成部分，在促进工农业发展、提高人民生活水平方面起着重要作用。精细化工率（精细化工产值占化工总产值的比例）的高低已成为衡量一个国家或地区化学工业发达程度和化工科技水平的重要标志。精细化工是生产精细化学品工业的通称，具有投资效益高、利润率高、产品附加值高、大量应用高新技术等特点。其应用涉及多领域、多学科的理论知识和专业技能，包括多步合成、分离技术、分析测试、性能筛选、复配技术、剂型研制、商品化加工、应用开发和技术服务等。

1.1　发展现状

据不完全统计，全国已有精细化工企业约8000多家，精细化工产品达3万多种，精细化工率达到40%；涵盖40多个门类，180多个行业，800多条产业链，且单个门类或品种（如农药、涂料、染料等）在世界上还可圈可点。但与发达国家相比，我国精细化工行业在量与质方面还有不小的差距，整体相对落后。如产品的种类较少、总量不足、质量不稳定，专业化、功能化、高性能的产品欠缺等，难以满足市场高端领域的需求，同时也制约着下游行业尤其是战略性新兴产业的发展。随着高新技术（如纳米技术、生物工程技术、可再生资源利用技术等）与精细化工的不断融合，精细化工为高新技术服务，高新技术又改进精细化工，使精细化工产品更加复合化、商品化和功能化，从而进一步拓宽应用领域。大力发展精细化工已成为世界各国调整化学工业结构、提升化学工业产业能级和扩大经济效益的战略重点。

1.2　产业链结构

精细化工产业链涉及国民经济的诸多行业和高新技术产业的各个领域。其上游为基础化工行业，主要利用能源类（石油、煤、天然气）、矿石类（磷、钾、氟、硅酸盐）等生产基本化工原料；其下游则包括农业、纺织业、建筑业、造纸工业、食品工业、日用化学品生产、电子设备等诸多行业。精细化工产品一部分为专用化学品，如饲料和食品添加剂、水处置化学品、表面活性剂、电子化学品等；另一部分为精细化工中间体，如医药中间体、农药中间体、染料中间体等，也是诸多行业的基本原材料。精细化工是基础化学工业的深加工产业，要求其技术密集程高、研发投入多，更要求人才、技术、服务以及配套下游产品市场；因此，精细化工行业必须根据市场的变化和需求及时更新产品，做到多品种生产和产品质量稳定，跟进开发应用和技术服务，才能体现出投资效率高、利润率高和附加价值率高等经济特性。

作者简介： 余程平，男，本科，现任重庆市大渡口区消防救援支队作战训练科工程师，从事消防灭火救援工作20年，E-mail：1009035011@qq.com。

1.3 基本工艺流程

精细化工的基本工艺流程是指从基础化工原料（初级或次级化学品）到精细化工产品的加工方法和过程，它由化学合成（或从天然物质中分离、提取）、剂型加工和商品化三部分组成。其中，化学合成过程多是从基本化工原料出发制成中间体，再制成各种精细化学品；而剂型加工和商品化过程对于各种产品来说则是配方和制成商品的工艺，它们的生产技术均属于大体类似的单元操作。精细化工基本原料主要是各种有机化合物，如三烯（乙烯、丙烯、丁二烯）、三苯（苯、甲苯、二甲苯）和乙炔等；基本合成材料为合成纤维、合成塑料、合成橡胶。精细化工原料预处理主要包括预热（冷）、汽化、干燥、粉碎、提纯精制、混合、配制、压缩等；常用的化工工艺有硝化、磺化、氧化、还原、水解、酯化、缩合、烷化、铣化等，为实现上述反应，还需使用相关的无机化工原料（如硫酸、氯气、纯碱等）以及各种类型的催化剂。同时，为了达到产品商品化，还需采用分离技术（如精馏、萃取、结晶、过滤等）提纯产品。

1.4 生产特点

精细化工是综合性较强的技术密集型工业。一是高新技术密集。在化学合成过程中要筛选不同的化学结构，在剂型生产中要充分发挥精细化学品自身功能与其他物料相配合的协同作用，在商品化上又是一个复配的过程，才能更好地发挥产品的优良性能。二是广泛采用综合生产流程和多功能生产装置。由于精细化学品品种多、批量小，且需经过多工序、长流程的深度加工才能制得，因而广泛采用多品种综合生产流程以及用途广、功能多的间歇式生产装置。三是大量采用复配技术。精细化学品在生产中广泛使用复配技术，获取各种具有特定功能的商品，以满足各种专门用途的需要；许多精细化学品在采用复配技术后，既能满足特殊的使用性能，又能扩大使用范围。四是商品性强。由于精细化工行业技术保密性和专利垄断性强，加之精细化工产品的种类多、商品性强以及用户选择性高，致使市场竞争十分激烈；因此，精细化工企业在技术开发的同时，还必须积极研发新产品和开展技术服务，以便增强竞争机制，开拓市场。

2 精细化工火灾防控

精细化工的生产过程不同于传统化工行业，其原料种类繁杂、单元反应多、工艺过程控制严格，技术密集程度高、专业性强，大量采用复配技术，产品根据市场需求灵活多变，给火灾防控带来新的风险和挑战。

2.1 火灾危险性分析

2.1.1 物料及其工艺危险性大

一是特殊高危物料多。精细化工虽然产能不大，但其生产原料、中间体以及产品的种类繁多、成分复杂，且危险特性各异；除具有石油化工易燃易爆特点外，在生产和储存中还涉及剧毒、高腐、忌水等特殊物质，存在着火灾、爆炸、中毒、腐蚀等风险。二是危险生产工艺多。精细化工涉及硝化、醚化、酰化、卤化、磺化、氟化、氧化、还原、加氢、缩合、环合、氨解等危险工艺，尤其是氯化、硝化、氧化、加氢等生产工艺安全风险特别高，一旦失控，极易造成火灾、爆炸和人员伤亡。

2.1.2 企业生产工艺差异性大

精细化工企业之间的产业类别和路线选择各具特色、各不相同，特别是各企业在生产工艺、反应机理、装置类型、物料种类、储存方式等方面彼此之间有很大差异，因此在处置不同行业类别、不同生产工艺的灾害事故时需区别对待。同时，精细化工生产过程复杂、反应类型多、操作控制难度大，涉及多种危险工艺及易燃易爆、高温高压、深冷低温、高腐高毒、忌水忌氧等生产特点，且多采用批量式、间歇性釜式反应，对反应的温度和压力、溶剂的滴加量、搅拌的频次等控制要求极为精准，稍有不慎就会引发各类灾害事故。

2.1.3 生产过程安全风险性高

一是存有"四多"现象。即进入反应釜的物料种类多（如反应物、产物、溶液、萃取剂等），相态多（气相、液相、固态、粉尘均有），生产设备开口加料次数多，生产期间设备开口取样次数多。二是存在"一釜多用"现象。一釜多用是指一个设备要完成多个反应单元的操作，若不严格执行设备的使用规范、操作步骤以及时间要求，极易导致事故发生。三是存在"边研发边生产"现象。精细化工产品升级换代快，企业为抢占市场，存在着边研发、边生产的现象，若在新工艺、新技术不成熟或未能完全掌握的情况下急于投入生产，极易引发灾害事故。

2.1.4 企业自身管理漏洞较多

一是少数企业以工艺技术保密为由，对员工的专业技能培训较少，导致操作人员不专业、作业方法不安全、参数控制不平稳，加之精细化工在生产时副反应较多，若操作控制不当极易引发事故。二是虽然企业按照重点监管的危险工艺安全控制要求设置了联锁装置，但操作人员往往忽视其重要性，不愿使用或不会使用，甚至随意改动加工路线或报警联锁值，导致自控系统和应急设施形同虚设。三是因使用物料的理化性质和操作温度压力的剧烈变化等原因，易造成生产设施设备腐蚀严重，若企业的管理和养护环节不到位，极易引发各类事故。

2.2 存在的薄弱环节

2.2.1 从行业规范来看

《精细化工企业工程设计防火标准》（GB 51283—2020）于 2020 年 10 月 1 日才正式实施，在此之前，精细化工行业普遍套用建筑、石油化工等规范设计，与自身的生产特点、工艺风险和火灾危险性极不对称，没有形成完整的火灾防控标准体系。同时，现已建成和在建企业在设计、施工和安装过程中往往只节选部分适用条款，导致执行标准不一致，整体防控水平不高，特别是在企业平面布局、防火间距、防爆等级、消防设施等方面留下了先天性缺陷，极易引发各类事故。

2.2.2 从结构布局来看

一是园区整体规划不合理。为追求经济利益，部分化工园区盲目上马精细化工项目，缺少整体性、长远性的科学规划；准入门槛低、产业链杂、关联度不高，未进行分区分类设置；有机化工与无机化工、石油化工与精细化工混合布局、多条产业链并进，导致安全风险成倍增加。二是企业结构布局混乱。精细化工企业大多根据市场需求实时调整产业链，为节约成本会利用厂区现有空位建设新的生产装置和设备，造成厂区结构布局混乱、功能分区不合理，不利于生产、不便于管理；加之企业内部产业链交叉设计，原

料、中间品、成品互为供给，致使各种风险并存、相互叠加，极易造成连锁反应。

2.2.3 从工艺设计和控制手段来看

一是工艺设计存在缺陷。目前，规模型以上企业均设有连续反应 DCS 集中控制，但多为半链锁、局部链锁或关键部位链锁；多数企业对重点单元或关键装置设有控制室，但大多都与生产厂房毗邻，且未进行防爆隔离处理；由于精细化工企业一般不设有火炬紧急排放系统，普遍采用爆破片或采取手动反应器超压放散管直接大气排放，容易导致装置设备超压。二是自动化控制程度不高。如少数釜式间歇性反应未设置任何链锁装置，且关键工艺还需采取人工现场操作，既增加了发生事故的风险和概率，又无法实现对反应的温度、压力以及流量等进行实时监测，更不能在事故状态下远程实施紧急断料、紧急泄压、紧急注氮等工艺措施。

2.2.4 从安全风险管控来看

一是安全管理水平整体不高。精细化工企业通常仅对重大危险源进行安全防控，危险辨识也只停留在物料本身的危害层面，未对整个生产和储存过程进行风险识别和动态评估；加之企业管理层和操作人员对其设计理念、工艺技术、操作运行等方面盲目自信，往往缺乏在事故状况下的应急处置能力。二是企业消防能力亟待加强。由于精细化工企业的消防设计一般参照石油化工要求，与精细化工危险特性不相适应，如泡沫灭火、喷淋冷却、氮封系统等的设计、选型、安装及使用等环节，导致部分消防设施不能发挥灭火效能；加之一些涉及物料种类较多且数量较少的企业，通常采取多个小型储罐密集储存，不设固定（半固定）泡沫灭火系统，导致事故风险增加。

3 精细化工应急处置

精细化工事故现场灾情复杂、各类危险并存，具有突发性强、危害性大、破坏力强等特点，往往出现事故物料众多、处置方法及措施各异、易发生二次事故等险情，极易造成重大人员伤亡和环境破坏。因此，在精细化工事故处置过程中，应考虑到灾害现场的每一个环节、每一道工序、每一步操作，充分体现"全过程、全要

素"的原则，才能及时有效地控制和处置各类灾情。

3.1 事故类别

3.1.1 生产装置事故

在精细化工事故中，生产装置事故占绝大多数，如因违反操作规程导致反应釜超温超压，或因重要控制系统突然失灵，或因动力设备振动造成管线破裂等，从而引发泄漏、火灾或爆炸事故；其中，反应釜是精细化工企业在生产中最通用的设备，也是最容易发生事故的部位。如2012年河北克尔化工有限公司一处反应釜发生泄漏，自燃引发爆炸，并导致反应釜附近的硝酸胍发生二次爆炸，事故共造成25人死亡、4人失踪、46人受伤。

3.1.2 研发试产事故

精细化工企业为了满足市场需求不断开发新技术新产品，在研发和试生产过程中，若因安全防范措施不到位或在试生产过程严重失控，极易引发各类事故。如2015年山东滨源化学有限公司在新建改性型胶粘新材料项目中，在不具备投料试车条件下强行组织试生产，因违规向地面排放硝化物，导致二胺车间混二硝基苯装置起火并引发爆炸，共造成13人死亡、25人受伤。

3.1.3 物料储存事故

精细化工行业所使用的原料、催化剂或助剂、半成品和产品等虽然数量都不大，但物料种类繁多且危险性大；加之企业多采取小型储罐密集储存，若生产企业不按规定超量储存或禁配物质混存混放，极易引发事故。如2015年天津滨海新区危险化学品仓库爆炸事故，共造成165人遇难、8人失踪、798人受伤。事故直接原因是集装箱内的硝化棉由于湿润剂散失积热自燃，引起相邻的硝酸铵等危险化学品发生连环爆炸。

3.1.4 废弃处理事故

精细化工生产企业的"三废"（废气、废水、废渣）十分危险，倘若在生产过程中管理和处置不当，极易引发各类灾害事故。如2017年江苏连云港聚鑫生物科技有限公司发生重大爆炸事故，造成10人死亡、1人受伤。事故直接原因为：该企业尾气处理系统的氮氧化物（夹带硫酸）串入保温釜，与釜内物料发生化学反应并释放出氮氧化物气体（黄烟），在紧急卸压

放空时，与釜外空气形成爆炸性混合物，遇火源发生爆炸。

3.1.5 检修动火事故

精细化工企业在生产线开停车和设施设备检修过程中，如果不能严格执行动火管理制度，不采取必要的清洗、置换、监控等措施，极易引发各类灾害事故。如2000年山东省青州市潍坊弘润石油化工助剂总厂油罐爆炸起火，共造成10人死亡。事故直接原因是：动火作业时以关闭阀门代替插入盲板，动火点未与生产系统有效隔绝，罐内爆炸性混合气体漏入正在焊接的管道内，电焊明火引起管内气体爆炸，进而引发油罐内混合气体爆炸。

3.2 处置程序

3.2.1 初期管控

第一到场力量应在上风或侧上风方向安全区域集结，尽可能在远离且有掩体、并可观察危险源的位置停靠车辆；派出侦检小组开展外部侦察，初步确定并划定警戒区域和人员疏散距离；设置安全员控制主要出入口，搭建简易洗消点，对疏散人员和救援人员进行紧急洗消；及时上报事故现场具体情况，并根据现场灾情大小以及救援力量，确定是否需要调集其他处置力量进行增援。

3.2.2 侦察警戒

精细化工事故现场往往伴随着高温、浓烟、爆炸、中毒等较大的危害风险，因此，应通过询问知情人或仪器检测，以及查看DCS控制室工艺流程和参数，对危险源和事故类型进行判断，准确辨识风险。同时，根据现场灾情发展态势，对事故现场及周边区域分层实施警戒，现场救援人员要严格做好防火、防爆、防毒、防腐蚀、防冻伤、防同位素辐射等"六防"措施，并安全的前提下积极抢救被困人员，迅速控制灾害，防止事态进一步扩大。

3.2.3 科学处置

精细化工事故现场存有泄漏、火灾、爆炸、腐蚀、中毒等各类险情；因此，应牢固树立"科学、安全、专业、环保"的救援理念，科学制定处置方案，并灵活运用各种技战术措施。一是在事故灾害现场，被困人员往往处于昏迷、中毒的状态，为人员搜救带来困难，在搜救时应特

别注意因事故爆炸、泄漏对周边居民的影响，适时调整搜救和疏散范围。二是当现场情况不明、存在爆炸风险、救援力量不足、处置条件不具备时，严禁擅自行动、冒险蛮干；应积极采取防御措施，在安全距离外依托有利地形或掩体控制灾情，必要时应扩大警戒和疏散范围。三是坚持"工艺控制与专业处置相结合"的原则，在技术专家的指导下，率先采取工艺控制防止系统因超温超压发生二次事故，如关阀断料、物料置换、紧急放空等。同时，应急联动单位应积极协同配合，做好抢救被困人员，对事故部位、邻近设备进行保护，重点实施灭火、堵漏、洗消等工作。

3.2.4 防污洗消

在精细化工事故中，多种危险化学品存于事故现场，有可能对现场处置人员造成二次伤害或存在职业病风险，还有可能对环境造成污染。因此，应将洗消贯穿于精细化工事故灭火救援行动全过程，根据需要正确选择相应的洗消药剂，对人员、车辆、器材装备进行全面洗消。灭火救援行动结束后，应对救援用水、洗消用水、泡沫残液等进行相应处理，尽可能降低和减少对大气、土壤、水体的污染，严防发生环境污染事故。

3.3 注意事项

3.3.1 正确选用灭火药剂

精细化工物料种类繁多，若灭火剂选用不当，不仅起不到处置效果，反而会促使灾情进一步扩大，甚至引起严重的后果。如对遇空气燃烧或遇水爆炸的物质火灾，可采用干粉、干沙、水泥等灭火；对水溶性介质火灾，应选择抗醇性泡沫或干粉灭火；对液化烃储罐泄漏或火灾时，应选择高倍数泡沫进行控制等。特别注意：应禁止用水、泡沫等含水灭火剂扑救遇湿易燃物品，禁用砂土盖压扑灭爆炸品火灾，禁止对无法切断物料来源的气体、液化烃火灾进行强行灭火等。

3.3.2 加强现场灾情监控

在精细化工事故现场，"固、液、气"三相危险介质并存，生产装置、储罐容器、管道阀门等往往会因高温、高压等导致灾情突变，应及时派出内、外安全员实施全方位监控。内部安全员侧重于DCS控制室工艺流程和参数监控，当接近设计控制报警值（低爆或高爆值）时，立即做出紧急避险或撤离决策；外部安全员侧重于建筑结构、烟气及火焰变化，并利用侦检仪器对泄漏点、燃烧部位、邻近设备等进行实时监控，严防二次事故发生。

3.3.3 提前落实战勤保障

由于精细化工事故处置时间一般较长，应提前落实相关的战勤保障工作，如个人防护装备、车辆装备油料和人员饮宿保障等，确保处置现场供给充足。特别是灭火药剂应满足"3个半小时"作战需求，即初战控制半小时用量、发起总攻半小时用量、冷却监护半小时用量。同时，应成立预备（后援）队，用于长时间攻坚轮换，或发生人员遇险等突发事件时作为紧急救援队使用。

参考文献

[1] 向杰，录华. 精细化工概论（第三版）[M]. 北京：化学工业出版社，2016.

[2] 刘红波，郝宏强. 精细化工设备 [M]. 北京：科学出版社，2009.

[3] 孙万付，郭秀云，袁纪武. 危险化学品应急处置手册（第二版）[M]. 北京：中国石化出版社，2018.

[4] 罗永强，杨国宏. 石油化工事故灭火救援技术 [M]. 北京：化学工业出版社，2017.

深化消防执法改革下火灾事故
调查的可诉性研究

郑　攀

重庆市消防救援总队　重庆　400900

摘　要：消防救援队伍长期在现役部队体制优越性的庇护下开展执勤执法工作，消防行政执法行为作为行政诉讼法受案范围没有争议，但火灾事故调查认定行为是否可诉一直众说纷纭、各执一词，实务界大多支持火灾事故调查行为不可诉。但应该清醒地认识到，随着依法治国不断推进、公民维权意识不断提高以及消防救援机构改革转隶归属应急管理部，消防救援机构火灾事故调查行为涉法涉诉案例会持续增多。本文通过对机构改革后消防救援机构最具争议的火灾事故认定行为能否可诉进行探讨研究，并提出相关建议和思考。

关键词：消防救援机构　火灾事故调查行为　可诉性研究

1　引言

2016 年 8 月 12 日 12 时许，重庆市大足区邮亭镇烈火村周某根住宅发生火灾，火灾造成该住宅二层建筑物及生活物品大部分过火烧毁，过火面积约 255 m²，未造成人员伤亡。该起火灾事故认定历经"认定—复核—重新认定—再复核—维持重新认定"，最后因火灾提起民事诉讼，历时两年之久最终尘埃落定。火灾事故当事人通过申请复核、民事诉讼、信访举报等方式不遗余力地维护自己的合法权益，尽可能减少己方在此次火灾事故中的损失是理所当然的。在普通社会群众视角下，作为该起火灾事故的当事人"告"也"告"了，"闹"也"闹"了，"赔"也"赔"了，此事也就圆满解决了。但从穷尽法律手段角度看，该起火灾事故当事人周某根申请了火灾事故复核，提交了"灭火救援不力"的信访举报材料，这充分说明了火灾事故当事人对火灾事故的灭火救援和火灾调查工作产生了质疑，但为什么没有对消防救援机构提起行政诉讼呢？是不能提起诉讼还是不敢提起诉讼值得深思。下文笔者通过分析消防救援机构火灾事故认定行为是否具有可诉性，为消防救援机构发展建言献策。

2　火灾事故认定行为可诉性争议

2.1　火灾事故认定的可诉性学术争论

其实对于能否将火灾事故认定行为纳入行政诉讼案件的审理程序，理论界和实务界长久以来都存在争议，各级人民法院作出的裁定、判决也各不相同。下面通过由同一中级人民法院作出关于两次不同行政裁定分析火灾事故认定审判实务中的争议。

案例：2015 年 2 月 11 日 0 点左右，位于南召县云阳镇建设路南段的万力轮胎店发生火灾，火灾烧毁房屋、轮胎、洗修车工具、电动车、家具等物品，房屋受损严重，过火面积 50 m²，火灾事故调查经过"认定—复核—重新认定—再复核—维持重新认定"后，当事人李某正向河南省南阳市宛城区人民法院起诉。南阳市宛城区人民法院法院认为不符合行政诉讼的受案范围和条件，依法应不予受理，裁定驳回起诉。李某正上诉至河南省南阳市中级人民法院，南阳市中级人民法院作出裁定，认为公安消防机构作出的火灾事故认定属于行政诉讼的受案范围，裁定撤销南阳市宛城区人民法院的一审行政裁定，指定宛城区人民法院继续审理。南阳市宛城区人民法院

作者简介：郑攀，男，在职研究生学历，重庆市消防救援总队双桥经济技术开发区消防救援大队初级专业技术职务，主要从事火灾事故调查工作，E-mail：630058023@qq.com。

审理后判决撤销火灾事故重新认定书、撤销火灾事故复核决定书、责令对该火灾事故重新作出认定；作为被告的消防部门上诉至南阳市中级人民法院，中级人民法院作出裁定认为火灾事故认定不具有可诉性，裁定撤销南阳市宛城区人民法院判决。从上述审判案例中不难发现，火灾事故认定是否可诉一直以来持两种不同的观点。

2.1.1　火灾事故认定的可诉性赞同论

上述案例中南阳市中级人民法院第一次作出的行政裁定和宛城区人民法院继续审理时是支持可诉的。认为火灾事故认定书可以依法提起行政诉讼。主要理由：根据《行政诉讼法》第十二条规定，人民法院对公民、法人和其他组织认为行政机关的具体行政行为侵犯其他人身权、财产权的诉讼应予受理。消防部门作出的火灾事故认定是依法定职权而为的一种行政确认行为，其法律效果直接涉及公民、法人和其他组织的权利、义务，属于《行政诉讼法》规定的受案范围，具有可诉性。

2.1.2　火灾事故认定的可诉性反对论

上述案例中宛城区人民法院第一次作出的行政裁定和南阳市中级人民法院第二次作出的行政裁定支持不可诉的，认为火灾事故认定书不属行政诉讼受案范围，不能提起行政诉讼。主要理由：根据《消防法》规定，火灾事故认定书是作为处理火灾事故的证据，是消防机构对火灾产生原因的客观评价，是一种专业技术鉴定行为，本身并不确定当事人的权利义务，不属于行政诉讼受案范围。

上述案例最大的争议点在于火灾事故认定行为是否是行政行为，是否确定当事人的权利义务。下面笔者就火灾事故认定能否可诉进行分析研究。

2.2　火灾事故认定可诉性分析研究

2.2.1　火灾事故认定的主体和职责

《消防法》《火灾事故调查规定》等规定，消防救援机构有权根据需要封闭火灾现场，负责调查火灾原因，统计火灾损失。消防救援机构根据火灾现场勘验、调查情况和有关的检验、鉴定意见，及时制作火灾事故认定书，作为处理火灾事故的证据。这表明消防救援机构是火灾事故调查的法定机关，但消防救援机构调查火灾的范围

是不包括特定设施、特定区域的火灾事故调查处理。根据《火灾事故调查规定》火灾事故调查的职责任务是调查火灾原因、依法对火灾事故作出处理，总结火灾教训。

2.2.2　火灾事故认定的性质

火灾事故认定能否可诉实际上经历了几个阶段。第一个阶段是火灾事故认定与火灾事故责任并轨阶段。1999 年 3 月 15 日颁布实施的《火灾事故调查规定》（公安部令第 37 号），明确将火灾事故责任分为直接责任、间接责任、直接领导责任、间接领导责任，实际上此时的火灾事故认定行为是既查明火灾原因又查清事故责任，对行政相对人的权利义务有着明显的影响，具备明显的具体行政行为的特征，应当是可诉的行政行为。但公安部在 2000 年就火灾事故责任认定不服是否属于行政诉讼受案范围的批复中明确否定了火灾事故认定行政诉讼的可能。该批复指出火灾事故责任认定根据当事人的行为与火灾事故之间的因果关系，以及其行为在火灾事故中所起的作用而作出的结论，其本身并不确定当事人的权利和义务，不是一种独立的具体行政行为，不属于《行政诉讼法》的受案范围。

第二个阶段是火灾事故认定作为证据不可诉阶段。《中华人民共和国消防法》和《火灾事故调查规定》的修改，从条文内涵中明确火灾事故认定是对火灾事故现场的痕迹、物证进行现场勘验、提取鉴定，对相关火场以及现场录像的调取等一切与火灾事实有关的线索资料进行收集后，运用火灾科学知识和经验进行分析和推理，从而对整个火灾事实作出认定，是一种专业技术鉴定行为。目前实务中一份火灾事故认定书载明了火灾事故的基本情况、起火原因的认定、认定起火原因的证据事实、权利救济的途径等内容，本身只是对火灾事故产生原因的客观评价，虽带有一定的确认性质，但并不确定当事人的权利义务，不是一种独立的行政行为，不属于行政诉讼受案范围。尤其是最高人民法院 2014 年在对关于行政诉讼受案范围咨询的答复中对火灾事故认定能否可诉中未进行明确答复，也仅将学术界和实务界的争论进行说明，在《行政诉讼法》2014 年第一次修改时所列的受案范围中虽未明确将火灾事故认定行为纳入受案范围，也未明确

排除在受案范围内，但在 2016 年杨维坤、任素芳公安行政管理再审裁定中明确指出火灾事故认定不可诉，也导致了在实务中当事人维权难，火灾事故认定处于长达 20 余年神秘的不支持行政诉讼阶段。

第三个阶段即是机构改革后明确火灾事故认定的新时代。虽然 2019 年消防法修正案公布后，仍然将火灾事故认定作为火灾事故处理的证据进行规定，但中共中央办公厅、国务院办公厅在 2019 年 5 月 30 日印发《关于深化消防执法改革的意见》(厅字〔2019〕34 号) 中第十项要求强化火灾事故倒查追责，应急管理部消防救援局印发《关于开展火灾延伸调查强化追责整改的指导意见》中明确有亡人的火灾、直接经济损失较大或是发生在人员密集以及重要、敏感场所，引起群众和社会舆论广泛关注的火灾事故需要"一案三查"（查原因、查教训、查责任），这些规定的出台在制度层面上对火灾事故认定的性质加以明确，说明火灾事故认定行为就是一项对火灾事故当事人权利义务有着明显影响的行政行为。

2.2.3 火灾事故认定对火灾当事人权利义务的影响

尽管目前的消防法仍然将火灾事故认定作为火灾事故处理的证据进行规定，表面上看对当事人没有直接确定当事人的权利义务，但从实际审判实务中却是确定当事人有无行政责任、刑事责任、民事责任的先决条件，对当事人的权利义务产生了实质性的影响，但目前来看，当事人只能通过申请复核方式，向消防救援机构上级的行政监督进行行政救济。但实际上每一起具有社会影响力的火灾事故事后调查中，有许许多多的责任人受到责任追究，作者查阅了 2014 年至今发生的 30 余起重特大火灾事故的调查报告，有 450 余人受到刑事责任追究，900 余人受到党纪、政纪处分，虽然说做出事故调查报告的主体是由政府依法组成的事故调查组，实际在灾害成因这一专业性问题上仍是由消防部门的专家做出的，根据事故调查报告做出党纪、政纪处分、负有刑事责任的重要依据是火灾事故认定结论。实际案例中，对火灾事故认定的诉讼大多以支持火灾事故是证据认定不可诉，可以通过民事诉讼维持合法

权益等方式进行维权，而对于行政机关内部人员因火灾事故认定遭受的行政处分，只能通过申诉等方式进行，而行政机关内部行政行为中的处分等依据除了《公务员法》《监察法》等法律法规外，最重要的证据就是火灾事故认定结论。也就是说火灾事故认定行为对火灾事故发生有利害关系的公民、法人和其他组织在事实上确立了权利义务关系。

笔者认为，从火灾事故认定的法律性质和当事人权利义务受影响情况来看，虽然目前消防法律明确规定火灾事故认定作为火灾事故处理的证据，实际上火灾事故认定对当事人的责任进行了模糊化的划分，如涉及多户起火的火灾事故案例中，将起火部位、起火点判定为具体某户的区域时，实际上已经对火灾当事人的权利义务加以明确，是作为火灾事故当事人向火灾事故肇事方申请维护自身合法的最大依据和筹码，尤其是目前涉及一案三查的事故追责处理，火灾事故的当事人能否避免承担法律责任完完全全依赖于火灾事故认定的结论。例如 2020 年 1 月 1 日轰动全国的重庆加州高层火灾事故案，最终将起火部位定于该栋楼的二层阳台处，火灾原因系 16 岁餐厅员工吸烟不慎引燃棉被未扑灭复燃引燃雨棚蔓延成灾，实际上加州花园火灾事故认定案例明显地确认了餐厅员工为火灾肇事方，负有过失引发火灾的刑事责任，楼上受灾住户有权向其申请民事侵权赔偿的权利。

综上分析，火灾事故认定行为是一种通过对火灾事故现场的痕迹、物证进行现场勘验、提取鉴定，对相关火场以及现场录像的调取等一切与火灾事实有关的线索资料进行收集后，运用火灾科学知识和经验进行分析和推理，从而对整个火灾事实作出专业技术鉴定的行为，对火灾事故当事人有着明显的确权意图，能够作为相关当事人是否承担行政责任、刑事责任、民事责任的依据，是对火灾当事人人身权、财产权等合法权益进行确认的行政行为，是一种符合《行政诉讼法》受案范围的可诉性行政行为。

3 依法依规开展火灾事故认定

3.1 改进火灾事故调查认定机制

火灾事故调查认定是一种专业性、技术性的

调查行为，其认定结论往往影响着当事人权利和义务，作为消防救援机构应当完善火灾事故调查机制，火灾事故认定在当事人诉讼中作为证据被排除或补正的原因是火灾事故认定程序不规范或者火灾原因不明确。一方面是火灾事故调查人员开展火灾事故调查时法律意识淡薄，忽视程序合法性；另一方面是火灾事故调查人员的业务能力欠缺，加之火灾特有的破坏性和不可逆转性现实情况，无法明确认定火灾原因。笔者认为在火灾事故调查中要除了要加强火灾事故调查人员的培养外，还应该改进当前火灾事故调查机制。首先要改进火灾事故认定当事人救济途径，目前火灾事故当事人仅有申请复核的权利，并且复核以一次为限，救济维权难的现状应从法律层面加以明确。其次要改进火灾事故调查认定和复核回避规定。根据《火灾事故调查规定》复核结论按照法定程序要么维持、要么撤销认定或者责令重新认定，重新认定后当事人不服又可以申请复核，实际上在这个过程中由于基层火调人员能力有限的现实情况，上级消防救援机构出于各种原因需要派出专家进行指导重新认定，最终的重新认定又回到上级消防救援机构复核，上级复核机关在实践中不会推翻自己指导帮扶认定的结论，往往复核结论均为维持认定。目前笔者所在的消防救援总队正在推行战区火灾事故调查协作机制，通过战区内协作开展火灾事故调查认定，打破了行政区域内消防救援机构开展火灾事故调查认定单打独斗的局面，改变了火灾事故调查水平参差不齐的现状，严格执行了火灾事故调查回避制度，使火灾事故调查程序和结论更加规范和准确。

3.2 完善法律法规对火灾事故调查认定司法审查制度的规定

法律规定基于社会发展存在滞后性，任何一部法律进行修改正是基于法律的滞后性。虽然目前《消防法》修正案仍然规定火灾事故认定作为火灾事故处理的证据，但在今后的法治社会发展的进程中火灾事故认定行为肯定会被纳入司法审查的阶段，这是作为消防救援机构应当面对的现实。作为行政主体的消防救援机构的职责之一的火灾事故调查认定行为理所应当受到司法监督，这也是《行政诉讼法》中行政权接受司法监督的明文规定要求，前面作者提到应急管理部

消防救援局就开展火灾延伸调查强化追责整改下发了通知，就火灾事故当事人而言，延伸调查认定的结论是追责问责的前提，这是对火灾当事人权利义务产生实质影响的一种行政行为。所以完善法律法规对火灾事故调查认定行为纳入司法审查的范围是亟待解决的工作，司法审查的介入能够从形式和实质方面进行审查火灾事故认定合法性、合理性，这也是充分保障公民、法人和其他组织的合法权益的现实需求，也是维护消防救援机构火灾事故调查认定权威的现实保障。

4 结语

本文通过对消防救援机构中极具争议的火灾事故调查行为能否诉讼问题进行分析，提出自己对火灾事故调查认定行为可诉的粗浅见解。消防队伍作为同老百姓贴得最近、联系最紧的队伍，作为火灾事故调查认定的专业机构，是时候褪去神秘的面纱，将火灾事故调查置于"法治阳光"下，走上法制化轨道。俗话说没有任何规范的权力都会被滥用，"法治化的消防救援"才能让消防救援队伍更快更好发展，这既是消防救援机构发展建设的重要机遇，也是重要挑战，作为消防救援人要牢固树立依法行政的理念，让消防救援机构火灾事故调查工作自觉接受司法监督，才能有效践行"对党忠诚、纪律严明、赴汤蹈火、竭诚为民"的铮铮誓言。

参考文献

[1] 胡建国. 火灾事故调查工作实务指南 [M]. 北京：中国人民公安大学出版社，2013.

[2] 郭铁男. 火灾调查技术 [M]. 天津：天津科技翻译出版社，2007.

[3] 王文杰. 建筑火灾事故民事赔偿法律事务 [M]. 北京：法律出版社，2013.

[4] 葛宏鹏. 火灾事故责任认定及可诉性研究 [D]. 厦门：厦门大学，2007.

[5] 李伟，李福秋. 火灾事故认定的"可诉性" [J]. 沈阳师范大学学报（社科版），2017（1）：82-85.

[6] 刘春玲. 论司法权与行政权力的介入及其深度——以公安机关消防机构火灾事故认定的可诉性分析为视角 [J]. 武警学院报，2013，29（5）：48-51.

[7] 刘纪达，孙洛浦. 火灾行政案件调查与火灾刑事案件侦查比较研究——以主体和依据为例 [J]. 法制

与社会，2018（9）．

［8］陈建国．对火调工作引发消防行政诉讼的反思［J］．山东消防，2001（12）：26.

［9］应急消〔2020〕100号　关于开展火灾延伸调查强化追责整改的指导意见．

［10］公安部121号令　火灾事故调查规定．

［11］国发〔2006〕15号　国务院关于进一步加强消防工作的意见．

［12］中华人民共和国消防法（2019年修正案）．

［13］亚戈与玉树州消防支队消防行政强制及行政赔偿二审行政判决书［EB/OL］．http：//wenshu. court. gov. cn/website/wenshu/181107ANFZ0BXSK4/index. html？docId＝c2296300683b497ba4ea4ea3b115fe68，2015－4－1.

［14］徐新斌与北京市海淀区公安消防支队履行法定职责二审行政判决书［EB/OL］．http：//wenshu. court. gov. cn/website/wenshu/181107ANFZ0BXSK4/index. html？docId＝56f326c953e1498d9f0ca7ec0010b3fe，2017－7－18.

［15］李清正不服南召县公安消防大队事故认定一案一审行政裁定书［EB/OL］．http：//wenshu. court. gov. cn/website/wenshu/181107ANFZ0BXSK4/index. html？docId＝cb55a91b260045e0b5383e6899f93d01，2015－12－8.

［16］李清正与南召县公安消防大队、南阳市公安消防支队公安行政管理-消防管理二审行政裁定书［EB/OL］．http：//wenshu. court. gov. cn/website/wenshu/181107ANFZ0BXSK4/index. html？docId＝b0b7a150286d41b0962855f56a8daebf，2016－3－10.

［17］李清正与南召县公安消防大队、南阳市公安消防支队公安行政管理：消防管理（消防）一审行政判决书［EB/OL］．http：//wenshu. court. gov. cn/website/wenshu/181107ANFZ0BXSK4/index. html？docId＝9f68c776f0b040a196e6a927010031f5，2016－10－31.

［18］南召县公安消防大队、南阳市公安消防支队公安行政管理：消防管理（消防）二审行政裁定书［EB/OL］．http：//wenshu. court. gov. cn/website/wenshu/181107ANFZ0BXSK4/index. html？docId＝6d0dbddd2c7e441ead8ea74001111dfe，2017－2－21.

［19］杨维坤、任素芳公安行政管理：消防管理（消防）再审审查与审判监督行政裁定书［EB/OL］．http：//wenshu. court. gov. cn/website/wenshu/181107ANFZ0BXSK4/index. html？docId＝05da0c82b71748ac93bfa8120104985a，2016－11－28.

论消防项目经理的职业操守

祁 祖 兴

江苏合和机电安装工程有限公司 苏州 215000

摘 要： 针对消防安装公司项目经理的地位、作用和职业特点，提出了消防项目经理职业操守的参考标准、基本要求、实现方式，指出了要努力创造外部条件，提供竞争平台，在压力环境下和良好氛围中锤炼提高项目经理职业操守，阐明了提高职业操守关键要依靠自身高标准、严要求，持之以恒、坚持不懈努力的观点，得出了消防项目职业操守水平高低，决定着自己能力，反映着消防公司实力，体现着个人和单位竞争力的结论。

关键词： 消防 项目经理 职业操守 建设工程

1 序言

消防安装公司项目经理的职业操守主要指消防设施在施工安装活动中应该遵守的行为准则和道德要求，也就是消防项目经理的职业观念、职业态度、职业技能、职业纪律和职业作风等方面的行为标准要求。

职业操守是消防项目经理综合素质的具体表现，消防项目经理的综合素质，决定着公司信誉和利益、个人前途和待遇，关系对建设单位的承诺和责任，提高消防项目经理职业操守，离不开组织培养、领导关心、同志们帮助，更重要的是自我教育、自我改造、自我完善，坚持高标准、严要求，自加压力，敢于争先，在千锤百炼中成长，砥行立名。

2 消防项目经理职业操守基本要求

一个优秀的消防项目经理应该具有良好的政治素质、高尚的思想情操、自强进取的奉献精神和不辞辛劳的工作作风，有一定的领导能力和管理办法，业务精通，讲求质量，重视安全，用户至上，诚信服务。如图1所示。

2.1 增强法律意识，做个守法人

消防项目经理是消防设施安装工程的直接负责人，统筹着建设工程合同范围内的消防设施安装调试工作，肩负着建设工程终身的施工质量责

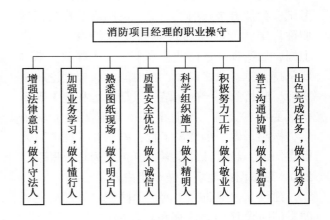

图 1 消防项目经理的职业操守构成

任和法律责任。消防项目经理要具有高度负责的精神，树立正确的价值观、责任感、危机感和使命感，自觉学习《中华人民共和国建筑法》《中华人民共和国消防法》《建设工程质量管理条例》等法律法规，不断提高法律意识，增强法制观念，认知违反法律法规会给予处罚，构成犯罪会依法追究刑事责任的法律后果，做到自觉遵守并严格执行建设工程的有关法律法规，按照国家建设工程的法律法规和消防技术标准，以及经消防设计审查合格的设计图组织施工，坚持原则，分清是非，不受干扰，不投机取巧，不因一己私利擅自改变消防设计，违法施工谋取工程利益，坚决做到合法合规施工安装，在正规的工程建设中强化法制观念，锤炼道德品质，实现自身

作者简介：祁祖兴，男，一级注册消防工程师、消防高级工程师，于江苏合和机电安装工程有限公司从事消防设施管理与消防检查验收，E-mail：823795384@qq.com。

价值。

2.2 加强业务学习，做个懂行人

建设工程消防内容表现方方面面，主要包括火灾危险性和建筑分类、防火防爆、防火间距、防火分区、安全疏散、建筑构造、灭火救援设施、消防设施设置和水电暖通等方面，涉及面广，专业知识多。消防项目经理要履行职责，统筹安排，努力学习，掌握消防法律法规和技术规范，以及建设工程消防设计审查验收等有关管理规定，熟悉物质燃烧理论、建筑防火，各类消防设施工作原理，灭火救援常识，从原理上深刻理解和正确把握消防规范之规定。积极参加国家统一组织的一级注册建造师和一级注册消防工程师考试，参加省级政府统一组织的高级职称或正高职称评定，消防项目经理要争取持有"三证"上岗，切实提高自己业务水平，受人尊敬。学习要坚持自觉、持之以恒，挤时间学，要理论联系实际，坚持问题导向，结合设计图纸和施工现场学，要相互交流，不耻下问，弄懂弄通上求精学，做到每做一个建设工程，熟知和掌握消防关键点知识，经过日月积累，真正成为行家里手。

2.3 熟悉图纸现场，做个明白人

建设工程消防施工前，消防项目经理首先要熟悉消防设计图，认真和建设单位、设计单位、总包单位做好消防计图交底，明确施工边界和技术要求。然后，组织施工班组技术交底，班组长要根据图纸要求，每天向工人施工要求和技术措施交底，使工人明确什么时候、何种作业应当采取哪些措施，坚决纠正只有编制者知道，施工者不知道的现象。消防项目经理对消防设施图要认真阅读，仔细研究，了如指掌，对建筑防火、室内外装修、水电暖通、防排烟、灭火救援设施等相关联的专业设计图也应该有所掌握，及早发现设计违反消防规定和设计不合理或设计缺陷之处，并向建设单位提出变更或优化建议，争取工作主动。要重点把握系统设计原理，掌握设计技术要求和技术参数，选准与设计图相符材料和设备的规格型号，要结合消防验收要点和施工安装中容易忽视的问题，以及其他工程消防验收曾提出过的问题，防止出现重复性问题发生。消防项目经理每天深入现场，掌握现场进度，对现场状况说得清，道得明，根据不同施工阶段，要善于发现建筑防火、室内外装修、消防设施等存在的问题，及早提出整改意见，督促有关单位把问题处理在验收之前。

2.4 质量安全优先，做个诚信人

建设工程的质量安全是生命线，没有质量安全就没有进度和合格工程，没有质量安全就会造成经济损失和社会影响，没有质量安全就会构成违法，严重情形就会受到法律追究。为此，消防项目经理必须树立强烈的质量意识、安全意识，从思想上重视，管理上着手，制度上规定，措施上落实，通过各种途径、多种形式，将质量安全教育深入人心，使全体员工形成共识，入心入脑，变为自觉行动。要正确处理质量安全和工程进度以及省工省料的关系，当产生矛盾的时候，要无条件地服从和服务于质量安全。要按照消防设计要求、施工技术标准和合同约定，使用合格产品，对进入施工现场的消防产品和具有防火性能要求的建筑材料、建筑构配件以及设备的质量进行查验，符合标准要求的方可进场使用。要落实逐级责任制，按图施工，在符合规范条件下深化消防设施安装，使之更趋合理安全。要保证消防施工质量，不准私自更换品牌，以次充好，不准偷工减料，少装漏装影响安全使用功能。要监督安全员切实履行监管职责，落实电焊、切割等明火作业的防火灭火措施，登高作业、水电作业、起重作业、临电使用、高空垂落等安全保障措施，每个施工班组要对质量安全签章确认，并对建设工程消防施工质量安全负责，争创放心工程。

2.5 科学组织施工，做个精明人

消防设施设备多、管线长，安装工艺错综复杂，达到调试联动正常需要做大量细致的工作。消防设施安装大部分与其他施工单位没有多大联系，可以直接安装到位，但也有部分与土建、装修等需要相互衔接配合，等到作业面基本完成后，消防设备才能施工安装，还有少部分材料设备必须依靠总包单位起重机械或施工电梯帮助完成，消防项目经理要根据各个行业的施工进度，轻重缓急，见缝插针，适时安排材料进场，合理使用工人，正确把握时间节点，按时完成每个阶段的工作任务。凡是消防设施安装不影响土建装修和其他单位设备施工的，应当提前完成；凡是与其他单位施工可能有相互影响的，应当预先准备，把影响部分控制在最小范围之内，等待其他单位基本完工时，消防施工单位以最小的代价、最快的速度完成消防设备安装；凡是暂不具备施工安装条件，又不能久等其他单位完成后实施的，只要采取临时措施，花很小代价后就能进行施工的，就要打破常规，先行安装，保证建设单位或总包单位的计划落实；凡是工作任务繁重、时间紧逼，按照正常施工完不成任务的，要及时报告公司领导，请求调配突击队增援，决不能拖拉建设单位或总包单位后腿；凡是设备已经安装完毕，但不具备联动调试的，应当先行点对点调试，发现问题及时解决，为联动调试成功创造条件，赢得时间。

2.6 积极努力工作，做个敬业人

建设工程消防设施安装任务重，时间紧，参与施工人员多，管理人员少，消防项目经理要面对困难，知难而进，一心扑在工作上，尽职尽责，兢兢业业，克己奉公，忠于职守，任劳任怨，乐于奉献，想方设法把领导交给的任务完成好，切实担当项目经理责任。要正确处理个人、家庭与工作的关系，正确处理工作与休息时间的关系，以工作为重，合理支配时间。要当好指挥员，明确每个班组、每小阶段完成的目标任务，调动班组长的主动性和积极性；当好勤务员，为施工安装提前安排好材料设备进场，协助施工队伍做好勤务保障；当好协调员，为各个施工班组调配专用工具使用、做好资料准备；当好巡查员，每天到施工现场检查进度、质量、安全，时刻掌握现场情况。工作时间要多在现场发现问题、解决问题，休息时间要挂念现场、思考处理问题，通过积极努力、勤奋工作，获取应有回报。苏州某消防公司项目经理工作认真，方法得当，承办多个消防工程顺利完成，各项指标成绩出色，年初被提升公司领导。

2.7 善于沟通协调，做了睿智人

消防设施安装需要有多班组、多个工种共同完成，还要与土建、装修、防火分隔、通风、电气等专业相互配合和交叉作业，为了保证施工安装能顺利完成任务，项目经理要用智慧的头脑，宽容谅解的姿态，善于沟通协调的方法去处理问题、化解矛盾，根据建设单位或总包单位的计划安排以及土建装修等专业的进度，制定消防设施安装的详细计划方案，尽可能规避冲突，当发生矛盾的时候，采取灵活方法，及时沟通协调，妥善处理问题，要积极与建设单位或总包单位和监理单位多请示汇报，争取他们的支持，与其他施工单位多帮助、多沟通，争取他们的配合。对内部的施工班组多关心、多指导、多扶持，材料使用、劳动安排视工程进度提前计划，具备施工条件铺开做，不具备施工条件创造条件做，应急任务调配人力物力突击做，提前完成任务让建设和总包方满意。苏州某消防公司某工程师头脑灵活，善于沟通，各项任务出色完成，深受业主欢迎，被建设单位评为优秀项目负责人。

2.8 出色完成任务，做个优秀人

消防设施安装千头万绪，千变万化，项目经理要团结拼搏，负重奋进，自加压力，敢于争先，以良好的精神状态、饱满的热情、昂扬的斗志、务实的作风，争创一流的业绩。要干一行、爱一行、钻一行、精一行，始终保持蓬勃朝气、昂扬锐气，克难制胜、创优争先的劲头，做到业务技术过硬、质量安全进度一流、计划协调安排科学。要学会和学好领导管理工作，制定各项考核指标，奖罚分明，组织劳动竞赛，开展比、学、赶、帮、超等活动，调动劳务班组的主动性、积极性、创造性，兢兢业业，脚踏实地、作风深入，每项工作都有部署、有检查、有落实、有成效，做到质量安全进度按目标实现，材料工时节省，合同外任务增加，收款及时到位，各项任务领先。坚信，只要精神饱满、争先创优、主动作为、作风深入、善于沟通、方法得当、持之以恒，一定能创造佳绩。

3 结语

消防项目的职业操守水平高低，决定着自己能力，反映着消防施工单位实力，体现着个人和单位的竞争力，提高消防项目经理的职业操守水平，既是个人也是单位需要十分重视和迫切需要解决的问题。

1）持之以恒是提高消防项目经理提高职业操守的关键

树立强烈的争先创优意识，高标准、严要求，始终保持高昂的斗志，坚忍不拔的精神，扎实的工作作风，为实现自己的奋斗目标坚持不懈、锲而不舍，在工作中锤炼、在压力环境下提升自我。

2）领导关心重视是提高消防项目经理职业操守的根本

消防项目经理是消防安装公司的主要骨干、宝贵财富，是建设工程的消防核心人物，在公司经营活动中起着举足轻重的作用，领导多关心支持，创造条件，搭建平台，实施经济或责任包干，通过教育培训、考级考证、考核考评、奖惩激励等方式，培养造就更多的优秀人才和建设工匠。

3）良好的工作氛围是提高消防项目经理提高职业操守的基础

消防项目经理要积极参加各类竞赛等活动，充分发挥自己的聪明才智，想方设法做好自己的工作，敢于争先，各项指标创前列，样样工作创一流。

参考文献

［1］祁祖兴. 消防验收中有关消防设施若干问题的探讨［J］. 消防科学与技术，2010(5)：447-449.

［2］祁祖兴. 建设工程消防验收探讨［J］. 建筑，2019(21)：78-79.

［3］杨晓伟，祁祖兴. 建设工程消防设计审查验收再探讨［J］. 建筑，2020(7)：78-79.

［4］邵康，祁祖兴. 消防安装单位在建设工程中的技术服务［J］. 建筑，2020(18)：79-80.

［5］吴靓. 消防项目经理在建设工程的作用［J］. 建筑，2020(20)：73-74.

细水雾消防发展趋势及国际认证概览

董 加 强

南京消防器材股份有限公司　南京　211112

摘　要：结合基加利修正案生效，介绍气体消防产品的挑战和细水雾发展机会；对细水雾消防技术特色、应用现状及趋势做简要分析。合规认证是全球消防统一要求，不同国家和地区有不同的标准规范和认证规则。评估细水雾系统性能的有效方法是通过全面火灾测试来验证细水雾系统配置方案，从而用于保护火灾危险相似场所。陆地认证知名度高的有我国自愿性认证及美国 FM 和德国 VdS；海上认证来自各船级社认可批准。通过认证机构官网查询平台，本文归类整理了细水雾产品中国自愿性认证、美国 UL、美国 FM、德国 VdS、中国船级社的认证信息。通过信息概览，可了解全球细水雾企业分布情况及认证差异。最后建议我国细水雾标准可逐步补充关于典型应用场景的灭火（或包括降温）实验条款，为细水雾消防行业保驾护航。

关键词：消防　认证　细水雾　基加利修正案

1 引言

全球气候变暖加速，冰川消融、海平面上升、物候期提前……多项历史纪录被刷新，气候极端性增强。导致全球变暖的主要原因是人类排放大量温室气体。国际社会围绕温室气体削减达成《蒙特利尔议定书》（基加利修正案），并于 2019 年 1 月 1 日生效。按削减时间表，中国 2035 年要在基线水平上削减 30%，2045 年削减到 80% 的 HFCs（氢氟烃）消费。我国在国家自主贡献中也提出尽早降低 CO_2 排放。削减 HFCs 及 CO_2 消费将给中国气体消防产业带来新挑战，同时给细水雾消防带来更多机遇。

我国 2000 年左右开始启用细水雾消防，随后普及率逐年上升。细水雾产品国家要求自愿性认证，执行标准为《细水雾灭火装置》（XF 1149—2014）。

2 细水雾现状及趋势

2.1 现状

水是消防的宝贵资源，一直是火的天敌。历史上水消防拯救了许多生命和财产。虽然洁净气体及惰性气体灭火剂可提供最高水平的保护，但水在市场上仍然拥有重要地位。细水雾消防系统用于快速、自动检测和扑灭火灾或降温。这与传统的洒水喷淋系统"控制"火灾形成鲜明对比。细水雾灭火系统和气体灭火系统解决方案类似，可实现全淹没和局部灭火。对比传统洒水喷淋系统具有许多优势：

（1）在几秒钟内迅速扑灭火灾，传统洒水喷淋系统通常需要几分钟或根本不可能扑灭火灾。

（2）细水雾超细水滴提供 3D 覆盖，可以穿透半隐蔽空间，扑灭传统洒水喷淋系统无法到达的遮挡火焰。

（3）安全应用大多数工况，传统洒水喷淋系统会对电子产品、档案、艺术品和家具造成无法弥补的损坏。

（4）最少停机时间，用水量少；细水雾系统使用的水只有传统洒水喷淋系统的 1/10。

（5）细水雾更擅长保护有人场所及关键资产，具有更好的成本效益。例如处理信用卡交易的数据中心或航空公司调度控制中心。电力行业正在逐步采用水雾。细水雾用来替代旧的 CO_2 自

作者简介：董加强，男，硕士，高级工程师，南京消防器材股份有限公司研发部经理、全国消防标准化技术委员会及中国消防协会专家委员、TUV 功能安全专家，研究方向为细水雾消防、气体消防，熟悉欧美消防标准规范，E-mail：dongjiaqiang@tuna.com.cn。

动灭火系统保护燃气轮机及类似的工业高端装备。同样在食品和饮料行业，其中用于保护商业厨房的消防系统也正在被细水雾所取代。

（6）汽车油漆车间、办公空间、酒店、学校和宗教场所也在大量采用细水雾。因为它产生的附加损害比洒水喷淋系统要低得多。

细水雾有容器瓶式（或箱体撬块式）和泵式两种，不同类型细水雾系统都有一个定位。一般 260 m³ 以下的较小空间，采用容器瓶式（或箱体撬块式）通常更有成本效益。大于 260 m³ 的空间，采用泵式系统更有意义。此外，有要求停机时间短、复位快的场所也多采用泵式系统。

2.2 趋势

细水雾系统在 20 世纪 90 年代首先在欧洲开发，首批是高压（≥3.5 MPa）系统。通过 10 MPa 左右工作压力驱动达到喷射尽可能小的液滴。高压系统目前仍然占全球市场最大份额。高压泵及高压管网意味着较高的成本，这些早期系统的投资都是比较昂贵。高压细水雾系统较复杂且难以维护，维保需要从消防系统制造商处购买管道、配件、安装工具、阀门和其他部件。

2014 年国际消防企业陆续推出低压（<1.2 MPa）和中压（1.2 MPa~3.5 MPa）系统。细水雾液滴大小是工程应用要考虑的因素之一，此外还需兼顾设计灵活可靠、成本效益、维保简单。在欧美已有单一家庭住房应用低压细水雾系统，并且逐步推广。我国未来在这方面会有更多的机会。欧美有管辖权的当局（AHJ）对新技术低压细水雾的认可度越来越高。低压细水雾系统可以采用传统洒水喷淋系统组件，如离心泵、报警阀、雨淋阀、止回阀、甚至 CPVC 管道；此外，低压系统喷头连接管可以更柔性，这在特定场景很有效。例如商业厨房油烟机排风罩可上下移动，如何在可移动的排风罩内安装喷头？低压系统可采用柔性管连接将细水雾喷头固定在排风罩内，它可随着排风罩上下移动，实时保护。而高压系统很难实现这种设计灵活性。

细水雾消防效能受雾液滴大小、撞击速度、质量通量、表面成分和结构等众多因素综合作用影响。因此不能单凭细水雾液滴大小判断系统优劣，第三方关于要保护对象的等效实验认证证书更能给客户信心。例如燃气轮机行业客户（GE/

SIEMENS/MHPS 等）几乎一致认可只有通过 FM 认证关于燃机消防测试要求的细水雾系统，才可应用于燃气轮机的消防保护。FM 认证不仅有灭火测试条款，还有降温测试要求。

3 细水雾国际认证

目前唯一公认评估细水雾系统性能的方法是全面的火灾测试。对许多工程应用来说，现在的测试已经标准化，并有相关类型认证。验证合格的细水雾系统配置方案方可用于保护火灾危险相似场所。

细水雾消防应用可按陆地和海洋分类。陆地应用的认证最广泛的是来我国的自愿性认证及美国 FM 和德国 VdS，另外还有其他国家级别的认可批准。海洋应用的认证来自各船级社的船用认可批准。

3.1 消防标准及认证

NFPA 750：美国鉴于细水雾消防的推广，于 1993 年成立 NFPA750 委员会，制定了 NFPA750 细水雾消防系统的安装标准，包括类别、测试、设计、部件和基本规定。尽管 NFPA 标准是以美国消防安全法规为基础的，但在许多情况下，它们已成为客户经常引用的全球标准。NFPA750 标准要求产品公司遵循设定的最低标准，采用基于性能的方法，必须在客户项目实施之前根据实际火灾测试验证和演示系统性能。这无疑为行业带来价值和目标。

IMO 国际海事组织：是联合国负责船舶安全保障和防止船舶污染海洋的专门机构。成员国在国际海事组织范围内制定适用于每艘船舶的国际商定标准。关于船舶安全的最重要公约是《海上救生公约》（SOLAS），对消防的要求在第二章。细水雾系统消防测试协议定由国际海事组织（IMO）发布和维护。海上或海洋平台安装细水雾要遵守这些规则和规定。各船级社解释规则并将其应用于造船和维修要求。此外船东、船旗国和保险公司可能有某些特殊要求。

3.2 中国认证

我国细水雾产品为自愿性认证，产品标准执行公共安全行业标准《细水雾灭火装置》（XF 1149—2014）。认证灭火采用统一标准条款检测 6.14.29（6.1.3）条款：开式局部喷头测试柴油油盘火和 1MW 柴油喷雾火；开式全淹没喷头测试 1MW 柴油喷雾火；闭式喷头测试墙角火（木垛及模拟家具）及沙发火。认证测试没有其他特殊工程应用的对应等效检测条款。

中国消防产品质量信息查询系统[1]（http：//www.cccf.com.cn/）企业获证信息汇总整理见表 1（截止到 2021 - 03 - 22），共有 78 家企业，

其中高压系统 77 家，中压系统 6 家，低压系统没有信息。

3.3 UL 认证

UL 目前不针对细水雾系统认证，仅对细水雾喷头认证。UL 细水雾喷头认证分 ZDPA[2]、ZDRY[3] 两类，可分别或同时认证。UL 证书查询系统需要注册。

表 1 中国细水雾认证信息

序号	企业名称	泵式高压	泵式中压	储瓶高压	序号	企业名称	泵式高压	泵式中压	储瓶高压
1	艾克森特（南京）安全科技有限公司	√			27	河南福尔盾消防科技有限公司	√		
2	安徽世纪凯旋消防科技有限公司	√			28	河南海力特机电制造有限公司	√		
3	澳大利亚 PHIREX 有限公司	√			29	河南海力特装备工程有限公司	√		
4	北京辰泰应急安全科技有限公司	√			30	河南省海雾消防技术有限公司	√		
5	北京惠利消防设备有限公司	√			31	河南未燃安全技术有限公司	√		
6	北京南瑞怡和环保科技有限公司	√	√		32	江苏共安消防设备有限公司	√		
7	北京市正天齐消防设备有限公司	√			33	江苏强盾消防设备有限公司	√		
8	常州宇田电气有限公司			√	34	江苏吞火者消防科技有限公司	√		
9	萃联（中国）消防设备制造有限公司；	√			35	江西艾弗尔实业有限公司	√		
10	丹佛斯（天津）消防设备有限公司	√			36	江西清华实业有限公司	√		
11	丹佛斯森科（天津）消防设备有限公司	√			37	荆门市广恒机电设备有限公司	√		
12	丹佛斯消防安全有限公司	√			38	九江中船长安消防设备有限公司	√		
13	丹麦丹佛斯森科消防设备有限公司	√			39	君目消防设备制造（江苏）有限公司	√		
14	德国雾特灭火系统有限责任两合公司	√			40	联技范安思贸易（上海）有限公司	√		
15	德国雾特灭火系统有限责任两合公司上海代表处	√			41	辽阳天河消防自动设备制造有限公司	√		
16	鼎迅消防科技有限公司	√			42	南京睿实消防安全设备有限公司	√		
17	福建天广消防有限公司	√			43	南京消防器材股份有限公司	√	√	
18	福建省首盛消防科技有限公司	√			44	宁波蓝泰机电设备有限公司	√		
19	广东喷保消防科技有限公司	√			45	磐龙安全技术有限公司	√		
20	广东胜捷消防科技有限公司	√			46	秦皇岛赛福恒通消防科技有限公司	√		
21	广州海安消防设备有限公司	√			47	山西信联成科技有限公司	√		
22	广州瑞港消防设备有限公司	√			48	陕西瑞博尔消防科技有限公司	√		
23	广州市禹成消防科技有限公司	√			49	上海创安消防设备有限公司		√	
24	国安达股份有限公司	√			50	上海金盾消防安全科技有限公司	√	√	
25	合肥辰泰安全设备有限责任公司	√			51	上海联捷消防科技有限公司	√		
26	合肥科大立安安全技术股份有限公司	√			52	上海纽特消防设备有限公司	√		

表1（续）

序号	企业名称	泵式高压	泵式中压	储瓶高压	序号	企业名称	泵式高压	泵式中压	储瓶高压
53	上海瑞泰消防设备制造有限公司	√			66	沃尔科技有限公司	√		
54	上海同泰火安科技有限公司	√			67	无锡皓安安全技术有限公司	√		
55	上海万安达民信消防系统有限公司	√	√		68	芜湖世纪凯旋消防设备有限公司	√		
56	沈阳二一三电子科技有限公司			√	69	武汉钜威天数字化机械制造有限公司	√		
57	首安工业消防设备（河北）有限公司		√		70	湖北尚盾消防设备有限公司	√		
58	四川凯威消防设备有限公司	√			71	西安新竹防灾救生设备有限公司	√		
59	四川千页科技股份有限公司	√			72	雅托普罗德克株式会社	√		
60	天广消防股份有限公司	√			73	意安天航消防设备（天津）有限公司	√		√
61	天津天消安全设备有限公司	√			74	浙江朗松智能电力设备有限公司	√		
62	天津意安消防设备有限公司	√			75	浙江沃尔液压科技有限公司	√		
63	万升消防科技有限公司	√			76	浙江佑安高科消防系统有限公司	√		
64	威特龙消防安全集团股份公司	√			77	郑州青松机电设备有限公司	√		
65	唯特利管道设备（大连）有限公司			√	78	郑州中铁安全技术有限责任公司	√		

ZDPA 分类为陆地应用认证，该分类包括细水雾喷头，当按照制造商的设计和安装说明安装时，以特定的方式排放细水滴来控制、熄灭或抑制火灾。细水雾喷头可分为自动、非自动（开放式）或混合型，安装在 NFPA 750 标准规定的固定管道系统中。用于认证细水雾喷头产品的标准是 UL2167 防火设备用细水雾喷头。

ZDRY 分类按 IMO 国际海事组织规程认证，用于认证这类产品的标准是 IMO 大会决议 A.800（19），"经修订的与 SOLAS 公约 II-2/12 中所述的等效喷水灭火系统批准指南"。IMO 大会 A.800（19）号决议规定了确定细水雾系统与《国际海上人命安全公约》第 II-2/12 条所述等效准则。这些指南包括细水雾喷头的防火性能和部件制造标准。通过此认证的细水雾喷头可用于船上客舱、走廊、豪华客舱、公共空间、购物和存储区以及/或 A 类机器空间和货物泵房。

UL 消防产品认证查询系统[2-3]需要注册，获证信息（截止到 2021-03-22）汇总整理见表2，共有 3 家企业。

3.4 FM 认证

美国 FM 认证通过其所属的"FM 认可"

表2 美国 UL 细水雾认证信息

序号	企业名称	国家	ZDPA 喷头压力/MPa	ZDRY 喷头压力/MPa
1	GRINNELL CORP	USA	1.2	0.7
2	Marioff Corporation Oy	Finland	5.2	
3	Tyco Fire & Building Products	USA		1.2

（FM Approvals）机构向全球的工业及商业产品提供检测及认证服务。"FM 认可"证书在全球范围内被普遍承认，细水雾灭火系统认证采用标准 FM5560 细水雾系统认可标准。FM 系统认证主要以不同工程应用场景进行分类认证，分别有对应的灭火性能测试条款，具体见 FM5560 标准附录 A~O）；在认证证书上会体现细水雾喷头最小工作压力及场景分类。

FM 消防产品认证查询系统[4]需要注册，获证信息（截止到 2021-03-22）汇总整理见表3，共有 24 家企业，其中高压系统 16 家，中压系统 3 家，低压系统 5 家企业。

表3 美国FM细水雾认证信息

序号	企业名称	国家	喷头最小压力 MPa	燃气轮机 ≤260 m³	燃气轮机 >260 m³	机械空间 ≤260 m³	机械空间 >260 m³	连续木板压制	局部应用	计算机房地板下	数据处理设备间	商用燃油灶具	非仓库处所 (HC-1)	台架和其他类似加工设备
1	Central Sprinkler Co.	USA	5.0	√		√	√					√	√	
2	Danfoss Fire Safety A/S	Denmark	6.0				√					√	√	
3	Deluge SupplyPte Ltd	Singapore	10.0	√		√				√				
4	Fike Corporation	USA	2.0	√	√	√	√					√		
5	FOGTECBrandschutz GmbH & Co KG	Germany	6.0			√								
6	GW Sprinkler A/S	Denmark	0.6										√	
7	Hydrocore Ltd	UK	10.0	√		√				√				
8	Kidde Products Limited	UK	5.0	√			√				√	√	√	√
9	Kington Process Systems Ltd	UK	3.5									√		
10	Marioff Corporation Oy	Finland	5.0	√	√	√	√			√	√	√	√	
11	MINIMAX GmbH & Co KG	Germany	8.0										√	
12	Novenco Fire Fighting A/S	Denmark	0.6										√	
13	Phirex Australia	Australia	10.0		√		√							
14	RG Systems	Spain	4.0	√		√								
15	SECURIPLEX LLC	USA	0.5	√	√	√	√			√			√	√
16	Shanghai MansionWananda Fire System Co. , Ltd.	China	10.0	√		√	√			√				
17	SIM Engineering & Properties Ltd	UK	5.5	√	√	√	√						√	
18	Tanktech Co Ltd	South Korea	1.4	√										
19	Tyco Fire & Building Products	USA	1.3		√		√					√	√	
20	Tyco Fire Products LP	Spain	5.0	√		√								
21	Tyco Fire Products LP	USA	5.0	√		√					√			
22	Ultrafog R&D Srl	Italy	5.5										√	
23	Victaulic Company	USA	0.3											√
24	VID Fire-Kill ApS	Denmark	0.8		√		√					√	√	

3.5 VDS 认证

VdS 由德国认证认可委员会（DAkkS）（德国资质认可机构）授权依据 DIN EN ISO/IEC 17025 和 DIN EN ISO/IEC 17065 标准对灭火系统提供测试或认证。用于认证细水雾的产品标准是 VdS3188[5] 和 VdS 2344[6]。关于细水雾的认证类似 FM 认证，也按标准附录进行场景分类认证。

VDS 消防产品认证查询系统[7] 获证信息（截止到 2021-03-22）汇总整理见表4，共有 7 家企业。

3.6 CCS 认证

CCS 认证是中国船级社对固定式压力水雾灭火装置的型式认可。认可标准为以下三个：

（1）1974 年国际海上人命安全公约及其修正案第Ⅱ-2 章第10 条。

表4 德国 VdS 细水雾认证信息

序号	企业名称	国家	系统类别	
1	AQUASYSTechnik GmbH	Germany	高压	
2	Danfoss Fire Safety A/S	Denmark	高压	
3	FOGTECBrandschutz GmbH & Co KG	Germany	高压	
4	Marioff Corporation Oy	Finland	高压	
5	MINIMAX GmbH & Co KG	Germany	高压	低压
6	RG Systems	Spain	高压	
7	Viking GmbH & Co. KG	Germany		低压

（2）经 MSC. 217（82）和 MSC. 339（91）修正的《国际消防安全系统规则》第 7 章[8]。

（3）MSC/Circ. 1165《经修订的机器处所和货泵舱的等效水基灭火系统认可指南》及其修正案[9]。

CCS 船用产品信息查询系统[10]关于固定式压力水雾灭火装置的型式认可信息（截止到 2021-03-22）汇总整理见表5，共有 10 家企业。国内国外各 5 家。

表5 CCS 中国船级社细水雾认证信息

序号	企业名称	国家	系统工作压力/MPa
1	Danfoss Fire Safety A/S	Denmark	6.0
2	DanfossSemco A/S	Denmark	6.0
3	MARIOFF CORPORATION OY	Finland	5.0
4	Minimax GmbH & Co. KG	Germany	4.0
5	ULTRAFOG Sp. zo. o.	Poland	10.0
6	荆门市广恒机电设备有限公司	China	10.0
7	南京消防器材股份有限公司	China	10.0
8	宁波市永航消防设备有限公司	China	0.4
9	上海晓祥消防器材有限公司	China	8.0
10	浙江亚宁消防设备有限公司	China	0.8

4 小结

细水雾灭火技术绿色环保，符合可持续发展战略，满足消防领域关于减少温室气体排放，遵从削减 HFCs 及 CO_2 应用的全球环境保护要求。

使细水雾在较低压力下达到高压系统的灭火及降温效果是全球消防企业的技术研究方向，低压和中压细水雾灭火产品未来会加速发展，有越来越多工程应用。我国细水雾实际工程设计多数是客户和消防企业共同制定验证方案，通过等效灭火试验合格后，实施工程应用；建议国家标准在更新修订时，收纳成熟经验，参考国际标准规范，逐步增加典型应用场景的灭火（或包括降温）测试标准条款，完善产品认证可选项，为国家、企业及第三方检测机构提供认证依据，为细水雾健康发展保驾护航。

参考文献

[1] 中国消防产品质量信息查询系统 [EB/OL]. [2021-03-22] http：//www.cccf.com.cn/certSearch/search

[2] ULZDPA. GuideInfo-Watermist Nozzles [EB/OL]. [2021-03-22] https：//iq.ulprospector.com/zh-cn/_？p＝10005，10048，10006，10047&qm＝q：ZDPA

[3] UL ZDRY. GuideInfo-Watermist Nozzles Certified to IMO Regulations [EB/OL]. [2021-03-22] https：//iq.ulprospector.com/zh-cn/_？p＝10005&qm＝q：ZDRY

[4] FM Approval Guide-Fixed Extinguishing Systems-Water Mist Systems [EB/OL]. [2021-03-22] https：//approvalguide.com/CC_host/pages/custom/templates/FM/index.cfm？line＝2548

[5] VdS3188. 细水雾喷淋系统和细水雾灭火系统（高压系统），策划和安装 [S].

[6] VdS2344. 用于防火和安全方面，测试过程，设备、成分等 [S].

[7] VDS Certificates-Water Mist-System [EB/OL]. [2021-03-22] https：//vds.de/en/certificates/？q＝water%20mist&certType＝system

[8] 经 MSC. 217（82）和 MSC. 339（91）修正的《国际消防安全系统规则》第 7 章 [S].

[9] MSC/Circ. 1165《经修订的机器处所和货泵舱的等效水基灭火系统认可指南》及其修正案 [S].

[10] CCS 船用产品信息-水雾灭火 [EB/OL]. [2021-03-22] https：//www.ccs.org.cn/ccswz/productMarineList？columnid＝201900002000000068&productName＝%E6%B0%B4%E9%9B%BE%E7%81%AD%E7%81%AB

基于电化学加工理论的高性能
消防水枪加工技术研究

杨 怡 天

江苏省消防救援总队镇江支队　镇江　212000

摘　要： 通过分析现有消防水枪的分类、型号、选材、性能和存在的问题，结合新形势下消防救援面临的装备建设发展新挑战，提出了制造高性能水枪的迫切要求。通过研究近年来科研领域对水枪改进的方法案例，提出了采用钛基复合材料制作水枪的想法。针对钛基复合材料的难加工性，基于电化学加工理论，以加工水枪外圆面为切入点，试验研究了水枪毛坯件外圆面加工。试验表明，采用电化学方法可以在阴极工具无损耗的情况下加工钛基复合材料水枪，为量产高性能水枪提供了依据。

关键词： 消防　水枪　钛基复合材料　电化学加工

1　引言

消防水枪是喷水灭火系统中的核心组成部分，是由单人或多人携带和操作的以水作为灭火剂的喷射管枪，通常由接口、枪体、开关和喷嘴或能形成不同形式射流的装置组成。[1] 2005年修订的《消防水枪》（GB 8181—2005）对水枪的压力范围、水枪型号编制方法、水枪操作性、盐雾腐蚀时间、跌落高度和射程测量方法进行了明确规定，进一步满足了消防救援的装备需求。消防救援战斗中，水枪常会在高温、低温、高压或高腐蚀性的环境中使用，有时还会承受撞击、掉落等情形，因此，水枪的制作工艺对自身耐用性有较大影响。本文以 QZ19 型直流开关水枪为例，基于电化学加工理论，探讨了以钛基复合材料制作水枪的可行性及工艺。

2　消防水枪简介、分类及性能研究

2.1　水枪历史

最原始的消防水枪是消防泵，始用于德国，直到17世纪，德国组建了第一支消防队，开始了一系列消防装备的制备。中国现代的消防队始建于晚清，1868年，香港成立了中国地区最早的现代消防队，内地第一支消防队，是在八国联军攻占天津后才出现的。清末民初，在佛山的一个小镇上，救火队的水枪用黄铜制造，泵体内外筒结合部位十分考究，长150 cm，水枪出水口直径约0.5 cm，质量为2.5 kg左右，水枪外面用竹片包装，如图1所示。[2]

图1　清末佛山黄铜水枪

2.2　水枪分类

按工作压力范围分为低压水枪（0.2 MPa～1.6 MPa）、中压水枪（>1.6 MPa～2.5 MPa）和高压水枪（>2.5 MPa～4.0 MPa）。按喷射的灭火水流形式可分为直流水枪、喷雾水枪、直流喷雾水枪和多用水枪。

（1）直流水枪：图2a为QZ19型直流开关水枪，工作压力（0.2~0.7）MPa，口径19 mm，射

作者简介： 杨怡天，男，硕士，江苏省消防救援总队镇江支队专业技术干部，长期从事消防灭火救援、消防装备和装备特种加工研究工作。

程 36 m。

（2）喷雾水枪：图 2b 为 QJW48 型喷雾水枪，工作压力（0.2~0.7）MPa，射程 40 m，喷射夹角 80°。

（3）直流喷雾水枪：图 2c 为 QLD 直流喷雾水枪，不仅具有远距离喷射灭火及关闭水流的功能，还具有喷雾功能，是一种两用的高性能水枪。工作压力（0.2 ~ 0.7）MPa，接口通径 65 mm，直流射程 28 m，喷雾射程 14 m。

（4）多用水枪：图 2d 为 QDZ19 型多功能水枪，几种水流可互相转换，组合使用，机动性能好，对火场需要适应性强。额定压力 0.5 MPa，直流喷雾流量 7.5 L/s，水幕流量 10 L/s，雾化角 30°，平均射程 10 m，水幕角度 120°。

（a）QZ19 型直流　　　（b）QJW48 型
　　开关水枪　　　　　　喷雾水枪

（c）QLD 直流　　　　（d）QDZ19 型
　　喷雾水枪　　　　　　多功能水枪

图 2　四种常见的消防水枪

2.3　水枪基本参数

以直流开关水枪为例，直流水枪在额定喷射压力时，其额定流量和射程应符合表 1 的要求。

表 1　直流开关水枪基本参数

接口公称通径/mm	当量喷嘴直径/mm	额定喷射压力/MPa	额定流量/(L·s⁻¹)	流量允差	射程/m
50	13		3.5		≥22
	15	0.35	5		≥25
65	19		7.5	±8%	≥28
	22	0.20	7.5		≥20

2.4　参数测试

以 QZ19 型直流开关水枪为研究对象（图 3），对有效射程与流量进行测试。测试时间：某年 9 月 1 日。测试地点：某消防中队。

（a）斯太尔泡沫水罐车　　（b）QZ19 型直流开关水枪

图 3　直流开关水枪参数测试

（1）有效射程测试。在平地上标出射水线，用米尺丈量出 30 m 的测试场地，场地每隔 10 m 放置一个标志物，在场地上停放一辆斯太尔泡沫水罐车，预先从水罐泡沫车铺设一盘 65 mm 水带和直径为 38 cm 的射水靶，记录员持标记物，秒表和记录本在观察位置准备记录数据，指挥员位于消防车一侧指挥。当听到指挥员下达口令时，驾驶员操作消防车出水。压力表读数稳定在 0.7 MPa。一号员调整水枪，在水流达到最远距离时，稳定射水姿势，二号员手持射水靶，让射流穿过射水靶，并不断调整位置，当百分之九十射流通过射水靶时，驾驶员关闭阀门。测试结果表明，车泵压力 0.7 MPa，有效射程 28 m。

（2）流量测试。在消防车轮胎边上放置一个泡沫桶，当指挥员下达测试开始口令时，一号员往泡沫桶里注水，记录员在注水时开始计时，在水从泡沫桶溢出时，记录员停止计时，并记录数据。测试表明，车泵压力 0.7 MPa，注水 100 L，用时 10.5 s，直流水枪流量为 10 L/s。

经测试，QZ19 型直流开关水枪射程、流量均达标，测试结果见表 2。

表 2　测试结果

车泵压力	容量	时间	流量	有效射程
0.7 MPa	100 L	10.5 s	10 L/s	28 m

2.5　水枪材料和耐腐蚀性能

根据规范要求，水枪应采用耐腐蚀或经防腐蚀处理的材料制造，以满足相应使用环境和介质的防腐要求。各铸件材料的化学成分及机械性能应符合 GB/T 1173、GB/T 1176、GB/T 15115 和 GB/T 15116 等相应标准的规定。水枪经规定的耐腐蚀条件试验后，应无起层、剥落或肉眼可见的点蚀凹坑，应能正常操作使用。[1]

2.6 现有水枪存在的问题

（1）携行不便。根据现行《消防员个人防护装备配备标准》（GA 621—2013），消防人员在出警时携带的防护类装备很多，且出警时很难确定现场状况，携带的灭火救援设备也非常多，以适应救援现场变化。现有的消防水枪材质为铸造铝合金、铸造铜合金和压铸铝合金等，体积和质量较大，不仅增加了消防员的携带负担，而且使用时较为不便。

（2）质量参差不齐。目前，消防员使用的水枪均经过消防产品 CCC 认证，但某些企业、商场的水枪质量良莠不齐。例如，某年"3·15"前夕，南京市消防救援支队对一家经营水枪的门店进行检查时，选择了几支进行敲击实验，结果水枪均出现了断裂、破损的现象，如果在关键时刻因产品质量问题无法撑开保护伞，后果很可怕。[3]

（3）大型火场上损耗严重。在扑救石油化工、大跨度厂房的大型火灾时，救援耗时长，存在进攻、撤退交替等情况，消防水枪常在高温、腐蚀性液体、气体等环境下作业，铝合金、铜合金等材料容易出现起层、剥落或点蚀凹坑，降低了装备作战效能。据统计，"4·22"靖江德桥仓储爆炸事故，消防水枪损耗 208 把；"3·21"江苏响水特别重大爆炸事故，消防水枪损耗 337 把。

3 高性能水枪研发背景和方向

3.1 高性能水枪研发背景

为适应消防队伍转隶后"全灾种、大应急"职能转型需要，推动新形势下消防救援队伍装备建设科学发展，结合"4·22""3·21"救援实战经验，确有必要开展高性能水枪等消防装备研发工作。华南理工大学姜立春教授等以 POK 诺曼 500 多功能无后坐力水枪为对象，以水枪内部结构优化为切入口，以提高喷射速度、流量为目标，利用理论分析、数值模拟、实战检验为手段，针对流道几何型线与水阀形式等关键因素，对消防水枪进行了结构优化设计（图 4）。[4] 辽宁

省消防救援总队郑春生等研发的智能多用途消防水枪系统以 WIFI 无线局域网通信技术的地下巷道网络传输、压缩空气传输技术、流体动能转换技术、无机涂层激发态系统能量、无线数传及人机交互功能的远程遥控控制的新方法和技术，集寻迹、供气、通信、发电、远程控制等功能于一体，具有安全、快速、实时、自主调节等特点，为集成化消防装备的设计和预测提供科学依据和技术基础，为扑救地下大纵深、大面积、大跨度的封闭空间火灾提供装备支持。[5]

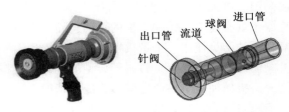

（a）POK 诺曼 500　　（b）POK 诺曼 500 水
水枪实物图　　　　　枪喷射特性分析模型

图 4　POK 诺曼 500 多功能无后坐力
水枪结构优化设计

宁波金田消防器材有限公司钱巍等发明了一种钛合金或钛材质消防水枪，利用钛合金或钛材质的高温强度高、降低比重、增加弹性使用寿命长的优点，克服了现有消防水枪寿命短的缺陷，而且有效地减轻了消防人员的使用、携带负担（图 5）。[6]

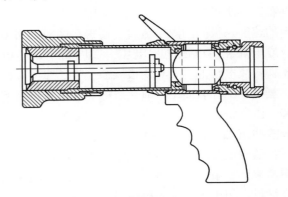

图 5　钛合金或钛材质消防水枪示意图

工欲善其事，必须先利其器，笔者认为水枪作为消防装备技术创新的一个重要客体，具有很强的代表性。

3.2 高性能水枪方向-钛基复合材料

20 世纪 70 年代人们开始研究钛基复合材

料[7]，它不仅具有钛合金高韧性、高强度，低密度、耐腐蚀性和高温抗蠕变能力，还克服了原钛合金耐磨性差、耐燃性差、弹性模量低等缺点，适用于超音速航空飞行器结构件的制造，并在空间技术和武器装备等高新技术领域具有广阔的应用前景[8]。与水枪常用材料铝合金相比，钛基复合材料优势明显。一是硬度比铝高；二是耐酸性比铝好；三是强度比铝好；四刚性比铝好，制造水枪时，枪管壁能抽的更薄；五是色泽质感比铝好。如果利用该材料制造水枪，将具有耐高温、高强度、低比重、高使用寿命等优点，克服了现有铸铝、铸铜水枪的缺陷，而且有效地减轻了消防员使用、携带负担。

但是，钛基复合材料属于典型的难加工材料之一，机械加工中易产生变形，成形精度差，还会造成刀具磨损，如果找不到一种合适的加工方法，制造钛基复合材料水枪存在加工低效、精度低下、成本高昂等弊端，量产困难。

4 电化学加工理论和高性能水枪加工工艺

4.1 电化学加工理论

电化学加工的原理是法拉第在18世纪提出的，该加工是基于电化学阳极溶解原理，依靠成形的工具阴极对导电金属材料进行加工[9]。该加工通常采用成形电极进行拷贝式加工，将工件和工具阴极分别接电源的正极和负极，并保持工件和工具阴极之间留有一定的间隙；电解液以一定的速度在极间间隙中流过，使得在两极之间形成导电通路，电源施加电压，在回路中产生电流，构成电解池。工具阴极表面产生还原反应析出氢气，工件表面产生氧化反应，金属材料被溶解。由电解反应形成的不溶于水的电解产物被电解液冲离加工间隙，电解反应得以继续高速进行；随着工具阴极的不断进给，工具阴极的表面将"复制"在阳极表面[10]。因此，针对钛基复合材料，相比于传统的机械加工，电解加工能够提高加工精度、提升加工效率、降低加工成本，具有一定的优势。

4.2 高性能水枪加工工艺

（1）水枪毛坯件。为探讨电化学加工高性能水枪可行性，以加工水枪外圆面进行试验研究，试验所用的水枪毛坯件为外圆直径89 mm、

高160mm的圆柱体，材料为（TiB+TiC）/TC4复合材料，实物如图6所示。

图6 水枪毛坯件实物图

（2）试验平台和参数设定。本试验借助南京航空航天大学朱荻院士课题组的电化学实验室开展研究，本文采用的电化学工作站主要由机床，电解液循环过滤系统和电源组成。该机床整体为龙门式布局，其内部部件包括回转工作台单元、夹具、阴极刀具和弹簧夹头，加工现场如图7所示。

图7 机床内部水枪毛坯件加工现场

试验使用浓度为20% NaCl溶液作为电解液，具体实验参数和工艺参数见表3。

（3）试验结果。图8为加工后的毛坯件实物图和放大图，图9为毛坯件表面轴向轮廓。采用三坐标测量机沿图8中黄色虚线进行扫描，得到如图10所示的加工轮廓。毛坯件的加工面积为4124 mm²，平均径向去除深度为

1.19 mm，平均圆弧半径为 42.44 mm，粗糙度为 $R_a = 3.670$ μm。

表 3　毛坯件加工所用的主要参数

参数	数值
电解液	$w(NaCl) = 20\%$
电解液温度	30 ℃
电解液入口压力	0.4 MPa
加工电压	30 V
轴向偏移量	19.5 mm
间歇轴向进给次数	2
工件转速	9°/min（线速度 6.99 mm/min）
工件转过的角度	90°
初始间隙	0.6 mm

图 11、图 12 分别为毛坯件的 3D 扫描图和表面径向轮廓线，从图中可以看出所加工出的外圆表面深度一致且轮廓径向方向上无明显凸起点，可以得到较为规则的圆柱表面。

试验结果表明，采用电化学加工方法制造钛基复合材料水枪的外圆面时，可以得到较好的表面质量和较高的材料去除率。

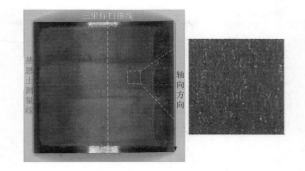

图 8　加工后的毛坯件实物图

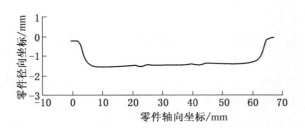

图 9　毛坯件表面轴向轮廓

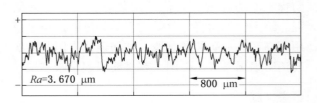

图 10　毛坯件表面粗糙度

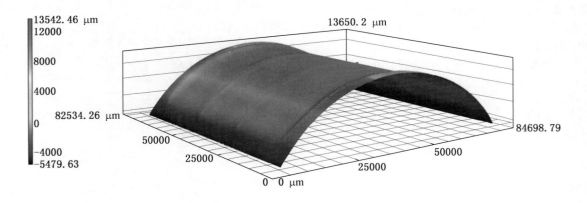

图 11　加工样件 3D 扫描图

5　小结

长期以来，党中央、国务院高度重视消防工作，地方各级党委、政府也十分关心支持消防救援队伍建设，持续加大应急救援装备配备力度，随着消防改革的深入，加强应急救援装备建设是组建国家综合性消防救援队伍的应有之义和必然要求。此次开展钛基复合材料水枪毛坯件外圆表

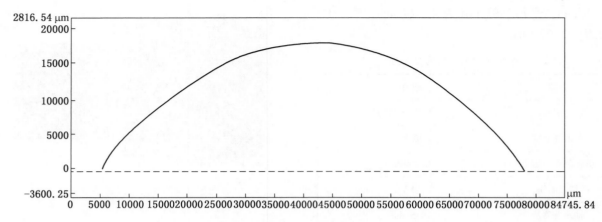

图12　加工样件径向轮廓图

面电解加工试验，为新型材料高性能水枪的制造提供了可能。试验表明，批量生产钛基复合材料的水枪，电解加工是可选方案之一，表面质量和材料去除率能得到有效保证，辅以电化学钻孔、高速铣磨等技术对水枪内孔、凸台等面进行精加工，能进一步提高生产效率和整理质量。下一步，就如何降低生产成本，如何改进消防斧、消防梯、消防挂钩等其他常用装备，有待深入研究。综上，如何将电化学加工等先进制造技术应用于高精尖消防装备制造，如何通过中国制造实现消防强国、应急强国，有必要引起足够重视。

参考文献

［1］国家质量监督检验检疫总局．GB 8181—2005 消防水枪［S］．北京：中国标准出版社，2005.

［2］王英，大正．从一支清代消防水枪说起［J］．中国消防，2015(19)：39-41.

［3］海藻．断裂的水枪［J］．中国消防，2016(6)：11.

［4］利妮．消防水枪结构优化设计及灭火效能分析［D］．广州：华南理工大学，2016.

［5］徐文闻，郑春生，鞠岩．智能多用途消防水枪系统的研发与应用［J］．水上消防，2018(4)：39-43.

［6］钱巍，张强．一种钛合金或钛材质消防水枪［P］．浙江：CN201684325U，2010-12-29.

［7］Morsi K，Patel VV. Processing and properties of titanium-titanium boride (TiBw) matrix composites—a review［J］. Journal of Materials Science, 2007.

［8］Qi J Q, Wang H W, Zou C, et al. Temperature dependence of fracture behavior of in situsynthesized TiC/Ti-alloy matrix composite［J］. Materials ence & Engineering A, 2011, 528(25-26)：7669-7673.

［9］徐家文，云乃彰，王建业，等．电化学加工技术-原理、工艺及应用［M］．北京：国防工业出版社，2008.

［10］曹凤国．电化学加工技术［M］．北京：北京科学技术出版社，2007.

开展打通生命通道集中攻坚行动之我见

潘 爱 思

盐城市消防救援支队　盐城　224008

摘　要： 随着经济的发展，人们的生活水平也在不断提高，私家车的数量日益增多，停车位也日趋紧张，特别是一些老旧小区，因设计不规范，停车位与住户的比例失衡，私家车乱停乱放现象严重，尤其是到了晚上，因没有停车位而随意停放路边（非正常泊车位），占用消防通道，造成消防通道堵塞。而消防通道是保障人民群众生命财产安全的重要通道，消防通道的隐患治理是重中之重。本文从分析辖区消防车通道的现状，消防车通道堵塞、占用的原因分析，提出解决对策和建议，供参考研究。

关键词： 消防　安全隐患　治理　停车位

1　引言

根据相关媒体报道，在全国各地多多少少都会存在消防车通道被堵塞、占用的现象，这给消防车前往救火现场的过程中增加了难度并拖延了时间，对火灾的扑救造成了一定的影响。根据我国《消防法》第二十八条规定：任何单位、个人不得占用、堵塞封闭疏散通道、安全出口、消防车通道。如有违反以上规定，根据《消防法》第六十条：单位违反本法规定，责令改正，处五千元以上五万元以下罚款，个人违反本规定的处警告或者五百元以下罚款。对于不听物业劝阻在消防通道上停车的人，物业和其他业主可以拨打"122"举报。消防通道属于禁停区域，交警部门可以进入小区对乱停车辆进行劝导或处罚。一般居民小区内的主要道路都属于消防车通道，且宽度不应小于4 m。小区物业管理方如将一般的道路划分为停车位，消防法律法规没对其进行规定，但如果是将消防车道划为停车位后，车道宽度不足4 m，影响消防车通行的，消防部门将依法予以处罚。

2　消防车通道堵塞、占用的原因分析

2.1　小区的建设与私家车不同步

随着经济发展，人们的生活水平不断提高，私家车也是越来越多，近几年建设的小区基本都设置了地下车库，车位勉强能够车主停车，但早前几年建设的小区，有的没有设置地下车库，车辆直接停放到地上停车场或者是绿化带周围，有的小区设置了地下车库，但也是按照1：0.5或1：1.5的比例建设的，而现在这些车位现在已经远远不能够满足居民车辆的停放需求，导致居民的车辆无处可放，只能随意的停放到消防车通道上，占用、堵塞消防车通道，严重影响消防车的通行。

2.2　部分车主消防安全意识薄弱

因部分车主的消防安全意识薄弱，不了解、不重视消防车通道的重要性。所以，在周末或者晚上回来晚了，在小区内找不到停车位的时候，便忽视小区集体的消防安全，将车辆停放到消防车通道上，堵塞、占用消防车通道，造成了消防安全隐患。而还有一些车主因为想回家近，行自己的方便，则是直接将车辆停到离自己家楼道附近的消防车通道上，堵塞、占用消防车通道，完全意识不到堵塞、占用消防车通道的危害与后果。

2.3　小区停车费用高

目前辖区的居民住宅小区的停车位是要收费的，一年大约要几百上千，虽然相对于一些经济发达的城市而言这些停车费并不高，但还是有些车主觉得没必要花钱租车位，宁愿停到大门口的空地上、绿化带上或者是消防车通道上；而那些

作者简介：潘爱思，男，学士，工程师，主要从事消防监督管理工作，E-mail：1015607314@qq.com。

建有地下车库的高档小区，一个停车位就要十几万，租的话也不便宜，所以这些车主也不愿意停到地下车库，就直接停到路口，消防车通道上，导致消防通道被占用、堵塞。

2.4 涉及面广，管理难度大

因占用消防通道的根本原因是因为居民数量大于车位数量，导致车位不足，居民无地可停，从而占用消防车通道。对于小区居民的违章停车，占用、堵塞消防车通道的问题，物业服务企业采取的态度是不敢管理，不会管理，也不愿意管理。但由于这些违章的小区里的车主，群体实在过于庞大，公安消防部门也难以逐一查实并依法追究，只能在小区内进行消防安全宣传教育，而物业因无执法权力，只能每天巡逻，发现占用、堵塞消防车通道的车主进行规劝，但这些都起不到实际的作用。

2.5 物业管理不完善

根据《江苏省消防安全责任制实施办法》第二十五条规定，物业服务企业应当按照合同约定提供消防安全防范服务，对管理区域内共用消防设施和疏散通道、安全出口、消防车通道进行维护管理，及时劝阻和制止占用、堵塞、封闭疏散通道、安全出口、消防车通道等行为，劝阻和制止无效的，立即向公共机关等主管部门报告。定期开展防火检查巡查和消防宣传教育。但是现在有的小区物业在管理制度上非常混乱，消防安全责任人也流于形式，导致小区居民的参与性不强，积极性不高，消防工作开展不了。由于小区本身就是相对封闭的场所，为方便管理，很多小区都采用的是封闭式管理，三四个大门只开放一个，其余的大门都用铁门封锁，小区内的消防通道用铁栅栏、石墩等物品阻拦起来，使消防通道不畅通，若是遇到紧急情况，消防车就无法顺利进入小区内部进行救援。

3 生命通道治理的对策与建议

3.1 加强小区的消防规划设计验收

对于小区的消防规划设计，各级公安消防监督部门要加强小区的消防监督管理，在小区建设之初就要提前介入，严格把关小区消防规划的审核，确保小区消防通道规范落实，在规划建设之初就规划出足够的车库、车位，从源头上解决无

车位、停车难的问题，解决了车位问题，相信就不会出现因为无停车位把车停放到消防车通道上的现象了。而那些车库、车位不配套建设较晚的小区，在政府的统一领导下，有计划地进行改造，增加停车位，使车位的数量尽可能与小区车辆相匹配，打通消防车通道，引导车辆停放到车位上，不再占用、堵塞消防车通道。

3.2 明确消防责任，建立健全制度

有些物业之所以任由私家车随意停放到消防车通道上，对消防安全意识不足，是因为消防责任人没有明确到位，那便要让物业管理单位明确消防责任人，提高消防安全意识、落实消防责任、加强消防管理，在消防车通道上划上消防禁停标志，树立消防禁停标牌，建立健全制度，严禁车主将车辆停放到消防通道上，与业主委员会沟通，在小区内开辟新的停车位，引导车主将车辆停到停车位上，从根源解决"无处可停"的问题，避免私家车占用、堵塞消防车通道。各街道及相关行业部门要建立完善弹性停车、错时开放、潮汐停车、共享停车等政策机制，推行更加专业规范的停车管理。老旧住宅小区周边的路侧停车场等公共停车设施，对老旧住宅小区居民实行优惠停车，合理设置门槛和限制条件要求，简化办理程序，压缩办理时间，降低停车费用，形成普惠效应。对于没有物业管理的老旧住宅小区，积极引进专业停车管理公司，合理利用空间规划建设停车位，规范管理居民停车。

3.3 引入全自动停车系统，减少停车空间

消防车通道被占用、堵塞其根本原因还是因为车位数量不够，前几年建设的居民小区所用的停车位一般是设置在小区绿化带、道路两边，这样不仅压缩了居民的生活空间，还浪费土地，存在占用消防车通道的隐患，现代随着科技的发展，新型小区可以引入全自动停车系统，这样不仅占地面积小，容纳的车辆也多，提高了停车率，大大地节省了空间，避免了占用消防车通道的隐患。严格落实建筑物配建停车位有关标准要求，大力推进小汽车停车位建设，并同步加强自行车库和电动自行车智能集中充电点建设。从源头上防止私家车占用消防车通道。

3.4 强化综合管理

应急管理、住建、公安、自然资源、消防救

援等部门加强协调配合，强化消防车通道管理，依法查处占用、堵塞、封闭消防车通道等违法行为。住建、公安综合分析车位建设现状，联合提出车位建设需求。自然资源、住建部门优先在老旧小区等车位紧张区域规划、建设公共停车泊位。对需要查询机动车所有人身份信息和联系方式的，公安部门予以积极配合、及时提供。消防救援部门组建"1+N"建筑消防设施操作使用专业队，提高高层住宅小区火灾扑救能力。2020年，各有关部门建立联合执法管理机制，畅通信息共享渠道。

3.5　加强消防安全检查，及时消除隐患

对于私家车占用、堵塞消防车通道的问题，笔者认为物业管理单位需要付出努力，每天出去巡逻检查，一旦发现占用、堵塞消防车通道现象应及时进行劝阻，而公安消防则应联合有关部门，加强对小区停车占用、堵塞消防车通道现象的检查，并督促小区物业管理单位尽快拿出整改方案，对照方案切实付出行动，及时消除消防安全隐患，确保小区居民的消防安全得到保障。

3.6　加强消防安全宣传教育

对于小区居民的消防安全意识薄弱的问题，笔者认为要将消防安全宣传到位，在单位和居民住宅区的明显部位广泛张贴《关于开展打通"生命通道"集中治理行动的通告》，并将通告内容和要求提供给当地广播、电视、报刊、网络等媒体，广泛进行转播扩散。物业管理人员还要不定期组织人员进行消防安全教育，在小区内定期组织消防安全演练，小区电梯内的视频滚动播放消防安全知识，大力宣传消防车道被堵，影响灭火救援行动，造成人员伤亡和财产损失的火灾案例，引起广大群众的警醒，形成打通"生命通道"势在必行的社会共识。

4　辖区消防车通道治理现状

4.1　消防安全整治措施

目前辖区内重点单位、居民住宅小区均已张贴"代言海报"和《关于开展打通"生命通道"集中治理行动的通告》8000余张，各住宅小区基本能履行消防安全主体责任，能够按照工作部署要求，住建部门组织人员对小区内消防车通道出入口、道路两侧施划禁停标线、设置路面警示标志、通道明显位置设置禁止占用警示牌。目前，辖区内各街道小区内均已施划消防车通道禁停划线。各部门、街道组织高层住宅小区管理使用单位或物业服务企业，对全区所有高层住宅室内消火栓系统进行全面检测，对最不利点进行全面的测试。辖区还加大智能充电桩的推进工作，确保业主有地停车有地充电，减少进楼情况的发生，部分小区在电梯里安装梯控阻挡电动车进楼，大大减少了电动车进楼的现象。盐南消防大队持续开展重大消防安全风险排查，全力攻坚整治重大消防安全风险，确保早整改、早销号；督促各街道（社区）加快推进消防基础设施建设，推广安装消火栓、取水码头、简易喷淋、独立式感烟探测报警器、电气火灾监控系统、电动自行车智能集中充电装置。

4.2　消防安全宣传普及

为充分提高社会面消防安全防范意识，辖区消防大队借助多种手段、多种方式切实做好打通"生命通道"集中攻坚行动宣传工作。充分依托主流媒体，在盐城电视台、扬子晚报、盐阜大众报刊登打通"生命通道"为主题开展的消防安全宣传和常识宣传，在现代快报、盐南发布曝光了消防安全的违法行为，充分发挥媒体舆论监督功能，号召广大人民群众自觉规范停放车辆，保证消防车通道的畅通。加大小分队的宣传。大队宣传小分队每周八个半天开宣传车深入辖区各重点单位场所、居民小区、社区农村开展巡回播放，并在大型商业综合体和街区设置咨询台、摆放展架、发放宣传单页、播放警示视频进行消防安全宣传提醒。强化部门合力宣传。大队与街道、社区等形成整治合力，在主要场所定期开展集中宣传，利用辖区媒体的优势，定期在盐城电视台、盐城晚报进行宣传，普及消防安全知识，提升群众的消防安全意识。组织消防大队宣传人员每周继续不少于八个半天开宣传车深入辖区各重点单位场所、居民小区、社区农村开展巡回播放，并在大型商业综合体和街区设置咨询台、摆放展架、发放宣传单页、播放警示视频进行消防安全宣传，警示群众不占用、不堵塞消防通道，自觉停好机动车或非机动车。

4.3　消防安全持续维护

在打通"生命通道"的道路上，大队会持

续组织高层住宅小区管理使用单位或物业服务企业，不定期对室内消火栓系统进行全面复查，设置小区周边城市道路停车位，对小区周边占用消防车通道的违章停车行为进行严处，设置小区内部地上停车位，督改占用消防车通道行为，督促物业企业规范小区非机动车停车区及充电点、设置标志。目前，辖区居民住宅小区的消防车通道被堵塞、占用的现象已经有明显好转，物业管理单位在思想认知上也开始重视消防车通道，定期地向居民普及消防安全知识，小区居民们也已经逐渐意识到消防车通道的必要性与重要性，开始持续关注消防车通道，并自发地维护消防车通道的畅通。

5　小结

打通"生命通道"，解决小区居民因停车而占用、堵塞消防车通道的问题，是一项漫长而复杂的工作，不是一朝一夕就完成的，应该依靠全社会的共同努力，共同维护"生命通道"的畅通。在以后的工作中，应秉承高度的责任心与使命感，深入开展消防隐患排查，广泛开展消防宣传教育，提高物业管理单位的认识与居民的安全意识，消防大队对于小区的消防安全工作，要不定期进行检查，最大限度地控制和减少应私家车占用、堵塞消防车通道的现象，确保小区的消防安全得到保障。

高层建筑防火封堵研究综述

罗琼瑶[1,2]　甘子琼[1]　彭 波[1]

1. 应急管理部四川消防研究所　成都　610036
2. 四川天府防火材料有限公司　成都　610036

摘　要： 现代建筑高层化带来的火灾风险日益突出，作为预防和遏制火灾沿通道和缝隙竖向蔓延的有效措施之一，防火封堵的研究与应用对于高层建筑火灾防控十分重要，直接影响到高层建筑安全、人们的生命和财产安全。本文分析了国内外防火封堵相关标准，并比较了我国标准与国外的差异；从电缆防火封堵、给排水管道防火封堵和风管防火封堵方面讨论了防火封堵方法；按照有机和无机分类介绍了防火封堵材料；最后对防火封堵发展做了展望。

关键词： 消防　高层建筑　防火　防火封堵

1　前言

随着社会的发展，为了提高土地资源的利用率，高层建筑和超高层建筑越来越多，火灾的危险性也变得越来越大。在现代建筑物中，由于施工和使用的需要，会有大量管道从建筑物的墙体或楼板中穿越并在墙体上留下开口，如电缆贯穿孔口、防排烟管道、燃气管道、给排水管道、热力与电力管道、油管，以及其他工艺管道。这些管道穿过墙体或楼板所形成的孔洞和缝隙都是火灾蔓延的途径。一旦建筑发生火灾，由于孔洞的烟囱效应，火和有毒烟气就会在建筑物中快速蔓延，导致火灾的危险性增加，扑救的难度提高。因此，为了减少火灾损失和保障人民生命财产安全，建筑物的防火封堵至关重要。

2　防火封堵标准

为了对建筑的防火封堵加以规范和科学的管理，国内外相关部门制定了一系列相关的防火封堵检测标准。

2.1　国内防火封堵标准

我国的防火封堵检测认证是根据消防产品型式认证。按照《消防类产品型式认可实施规则》和《中华人民共和国消防法》的规定，防火封堵应根据公安部消防产品要求认证，防火封堵材料属于阻燃材料。

我国第一本防火封堵材料检测方面的标准是《防火封堵材料的性能要求和试验方法》（GA 161—1997），对材料的腐蚀性、耐水性、耐油性、耐火性能和干密度等理化性能指标进行测试。

《防火封堵材料》（GB 23864—2009）是我国的现行标准，替代了之前的《防火封堵材料的性能要求和试验方法》（GA 161—1997）。这次修订增加了膨胀性能、耐冻融循环等理化性能指标，同时对防火封堵相关术语进行细化。

《建筑防火封堵应用标准》（GB 51410—2020）是我国2020年7月开始实施的标准，该标准是一项针对建筑防火封堵具体做法的专项标准，既是《建筑设计防火规范》（GB 50016）等标准的配套标准，也是建筑中有关防火封堵的统一标准，不仅适用于新建、扩建和改建的工业与民用建筑中防火封堵的设计、施工和验收，也可用于其他建设工程。

2.2　国外防火封堵标准

美国材料协会对建筑接合缝用防火封堵材料、贯穿用防火封堵材料、建筑幕墙用防火封堵材料分别制定相关的防火材料检测标准。

基金项目： 国家"十三五"科技支撑计划项目（2018YFC0807600，2018YFC0807603）

作者简介： 罗琼瑶，女，四川资阳人，本科，应急管理部四川消防研究所研究实习员，长期从事防火阻燃材料产品开发及检验技术研究。

《建筑缝隙防火封堵材料耐火试验方法》（ASTM E1966），对抗震缝、沉降缝、伸缩缝、机构或构件之间连接的缝隙等建筑内的缝隙进行检测，并且该标准考虑了缝隙位移。

《贯穿型防火封堵材料耐火试验方法》（ASTM E814），对贯穿口防火封堵系统进行耐火性能、气密性能和水冲特性进行测试。

《幕墙型防火封堵材料耐火试验方法》（ASTM E2307），对建筑幕墙防火封堵材料进行测试，并且考虑了构件在强度下降、破裂等不利情况。

《电缆贯穿防火封堵测试标准》（IEEE Std 634™—2004）是针对电缆设计制定的规范，与《贯穿型防火封堵材料耐火试验方法》（ASTM E814）的内容相似。

2.3 国内外封堵标准对比

通过对国内外防堵标准进行对比，发现它们之间存在一定差异，主要体现在以下两个部分。

（1）性能指标差异。国内主要检测防火封堵材料的耐火性能（耐火完整性和耐火隔热性）；国外检测的性能指标，除了检测耐火性能外，还会检测隔音性能、气密性能、水冲特性等。相比较而言，国外的检测能更全面反应防火封堵系统组件的性能。

（2）送检对象差异。送检时，根据标准《防火封堵材料》（GB 23864—2009）的要求，只需厂家提供防火封堵产品。耐火性能检测时，国内检测机构将送检的封堵材料填充到标准试件内，将标准试件的检测结果来表明相关工况的情况。对比国外的标准，其要求厂商必须针对具体工况，将防火封堵材料与表明该工况的系统组件同时送检。通过比较送检对象的区别，反应出国内对防火封堵的检测注重于对封堵产品材料本身的检测；而国外防火封堵检测偏重于对组合构件整体的检测，因为国外的专家认为防火封堵的性能不仅与封堵产品本身有关，还与封堵位置等有关。

3 防火封堵方法

我国传统的防火封堵方法主要有以下几种[1]：水泥灌注法、无机防火堵料灌注法、有机防火堵料封堵法、岩棉或硅酸铝纤维封堵法、阻火包封堵法。由于每一种方法都有它的优缺点，因此在实际情况中通常是将不同的防火封堵方法进行叠加组合，综合应用，进而达到防火封堵的目的。在防火封堵中，最主要的是对电缆的防火封堵、给排水管道的防火封堵、风管的防火封堵。

3.1 电缆防火封堵

电缆防火封堵常用的方法是无机防火堵料法、有机防火堵料法、防火包带法、阻火包法等。传统的防火方法因其在施工和外观方面存在一定局限性，需要改进的方法和技术。孙仁春[10]总结了8种不同的电缆防火封堵技术并详细介绍了防火封堵材料选用、施工步骤方法、施工工艺标准。李绍伦[11]在电缆防火封堵施工中应用"二次预留"技术，该技术能大幅提高预留孔洞的空间位置和尺寸的准确性。

3.2 给排水管道防火封堵

建筑中给排水管道由塑料构成，因塑料极易燃烧、生烟量大、毒气浓度高、熔点低。火灾时火焰和烟气极易通过管道蔓延。因此，必须对这些孔洞进行防火封堵。对于给排水管道防火封堵，我国目前采用的方法有防火套管法、防火包法、阻火圈法和柔性材料封堵法[1,4,5]。

3.3 风管防火封堵

建筑中排烟、防烟、通风、采暖和空气调节系统中的管道，穿越墙体、楼板及防火分区处时会产生缝隙。火灾时，为了防止烟气和火焰通过此管道和缝隙蔓延，应对此进行防火封堵。针对风管管道采用套管法；针对防火阀、排烟防火阀之间的风管外壁采用防火岩棉包覆法；针对密闭风管井轻质材料封堵法[1,6]。

4 防火封堵材料

防火封堵材料用于封堵电缆、油管、风管、天然气管等穿楼板、墙体时形成的孔洞和缝隙以及电缆架桥的分段防火分隔，防止火焰、热气流和有毒烟气通过这些孔洞及缝隙蔓延。防火封堵材料根据其所含组分和性能特点可分为有机防火封堵材料和无机防火封堵材料。

4.1 有机防火封堵材料

（1）防火泡沫：具有防火和防烟性能。当防火泡沫暴露于室温或高温环境时，体积迅速膨胀，能封堵孔口和缝隙。适用于贯穿物复杂和施工困难情况下孔口和缝隙的防火封堵。王新钢[7]研究了一种新型的泡沫封堵材料，该材料具有较好的柔韧性，可应用于各种部位。

（2）柔性有机堵料：以有机合成树脂为黏接剂，添加填料和防火剂等碾压而成。柔性有机堵料长久不固化，柔韧性和可塑性很好，可以任意地进行封堵防火泥在高温或火灾环境下，体积快速膨胀并表面炭化。主要应用于小尺寸环形间隙和管道公称直径小于 32 mm 的可燃管道以及电缆束之间间隙防火封堵。杨松林[8]等人提出了一种新型柔性有机堵料，该堵料是以有机合成树脂为黏接剂，添加防火剂、填料等经碾压而成，具有长久不固化、可塑性好等优点。

（3）防火密封胶：是黏稠状胶体材料，可黏结在多种建材表面，有密封与防堵的双重性能。具有防火、防烟、防水、隔热、防潮等优点。主要用于各类门窗玻璃安装阻燃密封、各类防火门窗黏结密封、幕墙工程各层阻燃密封。防火密封胶可分为弹性防火密封胶和膨胀型防火密封胶，弹性防火密封胶主要应用于建筑接缝的防火密封，膨胀型防火密封胶主要应用于单根或小尺寸成束电缆贯穿孔的密封以及电缆间缝隙的填塞。康子健等人研制了新型防火密封胶—硅酮密封胶，采用有机硅聚合物阻燃剂替代无机阻燃剂和卤素系阻燃剂，在阻燃性、黏结性、环境友好性和使用寿命上有较大提高[9]。

（4）阻火包带：将防火材料制成的柔性卷曲的带状产品，缠绕在塑料管道上，用钢带包覆固定，遇火后膨胀挤压软化的管道。Klein[10]公开了一种多层防火胶带，其包括与柔性膨胀材料层邻接的柔性闭孔聚合物泡沫层，包括其制造和使用方法。傅晓杰[11]等人提出了一种新型阻燃阻火包带，该阻燃包带阻燃性能垂直法燃烧等级为 V-0 级，水平法燃烧等级为 HB 级，对降低电缆火灾的毒性和热危害性具有较为显著效果。

（5）防火包：内部填充特种隔热、耐火材料和膨胀材料，外层用编织紧密的玻璃纤维编制成袋状，形如枕头。具有不燃性、隔热隔烟、防火抗潮的优良性能。当防火包在高温环境时，体积快速膨胀，凝固成密实体。防火包主要应用于电缆竖井和电缆隧道的防火隔墙和贯穿的大

孔洞。

4.2 无机防火封堵材料

（1）防火板：以人造板为基材，包覆由高温高压处理过的防火板组成。防火板是硬质不燃板材，厚度均匀，具有防火、隔热、防潮、耐磨、承载力强、易清洗等优点。主要适用于大尺寸的多根电缆的贯穿口、空开口和电缆桥架的贯穿口。目前有的防火板类型有 SpecSeal 膨胀型金属防火板、复合膨胀防火板、矿棉板、防火复合板等。

（2）无机防火泥：以水泥为基料，加填充料等配制而成。具有防火、隔热、防烟、防水、无毒、耐油和抗机械冲击的优点。主要应用于砌块和混凝土构件内较大尺寸的空开口和贯穿口。针对一些永久性使用的工程，使用无机防火泥可节省工程费且能使工程牢固。张林[12]等人提出了一种无机膨化纤维防火防水保温复合泥，该防火泥具有耐火、防水的优良性能，并且具有成本低廉、生产和施工简单方便的优点。

（3）阻火圈：内壁填充阻燃膨胀芯材，外壳由薄钢板冲压成型制成。具有耐火、耐潮湿、抗氧化性能，具有阻火效果好、造型美观、结构紧密、安装方便等优点。使用时，将阻火圈套在塑料管道外壁，固定在墙体或楼面上。火灾发生时芯材受热迅速膨胀，挤压塑料管道，快速封堵管道穿洞口。方东[13]研制出一种新型阻火圈，检测结果表明耐火极限大于 120 min，同时耐水、耐湿热性得到了很大的提高。

（4）阻火模块：主要成分为无机材料，具有机械强度高、耐火时间长、使用寿命长、安装方便等特点。主要适用于孔洞或电缆桥架的防火封堵。王兴兵[14]提出将散热型阻火模块应用于电缆贯穿孔洞，封堵严实、散热快、防火效果好。

5 结论与展望

防火封堵在现代建筑工程防火领域至关重要，能有效限制火焰、热气流和有毒烟气的蔓延，从而保护人员安全和减少财产损失。本文通过对防火封堵标准、防火封堵方法和常见防火封堵产品进行了总结和分析，以期为我国建筑防火封堵发展提供一定借鉴。今后拟在以下四个方面

进一步开展相关研究工作。

（1）通过对国内外防火封堵标准的对比，发现我国的防火封堵标准需要在送检对象和性能指标等方面进行完善。

（2）防火封堵效果与诸多因素相关，如贯穿形式、贯穿率、被贯穿体材料与厚度、孔口尺寸、电材料等。今后需要展开更多的基础实验研究，为防火封堵的发展提供数据支撑。

（3）防火封堵材料是防火封堵的关键部分，防火封堵材料的研究开发受到各界重视。未来的发展方向主要有高效膨胀型防火封堵材料、低烟无毒害性能防火封堵材料、绿色环保防火封堵材料、耐腐蚀吸声型防火封堵材料。

（4）防火封堵构件与建筑装饰环境的美观协调，在确保防火封堵效果的同时，实现功能性、安全性、适用性和美观性的统一。

参考文献

［1］吴品忠，尹振宗，徐保国. 浅谈机电安装工程中防火封堵技术的组合应用［J］. 安装，2014，256：53-57.

［2］孙仁春. 电缆防火封堵技术方法研究［J］. 电力安全技术，2016，18(5)：61-64.

［3］李绍伦. "二次预留"技术在电缆防火封堵施工中的应用［J］. 价值工程，2014，33(27)：108-109.

［4］何世家，戚天游，彭波，等. 建筑孔洞防火封堵综述［J］. 四川建筑科学研究，2009，35(6)：304-306.

［5］张超光. 浅议建筑防火封堵的应用及查验［J］. 消防界（电子版），2018，4(5)：75，77.

［6］王凯. 高层建筑管线穿墙或楼板洞口的防火封堵措施设计研究［J］. 城市建筑，2019，16(2)：61-62.

［7］王新钢. 一种新型泡沫封堵材料的研究及其施工技术［J］. 广州化工，2012，40(5)：143-146.

［8］杨松林. 一种柔性有机堵料及其生产方法，CN107651885A［P］. 2018.

［9］康子健，李步春. 硅酮密封胶在建筑防火系统中的应用［J］. 中国建筑防水，2011(6)：1-5.

［10］Klein J A. Multilayer fire safety tape and related fire retardant building construction framing members［J］. 2018.

［11］傅晓杰，秦贞良，王恂. 一种新型防火材料在电缆运行中的应用研究［J］. 上海节能，2019(7)：589-594.

［12］张林，李华荣，王作书. 无机膨化纤维防火防水保温复合泥料结构［P］，中国 CN202227496U，2012.

［13］方东，季宝华. 新型建筑硬聚氯乙烯排水管道阻火圈的研制［J］. 消防技术与产品信息，2004(2)：62-63.

［14］王兴兵，边久荣. 散热型阻火模块在电器防火封堵中的应用［J］. 消防技术与产品信息，2012(4)：69-72.

不同形式凹廊排烟效果的数值模拟研究

韩峥 邓玲

应急管理部四川消防研究所 成都 610036

摘 要： 本文介绍了长宽比2：1、1：1以及1：2等三种形式的凹廊在特定条件下的排烟效果。通过数值模拟分析，对相同试验条件下不同形式凹廊的排烟效果进行分析。模拟结果表明不同形式凹廊的排烟效果与凹廊的结构尺寸、开口方向以及开口面积都有着密切关联。当排烟面积相同的情况下，其敞开面所处方向与起火房间烟气进入凹廊路线一致时，排烟效果最好，凹廊及楼梯间内的温度最低、烟层距地面高度及能见度最高，最利于人员疏散。对于同一种结构形式，凹廊的进深越短、开口面积越大，其排烟效果也越好。

关键词： 消防 自然排烟 凹廊 开口 排烟效果

1 引言

火灾发生初期阶段，快速而有效地排除烟气对建筑内部人员逃生有着重要的影响。建筑排烟系统包括机械排烟和自然排烟两种方式，由于自然排烟系统工程造价相对较低，而且又兼顾采光、通风，十分经济；后期使用可靠性更高，维护管理也相对简单，《建筑防排烟系统技术标准》（GB 51251—2017）在排烟系统设计章节中明确提出，根据建筑的使用性质、平面布局等因素，优先采用自然排烟系统。防烟楼梯间及其前室作为纵向疏散的通道对建筑内部人员疏散以及后期消防队员灭火救援十分重要。如何保证楼梯内部不受外界烟火侵入，为人员提供安全的逃生通道尤为重要。

楼梯间及前室通常采用的防烟方式有两种，自然通风方式和机械加压送风方式。《建筑防烟排烟系统技术标准》第3.3.1规定对于建筑高度小于或等于50 m的公共建筑、工业建筑和建筑高度小于或等于100 m的住宅建筑，当独立前室或合用前室采用凹廊时，楼梯间可以不设置防烟系统。凹廊作为直通室外排除烟气的一种结构形式有很多优点，首先不需要专门的排烟设备，其次火灾时不受电源中断影响，再次是结构简单经济，最后是平时可兼作换气用。由于前室采用凹廊时，楼梯间可以不设置任何防烟系统，所以凹廊的结构形式直接影响其排烟效果，而凹廊的排烟效果对楼梯间安全性有着非常重要的影响。本文主要对不同形式的凹廊开展数值模拟研究，分析其排烟效果差异。

2 火灾场景设计

根据建筑中设置凹廊的场所，本项目在数值模拟分析中的模型参照办住宅场所设计（图1），火灾功率的选取按《建筑防烟排烟系统技术标准》中的相关参数，模拟分析时选取"设有喷

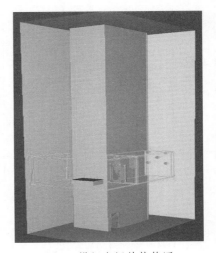

图1 模拟房间结构简图

基金项目： 基科费项目"不同结构尺寸的凹廊作为前室的防烟效果研究"（20198803Z）

作者简介： 韩峥，女，辽宁抚顺人，本科，助理研究员，主要从事建筑防火研究，E-mail：26742561@qq.com。

淋的办公室、客房"的火灾场景，热释放量为 1.5 MW。《建筑设计防火规范》中规定前室的使用面积：公共建筑不应小于 6 m²，住宅建筑不应小于 4.5 m²。当与消防电梯间前室合用时，合用前室的使用面积：公共建筑不应小于 10 m²，住宅建筑不应小于 6 m²。在模型建立过程中，设计住宅采用凹廊作为合用前室，面积为 8 m²，起火房间约 15 m²，层高 3 m，楼梯间 10 层高。凹廊均为敞开式，距地面 1.5 m 范围为镂空栏杆。

根据凹廊长宽比不同，本次数值模拟共涉及 3 个场景计算（表 1）。每个场景分别设置温度、风速、能见度以及烟层高度测点。

表 1　计算场景列表

场景编号	凹廊形式	凹廊开口方向	凹廊示意图	模拟结果
场景 1	长宽比 2:1	与入口方向一致		凹廊和楼梯间的门同时开启时，测试凹廊及楼梯间内温度、能见度、烟层下降高度等指标
场景 2	长宽比 1:1	与入口方向一致		
场景 3	长宽比 1:2	与入口方向不一致		

3　数值模拟分析

3.1　凹廊及楼梯间温度分析

火灾发生时，温度是反映火灾强度状态的重要指标之一，温度的高低能够反映出火灾的剧烈程度，温度场的变化则能够反映出火灾的发展情况，以及对于人员安全的影响。当起火房间烟气在热动力驱动下充满该房间后，由房间开口向凹廊内部蔓延，一部分烟气通过凹廊开敞的排烟口排向室外，一部分烟气进入楼梯间。

图 2 显示了凹廊内部烟气温度情况，200 s 左右火灾基本达到稳态发展阶段，烟气温度上升到一定程度后波动较小。比较凹廊内相同高度位置的测温点发现，由于不同场景的凹廊开口位置不同，导致内部烟气排除效果不同，场景 3 烟气温度最高，200 s 后升高至 110 ℃左右，最高达到 142 ℃；场景 1 和场景 2 烟气温度变化相近，基本保持在 100 ℃左右。图 3 反映了烟气进入楼梯间后温度的变化情况。由于场景 2 凹廊进深短，排烟开口面积大，所以排烟效果较好，进入楼梯间内的烟气量小，在烟气上升过程中混合冷空气，导致烟气温度较低，始终在 20 ℃左右。

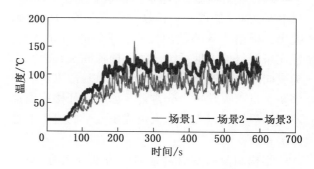

图 2　不同场景凹廊内烟气温度变化

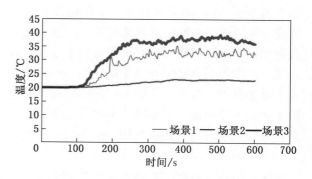

图 3　不同场景楼梯间内烟气温度变化

当烟气进入楼梯间后，通过比较三种场景下楼梯间不同位置高度的烟气温度分布情况，可以评价不同形式凹廊的排烟效果。图4显示了不同场景楼梯间内部不同高度的烟气温度情况。总体趋势为随着楼梯间内烟气向上蔓延，上部温度高于下部，其中场景3温度最高达到90 ℃。所有场景中距地面2 m的位置为比较明显的分界线，2 m以下温度基本保持稳定，2 m以上烟气温度上升较快。由此判断2 m左右位置为烟层分界面。由于场景3的凹廊形式及开口位置不利于烟气及时排除，导致进入楼梯间烟气增多，人员疏散条件最差。

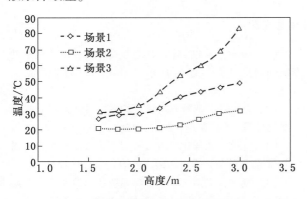

图4　不同场景楼梯间温度随高度变化

3.2　凹廊烟层高度分析

火灾初始阶段室内的压差主要是由热烟气的膨胀引起的，持续时间一般比较短。随着火势的发展，热烟气通过上部开口排出，新鲜冷空气通过下部开口进入室内。当热烟气在上部空间累积而新鲜空间聚集在下部空间时，上下两个部分的环境逐渐稳定，这个阶段称为"分层阶段"。当火灾进入完全发展阶段，火灾所产生的烟气量超过排烟开口的排出量时，这个"分层"现象慢慢消失，热烟气层最终直接到达地面。烟层高度对于人员疏散至关重要，因此作为一个考察因素来评价不同场景凹廊的排烟效果。

由于模拟采用稳态火灾，当火灾功率达到定值后不再变化，通过图5可以看出烟层高度随时间的增加逐渐下降，最终保持在一定高度范围内。在人员疏散过程中，逃生路线的清晰高度应尽量提高，对比三个火灾场景下的烟层高度，场景1和场景2烟层距地面高度在1.6 m和2.0 m之间，场景3烟层距地面高度下降至1.5 m以

下。场景3的火灾情况下，人员疏散条件最差。

3.3　凹廊及楼梯间能见度分析

能见度作为衡量烟气遮光性的重要指标，对于人员疏散安全性具有重要的指导意义，通过对能见度的研究也可为性能化防火设计提供部分设计依据，如布置疏散标志等方面都具有指导意义。图6中2 m处的能见度水平切片表明，场景3中的凹廊及楼梯间能见度最差，两处的能见度均低于10 m，疏散条件最差。场景1和场景2除靠近起火房间区域外，能见度能达到25 m。导致这一结果的产生，主要是由于场景3凹廊的排烟开口方向与入口方向不一致，当烟气由起火房间门洞蔓延至凹廊时，不能及时排除，排烟路线需转弯，因此导致烟层沉降速度快，能见度降低。

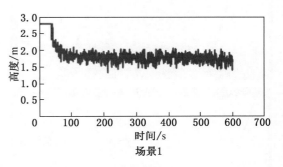

场景1

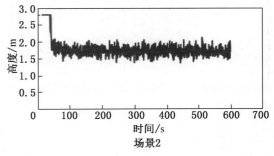

场景2

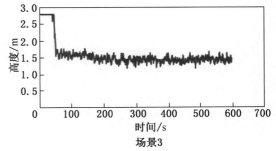

场景3

图5　不同场景烟层距地面高度变化

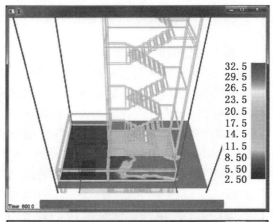

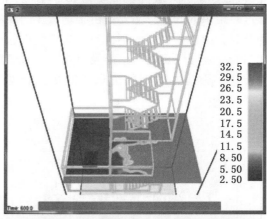

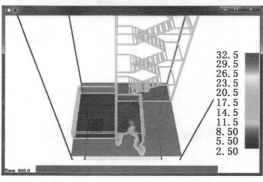

图6 不同场景能见度切片

4 结论

当凹廊作为前室时楼梯间是可以不采用任何防烟形式，因此凹廊的排烟效果对于人员疏散非常重要。通过对不同结构尺寸的凹廊进行数值模拟分析，得出当排烟开口面积相同时，排烟开口位置对排烟的影响十分关键。当凹廊敞开面所处方向与起火房间烟气进入凹廊路线一致时，排烟效果最好，凹廊及楼梯间内的温度最低、烟层距地面高度及能见度最高，最利于人员疏散。对于同一种凹廊结构形式，凹廊的进深越短、开口面积越大，其排烟效果也越好。

参考文献

[1] 金汐，孟冲. 窗口开启方式对PM2.5室内运动影响的研究 [J]. 建筑技术，2014，45（11）：1022 - 1025.

[2] 李洪珠. 两种开窗形式的室内自然通风效果模拟对比分析 [J]. 制冷，2017，36（2）：53-56.

[3] 沈纹. 增强建筑防烟排烟系统效能的对策探讨 [J]. 消防科学与技术，2016，35（9）：1229-1231.

[4] 高勋，朱国庆. 基于烟气特性的商业综合体防排烟研究 [J]. 消防科学与技术，2014，33（6）：636-638.

[5] 邓玲. 前室不同朝向可开启外窗排烟效果试验研究 [C]//中国消防协会. 2020中国消防协会科学技术年会论文集，2020.

[6] 毛少华. 烟气中性面的理论模型及实验研究 [D]. 合肥：中国科学技术大学，2012.

[7] 李改. 高层建筑火灾烟气流动规律及烟气控制研究 [D]. 合肥：安徽建筑工业学院，2010.

老旧小区改造中消防安全问题探析

宋 立 明

通化市消防救援支队　通化　134001

摘　要：随着我国城镇化的快速发展，新建商品房和居民小区总数也逐年攀升，与之对应的是城镇老旧小区数量也日益增多，老旧小区由于历史条件的限制，消防基础设施滞后、消防管理水平薄弱、火灾事故多发等问题制约了小区人居环境的改善，给人民群众生命财产安全构成严重威胁。结合老旧小区改造工作，针对老旧小区在建筑总平面布局、消防车道、电气安全、消防设施等方面存在的消防安全问题现状，提出了六项老旧小区消防安全问题整治具体对策和建议。

关键词：消防安全　老旧小区　火灾　改造

1 引言

改革开放 40 多年来，我国城镇化进程不断加快，城镇居民的居住质量和居住水平大幅提升，但是近年来，我国城乡居民住宅火灾一直呈高发态势。据统计，2017—2019 年全国每年城乡居民住宅火灾起数均占全年火灾起数的 45% 左右，仅在 2020 年全国城乡居民住宅火灾就达到 10.9 万起，占总数的 43.4%，共造成 917 人死亡，占全年总数的 77.5%，远超其他场所亡人的总和；发生较大以上火灾 38 起，占总数的 58.5%；在有人员伤亡的火灾中，老旧住宅小区及无物业管理的弃管楼火灾占比更是达到 7 成以上。因此，预防和遏制老旧住宅小区火灾事故的发生，完善老旧小区消防基础设施建设，提高老旧小区消防安全管理水平，是当前亟须解决的现实问题。

2 老旧小区消防安全问题现状

2.1 违章搭建普遍，破坏建筑布局

由于老旧小区建筑普遍没有仓库、储藏室，一些居民便在自己家中或是公共部位乱搭乱建，有的在楼内搭建阁楼、增设夹层，有的在一层外窗下私自搭建小仓库，这些新增部分往往采用简易围护结构，耐火极限极差，加上电气线路多为临时性拉接，是老旧小区火灾发生的重灾区；有的在楼道内乱堆乱放衣柜、鞋架等杂物，却可能堵住了火灾时唯一的逃生出路；有的一层住户甚至直接将仓库搭建到居民楼门口，占用了建筑原有的防火间距，一旦发生火灾极易蔓延扩散。

2.2 占用消防车道，安全出口封闭

老旧小区大多建设年代久远，建设初期未考虑停车位设置，很多车主直接将车辆停放在小区道路两旁，还有的挤放在两栋居民楼之间，使原本就不宽敞的道路更加狭窄难行，一旦发生火灾，消防车难以通过，影响灭火救援；此外，部分小区出于自身管理需要，会将小区不常通行的大门、侧门锁闭甚至堵死，一旦发生火情，消防救援人员往往只能舍近求远寻找入口，极易导致居民楼火灾的火势蔓延。

2.3 电气线路老化，私拉乱接

老旧小区居民家中的电气线路往往都是与房屋同龄，老化严重；现代化家电的大量使用，大大增加了用电负荷，部分住户私自接线、扩容，线路纵横交错，无任何保护措施，容易引发火灾；再者，电力设施接地系统未设置或者不完善，也会造成部分大功率用电设备漏电、短路，安全隐患突出，危及人身和财产安全。

2.4 消防基础设施不到位，损坏严重

由于历史原因，大多数老旧小区周边无消防取水口，未设置室内消火栓、轻便消防水龙等必要的消防设施，有的虽然设置了消火栓，但未设

作者简介：宋立明，男，研究生，吉林省通化市消防救援支队高级工程师、专业技术一级消防指挥长，主要从事消防监督指导工作，E-mail：slm8119@163.com。

置消防水箱，或由于缺少日常维护，水枪、水带
丢失严重，埋压损坏现象比比皆是，遇到紧急情
况时才发现无法使用或无水可供，严重影响消防
灭火救援。

2.5 群租及"三合一"现象集中，开放式管理监管难

多数 2000 年以前建成的老旧小区，无任何
物业管理，部分老旧小区内住宅楼与商业店铺混
杂，沿街老旧住宅楼的底层住户开墙凿洞变为门
市出租经营，有些商户甚至将住宅改成仓库使
用，隐蔽性强；不少经营人员会在房屋内部加建
阁楼，作为储存货物或人员居住的场所，有的还
将一、二层打通，作为经营、住宿、储存场所；
有些小区住宅出租给外来务工人员居住，群租现
象严重。这些区域中电气、燃气隐患突出，由于
无物业管理单位进行统一管理，消防监管难度
大，一旦发生火灾，极易造成严重的伤亡事故。

2.6 电动车充电难，违规存放隐患大

目前，我国电动自行车保有量已超过 3 亿
辆，因电动车充电、违规改装、楼道内存放引发
的火情已成为居民火灾事故增加的重要因素。许
多老旧小区因无集中充电桩，电动车大多采取室
内引出线路连接插排充电，即"飞线"，存在严
重的电气火灾隐患。数据显示，80%的电动车火
灾是在充电时发生的，90%的有人员伤亡火灾是
因将其置于过道或门厅造成。例如，2019 年 10
月 1 日，广东省汕尾市海丰县城东镇一七层老旧
住宅楼发生电动自行车火灾事故，造成 5 人死
亡；2020 年 8 月 8 日，南京市鼓楼区金陵村小
区 405 号一楼楼道内电动自行车发生火灾，造成
3 人死亡。起火原因均为电动自行车电气故障引
发火灾。

3 老旧小区消防安全问题整治对策

3.1 建筑总平面布局改造

一是要落实责任，由社区或物业管理部门配
合辖区公安派出所对小区内所有"三合一"场
所和群租房进行排查登记，要求产权人与使用人
必须签订相关合同，明确房屋安全和维护管理事
项责任方，强化监管力度，严防失控漏管。二要
全面清理小区"三合一"场所，规范群租房监
管，对在居民楼内改建的住宿与生产、经营、储

存场所合用，未按规定进行防火分隔的，一律依
法取缔；对疏散设施设置不符合要求、安全出口
数量不足的，一律依法限期整改。三要联合规
划、住建、城市管理行政执法等职能部门，对老
旧居民小区的违章搭建行为开展联合执法整治，
对居民在楼梯间和居民楼公共用地私搭乱建的违
法建筑依法予以拆除；对私自改变房屋使用功
能、危及房屋安全的应限期恢复原状；对确有实
际困难的，由旧改办或相关职能部门协调政府帮
助居民解决实际问题。

3.2 打通"生命通道"改造

首先，要依据《建筑设计防火规范》（GB
50016）的规定要求，制定打通消防生命通道改
造标准，拆除道路周边违法违规建筑及影响灭火
救援的牌匾等障碍物、调整道路系统和出入口，
对改造后的消防车通道要逐一划线、标名、立
牌，实行标识化管理。二是要结合当地老旧小区
改造项目实际情况，增设停车场地和停车设施，
实施"一城一策、一区一策"的消防车通道治
理对策，分类分批整改，也可通过联系社区周边
停车位、借用附近单位停车位、小区周围的路边
停车场等公共停车设施，采取弹性停车、错时开
放、共享停车等方式，解决小区停车位不足问
题。三是对于无物业管理的老旧、散小区，所在
社区要落实专人加强管控力度，组织人员施划消
防车通道和消防救援场地标线标志，在道路旁设
立警示牌，对占用、堵塞、封闭消防车通道等违
法行为要及时通知辖区公安派出所依法查处，确
保生命通道畅通。

3.3 建筑消防设施改造

首先，消防设施是满足居民安全需要的重要
基础类设施，根据《消防法》第十八条规定
"住宅区的物业服务企业应当对管理区域内的共
用消防设施进行维护管理，提供消防安全防范服
务"。因此，老旧小区应落实物业服务企业，明
确物业服务企业的消防安全职责，确立物业服务
企业的消防安全责任主体意识，并将小区内消防
安全管理和消防设施的维护保养工作落实到人。
二是应加强部门协调配合，由住建、消防救援等
部门提供技术指导，发动社区网格联合辖区公安
派出所对老旧小区消防设施情况进行摸底排查，
对建筑消防设施老旧、破损、缺失等情况登记造

册,由老旧小区改造办提请政府制定老旧小区建筑消防设施综合改造中长期规划,将消防设施无人管理等物业服务不健全小区纳入优先改造,逐步为老旧小区配备室内外消火栓、轻便消防水龙、简易消防喷淋、独立式感烟报警探头、消防应急照明、安全疏散指示标志等基本消防设施,全面提高老旧小区建筑抵御火灾的能力。

3.4 电气防火改造

首先,电力部门要按照先急后缓原则,实施老旧小区供电户外箱变、变压器、线缆、分支箱、楼道内等全部供电设施设备的更新改造;对于砖木结构民房和老旧民房区,要改造、更换老化电气线路,强制安装带有漏电保护功能的空气开关;同时将改造区域内的架空电力线路、墙面"蜘蛛网"电线改造成地下暗敷式布线,对居民室内电气线路布线推广采用 PVC 阻燃管进行保护。二是针对在小区公共区域私拉乱接电线或者其他违规用电行为的,物业服务企业要坚持常态化巡查和检查,对屡禁不止或者拒不整改的,统一协调电力运行监察部门,依法中止供电。三是坚持属地街道社区为主导,住建部门具体实施的原则,推动在老旧小区适当位置或紧邻区域内新建、改建电动自行车集中充电场所,增设充电桩,对不具备新建和改建条件的区域设置独立式充电桩,杜绝电气线路私拉乱接、电动自行车"飞线"及楼内违规停放充电现象。

3.5 建筑防火智能化改造

要充分利用"互联网+监管"平台,依托智慧城市建设,运用远程监管、物联网监测等手段,提升消防监管效能,在老旧小区改造中大力推广智慧消防应用。一是在老旧小区疏散通道、消防车道附近加装前端智能分析摄像头等智能感知设备,对人为占用疏散通道或机动车违规停放情况,由所属物业服务企业接收信息并及时督促解决违法违规行为,实现对消防车道、疏散通道的实时监控。二是在老旧小区所有用电区域推广安装电气火灾监控系统,在建筑物重点部位加装独立式感烟火灾报警探测器、可燃气体浓度报警探测器等,对于因火灾、燃气或电气原因导致的安全隐患实现提前预警,另外小区物业管理人员可随时通过手机 App、短信、电话等方式,对小区内鳏寡孤独人员集中的重点家庭燃气、电气设备安全隐患情况实施动态化监管。三是可通过给小区周边市政消火栓增加智能闷盖和压力检测传感设备等措施,实时监测消火栓运行状态,判断消火栓是否存在组件损坏、缺失、管道压力是否满足要求等,保证消防给水设施状态正常,为灭火救援提供有力保障。

3.6 消防管理长效机制建设

首先,要推动在老旧小区改造中同步建立健全业主委员会,采取业主委员会自治管理和引入正规物业管理相结合的方式,确保改造完成一处,物业服务跟进一处。同时,业主委员会要与物业服务企业相互配合,相互监督,相互促进,共同做好小区的日常消防安全管理工作。其次是要多方参与监督,建立健全由街道、社区居民委员会、业主委员会及物业服务企业等组成的联席会议制度,定期召开会议,全程参与小区改造工作,按照改造工程进度,通过公示、征求居民意见等方式,引导居民参与协商确定改造后小区的管理模式、管理制度及业主议事规则,维护改造成果。再次是要采取政府出资、社会组织和企业帮扶、产权单位出资等多种方式,建立消防设施专项维修资金,将老旧小区治理体系建设融入改造过程,改造后各小区要重新签订物业服务合同,落实小区改造后消防设施维护、更新、保养措施,提高物业服务质量,保证改造后消防管理模式可持续运营。

4 结束语

总之,老旧小区改造,利国利民,是一项功在当代、利在千秋的民生工程。应该牢牢把握住国家对老旧小区改造这一有利契机,大力改造提升完善城镇老旧小区各项消防基础设施建设,促进老旧小区消防治理模式创新,推动构建"纵向到底、横向到边、共建共治共享"的社区治理新体系,不断提升老旧小区火灾防御能力,为经济稳定和社会发展营造良好消防安全环境。

参考文献

[1] 康龙. 老旧小区消防安全隐患及对策分析[J]. 自然科学(文摘版), 2016, (9): 287.

[2] 洪叶, 张弘. 浅谈老旧小区消防安全隐患及对策 [EB/OL]. http://www.chinaqking.com/yc/2019/1746191.

html，2019-06-11.

［3］国办发〔2020〕23号.国务院办公厅关于全面推进城镇老旧小区改造工作的指导意见［Z].2020.

［4］吉林省住房和城乡建设部.通告545号吉林省城镇老旧小区改造技术导则［EB/OL].（2020-03-09）http：//jst.jl.gov.cn/isbzh/bzhgz/fbgg/202003/t20200309_6879775.html.

公安派出所消防监督检查工作何去何从

王海祥[1]　王东旭[2]

1. 德州市消防救援支队　德州　253020
2. 山东警察学院　济南　250202

摘　要：在体制改革过渡期间，公安机关与消防救援机构之间的职能划分不明确、任务分工不具体、交流沟通困难，存在新旧法规不衔接、执行程序不规范、监管难点焦点多、工作效率和管控能力降低、社会面火灾防控风险加大等诸多现实问题。本文从顾全大局、依法履职，明确职责、强化管控，创新思路、寻求突破三个层面，探索改进公安派出所消防监督检查工作的对策，并从经济基础决定上层建筑的层面，就公安派出所消防监管模式的改革发展趋势进行分析探讨。

关键词：消防　公安派出所　监督检查　问题　对策

1　引言

消防监督检查工作是法律赋予公安派出所的一项重要职能和责任，是基层治安工作的重要组成部分。近年来随着政府机构改革和部门职能转变，尤其是公安消防部队的转制改隶，导致公安机关与消防救援机构之间的关系发生本质性变化，在相关法律法规未能及时跟进修订的情况下，公安派出所消防监督检查工作出现日趋弱化和失控漏管问题，无法适应新形势、新任务需要，也无法有效预防和遏制农村、社区和"九小场所"火灾事故逐年上升趋势。2021年2月16日，山东省禹城市禹津社区富康蛋糕房因酥油斗烛引燃神龛及周围可燃物发生火灾，造成7人死亡，由于发生在春节期间，社会影响较大。该场所属于公安派出所管辖范围内的"九小场所"，且是住宿与生产、经营、储存于一体的"三合一"场所，再一次将公安派出所消防监督检查工作推向风口浪尖，急需各级政府和公安机关、应急管理部门、消防救援机构共同研究探讨公安派出所消防监督检查工作存在的突出问题，并有针对性地制定科学、规范、有效的工作措施。

2　公安派出所消防监督检查工作存在的问题

2.1　体制改革处于过渡期，职能划分不明确

1984年10月1日起施行的《中华人民共和国消防条例》和1998年9月1日起施行的《中华人民共和国消防法》，均无公安派出所参与消防监督检查工作的具体规定，2009年5月1日起修订施行的《中华人民共和国消防法》，第一次明确提出公安派出所参与消防监督检查工作的职责："消防救援机构应当对机关、团体、企业、事业等单位遵守消防法律、法规的情况依法进行监督检查。公安派出所可以负责日常消防监督检查、开展消防宣传教育，具体办法由国务院公安部门规定。"2019年4月23日再次修正施行的《中华人民共和国消防法》继续保留原规定，公安派出所的消防监督检查职能还在，且与之配套的法规规定仍需执行。但随着消防体制改革，原公安机关消防机构成为应急管理部消防救援机构，消防救援机构与公安派出所的关系由原来的同一部门内设两个机构，变成相互之间无隶属关系的不同部门之间的沟通协调和工作配合关系。目前消防救援机构与公安派出所之间的职能分工

作者简介：王海祥，男，德州市消防救援支队高级专业技术职务，主要从事消防监督检查、法制工作，E-mail：wanghx911@163.com。

不理顺，责任划分不清楚，交流沟通对接困难，已严重影响消防监督检查工作的正常开展。

2.2 新旧法规不衔接，执行落地有难度

目前，关于公安派出所开展消防监督检查工作的管理规定还是公安部门制定的，在体制改革过渡期，原有公安部门制定的标准仍有法律效用，必须严格执行。2019 年 4 月 23 日修订施行的《中华人民共和国消防法》已明确提出公安派出所开展消防监督检查的具体办法由国务院公安部门规定，但截至 2021 年 3 月，公安部迟迟未能出台相关规定，致使有些地方的公安机关持观望和等待态度，公安派出所消防监督检查工作处于停滞状态。如此一来，公安派出所开展消防监督检查工作就非常被动，虽然有法可依，但却没有具体的执行标准，许多公安派出所民警既不愿意承担责任，又不愿意开展具体的日常消防监督检查，工作流于形式，被动应付。

2.3 监管难点焦点多，社会关注度较高

"九小场所"、农村、社区是公安派出所消防监督管理的重点，分布城乡、数量众多、形式多样、情况复杂，历来是消防安全管理的薄弱环节、火灾高发的主要场所。

2.3.1 消防车通道堵塞严重，直接影响消防车通行和救援效率

此类问题在老旧居民住宅小区和多层居民住宅小区尤为突出。

2.3.2 电动自行车管理混乱，实行集中充电难度大

老旧居民住宅小区电动自行车集中充电装置建成率较低，且部分充电装置充电口少、使用不方便。楼道口、地下室"飞线充电"、楼道内占用疏散楼梯违规停放电动车的现象非常普遍。

2.3.3 消防控制室值班制度难落实，消防设施故障较多

消防控室能够达到每班两人持证上岗标准的住宅小区较少，消防控制设备和自动消防设施故障率较高，且不能及时消除。

2.3.4 居民住宅小区已成为消防举报投诉的焦点

政府热线电话"12345"受理的涉及消防举报投诉案件中，至少一半以上与居民住宅小区消防安全管理有关。物业管理单位与业主之间因消防车道、消防设施管理问题相互举报，对立情绪

严重，成为举报投诉的焦点，也是公安派出所最头疼、最棘手的难点问题。

2.3.5 公安派出所管辖区域成为火灾多发的焦点

据统计，2018 年全国共接报火灾 23.7 万起，造成 1407 人死亡、798 人受伤、直接财产损失 36.75 亿元，其中属于公安派出所管辖区域的城乡居民住宅共发生火灾 10.7 万起，占总数的 45.3%，造成 1122 人死亡，占总数的 79.7%，且城乡居民住宅火灾致死人员中，老幼比率较大，已成为影响社会安全稳定的重要因素和公众关注程度较高的焦点问题。

2.3.6 部分监管职能缺失

特别是在电动自行车消防安全管理方面，由于产品质量不过关、违规改装改造、停放充电不规范、安全意识不强等原因，导致电动自行车火灾频发。为提升电动自行车本质安全水平，2019 年 4 月 15 日国家颁布实施《电动自行车安全技术规范》（GB 17661—2018），但在居民住宅小区电动自行车规范管理方面，辖区政府、街道办、居（村）委会、政府监管部门、开发建设单位、物业管理单位的职责不明确，缺少牵头管理职能部门。

2.4 重视程度减弱，工作效率大幅降低

随着公安消防部队转制改隶应急管理部管理后，由于消防救援机构的公安网停用，原消防行政执法流程难以在消防救援机构与公安机关之间直接流转、对接，致使公安派出所消防监督检查法律程序，尤其是消防行政处罚程序无法正常开展，加之缺乏配套法律文书和执行标准，信息传递不顺畅，推诿扯皮现象严重，这也是造成公安派出所消防监督执法量大幅下降、工作效率大幅降低的主要原因。

2.5 管控能力普遍下降，社会面火灾防控风险加大

消防救援机构转制改隶期间，对公安派出所的系统性培训指导中断，加之公安派出所人员调整频繁，从事消防监督检查工作的公安干警业务能力普遍较差。消防救援机构派驻公安派出所辅助执法的驻所文员目前处境尴尬、前途迷茫，各地驻所消防文员调回消防救援机构或调往乡镇（街道）消防派出机构的现象已非常普遍，直接削弱了公安派出所的消防监督检查力量，致使公

安派出所消防安全管控能力降低，甚至出现失控漏管现象，无形之中增大了社会面火灾防控风险。

3 改进公安派出所消防监督检查工作的对策

3.1 顾全大局，守土尽责，依法履责

国家管理体制的改革是一个循序渐进的过程，在公安部尚未制定或修订公安派出所消防监督检查工作管理规定、而现有规定又未作废的情况下，各级公安机关，特别是公安派出所，要以对人民高度负责的态度，从社会稳定大局出发，站在安全工作一盘棋的政治高度看待当前的消防监督检查工作，继续履行消防法赋予的神圣职责，主动对接消防救援机构，积极争取消防救援机构在业务上的指导，坚决避免出现监管盲区，切实做到有法可依，有法必依，推卸不得；确保做到执法必严，违法必究，马虎不得。

3.2 明确职责，有效衔接，强化管控

公安部和应急管理部应积极听取基层公安干警的呼声，加快沟通协调和交流，在现有消防法律关于公安派出所消防监督检查职能一时难以取得实质性突破的阶段，尽快出台一系列有针对性、可操作性强的规章、规定或文件，进一步明确公安机关与消防救援机构之间的职能和责任划分，切实解决执法环节的程序衔接问题，使公安派出所与消防救援机构之间的对接能够顺畅有序。

3.3 积极探索，创新思路，寻求突破

经济基础决定上层建筑，公安派出所消防监管模式改革势在必行。随着我国综合国力不断提升，农村和城镇经济发展到一定程度后，势必会大力发展乡镇消防队伍，合理布局增设城市消防站，在乡镇政府（街道办）增设高学历高素质的专职消防监督管理人员，逐步完善消防监督管理机制，织密消防安全管理防护网。如此一来，公安派出所的消防监督管理职能就会出现重大转变，管理权限可能会一分为四，公安派出所由原来的主责主业转变为协调配合关系，现有公安派出所消防监督检查职能发展趋势如下。

3.3.1 城市消防救援站

赋予国家综合性消防救援队伍消防监督干部、消防员消防监督检查职能，取得执法资格证书后，承担城市消防站辐射区域的"九小场所"和社区消防监督检查及消防宣传工作。

3.3.2 乡镇消防队

由政府配备事业编制的乡镇消防队管理干部，负责管理政府专职消防队伍，取得执法资格证书后，可以承担对农村日常消防监督检查和消防宣传工作。

3.3.3 基层消防派出机构

县级政府在乡镇政府（街道办）增设消防派出机构（消防网格管理办公室或消防救援服务中心），设专职事业编消防监督管理干部，履行消防监督管理职责，接受县级消防救援机构的业务领导，以乡镇政府（街道办）名义开展日常消防监督管理和消防宣传工作。

3.3.4 公安派出所

积极配合城市消防站、乡镇消防站、消防派出机构（消防网格管理办公室或消防救援服务中心），联合开展消防安全检查和组织实施强制处罚措施，依据消防法规有关要求，对消防救援机构和城市消防站、乡镇消防站、消防派出机构（消防网格管理办公室或消防救援服务中心）移交的违反《中华人民共和国治安处罚法》的消防安全违法行为依法进行查处。

4 结论

公安派出所消防监督检查体制改革要从顶层设计开始，只有制定出台科学有效的法律法规、规章制度，才能做到有法可依、有规可循、有责可追。公安机关与消防救援机构及其基层消防派出机构之间，只有职责明确、责任清晰、沟通顺畅，牢固树立消防安全管理"一盘棋"思想，做到责任不卸、工作不断、力度不减、标准不降，才能确保监管无死角、无漏洞，才能真正实现对社会面火灾防控的全覆盖，才能共同维护社会安全稳定大局。

参考文献

［1］李采芹．中国消防通史［M］.北京：群众出版社，2002.

［2］公安部消防局．中国消防手册［M］.上海：上海科学技术出版社，2010.

［3］公安部消防局．防火手册［M］.上海：上海科学技术出版社，1992.

［4］公安部消防局．消防监督检查［M］.北京：国家行政学院出版社，2015.

［5］应急管理部消防救援局．消防监督检查手册［M］.昆明：云南科技出版社，2019.

［6］公安部消防局．消防监督执法手册［M］.北京：群众出版社，2008.

［7］公安部消防局．公安派出所消防工作手册［M］.北京：群众出版社，2012.

新型城镇化建设中消防安全工作现状及对策

杨　海　丽

黑龙江省消防救援总队　哈尔滨　150090

摘　要：推进以人为核心的新型城镇化，是党中央、国务院的决策部署，是内需最大潜力所在和"两新一重"建设的重要内容，可为全面实施乡村振兴战略、巩固拓展脱贫攻坚成果提供有力支撑。近年来，新型城镇化加快推进，消防安全形势变得复杂严峻。本文以黑龙江省为例，结合新型城镇化建设与火灾形势实际，深入分析全省城镇化建设中消防工作现状，通过采取落实"法治防控""责任防控""精准防控""基础防控"等措施，建立完善全方位、立体化火灾防控体系。

关键词：消防　城镇化　城乡一体化　火灾防控

近年来，黑龙江省新型城镇化加快推进，随之产生火灾危险源增多，火灾防控难度增大。因此，新型城镇化建设中如何加强消防安全工作，亟须深入探讨并切实予以解决。

1　基本情况

黑龙江省，全省土地总面积 47.3 万 km²，城区面积 2587.7 km²，有 12 个地级市、1 个地区。从建设发展看，加快推进棚户区改造，减少农村建设用地，增加城市建设用地，城市建成区面积逐年增加[1]，常住人口逐年流失，但城镇常住人口逐年增加（表 1）。近五年全省共发生火灾 4.9 万余起，哈尔滨市、齐齐哈尔市、佳木斯市发生火灾起数多，农村、城市市区、县城集镇的火灾起数依次递减，城市市区亡人火灾占比重大，生活用火不慎引起的火灾最多。2 起重大

表 1　黑龙江省 2016—2019 年城镇化情况统计表[2]

年份	常住人口/万人	城镇人口/万人	常住人口城镇化率/%	全国常住人口城镇化率/%	城市建成区面积/km²	房屋建筑施工面积/万 m²
2016	3799.2	2249.1	59.2	57.4	1795.5	5014.1
2017	3788.7	2250.5	59.4	58.5	1819.7	4768.7
2018	3773.1	2267.6	60.1	59.6	1825.0	3765.4
2019	3751.3	2284.5	60.9	60.6	—	3429.7

火灾分别为 2015 年哈尔滨市红日百货批发部库房"1·2"火灾、2018 年哈尔滨市北龙温泉酒店"8·25"火灾。

2　消防安全现状及分析

2.1　经济转型升级，火灾隐患增多

截至 2020 年 6 月底，黑龙江省市场主体总量已发展到 254.97 万户，其中，企业 51.14 万户，个体工商户 194.24 万户。"低小散"企业遍布城乡，部分企业管理不规范、消防安全主体责任落实不到位，带险生产经营现象普遍，火灾隐患数量增长明显。各类工业园区、开发区普遍处于超常规的发展状态，导致存在部分"先上车、后买票"的企业存在消防手续不全的"非法建筑"。居住区商业、娱乐、餐饮等服务行业迅猛发展，临街店铺、老旧小区等火灾隐患存量未减。

2.2　城镇化建设进程快，重点场所和区域风险突出

黑龙江省城镇化率从 1978 年的 35.9% 提升到 2019 年的 60.9%，全省高层建筑近万栋，易燃易爆危险化学品场所 3000 余家，地下经营场所 2600 余家，需要改造的老旧小区 8090 个，省级及以上开发区 105 家，以上这些一旦发生火灾，极易造成群死群伤。调研 173 个高层小区，

作者简介：杨海丽，男，硕士，黑龙江省消防救援总队防火监督处工程师，主要研究方向为消防监督，E-mail：105116631@qq.com。

其中 47 个小区消防设施整体瘫痪，消防控制室值班人员持证上岗率不足 40%。

2.3 城乡一体化发展，消防基础建设滞后

存在消防安全布局不合理，消防救援站、消防水源实际配建数量不足，原农垦、森工辖区未设置消防救援站，专职消防建设逐步弱化，多种形式消防队伍发展面临诸多瓶颈等问题。特别是一些建制镇、重点镇公共消防设施基础薄弱，如入选过全国经济百强县的肇东市，市政无法达到 24 小时供水。全省共有建制消防救援站 205 个，按建成区面积计算缺建率达到 20%。黑龙江省构建"一群、一圈、一线、三片区"的城乡发展格局[4]，2020 年底前全省将建成 1500 个农村新型社区，但目前农村消防基础设施建设滞后、消防经费投入不足的问题突出，近五年黑龙江省农村发生火灾 24011 起，占火灾总数的 48.3%。

2.4 农业转移人口"市民化"缓慢，消防安全意识匮乏

农村居民在向城镇居民转化的过程中，其原有生活方式、消防观念等难以在短期内完全转变，消防安全意识较弱。截至 2019 年，全省 14 岁及以下和 65 岁及以上人口占全省常住人口总数的 24.1%[3]，孤寡老人、残障人员、儿童等弱势群体，容易因个人的不安全行为引发火灾事故，如 2013 年黑龙江省海伦市联合敬老院"7·26"火灾，造成 11 人死亡，死亡人员中 65 岁以上 7 人，犯罪嫌疑人患有脑血栓后遗症无人照顾。

3 对策及建议

3.1 推动落实"法治防控"

加快制定出台完善国家政策法规，规范消防工作与新型城镇化建设同步规划、同步建设、同步考评。结合《中华人民共和国消防法》修订，及时修订《黑龙江省消防条例》《黑龙江省消防安全责任制实施办法》，制定消防水源、消防队伍建设等方面政府规章和地方标准。

3.2 推动落实"责任防控"

全面落实社会单位"三自主两公开一承诺"制度，深入推进消防安全"四个能力"，全面落实行业消防安全标准化、规范化建设。按照"三个必须"要求，固化行业系统消防安全工作

常态机制，推行消防安全标准化管理。健全消防安全情况通报、会商研判、联合检查等机制，推动将消防工作明确纳入新型城镇化建设规划和意见中，建立城市消防安全评价指标体系，开展年度政府消防工作考核，并强化考核结果运用。加强火灾事故调查，依纪依法追究各方责任。

3.3 推动落实"精准防控"

定期分析研判消防安全形势，紧盯高层建筑等高风险场所、老旧小区等不托底区域、消防车通道等领域突出问题，以及关键节点，分类施策、精准治理，督促社会单位清除"静态"火灾隐患，指导排查"动态"火灾隐患。完善网格化管理机制，提档升级微型消防站和志愿消防队，健全联防联控机制。加强消防安全诚信体系建设，健全火灾公众责任保险制度，规范消防技术服务机构管理，提升消防控制室值班操作人员持证上岗率。深化宣传教育培训，普及消防安全常识，开展消防"五进"工作，深化"119"消防宣传月等主题宣传活动。将消防知识纳入国民教育等体系，加强各类重点人群培训。

3.4 推动落实"基础防控"

及时同步推进城乡消防规划编制修订，把消防安全布局、消防救援站、消防供水等纳入"多规合一"，做到同步规划、同步实施。持续加强消防救援经费保障，将消防基础设施建设纳入旧城改造、村庄整治和人居环境改造工程，加快市政消火栓等消防基础设施和训练基地建设，逐步解决多种形式消防队伍队员工资待遇等问题。搭建智慧消防平台，实现部门间数据接入和信息共享。构建城乡一体化的"智慧消防"，实现基础数据全面汇聚、风险隐患动态预警、社会火灾精准防控、灭火救援处置高效。

3.5 推动落实"专业防控"

加快消防救援队伍的转型升级，建立石油化工等专勤救援队伍，加强实战训练，深化全员岗位大练兵活动，强化执勤站点单元处置能力和指挥员能力素质建设。建设政府专职消防队，纳入国家综合性消防救援队伍统一管理；依法依规建设专职消防队，配齐配强人员、车辆装备，建立区域联勤联动联训机制；推动建立村屯志愿消防队，全面普及微型消防站，支持发展民间救援队。消防救援站配齐配强专业救援车辆、器材，

实现单兵配套、系统配套、保障配套。打造智能指挥中心，修订完善等级力量调派方案和出动编成，分灾种、分类别、分等级制定灾害事故处置预案。

参考文献

[1] 黑龙江省发展和改革委员会. 黑龙江省加快推进新型城镇化建设实施办法 [EB/OL]. (2017-08-22) http：//drc. hlj. gov. cn/art/2017/8/22/ort_146_19984. html

[2] 黑龙江省统计局、国家统计局黑龙江省调查总队. 黑龙江省国民经济和社会发展统计公报（2016、2017、2018、2019）.

[3] 黑龙江省乡村振兴战略规划（2018—2022）.

从城乡社区疫情防控工作经验探寻
优化消防安全网格化管理路径

张　嵩

黑龙江省消防救援总队　哈尔滨　150090

摘　要：本文拟借鉴新冠肺炎疫情防控工作中基层政府、社会组织及各方力量以严密有力的网格化管理措施打通社区防控的"最后一公里"经验做法，对比分析近年来消防安全网格化管理工作中存在的问题和不足，就进一步优化消防安全网格化管理工作路径进行探讨。

关键词：消防　城乡社区　疫情防控　消防安全网格化

随着新冠肺炎疫情防控工作的不断深入，基层城乡政府、社会组织及各方力量联防联控、群防群控作用得到了最大程度的调动和发挥，为打赢疫情防控人民战争、总体战、阻击战奠定了坚实基础。这其中的工作经验对于推进消防安全网格化管理具有十分重要的借鉴意义，需要消防救援队伍各级深度借鉴、不断探索、有效固化。

1　以社区疫情防控管理经验为"标尺"

习近平总书记在北京调研疫情防控工作时强调要把防控力量向社区下沉，加强社区各项防控措施的落实，使所有社区成为疫情防控的坚强壁垒。社区是与人民群众零距离接触的疫情防控"第一线"，同时也是基层火灾防控的"第一线"，防疫工作中的一些好的做法也为消防安全网格化管理提供进路。

1.1　组织体系科学严密

建立城乡社区疫情防控网格化工作体系，在乡镇政府、街道办事处的统一领导下，充分发挥城乡社区组织作用和居村民自治体系动员能力，凝聚社区工作人员、公安派出所民警、物业服务企业工作人员等各方面力量，下沉各级党政机关、行业部门、事业单位公务人员，做到全员上阵、责任到人、联系到户，动员全体社区居民共同参与社区防控工作，切实把社区防控的"网底"兜住、兜实。

1.2　摸底排查精细到位

建立疫情防控包干制度，按照社区"网格"划分，由居村委会、社区工作人员组织网格长、楼长、物业服务企业工作人员、保安人员、志愿者、业主委员会等力量，一对一包干，对小区、楼宇、单元、住户以及单位、商企逐一进行"地毯式"排查，建立台账，准确掌握人员流动、健康状况等情况，并做到对一般人员每日查，对"老弱病残幼孤"等弱势群体及防疫重点人员随时查，同时开展针对性的防疫宣传提示，并由社区组织实时报送防疫信息。同时，根据消防救援部门工作要求，一并排查消防安全，开展防火宣传提示。

1.3　党员带头群防群控

疫情防控过程中，各地城乡社区充分发挥共产党员的先锋模范作用和在人民群众中的引领带动作用，纷纷以单元、楼宇为单位，组织党员住户在社区党组织的统一领导下，驻守各自居住的小区单元，充分发挥其"人熟、地熟、情况熟"的优势，分兵把守、化整为零地开展防疫工作，最大限度提升群防群控效果。特别是针对没有物业管理的住宅楼，采取选任"党员楼长"、成立"党员先锋服务队"等形式开展防疫工作，并通过建立微信群等形式，畅通与社区党组织信息直报渠道。在此基础上，建立"人盯人、户盯户"线索收集等机制，确保各项防控措施落实落地、

作者简介：张嵩，男，法学学士，黑龙江省消防救援总队新闻宣传处副处长，主要研究方向为消防监督，E-mail：daxuefazhi@126.com。

不留死角。

1.4 管理手段智能高效

针对疫情防控工作实际，减少"面对面"工作方式，对非必须实地开展的防疫工作，充分借助信息化手段予以落实，运用现代化的互联网技术和数据库，依托电话、短信、微信群、微信公众号、智慧社区 App 等信息化手段，开展通知公告、排查防控、宣传提示等工作，并及时收集社区群众的诉求，解决社区群众关注的问题，对社区网格实施动态化、精细化、全方位管理。同时，将社区网格信息与各级政府搭建的数字化防控平台对接，为政府部门全面及时了解疫情、作出科学决策提供了有力支撑。

2 以消防安全网格化管理存在的问题为"原点"

国家五部门《关于街道乡镇推行消防安全网格化管理的指导意见》出台后，各级政府、行业部门、监管主体、社区（村屯）高度重视，制定并采取了一系列工作举措，深入推进消防安全网格化管理，取得了一定的工作成效，但其中也存在着一些问题。

2.1 工作落实出现末端梗阻

消防安全网格化管理工作要求标准较高、工作量较大，需要一定的人力、物力做支撑。当前城乡社区综治、民政、安全等各类网格化管理工作任务多头，且上级"条"与"块"职责不清，行业部门与乡镇、街道工作部署叠加，任务繁重，加之社区工作人员人数有限且多身兼数职，业务素质和工作能力与消防安全网格化管理要求存在一定差距，因此在工作开展上，"说起来重要、忙起来不要"的现象时有发生，多是以发文件通知推动工作，以填写"表本簿册"代替落实的多，深入网格实地抓的少。

2.2 网格管理缺乏常态长效

因基层工作压力负担较大、考核验收"一锤定音"等多方面原因，一些社区的消防安全网格化管理工作多开展于上级组织的联合检查和考评验收之前，满足于临时性、突击性的整治带来的短期成效，较少将工作开展到日常，导致了一些工作人员平时对消防安全网格化管理工作被动应付，对管理对象的底数不清，巡查检查走马

观花甚至弄虚作假，即使发现问题也不注重跟踪整改，社区消防安全网格化管理长效机制缺位。

2.3 监管力量存在薄弱环节

基层网格员大多为社区的专兼职工作人员，工资待遇相对较低，而楼长基本上都是义务的，与其承担的工作任务和素质要求不匹配，造成相当一部分网格管理人员的工作积极性和责任心不强，影响了网格化工作开展质效。另外，公安派出所民警一定程度存在重"九小场所"、轻居民住宅的现象，上门入户防火检查、宣传提示工作开展不到位。而随着消防体制改革，消防救援部门推动公安派出所参与消防安全网格化管理工作存在一定难度。

2.4 群防群治撬动纵深不够

目前，消防安全网格化管理工作主要依靠居村委会、社区负责人组织网格长楼长、物业服务企业工作人员等力量推动开展，一些群防群治力量，例如居民中的共产党员、业主委员会成员、社区志愿者、民兵预备役以及人大代表、政协委员、党政机关公务员等人员共同参与到消防网格化管理的积极性没有得到充分调动，社区居民共同参与、齐抓共管的工作态势没有得到充分显现。这一情况，在没有物业管理的敞开式、老旧住宅小区体现得更加明显。

3 对照"标尺"，立足"原点"，构筑优化消防安全网格化管理"坐标系"

社区疫情防控中的工作经验，必将在今后的工作中形成正向惯性，为改进消防安全网格化管理工作中存在的短板和不足提供动力，为助推工作提质增效提供契机。

3.1 紧紧依靠党委政府组织领导

实践证明，党委政府重视支持是做好消防安全网格化管理工作的根本保证。以黑龙江省哈尔滨市为例，市委市政府通过健全"三级网格"、推行"四个一"网格化管理措施，构建"社区吹哨、部门报到"模式，利用半年时间深入推进城镇住宅小区消防安全专项整治，工作成果超过 2019 年前五年工作总和。因此，要提请政府参照疫情防控做法，最大限度地动员社会各界力量广泛参与到城乡社区消防安全网格化管理工作中，并以下发政策文件等形式，合理确定消安防

安全网格化管理任务和范围，明确各级、各部门在工作中的职能和分工，科学配置网格管理力量，进一步定岗、定人、定责，提升标准化、精细化管理水平。要进一步将消防安全网格化管理工作纳入各级政府日常政务督查、社会治安综合治理、安全生产和消防工作考核考评内容，有力推动工作落实。

3.2　主动融入城乡社区多网合一

2019年初，中办、国办联合印发了《关于推进基层整合审批服务执法力量的实施意见》，提出将上级部门在基层设置的多个网格整合为一个综合网格，依托社区合理划分基本网格单元，统筹网格内社会保障、综合治理、应急管理等工作，实现多网合一。黑龙江省委、省政府也在贯彻落实意见中，提出了建立乡镇和街道"社会治理一张网"。在这样的大背景下，消防救援部门要借好东风，积极融入，主动对接负责整合网格工作的相关部门，进一步理顺基层消防工作"条"与"块"，将消防安全"网格化"管理工作纳入城乡"社会治理一张网"以及网格管理一体化信息系统和综合指挥平台，由乡镇、街道统一部署，社区统一牵头，将消防安全工作与其他战线工作整合，同步开展网格化管理以及督导考核等工作，并与其他部门共享社区消防安全相关信息数据，实现互联互通，在跨部门、跨层级协同运转中，实现消防安全网格化管理提档升级。

3.3　改进创新网格管理工作模式

要建立消防安全网格化管理包干制度，针对街道（乡镇）、居村委会（社区）、小区（楼院）三级网格，由消防救援部门和公安派出所组织各层次工作人员逐级"一对一"进行包干，对小区、楼宇、单元、住户以及单位、商企开展日常"清单式"排查和防火宣传。在此基础上，针对"老弱病残幼孤"弱势群体，加大巡查检查频次，并配备安装点式报警、简易喷淋等设施，利用科技化手段，强化重点管控。要提升消防安全网格化管理科技化、智能化水平，将以往实地走访、检查、宣传的单一工作模式进行拓展，借鉴疫情防控工作做法，大力采用电话、短信、微信、App软件等信息化手段开展消防安全工作，简化流程，提高效率。要建立隐患督办抄报制度，对检查发现的火灾隐患，及时督促整改，对难以整改的要做好登记并及时抄报公安派出所或消防救援部门依法处理。

3.4　全面加强网格管理队伍建设

要建立社区消防安全网格管理人员绩效考核机制，将考核的重心聚焦日常巡查检查、防火宣传提示、督促隐患整改等工作履职情况，并制定奖惩措施。要提升网格管理人员的基本待遇，特别是兼职网格长、楼长，要给予合理的工资待遇，充分调动其工作积极性。要进一步发挥居民党员的先锋引领作用，并采取措施切实将业主委员会成员、社区志愿者、民兵预备役、人大代表、政协委员、党政机关公务员等人员充分调动并吸纳进来，成为城乡社区消防安全网格化管理队伍中的有生力量，化整为零、以点带面地开展消防安全网格化管理，形成社区居民群防群治群控的良好氛围。各级消防救援部门要强化对网格管理各层级人员特别是公安派出所民警、社区网格长、楼长的消防安全教育培训，确保使每名工作人员具备检查指导社会单位、居民家庭消防安全工作能力，成为宣传消防安全知识的"明白人"。

参考文献

［1］中共中央办公厅、国务院办公厅.国务院公报2019年第5号.关于推进基层整合审批服务执法力量的实施意见.

［2］中央社会管理综合治理委员会办公室，公安部，民政部，等.（公通字〔2012〕28号）关于街道乡镇推行消防安全网格化管理的指导意见，2012-05-21.

［3］姜晓萍.使所有社区成为疫情防控的建强堡垒［N］.光明日报，2020-02-21.

［4］蓉平.加强社区治理充分发挥社区疫情防控堡垒作用［N］.人民网，2020-02-22.

［5］黄喻平，廖建敏.消防安全网格化管理存在的问题和对策研究［J］.江西化工，2014（2）：148-149.

［6］乔锋.浅析当前消防安全网格化管理实施过程中存在的问题及对策［J］.管理观察，2014（21）：2926-2927.

住宅物业消防安全管理对策与研究

杜 长 海

黑龙江省消防救援总队 哈尔滨 150090

摘 要： 对住宅物业消防安全管理工作进行深入分析，结合《黑龙江省住宅物业管理条例》新要求，将住宅物业消防管理主动融入大局，从消防安全责任落实、消防安全管理、火灾隐患排查及整改、消防设施管理、群防群治措施、加强队伍建设、运用物联网等信息技术等进行分析和研究，提出科学合理的建议和意见。

关键词： 住宅物业 消防安全管理 对策研究

居民住宅消防安全是城市安全重要的组成部分，和人们的生命财产息息相关。近年来，随着黑龙江省城市化进程的不断推进以及经济社会的快速发展，形成了许多以高层建筑为聚居中心的居民住宅小区，在满足大量涌入人群的需求的同时，所带来的消防安全风险也凸显。由于住宅物业服务企业消防安全意识滞后，相关政策法规滞后，造成了燃气爆炸、外墙保温材料火灾、电气线路火灾、电动自行车火灾等新的火灾高发势态，室内易燃可燃装修的毒害性、疏散逃生知识的匮乏、消防安全通道不畅通等导致人员伤亡的问题不断涌现，大量的住宅小区消防安全问题，已引起了社会的高度关注。2020 年，为更全面、更有代表性地反映全省居民住宅消防安全状况，总队对全省 173 个高端、普通、回迁、棚改、公租等高层住宅小区进行了调研。下面，就住宅物业企业消防安全管理问题作浅显探讨。

1 住宅物业存在主要问题

1.1 建筑消防安全和动态隐患问题大量存在

黑龙江省高层居民住宅外墙外保温材料多采用可燃材料与防火隔离带。个别开发商和居民将一楼临街住宅或商业服务网点改、扩建后出租或从事商业经营活动。采暖、排风、电线电缆井等隐蔽部位楼板间封堵不严现象突出，小区内部个别建筑未设置火灾扑救作业面。老旧住宅楼普遍存在楼道堆放杂物、消防车通道不畅通、消防设施损坏、电气线路老化现象。

1.2 物业服务企业消防安全管理能力低

目前，物业服务企业不同程度存在消防安全管理制度不健全、岗位人员责任不明晰、不能有效开展消防巡查、未定期保养消防设施、未定期组织消防安全培训和疏散演练、消防安全"四个能力"不足等问题。微型消防站建设标准不高，住宅小区建成微型消防站比例不足 60%，达到建设标准的仅占 12%。人员少且素质良莠不齐（多为保安兼职），防护装备配备不足，缺少针对性地消防训练、演练。消控室值班操作人员持证上岗率不足 40%，持证人员缺乏基本技能，有的小区消防控制室甚至无人值班。小区消防安全"楼长"配备率仅为 60%（高层住宅小区为 86.7%），存在履职不到位问题。

1.3 建筑消防设施故障率高

抽样 173 个住宅小区中有 47 个小区消防设施整体瘫痪，12 个小区火灾自动报警系统与消防设施不能实现联动，10 个小区消防管线无水，2 个小区未建消防设施，消防设施完好率仅58.9%。物业服务企业未及时对消防设施进行维护管理，地下停车场消防设施损坏、失修问题突出，且长期没有得到有效解决，具体如图 1所示。

1.4 打通消防生命通道难度大

未封闭住宅小区私家车临时停放占用消防车通道问题十分普遍。封闭住宅小区存在主要出入

作者简介：杜长海，男，黑龙江省消防救援总队防火监督处高级工程师，主要研究方向为消防安全监督管理，E-mail：dchfxj@126. com。

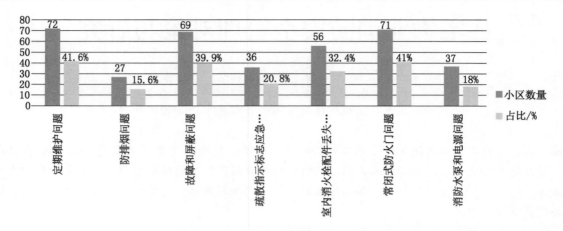

图1　消防设施故障分布图

口设置固定障碍物或锁闭现象，且不能保证24小时值班和正常开启问题。受北方气候和疫情影响，消防车通道划线工作进展没有达到预期效果。有的小区消防车道和景观绿化地已融为一体，车道标志不清晰。有的小区内树木、路灯距离建筑物较近，影响消防车操作。高层建筑封闭楼梯间、疏散走道存放杂物、设置柜子等问题大量存在，个别物业或居民封堵、圈占顶层疏散楼梯间、安全出口、消防连廊等，高层住宅的常闭式防火门关闭不严或处于常开状态，消火栓箱等被遮挡时有发生。城管、交警、公安、消防等部门责任界限不清晰，管理和疏解渠道不畅通，联合执法不到位，导致消防车通道问题得不到解决。

1.5　居民消防安全意识弱

小区业主消防安全常识知晓率不高，随意堆放杂物堵占疏散通道、安全出口。管道井内堆放杂物，封堵、占用消防连廊问题突出。居民用火、用电、用气安全意识不强，缺少正确的疏散常识，自救逃生能力不足，室内可燃装修、电气线路敷设混乱等问题不同程度存在。随机对100名小区业主进行调查，64%业主不了解打通生命

通道集中整治工作；77%业主表示没有参加过消防部门或社区、物业公司开展的消防安全培训；47%业主不知晓"96119"消防举报投诉电话；81%业主不了解高层住宅火灾逃生常识；55%业主不知道本栋楼是否设置消防"楼长"，具体如图2所示。

2　住宅物业问题主要成因

2.1　源头管控不严形成先天性消防安全隐患

部分开发商、建筑商在消防设施投入上能省则省，选用假冒伪劣消防产品，施工质量不合格，致使消防设施在投入使用后不久就处于瘫痪状态。属于备案范围的部分高层住宅建筑在审核和验收两个阶段均未被抽中，部分建筑采用可燃材料做外墙保温材料，但相应防护措施未到位。部分建筑通过验收后，在消防车通道上建设绿化景观、临时建筑等，导致存在先天性隐患。部分物业服务企业接管后，以消防未验收无法交接为由，拒不履行消防安全职责，导致住宅小区消防安全隐患整改责任、整改资金难以落实，隐患问题久拖不改。

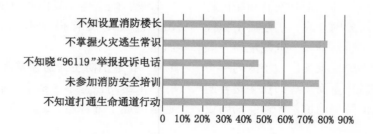

图2　消防安全意识调查统计图

2.2 物业服务企业履行消防安全职责不到位

物业服务企业消防安全意识淡薄，不认真履行法定职责，消防投入少，自身消防安全管理机制不健全，缺乏消防安全管理"明白人"，消防设施维保力量薄弱，没有外聘专业维保公司定期维护、保养，设施运行质量得不到保证，消防控制室值班、消防安全检查、消防设施巡查维护等工作落实不到位。消防安全管理人员多由保安兼任，未经过专业的技能培训，开展消防安全检查、火灾隐患整改、微型消防站管理等能力不足，加之工资待遇低，人员流动性较大。小区停车位与需求不匹配，物业服务企业对业主缺乏有效的管控和约束手段。商住两用住宅、高层公寓、居民服务网点等建筑内部结构复杂、业态多元、人员高度集中，此类建筑多为多产权单位管理，消防安全责任不明晰。

2.3 消防设施维护保养缺乏法律依据支撑

物业服务企业接管小区时，消防设施是否配套齐全没有明确部门负责监督管理。有的小区物业服务企业更迭频繁，尤其是老旧小区、弃管小区，新旧物业服务企业交接易造成消防设施维护管理纠纷，形成历史遗留问题。原《物业管理条例》未明确消防设施每年检测、维保费用纳入共用设施设备专项维修基金，物业服务企业难以在相关政府部门获得消防设施检测维修基金，且基金审批及使用流程复杂，致使消防设施维保经费得不到有效保障；物业管理费中未包含消防设施维保检测费用，物业服务企业不愿或无力支付维保费用。有的物业服务企业在签订物业管理合同时，有意规避消防设施维护问题，或对消防设施维护单独签订合同。

2.4 居民消防安全意识淡薄导致引发火灾

住宅室内存在诸多消防安全隐患，消防安全形势很大程度上取决于居民的消防安全意识。装修破坏、圈占室内消火栓等消防设施违法行为普遍。近年来，消防救援部门联合公安派出所等多部门不定期组织开展小区"三清三查"工作，仍有部分居民安全和法制意识淡薄，与执法部门检查"打游击"，彻底消除难度大。居民消防安全意识差，反映出社会化消防宣传手段亟待提升更新，目前消防宣传多浮于表面，习惯向上反映工作成效，普及性不强，"重媒体、轻群众"倾向突出，加之宣传方式方法缺乏创新，群众喜闻乐见的不多，导致宣传工作效率层层递减。宣传针对性不强，"高大上"的宣传难以贴近普通群众，单向、被动的灌输式宣传教育缺乏生命力，民众参与度不高，形式上轰轰烈烈，效果上无声无息，无法做到入脑入心。

2.5 监管部门履职未形成合力

小区消防安全监管涉及公安、住建、城管、街道等多个部门，尤其是违法建设拆除、违章占道车辆清理等难点监管矛盾突出，仅靠消防部门单打独斗，工作难度大。公安派出所和社区日常工作繁杂，加之消防安全监管能力素质欠缺，致使住宅小区消防安全监管不到位。消防车通道管理，交警部门负责城市道路，住建部门督促物业服务企业负责小区内部道路、城管部门负责人行道、非机动车道，由于缺乏统一协调，占用堵塞消防车通道违法行为，仅靠消防部门震慑力度不够，不能从根本上解决。

3 住宅物业消防安全应对措施

3.1 落实责任，强化企业自我管理

制定《黑龙江省住宅物业消防安全管理规定》，明确物业服务企业消防安全责任，确定消防安全责任人、管理人，落实各项消防安全制度，全面推行专职消防安全经理人和"楼长"制度，认真组织开展防火巡查检查、消防设施维护保养，针对疏散楼梯、疏散走道、消防连廊等开展"三清"工作，确保疏散通道畅通。加强消防车通道管理，对违规占用消防车道车辆实施告知提醒，经告知提醒拒不改正或多次违停的，报相关部门予以惩处。加强外墙保温材料保护层检查和管道井封闭情况检查，组织实施消防宣传教育培训，制定灭火和应急疏散预案并定期组织演练。建强微型消防站，开展联勤联训，提升扑救初起火灾能力。

3.2 完善法规，建立长效监管机制

2020年12月，黑龙江省出台《黑龙江省住宅物业管理条例》，明确了各级政府、住建、公安、消防等部门以及建设单位、物业公司的消防安全职责，消防安全纳入到了物业服务企业日常考核内容，强化消防安全主体责任落实。2021年拟制定《黑龙江省住宅物业消防安全管理规

定》，对涉及消防安全需启用维修基金应急使用程序的予以明确说明，进一步明确和细化消防安全工作资金保障、组织保障，规范城管、交警部门执法范围，扫除盲点区域，打通消防安全"生命通道"。协调推动规划、住建部门强化源头管控，不留先天性隐患；住建、市场监管部门定期向社会公布物业服务企业消防安全管理"黑名单"，通过政策、信誉等杠杆调节作用，督促企业落实责任。与住建和公安部门联合推动建立电动自行车集中停车点和充电点，加快小区"智慧消防"建设，实现自动消防设施、消防控制室、定期维护保养的实时远程监控，督促物业服务企业及业主落实安全措施，及时消除火灾隐患。

3.3 综合治理，强力推进隐患整改

强化顶层设计，集中开展小区消防安全综合整治，按照《黑龙江省住宅物业管理条例》要求，公安、住建、城管、消防、交通等涉及部门通力合作，尽快补建缺损、修缮瘫痪的消防设施。对于房屋维修基金不足的住宅小区，建议采取政府、物业、业主共同约定承担原则，筹措消防设施维修资金，尽快修复消防设施，集中解决当前突出问题。政府购买服务方式，聘请技术服务机构，对建筑消防设施实行技术巡检，严控火灾隐患增量。通过建设初期投入、业主自主购买等方式，积极推广使用电气过载、漏电保护、漏气报警装置，改善居民用电、用气、用火条件；鼓励安装家庭火灾智能救助系统、点式报警、简易自来水喷淋系统，适当配备灭火器、灭火毯、逃生绳、简易呼吸面具等家用消防器材，增强居民家庭火灾预警能力和自我防范、逃生自救能力。

3.4 部门联动，切实打通"生命通道"

各级政府牵头组织，以棚改回迁、公租房小区及未封闭小区为重点，采取联合执法、政务督查等方式，跟踪推进工作落实。物业服务企业严格依据相关法规和设计要求施划消防车通道标线、标志，设置警示牌，清除影响消防车辆通行和作业的障碍物。各类媒体广泛宣传普及消防车通道方面法律法规，剖析相关案例，定期曝光一批占用、堵塞消防车通道违法行为，全社会形成打通"生命通道"强大声势。对开放式小区、无停车场地或停车泊位严重不足的小区，交警部门对周边道路网络条件、交通组织和交通流量等情况进行全面调查，合理施划夜间临时停车泊位，对夜间交通流量较小的次干道施划限时停车泊位，解决小区停车难问题。辖区派出所和交警、城管部门联合执法，加大停车占用消防通道、妨碍消防设施使用等违法行为的处罚力度。

3.5 强化宣传，提升全民消防安全意识

广泛利用业主微信群等平台发布火情信息和消防安全常识，街道、社区组织物业服务企业、业委会和居民开展实地消防安全教育，针对不同受众群体，制作高品质消防宣传片和警示片滚动播放。加强消防宣传队伍建设，发动网格员、"楼长"和消防志愿者，采取走家入户、发放宣传品、播放宣传短片等形式，开展"面对面"宣传，引导广大群众革除陋习，将注重消防安全变成自觉行动和日常习惯。针对不同受训主体，做到"实打实"培训，制定针对性强、直观性高的培训内容，突出灭火器材应用、初期火灾处置和疏散逃生自救体验内容，开展"错时"宣教、"实战化"宣教。设立消防曝光平台，邀请各类媒体"硬碰硬"曝光，开展跟踪采访、暗访等系列报道，对久拖不改、政府挂牌督办的重大火灾隐患，以及物业服务企业不履职、私家车违规占用消防车道等违法行为进行曝光惩戒，形成舆论震慑。

参考文献

[1] 黑龙江省人大常委会. 黑龙江省住宅物业管理条例. 2020-12-24.

东北农村火灾形势分析及对策探讨

姜年勇

牡丹江市消防救援支队　牡丹江　157000

摘　要： 通过对东北某市近10年来的农村火灾数据进行分析，找出农村建筑耐火等级低、防火间距不足、基础设施薄弱、初起火灾扑救率低、消防安全意识淡薄和自防自救能力滞后等特点及灾害成因，并就如何降低农村火灾发生率，减少农村火灾造成的损失，提出了加强农村建筑火灾防御能力，加强完善消防基础设施建设，健全完善消防安全责任体系，多项措施普及消防宣传教育等对策建议。

关键词： 消防　农村火灾　火灾规律　安全意识

引言

近些年来东北农村火灾频发，灾后火灾当事人不仅要重建家园，还要面临严重的经济损失，甚至因赔偿问题，引发邻里纠纷，乃至升级为信访案件。为减少东北农村火灾发生率，提高东北农民生活质量。笔者对农村火灾进行了系统的调查研究，致力于找出农村火灾规律，研究出相关改进策略。

1　东北农村火灾形势分析

笔者就东北某市近10年来的造成直接财产损失2183.1万元的3289起农村火灾进行数据分析，并得出初步分析结论。

从起火场所角度分析：农村住宅建筑火灾发生起数最多，共计1277起，直接财产损失926.3万元，分别占农村火灾总数的38.8%和42.4%；其次为柴草堆垛火灾，达到660起，东北特有建筑木耳菌房起火次数也比较多，共计发生火灾148起。

从起火原因角度分析：生活用火不慎引发火灾起数最多，共计1219起，直接财产损失557.1万元，分别占总数的37.1%和25.5%；电气原因引发火灾959起，直接财产损失808.2万元，分别占总数的29.2%和37%；遗留火种399起，直接财产损失248.3万元，分别占总数的

12.1%和11.4%；吸烟引发火灾199起，生产作业类火灾154起，玩火108起。

农村火灾多发，因生活习惯等多种因素均易引发火灾，例如居民吸烟比例较大，乱扔烟头情况普遍；农村春耕和秋收焚烧秸秆情况多；大风天气生火做饭取暖易产生飞火；部分农民依旧受文化陈规陋习影响，喜欢在节日、办喜事等情况下燃放烟花爆竹，在传统祭祀节日经常使用明火、烧香拜佛以及在十字路口、森林墓地焚烧纸钱等情况也是引发东北农村地区火灾的重要诱因。

2　东北农村火灾特点及成因分析

2.1　建筑耐火等级低，烧损破坏程度大

东北农村建筑物普遍存在耐火等级低、易燃可燃物堆积、烟囱周围封堵不严以及吊顶内用可燃锯末子保温等问题。出于防寒保暖考虑，大部分村民房屋均采用木质房梁，房顶内部铺陈锯末子甚至是易燃苯板，均不具备耐火等级；为方便取暖柴草棚和居住房屋连在一起，木头桦子摆在窗户下以做烧柴。同时，很多农村居民居住在年久失修的老房子内，有的甚至住在扩建或搭建内夹易燃可燃苯板的彩钢板房内。即便新建房屋也多采用易燃可燃材料装修装饰。农村建筑物多为砖木、土木结构，且近70%房屋使用木结构屋架，发生火灾后，短时间内房屋就会烧塌落架，

作者简介：姜年勇，男，硕士，防火工程师，从事消防监督理论研究、火灾调查以及消防设备研发等工作，E-mail：shanjiany-ilang@163.com。

东北农村火灾烧塌落架概率高，且易引发小火亡人事故[1]。

当发生火灾时，若第一到场力量不能及时控制火势，为防止大火连营造成更大的灾害损失，村镇领导往往会采取调动挖掘机或推土机等大型工程设备强力破拆将过火房屋建筑推到，以此来阻截控制火势。虽然控制了火势，但过火的房屋均遭到了严重破坏，有的几乎被推平，不仅财产物品遭到破坏，同时破坏了火场，导致火灾发生时的痕迹物证所剩无几，给火灾调查工作带来巨大困难，并为日后火灾信访案件的增加埋下隐患。

2.2 防火间距不足，连营火灾率高

东北农村住宅建筑连片性强，户挨户、房连房现象普遍，消防车通道、防火间距不足问题突出。牲畜圈舍贴邻住房、柴草堆垛紧贴建筑情况"常态化"。由于户与户之间紧密相连，大多数相邻房子之间没有防火墙间隔，棚顶之上彼此连通。同时一般村民家中都是"多合一"场所，每个家庭都是集生产、生活居住、仓储于一身，家中都有粮食、家具、柴火、稻草等易燃物品。火灾发生时，由于垮塌、飞火、高温炙烤等原因，极易造成火灾迅速蔓延扩大，造成"火烧连营"。

2.3 基础设施薄弱，初起火灾扑救率低

火灾的初起阶段是扑灭火灾、减少损失的重要阶段，与城市相比，东北农村初起火灾扑救率普遍较低，村民自防自救能力差，缺少正规消防水枪、水带、手抬机动泵等灭火器材的储备，迅速组织有效灭火力量的能力薄弱。农村市政消火栓规划建设少，消防用水十分缺乏，很多偏远村镇目前饮用水仍靠机井供应，缺少给消防车加水的消防加水点或消防水源，在一些山区、半山区，不仅缺少消防水源，而且缺少基本的自救灭火设备，发生初起火灾时村民只能望火兴叹，不能有效扑灭初起火灾。

同时东北农村大多建筑物布局杂乱无章，缺少符合规划要求的消防车道，不能满足相关建筑防火规范中关于消防车道和防火间距要求，村庄道路狭窄、坑洼不平、部分路段未硬化、道路上设置路障、横穿道路的电气线路架设偏低、村庄房屋布局密集、随意性大等情况不仅大大减慢了

消防车的通行速度，有的甚至导致消防车辆无法直达火灾现场，只能采取铺设水带远程接力供水的方式进行火场灭火。有的乡村由于地理位置偏远，从消防大队到起火村镇甚至需要近一个半小时的车程，加之路况不好，到达起火地点时，早已错过火灾初起的最佳灭火时机，极大影响了初起火灾扑救率。

2.4 消防安全意识淡薄，自防自救能力滞后

东北大多农村村民在自家没有发生过火灾之前，对火灾的危害性及火灾预防的重要性认识明显不足。由于农村的教育、培训等社会资源相对匮乏，村民很少有机会能接受到消防知识培训。加之大多数村民的文化程度较低，笔者在火灾调查中甚至会遇到不认识字的当事人。因此农民对应有的消防法律法规和消防安全知识了解较少，对火灾的预防和扑灭方法未受培训，村民的消防安全意识淡薄，导致对火灾预防不在意、自防自救能力较差的现状，有的村民即使发现了柴垛附近冒烟仍不能引起注意。由于消防安全工作宣传滞后，村民随意点火烧荒；老房子居住30多年，家用电器增添、用电功率加大，但顶棚里的入户线从未换过等情况普遍存在。

2.5 村、镇政府重视不足，缺乏消防安全管理

目前，消防安全管理的重要性还未在农村各级组织以及农村干部中引起足够重视。在经费投入方面，上级政府每年在村镇消防工作中投入的经费少之又少，很多村镇苦于没有经费而"巧妇难为无米之炊"。对于各村建立的志愿消防队伍，日常需要车辆维修、器材维护、油料等维持性经费，因为缺少相关配套文件、政策保障，建队时往往靠一时性拨款，无法保证工作长时间正常运转，导致有些消防队伍建成后，因无法维持而名存实亡。消防工作只能浮于表面[2]。

有的村、镇政府干部存在消防安全意识淡薄现象，没有充分认识抓好农村消防工作对维护社会安全稳定和保障民生的重要性。认为农村地区一年着几次火，纯属偶然或不慎，不是什么大事。对消防工作重视程度不够导致消防工作进展缓慢，投入消防工作建设的资金和调派人员的力度不足，应该组建的志愿消防队没有组建，应该购买的消防车辆、手抬机动泵等器材没有购买配备。有的即使组建了志愿消防队也因疏于管理和

维护，而导致灭火战斗力弱，难以有效实现预防、控制火灾的建设目标。

3 东北农村火灾对策探讨

3.1 提高农村建筑火灾防御能力

加强农村消防工作的一个突破口是提高农村火灾防御能力，包括结合房屋改造及社会主义新农村建设规划，协调规划、城建等部门对泥草房等低耐火等级老旧建筑进行统一改造，提高农民住房砖瓦化率，逐渐提高农村居民房屋耐火等级；划分柴草垛堆放处，搬迁柴草垛，拓宽民房之间防火间距[3]。

政府应组织派出所联合农电所工作人员改造老旧电力线路，增设空气开关、过载保护等电气设备，对民房电路进行检修更换；加强对村民私拉、乱接电线情况的正确引导和治理，改善农村地区用电消防安全环境，避免电气火灾事故的发生。

村干部应按照责任分工加大对村民烧荒、乱丢烟头火种、柴草乱堆乱放等各种行为的整治清理工作力度，做到常管理、常巡逻、常检查，扫除农村消防监督管理上的"盲点"与"死角"，防止连营火灾发生。

3.2 加强完善消防基础设施建设

市县两级党委政府应研究制定推动农村消防发展新措施，改造通乡公路，新建农村公路，硬化村内道路，改善各农村消防车通行条件，对人为违规占道、故意破坏乡村公路等违法行为进行惩罚处理，以示警诫。结合新农村建设改造工程，充分利用农村河流、深水井等便利水源在关键场所、关键部新增设机井、蓄水池等消防水源。在各村屯建设消防车加水点，争取所有村屯消防加水点覆盖率达到100%，确保每个乡镇、行政村至少有2处能全年安全使用的消防加水点。

推动村委会完善消防基础力量配置，加强志愿消防队伍建设和培训，每个村都应该整合全村有效劳动力人员，组建自己的志愿消防队伍，适当配备消防车辆、手抬消防泵、水带、水枪等器材和设施，提高村民自身的自防自救能力。发生火灾后，第一时间调集村里的消防力量赶赴火场，进行初步控制，做到灭早灭小灭初期。

3.3 健全完善消防安全责任体系

依据《消防法》对农村消防安全工作进行明确清晰的责任划分，应该积极推动县、乡镇、公安派出所、村民委员会等落实消防安全网格管理责任，实行领导层层包扶负责制，县长、乡镇长、村主任每年层层签订责任状[4]。同时，村委会与各村民小组、村民小组与村民家庭分别签订《消防安全责任书》《村民防火公约》，形成一级抓一级、一级对一级负责的农村消防工作责任体系。县长、乡（镇）长、村主任是农村防火工作的责任人，治保主任是农村消防工作的具体管理人，各组组长是火灾防控工作的具体实施人，将农村消防工作层层分解、细化。

健全完善清晰的农村消防安全工作责任体系，各级政府、各级领导按照自身责任落实好本职工作。当发生火灾后，应该结合部消防救援局、总队火灾事故延伸调查工作有关规定开展调查，查清原因、查清教训、查清责任，研究分析火灾事故暴露出的深层次问题，分析查找火灾风险、消防安全管理漏洞及薄弱环节，提出针对性的改进意见和措施，推动县、乡政府及村委会发现整改问题和追究责任，从而进一步推动消防安全责任制的落实。

3.4 多项措施普及消防宣传教育

防火工作有两个方面：硬件方面和软件方面。建筑物耐火等级、防火间距以及消防基础设施等属于硬件方面；人员的消防安全意识和防灭火能力属于软件方面。这两个方面要相辅相成。各级政府、各级领导要提高认识，加大对消防资金的投入力度，以做好基础资金保障为底线。同时，强化软件建设。软件方面即人员的消防安全意识。因为意识引领人的行为活动，提高消防安全意识，可以引领人们有正确的火灾观念和行为，起到以勤补拙的效果。因此要多项措施并举普及消防宣传教育以提升全体村民的消防安全意识。

应重视周围真实火灾案例的宣传，不论是本村还是邻村或是其他外地市火灾都应借机及时进行全村宣传，通过广播电视、露天放映或微信群转发等方式将火灾以视频、图片等方式传播给广大村民，许多血的教训以及真实火灾场景的震撼效果会给村民以强烈心理冲击，留下深刻印象，树立正视火灾的思想。要采取多措施营造消防宣传教育氛围，针对农村不同时期的防火重点，村委会、派出所应深入村屯，悬挂消防宣传条幅，运用车载台宣传消防常识、消防法律法规。同时，利用农贸大集以及送法下乡活动，向群众发放宣传单，达到以点带面的宣传效果；利用广播电视宣传，把日常生活中的消防小常识、消防小窍门、消防小体会以及常用的消防法律法规制作成专题节目，在当地电台、电视台播放，教育广大农民群众，增强消防意识，掌握消防知识，学会自救技能。借助多种载体提升农村消防宣传工作质效，充分利用微博、微信、抖音等新媒体平台，在村、组内部建立微信群，利用"消防微信公众"平台，定期推送消防安全常识，普及消防安全常识，增强群众消防安全素质。

4 结束语

东北是我国的重要农业地区，农村人口众多，减少东北农村的火灾发生率，对振兴东北，维护社会稳定、提高东北农民生活质量都具有重要战略意义。每一场东北农村火灾都直接关系着东北农民的安居乐业和幸福生活，不容轻视。各级政府和有关部门应该按照《消防法》和国务院《消防安全责任制实施办法》的有关规定逐级贯彻和落实好农村消防安全工作，为东北振兴提供坚强保证。

参考文献

[1] 初晓. 农村消防的现状分析与对策思考 [J]. 科技展望, 2015, 25(36)：237.

[2] 吴懂礼. 浅析我国城镇化进程中火灾形势[J]. 消防界（电子版）, 2019, 5(8)：30-31.

[3] 常高超. 城镇化建设中农村火灾形势与预防对策 [J]. 消防界（电子版）, 2018, 4(20)：39-40.

[4] 贾国峰. 浅议如何提升新时代农村消防本质安全 [J]. 科技创新与生产力, 2020(7)：33-35.

从一起火灾的调查谈建筑电气竖井的火灾防控

张 加 伍

临沂市消防救援支队　山东临沂　276037

摘　要： 本文以一起发生在建筑电气竖井的桥架电缆火灾为例，对引发火灾的原因进行了剖析，阐述了该类火灾发生、发展和蔓延的规律与特点。在此基础上，剖析了电气竖井的火灾危险性，强调了做好本质防火和被动防控的重要性。提出应从主动预防、火灾自动探测、防火封堵、有效灭火等方面做好电气竖井的火灾防控工作，重点做到竖井耐火等级达到要求，电缆桥架进行防火封堵，管线、支架符合防火要求。

关键词： 消防　火灾事故调查　建筑电气竖井　火灾防控

1　引言

建筑内涉及的竖井主要用于排风、排烟、水管、电缆桥架等用途，一般有风井、水井、电气竖井、电梯井、垃圾井道、烟道井、卫生间的管道井等。电气竖井属于建筑竖井的一种，是在建筑物中从底层到顶层留出一定截面的井道，分为强电竖井和弱电竖井。多层和高层建筑内垂直配电干线的敷设，宜采用电气竖井布线，可以使用电缆、电缆桥架、金属线槽、金属管、封闭式母线槽等多种线路敷设方式。

2　电气竖井火灾多发

建筑电气竖井内电气线路或设施常因短路、过载、接触不良或电热故障等原因引起火灾。如果防火分隔或封堵处理不到位，一旦发生火灾，竖井将成为火势迅速蔓延的途径。近年来，全国各地陆续发生了多起电气竖井火灾，由于可燃物多、燃烧猛烈，烟雾有毒且蔓延迅速，往往造成重大经济损失和人员伤亡。

2013 年 6 月 20 日 6 时 45 分许，山东省郯城县某酒店一层强电井电缆起火引发火灾，烧毁管道井内电缆及其桥架、供电设备、设施等物品，过火面积约 100 平方米，1 人受伤。经现场勘验、调查询问和综合分析，认定起火原因是位于酒店 1 层的强电井内电缆发生短路引燃周围可燃

物蔓延火灾（图 1）。该起电气竖井火灾的发生，具有如下特点。

2.1　火势发展迅猛，极易蔓延成灾

电气竖井作为密闭有限空间，火灾发生初期烟大火小，难以及时发现，给火势迅速蔓延创造了条件。因电气绝缘材料由各种可燃甚至易燃材料组成，燃烧时还会产生 SO_2、Cl_2、HCl、CO 等有毒有害气体。此外，未充分燃烧的炭、竖井内残留 H_2S、CH_4、CO、C_6H_6 等，也会对人员造成伤害。经调查，火灾发生当日 6 时 23 分许，

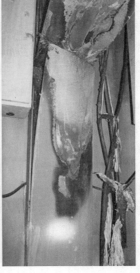

图 1　火灾现场照片

作者简介： 张加伍，男，学士，山东省临沂市消防救援支队高级专业技术职务，一级消防指挥长，主要从事火灾事故调查工作，E-mail：linyifire@163.com。

起火单位消防控制室值班人员古某即发现消防控制柜显示感烟探测器报警，报警部位位于酒店1层强电井。在古某迅速通过对讲机通知外巡人员到现场查看时，消防控制柜已连续报告多楼层、多部位报警。而此时，通过酒店视频监控发现酒店4、11层已有烟冒出。当时正在14层巡逻的保安领班孙某，通过对讲机听到消防控制室的火警报告后，迅速通过疏散楼梯下楼查看时，发现10层至5层的楼层火灾报警显示盘已全部报警。此时，5层有微烟，能够闻到烟味；4层强电井处烟很大。在通知消防控制室切断4层电源后，孙某赶到消防控制中心查看，确认4层电源已切断；消防值班人员报告1层北侧已经断电。随后，1层强电井处传出爆炸声，酒店内用电同时全部断掉。孙某外出查看时，发现1层强电井处的管道井门已被爆开，管道井内桥架中部出现明火。酒店组织初期火灾扑救未果后迅速报警并开展人员疏散等工作。监控资料表明，从发现系统报警到有烟雾冒出，进而发生蔓延、扩大，直到出现明火、爆炸，火势发展十分迅猛，且很快蔓延成灾。

2.2 "烟囱效应"明显，浓烟很快充满井道和建筑内部

据实验表明，烟雾在竖井内向上蔓延的速度为3~5 m/s，人员疏散速度远小于烟雾蔓延速度，及时安全疏散与自救逃生尤为重要。调查资料表明，火灾发生当日6时23分，酒店1层东部强电井内感烟火灾报警器首先报警；6时24分，2层北厨房感温报警器、2层东部强电井内感烟报警器先后报警；6时26分，酒店1层东部强电井内另一部位感烟报警器报警。说明几乎在火灾发生的同时，起火部位可燃物燃烧产生的烟雾和热羽流即迅速扩散并很快达到烟雾、温度报警阈值。另外，酒店保安米某证实，他从对讲机里听到4、5层有烟的警情后，发现位于通道内的1层管道井西外墙底部有烟冒出；到达4、5层时发现有烟但无火，6、7层尚无烟；当返回到4、5层时，烟雾已经变得很大。而且此时，因管道井内防排烟系统正压送风的作用，火灾产生的烟雾会加速逸出。后经现场逐层勘验比对发现，从5层开始，往下每层楼梯间及管道井附近的烟熏痕迹逐渐加重，1层烟熏痕迹最重、影响

范围最大。

2.3 电气线路常用保护装置可能不会动作，起火部位可发现多种熔痕

当负荷端电气线路短路造成初始火灾时，有时由于过电流较小，不能造成供电侧的线路过电流反应，熔断器、低压断路器等常用保护装置可能不会动作，电源不会断开。此后，随着火势的发展，该线路电源侧可能再发生短路。此时，由于短路发生在高温环境甚至火灾过程，会产生二次短路熔痕。这种情况下，起火部位区域内提取到的熔珠鉴定结果，就可能有火烧、一次和二次短路熔痕等结论。本起案件中，电缆井内线路尽管敷设了剩余电流式电气火灾监控系统，但首次短路发生时并没有引起监控系统动作；直到火灾蔓延扩大，大部分电缆发生了短路故障之后，才引起了系统动作。因此，位于起火部位的电缆熔珠会有火烧熔痕、一次短路熔痕、二次短路熔痕等特征。当然，这些特征的熔珠所在线路，也有可能分属于不同回路。经对位于起火部位的电缆导线熔珠按程序进行提取、鉴定后发现，送检的"一楼桥架内铜导线"熔痕样品中有一次短路熔痕，"二楼桥架内铜导线"熔痕为二次短路熔痕和火烧熔痕（图2）。此种情况，在火灾调查认定实践中，需要综合分析运用物证鉴定结论。

3 应做好电气竖井火灾防控工作

因此，应从主动预防、火灾自动探测、防火

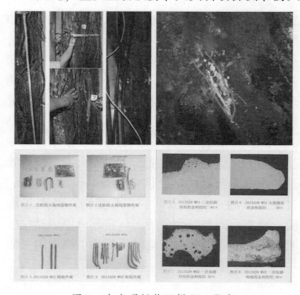

图2 火灾现场物证提取、鉴定

封堵、有效灭火等方面,重点做好电气竖井火灾防控工作。实践中,应做到竖井耐火等级达到要求,电缆桥架全面实施防火封堵,管线、支架符合防火要求。

3.1　竖井耐火等级应达到要求

电气竖井应独立设置,井壁应为耐火极限不低于 1.00 h 的非燃烧体,井内严禁敷设或穿过可燃气体和甲、乙、丙类液体管道。竖井每层的检修门应向外开,耐火极限不应低于 1.00 h,并应符合国家标准规定的完整性和隔热性要求。竖井内应设集水坑,上盖箅子。地坪应高于该楼层地坪 50 mm。配电小间的层高与每层的高度一致,但地坪应高出小间外地坪 30~50 mm。

3.2　电缆桥架进行防火封堵

为防止火灾发生后,火势向电气线路蔓延,电气竖井内电缆桥架在穿过楼板或墙壁时,必须以耐火隔板、防火堵料等材料做好防火分隔或封堵。强电和弱电管道、支架、电气线路敷设在电气槽盒内的缝隙也应进行防火分隔或封堵。图 3为电缆桥架穿楼板时,防火封堵、分隔的做法示意。

3.3　管线、支架符合防火要求

为了保证竖井内电气线路及设备的运行安全,避免相互干扰,方便维护管理,强电和弱电线路宜在不同的竖井内分别布置。如受条件所限

必须敷设在同一井内时,应分别布置在竖井两侧或采用隔离措施。不同用途或电压等级的电气线路之间应采取隔离措施,保持 0.3 m 及以上距离,且高压线路应设有明显标志。电气竖井内应敷设有接地干线和接地端子。施工完成后应按《电气装置安装工程电缆线路施工及验收标准》《电控配电用电缆桥架》等有关规定进行电气交接试验。

此外,电气火灾监控系统、火灾自动报警系统、自动灭火系统是防止火灾发生与减少事故损失的重要安全技术措施,是发现和扑救电气竖井火灾的重要手段。

4　小结

建筑内电气竖井的火灾防控必须严格落实《建筑设计防火规范》《高层民用建筑消防安全管理规定》等要求,电缆井、管道井等竖向管井和电缆桥架应当在每层楼板处进行防火封堵,管井检查门应当采用防火门;禁止占用电缆井、管道井,或者在电缆井、管道井等竖向管井堆放杂物。各竖向井道应分别独立设置。井壁的耐火极限不应低于 1.00 h,井壁上的检查门应采用丙级防火门。施工应落实《电力工程电缆防火封堵施工工艺导则》要求,在电缆穿墙、穿楼板的孔洞处,电缆进盘、柜、箱的开孔部位及电缆

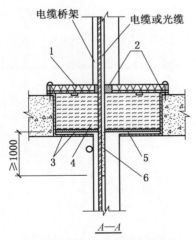

1—耐火隔板;2—防火堵料(防火泥);
3—支架;4—矿棉或玻璃纤维;
5—耐火板或钢板;6—防火涂料

(a) 防火板封堵图解

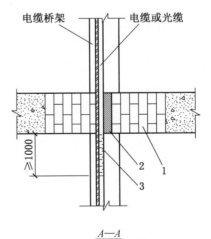

1—轻质膨胀型有机防火堵料(防火包);
2—柔性有机防火堵料(防火泥);
3—防火涂料

(b) 堵料防火封堵图解

图 3　电缆桥架防火封堵、分隔示意图

穿保护管的管口处均应实施防火封堵，特殊部位的防火封堵还要符合密封及防爆要求，每层楼板处应采用不低于楼板耐火极限的不燃材料或防火封堵材料封堵。

参考文献

［1］电气竖井——百度百科［DB/OL］.［2021-04-01］,https：//baike. baidu. com/item/电气竖井/11057242?fr＝aladdin.

［2］住房和城乡建设部，建筑防火通用规范（征求意见稿）［S］. 2019.

［3］住房和城乡建设部. GB 50168—2018 电气装置安装工程电缆线路施工及验收标准［S］. 北京：中国计划出版社，2018.

［4］应急管理部消防救援局. 火灾调查与处理（高级篇）［M］. 北京：新华出版社，2021.

［5］崔永合，张加伍. 对一起桥架电缆火灾的调查体会［C］//中国消防协会火灾原因调查专业委员会五届三次年会暨学术研讨会论文集，2013.

［6］郭卫华. 电气竖井的火灾防控［J］. 建筑科学，2014（5）：111-114.

［7］郭彬. 电气竖井的火灾防控［J］. 低碳地产，2016，2（4）：72.

［8］陈远生，梁海丹. 电力工程质量检验评定标准实务全书（第三册）［M］. 北京：银冠电子出版社，2002.

［9］徐第，孙俊英. 建筑弱电工程安装技术［M］. 北京：金盾出版社，2002.

［10］工业和信息化部. JB/T 10216—2013 电控配电用电缆桥架［S］. 北京：中国标准质检出版社，2013.

［11］周卫新. 电缆桥架施工常遇到的那些事儿［J］. 建筑电气，2019，38（11）：10-15.

［12］桥架穿楼板防火封堵做法［DB/OL］.［2012-03-01］https：//bbs. co188. com/thread-9185303-1-1. html，土木在线论坛——电气工程.

［13］焦留成. 供配电设计手册［M］. 北京：中国计划出版社，1999.

［14］中华人民共和国应急管理部令第5号，高层民用建筑消防安全管理规定，2021.

［15］王建. 公共建筑弱电井火灾危险分析与预防措施［DB/OL］.［2021-03-01］https：//www. ruodian6. com/541. html.

居民住宅小区生命通道治理实践与探讨

赵 学 涛

天津市滨海新区消防救援支队 天津 300480

摘 要：近年来，消防车道被居民住宅小区的私家车辆占用、堵塞，导致延误灭火救援行动的现象被社会各界媒体高度关注，本文结合笔者从事消防监督工作的实践，分析居民住宅小区消防车道堵塞的现状及原因，就开展消防生命通道治理工作提出相应的对策和建议。

关键词：消防 居民小区 生命通道治理

消防车通道主要是火灾产生的时候让消防车行驶的道路，同时也是进行灭火救援的"生命通道"，可是因为居民住宅小区规划局限，许多小区的停车位数量不够，再加上民众的法律和安全意识没有普及，相关部门的职能管理没有履行好，引起许多私家车乱停乱放、违法设置障碍物等现象普遍存在，致使消防车通道被堵塞、占用、封闭的问题日趋严重。

1 占用堵塞消防车通道现状

当前，居民百姓生活水平不断提高，私家汽车已成为广大家庭的主要交通工具，随着道路交通限行政策的实施，一家多车现象越来越普遍，停车难导、私家车乱停导致消防车通道频频被堵占。调研发现，天津市共有居民小区约5300个，高层小区中大约有55%的消防车道被私家车占用，其中950多个老旧小区消防车通道被严重堵占。经统计，天津市现有私家汽车约185万辆，小区内有固定停车泊位约130万个，供需比例为1∶1.42，缺口达30%，停车泊位数量严重不足。国家相关消防规范要求，消防车通道的宽度不应小于4 m。居民消防安全意识不佳，车辆随意停放，甚至为了抢占车位，在小区道路上加装停车地锁、水泥墩等。占用堵塞消防车通道导致火灾发生时，消防车无法及时进入而造成严重损失的例子在全国屡屡发生。例如2020年1月1日，重庆市渝北区一处居民小区出现了火灾，因为私家车辆在消防车道随意停放，消防人员没有

办法进入，直接导致了灭火救援时间延误，增大了火势，附近市民众人合力掀翻和抬走堵路车辆，腾出消防通道；当时全国的各大媒体都对小区消防车道被违规占用的情况进行关注。

2 消防通道隐患存在的原因及分析

消防通道被堵塞究其根源，关键是部分居民的消防意识差、法律意识淡薄，不懂得消防通道安全的重要性。加上物业服务企业的管理缺失，直接引起了不同程度的消防车道被私家车辆占用的事件经常发生，阻碍了火灾的扑救，甚至进一步增加了人员伤亡的事故。

2.1 停车位规划不足

随着经济的发展，私家汽车大量普及，居民小区出现停车难，根本原因在于小区建设前期规划车位配置不足。老旧小区建筑在前期规划设计停车位配比率很低，很少设置集中停放的地下车库，这就给当前的停车问题带来很大压力。

2.2 消防安全素质不高

一些群众没有足够的消防安全意识，胡乱地将私家车辆停放在道路上，直接引起了消防车道的堵塞；而小区物业部门也没有良好消防责任意识，不能有效阻止私家车辆随意停放的现象，导致这些占用通道的问题不断发生。

2.3 物业管理部门监管落实不到位

物业服务企业作为直接管理者，安全思想不到位，责任意识不够，管理方式不合理，消防车道规划不科学，重要的消防提示标语不够，对停

作者简介：赵学涛，男，研究生学历，天津市滨海新区消防救援支队防火监督处副处长兼高级专业技术职务，主要从事消防监督工作，E-mail：zhaoxtgood@163.com。

车费用只是收取不加控制。

2.4 监管法律依据不足管理难度大

住宅小区随意停放私家车辆，占用消防车道，其管理失职方是物业服务企业，但违法主体是私家车主。作为一个庞大数量的违法主体，相关执法部门缺少有力的法律依据，难以逐一查实并予以法律追究处理。

3 解决打通生命通道的对策

占用消防通道违反了《消防法》等法律规定，站在消防安全角度层面，不管是谁，都应提高警惕，高度重视，拿出实际措施抓落实，让打通消防"生命通道"成为社会共识，这不仅是一个小区的问题，还是一个城市的公共安全问题，马虎不得。确保消防"生命通道"畅通无阻，需要消防部门开展专项行动，消除隐患；还需要各消防单位自律，提高消防意识，履行消防职责；更需要居民自觉遵纪守法，禁止占用、堵塞消防通道。同时，有关监管部门在执法检查过程中，严禁"点到为止"，对于违反相关规定的部门和个体增大惩罚的力度，保证其尽快改正，防止潜在的危险出现，这才是保护人民群众生命财产，履行社会的主体责任。

3.1 建设规划部门提供前瞻性基础保障

建设规划部门需要结合社会经济飞速发展的情况，进一步对城市停车场建造科学合理规划，进一步使用城市人防地下空间，加快公共停车位的建造，完善城市停车设施规划建设的相关文件，有效履行建筑物配建停车位相关规定的需要，从最根本的角度改善停车位不足的问题。

3.2 居民住宅小区按标准设置划线管理

住建、公安、城管等有关部门、街镇组织公共建筑等产权单位以及其他的管理使用单位，基于我国有关规定与具体技术标准对消防车通道出入口、路面与两侧做好统一划线，进行标识，采取标识化管理的方式，保证车辆正常停放，保证消防车拥有畅通的通道。

3.3 合理优化居民小区周边停车资源

城市管理部门充分合理利用周边的商场、市场等各种形式的公共停车资源，构建完善共享停车等方式，使用更加科学合理的停车控制方式。科学安排老旧居民社区附近路上的公共停车位，

在小区内部实施更加优惠的停车方式，科学地安排停车费用和限制要求，实行普惠停车制度，降低停车费用。对于没有物业服务企业的老旧居民小区，推动属地街道办事处指导社区居民协助引进专业停车服务管理公司，合理规划建现有空间划置停车位，有效管理小区私家车停放。

3.4 物业服务企业落实消防车通道管理主体责任

小区中出现的私家车违反相关规定占用、堵塞、封闭消防车道的情况，物业部门应该尽快地阻止和劝离；如果一些车主拒绝整改这些问题，应该通过拍照等方式获得证据，之后尽快将证据提交给相关部门，如公安、消防等执法单位。物业部门还应该配备液压移车器等设备，对发现占用消防车道的车辆且没有办法和车主取得联系的立即移除，有效防止消防车道被占用、堵塞，延误灭火救援的最佳时机。

3.5 政府部门联合依法查处整治违法行为

住建、规划、公安、城管、交通等部门，对于一些隐患问题突出的地区要多频次进行消防车道的集中检查治理，要有效使用好法律的手段，根据相关的法律依法处罚有关单位组织和个体。对于一些随意占用、堵塞消防车道的单位和车主，进行相应的告知、劝解，甚至是处罚；对于一些被告知仍然不整改隐患的单位，要根据相关的规定进行必要的拆除、移除相应的措施，产生的费用由违法行为主体承担；如果出现阻止消防车辆出行执行灭火救援任务的个人，要依法对其给予拘留等惩罚。同时，也要积极的宣传民众通过"96119"火灾隐患举报投诉电话对一些私家车随意占用、封闭、堵塞消防车通道的违法行为进行举报，相关政府部门要及时到场核查，并依法采取有效的措施。

3.6 将违法行为纳入信用体系

消防执法部门对占用、阻碍防车通道有关的违反法律的行为拒不整改的，进行罚款或者拘留等惩罚的方式。如果一些单位和个体多次出现违法行为且造成严重影响的情况，就可以将这些违法主体放到消防安全严重失信名单中，并且记录到企业信用档案或者个人诚信记录里，推送到中国信用信息共享平台里，进行多方面的惩戒。而且要进一步构建较为严重的失信行为曝光、披露制度，通过使用"信用中国"网站，根据相关

法律规定依法向社会曝光这类违法失信的数据，使用网络媒体舆论监督的作用，有效发挥违法行为惩戒的震慑力。

3.7 开展社会宣传及警示曝光

报纸、电视、广播、网络等媒体要将打开"生命通道"作为主要栏目，在特定的时间进行消防安全为主题的宣传和普及活动，多方面推广，在社会上构建消防车通道畅通的良好环境。借助通过的发布公益短信、宣传提示广告、对进出小区的车辆发放消防安全提示停车卡等形式，广泛宣传占用、堵塞消防车通道违法行为的危害性，公布拨打"96119"举报电话等途径及处理方式，声明禁止行为和法律后果，根据相关的案例来进行警示，进一步对一些严重违规的个体或单位进行曝光，突出警示其危害性和重要性，呼吁民众能够自觉将车辆放在指定位置，严禁占用、堵塞消防车通道的违法行为出现，让百姓民众形成保持消防通道畅通无阻的意识。

4 小结

消防车通道是百姓的生命通道，治理消防车通道是需要投入大量精力的长期的基础性工作，应该持之以恒。提升群众的消防意识，才能真正解决消防车通道被占用的问题，才能保障百姓居民的生命财产安全。

参考文献

[1] 刘武梅．消防管理社会化模式研究 [D]．合肥：合肥工业大学，2011.

[2] 钱庆．消防车道的设计与探讨 [J]．科技创新与应用，2012(18)：150-151.

[3] 刘大会．住宅小区物业管理中消防安全问题及对策分析 [J]．低碳地产，2016(2)：543.

地下燃气管道爆炸对地铁线路影响分析与研究

陈庆龙[1]　朱国庆[2]　冯瑶[1,2]

1. 中国船级社质量认证公司天津分公司　天津　300457
2. 中国矿业大学安全工程学院　徐州　221116

摘　要： 随着现代社会的快速发展，地铁变成大中城市必不可少的交通工具之一，城市对地铁的需求日益增加，近些年地铁建设项目也随之增多。由于地铁的建设通常在成熟型城市中开展，地下一般会埋有很多管线，其中给城市消防工作带来最大威胁的是地下燃气管道。新建地铁项目经常会与既有的地下燃气管道路由交叉或顺行，若二者距离太近，燃气管道泄漏将会给地铁工程带来很大的风险，其中影响最大的是燃气爆炸事故。本文将借助计算机模拟软件，在特定工况下模拟地下燃气管道小孔泄漏后在地面遇到明火发生爆炸，对地铁主体结构及车站的影响程度，以期为城市消防安全提供参考依据。

关键词： 消防　地铁　燃气泄漏　数值模拟

1　引言

随着现代社会和经济的快速发展，地铁变成大中城市必不可少的交通工具之一，城市对地铁的需求日益增加，地铁行业的发展甚至可以代表一个城市的发展水平，城市越大，人口越多，对地铁的需求就越明显。以天津为例，在原有的地铁1号线、2号线、3号线和轻轨9号线的基础上，新建了地铁5号线和地铁6号线，与此同时又继续筹建地铁4号线、7号线、8号线、10号线、Z1线等。地铁的建设给城市交通带来方便的同时，也同样给城市的运转带来压力，其中最为明显就是城市的消防安全工作。地铁建设过程中经常会遇到与燃气管线间距不够的现象，燃气管道一旦发生泄漏与空气充分混合后，遇到明火就可能引起火灾或者爆炸事故，若爆炸位置离地铁车站距离较小，会给人员密集的车站带来很严重的事故后果，这将给消防安全工作带来巨大的挑战。

2　研究内容与背景

2.1　研究内容

由于地铁的建设通常在成熟型城市中开展，地下一般会埋有很多管线，其中给城市消防工作带来最大威胁的是地下燃气管道。为了配合地铁施工，施工现场周围的在役燃气管道需要结合地铁规划线路进行管线切改，切改后的管线还需及时复位。新建地铁项目经常会与既有的地下燃气管道路由交叉或顺行，若二者距离太近，燃气管道泄漏将会给地铁工程带来很大的风险，其中影响最大的是燃气爆炸事故。本文将重点研究燃气泄漏遇明火会发生爆炸对地铁工程的影响，一是对燃气爆炸的影响范围进行研究，二是对燃气爆炸对隧道结构的影响程度进行研究，以期为地铁建设和燃气管道复位工作提供参考依据，同时为城市消防工作提供数据支持。

2.2　研究背景

为保护城市轨道交通的结构，避免或降低外部事故对其造成的不利影响，国家住房和城乡建设部颁布了《城市轨道交通结构安全保护技术规范》（CJJ/T 202—2013），针对地铁建设中地铁与燃气管道的安全间距问题，该规范中指出了地铁外部作业影响等级为特级、一级时，应对其结构进行安全评估。目前国家针对燃气与地铁的安全距离方面的要求并未明确，对地铁与燃气管道的安全间距评估无定性评估的统一依据，但各地

作者简介： 陈庆龙，男，学士，工程师，中国船级社质量认证公司天津分公司安全总监，主要从事安全咨询与消防安全研究工作，E-mail：150512773@qq.com。

方相关文件、管理办法中却有适应各省市的相应条款。以天津为例，2017年第10次主任办公会上天津市住房和城乡建设委员会颁发了《天津市城镇燃气管道与地铁安全间距控制管理办法》（以下简称《办法》），其中，明确规定了城镇燃气的安全控制范围及安全保护范围，详见表1。

表1 《办法》规定的安全保护范围及安全控制范围数值

序号	燃气压力等级	安全控制范围/m	安全保护范围/m
1	低压	0.70~1.50	<0.70
2	中压	1.50~5.00	<1.50
3	次高压B	3.00~30.00	<3.00
4	次高压A	5.00~50.00	<5.00

结合天津市《办法》的要求，在天津市燃气管道的安全保护范围内新建地铁项目，就需要切改燃气原有的路线，在天津市燃气管道的安全控制范围内新建地铁项目则需要建设单位与燃气管理单位协商针对燃气保护的具体施工方案，并组织对相互的影响进行安全评估，专家论证后通过才能进行规划审批。但《办法》中对如何开展燃气管道安全控制范围内的安全评估工作没有明确给出具体的实施方法和要求，故本文将借用数值模拟软件对特定工况下的燃气泄漏进行数值模拟，定量分析地下燃气管道爆炸对地铁工程的影响大小。

3 计算模型搭建

导致燃气管道泄漏的因素有很多，其中较为常见的有焊接质量不过关导致的管道连接处有小孔；受周围环境影响管道被侵蚀，锈蚀相对严重位置易形成的局部腐蚀孔洞等。也正是因为地下管道存在泄漏面积小、泄漏速度慢的特点，导致人员不能及时发现燃气泄漏事故，尤其是燃气聚集在非密闭环境下时，更难被周围人员发现，这给消防工作带来很大的难度。一旦发现地下燃气管道泄漏时，其实燃气几乎与空气混合完全或者已经在密闭空间内达到一定浓度，只要遇到明火，就很有可能燃烧起来。针对这一问题，本文重点讨论地铁周围的燃气管道发生小孔泄漏后，通过土壤缝隙泄漏到地面形成预混云团，预混云团爆炸后对地铁项目的影响。

3.1 预混云团计算模型

燃气泄漏后可能引起闪火、喷射火、爆炸等事故，其中爆炸事故后果最为严重，本文以爆炸事故为例设定特定工况，搭建计算模型，进行分析研究。工况设定为：在中等太阳辐射的天气条件下，主导风向东南风，平均风速2.2 m/s，平均温度13℃，平均相对湿度62%，大气稳定度D的环境条件下，发生中孔径燃气泄漏［根据《化工企业定量风险评价导则》（AQ/T 3046—2013）中孔径大小定义，选取25 mm孔径泄漏］，泄漏时间假定为40 min（天津燃气管理部门的抢险要求中规定，在发现燃气泄漏后40 min内，抢险人员需赶到事故现场）。泄漏基本信息见表2。

表2 泄漏基本信息表

序号	名称	参数情况
1	泄漏物质	简化为甲烷
2	物质温度	常温
3	物质压力（设计压力）	0.4 MPa
4	场景	25 mm泄漏
5	泄漏方向	竖向
6	管线直径	600 mm

泄漏量计算如下：

对于声速流速，气体泄漏量可以以下式计算：

$$Q_0 = C_d A p \sqrt{\frac{M\gamma}{RT}\left(\frac{2}{\gamma+1}\right)^{\frac{\gamma+1}{\gamma-1}}} \tag{1}$$

对于亚声速流速，气体的泄漏量可以以下式计算

$$Q_0 - Y C_a A p \sqrt{\frac{M\gamma}{RT}\left(\frac{2}{\gamma+1}\right)^{\frac{\gamma+1}{\gamma-1}}} \tag{2}$$

$$Y - \left(\frac{p_0}{p}\right)^{\frac{1}{\gamma}}\left[1 - \left(\frac{p_0}{p}\right)^{\frac{\gamma-1}{\gamma}}\right]^{\frac{1}{2}}\left[\left(\frac{2}{\gamma-1}\right)\left(\frac{\gamma+1}{2}\right)^{\frac{\gamma+1}{\gamma-1}}\right]^{\frac{1}{2}} \tag{3}$$

式中 Q_0——泄漏速度；

R——普适气体常数；

M——气体分子质量；

C_d——裂口形状系数；

P——管道中的绝对压强；

p_0——环境压强；

γ——泄漏气体的绝热指数；

A——小孔面积；

T——气体温度；

Q——泄漏量。

通过计算得到，该工况下的泄漏情况属于声速流动，代入式（1）计算，得到泄漏量 Q 为 1332.85 kg。

3.2 爆炸影响范围计算模型

前文已经计算得到了假定工况下的燃气泄漏量，本文借用 DNV Phast Risk 对其爆炸事故进行模拟，通过模拟可以得到冲击波的压力等值线图。不同压力的冲击波对建筑的伤害见表3。

表3 冲击波超压对建筑物的破坏准则[3]

超压/MPa	伤害作用
0.005~0.006	门窗玻璃部分破碎
0.02~0.03	建筑物轻度破坏
0.04~0.05	建筑物中度破坏
0.06~0.07	建筑物严重破坏
>0.083	彻底毁坏

根据表3，设定爆炸模型中的冲击波超压阈值，并借用 DNV Phast Risk 软件计算出相应阈值对应的影响范围，用伤害半径可以描述影响范围的大小。详见表4、图1。

表4 冲击波超压对建筑破坏的相应阈值取值和模拟结果

超压/MPa	破坏程度	相应阈值取值/bar	相应的伤害半径/m
0.02~0.03	建筑物轻度破坏	0.25	45.99
0.04~0.05	建筑物中度破坏	0.40	23.58
0.06~0.07	建筑物严重破坏	0.60	10.74

从模拟结果可知：风亭的地上部分建筑物存在中、轻度破坏的风险，暴露在影响区域的人员存在中、轻度损伤风险。通过测量通风口地面建筑外边线与燃气管道外壁的水平净距发现，该燃气管道与地铁风亭的净距为12.4 m，小于15 m，按照《办法》第十一条，"燃气管道应提高设计等级或增加安全防护措施"。由此典型工况模型分析看，此条规定的落实对地铁消防安全工作十分重要。

3.3 结构稳定性计算模型

结构工程数值分析对有限元分析软件有特定的要求，需拥有能够真实反映材料性状的模型、能够进行有效应力和孔压的计算、可以准确模拟接触面性状的软件。本文选择借用 ABAQUS 软件搭建地铁结构模型，模拟上述爆炸情况对地铁结构稳定性的影响。

按照《城市轨道交通结构安全保护技术规范》（CJJ/T 202—2013）的规定，城市轨道交通结构安全控制指标应符合表5要求。

```
Calculated Quantites
Ignition Energy                            6,688,988.33 kJ
Modified Ignition Energy                   8,002,786.00 kJ
Radii at Overpressures(gauge):
   Over-Pressure          Radius          Mass
   bar                    m               kg
      .06                 165.92          133.30
      .25                 45.99           133.30
      .40                 23.58           133.30
      .60                 10.74           133.30
```

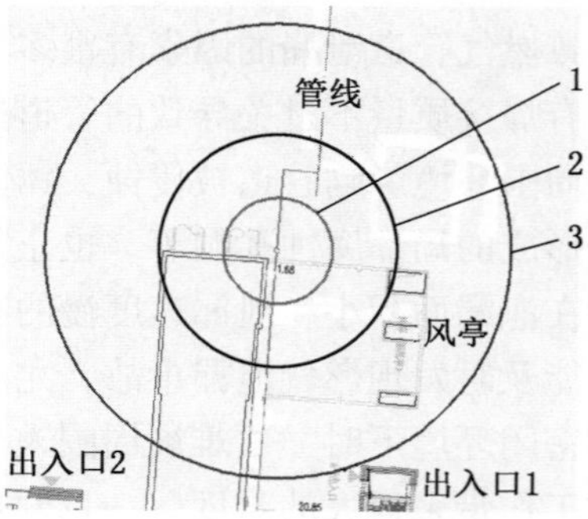

1. 该线圈表示冲击波超压值为 0.60 bar 的等值线；2. 该线圈表示冲击波超压值为 0.40 bar 的等值线；

3. 该线圈表示冲击波超压值为 0.25 bar 的等值线；4. 截图中圆心为选取的典型泄漏点的爆炸中心，虽能形象说明爆炸影响范围与地铁结构关系，但不具备全面性，全面的爆炸影响范围详见表4

图1 爆炸事故模拟结果截图

表5　城市轨道交通结构安全控制指标值

安全控制指标	预警值	控制值
隧道水平位移	＜10 mm	＜20 mm
隧道竖向位移	＜10 mm	＜20 mm
隧道径向收敛	＜10 mm	＜20 mm
隧道变形曲率半径	—	＞1500 mm
隧道变形相对曲率	—	＜1/2500
盾构管片接缝张开量	＜1 mm	＜2 mm

通过模拟计算（图2）可以得到地铁隧道的指标值，通过和标准规范进行对比，进而确定地铁是否安全。爆炸情况下，结构的变形将会经历一个逐渐增大到最大的过程，再回落到残余值，因此对爆炸情况下的变形标准需要同时考虑瞬时最大值和残余最终值，本文采用残余最终变形≤20 mm作为地铁车站结构变形的最大控制值。

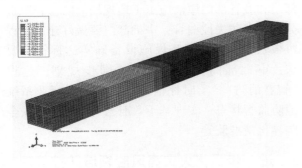

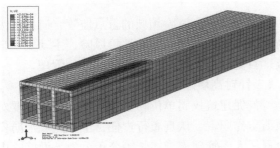

图2　地铁车站结构模拟结果部分截图

在本文设定的燃气泄漏条件下，发生燃气爆炸事故的爆炸超压冲击波作用于地下车站结构上方地表，引起地下车站结构的位移情况见表6，瞬时最大竖向位移8.48 mm，瞬时最大水平位移0.20 mm，上述位移值均在地铁车站位移控制值以内，故爆炸冲击对地铁地下车站结构影响可控。

表6　车站结构模拟结果

	控制项目	控制值/mm	预警值/mm
标准值	车站结构竖向位移	20	10
	车站结构水平位移	20	10
计算值	车站结构竖向位移最大值/mm	8.48	
	车站结构水平位移最大值/mm	0.20	

4　结论

本文设定了某燃气管道泄漏场景，模拟泄漏的燃气在地面遇到明火发生爆炸时对附近地铁工程的影响。通过建立预混云团计算模型、爆炸影响范围计算模型、结构稳定性计算模型，对燃气泄漏量、爆炸伤害半径、隧道结构位移量进行了计算，得到了与燃气管道水平净距12.4 m的风亭存在中、轻度破坏的风险，但对隧道结构影响可以接受的结论。将本文的消防安全评估方法与广大学者进行交流、讨论，以期进一步完善地铁与燃气安全评估工作。

参考文献

[1] 住房与城乡建设部. GB 50028—2006　城镇燃气设计规范 [S]. 北京：中国建筑工业出版社，2013.

[2] 天津市城乡建设和交通委员会. DB/T 29-99-2009　天津市城镇燃气供气服务管理标准 [S]. 2019.

[3] 陈网桦，王新，邵振良，等. 安全评价师（国家职业资格一级）[M]. 北京：中国劳动社会保障出版社，2010.

探讨新时期开拓消防工作新局面的举措

许 晋 阳

山西省太原市消防救援支队 太原 030001

摘 要： 消防工作是我国防灾减灾救灾工作的一项重要内容，事关人民群众生命财产安全，做好消防工作，防范和化解消防安全风险，预防和减少火灾危害，是消防救援队伍的主要工作目标。本文就转制改隶后，从构建"四位一体"火灾防控体系、强化火灾高风险领域防控管理、夯实公共消防安全基础、推动消防技术信息化智能化发展、建立新型消防监管模式等五个方面，探讨如何努力提升新时期的消防工作能力，全面开拓基层社会消防工作治理新局面的方法和措施。

关键词： 消防 工作能力 开拓 新局面

1 引言

安全工作是我国的一项重大问题，事关国家政权稳定，事关人民安居乐业。当前消防安全形势依然严峻，与时俱进、有效提高消防工作能力，构建基层社会消防工作治理新格局，是消防救援队伍的重点工作任务。

2 进一步构建"四位一体"火灾防控体系

2.1 夯实消防工作基础

要结合当前开展的消防安全三年专项行动，以各级政府的消防安全责任制实施办法为根本，政府、部门、单位、公民各司其职，各负其责，构建"四位一体"的火灾防控体系，扎实消防工作基础，整体提高社会化消防工作水平。

2.2 建立责任闭环链条

各级政府要建立健全消防工作责任机制，健全季度安全形势分析研判、联席会议、年度消防工作考核的工作制度，构建政府牵头，相关部门、基层单位抓落实，政府考核的责任闭环链条。要强化政府统一领导消防工作，将消防工作纳入党政领导绩效考核工作内容，保证重大消防安全问题及时得到解决，保证重大项目符合消防技术标准，保证新技术、新材料、新工艺符合消防规范要求。

2.3 部门依法履职履责

各行业部门要将消防工作纳入行业管理工作内容，强化源头防范。落实消防事项互相通报制度，开展重点联合整治，并实现数据共享。住建部门和城管部门厘清施工工地现场消防检查职责分工，严防失控漏管；审批部门要做好建设工程审核验收，确保消防设施设备确实达标符合要求；审批部门、大数据局要同步规划、建设"智慧消防"，实时评估各级各部门和行业系统消防监管状态，实现基于政府云计算的消防安全差异化精准监管。

3 进一步强化火灾高风险领域防控管理

加强火灾高风险领域的重点监管，研判火灾高危风险，督促单位主动评价风险、主动安全自查、自觉隐患整改，实行消防标准化管理。

3.1 针对高层建筑

督促建筑权属单位物业管理、使用单位要对照消防作职责，认真履行责任，全面完成消防安全责任人、管理人、楼长等公示公告，做好室内外消防设施、器材的测试和维护保养，消防车通道标识、标线、标牌的施划工作，外保温防护层和电缆井管道井防火封堵排查修复，抓好微站业务培训、联勤联训，提升高层建筑整体防范火灾的能力。

作者简介： 许晋阳，男，工学学位，山西省太原市消防救援支队高级专业技术职务，主要从事消防监督管理工作，E-mail：3517681440@qq.com。

3.2 针对商业综合体

以山西太原为例,目前全市建筑面积在5万 m² 以上的商业综合体16个,其中 10 万 m² 以上的有 7 个,针对这些商业综合体体量大、功能多、管理难等特点,要联合有关行业部门,召开集中约谈警示工作会议,逐条对照《大型商业综合体消防安全管理规范》(DB14/T 2054—2020)要求,组织开展联合检查验收,打造一批示范标杆和标准化管理单位,以点带线、以线带面、以面带全,推行消防责任链条管理,倒逼责任落实。

3.3 针对人员密集场所

人员密集场所人员密集、火灾事故频发、人员伤亡较多,是消防监管的重点内容。针对人员密集场所隐患特点,要督促各行业部门按照各自职责开展专项治理,针对行业系统的突出问题进行汇总,并制定源头管控、过程监管、应用监督的工作制度并落实,各级政府要按照属地管理的原则进行问题汇总、责任清单式明确,保证隐患消除。

3.4 针对城中村、城乡接合部、彩钢板仓库、工厂等建筑密集区域

要督促所在地各级政府要成立工作专班,开展督导检查,依法取缔一批达不到标准的彩钢板仓库场所,整改一批"三合一""多合一"等形式的火灾隐患。并将城中村、城乡接合部的消防供水、消防道路纳入县(市、区)"十四五"整体规划,并结合整村搬迁、城改、路改、水改等做好消防规划落实,预留消防站用地,建设消防水源和消火栓,强化公共基础设施建设,结合实际建设多种形式的消防队站,优化城乡接合部的消防安全条件。

3.5 针对小单位、小场所和居民住宅

政府、行业部门要依法开展小单位、小场所和住宅小区的消防监管,加强此类场所的火灾警示教育,鼓励安装物联网[1]、智慧消防[2]、智慧安全用电装置等强化其本质安全条件;重点围绕容易诱发火灾的隐患问题分析研判,制定有效解决措施,并报告辖区政府,通报相关行业部门;向此类场所制定印发通告或倡议书,强化此类场所的主动消防能力;多方式、多途径普及消防常识,降低此类场所火灾风险。房管要加强物业维修基金在消防设施、消防车通道的投入,将物业管理纳入太原市诚信体系强化管控措施,提升居民住宅的消防安全条件。

4 进一步夯实公共消防安全基础

各级政府要将"十四五"城乡消防专项规划作为重点工作,纳入国土空间规划和城乡总体发展规划内容,同步规划建设消防救援站、消防水源,筑牢消防基层基础建设。

4.1 补齐消防站建设短板

建立、完善一套符合城市发展和时代需要的消防站、消防水源、消火栓建设机制,解决消防规划落地难、消防安全保卫压力大、站点分布不均衡等现实问题。尽快形成以标准消防救援站为主,以小型消防救援站为辅,以乡镇专职消防队为补充,以微型消防站为触角的城市消防救援力量布局。

4.2 强化消防水源建设

城管部门在城镇市政基础建设中同步考虑市政消防给水设施,包括消防管网、市政消火栓、消防水鹤。在市政消防设施终端设置感知装置,纳入城市管理平台,实现智能巡检、智能定位,达到及时维修保养目的;强化消防取水源建设,有效增强消防供水效能。

4.3 畅通消防车道

建立发改、审批、住建、城管、规资、房管、公安、应急、消防等行业部门以及各级政府、停车设施规划建设管理工作领导小组办公室的联合执法工作机制,以疏为主,以惩相辅,疏导互促,确保畅通。

5 进一步推动消防技术信息化智能化发展

按照消防信息化总体规划要求,提请各级政府将"智慧消防"同步数字政府建设,审批局将消防纳入大数据子方案,共享各行业部门数据,建设消防安全社会化服务云平台,融入火灾预警、数字消火栓、物联网远程监控、多种因素综合风险评估、"互联网+消防监管"、隐患综治管理、社区服务等信息平台。汇集行业部门数据,整合城市消防信息,建设火灾监测预警平台,精准施策,智能消防监管。

6 进一步建立新型消防监管模式

坚决落实深化消防执法改革意见要求,建设

以"双随机一公开"为根本、以火灾高风险单位为重点、以社会信用管理为辅助、以"互联网+消防监管"为手段、以火灾事故责任追究为补充的新时期消防工作机制，注重推进服务型消防执法理念。

6.1 实现服务型监管方式转变

新时期，过去传统的命令型的消防执法方式已经不合时宜，极易引起矛盾冲突或者执法效能不佳。因此，消防监管方式必须有根本意识上的转变，即从习惯命令向主动服务转变，从生硬执法向刚柔并举转变。转变的方向是将监督服务有机融合于监督执法的全过程，实现平安消防大目标。在监督执法层面，做到依法履职，严格规范执法；在监督管理层面，要注重法制教育，引导自觉遵法守法；在消防安全服务理念层面，要善于借助科技媒体，方便业务咨询、服务和办理。

6.2 实现消防执法与消防服务的有效结合

消防执法是按照国家消防法律法规以及自由裁量标准规定的一种具体行为，是一种强制的手段和措施，消防服务是监督执法之外的一种服务行为，也是消防执法的一种有效补充和完善；注重服务型消防执法并非放弃法律效果，从社会效果来讲，在开展消防安全治理时，改变"猫捉老鼠"的思想，在消防执法中渗入服务理念，加强日常指导帮助，有别于通常的生硬执法，能促进消防工作的开展。

6.3 将加强消防监督管理能力作为提升火灾防控效能的首要任务

消防监督管理的专业水平，是抓好火灾防控的基础保障。立足消防安全现实需求，必须加快专业化人才的培养。一是要提高监督人员的综合业务素质，坚持用制度规范行为，从执法程序和工作流程方面严格要求，保障执法行为在实践中规范运行；二是推动提升社会消防安全管理人员的业务本领，加强人员思想教育和业务培训，培养熟悉消防状况、善于消防管理的消防"明白人"。

7 结语

全面提升消防治理体系和治理能力，对于我国消防救援队伍是一个新的要求，更是一个新的挑战。这就要求我们要时刻以习总书记授旗训词精神为引领，实现从单一监管向综合管理、从监督执法向监督服务、从传统消防向智慧消防三个方向质的转变，全力当好人民生命财产安全的"守护神"，为改善消防安全环境、保民平安、增强群众获得感做出新的贡献。

参考文献

[1] 吴元. 物联网技术在社会消防安全管理中的应用 [J]. 消防界, 2020, 24: 92, 94.

[2] 常渊. 社会消防安全管理中智慧消防技术应用研究 [J]. 消防界, 2020, 24: 93-94.

论 PDCA 循环在消防人才培养中的应用

朱 德 月

济宁市安泰消防安全设备有限公司　济宁　272100

摘　要：为探讨 PDCA 循环在消防技能人才培养中的应用。笔者通过对消防技术服务机构人员的分析，找出机构人才存在的问题，运用 PDCA 循环分析问题存在的原因，制定人才技能提升方案，执行人才培养方案计划，落实整改措施，定期进行技能考核并持续改进。运用 PDCA 循环后，消防技术服务机构人员技能和理论知识显著提高，客户满意度明显上升。将 PDCA 循环运用到消防人才培养中，可有效提升员工的技能水平和理论知识，提高企业的整体素质和服务水平。

关键词：消防　PDCA 循环　人才培养　应用

济宁市安泰消防安全设备有限公司作为消防技术服务机构，主要提供建筑消防设施维护保养检测和灭火器维修服务。通过客户满意度调查表的反馈信息，发现员工素质参差不齐。为了公司健康长远发展，公司把 PDCA 循环应用到企业人才培养中，经过实践和探索，取得了显著的效果。

1　PDCA 循环方法探索与实践

1.1　计划阶段（Plan）

1）分析公司现状，查找员工存在的主要问题

聘请质量管理专家和消防技术专家对公司的员工进行梳理分析，发现的主要问题：有的员工理论知识强但实操能力弱，有的员工实操能力强但理论知识弱，有的员工理论知识和实操能力都不强。

2）分析问题存在的主要原因

学历普遍较低，如图 1 所示。

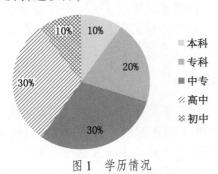

图 1　学历情况

专业比较偏科，如图 2 所示。

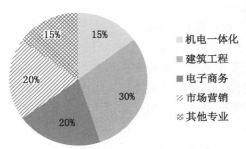

图 2　专业情况

年龄结构偏大，如图 3 所示。

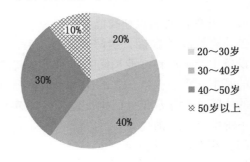

图 3　年龄结构情况

技能人员不足，如图 4 所示。

3）制定员工培养方案

公司会同质量管理专家和消防技术专家对员工的培养制定了培养指标、培养方式、考核方式、改进措施。对关键指标进行详细分解，满分

作者简介：朱德月，男，本科，工程师，主要研究方向为人才体系建设、消防技术，为山东省消防协会专家，E-mail：sdzdy@ 126. com。

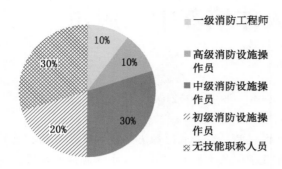

图4 技能人员情况

100分。计划实施周期为12个月，每月培训20课时，第1个月至第5个月，进行消防法律法规等理论知识学习，第6个月至第10个月进行消防技能实操学习，第11个月和第12个月进行考核和改进。

1.2 执行阶段（Do）

为了贯彻执行员工培养计划，公司成立员工成长工作小组，总经理任组长，质量管理专家任副组长，公司副总和消防专家为组员。员工成长小组根据公司实际情况和员工个体差异制定了以下培养方式：

（1）实施ISO9001质量管理体系认证。

健全企业质量管理制度，建立企业质量管理体系，制定工作操作流程，重塑企业质量考核机制。

（2）开展消防知识和技能专题讲座。

公司聘请高校教授、消防专家、工程专家、消防设备生产厂家等专业消防人士对员工就法律法规的基本知识、仪器仪表的使用和维护、消防设备的故障处置等常识分门别类地进行讲解，让员工系统地学习和消化。

（3）组织经验交流会。

公司让每个员工分享自己工作中积累的经验、技巧和教训，"他山之石，可以攻玉"，通过交流会，每个员工得以快速成长和提高。

（4）举行技能比武大赛。

公司通过卷考、机考、实操等多种形式比武，发放"考试达人""技术能手"等奖状和其他奖励，让员工感受学习的快乐。

（5）组织员工参加成人考试，提高学历水平。

（6）组织员工参加技能资格考试，提高技能资格级别。

1.3 检查阶段（Check）

公司每个员工根据自己的实际情况开展自我检查，做好笔记，记录不足和收获，积累经验教训；员工成长工作小组定期对员工开展考试和实操检查，记录每个员工的成长经历，评估员工的学习成果。公司组织员工积极参加一级消防工程师、消防设施操作员和电工等资格考试，在全国舞台上绽放自己。

1.4 总结阶段（Action）

每组织一次员工培训，公司都对培训过程进行详细的点评和梳理，循序渐进，对效果不明显的环节进行个别指标修正，重新开始，最后总结出一套完整的人才培养体系，并使之形成标准化，在公司人才的培养中有规可依。

2 结果

运用"PDCA"循环后，机构人员技能和理论知识显著提高，客户满意度明显上升，取得了可喜的成绩。

员工消防理论知识得到加强。通过对国家法律法规、政策的学习，员工掌握了各类消防设施的工作原理、检测方法、维护要求，为下一步实操工作打下坚实基础。

员工实操能力显著提高。对消防设施出现的故障，能够快速地找到原因并解决问题。

客户满意度大大提升。通过对客户的满意度调查反馈，公司发现客户满意度比之前提高20%。

公司人才队伍得到壮大。在一年中，公司一级消防工程师考试通过2名，电工证考试通过3名，省消防协会专家库通过3名，专升本考试通过3名。

3 结论

人才培养不是一蹴而就的，需要系统化开展工作。PDCA循环正是一个条理化、系统化、科学化的过程。公司在PDCA循环应用的过程中，对"A"环节进行了改进，在总结的过程中增加了奖惩规则，提高了员工的积极性和参与度，实践效果更佳。总之，将PDCA循环运用到消防人才培养中，可有效提升员工的技能水平和理论知识，提高企业的整体素质和服务水平，为企业的持续、快速、健康发展提供强劲的动力。

参考文献

［1］李宏亮，李星莹．基于"PDCA 循环"理论的新工科创新人才培养策略［J］．河北农业大学学报：农林教育版，2018（5）：1-6.

［2］王建国，车永茂，陈亮，等．PDCA 循环在消防安全管理中的应用［J］．江苏卫生事业管理，2019（1）：92-94.

［3］林新美，林良建．新时代消防人才培养模式探究［J］．内蒙古科技与经济，2019（16）：26-27.

浅谈消防救援队伍车辆装备的维护与保养

王琳

山东省消防救援总队 济南 250000

摘要：近年来，全国化工事故、自然灾害等灾害事故越来越严峻，各级消防装备经费投入也在不断提升，特别是涉及特种消防车辆与高精尖器材装备维护保养方面的问题，对救援任务各方面工作带来很大程度的影响，在灭火和应急救援战斗中尽可能地发挥车辆及器材装备的实际运用效果，最大限度地减少车辆和器材装备的损耗，切实提高战斗力，确保充分发挥其最大使用效应，是当前急需解决的问题。

关键词：消防 车辆装备 维护保养 现状

1 车辆装备维护保养基本现状

1.1 消防车辆装备存在配备与使用的分化现象

"重用轻管"主要体现在日常训练、出警现场中，往往会注重车辆装备的使用效果，对参与执勤的装备维护不看重，往往由小问题导致大事故。例如，基层消防救援站在日常训练各类操法时，特别是出灭火剂等实战操法中，经常以出水、出泡沫的速度、时间来决定操法的具体成绩，不少指战员一味地追求操法和时间效果，在操法训练完后不对车辆装备进行维护保养，造成车辆装备损坏。一般情况下，消防车为时刻保障接处警状态，其罐体长期为灭火剂满液位的情况，泡沫等灭火剂的长期储存对罐体内部极易造成一定程度的腐蚀或侵蚀。这类情况，常会发生在执勤年限长、使用频率高的消防车辆。当出现问题，假如没有进行维修保养或者整车性能检测，受到腐蚀的罐体会不断变大，严重的情况会出现水与其他灭火剂的连通，而其掉落的铁锈或相应的罐体材料将会与消防泵的叶片发生摩擦，甚至导致消防泵损坏。

"重配轻管"还主要体现在车辆装备器材购置后，只想着如何使用，对消防车辆装备的维护保养，甚至是核心装置工作原理并不清楚实质，造成了消防车辆装备配备到位后，最终由于后期维护保养费用不到位、工作机理不明白，不会维护保养，怕损坏不敢用。各种各样的原因，使消防车辆装备被放置到库室，往往搁置不用造成损坏。例如，在车辆装备保养方面，许多消防车驾驶员对车辆保养认识不全面，仅仅考虑车辆装备维护保养就是擦亮、洗干净就行；再如，消防车驾驶员检查"油、水、电、气"，发动车辆时油门加得过大；有的消防救援站部分消防装备使用频率低，甚至是因长期不用，不定期维护保养，造成车辆装备腐蚀、老化。

1.2 消防车辆装备管理机制不全

部分消防救援站没有建立健全的管理制度，没有明确分管装备的干部，未能将干部纳入装备管理的责任主体，以至于消防站干部缺乏学装管装的积极性，不掌握装备的现状底数，不熟悉装备业务；装备技术档案不规范，装备管理软件维护、车场日、器材管理制度落实不到位，各类润滑油更换时间间隔不明确，仅为应付检查，对消防车发动机、消防泵的运转进行检查，车场日制度流于形式，一些小故障没有及时排查，导致出现较大故障。

1.3 消防车辆装备缺乏维护保养

第一类情况，是由于基层消防救援站对日常车辆维护保养不到位，没有按照正确的规程或方法进行操作，受操作不当的原因发生消防车辆装备损害。第二种情况，是在执行任务中，例如，在火场破拆进行破拆时，由于外在因素，为达到更快的效果，进行破拆作业，在使用无齿锯等装备时，往往忘了按下减压阀，或者在冷机启动时

作者简介：王琳，女，山东省消防救援总队应急与车辆勤务大队初级技术职务。

忘了开风门，发现无法正常启动时，才想着按正确操作程序操作，这是对器材装备的一种实质性损害。第三种情况，把提升训练成绩、展示速度作为目标，从而导致消防装备损坏，并且在使用过后，由于没有按照说明书或厂家技术人员的指导开展日常维护保养工作，最终由于维护保养不到位，对少部分装备器材造成损坏。

1.4 装备维修水平不高

一是基层消防救援站装备故障初级诊断水平较低，在日常装备技术检查中，没有对一些小故障排查不认真，也没有及时报修；有的基层消防救援站没有准确诊断装备故障，在一定程度上影响了维修工作开展。二是部分战勤保障科（站）开展装备巡检不及时，巡检频率不高，作用发挥不明显，普遍每年只进行 3～4 次的装备巡检。三是装备企业售后服务欠佳，消防车生产企业与车辆底盘相互推诿，零部件供应商相互扯皮，售后服务不到位，维修不及时。

2 消防车辆装备维护保养现状产生的原因

2.1 维护保养意识不强

部分基层消防救援站"爱装、护装、懂装"意识淡薄，对车辆装备在使用中缺乏爱护意识，日常维护保养不到位，在车场日等规定时间里未按照相应程序开展。在执勤训练中不能够按照相应规范操作，自主随便等情况时有发生，从而导致车辆装备长时间不能够得到很好的操作环境或操纵行为，其核心零部件或装置发生问题的概率大大增加。另一方面，一部分驾驶员或装备技师维护保养意识淡薄，也极易导致车辆装备的使用年限缩短或寿命缩短，无论是执勤车辆还是常规的器材，要严格制定相应规范，在训练、出警结束后应立即进行相应的擦拭、维护等行为。例如，检查车辆的油、水、电、气，必要的情况下及时补充，开展对无齿锯、机动链锯等器材加注对应油料、更换易耗部件、擦拭外表等程序，通过以上方式，可以最大限度保证车辆装备的完整好用。

2.2 对高精尖车辆装备操作应用技术差且人员匮乏

随着经济社会发展，消防面临急难险重任务增加，部分单位购置了昂贵、智能化高的先进装备，部分消防站干部管理出于担心车辆出故障、难以维修的原因，平时不让消防员过多操作，导致指战员对装备不熟悉；普遍存在基层消防救援站技能娴熟、素质过硬的装备技师不足的现象，加之受到复转退等因素的影响，部分车辆装备维护人才没有得到保留，使得"传帮带"变成了"流缺失"，参与交货验收培训的指战员越来越少，部分高精尖装备在日常使用过程中由于操作不规范，缺乏必要的维护保养程序，使得这一类器材装备因客观原因提前报废，一定程度上减少了使用时间，没有发挥出"人装合一"的最佳效能。

2.3 各种专业资料的缺失致使日常维护保养不科学

通常情况下，新购车辆装备在交货验收以及配发时，都会有专门要求的中文说明书、操作流程图，类似的材料都会详细讲解车辆装备的性能参数、使用方法、操作流程、注意事项、维修方法、常见问题等基本内容，这部分材料往往配备同步教学的视频或者通过扫二维码获得相应信息，消防指战员可以通过集中培训或自主学习掌握和了解维护保养方法，能够最大限度地延长车辆装备使用年限。反而言之，如果这部分重要资料因没有很好地保管，又不主动联系维修售后的技术人员，加之部分优秀的装备技师或驾驶员调离退出，极易造成基层消防救援站无人可用的现状，造成一定的安全隐患。

2.4 缺乏技艺娴熟的装备维护骨干

总体看来，车辆装备一般由战训、特灾、信通等多个部门提出需求，由后勤装备部门、采购办等部门共同采购。有些车辆装备会及时安排相应的指战员参加培训，有的装备由于需要经验丰富的少数人或者指挥员参加，而这些人因工作岗位原因不参加维护保养活动，导致会的不干，干的不会，加之转制后装备技师岗位不再设立，所以专业对口且从事相应维护保养岗位的后勤装备骨干匮乏，也是急需解决的一大难题。

2.5 缺乏专项维修保养经费

根据调研了解，在基层消防救援站尚未有专门的维修保养经费用于车辆装备的日常维护，大都有支队、大队定点维修厂家进行维护，而基层消防站存在不严重的损坏都是自己维修或者不修，很难保证在没有专业场地、专业人员、专业工具的情况下，一部分高精尖车辆装备能够得到很好的维修，甚至维修后无法确认是否得到最佳状态，使得质保期外的装备无法得到质量保障。

3 车辆装备日常维护保养的几点建议

3.1 建立健全管理机制

基层消防救援站车辆装备维护保养工作是十分重要且必要的，将消防车辆装备设立档案材料集中管理模式，并设置查询目录，所有的器材装备都要详细地记录装备损坏时间、损坏事由、损坏位置、维修情况、损坏次数，认真做好登记。这样一来，不仅便于广大指战员掌握了解器材装备的基本情况，更有利于正确评估装备的使用效能，合理设置报废期限，对于无维修或少维修、且性能优越的可以作为日常训练使用；对于性能状况差、出现过大故障的及时做出报废处理计划。

3.2 落实消防车辆装备管理责任

在基层消防救援站开展爱装管装教育活动，掀起学装备、用装备、管装备的热潮。明确基层消防救援站至少一名干部负责装备管理职责，建立健全基层消防救援站相关管理制度。

3.3 强化车辆装备维护保养骨干培养

基层消防救援站应安排装备技师或专人负责消防车辆装备的维护管理工作，采取内部人员"传帮带"，并邀请外部院校技术人员授课的模式，开展专业的维修保养业务培训，全力提高单位指战员的维护保养能力。

3.4 促进消防救援队伍与企业的良好关系

总体来说，基层消防救援站有一部分高精尖的器材装备构造复杂、技术含量高，有时确实需要消防装备生产企业专业技术人员的维护保养技术。应加强与相关企业的联系合作，加强交流，加强学习，培养一部分专业人才，让企业定期组织巡检服务，万一消防装备发生了问题，可以通过以前的学习进行维修，有前期的交流基础，联系起来也更加顺畅，对待问题的所在更有指向性、准确性，也便于厂家能够第一时间赶到，并带全合适的备品、备件，实现高效服务。

3.5 正确规范消防装备维保程序

准确地说，消防车辆装备正确的使用和操作，可以大幅度减少日常的损害。规范装备器材操作规程十分重要，根据相应的装备制定训练规程或维保明白纸，该项措施对消防装备的维护保养意义重大，在充分发挥消防装备最大效能的基础上，又能够拓展装备器材的使用寿命。

3.6 设置器材装备训练及维护保养保障制度

消防救援队伍转制以来，面对新形势、新任务，各项急难险重的任务不断增加，全国各地特种车辆装备和新型器材都有一定配备数量，需要采用相对应的训练战术、训练手段、训练措施、训练方法，组织人员研究战术战法，形成不同寻常、贴近实战、安全可靠的作战模式，坚决避免因"价格昂贵""使用频率小"等原因不敢用、不舍得用的情况，树立正确的维修保养和装备使用观念，科学看待装备管理，有效提高车辆装备的使用效率的同时，注重常态化维护保养，做到"会用能修"，强化人与装备的完美结合，全力提升消防救援队伍战斗力。

参考文献

[1] 杨政，范桦. 对我国消防部队装备管理及建设的思考 [J]. 消防科学与技术，2009，28（12）：195-197.

[2] 朱力平，杨政，跨区域灭火救援资源配置方法的研究 [J]. 消防科学与技术，2007，26（2）：633-635.

[3] 张国建，王永西，范桦. 对消防装备建设的思考 [J]. 武警学院学报，2005，21（5）：13-15.

可集成于消防服的柔性力学
传感器件及其性能研究

柳素燕[1]　刘志豪[2]　明晓娟[2]

1. 应急管理部上海消防研究所　上海　200438
2. 武汉纺织大学技术研究院　武汉　430200

摘　要： 制备了一种可集成于消防服上的柔性织物力学传感器并探究了其性能，以期通过实时监测消防救援人员在作业时的身体状态，为消防服监测预警系统提供参考数据。实验探究了该传感器的透湿性能，同时采用正交实验研究了形状和大小等因素对传感器性能的影响，进而在不同受压面积比下对传感器的性能进行了标定。实验表明，该传感器透湿率为 146.67 g/m^2h，面积为 1 cm^2 的圆形传感器具有更好的传感性能，低压力区（0 ~ 20 kPa）和高压力区（大于 20 kPa）灵敏度分别为 0.094 kPa^{-1} 和 0.024 kPa^{-1}。同时结果表明，面积为 1 cm^2 的圆形传感器在不同的受力环境下仍具有较好的传感性能。该研究证明了柔性力学传感器件的集成可能性和服用舒适性，以及传感数据的可靠性和稳定性，这些研究为该传感器在消防服上的应用提供了有效的数据支撑。

关键词： 消防　柔性　力学传感器　形状大小

1　引言

消防服作为保护一线消防救援人员人身安全的重要装备，须具备优良的阻燃、隔热、耐高温、透气透湿、环境适应性和运动舒适性等特征，从而有效保护火场救援人员免受各种伤害[1-2]。但在"全灾种、大应急"背景下，火灾救援现场环境复杂多变，对于以身涉险的消防员来说，他们不仅需要能够智能化感知内外部热湿环境的刺激和变化，而且能够对各类状况做出反应或进行预警。美英法等国家均重视消防服智能化工作，并在项目研究上做出了很好的示范。国内研发人员正不断跟随国外技术的发展，尝试从消防员的生命体征、智能定位等方面积累经验。比如，为了实时监测消防员作业时的生理信息，有研究人员结合纺织服装与电子信息技术，将心率、血压、体温等生理监测传感器，电源、蓝牙、定位芯片等模块电子元器件集成到普通消防服上，设计出一套智能消防服[3]（图 1）。但该设计的整体结构使得消防服的加工工艺变复杂，

且多条烦琐的连接线一定程度上降低了救火行动的便捷性，造价高，耐用性和舒适性有待优化，同时无法准确有效地监测消防员在火场中作业时的运动体态信息。

传统的应变传感器一般是由金属与半导体衬底组成，硬度大且灵敏度低，不易携带，生物相容性、透明度和柔韧性几乎为零，难以用于人体运动等一些大幅度应变的监测[4-5]。而柔性织物力学传感器具有柔性好、质轻、多功能、集成性

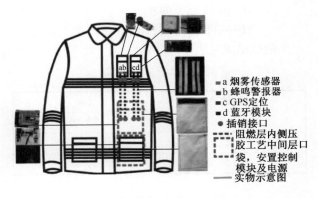

■ a 烟雾传感器
■ b 蜂鸣警报器
■ c GPS 定位
■ d 蓝牙模块
● 插销接口
⬚ 阻燃层内侧压胶工艺中间层口袋，安置控制模块及电源
— 实物示意图

图 1　电子元器件与消防上衣集合示意图

作者简介： 柳素燕，女，副研究员，中国消防协会会员，就职于应急管理部上海消防研究所，主要研究方向为消防员个人防护技术与装备、消防员职业安全与健康，E-mail：liuliu0815@126.com。

好等优良特性，能够将外界刺激信号转变为直观、易懂的电信号，如电阻值、电流以及电容信号，从而获取外力作用情况[6]。有研究者已经制备出了具有灵敏度高、稳定性好、响应速度快等优异性能的柔性力学传感器，并用于监测手腕、肘部、膝盖等关节的弯曲应变以及步态分析，同时对其在人体健康监测、电子皮肤、人机交互界面、智能服装等领域的应用进行了大量探索[7-8]。因此，根据消防员作业时的身体机能及运动姿态，结合服装设计学原理，将柔性力学传感器集成到消防服上，有望实现对火场救援行动中的消防员进行实时监测，及时预警并营救意外受伤消防员，从而提高消防作业效率，保障消防员职业安全与健康。

2 柔性力学传感器的性能表征

2.1 透湿性测试

在高温高湿环境中作业时，消防员往往会大量出汗，因此，消防服及其集成组件具有良好的透湿性对于保持消防员在工作状态下身体的舒适性极其重要。试验开始时，先将装有 50 mL 去离子水的烧杯封以面积为 95 cm² 柔性织物力学传感器，水和烧杯的初始质量为 m_0，整体放入60 ℃烘箱中，加热 2 h 后取出，此时水和烧杯质量为 m_1。传感器透湿率按以下公式计算：

$$G_{wvt} = \Delta m / At$$

式中 G_{wvt}——传感器透湿率，g/m^2h；

Δm——加热前后的质量差，g；

A——传感器面积，m^2；

t——实验时间，h。

测试结果见表1、表2。

表1 去离子水质量变化

试样编号	$\Delta m/g$
1	2.20
2	3.68
3	2.48

表2 传感器透湿性

试样编号	透湿率/(g·m⁻²h⁻¹)
1	115.79
2	193.68

表2（续）

试样编号	透湿率/(g·m⁻²h⁻¹)
3	130.53
均值	146.67

由表1可知，该柔性织物力学传感器具有良好的透湿性，集成在消防服的关键部位用于监测肢体运动，不会对消防服的整体穿戴舒适性造成较大影响。

2.2 不同形状和大小的传感器的传感性能测试

用于集成到消防服上的柔性织物力学传感器，需要根据人体形态和服装设计学原理，裁剪成不同形状和不同尺寸，以便更准确地监测人体运动状态。但裁剪后的传感器性能会受到形状和尺寸的影响，为了使这一影响降到最低，探究了不同形状和大小传感器的传感性能。试验仪器采用电化学工作站（CHI650E）、纺织品动态电阻测试仪 STT600（苏州昇特智能科技有限公司）。实验结果如图 2 所示。

为了探究不同的传感器形状和大小对传感器性能的影响，制备了形状分别为正方形、三角形、圆形共三种形状的传感器，面积分别为 1 cm²、1.5 cm²、2 cm²，进行了交叉对比实验，采用 Boltzmann 函数对实验结果进行拟合。从图 2 整体比较可以看出，电流变化量曲线可分为两个压力区间：低压力区（0~20 kPa）和高压力区（大于 20 kPa），且低压力区间灵敏度均大于高压力区间，其中灵敏度计算公式为 $S = \partial(\Delta I/I_0)/\partial p$，其值等同于电流变化量曲线的斜率。

当传感器面积为 1 cm² 时，如图 2a 所示，从三个不同形状的传感器采集到的电流变化量均随施加压强的增大而增大，其中三角形传感器增长幅度最小，曲线也最先趋于平缓；两个区间灵敏度如图 2b 所示，正方形和圆形传感器在全区间范围内灵敏度均高于三角形。当传感器面积增加至 1.5 cm² 时，圆形传感器的电流变化幅度最大，如图 2c 所示，正方形和三角形两者的 $\Delta I/I_0$ 曲线增长趋势相同；经计算，图 2d 中圆形传感器在两个区间内的灵敏度均比其余两个形状传感器高，与面积为 1 cm² 时相比，低压区的灵敏度相接近，高压区有所下降。从图 2e 可以看到，随着传感器面积增加到 2 cm²，三种形状传感器

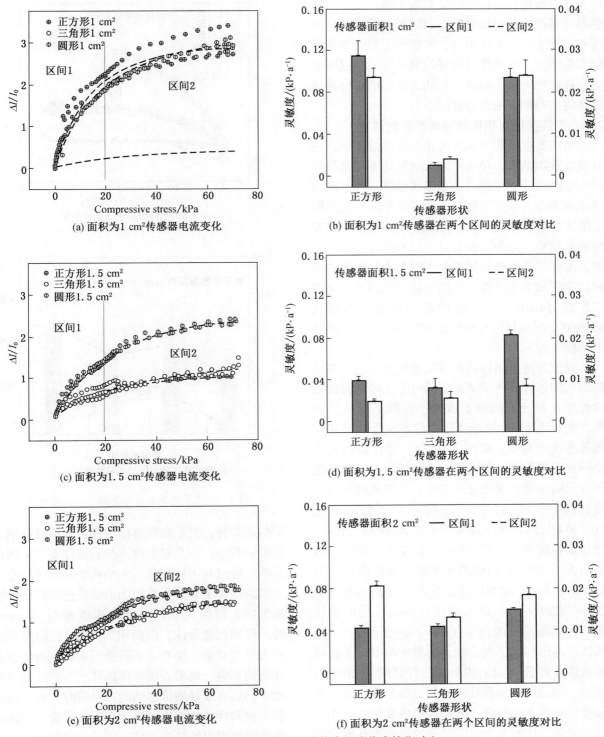

(a) 面积为1 cm²传感器电流变化

(b) 面积为1 cm²传感器在两个区间的灵敏度对比

(c) 面积为1.5 cm²传感器电流变化

(d) 面积为1.5 cm²传感器在两个区间的灵敏度对比

(e) 面积为2 cm²传感器电流变化

(f) 面积为2 cm²传感器在两个区间的灵敏度对比

图 2　具有不同形状和大小的传感器的传感性能对比

的相对电流变化曲线增长幅度趋近，变化趋势相同，但圆形传感器仍表现出轻微的优势；计算所得灵敏度如图 2f 所示，正方形和圆形传感器在两个区间内灵敏度相差不大，三角形传感器灵敏度稍低，与面积为 1 cm² 相比时，正方形传感器灵敏度下降了近 2/3，圆形传感器也有所下降，三角形传感器灵敏度上升近 4 倍。

综上所述，随着传感器面积的增大，在低压

区，正方形传感器传感性能直线下降，三角形传感器传感性能呈倍数提升，而圆形传感器变化幅度相对较小；在高压力区，圆形传感器在具有不同面积情况下均能维持较好的灵敏度。这说明传感器在面积大小不同时，形状为圆形的传感器能够维持相对稳定的传感性能。

2.3 不同受压面积比的传感性能测试

消防员在从事灭火救援作业任务过程中，一旦发生重物倒塌，导致消防人员身体不同部位被砸伤，此时受压部位大小也不尽相同。为了准确地获取消防人员受重物挤压的具体情况，消防服上的力学传感器需要根据不同的受力情况给出相应的电信号，以便其他人员进行判断并施救。因此，柔性织物力学传感器在不同受力分布下的传感性能测试十分重要。采用的试验仪器为电化学工作站（CHI650E）、纺织品动态电阻测试仪STT600（苏州昇特智能科技有限公司）。实验结果如图3所示。

通过对比不同形状和不同面积交叉组合实验得出的传感性能测试结果，同时考虑传感器的稳定性和在服装上的可集成性，选取了形状为圆形，大小为1 cm^{2}的传感器进行不同受压面积比的传感性能测试。从图3a可知，受压面积从整个圆形传感器的1/3增加至全面受力时，相对电流变化曲线增长幅度逐渐增大；根据电流变化量增长趋势和幅度，曲线整体可分为低压力区（0~20 kPa）和高压力区（大于20 kPa）。其中，受压面积比为1/3时，相对电流变化曲线增长到压力大于20 kPa后便趋于平缓；受压面积比为1/2和1/3时，相对电流变化曲线增长幅度和增长趋势趋于一致，进入高压区后曲线均增长较慢。传感器受压面积为1 cm^2，即全面受压时，曲线在高压区也呈现出较大的增长幅度。传感器灵敏度计算公式如上述所示，计算结果如图3b所示，当圆形传感器处于不同受压面积比时，灵敏度也发生不同变化；低压区灵敏度均大于高压区，全面受压时两个区间灵敏度均高于其他受压情况，这是因为全面受压时，传感器内部导电网络发生了较大的变化，产生了更多的导电通路。

3 结论

综上所述，该柔性织物力学传感器表现出较

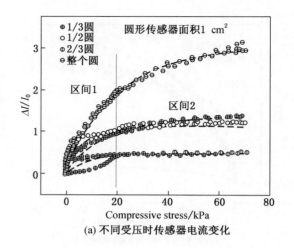

(a) 不同受压时传感器电流变化

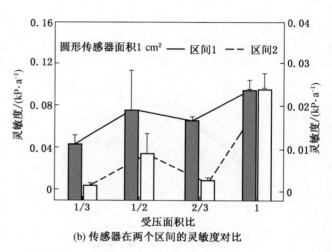

(b) 传感器在两个区间的灵敏度对比

图3 传感器在不同受压面积下的传感性能

好的透湿性，对消防服整体的穿着舒适性和透湿性影响较小，不会对消防人员救援作业产生明显影响；通过对不同形状、大小两个因素进行交叉实验，探究了其对柔性织物力学传感器传感性能的影响。结果表明，圆形传感器面积为1 cm^{2}时，传感性能最佳。以面积为1 cm^{2}的圆形传感器为研究对象，探究了不同受压面积比对传感器性能的影响，结果表明该传感器在不同的受力环境下仍具有较好的传感性能。但同时，对于传感器结构和性能的优化还需进行大量实验，以适应在实际应用中的复杂环境，满足使用要求。

参考文献

［1］卢依晨，刘茜，黄信哲，等. 消防服防护性能研究进展［J］. 纺织报告，2020，39（12）：24-26.

［2］毕月姣，郑振荣，王佳为. 消防服研究进展与

概述［J］. 天津纺织科技，2021(1)：60-64.

［3］谢浩月，梅鑫，唐虹，等. 智能消防服的研制与演示［J］. 上海纺织科技，2021，49(3)：11-14，18.

［4］陈娟，盛斌，陈上碧，等. 同轴湿纺炭黑-硅胶复合内涂层柔性纤维应变传感器［J］. 传感器与微系统，2021，40(4)：4-7.

［5］ZANG Y，ZHANG F，DI C-A，et al. Advances of flexible pressure sensors toward artificial intelligence and health care applications ［J］. Materials Horizons，2015，2(2)：140-56.

［6］于海超，咸婉婷，徐冬，等. 柔性力学传感器技术研究现状及发展趋势［J］. 黑龙江科学，2020，11(10)：10-12，15.

［7］Nie B，Huang R，Yao T，et al. Textile-based wireless pressure sensor array for human-interactive sensing ［J］. Advanced Functional Materials，2019，29(22)：1808786.

［8］Meng K，Zhao S，Zhou Y，et al. A wireless textile-based sensor system for self-powered personalized health care ［J］. Matter，2020，2(4)：896-907.

基于舞台剧的消防科普体验研究

吴　疆

应急管理部上海消防研究所　上海　200032

摘　要： 消防科普舞台剧集科学性、趣味性、互动性融为一体，通过演员的精彩演绎做到消防教育寓教于乐，让观众在故事中认识安全的重要性，在娱乐中学习逃生技能，在互动中感受生命的价值，增强了消防宣传教育的亲和力、传播力和渗透力，让受教育者能主动探索及建构消防安全意识和知识，让受教育者在观看舞台剧的同时逐步提升消防安全意识素养。

关键词： 舞台剧　消防科普　科普体验

1　引言

科普，又称大众科学或者普及科学，是指利用各种传媒以浅显的、通俗易懂的方式、让公众接受的然科学和社会科学知识、推广科学技术的应用、倡导科学方法、传播科学思想、弘扬科学精神的活动。在 2016 年召开的"科技三会"上，习近平总书记强调："科技创新、科学普及是实现创新发展的两翼，要把科学普及放在与科技创新同等重要的位置。"

科技进步和社会发展，为科学普及不断提供新的生长点，使科普工作具有鲜活的生命力和浓厚的社会性、时代性。通过打造精品消防科普舞台剧，让观众观看这样内容更加丰富，更加灵活的体现形式，在沉浸式的互动体验中，受众消防安全意识和知识得到主动探索及建构，逐步形成消防安全素养。

2　消防科普舞台剧市场需求强烈

2.1　公众消防安全意识增强，对形式的需求多样化

2011 年公安部等八部门联合颁布并共同组织实施《全民消防安全宣传教育纲要》，明确各行业系统消防宣传教育职责。多年来，各级消防部门加强与宣传、教育、民政、卫生、文化、广电、安监等部门的联系沟通，建立了协作机制，定期沟通协商，有效推动了各行业系统落实消防宣传教育职责。近年来公众的消防安全意识不断增强，低龄儿童在危急时刻正确拨打火警电话处置火情，儿童教科书式自救成功，机动车主动让道救援中的消防救援车辆等，许多正面、积极的报道屡见不鲜。伴随着消防安全意识的不断增强，公众对消防的内容和形式相应地提出了更高的要求。无论是传统媒体的报纸、杂志、书籍、广播和电视，还是新媒体的微博、微信、短视频、App、数字媒体，将各种各样的消防科普知识铺地盖地的送到所有人的面前。公众可主动选择，获得的渠道更广，不仅仅要求消防科普内容的准确，更追求形式上的新颖性和多样性，这对消防科普工作来说同样是一种新的机遇和挑战。

2.2　日益增长的物质文化需求和美好生活的需要

中国工程院院士、清华大学公共安全研究院院长范维澄提出公共安全的保障需要靠技术、管理和文化三足鼎立支撑。文化已经成为一个非常重要的要素。因为当突发事件发生时，人都有一种本能性反应，这种本能性反应是来自于文化素养和文化素质。随着人民生活水平的提高和物质条件的改善，对精神文化生活的需求日益强烈，舞台剧成为当今公众不断学习的一部分。

在一些大型主题乐园中，舞台剧的受欢迎和吸引程度已经超过了部分实体游乐项目，大家在观看中互动，在沉浸式的体验中学习了知识。

作者简介： 吴疆，男，助理研究员，工作于应急管理部上海消防研究所，主要研究方向为消防信息化、消防科普教育等，E-mail：wujiang@shfri.cn。

3 消防科普舞台剧较其他科普体验方式的优势和不足

3.1 舞台性、直观性、综合性和对话性，更直接作用于观众的视觉和听觉

舞台剧，可以定义为呈现于舞台的表演艺术。它采用"演唱+舞蹈+对白"的形式，由于是现场演出，所以对演员的要求非常高。舞台剧是一种综合性的艺术，剧作、导演、表演、舞美、灯光、评论缺一不可。消防科普舞台剧同样需要借助于舞台来完成，舞台表演更加有利于演员表演剧情，有利于观众从各个角度欣赏。以演员的姿态、动作、对话、独白等表演，直接作用于观众的视觉和听觉，同时用化妆、服饰等手段进行人物造型，使观众可以直接观赏到剧中人物形象的外貌特征。通过在舞台上塑造具体艺术形象，设定的故事情节、大量的舞台对话、华丽的舞美造型、炫动的灯光效果，在视觉和听觉的感染中把一些常用的消防科普知识传授给观众。

3.2 参与面广，接受度高，互动参与性强

观看舞台剧的受众，每个场次都比较多，大型的剧场甚至可以容纳千人以上，且不分年龄层，这个是其他的科普体验方式无法比拟的。舞台剧内容编排上，都是选取受众容易接受的切入点。舞台剧不仅仅只有舞台上的演员参与，台下的观众参与互动，也已经成为舞台剧内容的一部分，有机地融合在一起。

3.3 创制成本高，演员素质要求高，受到舞台制约，精品剧目少

要打造一台精品消防科普舞台剧，人、财、物上的投入都非常巨大。一个好剧本的打磨，需要贴近生活，符合观众的胃口，需要接地气，要把消防科普的知识准确、完整而且十分巧妙地融入情节中，自然而然地带出来，而不是机械地生搬硬套安插进去。剧本创作不仅仅需要消防专业人才，更需要专业的戏剧创作专家，两者碰撞出来的火花才会有生命力。优秀的消防科普剧，离不开专业的演员、华丽的服装、栩栩如生的道具、绚丽的灯光效果、专门为其创作的背景音乐、舞美特效、现场音效管理等，需要一个完整的演出团队来打造。从剧本创作、选角色、排练、彩排、修改剧本、定稿，至少要三个月的时间，需要花大量的工夫。舞台性特点又反过来影响了舞台剧的灵活性。为了追求演出中的效果，较为依赖舞台。

近几年来，各地创作出了不少优秀、较为有影响力的消防科普舞台剧。如湖南消防在2016年和2019年创作的《红色铁皮人》（图1）和《蓝精灵护卫》（图2）、2017年上海闵行消防创作的《火线加速跑》（图3）、2020年应急管理部上海消防研究所和金盾文工团创作的《这不是游戏》（图4）、2020年湖北武汉消防创作的《大象消防局》（图5），创作成本总投入都在数十万元，在剧场中的演出每场演出的成本也高达数万

图1　舞台剧《红色铁皮人》

图2　舞台剧《蓝精灵护卫》

图3　舞台剧《火线加速跑》

图4 舞台剧《这不是游戏》

图5 舞台剧《大象消防局》

元。相对于中国众多的省市，这些剧目尚不能满足受众的文化需求。

4 消防科普舞台剧今后发展的方向

笔者作为应急管理部上海消防研究所和金盾文工团创作的《这不是游戏》消防科普舞台剧项目的负责人，全程参与到了创作、演出和推广活动中，在新冠肺炎疫情常态化的这样一个大的背景下，如何打造好精品消防科普舞台剧提几点自己的建议和想法。

4.1 需要科普管理部门政策上的支持

以笔者上海市科委科普项目为例，科普舞台剧申报立项后的经费为四十万元，考核指标要求指定演出场次三场，自行演出三场，演出时间跨度为两年，运行经费上并不是十分充裕。演出间隔时间一长，剧目需要复拍，演出的成本将大大增加。希望相关管理部门，在政策上制定上能根据舞台剧的特点大力扶持，如增加经费，演出剧场租赁的费用的上给予优惠，项目完成时间更

灵活。

4.2 创作思路上应紧跟时代发展，坚持"人本导向"

以《这不是游戏》消防科普舞台剧为例，是以主人翁小明的一个梦境为故事起点，网络知名游戏《部落冲突》为背景，将三个的消防科普知识融入舞台剧中，小明成功闯关，保住性命。在创作中，通过"知识+人物+故事+情节"这样的理念，以舞台剧为载体，以学生为观众基础，打造的全年龄层的一种情景教育模式。在剧中，加入了TFBOY的《青春修炼手册》歌曲，小朋友听见耳熟能详的旋律都自然而然地站起来一起唱歌和跳舞。同时融入了时下流行的用语，如"快到我的碗里来""就是这么豪横"，时不时还迸出几个上海话，让人捧腹大笑，语言更活泼，更接地气，更符合观众的胃口。

《这不是游戏》消防科普舞台剧参加上海市科技节的活动展演，演出场地并不是专业的舞台，在上海电影博物馆的大厅中临时搭建的舞台，灯光效果无法完全实现（图6）。同时出于完全考虑，舞台烟雾特效取消。同时没有观众席，观众就在舞台前面席地而坐观看。根据这样的实际情况，《这不是游戏》消防科普舞台剧及时调整，尽可能保持剧本的完整性，针对直接面对观众的特点，特意在演出中让演员直接在观众中表演（图7），增加了许多互动的环节，演出后结束后设置了有奖问答的环节，让观众回忆剧中学到的知识，加以巩固，收到了意想不到的好效果。

图6 舞台剧《这不是游戏》参加
上海市科技节展演

图7　舞台剧《这不是游戏》表演中与观众互动

演出完成后，总结出消防科普舞台剧不光要驻场演出，在新冠肺炎疫情防控常态化的情况下，更要走出剧场，在保证剧目内容的科学性和完整性的同时，尽量减少对舞台设备、道具、灯光等依赖，演出人员也不宜过多，利用好大屏幕等显示设备，将一些复杂的场景，预先录制好现场进行播放。

4.3 延长消防科普舞台剧的生命

目前的消防科普舞台剧，还是以驻场演出的方式居多，演出受到场地和场次的限制，参与的人数还是有限，在新冠肺炎疫情防控常态化的情况下，演出的场地、场次、人数进一步受到限制，如何延长消防科普舞台剧的生命，让一台精品舞台剧充分发挥科普价值和艺术魅力呢？

《这不是游戏》消防科普舞台剧在这方面做了一些大胆的、有益的尝试。前期舞台剧的筹划中，项目组就明确不仅仅要在舞台上演出，还要将整个舞台剧全部制作成高清的视频放到网上点播。一方面是为了项目验收资料整理的需求，更重要的方面是项目组觉得这样一部优秀的消防科普舞台剧不应该只是在舞台上演出几场，上海本地的几千人观看，受众面太小，应该放在网络上，不受时间、地域的限制，让更多的人进行点播观看，这样才能延长该剧的生命力。在剧场的演出中，《这不是游戏》消防科普舞台剧架设了多个机位进行拍摄，现场收音，通过后期制作上传，将这部30分钟的消防科普舞台剧完整地搬到了网络上。上海科普网平台、B 站、腾讯视频、新浪微博等多个网站上可以点播该舞台剧。上海市宝山区第一中心小学、宝山区共富实验学

校、普陀区宜川一村幼儿园等多所学校在课堂中进行了在线观看（图8），老师和学生对这样的教学方式特别感兴趣，听到熟悉的旋律时都会跟着节奏一同哼唱、跳舞，在观看视频中学习到了消防科普知识。截止到2021年3月底，后台数据显示《这不是游戏》消防科普舞台剧总点播量已经突破了6万人次，是驻场演出的观众人数的20倍。虽然在视频拍摄制作的过程中，增加了预算成本，但是收到的效果是不能金钱来计算的。下一步，《这不是游戏》消防科普舞台剧会加大推广宣传的力度，结合前期在小学、幼儿园研究的消防安全教育丛书，消防科普动画的研究成果，充分利用好精品消防科普舞台剧这个大IP，开发绘本、玩具、网络游戏等。

图8　学生们在课堂上观看舞台剧
《这不是游戏》视频

5　小结

"十四五"规划纲要提出，弘扬科学精神和工匠精神，广泛开展科学普及活动，加强青少年科学兴趣引导和培养，形成热爱科学、崇尚创新的社会氛围，提高全民科学素质。科普舞台剧作为消防科普的创新形式广泛被受众所接受，充分挖掘消防科普舞台剧的价值，扬长避短，结合新媒体平台的优势，逐步引入市场开发，接轨市场，以创新思维强化消防科普舞台剧的可持续发展动力，更好地为了消防科普体验服务。

参考文献

［1］王荷兰.中国城市公众消防科普教育管理与措

施研究［M］.北京：中国社会科学出版社，2013.

［2］张龙，吴疆.这真不是游戏——消防科普剧首登上海市科技节舞［N］.新民晚报，2020-08-25.

［3］王荷兰.基于消防安全素养养成的城市消防安全文化建设研究建议［C］.中国消防协会，北京：新华出版社，2021.

人员密集场所拥挤踩踏预防与
应对措施及实训设计研究

吴 佩 英

应急管理部上海消防研究所 上海 200438

摘 要：本文通过对人员密集场所发生突发事件造成拥挤踩踏的原因等进行分析，总结拥挤踩踏预防经验，并提出公众在火场遭遇拥挤踩踏时的关键应对措施，以利于提高人们在人员密集场所个人安全意识，减少拥挤踩踏而造成的人员伤亡。

关键词：人员密集场所 拥挤踩踏 措施

1 引言

人员密集场所突发火灾，由于高温、烟气造成场面失控，多数人会感到恐慌不知所措，这时候也最易引发拥挤踩踏和群死群伤事故。因此，遭遇火灾，不要惊慌，保持冷静至关重要。根据火场现场火情发生发展情况，并根据自己所处位置，迅速判断火势趋向以及灾情发展方向，及时选择正确的逃生方式，而不是盲目跟从人流，否则极易造成现场混乱、相互拥挤、难以解围的不利态势。人们应当具备一定程度的安全意识以及一定水平的安全知识和技能。

2 拥挤踩踏事故案例与分析

2.1 拥挤踩踏事故案例

1）"6·3"吉林德惠禽业公司火灾事故

2013 年 6 月 3 日 6 时 10 分，位于吉林省德惠市的吉林宝源丰禽业有限公司发生特大火灾爆炸事故，造成重大人员伤亡和经济损失。截至 2013 年 6 月 10 日，共造成 121 人遇难、76 人受伤。经初步调查，吉林德惠市宝源丰禽业有限公司存在安全生产管理上极其混乱、安全生产责任严重不落实、安全生产规章制度不健全、安全隐患排查治理不认真不扎实不彻底等问题，且没有开展应急演练和安全宣传教育。事故初期，该公司紧急疏散不力、车间安全出口不畅等问题也十分突出。

事发时，39 岁的该公司女工国某听到"咔吧"一声，有人大喊"着火了"，看到前面的车间通红一片，灯随即灭了，漆黑一片，逃生者互相踩踏。国某说："我立即往外跑，由于知道起火门被堵死，我就向羽毛粉车间方向跑。人都往这涌，人挤人，人压人，我摔倒了，只能摸着拼命往前爬，靴子被踩丢了，也顾不上了。好不容易，最终从车间东面逃了出来……"幸运逃生的王某娟回忆"在通道里大家都摔倒了，你压我，我压你，乱成一片，全是爬出来的，强（撑着）爬出来。"

2）山西运城足疗店火灾引发踩踏事故

2008 年 12 月 12 日下午 3 点 40 分，山西省运城市中银大道立交桥附近一处休闲足疗店发生火灾。火灾发生时，楼内人员比较慌张，引发群体性踩踏事件，造成至少 7 人死亡、10 人受伤。火灾发生时，运城市中银大道围满了人群，着火的商店火势猛烈，被烧碎的玻璃"啪啪"直往下掉，门前的汽车也着火了，一辆为晋 M 牌照的红旗轿车已经烧得面目全非了。4 点钟第一批到达现场的消防队员迅速控制火势，山西省运城消防支队、盐湖公安分局的相关领导，迅速赶到现场进行指挥扑救。随后又有 4 辆消防车陆续赶到现场增援。5 点钟大火已经被扑灭。

3）阿富汗学校发生踩踏事故

作者简介：吴佩英，女，本科，助理研究员，工作于应急管理部上海消防研究所，主要从事消防科普教育研究，E-mail：wu-peiying@ shfri. cn。

2006 年 6 月 18 日，阿富汗内政部披露，阿西部赫拉特省一所女子学校当天一个煤气罐着火，引发踩踏事故，导致 4 名女生死亡、12 人受伤。该国内政部发言人优素福·斯塔尼克扎伊对记者说，当地时间早上 9 点 30 分，萨尔杰伊女子学校厨房里的煤气罐突然着火，学生们惊慌外跑，不少人跌倒在地，造成严重伤亡事故。

2.2 拥挤踩踏概念及原因分析

以上 3 起案例均是由于火灾引发的拥挤踩踏而造成了严重的伤亡。环境心理学对拥挤的研究已达半个世纪之久，国内外专家给出的定义也各不相同。Stokols（1972）认为，"拥挤"是指当个体的空间需求超过实际空间供给时的一种心理压力不适状态，是有限空间中个体的一种个人主观体验；我国学者俞国良等（2000）认为，"拥挤"是一种主观的、能产生消极情感的心理状态，且当个人觉察到给定空间中有过多的人出现。总之，"拥挤"是一种难以直接测量，需经过人类知觉加工形成，伴随过度唤醒和生理、心理、行为压力特征表现，且导致系列拥挤负面影响的复杂心理体验和主观经验状态[1]。"踩踏"是人员密集场所中，因人群过度拥挤（灾害性拥挤），由某一诱因引发，使人们跌倒而未能及时爬起，被人踩在脚下或压在身下，出现人员伤亡的突发事件[1]。拥挤到一定程度的时候，就会发生危险，人们从众心理愈加明显，甚至会出现焦躁不安、失去理智，本能产生冲动性求生行动，进而迅速蔓延扩散为整个群体。

3 公众人员拥挤踩踏的预防方法

公众在防止拥挤踩踏的预防方面，最重要的是人们的安全意识应当普遍提高。要发动全社会的力量，呼吁人们不断提高安全意识，因此，必须依靠安全教育。安全教育又包括两个方面的内容，一是安全意识教育，二是安全知识和技能教育。通过安全教育，公众会自动提前分析参加大型人员密集场所活动的必要性、存在的风险以及提前应对的方法，以便在紧急情况下做出正确的反应，甚至在自救的前提下开展互救行动。

3.1 了解拥挤踩踏易发地点、时间、诱因等

公众了解拥挤踩踏易发地点、易发时间以及诱因等都是防止发生拥挤踩踏的重要方法。地点

包括：影剧院、舞厅、桑拿浴室等公共娱乐场所，旅馆、宾馆等，大中专院校和中小学校、幼儿园、著名风景区等。时间包括：节日、假日、大型主题活动、庆祝活动，商家促销聚会等，足球比赛、名人来访、大型运动会，宗教活动等，中小学放学、课间操、晚自习、校庆活动等。诱因包括惊吓、激动、好奇、摔倒等。

3.2 参加拥挤踩踏预防与应对课程实训活动

通过参加拥挤踩踏预防与应对实训，让公众更加直观地了解发生拥挤踩踏事故的常见场所、主要原因、严重后果；通过示范学习、情境模拟，帮助人们熟练掌握应对拥挤踩踏事故的技能。实训设计如下。

1）课程准备

场地准备，教官 2 名，学生 100 名。

2）课程实施

（1）教官讲解拥挤踩踏常见场所、如何"预测"踩踏事故、注意事项等知识。

（2）教官要求学生编成两人一对学习小组。

（3）要求学生跟随教官师范一起模仿练习预防拥挤踩踏的自我保护动作，以及不慎跌倒时的自我保护动作。教官必须把每个步骤的要点讲解清晰，并在现场巡视的时候注意观察学生的练习是否到位。

（4）练习结束后，要求 2 名学生上台演示两种情况下的自我保护动作。让台下学生判断哪一位学生演示的比较到位。

（5）自编情景小品：

① 大约 30 个学生上台，共同完成一个情景小品，展示拥挤踩踏现场。

如，模拟场景：2 月 14 日情人节当天，电影散场时，电影院突然发生了停电意外。"不要挤，不要挤！"尖叫声此起彼伏，影院内众人一片慌张，突然人群中有人倒下，发生了"踩踏"事故。

② 教官在台上组织指导人体麦克法，预防拥挤踩踏、不慎跌倒的自我保护动作，同时提醒学生注意安全，避免造成意外伤害。

③ 台下学生可根据情景小品发现问题，提出问题，解决问题。

3）课程结束

观看预防拥挤踩踏事故的教学视频，总结预

防拥挤踩踏的重点。

总之，通过安全意识的培养，安全知识和安全技能的学习，让公众树立科学的安全态度，提高对危险的警惕性，突发事件前有一个预警，即便产生真正的危险，也可以做到临危不乱，正确判断和应对处理。

4　公众人员火场遭遇拥挤踩踏的预防方法

4.1　火灾时需紧急撤离到室外，但遭遇拥挤、踩踏情况时

（1）若身不由己陷入拥挤人群之中，一定要稳住双脚，即使鞋子被踩掉，也不要弯腰捡鞋子或系鞋带，避免让自己摔跤或绊倒，避免自己成为踩踏事件的诱发因素。

（2）当发现前面有人摔倒，要马上停下脚步，并大声告知后面的人不要再向前靠近，组织周围人员迅速将摔倒人员扶起，以免造成严重踩踏，而后继续有序撤离。

（3）疏散撤离遭遇拥挤人群时的自我防护动作应如图1所示。

图1　遭遇拥挤人群时自我防护动作

4.2　火场时紧急撤离时遇阻，需要返回寻找其他出口或者固守待援时

（1）如果发觉拥挤的人群向自己的方向走来时，应立即避到一旁，不要慌乱，不要奔跑，避免摔倒。切不可逆着人流前进，否则，很容易被人流推倒。

（2）人群需在平地后退或者楼梯向上撤离时，采用人群有节奏地呼喊"后退"，告知后面的人不能前进或者通过楼梯向下安全撤离了。当处于最外围的人听到人群中传出有节奏的呼喊声（"后退"）时，你应该意识到平地或者楼梯撤离

受阻的警示信号。此时你也需要呼喊"后退"进行平地后退或者向上撤离，并尽量让你周围的人也要呼喊进行后退或者向上撤离。

有节奏地呼喊"后退"的方法是借鉴了"人体麦克法"。但这个方法不应该简单地套用。原因在于：人体麦克法是事先有预习、有默契，口令响起时，自然容易得到参与者配合；人体麦克法发源于占领华尔街运动，其游走的方式是有序的，道路也多为平坦；目前适用于西方发达国家，民众早已习惯于在灾害发生时，服从指挥、听从调动，有序行动，从而减轻灾害危害性。

4.3　如果不慎跌倒时

如果是自己摔倒了，赶紧站起来。一时间没法站起，也要设法如爬近墙角，两手十指交叉相扣，护住后脑和后颈部；两肘向前，护住双侧太阳穴；双膝尽量前屈，护住胸腔和腹腔的重要脏器。不要俯卧和仰卧，侧躺在地，做最大努力保持意识清醒、张大嘴呼吸。同时也要大声呼救。如果自己在拥挤中不慎跌倒，应当按照"十指交叉相扣—两肘向前—双膝前屈—躺倒在地"四个步骤采取自我保护[2]，如图2所示。

图2　不慎跌倒时的自我防护动作

5　总结

踩踏多半是拥挤的后果，而且是最为严重的后果。通过安全意识的培养、安全知识的普及以及安全技能的学习，公众能够形成一种应对拥挤踩踏的安全素质，就能达到减少和消除发生拥挤踩踏的效果。只要管理层面加强应急安全管理、加强安全应急文化的宣传，公众层面自觉提高安全意识和应对能力，各方面联动，一定能够减少和消除由于拥挤踩踏造成的人员伤亡。

参考文献

［1］刘艺林．拥挤踩踏预防与应急［M］．上海：同济大学出版社，2016.

［2］王荷兰．小学消防安全教育［M］．上海：上海教育出版社，2016.

对使用领域中消防产品质量抽查等工作存在问题的思考

诸 容

应急管理部上海消防研究所 上海 200438

摘 要：本文通过对使用领域中消防产品质量抽查等工作存在问题及其原因的分析，思考并提出了解决这些问题的一些观点和相关建议。

关键词：消防产品 质量抽查 使用领域

1 前言

消防产品是指专门用于火灾预防、灭火救援和火灾防护、避难、逃生的产品。在目前我国所有的产品质量抽查中，消防产品是一种可以在生产领域、流通领域、使用领域进行质量抽查的产品。根据2013年1月1日施行的《消防产品监督管理规定》（公安部令第122号），国家质量监督检验检疫总局、国家工商行政管理总局和公安部按照各自职责对生产、流通和使用领域的消防产品质量实施监督管理。同时，公安行业标准《消防产品现场检查判定规则》（GA 588—2012）给执行使用领域中消防产品现场检查和判定提供了相应的准则。另外，目前消防产品已逐步纳入了"3C"认证，其中对获证消防产品证后监督的一致性检查，有时也会安排并要求在使用领域现场进行。

由于使用领域的消防产品除了涉及生产单位外，还涉及建设单位、设计单位、施工企业、监理单位和/或各种用户，并且，使用领域的消防产品好坏与生产质量、安装质量、存贮保养使用情况等等一系列因素有关。因此，在使用领域进行消防产品质量抽查和一致性检查有其复杂性和特殊性，不同于在生产领域、流通领域的产品质量抽查和一致性检查。而目前我国针对使用领域产品质量抽查的相应法律法规实施细则配套仍不够全面，有的规定没有明确具体的操作方法或操作性不强，还不足以解决使用领域产品质量监督抽查中所面临的许多实际问题。同时，对获证消防产品证后监督的一致性检查，同样也会碰这些类似的问题。对此，如何在使用领域对消防产品开展具体的质量抽查和判断等工作，包括在使用领域对获证消防产品证后监督的一致性检查，需要进行不断摸索与探讨。在本文中，笔者就使用领域中消防产品质量抽查和一致性检查工作存在的一些主要问题及其原因，以及如何解决这些问题，谈谈自己的一些思考、观点和相应的建议。

2 抽查工作中存在的一些主要问题及其原因

近几年，公安部消防局对使用领域的消防产品组织了多次的质量抽查，受到了较好的管理效果。另外，在使用领域现场对获证消防产品证后监督的一致性检查，也对掌握消防产品的真实质量，并且进行相应和有针对性地证书管理起到了重要作用。但同时，在开展这方面的工作中，也发现了一些存在并值得重视的问题。目前，在这方面存在的问题及其原因主要有以下方面。

（1）由于有些消防产品是需要现场安装的，并且安装的好坏将直接影响到该消防产品的最终质量，但相应的产品标准却未配套，没有相关的安装要求，无法考核，造成可能合格的产品因安装问题而不能满足使用等要求。

（2）有些建设工程施工企业并未建立起安装质量管理制度，严格执行有关标准、施工规范和相关要求，使得消防产品的安装质量得不到保证，甚至有时为了赶工程进度，安装施工随意马虎，造成产品不能正常或有效使用，如发现有消防软管卷盘装反的情况。

（3）受客观条件的制约和现场消防安全的

557

要求，有时对安装好的消防产品已无法进行相应的检查或者检查的工作量很大、时间较长、难度较高；有的消防产品在检查完成及恢复安装后，其性能可能会受到影响，同时，有的可能还需要再次进行验收，会花费较大的人力、物力。

（4）在现行使用领域的消防产品现场质量抽查项目和方法中，有些规定和要求操作性不强，如要求检查和判断是青铜还是黄铜等。

（5）在现场检查中，对破坏性样品或拆卸过的样品，没有明确规定尽快更换或安装验收确认的要求以及期间消防方面的防范措施。从而在未更换和验收确认的这段时间内，无形中降低了消防的保护能力，此时如有火灾发生，后果将不堪设想。

（6）由于现场检查大多是在施工现场进行，场地高低不平，有时没有照明，楼梯有的没有挡板或护手，人员的人身安全存在一定的风险，但是在这方面的相应规定与要求还未得到重视，不戴安全帽以及未采取相关安全防护措施进行保护的情况时常出现。

（7）在使用领域进行质量检查和一致性检查时的消防产品种类和品种较多，检查人员不可能全都掌握相关的知识与技能，但现在的培训方法和人员组成方式还达不到相应的要求与效果。

（8）消火栓、水泵接合器等产品上贴的身份信息标志存在问题：一方面，由于这些产品是铸铁表面喷涂漆，由于各种原因，标志往往粘不牢，很容易掉落；另一方面，这些产品在施工中，身份信息标志很容易给施工人员碰掉，因而给最终核对其信息带来了困难。

（9）现场检查是针对消防产品质量的一种抽查工作，并不能等同于工程验收，而对此概念并未使每个人员得到明确。

（10）消防部门在建设工程验收时，受到时间、人力、条件等多方面的制约，大多把精力等放在了建筑本身的消防安全性和符合性上，一般无法专注于消防产品的检查。

3 改进的建议

针对上述在使用领域开展消防产品质量抽查和一致性检查工作中存在的问题，建议做好以下一些工作：

（1）对于需要现场的安装产品，应在对应的产品标准中，加入安装方面的要求。

（2）对未建立起安装质量管理制度，未严格执行有关标准、施工规范和相关要求，使得合格消防产品的在施工安装后，质量不符合要求的，要追究建设工程施工企业的责任。

（3）建设工程施工企业应重视和把好消防产品进场时的质量关，做好对产品合格证明、产品标识、检验报告和有关证书的查验工作；并按照工程设计要求、施工技术标准、合同的约定和消防产品有关技术标准，对进场的消防产品进行现场检查，如实记录进货来源、名称、批次、规格、数量等内容；不符合要求的，不得安装。现场检查记录、检验报告和证书等文件材料应当存档备查。

（4）建议修改《消防产品现场检查判定规则》（GA 588—2012）标准，删除或修改现场不能进行的一些性能检查项目。

（5）规定好样品更换验收的程序、要求和时间，以及消防方面的防范措施等，保证期间不会出现消防安全能力降低的情况。

（6）要规定现场检查人员的安全注意事项和安全防护措施。

（7）改进现行的培训方法和人员派遣方式，加强培训的要求与检查的效果。

（8）对有些产品，可采取将粘贴标志改为采用喷涂印刷标志并结合刻文字和/或数字的方法等。

（9）要加强宣贯，避免产生现场消防产品抽查过了，就算工程验收过了的错误认识。

（10）消防监督部门要配备建设工程验收时对消防产品检查验收的专业人员，以确保消防产品的检查验收效果。

4 结束语

根据使用领域中消防产品质量抽查或一致性检查的特点，应注重产品型号规格、产品功能的检查，尽量不要进行性能方面的检查；要重点进行身份信息标志的核查，杜绝假冒产品。在消防产品的质量抽查或一致性检查中，由于条件受限，如没有检验设备，或者有的设备已安装，没有相应拆卸安装工具，并且又不是很方便的话，或者有涉及人身安全和消防安全等方面的情况等，那么，在设计检查方案时，就要有针对性地考虑在使用领域对消防产品进行质量抽查和一致性检查时的要求和方法，并且应有别于在生产领域或流通领域对于产品的质量抽查和一致性检查。同时，还要考虑和选择好检查人员，要求这些人员对检查产品的熟悉程度能满足和达到做好该项工作的要求。另外，虽然在现行模式下比较困难，但是在使用领域对消防产品进行质量抽查和一致性检查时，还是要尽可能地做好与消防产品生产企业和消防管理部门（消防总队、支队、大队）的密切配合和沟通工作。对于在使用领域被检查为不合格产品的生产企业，应加大处罚力度。

洪涝灾害低洼区消防清淤机器人除险技术研究

林 彬[1] 祁鑫鑫[2] 奚 雅[3]

1. 应急管理部上海消防研究所 上海 200030
2. 上海倍安实业有限公司 上海 200030
3. 山东科技大学 青岛 266590

摘 要：近年来，我国发生洪涝灾害现象日渐严重，影响低洼地区居民的正常生活。在洪水暴雨过后，留下的淤泥将会使其水质变差，影响到居民的生产生活。一旦发生洪涝灾害，需要消防队伍连续奋战清淤。针对低洼地区清淤技术不够先进，操作比较麻烦，耗费大量的人力、物力等问题，本文根据现有的低洼地区清淤技术及清淤机器人的研究和设计经验，设计一套针对低洼地区的智能消防清淤机器人，可以实现操作人员在清理区外进行遥控清理工作，降低清淤难度和劳动强度，保障消防人员的安全。

关键词：消防 清淤机器人 泥浆泵 泥水分离

1 引言

近年来，我国对暴雨洪水过后低洼地区的治理工作重视程度日益增加，洪涝灾害发生后，被淹区域堆积了大量淤泥，给居民的生活造成很大影响，严重影响了正常的生产生活秩序。此时消防队伍均需要第一时间奋战在一线，连夜进行清淤工作。对于低洼区的清淤，环境复杂、淤泥量大，给清淤工作造成了很大不便，消防队伍需要消耗大量的人力物力进行清淤。在先进科技的推动下，先进的清淤技术在洪涝灾害低洼地区也得到了推广应用，在恢复了农畜业生产、排涝等功能的同时，低洼地区居民的日常生活得到了保障。

目前常规使用的清淤技术主要有以下三种：排干清淤技术、水下清淤技术和环保清淤技术[1-2]。其中，排干清淤技术[3]在低洼地区清淤中有很大的局限性，平常情况下只应用在中小型河道。水下清淤技术主要是指以清淤船为清淤主体，使用清淤船上的清淤机器清理河道中内的淤泥，通过淤泥输送管输送到河道上游。水下清淤技术主要缺点是清淤过程的效率比较低，且在清淤的同时会带走大量的河水，使得工作量较大。

环保清淤技术是指采用绞吸船对指定的位置进行清淤，在清淤的同时不会对水质造成太大的影响[4]。

目前国内投入使用的清淤机器人主要有铲斗式、扒斗式、履带行走刮板式等。但由于清淤效率不高，或清淤机器对地形的要求过于苛刻，或价格较高，直接影响到机器人的应用和推广，以至于在国内大多数地区仍在使用大量的人力对洪涝灾害低洼区进行清淤。李成群等[5]设计了一种新型牵引式排水管道疏通机器人，该机器人采用稳定可靠的机械结构驱动，能在管道内自由行走。利用钢丝绳牵引装置为疏浚机器人在疏浚过程中提供足够的动力。王丰等[6]设计一种中小直径排水管道缆控清淤机器人，此机器人可在电动机的驱动下完成自主行走以及对淤泥的清理工作。罗继曼等[7]设计一种可以在排水管道使用轮-爪构造行走的清淤机器人，轮-爪式行走装置可以增强管道清淤机器人前进的能力。目前低洼地区的清淤设备还不够完善，清淤设备体积较大，不便于在低洼地区工作，从而对机器人的研究和设计需要变得越发迫切。

针对目前低洼地区的清淤技术及使用装置的优缺点，本文提出一套履带式行走消防清淤机器

作者简介：林彬，男，硕士，助理研究员，工作于应急管理部上海消防研究所，中国消防协会会员（No. E640002135M）、第六届消防设备委员会委员，主要从事消防工程技术等方面的研究工作，E-mail：756534465@qq.com。

人，履带式行走装置可以支撑整个清淤机，保障清淤机器人在运行过程中的稳定性。借助该机器人及相关配套装置，可完成对低洼地区淤泥的清理、泥水分离等工作，有助于进一步提高淤泥的清理效率。该机器人在满足低洼地区淤泥处理要求的同时，减少了人的参与，从而提高现场安全运行情况，可以为洪涝灾害过后低洼地区的处理工作进一步提供借鉴。

2　消防清淤机器人结构组成及其工作原理

2.1　结构组成

作为消防清淤机器人工作装置的载体，其行走设备设计的核心是其运动的稳定性和承载能力。本文设计的清淤机器人行走装置采用履带式行走方式。履带式清淤机器人工作装置主要有履带式行走机构、螺旋回料机构、泥浆泵、液压淤泥泵、液压马达、监视系统和操作控制系统等部分组成。清淤机器人结构如图1所示。

当处于工作状态时，液压系统能够使得螺旋回料机构运动，以及使泥浆泵工作。履带式行走机构与地面底部的接触面积大，有着良好的附着性，跨越障碍的能力较强，在淤泥较多的地方也能正常行走，且可以有效地保证机器人在行走过程的稳定性。机器人实景如图2所示。

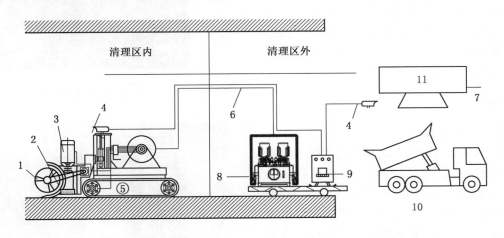

1—螺旋回料机构；2—液压淤泥泵；3—液压马达；4—摄像头；5—履带行走机构；
6—液压管网；7—分离稀释水管；8—液压站；9—操作监控台；10—卡车；11—脱水离心机

图1　清淤机器人结构示意简图

图2　机器人实景

2.2　工作原理

此清淤机器人采用履带式行走机构，其工作原理为以下方面。

（1）机器人采用螺旋回料机构自动排料，机器人配有自动补水稀释管，通过泥浆泵压力流量计自动变送出模拟量，可以实现自动调节淤泥黏稠度，保证水泵不负载。通过脱水离心机将水与泥分离后（分离后含水量在20%以内）进入泥水分流系统，分离水通过管路回收后，进入补水稀释管循环利用，此流程形成内循环。泥水分离主要分为以下两种情况：①村庄周围的清淤工作，利用泥浆泵将淤泥输送脱水离心机处进行泥水分离，分离出的淤泥用卡车运走；②河道周围的清淤工作，可以直接用水管将分离的水排放到河道中，降低了清淤的工作量。

（2）整机配备智能检测系统，通过管道压力传感器将压力信号转换为模拟量输入控制CPU内，实时监控螺旋杆机构的电阻，并根据阻力情况自动判断混合液浓度，自动调节稀释水的供应量。

（3）远程液压系统配备行走车盘，配备延长管路收放盘、电缆盘，当清淤机器人运行距离变化时，自动调节管路和电缆长度，且在撤离清淤现场时可以方便运输和安装。

（4）在机器人上部安装 360°可旋转防爆监控摄像头，可以实现实时监测设备运行以及低洼地区现场淤泥的沉积状态，这也极大地方便了操作人员根据现场情况调整机器人的运行方式。

该机器人可实现全液压运行、远程控制、视频监控采集、自动识别浓度、遥控与手控集于一体。每班 1 人即可实现对洪涝灾害低洼地区淤泥的清理工作，操作人员可以远程对机器人的运行情况进行实时监控，针对清淤过程中的特殊情况实时调整设备的运行方式，操作人员在清理区外即可完成清淤工作，有效减少清淤人员的成本投入和因过多人员参与所造成的潜在安全隐患。

3 操控装置

3.1 电磁阀工作原理

按下清淤泵启动按钮，清淤电磁阀打开，清淤泵马达带动清淤泵旋转；按下螺旋机启动按钮，传送链条带动液压马达驱动链条转动。为了方便清淤机器人操作，需要对控制系统进行模块化设计。其中，气动电磁阀需要安装在机器人本体后部，控制电路和电源可以安装在控制箱内进行外部操作。设计完成后的实物如图 3 所示。此时，机器人与控制系统之间只有一条线相连接，不会影响机器人的运动性能，也便于地面控制系统和机身部分的拆装。

3.2 操控台控制系统设计

3.2.1 无线遥控装置

清淤机器人既有远程遥控立柱，又配备无线遥控器，集遥控器和操作台功能为一体。将遥控器连接到设备后，不仅可以供操作站使用，还可以充电；当拔掉电缆连接线，远程遥控器自动切换到遥控的状态（图 4）。远程遥控器主要控制履带装置同步和单步行走、泵送开始/停止、螺旋的送料（排料）等功能。

（1）集遥控器和操作台功能于一体，两种状态可以自由切换。

（2）河下状态，有效遥控距离大于 30 m。

（3）遥控工作状态，可达 40 h（满电状

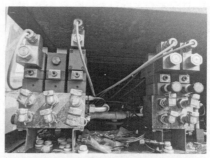

图 3　电磁阀实物图

（a）遥控器　　　　（b）远程遥控柱

主停—急停；牵停—开启；上升—前进；下降—后退；
破升—清淤机启动按钮；破降—螺旋机启动按钮

图 4　无线遥控装置

态）。

（4）既能够抵抗磁、电、热的干扰，也可以在复杂的环境中安全可靠运行。

3.2.2 端头站

操控台配有摄像头显示屏、指令显示屏，操作人员可通过操控无线遥控器在距电机控制系统 30 m 内完成以下操作：

①机器人的前进后退；

②螺旋机的启、停；

③清淤泵启、停；

④主油泵启、停；

⑤回泥机启、停；

⑥压滤机油缸伸缩；

⑦系统紧急停车。

该远程控制装置的投入，人员无须进入河道内部即可完成清淤工作，同时该装置全部采用液压动力，有效地减少维修工作量，减少低洼地区潮湿及淤泥塌方对设备造成的影响，减少维修成本，同时避免了低洼低区上方淤积塌方对人员安全造成的影响。

3.3 泥浆泵

该清淤机器人主要使用了 NB15/0.6-11（LG）型泥浆泵，该泥浆泵为卧式三缸单作用活塞往复式泥浆泵。该泵配有四种压力以及四种流量，流量和压力可以变换范围很大，可以适用在多工序、多孔径的岩心钻探。可作为高压冲击旋转和螺旋钻进的动力源。

NB15/0.6-11（LG）型泥浆泵主要用于水文地质工程孔在打眼过程中提供清水清洗杂质等。该泥浆泵主要采用变量泵、比例阀以及变量马达，可以实现同时输入转速并无限调整的方案。同时，也可用转速电机进行驱动。该泥浆泵最大流量可达到 22 m^3/h，最大压力 7 MPa，可应用到低洼地区各种复杂地形的清淤工作。

根据低洼地区清淤经验，每日清理淤泥量约为 81 m^3，按照日处理 4 小时计算一级渣浆泵日处理能力：

$$81 \div 4 = 20.25 \ m^3/h$$

根据实际清淤经验，泥浆泵需要将淤泥混合水通过管路排放到清理区外，标高为 10 m 以上，管路运输距离为 300 m 以上。按照淤泥混合水的比例浓度为 23% 计算，其管道运输摩擦阻力系数为 2.6%。

水泵扬程可由下式计算：

标高+管道运输折合数=实际标高，得

实际标高 = 10+300×2.6% = 18 m

根据计算数据，水泵流量应大于 20.25 m^3/h，扬程高于 18 m；同时考虑到管路在安设过程中弯道和接头、淤积等处损失，按照 2 倍的设计能力，选定水泵扬程为 50 m，流量为 20.25 m^3/h。

NB15/0.6-11（LG）型压滤泥浆泵参数设置见表1。

表1 压滤泥浆泵参数设置

序号	参数名称	参数值
1	流量/（$m^3 \cdot h^{-1}$）	22
2	扬程/m	50
3	功率/kW	11
4	电机电压/V	660/1140
5	进口尺寸/mm	100
6	出口尺寸/mm	100

4 小结

本文针对洪涝灾害低洼地区清淤工作出现的难题，设计了一套自动行走式清淤机器人。其清淤机器人可实现操作人员在清理区外进行工作，机器人具有自主行走、自动送料及远程控制的功能，操作安全可靠。利用现有的淤泥分流系统处理淤泥，每小时可以处理 30 m^3 淤泥，使操作人完全脱离清理区危险的作业环境。此外，该清淤机器人既能在减少在淤泥运输过程中投入大量人力的同时，又能提高工作效率，这对低洼地区的清淤工作具有重要意义，而且具有很大的经济效益。

参考文献

［1］孙宝伦，王红霞，王霞. 中小河道清淤及河道淤泥处理技术［J］. 科技论坛，2020（7）：14-16.

［2］陈永喜，彭瑜，陈健. 环保清淤及淤泥处理实用技术方案研究［J］. 水资源开发与管理，2017（4）：23-26.

［3］李颖. 中小河道治理中清淤及淤泥处理技术在农业中的应用［J］. 现代农业科技，2020（24）：123-124.

［4］潘南江. 河道环保清淤工程施工技术分析［J］. 工程技术研究，2019，4（24）：100-101.

［5］李成群，马利平，路春光，等. 牵引式排水管道清淤机器人的研究［J］. 制造业自动化，2014，36（21）：57-60.

［6］王丰，董小蕾，蔡玉强，等. 中小直径排水管道缆控清淤机器人的研究［J］. 机械设计与制造，2008（4）：161-163.

［7］罗继曼，都闯，郭松涛，等. 管道机器人轮-爪式行走装置运动学和力学特性分析［J］. 沈阳建筑大学学报（自然科学版），2020，36（2）：344-351.

烧结球团厂返矿仓胶带火灾危险性研究

祁鑫鑫[1]　林　彬[2]　王鹤寿[2]

1. 上海倍安实业有限公司　上海　200032
2. 应急管理部上海消防研究所　上海　200032

摘　要： 以某烧结球团返矿仓胶带为研究对象，采用 FDS 数值模拟软件，模拟了胶带输送机不同位置起火时各楼层的火灾危险性。研究表明与边缘胶带起火相比，中部胶带起火时，烟气更容易进入钢仓下部输送口并蔓延至三层，造成三层温度较高，能见度较低；一层烟气影响范围较广，下部安全区域范围较小，但该层上部烟气层的温度较低，能见度较高。边缘胶带起火时，一层烟气层较稳定，烟气温度较高，能见度较低，下部安全区域范围较大，三层受火灾的影响较小。

关键词： 返矿仓　胶带　数值模拟　火灾危险性

1　引言

胶带输送机作为最常见的输送手段已在工业中广泛应用，同时因胶带起火造成的伤亡事故也时有发生。钢铁冶金企业烧结球团过程中用于运输矿料的胶带的主要成分为高分子氯聚合物，在高温作用下易分解出大量有毒有害物质，且胶带火灾发展迅速，一旦起火将造成巨大损失。

不少学者做了胶带火灾的相关研究。早在20 多年前，学者蒋时才[1] 做了胶带摩擦试验，通过改变胶带的张力和滚轴的旋转速度，研究摩擦温升和产生气体的相关特性。王志刚[2] 通过实体实验得出胶带火灾三个发展阶段的火灾发展速率和各阶段持续时间与风速的关系。齐庆杰等人[3] 通过数值模拟，研究不同火源功率、不同风速条件下，巷道内输送带延燃速率和火源附近的温度分布情况。目前，尚未有学者对筒仓内胶带火灾做出相关研究。

本文基于大涡模拟方法，采用火灾动力学模拟软件 FDS，以某钢铁冶金企业烧结球团厂返矿仓为研究对象进行数值模拟，研究胶带输送机不同位置起火时返矿仓各层火灾危险性。

2　胶带起火原因和数值模型构建

2.1　胶带起火原因

根据国内外胶带火灾事故调查研究，胶带起火主要有以下几方面原因。

1）电火花引燃

胶带输送机附近的设备在安装或维修中往往会采用电焊，若作业人员操作不当或防火意识薄弱，电焊过程中产生的火花或高温焊熔物容易将胶带引燃。此外设备短路或电机过热产生的电火花也是引燃胶带的原因之一。

2）摩擦生热

输送机胶带处于过载状态或打滑时，不能和滚轴同步移动，从而和滚轴之间产生滑动摩擦，产生的高温碎片或粉末向四周飞散，遇火花容易燃烧并易引燃周围的润滑油等可燃物，进而将胶带引燃，引发火灾。

3）高温矿粉引燃

烧结不完全时产生的"生料"漏入返矿仓，在一定条件下喷溅出赤热的返矿，一旦达到胶带的燃点并与胶带接触，易引燃胶带。

2.2　数值模型的构建

2.2.1　研究对象介绍

本文选取某钢铁冶金企业烧结球团厂返矿仓作为研究对象。该返矿仓建筑面积为 150 m²（不含室外梯），建筑高度为 17.9 m。结构形式为钢筋混凝土框架结构，砌体围护。建筑耐火等级为二级，生产的火灾危险性为丁类。

作者简介： 祁鑫鑫，女，工学硕士，工程师，中国消防协会会员（E640002801M），研究方向为钢铁冶金企业消防工程与技术，E-mail：494392583@ qq. com。

返矿仓共三层，其中一层和三层设有胶带输送机，并通过皮带通廊与其他转运站连通。矿粉从三层通廊的胶带输送机进入返矿仓并落入漏斗型的钢仓，并从钢仓下部输送口落入一层胶带输送机上运往其他区域。如图1所示。

二层和三层的工作人员均可通过室外钢梯疏散。与室外钢梯连通的门为钢制乙级防火门，其余均为普通门。

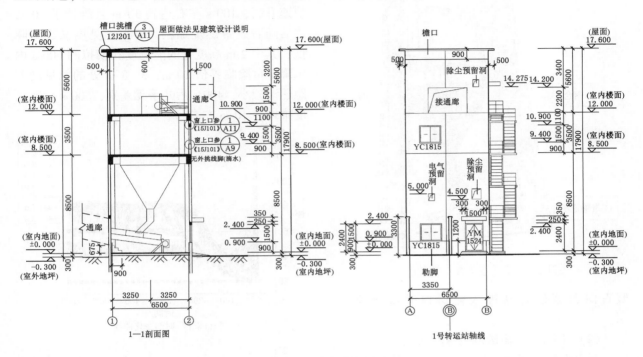

图1　返矿仓立面图

2.2.2　数值模型搭建

1）基本假设

根据返矿仓及其胶带的实际情况，数值模拟做以下假设：

（1）火灾时防火门处于关闭状态，其余门处于敞开状态。

（2）胶带平均点燃温度为384 ℃，温度一旦达到384 ℃，胶带即被引燃，温度未达到的部分将不会被引燃。

（3）环境温度为20 ℃，环境压力为1个标准大气压。

（4）火灾危险性判据：温度达到60 ℃，能见度降至10 m以下。

2）建立模型

数值模型的尺寸与返矿仓的实际尺寸相等，计算区域为7 m×7 m×18 m的空间。网格为边长0.2 m的小立方体，共计110250个。计算区域除底面外的其余5个面的边界条件设定为OPEN（即敞开通气）。建筑物结构均为钢筋混凝土材料，墙壁厚度为0.3 m。门窗等洞口的位置和大小与实际一致，并与外界连通。环境初始温度为20 ℃，环境风速为0。胶带材质选用FDS材料数据库中的PVC材料，其点燃温度设为384 ℃，热功率为300 kW。胶带下方设置一处用以点燃胶带的点火源，点火源于10 s后移除。模拟时间设定为600 s。一层和三层纵向各设置一串测点，测点间距为1 m，均能测量温度和能见度随时间的变化；整个建筑物纵向各设1处温度切片和能见度切片，用于观察不同时刻各平面的温度和能见度分布。如图2所示。

2.2.3　研究内容和工况设置

研究内容和目的：通过测点各工况不同时刻不同高度处温度、能见度和返矿仓纵向温度、能见度分布，研究不同位置起火时一层、三层烟气蔓延情况和火灾危险性。

工况设置如下：

（1）工况一（输送机中部起火）：

起火点位于钢仓下部输送口正下方，烟气

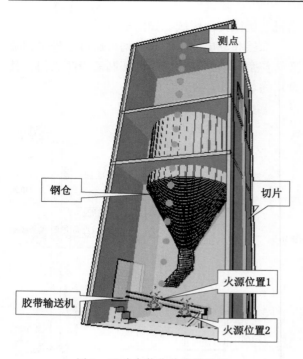

图2　返矿仓整体数值模型图

竖直向上蔓延时易进入输送口并蔓延至三层。

（2）工况二（输送机边缘起火）：

起火点偏离钢仓下部输送口一段距离，相比较工况一，烟气不易进入输送口，更易在一层上部聚集。

3　模拟结果及分析

3.1　输送机中部胶带起火

3.1.1　一层不同高度处火灾危险性

图3a、图3b分别为中部胶带起火时一层各高度处温度、能见度随时间变化曲线图。

如图3a所示，2~8 m处的温度随时间变化趋势大体一致。起火后，受点火源影响，一层各高度处温度均有不同程度的升高，点火源移除之后各点温度迅速下降，之后随着胶带燃烧加剧，温度又逐渐升高，250 s后达到稳定阶段。从图3a可看出，高度越高，温度受点火源的影响越大，达到危险临界值60 ℃的时间越早，稳定阶段的温度也越高；稳定阶段5~8 m处的温度均超过60 ℃，其达到60 ℃的时间分别为170 s、168 s、165 s和155 s，4 m和5 m高度处的温度稳定在60 ℃左右，1 m和2 m处的温度始终未达到危险临界值，其中1 m处的温度一直与室温

（20 ℃）相当，几乎没有升高。

从图3b中可看出，除了1 m处的能见度始终保持在30 m外，其他高度处的能见度受点火源影响均显著降低，点火源移除之后各点能见度快速升高，100 s左右达到30 m且维持了20 s，之后随着胶带燃烧加剧，各点能见度又逐渐降低；其中2 m高度处的能见度在模拟的600 s内未降至危险临界值10 m；3~8 m处的能见度差距逐渐减小，400 s后几乎无差别，500 s后能见度维持在10 m左右。

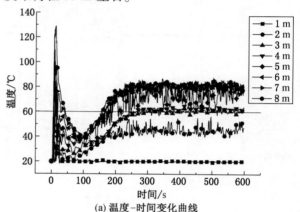

(a) 温度-时间变化曲线

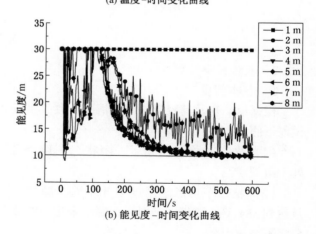

(b) 能见度-时间变化曲线

图3　中部胶带起火时一层各高度处温度、能见度随时间变化曲线

3.1.2　三层不同高度处火灾危险性

图4a、图4b分别为中部胶带起火时三层不同高度处温度、能见度随时间变化曲线图。

如图4a所示，各高度处的温度随时间变化趋势基本一致，受点火源影响很小，温度均从室温开始逐渐升高，约430 s后达到稳定阶段，明显迟于一层各点温度达到稳定阶段的时间（250 s左右）；此外，与一层相比，三层各高度

间的温度差值较小，且受点火源的影响很小，各点温度均值显著低于一层温度，稳定阶段温度保持在30~34 ℃之间，未达到危险状态。

与一层相比，三层各测点能见度开始降低的时间较迟（350 s左右），之后能见度持续降低，600 s时能见度降至21 m，仍处于快速降低状态，未达到稳定（图4b）。在模拟的600 s内，能见度未降至10 m以下，未达到危险。

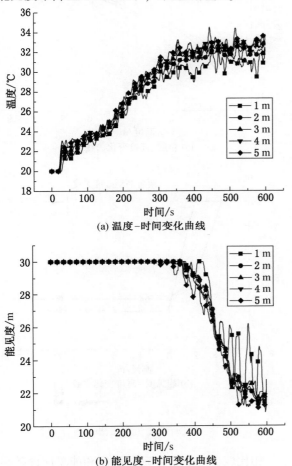

图4 中部胶带起火时一层不同高度处温度、
能见度随时间变化曲线图

3.2 输送机边缘胶带起火

3.2.1 一层不同高度处火灾危险性

图5a、图5b分别为边缘胶带起火时一层不同高度处温度、能见度随时间变化曲线图。如图5所示，输送机边缘胶带起火时，各高度处的温度和能见度随时间变化的趋势大致相同。

从图5a中可看出，除前100 s受点火源影响外，其余时间3~8 m高度处的温度逐渐升高，

250 s左右达到稳定，高度越高，温度越高，1 m和2 m处的温度在20~30 ℃之间，受火灾影响较小。

1 m高度处能见度除个别时刻外，其余时刻维持在30 m（图5b）；2~8 m处的能见度均逐渐降低且差距逐渐减小，分别于280 s~330 s时降至危险临界值10 m，随后持续降低，600 s时降至8 m左右。

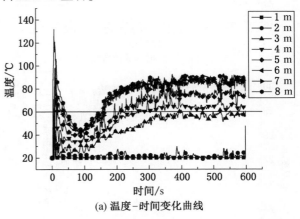

(a) 温度-时间变化曲线

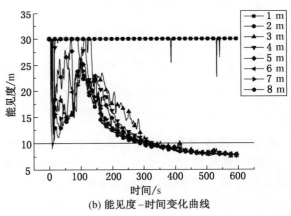

(b) 能见度-时间变化曲线

图5 边缘胶带起火时三层不同高度处温度、
能见度随时间变化曲线图

3.2.2 三层不同高度处火灾危险性

图6a、图6b分别为边缘胶带起火时三层不同高度处温度、能见度随时间变化曲线图。

从图6可知，除1 m处的温度波动较明显外，其余高度处的温度稳步上升直至稳定。稳定阶段各点温度保持在34 ℃以下，呈安全状态。

350 s前，火灾未对三层能见度造成影响，各点能见度均为30 m。350 s后，各点能见度开始陆续降低，600 s时能见度降至24.5~26 m，未达到危险状态。

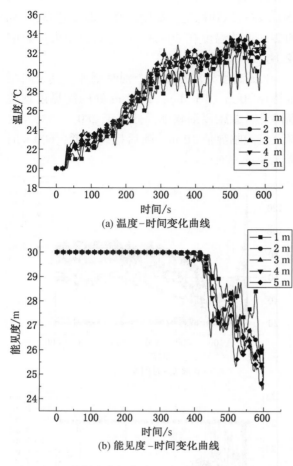

图6 边缘胶带起火时三层不同高度处温度、
能见度随时间变化曲线图

3.3 各工况温度和能见度随高度变化趋势对比

通过计算稳定阶段各测点的温度均值和600 s时各测点的能见度值并绘制相应曲线图，以研究各工况温度和能见度随高度变化趋势。

图7a、图7b分别为两工况一层温度、能见度随高度变化曲线图。

从图7a中可看出，工况一除1 m高度处的温度为室温（20 ℃）外，其余高度处温度均显著高于室温，高度越高，温度越高，最高处（8 m）的温度均值达到82 ℃。工况二1 m和2 m高度处的温度均在20 ℃附近，但其他各点温度随高度增加而升高，8 m处的温度达到89 ℃。对比两工况温度曲线可知，2～3 m处工况一的温度较高，4～8 m处工况二的温度较高，说明受钢仓下部输送口的影响，工况一烟气层的稳定性较差，烟气的影响范围更广。

如图7b所示，工况一、二1 m高度处的能

见度均为30 m，工况一2 m处的能见度（14 m）远低于工况二该处能见度（30 m），其余高度处两工况的能见度几乎不随高度的增加而发生变化，且工况二的能见度较低。

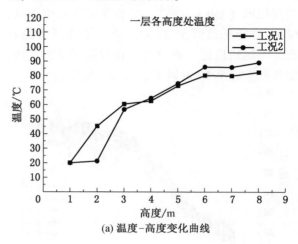

(a) 温度–高度变化曲线

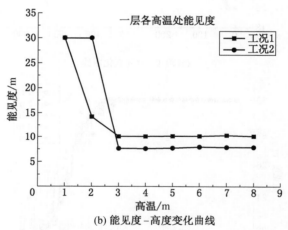

(b) 能见度–高度变化曲线

图7 两工况一层温度、能见度
随高度变化曲线图

相比较工况一，工况二温度和能见度值随高度的变化幅度较大，说明工况二烟气层更稳定，烟气更容易在一层上部聚集，高度2 m以内受火源和上部烟气层的影响更小。

图8a、图8b分别为两工况三层温度、能见度随高度变化曲线图。

如图8a所示，三层温度随高度增加而升高，但升高幅度较一层小，工况一各点温度均高于工况二。两工况三层能见度随高度增加的变化曲线较平缓，仅最高处（5 m）的能见度有所降低（图8b）。对比两条曲线可知，工况一各点能见度均低于工况二。

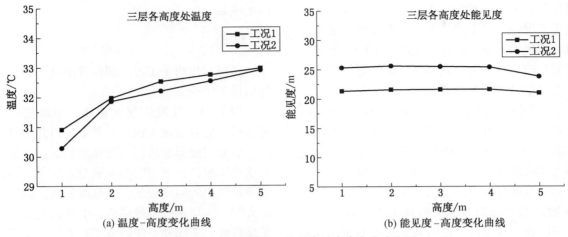

图 8 两工况三层温度、能见度随高度变化曲线图

(a) 温度-高度变化曲线　　　　　　　　(b) 能见度-高度变化曲线

由此可知，工况一三层的火灾危险性大于工况二危险性，工况一的烟气更容易向上蔓延至三层。

3.4 各工况返矿仓纵向温度、能见度分布

表 1 为各工况不同时刻（100 s、300 s、600 s）返矿仓纵向温度分布云图。对比两工况同一时刻

表 1 各工况不同时刻返矿仓纵向温度分布云图

时刻	100 s	300 s	600 s
工况一	Smokeview 5.6-Oct 29 2010　Slice temp℃ 80.0 74.0 68.0 62.0 60.2 56.0 50.0 44.0 38.0 32.0 26.0 20.0　Frame:167 Time:100.2	Smokeview 5.6-Oct 29 2010　Slice temp℃ 80.0 74.0 68.0 62.0 60.2 56.0 50.0 44.0 38.0 32.0 26.0 20.0　Frame:500 Time:300.0	Smokeview 5.6-Oct 29 2010　Slice temp℃ 80.0 74.0 68.0 62.0 60.2 56.0 50.0 44.0 38.0 32.0 26.0 20.0　Frame:1000 Time:600.0
工况二	Smokeview 5.6-Oct 29 2010　Slice temp℃ 80.0 74.0 68.0 62.0 60.2 56.0 50.0 44.0 38.0 32.0 26.0 20.0　Frame:167 Time:100.2	Smokeview 5.6-Oct 29 2010　Slice temp℃ 80.0 74.0 68.0 62.0 60.2 56.0 50.0 44.0 38.0 32.0 26.0 20.0　Frame:500 Time:300.0	Smokeview 5.6-Oct 29 2010　Slice temp℃ 80.0 74.0 68.0 62.0 60.2 56.0 50.0 44.0 38.0 32.0 26.0 20.0　Frame:1000 Time:600.0

的温度分布云图可看出，工况二一层上部温度明显高于工况一，但工况二下部温度在室温附近的区域范围较大。由此可知，工况二一层上下部的温度差异较工况一大，其烟气层分布更稳定；此外，二层温度差别不明显。

表2为各工况不同时刻（100 s、300 s、600 s）返矿仓纵向能见度分布云图。如其所示，3个时刻工况二一层上部能见度均明显低于工况一，其上部火灾危险性更大；对比300 s、600 s时两工况下部能见度可看出，工况二下部能见度保持在30 m附近的区域更大，更有利于人员疏散；工况一三层能见度较低，说明该工况的烟气更容易

向上蔓延。

4 结论

通过对比两个工况不同位置温度和能见度值得出以下结论。

（1）与边缘胶带起火相比，中部胶带起火时，烟气更容易进入钢仓下部输送口并蔓延至上层，造成三层温度较高，能见度较低；一层烟气影响范围较广，下部安全区域范围较小，但该层上部烟气层的温度较低，能见度较高。边缘胶带起火时，一层烟气层较稳定，上部温度较高，能见度较低，下部安全区域范围较大；三层受火灾

表2 各工况不同时刻返矿仓纵向能见度分布云图

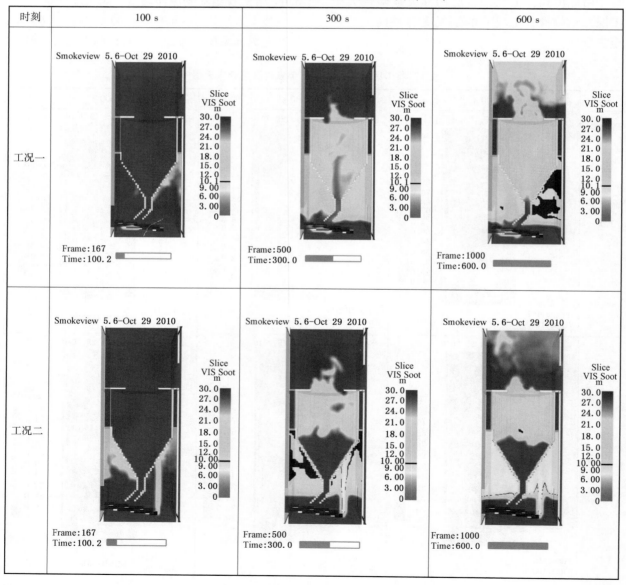

的影响较小。

（2）从人员疏散角度考虑，边缘胶带起火的安全范围更广，更有利于人员疏散；但从对一层上部钢仓影响而言，边缘胶带起火时上部温度更高，更容易造成钢仓损坏。

参考文献

［1］蒋时才. 矿用运输胶带摩擦升温及其火灾气体发生规律的研究［J］. 煤矿安全，1990(6)：12-18.

［2］王志刚. 胶带输送机火灾发展规律［J］. 煤矿安全，1998(4)：45-47.

［3］齐庆杰，王欢，董子文，等. 矿井胶带运输巷火灾蔓延规律的数值模拟研究［J］. 中国安全科学学报，2016，26(10)：36-41.

文博单位消防报警技术适用性探讨

黄维金

中国兵器工业集团引信研究院有限公司　西安　710065

摘　要： 文博单位火灾可燃物往往就是被保护对象，其具有阴燃阶段短、起火前无烟或少烟，发展速度快、温度集聚迅速等特点。本文说明了可燃物含水量与最大烟密度（MSD）的关系，文物建筑初期火灾增长符合 t^2 火灾模型发展规律，介绍了较小面积着火空间达到轰燃时的临界热释放率计算。还分析了传统火灾探测方法的不适用性，以及空气采样、光纤感温、激光感烟等的局限性。最后，分析了文博单位"三防"工程现状、可视化探测与视频监控系统对相关指标要求的一致性，探讨了可视化探测对文博单位的适用性。

关键词： 消防　文博单位　火灾报警　可视化探测

1　引言

近年来，我国文博单位火灾事故时有发生。2018 年，国家文物局共接报文物建筑单位火灾事故 12 起，其中涉及全国重点文物保护单位 3 起；2019 年，全国文博单位共发生火灾事故 21 起，其中涉及世界文化遗产地 1 起、全国重点文物保护单位 4 起、省级文物保护单位 9 起；2020 年 5 月 4 日，第六批国保单位、始建于清康熙年间、浙江温州芙蓉村古建筑群中规模最大的民居之一司马第大屋突发火灾，过火建筑面积达 1246 m²；2021 年 2 月 14 日，中国历史文化名村云南翁丁村老寨发生火灾，烧毁房屋 104 间。

文物建筑、博物馆火灾多发，烧毁的不仅是一座座红墙绿瓦和馆藏珍品，更是几百乃至几千年的历史印记和文化遗产。因此，从历史的角度看，文物的不可再生性决定了消防实际成为文博单位安防、消防、防雷等"三防"工程中的首要之举，不断探寻更适用的探测报警措施，早发现、早处理，成为确保文物消防安全的前提。

2　文博单位火灾特点及传统探测技术的不适用性

火灾是时间或空间上失去控制的燃烧过程，实际包含可燃物、助燃剂、引火源、时间和空间等 5 个要素。与普通建筑火灾相比，文博单位火灾最显著的特点在于以下方面。

2.1　可燃物往往就是被保护对象

建筑物内的可燃物分为固定可燃物和容载可燃物两类。对于文物建筑而言，其柱、梁、枋、檩、椽、望板以及多数装饰物皆为固定可燃物[1]；对于博物馆而言，易燃的陈列品是容载可燃物；依托文物建筑建成的博物馆或陈列馆，则是两类可燃物都存在。

作为被保护文物，此类可燃物不可能事先"按设计规范"进行防火处理，即使实施过处理也极为有限，从而使得对建筑材料进行防火设计这第一层次的保护措施失效。

2.2　阴燃阶段短，起火前无烟或少烟

固体可燃物燃烧产烟，是由于内部存在一定量的水分使其不能完全燃烧，形成小颗粒状碳随着热气流上升而形成。研究表明，含水量对木材产烟影响很大[2]，见表 1。

表 1　木材含水量与 MSD 的关系

含水量/%	60（饱和）	50	40	30	20	10（气干）	0（绝干）
最大烟密度（MSD）/%	12	8	60	78	41	15.7	3

作者简介：黄维金，男，硕士，高级工程师、一级建造师，从事消防设施工程设计与专业承包工作，曾主持宏村古建筑群、杨氏民宅、青城古民居、西安事变纪念馆等数十世界遗产、百项工程、文保单位消防系统设计，E-mail：848562762@qq.com。

由此可见，绝干木材与含水量 30% 木材的最大烟密度（MSD）相差达 26 倍之多。

实际的木结构或砖木结构文物建筑中，柱、梁、枋、檩、椽等木材多早已干透、易燃；馆藏的纸张、绢帛等藏品更是脆弱、碳化、燃点极低，这些可燃物往往都"遇火即着"，且起火前基本无烟或最大烟密度极小[3]。因此，对于按传统规范设置的感烟火灾探测器而言，火灾初期阴燃阶段的最大烟密度往往都达不到报警阈值，从而造成报警失败。

2.3 发展速度快，温度集聚迅速

由于长期的干燥和自然侵蚀，文物建筑中的木材往往出现疏松、裂缝等，从而加快了燃烧速度；宽大、坚实的屋顶又使得起火初期热量不易散发，导致温度快速集聚而轰燃。

文物建筑内的空间特征和可燃物特性，使得建筑物内的初期火灾增长一般符合 t^2 火灾模型[4]，即符合式（1）发展规律：

$$Q = \alpha t^2 \tag{1}$$

式中　Q——火源热释放速率，kW；

α——火灾发展系数，kW/s^2，$\alpha = Q_0/t_0^2$；

t——火灾的发展时间，s；

t_0——火源热释放速率 $Q = 1$ MW 时所需的时间，s。

而对于面积较小的着火空间，达到轰燃时的临界热释放率可用式（2）计算[4-5]：

$$Q_{fo} = 7.8A_t + 378A_v h_v^{1/2} \tag{2}$$

式中　Q_{fo}——轰燃时的热释放速率，kW；

A_t——封闭空间的总表面积，m^2；

A_v——通风口的面积，m^2；

h_v——通风口的高度，m。

从式中可以看出，"通风条件良好"的文物建筑对其临界热释放率的贡献巨大。

由此可见，要做到有效控火，必须在燃烧达到轰燃临界点之前采取有效措施。因此，文博单位消防安全的重中之重，是及早发现火灾苗头并将其扼杀在萌芽状态。

3 相关火灾探测技术应用的局限性

2013 年 6 月 8 日，在我国第八个文化遗产日的主会场陕西咸阳乾陵博物馆，承办方在文物"三防"专题陈列中曾展示光纤感温监测、高灵敏度激光探测、空气采样探测及漏电报警等有针对性的文物消防探测技术，全国文博单位火灾早期报警技术应用也基本同期展开。

3.1 空气采样探测系统

空气采样探测系统是通过管道空气采样分析判断烟雾粒子浓度的一种烟雾探测系统，由吸气泵、激光分析主机、采样管、采样孔等组成。对于密闭、清洁的机房等使用环境，系统可实现较理想的早期火灾探测、报警[6]。

但是，由前述分析可知，文物建筑大多"到处透风"，采用主动吸气式的空气采样系统时，容易堵塞、气泵易损等是难以克服的障碍，且其采样管的"生根"也会不同程度地扰动文物本体；对于陈列于密闭空间的文物藏品而言，过多的空气流动本身就是对文物的致命伤害。

因此，空气采样探测系统在文博单位的应用受到较大限制。国家文物局也曾在宏村古建筑群、白帝城等多个消防工程方案设计的批复中，明确"不适宜采用吸气式极早期报警探测装置"。

3.2 光纤感温监测系统

分布式光纤感温技术是一种实时、在线、多点的温度传感技术，可用于实时测量温度场。系统中的光纤既是传感器又是信号传输通道，系统利用光纤所处空间温度场对光纤中的后向散射光信号进行调制、解调、采集和处理，从而对所测温度点进行准确定位。

光纤感温监测系统中能在高温、高湿、有害等恶劣环境下运行，在煤矿的自燃火灾监测等方面具有优势。但应用于文博单位时，则存在光纤敷设位置受限、系统造价偏高等实际问题。

3.3 激光感烟探测

激光感烟探测是采用亮度极高的激光二极管，并结合特殊的透镜、镜面光学技术及相关算法，以取得比传统光电感烟探测更高的信噪比和灵敏度[6-7]，且能排除空气中诸如灰尘、棉絮、小昆虫等微粒的干扰，对一般的阴燃火能做出早期报警。

激光感烟探测应用于文博单位时，除受前述文物火灾无烟或少烟等问题限制外，还存在需与火灾报警系统主机配套、需在现场布线安装、设备成本过高等局限性。

同样，红外火焰探测、热成像（机器人）等温度感应火灾探测技术的应用，也因使用环境等因素而受到影响。

4 可视化探测技术的适用性

受标准、环境、资金、监管等因素的影响，绝大多数文博单位"三防"工程中的安防都较消防、防雷起步早，且大多已进行技术升级。而一般的安防工程中，视频监控系统投入占比都较高，系统也较完善，给其他系统的利用或共用提供了条件。

4.1 缩短探测时间

可视图像早期火灾报警系统（可视化探测）正是基于有效利用视频监控资源理念而开发。相关消防工程技术研究机构选取多个文博单位具有代表性的消防重点部位，模拟烟雾和火焰进行测试，结果表明，可视化探测系统对于 A、B 类火灾的探测报警时间最短可在 10 s 以内[7-8]，而传统感烟探测器的报警时间因现场安装位置不同而有所差别，但报警时间都远远长于前者，有时甚至要数分钟才能触发报警。

图 1 为某消防工程技术研究机构汇集大量对比测试数据后形成的探测速度对比图。

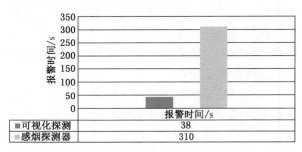

图 1 文博单位可视化探测与感烟探测器对比柱状图

4.2 提升报警能力

由前述分析可知，文博系统的火灾特点是发展速度快、无烟或少烟，而按照传统规范要求，需要保护的场所一般只设有感烟探测一种自动报警措施辅以人工手动报警，其结果往往是"有烟无火"的阶段探不到，"有火无烟"的阶段不能探，实际降低了系统的有效报警能力。

可视化探测系统中，视频图像火灾探测软件针对烟雾和火焰分别采用独立的图像模式识别技术，因而能同时探测、识别无焰燃烧时的烟雾或

明显的火焰，发出报警信号并可视化精确定位，包括起火区域、起火位置、实际火情等，给相关人员迅速、准确处警提供保障。

4.3 减少工程投入

可视化探测系统与视频监控系统对系统主要的图像质量技术指标要求基本一致[9-10]，见表 2。

表 2 图像质量指标要求对比

	指标项目	可视化探测系统	视频监控系统
模拟系统	图像质量（五级损伤制，分）	≥4	≥4
	水平清晰度/TVL	≥400	≥400 黑白/270 彩色
	画面灰度/级	≥8	≥8
	随机信噪比/dB	≥36	≥36
数字系统	图像质量（五级损伤制，分）	≥4	≥4
	水平清晰度/TVL	≥400	≥400 黑白/270 彩色
	画面灰度/级	≥8	≥8
	视频帧率/fps	≥25	≥25

需要说明的是，视频监控系统设计标准发布于 2007 年，随着技术的不断发展，实际应用中，模拟系统已达到产品生命周期而基本淘汰，数字系统的技术指标也已远远高于规程和规范的要求，完全满足可视化火灾探测报警要求，两个系统中功能相同的设备如摄像机、传输系统、网络交换设备等，完全可以共享共用，避免前端设备堆砌。

因此，在已经建成视频监控系统的文博单位实现可视化探测功能时，只需在监控室或消防控制室（多数单位都合二为一设置）增设系统服务器、视频图像火灾探测软件（多数已嵌入系统服务器）、显示器等终端设备，其他设备均可利旧；对于尚未建设的单位，可最大限度共享相关设备，减少工程投入。

4.4 降低对文物的干扰

国家文物局《文物建筑防火设计导则（试行）》中规定，文物建筑室内、外设置的管线和设备安装时应避免在清水墙面或梁、檩、柱、枋等大木构件上钉钉、钻眼、打动，安装位置宜隐

蔽、安全。在给许多文物"三防"工程设计方案的批复中，也反复强调要最大限度地降低对文物本体的干预、干扰或扰动，做好对文物本体和环境风貌的保护工作。

因此，文博单位的"三防"工程，最大的关注点在于现场实施。除了要对现场进行详细的勘察、对施工工艺进行精心设计外，最根本的解决方案自然是减少现场设备的数量，从而减少设备、管线的安装量。

可见，利用视频监控系统中相关设备，特别是设置于文物建筑内部的设备来实现早期火灾报警，可最大程度减少对文物本体和风貌的扰动，"不破而立"达到目的。

5　结语

文博单位火灾的特殊性，决定了传统的感烟、感温、火焰等探测技术的不适用性，空气采样、光纤感温、激光感烟以及红外火焰、热成像等探测技术的应用，也因使用环境、系统造价、干扰文物本体等因素影响而带有很大局限性。基于先进算法图像模式识别技术的可视化探测系统，扬利旧视频监控系统之长，补传统火灾探测技术之短，对文博单位火灾的早期探测报警具有较强的适用性。

参考文献

［1］EN 1991-1-2（2002）．Eurocode 1：Actions on Structures，Part 1-2：General Actions—Actions on Structures Exposed to Fire［S］.

［2］杨守生，陈峰．木材燃烧产烟特性研究［J］.消防技术与产品信息，2000（12）：23-26.

［3］国家文物局督察司．文物建筑防火设计导则（试行）［EB/OL］.（2015-02-26）http：//www.ncha.gov.cn/art/2015/3/12/art_2237_23797.html.

［4］公安部消防局．消防安全技术实务（2016年版）［M］．北京：机械工业出版社，2016.

［5］张泽江，梅秀娟．古建筑消防［M］．北京：化学工业出版社，2010.

［6］国家质检总局．GB 15631—2008　特种火灾探测器［S］．北京：中国标准质检出版社，2008.

［7］住房和城乡建设部．GB 50116—2013　火灾自动报警系统设计规范［S］．北京：中国计划出版社，2013.

［8］李国生．"火眼金睛"识别早期火灾［J］．中国消防，2019（6）：65-67.

［9］中国工程建设标准化协会．CECS 448：2016　可视图像早期火灾报警系统技术规程［S］．北京：中国计划出版社，2016.

［10］建设部．GB 50395—2007　视频安防监控系统工程设计规范［S］．北京：中国计划出版社，2007.

对 5G 通信技术在推动现代消防救援和监管信息化建设中的思考

王久庆[1]　尚云峰[12]

1. 陕西诚昱建设工程有限公司　西安　710000
2. 陕西省消防协会　西安　710000

摘　要：信息化的效率和准确性是消防和救援成功的最重要因素，及时、有效和准确的信息在当今救援行动和消防监督中起着非常重要的作用。根据实际应用，准确的信息可以有效地进行消防监管工作，确保消防工作的顺利进行，有利于提高消防工作的质量和效率，减少火灾的危害。因此，有必要在消防工作中加强信息化建设。在此基础上，本文主要分析了当前消防管理中信息化管理的不足，介绍了无线 5G 通信技术的特点及其在消防救援与监管信息化建设中的作用，并针对这些问题探讨了相应的解决方案，以改善消防救援和监管质量状况。

关键词：消防　信息化　消防救援　消防监管

0　引言

无线通信技术是消防救援和监管中特别重要的技术工具。在 5G 时代到来之后，5G 无线通信技术的应用可以有效提高消防救援和监督工作的效率，并更大限度地保护人们的生命和财产安全。

1　消防救援信息的构成和重要性

1.1　消防信息的构成

就像现代战争中情报的重要性一样，现场信息的准确获取是快速处理事故、救援人员各种救援行动实施的先决条件。随着城市规模的扩大，人口密度急剧上升，高层、超高层、地下建筑和商业综合体已成为城市的主要组成部分。一旦发生火灾、爆炸、倒塌和其他事故，很容易造成大规模的人员伤亡。在如此复杂的情况下，仅依靠救援过程中语音信息的传输就无法满足现场救援的需求。相反，信息化平台是从各种渠道获得有关被困人员、建筑功能和结构、交通、卫生、电力、水资源以及其他三维层次的广泛信息以及相关研究和判断。信息收集和汇总是抓住机遇成功处理灾难事故主要因素。目前，执行消防救援、抢险和救灾任务的消防救援队主要有以下四个方面的信息来源和组成[1]：

（1）高空观测系统，自动报警系统，电子道路水源管理系统，消防档案登记系统，消防控制室，实时监控报警电话，远程监控、GPS 及路线监控、道路监控等监控系统。

（2）防火监督检查表。是一份统计报告，显示了政府职能部门、公共和消防救援部门进行的监督和检查行动的频率以及检查单位的数量。

（3）在建立行政许可文件过程中保存的设计文件和有关材料。即人口稠密的地方，易燃易爆危险品工厂、仓库等特殊场所，应给予防火评估建议，以及项目完成后消防验收资料。包括建筑物的基本施工图、灭火设施的布置图和平面图等。

（4）辖区内消防救援队的日常掌控的信息，包括消防水源、道路、重点单位、单位建筑结构、水源分配、消火栓位置、消防室位置、消防水池、重点部位等情况。

作者简介：王久庆，男，高级工程师，国家一级注册消防工程师，西安市应急管理发展促进会消防专家库专家组常务副组长，铜川市、延安市住房和城乡建设局消防技术专家组成员，西安市阎良区、高陵区、长安区住房和城乡建设局消防专家组成员，陕西省府谷县住房和城乡建设局消防专家组成员，E-mail：729577954@qq.com。

1.2 信息处理的重要性

（1）信息是辅助消防救援指挥的基本要素。发生灾害时，掌握人员、车辆、设备、警情、消防计划以及灾害地点的发展和变化等一系列情况构成了应急响应的基本要素。通过汇总、分析和研判形成辅助指挥的基本框架。

（2）信息是领导、指挥和决策的重要基础。发生灾害时，将综合考虑收集到的灾害地点和救援队的实力，结合气象、环境保护、水源、交通等相关信息，然后进行比较、分析、判断，最后还要汇总和完善，以及主动提出远见和指导性建议为指挥和决策提供了可靠的基础。

（3）信息具有传播的重要特征。发生灾害时，将了解、接收、处理和汇总得到的救援动态信息并报告给上级主管部门；同时，上级主管部门和领导的指示和命令将尽快传达给救援队的官兵，在火灾救援中扮演着至关重要的角色。

（4）信息是决定消防救援成败的最重要环节。消防救援与战斗行动相同，稍有疏忽会导致人员伤亡、造成严重的环境污染，在这方面有很多深刻的教训。这就要求在发生灾害时，消防队必须首先了解灾难现场的关键信息，例如被困人员的数量、易燃易爆物品的存储数量等，以便获得第一手消防和救援行动信息，做到知己知彼。

1.3 信息化建设的重要性

现代技术的飞速发展改变了消防员监视火情

的方式。通过将信息技术应用于消防监管，该信息平台如图1所示。该信息平台可以有效地帮助消防员及时获得火的位置和影响，并有效为消防员等提供合理营救方法，并在一定程度上提高了消防工作的质量和效率，有效减少了火灾造成的损失[2]。最重要的是，通过信息技术的应用，可以不同程度地避免火灾隐患，可以有效地保证人身和财产安全，并对各行各业都具有重要而积极的影响。因此，在消防监督中必须加强信息技术建设。

2 信息化建设在消防救援和监管工作中存在的不足

2.1 消防救援方面的不足

1）传输存在阻碍

当今的消防抢险工作主要使用图像和视频传输设备，例如消防员的单兵图像系统、单兵图像传输设备等，采用 433 MHz 无线传输方式，正常传输距离可以达到 2 km，并使用 2.4 GHz 可以达到 1 km，实际的传输距离主要取决于频率。从理论上讲，在 4G 通信技术下，传输距离将不受其他限制。但是，由于消防和救援现场的条件复杂多变，例如受构件影响和移动基站信号强度的影响，因此音频和视频在传输过程中经常出现会出现延迟、停顿、模糊等情况[3]。

2）设备无法互通互融

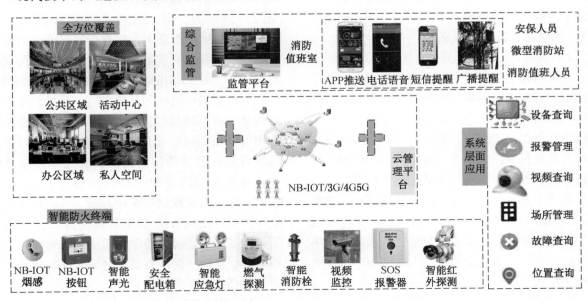

图1　5G智能一体化消防救援监管信息管理平台架构图

目前，设备制造商的通信协议和技术标准尚不统一。甚至同一类型的设备也将具有不同的通信技术。例如，对讲机使用公共网络上的语音传输，有些使用 350 MHz 警用频段和数字集群通信系统。在这种情况下，不能普遍使用不同类别的对讲机，同一类别只能使用一个类别，如果工作需要还要再购置不同的配备，这不仅浪费金钱，而且也不利于消防员的实际消防和救援工作。另外，其他通信设备也是由于通信技术标准的不一致，使得它们无法集成和相互通信，极大地阻碍了救援行动实施的有效性。

3）定位不准确

在消防工作中，一些设备使用通信技术进行定位[3]，包括无法精确定位的 GPS、GPRS（GSM）、NB-IoT、Bluetooth 以及 WIFI、RFID、LBS 等，因此在实际行动中很难满足实际需求。其中，GPS 定位容易受到天气和地理环境的影响，信号阻塞后，会引起一定范围的定位误差，终端的承受能力将不理想。NB-IoT 具有较低的功耗，可以建立较大的连接，但是在消防方面人员快速移动中移动的定位需求无法满足，并且存在一定的定位误差；LBS 基站的定位方法误差很大，周围基站的数量和 SIM 卡的信号强度等因素都会影响定位精度。虽然 WIFI、Bluetooth 和 RFID 都可以在室内使用，但 WIFI 很容易受到环境的影响，而 Bluetooth 和 RFID 需要某些硬件设备端子、频繁更换电池且有很弱的抗干扰能力。

2.2 消防监管方面的不足

1）消防人员认知不充分

我国消防监管信息化的发展相对缓慢，对信息技术的理解相对薄弱，对信息化的学习认识还不深入。研究表明，当前消防监管中的信息技术应用往往是多趋于表面，没有对具有更多信息技术的人员进行深入的调查，并且并不积极地采用信息化办公方式。一些员工甚至认为信息办公室不如传统办公室里那么好。此外，没有对信息技术人员的进一步说明和指导，导致许多工作人员认为信息技术的作用很小。对信息技术的这种单方面的思想认识不利于信息技术在消防监管中的应用和发展。

2）监管技术应用不成熟

消防系统的组成非常复杂，最常见的系统通常由主系统和几个子系统组成，这些子系统对整个系统有很大的影响。因此，员工应该对这些系统有总体的了解，并对系统进行及时的调整，以确保系统的正常和有效运行。但是，在实际应用中，计算机技术人员由于自身的问题经常不能满足相应的消防管理信息系统标准。例如，计算机技术人员缺乏自身技术，对系统没有精确的了解或不协调系统之间的关系等，这影响了信息技术在消防管理中的应用，影响整体的消防质量和消防工作人员展开救援工作的效率。

3 5G 通信技术在推动救援和监管信息化建设的建议

5G，第五代移动通信技术的简称，具有传输速度快、覆盖范围广、时延低、功耗低的特点，已为人们所广泛接受。在此基础上，5G 通信技术在消防队和消防监控信息的建设中可以发挥至关重要的作用。

3.1 消防救援方面

1）构建远程救援系统

随着 5G 无线通信技术的广泛采用，VR 和 AR 技术可以应用在消防建设和消防救援行动中，可以构建一个智能、现代化的远程救援系统[3]。当指挥一线行动的消防员参加灭火和救援现场时，他们可以使用 AR 智能眼镜、VR 视频设备等实时传输现场，从而使平台终端遍布在全国乃至世界，可以接受高分辨率图像。在 VR、AR 技术的帮助下，后方指挥官可以清楚地看到火灾现场的真实情况，然后实现实际的灭火救援指挥。专家和指导员可以根据火灾现场的变化随时商定最佳策略和具体措施，然后将指令实时传达给第一线救援人员。5G 无线通信技术的作用可以在不同平台上完成协调的操作，打破先前所需到达现场指挥的情况，大大提高救援效率，并为人们的生命和财产提供更多保护[4]。此外，还可以实现远程医疗救援，在前往医院的途中，可以使用 VR，AR 和其他技术将受伤人员与医院完全连接，给予医院更多的时间制定抢救方案，从而使医院有更多时间来准备救援计划并实施相关的应急响应。

2）组建消防员生命安全系统

在 5G 无线通信技术的影响下，可以积极开发可传输生命体征的传感器，以便一线消防员在实际营救时可以佩戴。这可以帮助现场指挥官和后方指挥中心及时了解消防员的重要生理特征，及时做出的命令和决定，有利于确保消防员的安全并防止消防员生命受到威胁。当前，物联网产品在市场上得到了广泛的推广和普及。在万物互联实现之后，每个设备终端，传感器等都有其自己唯一的地址、信息等，因此不再需要安排硬件设备作为支持。同时，与4G时代的"米级"相比，它可以更精确地定位并缩短至厘米[4]。在5G无线通信技术的影响下，这些终端设备可以不受时间和地理控制的影响，并可以根据需求随时保证网络状态，然后提供准确的位置信息，从而有助于解决消防员的问题定位，用以解决复杂情况并更好地保护消防员的生命。

3）车辆装备物联网

基于5G技术功耗低的优势，可以在设备上安装各种传感器以实现长期网络在线。同时，可以将不同的设备和装备连接在一起，有利于统一的实时管理。在消防车上安装传感器时，设备终端可以及时了解和掌握车辆的维护情况，例如剩余燃油数据、发动机转速和温度数据等。此外，还可以更好地了解装备实际运行状态下动态数据，收集车辆的一些动态数据信息，例如水泵的出口压力和流量以及润滑油温度等信息，有利于现场灭火和救援决策的制定[5]。

4）无人灭火救援

无人消防救援的使用需要远程救援指挥系统和车辆设备的物联网作为支持，这将在很大程度上释放人力并减少人员伤亡。在实际操作中，指挥中心接到报警后，无人驾驶消防车将收到相应的指示，然后自动规划路线，以最快的速度到达消防救援现场。如果车辆在行驶中，则可以首先让侦察无人机将现场实际情况实时传回，向指挥中心提供灾难情况，这有助于制定、调整和实施救援计划。

3.2 消防监管方面

1）重视相关人才培养

为了有效地将5G信息技术应用在消防监督中，最关键的方面是技术人员的素质[6]。拥有新技术和全面信息技术知识的人可以有效地将信息技术应用到消防监管中，同时有效地使用它来提高工作效率和质量。因此，有必要通过多种方式加强对信息技术人员的培训，提高技术人员的专业技能，使技术人员真正了解信息技术，认识到信息技术在消防监管中的重要作用。信息技术可以有效地应用于消防监管中，以满足当前消防服务的消防信息需求。

2）保障运行管理体系

提高消防质量的基本要求是要确保消防监管运行管理体制完善。因此，通过建立专门的业务部门进行消防总体规划和设计信息化，所获得的信息将确定消防监管中的重要问题或管理日常消防工作的开展。在实际应用中，业务部门必须确保所收集信息的安全性和完整性，并确保所收集的信息可以更好地用于消防监管中。应严格强调5G信息技术的管理和维护，以确保系统持续、安全运行，并确保消防监管信息网络的完整性、效率性、准确性和及时性。

4 结语

随着5G通信技术的不断发展，我国不同行业将发生飞跃性的变革。尽管这在消防救援和监管领域更具挑战性，但它也是一个机会。因此，消防从业人员应加强对5G技术应用的重视，积极推进消防方法的革新，在实践中不断提高消防和监管的效率，尽可能减少人员伤亡，并为人身和财产安全提供良好的保障。

参考文献

[1] 赵衍宁.信息化提高消防监督工作的策略研讨[J].价值工程，2020，39(19)：28-29.

[2] 罗娜.5G无线通信技术在消防灭火救援工作中监管作用的研究[J].今日消防，2021，6(2)：4-5.

[3] 邱志磊.浅谈消防救援通信技术体系建设的思考[J].信息通信，2020(7)：289-290.

[4] 陈威铭.无线通信技术在消防领域中的应用分析[J].数字技术与应用 2020，38(8)：140-142.

[5] 张弛，张慧.智慧消防视域下信息化技术在火灾隐患治理中的应用[J].武警学院学报，2020，36(6)：44-47.

[6] 沈永刚.创新消防监管模式提升公共安全管理水平[J].今日消防，2020，5(5)：34-36.

对改革后的消防监督管理模式下履行消防安全综合监管职能的探讨

张　勤　学

陕西省消防救援总队渭南市支队　　渭南　714000

摘　要： 文章回顾了"放管服"改革、消防执法改革、创新监管方式、深化简政放权和"双随机一公开"监管模式的起源和重要意义。借鉴安监、住建部门的成熟做法，在执法透明度不断增大、消防执法任务日益繁重、事故追责越来越严厉的背景下，对重塑重构消防监督管理机制模式，更好地履行消防安全综合监管职能提出了一些有建设意义的意见和建议，并就如何实现"从管事向管人"转变，"从查隐患向查责任"转变，培育社会消防中介服务机构，提高消防工作社会化水平等做了积极的探讨。

关键词： 消防　监督管理　机制模式　监管职能

1　引言

2019年5月30日，中共中央办公厅、国务院办公厅出台了《关于深化消防执法改革的意见》，其中指出："为了贯彻党中央、国务院深化'放管服'改革、优化营商环境的决策部署，推进国家治理体系和治理能力现代化，必须深化消防执法改革，创新监管方式，深化简政放权，坚决破除各种不合理的门槛和限制，加强事中事后监管，规范执法行为，加强执法监督，构建科学合理、规范高效、公正公开的消防监督管理体系。"

这其中，"创新监管方式"是一个重要的字眼。资料显示："双随机一公开"曾连续多年被写入政府工作报告。最早推行这个做法的是天津新港海关，他们利用电脑摇号随机确定抽检对象、随机确定检查人员。这种方式从源头上消除了灰色寻租行为，得到了李克强总理的点赞。2015年7月，国务院办公厅发布《关于推广随机抽查规范事中事后监管的通知》，要求在市场监管领域推广"双随机一公开"监管。所以，"双随机一公开"是大势所趋，其他部门已经先行一步，消防执法监督势必与其他行业部门的执法监督方式同步，其将会为提升单位消防安全管理起到重要的引导作用，也将为消防监督作风转变起到重要的推动作用。

消防执法改革以来，消防监督原有的监管模式方式了巨大的改变。一是正在稳步推进"双随机一公开"，执法的透明度大大增强，随意性大大减少。二是"放管服"改革，更加强调服务。三是总队、支队防火监督部（处）被取消，下属科室数量较之前减少一半以上，相应的人员也大幅减少，在新形势下，内设部门缩减、人员数量大幅减少，这种情况如何执法，必须有新的思路。个人认为：过去消防监督原有的那种直接代替单位检查火灾隐患，为单位会诊式检查的保姆式管理模式已无法继续实行。"三定"后，已经出现了"人手不够，人少事多"的情况，保姆式管理模式难以为继，必须转换思路。可以借鉴应急（安监）、住建部门的做法，大力培育社会中介的消防力量，培育中介机构和单位自己的消防技术人才，把消防安全的责任切实落实到单位的主体身上。

2　应急安监、住建部门的做法，值得借鉴

2017年，云南德宏州安监局购买专家服务开展安全生产大检查及行政执法随机抽查。2017年8月30日开始，该州安监局执法支队按照州局党组工作安排，带领云南省安坤安防科技有限公司3名专家，对全州50户安全生产重点监管对象落实企业安全生产主体责任进行行政执法专项检查。为落实该州州委州政府安全生产大检查

工作要求，严打违法违章冒险作业，为党的十九大胜利召开营造安全稳定的生产环境。根据德宏州人民政府办公室《关于印发德宏州安全生产大检查工作方案的通知》精神，经德宏州安监局党组研究决定，购买云南省安坤安防科技有限公司专家服务，对该州开展安全生产大检查及行政执法随机抽查进行技术服务，按照《德宏州安全生产监督管理局随机抽查事项清单》年抽查全州企业总数 1%的要求，经过对云南省安全生产大检查长效机制管理系统中的在产企业随机抽查 50 户进行行政执法专项检查。

在建设工程消防设计审核验收职能移交住建部门之后，2020 年 6 月 1 日起，《建设工程消防设计审查验收管理暂行规定》（住建部第 51 号令）正式施行。同日，住建部发布了《关于征求政府购买监理巡查服务试点方案（征求意见稿）意见的函》。探索工程监理服务转型方式，试点地区通过开展政府购买监理巡查服务试点，在完善工程全过程及关键环节风险防控机制方面取得显著成效，有效提升建设工程质量水平，培育一批具备巡查服务能力的工程监理企业。适时总结试点经验做法，形成一批可复制、可推广的政府购买监理服务示范模式，为提升建筑工程品质奠定良好基础。

为规范陕西省建设工程消防设计审查、消防验收、备案和抽查工作，建立和完善长效机制，确保建设工程消防设计和施工质量，2020 年 5 月 29 日，陕西省住建厅印发《〈建设工程消防设计审查验收管理暂行规定〉实施细则》《陕西省建设工程消防技术专家库管理规定》和《陕西省建设工程特殊消防设计专家评审管理规定》三项配套文件，确保建设工程消防设计审验工作依规全面开展。《〈建设工程消防设计审查管理暂行规定〉实施细则》共十七条，包括制定依据、适用工程、执行主体等内容，自 2020 年 6 月 1 日起施行至 2025 年 5 月 31 日止，有效期五年。其中，明确规定了由省、设区市（省直管市、县）住房和城乡建设主管部门选取省专家库专家或省住房和城乡建设主管部门公布的具有相关技术力量的机构对房屋建筑、市政工程以外的其他行业的特殊建设工程消防设计文件进行技术审查的具体建设工程，以及对特殊建设工

程的定义等具体内容。《陕西省建设工程消防技术专家库管理规定》共十二条，包括该管理规定制定的目的意义、专家的选取办法、入库条件、解聘情形等内容，其中，明确规定对专家和委员会成员实行聘任制和动态管理，每届任期 3 年，由省住房和城乡建设厅公布，颁发聘书。对动态加入或退出的，及时向社会公布。

这些安监、住建部门的做法，都为消防执法改革提供了一定的思路和借鉴。

3 新的监管模式下，如何实现从"管事"向"管人"转变，从查隐患向查责任转变

除了"双随机一公开"之外，应急管理部消防救援局三年工作规划（2019—2021）（节选防火部分）中也明确：推进消防监督模式转变。推动消防安全从"单一监管"向"综合监管"转变，从"管事"向"管人"转变，从查隐患向查责任转变。下面笔者就此谈一下个人的认识：

3.1 管人先要立规

消防部门是管理者，西方的泰勒科学管理理论提出：在管理上，学会由管事到管人的转变，把人管好了，事自然好了；在管人上，从管人到管规则的转变，规则让人自动转变。所以，笔者认为"管人"比"管事"更重要，也更难管，这对已经习惯了管事模式的消防部门是一场时代大考。在世界 500 强惠普，关于领导者的定位有一个很基本的原则，那就是管理者是教练而不是老板。老板可以发号施令，而教练却不同，因为衡量一个教练的水平高低不是看他自己多么能干，而是看他带的团队水平如何。对每一名消防监督员也是如此，管人，不在于个人的执法能力水平有多高，而在于如何管理好你的队员——"社会单位"消防安全管理人这个团队。因此，作为管理者，首先要完成从自己做事到指导别人做事的转变。初级管理者以管事为主，管人为辅；级别越高，管人的比重就越大。所以，这次执法改革，是消防执法改革的一大进步，意味着消防改革已经跟上了国家整体改革的步伐。要学会用制度和规则管人，让被管理者有规可循、有矩可依。个人认为现在首要的问题是尽快明确单位消防安全管理人员的相关规则，比如，明确社

会单位消防安全管理人应该具备什么样的资格和素质。国务院《消防安全责任制实施办法》第十七条提出：鼓励消防安全管理人取得注册消防工程师执业资格。这一条在当前消防改革模式下如何实施？个人认为很难实施，一是注册消防工程师执业资格标准太高，二是只是鼓励，不好推行。

3.2 管人更要育人

过去消防部门是管理者，推行保姆式管理，事无巨细。现在要实现去管人，管各单位消防安全管理人等等的人。一方面对于消防部门是一个重大转变，另一方面对于被管理者——已经习惯了过去的那种保姆式管理。现在如果转变关于突然，直接撒手让单位自己去"安全自查，隐患自除，责任自负"。这对于单位同样是一个巨大的挑战，有没有这个能力？能不能达到效果？会不会成为走过场？这些都需要消防部门认真调研，毕竟《消防法》没有像《安全生产法》那样对单位的安全管理人员有资质的要求，对单位的注册安全工程师等有比例的要求，在现行的法律框架下，单位消防安全管理人员往往不是消防科班出身或者没有了多年的消防工作经验，不能独立自主地开展消防安全检查、培训等各项工作。有些根本检查不出火灾隐患。个人认为：消防部门作为管理者，要想管好人，必须花时间去教会人；只有教会了别人，管理者才是称职的教练。所以消防部门要花更多的时间，去教会单位如何开展"四个能力""一懂三会""三知四会一联通""三自主两公开一承诺"等。在这个过程中，育人很重要。如果在这个过程中，消防部门不教不管不问，那么社会单位往往就会走入误区，各类形形色色的什么"防火中心""宣教中心"之类的假培训机构就会乘虚而入，借着免费给单位培训的名义大肆高价推销消防产品，其最终损害的还是消防队伍的形象。

3.3 管人要重成效

中央这次消防执法改革的目的是要构建科学合理、规范高效、公正公开的消防监督管理体系。这不仅仅是对消防队伍的要求，也应该是社会单位消防安全管理的目标。这方面，完全可以比照公安机关交通管理的成熟经验，现在驾驶人

首先有驾驶证，车辆有年检等，交通警察所要做的检查驾驶人，是否取得驾驶证，是否酒驾等。而检查车辆的制动、灯光等这些具体的事就交给检测站。车辆违章了，罚的是驾驶人的款，扣的是驾驶人的分，出了大的事故就严查驾驶人的责任，所以驾驶人对自己驾驶车辆的行为就格外精心、上心，不用交通部门成天讲政策、讲法规。所以个人认为消防部门在管人的时候，也可以借鉴这方面的经验。如果社会单位的消防安全管理人员都能培养成相对专业的消防人才，或者如部消防救援局所规划的——聘请注册消防工程师团队来管理消防工作。"双随机一公开"之外的时间，由这些相对专业的人员管理单位的消防工作，再配合正在开展的智慧消防、远程接入等技术手段，那么社会单位的消防管理工作必将比现在更为顺畅、高效。长此以往，科学合理、规范高效的消防监督管理体系就会建立起来。

4 培育社会消防中介服务机构，提高消防工作社会化水平

应急管理部消防救援局三年工作规划（2019—2021）（节选防火部分）指出：建立完善社会力量参与机制。通过政府购买服务的方式，探索依靠中介机构、保安队伍、志愿队伍等社会力量参与日常消防安全管理。督促社会单位通过第三方专业机构实施消防安全评估，落实评估机构责任捆绑和评估结果挂钩单位信用评级。修订完善注册消防工程师制度，继续发展壮大和规范管理注册消防工程师队伍。

消防机构可以试行把隐患排查治理交给单位自己，单位自身做不到的，可以外包给中介服务机构，反向推动单位整改火灾隐患。消防部门要做的就是指导、监督、培育中介服务机构单位的消防人员。在执法检查方面，也由过去检查具体的火灾隐患为主，向以检查单位的消防安全责任体系建设以及单位自身的火灾隐患排查治理体系是否建立并有效运行为主，检查违法行为为辅，让单位自查自改，消防救援机构才能从具体的事务中解脱出来，多搞消防宣传、培训，培育中介机构和市场。一句话：该交给单位的交给单位，能由市场解决的交给市场。"双随机一公开"以及社会单位的"承诺

和自查机制"的推行，就是要解放消防救援机构的执法压力。

消防改革任重道远，消防监督管理改革同样不可能一蹴而就，我们坚信，在党中央、国务院的正确领导下，在中办、国办《意见》的指引下，消防监督管理改革一定会越改越好，社会面火灾防控形势也一定会越来越好。

参考文献

［1］刘洋．浅析新形势下改进消防监督管理模式的探索与思考［J］．山西建筑，2018（10）：253-254．

［2］廖艳琳，廖发明．新时期消防安全网格化管理分析与思考［J］．企业技术开发，2016，35（21）：70-71．

建筑内部装修工程消防设计适用标准探讨

闫 小 燕

原西安市消防支队 西安 610075

摘 要：本文对在城市更新过程中既有建筑工程改造的形式进行归纳，并对新中国成立以来我国主要消防技术规范的变迁进行整理，针对既有建筑改造过程中建筑内部装修设计适用的标准进行实际分析，并提出不同专业设计应遵循的规范标准的建议。

关键词：消防 城市更新 装修设计 规范

1 背景

2019 年 11 月 20 日，中国城市更新（长三角）峰会在沪举行，2019 年 12 月 13 日，城市更新受到中央政策鼓励，党的十九届五中全会通过的《中共中央关于制定国民经济和社会发展第十四个五年规划和二〇三五年远景目标的建议》明确提出实施城市更新行动。这是以习近平同志为核心的党中央，站在全面建设社会主义现代化国家、实现中华民族伟大复兴中国梦的战略高度，准确研判我国城市发展新形势，对进一步提升城市发展质量作出的重大决策部署，为"十四五"乃至今后一个时期做好城市工作指明了方向，明确了目标任务。

城市更新过程中不可避免地伴随着既有建筑消防改造和提升，那么修建于不同年代的建筑物，会面临当年建设所依据的消防技术标准（有些建筑建造时期甚至还没有消防标准规范）要求与现行规范有较大的差异，那么在工程改造过程中，应该遵循什么样的标准，既能够结合工程实际、尊重历史，又能够提升建筑物的消防安全水平。笔者结合工程实际中遇到的情况，从建筑改造的形式、规范的变迁等方面，着重对建设工程改造中装修工程适用的标准谈一些自己的观点，供大家探讨。

2 建设领域建筑改造的形式

2.1 装修改造

局部装修改造，是对原有的建筑在保持建筑主体结构、使用功能、平面布局不变的情况下，对建筑的局部进行内部和外部翻新、装饰、装修，并且不涉及建筑内部机电设备的增加和调整。

整体装修改造，对原有的建筑在保持建筑主体结构、使用功能、平面布局不变的情况下，对建筑进行整体内部和外部翻新、装饰、装修，并且不涉及建筑内部机电设备的增加和调整。

2.2 使用功能发生改变

建筑物在工程改造过程中，使用功能发生改变，笔者分析主要有下面两种情形。

（1）由于城市规划宏观政策的调整，城市内部区域性的功能发生改变，该区域原有建筑整体改变使用功能，比如城市建成区"退二进三"政策带来的调整，建筑物由原来的工业建筑转化为民用建筑。

（2）由于业主或经营方的需要，在合法的前提下，将原有的办公、公寓调整为酒店、医院、教学楼、老年人照料设施等功能，而带来的改变。

2.3 建筑物的使用性质未发生改变，由于新的业态的产生，带来改造的必要

近年来，网络经济的发展，无形中使得人们的消费习惯、购物、娱乐等方式发生改变，为了适应市场的需求，传统的商业模式发生了转变，原有的商业建筑，为了生存和发展，会调整原有的商业模式，如将原商场调整为电影院、餐厅，

作者简介：闫小燕，女，硕士研究生，高级工程师，于西安市消防支队从事建筑设计防火审查和验收工作，E-mail：1224696682@QQ.com。

体育健身、歌舞娱乐游艺、儿童活动场所。

3 消防技术规范的变迁

城市更新、既有建筑改造，面对的建筑物可能建造于不同的年代，而此间，可能经历了消防技术规范的多次调整和新的技术标准的出台。在此回顾一下我国新中国成立以来消防技术规范发展和变迁的历程：

我国第一本消防技术规范是 1956 年 4 月 3 日颁布的《工业企业和居住区建筑设计暂行防火标准》（标准 - 102 - 56），1956 年 9 月 1 日实施，1960 年为了重申建筑设计防火安全的重要性，国家基本建设委员会和公安部联合颁布了《关于建筑设计防火的原则规定》，同时作为附件，出台《建筑设计防火技术资料》供设计部门参考。1975 年国家基本建设委员会、公安部和燃料化学工业部批准发布《建筑设计防火规范》（TJ 16—74），于 1975 年 3 月 1 日实施，这本规范中没有高层建筑的相关规定，但是当时在北京地区已经有多处高层居住建筑和公共建筑。因此在北京市公安局和多家设计院共同参与下，1982 年国家经济委员会和公安部联合批准了《高层民用建筑设计防火规范》（GBJ 45—82，试行），这本规范于 1983 年 6 月 1 日实施。《建筑设计防火规范》1987 年进行修订，版本为 GBJ 16—87，于 1988 年 5 月 1 日实施，此后，又于 2001 年和 2006 年进行了局部修订，《高层民用建筑设计防火规范》（GB 50045—95）于 1995 年 11 月 1 日正式实施，后于 1997 年、1999 年、2001 年、2005 年进行局部修订。2014 年《建筑设计防火规范》和《高层民用建筑设计防火规范》进行整合，整合后《建筑设计防火规范》（GB 50016—2014），于 2015 年 5 月正式实施，此规范于 2018 年又进行了局部修订。2013 年以来，《火灾自动报警系统设计规范》《自动喷水灭火系统设计规范》《汽车库、修车库、停车场设计防火规范》《建筑内部装修设计防火规范》等多部消防技术标准规范进行了修订，又出台了《消防给水和消火栓系统系统技术规范》《建筑防烟排烟系统技术标准》《消防应急照明和疏散指示系统技术标准》等专业技术规范，同时还有其他的建筑规范、专业规范也进行了修订，如

《民用建筑设计统一标准》《民用建筑电气设计标准》等。

消防技术标准规范不断完善和修订，满足了生活、工作方式的需求、建筑功能和建筑业态、消防救援的需要，提升了建筑的消防安全水平；同时，也使得很多建筑在改造的过程中，会面临由于执行标准不同而带来的，应遵循什么样的标准方可满足消防技术规范要求，又不至因为规范的限定而使得提升改造无法实施的难题。

4 装修工程消防设计应执行的消防技术标准

在装修设计和消防改造设计时，应当积极采用现行国家工程建设消防技术标准，根据工程实际情况建议如下。

4.1 装修设计

在执行《建筑内部装修设计防火规范》（GB 50222—2017）时，应该是没有难度的，因此应该遵照现行规范进行相关设计。

4.2 建筑防火设计

防火分区、建筑构造、安全疏散等应按照《建筑设计防火规范》（GB 50016—2014，2018 年版）进行设计，但是现行规范对于消防电梯前室短边宽度不小于 2.4 m 的要求，因为可能受到原建筑结构的制约，因此，可根据实际采用原设计是遵循的规范。防火分区的设计要求新老规范差异不大，1995 年版《高规》对于一类和二类高层还有区别，而现行规范高层建筑防火分区标准是统一的，《建规》新老规范中防火分区的标准对于民用建筑没有变化，因此按照现行规范设计没有难度。

4.3 消防救援窗口的设置

公共建筑和工业建筑在《建筑设计防火规范》（GB 50016—2014，2018 年版）中有设置消防员进入的窗口的设计要求，这一条款的落实，大大提升了对建筑物的灭火救援能力，因此在不影响建筑物立面整体风貌的前提下，可以有条件地按照现行规范进行改造。

4.4 消防给水系统及灭火设施

消防给水系统，包括水源、消防水池、高位消防水箱、稳压系统、消防管网以及消防水泵及水泵房的设计，可以按照局部装修和整体装修两

种情形区别对待。

局部装修因不涉及功能变化，不会带来建筑整体性质的改变，建议采用原建筑设计规范，对于室内消火栓布局、自动喷水灭火系统喷淋头的布局，应该满足现行消防技术规范的要求，同时应校核原自动喷水灭火系统湿式报警阀控制能否满足装修后系统的要求。

如果装修区域内有特殊功能的房间，如数据交换中心、机房、档案库等按照《建筑设计防火规范》（GB 50016—2014，2018 年版）应设置自动灭火设施的场所，应根据工程实际规模和施工的便捷性，选择气体灭火系统或其他自动灭火装置等。其他如果按照现行消防规范应当设置自动喷水灭火系统而原规范没有规定，可根据建筑供水条件，通过采用自动喷水灭火系统局部应用的措施来提升消防水平。

整体装修不改变使用功能，虽然不会带来建筑性质的改变，但是在条件许可的情况下，建议积极采用现行消防技术规范，对于增加水池和水箱如果确受用地条件、结构承重的限制无法实施，可以按原设计规范执行，其他如建筑物内部消防设施的设置（如，按照现行规范应当设置自动灭火设施，而原规范没有规定等情形）及系统要求、水泵选型、控制方式、稳压装置、水池和水箱的液位显示装置等，应该统一按照现行消防技术标准规范进行改造设计。

4.5 防排烟系统设计

《建筑防烟排烟系统技术标准》（GB 51251—2017）于 2018 年 8 月 1 日实施，其中有很多新的规定，设置、计算要求也更加具体和明确，较以前的规范也有较大的变化，装修工程防排烟系统设计难度也是较大的。

对于局部装修的工程，应根据原建筑的条件，设计防烟和排烟设施，满足原设计遵循的规范要求，并尽可能满足现行规范的设置要求。但是对于现行防排烟规范要求的防排烟专用机房、非土建风道、机械排烟和机械加压系统所要求的固定窗，由于结构原因或者建筑所有权、支配权等原因，很难或者无法落实，则不需强求。

如果建筑物整体进行装修，应当积极采用现行技术标准，对于防排烟设施、防烟分区划分、风量计算、控制方式，包括专用风机房，按照《建筑防烟排烟系统技术标准》（GB 51251—2017）的相关要求，应该可以通过改造设计来实现，则应按现行标准进行设计。对于规范要求设置的非土建风道，如因结构限制和施工难度无法实现，可以通过对原有土建风道进行完善，使其内壁光滑、不漏风，满足系统所需要的风速要求来改善，在改造设计中，应提供明确的设计方案。固定窗的设置在建筑有条件的情况下进行设置。

5　总结

在装修改造消防设计的过程中，应该本着提升建筑自身消防安全水平，积极采用新的消防技术标准规范，同时又要结合建筑自身的结构等条件，尊重历史，尊重实际。本文仅就建筑装修过程中，不改变建筑物原有结构、使用性质的情形，对消防设计适用标准进行探讨。但是在城市更新的过程中，可能会有其他更多的情形，如前文所述，有功能调整的改造工程，可能带来的建筑性质分类的变化，因此又要结合具体情况进行分析。但是我们在设计中应该把握的一个最基本的原则，就是不降低建筑消防安全整体水平。

从司法判例浅谈消防行政处罚相对人的判定

沈 钊 弘

广东省东莞市消防救援支队　东莞　523150

摘　要： 本文浅析了消防行政处罚相对人的法律定义，按照个人类和组织类的分类方式，从行政法理学的角度分析了消防行政相对人的种类及其内容，从司法判例的角度浅析了个体工商户、公众聚集场所的实际使用、管理者作为适格的消防行政处罚相对人的情况，建筑物的建设单位、物业、业主以及租赁合同双方当事人的消防安全责任分配等问题，对消防执法中行政处罚相对人的判定提供了一定的借鉴。

关键词： 消防安全　行政处罚　行政相对人　司法判例

在行政活动的过程中，行政主体行使行政职能、作出相应决定必定有特定的承受对象。无论这一承受对象是组织还是个人，是直接承受还是间接影响，都是行政法律关系运行中不可或缺的主体。行政法学理上，这一承受对象通常被称为行政相对人[1]。在消防行政处罚中，行政相对人的认定往往影响着处罚的种类和轻重，比如消防法第六十条对单位和个人分别规定了不同的罚则。但是在执法实务中，对于消防行政处罚相对人的认定，特别是对个人类和组织类行政相对人的区分，个体工商户的处罚，场所的所有人、管理人、使用人的责任分配等问题上仍然存在一些争议，从司法判例的角度分析消防行政处罚相对人的判定，有利于帮助执法人员深入了解法条，正确行使公权力，保障公民的合法权益不受侵害，维护公共消防安全，提升消防安全治理的水平。

1　行政处罚相对人概述

行政处罚是指行政机关依法对行政相对人的违反行政法上义务行为所给予的一种法律制裁，而受制裁的违反行政法上义务的行政相对人，即为行政处罚相对人。我国《行政处罚法》抽象地将行政处罚相对人称为"公民、法人或其他组织"或者"当事人"，对于公民、法人或其他组织的范围，以及当事人是否就等同于违法行为人等未予以明确[2]。

此外，我国行政法理论界一般也主张客观归责原则，即"在行政责任构成中并不以主观状态为必要要件，而是强调违反行政法义务，破坏行政管理秩序的行为"，由此，在行政处罚实务运作过程中，行政处罚相对人的选择取决于行政机关的自由裁量，即只要认定客观上有违反行政法律规定的事实状态，行政机关便可依法加以处罚。

2　消防行政处罚相对人的种类

现行《消防法》第五条"任何单位和个人都有维护消防安全、保护消防设施、预防火灾、报告火警的义务"，第十六条规定了"机关、团体、企业、事业等单位"的消防安全责任，第六十条规定了"单位"和"个人"的不同罚则，可见从法定义务和责任来说，消防行政处罚相对人分为单位和个人两大类。

2.1　个人

《消防法》中的"个人"属于行政法理学上的个人类行政相对人[3]，可对应解释为《行政处罚法》中的"公民"，即包括我国公民、在中国境内的外国人（包括无国籍人）。

虽然根据法理学上"合宪与法制统一原则"，《消防法》中的"个人"也可以解释为《民法典》第二章中的"自然人"，且由于"个体工商户和农村承包经营户"的规定位列《民法典》第二章第二节，因此也属于"自然人"的范畴。但是在实务中一些大型的公众聚集场

作者简介：沈钊弘，男，工学学士，助理工程师，主要研究消防管理及火灾勘查，E-mail：490093891@qq.com。

所、工业园往往以"个体工商户"进行注册，如果一律以"个人"追究其消防安全责任，难免会出现处罚畸轻的问题，导致对相对人财产权益的保护高于对社会的公共安全的保护，难以起到维护消防安全、震慑违法行为的作用，违背了比例原则，因此不宜参照《民法典》的规定，应采"公民"的解释。

《消防法》对"个人"的行政处罚类型主要包括申诫罚、财产罚、行为罚和自由罚四种，其中申诫罚和自由罚仅适用于"个人"，而行为罚和财产罚即可适用于"个人"也可适用于"单位"，但在财产罚的数额上，对"单位"和"个人"进行了区分，如第六十条中，"单位"的罚款数额区间为五千以上五万以下，而"个人"的罚款数额区间为五百以下。

2.2 单位

"单位"属于组织类行政相对人[3]，主要对应《行政处罚法》中的"法人或其他组织"。在《消防法》中，对"单位"的消防违法行为，既有仅对"单位"适用的罚则，如第五十九条、第六十条第一款；也有既罚"单位"又可罚"直接负责的主管人员和其他直接责任人"的，如第六十七条、第六十九条；但没有脱离"单位"仅罚"单位"中的工作人员的，因为"单位"应履行的消防安全责任和义务源于单位的设立，如果仅罚其中的工作人员，将导致"单位"违法成本过低，不利于督促单位履行消防安全主体责任。

3 一些涉及消防行政处罚相对人判定的司法判例

《消防法》中部分法条未明文规定义务主体，如仅规定了应当"明确各方的消防安全责任""明确消防安全责任分工"或者仅规定了"管理或者使用的""建设单位或者使用单位"，这导致了实务中存在较大的自由裁量空间，处罚的种类和数额主要取决于执法人员的价值判断，不利于消防安全责任的合理分配和法制的统一。因此，分析典型执法问题在司法实践中普遍采用的立场和观点，有利于规范消防执法，保障公民的合法权益，维护消防安全，推进消防治理能力和治理体系的现代化[4]。

3.1 达到一定规模的个体工商户可依法认定为"公众聚集场所"，且其经营者应承担其个体工商户的消防安全责任

在范正权诉绵阳市涪城区公安消防大队公安消防行政处罚一案（〔2018〕川07行终52号）中，原告范正权认为其为个体工商户，营业许可证上明确为个人经营，店铺建筑面积为750 m²，实际使用面积仅500 m²左右，不属消防重点单位，不是消防法第十五条、第五十八条的适用对象，不服绵阳市涪城区人公安消防大队行政处罚，不服绵阳市涪城区人民法院判决，向四川省绵阳市中级人民法院提起上诉。二审法院认为，根据公安部《消防监督检查规定》第三十九条，经查，上诉人范正权虽然系个体工商户，但其经营的一味特色清汤牛肉店的建筑面积为750.70 m²，其经营场所的建筑面积大于四川省公安消防总队确定的"具有一定规模的个体工商户界定标准"中界定的"建筑面积大于等于300平方米的非娱乐性质的餐饮或休闲茶坊及场所"的标准，应属于公众聚集场所，应该纳入消防监督检查范围。同时，由于上诉人范正权经营的一味特色清汤牛肉店性质为个体工商户，其不具有独立的财产和独立的人格，上诉人范正权作为经营者应当对该牛肉店的违法行为承担相关的法律责任。

综上所述，在司法上虽然未涉及个体工商户是"单位"还是"个人"的争议，但仍然可以结合实际认定为"公众聚集场所"，且由于其不具有独立的财产和人格，经营者个人应作为主体承担相应的消防安全责任。

3.2 即使民事上尚未履约交付，公众聚集场所的实际使用、管理者也是适格的消防行政处罚相对人

在湛江市名家建材有限公司诉湛江市公安消防支队赤坎区大队、湛江市公安局赤坎分局、湛江市赤坎区南桥街道办文保北村经济合作社消防管理（消防）一案（〔2020〕粤08行终22号）中，第三人文保经济合作社为商场的所有人，原告名家建材有限公司为商场的承租人，被告赤坎消防大队对名家国际家居广场进行消防监督检查时发现，涉案商场未取得消防验收合格意见书和消防安全检查合格证，且涉案商场未按照相关规

定设置火灾自动报警系统消防控制室、水泵接合器和防火门，室内消火栓系统、自动喷水灭火系统和机械防排烟系统均不能正常使用。原告不服被告的行政处罚，提起行政诉讼，后不服一审判决由向湛江市中级人民法院提起上诉。二审法院认为，"实际使用者"应以实际上对案涉商场使用的状态据以判断，并不受原告与第三人签订的租赁合同约定条款的影响，虽然第三人没有按照合同约定履行申请消防验收、消防检查的义务，但不能否定原告已实际使用案涉商场的现实情况。在商户使用商场的过程中，原告为管理商场聘请了安保人员、清洁工、电工等人员，为名家国际家居广场提供了实际上的管理服务，属于实际上的使用管理者。至于原告主张其尚未收取商户的租金，亦不影响其作为管理者身份的认定。本案中，上诉人作为三层商场的第一手承租人，享有对整体商场进行经营获利的权利，也应负有对商场整体进行管理，确保商场合法、安全营业的义务。虽然没有证据显示原审第三人已将商场交付上诉人经营，但已有部分商户进场装修使用。商户是基于与上诉人的招商行为并通过与上诉人签订租赁合同等形式取得进场经营权。因此，原审认定上诉人是案涉商场消防安全的责任主体，并无不妥。

综上所述，在司法实践中认为，消防行政主管部门对违反消防法律法规的行为进行处罚，针对的是可能引起消防事故的事实状态，目的在于通过行政处罚促使责任主体改正行为，以消除消防隐患，应坚持谁违法处罚谁的原则认定责任主体，因此场所的实际管理、使用者即是适格的消防行政处罚相对人。

3.3 法院认可租赁合同中的消防安全责任的分配，即民事合同中约定的责任主体可以是适格的消防行政处罚相对人

在胡正明诉广州市番禺区公安消防大队行政处罚一案（〔2015〕穗中法行终字第 1787 号）中，原告胡正明与广州市多维康食品科技有限公司签订租赁合同，租赁其厂房以经营卡迪斯加工厂，后该工厂发生火灾，被告广州市番禺区公安消防大队以胡正明未履行法律、法规规定的消防安全责任造成火灾事故为由，对其予以行政处罚。原告不服行政处罚，提起行政诉讼，不服对一审

判决又向广东省广州市中级人民法院提起上诉。

法院认为，根据《广东省实施办法》第三十五条和第七十一条规定，胡正明与广州市多维康食品科技有限公司签订租赁合同，租赁番禺区新造镇和平路 10 号的厂房用于卡迪斯加工厂的生产经营，租赁合同第六条第 6 点约定，乙方（胡正明）做好安全生产措施，其消防要符合本地区的规定，因此，胡正明应对其租赁使用的建筑物的消防安全负责并履行有关消防安全职责。

综上所述，在司法实践中，认可民事合同关于消防安全责任分配的约定，执法机关可以依据其合同约定确定消防行政处罚相对人。

3.4 在建筑物区分所有权的情况下，物业公司应承担公共部分消防安全责任

在沈阳五爱市场服装城物业管理有限公司诉辽宁省沈阳市沈河区公安消防大队公安行政处罚一案（〔2019〕辽行申 1096 号）中，经过一审、二审和再审，辽宁省高级人民法院认为，五爱市场服装城的业主基本为个人，对建筑物内专有部分享有所有权，无法履行对建筑物共有部分及对整个建筑物的消防安全职责。五爱物业公司作为五爱市场服装城的物业服务企业，有责任对消防设施进行日常维护及检修保养，对消防隐患进行整改，应当履行消防安全职责。

根据《民法典》有关建筑物区分所有权的规定，业主对专有部分享有专有权，对共有部分享有共有权以及共同管理权，但是让全体业主共同承担管理共用的消防设施的责任，并作为共同的消防行政处罚相对人，不仅造成对业主法益的侵犯大于要保护的法益，而且也无法履行消除隐患的职责，不能实现维护消防安全的行政目的，显然违背了比例原则。因此，不管是否为住宅，在建筑物区分所有权的情况下，物业公司均应承担公共部分消防安全责任。

3.5 建筑区划内共用消防设施、器材的配置义务由建设单位承担，物业仅承担维保义务

百色市迎福物业服务有限责任公司田东分公司诉田东县人民政府田东县公安消防大队行政处罚一案（〔2019〕桂 10 行终 19 号）中，上诉人迎福物业服务有限责任公司田东分公司认为，根据现行法律规定，建筑区划内的共用消防设施、器材属于共用设施设备，共用消防设施、器材的

配置，与建设工程同时设计、同时施工、同时配置，共用消防设施、器材配置所需费用计入基建设备概算，建设工程的建设、设计、施工和监理等单位在工程设计使用年限内对工程的消防设计、施工质量承担终身责任。因此，建筑区划内的共用消防设施、器材配置义务由建设单位或业主承担。根据现行法律规定，物业服务企业对管理区域内住宅区的消防设施、器材不承担配置义务。物业服务企业的消防安全责任是，按照物业服务合同的约定提供消防安全防范服务，对业已配置的共用消防设施、器材，负责管理、维护和保养，并对破坏行为承担及时制止和报告责任。二审法院广西壮族自治区百色市中级人民法院支持了上诉人的意见。

由此可见，在消防行政执法中，应注意区分共用消防设施、器材"有无配备"和"有无维保"两个问题，因为二者的消防行政处罚相对人是不同的。

4 结论

执法知其止，司法得其平。在推进依法治国、建设社会主义法治国家的伟大进程中，公正高效的法治实施体系和科学严密的法治监督体系是相辅相成、相得益彰的，执法所具有的主动性、单方面性和灵活性，天然地容易产生对法律适用的偏差，需要通过司法进行规制。因此，从司法判例的角度，审视消防行政执法中处罚对象的判定问题，可以进一步理清"个人"与"单位"的适用情况，区分场所的所有人、管理人、承租人、使用人等不同主体之间应承担的消防安全责任，保护相对人的合法权益，维护公共消防安全。

参考文献

[1] 章志远. 行政法学总论 [M]. 北京：北京大学出版社，2014.

[2] 陈思融. 论行政处罚对象的法定化 [J]. 浙江社会科学，2020(11)：17-21.

[3] 谢祥为. 行政法律原理与实务 [M]. 北京：中国政法大学出版社，2018.

[4] 方世荣. 论行政相对人 [M]. 北京：中国政法大学出版社，2000.

对消防员招录和入职培训管理工作的调研思考

黄 国 波

广东省广州市消防救援支队 广州 510000

摘 要：2018 年 11 月 9 日，习近平总书记为国家综合性消防救援队伍授旗并致训词，消防救援队伍由此迈向新的征程。改革转制后，消防队伍的人员增量扩大途径从以往的应征入伍变为如今的面向社会公开招录，做好新招录消防员培训管理教育工作，尤为重要。笔者结合自身参与广东省消防救援总队新训团 2019 年第二批新招录消防员带训工作的经历，就完善消防员招录和入职培训管理教育工作进行调研思考。

关键词：消防 新招录消防员 培训 管理

1 广州集训点新招录消防员基本情况

新训团广州集训点共有新招录消防员 168 人，具体情况如以下问卷数据所示。

（1）你的文化程度是？（ ）［单选题］

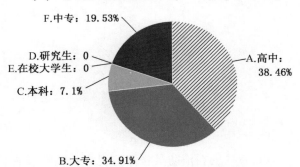

大专及以上学历占比大，占到总数的 42.01%。兵役制下新兵多为高中或中专学历。

（2）你入职前工作经历？（ ）［单选题］

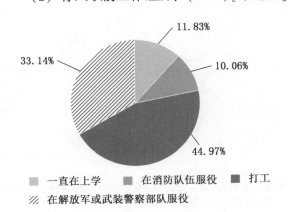

有消防工作背景或部队服役经历占 43.2%，几乎占到人数一半，有利于新训工作的顺利展开，新训人员拥有较高的服从管理意识和体能基础。

（3）你入职前的工作年限？（ ）［单选题］

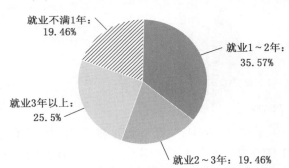

80.93% 的新消防员拥有较丰富的社会经历，适应能力比较强，目的性明确，社会、家庭责任心更强，但比较缺少吃苦耐劳精神。

（4）你的年龄是？（ ）［单选题］

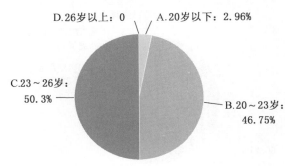

作者简介：黄国波，男，本科学历，灭火指挥专业，广州市消防救援支队花都区大队副大队长、助理工程师，从事一线灭火救援工作 18 年，E-mail：malagu@126.com。

在原兵役制下，新兵平均年龄为 18~22 岁，且多为高中或中专应届毕业生，如今年龄普遍更大，23~26 岁以上占 50.58%，思想较为成熟。

（5）你的户口是？（   ）［单选题］

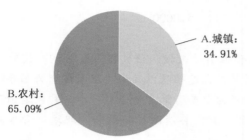

A.城镇：34.91%
B.农村：65.09%

农村户口占 64.53%，大多数人家庭条件较普通，亟须一份收入相对稳定的工作补贴家用。面临加入消防队伍后可能与农村的父母两地分离的情况。

（6）你的家庭情况？（   ）［单选题］

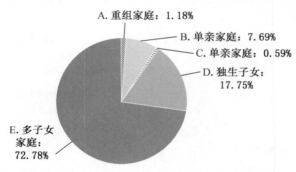

A. 重组家庭：1.18%
B. 单亲家庭：7.69%
C. 单亲家庭：0.59%
D. 独生子女：17.75%
E. 多子女家庭：72.78%

新消防员中，17.75% 为独生子女家庭，72.09% 为多子女家庭。独生子女家庭的新消防员，在家庭中需要担当更多的责任，如照顾子女、赡养父母，这使得他们面临消防职业的 24 小时驻勤备战、保证执勤在位率等事业与家庭的矛盾。

（7）你的婚恋情况？（   ）［单选题］

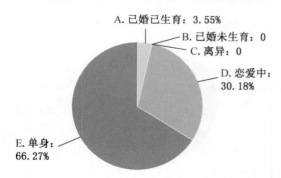

A. 已婚已生育：3.55%
B. 已婚未生育：0
C. 离异：0
D. 恋爱中：30.18%
E. 单身：66.27%

超过半数新消防员仍处于未婚状态，说明他们的婚恋观仍处于萌芽期，需要重视并做好婚恋观的教育工作，帮助新消防员树立正确健康的婚恋观，引导他们做到爱情和事业的相互促进，避免因婚恋状况为消防工作带来不良影响。

（8）入队后你的第一个目标？（   ）［单选题］

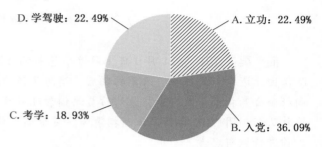

D. 学驾驶：22.49%
A. 立功：22.49%
C. 考学：18.93%
B. 入党：36.09%

调查显示，全体新消防员都是带着目标而来，成才愿望强烈，相比以往抱着"锻炼一下"和家庭管教困难被迫送进部队的状况发生了根本性变化。需要做好职业规划、职业教育，帮助新消防员实现自己的目标。

（9）入队后，你希望在消防队伍待多长时间？（   ）［单选题］

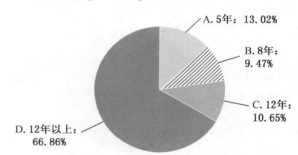

A. 5年：13.02%
B. 8年：9.47%
C. 12年：10.65%
D. 12年以上：66.86%

66.86% 的新消防员将消防视为长期的事业，愿意将消防职业纳入自己长期的职业规划中。

（10）你选择当消防员，是因为？（   ）［单选题］

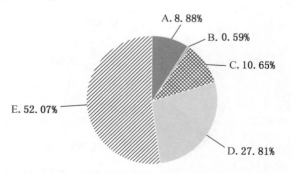

A.8.88%
B. 0.59%
C.10.65%
E. 52.07%
D. 27.81%

■ A. 现在工作不好找，想到消防队伍锻炼几年，好好充实自己
■ B. 家庭经济困难，当5年消防员，挣回学费
※ C. 曲线就业，退伍后可根据政策安置工作
▨ D. 想在消防队伍考学提干当指挥员，有所作为，有所发展
※ E. 向往消防这份职业，奔着荣誉感和使命感而来

2 新招录消防员基本情况分析

2.1 新队员成分发生变化

高学历新队员增多。42%的新队员拥有大专以上学历，学历较高，学习接受能力比较强，更有利于在职学习提升的开展；年龄普遍较大；"年龄23～26岁"的占50.3%，80.93%的新队员招录前就曾有过1年以上的工作经历，其中希望能在消防队伍干12年以上的占66.86%；新队员中44.1%有过部队经历或政府专职消防员经历，拥有较高的服从管理意识和体能基础，为消防职业道路长远发展打下了坚实的基础。

2.2 入职目标多样化

新队员招录前从事的职业多样化，他们来自五湖四海，经历不同，他们的短期目标和长期目标呈多样性，"立功"占22.49%，"入党"占36.09%，"考学"占18.93%，"学驾驶"占22.49%。短期目标中目标的多样化客观上反映出消防职业的发展途径广阔，队员拥有多样的职业发展选择，学习多种专业技能，有利于队伍培养复合型人才。

3 新招录消防员培训管理教育工作过程中面临新情况

3.1 人员结构复杂，管理难度增大

本次招录人员中，许多人对"两严两准"和纪律部队标准认识不足，对休息休假、手机管理等问题关注较高，现实同期望落差较大，并且对准军事化管理感到难以适应，或是信心不够坚定，易产生抵触情绪甚至选择中途退出，产生管理阻力。

3.2 入职动机现实，缺乏长远规划

新消防员对个人待遇、住房医疗保障等职业问题上抱有更高的期望，集体荣誉、职业归属感相对较弱，思想上较多倾向于个人自由主义且注重当下的短期发展，对集体的考虑、长远发展的规划较少。目前，由于消防员的工资待遇、配套保障和优待政策尚未完全落地，前景政策的不确定导致部分新消防员的思想产生波动，甚至选择退出。

3.3 信息时代发展，催生网络思维

本次新招录消防员都是"90后"，属于伴随互联网发展成长的一代人。信息时代的到来引发思维模式的变化，催生网络思维，个体意识、工作生活理念也随之发生改变。这样的新情况需要带训骨干学会运用互联网思维进行培训管理教育，尤其是疏通手机管理等"堵点"，从而解决管理难点。

3.4 训练安排欠妥，保障存在缺陷

训练计划方面，缺乏系统连贯的训练安排，导致在技能训练不够科学和连续，并且组训抓训方式较单一，存在"靠吼施训"的情况，没有对训练进行统筹规划。同时，师资力量较为薄弱。实际训练过程中，装备器材如个人防护装备、实战化训练设施等供应未能跟上需求，出现"供需不平衡"的情况。此外，训练场地的使用也时而存在捉襟见肘的现象，需要加强科学规划使用。

4 广州集训点的几点做法

面对新形势尤其是新冠肺炎疫情形势下新训工作的新情况，新训工作第二阶段以来广州集训点通过以下措施稳步推进新招录消防员培训管理教育工作。

4.1 训练方面

一是创新班（组）训练。一方面，大队组建火蓝尖兵示范班。为提升训练效能，规范业务训练动作，大队打破中队、班级之间的壁垒，选拔体能业务拔尖的新消防员组建示范班，各示范班负责轮流担任大队业务训练示教示范，让先进更加先进，让先进带动后进。二是形成闭环式训练机制。通过融合大纲中的单项训练科目，强化新消防员所学技能实战应用的能力水平。通过实战训练考核结果分析，对新消防员的体能技能薄弱环节进行"二次补强"，形成闭环式训练，全面提高新消防员综合素质和实战能力。三是组建体能教练小组。挑选由"火焰蓝"比武选手、专业体能教练组成指导小组，进行拉伸操以及训练前的热身和训练后的恢复授课，提升体能训练效果，最大限度避免新招录消防员在训练中受伤。

4.2 管理方面

一是结合需求提前统筹谋划。培训期分为三个阶段进行谋划。第一阶段，侧重帮助新消防员适应职业生活，强化纪律作风，筑牢体能基础；

第二阶段，注重强化提升新消防员体能技能素质，开展"清零行动"、团队训练项目（如操法训练），补齐体能短板，加强团队协作能力；第三阶段，聚焦实战打赢能力，从实战出发开展各项操法训练，开展中队生活体验，邀请优秀骨干进行授课，为新消防员即将下队参加执勤打下基础。二是深入开展"保安全，防事故"工作。把安全教育工作作为开展各项工作的重中之重，让"安全无小事"的意识入心入脑。加强对业务训练开展和训练装备、营区设备的使用和管理，严格各项制度规定，切实消除安全隐患，确保队伍安全稳定。

4.3 教育方面

一是开展纪律教育。通过规范新消防员队列动作，加强职业荣誉感和队伍纪律作风养成，增强全体人员条令意识、法纪意识和守纪意识。二是积极"请进来"。邀请支队战训处、防火监督处、装备处、纪保督察处、组织教务处等处室，开展消防员管理规定和职业规划等方面授课。三是主动"走出去"。组织参观标兵中队萝岗中队、红色教育基地黄埔军校参观学习等，拓宽新消防员视野，为下一阶段开展推进实战化训练奠定基础。

4.4 保障方面

一是全力做好后勤保障和疾病预防工作。安排卫生员开展卫生健康授课，让消防员小伤病及时确诊治疗。为保证新训消防员在炎热天气训练间隙得到充分休息，配备防暑降温设施，及时补充水分和降温。二是加强人文关怀。开展类型丰富的文体活动，组织演讲比赛，成立兴趣小组，设立家属开放日，批准新消防员请假回家探望亲属等，营造拴心留人的营区文化环境。三是倾听心声、排忧解惑。多渠道倾听新消防员的意见心声，为大家排忧解难，营造了团结、统一、友爱、和谐、纯洁的内部关系。

5 加强培训管理教育工作的思考与展望

"招为所用，训需一致"是消防员招录和培训工作的基本要求。面对新形势下新训工作出现的新情况，从以下三个方面入手。

5.1 高质量招录

一是要扩大招录宣传面。推动各级党政宣传部门把消防员招录宣传纳入工作安排，在报纸杂志、广播电视及微信微博官方账号中开设招录专栏，并对相关待遇政策进行宣传展示；增强消防救援队伍对高校学生的吸引力，引导高学历人才加入消防救援队伍。二是要设置特殊招录岗位。根据消防队伍当前各类职位（驾驶员、文员、通信员、无人机操作员等）人力需求情况，在招录时细分岗位设置，设立特殊岗位选项，告知特殊岗位在待遇方面拥有特殊岗位津贴。采取加分机制，对持有相关技能执照的报名人员给予加分招录优待，降低加入门槛，吸引特殊专业人才进入消防队伍。三是优化招录设置。可适当调整招录时间和入职培训时间，将招录时间定在6月、7月，入职培训时间定在10月。不仅利于高校应届毕业生在毕业后可直接加入消防队伍，填补待业空窗期，错开征兵高峰。四是打破招录地域限制。通过招录内地其他省份的消防救援队伍报名人员，为其解决在广东工作带来的与家属分居两地、子女上学等问题，从源头上摆脱广东地区消防队伍人员不足的窘境。

5.2 系统化培训

一是要统一施训与分类施训相结合。对不同类别人员进行分类分层训练。对基础扎实、学习能力较强的新消防员，高标准严要求，迅速提高体能水平；对基础薄弱、领悟能力较弱的新消防员，耐心教学，补齐短板，保证不掉队。二是依托职业院校开展联合培训模式。委托职业院校参与新招录消防员的培训，与职业院校尤其是体育职业院校的签订合作协议，形成常态化的合作培养机制，开展专业化、职业化的职业教育培训。实行"管教分离"，教学上，明确新队员在院校的学员身份；管理上，由带训骨干前往院校对新队员实行纪律部队标准管理，或者在一天的课程结束后将其统一接回基地。将学分制引入培训模式中，在培训学习过程中对新队员实施各项科目考核，考核通过者可得到学分，且提前修完学分的学员可先行参加基层中队实习，实习期满后给予提前授衔下队。对于战斗员岗位，可重点依托职业院校中体育专业学生开展职业培训，将体能训练、政治教育列入基础课程，灭火救援基础技能学习作为必修课程；对于驾驶员、通信员、装备技师、无人机操作员等特殊岗位，可重点依托职业院校中汽车专业、通信专业、机械专业等专业学生开展职业培训，在经过阶段性的职业培训后，将其派往基层消防站的对应岗位进行实习。三是立足长期发展做好职业规划。一方面要组织开展职业教育，普及职业规划的意义，让新消防员认识到做好职业发展规划的重要性，把职业规划意识贯穿于培训的各个阶段，培育工匠职业精神。另一方面向新消防员解答"职业需要什么类型的人才""有哪些发展空间"等职业疑惑，以职业需求为出发点和落脚点，制定短期目标和长期目标，短期目标聚焦体能技能素质提高，长期目标侧重职业发展方向规划。

5.3 刚柔式管理

一是要严格执行"两严两准"标准要求。要坚持纪律部队标准，抓好一日生活制度的落实。可在《内务条令》《队列条令》等条令条例的基础上，增设与新训工作相契合的新训纪律条令。对于违反相关纪律的新消防员，及时采取批评教育、限制或减少手机使用等惩处措施，并给予公示通报，牢固树立纪律红线。二是要建立关怀型激励机制。比如赋予成绩出色或进步较大的新消防员请休假奖励或增加手机使用时间；为新消防员提供专业技能学习的平台，帮助解决学费，鼓励参加专业技能的培训学习等。增加互动沟通、平等协商，吸收新消防员参与到队伍管理等，激发新消防员的积极性，释放队伍活力。三是要构建人才储备库。根据新消防员的个人专长，构建管理类、技能类、技术类人才库，对不同类型人才实施分类管理培训，定期组织前往参加各项赛事交流活动，挖掘锻炼人才。

6 小结

组建国家综合性消防救援队伍，是立足我国国情和灾害事故特点、构建新时代国家应急救援体系的重要举措，消防员招录和入职培训管理教育是国家性消防救援队伍职业化、专业化建设拓展和延伸，是人才建设新的探索和途径。对标"全灾种、大应急"的职能定位需求，进一步提升新招录消防员培训管理教育，任重道远，大有可为。

参考文献

[1] 消防救援人员业务训练教材编委会. 消防救援人员体能训练 [M]. 上海：上海科学技术出版社，2019.

[2] 消防救援人员业务训练教材编委会. 消防员入职技能训练 [M]. 上海：上海科学技术出版社，2019.

浅谈如何加强城中村消防安全管理工作

徐 喜 新

广东省深圳市大鹏新区消防救援大队　深圳　518116

摘　要： 城中村是城市化进程中留下的特殊产物，近年来，城中村火灾频发，对人民生命财产安全造成极大损失，与此同时，城中村消防基础设施滞后、消防安全意识淡薄等诸多问题逐渐暴露。本文分析了城中村消防安全管理基本特点及消防安全管理现状，从顶层设计、管理主体、管理对象、管理理念、队伍建设等方面入手，探索构建一种与现代城市发展相匹配的"政府负责、企业自主、群众自治"治理模式，对加强城中村消防安全管理工作提供有益探索。

关键词： 消防安全管理　城中村　网格化管理　科技强消

"城中村"是指在城市化进程中，滞后于时代发展、在现代城市管理外游离、生活水平低于城市平均水平的居民区[1]。从政治层面来看，这部分区域多由街道办事处管辖，其中集体经济组织（股份公司）承担了大量社会职能，社区在工作、人员、经费上也大都依赖于集体经济组织。从经济发展层面分析，城中村经济结构呈现"小而多元"的特点。房屋出租、小作坊、小娱乐场所、小档口式经营成为当地居民谋生的主要手段。从安全管理角度，社会消防安全管理方面呈现出多样性、复杂性的特点，管理的压力越来越大。一方面是因为在城市化推进过程中，城中村"先天不足，后天难补"的弊端愈加显露，加之各类新事物、新业态的出现，大量外来人员的涌入，火灾隐患存量不断增加。另一方面则源于城中村内居民思想观念大多因循守旧，受教育水平参差不齐，对新事物、新观念的接受水平较低，对消防安全管理带来极大的挑战。本文结合大鹏新区实际，对加强城中村消防安全管理工作进行探讨研究。

1　城中村消防安全管理基本特点

结合新区城中村现状，城中村在消防安全管理上呈现出如下特征。

1.1　基础设施短板明显

由于前期建设缺乏统一规划，城中村在项目建设初期，没有把消防车通道、消防用水资源、市政消火栓等消防设施与其他城市基础设施建设同步施工，导致公共消防设施滞后于城市建设进程。

1.2　管理对象复杂

城中村内外来人员数量大且流动性强，群众的文化水平良莠不齐，接受能力、自觉性较差。从现实检查来看，群众缺乏对消防安全的认知。如办事处、社区对电动自行车停放室内充电、飞线充电等行为已经明确禁止，但每次消防巡查时还是发现不少电动自行车室内充电、乱接乱拉电线的行为，且与巡查人员打"游击战""拖延战"的行为时有发生，隐患反复"回潮"。

1.3　管理队伍力量紧缺

负有城中村消防安全管理职能的社区、居委会，受制于资金不足、基础薄弱、专业力量缺乏、管理主体和管理对象之间比例失衡等因素，在消防安全管理上疲于奔波，对各种"习惯性""普遍性"的消防违法行为难以一改到底，城中村专业消防力量建设还需要进一步完善。

1.4　管理理念倾向"事后监管"

在城中村消防安全管理过程中，往往是"场所发生火灾、召开现场警示会、重点整治该类场所"的循环模式，缺少"防范在先"的理念、系统清晰的消防安全管理规划及因地制宜的治理计划。

作者简介： 徐喜新，男，一级指挥员消防救援衔，现任深圳市大鹏新区消防救援大队大队长兼新区消防安全委员会办公室主任。2018年消防体制改革以来，主要负责战训、消防监督等方面工作。

1.5 火灾隐患形式日趋多样

随着现代化建设步伐不断加快，城中村内电气线路、广播线路、通信线路盘根错节。同时由于临时租户较多，线路规划不到位，为省钱，租户多使用无任何安全保障的花线，电线未穿管、超负荷用电、乱接乱拉、电动自行车违规停放充电现象普遍。加之经济发展，外来人员数量激增，大量"三小"场所、小微企业入驻形成的"二合一""三合一"和群居现象，其导致的安全生产和消防安全问题都成为城中村消防管理"难点"。

2 城中村消防安全管理现状分析

2.1 整体建设规划相对滞后

前瞻性不足是城中村建设的一块重要短板。由于初期没有统一系统规划，很多民房宅院都是私人改造，无建筑设计、建设监管，城中村整体建筑格局十分混乱。楼与楼、房与房十分密集拥挤，"贴面楼""握手楼""一线天"等现象大量存在，往往造成防火间距不足、消防通道狭窄。有些城中村虽然经过改造，脏乱的环境有所改善，但车位设计并没有考虑周全，现有车位不能满足居民需求，大量私家车无处可停，只能停在道路两侧，空出的位置也只能供一辆车进出，消防车难以通行。

2.2 群众参与消防工作的主动性缺乏

城中村居民群众对消防知识的吸收速度缓慢，实践能力较低。虽然每年都会在城中村内举行消防演练和基础技能培训，但基本上属于被动接收、敷衍学习，到实际操作的时候，大部分群众对灭火器的基本使用方法仍不熟悉。除此之外，有些群众抱着对消防安全"事不关己高高挂起"的态度，对消防检查、隐患整改不参与、不配合，对消防管理工作造成一定程度的不利影响。

2.3 城中村存在先天不足

其一，人口复杂。常住人口与流动人口混居，且流动人口占比较大，大都就业不稳定，收入较低，搬迁频繁，以致在消防排查中经常发生彼此沟通交流困难、找不到负责人等情况。其二，居住出租房量大面广。伴随深圳市高房价的挤压效应，城中村成为外来务工人员落脚首选，居住性出租房泛滥成灾，管理困难。以大鹏新区为例，据不完全统计，2020年新区流动人口十三万余人，出租屋一万三千余栋，而消防排查人员仅百余人。如此大的存量，对排查本身就是一个挑战，再加上排查人员与承租人之间的数量失衡，很多问题难以防范。[2]其三，消防宣传普及率低。消防宣传是一个长期性、连续性的工作，但是因为外地人口流动性大，使得消防宣传教育很难形成一个系统。其四，物业管理动力不足，大鹏新区城中村内小区物业管理大部分为"自建"模式，即由本地股份合作公司成立物业服务企业，承接城中村小区物业管理事务，这些物业服务机构往往缺少管理经验，专业度不高，在消防安全管理上改进和提升的动力相对不足。其五，地价便宜，小微企业扎堆落户。大鹏新区位于深圳东南部，地价本身就较便宜，且城中村内土地资源丰富，价格更为低廉，吸引了大量企业入驻，但高端制造企业少，低小散企业、小档口小作坊式场所多，这类场所大都存在消防安全责任不清、消防基础差、管理机制不健全等方面问题。

2.4 基层消防网格化精细化管理有待加强

虽然近年来，消防网格化工作取得一定的成效，有效解决基层单位漏管问题。但面对城中村复杂的情况，由于网格员往往"身兼多职"，既要负责消防安全排查，又要负责人口普查、社会治安、矛盾纠纷调解等方面的工作，在排查过程中难免捉襟见肘、顾此失彼，容易在网格化排查中走马观花，使得隐患排查工作流于形式。

3 城中村消防安全隐患防治对策

3.1 强化规划先行理念，统筹推进城中村综合治理

一是加强社会治理的前瞻性。以深圳市城中村（旧村）总体规划为框架，统筹推进大鹏新区城中村城市更新项目。从建筑布局、道路交通的改造、公共服务、市政公用设施建设等方面着手，突破城乡二元管理体制的局限[3]。二是坚持因村施策。结合区域定位以及城中村资源、历史、文化等因素，按照"一村一策"原则，因地制宜，充分挖掘和发扬城中村特色[4]，突出重点，打造特色村落。同时，在资金保障、基础

设施、市政配套、队伍建设等方面加大对城中村地区的资源倾斜，补齐城市基础设施短板。

3.2 实现群防群治，构建政府、社区、物业、居民多元参与治理格局

一是抓好政府主导。加大人防物防技防投入，尤其是要进一步加大在微型消防站建设、消防体验馆、志愿消防队伍组建、基础消防设施器材等方面投入，加快推进城中村应急水源建设、消防车通道管理、老旧线路改造等工作，完善制度保障。二是抓好社会单位消防主体责任落实。特别要抓好小微企业消防安全主体责任。根据"三管三必须"的原则要求企业落实消防安全主体责任，依托"粤商通"平台，强化线上承诺，对于消防隐患突出的企业、区域按照发现一批、督办一批、曝光一批，加大企业违法成本，倒逼消防安全管理责任落实。三是鼓励物业管理单位、业主、租户自治。抓住居住出租房消防管理的"牛鼻子"，就必须要督促出租房屋所有人和物业管理单位规范出租房屋内用电设备设置及操作规程及消防设施配备，通过出台城中村物业管理考核奖励办法、出租屋分级分类管理、加大隐患投诉举报宣传力度等方式，鼓励其主动参与、自主管理。四是抓好消防安全网格化管理。通过细分网格，形成街道、社区、居委会三级网格体系，依托网格化管理平台建设基础，全面建立消防安全网格化管理"红、黄、绿"三色预警动态监管机制，实行网格事件采集主体和处置主体相分离，建立健全"发现上报、调度处置、回访复查、评价结案"机制，从而实现矛盾不扩大、隐患迅速解决。

3.3 重视消防宣传教育，让消防安全融入人心

一方面全面开展普及性宣传教育。一是抓好媒体宣传，扩大宣传面。充分利用报纸、广播、电视、网络等宣传媒体及广告牌、社区宣传栏、LED屏幕等载体，动静结合，全方位展示宣传内容，大力宣传消防安全法律法规和常识。二是抓好上门宣传，增强宣传针对性。依托宣传"五进"工作，深入到流动务工人员和出租屋、三小场所分布密集区域，通过派发资料、设点讲解、文艺演出等形式，有针对性地普及安全用火、用电、用气知识宣传提示和逃生自救、报警、疏散技能。三是抓好家庭宣传，加强教育在

家庭消防中的作用，加强与教育部门的合作，通过布置消防安全知识家庭作业、绘制家庭逃生风险图等方式，提高群众对家庭防火的重视程度。另一方面重视创新宣传方法。在传统的广场式宣传方式上推陈出新，采取具有趣味性、互动性的方式开展宣传工作。如观看消防教育片、动漫卡通短片，参观消防宣传科普教育基地，打造消防主题公园，将消防元素融入民俗文化节日，举办主题晚会，举行消防知识线上有奖问答等更加生动活泼、群众喜闻乐见的形式进行宣传，以提升居民的参与度。

3.4 强化队伍建设，提升应急救援能力

在城中村消防基础设施改造难以一蹴而就的情况下，专业力量的组织是扑救初起火灾的有力支持。一是对消防车通道宽度不足，或不能正常通行的城中村，依托办事处专职队、小型消防站、社区微型站等消防力量，配备小型消防车辆和消防器材，保证城中村消防安全。二是根据城中村基本地貌和建筑特点，制定切实可行的火灾应急救援预案，为城中村义务消防队伍配备必要的消防器材和设施，开展有针对性的火灾应急演练，提高初期火灾的扑救能力[5]。

3.5 创新消防安全管理，实现"科技强消"

抓住"十四五"消防安全规划及深圳市智慧城市建设契机，创新社会治理的理念，借助和推广大数据、云计算、物联网、地理信息等新一代信息技术，创新消防管理模式，打造智慧消防平台，通过整合消防设施综合数据、消防巡查数据、消防执法数据、消防装备数据、作战态势数据、火灾隐患社会化整治数据，实现信息感知广泛化、数据共享全面化、指挥应用智能化，对城中村全面布局消防安全感知系统。用物联网+互联网的手段对传统消防设施进行联网、监测，建立更加智能的预警机制及安全布控体系，做到对火警的早发现、早预防、早处理。对城中村消火栓进行智能化改造，建设消火栓智能监控系统，依托物联网技术，在市政消火栓上安装传感器，将消火栓的运行状态及地理信息发送至监控中心服务器端，实现实时监控、数据查询、数据分析、数据统计等动态管理。

随着社会经济的高速发展，"城中村"先天不足和后天失调为城市消防安全管理带来隐忧，

做好城中村的消防工作，在消防管理的模式上要进一步创新。以加强顶层设计为依托，以构建政府治理、社会组织积极参与和居民良性自治的多元参与格局为抓手，通过强化队伍建设、加强宣传教育和创新消防安全管理等举措，从源头上消除城中村的痼疾沉疴，补齐城中村消防安全短板弱项，从而提升城市抗御火灾整体能力。

参考文献

［1］陈述飞.基于利益博弈视角的城市治理研究［J］.中共南京市委党校学报，2014（4）：46-50.

［2］洪依霞.城乡接合部社区消防安全管理研究［D］.南昌：江西农业大学，2018.

［3］彭艳红.城市化进程中"城中村"消防安全改造研究——以株洲市为例［J］.法制与社会（旬刊），2009（28）：2.

［4］凤飞伟."量身定制"一批特色文化村落——大鹏新区"一村一策"推进城中村综合治理［N］.南方日报，2018-07-04.

［5］谢媛.城中村消防安全隐患及技术改造对策［J］.法制与社会，2014（2）：202-203.

利用大数据的多元线性回归风险评估模型
对我国文博单位消防安全形势的分析

海 燕

广东省江门市消防救援支队 江门 529000

摘 要：文博单位是人类历史文明的瑰宝，是中华民族上下五千年文明的历史见证，更是不可再生、不可复制的人文资源，一旦发生火灾将造成无法估量的损失，当前我国文博建筑火灾形势十分严峻，其消防安全已经成为各级消防主管部门任务的重中之重。本文以日常对部分文博单位的检查指导和消防安全评估情况为基础，利用大数据的多元线性回归评估模型，分析当前我国文博单位存在的火灾风险性，并针对性提出了对策及建议，实现文博单位火灾风险的"精准防控"。

关键词：消防 大数据 文博单位 消防安全

中华民族，上下五千年，历史文化源远流长，是世界文明古国、文化大国，博物馆和文物单位众多。据2020年最新数据统计，全国共有一级博物馆204家，二、三级博物馆1020家，全国重点文物保护单位5058处。文博单位既是人员密集场所，又是消防安全重点单位，更是火灾高危单位，最重要的是它本身的历史文化价值，不可用金钱估量。在这个特殊区域，建筑耐火等级低，点火源较为复杂，助燃物多，参观人群多，以及部分场所消防设施设备少，一旦发生火灾，容易导致火势迅速蔓延，而且火灾扑救难度大，人员的疏散又极为困难，很容易造成重大财产损失和人员伤亡。

从国外形势看，2018年9月2日，巴西国家博物馆大火，馆藏2000万件文物大部分被烧毁。2019年4月15日，法国巴黎圣母院大火，850多年的建筑遭受毁灭性破坏。在国内，2015年1月3日，云南大理古城楼发生大火，6人被追责。2019年4月25日，位于贵州铜仁建于民国初期的陈公馆发生火灾。2014年1月云南独克宗古城、2018年9月广西桂林龙脊梯田火灾、2021年2月云南翁丁老寨火灾，这些文博建筑的烧毁，都给中国文化带来巨大的损失。为进一步做好文博火灾风险研判和灾害防治工作，借助数据赋能，找准文博单位存在的消防安全问题，

做出火灾风险预判，综合近年来检查情况，大数据分析其消防安全管理水平，提出针对性的措施建议。

1 大数据的多元线性回归风险评估模型

多元线性回归分析分为三个步骤。用各变量的数据建立回归方程，对总的方程进行假设检验，当总的方程有显著性意义时，应对每个自变量的偏回归系数再进行假设检验，若某个自变量的偏回归系数无显著性意义，则应把该变量剔除，重新建立不包含该变量的多元回归方程。

多元线性回归分析的一般形式：

$Y = \beta_0 + \beta_1 X_1 + \beta_2 X_2 + \cdots + \beta_p X_p + e$（$\beta_1$、$\beta_2$、$\beta_p$为偏回归系数 Partial regression coefficient）

意义：如β_1表示在X_2、$X_3 \cdots X_p$固定条件下，X_1每增减一个单位对Y的效应（Y增减β个单位）。

其隐患分析情况，就是把所有的变量，包括因变量在内的，都全部先转换成为标准分值，再利用多元线性方程进行线性回归计算分析，这种情况下所得到的回归系数，就能真实地反映出对应的自变量的重要程度。这时的回归方程称为标准回归方程，回归系数称为标准回归系数，表示如下：

$$Z_y = \beta_1 Z_{x1} + \beta_2 Z_{x2} + \cdots + \beta k Z_{xk}$$

作者简介：海燕，女，工程师，现任江门市消防救援支队专业技术二级指挥长，E-mail：64633617@qq.com。

2　数据化的文博消防安全情况

综合部分文博日常检查情况，建立"数据化"消防档案。采集文博建筑样本100家，共查出单位普遍存在建筑防火、消防设施与器材、消防安全管理3个方面共38类2024处问题。存在问题570处，占比28.16%，消防设施与器材方面存在问题1101处，占比54.40%，消防安全管理方面存在问题353处，占比17.44%。

2.1　从综合数据分析

其中消防设施与器材方面存在问题1101处，占比54.4%；建筑防火方面存在问题570处，占比28.16%；消防安全管理方面存在问题353处，占比17.44%。从数据分析，消防设施与器材存在的问题，是文博建筑消防安全管理的首要问题。

2.2　从消防设施与器材方面分析

从样本数据看，36家三级以上博物馆和64家全国重点文书保护单位中，有80.39%的全国重点文物保护单位未按规范要求设置灭火器，或灭火器失效；30.36%的博物馆消防控制室、消防水池或消防水箱未设液位显示装置；37.5%的博物馆未按规范要求设置应急照明或疏散指示标志，或应急照明和疏散指示标志损坏。另外，还有10%~20%左右的单位火灾自动报警系统主机存在较多故障点，未按规范要求设置防排烟设施，重要消防设施未设置双电源切换装置，火灾探测器故障或设置不符合规范要求，消防电话无法正常使用，气体灭火系统故障或无法正常使用，消火栓系统或自动喷水灭火系统压力不足等。

2.3　从建筑防火分析

从样本数据看，36家三级以上博物馆和64家全国重点文书保护单位中，有59.80%的全国重点文物保护单位电气线路未穿管保护，有35.29%的全国重点文物保护单位防火间距不足，32.14%的博物馆建筑单位常闭防火门处于敞开状态，或闭门器损坏，还有10%~30%的文博单位不同程度存在防火封堵不严密、消防车道设置难以满足灭火救援需求、疏散通道堆放杂物等问题。

2.4　从消防安全管理方面分析

从样本数据看，36家三级以上博物馆和64家全国重点文物保护单位中，有51.79%的博物馆消防控制室值班人员持证上岗人数不足，有33.93%的博物馆未进行消防设施检测或电气防火检测，27.45%的全国重点文物保护单位未建立健全各项消防安全制度或记录不全。还有10%~20%的全国重点文物保护单位存在电气线路私拉乱接，违规用火用电，未明确消防安全责任人和消防安全管理人等问题。管理人才的缺少，日常管理的缺失，消防巡查的空转，隐患整改的悬空，是导致文博建筑容易发生火灾且蔓延迅速的致灾因素。

3　利用大数据的多元线性回归风险评估模型原因分析

3.1　消防安全主体责任未全面落实

根据多元线性回归方程计算，消防安全隐患中"人"的比重占64.3%，导致大部分的Z_y均处于火灾高风险值。部分重点文物保护单位位于偏远地区，缺乏专业的管理人员，由当地的村委、社区人员代管。这些管理人员缺乏必要的消防专业知识，管理水平较低，仅定期开展必要的检查、巡查工作，不能及时发现消防安全隐患，应急处置能力也有待加强。导致部分重点文物保护单位存在私拉乱接电气线路、违规用火用电等方面的问题。

3.2　日常巡查检查流于形式

根据多元线性回归方程分析，将隐患分为静态变量和动态变量，大部分的隐患都属于易于整改的，只要加强日常巡查，确定巡查路线、内容及人员，类似堵塞疏散通道、常闭防火门常开等隐患，可以立即整改，则危险性可以及时消除，建筑火灾风险总体下降。但往往由于文博建筑体量较大，建筑较多，人员密集、流动性大，电气设备多、用电量大等特点，导致静态火灾隐患和动态不安全因素相互交织，一定程度上成为消防安全监管的重点和难点。面对难点堵点，部分单位未充分结合场所实际，逐级、逐岗位明确并落实巡查检查人员岗位和职责，未建立网格化管理制度，巡查检查人员每2个小时面对大面积的检查频率和范围，往往疲于应付，流于形式。对于巡查检查人员发现的问题，管理人、责任人未能层层压实责任，导致发现的问题未能及时跟踪督促整改。

3.3 老建筑难以满足新规范

根据多元线性回归方程分析，部分文博建筑建设年代久远，最早的可以追溯到近千年前。这些建筑由于建设年代久远，按现行的规范要求，存在疏散楼梯形式不符合现行规范要求、未设置自动喷水灭火系统或防排烟系统等方面的问题，现有条件也很难进行整改。这些属于风险较大的，且难以整改的变量。

3.4 新建筑出现较多老问题

近年来，全国新建了一批博物馆，但是由于施工单位和建设单位的交接手续不完善，或者没有经过消防验收即投入使用，导致新建场馆存在消防设施不能处于正常工作状态、防火封堵不严密等方面的消防安全问题。

3.5 指导标准规范滞后

当前文博建筑的管理规范较为欠缺，通过评估发现，文博单位的管理人员普遍对规范要求理解不足，管理水平较高的社会单位也大多是依据设计审核与消防验审核收时的规范对建筑及内部设施进行维护，由此产生了建筑现状与现行规范不符的项目，而当前的管理指引中也无相应规定明确具体的管理标准。

4 精准防控的建议对策

4.1 落实主体责任，健全管理机制

认真贯彻执行"预防为主、防消结合"的方针和"谁主管、谁负责"的原则，培养文博单位消防安全管理的"明白人"，逐级落实消防安全管理责任。同时，加强保卫部门在日常工作中定期与不定期督查的力度，对发现的隐患及时协调相关部门整改，不能整改的及时上报，并全程跟踪督促隐患的整改。

4.2 加强消防安全宣传教育和培训演练，提升单位职工自防自救能力

定期组织单位职工开展消防安全教育培训工作，通过专业人员向从业人员讲解火灾的危害、消防的相关法规、消防设施的使用方法、火灾发生时的逃生方法等相关消防知识，并举办相关的知识竞赛，以此激励从业人员自主学习了解消防相关知识。文博单位应根据自身情况制定总体灭火及应急疏散应急预案，文博单位各个管理机构应根据自身特点制定专项灭火及应急疏散应急预案，并定期开展演练，提升单位职工的自防自救能力。

4.3 聘请第三方技术服务机构，积极开展消防设施维保、消防安全评估、消防设施检测、电气防火检测工作

日常消防设施维护管理方面，文博单位应制定相应的消防设施维护保养计划，选择专业的维保公司对单位消防设施进行维护保养，并制定单位内部相关人员协同进行。借助专业第三方消防技术服务机构力量，安排专业人员对于文博单位内的消防设施进行定期的检查与维护，确保一旦发现故障或潜在问题，可以及时进行维护，保证消防设施随时随地应对各种突发情况都能够正常发挥作用。同时，文博单位应定期开展消防安全评估、消防设施检测、电气防火检测工作，及早发现可能存在的消防安全问题并积极整改，消除消防隐患，提升消防安全水平。

4.4 创建行业消防安全标准化管理

推动出台文博单位类消防安全标准管理指南，提供规范创建工作流程，指导单位自主开展创建工作，落实主体责任，实现消防管理标准化、常态化，强化消防基础管理工作，提高全体从业人员的消防安全常识和防灭火救援意识，并以此为契机推动单位的消防安全管理工作更上一个新的台阶。

4.5 结合智慧城市建设打造消防智慧管理平台

将"智慧消防"纳入"智慧城市"大盘中，站在智慧城市的高度，将智慧消防融入智慧城市里。构建城市消防智能体，开展多种业务形态下智慧消防建设工作，提高监测预警能力、监管执法能力、辅助指挥决策能力和社会动员能力，进一步推进智慧消防广泛运用，提升文博单位的火灾防范预警预判功能。

4.6 持续开展"六熟悉"及消防灭火和应急疏散演练工作

消防救援站、专职消防队、志愿消防队、微型消防站对文博单位要按照时间安排做到"六熟悉"工作，结合联勤联训的指导原则进行。使用单位、委托管理单位应当根据灭火和应急疏散预案，至少每半年组织开展一次消防演练。根据人员密集、火灾危险性较大和重点部位的实际

情况，制定有针对性的灭火和应急疏散演练。指导企业单位自身应急响应处置能力建设，加强文博单位应急救援战术和操作规程研究，提升应急救援能力。

参考文献

［1］董卿，尤飞，周建军．某典型古建筑消防现状及灭火器配置优化［J］消防科学与技术，2015，34（1）：114-117.

［2］何莹，数学师范生课堂教学能力评价指标体系构建研究——以西南地区师范院校为例［D］.西南大学，2018.

［3］王建军．文物古建筑科学防火思维与对策［J］.消防科学与技术，2014，33（11）：1334-1336.

［4］广东省住房和城乡建设厅．DBJ/T 15-144-2018 建筑消防安全评估标准［S］.北京：中国城市出版社，2019.

［5］康海刚，段班祥．Matlab 数据分析［M］.北京：机械工业出版社，2021.

全媒体时代涉消网络舆情应对能力探究

梁 俊 雅

广东省梅州市消防救援支队　梅州　514021

摘　要：随着全媒体的不断发展，信息无处不在、无时不有，舆论环境、媒体融合、传播方式都在发生深刻变化，导致涉消舆情风险递增，已成为必须面对的新问题。本文通过分析全媒体时代的信息传播特点、涉消舆情的负面效应，就新形势下消防救援队伍如何提升涉消舆情应对能力进行了探索。

关键词：消防　全媒体时代　涉消网络舆情　提升应对能力

消防救援队伍作为老百姓贴得最近、联系最紧的队伍，有警必出、闻警即动，改革转制后，除传统意义的防灭火任务外，还肩负防范化解消防风险，处置各类灾害事故的职责，无论是党还是老百姓都寄予厚望。由于其工作任务和职责使命的特殊性，消防工作社会化程度、公众关注度不断提升，不时成为公众舆论焦点，涉消网络舆情时有发生，如不加以重视，其负面效应可能影响消防救援队伍的形象。

1　涉消网络舆情的概念

1.1　舆情

舆情，是指在一定空间范围，围绕社会事件的发生、发展和变化，公众对社会管理者、企业、个人及其他组织及其政治、社会、道德等方面产生和持有的社会态度。它是公众对社会现象、问题等所表达的态度、意见和情绪。

1.2　网络舆情

网络舆情，是指在网络上对社会问题不同看法的网络舆论，是社会舆情在网络空间的反映，是民众通过网络表达对社会生活中一些热点、焦点问题所持的具有一定影响力、倾向性的言论和观点。网络舆情是网民情感、情绪、观点的表达、传播，以及后续影响力的总和。

1.3　涉消网络舆情

涉消网络舆情，是指通过互联网传播的人们对某一消防事件的认知、态度、情感和行为倾向的集合。具体来说表现为在互联网上被蓄意或无意传播的涉及消防工作、人员或事件的信息，引起网民关注，进而通过网络发声表达诉求、观点或是故意混淆视听、跟风炒作、制造影响，由此对消防发展产生影响的各类舆论。

2　全媒体时代的主要特点

人类文明的传播走过了铅与火、光与电的时代，来到了网络信息无处不在的今天，信息从未如此便捷和快速，信息传播也从未像如此全程和全效。概括起来，全媒体时代具有全程、全息、全员、全效等特性。

2.1　全程媒体

全程，是指事物的整个运动过程将被使用现代科学技术捕捉、记录并存储。

2.2　全息媒体

全息，是指媒体信息格式的多元化，比如文字图片、音视频等。在云技术、物联网、人工智能等信息化技术支持下，使用各类传感器采集到的有效信息越来越"全息化"。

2.3　全员媒体

全员，是指社会各类主体都在通过网络参与社会信息交互。特别是近年来，快手、抖音、视频号等短视频平台的兴起，就是公众参与度的体现。

2.4　全效媒体

全效，是指互联网媒体功效的全面化。将各种功能和应用，集中在同一互联网平台，使其功能空前强大，远远超出传统媒体的传播功能，因

作者简介：梁俊雅，女，安全工程专业，广东省梅州市消防救援支队二级助理员。

而受众多、应用广、效果好。

3 全媒体时代涉消舆情的主要特点及负面效应分析

消防体制改革，是立足中国国情和灾害事故特点、深化国家治理体系和治理能力现代化的重要举措，对适应新形势下防灾减灾救灾任务需要，防范化解重大消防安全风险具有重要意义。全媒体时代，涉消舆情重点呈现出以下特点和负面效应。

3.1 话题政治敏锐性强，引发社会关注高

消防救援队伍作为应急救援主力军和国家队，由于其工作和任务性质的特殊性，很容易引起公众的好奇关注，一不小心变成"网红"，当进入公众视野，就代表消防形象，一些看似微小的事情，处理不当也可能诱发社会热议，影响甚至破坏消防救援队伍的形象。2019年1月6日，厦门消防员身背空气呼吸器跑完马拉松全程，引来公众围观点赞，但其随后陷入替跑和成绩不实的窘境。各大自媒体平台铺天盖地的推送使得替跑事件持续发酵。最终，中国田协开出最重罚单，负重消防员公开发表致歉信并被终身禁赛才让事态得以平息。

3.2 诱发缘由复杂多样，防范监管难度大

全媒体的发展突破了信息传播的时空限制，人人都有麦克风，人人都是发声筒。公众作为网络舆论的传播主体，思想观念更为开放多元，民主意识更为强烈、个性更为鲜明，使得信息源更为多元化。且自媒体数量的骤增，造成的舆论叠加效应更为显著，特别是涉军涉消自媒体也很容易成为敏感舆情的源头。其次，由于网络舆情监管机制尚不健全，舆情监管机构缺位，面对突发涉消舆情事件，不少网络媒体为了吸引眼球，在没有调查核实的情况下，跟风报道、夸大事实，给受众带来严重的负面引导。再就是，意识形态领域的风险不容忽视，"舆情搭车"现象偶有发生，在重大事件中故意煽风点火、鼓动群众情绪，借机负面炒作，扩大影响，容易引发网民对我党我军主流宣传真实性和公信力的讨论，也使网络舆情工作更为复杂、艰巨。

3.3 容易引发连锁反应，负面影响消除难

随着涉消舆情关注度上升，一些涉消舆情不

论真假、虚实，一旦形成负面舆情，就可能产生连锁反应，演变成"多米诺骨牌"效应，在短时间内快速发酵、升温，使正当诉求由解决问题本身变为对消防救援队伍的质疑，再转向对执政党公信力的质疑，可能造成社会不稳定等深层次矛盾。这些负面舆论来势汹汹，鼓动性强，在公众不明就里的情况下，影响着广大网友的思想观念和意识行动，造成非理性、情绪化的舆论走势，其负面影响无法在短时间平息。

4 全媒体时代涉消舆情预防及应对探究

习总书记指出，党的新闻舆论工作是党的一项重要工作，是治国理政、定国安邦的大事，要适应国内外形势发展，从党的工作全局出发把握定位，坚持党的领导，坚持正确政治方向，坚持以人民为中心的工作导向，尊重新闻传播规律，创新方法手段，切实提高党的新闻舆论传播力、引导力、影响力、公信力。针对当前复杂的网络环境，消防救援队伍要不断提高应急管理、舆论引导、新兴媒体运用等能力，化被动为主动，切实提高涉消负面网络舆情的预防和应对能力。

4.1 正面宣传引导，传播消防正能量

消防救援队伍作为党领导下的纪律部队，要始终旗帜鲜明、政治坚定，始终"听党话、跟党走"，做党和人民的坚决拥护者。做新闻舆论工作，要始终以人民为中心，坚持团结、稳定、鼓劲，正面宣传为主，增强正面宣传的吸引力和号召力。真实性是新闻的生命，对于消防信息，没有人比消防救援队伍更权威，更要把坚持正确的舆情导向放在首要位置，日常宣传中要加强服务驻地、敬业奉献、典型培树、重大行动等宣传，增强信心、凝聚共识、抵制谣言。要抢占宣传高地，用好微博、公众号、抖音、快手、官方网站等互联网平台，多维度、全方位地宣传消防救援工作，弘扬消防主旋律，用积极、客观、正面的宣传，树立消防好形象，传递消防正能量。

4.2 主动精准发声，争取舆论主动权

进入全媒体时代，涉消问题一旦成为舆情热点，决不能一味依靠"兵来将挡、水来土掩"的传统应对思路，要改变当前网络舆情被动的防

御对策，充分运用大数据时代强大的数据技术，增强舆情预测和研判的及时性和精准度，把握涉消舆情的发展规律，超前应对，整体掌控，有效抢占涉消网络舆情引导工作的先机和主动权。一旦涉消舆情发生，网传信息与官方辟谣往往在时间上赛跑。在这种情况下，消防自身作为官方发言人必须抢占话语先机，第一时间主动发声，真正掌握舆情引导主动权。2019年3月21日，江苏盐城化工厂爆炸事故引发社会广泛关注。事故发生后，习近平总书记先后多次作出重要指示，要求抓紧查明事故原因，及时发布权威信息，强化舆情引导。中国消防官方公众号第一时间推出《爆炸/盐城告急，930名消防指战员昼夜鏖战！》一文，对领导批示、应急处置、力量调派、救援进展等情况进行及时公布，有效引导社会舆论方向。

4.3 深化融合战略，构建舆论同心圆

全媒体时代，新闻舆论工作必须整合各类资源，构建舆论同心圆。消防救援队伍不能单打独斗，要善于整体联动、抱团取火，形成涉消舆情引导的强大合力。涉消舆情发生后，消防官媒应整体联动、资源共享，共同将优质的信息资源向用户推送，形成强大的舆论引导合力，有效压制负面舆情的传播发展。同时，要注重媒体融合，让报纸、广播、电视等传统媒体与微博、微信、抖音等新兴媒体优势互补、一体发展，实现传播内容的深度融合，凝聚强大宣传合力。2021年2月16日，国务院安委办部署查出打击涉及冷光烟花和"钢丝棉烟花"生产、运输、销售等违法违规行为，仅3天时间，微博话题"网红冷烟花也属禁燃范围"阅读量达1.1亿次，"钢丝棉烟花隐患大，全部下架"阅读量达77.7万次。新春佳节之际，给备受热捧的网红冷烟花"泼冷水"。市面上违规冷烟花被大批量下架后，有网民感叹"春节越来越没有年味"，但各大主流媒体引导得当、集体发声，网民纷纷留言表示支持理解，过安全年才最有"年味"。

4.4 加强自身建设，提升引导公信力

人才是第一资源，做好新闻舆论引导工作关键在人。消防救援队伍要重视人才队伍建设，组建网络舆情应对力量，培养一批掌握网络信息技术、新闻传播原理、能力素质过硬的综合型人才

队伍。要善于发挥意见领袖的作用，在舆情尚处于发展的阶段，要及时、准确地向其提供准确、真实的舆情事件信息，充分利用意见领袖的影响力和信息传播力，使其成为官方信息的传播者，及时引导民众正确认识和回归理性。要加强消防队伍自身建设，从源头上加以引导，通过强化思想基础、规范自身言行、培育战斗精神、增强职业荣誉感等手段，教育广大消防指战员谨言慎行，用铁的纪律来维护消防队伍良好形象。

4.5 创新管理机制，把握舆论制高点

思想阵地，如果真理不去占领，谬误就会乘虚而入。要敢于开拓创新，不断适应开放、多元的新形势信息化特点，从增强实际效果出发，积极探索、创新涉消网络舆情管理的方式方法，占领舆情引导的制高点。要建立完善全流程的舆情监测和预警、事中控制、事后评估机制，有专门的组织和人员，对网络舆情进行实时监测、分析研判，及时掌握舆情动态，作出科学评估，及时引导舆论走向。

5 结语

负面涉消舆情对消防救援队伍形象的破坏性大、对社会的危害性强，所以在日常消防工作中，涉消舆情危机意识不能放松，应对的速度和力度更不能放松。在做好队伍自身建设的同时，也要提高消防工作的透明度，在阳光下执法，宣扬正面的消防形象，只有培养软硬兼备的实力，营造良好的社会舆论氛围，消防救援队伍才能获得与自身职责担当相匹配的赞誉和认可，更好地为人民服务。

参考文献

[1] 张力元. 基于习近平新闻舆论观的我国涉军网络舆情引导探究 [N]. 领导科学论坛，2017-08-23.

[2] 赵建强，吴彤. 大数据视野下微博涉军舆情引导策略 [J]. 国防科技，2016，37(6)：72-75.

[3] 罗昊，蓝晶晶. 大数据时代涉军网络舆情引导的"5个结合"[J]. 军事记者，2016(9)：41-42.

[4] 新华网. 习近平在党的新闻舆论工作座谈会上的讲话 [EB/OL]. (2016-02-19) http：//www.xinhuanet.com//polit ics/2016-02/19c_1118102868. html.

[5] 人民网. 习近平新闻舆论工作 [EB/OL]. (2018-02-22) http：//politics. people. cn/n1/2018/0822/

c1001-30242696. html.

　　［6］董天策. 切实推进媒体融合向纵深发展［N］. 重庆日报，2019-03-09.

　　［7］新华网. 推动媒体融合向纵深发展巩固全党全国人民共同思想基础［EB/OL］.（2019-01-15）http://www.xinhuanet.com/politics/leaders/2019-01/25/c_1124044208. html.

新型泡沫灭火装置基于全尺寸变压器热油火灾的应用研究

高旭辉 杨振 汪月勇

九江中船长安消防设备有限公司 九江 332000

摘 要：本文分析换流变火灾事故特征及其火灾危险性，建立全尺寸变压器热油火灾模型，对新型泡沫灭火装置抑制并扑灭变压器热油火灾进行了试验研究，评估换流变新型泡沫灭火装置的适宜性及灭火效能。试验结果表明，新型泡沫灭火装置输出的压缩空气泡沫介质技术指标符合标准要求，成形质量优于普通泡沫灭火设备；同时，运用新型泡沫灭火装置解决大型油浸电力变压器消防安全技术问题是可行的。试验中施加压缩空气泡沫灭火介质后，凶猛的火焰被快速控制减弱，火焰温度骤降直至熄灭，油液表面形成的泡沫灭火覆盖毯可有效隔绝氧气、降低油温、防止复燃。

关键词：消防 换流变 变压器热油火 压缩空气泡沫

1 引言

大型油浸电力变压器作为换流站中重要的输变电装置，其具有电压等级更高、外形更大、储油量多的特点；同时，也存有更大的安全隐患。由于特高压电网是同步电网，电网范围大，一旦换流变压器发生火灾，造成电网停电，影响范围甚广，危害巨大[1-3]。

换流变压器本体内的变压器油是产生火灾破坏的主要危险源，其闪点在140℃左右，属可燃性油类物质。油浸电力变压器着火，一般是由变压器内部绝缘被破坏而引起。当绝缘发生击穿，变压器油温度在极短时间内快速上升，变压器油迅速分解，产生多种高温可燃气体，油箱压力骤增，超过变压器油箱的机械承受能力，将造成变压器箱体瞬时胀裂（或爆炸）；高温变压器油及高温可燃气体喷出，遇空气立即燃烧，引发熊熊烈火；与普通油类火灾相比，变压器热油火灾初期燃烧更为迅猛，对周边设备及环境产生的热辐射影响更大，其飞溅的火星、产生的热量以及渗漏的油液可快速引燃邻近设备，再加上变压器油枕内部的储油不断进入箱体，从而造成"火上浇油"的局面，后果不堪设想[4-6]。

换流变压器火灾，不仅会造成重大的直接财产损失甚至人员伤亡，还会造成大面积的停电，给工农业生产带来巨大的间接损失，危害极大。

目前，国内外用于保护换流变压器等油浸设备的灭火方式主要有：水喷雾灭火系统、排油注氮灭火系统、泡沫喷雾灭火系统以及细水雾灭火系统。通常，应用最为普遍的是水喷雾灭火系统。通过现场实际应用情况可知，现有消防灭火装备在灭火介质使用量、灭火效能、抗复燃性能上均存在不足，尤其在现场环境恶劣时消防保护方案基本失效，控火效果不佳[7-10]。近年来，换流变多起大型火灾事故已充分证实换流站现场消防系统的应用缺陷问题。

由于换流变压器火灾防控技术远远落后于现实需求，国内外尚未针对换流变压器火灾防控及扑救技术开展专门性研究，无经验可供参考借鉴。为解决换流站大型油浸电力变压器消防安全技术难题，寻求一种高效能适宜型换流变灭火技术显得尤为重要。

2 灭火效能试验现场布置

2.1 全尺寸火灾模型

参照大型油浸电力变压器内部油面规格，选

作者简介：高旭辉，男，本科，工程师，主要从事新型消防产品研制、消防系统工程化应用、特殊场所火灾防控技术研究，E-mail：18179200606@163.com。

用并设计 100 m² 大尺度火灾模型（图1、图2），用于模拟新型灭火装置抑制大面积油池火灾的可行性，为换流变新型灭火装置的进一步的应用探讨提供坚实的实践依据。

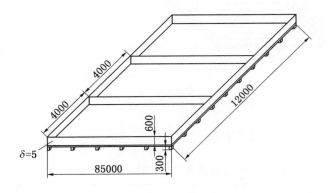

(1) 模型内部尺寸：长×宽×高 = 12.0 m×8.5m×0.6m；

(2) 钢板厚：5.0mm

图 1　100 m² 全尺寸火灾模型示意图

图 2　100 m² 全尺寸火灾实体模型

2.2　灭火设备

全尺寸变压器热油火灾用试验灭火设备采用固定式压缩空气泡沫灭火系统（图3），该系统包括压缩空气泡沫比例混合装置、泡沫原液储罐、消防水储罐、现场管网、末端喷射部件等，通过在泡沫混合液中主动注入压缩空气动力源来产生均细稳定型泡沫灭火介质。

其中，压缩空气泡沫比例混合装置是由消防水供给单元、泡沫原液供给单元、压缩空气供给单元、均分型泡沫比例混合单元、包覆式稳流型气液混合单元、控制型阀门等部件以及控制柜组成的泡沫比例混合装置。

灭火设备工作时，控制柜显示屏上可实时精确采集并显示装置各项工作数据，便于掌握设备工作状态，分析设备灭火性能。

2.3　现场管网

试验现场管网布置效果如图4和图5所示，灭火设备至现场环形管网的管路总长约120 m，主管网规格为 DN80，油池上方环形管网规格为 DN65，环形管网离地面 3.0 m 垂直安装。喷头（表1）沿环形管网两长边布置，每长边各6只喷头（共12只），喷头朝向油池内部方向倾斜 45° 安装，喷头于环形管网上的定位尺寸如图5所示。

表 1　压缩空气泡沫灭火系统灭火效能
试验用喷嘴主要技术参数

规格	喷射角	流量系数
DN20	90°±5°	35

图 3　固定式压缩空气泡沫灭火系统现场布置图

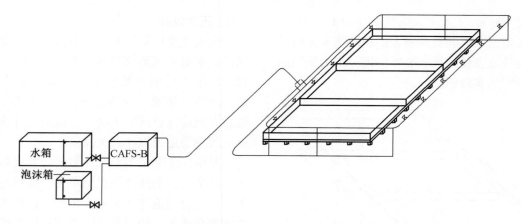

图 4　全尺寸变压器热油火灭火效能试验现场布置示意图

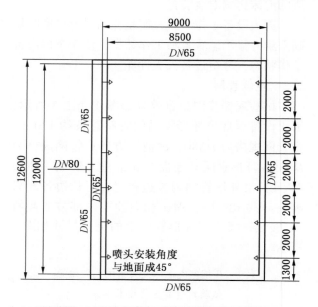

图 5　油池上方环形管网俯视效果图

2.4　工况条件

试验中采用多组电加热棒均匀布置于油池底部，对油液进行预热处理，以便真实模拟换流变压器热油事故油温状况。

全尺寸变压器热油火灾试验用可燃物燃烧性能以及火灾热值见表 2，现场变压器油试验数据见表 3。

表 2　试验用可燃物燃烧性能以及火灾热值参数

燃油型号	25 号变压器油	燃烧速率	39 g/(m²·s)
密度	895 kg/m³	100 m² 油池火灾负荷	180.96 MW
闪点	135~140 ℃	100 m² 油池火焰高度	15.1 m
比热容	2.1 J/(g·℃)	100 m² 油池总辐射量	23.665 MW
燃烧值	4.64 MJ/kg	100 m² 油池火安全距离	34.3 m

表 3　全尺寸变压器热油火灾试验现场数据信息

油深	加热方式	预热油温	池壁温度	现场风速	预燃时间
30 mm±1 mm	电加热	140 ℃±5 ℃	75 ℃±5 ℃	3 m/s±0.5 m/s	120 s±5 s

3　结果与讨论

3.1　灭火介质性能分析

衡量灭火介质性能的参数主要包括发泡倍数和 25% 析液时间。试验前，设定与灭火效能试验相同的设备工作参数进行灭火介质性能测试分析，观察灭火介质成形状态、介质重量降低比率，以及按照相关标准规范要求测量泡沫灭火介质的发泡倍数和 25% 析液时间，以此表征固定式压缩空气泡沫灭火介质的成形质量。

由图 6 和图 7 两种泡沫灭火介质的形貌可看出，新型泡沫灭火装置输出的灭火介质相比于传统泡沫介质，其介质含水率较低，颗粒大小更为均匀细微，在物质表面可快速形成堆积覆盖层；而传统泡沫介质含水率较高、介质流动性强，介质状态表现较差。

性能测试试验中，截取 1.2 m 长的 DN65 消防水带置于电子秤上，观察水带内部充满水介质和压缩空气泡沫介质时的水带重量的变化情况，经电子秤上部的数字显示，水带重量降低明显，降低比率最高接近 50%（表 4）。经分析，当气体介入时，驱使泡沫混合液于管网内部发泡成形，介质质量得以改善。

图 6 压缩空气泡沫成形质量

图 7 普通泡沫成形状态

表 4 压缩空气泡沫技术指标试验测试参数

水带重量			发泡倍数	25%析液时间
消防水介质	压缩空气泡沫介质	水带重量降低比率		
8.5~9.0 kg	4.5~5.0 kg	41%~50%	6.4	5 min 23 s

同时，试验获取的介质发泡倍数和 25% 析液时间符合国标 GB 7956.6—2015 中关于压缩空气泡沫发泡倍数（≥5）和 25% 析液时间（≥3.5 min）的性能指标要求。

综合分析，100 m² 全尺寸变压器热油火灾试验用固定式压缩空气泡沫灭火装置的工作性能及其输出的介质技术指标参数（表 5）相比于传

统泡沫设备均具有一定的优越性，泡沫形态微细、均匀，且其形状维持时间更为持久，理论上可有效隔绝燃料与周围空气之间的相互作用，降低燃料复燃的可能性。

表 5 固定式压缩空气泡沫灭火装置试验
工作参数及现场测试数据

系统设定压力	0.6 MPa	系统工作流量	10 L/s±1 L/s
泡沫混合比	3.1%	气液比	8∶1
用水量	1.87 m³	泡沫液用量	0.06 m³
灭火强度	6 L/(min·m²)	灭火时间	32 s
火焰温度	850~900 ℃	灭火后油面、池壁温度	50 ℃±5 ℃

3.2 灭火效果直观分析

通过摄像观察灭火时间和灭火效果可以发现，当压缩空气泡沫灭火介质经管网末端输出时，现场 100 m² 火势短时内可被完全抑制（图 8），热油燃料沸腾速率及燃烧范围急速减小。火势熄灭后，现场观察油池内部泡沫灭火介质覆盖现象，油面上部堆积数厘米厚泡沫灭火介质，池壁和油面温度均降至于接近室温状态，变压器油基本不存在复燃危险。

（a）预燃阶段　　　　（b）火势压制阶段

（c）灭火结束

图 8 100 m² 变压器热油火灭火效能试验现场状态

4　结论

通过全尺寸变压器热油火灾试验研究了新型泡沫灭火装置适用性能及灭火效能，对压缩空气泡沫灭火介质抑制变压器火灾事故的有效性进行了初步的试验分析探讨，得出了以下结论。

（1）新型泡沫灭火装置输出的泡沫灭火介质的性能指标符合并优于相关标准规范要求。

（2）利用新型泡沫灭火装置扑灭变压器热油池火是可行的。压缩空气泡沫施加后可以在油池表面形成有效的泡沫灭火堆积覆盖毯，铺展于油液表面，隔绝氧气、吸热降温，介质稳定且长时间遮盖，从而达到快速抑制扑灭火灾、防复燃的目的。

（3）新型泡沫灭火装置全尺寸变压器热油火灾试验的成功，为换流站大型油浸电力变压器消防安全技术难题提供了良好的解决方案，为后期更深层次试验的开展以及换流变新型泡沫灭火装置的应用奠定了坚实的实践基础。

参考文献

［1］王海飞，陈聪，胡磊，等．变压器火灾典型案例的反思及预防［J］．供用电，2018，35（11）：78-82.

［2］ZHU Zheng guo. Analysis of a transformer accident［J］. Metallurgical Industry Automation Metallurgical Industry Automation，2017，41（4）：64-67.

［3］李建涛，朱红亚．油浸式电力变压器火灾抑制实验研究［J］．消防科学与技术，2012，31（12）：1306-1309.

［4］赵志刚，徐征宇，等．大型电力变压器火灾安全研究［J］．高电压技术，2015，10：3378-3384.

［5］翟毅．油浸式变压器消防安全问题探讨［J］．电气防火，2015，10：27-29.

［6］傅胜兰，黄建伟，林洁．油浸电力变压器消防设计技术研究［J］．消防科学与技术，2010，29（12）：1089-1091.

［7］闵永林，苏琳，张杰，等．通风条件下用多组分细水雾扑灭变压器火灾的模拟研究［J］．中国安全科学学报，2014，24（8）：43-48.

［8］李殿臣，梁戈，等．变电站灭火系统应用探讨［J］．消防科学与技术，2011，7（7）：612-614.

［9］白晓峰，翟凤敏，等．细水雾与水喷雾灭火系统应用于油浸式变压器火灾的比较［J］．科技资讯，2012（1）：95.

［10］智会强，秘义行，高志成．水喷雾系统灭油浸变压器火灾试验研究［J］．消防科学与技术，2012，12（12）：1303-1305.

关于应急测绘技术在消防救援中的应用初探

黄炜尧

四川省消防救援总队 成都 610000

摘 要： 结合四川消防救援队伍在重大灾害救援中应急测绘数据的应用经验，通过分析"天、空、地、水下"四位一体的应急测绘技术优势，结合地震、地质、洪涝、堰塞湖、森林火灾等救援行动中对于应急响应、力量调度、辅助决策、现场监护等环节的任务需求，重点分析了卫星遥感、无人机测绘、地质结构监测、水下雷达探测等技术在消防救援行动的应用模式，并就建立应用流程和标准、建立社会联动机制、研究应急测绘数据分析模型、融入"一张图"指挥等应急测绘数据应用需求提出了具体的工作建议。

关键词： 应急测绘 消防救援 卫星遥感

引言

近年来应急测绘技术发展迅速，卫星遥感、无人机测绘、地质结构监测、水下雷达探测等技术形成了"天、空、地、水下"四位一体的测绘场景应用模式，在防灾、减灾、救灾中发挥了重要作用。四川省地域辽阔、地质条件复杂，是全国灾害种类最多、频次最高、灾情最重的省份之一，也是最能体现"全灾种"的省份之一。消防救援队伍在转隶后，作为"国家队""主力军"，承担了包括地震地质灾害救援、堰塞湖抢险、森林火灾扑救等一系列重大灾害救援行动。在消防救援行动中，如何及时、准确、全面地获取灾情，发挥社会单位联勤联动的优势，对于救援行动的指挥决策至关重要。而应急测绘信息能提供受灾区域、受灾程度、地形地貌、道路交通、重点保卫对象等信息，并能为现场救援提供风险预警检测，对于灾情研判和预警具有重要意义。本文重点开展消防队伍对于应急测绘技术的体系性研究，对于测绘技术"应收集哪些信息""信息从哪里来""研判哪些情况""做出哪些决定"等问题提出解决方案。

1 应急测绘概述

应急测绘技术为国家应对突发自然灾害、事故灾难、公共卫生事件、社会安全事件等突发公共事件高效有序地提供测绘成果，根据需要开展遥感监测、导航定位、地图制作等技术服务。"5·12"汶川8.0级地震后，随着我国卫星、无人机等领域高速发展，应急测绘技术在防灾、减灾、救灾中的应用不断创新，初步形成了"天、空、地、水下"四位一体的应用场景。"天"是指卫星遥感领域，主要包括指高分影像图、卫星INSAR技术、多光谱探测技术等；"空"是指无人机测绘技术，主要包括倾斜摄影、激光雷达、高分辨影像图等；"地"是指底面测绘技术，主要包括位移监测、应力应变监测、地下和地表水监测、地声监测以及环境监测等；"水下"是指水下探测领域，主要包括多波束水下声呐技术、水下三维激光扫描技术等[1]。消防救援信息需求在上述四个领域均有涉及，只有建立符合消防救援任务特点的应急测绘工作体系，才能达到"信息搜集系统化、灾情分析自动化、力量调度科学化、辅助决策智能化"的目标。

2 消防救援应急测绘常用手段

2.1 卫星遥感领域

卫星遥感技术是利用人造地球卫星平台开展各种非接触的、远距离的探测和信息获取的技术，具有快速、远距离、非接触、全天候等优势，同时由于资源的高度集中性，具有成本较高，云层较厚的区域无法拍摄可见光谱图像，响

作者简介：黄炜尧，男，现任四川省消防救援总队信息通信处中级技术职务，长期从事应急救援指挥和通信保障工作。

应时间无法掌握等劣势。获取渠道包括国防科工局，各部委、行业高分中心，各省高分中心，中国资源卫星中心以及经授权的商业卫星公司。

2.1.1　高分卫星影像图

高分卫星影像图可以快速掌握灾害的规模和破坏程度，而常规手段难以实现迅速、准确、动态对灾情的监测。利用卫星遥感技术优势，开展遥感灾情调查，可以为救援决策提供快速信息支持。目前，我国高分卫星主要有高分一号、高分二号、高分三号（雷达卫星）、高分四号、高分五号（高光谱卫星）、高分六号、资源系列卫星、北京二号、吉林一号、高景一号、天绘卫星、实践9号等[3]。

2.1.2　卫星INSAR技术

卫星INASAR技术是指卫星合成孔径雷达干涉测量技术，是一种用于大地测量和遥感的雷达技术，利用返回卫星的波的相位差异来计算目标地区的地形、地貌以及表面的微小变化。该技术可以测量几天到几年跨度的毫米级形变。与可见光或红外光不同，雷达波可以穿透大多数云、雾和烟对地表物体进行观测，并且在黑暗中也同样有效。因此，借助INASAR，即使在恶劣的天气和夜间，也可以监测地表的变形。对可见光、近红外被动遥感技术具有很好的补充作用。

2.1.3　多光谱探测技术

多光谱探测技术能使用多个频谱段同时对一目标或地区进行感测，从而获得与各频谱段相对应的各种信息。将不同频谱段的遥感信息加以组合，可获取目标物更多的信息。利用高分五号等光谱成像卫星监测重点林草地区，快速发现火点，发生大面积林草火灾时，能实时监测山林的燃烧面积、蔓延方向等信息。

2.2　无人机测绘领域

卫星拍摄的图像虽然面积广、灵活高效，但资源获取成本较高，云层较厚的区域无法拍摄可见光谱图像，响应时间也无法掌握。目前，无人机在各级消防队伍普遍配备，如为基层增配部分专业测绘吊舱，可以第一时间获取灾害现场测绘数据，配合专业分析软件使用，能为指挥部决策指挥提供辅助决策专业依据。

2.2.1　倾斜摄影技术

搭载倾斜摄影吊舱，可以获得更高质量的地

理影像信息，可以快速生成灾害现场三维全景图，能直观展示现场地形地貌，可以通过模型精确分析距离、面积、方量等数据，为灾情分析、兵力部署提供直接依据。此技术主要应用在地震、地质、堰塞湖等自然灾害以及大型危化品救援、火灾现场。

2.2.2　激光雷达技术

搭载激光雷达吊舱，可以不受植被影像影响，准确获得山体裂缝、地形地貌等数据，精准度可达厘米级[2]。通过模型分析得到地灾风险，桥梁、电站等大型建筑物损毁及次生灾害风险情况，主要应用在地震、地质等自然灾害救援行动中。

2.2.3　正射影像技术

利用固定翼无人机搭载高清摄像吊舱，可以获得比卫星影像精度更高的高分辨率地图（比例尺可达1：500），可以实现与高分卫星影像图应用相同的效果，但对飞手要求更高，采集的时间也较长，主要在地震、地质、洪涝等受灾面积较大的灾害中使用。

2.3　地面测绘领域

目前，地质灾害监测设备分为车载式和固定式，手段包括位移监测、应力应变监测、地下和地表水监测、地声监测以及环境监测等。消防救援队伍主要利用地质监测设备在地质灾害、大型综合体火灾、房屋垮塌等救援现场监测次生灾害发生风险，确保救援人员安全。

2.3.1　GNSS测量技术

是在灾害现场放置多个具有定位功能的设备，利用全球卫星导航系统提供的强大地理信息数据支撑，实时开展地质、地震灾害次生灾害发生风险监测以及大型建筑物、构筑物变形监测，精度可达毫米级。具有安装方便、不受天气影像、时效性高等特点。

2.3.2　边坡雷达技术

是一种用于监测地表形变的手段，能够对危险区域进行全天候、大范围、无接触的毫米级高精度形变监测，主要用于滑坡类灾害、大型建筑物垮塌、尾矿事故救援等灾害现场监测发生二次垮塌的风险[4]，曾在贵州水城"7·23"山体滑坡救援行动中成功应用。

2.4　水下探测技术

水下探测技术主要利用多波束水下声呐技术

和水下三维激光扫描技术相结合。利用声呐技术对水下物体精准定位，确定下水救援区域；利用水下三维激光扫描，探测湖泊或江河航道水下地形，开展水下地形三维建模分析。

3 消防救援应用场景

3.1 地震灾害

灾害初期，利用高幅宽影像图，分析受灾基本情况，包括垮塌建筑比例、救援重点区域、受影响的人口数量、行政驻地和经济损失等因素进行估算，评估结果作为等级响应和力量调度的重要依据。分析道路交通情况，为人员疏散和救援力量进入的道路选择提供依据。灾害中后期，主要利用亚米级高分辨图像，对重点区域的建筑物、道路、桥梁等损毁情况，次生灾害分布等灾情进行分析，提取地震造成倒塌建筑物、中断的桥梁和道路、滑坡和堰塞湖等次生灾害的分布等信息，为力量调配和救援行动开展提供辅助信息支撑（如，桥梁和道路中断时应考虑是否修改救援道路，及时协调交通部门；发现地震造成建筑物倒塌应增派生命探测设备、便携式救援设备等；发现滑坡和堰塞湖应增派大型挖掘机、推土机等设备）。

3.2 地质灾害

灾害初期，利用滑坡、崩塌、泥石流等灾害个体或群体在遥感图像上与周围背景不同的形态、色调、影纹结构，从遥感影像上直接判读圈定地质灾害的规模、形态和孕育特征，快速确定灾害的种类、规模和破坏程度，为消防救援提供滑坡、崩塌、泥石流等灾害形体、面积、方向、所处位置、受灾影响等第一手资料。在最短的时间内实现对地质灾害的救援响应，合理确定救灾队伍的规模结构，有针对性地选择救灾手段和装备配备，如依据位置、受灾影响合理确定救灾队伍规模结构，明确挖掘机、推土机等大型设备配备情况。灾害中后期，利用边坡雷达、GNSS监测技术等手段，对现场可能发生二次垮塌的隐患点进行实时监测的数据，依据方向、实际环境，定期分析二次垮塌风险率，及时发出预警信息提醒救援人员安全避险。

3.3 堰塞湖灾害

在人员无法第一时间到达现场的情况下，利用灾害前后的高分卫星图像对比，分析堰塞湖堵塞方量、蓄水量等灾情规模信息，预测溃坝风险和时间，监测山体形变趋势，分析有无发生二次垮塌的风险，根据堰塞湖堵塞方量、蓄水量计算需要的特种装备、救援力量、疏散人员等。

3.4 洪涝灾害

利用灾害前后的高分卫星图像对比，分析受灾的面积、被淹的重点区域、道路交通情况，为力量调度、兵力部署以及力量投送方式选择和路线选择提供依据（如，道路交通中断车辆无法到达，应增派救生船、水上运输设备）。

3.5 森林草原火灾

防灾方面，针对高风险区域利用高分卫星影像图、红外感知等手段及时发现隐患火点位置、受火面积、植被情况；救灾方面，利用无人机、卫星等测绘资源，全方位掌握火场态势，分析得出正在燃烧和过火、过烟面积，结合地形地貌、风势天气等因素，研判隔离带、道路交通等情况，根据森林草原火灾预案计算出处置方案（如，道路交通中断车辆无法到达，应增派救生船、水上运输设备）。

3.6 建筑物有垮塌风险的救援现场

在大型水坝垮塌、桥梁垮塌、房屋坍塌以及长时间燃烧综合体火灾扑救等建筑物有二次垮塌风险的救援现场，可以利用建筑物应急监测、位移监测等手段，建立风险预警数据模型，实时监测建筑物状态，当位移发生到预警阈值时发出预警信息提醒救援人员安全避险。

3.7 水下打捞救援现场

在沉船、车辆落水等打捞现场，通过遥控无人测绘船只搭载测量设备，既测绘出水下地形地貌、距水面高度、打捞物水下面积，又探测出打捞物的具体位置，为确定打捞方案提供需要下潜水深、下潜作业时长、打捞辅助工具等信息支撑，配合超低频水下通信系统对潜水员进行水下引导指挥，准确、快速地到达打捞区域。

4 关于进一步用好应急测绘技术的几点思考

4.1 建立应用流程和标准

消防救援队伍对于应急测绘数据的应用还不成体系，哪类灾害该收集哪些信息、信息从哪里来、研判哪些情况、做出哪些决定等环节都需要在总结历次救援行动的基础上，进一步梳理消防救援对应急测绘数据的需求，由倒推的方式明确每种灾害场景的救援任务以及研判所需要的测绘分析结果，以清单的方式明确列出模型的测绘数据类型、测绘需要的设备、数据获取的渠道以及对测绘数据的具体要求（例如高分地图比例尺大小等）等关键信息，建立符合消防队伍自身特点的应急测绘数据应用流程和标准。

4.2　建立社会联动机制

目前，消防救援队伍数据接收大多是被动的，上级部门和政府指挥部推送什么，消防队伍在研判时才能用到什么，消防救援队伍自己主动掌握、联系的渠道很少。下一步，要充分调研高分卫星图像产出单位、无人机厂商、测绘设备厂商以及提供相关服务的单位，整合优化相关社会资源，通过自行采集与购买服务相结合的方式获取数据。同时，与提供数据的单位建立联动机制，确保重大救援行动中能快速、高效获取灾情研判结果。

4.3　研究应急测绘数据分析模型

目前，消防救援队伍大都是用的一些现成的研判数据和模型，生产的研判结果是针对"大应急"需要。下一步，消防救援队伍可以与地理测绘、大数据分析等优势专业的科研院校和龙头企业合作，结合消防救援任务需求，针对高分影像图、倾斜摄影、雷达测绘等数据研发数据分析模型，包括建立重点单位的全景模型，目标是发挥各类测绘数据的最大作用，为消防救援行动提供可靠、高效、实用的研判结果。

4.4　融入"一张图"指挥

消防救援队伍能获得的测绘数据大多是零散、纸质化的，没有和现有的力量、位置等信息融合。下一步，可以将测绘数据与已建消防地理系统叠加，将分析数据、研判模型、研判结果、获取方式等流程利用信息化手段展示和应用，在实战化指挥平台中加入应急测绘功能模块，实现"一张图"指挥模式。

参考文献

［1］胡德勇. 遥感技术在防灾减灾中的应用［J］. 高科技与产业化，2013，11：44-47.

［2］雷添杰，李长春，何孝莹. 无人机航空遥感系统在灾害应急救援中的应用［J］. 自然灾害学报，2011，36（2）：178-183.

［3］许元男. 中国高分卫星的详细介绍［J］. 太空探索，2018，8：8-9.

［4］韦忠跟. 边坡雷达监测预警机制及应用实例分析［J］. 煤矿安全，2017，48（5）：221-223.

从公共利益保护的角度探析消防法律法规实施

喻 军

绵阳市消防救援支队 绵阳 622150

摘 要：当前，消防法律法规实施主要依靠政府及其相关部门，就公共消防安全利益的保护而言，只有政府及其部门有权代表国家对损害公共消防安全利益的行为追究其责任。这种"单轨式"的运作模式尽管有其优越性，也取得了相当程度的社会效果和法律效果，但随着经济社会的高速发展和人民群众对于消防安全的新期待与新需求日益增长，这种模式已逐渐呈现力不从心的态势，人们经常发现政府出现缺位的状态。本文拟对政府在消防安全公共利益保护方面缺位的原因进行分析，结合公民参与消防法律实施的现状，探索在消防法律法规实施中引入公益诉讼，以最大限度确保公共消防安全利益。

关键词：消防 公共利益 法律实施 公益诉讼

1 引言

尽管《中华人民共和国消防法》中明确规定了"政府统一领导、部门依法监管、单位全面负责、公民积极参与"的工作原则，但我国消防法律法规的实施过分依赖政府的推动，公众参与的机制和途径有限，未能充分调动其积极性。同时，由于政府不但需要保护公共消防安全利益，还承担着经济发展的职能任务，当二者发生冲突时往往确保经济优先；而作为公共消防安全最重要和最基本主体的社会公众，却难以充分参与公共消防安全事务，当公共消防安全利益遭到侵害时，除了求助于政府外似乎没有更好的救济途径。

2 政府公共消防安全利益保护缺位的原因

2.1 消防法律法规的滞后性

由于经济社会的发展水平、立法者的认知能力等限制，消防法律法规在制定时不可能穷尽所有相关因素，而社会处于不断运动发展的过程中，与消防安全相关的社会关系也变化多端，因此，消防法律法规从制定之日起就已经落后于社会现实。同时，我国是成文法国家，消防法律法规的制定和修改都需要由法定机关经过法定程序才能实现，而且一旦施行后就必须保持一定的稳定性，即使存在与经济社会发展不相适应的地方，也不能随意修改或者废止，否则不但普通民众无法适应，执法人员会感到困惑和迷茫，消防法律法规的权威性和尊严性也会因为朝令夕改而大打折扣。正是基于保持法律稳定性的原因，政府对于现行消防法律法规未涉及的公共消防安全利益缺乏实施保护的法律依据和行之有效的保护手段。

2.2 政府在消防安全法律关系中的角色定位

以消防安全作为利益的客体具有多元性，涵盖社会生产、生活的各个领域，而政府作为由各种部门、机构组成的联合体，同样不可避免地有其自身的利益诉求。在消防法律法规实施过程中，政府一方面承担着执行消防法律法规、负责消防工作的公共管理职能，另一方面又往往由于政治利益、经济利益的驱动而难以保持中立性，从而作出忽视公共消防安全的决策。在这种情况下，由于政府掌握着强大的行政权力，消防安全法律关系中的各种利益主体可能出现严重的力量对比失衡，消防法律法规很可能失去约束力和执行力而成为摆设，导致执法主体和守法主体普遍违法的恶性后果。

作者简介：喻军，男，法律硕士学位，现任四川省绵阳市消防救援支队中级专业技术职务，长期从事消防法制和消防监督管理工作，E-mail：179431333@qq.com。

2.3 政府部门职责履行不到位

公共消防安全涉及的行业和领域众多，需要政府相关部门按照谁主管、谁负责的原则，在各自职责范围内履行工作职责。尽管国务院《消防安全责任制实施办法》对政府部门的消防安全职责进行了明确划分，但在实际工作中，消防安全由消防救援机构唱"独角戏"的局面并未从根本上得到改变。尤其是涉及公共消防设施建设和消防安全监管时，政府其他职能部门往往相互推诿扯皮，或者以"专业知识不足"等借口将自身工作职责与消防救援机构捆绑以推卸责任。正是由于部门之间未能形成工作合力，公共消防安全利益因政府部门不作为、慢作为而受损的情况时有发生。

3 消防法律法规实施机制的缺陷——公民参与

消防法律法规经过几十年的发展和完善，已经基本形成以《中华人民共和国消防法》为基础，相关法律、地方性消防法规、政府部门规章和地方政府规章为主体的消防法律法规体系，然而与此形成对比的是，消防法律法规体系的逐步完善并未在全社会形成良好的消防法治环境，也未能促进公共消防安全质的提升。根本的问题还在于消防法律法规的实施，孟子曾说过"徒法不足以自行"，英国法学家约翰·洛克也曾提出"如果法律不能得到执行，那就等于没有法律"，良好的消防法治环境固然需要以完备的消防立法为基础，但更有赖于已制定的法律法规得到有效实施。法律法规的生命力往往表现为其适用性和执行力，已制定的消防法律法规无论理念多么先进、技术多么成熟、体系多么完善，都需要有将其付诸实施的良好机制，否则其作用和效力将大打折扣。

当前我国消防法律法规难以得到有效实施的原因很多，与我国整体法治环境有关，与消防管理体制的痼疾、消防执法机制的弊端有关，与公共消防利益救济途径的缺乏有关，但更重要的还是我国现有的消防法律法规实施机制存在先天性不足。就我国现状而言，消防法律法规的实施主要还是依靠政府及其部门，而与公共消防安全密切相关的社会公众的作用却日益边缘化，由于政府及其部门掌握强大的行政权力，导致消防法律法规实施过程中出现了政府权力与公众权利的失衡。

《中华人民共和国消防法》规定，"任何单位和个人都有权对住房和城乡建设主管部门、消防救援机构及其工作人员在执法中的违法行为进行检举、控告。收到检举、控告的机关，应当按照职责及时查处"。该条规定可以被视为公众参与消防法律实施的具体途径，但对于向什么机关、采用何种方式、依据什么程序进行检举和控告没有明确规定，导致在实践中要么因为缺乏程序性的保障措施而"求告无门"，要么将个人私利与公共消防安全利益混为一体而形成缠访、闹访。

4 消防法律法规实施中引入公益诉讼的必要性分析

4.1 消防公益诉讼的理论基础

公益诉讼起源于罗马法，是相对于私益诉讼而言的。古罗马法学家乌尔比安首先提出了划分公法和私法的理论，保护国家利益的法属于公法，保护私人利益的法属于私法，诉讼也相应分为"公诉"和"私诉"两种。公益诉讼与国家利益、社会公共利益休戚相关，在实践中主要是针对经济垄断、不正当竞争、环境侵权、危害公共安全等公共性违法行为而设置的诉讼救济途径。《中华人民共和国消防法》第一条规定，"为了预防火灾和减少火灾危害，加强应急救援工作，保护人身、财产安全，维护公共安全，制定本法"。既然其立法目的之一就是维护公共安全，那么当公共消防安全受到危害时，社会公众通过公益诉讼的形式向人民法院寻求法律救济也应当属于消防法律法规的应有之义。

4.2 消防监管模式改革的必然要求

消防安全监管作为一种公共权力是适应社会公共生活的需要而产生的，然而现有消防监管体制已难以适应经济社会高速发展模式下人民群众对消防安全的新期待和新要求。中共中央办公厅、国务院办公厅联合印发的《关于深化消防执法改革的意见》要求，消防监管的理念由管理本位转向服务本位，消防监管的重心由事前审批转向事中、事后监管，消防监管的模式由传统的单一主体转向多元监管，在规范监管机构执法行为的同时，也赋予了社会公众更多参与公共消防安全管理、监督政府部门履职的权利。在此背景下，社会公众通过消防公益诉讼对抗损害公共消防安全的行为，也是"依法治国"基本方略和政府机构改革措施的现实体现。

4.3　消防公益诉讼在我国的实践探索

尽管我国消防公益诉讼起步较晚，司法实践中也尚未有法院受理的情形，但各地司法机关仍然开展了大量有益的探索和尝试。如重庆市检察院第五分院于 2020 年 1 月在辖区启动了为期一年的"守护消防安全，畅通生命通道"公益诉讼专项监督活动，针对高层住宅小区消防车通道堵塞等难点问题，在前期调研的基础上，注重从群众来信来访、新闻报道、社会热点问题中寻找线索，对建筑或住宅区消防车通道管理，对单位或个人违反消防法相关规定，对监管部门是否依法履行监管职责问题，以及其他影响消防安全可能损害社会公共利益的情形开展重点监督，督促相关行政机关依法行政，助推完善消防安全监管体制和措施。其他如江苏涟水、陕西汉中、四川达州等地检察机关也都有通过制作检察建议督促行政机关正确履行消防监管职责的司法尝试。

5　结语

政府及其部门、社会单位和公民都是《中华人民共和国消防法》规定的消防安全责任主体，相辅相成、缺一不可，共同担负着维护公共消防安全利益、确保消防法律法规有效实施的任务和使命。在建立有限政府的时代背景下，需要社会公众充分发挥自身的"主人翁"作用，积极参与公共消防安全事务，合理运用法律手段与消防安全违法行为作斗争。但由于传统的涉及消防的侵权诉讼中，保护公共消防安全利益既不在原告的起诉动机之内，也不在被告的辩护目的之中，公共消防安全利益往往被双方所忽略甚至成为争讼的牺牲品，因此，有必要也有可能在司法实践中尝试引入消防公益诉讼，以最大限度确保公共消防安全利益不受侵害，切实维护消防法律法规的权威性和执行力。

参考文献

[1] 燕海涛，改善消防法制环境确保消防工作依法实施问题探索 [J]. 中国科技纵横，2013（23）：17-19.

[2] 李潇潇，朱俊泽. 我国行政公益诉讼制度的完善 [J]. 山西省政法管理干部学院学报，2021（1）：55-57.

[3] 刘杭诺. 安全生产和消防公益诉讼制度设计之探讨 [J]. 中国应急管理科学，2020（6）：P74-83.

[4] 李立峰. 重庆检察五分院启动消防安全公益诉讼专项监督活动 [EB/OL]. （2020-01-31）http：// www. hohohothm. jcy. gov. cn/ygjw/gyss/202002/t20200202_2765949. html.

关于火灾调查中的视频监控处理分析工作探讨

王黎明[1]　王坚[2]

1. 遂宁市消防救援支队　遂宁　629000
2. 四川省消防救援总队　成都　610000

摘　要： 伴随我国经济发展和居民生活水平提升，火灾现场趋于复杂化，火灾原因趋于多样化，与此同时，居民法制意识随着国家法制建设进程不断加快，其监督视角的变化也促成了对调查结论的高精准度要求，对火灾调查工作提出了新的挑战和要求。本文以当前火灾调查中视频监控资料的处理与分析现状为研究对象，分析存在的问题，并立足于不同的场所性质，提出针对性的解决对策和对火灾调查工作发展的意见建议。

关键词： 消防　安全　火灾调查　视频监控

1　引言

火灾调查的任务是调查火灾原因、统计火灾损失、依法对火灾事故作出处理并总结火灾教训，然而因为火灾现场的毁灭性、复杂性、破坏性，调查工作难度大、持续时间长且结果不尽如人意。随着视频监控在公安侦查工作中发挥的作用越发凸显，消防救援机构可否借鉴相关经验为火灾调查提供辅助，以及如何合法、科学地利用相关信息，已成为当前火灾事故调查工作的重点。

2　视频监控与火灾调查工作的关系

火灾调查工作长期存在着一些共性困难未能得到有效解决，如火灾扑救和火灾现场勘验过程中，由于疏于现场保护，导致很多重要痕迹物证难以发现和收集，妨碍了起火部位和起火点的确定；又如火灾调查工作未能及时开展，导致现场未能及时取证、痕迹被破坏、人员串供等，严重阻碍了调查工作进展，甚至可能导致调查工作失败[1]。随着科技水平的提高，新材料、新产品、新工艺在日常生活中的应用，提高了火灾事故调查的难度，带来了工作挑战的同时也给证据鉴定、原因认定等工作提出了更新、更高的要求。

近年来，公安部门相继部署了天网、"雪亮工程"等视频监控系统，越来越多的单位、街道、小区，甚至个人住宅都由政府统筹或业主自发的形式安装了视频监控系统。视频监控以其真实性、还原性、延续性、易得性、直观性等优势，为各类事故调查取证提供了便捷，因此如何利用视频监控辅助火灾调查，已成为当前火灾调查工作亟须重视的新课题。与此同时，火灾调查人员文化层次、能力素质较以往有了较大提升，在各类新技术、新装备辅助下，火灾调查工作成果显著，二者相辅相成，已在部分火灾事故调查工作中体现出了一定优势。

3　监控视频处理应注意的重点

3.1　真实性要求

真实性是火灾调查工作的前提和基础，火场证据的真伪直接影响了调查工作成败，因此要坚决防止视频证据因无法保证其真实性而被排除。随着科技进步，过去体积庞大、操作复杂、价格高昂的视频存储介质和编辑软件已普及到千家万户，网络上也出现了越来越多的视频编辑服务，加之服务方的隐匿性，综合导致视频造假成本低、易获取，因此视频的真伪校验工作在火调工作中就显得尤为重要。尤其在重大火灾事故或恶性事件中，视频真伪可能影响到多方利益，极为敏感，必须在思想上高度重视，在设备、人员、

作者简介：王黎明，男，硕士，遂宁市消防救援支队专业技术一级指挥员，主要从事火灾调查、消防监督等领域研究，E-mail：5wangliming@163.com。

技术上加大投入。

3.2 时效性要求

火灾调查是和时间赛跑，在实施火灾扑救的同时即应开展火灾事故调查，如开展火场外围的环境信息采集，掌握火场建筑和火灾荷载等随燃烧和扑救逐渐变化的过程。扑救结束后，调查人员要在保证安全的前提下第一时间封闭火灾现场，寻找视频设备用房尽快固定视频证据，率先掌握调查举证主动权、掌握结论话语权，防止相关资料被不法盗取、销毁、篡改，左右调查结果。同时通过大量调查走访尽，可能全面掌握监控设备的点位布置和安装方式，通过分析设备参数进一步确定影像质量，为收集视频证据事先划定有效范围，也为视频深入分析做好初步筛选。

3.3 合法性要求

视频监控和电子邮件、电脑储存、电子数据交换以及其他科学技术设施等一样，作为视听资料列入法律认可的证据[2]。证据的收集需要符合法律要求，从消防监督执法角度看，主要包括程序合法和内容合法两方面。在程序合法方面，要保证获取渠道合法、获取方式合法，避免因执法不公、不严、不规范导致执法行为失去合法性，成为舆论攻击对象。在内容合法方面，主要是指内容的收集要兼顾公民隐私。法学研究指出，侦查过程中是否侵害公民隐私权可作为判断侦查行为是否合法的重要标准，即如果视频监控反映的内容具有概括性、普遍性、不针对特定对象，并未侵害公民隐私权，则可以判定不涉及取证手段合法性问题[3]。因此依法保护公民隐私、维护涉密单位或商业信息隐私权不受侵犯，应该贯穿于整个调查取证过程。

3.4 互认性要求

随着消防救援队伍在 2018 年底改制转隶脱离公安队伍，以往业务部门工作衔接问题上升为行业部门工作协调问题，问题处理方式、环节、渠道发生变化，难度随之加大。公安和消防在监督执法领域所依据的法律法规、执行的方式方法和重视的目的结果都不尽相同。公安法制建设较消防更早、更完善，在法律应用、法治思维和应对突发状况的经验较消防更丰富，导致双方对彼方执法结果的互认程度不一，主要体现在消防机构向公安部门移交刑事案件工作中，公安机关以

证据不充分、案卷不标准、证据链条不闭环等原因不予接收的情况较多，致消防执法工作陷于被动。

4 视频分析的对象及方法

4.1 根据不同场所性质分析

对于生产加工类场所火灾，有别于火灾现场复杂、火灾荷载高的居民住宅类火灾，其具有生产设备简单、火灾荷载分散且类别单一的特点。针对这一特点，可通过采集较长时间段内的视频资料，寻找可疑点位在重复时间上的偶发点，寻找工艺变化、机械故障等偶然因素导致火灾事故发生的可能，进一步寻找出火灾事故发生的时间和原因。

对于易燃易爆场所火灾事故，宜将重点工艺、高危部位作为视频分析的重点。按照安全生产领域对易燃易爆场所的管理要求，复杂工艺和特殊点位也是各个工厂、企业视频监控的重点，消防救援机构应重点调查其工艺环节是否存在设备故障和人为操作不当引发火灾事故的可能性，进一步查找火灾事故诱因。此外，通过对监控视频的提取分析，或可直接判断该事故是否系爆燃事故或燃爆事故，对推动事故延伸调查及责任追究都起到决定性的作用。

对于校园类火灾事故，宜将厨房、宿舍、实验室等作为重点研究部位，将易燃可燃物、不当用火习惯作为重点研究对象。针对厨房区域，宜查看在集中用电时段、设备维修时段、电气启停前后的视频监控，分析火灾是否系人为操作不当或设备故障导致。针对宿舍区域，宜查看师生在夏、冬等不同环境条件下生活习惯的差异，着重查看蚊香、电扇、暖炉、空调等设备的使用情况，以及人员吸烟、玩火习惯和烟头、火源处理情况，分析火灾系电气火灾或用火不慎或其他。针对实验室，宜查看人员进出情况、易可燃物品的管理和使用情况，寻找导致火灾事故发生相关责任人，分析其主观系过失或故意，从而对火灾发生原因进行定性。

对于居民住宅火灾，可充分利用新建小区物管监控视频，或借助老旧小区外的道路监控视频进行分析。一方面，从室外视频可以观察火灾发生当日温度风向情况、建筑四周飞火入户情况、

人为放火情况等，也可通过观察火灾烟气和火焰的颜色、强度、方向等信息综合判定火灾发展阶段。另一方面，针对装有室内监控的居民住宅类火灾，可以调取云端视频资料复原火灾事故经过，全面掌握火灾在住宅内的发生、发展情况，甚至直接判定起火原因和部位。

4.2 视频的分析处理方法

以时间为分析变量。针对现代化程度较高的生产加工类场所火灾，或人员活动性质单一的校园或加工类厂房火灾，因其人员角色相对单一、固定，动线线较为单一，宜在初步勘验环节合理缩小调查范围，将疑似起火部位作为视频查看重点，以研究火灾在相对固定场所、工段或部位的发生发展变化，逐步找出火灾发生原因、蔓延过程和相对责任人员。

分析可疑人员活动轨迹。针对有明确可疑人员的火灾，宜以人员行动轨迹为分析对象，及时锁定可疑人员及其密切接触人在火灾发生前后的活动轨迹或生活状态，重点比对其在火灾发生前较长时间内常态化轨迹与火灾发生前后短期内活动轨迹的差别，以寻找是否存在购买作案工具、提前踩点、团伙作案等情况，有必要时可联合公安部门依法调取其他信息资料或采取控制措施助理案件侦破。

强化分析处理能力。为解决眼前消防救援机构火灾调查人员水平参差不齐、视频分析装备技术薄弱的问题，可以采取购买第三方服务的方式，委托权威机构进行视频、照片和声音的识别鉴定工作。尤其应当将技术应用到监控设备老旧、火灾环境复杂、收音效果嘈杂的调查过程中，形成强有力的技术推手，攻克有资料无技术的工作痛点，助推火灾调查工作上台阶、提水平。

5 工作建议

（1）完善制度建设。法律法规和部门规章制度的制定完善，是所有消防监督执法工作开展的依据，也是约束工作人员依法履职的有效手段。缺乏政策导向和规章支持，较大程度限制了基层工作的有效开展。面对当前火灾调查工作中电气火灾原因占比较高的客观实际，基层认定火灾事故遇到困难后，也更多倾向将线路熔珠转送

科研机构进行金相检测，并以机构检测报告作为火灾原因认定的重要依据，且逐步形成了全国通用的做法。但事实证明，金相检测结果无法完全客观反映火灾事实、证明火灾原因[4]。因此，出台政策指导视频监控的收集分析工作很有必要，将极大限度地促进基层火灾调查人员工作积极性、维护消防法制权威。

（2）提升人员素养。人员综合素质良莠不齐，各地火灾调查水平高低不一。火灾调查工作对人员综合素质要求较高，除了掌握火灾科学基本常识，还要对消防、法律、心理、理化等学科知识，以及石化、机械、电子等专业领域有较深研究，更要对人员询问、现场调查、火场制图等方面业务深入钻研[5]。随着队伍改制转隶，火灾专家前辈转岗离队，队伍人才流失严重。现有基层火灾调查人员多为兼职，监督检查任务大多前置于火灾调查工作，基层兼职人员分身乏术、无心本职，长此以往自愿投身火灾调查工作人员越发减少，业务也越发生疏，火灾调查工作越发被轻视。此外，火灾调查队伍缺乏影音资料分析人才，还需联合高校组织定向培训、邀请公安专家培训授课等方式提升业务水平，解决基层所需。

（3）增强硬件配置。当前基层配发的火灾调查设备主要服务于现场测量测试和物证取样封存，缺乏视频资料分析设备，专业化水平有待提升。为增强专业化水平，提升业务效能，要做好三方面工作。一要提升软硬件建设，强化计算机、编辑软件、存储介质等的配置，借鉴公安刑侦部门视频处理技术，或结合基层火灾调查工作实际进行自主研发；针对系统软件运维体量庞大的问题，可通过购买第三方服务的方式，委托具备资质单位开展软硬件的定期检修、更换，确保系统完整好用。二要维护好网络安全。随着办公无纸化、信息数字化的发展趋势，以其在存储、移动、分享上的便捷性优势，逐步取代了硬盘实体存储方式，网络安全重要性相应成为工作重点之一[6]。三要对内加强技术运管人员的责任落实，既要具备对常见软硬件故障的维修能力，也要具备配合做好大型系统维保工作的综合素质，确保功能完整、24小时正常运转。

6 结语

随着消防救援队伍改制转隶，火灾调查工作重要性越发凸显，作为消防安全工作的兜底工程，还起着事故延伸调查追责的指挥棒作用。视频监控越来越多地覆盖了社会生活的方方面面，作为可以全面重现事故经过的有力物证，极大地推动了事故调查结论的判定。加强视频监控的利用深度、提升视频资料的分析技巧，成为当前消防救援队伍火灾调查工作的当务之急。综上所述，消防工作唯有不断向科技要效率、靠创新寻发展，不断顺应时代发展趋势，才能提升群众从消防工作中的获得感、幸福感，才能满足依法治国理念对消防救援机构执法工作的新要求。

参考文献

［1］许波. 论视频监控录像在火灾事故调查中的应用［J］. 武警学院学报，2011，27(10)：88-89.

［2］宋海召，连涛. 浅谈监控设施在火灾调查中的应用［J］. 消防技术与产品信息，2014(12)：41-42.

［3］纵博. 公共场所监控视频的刑事证据能力问题［J］. 环球法律评论，2016，38(6)：75-92.

［4］郭伟军. 物证鉴定与用电信息数据分析在电气火灾原因认定中的应用［J］. 武警学院学报，2018，34(2)：85-88.

［5］张淼. 深化消防执法改革背景下火灾事故调查工作的重要性探析［J］. 今日消防，2020，5(8)：119-120.

［6］赵欣. 论视频监控系统在侦查中的应用与完善［D］. 重庆：西南政法大学，2015.

浅析新形势下消防执法质量考评质效

王云鹏

自贡市消防救援支队　四川自贡　643000

摘　要：随着消防体制改革和深化消防执法改革的推进，消防部门以执法质量考评工作为抓手，刀口向内，自我革命，化解了一批消防执法重大风险，纠正了一批消防执法严重问题，完善了一批消防执法制度规定，人民群众对消防执法的满意度逐步提升。但执法质量考评工作开展多年以来，仍然暴露出执法理念、执法行为、执法效能等多方面的问题。本文从消防执法质量考评质效着眼，探讨如何通过消防执法质量考核评议体系的构建，提升消防执法规范化水平，顺应全面依法治国的形势，回应人民群众的新期盼。

关键词：消防　执法　质量　考评

1　消防执法质量考评的基本概念

从消防执法质量考评的基本概念出发，通过探讨行政执法、消防执法基本概念来明确执法质量考评工作的重心。行政执法，是指在实现国家公共行政管理职能的过程中，法定的国家行政机关和得到法律、法规授权的组织依照法定程序实施行政法律规范，以达到维护公共利益和服务社会的目的的行政行为。消防执法作为行政执法的一个种类，广义上讲是地方人民政府、公安、住建、市场监管、消防救援机构依照行政执法程序及《中华人民共和国消防法》（以下简称《消防法》）等有关法律、法规的规定，对具体事件进行处理并直接影响相对人权利与义务的具体行政法律行为。消防执法狭义上讲是主要负责消防行政执法的消防救援机构在实现消防监督管理职能的过程中依照消防行政执法程序及《消防法》等有关法律、法规的规定实施行政法律规范，以达到维护社会面火灾形势稳定的行政行为，现行《消防法》赋予消防救援机构的消防行政执法权力主要有消防行政许可、消防监督检查、消防行政处罚、消防行政强制、火灾调查等。

消防执法质量考评是有效提升消防执法规范化水平的重要抓手，对端正执法理念、规范执法行为、提升执法水平、强化法纪意识有着积极引导作用。笔者认为执法质量主要包括执法依据、执法行为和执法效果。因此，消防执法质量考评就是对执行法律法规环境、行为、效果的优劣程度进行考核评议。

2　消防执法质量考评工作的现状

2.1　执法质量考评的导向不明确

一是问题导向不明确。如顶层工作方案设计没有坚持因时、地、事制宜，强调"多而全"的工作部署，没有"少而细"落实标准，工作部署只能多不敢少，本就捉襟见肘的执法队伍，只能疲于应付，反而因理解上级精神偏差出现执法问题。二是目标导向不明确。端正消防执法工作理念，转变消防执法思维模式，强化消防法制队伍建设，夯实消防执法工作基础、切实提升人民群众满意度的目标，设定标准不高，谋划不长远。三是执法质量考评过于注重结果导向。存在把执法质量考评作为政绩工程来抓，只看结果，不问过程，忽略了法制工作的严肃性和严谨性，往往是出了问题再解决问题的消极态度，长此以往，执法人员不追求精致和创新，反而形成了急功近利的工作作风。

2.2　执法质量考评的机制不科学

由于消防体制改革，除《消防法》进行了修订外，相应的配套法律法规、规章制度等没有

作者简介：王云鹏，男，自贡市消防救援支队专业技术一级指挥员，主要从事消防法制、消防监督等领域研究，E－mail：244272111@qq.com。

及时修订出台，已经与新阶段、新理念、新形势下的新要求不相适应，无法全面地评价消防执法情况。传统意义上的消防执法质量考评主要是通过纸质执法案卷和网上执法信息评查等形式对消防执法情况进行考核评议，如对下级单位的考评通过随机抽取部分案卷评查的模式，如不结合实地与全过程记录手段则不能全面、真实地反映出执法情况且随机性较大；一年两次的执法质量考评的评分权重过大，忽略了日常考评的作用，不但不利于发现解决问题，而且易形成"运动战"的应考风气。

2.3 执法质量考评的尺度不统一

执法质量考评对考评人员的专业水平、工作态度、法纪意识要求非常高，顶层制度设计再完美，关键还是靠人员落实，考评单位执法质量的同时也是对执法质量考评人员的考验。就当前情况看，消防执法质量考评工作由负责法制工作的部门牵头组织，与办公室、纪检督察、其他防火相关处室等协调不够，没有形成合力，由于工作任务量过大，缺乏一支稳定的、专业性强、责任心强考评队伍，都是通过临时抽调人员，完成考评工作。由于临时抽调考评人员业务水平参差不齐，缺乏专业的培训，导致在考评过程中出现标准把握不严不准、问题发现不深不细、尺度把握不同不够等情况。

2.4 执法质量考评的效果不明显

由于考评组织架构不完善，部门职责任务没有理顺，工作合力不足，对考评结果运用不到位，导致执法质量考评效果不明显。如法制部门牵头通过检查发现问题，但并没有表彰和追责的职权，因此只有将成绩和问题线索通报相关部门，由相关职权部门按照规定进行责任追究，但往往奖惩制度得不到落实，造成考评的示范和警示效应大打折扣。因执法质量考评结果纳入了年终班子考评，各级对执法质量考评结果非常重视，往往是应试工作充分到位，考评结束无人问津，忽略了对考评中发现的问题隐患的整改落实，导致考评作用效果弱化。

3 提升消防执法质量考评的思考

随着国家"五位一体"总体布局和"四个全面"战略布局的推进，深化"放管服"改革

和优化营商环境等政策的出台，深化消防执法改革正在正向纵深推进，运用好执法质量考评体系这个"指挥棒"，构建适应新阶段、新理念下的消防执法质量考评体系十分必要。笔者结合实际工作，从考评机制、保障机制和责任机制三个层面完善考评体系，助推消防法治建设。

3.1 建立完善执法质量考评机制

建立以日常考评为主、专项考评为辅的考评机制。坚持问题导向，结合新时期形势、任务和要求做好顶层设计，加强日常执法情况的动态监督，充分调动基层自我监督的主动性，实行省级每月考评、市级每周考评的执法监督制度，加大日常考评的权重，合理优化考评指标体系。建立执法与服务并重的考评体系。坚持目标导向，要始终将社会面火灾形势稳定和人民群众的满意为目标，每年着力解决1至2个消防执法的共性问题，同时对执法行为规范性、结果的公正性、办理的时效性、廉洁情况等要素开展执法满意度评价，倾听群众对消防执法工作的意见和建议。科学优化考评方法，在传统考评的基础上，注重对执法人员执法理念、法纪意识、业务能力进行考评，注重对单位执行法律法规、落实政策制度和服务水平的考评，探索实地执法效能考评标准。

3.2 建立完善执法质量考评保障机制

一是组织保障。要健全执法质量考评组织机构，成立由行政主官任组长，负责法制的部门牵头，办公室、信通、纪检、人事部门共同参与的执法质量考评领导小组，明确各部门职能和责任，加强沟通协调，形成工作合力。二是人员保障。依托法核中心建设，在全省选拔一批热爱并将长期从事法制工作的人员组建相对固定的执法质量考评专家库，考评专家库每三年更新一次，加强考评工作培训，端正考评思想态度，统一标准尺度，确保公正严格落实考评工作。三是技术保障。依托大数据、人工智能、云计算等科技手段，整合消防监督管理、执法档案管理、视音频管理和双随机等系统功能，开发执法质量考评辅助系统，用于数据分析、自由裁量、案卷评查等工作，协助做好日常考评。

3.3 建立完善执法质量考评责任机制

修订完善执法质量考核评议规定，坚持实事求是、公平公正、奖优罚劣的原则，优化细化考

评内容，完善责任体系，明晰各部门职责使命，拧紧责任链条，确保责任落实到岗位、到人头。健全内部执法监督机制，修订完善内部执法监督工作、执法过错责任追究和执法质量考核评议相关制度，优化内部执法监督考评的范围、内容。强化考评结果应用，要将执法质量考评作为党委议防工作重心，从党委的高度研判消防法治建设工作，发挥执法质量考评的"指挥棒"作用，严格落实执法质量考核评议规定的奖惩办法，切实做到奖惩斗硬，确保考评结果引导作用，进一步规范消防执法行为，提升消防执法质量。

参考文献

［1］刘鸿艳.公安机关消防机构执法质量考评存在问题及对策研究［J］.科技信息，2013(36)：285-285.

［2］王锡章.公安机关执法质量考评新体系之构建［J］.中国人民公安大学学报（社会科学版），2016(6)：82-89.

［3］郑夏.公安机关执法质量监控面临的问题及完善对策研究［D］.湘潭：湘潭大学，2017.

关于建立支队级消防法制中心的探讨

邓 洪 波

四川省自贡市消防救援支队 自贡 643000

摘 要：本文分析了消防法制存在的突出问题及原因，探讨了如何加强消防法制工作，并创新性地提出了建立支队级消防法制中心这一新课题。支队级消防法制中心可以有效夯实消防法制基础，创新消防监管模式，切实强化消防监管。建立支队级消防法制中心也是可行的。

关键词：消防法制 建设 对策 消防监管

0 引言

近年来，人们的法律意识不断提高，对消防安全工作日益重视，这给消防法制工作提出了更高的要求。当前，消防法制工作不能完全适应经济和社会发展，必须要加以改进。

1 消防法制的概念及消防法制中心的存在形式

本文提及"消防法制"是指狭义上的消防法制，即制定、实施消防法律、法规、规章和监督消防执法行为等一系列活动过程。

本文所指支队级消防法制中心，不是按照国家综合性消防救援队伍编制设定的支队级内设机构，而是为了加强消防法制建设而设置的支队级消防法制议事机构，具有消防法制学术、学会特征，能够发挥消防法制宣传、指导、帮扶、研讨等作用。

2 消防法制存在的突出问题及原因分析

2.1 消防法律体系不完善，执法质量不高

首先，消防法律体系存在不完善、不合理、不科学之处，规定社会单位履行消防安全主体责任存在不合理之处。如《消防法》规定社会单位履行消防安全管理职责方面，允许容错纠错，相对宽容，对未建立消防安全制度、预案，未开展消防安全培训、检查巡查、演练等情形，在监督执法时，限期改正而逾期未改，才能立案处罚。这不利于消防救援机构有效监管，不利于维护社会单位履行消防安全管理职责的主动性和积极性。而与之相对的是，《安全生产法》规定未依法履行安全管理职责的违法情形时，处罚则要严苛和刚性得多。

其次，未出台国务院消防法规体系，没有《消防法》实施条例。而其他部门如《道路交通安全法实施条例》《生产安全事故应急条例》《生产安全事故报告和调查处理条例》等国务院法规早已出台。消防工作涉及社会各个行业、生活的方方面面，关系人民群众的生命和财产安全，出台、实施国务院法规实有必要。

再次，现阶段，消防监督管理工作主要是由公安消防部队改制后的消防救援机构负责实施，业务水平、法律素质亟须提高。之前由于现役体制，人员流动性大，岗位轮换快，执法人员法律素质不强，业务水平不高，绝大多数执法人员没有接受过专业、系统的法律知识教育和培训；实行新编制后，在办理消防行政执法案件时，一部分支队集中法制审核变成了大队自行法制审核，形势一下子变得严峻起来。在执法案卷评查时，笔者经常发现违法事实不清、证据缺乏证明力、不符合法定程序、适用法律错误和裁量不当的行政处罚案件，甚至法律文书表述也不符合常识、常理。

2.2 未形成统一的消防法制理念，执法责任和后果认识不足

消防监督执法人员未形成统一的消防法制理念，社会层面的消防工作方针原则、消防安全责任制和消防工作网络没有被有效贯彻实行。部分

作者简介：邓洪波，男，四川广安人，四川省自贡市消防救援支队工程师，从事消防监督检查、消防培训、法制审核等工作。

消防救援机构未按照《消防法》规定正确履行监督管理职能，多以监督执法代替监督管理，用执法量化指标数据衡量工作成绩，以"保姆型"方式单一性地检查单位现场火灾隐患和违法行为，承担了本应由政府、部门、单位、公民履行的法定职责，消防法律责任界限一直模糊不清，工作越俎代庖，面对点多、线长、面广，并且庞大的消防监督对象，分身乏术，只能疲于奔命，被动应付。按照《消防法》，消防监督管理的重点应是行政管理、综合管理，监督执法只应是管理的一种手段，而不是消防工作的全部内容。应正确认识职责、执法责任和后果，厘清消防监管无限责任，应避免本末倒置，避免因不能正确履行监督职责或玩忽职守而被追责和刑事追诉，从而做到依法、正确履行消防监管的法律责任。

2.3 消防监管现状是火灾隐患突出，法律责任持续加大

火灾是威胁人民群众生命和财产安全最普遍、最频繁的灾害种类之一，火灾具有突发性和偶然性。目前，社会层面的消防安全违法行为和火灾隐患问题突出。火灾预防最重要的环节是社会单位全面负责，但社会单位的消防安全意识普遍较差，缺乏消防安全管理的"明白人"，消防法律对社会单位的消防安全管理责任约束力不强。随着经济社会发展，人们更加关爱生命，关注消防，消防监管的压力更大，责任更重。特别是消防改革转制后，消防监管追责问责力度逐渐加大，消防监督执法人员面临法律责任持续加大。

2.4 消防法制创新成果不佳，难以适应当前复杂形势

首先，近年来，实行"双随机，一公开"消防监管，以及消防站开展防火工作试点，虽然在消防监管方面不断尝试创新，但相应的配套消防法制创新成果不佳，甚至停滞不前，难以适应当前复杂的火灾防控形势。如电动自行车违规充电、消防车通道被占用和消防技术服务机构收费高、履责差等问题，是火灾隐患的热点，更是消防监管的难点，也是法律体系的空白点。在查处消防安全违法行为时，存在调查取证难，执法程序烦琐，执法成本高等问题，消防法律体系需要健全和完善，有创设相应罚则的需要。在实施消

防行政处罚过程中，传统意义上的消防行政处罚简易程序已经基本"失传"；创新式消防行政处罚程序，如通过网上直办，当事人主动"认罚认缴"，简化处罚程序，还未在消防法律法规体系创设。这既不符合"放管服"精神，又让执法人员工作量剧增，增加了大量的社会经济成本，不符合社会发展进步要求。

其次，消防行政处罚证据种类单一、缺乏证明力，过度依据证人证言，较少考虑采用其他证据材料，如物证、鉴定意见、视听资料、电子数据等。

再次，随着消防改革转制和《消防法》修正，公安派出所消防监督管理职责已经逐渐淡化，"九小场所"消防监管力量逐渐减弱，仅仅依靠消防救援机构独力实施整个社会层面的有效消防监管实在力不从心。

3 支队级消防法制中心的功能和作用分析

直面当前消防法制工作存在的问题，可以以律师"外援"保障体系和内部法学类专业、防火业务骨干等建立支队级消防法制中心来解决。支队级消防法制中心以团队力量和智慧为消防法律立法、实施和执法行为服务，可以为支队级以下单位"答疑解惑"，为消防法制建设"助跑助力"，为领导决策提供消防法制及技术性参考。

3.1 能够加强消防法制基础工作，为消防执法提质增能

建立支队级消防法制中心，能够持续推进消防法制业务能力建设和人才队伍建设，可以通过印制消防法律实用工具手册，统一编制消防法律文书读本和模板等，对执法质量基础差的基层单位重点帮扶，进一步规范消防执法行为，保障和监督各级消防救援机构有效实施消防行政管理，防止和纠正违法的或者不当的具体行政行为，为在消防执法行为中存在的重大、疑难消防法律问题提供优质、高效的服务，以及在行政复议、行政诉讼、行政执法监督、听证论证等方面发挥作用。

3.2 提高消防法制重要性认识，为消防监管履职尽责

通过建立支队级消防法制中心，可以构建起消防普法宣传、法律交流、学习和研习平台，可

以为参与消防执法行为的干部、消防员、消防文员进行消防法律知识培训，提高消防法制重要性认识，通过以案明责、以案明法的形式，提高消防执法人员法律知识、防火业务技能，提高工作的主动性，逐步提高消防法制理念共识，为消防监管人员答疑解惑，探讨如何加强消防监管，如何更好履职尽责，如何厘清法律责任界限。

3.3 开展消防法制创新研讨，探索新型消防监管模式

建立支队级消防法制中心，便于及时搜集基层消防法制工作存在的突出问题，在一定范围内开展消防法制工作研讨，以不断适应新时代消防法制工作需要和创新消防监督管理模式。随着消防执法改革逐步深化，各项制度"边立边破"，目前的消防监管模式存在一些弊端，需要不断地创新和完善，为消防法制建设献计献策。探索推进防消联勤和消防救援站开展防火工作；探索建立消防法制"外援"保障体系，建立律师团队书面意见辅助消防法制审核工作；探索地方消防立法工作；探索委托乡镇、街道执法的组织协调、业务指导、执法监督，探索行政处罚协调配合机制，完善评议、考核制度工作等。

4 建立消防法制中心可行性分析

支队级消防法制中心运行模式，按照定期会议制度和专项工作制度，便于日常召集和组织。由分管防火副支队长直接领导，由支队级法律顾问、防火业务骨干、法考（国家统一法律职业资格考试）通过人员、法学专业人员等组成。以四川省自贡市消防救援支队为例，现有人员中有行政法专业律师1人、律所法务助理1人、法考通过人员2人、法学硕士3人、法律学士2人、消防监督管理专业中级专业技术职务4人、火灾调查专业中级专业技术职务1人，初步具备成立消防法制中心的人员条件。

5 结语

建立支队级消防法制中心是结合消防救援队伍执法特点和消防法制基础工作的一次尝试和创新，消防法制建设要以消防法制问题为导向，是一项长期性和系统性的工作。建立支队级消防法制中心不仅能够夯实消防法制基础工作，还可以拓展消防法制的广度、深度，创新消防监管模式，不断推动消防法制建设上新台阶。综上所述，建立支队级消防法制中心是必要的，也是可行的。

参考文献

［1］范平安．完善我国消防法制与执法规范化建设对策［J］．消防科学与技术，2012(6)：469-471.

［2］邓洪波．消防监管新模式下单位落实消防安全主体责任存在问题及对策［J］．中国西部科技，2019(34)：300-301.

武汉市两起典型电动自行车火灾调查研究

蒋 国 利

武汉市消防救援支队　武汉　430000

摘　要： 本文介绍了武汉市两起典型电动自行车火灾原因调查过程，在调查研究和实践的基础上分析了电动自行车火灾调查的难点、要点，为电动自行车火灾调查提供参考。

关键词： 电动自行车火灾　火灾调查　调查方法

我国是电动自行车生产和消费大国，电动自行车产业对于发展国家能源战略储备、减少环境污染及缓解交通拥堵有一定的促进作用。但是在为人们提供方便、快捷的同时，电动自行车发生火灾的情况也时有发生。本文通过介绍两起电动自行车火灾案例，对电动自行车火灾调查现状进行分析，为今后电动自行车火灾调查提供一定借鉴。

1　案例一：武汉市江岸区"7·15"火灾

2020年7月15日1时27分，武汉市江岸区一元街道江汉村15号居民楼发生火灾，火灾过火面积150 m²，直接财产损失35.18万元，亡1人，伤1人。江汉村居住房屋为武汉市优秀历史建筑，建成于1936年，属高等里分式住宅建筑群，其中事发建筑江汉村15号为三层砖木结构居民楼，该栋楼房的1楼和2楼闲置，无人员居住，3楼房屋实有面积75.49 m²，房主私自改建为6间"胶囊房"出租，火灾前出租了4间，居住4人。

1.1　调查询问

7月14日晚6时许，3楼租户刘某将电动自行车的电池卸下后，放在1楼的楼道内距门口0.9 m处充电。涉案电动自行车系租户刘某于6月15日从武汉鸿园柏菲商贸有限公司租赁，品牌型号为"赛鸽"小力鹰，生产企业是无锡赛鸽电动车科技有限公司，车牌号是武汉M-18844，电池编号为20273。该款电动自行车的生产企业在车辆出厂时仅销售车架，不装配

电池。

1.2　现场勘验

通过火势蔓延、烟熏、倒塌、木柱迎火面等痕迹勘验（图1），确定起火部位在一楼楼道，起火点在一楼楼道进门0.9 m处。

图1　在起火点水泥地板留下清晰电动车
电池盒印痕，显示电池高温内热

1.3　锂电池后台监控数据分析

核查编号20273的电池供货商为四川享锂来科技有限公司，其在提供的电池内安装有监控芯

作者简介：蒋国利，武汉市消防救援支队中级专业技术职务，从事防火监督、火灾事故调查工作19年，E-mail：jianggl@163.com。

片，能在四川成都的后台实时监测电池工作情况。7月14日20时3分（即火灾发生前5 h），成都后台监测数据显示编号20273的电池内第2-4节、6-10节电压异常，显示过电压，20时4分后监测数据消失。四川享锂来科技有限公司于2020年7月16日17时2分通过微信向武汉市黄陂区锂能行经营部通报该异常情况。如图2、图3所示。

图2　同类型电池火灾前后对比

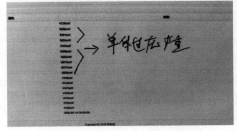

图3　四川享锂来科技有限公司
电池后台监控数据记录

1.4　火灾调查总结

该起火灾直接责任人刘某以失火罪判刑1年2个月。消防救援机构火灾刑事案件移交，公安机关是否立案，检察机关是否起诉，法院是否判决，对火灾原因认定证据有很高要求，该起火灾锂电池后台监控数据作为有效电子证据发挥了充分证明力。

2　案例二：武汉市东湖高新区"8·9"火灾

2020年8月9日23时36分，武汉市东湖高新区财富二路8号昊江机械分部仓库发生火灾，火灾过火面积600 m^2，火灾直接财产损失760万元。昊江机械分部仓库内部被分隔为德邦物流、顺丰快递、铭科达和京楚石油等公司区域。

2.1　调查询问

德邦物流当晚值班员万某笔录反映：突然发现中转站内有发黑的浓烟，浓烟集中在中转站内上部区域，没有看到有明火，但听见中转站内有碎裂的声音。相邻顺丰快递员工反映：消防员救火前期，顺丰快递内照明灯处于照亮状态。

2.2　现场勘验

德邦物流中转站内库靠北墙集中停放了10辆电动自行车，其停放及烧毁情况如图4所示。

图4　德邦物流电动车停放和烧毁情况

2.3　物证鉴定

经应急管理部消防救援局天津火灾物证鉴定中心鉴定：39号电动自行车熔痕中有电热作用形成的熔痕（图5），38号和40号电动车车身上线路的熔痕均为二次短路熔痕，该鉴定结果表明系39号电动自行车最先发生电气故障引发火灾。

图 5　39 号电动车短路融痕

2.4　火灾调查总结

调取仓库区外部监控火灾视频分析，通过仓库外窗玻璃最先闪火光处光影追踪，结合火灾现场烟熏、物品倒塌、钢结构变色、变形等痕迹，确定起火部位为德邦物流靠北墙集中停放电动自行车处。该处停放有 10 辆电动自行车，确定引发火灾具体电动自行车成为勘验的难点。电动自行车自带蓄电池，控制开关和蓄电池之间电气线路处于带电状态，火灾中易形成多车、多线路上电气融痕，导致火灾认定和物证鉴定难度加大。必须高度重视电动自行车低位燃烧痕迹，勘验地面水泥层炸裂、变色痕迹，勘验地面融结物品类型、层次。

3　电动自行车火灾原因和调查难点探析

3.1　武汉市电动自行车火灾原因分析

2018 年 1 月 1 日至 2020 年 10 月 25 日，武汉市共发生电动自行车车火灾 197 起，占火灾总数的 3.2%。其中电气火灾和自燃（实际也是电气类火灾）182 起，占该类火灾的 92.4%。见表 1。

表 1　武汉市电动自行车火灾情况
（2018 年 1 月 1 日至 2020 年 10 月 25 日）

年份	起数	电气火灾	自燃	吸烟	遗留火种	生活用火不慎	放火	不明确原因
2020	50	33	12	1	1	1	0	2
2019	77	55	15	1	1	1	2	2
2018	70	59	8	1	1	0	0	1
合计	197	147	35	3	3	2	2	5

电动自行车电气火灾主要因素：一是电动自行车自身质量不过关。部分电动自行车本身系伪劣产品，车身选用电线线径小、质量差，敷设未按照规定进行捆扎固定，插接件质量低劣，插接件处未做防水防尘处理，线路易受震动摩擦破损发生短路。二是电动自行车私自改装。如，为增大车辆功率、行车速度，更换车辆电池型号，导致车辆功率与电气线路不匹配；增加防盗器、音响等电气设备。这些线路不受电源开关控制，也未安装保护装置，易引发火灾。三是电动自行车蓄电池和充电器故障。锂电池充电和使用中均可能发生故障引发火灾事故；充电器在充电中自身可能出现发热故障。四是电动自行车违章充电引发电气事故。飞线、串线等违章充电方式，导致插座接触不良、电线接头短路、过负荷等引发火灾。

3.2　电动自行车火灾调查难点探析

一是电动自行车品牌多，电池类型多，改装多，火灾调查复杂性强；二是多台电动自行车火灾现场，精准定位、定车、定责难度大；三是电动自行车火灾现场燃烧重，物证提取难度大，物证送检鉴定有效率低。

3.3　电动自行车火灾调查方法探析

（1）确定电动自行车在火场位置。牢固树立认定起火原因必须首先确定起火点、起火部位原则，不在起火点、起火部位的电动自行车一般不列为勘验重点。

（2）确定电动自行车使用状态。是行驶，停放未充电，还是停放充电状态？

（3）电动自行车火灾调查要点。①电动自行车有否改装，是否增设防盗、音响等电气设备、用具。②电动自行车蓄电池类型，是铅酸电池，还是锂离子电池？③电动自行车电门锁控制电路情况。通过查找市场同型号电动自行车，须拆解电动自行车电门锁断开后，车身哪些电气线路处于带电或连通状态？④勘验电动自行车金属车架变形、变色痕迹和电动自行车倒塌痕迹，综合判定最先起火电动自行车。⑤勘验电动自行车充电的方式，有否飞线、串线等违章行为，勘验充电插座、电气线路、充电器电气痕迹。⑥以电池组为起点，循线路开展细项勘验，查找车身线路上融痕。⑦开展电池组专项勘验，电池组是否形成内热、变色、变形、炸裂？电池组连接铜导板有无变色、融化、烧缺等痕迹？⑧重视低位痕迹的勘验，电动自行车火灾应在勘验后对地面水浴清理，勘验地面水泥层炸裂、变色痕迹，勘验地面融结物品类型、层次。

（4）高度重视电动自行车火灾中科技手段运用。①锂电池后台监控数据运用；②视频监控运用；③推动大专院校、研究所等社会第三方中介机构参与电动自行车火灾调查。

参考文献

［1］公安部．火灾事故调查规定［S］. 2009.

［2］杨植昇．浅谈电动自行车的火灾危险性及防范措施［J］. 消防界，2017(4)：9.

一起棉花仓库火灾事故的调查与体会

郭 亮 蒋国利 刘 诚

武汉市消防救援支队 武汉 430000

摘 要: 棉花仓库火灾蔓延速度较快,扑救难度大,扑救过程会对火灾现场造成极大的破坏,造成火灾原因的调查难度大,本文通过排除法对引发火灾的原因逐一排除,并通过回潮率这个关键因素确定起火原因,对调查认定棉花类自燃物质火灾有一定的指导性。

关键词: 火灾调查 棉花仓库 回潮率

1 引言

2019 年 4 月 17 日 17 时 38 分 32 秒,武汉市消防救援支队指挥中心接到报警,东西湖区湖北银丰仓储物流有限公司一仓库发生火灾。火灾发生后,武汉市消防救援支队、东西湖区消防救援大队、东西湖区公安分局慈惠街派出所迅速成立火灾事故联合调查组,省消防救援总队派员指导火灾调查工作,调查组成员共 40 余人。

2 火灾调查情况

2.1 起火单位基本情况

湖北银丰实业集团有限责任公司是湖北省供销合作总社全资涉农支柱企业,由湖北省原棉花总公司改制而成。湖北银丰仓储物流公司为湖北银丰实业集团有限责任公司全资子公司,位于东西湖区慈惠街朝阳路 102 号,占地 330 亩(1亩 = 0.0667 hm²),共有 34 栋丙类二级仓库,总建筑面积 4.8 万 m²,部分仓库对外出租(电器、日用品、食品等仓库使用)。目前,有 12 个库为自营棉花仓库,加上室外 4 个堆场共储存棉花约 3 万 t,总价值 4.5 亿元左右。

起火建筑为湖北银丰仓储物流公司 E 仓库,长 81 m,宽 60.05 m,建筑面积 4864.05 m²,单层,高 9.5 m,为砖混轻钢屋顶结构,中间用防火墙、防火卷帘门分成两个防火分区,防火卷帘门长期关闭。2009 年 10 月 25 日,建设工程消防竣工验收抽查合格(编号:2009YC158 号),

2009 年 12 月投入使用,设有火灾自动报警、火灾自动喷水灭火、室内消火栓等固定消防设施。火灾前 E 仓库共储存棉花约 6000 t,其中郑州棉花期货交易所期棉 3741.548 t。

2.2 起火经过和火灾扑救情况

2019 年 4 月 17 日 17 时 38 分 32 秒,支队作战指挥中心接警,迅速调集首批吴家山、古田、宗关、长丰、硚口、七里庙、黄金口等 7 个中队及战勤保障大队、慈惠街和柏泉小型站共 35 辆消防车、190 余名消防指战员赶赴现场处置。同时启动应急预案调集东西湖区供水、城管、环保等联动力量参与火灾扑救,共调施工机械车辆(挖掘机、铲车)20 台、渣土运输车 12 台、洒水车 21 台参与协助处置。17 时 48 分,吴家山中队到场,经侦查现场为一栋单层仓库起火,燃烧物质为捆装棉花,无人员被困。参战消防指战员到场后迅速布置水枪阵地,全力控火。19 时 20 分,火势得以堵截控制。22 时 20 分,现场明火被压制。由于捆装棉花捆扎堆放严实,参战力量利用挖掘机械逐层翻开不断清理小部分残火,并用渣土运输车对棉花堆垛进行转运。作战指挥中心先后调集三批轮换力量共计 45 台消防车、220 余名消防指战员不分昼夜连续奋战。21 日凌晨 2 时许,现场全部清理完毕。

2.3 火灾原因调查认定情况

2.3.1 火灾发现时间和起火部位认定

(1) 调查询问证实:第一报警人为叶某钢,报警时间为 17 时 38 分 32 秒。笔录反映,他和

作者简介:郭亮,男,工程师,工作于武汉市消防救援支队火调技术处,主要从事火灾事故调查工作,E-mail:277213701@qq.com。

哥哥叶某红在 E 库东侧院墙外洗车，突然发现 E 库上方浓烟遮住了太阳，天都变黑了，于是迅速报火警。

（2）现场监控视频证实：调查组第一时间从物流仓库值班室提取了库区监控视频。E 库内无监控视频，库外设有 2 处监控摄像头，分别在 E 库外东南角和西北面靠近 D 库处。通过监控视频确定，17 时 34 分 40 秒，E 库东侧上部有白烟冒出；36 分 55 秒，开始变成黑烟；37 分 03 秒，烟雾瞬间变大，形成轰燃，火势穿破仓库屋顶并将仓库东北侧一扇蓝色大门冲开。随后企业员工纷纷赶往 E 库，有的接室外消火栓铺水带展开扑救，有的在现场围观火灾。

认定火灾发现时间为 2019 年 4 月 17 日 17 时 38 分许；起火部位为 E 库内东北侧。

2.3.2 起火原因认定

1）可以排 E 仓库雷击，棉包捆带摩擦起火，静电，生活和作业用火不慎，杀虫剂自燃引发火灾可能

①调查核实物流仓库区 4 月 17 日为晴天，日平均气温为 20.2 ℃，降水量为零，可排除雷击引发火灾可能；②调查核实棉包捆带为塑钢专用材料，可排除棉包捆带摩擦起火引发火灾可能；③调查核实库区储存棉花均为压缩棉包，基本无棉花絮沉积、飘挂，可排除静电引发火灾可能；④调查核实，E 仓库内未设置办公、生活区，无人员住宿，失火当天无人员在 E 仓库动火维修、切割物品，可排除生活、作业用火不慎引发火灾可能；⑤调查核实，库区近期未使用杀虫剂，可排除杀虫剂自燃引发火灾可能。

2）可以排除 E 仓库电气故障引发火灾可能

调查核实：E 仓库 2018 年 1 月前作为烟草仓库使用，仓库内敷设有照明等电气线路；2018 年 1 月后改为棉花仓库使用，当时由库区电工（王茂学，男）将电源切断并用木板封闭入户电闸。

3）可以排除 E 仓库叉车、夹包车排气孔火星、平板货车引发火灾可能

①调查核实该物流仓库区共有叉车 3 台、夹包车 11 台，均为专用车辆，设有固定防火罩，并由武汉鸿力源工业设备有限公司维保；②调查核实当日从仓库堆垛区运送棉花至 E 库的是一

辆无号牌江淮 JAC 平板货车，未装防火罩，车辆老旧，但平板货车停在 E 库外，未进入 E 仓库内。

4）可以排除 E 仓库烟头引燃棉花引发火灾的可能

通过调查询问和监控视频核实：火灾当天，共有四批次 10 人在 E 库进出和作业。第一批次，作业时间 4 月 17 日 8 时 50 分至 9 时 40 分许，主要工作为根据仓储部工作安排，将户外棉花垛用叉车转移至 E 库靠南侧防火分区内 E-3-1 垛位上；第二批次，作业时间 4 月 17 日 13 时 54 分至 16 时 04 分许，主要工作为根据仓储部工作安排，将户外棉花垛用叉车转移至 E 库靠南侧防火分区 E-7-7、E-8-7、E-9-7 垛位上；第三批次，主要工作为根据仓库工作安排，在 E 仓库靠北侧防火分区拿棉花样本送湖北省纤维检验局检测；第四批次，4 月 17 日 16 时 26 分许，在 E 库西南门巡逻检查进入仓库，时间约 40 s 后离去。10 人笔录相互印证未在 E 库内吸烟、使用明火、发现异常情况，且认定最先起火部位在 E 仓库靠北侧防火分区内，仅两人进入仓库门口拿走取样袋，停留 2 min 09 s，监控视频显示两人没有吸烟行为。监控视频显示 E 仓库外不间断有运输车辆经过，库区最先参与火灾扑救员工均反映火灾集中在棉花堆垛中上部，火灾发展迅猛，不符合丢弃烟头阴燃底部棉包且在外部阴燃，产生大量黑烟、没有白烟，火势从底部向上蔓延火灾特征。故可以排除 E 仓库烟头阴燃棉花引发火灾可能。

5）公安部门调查未发现 E 仓库放火等刑事案件引发火灾的线索

由公安部门出具《武汉市东西湖区湖北银丰仓储物流有限公司"4·17"棉花仓库调查意见》，排除刑事案件引发火灾可能。

6）不能排除 E 仓库靠北侧防火分区内棉花堆垛自燃引发火灾

认定依据如下。

（1）E 仓库火灾初期冒白烟、轰燃等燃烧特征符合棉花堆垛自燃燃烧特征。

棉花堆垛发热自燃的原因有三种：吸湿放热、发酵放热、氧化放热，上述三种放热方式可能交互出现。由于棉花是不良导体，蓄热保温性

强,随着温度的上升,热量无法及时散发,易形成自燃。当堆垛内阴燃棉花突然遇到空气对流时,会导致棉花的不完全燃烧迅速变成完全燃烧,由无焰燃烧迅速转变为有焰燃烧,并出现一些征兆,比较典型的就是发出明火前升温冒烟,先白烟(水蒸气)后黑烟。如果棉花包装较紧,棉花自燃时会保持阴燃状态,并释放大量的一氧化碳,一氧化碳与空气混合,遭遇明火后极易产生燃爆,这种火灾难以在短时间控制,甚至会造成较严重的人身伤亡事故。E 仓库外 2 处监控视频记录的 E 仓库火灾初期情况与上述特征相一致。

(2)E 仓库 4 月 1 日和 4 月 4 日四批次棉包经湖北省纤维检验局检测回潮率处于棉花易变异回潮率范围。

由湖北银丰仓储物流公司二次送检(期货棉必须由仓库方二次送检),湖北省纤维检验局检验后,出具期货交割棉重量公正检验证书,编号为 420012201970135、420012201970639、420012201970129、420012201970636 四份报告,棉花单包最高回潮率超过 9%,最高达 9.5%,上述 4 批次棉花在 E 库北侧防火分区 E-21-6、E-26-5、E-23-2、E-29-4 垛位上(认定最先起火部位处)。

经查阅资料:①棉花易变异回潮率范围,塑料包装平均回潮率大于等于 8.5%,单包回潮率大于等于 9%,布包平均回潮率大于等于 9.5%,单包大于等于 10%。②空气中的水分含量和湿度越高,回潮率越高;存放时间越长回潮率越高。如检测时平均回潮率为 8%,若空气环境中湿度继续增加,5 日后回潮率可升高达 8.5%。③由于湖北为湿润气候,天气气候原因,新疆棉最容易变异的月份为 4 月、5 月、6 月、7 月。梅雨季节,高温环境下棉花长时间存放,当棉花回潮率达 10.5% 时,会发黄。棉花潮湿后,会滋生微生物,微生物会发酵使棉花发热,同时,大量堆放的棉花经过高压存放,透气性差,持续发热使温度升高,加上微生物分解产生的易燃气体会增多。当棉花回潮率达 10.5%,应将棉花运到纺织厂,及时把棉花拆开处理。

(3)武汉市 3 月 1 日至 4 月 17 日天气情况分析:武汉市 2019 年 3 月 1 日—4 月 17 日,共 48 天,其中有 15 天雨天,有 26 天日平均相对湿度等于大于 75%,最高平均相对湿度达 95%;4 月 10 前后有较大温差变化,温差 15 ℃左右;4 月 16 日天气转晴;4 月 17 日最高气温升至 30 度。

综上所述,认定该起火灾起火原因为:湖北银丰仓储物流公司 E 仓库北防火分区棉花堆垛自燃引发火灾。

3 火灾事故调查的体会

(1)堆垛自燃类物质火灾现场勘验需要注意在火灾扑救过程中保护火灾现场,在火灾扑救的同时开展勘验工作。由于堆垛类自燃物质发生燃烧,火灾扑救难度大,一般会采用大型挖掘机进行施救,施救结束后,火灾现场基本上全部被破坏。该起火灾扑救了三天三夜,虽然在火灾扑救的同时,笔者已经对火灾现场进行勘验,但是由于初期调查判断错误,未对起火部位的物质燃烧残留情况进行勘验,导致没有自燃类物质阴燃的特征照片。

(2)自燃类物质引发火灾,在认定火灾原因时,一定要调查物质的燃烧机理,有条件的话,可以开展燃烧机理研究。本火灾为确认棉花自燃的可能性,笔者在武汉相关高校进行调查研究,向学院教授了解棉花的特性,知道了棉花的发热机理,掌握了棉花回潮率这个指标,并通过相关检测确定起火原因。

参考文献

[1] 潘田晨,邵学民. 对一起棉花堆垛自燃火灾的调查 [J]. 消防科学与技术,2004,23(6):604-605.

[2] 包永烈,张永丰,顾海昕,等. 棉花自燃风险性的热分析研究 [J]. 消防科学与技术,2012,31(1):100-103.

[3] 顾丽华. 棉花自燃类火灾的成因 [J]. 火警. 2002(5):17.

解析建筑火灾延伸调查的"2+3"防火技术分析方法

周　祥

辽宁省沈阳市消防救援支队　沈阳　110000

摘　要：本文以一起丙类高架仓库火灾延伸调查为例，解析了典型建筑采用"2+3"防火技术分析方法，得出消防设计预期与火灾破坏性之间，一致或背离的技术推导过程、结论及其与事实的关联性判定；同时，建筑火灾发生后实施防火性能验证评价、致灾风险识别与消防安全管理效果评价，查找建筑防火设计、设施效能、火灾危险源识别与相应消防安全管理中存在问题，推导出技术改进对策和风险的人防、物防、管理的改进对策，从而延伸了火灾成因分析体系。

关键词：消防　"2+3"防火技术分析方法　火灾延伸调查　典型建筑防火　火灾成因事实认定

1　引言

"2+3"防火技术分析方法的实施程序：遵循"2+3"防火技术内容（即被动防火、主动防火两大类措施设施，和燃烧三要素对应本质安全机理与消防安全管理措施，即人防、物防、技防三方面措施的关联关系在火灾全程中反映的事实认定），开展痕迹物证和动作响应等火灾相关证据的判断、收集和分析，进一步验证分析建筑防火技术实际效能、查找问题原因的灾后验证及分析方法。本文以类型建筑[①]火灾——单层丙类仓库钢结构建筑火灾延伸调查为例，举例解析。

起火仓库建筑于2018年11月设计、2020年9月投入使用，钢管桁架钢结构丙类单层仓库[设计储存丙2类；耐火等级2级；规模为137 m（长）×96 m（宽）×12 m（高）；局部2层办公区；设3个防火分区；配有火灾监控和灭火消防设施、电动窗和可熔采光带自然排烟、消防广播等]。火灾蔓延限于1个防火分区（建筑面积3838 m²），突破外壳。承租方布置并运行2月后，在库内增建1100 m²冷库，安装施工时金属切割作业引发火灾。

2　建筑被动防火、主动防火两大类措施设施的灾后验证

前文起火仓库，经查阅其工程项目《消防设计专篇》、施工图等数字化审图平台存档资料和施工验收技术文件，可得该建筑的设计参数、依据及施工工艺、施工过程检查和防火性能验收指标等。

2.1　建筑被动防火措施设施的灾后验证

一是燃烧区域内涉及建筑构件防火阻燃工艺或耐火阻燃制品，适用《消防产品现场检查判定规则》（XF 588—2012）判定；二是若火灾现场有被动防火"失效"[②]迹象，分析原因需结合火灾作用机理和消防设计。本案举例如下。

火灾发展、猛烈阶段烟热效应时间小于等于77 min（按监控视频、报警系统、出警单位资料得出）。仓库构件的防火性能指标灾后验证，符合性判定及结论见表1，取证资料照片如图1所示。

2.2　建筑主动防火措施设施的灾后验证

若火灾现场有主动防火"失效"[③]迹象，其迹象判断和原因分析，需结合设计（设计参数、

作者简介：周祥，男，工学学士，沈阳市消防救援支队中级工程师，长期从事防火监督技术岗位，E-mail：3206769247@qq.com。

表1 建筑耐火等级认定及参数（设计为二级）

建筑构件		设计燃烧性能 耐火极限/h	设计材料及防火工艺	灾后判定符合性
竖向结构	柱	不燃 2.5 h	钢；防火涂层非膨胀型 15 mm，矿物纤维包裹	符合型式检验报告，见照片
	梁	不燃 1.5 h	钢；防火涂层非膨胀型 15 mm，矿物纤维包裹	符合型式检验报告，见照片
……				
水平 结构	非承重外墙	不燃 0.5 h	金属夹芯波纹板	变形，见照片
	房间隔墙	不燃 0.5 h	金属波纹板	明显变形，见照片

备注：适用《消防产品现场检查判定规则》（XF 588—2012）No6.14.3 薄型（膨胀型）钢结构防火涂料；设备：hd-1 测厚针，精度 $\Delta\varepsilon = 0.1$ mm。

防火分隔物及封堵的灾后验证评价，见现场核查照片和取证资料。

经灾后验证，符合设计和施工标准要求，且无被动防火"失效"[②]迹象，因此无问题灾后分析。

图1 构件的防火性能指标灾后验证取证资料照片

功效指标或系统模型、火灾响应动作配件选型、系统逻辑）和主要配件的产品标准或验收技术文件等。本案举例如下。

受火灾影响区域建筑消防设施系统及设备器材的灾后验证评价见表2，取证资料照片如图2所示。

表2 消防设施系统及设备器材的灾后验证评价

名称	质保期及质保单位； 技术检测单位及结论	事故现场 使用情况	动作响应情况 判定主要结论
室内消火栓系统	略	未使用	无
室外消火栓系统	略	使用	出水正常
自动喷水灭火系统	略	使用	喷水正常，灭火失效，超作用面积后冷却保护有效（详见问题灾后分析1）
自然排烟设施	略	使用	部分电动窗半开或未开（详见问题灾后分析2）
……			
灭火器	略	使用	喷射正常，因超灭火级别，灭火失效（详见问题灾后分析3）

备注：1. 依据《消防设计专篇》、专项设计规范、相关产品标准。

2. 强制认证消防产品，依据《消防产品现场检查判定规则》（XF 588—2012）判定另附，需要检验的，以有关法定机构结论为准。

3. 判定为不正常的证据材料见问题灾后分析部分内容。

图 2　消防设施系统及设备器材的灾后验证取证资料照片（自燃排烟部分）

问题灾后分析 1（自燃排烟设施）：部分电动窗半开或未开，原因系电动排烟窗线路在联动启动期间被烧断，按自动联动逻辑看启动滞后于报警联动触发信号，证据有监控视频、报警控制器运行记录。

问题灾后分析 2（自动喷水灭火系统）：各阶段均喷水正常、灭火失效，初起控制和蔓延发展阶段的原因分别为火灾荷载密度、燃烧速度超出设计危险级范围。设计危险级为"仓库危险Ⅰ、Ⅱ级、沥青制品、箱装不发泡塑料"，实际起火物为冷库板材，主要为苯板金属夹芯板、挤塑板（主要成分是聚苯乙烯），属于仓库储存场所危险级 A 组仓库危险Ⅲ级。火灾蔓延发展后，开放喷头超出设计值，喷水强度降低。喷水灭火系统组件响应动作状况的灾后验证评价和证据见表 3。

表 3　喷水灭火系统组件状况清单（仓库危险Ⅰ、Ⅱ级，ESFR 喷头）

组件名称	选型及参数	灾后判定符合性	证据
喷头	ESFR 喷头 ［易熔金属 $RTI \leq 28$（m·s）$^{0.5}$，$K=363$，$P \geq 0.35$ MPa］，设计开放 12 支	未满足实际火灾荷载密度、燃烧速度需要	棚面喷头开放情况照片
湿式报警阀组	ZSFZ150，$Q=34$ L/s	已动作	监控视频，联动反馈信号
……（略）			
地下式水泵接合器	喷淋 2 台（消火栓 3 台，共 5 台），15 L/s，1.6 Mpa，铭牌 SQX150-1.6	正常	

备注：依据《自动喷水灭火系统设计规范》（GB 50084—2017）附录 A、B；系统设计基本参数为持续喷水时间 1 h，作用面积为 27 m²。

消防设施系统及设备器材的灾后验证取证资料照片（喷水灭火系统部分）略。

3　消防安全管理措施的灾后验证

有规范性文件要求的消防安全管理措施包括火灾预防和灭火、控火减灾等。这里的灾后验证，既包括灭火、控火减灾的人防、物防、技防三方面消防安全管理措施与初起控制和蔓延扩大之间的关联关系；也包括火灾事故事实呈现的燃烧三要素对应本质安全机理及其危险源识别、风险预防与人防、物防、技防三方面消防安全管理措施间的关联关系，是对建筑运行管理、突发事件处置等安全措施实用效果的灾后验证。（注：关联关系也称作指向性，是痕迹物证证据材料和既有防火知识体系之间的证成与涵摄，通过关联关系可以逻辑认定出火灾成因事实。）

火灾成因的燃烧三要素，基本呈现的是人的行为、物的状态致灾事实，分析其与消防安全管理规定和标准的关联，灾后验证效果。本案举例如下。

火灾成因涉及燃烧条件与对应消防安全管理措施，及措施实施效果的灾后验证评价见表 4 和取证资料照片。

问题灾后分析 4（涉火灾成因）略。

3.1　初起控制和蔓延扩大事实的指向性分析

处置预案是初起控制和遏制火灾影响蔓延扩大的主要参照流程。相关指向性分析需要考查火灾应急响应时的参与人、防灭火器材物资和技术

表4　火灾成因涉及燃烧条件与对应消防安全管理措施效果

燃烧条件	消防安全管理措施	灾后验证结论
点火源和引火物及相互作用：电锯切割角铁时飞溅火花引燃铺地用挤塑板堆垛	动火证管理	1. 动火证办理，金属切割作业未纳入 2. 办理动火证，未核查现场可燃物
	施工现场动火许可证管理	冷库施工无施工安全技术交底
	施工现场可燃物管理	冷库施工未提示、未实施
导致失控的可燃物荷载：XPS挤塑板42 m³，库体苯板金属夹芯板1276 m²	仓储管理	未履行管理制度
	规定或标准尚未明确	未提示《可燃物设置类型分类标准》，超出灭火系统设计灭火能力

备注：依据《机关团体企业事业单位消防安全管理规定》（公安部令第61号）、《仓储场所消防安全管理通则》（XF 1131—2014）、《建设工程施工现场消防安全技术规范》（GB 50720—2011）、《自动喷水灭火系统设计规范》（GB 50084—2017）

设施措施等三方面要素，同时分析与影响初起控制和蔓延扩大的火灾发生发展事实相关联的消防安全管理措施效能，做出灾后验证和问题分析。本案举例如下。

初起控制和蔓延扩大事实与对应消防安全管理措施，及措施实施效果的灾后验证评价见表5和取证资料照片。

问题灾后分析5（涉初起控制和蔓延扩大）：略。

3.2　问题灾后验证分析汇总

汇总后提出的措施对策，一般归入《火灾延伸调查报告》的事故教训部分。本案如前所述汇总了5项问题灾后分析，不再赘述。

表5　初起控制和蔓延扩大事实与对应消防安全管理措施效果

阶段	措施对应事实描述	消防安全管理措施	灾后验证结论
初起控制	无安全员	施工动火许可管理证管理	冷库施工无提示、未实施
	已喷射灭火器为MF/ABC3	施工动火器材配备	冷库施工配置低于规定
	室内消火栓未使用	灭火和应急疏散预案	发现时，现场逃生已来不及使用室内消火栓扑救
	喷水灭火系统正常动作，但火未灭（高位水箱18立）		见主动防火分析内容
蔓延扩大	灭火行动组未启动	企业微型消防站、灭火和应急疏散预案	各方均未启动，且不具备本案所需的灭火自救能力
	报警触发信号时间：11:03　转换自动联动时间：11:06	消防控制室管理及应急程序	致有的排烟窗部分开启
全程	自动消防设施由报警信息联动的及其报警、动作反馈信号，见问题灾后分析		

备注：依据《机关团体企业事业单位消防安全管理规定》（公安部令第61号）、《仓储场所消防安全管理通则》（XF 1131—2014）、《建筑灭火器配置规范》（GB 50140—2014）、《消防控制室管理及应急程序》（公消〔2008〕273号）、《社会单位灭火和应急疏散预案编制及实施导则》（GB/T 38315—2019）、《火灾自动报警系统设计规范》（GB 50116—2013）。

4　小结

运用上述方法，本文示例了规范典型建筑火灾延伸调查的防火技术分析方法。通过灾后验证分析，判定关联事实，推导结论，查找建筑防火性能不足，补正消防安全管理措施；从而提供了一种以定性定量分析为基础的，得出消减火灾危险源控制对策和客观体系化改进预防风险的以案为戒办法路径。

文中注释

①类型建筑指超高、超大、物流等有设防专用规范或管理规定的建筑，类型建筑一般火灾荷载大，若起火失控，扑救难度大，内攻易伤亡。

②建筑被动防火措施是指总平面布局及建筑附设功能区布置（涉及参数及指标包括类别及用途、耐火等级及防火性能工艺措施、防火间距、建筑面积、防火分区）、防火分隔设施（防火构造）等阻止、延缓、限制燃烧空间的措施设施。被动防火"失效"指建筑被动防火措施失去防火分隔能力、结构坍塌或垮塌、失去承载能力等。

③建筑主动防火措施是指灭火设施器材（自动喷水灭火系统、消火栓系统等）、火灾监控设施（火灾自动报警系统、电气火灾监控等）等发现、控制、消灭燃烧及危害的措施设施。主动防火"失效"指消防系统不动作或动作结果不可接受或没有按照设计要求动作，且其正常动作应符合设计规范（涉及参数及指标包括设计参数、功能效能指标或系统模型、火灾响应及动作配件选型、系统逻辑）。

参考文献

[1] 国家标准化管理委员会. GB/T 31593.3—20 消防安全工程　第3部分：火灾风险评估指南 [S]. 北京：中国标准出版社，2015.

[2] 梁广伟. 参数化设计与BIM技术 [C]. 中国建筑学会建筑师分会2010学术年会，2010.

基于漳州古雷石化园区精细化工产业灾害事故灭火救援力量建设的思考

王 龙　　王晓峰

福建省漳州市消防救援支队　漳州　363000

摘　要：近年来，石油化工行业发展迅速，已成为经济发展不可或缺的组成部分，同时该行业灾害事故也频频发生。2015年4月6日，福建省漳州市古雷石化园区腾龙芳烃有限公司（PX）发生爆炸着火事故，造成了较大的财产损失，导致整个石化园区建设进度迟缓。近年来，随着古雷石化园区整体建设速度的加快，下游精细化工产业布局范围更广，石油化工事故的突发性、复杂性不断加剧，对灭火救援工作提出了更高的要求。本文针对漳州古雷石化园区精细化工产业的风险特点，从制度设计、人员培养、装备建设、战斗编成、组织指挥等方面进行了一些思考。

关键词：消防　石化园区　精细化工　灾害事故

1 引言

精细化工是目前化学工业中最具活力的新兴领域之一，是高新材料的重要组成部分，其产品种类多、附加值高、用途广、产业关联度大，直接服务于国民经济的诸多行业和高新技术产业的各个领域。精细化工产业链特殊高危物料多，一旦发生泄漏或者着火爆炸事故，处置安全风险将特别大。本文着重对大型石化园区精细化工产业灾害事故灭火救援力量建设进行思考，以期能起到管中窥豹、抛砖引玉的效果。

2 古雷石化园区基本情况

古雷港经济开发区是2006年获批设立的省级开发区，是国家石化产业战略布局中的七大石化基地之一，古雷石化基地规划面积116.68 km²，其中，炼化一体化核心区面积50.9 km²，精细化工园区面积35.5 km²。目前，古雷石化园区已建成项目7个，总投资304亿元，年产值超400亿元。另有在建的产业项目7个，已签约项目6个。从产业布局和规划上看，建设速度正在逐步加快，下游落地精细化工企业产业链将会灵活多变。

3 石化园区存在的风险特点

漳州古雷石化产业规划和定位整体较高，以后全面建成将出现上下游全链生产企业，特别是石化下游产业链的精细化工企业已开工建设。

（1）产业链杂多变，火灾防控难度大。精细化工的范畴相当广泛，包含的产业种类和范围也无明确定论，且在不断变化中。目前认为包括氟硅、氯碱、农药、染料、涂料、颜料、医药、日化、助剂、表面活性剂等30多类[1]，每类又可细分为若干分支。目前为适应市场变化需要，产业链更加繁杂和灵活多变，主链、侧链、半链、断链交叉重叠，给火灾防控和灭火救援工作带来了新的风险挑战。

（2）园区企业类别多样，多种风险叠加增容。为了节约土地，园区一般将有机化工与无机化工、石油化工与精细化工混合布局、多链并进。企业内部产业链交叉设计，原料、中间品、成品相互依存、互为供给，储存区罐型杂乱、介质混存，一旦发生事故，容易出现火灾、爆炸、毒害、腐蚀、倒塌等多种灾情风险交融叠加，事故处置难度大，车辆装备、力量编成、技术战法、安全防护等要求高。

作者简介：王龙，男，工学硕士，漳州市消防救援支队中级专业技术职务，主要从事灭火救援和抢险救援相关工作，E-mail：624914355@qq.com。

（3）生产工艺复杂，操作控制要求高。精细化工行业工艺过程复杂，多为固气、液气、气气反应形式，涉及磺化、硝化、酰化、氧化、卤化、环合、加成、还原、缩合等危险工艺，有机、无机化工相互融合，原料、中间品及产品理化性质不同，沸点、闪点、熔点、饱和蒸汽压等在不同条件下差异较大。生产过程中，控制液位、温度、压力、流速等是关键，一旦这个环节出问题，容易发生物料副反应、逆反应、过速反应，导致过程失控、灾情扩大。少数企业还会出现在未审批的情况下利用已有设备开发生产新产品的情况，工艺可靠性不高，系统安全稳定性降低，人员操作失误风险增加，进一步加剧了事故发生的概率。

（4）特殊高危物料多，处置安全风险大。精细化工相比石化其他类别来讲，虽然产能不大，但其生产涉及无机、有机化工，原料、中间品和成品种类多、成分杂，且危险特性各异，除具有石油化工易燃易爆的特点外，生产过程和储存中涉及制爆、剧毒、高腐、忌水物质非常多，安全防护、战术措施、技术方法各不相同，处置专业性、技术性强。此外，为节省用地，物料储罐多采取"细高"非标设计，单体储罐高、罐与罐间距小，一旦发生泄漏极易因重力作用而导致罐内物料大面积泄漏，甚至出现溃堤外溢，由单个储罐灾情发展为失控灾情。

（5）企业风险差异大，处置专业技术性强。精细化工企业之间的产业类别和路线选择各具特色、各不相同，特别是各企业生产工艺、反应机理、装置类型、物料种类、储存方式彼此之间有很大差异，设计底线、防控理念、灾害等级、处置要素也需区别对待。目前发展的方向是采用园区毗邻建设，配套设施集中设置，总体规模较大，一旦发生泄漏、着火、爆炸事故，极有可能发生连环事故，处置较为复杂，对技术专业化要求比较高。

4 石化灾害事故灭火救援准备存在的不足

（1）体系建设不完善，应急功能发挥不足。近年来，虽然国家对提升石化行业领域灾害事故防范和应急救援水平的工作比较重视，各级也建立了相应的应急救援体系；但还是存在应急能力水平不高、应急功能不完善、应急物资准备不足、应急预案针对性不强、可操作性差等现象。现在改革尚在进行当中，多部门信息共享还不够顺畅，信息资源不能有效统筹。部分单位和部门虽然牌子挂了，但是工作衔接还存在真空地带，难以实施高效的一体化调度和指挥。

（2）专业处置人才难保留，能力素质不高。目前，古雷石化园区现有一个特勤站、4个政府专职站（其中2个小型站）、5个企业专职队驻勤，共有人员约370人。目前省级层面上还未制定石化救援队伍专项保障政策，但受队员工资待遇低、执勤站点地理位置僻远、园区恢复投产等因素的影响，有相当比例人员选择转投城区企业专职队或政府专职消防队，难以长久保留骨干人才。2016年至今，专职队员保留率仅为48%，大量队员流失导致石化救援队伍长期处于缺编状态。石化救援队伍部分指战员对一些高精尖装备的研究还不够深入、操作使用还不够熟练，车辆装备效能没有得到充分发挥，人装结合效率还有待提升，人员素质不强致使执行专业的灭火救援任务打了折扣[2]。

（3）主战能力有待加强，后援能力不足。大部分石化装置、储罐因垂直高度高及管廊阻挡等原因，采用消防炮灭火效果不理想，而采用举高喷射消防车抵近喷射灭火是目前最为有效的战术之一。古雷石化园区内配备2套远程供水系统，供水强度分别为400 L/s和250 L/s，2辆供液车，供泡沫液强度为30 L/s，与作战所需供液强度存在一定差距。受改革转隶影响，装备采购速度放缓，装备运输、油料供应、饮食、宿营、淋浴等专勤保障车辆配备不足，无法为指战员长时间作战提供连续保障。

（4）实战化训练还不够科学。目前，石化训练基地建设初具有雏形，但是距离市区约1.5 h路程，普通队站日常参与石化操法训练和石化相关业务学习相对不方便。通过实地拉动、视频调度、演练和战例复盘等途径来看，部分单位不同程度存在石化理论水平不高、火情侦查意识不强、装备掌握运用不熟、安全防护不到位、作战力量编成不熟悉等亟待解决的重要问题。

（5）队站建设分布不够合理。参照《城市消防站建设标准》《石油天然气工程设计防火规范》（征求意见稿）、《企业消防站技术规范》（征求意见稿）、《消防训练基地建设标准》（建标190—2018）等消防站建设标准，消防站应遵循有利于责任战备、安全、生活实际等原则设置。而古雷特勤大队二站、岱仔石化特勤站作为古雷石化园区最核心最重要的灭火救援力量，其位置位于园区内部，园区规划建设的管廊将通过特勤二站营区，一旦园区发生安全事故，将极大威胁消防站及指战员安全，进而严重影响整个古雷石化园区的灭火救援效率。

5 提升石化园区灭火救援能力建设的对策建议

（1）理清思路、靶心定位，科学确立功能框架。一是瞄准实战需要。坚持"建标立制、制度先行"理念，针对化工产业特点，在深入调研基础上，按照"专业化编队、模块化调集、扁平化指挥、全过程保障"的原则，确定专业队建设"功能定位科学合理、多点辐射；建站模式立足本地、优化整合；人装编配紧扣标准、力求实用；专业训练紧贴实战、定向攻坚；保障机制平战结合、务实高效"的整体工作思路，着力打造"省、市、园区"三级化工专业力量体系，打造省级化工重型编队，整合化工园区周边消防力量，加快石化救援队伍建设。二是全力推动消防规划调整。鉴于目前古雷港石化园区消防工作专项规划尚未审批通过，着眼长远规划，为确保队站建设的安全性、合理性，采取园区外围设点建站模式，全力推动消防站的选址工作。三是强化专业训练。结合石化园区建设规划，依托"营区、单位、基地"三级平台，构建起"三位一体"的常态化训练体系，尝试"三三三"训练模式，即三分之一队员在队站执勤，三分之一队员驻企业或基地轮训，三分之一队员轮休的模式。加强对国内外先进战法和先进理念的学习研究，有条件的将组织实验验证，提升指战员专业知识储备。加强与国内舟山、惠州等石化专业队的交流互访，研讨交流；对国家队、政府专职队、企业专职队人员施行业务、技能、体能差异化训练，专门制定相关训练及考核方案。

（2）灾情引领、实战导向，提升编成科学性。以全省最大、最难灾情处置为界定标准，针

对园区各企业重大危险源开展全覆盖理论计算和计算机软件灾害模拟，根据模拟结果找出石化企业在火灾防控的空白点和薄弱点，如生产装置、罐区设防等级以及固定消防设施效能等情况，必须通过加强移动消防力量和装备建设，弥补防控先天不足。通常情况下，企业固定泡沫灭火系统按先期火灾 30 min 考虑，企业专职消防队按照初期火灾 30 min 考虑，专业石化消防队伍按照 30 min 控制时间+60 min 延续时间考虑。立足初期、难控、失控灾情处置，综合考虑类型、结构、基数、功能等要素，科学确定灭火救援技术和作战编程，充分利用古雷石化训练基地经常性开展真火模拟演练，固化组织指挥、力量调派、车辆编组模式，并结合当前新开发的智能接处警系统和实战化指挥平台，实现石化编组一键式调派和后方作战智能化辅助指挥。

（3）科技引领、超前配备，提升装备建设水平。一是进一步加快采购进度，落实车辆和装备配备，科学编制 3 年装备建设规划和购置计划，推进落实福建省政府专职石化救援队伍建设任务。装备配置突出"攻坚性、实用性、体系化，适度超前"的原则，重点强化防护、侦察、破拆、救生、灭火、供水、通信等器材配备。二是针对全液面储罐火灾，研发配备"三车一组"成套化工灭火装备，即前方灭火的为泡沫液喷射不少于 400 L/s 的举高类消防车，供液的为吸、供液能力不少于 30 L/s 的既可供给泡沫原液又可直供混合液的泡沫输转车，后方供水为双泵吸水流量 400 L/s 的远程供水泵组；针对化工装置塔、釜、罐等火灾，配备 18~56 m、高中低搭配的各类高喷车和强力破拆车，可实施远距离跨障灭火。三是强化涡喷消防车技战术研究，用于扑救大面积油池火和地面流淌火；积极拓展工艺灭火手段，配备临时应急注氮装置，与干粉消防车配合使用，充分发挥氮气灭火抑制、惰化、窒息作用。

（4）平战结合、务实高效，全面强化保障支撑。一是进一步壮大石化专职队伍。加大人员征召宣传，拓宽征召渠道，积极争取政府政策支持和经费倾斜，在现有政府专职消防员经费保障基础上，申请石化专项保障经费，落实好待遇保障，提升石化专职队员薪资及相关人员保障水

平，最大限度留住人才，保持专职队伍稳定发展。二是强化人才制度支撑。依托高等院校、石化企业等建立专家库，定期开展知识讲座、案例剖析，健全战时联动机制，提升化工事故处置规范化水平；通过跟班学、专家带徒弟等方式，重点培养一批"懂工艺、精战术、通程序、善指挥"的专业人才队伍；结合其岗位（特长）进行合理的分类，有针对性地做好后期培养工作，打牢业务骨干的成长根基。

（5）区域协作、联勤联动，全面强化打赢制胜能力。一是建立政府主导的综合应急格局。着力形成"政府统管，消防主战，属地主建"综合应急救援总体格局，政府统管，尽快搭建政府综合应急救援指挥决策常态机构，使"政府统一领导"的原则具体化、制度化，避免消防部门单打独斗。二是建立战区联动协作机制。依托省内四大石化基地建立石化战勤保障基地，打破行政区域的概念划分战区制，落实战区指挥长负责制，本着"优势互补、资源共享、一方有险、多方支援"的原则建立战区联动协作机制[3]。加快信息技术应用，建立联勤联动协作平台，提升工程抢险、车辆维修、仪器标定等领域装备保障能力，健全完善应急救援物资、装备器材及灭火药剂社会联动保障机制。

6　结语

随着当前精细化工产业飞速发展，消防队伍的灭火救援救援任务也发生了较大的转变。因此，立足于当前石油化工灭火救援需要，补齐当前短板，一方面要从国家层面上必须树立科学的发展理念，从灭火救援制度、工作体制等上层架构方面存在的问题入手，构建科学化的灭火救援指挥体系；另一方面必须正视当前存在问题，尊重科学，注重学习和积累，强化队伍的专业化建设，切实提升消防队伍灭火救援能力。

参考文献

［1］李笑婷 . 石化企业生产事故应急能力评价研究［D］. 北京：北京交通大学，2008.

［2］李振时 . 大部制背景下地方政府机构改革研究——以佛山市为例［D］. 昆明：云南财经大学，2014.

［3］张海林 . 以消防部队为主的应急救援体系研究［D］. 泰安：山东农业大学，2016.

新形势下消防产品监督管理中
存在的问题及对策浅析

路欣欣

四川省消防救援总队　成都　610000

摘　要： 伴随着社会的发展，人们对火灾事故预防的问题逐渐重视起来。在火灾预防中，消防产品发挥着至关重要的作用，通过多年来对消防产品的研发、管理和探索，对于消防产品的监督管理工作逐步走向成熟。但是，在近年消防产品的监管过程中，也发现存在着一些问题。本文主要针对使用领域消防产品监督管理中常见的问题进行探析，并根据出现的问题结合实际情况提出相应的解决策略，希望以此帮助提高对消防产品监督管理的工作效率。

关键词： 消防产品　监督管理　问题策略

1　引言

在发生火灾之后，选择合格的消防产品能够最大限度降低火灾损失，对火灾进行有效控制，并且可以很好地保护人们的生命财产安全。但是，受利益驱动和法治观念淡薄等因素影响，导致在部分场所中存在着一些不合格的消防产品。如果在平时没有及时发现和更换这些不合格的消防产品，在发生火灾时，可能无法对火灾进行有效控制，导致火灾发展蔓延扩大，严重危害人们的生命财产安全。所以这就要求监管部门在日常监督管理过程中，需要加强消防产品管控力度，及时发现并更换不合格消防产品，严防火灾因消防产品质量问题而蔓延扩大。

2　消防产品市场发展现状

我国消防产品市场的发展起步较晚，我国的消防产品市场近几年才逐渐扩大起来。通过相关数据可以看出来，我国在改革开放之初，国内专注于生产消防产品的企业大约只有100家，发展到现在已经有3000余家。这些企业有国有企业，有民办企业，也有合资企业等。消防产品生产企业队伍的发展壮大，也标志着我国的消防产品市场质量和科技水平在不断提升，市场对于消防产品的需求量不断增大。

当前，我国消防产品市场中，大部分流通的消防产品还是主要以小型民办企业生产为主，并且在我国只有极少数大型专门针对消防产品进行研发和生产的企业，大多数都是国有控股、民办为主进行生产。而部分小型民办企业，受多种因素的干扰，存在以次充好、偷工减料的现象，在源头上给消防产品市场带来了风险隐患。

3　消防产品监管问题

3.1　监督管理机制不足

经过多年的修改和完善，消防产品监督管理制度规范了管理程序，提升了管理效能。特别是对于生产消防产品的企业来说，前些年在消防产品质量认证上不断地加大管控力度，这在一定程度上规范了我国消防产品生产企业的认证、制造和加工流程。但是依据下发的《中共中央办公厅　国务院办公厅印发〈关于深化消防执法改革的意见〉的通知》，开放消防产品认证检验市场，利用市场化制度来提升消防产品质量，这是简政放权、让利于民的利好政策，但这些政策也有可能成为一些不法商贩从中牟利的保护伞，从而降低消防产品质量。《中华人民共和国消防法》《消防产品监督管理规定》《中华人民共和国产品质量法》等法律法规，针对市场上生产、流通、使用领域的消防产品监管，明确了市场监督管理部门和消防救援机构的各自职责，作为使用领域消防产品监管机构，消防救援部门需要加强与市场监督管理部门的有效沟通、协调、合作，在新的消防产品监管模式下，进一步建立完善机制，切实有效形成监管合力。

3.2　消防产品种类繁多

目前我国所生产的消防产品种类繁多，从常见的干粉灭火器、消火栓到消防车、消防艇备等，可以大致归纳为 16 个大类、10000 余种规格型号的消防产品。而这些都是在建筑和消防工程中经常使用的产品，其中消防车、消防艇等产品，生产工艺较为复杂，只有依托大型的汽车制造企业生产，质量监管能形成标准化。但常见的灭火器、消防水带、消防供水设备等生产工艺较为简单，但价格便宜、简单适用、灭火效果好，这些科技含量不高的消防产品大多数为民办企业生产，社会需求量较大。

3.3　生产企业资质参差不齐

虽然我国在相关的法律中明文规定，进行研发和生产消防产品的企业需要满足相关的规定。但是我国目前生产消防产品的企业主要以小型的民办企业为主，并且很多企业的厂区都位于城郊等偏远地区，消防产品生产环境未严格按照企业标准落实。同时还有很多企业将生产资质进行挂靠，让一些没有生产资质的生产厂商制造消防产品，在这些厂商中，所生产的消防产品大多都不能满足质量要求。还有一些生产企业有生产的资质，但是为了节约成本，自行对消防产品进行改动，使得原本合格的消防产品变为不合格并故意以极低的价格在市场上销售，形成恶性竞争。此外，部分企业未有效建立执行内部产品质量检验管控制度，生产检验、出厂检验等措施未严格落实，很大程度上造成了消防产品的质量安全隐患。

4　完善消防产品监督管理体系的对策

4.1　构建完善的管理机制

市场经济是法制经济，当前，消防产品的监督管理工作按照《关于深化消防执法改革的意见》的要求，放开消防产品市场准入，根据市场经济的发展进一步完善行业自律。在日常的工作中发现，放开市场准入条件后，也出现了一些新情况和新问题。针对这些问题，只有不断地完善相关法律法规，加大对消防产品的监督管理机制，加强生产领域消防产品质量抽查，建立健全消防产品联合监管机制，强化部门联动，通过常

规检查及专项检查等方式，促进企业提升自身管理措施，才能从源头上提升消防产品质量。

4.2　实施消防产品分类监管

当前我国生产的消防产品种类繁多，可以按照《关于深化消防执法改革的意见》的要求，将其分为强制性认证的产品和非强制性认证的产品两方面来进行监管。对保留强制性产品认证的公共场所、住宅使用的火灾报警产品、灭火器、避难逃生等消防产品，应沿用原有对强制性认证产品的监督管理模式，对产品的生产和使用领域加强监管。对于强制性产品认证目录中调整出的13类消防产品，要研究进一步加强产品生产、销售、流通和使用各个环节的监督管理，进一步加强产品监督抽查，对市场中反映强烈、问题突出的消防产品，有针对性地开展专项整治，加强源头管理，防止不合格产品流入市场。

4.3　搭建统一监管平台

目前我国对消防产品监督管理主要以市场监管部门、消防救援机构为主，在对市场中的消防产品进行监督管理时大多数都是各部门单打独斗，虽每年都进行了一些联合的专项整治，但大多都还只停留于表面，在检查的深度和打击的力度上还不够，也没有建立部门之间相关管理和信息共享的管理平台，而且在消防救援机构通报至市场监督管理部门的函件处理中，多数也因为生产企业和销售单位远在异地，调查程序和调查难度大而不了了之。从当前监管的新形势来看，可以利用现有资源，在市场监督管理部门和消防救援机构之间搭建一个统一的监管平台，共通、共享消防产品质量信息，对各环节出现的消防产品质量问题，可做到源头可塑、流程可查、责任可追，能极大地增强消防产品的监督管理能力。

5　结语

新时期，随着我国的市场经济不断发展，随着人们消防安全意识的提升和对消防安全环境的新需求、新期待，消防产品监督管理部门也要从管理机制、管理措施、管理能力等方面下功夫，全力做好消防产品的监督管理工作，做好消防产品质量检验工作，从而更好地保证消防产品质量，保证人们的生命财产安全。

参考文献

［1］沈国松，彭腾．消防产品质量监督中存在的问题及对策［J］．消防界（电子版），2019（15）．

［2］李红伟．消防产品监督执法相关问题探讨［J］．消防界（电子版），2018，4（1）：90-91．

［3］孙龙．消防产品质量监督管理对策分析与研究［J］．科技创新与应用，2018，（5）：130-131．

商店建筑与商业服务网点消防水系统对比分析

崔景立[1]　　姚浩伟[2]　　郭芳慧[1]

1. 机械工业第六设计研究院有限公司　郑州　450007
2. 郑州轻工业大学建筑环境工程学院　郑州　450001

摘　要： 商店建筑和带有商业服务网点的住宅建筑，在日常设计中较常遇到。有关二者的消防水系统设计，现行有关国家规范（标准）对二者的规定，分布在不同的规范（标准），有相互交叉的地方、有相互补充的地方，甚至有相互矛盾的地方，有必要对此进行整理归纳。同时，亦有必要对存在的问题进行探讨。

关键词： 商店建筑　商业服务网点　消防水系统　探讨

引言

根据国家标准《民用建筑设计术语标准》（GB/T 50504—2009）的规定，商业建筑是指供人们进行商业活动的建筑。在日常具体商业项目设计时，较多为商店建筑或带有商业服务网点的住宅建筑等。现行国家（行业）有关设计规范（标准）对商店建筑和商业服务网点的定义及规定见表1。

表1　商店建筑与商业服务网点的有关规定

项目	商店建筑				商业服务网点	
规范标准	《商店建筑设计规范》(JGJ 48—2014)				《建筑设计防火规范》(GB 50016—2014，2018 年版)	
术语定义	商店建筑：为商品直接进行买卖和提供服务供给的公共建筑				商业服务网点：设置在住宅建筑的首层或首层及二层，每个分隔单元建筑面积不大于 300 m² 的商店、邮政所、储蓄所、理发店等小型营业性用房	
适用范围	1. 不适用于建筑面积小于 100 m² 的单建或附属商店（店铺）的建筑设计。 2. 本规范内所述的商店建筑为有店铺的、供销售商品所用的商店，综合性建筑的商店部分也包括在内，包括菜市场、书店、药店等。但不包括其他商业服务行业（如修理店等）的建筑				商业服务网点包括百货店、副食店、粮店、邮政所、储蓄所、理发店、洗衣店、药店、洗车店、餐饮店等小型营业性用房	
分类	商店建筑的规模划分				商业服务网点	
	规模	小型	中型	大型	建筑面积不大于 300 m²	
	总建筑面积	<5000 m²	5000~20000 m²	>20000 m²	住宅首层	住宅首层和二层
包含内容	包含购物中心、百货商场、菜市场、专业店、步行商业街等				设在多层住宅下部的商业服务网点、设在高层住宅下部的商业服务网点	

作者简介： 崔景立，男，就职于机械工业第六设计研究院有限公司，教授级高级工程师，中国土木工程学会工程防火技术分会理事，主要从事建筑给水排水、建筑消防等的设计与研究，E-mail：cuijli@21cn.com。

1 商业服务网点水消防设施配置及相关规范（标准）的规定归纳分析

设有商业服务网点的住宅建筑，其室内消火栓、水泵接合器、轻便消防水龙或消防软管卷盘、自动喷水灭火系统和建筑灭火器配置，有关规范（标准）均有相对明确的规定。由于相关规定分布在不同规范（标准）中，有必要对相关规定和相对容易忽视的内容进行整理归纳。商业服务网点水消防设施配置及相关规范（标准）的规定见表2。

表2 商业服务网点水消防设施配置及相关规范（标准）的规定

配置内容	规范（标准）	规范（标准）相关条文的规定
室内消火栓系统	《建筑设计防火规范》（GB 50016—2014，2018年版）	$H \leqslant 21$ m的住宅建筑，可以不设室内消火栓系统；21 m$< H \leqslant 27$ m的住宅建筑，应设室内消火栓系统，可采用干式消防竖管和DN65的室内消火栓；$H > 27$ m的住宅建筑，应设室内消火栓系统
	《消防给水及消火栓系统技术规范》（GB 50974—2014）	1支消防水枪的1股充实水柱到达室内任何部位的条件：$H \leqslant 54$ m且每单元设置一部疏散楼梯的住宅；根据表3.5.2的规定，室内消火栓系统设计流量不大于5 L/s
		跃层住宅和商业网点室内消火栓设置原则：应至少满足一股充实水柱到达室内任何部位，并宜设置在户门附近
水泵接合器	《消防给水及消火栓系统技术规范》（GB 50974—2014）	根据5.4.1条的规定，21 m$< H \leqslant 27$ m的住宅建筑，当采用干式消防竖管时，无须额外设置水泵接合器；当采用湿式消火栓系统时，须设置水泵接合器
	常高压消防系统，是否还有必要设置消防水泵接合器，有待进一步研讨明确	
轻便消防水龙等	《建筑设计防火规范》（GB 50016—2014，2018年版）	增设消防软管卷盘或轻便消防水龙的条件：人员密集的公共建筑；建筑高度大于100 m的建筑；建筑面积大于200 m²的商业服务网点。高层住宅建筑的户内宜配置轻便消防水龙
	《建筑给水排水设计标准》（GB 50015—2019）	从生活饮用水管道上接出消防（软管）卷盘或轻便消防水龙时，必须设置真空破坏器等防回流污染设施
	《消防给水及消火栓系统技术规范》（GB 50974—2014）	消防软管卷盘和轻便水龙的用水量可不计入消防用水总量
		住宅户内宜在生活给水管道上预留一个接DN15消防软管或轻便水龙的接口
	水龙进口的专用接口结构可分为与自来水管路上水龙头接头相连接的卡式接口，以及与消防供水管路相连接的螺纹式接口［《轻便消防水龙》（GA 180—2016）］	
	建筑高度超过21 m的住宅，其下部建筑面积大于200 m²的商业网点既需要设室内消火栓，也需要设消防软管卷盘或轻便消防水龙；建筑高度不超过21 m的住宅，其下部建筑面积大于200 m²的商业网点，仅需设置消防软管卷盘或轻便消防水龙	
自动喷水灭火系统	《建筑设计防火规范》（GB 50016—2014，2018年版）	建筑高度大于100 m的住宅建筑，其商业服务网点亦应设置自动灭火系统，并宜采用自动喷水灭火系统
	对于高层住宅下部的商业服务网点，通常不需要设置喷淋系统，如当地有明确规定应设置自动喷水灭火系统时，以当地规定为准	
建筑灭火器	《建筑设计防火规范》（GB 50016—2014，2018年版）	高层住宅建筑的公共部位应设置灭火器，其他住宅建筑的公共部位宜设置灭火器
	《建筑灭火器配置设计规范》（GB 50140—2005）	附录D高级住宅、别墅的灭火器配置危险等级为中危险级；普通住宅的灭火器配置危险等级为轻危险级
	配置建筑灭火器时，须根据灭火器配置场所的火灾种类，选择与之相适应的建筑灭火器，并严格遵循相应灭火器的最大保护距离	

2 商店建筑水消防设施配置及相关规范（标准）的规定归纳分析

和商业服务网点不同，商店建筑的形式较多，根据《商店建筑设计规范》(JGJ 48—2014) 术语中的内容，商店建筑包含购物中心、百货商

场、菜市场、专业店、步行商业街等。既有单独建造的商店建筑，也有与其他功能组合的建筑。另外，由于相关规定分布在不同规范（标准）中，有必要对相关规定和相对容易忽视的内容进行整理归纳。商店建筑水消防设施配置及相关规范（标准）的规定见表3。

表3 商店建筑水消防设施配置及相关规范（标准）的规定

配置内容	规范（标准）	规范（标准）相关条文的规定
室内消火栓系统	《建筑设计防火规范》(GB 50016—2014, 2018 年版)	建筑体积超过 5000 m³ 的商店建筑，应设置室内消火栓系统
	《消防给水及消火栓系统技术规范》(GB 50974—2014)	临时高压消防给水系统高位消防水箱的规定：10000 m² <S< 30000 m² 的商店建筑，V≥36 m³；S>30000 m² 的商店，V≥50 m³。并与5.2.1条第1款比较，取其大者
	商店建筑的业态较多，根据《商店建筑设计规范》(JGJ 48—2014) 总则1.0.2条的规定，该规范内所述的商店建筑为有店铺的、供销售商品所用的商店，综合性建筑的商店部分也包括在内，包括菜市场、书店、药店等。但不包括其他商业服务行业（如修理店等）的建筑	
水泵接合器	《建筑设计防火规范》(GB 50016—2014, 2018 年版)	超过5层的公共建筑、其他高层建筑、超过2层或建筑面积大于10000 m² 的地下建筑（室），室内消火栓系统应设置消防水泵接合器
	建筑层数未超过5层的公共建筑，可能为多层建筑，也可能为高层建筑。当建筑高度超过24 m时，建议设水泵接合器	
	《消防给水及消火栓系统技术规范》(GB 50974—2014)	高层民用建筑、超过五层的其他多层民用建筑、超过2层或建筑面积大于10000 m² 的地下或半地下建筑（室）、室内消火栓设计流量大于10 L/s平战结合的人防工程，室内消火栓给水系统应设置消防水泵接合器
	《消防给水及消火栓系统技术规范》采用"超过五层的其他多层民用建筑"的表述，比《建筑设计防火规范》"超过5层的公共建筑"的表述更准确一些	
	《汽车库、修车库、停车场设计防火规范》(GB 50067—2014)	4层以上的多层汽车库、高层汽车库和地下、半地下汽车库，室内消防给水管网应设置水泵接合器
轻便消防水龙等	《建筑设计防火规范》(GB 50016—2014, 2018 年版)	增设消防软管卷盘或轻便消防水龙的条件：人员密集的公共建筑；建筑高度大于100 m 的建筑；建筑面积大于200 m² 的商业服务网点
	中华人民共和国消防法 (2019)	公众聚集场所：是指宾馆、饭店、商场、集贸市场、客运车站候车室、客运码头候船厅、民用机场航站楼、体育场馆、会堂以及公共娱乐场所等。人员密集场所：是指公众聚集场所，医院的门诊楼、病房楼，学校的教学楼、图书馆、食堂和集体宿舍，养老院、福利院、托儿所、幼儿园，公共图书馆的阅览室，公共展览馆、博物馆的展示厅，劳动密集型企业的生产加工车间和员工集体宿舍，旅游、宗教活动场所等
	综合来看，商场属于人员密集的公共建筑，应增设消防软管卷盘或轻便消防水龙	

表3（续）

配置内容	规范（标准）	规范（标准）相关条文的规定
自动喷水灭火系统	《建筑设计防火规范》（GB 50016—2014，2018 年版）	任一层建筑面积大于 1500 m² 或总建筑面积大于 3000 m² 的商店、总建筑面积大于 500 m² 的地下或半地下商店，应设置自动灭火系统，并宜采用自动喷水灭火系统
	《自动喷水灭火系统设计规范》（GB 50084—2017）	附录 A 中危险 Ⅰ 级：总建筑面积小于 5000 m² 的商场，总建筑面积小于 1000 m² 的地下商场等。中危险 Ⅱ 级：总建筑面积 5000 m² 及以上的商场，总建筑面积 1000 m² 及以上的地下商场，净空高度不超过 8 m、物品高度不超过 3.5 m 的超级市场等
		最大净空高度超过 8 m 的超级市场采用湿式系统的设计基本参数应按本规范第 5.0.4 条和第 5.0.5 条的规定执行
	商店建筑（商场超市等）的消防水系统设计时，既需要考虑建筑体积，也需要考虑建筑面积、建筑高度、楼层高度，以及货物摆放（货架）高度等	
建筑灭火器	《建筑灭火器配置设计规范》（GB 50140—2005）	公共建筑内应设置灭火器，百货楼、超市、综合商场的库房、辅面的灭火器配置危险等级为中危险级

3 存在的问题和争议点探讨

（1）在消防水系统设计时，有观点认为设在住宅建筑首层，或首层及二层且建筑面积不大于 300 m² 的物业办公用房等，不应按照商业服务网点进行设计。从建筑防火的角度来看，物业办公用房，其火灾负荷或火灾危险性，与商业服务网点（百货店、副食店、粮店、邮政所、储蓄所、理发店、洗衣店、药店、洗车店、餐饮店等小型营业性用房）相比，并未增加，甚至还要小一些。因此，当住宅建筑首层或首层及二层存在类似功能房间，建议按照商业服务网点进行设计即可。

（2）关于商业服务网点，《建筑设计防火规范》（GB 50016—2014，2018 年版）仅规定了设置位置、单套建筑面积和使用功能，并未规定总建筑规模与建筑型式。具体项目设计时，商业服务网点的长方向（沿开间方向），是否允许超出上部住宅两端山墙的水平投影？如果允许，可以超出多少？换句话说，商业服务网点的规模，是否需要控制？关于这个问题，建议有关规范（标准）在修订时予以规范，便于设计统一执行。

（3）对于建筑层数不超过 2 层、每套（间）建筑面积不超过 300 m² 的商店建筑（商业街等），按照现行有关规范（标准）的规定，当任一层建筑面积大于 1500 m² 或总建筑面积大于 3000 m²，则需设计自动喷水灭火系统。相比之

下，类似情况，与商业服务网点相比，其火灾负荷或火灾危险性未见明显不同，然其消防水系统设计迥异。究其原因，或许和《商店建筑设计规范》（JGJ 48—2014）对商场和商铺［尤其是建筑层数不超过 2 层、每套（间）建筑面积不超过 300 m² 的商铺］的规定不够细化有关。建议有关规范（标准）修订时，针对这个问题，立足"防消结合、预防为主"的原则，从防火和灭火的角度进行综合考虑，并做充分的分析和研讨。

4 结论

（1）设置在住宅建筑首层，或首层及二层且建筑面积不大于 300 m² 的房间，如果火灾危险性明显低于"商业服务网点"所列举的功能类型，建议仍按商业服务网点进行设计。

（2）建议加强《商店建筑设计规范》（JGJ 48）与《建筑设计防火规范》（GB 50016）之间的协调，明确商业服务网点与主楼水平投影的关系，进一步细化商业服务网点与商店建筑的关系。

参考文献

［1］住房和城乡建设部 . GB 50016—2014 建筑设计防火规范（2018 年版）［S］. 北京：中国计划出版社，2018.

［2］住房和城乡建设部 . JGJ 48—2014 商店建筑设计规范［S］. 北京：化学工业出版社，2014.

从一起汽车火灾谈儿童涉火类
火灾事故的调查处理

周水兵　黄平

常州市消防救援支队　常州　213000

摘　要：笔者对一起汽车着火事故，经调查询问、现场勘验和现场指认等程序，详细描述了火灾调查的过程，最终成功认定了火灾事故原因，并由此总结了此类火灾事故的调查要点和处理要求，对儿童涉火类火灾的原因认定提供了参考。

关键词：消防　儿童　火灾调查　原因认定

引言

儿童由于认知限制，缺乏对火灾的危害性认识，出于好奇心的驱使，对于日常生活中常见的火焰，具有强烈的兴趣，每年因儿童玩火引发的火灾事故屡见不鲜。据火灾调查统计显示，每年儿童玩火引起的火灾比例占全部火灾的 5% 左右。2015 年 2 月 5 日，一名男童玩火致使广东省惠州市惠东县惠东大道义乌商品城四楼仓库发生火灾，事故造成 17 人死亡、多人受伤。2019 年 1 月 6 日，桂林市临桂区一处民房因儿童玩火发生火灾，造成 2 名儿童死亡。加强儿童涉火类火灾调查研究，开展儿童消防安全宣传教育，对处理儿童涉火类火灾事故，防范儿童涉火类火灾的发生具有重要意义。本文就笔者调查处理的一起汽车着火的火灾事故，通过现场勘验、走访摸排、结合询问调查等，最终认定了儿童玩火的火灾事故原因。

1　火灾概况

2020 年 12 月 19 日 15 时 31 分许，常州市 119 消防救援指挥中心接到报警，某小区停车场发生汽车着火事故。接警后，附近辖区消防救援站迅速出动两车 10 人前往处置，到场发现是某小区住宅楼前停车区域，相邻停放的一辆小型轿车和一辆越野车着火，经过约半小时处置，火灾被扑灭，辖区消防救援机构随即开展火灾原因调查工作。

2　起火部位的确认

在火灾发生时，火调人员第一时间联系赴现场处置的消防救援站带队干部，了解火灾现场大致情况，结合实时传输的火灾扑救视频，确认消防救援站到达火灾事故现场时，火灾正由小型轿车向临近停放的越野车蔓延，火势处于猛烈燃烧阶段。

2.1　调查询问情况

火调人员随行作战，到达火灾现场时，火灾还在扑救中，火调人员随即开展初步调查询问工作。经询问物业，走访周边，四处观察，发生汽车火灾的小区为安置老旧小区，基础设施较为薄弱，四周没有安装监控摄像探头，无法通过监控视频直观查看火灾发生具体经过。在围观群众中，火调人员通过走访询问在场人员，现场无人看到最初火灾发生过程。

火调人员使用执法记录仪，对报警人员和当事人员展开现场询问，得知着火的小轿车和越野车为同一车主，在询问车主时，就个人情况、车辆情况、使用年限、财产损失、保险赔付、火灾情况等进行询问，得知着火的小型轿车年限较长，为报废车辆，电瓶已拆除，车门未锁，越野车为三年前购置，车况良好，价值较高，且最近没有激烈纠纷矛盾，同时开展登记火灾损失统计表工作。在询问报警人员时，火调人员着重询问现场是否有异常情况，就当时天气、火灾情况、附近活动（如烧垃圾、放鞭炮）、特殊人群（小孩、智障人士）等进行询问，报警人员回答在看到车辆着火时，火灾现场附近有两个儿童，正在哭泣，哭泣原因不明。在询问两名儿童具体相貌特征后，火调人员与辖区派出所民警紧急摸排，确认了两名儿童为该小区内外来务工人员子女，租住在本小区。其中，李某某11岁，齐某某9岁，均在本地上小学读数，智力正常，能准确表达描述事情，于是协调监护人及两名儿童到场，争取在最短时间内进行询问。初步确认，火灾发生时，正值周六，学校放假，两名儿童在停车区域燃放鞭炮，发现现场停放的小型轿车车门未关，于是偷偷溜进小型轿车内玩火，后火势蔓延扩大，引发火灾。但关联证据，需进一步调查收集整理。

2.2 现场勘查情况

火调人员在火灾扑灭，与消防救援站进行火灾现场交接后，随即展开火灾事故调查登记，划定着火车辆封闭范围，张贴封闭现场公告，设立警戒线，封闭火灾现场，进行火灾现场勘察。

按照"先静观后动手，先拍照后提取"的火灾勘验原则，首先开展环境勘验，确定火灾现场为两辆并排停放小型轿车和越野车着火，周围空旷，无其他燃烧物质。其次开展初步勘验，小型轿车已完全烧毁，显露钢质车架，越野车部分过火，其临近小型轿车的一侧车身烧损严重，另一侧车身因高温烘烤脱漆鼓包，结合现场火灾视频及报警人员证词，初步判定火势由小型轿车向越野车蔓延，最初着火位置位于小型轿车区域。在开展细项勘验中，发现小型轿车周边散落着鞭炮碎片，佐证了儿童汽车周边玩鞭炮的行为，小型轿车车内装饰已完全烧毁，前排座椅比后排座椅烧得更为彻底，初步认为着火部位为小型轿车前排座椅处。小型轿车前排中间的中央扶手盒钢质骨架已变形，呈灰暗发白，其他部位金属构件呈受热生锈痕迹，从金属受热痕迹来看，中央扶手盒相对受热温度最高，热作用时间最长，初步判定起火点为小型轿车中央扶手盒处。

2.3 现场指认情况

鉴于儿童的限制民事行为能力人身份，为辨明事实，增强证据可信度，在征得其监护人同意的前提下，火调人员请涉火儿童指认火灾现场，演示玩火过程，描述火灾发生经过。

两名儿童在其监护人的陪同下，轮流在火灾现场，指认火灾发生过程，经相互佐证，描述的火灾事实一致，经过相同。其中一儿童从家中拿打火机，坐在小型轿车前排驾驶座位，另一儿童提供纸张，坐在小型轿车后排座椅上，坐在驾驶座位上的儿童使用打火机点燃纸张，放置在中央扶手盒处，火势扩大。两名儿童下车到停车场周围运来一些泥土进行试图灭火，火势未被扑灭，因当天风力较大，两名儿童站在着火车辆不远处，看到火势急速扩大，小型轿车很快呈立体燃烧，并蔓延到临近停放的越野车。

3 火灾原因认定

经火灾勘验，现场指认，结合相关人员证言证词，经集体研究分析，认定该起火灾的起火部位位于小型轿车的中央扶手盒处，起火原因为儿童玩火造成。

由于证据充分、相互关联，认定事实清楚，火灾当事人均认可火灾原因认定，未就火灾原因提出相关复议。该起火灾事故原因的成功认定，主要有三方面原因。一是及时性：火调人员第一时间介入，在火灾发生时现场展开调查工作，收集相关证据，避免了相关证据因时间而湮灭。二是细致性：从细节着手，准确找出现场有两名小孩哭泣的蛛丝马迹，便展开调查，最终成功摸排到涉火人员。三是完善性：寻求多个证据，形成完整证据链，并相互关联，佐证事实，增强了证据的可信度。

4 几点体会

4.1 要善于把握儿童玩火心理

儿童玩火一般都在大人不在场的时候，特别是在周末或者寒暑假期间，家长忙于工作，疏于管教，儿童出于好奇心理，喜欢玩火，一旦引起火灾，产生恐惧心理，往往被吓得惊慌失措在现场哭泣，或者躲藏起来，缺乏灭火常识和不会报警呼救，造成较大经济损失。

4.2 要注意儿童限制行为能力人身份

我国《民法总则》规定，八周岁以上的未成年人为限制民事行为能力人，年龄是自然人获得认知能力的最基本条件，儿童不能理解自己行为的性质和后果。如果儿童能够正确表达，对其开展询问或相关调查取证时，其监护人必须在场，由其本人及其监护人共同签名，必要时，可以现场指认演示，增强可信度，并做好视频记录，确保其证据合法有效。

4.3 要提前预判矛盾纠纷

面对具有较大经济损失的儿童涉火类火灾，极有可能产生法律纠纷，当事人双方情绪波动一般较大，火调人员要提前预判法律风险。在开展火灾调查中，不激化矛盾，注意方式方法，寻求双方当事人的心理认同，不回避纠纷，提供法律建议，使其知晓当前法律途径，消除其疑问或困惑，减少火灾调查工作阻力。

4.4 要积极协调相关部门配合

火灾事故的调查处理，涉及火灾扑救、火场封闭、现场勘验、询问调查和认定说明等，其中的每个环节都可能需要相关部门的协调配合，着火现场基本情况、当事人员纠纷协调需要得到属地政府配合，封闭火灾现场、调取交通监控视频和当事人员信息需要辖区派出所协助，现场勘验必要时需要公安刑侦机关到场协助，火灾调查要集思广益，共同配合，才能为成功认定火灾原因打下坚实基础。

参考文献

［1］公安部．XF 839—2009 火灾现场勘验规则［S］，2009.

［2］陈亚锋，王刚．从枣庄市"5·20"重大火灾调查谈儿童玩火火灾原因的认定［J］．消防技术与产品信息，2007，（12）：70-73.

［3］公安部消防局．火灾事故调查［S］．国家行政学院出版社，北京，2014：92.

灭火救援辅助信息显示系统研究

刘玉宝[1]　孙广智[2]

1. 应急管理部沈阳消防研究所　沈阳　110034
2. 青鸟消防股份有限公司　北京　100871

摘　要：灭火救援辅助信息显示系统通过接收火灾自动报警系统的信息，实现建筑火灾发展蔓延状态的图形化显示，依据建筑消防设施的运行状态，提取生成支持灭火救援行动所需的辅助信息，有利于火灾现场迅速开展侦查、灭火、搜救等战斗任务，为火灾扑救与人员疏散提供重要的信息与决策技术支持。

关键词：灭火救援　信息显示　消防控制室

1　引言

作为火灾探测报警与消防联动控制系统的重要组成部分，消防控制室图形显示装置承担着建筑消防设施控制与显示、信息记录、信息传输等功能性任务。随着消防技术的不断发展，消防控制室图形显示装置不仅在火灾预防与监控中地位更加突出，而且在消防安全管理、消防安全检查和灭火救援等方面的作用越来越重要。

而目前的消防控制室图形显示装置仅仅实现了《消防联动控制系统》（GB 16806—2006）对其产品技术要求方面的相应规定，而对于一些灭火救援人员迫切需要了解的信息，比如火灾发生发展蔓延趋势、消防设施可用度、危险源及重点部位等，均未体现。

火灾发生时，灭火救援人员应该在第一时间了解相关信息，包括火灾最早发生的位置、探测器的报警信息、火灾的持续时间、火灾的发展过程、建筑结构、重点部位及危险源、疏散路线、消防设置状态及完好有效性等。如何在火灾发生时向灭火救援人员提供准确翔实的信息，为灭火救援人员提供辅助决策支持，是当前的一项重要研究课题。

灭火救援辅助信息显示系统的研究目标是规范化并完整地显示建筑消防设施（包括火灾报警和其他联动控制设备）的运行状态信息，及时发现和处理建筑消防设施日常出现的问题，确保建筑消防设施随时处于完好状态，使其在火灾时发挥应有作用；提供全面、翔实的消防安全管理信息，生成建筑消防设施完好率和运行数据，提高消防监督检查和维护保养工作效率；对火灾发展蔓延趋势进行预测，尽可能多地为灭火救援人员提供信息，实现辅助决策支持。

2　系统总体构成方案

灭火救援辅助信息显示系统依据火灾自动报警系统的报警信息，通过计算机图形显示技术，动态展示建筑火灾发展蔓延状态；依据建筑消防设施的运行状态，提取并生成支持灭火救援行动的辅助信息，可供灭火救援人员直观显示并方便查询。系统的总体构成方案如图1所示。

灭火救援辅助信息显示系统的具体实现方式如下：

（1）灭火救援辅助信息显示系统的硬件以消防控制室图形显示装置硬件为基础，以工业标准机柜安装标准工业化一体机，配接电子盘、工业显示器等构成主机。

（2）系统通过 RS232 与火灾报警控制器（联动型）通信，火灾报警控制器通过总线控制获取火灾探测器、手动报警按钮等信息，同时可获得由输入输出模块配接的压力开关、水流指示器、消火栓等信息，也可获得由专线控制的水

作者简介：刘玉宝，男，硕士，应急管理部沈阳消防研究所副研究员，主要研究方向为火灾监测预警、消防联动控制和消防应急疏散等方面，E-mail：liuyubao@syfri.cn。

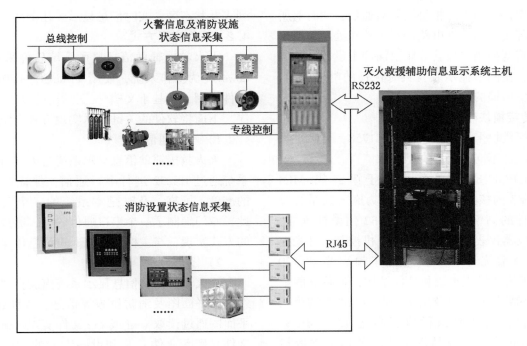

图 1 系统总体构成方案图

泵、风机等实时信息。

（3）对于不能由火灾报警控制器获取的其他消防设施信息，如电气火灾监控系统、可燃气体报警系统、消防设备应急电源、消防水池水箱监控等信息，可设计接口转接模块，预留RS232、RS485、CAN、RJ45、USB 等接口，通过协议转换，统一接入 RJ45 网口与灭火救援辅助信息显示系统通信。

灭火救援辅助信息显示系统的设计依据为：

（1）国家标准《消防联动控制系统》（GB 16806—2006）。

（2）国家标准《消防控制室通用技术要求》（GB 25506—2010）。

（3）行业标准《消防控制室图形显示装置软件通用技术要求》（GA/T 847—2009）。

灭火救援辅助信息显示系统实现以下主要功能。

（1）火警信息显示功能，包括火灾最早发生的位置、探测器报警信息、火灾持续时间、火灾发展蔓延信息。

（2）地理信息显示功能，包括建筑信息、周边环境、重点部位、危险源。

（3）消防设施状态显示功能，包括水灭火、气体灭火、防排烟、防火门及防火卷帘、电梯、

电话、广播、疏散、消防电源、管网压力信息、消防电气控制装置状态，消防水箱水位等。

（4）监管、动作、反馈、屏蔽、故障显示功能，可显示各种报警信息的物理位置、时间等。

（5）可显示消防安全管理信息，包括规章制度、应急预案、组织结构图、培训记录、消防设施一览表等。

（6）具有历史记录功能，记录应包括报警时间、报警部位、复位操作、消防联动设备的启动和动作反馈等信息。

（7）远程信息传输功能。

3 硬件设计

3.1 系统主机硬件设计

由于普通台式计算机不能满足 GB 16806 严苛的电磁兼容试验要求，同时为以后方便工程安装、调试和维护，本系统采用标准工业化一体机，安装于柜式机柜内。系统采用 19in 工业显示器，同时采用电子盘取代普通机械硬盘，提供高性能的和高可靠的数据储存，即使是在恶劣的条件下工作，如高温、撞击、震动、干扰等，也不会对数据构成威胁。

考虑到系统数据通信的关键性，采用了光电

隔离的串口卡与火灾报警控制器通信，同时对所有的外部接口的硬件电路进行了特殊处理，增加磁环、瞬变抑制二极管等防浪涌冲击设计和抗干扰设计，使图形显示装置具有优良的电气性能，保证通信传输的可靠性。

3.2 转接模块硬件设计

转接模块采用微控制器LPC1758，可满足项目配接多种不同的接口类型要求。

LPC1758是NXP公司基于第二代ARM Cortex-M3内核的微控制器，是为嵌入式系统应用而设计的高性能、低功耗的32位微处理器，适用于仪器仪表、工业通信、电机控制、灯光控制、报警系统等领域。其操作频率高达120 MHz，采用3级流水线和哈佛结构，带独立的本地指令和数据总线以及用于外设的低性能的第三条总线，使得代码执行速度高达1.25 MIPS/MHz，并包含1个支持随机跳转的内部预取指单元。

LPC1758集成了大量的通信接口，包括1个以太网MAC、1个USB2.0全速接口、4个UART接口、2路CAN、多个GPIO，可通过软件编程实现多种不同接口的相互转换。

4 软件设计

4.1 软件运行界面

灭火救援辅助信息显示系统的运行界面如图2所示，整个操作界面包括菜单栏、工具栏、状态栏、地图文件目录树、图形显示区、消防设施列表及状态区、实时信息显示区几个部分。

4.2 软件实现方式

灭火救援辅助信息显示系统软件采用Windows 10为操作系统，使用Visual C++2010进行软件编制，是基于文档/视图结构的MFC应用程序。下面将软件的关键技术实现方式介绍如下。

1）串行通信

灭火救援辅助信息显示系统与火灾自动报警系统通过RS232进行串行通信，保证数据通信的准确、可靠、及时是本系统的一个关键。为此，专门编制了一个串口通信的类，通过多线程的方式实现，与主框架窗口通过消息传递信息。

2）图形显示

灭火救援辅助信息显示系统应能直观显示建筑图、平面图及消防设施等信息。各种建筑图、平面图通过读取wmf或jpg文件实现。wmf格式文件（图元文件）是和设备无关的，而且放大缩小不会产生失真，AutoCAD的建筑图纸可方便地转换为wmf格式文件。

各种消防设施的显示通过编制专门的类CShape，通过GDI+技术调用相应的JPG小图标显示。消防设施的各种状态显示通过填充不同的背景色实现。

3）火警信息显示

当接收到火警信息后，灭火救援辅助信息显示系统处理的流程是在火警窗口显示出火警信息，火警声光显示，切换到火警平面图，报警探测器的图标秒闪，在图标下边显示报警序号及已

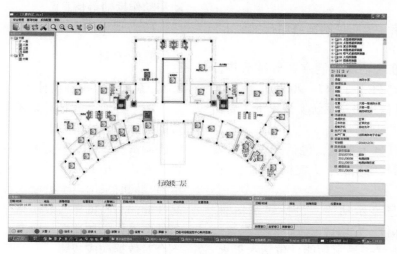

图2 灭火救援辅助信息显示系统运行界面

报警的时间，且红色闪动的图标随时间的增加而颜色加深，如果有多个报警，可区分出报警的先后顺序，实现火灾发展蔓延状态的图形化显示。

4）消防设施属性显示

消防设施的属性显示通过 Visual C++2010 的类 CDockablePane 和 CMFCPropertyGridCtrl 实现，通过创建继承自 CDockablePane 的新类 CPropertiesWnd，在类中增加 CMFCProperty-GridCtrl 的对象 m_wndPropList，增加各种属性信息。

5　小结

灭火救援辅助信息显示系统可安装在消防控制室中，取代现有的消防控制室图形显示装置，为灭火救援人员提供更加准确、及时、详细的信息，有利于火灾现场迅速开展侦查、灭火、搜救等战斗任务，为火灾扑救与人员疏散提供重要的信息与决策技术支持。

探讨智慧消防在现代化城市建设中的发展对策

左 超[1] 袁 琳[2]

1. 应急管理部沈阳消防研究所 沈阳 110034
2. 沈阳市消防救援支队 沈阳 110801

摘 要：随着城市化发展速度的不断加快，城市扩张速度慢于城市人口增长速度，这使城市人口密度不断增大。为了缓解此类问题影响城市发展，在城市当中出现了大量高层建筑。不管是对于高层建筑还是多层建筑而言，消防措施都是不可缺少的一项重要功能，如在建筑特别是高层建筑中出现火灾，火势蔓延速度会非常快，还会因此造成非常严重的人员伤亡及财产损失，因此提升现代化城市建筑消防性能具有较重要的现实性意义。为此本文重点对现代化城市中智慧消防发展对策进行了分析与研究。首先分析了现代化城市建设中智慧消防现状，之后对现代化城市建设中智慧消防具体建设进行了阐述，同时提出智慧消防在现代化城市建设中的发展对策，希望可以为现代化城市和谐良性发展提供一定的参考。

关键词：智慧消防 城市建设 发展对策 自动化 智能化 建设需求

在现代化城市建设中，消防始终都是不可缺少的一项重要内容，而在现实生活中，很多城市都存在防火措施不到位、消防力量不足的问题。智慧消防恰好可以利用现代化人工智能技术、互联网技术、信息化大数据技术来应对现代化城市消防问题，借助云计算与消防智慧大数据来优化现代化城市消防体系，以此使城市消防体系实现智慧化。现代智慧消防是信息化技术发展衍生出的产物，与当前时代发展需求非常相符，因此智慧消防的有效实现，能够有效提高城市消防安全性，为人们创造一个安全的生存环境。

1 现代化城市建设中智慧消防的现状

1.1 已构建智慧消防数据库

积极应用物联网、RFID 标签及无线传感器等相应技术，把各消防设施有效地串联在一起，以此构建智慧消防大数据库，以及时更新和扩充数据库信息，同时借助图像智能识别技术来对火光实施分析和判断，云端服务器在获得消息以后会及时发现预警信息，之后再利用无线和有线等通信手段来实现报警联动、消防监督及设施巡查等操作。

1.2 已建成智能化智慧消防系统

智慧消防借助平台模式来研发城市消防远程监管系统，在发生火灾以后，可及时为消防指挥中心提供火灾现场实时数据信息，以此确保所有消防部门与社会单位都能够在政府相关部门的统一指挥下进行协同作业，由此实现火灾救援指挥系统智能化。

1.3 已创建消防指挥管理系统

现代化消防指挥系统通过军事化管理，促使管理水平实现精细化，责任分工明确。在出现紧急火灾时，通过无人机摄影技术、全景照片及二维图像技术等手段来对火灾实际情况进行实时监控，以及时制定实用科学的火灾救援方案，系统性地配置协调距火灾现场最近的消防队伍前往救火。火灾救援工作完成以后，保存好火灾救援方案，以便于在以后发生紧急火情时，能够及时有效地调动消防系统中的相关信息与数据，同时结合实际情况及时制定救援计划[1]。

1.4 人工智能技术已取替传统落后的灭火技术

基于人工智能技术衍生出很多智能消防人员，在确保现有消防人员人身安全的情况下，降低消防救助困难。如一些发达国家的智能机器

作者简介：左超，男，硕士，研究实习员，主要研究方向为消防电子产品检验技术、国家标准的制修订，E-mail：zuochao@efire.cn。

人，步伐稳健，能够适应各种路面行走，还可以穿越火焰，顶替消防人员，如此能够在很大限度地降低人工救火危险性。我国也已研发出消防机器人及各类无人机灭火装置，促进消防向着人工智能化方向发展。

2　现代化城市建设中智慧消防具体建设

2.1　现代化城市建设中智慧消防建设需求

依据现时期城市化建设对消防的实际需求，智慧消防建设包含了火灾预警智能化、消防队伍管理精细化、火灾救援高效化。

1）满足火灾预警需求

现时期城市建设规模逐渐扩大，城市内人口数量越来越多，增大了火灾形成概率，造成的后果也会更加严重。实施火灾预防工作，对城市消防安全实施实时性监测具有非常重要的作用及意义。如对城市消防单位来说，现有消防预防基本都是在火警后实施，由人员报警后再进行灭火，在此过程中，消防效率明显降低。所以，可以通过构建城市互联消防监控网来监测和分析城市内的重点消防单位，同时结合分析结果来评价消防单位火灾风险系数，这样可以提高建筑抗火灾风险的能力，并同时促进火灾预警实现自动化[2]。

2）满足智慧应急救援需求

当前，很多城市都存在老房、化工、大建筑等一些老问题，特别是对一些旧城改造区域来说，因为人口老龄化现象的不断加剧，再加上建筑消防标准无法满足消防要求，所以一旦这些区域发生火警，救援困难会比较大。所以，为了在新形势下可以更好地满足现代化城市消防需求，作为消防单位来说应对火灾预警和火灾救援方法进行不断的创新，利用全新的智能装备和设施以高效和高质的消防手段来应对火灾。在当下消防系统稳定情况下，只有采用智慧性应急措施，才可以及时快速地控制和消灭火灾。

3）满足消防队伍管理精细化需求

对于城市火灾救援来说消防队伍是重要力量，所以在实施消防行政执法过程中，消防单位可不断加强与政府间的联系，并同时实现信息共享。除此之外，消防部门可在执法期间做好执法记录保存，以此提升执法规范性。

2.2　具体建设方案

1）火灾预警自动化建设

（1）利用现有消防平台来构建能够覆盖整个火灾区域的自动预警中心，利用创设火灾预警自动化系统来对城市内的大规模消防用电、防烟排烟及消防预警等设备实施实时状态检测，使城市自动预警中心可以高效地对城市大范围内重点消防单位或区域安排设置视频监控，结合城市火灾消防平台来把消防设计纳入日常管理体系。

（2）设置高空监控系统。除对城市内一些重点和特殊地区实施监控外，还可以把此监控系统同公安街面监控相结合，这样一旦某地区发生火灾，方便消防指挥中心结合现场火灾实际情况来实施救援[3]。

（3）积极研发创建区域火灾评估分析系统。结合所收集的城市内已发生火灾的相关信息数据，如火灾形成原因、救援措施、救援用车辆、救援时间等信息，创设火灾风险评估模型，把城市中已发生的火灾结合风险等级，进行排序，在必要的情况下，可把火灾警情实施广播和通报，以此方便居民采用有效的对策来预防火灾。

2）灭火应急救援智慧化建设

（1）创设城乡一体化应急救援应急平台。当消防指挥中心接到报警后，可利用应急救援平台，结合实际灾情、消防救援计划，智能地生成包含车辆、设备及人员等配置程序，同时把其发送至接收终端。

（2）利用物联网、语音、无线传输技术所构建的语音及视频等救援方式。在火灾现场，消防救援队伍可借助图纸传输设备、智慧终端等，来对现场动态信息实施无线传输，来实现灾情的实时传输，以方便应急救援指挥中心能够及时地作出有效的决策。除此之外，还需构建一个由地方急救部门、消防控制中心、专业应急队伍所构建的综合救援平台，在必要的情况下，可召开在线会议来制定救援措施及绘制救援部署地图，如救援路线的选择与救援车辆放置，并同时加强现场消防队伍同决策层间的沟通，以更充分地保证救援的高效性[4]。

（3）构建数据库。基于云平台，记录消防救援整个过程，其中包含救援对策、现场救援录像和救援力量等。利用云平台，不但能够借助网络再现整个过程，还可智能地比对救援计划，并检查和弥补所存在的不足，以更好地对救援方法进行优化。除此之外，通过整理平台信息可对建筑物消防预防对策实施检验，如消防栓的安装位置及建筑物的阻燃性能等。在对这些问题进行充分的分析后，合理科学地设置针对性防火标准或相应法律规范，为现代化城市智慧消防建设提供参考依据。

3) 消防队伍管理精细化建设

（1）构建火灾救援模拟训练系统。为了提升消防队伍救援能力，可以在训练基地构建消防救援的在线模拟训练系统，同时在救援培训系统当中不断提高救援能力的培训深度和广度，以此保证各层级的消防队伍在实际救援前均都具备充足的救援能力[5]。

（2）构建消防智慧安全系统。为了保证可以精准及时地获得救援车辆与救援设备的相关信息，需在城市消防专用设备及消防车上装置电子标签，同时利用手持终端检测法。针对消防设备的检测需创设较完整并且规范的工作流程，特别是对于消防车使用需构设动态监控系统，随时了解和监控消防车使用动态，以此保证消防车辆使用合理性。

（3）构建全面综合性的防火执法体系。合理借助消防行政处罚案件服务平台，定期把消防处罚案件和处罚结果传送到国家诚信档案管理体系，为后续监督工作的有效实施提供信息参考。

3 智慧消防在现代化城市建设中的发展对策

3.1 强化智慧消防数据采集真实性

在智慧消防建设中应把重点放在数据信息采集上，现在依旧存在恶意破坏消防设备和消防警报失灵的情况，如此造成检测数据和实际数据不符的情况，由此影响消防工作正常开展。所以为了保障消防指挥平台数据的真实性，政府与社会相关单位都应担负定期实施现场检查与维护的相关责任，保证物联网平台数据和现实数据统一性。有些学者提出"双随机一公开"的方法，也就是借助物联网和大数据优势，随机选择安排消防执法人员、随机地抽取社会单位并对其实施消防检查，同时及时地将被查部门的消防安检现状及查处结果进行公开。借助大数据来随机地抽样检查，以此增强取样代表性，提升检查人员的选择公正公平性[6]。

3.2 积极构建消防产业信息服务系统

智慧消防的顺利实施与消防产品的科学应用存在较大的关系。政府相关部门需对消防产品制作原材料、制造生产、销售及流程等各环节实施全面监管，构建消防产业信息系统。社会单位借助大数据来对消防产品供应商和维修检验部门及消防相关公司实施统一监督，严格防止有案底或不良记录的一些企业混入消防产业当中。还可借助产品服务系统来随机抽取样品，以检验消防产品有效性，严禁使用过期消防产品。

3.3 加强智慧消防宣传和普及

积极应用微信、微博、抖音及各大直播平台等媒体来普及智慧消防知识，引导全社会各个领域人群积极地接受消防教育和消防知识普及，增强人们的消防意识，提升火灾自我救助能力。作为政府相关部门，应创建公共消防安全投诉App，利用奖罚机制来引导社会大众踊跃参与火灾隐患问题上报。对消防责任监管体系进行不断完善，把责任具体细化落实到个人，以便于公众对消防单位及责任部门实施监督，同时让公众更加相信消防人员[7]。

3.4 提高消防部队应急救援能力

森林地形比较复杂而且面积也非常大，森林火灾人员伤亡情况越来越严重，这些都增大了消防人员救援压力。所以，作为智慧消防需对过去几年火灾案件相关数据信息进行汇总和分析，采用三维建模、5D模型及沙盘等技术来设计各种不同火灾预案，以此为消防指挥工作的高效开展提供相应的参考。一旦出现紧急情况，可及时调出最科学并且实用性强的灭火方案，并同时配合消防人员实施调配。如有一些其他的需求，还能够随时把这些记录重新播放，以保证责任清晰，有责必究，更高效地提高消防救火队伍应急救援水平。

3.5 智慧消防平台管理工作的不断加强

对智慧消防平台加强管理，确保消防监控网络安全性。伴随智慧消防系统完善度的不断提升，消防系经网络系统经常被非法入侵、消防网系统崩溃及消防机密文件遭泄密等问题出现。然而因为消防人员并不是资深的网络专家，而且网络安全意识也较淡薄，保密理念欠缺，在这种情况下，消防网络安全根本无法得到有效保证。为此，政府相关部门需对智慧消防网设置严格的制度规范，积极应用网络防御设备，增强消防人员安全意识，保证城市消防系统安全性可靠性。

4 结语

总体来说，现代化城市建设中的智慧消防建设与智慧城市发展需求非常相适，是消防建设实现信息化的重要构成部分。作为一种全新的事物，一定要具备相应的发展内涵与标准。智慧消防建设并不是短期内便可实现的，是一项长期性工作。所以，消防机构应积极地借助智慧消防工程建设契机，对智慧消防技术应用加大研究力度，促进消防工作实现智慧化和科学化。

参考文献

［1］胡晓鹏，金大满，濮骞忠．"智慧消防"建设思考与探讨［J］．中国新技术新产品，2018，（23）：139-141．

［2］戢国芳，冯伟彪．城市智慧消防构建的几点思考［J］．中国新技术新产品，2018，31(6)：49-51．

［3］刘斌，丛帅．关于淄博市智慧消防管控平台建设的思考［J］．山东工业技术，2018，（22）：110-111．

［4］程超，黄晓家，谢水波，等．智慧与智慧消防的发展与未来［J］．消防科学与技术，2018，（6）．

［5］王锐，都杭．刍议现代城市智慧消防建设[J]．今日消防，2020，5(4)：122-123．

［6］罗世权．现代城市智慧消防建设探讨［J］．电子世界，2019，578(20)：110．

［7］浦天龙，鲁广斌．现代城市智慧消防建设探讨［J］．人民论坛·学术前沿，2019，165(5)：52-57．

古代消防技术规范鼻祖——墨子

任守景[1] 孙富[2] 张志禹[3]

1. 中国墨子学会 山东滕州 277599
2. 北京消防协会 北京 100124
3. 山东国有应急产业集团 北京 100005

摘 要：墨子是我国古代消防技术的集大成者，他不仅提出了许多独有见地的消防治理理念，还依据科技原理，发明了比较完备的消防器械设施，并对一些消防技术进行规范，使之更符合实际，更具可操作性，有效地降低了火灾给人民生命财产造成的危害，强化了人们的消防理念，对后世消防技术现代化建设、推进应急管理科技自主创新有着重要的启迪作用。墨子也因此被称作我国古代消防技术规范鼻祖。

关键词：消防 规范 墨子 鼻祖

1 墨子消防技术规范理念形成的深层原因

墨子（公元前480—公元前390年），名翟，春秋战国时期小邾国（今山东滕州市）人。墨子诞生并生活于由奴隶制向封建制社会过渡的战国初期，这是一个大动乱、大变革的时代。当时，七雄争霸，战乱频仍。七个大国，一方面纷纷在国内变法图强，觊觎天下；另一方面在忙于兼并周边小国的同时，相互之间进行着激烈的战争和争夺。随着土地私有制的建立，由领主变为地主的统治者们为了满足他们大量占有土地的欲望，不惜驱民于水火，大动干戈，扩疆辟土，图谋一统。如何弥战平乱，救民于战火，引发了有识之士的忧虑和思考。

墨子原为儒家弟子，随着他思想的日臻成熟，他越发认识到儒家学说的局限性，便自立门户，创立了墨家学派，规模声势丝毫不亚于儒家，与儒学并称"显学"。墨子把毕生精力用来培养弟子，广纳贤士，"从属弥众，弟子弥丰，充满天下"（《吕氏春秋当染》）[1]。为推行他的"兼爱""非攻""尚贤""尚同""节用"等主张，四处奔走，游说诸侯。但是在利欲熏心、穷兵黩武的大国诸侯面前，墨子的主张和努力显得格外苍白和无力，没办法，他只好站在被攻打的弱小国家一边，组织被攻打小国防御自救。墨子的非攻思想是建立在兼爱的基础之上的，非攻不非守，救守则有道[2]。主要是要求做到组织严密，技术精到，积极防御。在墨子看来，战争带给百姓的是灾难，会使百姓流离失所，处在水深火热之中，也会让战争双方经济发展蒙受巨大损失。所以墨子提倡非攻，反对倚强凌弱，以富侮贫的不义之战。

墨子深知，要实现"兴天下之利，除天下之害"的救世目标，除了倡导兼爱非攻，选贤任能，培养救世人才外，还应高度重视各种自然灾害对人类的侵害。在自然灾害中，火灾危害尤为突出，更要引起高度重视，加强消防治理。战火造成的危害自不必说，生活中用火不慎，火得不到有效控制，也会造成巨大灾难[3]。因此，及时总结人们与火灾作斗争的经验，引导人民高度重视消防工作，强化预防为主的理念，根据实际需要，改进提升消防技术和设备，形成人人遵从的消防规章，便提到重要的议事日程。

墨子不仅是伟大的思想家、教育家、军事家、科学家，而且还是精通各种火灾防范的发明家，他高度重视对科学理论的提炼与对科学技术的探索，利用力学、光学、几何学、工程技术、机械学原理制造的各种消防器械，对敌人攻打城

作者简介：任守景，男，高级编辑，中国墨子学会特邀咨询，中国墨子学会原副会长兼秘书长，主要研究方向为先秦思想史，E-mail：rsj6169@126.com。

门、用火攻城、生产生活不慎引起的火灾等各个方面，都做好了充分准备，既有对建筑物防火的准备，又有对各种消防设施的配备，既有对守城消防人员的部署，也有对财务资源的配置；既有强有力的消防动员，也有赏罚分明的铁纪，形成了一系列科学的消防制度章法[4]。他还动员男女老少一起参战，做到全民皆兵，而且各有分工，各尽所能，创造了我国古代少有的群防群治战消防的宏伟篇章。也就是在这样的大背景下，才有了消防工作的蓬勃兴起，才使我国古代消防工作有章可循，墨子消防技术规范鼻祖的称谓才师出有名。

2　墨子消防技术规范的创新实践

古代战争虽没有现代战争的火药四溅，但用火来攻防的案例数见不鲜。墨子反对侵略战争，帮助弱小国家积极防御，在防御方面进行了大胆尝试，尤其是对敌方射来火箭攻城以及用火不慎引发的火灾，墨子更是防范应对有术，进行了一系列创新实践。

2.1　强化预防为主理念

无论敌人用火攻城，还是生活不慎导致火灾，都将给人民的生命财产造成巨大危害。为把损失降至最低，墨子十分强调围绕"备"字做文章，在其《备城门》《备高临》《备梯》《备水》《备突》《备穴》等篇目中，"备"字极其生动地体现了墨子未雨绸缪、预防为主的思想。墨子在《备城门》篇中讲到："凡守围城之法，厚以高；壕池深以广；楼撕楯；守备缮利。"在《号令》篇中也讲到："城门内不得有室。为周宫，垣丈四尺，为倪。"就是说，要防备战争中敌方用火攻城，为便于守护，建造的城墙要厚而高，护城河要深而宽，守望的楼堡要完好无损，守城的器械要完备精良，灭火的装备要准备齐整，这样才能抵挡住敌人的火攻，确保城郭安然无恙[5]。护城河的作用首先是护城，当城门着火时，还可用护城河的水来救火。规定城门内不得建有不利于消防的房屋。如果建造豪华的住宅，须筑造一丈四尺的围墙，围墙上再建造有孔可外窥的小墙。筑造围墙自然作为防火的屏障，留孔可外窥房外火势情况。可见，在当时，墨子就已高度重视预防火灾，在建筑布局上就已按照消防所需建

造。尤其是构筑厚而高的城墙，在城周边设置深而宽的城池，在建筑物之间留下足够的防火间距，防止火灾蔓延。万一城内建筑物被火点燃，这种防火间距可以有效阻断火路，将火灾限制在有效区间内，避免"火烧连营"，同时，便于火灾发生后，人们由此逃离火场，也可作为救火的便捷安全通道，不失为是一种防止火灾危害扩大的有效措施[6]。

2.2　制定厚涂防火措施

为防备敌人用火箭射烧城门，墨子也有对付的办法："救熏火：为烟矢射火城门之上，凿扇上为戈，涂之，持水麻斗，革盆救之。门扇薄植，皆凿一寸，一涿戈，戈长二寸，见一寸，相去七寸，厚涂之以备火。城门上所置以救门火者，各一缶水，容三石以上，小大相杂。"（《墨子·备城门》）敌人用火箭射烧城门，最有效的办法就是：预防敌人用带着烟火的箭射到城门上，在门扇上凿孔安门钉，涂上泥，准备用麻布制成的斗和用皮革做成的盆盛水救火。门扇与柱都凿孔一寸深，安门钉，门钉长二寸，露在外边一寸，相距七寸，涂上厚厚的泥用来防火。城门边事先凿好救门火的地方，各放一水缸，盛水三石以上，大小间隔摆放。为把敌方以火攻城造成的危害降到最低，墨子事先做好精心部署，做好消防防护，一旦燃烧起来，用事先备好的水全力扑救。墨子所发明的救火措施中的数据具体而明确，说明墨子在实战中经过了反复比较验证才摸索出来，是理性思考和实践经验的科学总结，对后世消防救灾有着重要的指导作用。

2.3　规范防火技术设施

为防备敌方以火攻破城门，墨子进行了认真研究，精心布置，制定出了切实可行的防护措施："疏束数目，令足以为柴搏，贯前面；树长丈七尺一，以为外面。以柴搏纵横施之，外面以强涂，勿令土漏，令其广厚能任三丈五尺之城以上，以柴、木、土稍杜之，以急为故。前面之长短，预早接之，令其任涂，足以为堞，善涂其外，令无可烧拔也。"（《墨子·备城门》）墨子告诉人们，为防备敌人火攻，要捆扎树木，做成柴搏，连贯前面，用一棵树长一丈七尺，挡在外面。用柴搏纵横摆放，外边涂上黏土，不要叫土脱落，让其堆积的宽度和厚度能屏蔽三丈五尺高

的城墙，用柴搏、树木、土尽量地辅佐城墙，以坚固为好。柴搏前面的长短，要事先搞整齐，以便把泥涂上，足以充当城堞的作用，好好地在外面涂泥，不让敌人烧、拔掉[7]。墨子在守御消防中，注重观察细枝末节，历经无数次思考与实践，从中找出实战验证是切实可行的消防中的防护方法，体现了墨子精益求精的科学技能和积极预防为主、防患于未然的积极防御战略思想。

2.4 保障消防救援用水

做好消防工作解决水源问题至关重要。一旦火灾发生，在哪里取水，用什么容器储水、取水。这些问题，墨子事先都考虑周全，安排周密。在《备城门》篇中，墨子指出："百步一井，井十瓮，以木为桔槔。水容器四斗到六斗者百，五步一罂，盛水。有奚蠡，奚蠡大容一斗。"就是说，灭火必须在城内打井，每隔一百步要设置一口水井。井旁边要准备好十只储水的瓦罐，用木头做成提水的桔槔，取水器盛四斗至六斗的一百个，每五步设置一只瓦制的小口大肚陶罐，用来盛水，并准备好类似于瓢之类的可容一斗的工具用来舀水。这里对水源、如何储水、如何盛水都做了详尽妥善的安置，确保了火灾来临时有充足的水源和便捷的取水办法用来灭火。这种水井和储水用具的设置，平时保障生活用水，出现火灾时，还可为救火消防提供充足的水源。不仅如此，墨子还在《备城门》中强调："持水者，必以布麻斗、革盆，十步一。为斗，柄长八尺，斗大容量二斗以上到三斗。"就是说，提水的人，所拿取水的工具必须用破布或麻布制作，再涂上油漆，安上八尺长的把柄。斗的容量在二斗以上，最大到三斗。麻斗和革盆每十步备一只，从取水用具的数据可看出当时消防用水的规模。墨子对水源、储水以及汲水工具都做了具体规定，如何使用也做了具体要求，可见墨子的这一套消防办法已成为惯用的通行办法，在当时已被广泛认可，同时也代表了当时消防的最高水平[8]。墨子还对消防工作中官吏百姓各自的职责、对消防中失职人员的处置以及宣传鼓动工作都做了周到细致的部署和考量，限于篇幅，不再赘述。

3 墨子消防技术规范对后世的启示和影响

墨子是平民圣人，他把毕生的精力都用来倡导推行他以"兼爱""非攻""尚贤""尚同"为主要内容的政治主张，完成他"兴天下之利，除天下之害的"责任担当。他在践行这些政治主张的过程中，自然也会涉及造福社会、服务人民的科技类的课题。墨子是一位我国历史上绝无仅有的百科全书式的科学家，他的研究领域几乎涉及社会生活的方方面面。而兴利除害的消防工作当然也就成为墨子倾注心血的重要领域。消防涉及人民生命财产的安危，墨子也舍得在这方面投放精力，他除了结合当时实际提出了一系列消防治理的理论观点外，还充分发挥其发明创造的才能，发明了一些实用的消防器械，对消防中涉及的防火技术、消防设备、建筑布局、建造要求以及消防预警、救援等逐一进行规范，提出明确具体的要求，成为后世弥足珍贵的消防智慧宝典，为现代消防科学提供了有益的借鉴。

启示一，坚定不移贯彻"预防为主，防消结合"的消防工作原则。在墨子生活的年代，水火无情已是尽人皆知的常理，所以墨子非常看重防灾，防字当头，有备无患。因而，也就能把火灾的损失降到最低。要预防火灾，首先就要改进建筑设计与城市布局，坚持标准，留出足够的防火间距和消防通道，提高建筑材料的耐火极限，尽量减少选用易燃易爆的建筑材料。要预防为主，必须防患于未然，提前做好各种应急准备，健全风险防范化解机制，坚持从源头上防范化解重大安全风险，真正把问题解决在萌芽之时，成灾之前。如果事先毫无准备，灾害出现时手足无措，被动救灾，损失一定惨重。预防为主就是在处理消与防两者的关系上，必须把预防火灾放在首位，在思想上高度重视，时刻绷紧消防安全这根弦，认真落实好各项预防火灾的措施。平时要按消防要求进行常规监督检查、宣传动员，对建筑物，尤其是有较大人流的大型场馆建设的检查验收要严格标准，不达标的绝不放过。在抓好消防专业队伍建设的同时，还要做好社会力量参与消防的动员培训工作，在人力物力技术上，随时做好灭火救援的充分准备，一旦火灾发生，能够及时迅速有效地将火扑灭，最大限度地减少火灾造成的损失。

启示二，坚定不移提高消防科技水平。墨子生活的战国时期，科技并不是十分发达，消防科技更是微不足道。但就是在那样的条件下，墨子因陋就简，就地取材，制作了简单实用的消防工具与设备，较好地满足了当时消防之需，提高了消防效率。当今时代，科技发展日新月异，消防科技水平更与墨子当年不可同日而语。随着经济的发展，城市建设高楼林立、鳞次栉比，给消防工作带来越来越大的挑战。如何搞好高层建筑消防以及各种危化品引起的火灾救援，这是摆在各级党政和广大消防工作者面前的重大课题。消防安全事关民生，当前火灾隐患量大面广，必须引起全社会高度重视。要强化应急管理装备技术支撑，优化整合各类科技资源，不断提升消防科技水平，加快先进的消防安全产品、技术、装备创新研发推广使用，进一步提高全社会火灾防御能力和水平。要以"科学至上"的消防应急救援理念，持续打造高科技含量的尖端装备和跨平台、可视化、智能化的消防辅助管理平台，实现消防应急管理的科学配置、精准高效、功能完善，进一步提高应急处置能力。还要力求配备系列消防重器，譬如大跨度举高消防车、举高喷射消防车、多功能泡沫水罐消防车和大流量远程供水灭火系统，实现水、泡沫、干粉灭火剂混合投放，确保一旦出现火灾，利用科技的力量，能够迅速有效地控制火势，实施救援[9]。

启示三，坚定不移严格落实消防法规。没有规矩不成方圆。当年墨子组织灭火救灾时，除了在人力物力技术器械上下大功夫外，还特别注重"依法治火"，做好消防法规制度的建设和消防宣传鼓动工作，强化消防观念，严惩违反防火法令的行为。时至今日，面临的消防形势完全不同于墨子时代。党和国家高度重视消防安全工作，1998年4月29日，第九届全国人大常委会第二次会议通过了《中华人民共和国消防法》，以后又及时根据形势任务变化几经修改，关键的问题是坚定不移地抓好落实。要加大宣传力度，大张旗鼓地宣传消防法规，引导各级各部门乃至全民自觉履行各自的消防职责，严格遵守落实好消防法规。俗话说"隐患险于明火"，我国经济社会快速发展，用火、用电、用气不断增加，致灾因素大量存在，消防安全法治意识不强才是消防安全的最大隐患。因此，一定要有强烈的忧患意识，有了忧患意识才有防范意识，居安思危才有消防安全。要抓紧补短板，强弱项，提高各类灾害事故救援能力。一定要牢记"安全才能科学发展，科学发展必须安全"的理念，努力夯实火灾防控的基层基础，不断提高公共消防安全保障能力，借助于墨子等古代圣贤的智慧经验，真正实现习近平总书记为国家综合性消防救援队伍提出的"救民于水火，助民于危难，给人民以力量"的任务目标。

参考文献

[1] 张知寒.墨子研究论丛·一 [M].济南：山东大学出版社，1991.

[2] 孙卓彩.墨学概要 [M].济南：齐鲁书社，2007.

[3] 胡子宗，李权兴.墨学思想研究 [M].北京：人民出版社，2007.

[4] 黄世瑞.墨家城守技术及其对后世的影响[J].墨子研究，2006(2).

[5] 秦彦士.墨子城防武器考 [J].墨子研究，2005(4).

[6] 聂焱如.墨子与消防 [J].现代职业安全，2007(4).

[7] 谭家健，孙中原.墨子今注今译 [M].北京：商务印书馆，2009.

[8] 刘玉明.浅论墨子守御战术的应用 [J].墨子研究，2006(1).

[9] 吴林森.加强消防科技工作促进消防事业发展[N].科技创新导报，2014(18)：195.